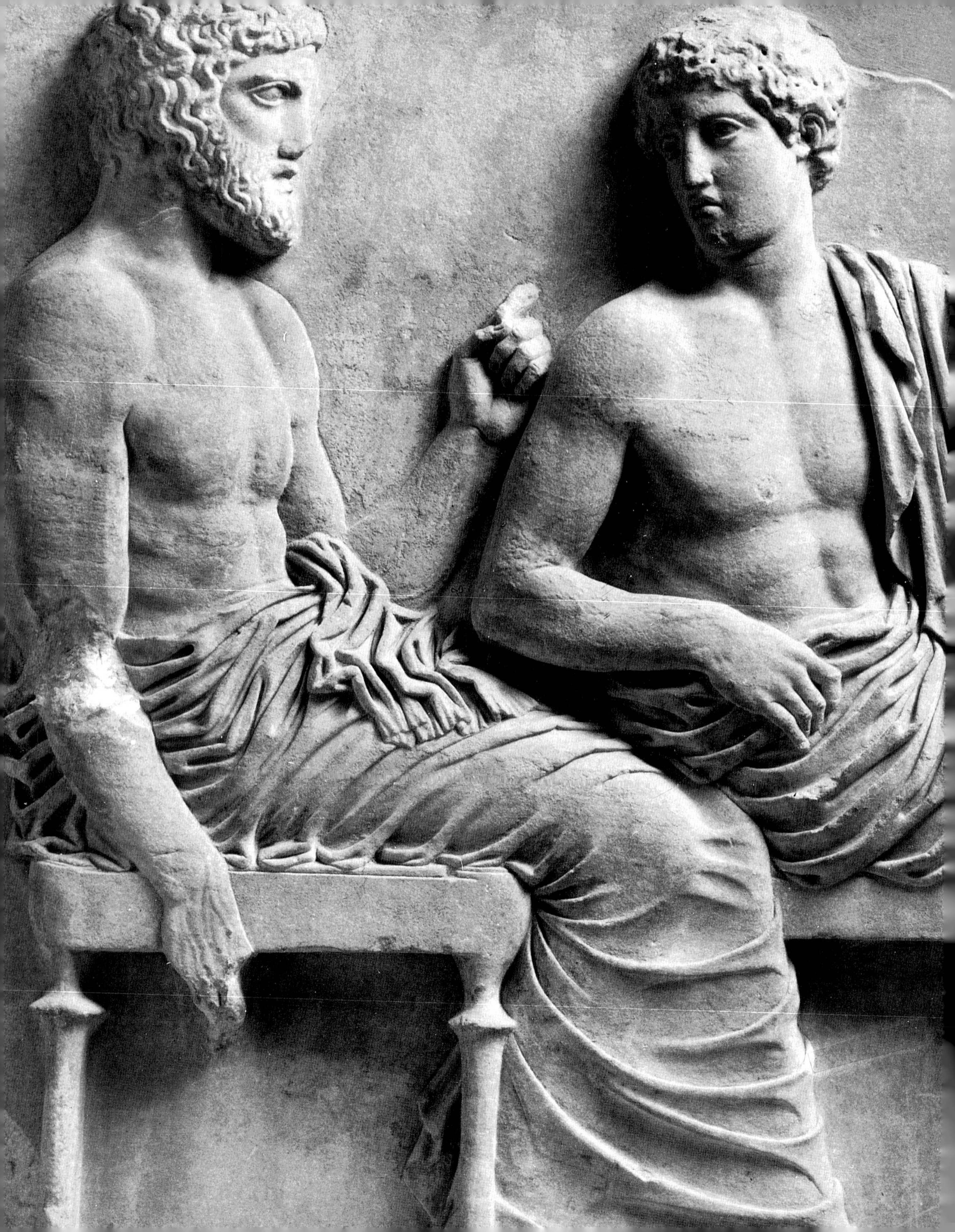

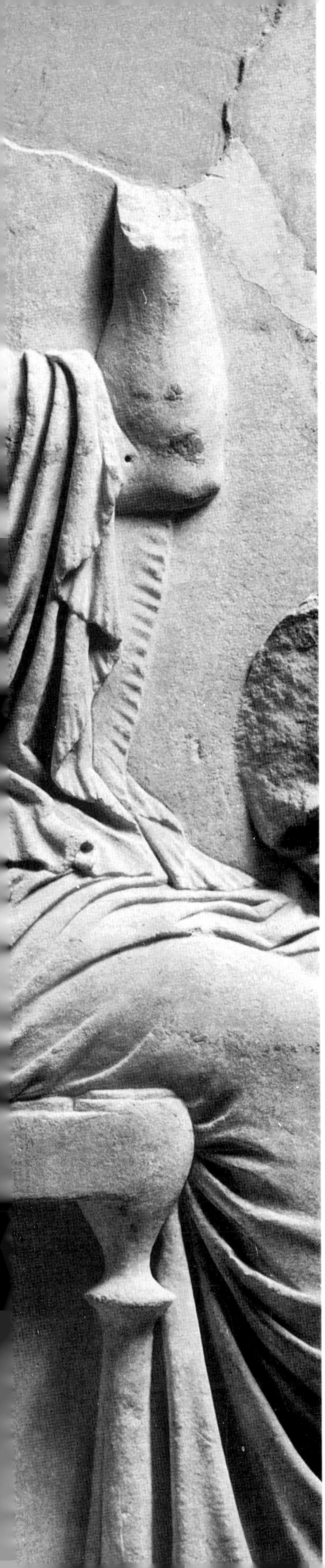

GRIECHISCHE KUNST

UND ARCHÄOLOGIE

John Griffiths Pedley

KÖNEMANN

Orginalausgabe: Copyright © 1993, 1998 Prentice Hall, Inc.
Ausgabe von 1995 ist bei Laurence King Publishing erschienen
Redaktion: Robert Shore
Design: Andrew Shoolbred
Fotorecherche: Sara Waterson und Susan Bolsom-Morris

Originaltitel:
GREEK ART AND ARCHAEOLOGY

Könemann Verlagsgesellschaft mbH,
Bonner Straße 126, D-50968 Köln
Übersetzung aus dem Englischen: Dr. Claudia Dorl
(für GAIA Text)
Redaktion und Satz der deutschen Ausgabe:
GAIA Text, München
Projektleitung: Sylvia Hecken
Herstellungsleitung: Detlev Schaper
Assistenz: Ursula Schümer
Druck und Bindung: Sing Cheong Printing Co., Ltd.
Printed in Hong Kong, China

ISBN 3-8290-1723-5

10 9 8 7 6 5 4 3 2 1

Umschlagbild vorne Parthenon, Athen, Westfries: Reiter. 447–438 v. Chr. Marmor. Höhe (gesamt) 1,06 m. London, Britisches Museum

Umschlagbild hinten Sich putzende Tauben. Eventuell zurückgehend auf ein Original des Sosos aus dem 2. Jh. v. Chr. 2. Jh. n. Chr. Mosaik. 98 x 85 cm. Rom, Kapitolinische Museen. Araldo De Luca, Rom

Zwischentitel Krug, aus Thera. SB I. Höhe 43,5 cm. Athen, Nationalmuseum

Titelbild Parthenon, Athen, Ostfries: Sitzende Götter (Poseidon, Apollon). 447–438 v. Chr. Marmor. Höhe 1,06 m. Athen, Akropolis-Museum

Viele Strichgraphiken in diesem Buch wurden angefertigt von den Technical Art Services, Stanstead Abbots und Taurus Graphics, Abingdon. Die Karten und Pläne zeichnete Paul Butteridge. Calmann & King Ltd danken all jenen, die eine Druckerlaubnis für Karten, Pläne und Diagramme erteilt haben. Wir haben uns bemüht, alle Inhaber der Copyrights zu kontaktieren. Sollte es hierbei Fehler oder Mißverständnisse gegeben haben, so bitten wir, uns darauf aufmerksam zu machen.
Harry N. Abrams, Inc., New York 6.7, 7.6 (aus Frederick Hartt, Art, 1989), 10.15 (aus Marvin Trachtenberg und Isabelle Hyman, Architecture: From Prehistory to Post-Modernism, 1986); Prof. Ekrem Akurgal, 5.19, 5.21 (aus Alt-Smyrna I: Wohnschichten und Athenatempel, Turk Turih Kurumu Basimevi, Ankara, 1983); American Journal of Archaeology (84: 1988) 9.7 (reproduziert mit freundlicher Genehmigung von Prof. Naomi Norman); American School of Classical Studies of Athens 4.21, 6.31, 7.17, 9.12, 10.11; Annuario della Regia Scuola Arch di Roma (I: 1914) 5.15; Prof. Ernst Berger, Antikenmuseum Basel und Sammlung Ludwig 8.8, 8.11 (Zeichnungen von Miriam Cahn); Britisches Museum, London 3.39; Veröffentlichungen des Britischen Museums, London 3.21 (aus John Chadwick, Reading the Past: Linear B and Related Scripts, 1987), 6.58 (aus D. Williams, Greek Vases, 1985); Britische Schule in Athen 4.2 (aus J. D. S. Pendlebury u. a., »Excavations in the Plain of Lasithi, III. Karphi: A City of Refuge of the Early Iron Age in Crete«. Annual of the British School at Athens 38: 1939); Chicago University Press, Chicago 1.16 (aus E. Vermeule, Greece in the Bronze Age, 1964); Cornell University Press, Ithaca, 6.25, 10.8 (aus J. J. Coulton, Ancient Greek Architects at Work, 1977); Deutsches Archäologisches Institut Athen 5.14, 7.11; Gerald Duckworth & Co., Ltd., London 6.59, 8.2, 10.16 (aus Susan Woodford, An Introduction to Greek Art, 1986); Edinburgh University Press, Edinburgh 4.4 (aus A. M. Snodgrass, The Dark Ages of Greece, 1971, mit Erlaubnis der Britischen Schule in Athen); Hirmer Verlag, München 5.18, 7.2 (aus Gottfried Gruben, Die Tempel der Griechen, 1966); Liverpool University Press, Liverpool 9.7 (aus Alison Burford, The Greek Temple Builders of Epidauros, 1969); McGraw-Hill Publishing Co., New York 4.24, 8.29, 9.18 (aus R. Brilliant, Arts of the Ancient Greeks, 1972), 3.9 (aus Sinclair Hood, The Home of the Heroes: The Aegean before the Greeks, 1967, mit Erlaubnis von Thames und Hudson); W. W. Norton & Co Ltd, New York, 5.13, 6.13c (aus W. B. Dinsmoor, The Architecture of Ancient Greece, 1975); R. Piper Verlag, München 4.8, 5.18, 6.12 (aus Hans Walter, Das Heraion von Samos, 1976); Praeger Publishers, New York 8.24 (aus John Travlos, Bildlexikon des antiken Athen, 1971 mit Erlaubnis von John Travlos und des Verlags Ernst Wasmuth, Tübingen); Princeton University Press, Princeton 3.7 (aus James Walter Graham, Palaces of Crete, 1962), 6.1 (aus P. P. Betancourt, The Aeolic Style in Architecture, 1977); Candace H. Smith 7.1, 9.21 (aus Andrew Stewart, Greek Sculpture: An Exploration, Yale, 1990); Thames and Hudson, London, 4.6, 6.14 (aus John Boardman, Greek Art, 1985), 6.41 (aus John Boardman, Greek Sculpture: The Archaic Period, 1978), 8.16 (aus John Boardman, Greek Sculpture: The Classical Period, 1985), 7.17, 9.13 (aus J. M. Camp, The Athenian Agora, 1986), 1.2, 3.30, 3.37 (aus Reynold Higgins, Minoan and Mycenean Art, 1981); University of Cincinnati, Department of Classics 3.42 (mit freundlicher Genehmigung von Prof. C. W. Blegen); 6.18 (aus G. Daux, Fouilles de Delphes, II: Les Deux Trésors, Paris, 1923), 10.6, 10.7 (aus C. Humann, Magnesia am Maeander, Berlin, 1904); 2.17, 3.40 (aus F. Matz, The Art of Crete and Early Greece, New York, 1962), 9.14, 9.15 (aus D. M. Robinson, Excavations at Olynthos, VIII und XII, Baltimore, 1938, 1946), 9.19 (aus M. Schede, Die Ruinen von Priene, Berlin, 1964)

In Memoriam

Felix Needham Dowson und
George Maxim Anossov Hanfmann

Inhalt

Vorwort

Das Anliegen dieses Buches ist es, interessierte Laien und Studienanfänger mit den wichtigsten Funden und Denkmälern der griechischen Archäologie bekanntzumachen. Fragen der Terminologie sind dabei wichtig. Laut Definition schließt die Archäologie die Kunst mit ein. Dennoch liegt das Hauptinteresse oft entweder auf Grabungsstätten und Objekten, die eher von handwerklichem als von ästhetischem Wert sind, oder aber auf der Erforschung und Durchsicht der Quellen, statt sich mit dem Gegebenen auseinanderzusetzen. Traditionell zählen zur visuellen Kunst die Gattungen Malerei und Plastik, nicht immer auch die Architektur. Da diese Studie die Entwicklung der Architektur, der Bauskulptur, der Plastik, der Malerei und der Keramik (die teilweise ebenfalls bemalt ist) gleichermaßen behandelt, schien es ratsam, ihr den vorliegenden Titel zu geben.

Ein weiteres Ziel des Buches liegt darin, die wichtigsten Zeugnisse der griechischen Kunst und Archäologie leichter zugänglich zu machen. Aus diesem Grunde wurde großer Wert auf Illustrationen gelegt und der Text systematisch gegliedert, um es dem Benutzer zu ermöglichen, sich schnell zurecht zu finden. Am Anfang eines jeden Kapitels steht ein kurzer Abriß der historischen Ereignisse. In den Kapiteln 1–3 wird die Kunst und Archäologie im bronzezeitlichen Griechenland getrennt nach Kulturlandschaften vorgestellt, wobei Kreta, die Kykladen, das griechische Mutterland und Troja im Vordergrund stehen. Die folgenden Kapitel (4–10) sind nach Gattungen gegliedert: Architektur, Plastik, Wandmalerei und Keramik. Architektur und Bauplastik werden gemeinsam behandelt, um ein einheitliches Bild der einzelnen Gebäude zu ermöglichen.

Im Glossar am Ende des Textes sind Erklärungen zu vielen nicht geläufigen Fachausdrücken zu finden. Bei ihrer *ersten* Nennung im Text erscheinen die Termini kursiv.

Dieses Buch basiert auf den Unterrichtserfahrungen, die ich während der letzten 30 Jahre in meinen Einführungskursen zur griechischen Archäologie gesammelt habe. Hilfreich waren auch Kenntnisse, die ich auf Grabungen in Griechenland, in griechischen und verwandten Städten in Italien, der Türkei und Libyen erworben habe. Es erschien zweckmäßig, das Augenmerk in erster Linie auf das griechische Mutterland als dem Zentrum der künstlerischen Kreativität zu lenken, dort vor allem auf Athen, Korinth, Olympia und Delphi. Aber auch an anderen Orten wurden wichtige Entdeckungen getätigt, so daß es ratsam schien, die Denkmäler weiterer griechischer Metropolen, besonders auf Sizilien und in Unteritalien, in der vorliegenden Studie zu berücksichtigen. Aus chronologischer Sicht bot es sich an, mit der Bronzezeit zu beginnen, so daß Studienanfänger und andere interessierte Leser in einem einzigen Band einen Überblick über die Zeitspanne von ca. 3000 v. Chr. bis 30 v. Chr. erhalten.

Die Auswahl der zu behandelnden Gegenstände war schwierig. Der Umfang der vorliegenden Studie und zeitliche Gründe zwangen jedoch zu Einschränkungen. Zwangsläufig mußte ich einige Objekte und Monumente, die von anderen Wissenschaftlern für äußerst wichtig erachtet werden, vernachlässigen. Hierfür möchte ich mich entschuldigen. Das vorliegende Buch ist als »Einführung« gedacht, als ein Rahmenwerk, das durch die Lektüre weiterer Arbeiten gefüllt werden muß. Es bleibt zu betonen, daß es verschiedene Möglichkeiten gibt, das archäologische Material auszuwerten, so etwa vor dem Hintergrund sozialhistorischer, wirtschaftshistorischer, politischer oder kunstgeschichtlicher Fragestellungen. Manchmal überschneiden sich die Blickwinkel, und oft entstehen so neue Perspektiven. Hier liegt der Schwerpunkt auf der Kunst- und Architekturgeschichte, auf deren Formen und Funktionen im Besonderen. Problematisch bleibt dabei die Analyse des bronzezeitlichen Materials; die archäologischen Daten dienten bislang hauptsächlich der Untersuchung sozialer Systeme, demographischer Muster, der Landnutzung und der Zusammensetzung des Staatsapparates, weniger der Klärung der hier im Vordergrund stehenden Fragen. Im Sinne der Kohärenz wurde deshalb auch dieses Material ausführlich aus der Sicht des Kunstgeschichtlers behandelt.

Die Schreibweise griechischer Orts- und Personennamen bereitet häufig Schwierigkeiten. Im folgenden finden weitgehend die gebräuchlichen latinisierten oder eingedeutschten Bezeichnungen Anwendung. Ansonsten wird die griechische Version der Namen beibehalten. Ein derartiges System in konsequenter Weise beizubehalten, erscheint mir ohnehin fast unmöglich, und ich fürchte, daß auch hier Unregelmäßigkeiten auftauchen können.

Unterstützung erfuhr ich von vielen Freunden und Kollegen, die mich vor Fehlern bewahrt, zahlreiche Material- und Deutungsfragen mit mir diskutiert und hilfreiche Ratschläge und Kritiken angebracht haben. Herzlichen Dank schulde ich Rebecca Ammerman, Barbara Barletta und Diane Conlin, die große Teile des Textes gegenlasen; ferner Sharon Herbert, Jim Higginbotham, Gail Hoffman, Cathy Keesling, Greg Leftwich und Taurie Talalay, die mir Informationen zu einzelnen Punkten zukommen ließen. Es ist mir ein besonderes Anliegen, Jerry Rutter zu danken, der mir mit der ihm eigenen Freundlichkeit und Großzügigkeit in einigen Fragen zur (mir) nicht so vertrauten Bronzezeit mit Rat und Tat zur Seite stand. Des weiteren danke ich den namentlich nicht genannten Lesern in Prentice Hall für ihre unzähligen Vorschläge und Korrekturen, ebenso den Mitarbeitern des Calman & King-Verlages in London für ihre fachmännische Hilfe. In Ann Arbor kümmerte sich Michelle Biggs um verlagstechnische Fragen. Irrtümer in Fakten, Stil und wiedergegebenen Meinungen gehen zu meinen Lasten.

Für ihre Unterstützung in organisatorischen und logistischen Dingen sowie für ihren andauernden Zuspruch bin ich meiner Frau zu besonderem Dank verpflichtet; dieses Buch wäre ohne sie nie geschrieben worden. Gewidmet ist es meinen beiden Lehrern, Felix Dowson aus Kirkby Lonsdale, Westmorland, der mich schon früh in die griechische Sprache einführte und dem ich meinen ersten Besuch Griechenlands zu verdanken habe, und George Hanfmann, meinem späteren Mentor, der mit kritischem Urteil und Großzügigkeit zahlreiche Studenten korrigiert und unterstützt hat, zu denen auch ich mich zählen darf.

Vorwort zur zweiten Auflage

Viele Kollegen und Freunde haben Anregungen für die zweite Ausgabe des Buches geliefert. Ihnen gilt mein herzlicher Dank. Der vorgegebene Rahmen erlaubte es leider nicht, sämtliche Ideen aufzunehmen. Die Ausdehnung des Kapitels über den Hellenismus geht jedoch auf ihre Empfehlungen zurück. Besonders danken möchte ich Fred Albertson, Susan Alkana, Barbara Barletta, Diane Conlin, Elise Friedland, Sharon Herbert, Jim Higginbotham, Gail Hoffman, Cathy Keesling, Miranda Marvin, Carol Mattusch, Nancy Ramage und Rebecca Schindler für die hilfreichsten Kommentare. Von Seiten des Verlages zeigten sich Lee Ripley Greenfield und Robert Shore von Calman & King stets hilfsbereit. Großen Dank schulde ich ferner Marc Fullerton, Martha Payne und Andy Stewart, deren umfangreiche und informative Hinweise dieses Buch entschieden verbessert haben.

John Griffiths Pedley
1998

Einleitung

Welche Vorstellung weckt der Titel *»Griechische Kunst und Archäologie«* in unseren Gedanken? Sicher sehen da viele die Akropolis und den Parthenon von Athen vor sich, und auch die »Reiterfriese«, die einst den Parthenon zierten und im frühen 19. Jahrhundert in das Britische Museum in London gebracht wurden. Diese Denkmäler symbolisieren den Höhepunkt einer langen Entwicklung. Viele Aspekte unserer westlichen Kultur haben in Griechenland ihre Wurzeln. Seine großen Philosophen, Geschichtsschreiber, Poeten, Dramatiker, Architekten, Bildhauer und Maler beeinflussen noch heute unsere Denkweise und unser Handeln.

Bereits im 5. Jahrhundert v. Chr. ließen sich die Griechen in Athen von den Tragödien des Aischylos, des Euripides und des Sophokles oder den Komödien des Aristophanes unterhalten. Thukydides dokumentierte die historischen Ereignisse, Sokrates entwickelte seine Philosophie. Phidias, der berühmteste der griechischen Bildhauer, der Architekt Iktinos und andere Künstler und Bildhauer arbeiteten auf der Akropolis. Athen war der erste demokratische Stadtstaat und wehrte fast mit Leichtigkeit die persische Invasion in der Schlacht von Marathon 490 v. Chr. ab. Er trug entscheidend zum Sieg der Griechen über die Perser in der Seeschlacht von Salamis 480 v. Chr. bei und war im Jahr 479 v. Chr. am Sieg über die persische Armee bei Plataea beteiligt.

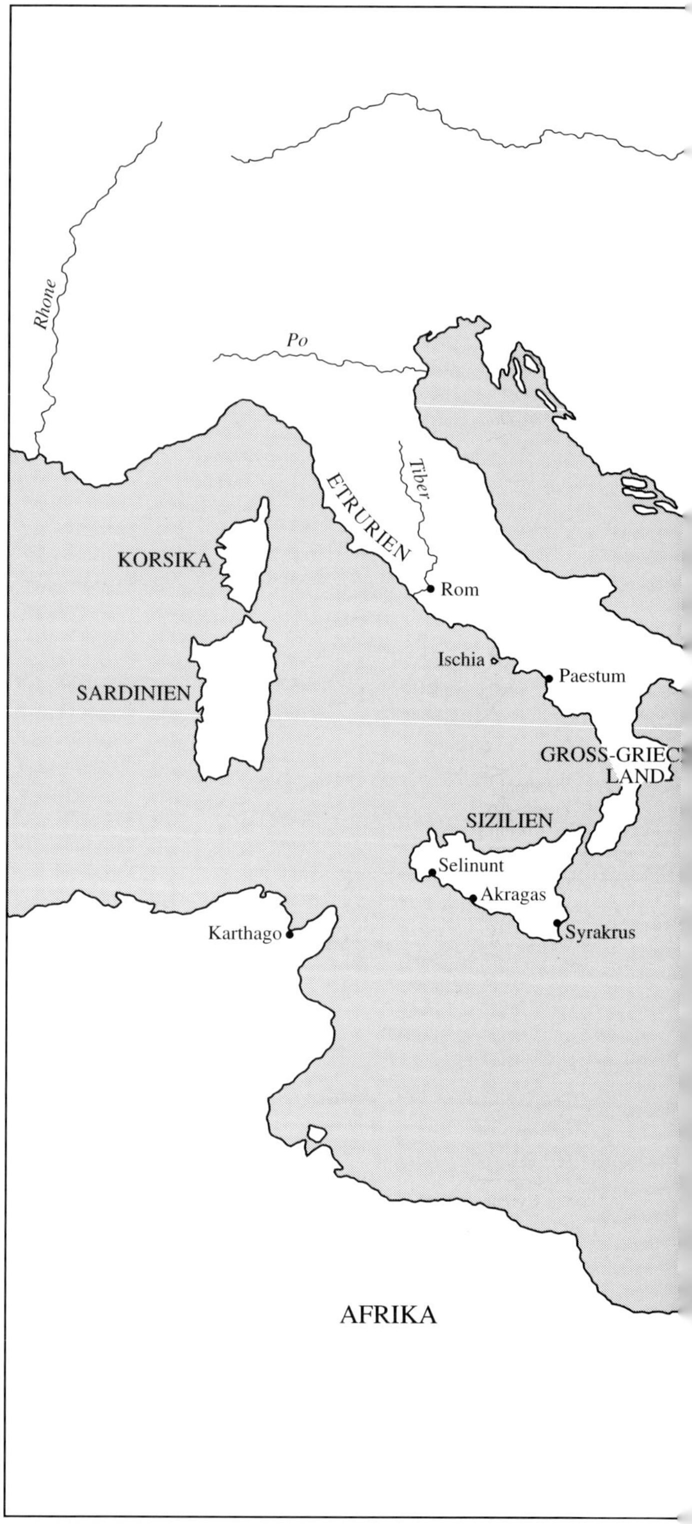

0.1 Die griechische Welt

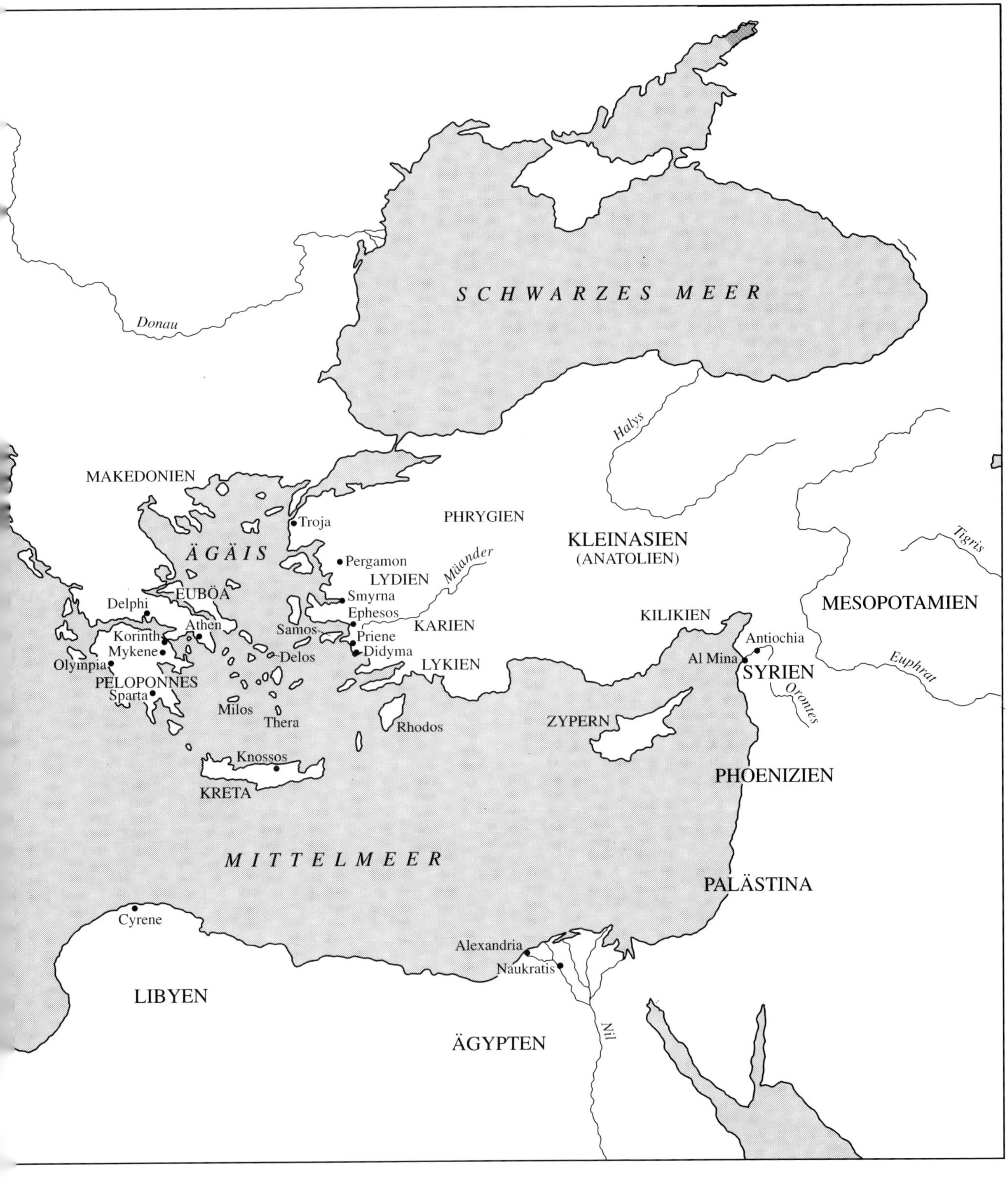
SCHWARZES MEER
Donau
Halys
MAKEDONIEN
Troja
PHRYGIEN
KLEINASIEN
(ANATOLIEN)
Tigris
ÄGÄIS
Pergamon
LYDIEN
Mäander
EUBÖA
Smyrna
Delphi
Ephesos
MESOPOTAMIEN
Athen
Samos
KARIEN
KILIKIEN
Korinth
Priene
Antiochia
Mykene
Didyma
Olympia
Delos
LYKIEN
Al Mina
SYRIEN
Euphrat
PELOPONNES
Sparta
Orontes
Milos
Thera
Rhodos
ZYPERN
Knossos
KRETA
PHOENIZIEN
MITTELMEER
PALÄSTINA
Cyrene
Alexandria
Naukratis
LIBYEN
Nil
ÄGYPTEN

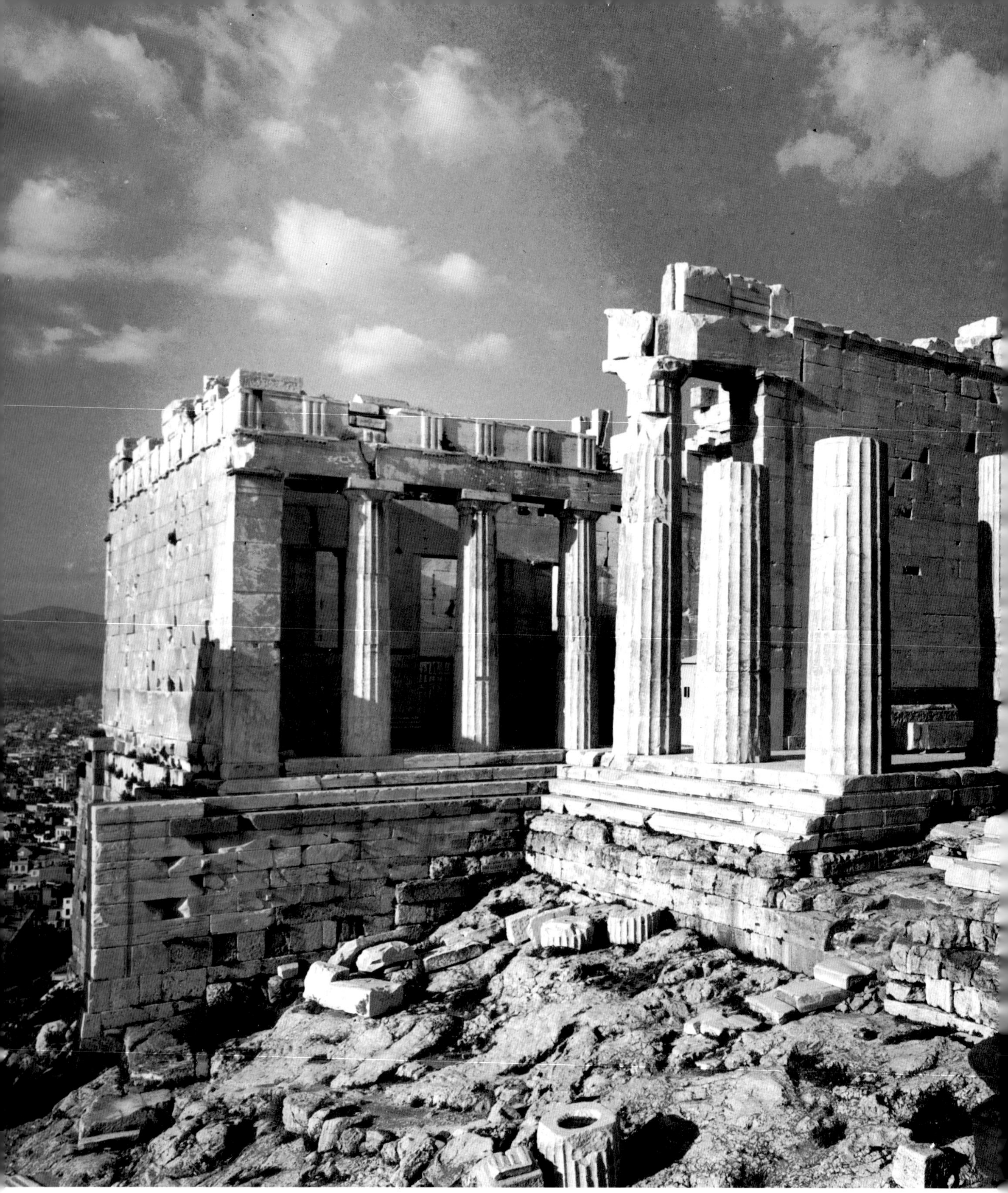

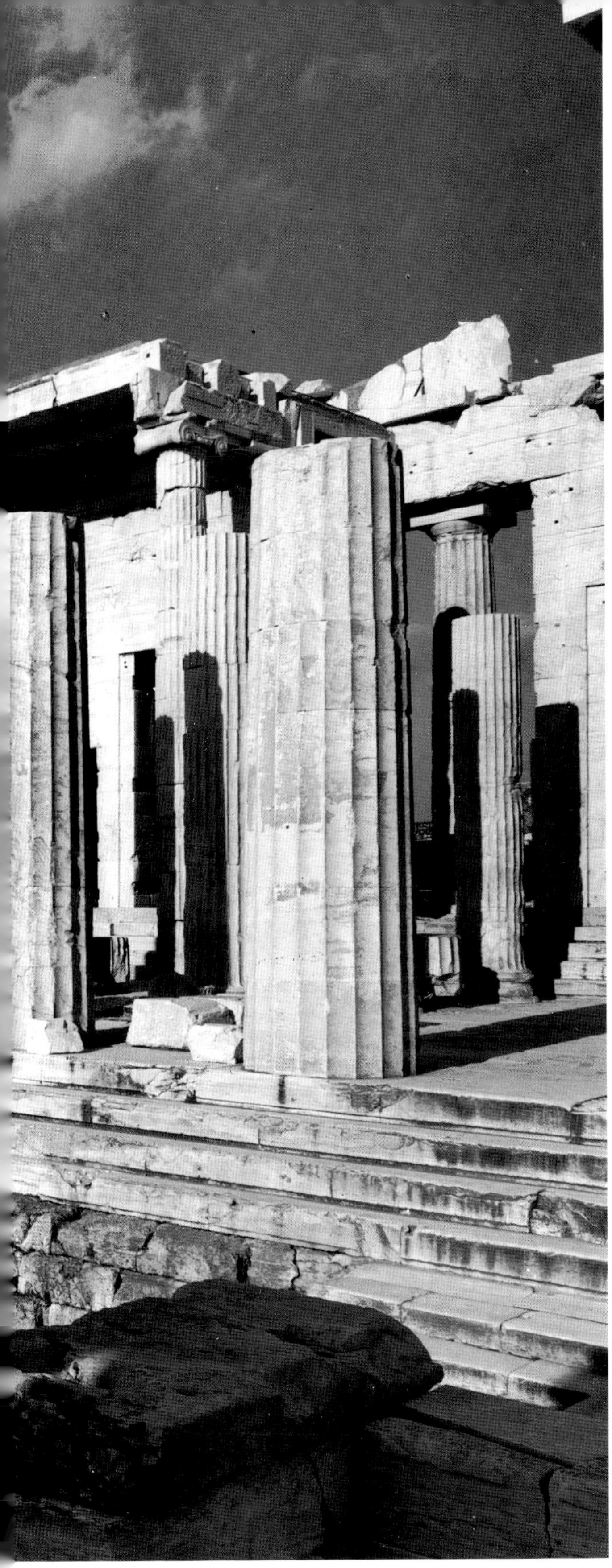

Aber das Athen des 5. Jahrhunderts v. Chr. ist nur ein kleiner Teil der griechischen Geschichte. Die Archäologie kann die Kunst in Griechenland bis an den Beginn der Bronzezeit, um 3000 v. Chr., oder gar noch weiter zurückverfolgen. Materielle Hinweise auf menschliches Wirken liegen bereits für diesen Zeitraum vor, in verstärktem Maße für die minoischen und mykenischen Kulturen der mittleren und späten Bronzezeit. Ferner ist festzustellen, daß bereits die bronzezeitlichen Völker Griechisch sprachen. Epochen, für die zeitgenössische Schriftzeugnisse vorliegen, werden üblicherweise »historisch« genannt. Gibt es keine Schriftzeugnisse, so bezeichnet man sie als »prähistorisch«. In Griechenland ist die Bronzezeit als prähistorische Ära zu betrachten. Zu den wichtigsten prähistorischen Zentren zählten Mykene im griechischen Mutterland und Knossos auf Kreta.

Obwohl Athen, das bereits in dieser frühen Epoche eine befestigte *Akropolis* aufzuweisen hatte, schon in der Bronzezeit als politisches Zentrum galt, besaß es nicht die Machtstellung, die etwa Mykene innehatte. Die Stadt gewinnt erst nach der Bronzezeit an Bedeutung, obwohl die Keramik aus den Gräbern beweist, daß Athen durchgehend vom elften bis zum achten Jahrhundert v. Chr. besiedelt war. Aus verschiedenen Gründen nahmen andere Stadtstaaten in der Frühzeit und noch bis in das 7. Jahrhundert v. Chr. hinein die Führungspositionen ein. Zu diesen zählen Korinth und Samos, die Griechenstädte in Kleinasien wie etwa Smyrna, sowie die Metropolen im griechischen Westen, beispielsweise Syrakus auf Sizilien. Der geographische Rahmen dieses Buches ist damit weit gesteckt (Abb. 0.1).

Zum griechischen Osten zählen die seit der Bronzezeit nachweisbaren Koloniestädte an der Küste Kleinasiens, auf Zypern, in Kilikien und Syrien. Die Ostgriechen nahmen Kontakt mit Phrygiern, Lydiern und anderen östlichen Zivilisationen auf. Über diese und weitere Verbindungen

0.2 Athen, die Propyläen von Südwesten. 437–432 v. Chr.

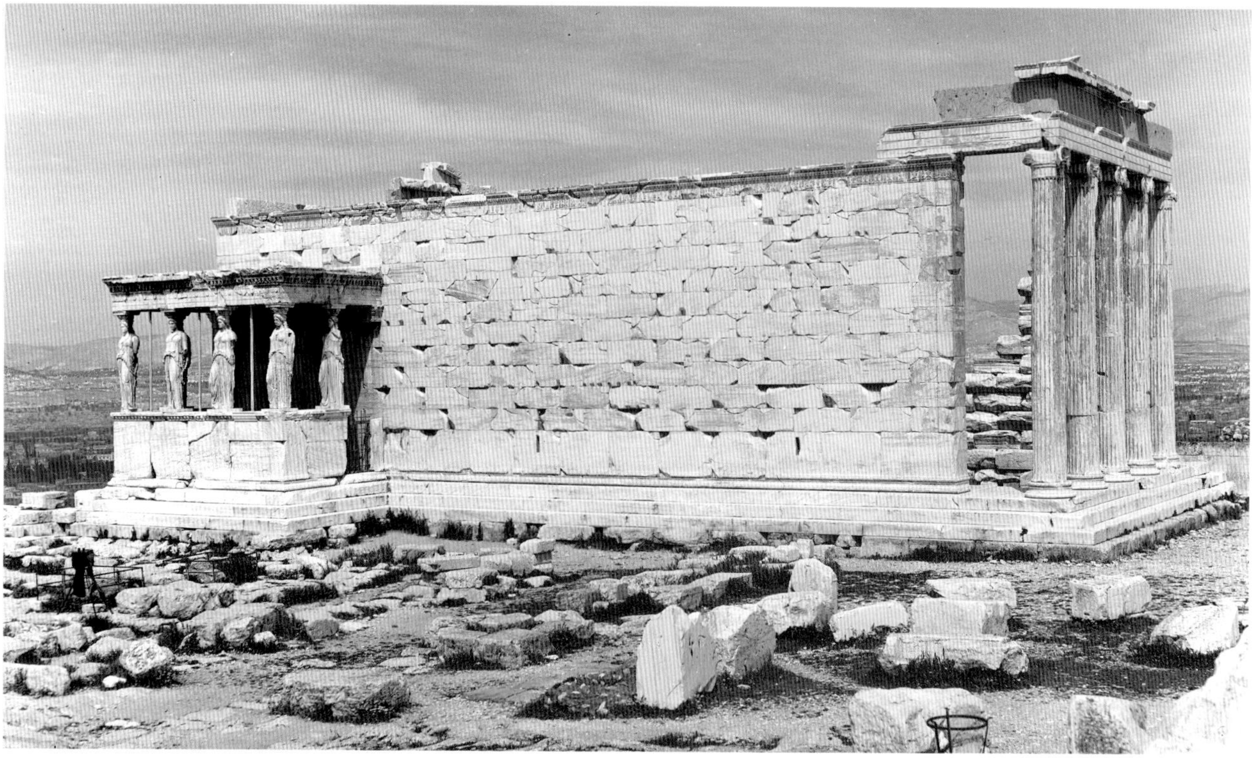

0.3 Athen, das Erechtheion von Südosten. 430–406 v. Chr.

der griechischen Region nach Ägypten kam am Ende des Dunklen Zeitalters neues Gedankengut nach Griechenland. Da es gerade die Einwohner des östlichen Teiles der griechischen Welt waren, die die neue kulturelle Blütezeit einleiteten und am Wiederaufleben der Steinarchitektur und Plastik in Griechenland entscheidend beteiligt waren, gilt ihnen besondere Aufmerksamkeit.

Auch im Westen, auf Sizilien und in Unteritalien, ließen sich seit dem 8. Jahrhundert v. Chr. Griechen nieder. Diese werden in der Literatur zur griechischen Kunst und Archäologie kaum erwähnt, da sie nur wenig zur Entwicklung der griechischen Plastik beitrugen und ihr Einfluß auf die Vasenmalerei bis auf eine einzige erwähnenswerte künstlerische Phase im 4. Jahrhundert v. Chr. ausnehmend gering war. Was jedoch die Tempelarchitektur angeht, so sind die Leistungen der Westgriechen erstaunlich. Sie können als Vorreiter auf dem Gebiet der Bauplastik gelten und gehörten zu den ersten, die Friese mit skulptierten *Metopen* verzierten. Sie führten ionische Formen in die dorische Ordnung ein und nahmen damit eine Entwicklung vorweg, die erst im Entwurf des Parthenon seine Vollendung fand.

Im 5. Jahrhundert v. Chr. betrachtete sich die sizilische Stadt Syrakus auf dem Gebiet der bildenden Kunst und der Literatur als kulturelle Rivalin Athens. Zusammen mit dem großen Reichtum und wirtschaftlichen Wohlstand der Stadt mag dies der Auslöser für Athens unheilvollen Angriff im Jahre 415 v. Chr. gewesen sein. Syrakus konnte sich jedoch erfolgreich verteidigen, und der Angriff endete 413 v. Chr. mit dem Tod bzw. der Gefangennahme vieler Athener. In der Folgezeit machte sich der griechische Westen vor allem mit seiner Vasenmalerei einen Namen. Die Hauptzentren der griechischen Vasenmalerei lagen im 4. Jahrhundert v. Chr. in Unteritalien und erreichten dort im 3. Jahrhundert v. Chr. ihre letzte Blütezeit. Die kulturellen Leistungen der Westgriechen spielen darum im vorliegenden Buch eine wichtige Rolle.

Die Wiederentdeckung der Antike

Einige antike griechische Gebäude haben sich bis in die Neuzeit als sichtbare Strukturen erhalten, während andere im Laufe der letzten 2500 Jahre in neue Baugefüge mehr oder weniger erkennbar integriert wurden. Auf der Akropolis von Athen bezog man die Propyläen (Abb. 0.2) in die Befestigungsanlage mit ein, der Parthenon (Abb. 0.8) und das Erechtheion (Abb. 0.3) wurden in Kirchen umfunktioniert. Auch das Hephaisteion (Abb. 0.9) in der Nähe der *Agora* gestaltete man zur Kirche um, Teile der *Stoa* des Attalos (Abb. 0.10) dienten als Stadtmauer. Auch in der sizilischen Stadt Agrigent, von den Griechen Akragas genannt, und im unteritalischen Paestum (Abb. 0.4), dem griechischen Poseidonia, überließ man die Tempel ihrem Schicksal oder nutzte sie als Kirchen.

Im 2. Jahrhundert v. Chr. begannen die Römer, griechische Skulpturen und andere Kunstobjekte zu sammeln. Erst 14 Jahrhunderte später, während der Renaissance, erwachte das Interesse an griechischen Bildwerken erneut. Die große Bronzequadriga etwa, die den Eingang der Markus-Kirche in Venedig zierte (Abb. 0.5), wurde im Jahre 1204 von Konstantinopel dorthin transportiert. Ursprünglich stammte die Skulptur aus Chios. Die Pferde sind wohl das Werk eines spätklassischen oder frühhellenistischen Bildhauers, vielleicht Lysipps. Eventuell handelt es sich auch schon um eine römische Kopie oder Nachempfindung. Im 15. Jahrhundert wurden wichtige Statuen zutage gefördert, die den Grundstock der späteren großen italienischen Kunstsammlungen bildeten. Zu diesen bemerkenswerten Statuen gehört der Apoll im Belvedere (Abb. 0.6), eine römische Marmorkopie des griechischen Bronzeoriginals von dem im 4. Jahrhundert

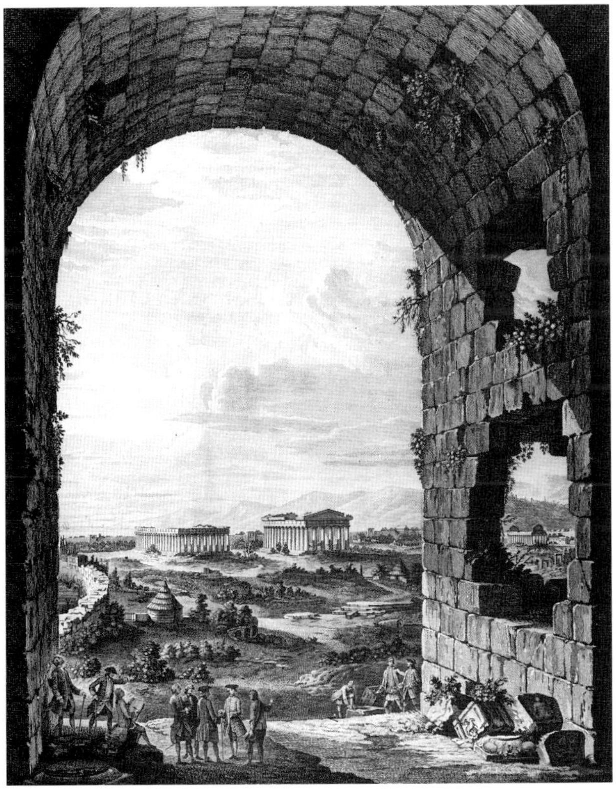

0.4 Die Stadt Poseidonia (Paestum), vom Osttor aus gesehen. Stich von Thomas Major, 1768

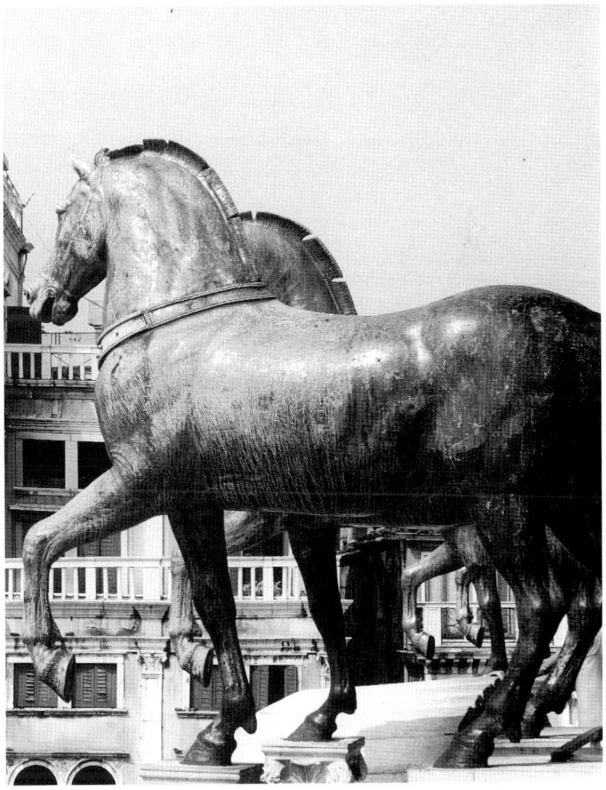

0.5 *Quadriga*, ehemals aufgestellt vor dem Eingang der Markus-Kirche in Venedig. 4. Jh. v. Chr. (?). Vergoldete Bronze. Venedig, Museum von San Marco

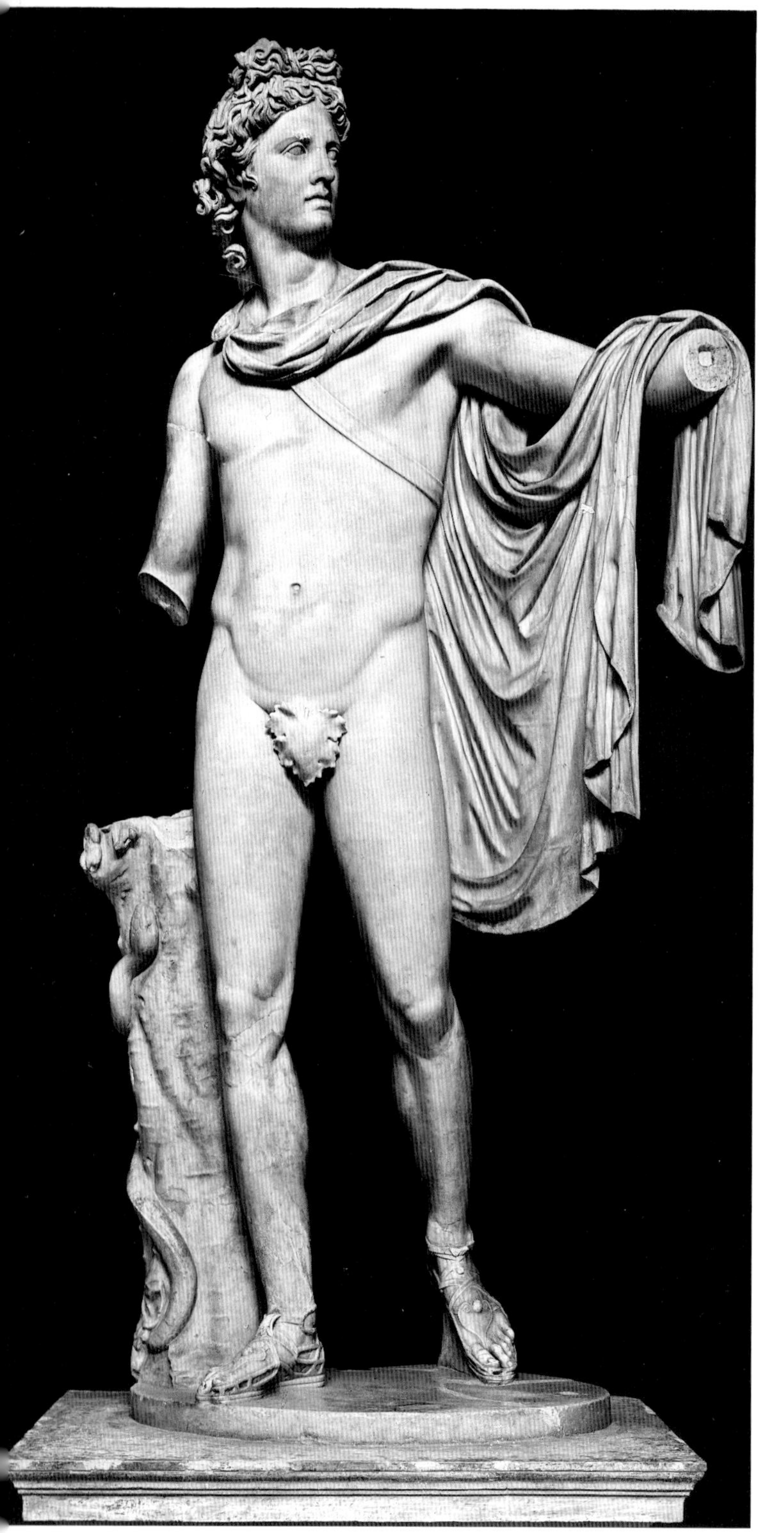

0.6 *links* Apollo Belvedere. Römische Kopie eines griechischen Bronzeoriginals aus dem späten 4. Jh. v. Chr. Marmor. Höhe 2,24 m. Rom, Vatikanische Museen

0.7 *unten* Belvedere Torso. Kopie aus dem 1. Jh. v. Chr. nach einem Original um 200 v. Chr. Marmor. Höhe 1,59 m. Rom, Vatikanische Museen

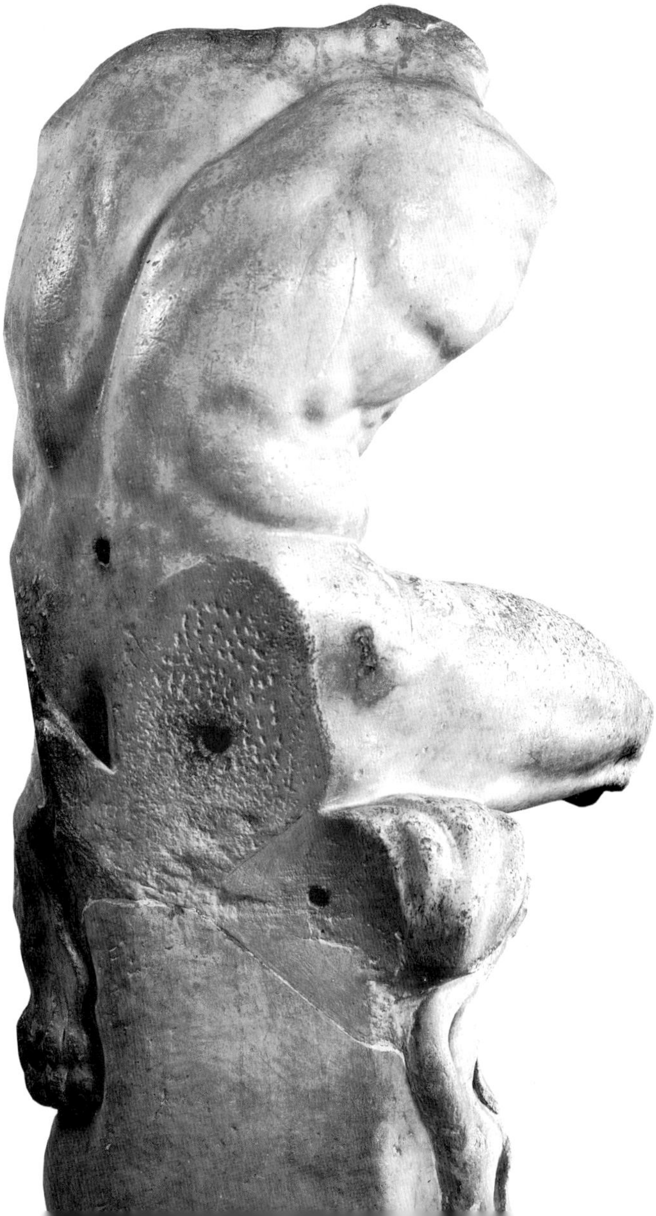

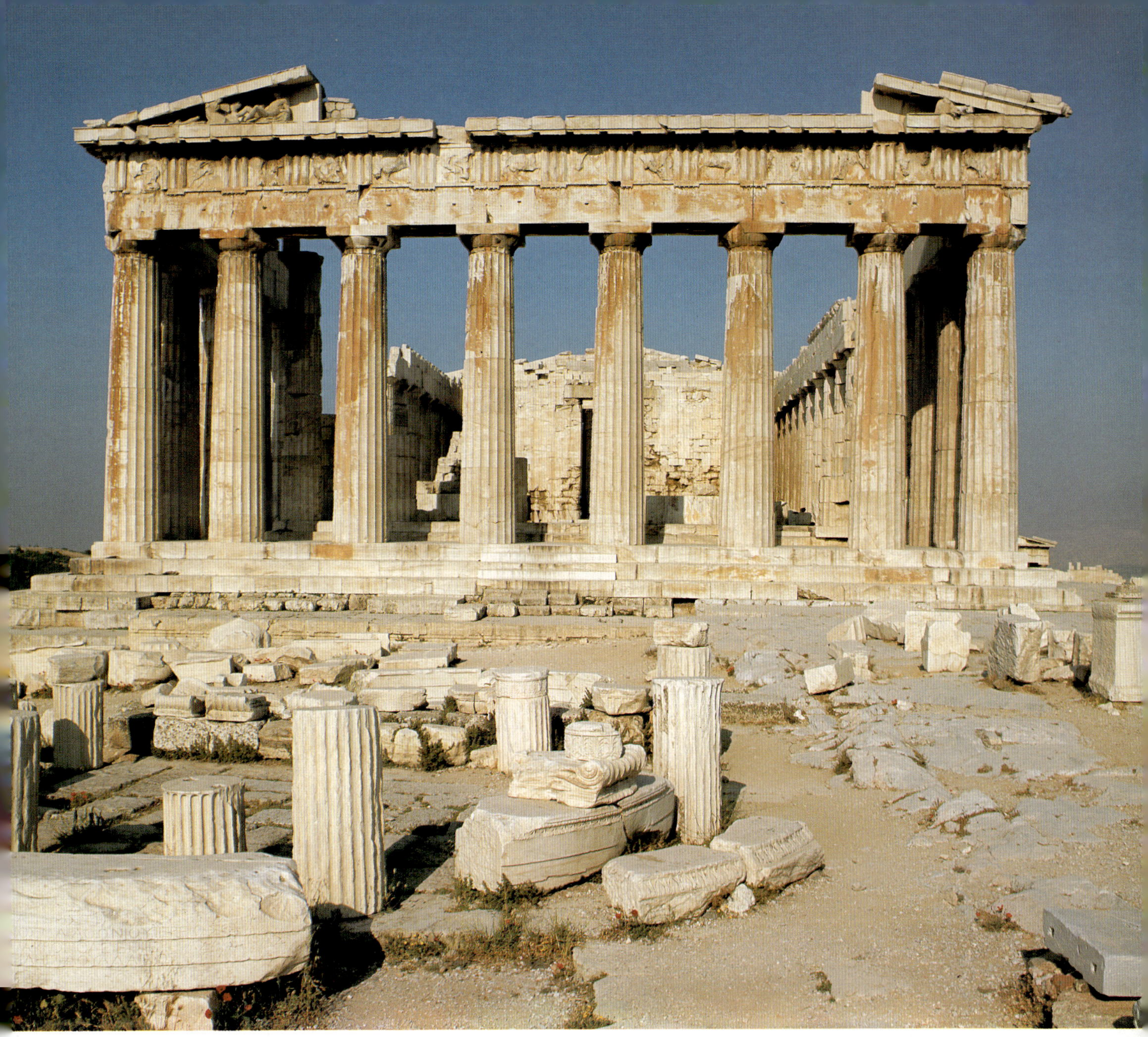

0.8 Athen, Parthenon, Ostfassade. 447–432 v. Chr.

v. Chr. wirkenden Leochares. Der Apoll galt viele Jahre als der Inbegriff der klassischen Schönheit, so auch für Winckelmann. Dieser große Kunstkritiker schied als erster die griechische Kunst von der römischen und unterteilte sie in Epochen, die noch heute Gültigkeit besitzen. Als eine weitere Skulptur, die bereits im 15. Jahrhundert bekannt war, ist der Belvedere Torso (Abb. 0.7) zu nennen. Im 16. Jahrhundert fand man die Laokoon-Gruppe (Abb. 10.40, S. 346). Seit dem 17. Jahrhundert bereiste die englische adlige Oberschicht Griechenland. Unter ihnen befand sich der Earl von Arundel, der viele der griechischen Antiquitäten erwarb, die sich heute größtenteils in Oxford befinden. Sir George Wheler besuchte in Begleitung seines französischen Arztes Jacob Spon im Jahre 1675 Athen. 1678 erschienen die ersten Reiseberichte von Wheler und Spon. Die wissenschaftliche Erforschung der materiellen Hinterlassenschaften der Antike begann jedoch erst im 18. Jahrhundert.

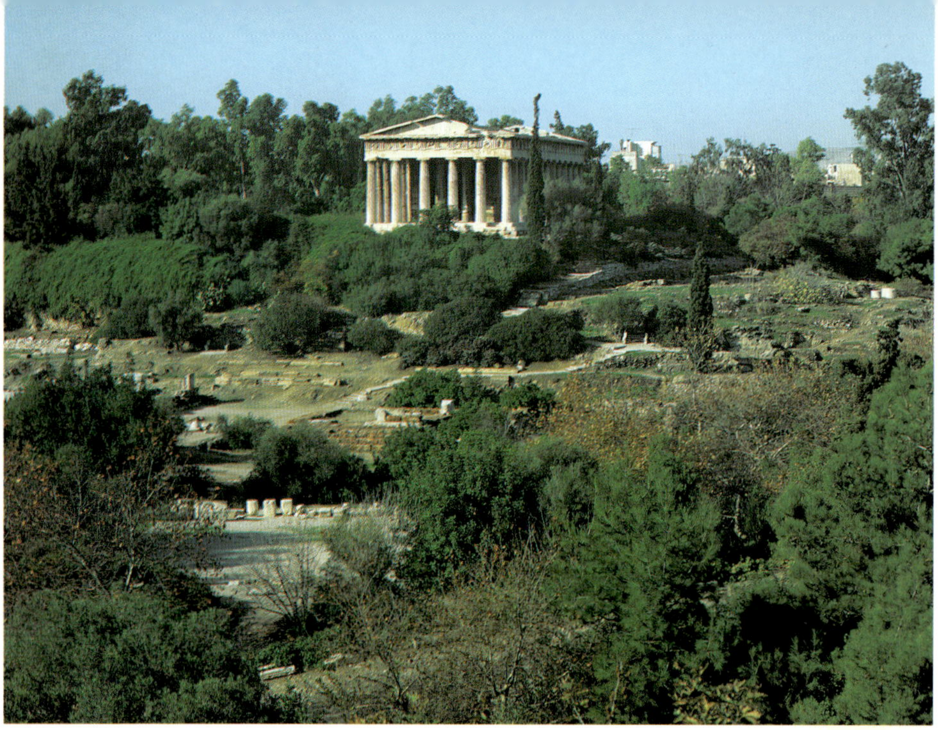

0.9 Athen, Hephaisteion, von Osten. Um 450–415 v. Chr.

0.10 Athen, die Stoa des Attalos auf der Agora, von Nordwesten. Um 150 v. Chr. Rekonstruiert 1956

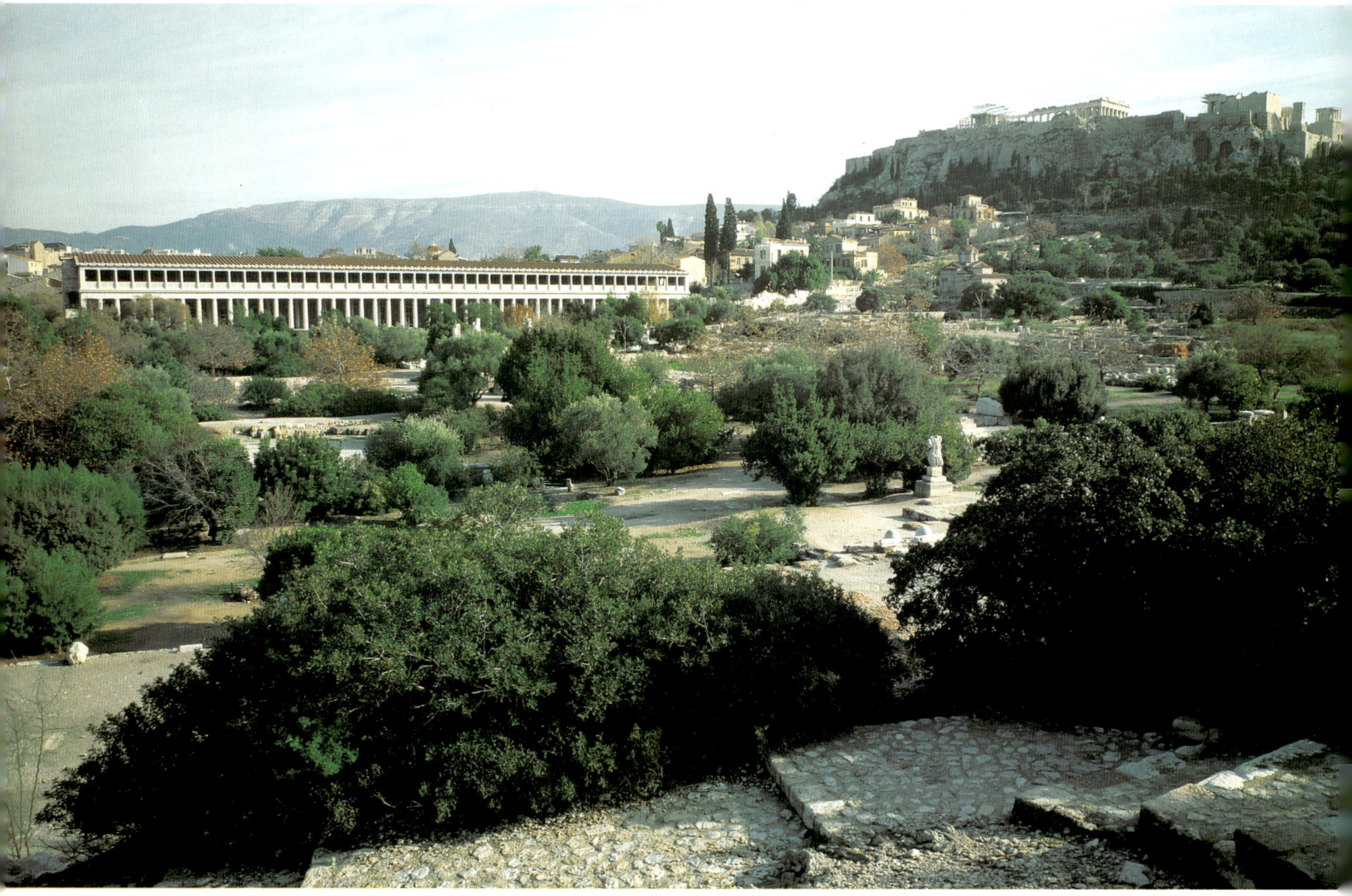

DAS 18. JAHRHUNDERT

Im Jahre 1732 wurden die griechischen Tempel von Akragas (Agrigent) erstmals untersucht und in Grund- und Aufrißzeichnungen von Pankrazi veröffentlicht. Eine Publikation der Tempel von Poseidonia (Paestum) erfolgte 1764 durch den französischen Architekten Soufflot. Winckelmann besichtigte die Tempel 1760. Sie wurden zum Ausgangspunkt seines einflußreichen Werkes *Bemerkungen über die Architektur der Alten* (1764?). Giovanni Battista Piranesi fertigte Zeichnungen und eine Kupferstich-Serie von den Tempeln an, die sein Sohn schließlich ausführte. Durch die Bilder erlangten die Monumente einen weitreichenden Bekanntheitsgrad. Die Entdeckung von Herculaneum im Jahre 1738 und die 1748 in Angriff genommenen Ausgrabungen in Pompeji ließen das Interesse an Poseidonia auch weiterhin nicht schwinden.

1750 sandte die Londoner »Society of the Dilettani« die beiden Engländer James Stuart und Nicholas Revett mit dem Auftrag nach Athen, die antiken Gebäude zu vermessen und zu zeichnen. Ihre Arbeiten wurden später in mehreren Bänden der *Antiquities of Athens* (1762–1816) veröffentlicht. Die Franzosen jedoch waren, wie gewöhnlich, schneller. Le Roy stattete Athen im Jahre 1754 einen Besuch ab und publizierte schon 1758 sein Werk *Les Ruines des plus beaux monuments de la Grèce*, das sich allerdings hinsichtlich des Umfangs und der Detailvielfalt nicht mit jenem der Engländer messen konnte.

Auch andernorts erfuhren griechische und römische Gebäude und Kunstgegenstände eine eingehende Untersuchung. Ein englisch-irisches Team erforschte die Tempel von Palmyra und Baalbek in Syrien. Die Funde wurden in den 50er Jahren des 18. Jahrhunderts publiziert. Der große englische Architekt Robert Adam führte im römischen Palast bei Spalato in Kroatien eine Bauuntersuchung durch, deren Ergebnisse er im Jahre 1764 veröffentlichte.

Sir William Hamilton, 1764 Diplomat am neapolitanischen Hof, entwickelte ein starkes Interesse an griechischen Vasen, die man zu seiner Zeit zahlreich aus den Gräbern des 6. und 5. Jahrhunderts v. Chr. barg. Innerhalb weniger Jahre hatte er eine bemerkenswerte Sammlung zusammengetragen, die 1772 an das Britische Museum verkauft wurde. Diese Stücke bildeten die Grundlage für eine der bedeutendsten Sammlungen griechischer Vasen.

Der Besitz griechischer und römischer Skulpturen wurde innerhalb der englischen Oberschicht zum Statussymbol. Als Quelle der Kunstobjekte galt Rom, wo verwahrloste italienische Sammlungen aufgekauft und Raubgrabungen organisiert wurden. Als vermutlich erfolgreichster unter den englischen Sammlern ist Charles Townley (1737–1805) zu nennen, zu dessen Vermittlern ein gewisser Thomas Jenkins gehörte, der enge Verbindungen zu mehreren Päpsten unterhielt. Townley präsentierte seine Stücke in seinem Londoner Stadthaus (Abb. 0.11). Heute befinden sie sich im Britischen Museum.

0.11 Johann Zoffany, *Charles Townley und Freunde in der Park Street Gallery, Westminster*. 1781–83. Öl auf Leinwand. 127 x 99 cm. Burnley/England, Townley Art Gallery and Museums

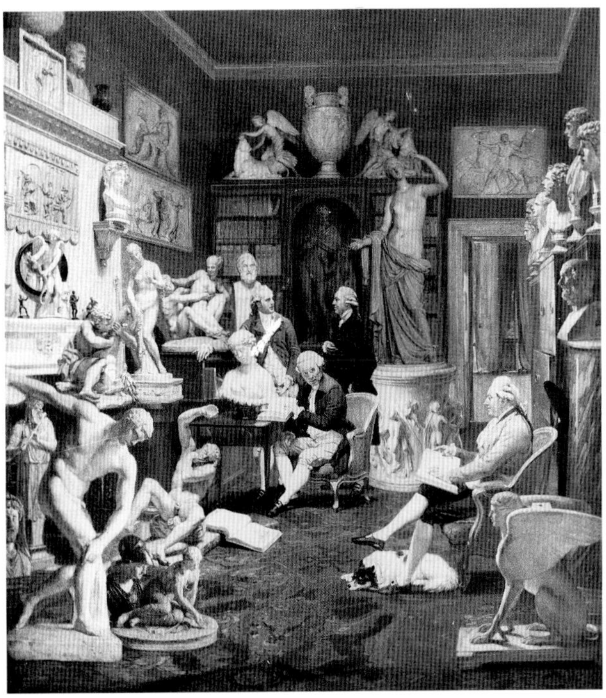

DAS 19. JAHRHUNDERT

Die 1816 vom Britischen Museum erworbenen Marmorskulpturen des Parthenon beeinflußten schon bald Künstler und Wissenschaftler in ihrer Betrachtungsweise antiker Plastik. Zur selben Zeit gelangten die Giebelfiguren des Aphaia-Tempels auf Ägina in den Besitz des Prinzen von Bayern. Zu besichtigen sind sie heute in München. Cockerell und Hallerstein vermaßen und zeichneten den Apollon-Tempel in Bassae. Die skulptierten Friesplatten brachten sie nach London.

In der zweiten Hälfte des 19. Jahrhunderts begann eine systematische Erforschung der antiken Nekropolen in Etrurien und Unteritalien. Bemerkenswerte Funde griechischer Plastik machten griechischen Archäologen auf der Athener Akropolis. Die gerade unabhängig gewordene griechische Regierung unterstützte die von Deutschland finanzierten Grabungen in Olympia, die bis zum heutigen Tag andauern. Die Archäologen legten an verschiedenen Fundorten große Mengen antiker Überreste frei und erkannten die Notwendigkeit, Bronzen, *Terrakotten*, Vasen, Lampen usw. in Typen zu untergliedern.

Obwohl das Löwentor von Mykene (Abb. 0.12) die gesamte Antike hindurch unversehrt blieb, waren sein Alter und seine Bedeutung unbekannt. Über die prähistorischen Hinterlassenschaften der Griechen wußte man kaum etwas, bevor Heinrich Schliemann mit seinen Ausgrabungen begann. Als Geschäftsmann in Amerika und Europa erfolgreich, hielt er dennoch an seiner Liebe zu Homer wie an der Überzeugung fest, daß den Homerischen Epen historische Ereignisse zugrunde lägen. Zu Wohlstand gelangt, widmete er sein Geld und sein Leben der Ergrabung und Interpretation jener Stätten, die ihm durch Homer geläufig waren. Die Ausgrabungen in Troja ab 1870 bestätigten, daß Homer tatsächlich geschichtliche Wirklichkeit beschrieben hatte. Im griechischen Mutterland nahm Schliemann 1874 die Arbeit auf. Er folgte dabei Hinweisen der aus dem 2. Jahrhundert stammenden Beschreibung Griechenlands des Pausanias. 1876 entdeckte er innerhalb des Mauerrings von Mykene *Schachtgräber*, in denen Angehörige der königlichen Familie bestattet gewesen sein mußten. Später grub er in Tiryns und Orchomenos. Suchgräben legte er auf Ithaka an. Schliemann entdeckte eine bis dahin völlig unbekannte Kultur, die der »Mykener«. Die geographische Lage der untersuchten Stätten fügte sich vortrefflich in die im zweiten Buch von Homers *Ilias* wiedergegebene Liste, in der die Schiffe jener Staaten vermerkt sind, die gegen Troja in den Krieg gezogen waren. Doch welcher Zeit entstammte die ausgegrabene Zivilisation?

Heute ist die Archäologie in der Lage, charakteristische Gefäßformen der mykenischen Periode zu definieren und sie mit datierbaren ägyptischen Erzeugnissen zu vergleichen. Absolut zu datierende ägyptische Artefakte, wie Skarabäen mit königlichen Namenskartuschen, wurden zudem in Häusern und Gräbern in Mykene gefunden. So läßt sich die mykenische Keramik über die bereits in Ägypten festgelegte Chronologie zeitlich einordnen. Die Archäologen erkannten, daß mykenische Erzeugnisse in den ägyptischen Grabmalereien der

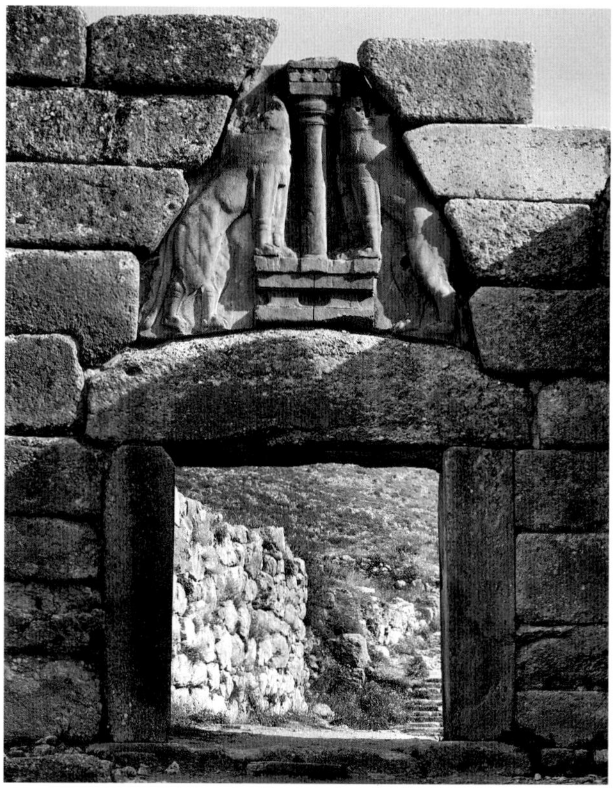

0.12 Mykene, Löwentor, von Nordwesten. Um 1250 v. Chr.

18. Dynastie abgebildet und über diese zu datieren waren. Aus diesen Zusammenhängen war zu schließen, daß die mykenische Kultur ihre Blütezeit zwischen 1600 und 1300 v. Chr. erreicht hatte.

Weitere Ausgrabungen, bei denen hunderte von Gräbern freigelegt wurden, unternahm man im letzten Jahrzehnt des 19. Jahrhunderts auf den Kykladen in der südlichen Ägäis. Man fand dort stilisierte Idole und neue Keramikformen, die es den Wissenschaftlern erlaubten, eine weitere Kultur zu identifizieren, nämlich die »kykladische«. Das Interesse verlagerte sich nun auf die Frage, ob diese neu aufgefundene Zivilisation als direkter Vorläufer der mykenischen angesehen werden durfte. Viele Blicke richteten sich bereits auf Kreta, wo schon Schliemann archäologische Untersuchungen anstellen wollte, jedoch keine Erlaubnis erhalten hatte.

DAS 20. JAHRHUNDERT

Der englische Forscher Arthur Evans, später Sir Arthur, reiste nach Griechenland, um glyptische Erzeugnisse und Inschriftensteine für das Ashmolean Museum in Oxford zu erwerben. Im Jahre 1900 wurde ihm gestattet, mit der Ausgrabung von Knossos auf Kreta zu beginnen. Innerhalb weniger Jahre legte er dort große Teile des Palastes frei und entdeckte Tontafeln mit einer von ihm als »Linear A« bezeichneten Schrift. Bis ins Jahr 1932 setzte er sein Projekt fort und publizierte zwischen 1921 und 1935 das vier Bände umfassende Werk *Palace of Minos at Knossos*. Evans gelang es zu zeigen, daß die von ihm gefundene prähistorische Zivilisation, die er nach König Minos die »minoische« nannte, der tatsächliche Vorläufer der mykenischen Kultur im griechischen Mutterland war. Durch archäologische Beobachtungen der Abfolge von Erdschichten (Stratigraphie) und mit Hilfe der Analyse materieller Hinterlassenschaften erstellte er eine relative Chronologie für das prähistorische Kreta. Gleichzeitig mit Evans begannen die Italiener mit der Freilegung eines zweiten Palastes in Phaistos. Ein dritter kretischer Palast wurde 1915 von griechischen Archäologen entdeckt und ab 1922 von einem französischen Team ausgegraben. Die mutige amerikanische Archäologin Harried Boyd (Hawes) begann 1901 die Erforschung der Stadt Gournia.

Seit den 1920er Jahren untersuchte ein weiterer Amerikaner, Carl Blegen, die Vorläufer Mykenes im griechischen Mutterland, und wieder gelang es über eine exakte stratigraphische Auswertung, die Chronologie bis zum Beginn der Bronzezeit zurückzuverfolgen. Die Phasen seiner Zeitenabfolge bezeichnete Blegen in Anlehnung an Hellas – Griechenland – als »helladisch«. 1939 erforschte er gemeinsam mit seinem griechischen Kollegen Kourionotis die mykenische Palastanlage in Pylos. Sie entdeckten weitere beschriebene Tontafeln, die zur Entzifferung der sog. Linear-B-Schrift durch Michael Ventris im Jahre 1952 führten. Grabungen in anderen Stätten, in Lerna im griechischen Mutterland, im kykladischen Thera (Akrotiri) und in Zakros auf Kreta folgten.

Die systematische Analyse antiker Heiligtümer und wichtiger urbaner Zentren riß während des gesamten 20. Jahrhunderts nicht ab. Delos, Delphi, Samos, Olympia, Athen, Korinth und Sparta in Griechenland, Pergamon, Priene, Didyma und Milet in Kleinasien sind gute Beispiele hierfür. In der Tat begann die Arbeit in den meisten dieser Anlagen bereits im letzten Viertel des 19. Jahrhunderts und wird bis heute fortgesetzt. Auch Syrakus, Selinunt, Akragas und Gela auf Sizilien sowie Metapont, Poseidonia und Taras in Unteritalien legten Archäologen binnen kürzester Zeit frei. Im Rahmen der jüngsten Projekte in Lefkandi in Griechenland und Ischia in Italien konnten wichtige neue Informationen gewonnen werden, und auch die Entdeckung der makedonischen Kammergräber, vor allem jener in Vergina, gilt als bemerkenswert. Auf Samos wurden 1980 weitere überlebensgroße Marmorstatuen aus dem 6. Jahrhundert v. Chr. geborgen, in einem punischen Heiligtum auf Mozia bei Sizilien fand man die höchst beachtliche Marmorplastik eines Wagenlenkers (Abb. 0.13). Zwei Krieger aus Bronze (Abb. 0.14 und 0.15), die 1972 bei Riace in Süditalien im Meer gefunden wurden, revolutionierten die Interpretation der griechischen Plastik des mittleren 4. Jahrhunderts v. Chr. Eine weitere Bronze, die Fischer 1995 vor der Insel Kalymnos an Land zogen, zeigt eine bekleidete Frau.

Gleichzeitig brachten ausgedehnte Grabungen in ländlichen Gebieten in Griechenland und Italien weitere Informationen allgemeinerer Art. Die Ge-

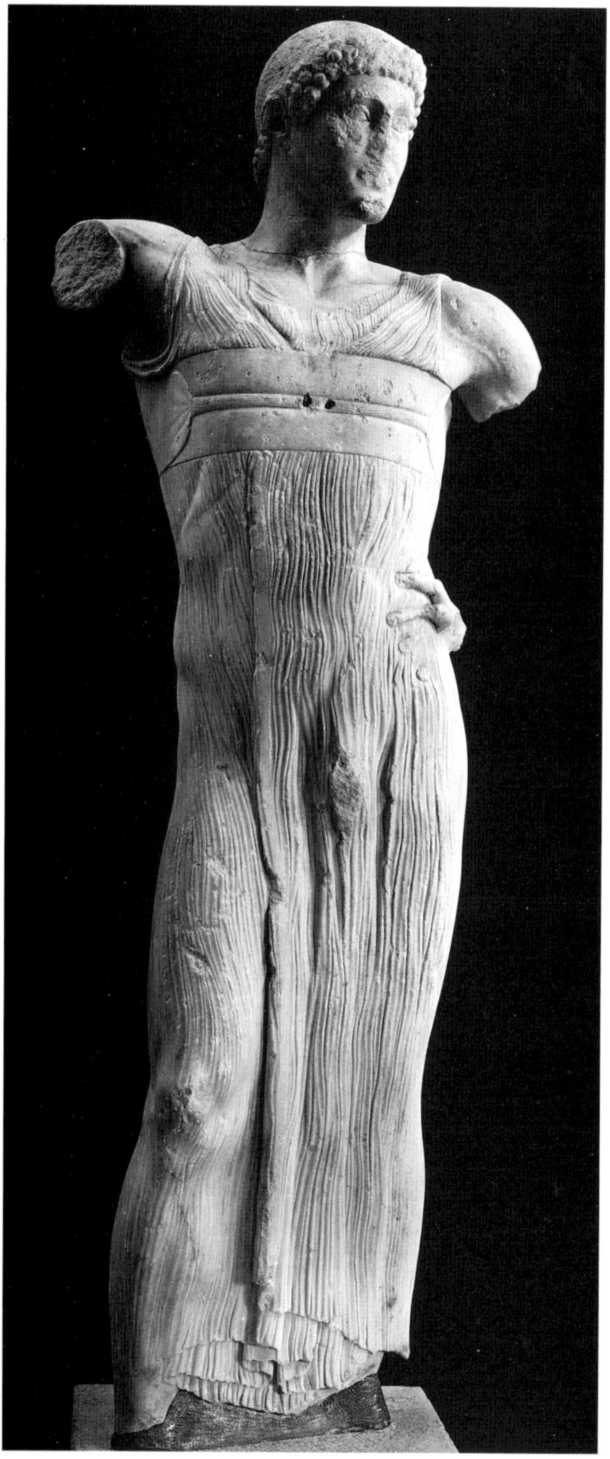

0.13 Wagenlenker aus Mozia, Sizilien. Um 480–450 v. Chr. Marmor. Höhe 1,81 m. Mozia, Museum

ländebegehung (Survey) im Gebiet von Metapont in Unteritalien beispielsweise führt uns Quantität und Verteilung landwirtschaftlicher Produktionsstätten vom 6. bis ins frühe 3. Jahrhundert v. Chr. vor Augen.

Literarische Quellen

Von der klassischen und hellenistischen Periode ist nur wenig auswertbares Schrifttum überliefert, obwohl wir wissen, daß Werke über Architektur und Plastik verfaßt wurden. Zufällige Bemerkungen, wie etwa die Erwähnung der Fassade des Apollon-Tempels von Delphi in Euripides' Schauspiel *Ion*, sind selten. Für die Jahrhunderte um die Zeitenwende liegen jedoch verschiedene wertvolle Quellen vor. Der Geograph Strabon z. B. gibt wichtige Hinweise auf Topographie und Geschichte der griechischen Welt seiner Zeit. Bei Cicero erfahren wir einiges über das Kunstverständnis seiner römischen Mitbürger. So bittet er Freunde in Athen, ihm griechische Statuen, zur Ausstattung seiner Villa zu schicken.

Vitruv, ein römischer Architekt des späten 1. Jahrhunderts v. Chr., schrieb ein Handbuch zur Architektur. Seinem Werk sind nützliche Beschreibungen der antiken Mauertechnik zu entnehmen. Er definiert architektonische Fachbegriffe und äußert sich zur Proportionsberechnung beim Tempelbau, wenngleich bislang kein Tempel gefunden werden konnte, dessen Architekt den Anweisungen Vitruvs in allen Punkten gefolgt wäre. Vitruvs detailreiche Abhandlung weist unter anderem darauf hin, daß die Ecksäulen dicker sein sollten als die übrigen Stützen. Von Vitruv wissen wir, daß perspektivische Zeichnungen in der Wandmalerei erstmals an Bühnengebäuden des 5. Jahrhunderts v. Chr. angebracht wurden.

Plinius der Ältere, der beim Ausbruch des Vesuv im Jahre 79 ums Leben kam, schrieb eine *Naturgeschichte*, in der er zahlreiche Themen anspricht und auf viele Schriftquellen hinweist. Besonderes Interesse verdienen seine Ausführungen zur griechischen Plastik, wo er vor allem über Bronzekunst, Terrakotten und Marmorstatuen spricht. Plinius zählt Namen und berühmte Werke von Bildhauern auf, datiert sie nach Olympiaden und beurteilt sie nach Kriterien, die möglicher-

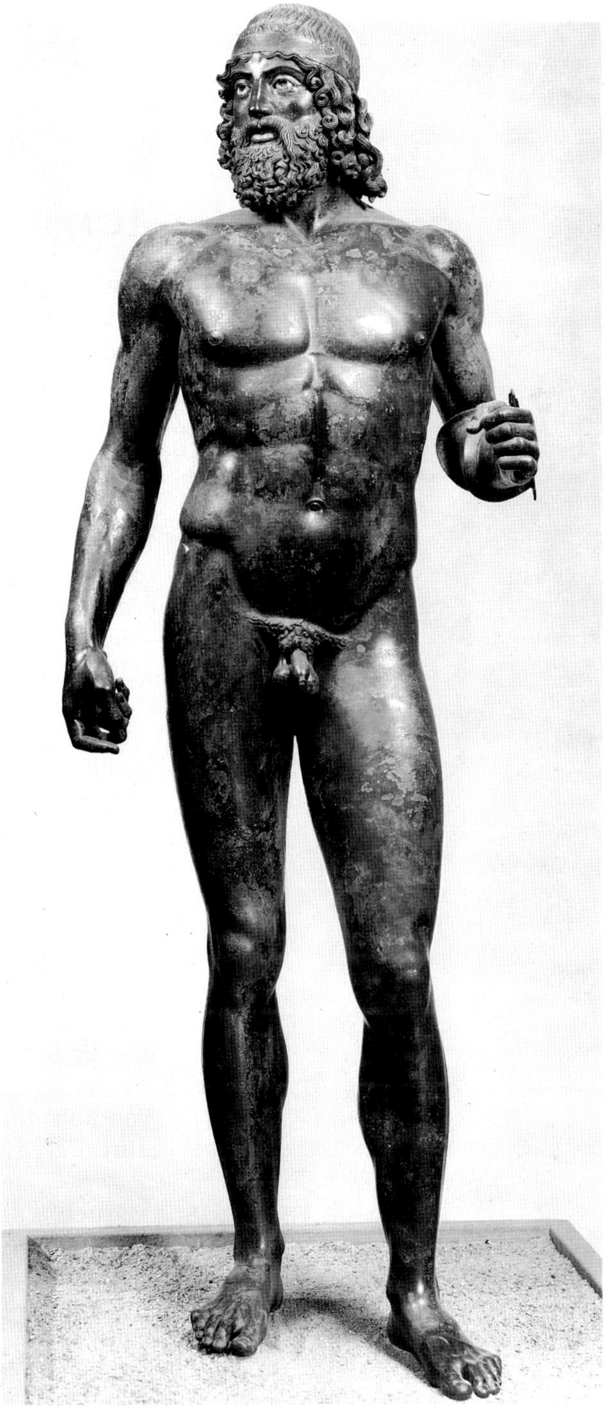

0.14 Riace-Krieger A. 460–450 v. Chr. Bronze mit Kupfer an Lippen und Brustwarzen, Silber an Zähnen und Augen. Höhe 2,05 m. Reggio di Calabria, Nationalmuseum

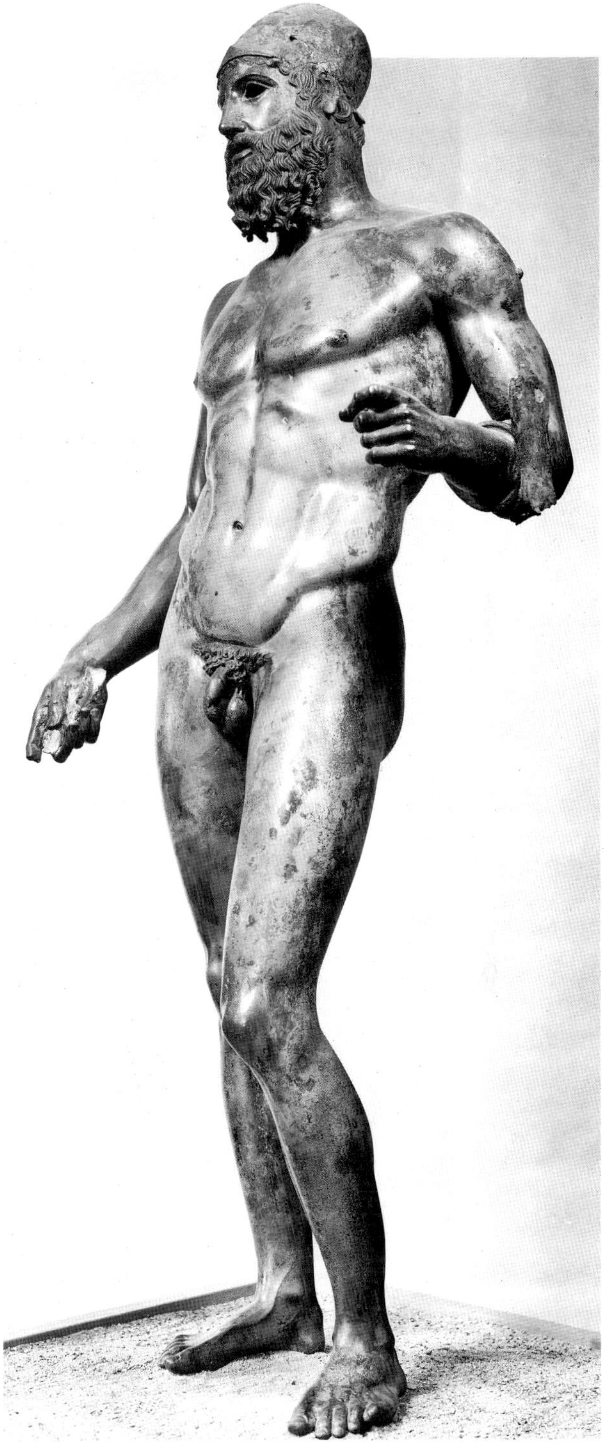

0.15 Riace-Krieger B. 460–450 v. Chr. Bronze mit Kupfer an Lippen und Brustwarzen sowie Augen (eines erhalten). Höhe 1,96 m. Reggio di Calabria, Nationalmuseum

weise auf seine hellenistische Quelle hinweisen. Experten konnten die beschriebenen Werke in römischen Kopien griechischer Originale wiedererkennen, obgleich ihre Methode noch kontrovers diskutiert wird. Plinius' Abhandlung zu Malern und Gemälden ist von vergleichbar großer Bedeutung. Er selbst ist ein Bewunderer Polygnots, dem er viele Neuerungen zuschreibt. Ferner listet er die Titel wichtiger klassischer Gemälde auf und informiert darüber, daß großformatige mythologische Darstellungen wie etwa »Perseus befreit Andromeda« (Abb. 9.42, S. 307) sich bereits in der griechischen Periode großer Beliebtheit erfreuten und auch von seinen Zeitgenossen noch geschätzt wurden.

Pausanias' *Beschreibung Griechenlands*, die er im 2. Jahrhundert zu Papier brachte, unterrichtet über Stätten und Denkmäler. Seine detaillierten Ausführungen zu Olympia und der Athener Agora, um nur zwei Orte zu nennen, sind von unschätzbarem Wert, jedoch häufig unzuverlässig. Wo seine Angaben überprüfbar sind, finden sich gelegentlich Fehler, die uns vermuten lassen, daß er sich auf Gehörtes verließ. Pausanias ist dennoch eine wichtige Quelle: Seine Beschreibung der Tafelbilder Polygnots in der Lesche (Vereinshaus) der Knidier in Delphi etwa hilft zu begreifen, wie Polygnot räumliche Tiefe in der Zweidimensionalität eines Tafelbildes erzeugte.

Auch nichtliterarische Schriftzeugnisse sind wichtige Quellen. Die Entzifferung der bronzezeitlichen Linear-B-Schrift beweist, daß bereits im 14. Jahrhundert v. Chr. Griechen in Knossos siedelten und ein ausgeklügeltes Verwaltungssystem besaßen. Aufschriften auf Gefäßen aus dem späten 8. Jahrhundert v. Chr. lehren, daß die Kunst des Schreibens nach dem Dunklen Zeitalter in Griechenland wiederentdeckt wurde. Aus dem 5. Jahrhundert v. Chr. hat sich die in Stein gemeißelte Bauabrechnung des Erechtheions von Athen erhalten, eine gleichartige Schriftquelle aus dem 4. Jahrhundert v. Chr. informiert über die Konstruktionskosten des Asklepios-Tempels von Epidauros. Inzwischen liegt auch eine schriftliche Aufstellung zum Inhalt des Arsenals im Piräus aus dem 4. Jahrhundert v. Chr. vor. Inschriften auf Statuenbasen helfen bei der Identifizierung der Stifter und Bildhauer.

Die Entwicklung der Klassischen Archäologie

Zu den antiken Monumenten und Objekten, die das Interesse der frühen Forscher auf sich lenkten, zählen vor allem Tempelanlagen, Statuen, Münzen und Inschriften. Im Vordergrund standen Bauforscher, Kunsthistoriker, *Numismatiker* und *Epigraphiker*. Die Analyse von Stil und *Ikonographie* (das Studium der Gegenstände und Personen, die als Skulptur, Gemälde oder in einer anderen Art und Weise abgebildet wurden) galt als wichtigste Aufgabe der archäologischen Forschung. Als man dazu überging, durch gezielte Ausgrabungen weitere Objekte zutage zu fördern, wurde das Interessensfeld auf kulturhistorische Aspekte ausgedehnt, speziell auf jene, die sich nicht ausschließlich mit der Kunst, sondern mit dem täglichen Leben beschäftigten. Archäologische Zeugnisse wurden als Informationsmaterial zur Sozial- und Wirtschaftsgeschichte herangezogen. Die Bedeutung der Keramik als bemalte Kunstwerke und auch als Gebrauchsartikel wurde erkannt.

Tongefäße zerbrechen schnell, selten jedoch werden sie völlig zerstört. Die Fragmente überdauerten an der Stelle, wo sie in die Erde gelangt waren. Da die Töpferei das meistpraktizierte Handwerk der Antike war und Tongefäße für die verschiedensten Zwecke genutzt wurden – zum Kochen, Essen, Trinken, als Vorratsgefäß, als Spendegefäß in Heiligtümern und an Gräbern –, stellt die Keramik die quantitativ reichhaltigste Gattung archäologischer Zeugnisse dar. Sie ist nicht vergänglich wie Textilien und Holz. Auch kann gebrannter Ton nicht wiederverwendet werden, wie Bronze, die eingeschmolzen wurde, oder Marmorstatuen, die man zu Kalk verbrannte. Die Keramik liefert deshalb die umfassendsten Hinweise auf die antike Sozialgeschichte. Der Gebrauch der Gefäße war bereits Gegenstand ausführlicher Analysen, ebenso wie die Bilder auf den Vasen, die Gebräuche, Glauben und Riten überliefern. Die Verbreitung der Ware, daraus zu erschließende Handelsbeziehungen und die Formenmuster unterrichten uns über die Wirtschaftsgeschichte. Ebenso ist es möglich, an der Keramik ihre Entwicklung als Kunstobjekt abzulesen.

Antike Keramik ist in derart großer Menge auf uns gekommen, daß sich die Wissenschaftler in der Lage sahen, die Entwicklung verschiedener Gefäßformen und Dekorationssysteme nachzuvollziehen und ihre Ergebnisse mit überlieferten historischen Ereignissen in Beziehung zu setzen. Darauf aufbauend kann die Keramik als hilfreiches Werkzeug zur Datierung archäologischer Kontexte und Bauwerke und, über Analogien, auch zur stilistischen Einordnung von Objekten herangezogen werden. Um ein Beispiel zu nennen: Die Datierung des Apollon-Tempels von Thermos gelang über einen Vergleich der bemalten Metopen mit den Dekorationssystemen korinthischer Gefäße. Ein ebenso nützliches Mittel zur Datierung stellen Münzen dar, da sie in großer Anzahl hergestellt wurden und oftmals durch ihre Prägung Hinweise auf innerstaatliche oder innerstädtische Ereignisse geben. Historische Quellen, Keramik und Münzen zählen folglich zu den wichtigsten Indizien, wenn es darum geht, eine Chronologie zu erstellen. Naturwissenschaftliche Methoden, wie die *Dendrochronologie*, wo Daten durch die Untersuchung von Wachstumsringen an Baumstämmen ermittelt werden können, oder die Thermolumineszenz, in der über die vorhandene Radioaktivität das Alter von Tonobjekten ermittelt werden kann, und auch die Radiocarbonmethode (Siehe S. 30) sind nützlich, jedoch teuer.

Ein relativ neues Forschungsgebiet stellt die Unterwasserarchäologie dar. Durch die Erforschung inzwischen überschwemmter Küstenstädte konnten bereits viele neue Informationen gewonnen werden. In gleicher Weise helfen die sorgfältigen Untersuchungen der Frachten untergegangener Schiffe, offene Fragen nach Handelsbeziehungen und Chronologie zu beantworten. Das spätbronzezeitliche Wrack von Uluburum in der Südtürkei (Siehe S. 64) stellt hierfür ein gutes Beispiel dar.

Die archäologische Feldarbeit ist inzwischen gleichmäßig verteilt auf Ausgrabungen und Surveys. Bei jeder Ausgrabung werden materielle Hinterlassenschaften und Knochen gesammelt und das Freigelegte konserviert. In jüngerer Zeit ging man zudem dazu über, Erdproben, Samen und Pollen zu analysieren. Grabungen werden durch Luftaufnahmen und naturwissenschaftliche Geländebegehungen unterstützt, wie etwa durch *Bodenwiderstandsmessung*, bei der man elektrische Ströme in die Erde leitet, die durch Mauerwerk abgelenkt werden. Auf Feldbegehungen im zukünftigen Ausgrabungsgebiet und in der näheren Umgebung wird kaum noch verzichtet. Regionale Surveys zielen meist auf das Auffinden größerer Strukturen, nicht selten folgt darauf eine Ausgrabung. Bei der mühevollen Arbeit ergeben sich oft Fragestellungen, die durch eine bloße Freilegung von Bauwerken, Skulpturen, Münzen, Gefäßen und Inschriften nicht beantwortet werden können. Hierbei geht es insbesondere um Siedlungsmuster, demographische Aspekte, Landwirtschaft, Tierzucht und andere Landnutzungsarten. Die Beantwortung dieser Fragen erfordert großen technischen Aufwand und demonstriert die Bandbreite der Beweisfindung und Fragestellung, die die Archäologie heute abdeckt.

Das archäologische Betätigungsfeld ist so weit angewachsen, daß es vielfältige Wissensgebiete umfaßt. Man versucht, das soziale Verhalten von Gruppen zu erklären. Andere Untersuchungen gelten dem Können und Streben einer Einzelperson. Wie bestellten die Griechen ihr Land? Wie bemalte ein meisterlicher Handwerker wie Exekias eine Amphora?

Auf dem Gebiet der Kunst zollen die Wissenschaftler dem sozialen, politischen und religiösen Umfeld wachsendes Interesse, ebenso wie dem Zweck des Kunstwerks. Warum wurde ein bestimmtes Bild oder Objekt in monumentaler Größe hergestellt? Wer wählte das Format? Wer gab es in Auftrag? Welche Beziehung besteht zwischen Monumenten und politischen Ereignissen? Die Integration archäologischer Indizien in weiter gefaßte Kontexte erfordert jedoch ein gefestigtes chronologisches System.

Dieses Buch konzentriert sich auf die Beschreibung und chronologische Einordnung antiker Kunstwerke und Monumente, um einen ersten Schritt zu ihrem Verständnis zu leisten. Die Berücksichtigung weiterer Zusammenhänge soll ermöglichen, tiefer in die griechische Gedankenwelt und materielle Kultur vorzudringen.

1

Die Ägäis im dritten Jahrtausend v. Chr.

Schon vor der Bronzezeit war Griechenland von Menschen besiedelt. Sie lebten von Jagd und Fischfang, sammelten Früchte, Nüsse, Beeren und wild wachsendes Getreide. In Epirus, im Norden Griechenlands (Abb. 0.1), läßt sich menschliches Wirken bis in die Zeit um 40 000 v. Chr. zurückverfolgen. Zu den wichtigsten frühen Fundplätzen gehört die Franchthi-Höhle in der Argolis. Sie wurde seit mindestens dem 20. Jahrtausend v. Chr. von Menschen genutzt. Dort entdeckte man unter anderem *Obsidian*, glasiges Vulkangestein, das zur Herstellung von Schneidegerät und Werkzeug diente. Der Obsidian stammt von der Insel Melos, ca. 145 km von Argos entfernt, und beweist, daß bereits um diese Zeit eine Verbindung über die Ägäis bestand.

Fremde Völker drangen um 6000 v. Chr. in Griechenland ein. Etwa gleichzeitig änderte sich auch die Lebensform: Man siedelte in festen Behausungen und betrieb Landwirtschaft und Viehzucht.

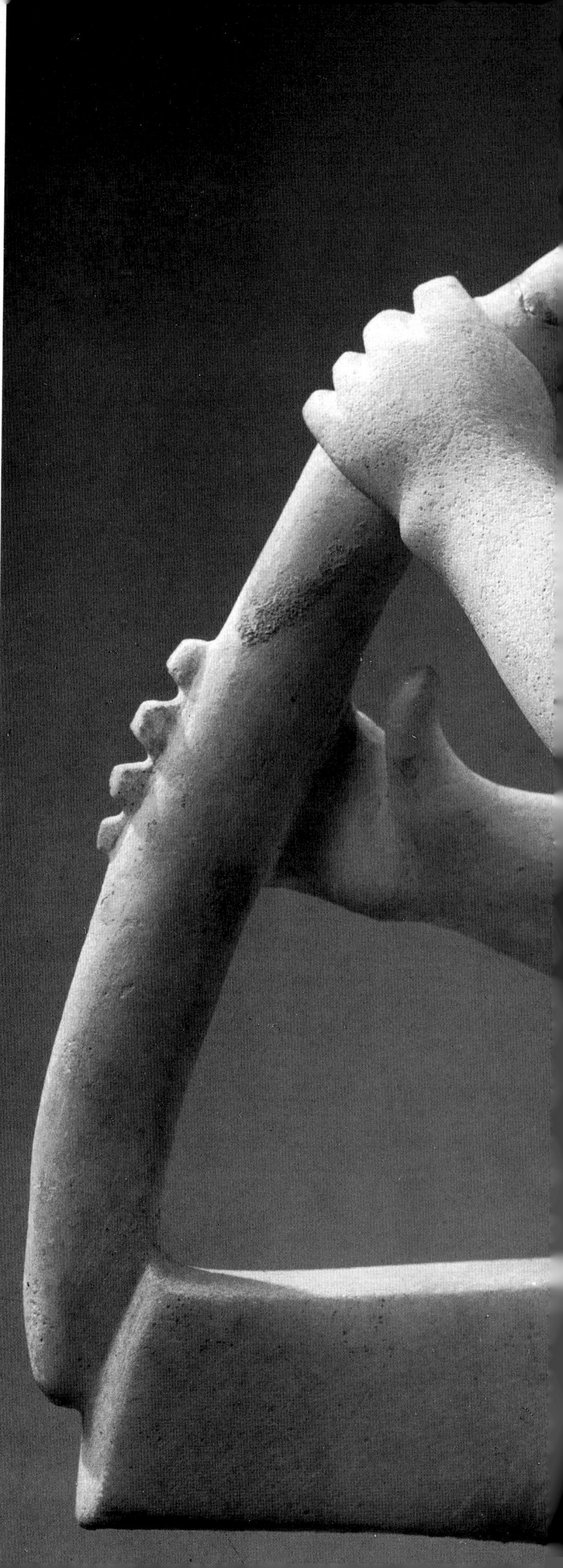

Harfenspieler. Detail von Abb. 1.10, S. 35. FK II (zu den Abkürzungen siehe Tabelle S. 29).
Marmor. New York, Metropolitan Museum of Art

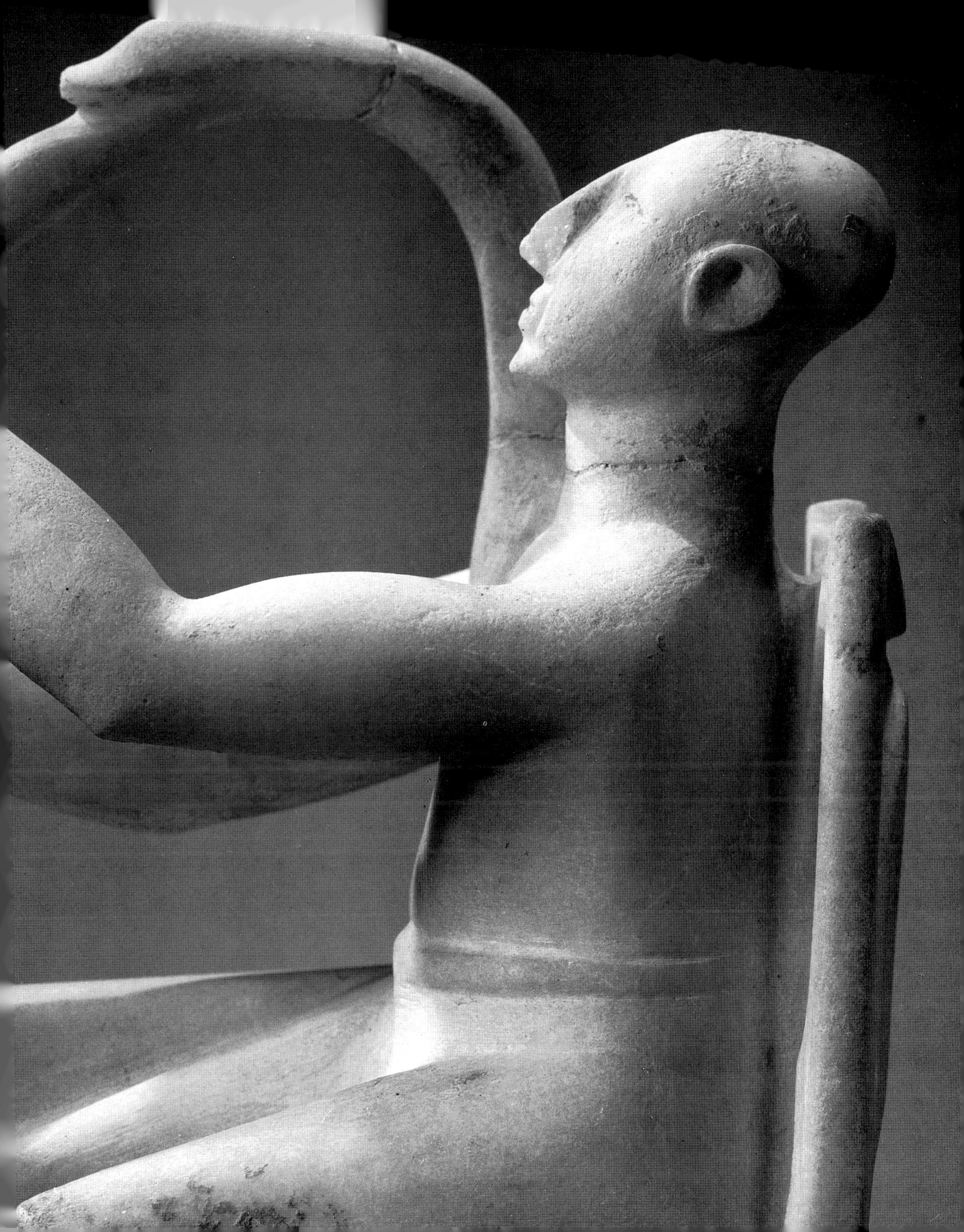

Aus der hohen Konzentration früher Siedlungen im Osten Griechenlands und der Tatsache, daß die materiellen Hinterlassenschaften Ähnlichkeiten mit zeitgleichen Artefakten aus Anatolien aufweisen, ist zu schließen, daß die Einwanderer aus Kleinasien kamen. Die Menschen lebten in Höhlen, die natürlichen Schutz boten und oft eine Quelle besaßen, oder aber in Dörfern auf dem offenen Land, das ideale Bedingungen für Viehzucht und Feldanbau bot. In einigen Gegenden errichtete man Hütten aus geflochtenen Ästen und Zweigen, andernorts entschied man sich für Stein und Lehmziegel. Bald nach 6000 v. Chr. kamen gebrannte Tongefäße in Gebrauch, die die Behälter aus Holz und Korbwaren ablösten. Man stellte Figuren aus Stein und Terrakotta her, die nach weitläufiger Meinung Muttergottheiten verkörpern, geheimnisvolle Spenderinnen des Lebens. Die fülligen Brüste, Schenkel und Gesäße der Gottheiten symbolisieren Fruchtbarkeit. Die Wiederkehr von Geburt und Tod war Grundlage des religiösen Glaubens dieser Gesellschaft.

Weitere Völkerwanderungen setzten um 3000 v. Chr. ein. Mit diesem Datum ist im weitesten Sinne der Zeitpunkt des Beginns der Bronzezeit festgelegt. In Griechenland verlief der Übergang vom späten *Neolithikum* zur frühen Bronzezeit fließend, doch kamen neue Eindringlinge, möglicherweise vom griechischen Festland, auf die Kykladen, andere waren auf Kreta zugewandert, vielleicht aus Anatolien. Diese Zuweisungen resultieren aus der Zuordnung der Keramikformen. Man ging dazu über, Oliven, Wein und Getreide zu kultivieren. Die Fertigkeit in der Metallverarbeitung wurde in der ersten Hälfte des 3. Jahrtausends v. Chr. stetig verbessert. Man stellte Geräte aus Kupfer her, das bereits mit einem wenig stabilen Werkzeug bearbeitet werden konnte, aber auch aus Bronze, einer Legierung aus Kupfer und Zinn, aus der sich härtere und dauerhaftere Werk-

1.1 Das minoische Kreta und die Ägäis in der Bronzezeit

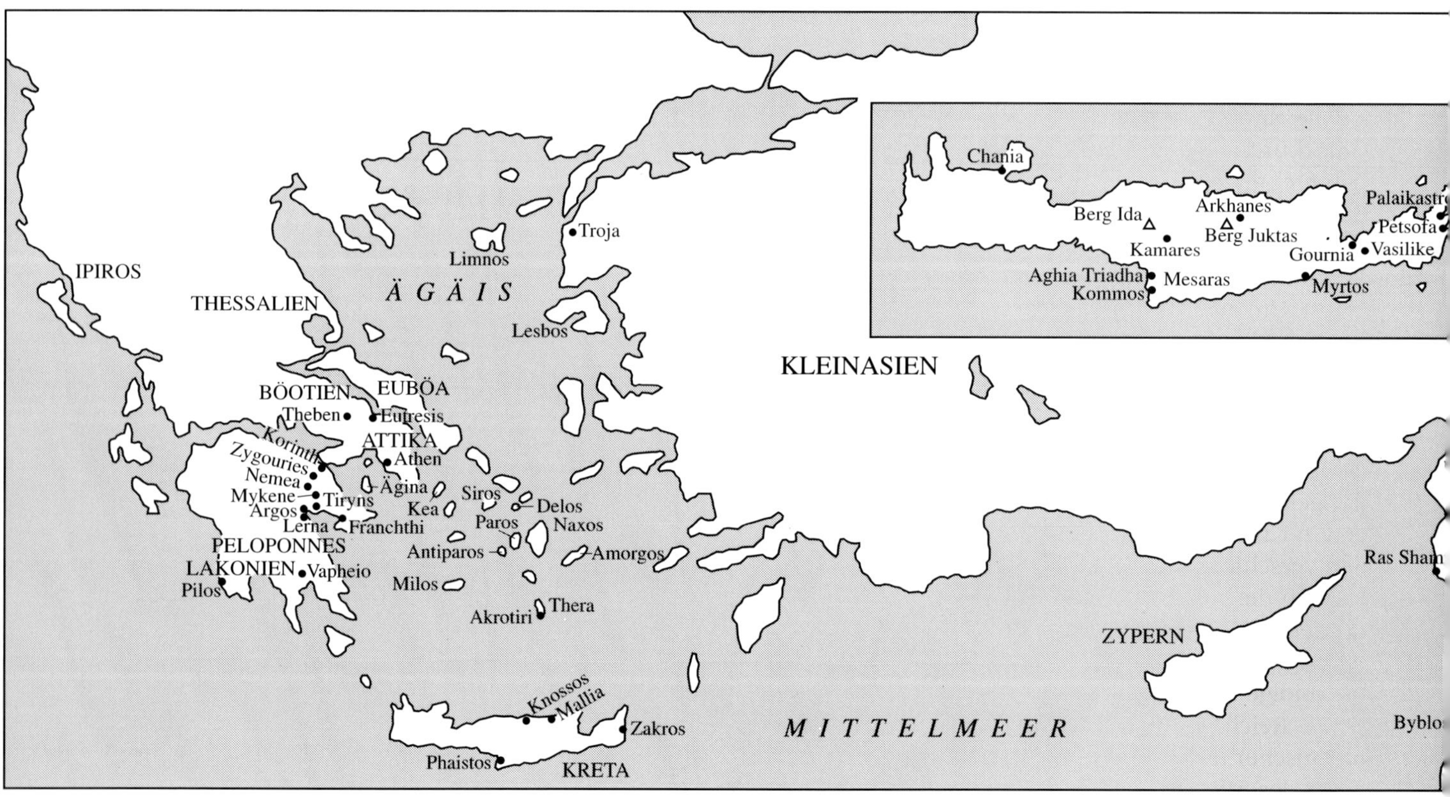

zeuge produzieren ließen. Kupfer und Bronze gelten jedoch ebenso als Ausdruck des Wohlstandes und sind damit auch Zeugnisse wirtschaftlicher Konkurrenz. Einzelne oder Gruppen, die den Zugang zu den Metallvorkommen kontrollierten und dort spezialisierte Handwerker verpflichteten, kamen in den Besitz von Waffen und Prestigeobjekten wie Schmuck, die sie zur Schau trugen, tauschten oder verschenkten. Diese Entwicklung führte zur Herausbildung persönlichen Reichtums und zur Schaffung einer sozialen Hierarchie. Um 2900 v. Chr. kontrollierten einige dieser Einzelpersonen oder Gruppen die Errichtung der ersten Stadt in Troja, an der Küste Kleinasiens, und brachten so den Zugang zum Schwarzen Meer in ihren Einflußbereich.

Größere neolithische Siedlungen wurden in der Region der Kykladen bislang nur auf Saliagos und auf Keos lokalisiert. Auf Kreta landeten fremde Siedler bereits um 6000 v. Chr. Sie kamen in Booten und brachten Rinder, Ziegen, Schafe und Schweine mit. Sie siedelten sich in Knossos an. Dort fand man in einer Tiefe von über sechs Metern, unter dem bronzezeitlichen Palast, eine neolithische Besiedlungsschicht mit Häuserresten. Rechteckige, zellenähnliche Einheiten und gepflasterte Areale sind zu Strukturen zusammengefügt, die Unterkünfte darstellen könnten. Die Mauern errichtete man aus Steinen und Lehmziegeln. Die Inneneinrichtung bestand aus Bänken und Podesten. Auch hier änderte sich die Lebensweise der Bewohner während der nächsten 3000 Jahre kaum. Um 3000 v. Chr. drangen jedoch andere Völker ein. Eine neue Ära nahm ihren Anfang.

Chronologie

Ausgehend von den stratigraphischen Beobachtungen in Knossos und der Analyse der Keramik, die in den verschiedenen Schichten gefunden wurde, verbanden die frühen Ausgräber Gefäßtypen mit Zeitphasen und erstellten so eine relative Chronologie. Für Ägypten hatte man bereits eine dreiteilige Zeitenabfolge festgelegt: das Alte, das Mittlere und das Neue Reich (Abb. 1.2). Ein Vergleich zwischen ägyptischer und kretischer Kunst führte zur Festsetzung des Wendepunktes zwischen dem Neolithikum und der prähistorischen Epoche auf Kreta sowie zur Dreiteilung der prähistorischen Ära. Die drei Perioden bezeichnete man als früh-, mittel- und spätminoisch, benannt nach Minos, dem legendären Herrscher über Kreta, von dem Homer und spätere griechische Autoren berichten. Diese drei Perioden wurden anhand der Keramikformen weiter untergliedert in frühminoisch (FM) I, II und III, mittelminoisch (MM) I, II und III, sowie spätminoisch (SM) I, II und III. Die Phaseneinteilung wurde verfeinert, wobei man den lateinischen Zahlen Buchstaben hinzufügte, zum Beispiel SM IA und SM IB. Dieses System übernahm man später für die Kykladen (früh-, mittel- und spätkykladisch), wie auch für das griechische Mutterland (früh-, mittel- und späthelladisch). Auch hier bildete man entsprechende Abkürzungen: FK, MK, SK und FH, MH

1.2 Chronologische Tabelle der Bronzezeit auf Kreta, den Kykladen, dem griechischen Mutterland und in Ägypten. MM II ist fast nur in Knossos und Phaistos belegt, SM II nur in Knossos.

v. Chr.	Kreta	Kykladen	Griechenland	Ägypten	Dynastie
3000					
2800	FM I	FK I	FH I	Archaisch	II
2600					III
2500					
2400	FM II	FK II	FH II	Altes Reich	IV
2300					V
					VI
2200					
2100	FM III	FK III	FH III	1. Übergangsperiode	VII-X
2000					
1900	MM I	MK I	MH	Mittleres Reich	XI
1800	MM II	MK II			XII
1700					
1600	MM III	MK III		2. Übergangsperiode	XIII-XVII
	SM IA		SH I		
1500	SM IB		SH II	Neues Reich	XVIII
	SM II				
1400					
	SM III A	SK	SH III A		
1300					
	SM III B		SH III A		
1200					
	SM III C		SH III C		
1100					
1000	Dunkles Zeitalter			Folgezeit	XXI
900					

sowie SH. Kreta, die Kykladen und das griechische Mutterland sind als die wichtigsten geographischen Zonen in der bronzezeitlichen Siedlungsgeschichte der griechischen Welt anzusehen. Ihnen verwandt und von großer Wichtigkeit ist der Siedlungsraum Troja in Kleinasien.

FM, FK und FH können gleichzeitig angesetzt werden, ebenso MM, MK und MH. Dasselbe gilt in etwa für die spätminoische, spätkykladische und späthelladische Ära. Mit FM, FK und FH ist die frühe Bronzezeit (FB) in der Ägäis festgelegt; MM, MK und MH fallen in die mittlere Bronzezeit (MB), SM, SK und SH in die späte Bronzezeit (SB). Unglücklicherweise folgt jedoch nicht jeder Gefäßform bruchlos die nächste, so daß es manchmal zu chronologischen Überlappungen kommt. Die Verbindungslinien zwischen den Keramiktypen und den zugehörigen Perioden werden in der Forschung zusehends verfeinert, wodurch aber das System langsam unhandlich wird. Für Kreta schuf man ein alternatives Datierungsmodell, das sich an den Zerstörungshorizonten der Paläste orientiert, doch halten viele Forscher an dem alten System fest, dem auch hier gefolgt wird. In Troja ist die Chronologie durch die Abfolge der sieben Städte definiert, die übereinander auf dem Burgberg errichtet wurden. Troja I-V entsprechen der FB, Troja VI reicht vom Beginn der MB bis in die SB hinein, Troja VII deckt die letzten beiden Jahrhunderte der Bronzezeit ab.

Die »relative Chronologie«, die sich aus der Beobachtung der Schichtenabfolge einer Stätte ergibt, zeigt, welche Geräte zeitlich vor anderen Artefakten hergestellt wurden. Die »absolute Chronologie« liefert Daten in Jahreszahlen und ist darum vorzuziehen, aber schwerer zu erstellen. Sie basiert hauptsächlich auf ägyptischen und mesopotamischen »Synchronismen«. Als Bindeglieder dienen importierte Objekte, die im griechischen Kontext gefunden wurden und diesen absolut datieren. Ägypten und Mesopotamien, die bereits Schriftzeugnisse besitzen, geben eine absolute Chronologie bis ins 3. Jahrtausend v. Chr. vor. Natürlich gibt es bei dieser Methode zwangsläufig Irrtümer. So könnte es sich bei den Objekten um ererbte Gegenstände handeln. Sie bieten deshalb nicht mehr als einen *terminus post quem* (das frühestmögliche Datum) innerhalb des Kontextes, aus dem sie geborgen werden.

Hilfreich in der absoluten Datierung organischer Materialien ist die Radiokarbonmethode. Da der Grundanteil des Kohlenstoffs C 14 an den verschiedenen Objekten bekannt ist und man weiß, daß C 14 nach dem Absterben des Organismus in einem bestimmten Modus zerfällt, ist es möglich, die verbliebene Menge, zum Beispiel in einem Tierknochen oder einem Holzstück zu messen und so zu ermitteln, wann das Tier starb oder der Baum gefällt wurde. Ergänzt wird diese Methode durch die Datierung anhand von Wachstumsringen (Dendrochronologie). Bei der Anwendung beider Methoden am selben Objekt fanden die Wissenschaftler heraus, daß die C-14-Analyse oft zu früh ansetzt. Man entwarf ein Diagramm, über das die C-14-Daten korrigiert werden können. Hierbei wurden Daten ermittelt, die tatsächlich bis ins 6. Jahrtausend v. Chr. zurückführten. In der historischen Periode, in der zur absoluten Datierung Münzen, Inschriften, historische Ereignisse herangezogen werden können, ist die C-14-Methode mehr und mehr vernachlässigbar. Doch für das 3. Jahrtausend v. Chr. – und früher – ist sie von entscheidendem Wert.

Der chronologische Rahmen, der in Abb. 1.2 gegeben wird, stellt ein vereinfachtes Schema dar, einige Daten bleiben ungenau. Abweichungen von bis zu zwei oder drei Jahrhunderten müssen im 3. Jahrtausend in Kauf genommen werden.

Kreta

Die erste Phase der frühminoischen Periode (FM I, um 3000–2500 v. Chr.) ist vor allem durch ihre Keramik belegt. Als wohl bekannteste Form gilt die Agios-Onouphrios-Ware (Abb. 1.3). Charakteristisch sind Kannen mit kalottenförmigen Böden und einer dunklen Bemalung auf hellem Grund. Die Muster bilden gekreuzte oder diagonale, zu Rauten zusammengefügte Linien, die den gesamten Gefäßkörper umlaufen.

ARCHITEKTUR

Als Periode großer Aktivität und Kreativität ist erst die zweite Phase (FM II, um 2500–2200 v. Chr.) anzusehen. Auf der Bergspitze bei Vasiliki in Ost-Kreta zeichnet sich eine Siedlung ab, die durch ihre

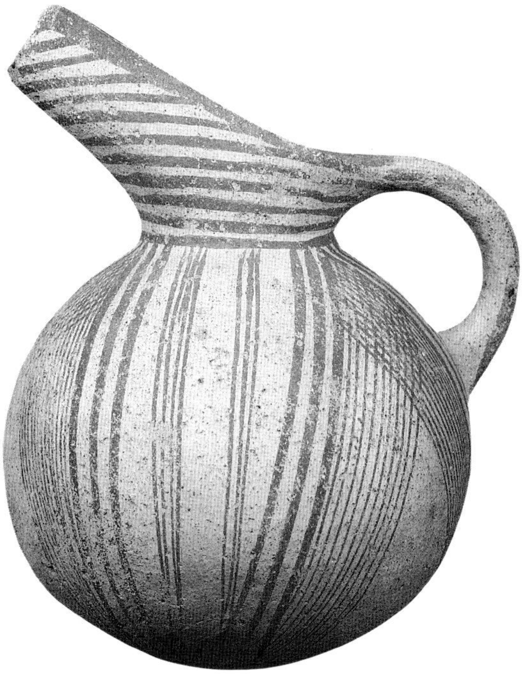

1.3 Schnabelkanne aus Agios Onouphrios. FM I. Höhe 18 cm. Heraklion/Kreta, Archäologisches Museum

Größe beeindruckt. Die einzelnen Baueinheiten jedoch nehmen jeweils nur eine erstaunlich geringe Fläche ein, vergleichbar etwa mit den zellenähnlichen neolithischen Strukturen in Knossos. Die Mauern, die von hölzernen *Ankerbalken* abgestützt wurden, bestehen aus Steinen und Lehmziegeln. Verputzt sind sie mit rauhem Stuck, einer Art Gips aus Kalksteinmehl und Sand, auf den eine haltbare Schicht roter Farbe aufgetragen ist.

Auch im Südosten Kretas, beim heutigen Dorf Myrthos, siedelte eine Gemeinschaft von Bauern und Handwerkern (Abb. 1.4). Ihre steinernen Behausungen, die sich auf einer Bergkuppe gruppieren, gleichen eher Zellen oder Einraumanlagen als Häusern. Einige der Baueinheiten haben gemeinsame Wände und erinnern damit an die neolithischen Strukturen in Knossos. Straßen, kaum breiter als Spazierwege, verbinden die einzelnen Viertel

1.4 Stadtplan von Myrthos. FM II

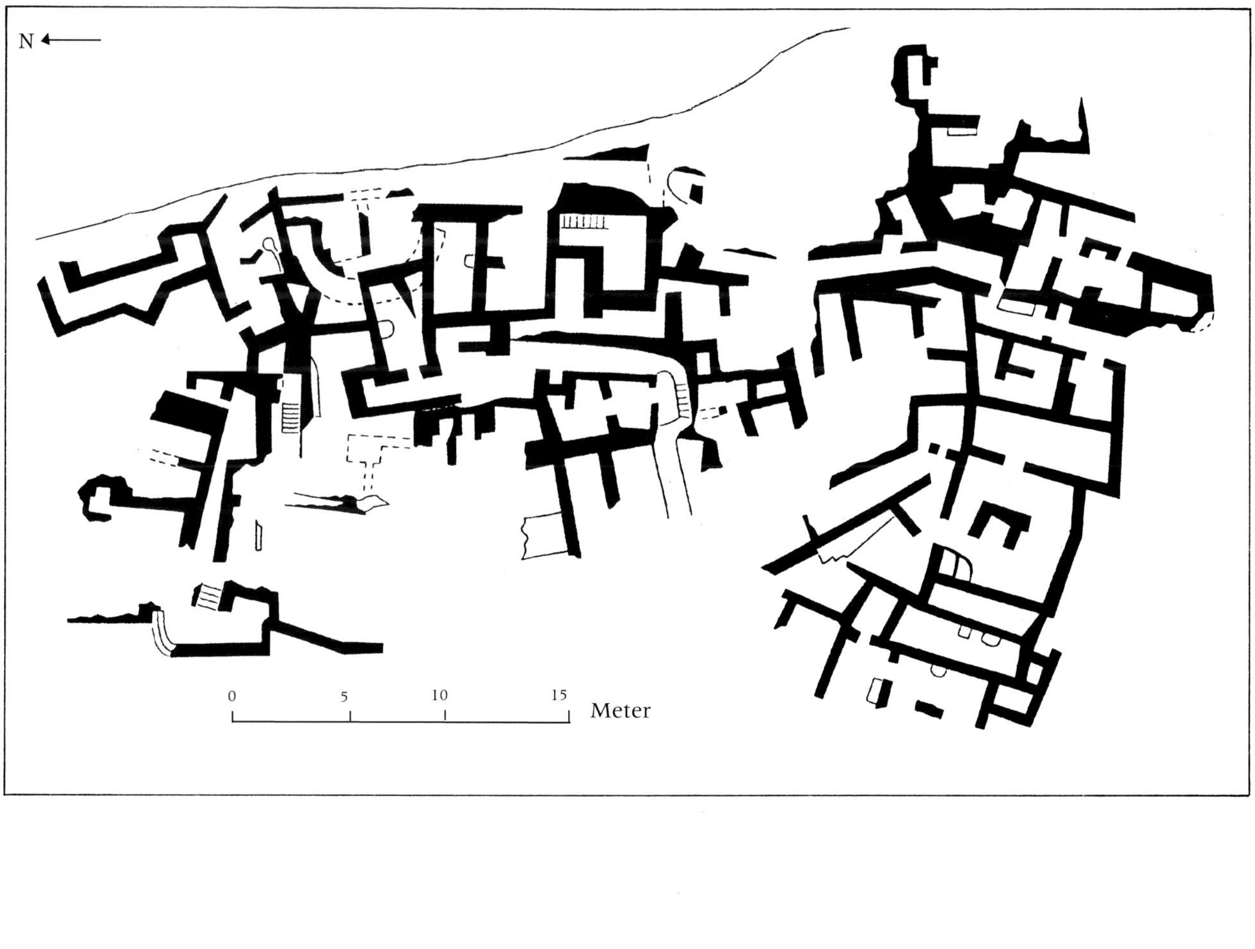

des Dorfes miteinander. Die verschiedenen Bereiche der Siedlung dienten unterschiedlichen Zwecken: als Speicherareale, in denen man *Pithoi* (große Tonbehälter) fand, als Wohngebiete, Handwerkerviertel sowie sakrale Zentren. Deutliche Hinweise liegen für landwirtschaftliche und handwerkliche Aktivitäten vor. Die Bewohner bauten Gerste, Weizen, Oliven und Wein an. Man züchtete die geläufigen Haustiere: Schafe, Ziegen, Schweine und Rinder. Die Bewohner stellten bemalte Gefäße her, Terrakotta- und Steinfiguren, sowie Webgewichte, die auf Textilverarbeitung schließen lassen. Der Ausgrabungsort liefert ein umfassendes Bild der protourbanen minoischen Gesellschaft.

Die Toten wurden entweder in *Kisten*gräbern beigesetzt, rechteckigen, mit Steinplatten ausgekleideten Vertiefungen in der Erde, oder in zwei- bis dreiräumigen, oberirdisch angelegten *Grabkammern*. Aus dem Süden der Insel, von der Ebene von Messara, ist ein weiterer Grabtyp bekannt: die *Tholos* (Plural: *Tholoi*), auch Rundgrab genannt (Abb. 1.5), das uns bis ans Ende des 3. Jahrtausends v. Chr. immer wieder begegnet. Dieser Grabtyp erreichte monumentale Ausmaße. Es entsteht der Eindruck, die massigen Steingebilde könnten ganzen Dörfern jahrhundertelang als Begräbnisstätte gedient haben. Trotz typologischer Ähnlichkeiten mit den späteren mykenischen Tholoi war ihre Nutzung jedoch eine völlig andere.

1.5 Grundriß der Tholos von Lebena. 3000–1700 v. Chr.

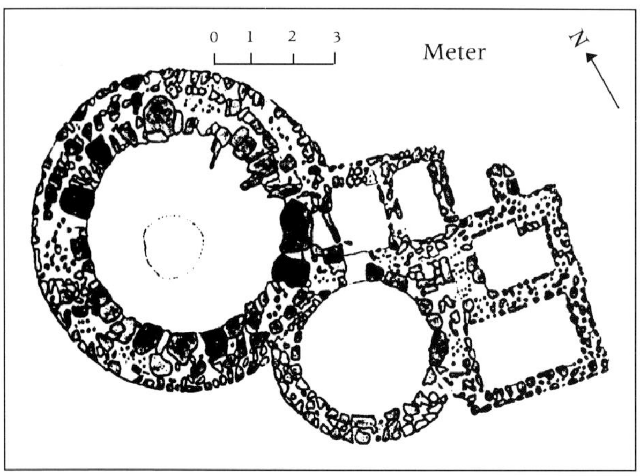

KERAMIK UND STEINARBEITEN

Die Fertigkeit der frühen Minoer in der Verarbeitung einheimischer Gesteinsarten demonstrieren vor allem Gefäße aus vielfarbigem Alabaster, Breccie, Schiefer, Serpentin und Speckstein (Abb. 1.6). Die Technik hatte man von den Ägyptern und den Bewohnern der Kykladen übernommen. Als Werkzeug diente ein röhrenförmiger Bohrer aus Kupfer, der von einem Bogen angetrieben wurde. Unter Zuhilfenahme eines Schleifpuders, möglicherweise importiert aus Naxos, gelang es, Steinbrocken auszuhöhlen. Die Außenseite wurde mit steinernen Hämmern bearbeitet und mit Schmirgel oder Sand poliert. Bemerkenswert geschickt verstanden es die Handwerker, die Maserung des Materials zur Ornamentierung des entstehenden Gefäßes zu nutzen. Die meisten Vasen sind kleinformatig gehalten. Vielleicht wurden sie eigens für den Gebrauch als Grabbeigabe hergestellt. Zu einigen Vasen gehörten Deckel, deren Henkel manchmal in Form liegender Windhunde ausgestaltet sind. Diese Verzierungen zeigen das Interesse der Minoer an naturalistischen Themen. Bei einem Elfenbeinsiegel (Abb. 1.7), das in einem Tholos-Grab der FM-II-Periode gefunden wurde, gab man dem Griff die Form eines Ochsen.

Das Metallhandwerk war weit verbreitet. Besonders hervorzuheben sind Schmuckerzeugnisse, wie sie in großer Menge etwa in den Gräbern von Mochlos entdeckt wurden. Die Funde reichen von goldenen Diademen über floralen Haarschmuck bis hin zu Halsbändern und Ohrgehängen.

Einen typischen Vertreter der späteren FM-II-Keramik stellt die sog. Vasiliki-Ware dar. Zu den charakteristischsten Formen zählen die langschnauzige Kanne und henkellose Tassen (Abb. 1.8). Die Marmor imitierende Bemalung erinnert an Steingefäße. Man erhielt diesen Effekt durch eine glänzende, rotbraune Grundierung, die den Untergrund für fließende dunklere Formen bildet. Diese dunkleren Flecken oder Partien ordnete man gelegentlich symmetrisch an, wie in Abb. 1.8. Technisch gesehen gab es mehrere Möglichkeiten für diesen Marmoreffekt: Entweder hielt man einen glühenden Stock gegen die Oberfläche des noch nicht ab-

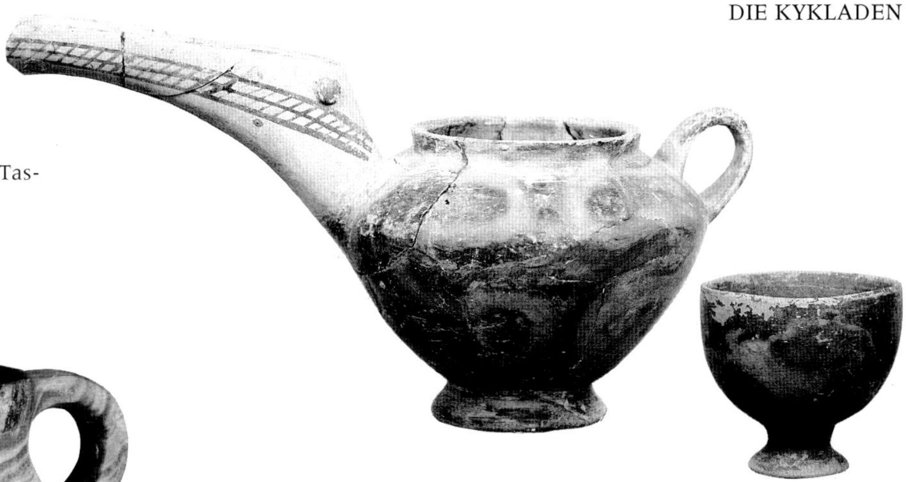

1.8 *rechts* Vasiliki-Ware, Tasse und Kanne, aus Vasiliki. FM II. Höhe (Tasse) 6 cm; (Kanne) 14 cm. Heraklion/Kreta, Archäologisches Museum

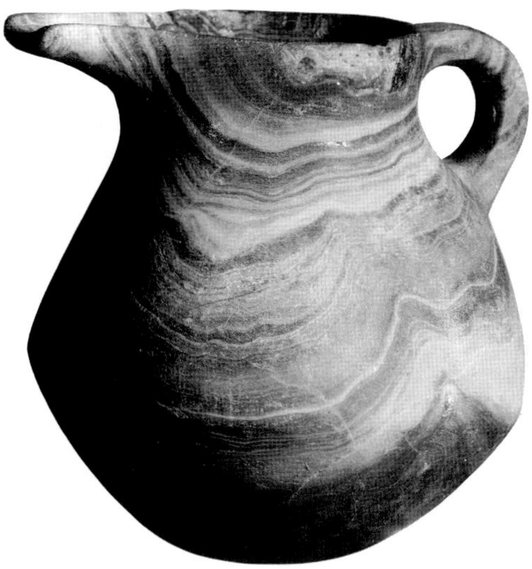

1.6 Kanne aus Mochlos. FM II. Stein. Höhe 12 cm. Heraklion/Kreta, Archäologisches Museum

1.7 Siegel aus Platanos. FM II. Elfenbein. Länge 3 cm. Heraklion/Kreta, Archäologisches Museum

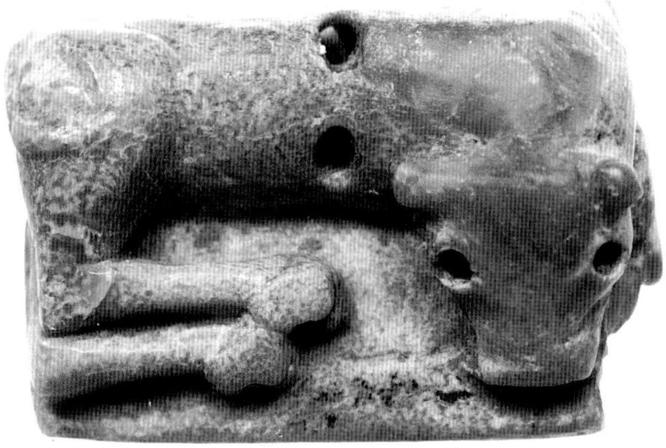

gekühlten Gefäßes, oder man benutzte eine Vorform des Drei-Stufen-Brandes (Siehe S. 184). An unserem Gefäß befestigte der Töpfer an beiden Seiten der Schnauze kleine Tonkügelchen, die Vogelaugen imitieren und damit ein *zoomorphes* Element in die Ornamentik einbringen.

Die Kykladen

Die Inseln der südlichen Ägäis, die Kykladen, erhielten ihren Namen von dem Wort *kuklos*, Kreis, da sie einen groben Kreis um die Insel Delos formen. Seit frühester Zeit boten sie auf den Verbindungslinien zwischen Kleinasien, Kreta und Griechenland eine Kette von Ankerplätzen, an denen Trinkwasser an Bord genommen werden konnte. Sicherlich über diesen Seeweg kamen asiatische Kultureinflüsse nach Europa. Gleichermaßen dienten die Routen als Handelswege, wie schon aus dem melischen Obsidian zu schließen ist, der in neolithischen Stätten im griechischen Mutterland gefunden wurde. Den blühenden spätneolithischen Siedlungen auf den Inseln Saliagnos (bei Antiparos) und Keos, deren archäologische Zeugnisse in die Zeit von 4200–3700 v. Chr. bzw. 3500–3000 v. Chr. datieren, folgten Neuankömmlinge, die zu Beginn der Bronzezeit mit einiger Sicherheit aus dem Westen (dem griechischen Mutterland) zuwanderten. Nach einer Übergangsphase erschlossen die Einwanderer Metall-, Marmor-, Schmirgel- und Obsidianvorkommen, und so war die FK-II-Periode (um 2500–2200 v. Chr.) wie gleichzeitig auch auf Kreta eine Zeit wirtschaftlicher Blüte.

ARCHITEKTUR

Auf Syros, in der Nähe von Khalandriani, ist heute noch der ca. 70 m lange Abschnitt einer zweischaligen steinernen Burgmauer zu sehen, die eine kleine Stadt schützte. Den inneren Mauerring bewachten fünf hufeisenförmige Türme. Zwischen den beiden Mauerschalen verlief ein schmaler Durchgang. Eine ähnliche Anlage hat sich auf Naxos erhalten. Auf Kreta sind Befestigungen nicht bekannt, wohl aber im griechischen Mutterland, in Lerna, und in Troja, das einen Wehrbau besitzt, neben dem alle anderen verblassen. Wohnhäuser baute man auf den Inseln aus anstehendem Gestein, wobei offensichtlich wenig Wert auf die Stabilität der Mauern gelegt wurde (eine Mauerdicke von 50 cm stellt bereits eine Ausnahme dar). Die Dächer waren aus Ästen und Ton gefertigt, der die hölzernen Stangen zusammenhielt. Den Grundrissen lag ein Rechteck oder Hufeisen zugrunde, je nach Beschaffenheit und Größe der Bebauungsfläche.

Die Nekropolen legte man auf den Hängen benachbarter Hügel an. Auch die steinernen Grabbauten erhoben sich auf einem rechteckigen oder gekurvten Grundriß. Konstruiert waren sie entweder aus Steinplatten (sog. Kistengräber) oder aus ziegelförmigen, in der *Kragtechnik* zusammengefügten Steinbrocken. Entscheidende Größenunterschiede sind unter den Grabbauten nicht festzustellen, und nur sehr wenige – mit Ausnahme jener auf Syros – wurden mehrmals belegt. Eine einheitliche Orientierung kann für die kykladischen Gräber nicht festgestellt werden.

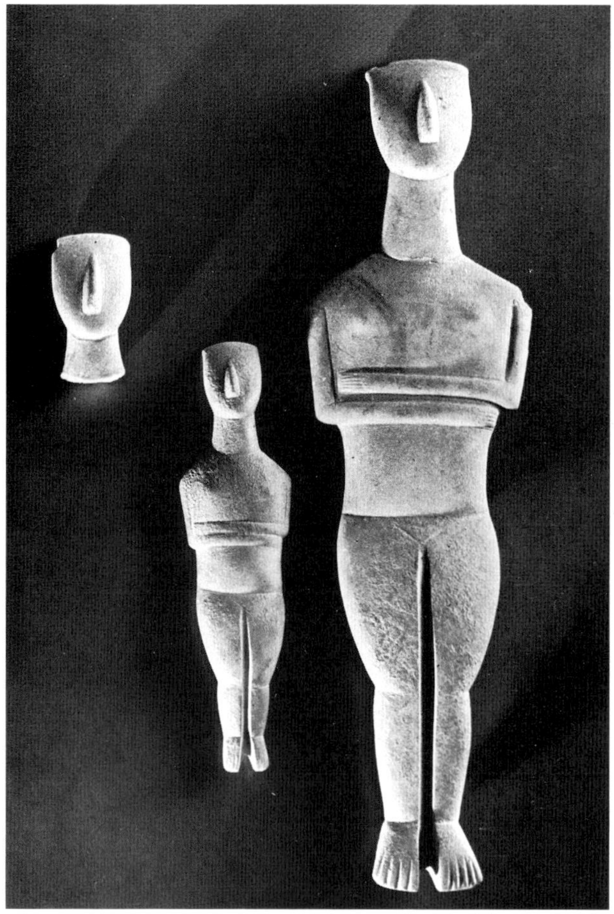

1.9 Kykladische Figuren und Kopf. Spendos-Typus. FK II. Marmor. Höhe (kleinere Figur) 33 cm; größere Figur 63,4 cm; Kopf 11,2 cm. Athen, Museum für kykladische Kunst

PLASTIK

Die kykladische Kunst des 3. Jahrtausends v. Chr. ist berühmt für ihre Marmorplastik. Große Steinbrüche, besonders jene von Paros und Naxos, wurden erschlossen und lieferten Material für die größeren Skulpturen, während die kleineren aus mittelgroßen Steinen oder Strandkieseln gearbeitet wurden. Vier Hauptthemen sind zu unterscheiden: weibliche Figuren, männliche Figuren, Musikanten und »Geigenspieler«. Die letztgenannten und gleichzeitig frühesten stehen noch in der Tradition der rundplastischen, neolithischen Muttergottheiten (Siehe S. 28), die sie in abstrakter Weise kopieren. Sie weisen langgezogene Köpfe auf, die Arme sind auf einen Stumpf reduziert, die Beine angezogen. Die Produktion lief bis in die FK-I-Zeit.

Die FK-II-Periode verhalf der kykladischen Bildhauerkunst zu einer Blütezeit. Die Handwerker bearbeiteten die dünnen rechteckigen Marmorblöcke mit Werkzeugen aus Bein und Kupfer sowie dem kräftig scheuernden Schmirgel. Sie wußten, daß der grobkörnige, schimmernde Marmor leicht splittert und konzentrierten sich deshalb auf grobe Formen. Details wurden nachträglich mit Farbe aufgetragen. Dies führte zu einem unverwechselbaren abstrakten Stil. Die meisten erhaltenen

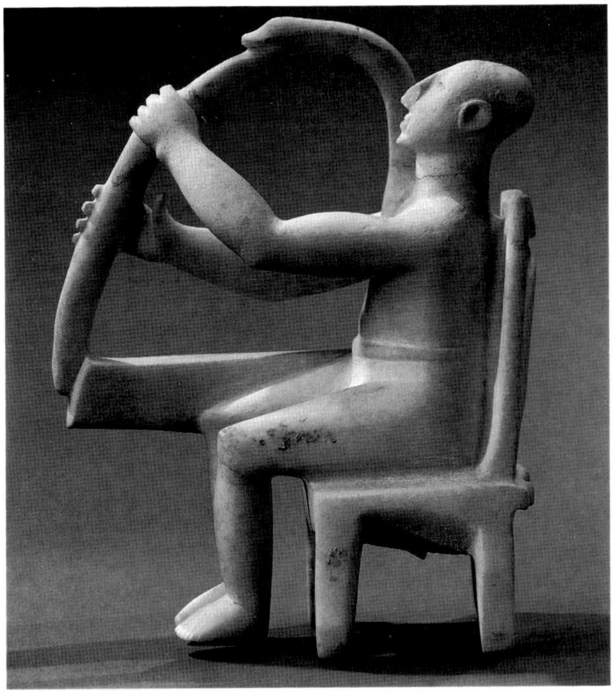

1.10 Harfenspieler. FK II. Marmor. Höhe 29,5 cm. New York, Metropolitan Museum of Art

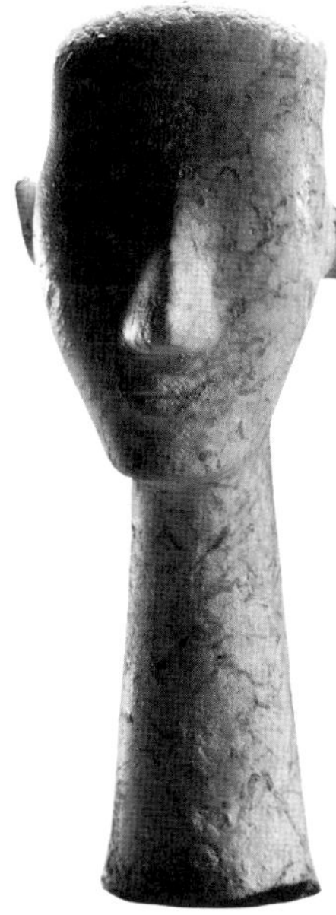

1.11 Kopf einer Figur. Plastiras-Typus. FK I. Marmor. Höhe 10,4 cm. Athen, Museum für kykladische Kunst

Skulpturen stellen weibliche Figuren in einer schematisierten Körperhaltung dar (Abb. 1.9). Zu den bemerkenswertesten Darstellungen zählen die Musikanten, die sitzenden Harfenspieler (Abb. 1.10) und stehenden Flötisten. Daneben gibt es Abbilder behelmter Männer mit Wehrgehänge, die dem Kriegsgenre zuzurechnen sind, das in der gesamten griechischen Skulptur eine wichtige Rolle spielt.

Verschiedene Typen, schematischere und realistischere, lassen sich unterscheiden: Der Plastiras-Typus, benannt nach einer Nekropole auf der Insel Paros, stellt ein frühes Beispiel der kykladischen Plastik dar. Den Kopf dieser Figuren (Abb. 1.11) formte man als Oval, die Nase als Haken. Die Ohren sind erhaben, gelegentlich auch der Mund, wie in Abb. 1.11. Die Augen gab man als gebogene Linie an oder malte sie auf. Der langgestreckte Hals ist als konischer Wulst gestaltet. An besser erhaltenen Figuren erkannt man ausgestreckte Arme. Der Bauchnabel wurde eingeritzt. Gelegentlich sind Einlagen in Augen und Nabel bezeugt. Die Figuren sind selten höher als 25 cm. Gefunden wurde dieser Skulpturentyp nur auf wenigen Inseln südlich von Delos: auf Naxos, Paros, Antiparos und Despotiko.

Ein abstrakteres Erscheinungsbild bildet die sog. Spedos-Plastik (Abb. 1.9). Typische Vertreter dieser Gattung sind – im Unterschied zur Plastiras-Plastik – die »Figuren mit gefalteten Armen«. Charakteristisch sind hier der zurückgeworfene Kopf, das ovale Gesicht, der betonte Nasenrücken, ein langer Hals, abfallende Schultern, an den Körper gepreßte, übereinandergefaltete Arme, ferner die schmalen Hüften, die runden Konturen und die auf Höhe der Knie »abgebundenen« Beine. Die Augen, der Mund, die Ohren und das Haar waren farbig. Die Figuren konnten eine Höhe bis etwa 1,50 m erreichen.

Ein weiterer Typus, jener von Khalandriani (Abb. 1.12), weist ebenfalls das Schema mit den gefalteten Armen auf. Die Kontur wirkt jedoch eckiger: Der Oberkörper ist von quadratischer Gestalt, die Schultern bilden mit dem Hals einen rechten Winkel, der Kopf ist zum Dreieck geformt, die Beine sind kurz.

Die Variationsbreite der einzelnen Typen führte zu Unterteilungen in verschiedene Untergruppen, die als Beweis für die Existenz verschiedener Bildhauerwerkstätten und -traditionen angesehen werden. Man versuchte sogar, einzelne Handwerker zu identifizieren. Als erwiesen kann inzwischen gelten, daß die prähistorischen Handwerker schon über tausend Jahre vor den archaischen und klassischen Skulpteuren ein verbindliches Proportionsschema entworfen hatten. Der der späteren archaischen Plastik Griechenlands zugrunde liegende Kanon leitet sich jedoch von der ägyptischen Kunst ab und nicht von den insularen Vorfahren.

Miniaturfiguren mit einer Höhe von unter 20 cm gibt es ebenso wie einige Giganten, die annähernd Lebensgröße erreichen. Wegen ihres kraftvollen abstrakten Ausdrucks finden sie heute noch genauso ihre Bewunderer wie in der bronzezeitlichen Ägäis. Nachfrage herrschte auch auf Kreta und dem griechischen Festland, wie Import-

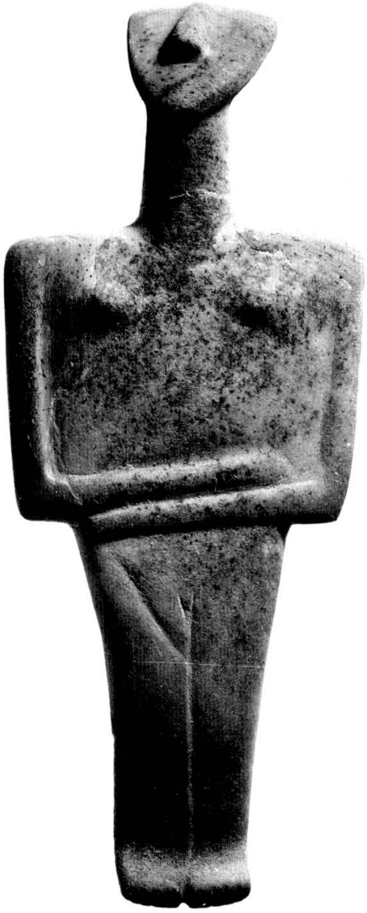

1.12 *oben* Weibliche Figur. Khalandriani-Typus. FK II. Marmor. Höhe 30,5 cm. Athen, Museum für kykladische Kunst

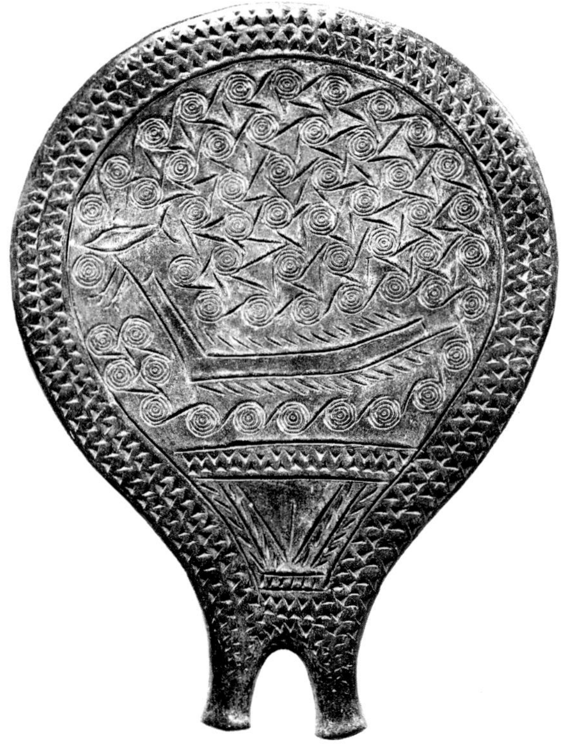

1.13 *rechts* Pfanne aus Syros. FK II. Ton. Höhe 6 cm; Durchmesser 28 cm. Athen, Nationalmuseum

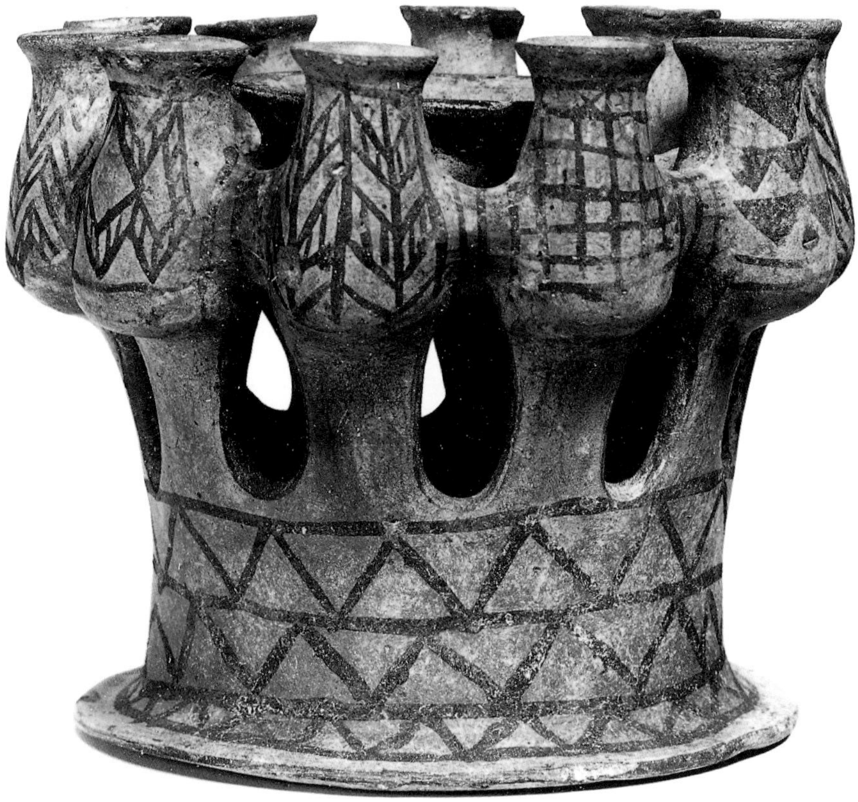

1.14 Kernos unbekannter Herkunft. FK III. Ton. Höhe 25,7 cm. Oxford, Ashmolean Museum

stücke belegen. Die meisten heute bekannten Figuren stammen aus Gräbern und Wohnbezirken. Bislang wurden verschiedene, jedoch nicht unbedingt überzeugende Theorien aufgestellt, um die Funktion der Plastiken zu erklären. Handelte es sich um Totendiener, um Abbilder der Ahnen, um Spielzeug oder gar um symbolische Menschenopfer? Stellten sie Heroen, Nymphen und Gottheiten dar? Vieles spricht dafür, in den weiblichen Figuren eine Weiterentwicklung der neolithischen Muttergottheit zu sehen. Der spontane Naturalismus der schwerfälligen, Fruchtbarkeit symbolisierenden steinzeitlichen Figuren wurde abgelöst von schematischen, abstrakten, strengen Formen. Man arbeitete mit einem neuen Material – Marmor – und in einem neuen Format. Nun handelte es sich gewiß nicht mehr um Figuren, die herumgetragen und verehrt wurden. Man betrachtete sie als Idole, als magische Enthüllungen, die ihre Besitzer in Leben und Tod begleiteten.

KERAMIK UND STEINARBEITEN

Die kykladischen Marmorkünstler stellten auch Gefäße her. Schnabelkannen mit Henkeln sowie henkellose Tassen mit Fuß zählen zu den beliebtesten Formen. Viele Keramiktypen der FK-II-Periode wetteifern mit den Steingefäßen, wie etwa die Kannen. Andere besitzen kein Pendant in der Steinkunst, so die zylindrische Schminkedose mit Deckel und die sogenannte »Bratpfanne« (Abb. 1.13). Die Töpfer dekorierten ihre Gefäße mit Ritzzeichnungen. Oft handelt es sich um spiralförmige Gebilde, die mit einer kalkigen weißen Substanz nachgezogen wurden. Auch Dreiecke waren sehr beliebt. Die Unterseite der hier abgebildeten Bratpfanne zeigt ein Ruderboot mit hoch aufragendem Bug. Als Gallionsfigur dient ein Fisch. Miteinander verbundene Spiralen deuten die Wellen an. Terrakottapfannen wie diese wurden als Fruchtbarkeitssymbole in Form einer Gebärmutter interpretiert. Doch die mehrere

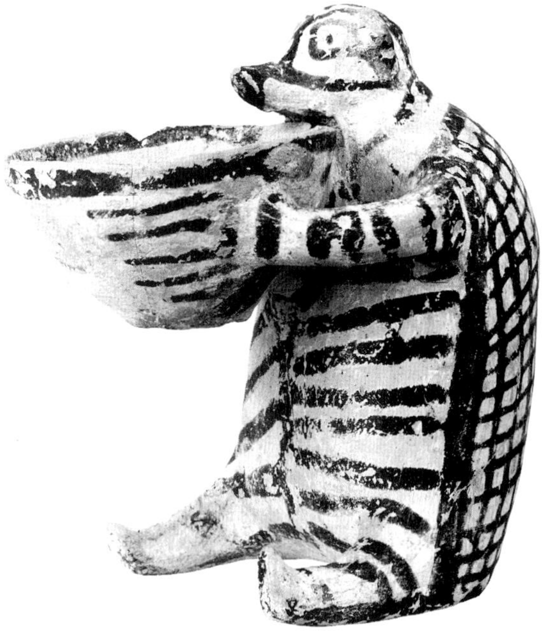

1.15 Igel aus Syros. FK II. Ton. Höhe 10,8 cm. Athen, Nationalmuseum

Zentimeter hohe Wandung weist die Objekte eindeutig als Gefäße aus. Einige Keramiken sind bemalt, in der Regel mit rechtwinkligen Mustern, die man auf einen hellen Untergrund auftrug; andere überzieht eine monochrome dunkle Engrobe. Gegen Ende der FB taucht ein neuer Gefäßtyp auf, der *Kernos* (Abb. 1.14), ein vielteiliges Gefäß, in das man Spenden für Götter füllte, z. B. Getreidekörner.

Die Töpfer, wie auch ihre Kollegen aus dem Steinhandwerk, zeigten ein starkes Interesse an zoomorphen Motiven, wie an den Igeln aus Terrakotta abzulesen ist (Abb. 1.15), die auf Syros, in Korinth, auf Naxos und bei Agia Eirene auf Keos gefunden wurden. In der darstellenden Kunst war die kykladische Kultur führend, weit vor Kreta und dem griechischen Mutterland.

Das Mutterland

Um 3000 v. Chr. siedelten sich Westanatolier in Nordgriechenland an, wie aus Gemeinsamkeiten der dort hergestellten Keramik mit den Vasen aus Troja zu schließen ist. Er ist mit einiger Sicherheit davon auszugehen, daß sich die Bevölkerung Griechenlands danach bis zum gewaltsamen Ende der FB-II-Kultur nicht merklich veränderte. Kleine verstreute Siedlungen konnten bei Oberflächenbegehungen in Lakonien und im Tal von Nemea bei Korinth festgestellt werden. Größere Stadtanlagen entdeckte man bei Lithares in Böotien und Manika auf Euböa. Stichhaltige Beweise deuten darauf hin, daß hier melischer Obsidian verarbeitet wurde. Einige Siedlungen, wie jene beim Dorf Tsoungiza in der Nähe von Nemea, existierten während der gesamten FB. Andere, wie Lerna mit seinen zwei großen Gebäuden, erfuhren nur in der FH-II-Epoche eine Blüte. Beeindruckende Gebäude – wie etwa die erwähnten in Lerna – lassen auf eine zentrale Gebietsverwaltung schließen. Andere Territorien beherrschten Einzeldörfer und isolierte ländliche Farmen.

ARCHITEKTUR

Wie die FM-II-Periode für Kreta und die FK-II-Zeit für die Kykladen, so war auch die FH-II-Epoche (um 2500–2200 v. Chr.) für das griechische Mutterland eine Periode schneller Entwicklungen. In Lerna errichtete man nacheinander zwei große Gebäude, möglicherweise Paläste (Abb. 1.16). Mit den Ausgräbern bezeichnen wir die frühere Anlage als »Gebäude BG«, den Nachfolgebau als »Haus der Ziegel«.

Die beiden sog. Paläste weisen eine verwandte Bautechnik auf. Beide waren von einem Ziegeldach gedeckt, hatten ähnliche Raum- und Korridorgrundrisse sowie vergleichbare Proportionen. Dem ersten Gebäude, BG, ist eine Reihe von Nebengebäuden angeschlossen. Ein festes Schema, in dem die Häuser einander zugeordnet sein könnten, ist nicht zu erkennen. Die dicht bebaute kleine Stadt wurde von einer Befestigungsanlage geschützt, bestehend aus einer Ringmauer mit Türmen, wie sie bereits für Khalandrini auf Syros festzustellen war.

Noch während der FH-II-Zeit wurde auf den Ruinen des Gebäudes BG das »Haus der Ziegel« errichtet. Das neue, rechtwinklig angelegte Gebäude bedeckte eine Fläche von ca. 25 x 12 m. Die an allen vier Seiten nachweisbaren Eingänge öffneten sich in Korridore und Räume, die in etwa achssymmetrisch zu den Zugängen angelegt waren. Trep-

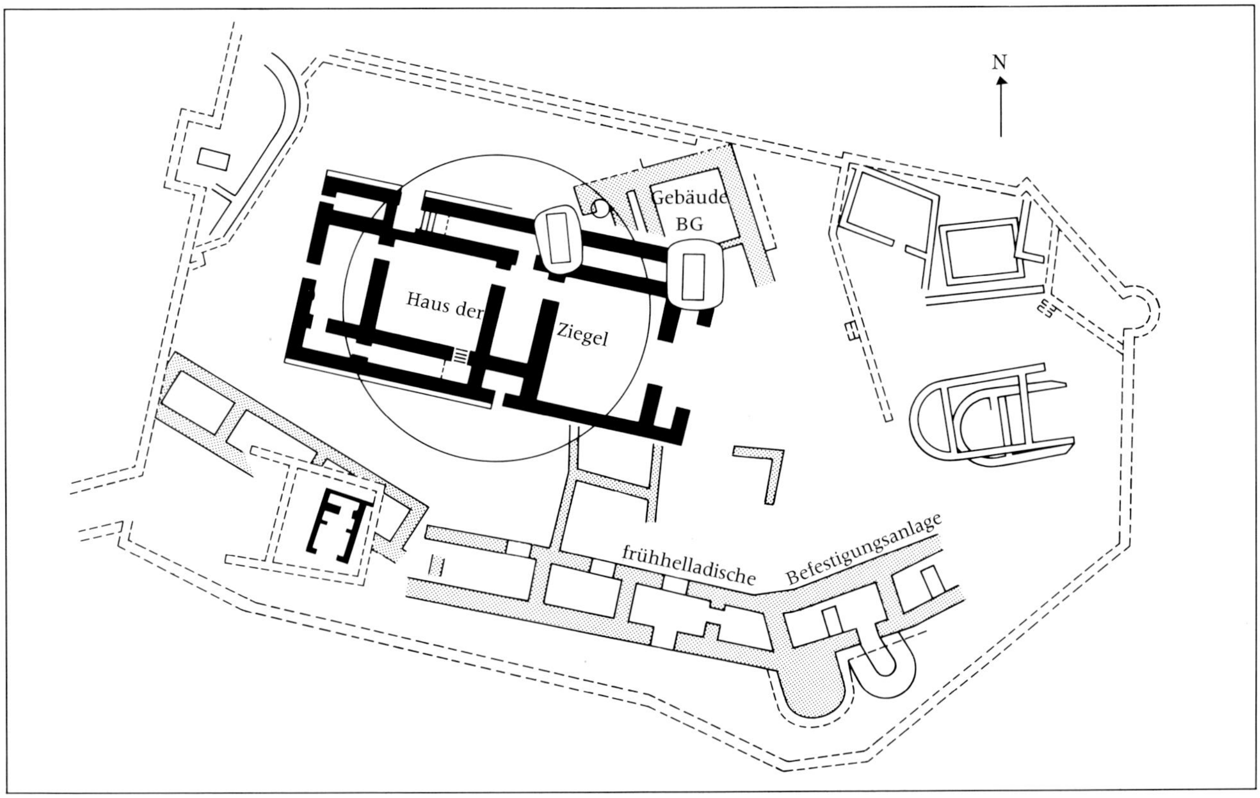

1.16 Grundriß von Lerna. FH II

pen an der Nord- und Südseite führten zum Obergeschoß. Die Fundamente waren aus Stein, als Bodenbelag diente Stampflehm. Die über 1 m dicken Wände hatte man aus Lehmziegeln aufgemauert. Für die Dachabdeckung, vermutlich ein Giebeldach, wurden rechteckige Schiefer- und Tonziegel verwendet. Die meisten Wände weisen einen Stucküberzug auf. Waren die Mauern ausnahmsweise aus Feldsteinen in der Fischgrättechnik errichtet, so blieb die Mauerstruktur weiterhin sichtbar. Über mehrere Generationen hinweg sind am Ort des um 2000 v. Chr. zerstörten Gebäudes keine weiteren Bauaktivitäten zu konstatieren. Erst in späterer Zeit wurde das Areal eventuell anderweitig genutzt.

Sogenannte »Korridor-Häuser«, vergleichbar dem »Haus der Ziegel«, konnten auch in anderen Teilen der ägäischen Welt nachgewiesen werden. Sie repräsentieren eine wichtige architektonische Tradition, die in ihrer Bedeutung sicher vergleichbar ist mit jener der Paläste auf Kreta und der der Befestigungsanlagen im spätbronzezeitlichen Mutterland. Die absolute Größe der Gebäude ist auffallend, ebenso wie die Verwendung von Ziegeln, die zu den großen Innovationen dieser Periode zählten, um danach für über 1500 Jahre vergessen zu werden.

Weitläufige zentrale Gebäude gehören dennoch nicht zu den Standardeinrichtungen im frühbronzezeitlichen Griechenland. In anderen dicht bebauten Städten wie in Eutresis in Böotien und Zygouries in der Argolis lassen sie sich nicht nachweisen. Bei den Grabungen in Tiryns jedoch legte man eine riesige, zweistöckige runde Baustruktur mit einem Durchmesser von ungefähr 28 m frei, die aus Lehmziegeln auf einem Steinfundament errichtet worden war. Hufeisenförmige Mauervorsprünge sicherten die Wände. Durch die aufgefundenen Ton- und Schieferziegel ist die Existenz eines

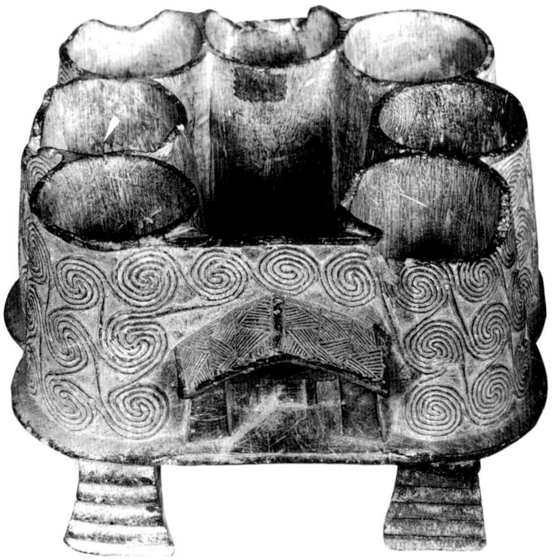

1.17 Modell eines mehrräumigen Getreidespeichers, angeblich aus Melos. FK II. Stein. Höhe 10 cm. München, Staatliche Antikensammlungen

Daches gesichert, obwohl bislang nicht geklärt werden konnte, wie die rechteckigen Ziegel zu der anzunehmenden konischen Dachform zusammengefügt waren. Eine entsprechende Puzzlearbeit bedeutet die Rekonstruktion der Funktion der Anlage. Handelt es sich vielleicht um einen städtischen Getreidespeicher? Aus derselben Periode stammt ein vergleichbares Steinmodell eines mehrräumigen Kornspeichers aus Melos (Abb. 1.17.). In einem anderen Gebäude in Tiryns konnte eine Obsidianwerkstatt nachgewiesen werden. Vermutlich aus Siphnos oder Thorikos in Attika wurde Blei nach Tiryns exportiert. Darüber hinaus verarbeitete man in den florierenden Metallwerkstätten Erz. Den Erfolg und die Kunstfertigkeit der frühbronzezeitlichen Handwerker bezeugen Funde aus dem gesamten Ägäisraum, wie aus Mochlos auf Kreta und aus Troja.

Die Bestattungsbräuche werden in den Nekropolen bei Agios Kosmas (in der Nähe des Athener Flughafens) anschaulich. Die aus Steinplatten zusammengefügten Kistengräber zeigen kykladische Einflüsse. Die Gräber enthielten mehrere Bestattungen und Gefäße als Grabbeigaben. In Zygouries auf der nördlichen Peloponnes bevorzugte man Grubengräber. Den Toten wurde hier neben Keramik auch Schmuck mitgegeben. Vereinzelt sind runde unterirdische Kammergräber anzutreffen. Hinweise auf Skulpturen liegen, abgesehen von Tonfiguren und einigen Marmorfiguren kykladischer Herkunft, kaum vor, weder im Kontext von Gräbern, noch an anderer Stelle.

KERAMIK

Große Veränderungen sind in dieser Periode auf dem Gebiet der Keramikherstellung zu verzeichnen. Zu den neuen Formen zählt die »Sauciere« (Abb. 1.18), ein Gießgefäß. Kannen mit schnabelförmigen Ausgüssen und Untertassen waren ebenfalls sehr modern. Auf die Gefäßaußenseite trugen die Töpfer einen dunkel glänzenden Überzug auf, auch *Urfirnis* genannt. Die allgegenwärtigen »Sau-

1.18 Tönerne »Sauciere« aus Lerna. FH II. Höhe 20 cm. Argos, Museum

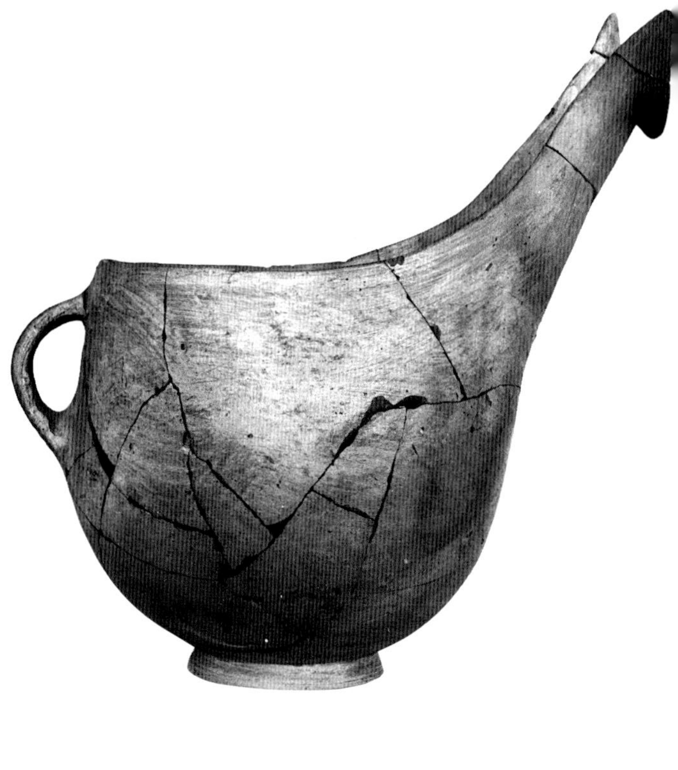

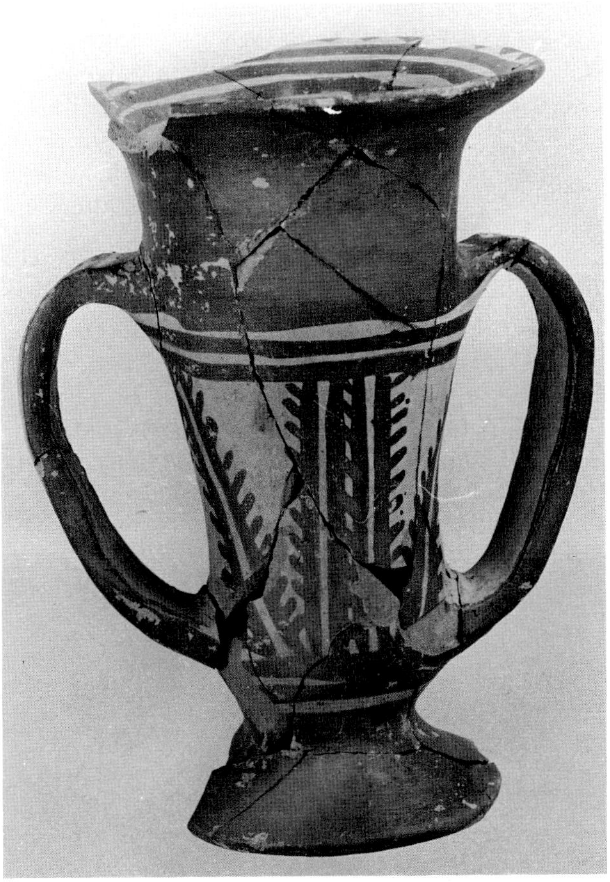

1.19 Deckelkrug aus Lerna. FH III. Höhe 11,7 cm. Argos, Museum

cieren« weisen eine dünne Wandung auf. Sie waren hart gebrannt. Der glänzende Firnis läßt an Prototypen aus Metall denken, wie sie in der Tat nachzuweisen sind. Alternativ wurde darüber hinaus die These aufgestellt, daß die Form der Saucieren von einem schräg aufgeschnittenen Flaschenkürbis (Lagenaria vulgaris) abzuleiten sei. Wäre dies der Fall, dürfte dann auch der *Urfirnis* mit dem *Flaschenkürbis* in Zusammenhang gebracht und vielleicht als Nachahmung seiner Oberfläche gedeutet werden?

Die Einführung der Töpferscheibe in der fortgeschrittenen FB-II erforderte einen Helfer oder Lehrling, der mit einem Stock oder mit der Hand für eine gleichbleibende Drehgeschwindigkeit sorgte. Der Töpfer konnte nun mit beiden Händen den Ton ziehen und formen. Erstaunlicherweise kam die Scheibe im griechischen Mutterland bis in die späte Bronzezeit jedoch nur selten zum Einsatz.

Eine wichtige Entwicklung auf dem Gebiet der Architektur während der FH-III-Zeit (um 2200–2000 v. Chr.) ist für die Peloponnes hervorzuheben. Es handelt sich um das sogenannte Langhaus mit seinem wahlweise *apsidialen* oder rechteckigen Grundriß. In Thessalien und Theben begegnet uns das Langhaus schon früher und ist der Vorläufer des SH-*Megarons*. Diese Bauform dominiert mit ihrer Vorhalle und der dahinterliegenden langgestreckten Halle auch die mykenische Wehrarchitektur.

Die FH-III-Keramik setzt sich zum großen Teil aus solider bemalter oder monochromer Ware mit einem dunkel glänzenden Überzug zusammen. Ornamentierte Töpfe verzierte man sowohl in der Hell-auf-Dunkel- als auch in der Dunkel-auf-Hell-Technik. Zu den geläufigen Mustern zählen ineinandergeschobene Dreiecke, *Mäander* und *Zickzackleisten*. Zu den bekanntesten Formen gehören der zweihenklige Deckelkrug (Abb. 1.19), Kannen mit trompetenförmigen Tüllen und Henkeln sowie kleine zylindrische Tassen. Auf der Töpferscheibe hergestellte Keramik wurde in kleineren Mengen in einer der beiden FH-III-Stätten auf der Peloponnes gefunden. Es handelt sich hierbei um die Vorläufer der sogenannten grauen »minyanischen Ware«, die im MH-Griechenland zu großer Bedeutung kommen sollte.

2

Die mittlere Bronzezeit um 2000–1550 v. Chr

Das Ende des 3. Jahrtausends v. Chr. war von großen Veränderungen geprägt. Während Kreta wirtschaftlich gedieh, verschlechterte sich auf den Kykladen die Situation. Im griechischen Mutterland kam es am Ende der FH-II-Periode in mehreren Siedlungen zu Zerstörungen. Weitere Städte wurden in der FH-III-Zeit dem Erdboden gleichgemacht. Die Destruktionswellen lassen auf die Ankunft neuer Völker schließen. Gemeinsamkeiten in der Keramikproduktion Griechenlands mit Erzeugnissen aus Troja lassen vermuten, daß die Zuwanderer aus dem westlichen Anatolien kamen. Auf der anderen Seite der Ägäis, in Troja, errichtete man in dieser Periode die sechste Stadtanlage.

Die Existenz mehrerer Paläste auf Kreta beweist, daß auch dort das Ende des 3. Jahrtausends v. Chr. grundlegende politische und soziale Veränderungen mit sich brachte.

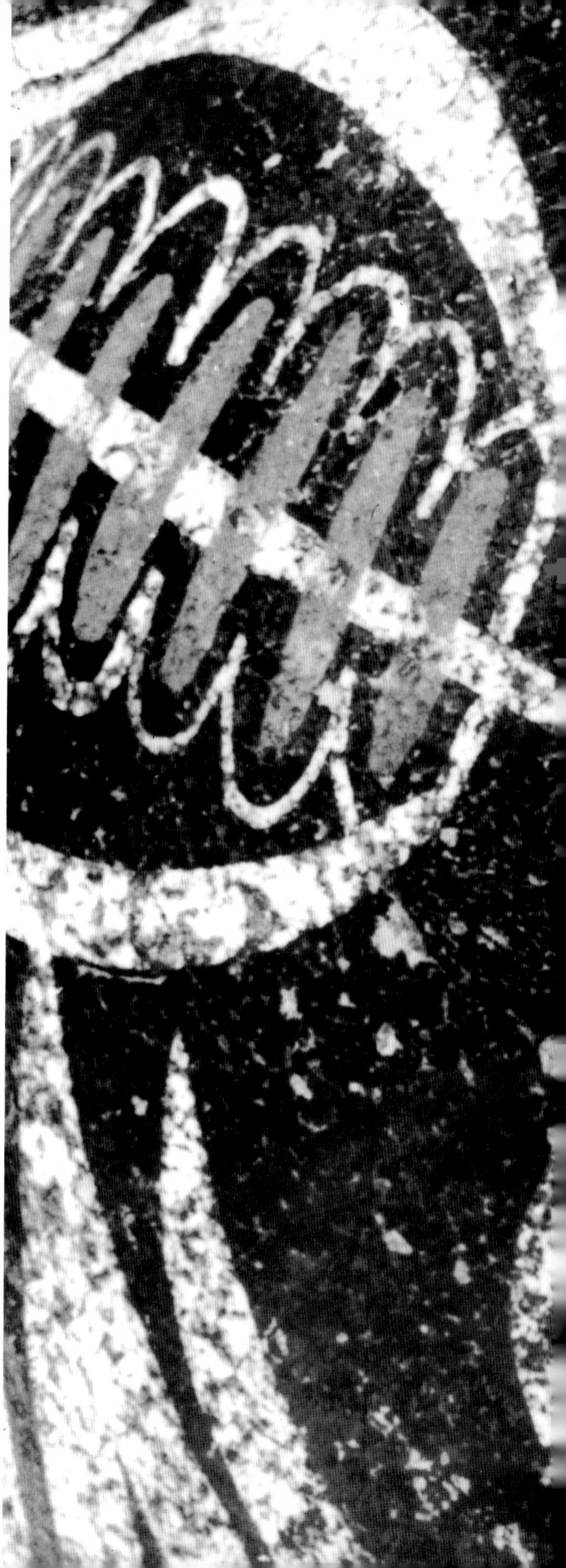

Kamares-Ware, Schnabelkanne aus Phaistos. Detail von Abb. 2.11. Heraklion/Kreta, Archäologisches Museum

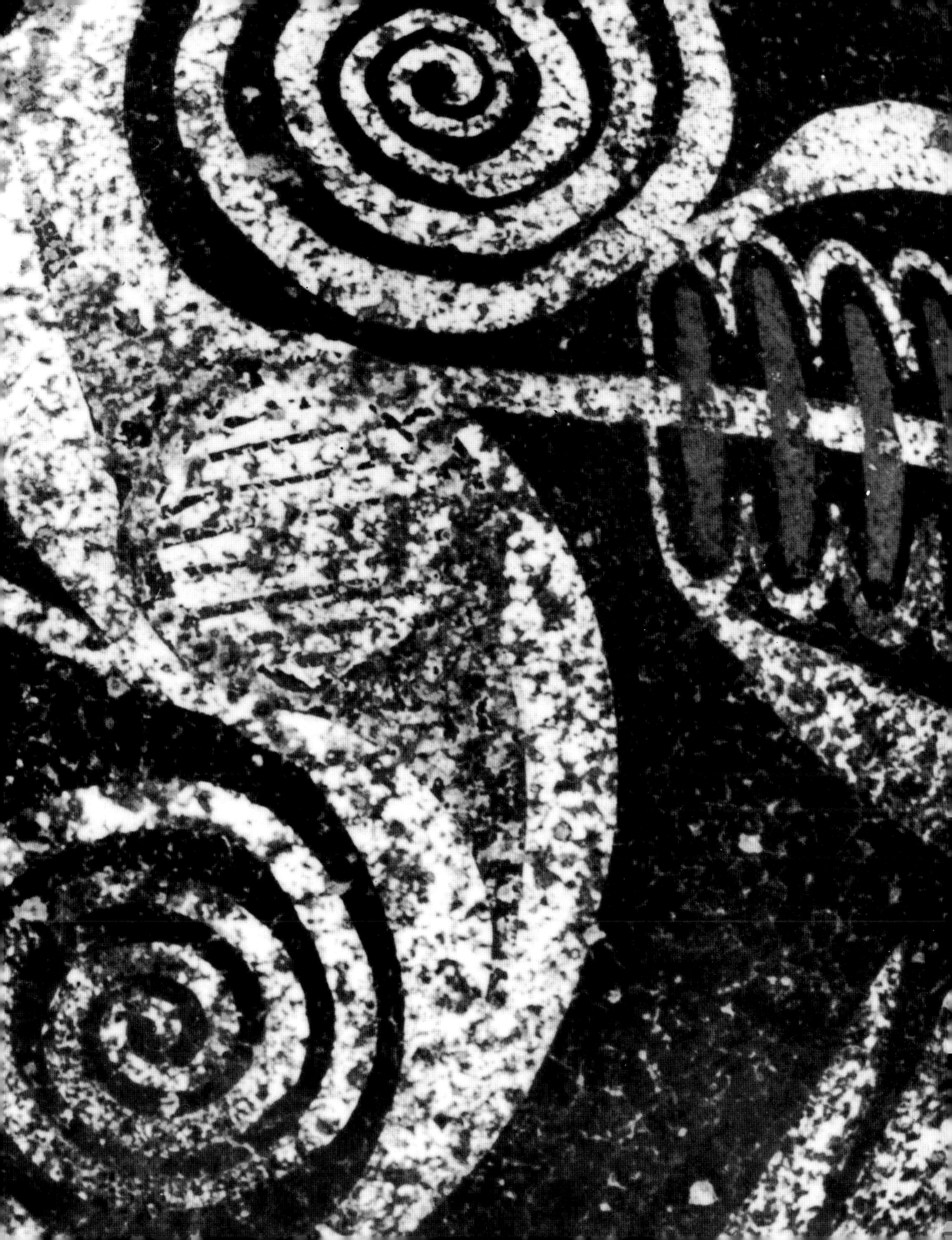

Da jedoch keine Schriftzeugnisse vorliegen – abgesehen von hieroglyphischen Quellen aus den ersten Palästen, die bislang nicht entziffert werden konnten –, ist es nicht einfach, diesen Umwandlungsprozeß zu verstehen. In Ägypten herrschte seit fast tausend Jahren ein monarchistisches Regierungssystem, dessen Zentrum der Pharao war. Nachdem auf Kreta mehrere Paläste entdeckt wurden, ist anzunehmen, daß dort die Macht geteilt war. FM-Dörfer, wie etwa Myrthos, mußten den MM-Palastkomplexen weichen. Die Legende berichtet, daß Minos, der kretische Alleinherrscher, seine Brüder von der Insel verbannte. So könnte zu einem unbekannten Zeitpunkt während der MM-Periode ein einzelner Herrscher die Macht an sich gerissen und ganz Kreta seiner Herrschaft in Knossos unterworfen haben. Für die kykladische Kultur liegen keine Hinweise auf einschneidende Veränderungen am Ende der FB vor. Der im 3. Jahrtausend v. Chr. erwirtschaftete Wohlstand konnte jedoch nicht erhalten werden. Kreta gewann in zunehmendem Maße an Einfluß. Man stellte die Produktion der Marmor-Idole ein. Möglicherweise ist auch hierfür die wachsende Vorherrschaft Kretas in der Ägäis verantwortlich zu machen. Vielleicht verloren die Idole aber auch einfach ihre Funktion für die Bevölkerung.

Für das griechische Mutterland bedeutete der Zuzug fremder Völker am Ende des 3. Jahrtausends eine abrupte Unterbrechung der kulturellen Entwicklung. Die zugewanderten Völker waren hinsichtlich ihrer Architektur und Kunst anspruchslos. Ihre Hinterlassenschaften stehen in einem krassen Kontrast zu jenen auf Kreta und in Troja.

Kreta

ARCHITEKTUR

Um 2000 v. Chr. baute man in Knossos und Phaistos weitläufige Palastanlagen. Ob die spätminoischen Residenzen in Mallia und Zakros MM-Vorgängerbauten besaßen, ist unklar. Die Grundrisse dieser Baustrukturen gleichen immerhin jenen der MM-Zeit. Die ersten Paläste in Knossos und Phaistos wurden – wie auch die anzunehmenden Anlagen in Mallia und Zakros – um 1700 v. Chr. durch ein Erdbeben zerstört. In Knossos und Phaistos setzte man die Regierungssitze wieder instand. In Mallia und Zakros entstanden auf dem Schutt Neubauten.

Die heute sichtbaren Ruinen überlagern weite Teile der früheren Bauten, so daß es schwierig ist, Grundrisse und Details zu analysieren. In Knossos und Phaistos ist dennoch ein zentraler rechteckiger Palasthof mit Zugängen an allen vier Seiten zu erkennen, sowie ein zweiter Hof, der westlich an die Gebäude angegliedert war.

In Knossos säumten mehrere abgeschlossene Baueinheiten den zentralen Hof. An der Westseite öffnete sich eine durchgehende Fassade auf den Vorhof, dahinter waren Speicherräume untergebracht. Die Zufahrtsstraße führte aus südlicher Richtung an den Palast heran. Entwässert wurde die Anlage über ein ausgeklügeltes System aus Tonröhren.

In Phaistos umgab eine Kolonnade den Innenhof. Vom gepflasterten Vorhof im Westen führte ein Verbindungskorridor zum Innenhof. Das Eingangstor markierte die Achse der Fassade. Im Inneren schließen sich mehrere Gänge und zellenähnliche Kammern an. Einige dienten religiösen Zwecken, andere nutzte man als Vorrats -oder Wohnräume.

In Mallia ist eine abweichende und aufschlußreichere architektonische Entwicklung bezeugt. Die riesige Baustruktur westlich des späteren Palastes weist mehrere Räume mit stuckierten Wänden auf, ferner Treppenhäuser und Vorratslager, in denen sich Tongefäße fanden. Tonsiegel und hieroglyphische Inschriften auf den Gefäßen lassen auf ein Verwaltungszentrum schließen. Westlich des späteren Hofes befinden sich Kammern, in denen man größere Mengen an Metallobjekten deponiert hatte. Separate, in eine andere Richtung orientierte Gebäude sind im weiteren Umfeld zu vermerken, wie etwa jene, die die sogenannte Agora begrenzen. Die Palastgesellschaft war wohl in einem weiteren Gebäude untergebracht. Den Zusammenschluß der Strukturen vollzog man erst nach dem Erdbeben von 1700 v. Chr.

Die Fassaden der Paläste konstruierte man aus behauenen Steinblöcken, Bruchsteinen, Lehmziegeln sowie Holzsäulen. Zum ersten Mal ist hier die Verwendung geschnittener Steinquader für den ägäischen Raum bezeugt; ein Beispiel liefern die mächtigen Steinplatten (Orthostaten) im unteren

Mauerbereich der Eingangsfassaden. Dübel hielten die hölzernen Balken zusammen, die die Wandorthostaten an der Oberkante horizontal abschlossen. In Mallia begegnen uns kleine rechteckige Raumkompartimente, in die mehrere Stufen hinabführen (Lustralbecken), sowie enge Lichtschächte zur Beleuchtung und Belüftung. Im Bereich der Westhöfe von Knossos und Phaistos wurden die frühesten bekannten gepflasterten Fußwege entdeckt, ferner die ältesten überlieferten Vorratsgefäße. Auch die Verwendung von Säulen ist hier erstmalig im südägäischen Bereich belegbar (nachweisbar ist sie bereits in Troja II).

In Knossos und Phaistos beherrschte der zentrale Hof die gesamte Anlage. Dies läßt auf eine Vorliebe der Minoer für gut belüftete, helle Räume schließen. Da die Palastanlagen nicht von starken Befestigungsmauern umgeben waren, konnten sie bei Bedarf erweitert werden. Der Grundriß läßt Parallelen zum Nahen Osten erkennen. Auch hier gehörten große Zentralhöfe, Korridore und rechtwinklige Raumeinheiten zu den standardisierten Baumustern. Der Regierungssitz des Zimrilim in Mari am Euphrat liefert ein gutes Vergleichsbeispiel. Die Anlage datiert ins 18. Jahrhundert v. Chr., schließt jedoch ältere Teile aus dem frühen 21. Jahrhundert v. Chr. ein. Die orientalischen Komplexe umgaben jedoch wuchtige Befestigungsmauern. Eine Erweiterung war nur begrenzt möglich. Im Vordergrund stand hier der Schutz des Wohnbereiches vor Sonne und Hitze. Ähnlichkeiten zwischen den minoischen und mesopotamischen Palästen bestehen weiterhin darin, daß sie beide als Kontrollzentren unabhängiger Stadtstaaten dienten. Ein fruchtbarer Vergleich läßt sich auch zwischen dem Palast von Beycesultan in Anatolien und zeitgleichen ägyptischen Anlagen ziehen.

Engere Kontakte mit Ägypten und dem Nahen Osten beeinflußten die minoischen Architekten. Die Starrheit der Vorbilder wurde modifiziert; Bauabschnitte, die Bewegung, Luft und Licht zuließen, nahm man in die Pläne mit auf. Auch lokale architektonische Traditionen fanden Verwendung, wie ein FM-II-Haus in Vasiliki demonstriert.

In Mallia gruben französische Archäologen ein Wohnviertel aus. Hier ließen sich abermals individuell entworfene Baumuster mit mehreren rechtwinkligen Räumen belegen, die aus der Periode nach dem Erdbeben von 1700 v. Chr. stammen. Um einen Eindruck vom Aufriß der Privathäuser zu gewinnen, ist ein Blick auf das sogenannte »Stadtmosaik« aus Knossos lohnend. Die Bezeichnung ist irreführend, da es sich nicht um ein Mosaik, sondern vielmehr um ein Ensemble polychromer Platten aus Fayence handelt, die die Seitenflächen einer Holztruhe geziert haben könnten. Gefunden wurden sie unter dem Bodenbelag des wiedererrichteten Palastes in Knossos, was eine Datierung in die Zeit des ersten Palastes erlaubt. Die Platten (Abb. 2.1) zeigen Hausfassaden mit zwei bis drei Stock-

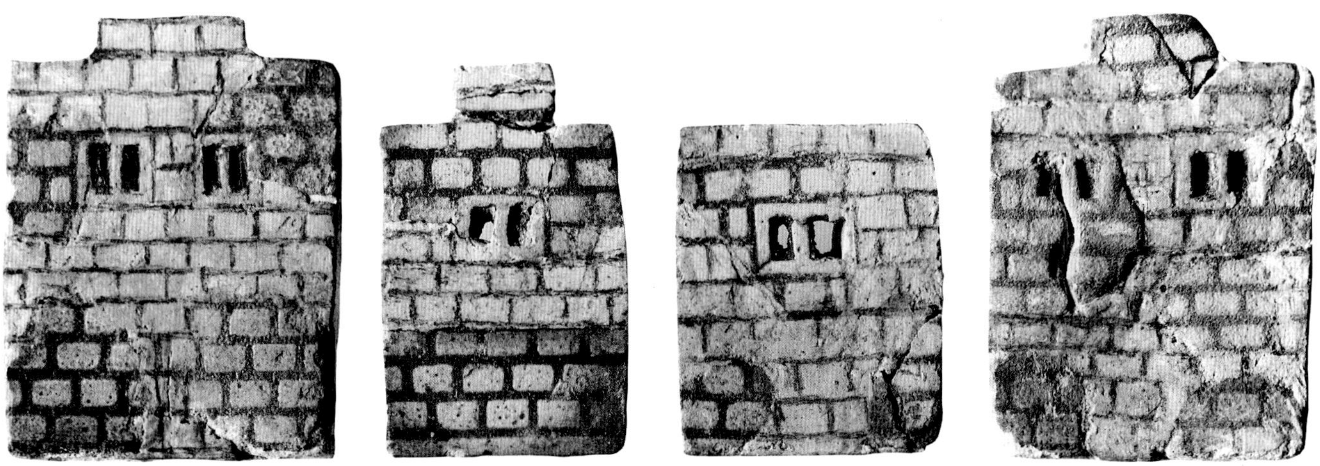

2.1 Platten in Hausform, möglicherweise Möbelbeschläge, aus Knossos. MM II. Fayence. Höhe 3–5 cm. Heraklion/Kreta, Archäologisches Museum

werken, einer zentral gelegenen Eingangstür, symmetrisch angeordneten Fenstern, Fensterläden und Flachdächern. Als Baumaterial dienten Ziegel und Holz. Die Balkenköpfe waren oftmals sichtbar. Die zahlreichen Fenster belegen erneut die Vorliebe der Minoer für helle und gut belüftete Räume. Das Terrakottamodell eines Hauses (Abb. 2.2) aus Arkchanes stammt wohl aus einer späteren Phase, erlaubt jedoch weiteren Aufschluß über die Obergeschosse. Es bezeugt zudem Treppen, die auf die Flachdächer führten.

Eine faszinierende Baustruktur wurde in Agia Photia an der Nordküste Kretas freigelegt. Das rechtwinklige Gebäude, das eine Fläche von 27 x 19 m einnimmt, ist in über 30 Zimmer untergliedert, die sich um einen Innenhof gruppieren. Der Grundriß erinnert an die minoischen Paläste, doch das Haus ist älter (errichtet um 2000–1900 v. Chr.), woraus geschlossen werden könnte, daß die Palastentwürfe als einheimische Entwicklungen einzuordnen sind. Die Funktion dieser Anlage ist nicht geklärt. Um einen Palast wird es sich nicht handeln, da es keine Pithoi zur Vorratslagerung gab. Auch scheinen die Räume nicht unterschiedlichen Zwecken gedient zu haben. Die freistehende Schutzmauer an der Seeseite ist in ihrer Art einzigartig auf Kreta, erinnert jedoch an die Verteidigungsanlage im FB-Khalandriani auf Syros.

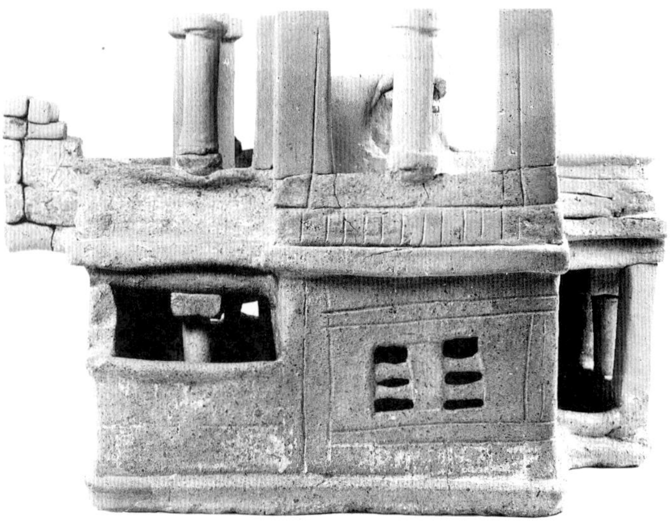

2.2. Hausmodell aus Arkchanes. SM I. Terrakotta. Höhe 23,5 cm. Heraklion/Kreta, Archäologisches Museum

PLASTIK

Einige der frühesten (MM I) Beispiele minoischer Skulptur stammen aus dem Bergheiligtum bei Petsofa (Abb. 2.5). Die Terracotten stellen Menschen und Tiere dar. Offensichtlich handelt es sich um Weihegaben an eine Gottheit. Die größte Statuette mißt 23 cm. Die männlichen Figuren sind in strenger Haltung dargestellt, sie haben die Arme in einer respektvollen Geste vom Körper abgespreizt und die Fäuste auf die Brust gelegt. Abgesehen von einem Gürtel, einem Schurz und manchmal einem Dolch sind sie nackt. Die weiblichen Figuren erheben die Arme vor dem Körper. Sie tragen gegürtete Röcke und kunstvolle Hüte. Ihre Brüste sind unbedeckt. Die Gesichter sind nur erahnbar; außer einer schematischen Andeutung von Kinn und Nase fehlen die Gesichtszüge. Mit diesen naiven Figuren legte man ein Proportionsschema (schmale Taille, breite Schultern), Habitus und Gestik (für die weiblichen Figuren) sowie eine Tracht fest, die in der kretischen Kunst für mehrere Jahrhunderte verbindlich bleiben sollten.

Den Höhepunkt minoischer Plastik bildet in dieser Periode eine Gruppe weiblicher Fayencefiguren, die eine Schlangengöttin oder ihre Adorantin(nen) darstellen. Gefunden wurden die Statuetten in steinplattenverkleideten Gruben in Knossos, in den sogenannten »Tempeldepots«. Versiegelt unter dem Schutt des Erdbebens vom Ende der MM-Periode, datieren sie in die MM-III-Zeit. Die größte Figur (Abb. 2.6) hat eine Höhe von 34,5 cm. Damit ist sie gleichzeitig eine der größten Vertreterinnen der minoischen Rundplastik. Die Göttin trägt einen gegürteten Falbelrock und eine kurze Schürze. Ihre Brüste sind nackt. Schlangen kriechen ihr über Arme, Schultern und Taille, eine weitere ziert den hoch aufragenden Hut. Die anderen Figuren (Abb. 2.3) sind mit einer ähnlichen, leuchtend bunten Tracht bekleidet. Alle haben dieselbe Haltung eingenommen und weisen gleichartige Proportionen auf. Dieser Figurentyp, der in geometrischen Formen wurzelt – dem Kegel (Rock), dem Zylinder (Arme, Hüften) sowie dem Dreieck (Gesicht) – und als

2.3. *gegenüber* Schlangengöttin oder Adorantin, aus Knossos. MM III. Fayence. Höhe 29,5 cm. Heraklion/Kreta, Archäologisches Museum

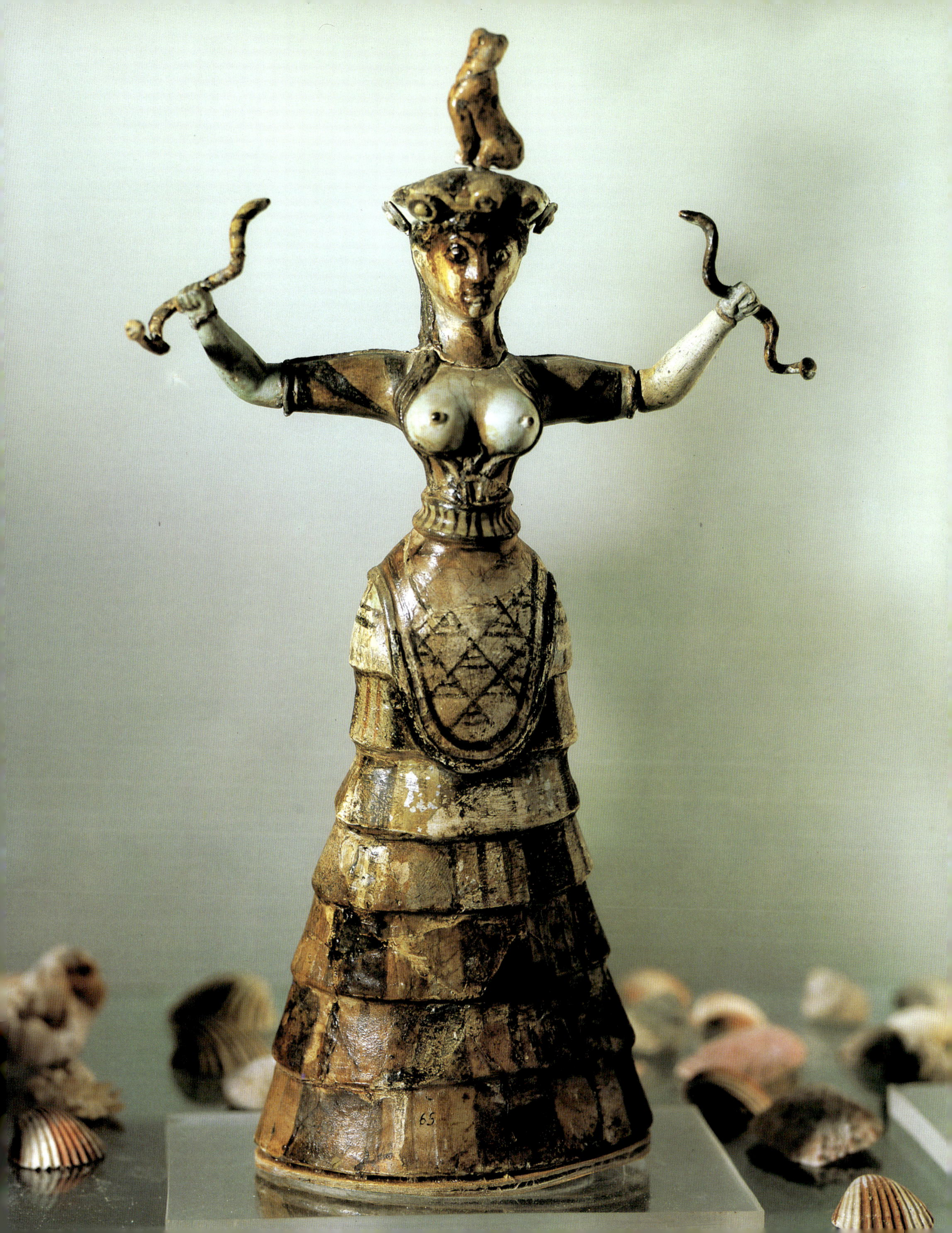

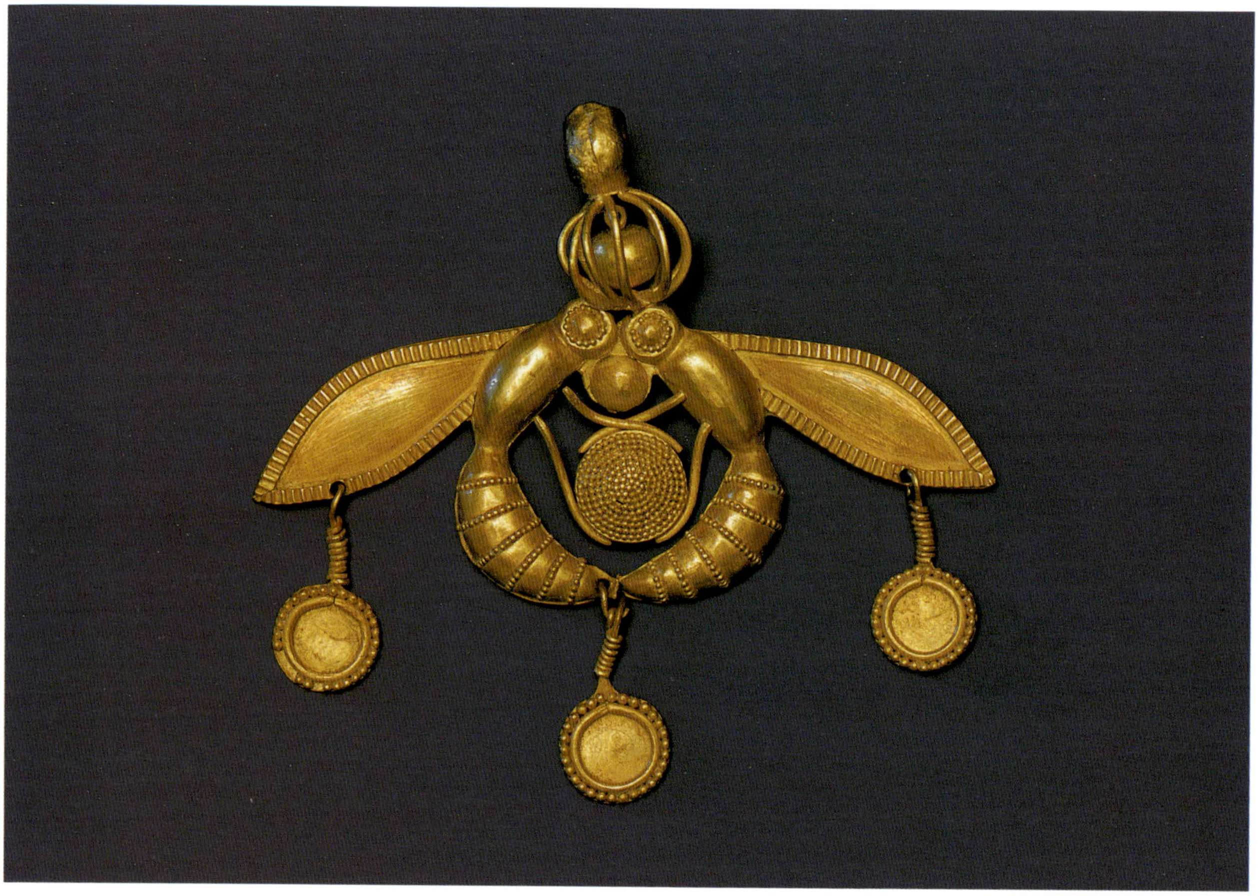

2.4 Ohrgehänge aus Mallia. MM III. Gold. Höhe 4,6 cm. Heraklion/Kreta, Archäologisches Museum

besonderes Merkmal große Augen sowie (fast) zusammengewachsene Augenbrauen aufweist, hat auffallende Parallelen in der vorderasiatischen und mesopotamischen Plastik. Formwille und Naturalismus bestehen nebeneinander: Geometrie und Symmetrie neben ausgefeilter Ornamentik dienen schließlich dem Ausdruck von Natürlichkeit.

Ein MM-III-Akrobat aus Elfenbein (Abb. 2.7), gefunden im Palast von Knossos, demonstriert die Kunstfertigkeit der minoischen Handwerker in anderen Materialien. Auch an ihm wird das Interesse am Naturalismus deutlich. Der Dargestellte scheint sich mitten in einem Bewegungsablauf zu befinden. Vielleicht gehörte er zu einer Figurengruppe von Stierspringern, wie sie auch eine Wandmalerei der SM-Periode aus Knossos (Abb. 3.5, S. 69) und ein weiteres Figurenensemble aus Bronze im Britischen Museum illustriert[1]. Wenn dem so ist, läßt sich die Darstellung folgendermaßen rekonstruieren: Der

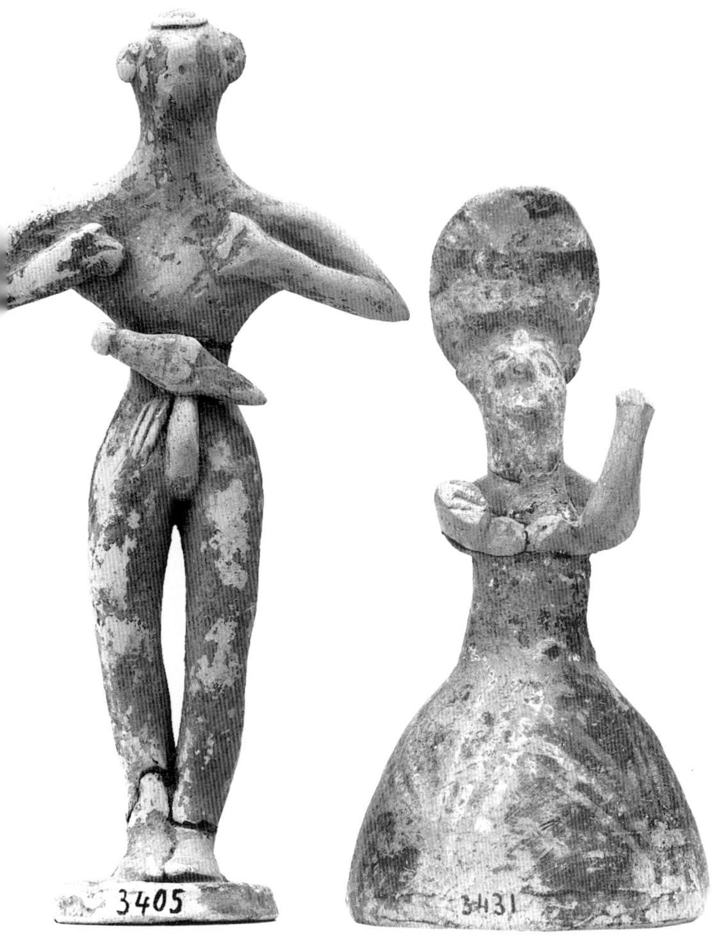

2.5 *oben* Statuetten, aus Petsofa. MM I. Ton. Höhe (Frau) 14,3 cm; Mann 17,5 cm. Heraklion/Kreta, Archäologisches Museum

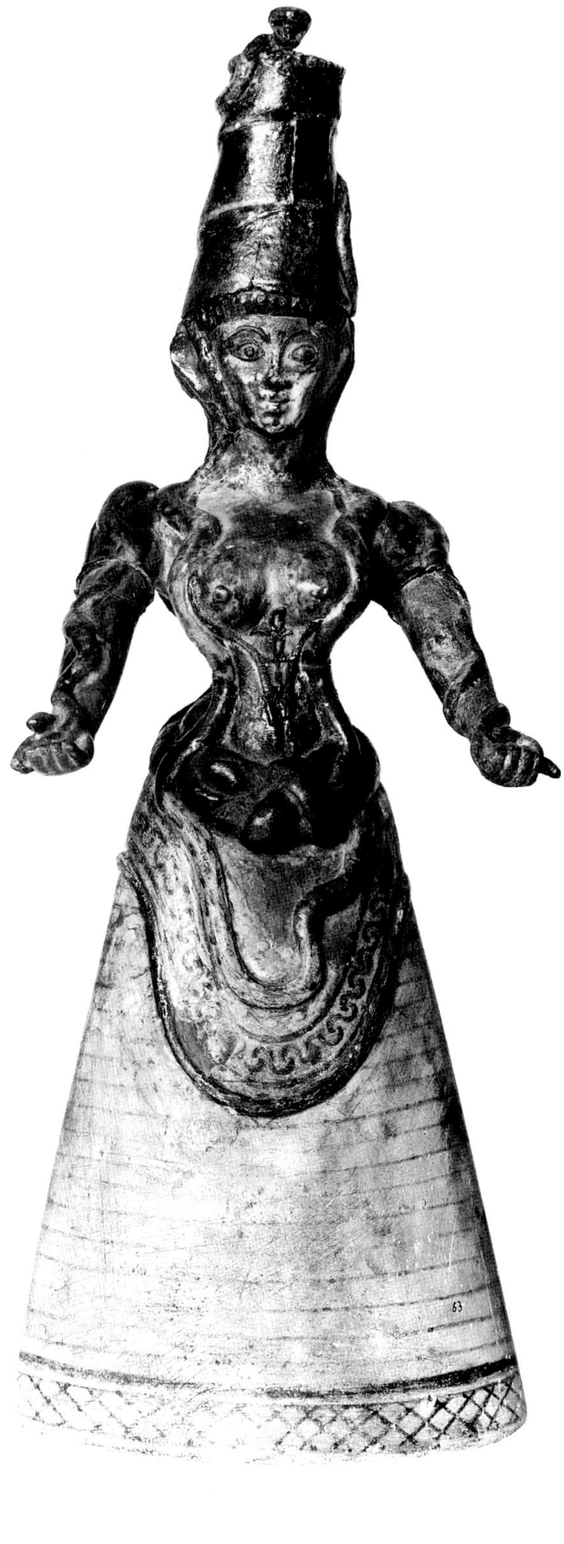

2.6 *rechts* Göttin oder Adorantin, aus Knossos. MM III. Fayence. Höhe 34,5 cm. Heraklion/Kreta, Archäologisches Museum

2.7 *unten* Akrobat, aus Knossos. MM III. Elfenbein. Länge 29,9 cm. Heraklion/Kreta, Archäologisches Museum

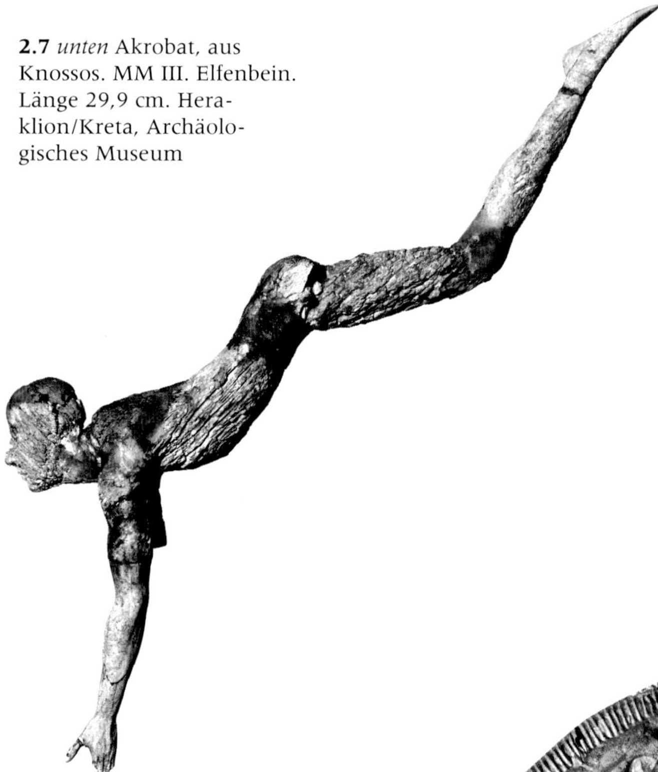

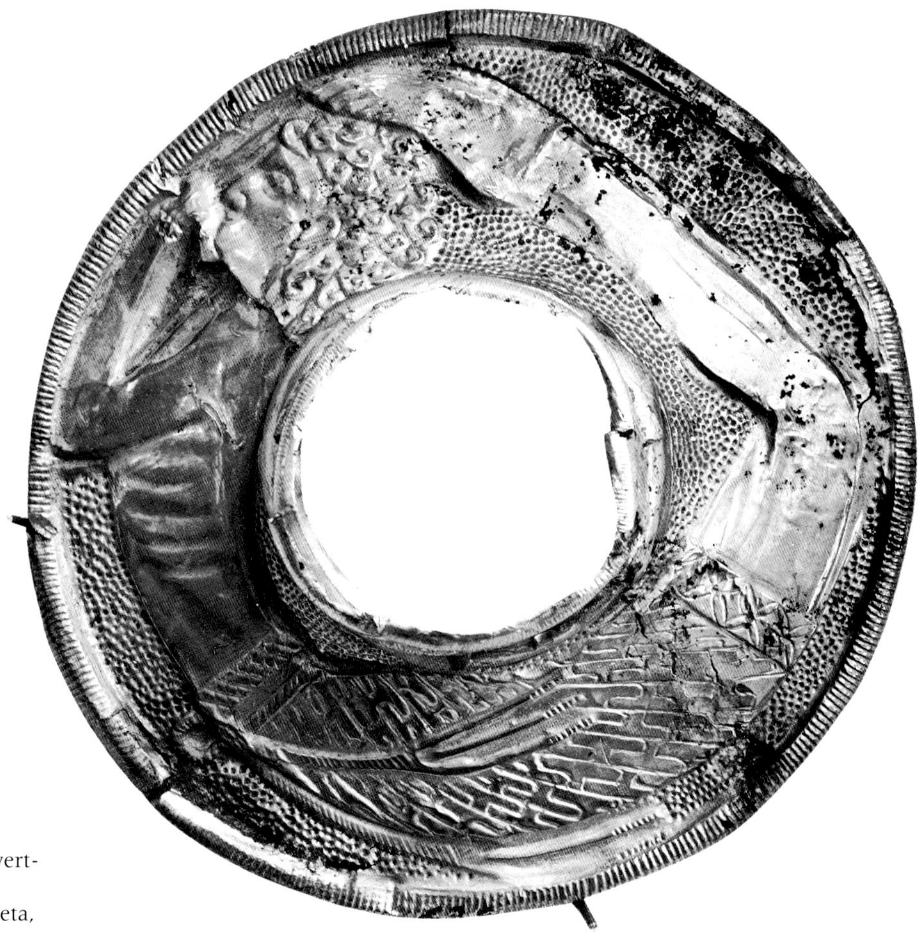

2.8 *rechts* Verkleidung eines Schwertknaufs, aus Mallia. MM III. Gold. Durchmesser 7 cm. Heraklion/Kreta, Archäologisches Museum

Mann befindet sich in einem wagemutigen, saltoartigen Sprung über den Rücken und die Hörner eines Bullen. Die angespannten Muskeln, die Finger und Adern sind bis ins Detail ausgearbeitet. Dieser winzige Kunstspringer läßt die Vorstellung von der Heiligkeit athletischer Wettkämpfe ahnen, die später in den Sakralstätten und Festen der Griechen der historischen Epoche zum Ausdruck kommt. Im minoischen Kreta bildete man den Protagonisten in einer stromlinienförmigen Bewegung ab, wie eine Momentaufnahme mitten in der Bewegung. Die erfolgreichen Athleten späterer Perioden hingegen wurden (mit ein oder zwei Ausnahmen) in ausdrucksstärkeren, statischeren Posen wiedergegeben.

Ein Akrobat ist auch Thema einer Darstellung auf einem Goldblech (Abb. 2.8), das ehemals den Knauf eines großen Zeremonienschwertes verkleidete und im Palast von Mallia gefunden wurde. Das runde Blech, das zu einem erhabenen Relief getrieben ist, nimmt der Körper des Akrobaten vollständig ein. Er krümmt sich derart, daß seine Zehenspitzen die Kopfhaare berühren. Die Haarlocken, der gegürtete Rock und die knotigen Knie sind auf realistische Weise wiedergegeben. Ein weiteres Schwert aus Mallia weist einen Knauf aus Bergkristall auf. Der aus grauem Kalkstein geformte Griff ist ebenfalls mit Goldblech beschlagen. Es scheint, daß derartige Waffen regelmäßig reich geschmückt waren. Auf Kreta wurden nach heutigen Erkenntnissen die ersten Schwerter der ägäischen Welt hergestellt, zerbrechliche bronzene Rapiere als Weihegeschenke an Gottheiten.

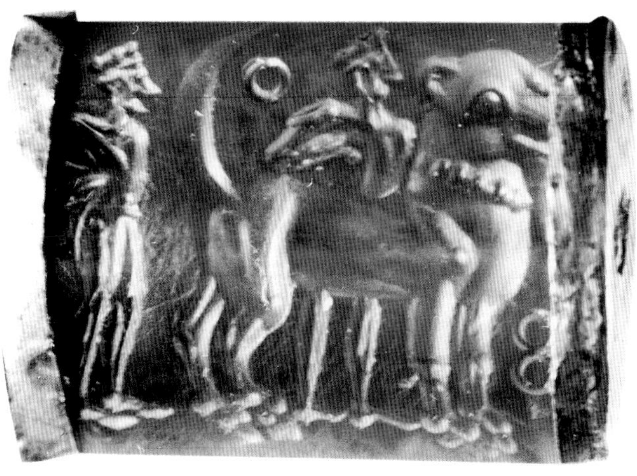

2.9 Siegel in Form eines Zylinders: zwei Männer mit großem Hund. SM I. Chalzedon mit Goldfassung. Länge 26,5 cm. Heraklion/Kreta, Archäologisches Museum

Ebenfalls aus Mallia stammt ein goldenes Ohrgehänge (Abb. 2.4), das zwei Hornissen zeigt, die spiegelsymmetrisch über einem Honigtopf angeordnet sind. An Flügeln und Stacheln hängen insgesamt drei Scheiben mit Granulatverzierung. Eine neue Technik der Goldverarbeitung ist hiermit bezeugt: die Filigranarbeit. Man formte dünne Drähte zu grazilen Metallobjekten und granullierte sie mit kleinen Kügelchen aus Gold und Silber, die aufgelötet wurden. Die Technik des Treibens eignete man sich zweifellos über die Kontakte nach Syrien und dem Nahen Osten an. Im palastzeitlichen Kreta wurde dennoch nicht sehr viel Gold gefunden, häufiger waren Silbergefäße, wie etwa ein tiefes zweihenkliges Trinkgefäß (Kantharos) aus Gournia bezeugt. Die geringe Menge überlieferter Rundplastiken und Reliefs verschiedenen Formats mag dem Fundzufall zuzuschreiben sein. Vielleicht liegt dieser Umstand aber auch darin begründet, daß die Minoer die Kunst der Miniaturfiguren vorzogen, ein Interesse, das sich vor allem in der Glyptik niederschlug.

Ringe und Siegel nutzte man zum Stempeln von Tonplomben, die Verpackungsschnüre zusammenhielten. Die Tonplomben dienten der Identifizierung und als Verschluß der Behälter. Siegeln sprach man magische Kräfte zu. Man schätzte sie wegen ihrer Farben und Formen und der in die Steine eingeschnittenen Darstellungen.

In der FM-Phase – etwa ab 2300 v. Chr. – fertigte man Siegel aus Knochen, Speckstein (eine Gesteinsart, die weich genug ist, um mit einem Kupfermesser bearbeitet zu werden) und Elfenbein. Die Bandbreite der Erzeugnisse ist beachtlich. Dies gilt sowohl für die Siegelform, wie etwa Tierdarstellungen mit einer Gravur an der Unterseite des Sockels (Abb. 1.7, S. 33), als auch für die eingravierten Darstellungen, bei denen Tiere, menschliche Figuren und abstrakte Muster zu finden sind. Zur Zeit der ersten Paläste kamen neue Materialien hinzu: Bergkristall, Jaspis, Achat und Karneol. Zu den bevorzugten Trägerformen gehörten nun flache oder konvexe Scheiben sowie Prismen. In der Beliebtheitsskala der Darstellungen rangierten Tiere, geometrische Muster und Hieroglyphen ganz oben. Zwischen 1700 und 1550 v.Chr erweiterte man das Spektrum abermals. Neu entdeckt wurden der »Amygdaloid« (ein mandelförmiger Stein) und der abgeplattete Zylinder. Die eingravierten Bildthemen – Tiere, Menschen, religiöse Szenen – reflektieren die zeitgenössische Vorliebe für naturalistische Darstellungen.

Erste Siegelringe aus Bronze und Gold wurden geschaffen. Die Produktion lief ohne Unterbrechung bis in die Periode der zweiten Paläste, das heißt bis über 1550 v. Chr. hinaus. Ein Siegelstein aus blauem Chalzedon in einer goldenen Fassung stellt ein gelungenes Produkt dieser Periode dar (Abb. 2.9). Die Graveure waren hochbegabt und sehr produktiv. Das Material, welches sie bearbeiteten war sehr klein und verlangte sowohl vom Künstler als auch vom Käufer Freude an figürlicher Kunst in einem kleinen Bereich.

KERAMIK

Die Errichtung der Paläste verlief parallel mit der Einführung neuer Keramiktypen und einer neuen Technologie: der Töpferscheibe. Innerhalb der Paläste trennte man allen Anschein nach größere Bereiche für Werkstätten ab. Die Zentralisierung der handwerklichen Betriebe wurde dadurch gefördert, wenn nicht sogar erzwungen. In den Höhen des Berges Ida, in einem Heiligtum in der Kamares-Höhle, wurde die neue Keramik erstmals entdeckt.

Bei der danach benannten Kamares-Ware (MM II) handelt es sich um reine Palastware, die auf Kreta außerhalb von Knossos und Phaistos nur selten gefunden wird. Möglicherweise hatten sich nur wenige Werkstätten auf ihre Herstellung spezialisiert. Man unterscheidet zwei Typen: das einer Eierschale vergleichbare dünnwandige Tafelgeschirr und eine gröbere Gebrauchsware. Zu den gängigen Gefäßformen gehören einhenklige Tassen, Kannen mit Ausguß und Schnabelkannen. Man dekorierte die Gefäße mit weißen Mustern auf schwarzem Grund. Zusätzlich trug man Gelb-, Rot- und Orangetöne auf. Die Muster reichen von abstrakten bis zu naturalistischen Darstellungen. Die Motive wie Spiralen, Spulen, Blüten oder Blätter ziehen sich um den gesamten Gefäßkörper und veranlassen den Betrachter, ihnen in ihrem Fluß zu folgen. Auf menschliche Darstellungen hatte man verzichtet.

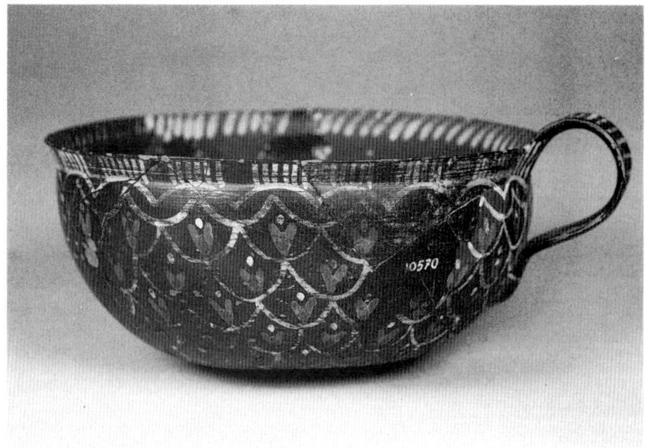

2.10 Kamares-Ware, Tasse, aus Phaistos. MM II. Durchmesser 12 cm. Heraklion/Kreta, Archäologisches Museum

Erhabene, in diagonalen Linien oder Punkten aufgesetzte Muster – das sogenannte »Barbotine-Dekor« – zeigen, daß die Künstler nicht nur mit Farben, sondern auch mit Oberflächenstrukturen arbeiteten.

Die Eierschalenware (Abb. 2.10) gehört zu den bekanntesten Keramiktypen dieser Zeit. Am häufigsten begegnet uns die Tasse, die in mehreren Varianten vorliegt. Ihre Herstellung erforderte absolute Beherrschung der Töpferscheibe wie auch Erfahrungen in der Brenntechnik. Die abgebildete Tasse schmückt ein in weiß aufgetragenes Muster, das sich, aus Halbkreisen zusammengefügt, rings um den Gefäßkörper zieht, wo es in mehreren Registern angeordnet ist. Daneben erkennt man Motive aus der Natur: abstrakte Knospen in Orange und Weiß.

Ein derartiges Dekor, die Wiederholung desselben Ornaments sowie die Verknüpfung mehrerer Muster miteinander ist auch für die grobe Gebrauchsware bezeugt, wie etwa eine Schnabelkanne (Abb. 2.11) belegt. Die Ornamentik wirkt energisch und kraftvoll: Wiederkehrende ovale Strukturen halten paarweise angeordnete Spiralen zusammen. Die Motive sind diagonal auf dem Gefäßkörper plaziert. Die Tonkügelchen auf der Schnauze kennen wir bereits von der FM-II-Vasiliki-Ware: Sie erin-

2.11 *gegenüber* Kamares-Ware, Schnabelkanne, aus Phaistos. MM II. Höhe 27 cm. Heraklion/Kreta, Archäologisches Museum

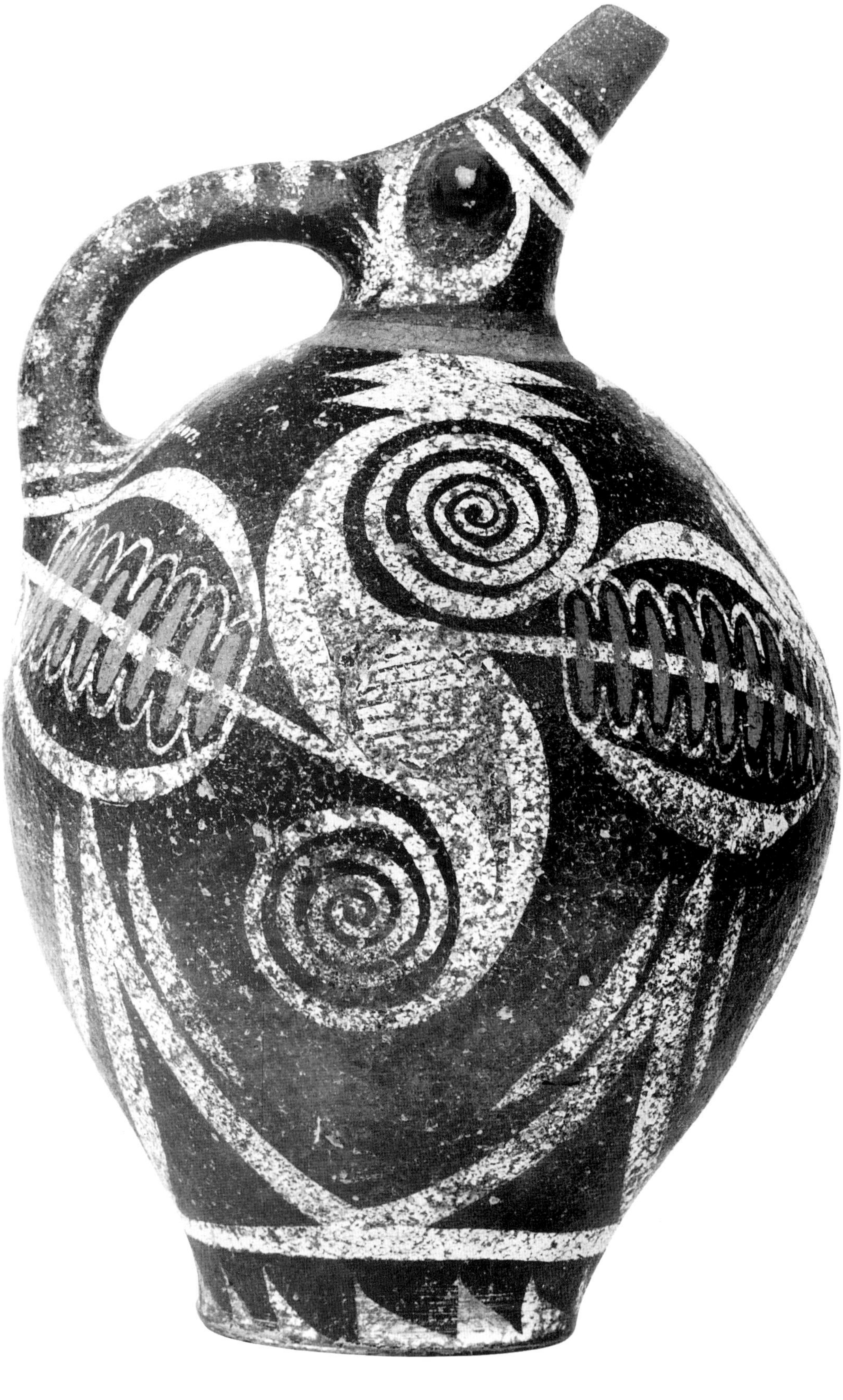

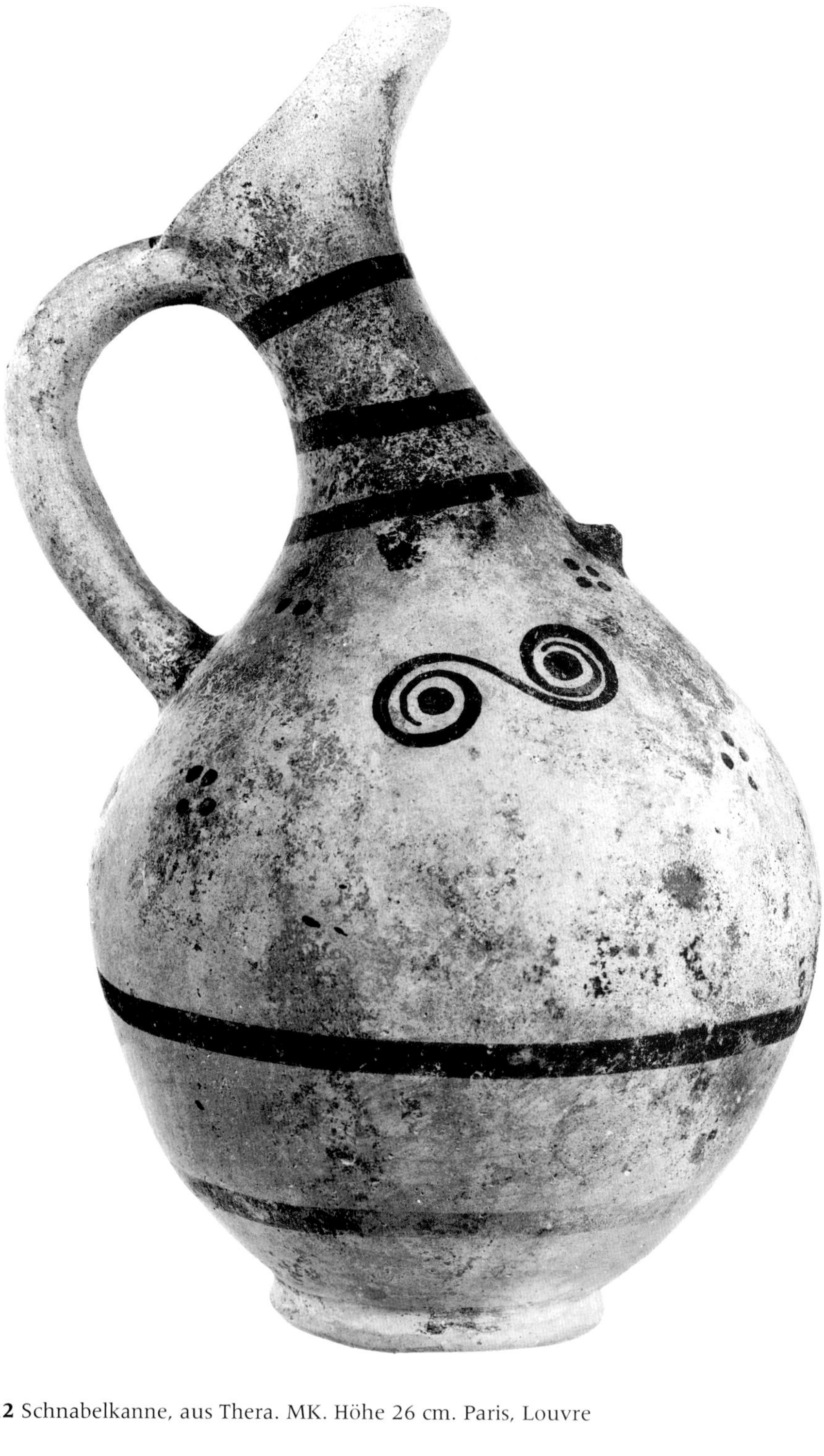

2.12 Schnabelkanne, aus Thera. MK. Höhe 26 cm. Paris, Louvre

nern an Vogelaugen und bringen auch hier ein zoomorphes Element in die Gefäßgestaltung ein.

Es ist bemerkenswert, daß auch die Künstler, die Wände stuckierten und mit Malereien versahen, nicht auf figürliche Motive zurückgriffen. Die bemalte Keramik galt vielleicht als hohe Kunst, denn einige der begabtesten Maler widmeten sich ihr. Auf einer niedrigeren Qualitätsstufe ging man dazu über, mehrteiliges Essgeschirr mit einheitlichem Dekor herzustellen.

Die Kamares-Ware überdauerte den Übergang von der ersten zur zweiten Palastphase während der MM-III-Zeit. Die Ornamente wurden ruhiger und naturalistischer. Pflanzliche Motive zogen sich nun um die Gefäßkörper. Die Kamares-Ware war auch außerhalb Kretas beliebt. Man exportierte sie ins griechische Mutterland, auf die Kykladen, nach Syrien und Ägypten, wo sie etwa in der Nekropole von Abydos gefunden wurde.

Die Kykladen

ARCHITEKTUR

Die zweite Stadt in Phylakopi auf Melos überliefert wichtige Zeugnisse der MK-Kultur. Die Ausgräber legten einen großen Teil der Siedlung frei (eine Fläche von 80 x 50 m) und rekonstruierten schmale Straßen und mehrräumige Häuser aus lokalem Gestein. MM-Keramik wurde hier ebenso importiert wie minyanische Ware aus dem griechischen Mutterland. Aus Agia Eirene auf der Insel Keos liegen nur zweifelhafte architektonische Hinweise auf eine FB-Siedlung vor. Nach einer Besiedlungslücke am Ende der FB errichtete man auf den Ruinen eine neue Stadt, die von einer Befestigungsmauer mit Toren und Türmen umgeben war. Sowohl mutterländische als auch minoische Keramik fand sich auch hier. In einer zweiten Phase verstärkte man die alte Befestigungsanlage der Stadt. Dies geschah bald nach der Zerstörung der ersten Paläste in Knossos und Phaistos.

KERAMIK

Erst während der MK-II-Periode kam es in der Keramikproduktion zu Veränderungen. Zu den geläufigen Formen gehört nun die Schnabelkanne, die mit denselben matten Farben bemalt wurde wie im Mutterland. Lediglich die Muster sind anspruchsvoller. Sie variieren von Spiralen und Locken (Abb. 2.12) bis hin zu horizontalen Bändern und gepunkteten Feldern, die oftmals als Rosetten angesprochen werden. In dem typisch sparsamen Dekor betonen Linien Hals und Bauch der Kannen. Brust-

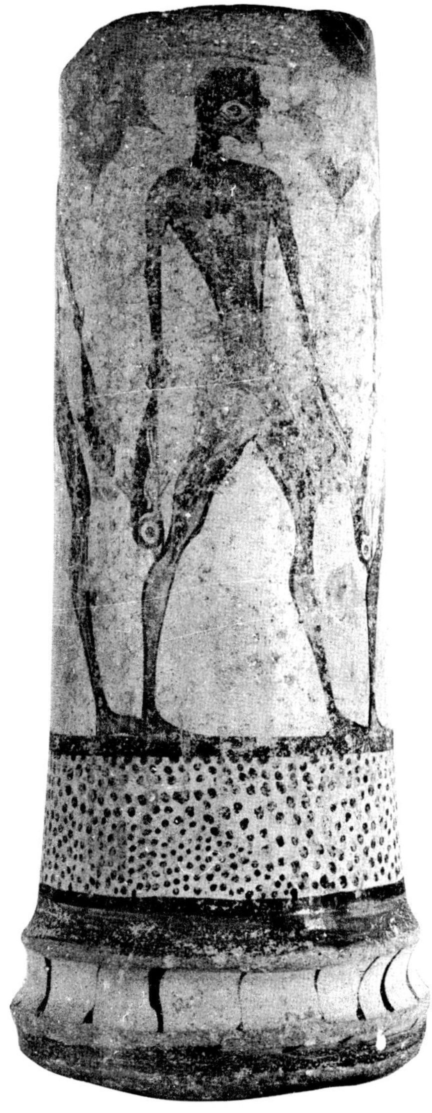

2.13 Vasenständer, aus Melos. MK III. Ton. Höhe 17 cm. Athen, Nationalmuseum

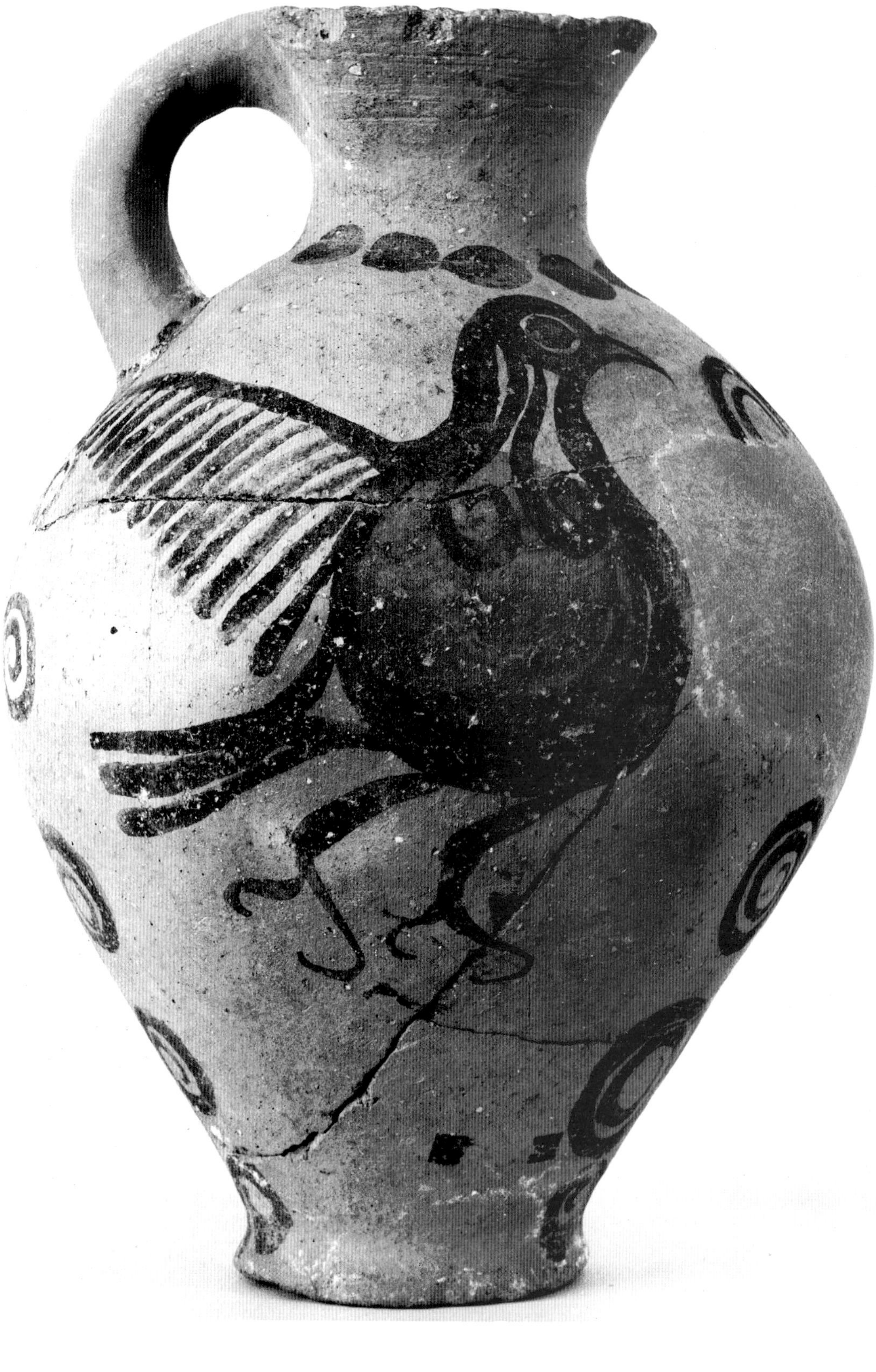

artige Tonkegel sind unter dem Gefäßhals appliziert und farblich hervorgehoben. Gelegentlich malte der Töpfer ein Augenpaar auf die Schnauze. Das Spiralmuster ahmt die Kamares-Ware nach, die übertriebenen Schnauzenformen scheinen ihren Ursprung in Anatolien zu haben.

Die Dunkel-auf-Hell-Bemalung setzte sich vor allem in den Werkstätten auf Melos durch. Hier führte man während der MK-III-Periode neben Pflanzenmotiven auch Vögel und Fische im Musterbuch. Eine herausragende Vase (Abb. 2.13) zeigt vier Fischer, die ihren Fang präsentieren. Besonders beliebt waren fliegende Vögel (Abb. 2.14). Sie schweben über die Gefäßfläche, als seien sie durch den minoischen Einfluß aus den starren Bindungen früherer Epochen befreit. Auch hier erwachte ein neues Interesse an Bewegung und Natur. Der Vogel wurde zum Markenzeichen der kykladischen Keramikproduktion. Die Bewunderung der Gefäße ging so weit, daß einige von ihnen selbst in die minoischen und mykenischen Zentren exportiert wurden.

Das Mutterland

ARCHITEKTUR

Einige FH-Städte überdauerten bis in die MH-Periode, andere wurden neu errichtet. Sie alle charakterisiert das standardisierte enge Drei-Raum-Haus auf apsidialem oder rechteckigem Grundriß, das üblicherweise aus Lehmziegeln konstruiert und mit Schilf und Holzbalken gedeckt war. Die dreiteiligen Häuser mit ihrer langgestreckten Halle (Megaron) begegneten uns in Griechenland schon während der FH-III-Epoche. Im Hauptraum befanden sich ein Herd und aufgemauerte Bänke an den Wänden. Der rückwärtige Raum diente der Vorratslagerung. Zu den wichtigsten Fundorten zählen Eutresis in Böotien, Lefkandi auf Euböa sowie Lerna. Die Stadt Kolonna auf Ägina war bereits in der FH-III-Phase befestigt. Zu Beginn der MH-Periode besaß sie nach Troja die stärksten Burgmauern im gesamten Ägäisraum. Später wurde auch Argos befestigt.

2.14 *gegenüber* Krug, aus Melos. MK III. Höhe 26 cm. Athen, Nationalmuseum

Es erfolgte eine weitgehende Vereinheitlichung der Grabbräuche. Säuglinge und Kleinkinder bestattete man »intramural« (das heißt innerhalb der Häuser, unter dem Fußboden). Jugendliche und Erwachsene wurden in Kistengräbern oder Gruben beerdigt, in einigen Fällen innerhalb des Siedlungsgebietes, in zunehmendem Maße jedoch auf Friedhöfen außerhalb der Stadtmauern. Oft faßte man mehrere Gräber in einem »Tumulus« (Grabhügel) zusammen. Zweifellos handelte es sich hierbei um eine Art Familiengrab oder Bestattungsplatz einer anderen sozialen Gruppe. Grabbeigaben sind selten, nehmen jedoch gegen Ende der Periode zu. In einem Schachtgrab auf Ägina fand man ein Schwert, einen Dolch, einen Speer sowie lokale und importierte Keramik. Der Wert der Grabbeigaben zeigt den sozialen Status des Verstorbenen an; erinnert sei an die Schachtgräber in Mykene.

KERAMIK

»Minyanische Ware« – so benannt von Schliemann, der diese in Orchomenos fand, der Heimatstadt des legendären Königs Minyas – wird oft als die charakteristische Keramik dieser Zeit angesehen, obwohl sie nicht in allen Städten nachzuweisen ist. Erstmals entdeckte man sie im FH-III-zeitlichen Lerna. Durchsetzen konnte sie sich jedoch erst in der MH-Periode. Der Scherben ist sehr hart gebrannt und weist

2.15 Minyanische Ware, Kelch, aus Mykene. MH. Höhe 19 cm. London, Britisches Museum

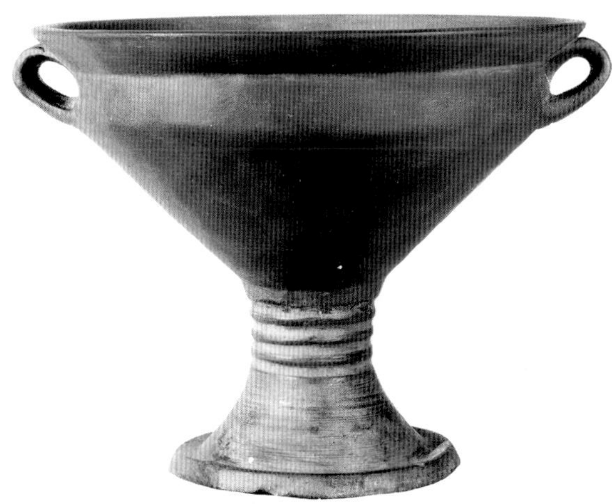

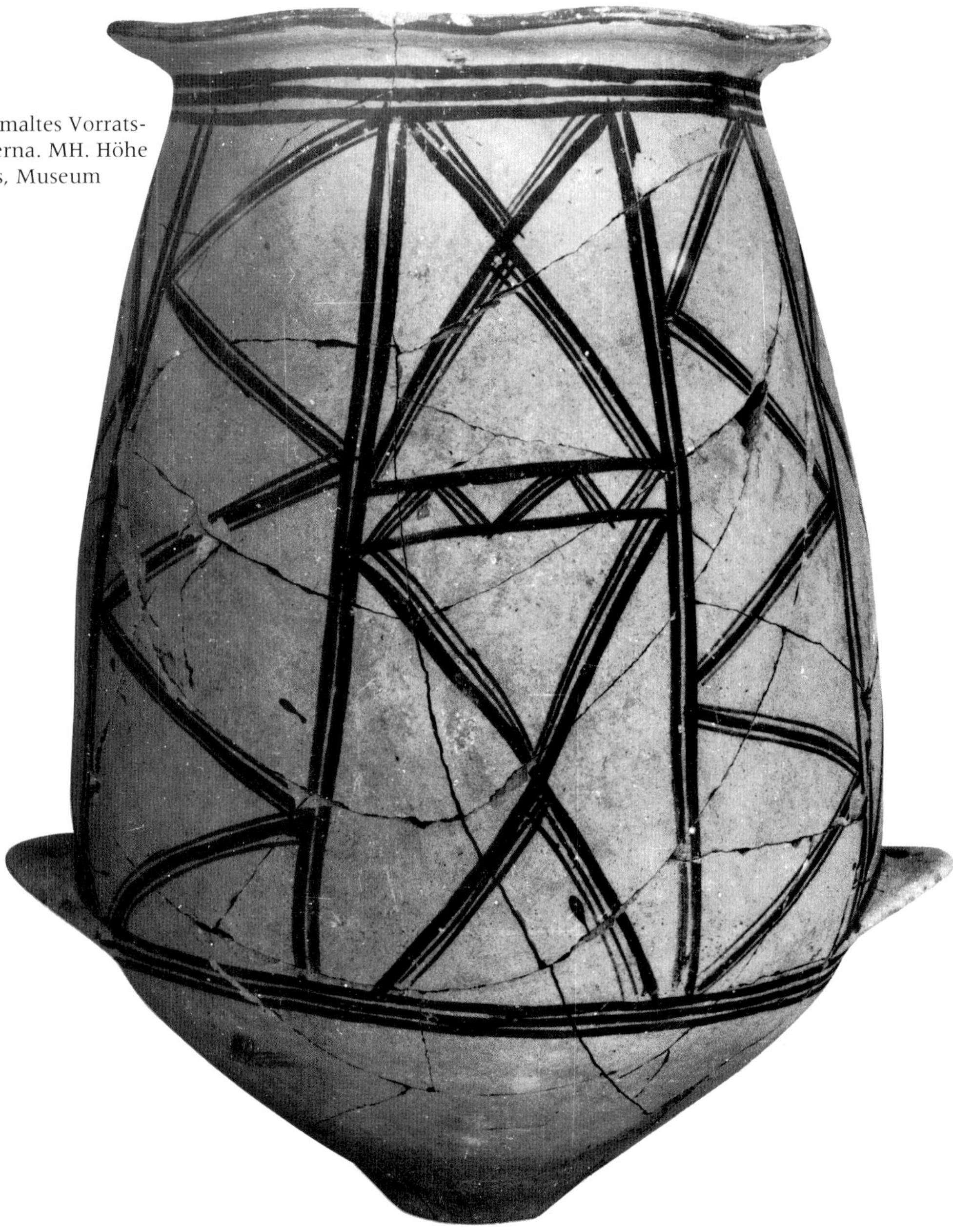

2.16 Matt bemaltes Vorratsgefäß, aus Lerna. MH. Höhe 63 cm. Argos, Museum

nur wenige oder gar keine groben Magerungspartikel im Ton auf. Die Oberfläche glänzt und fühlt sich glatt an. Der Überzug ist üblicherweise grau (minyanisch-grau), später auch gelb (minyanisch-gelb), in jedem Falle jedoch monochrom. Bekannte Gefäßformen sind vor allem die Kelche auf massigem Fuß (Abb. 2.15) sowie zweihenklige Schüsseln (Kantharoi). Das Profil bezeugt die Verwendung der schnell drehenden Töpferscheibe, die in Griechenland vor dieser Epoche nur sporadisch zum Einsatz gekommen war. Die matt bemalte Keramik, die gleichzeitig mit der minyanischen hergestellt wurde, unterscheidet sich allerdings von dieser: Sie war von Hand aufgebaut, mit wenig spektakulären geometrischen Ornamenten bemalt und im Ton wesentlich gröber (Abb. 2.16). Schnabelkannen, große Vorratsgefäße und Kantharoi zählen zu den gebräuchlichsten Formen.

Das beschränkte Repertoire an Gefäßformen, die schlichte Architektur und das Fehlen plastischer Zeugnisse geben nur wenig Auskunft über handwerkliches Können und die Identität dieses Volkes. Brüche im archäologischen Profil eines Landstrichs oder Gebiets versucht man mit der Ankunft neuer Völkerschaften zu erklären. Nachdem die Verwendung der griechischen Sprache im 14. Jahrhundert v. Chr. durch die Linear-B-Tafeln bezeugt ist (Siehe S. 78/79) und zwischen dem Beginn der MH-Periode und dem Ende der Bronzezeit kein erneuter Bruch festzustellen ist, sind viele Forscher der Ansicht, daß die Völker der MH-Epoche die ersten griechischsprechenden Bewohner Griechenlands waren. Einer kürzlich aufgestellten Theorie zufolge verwendeten bereits die neolithischen Siedler eine frühe Form des Griechischen. Keramik, die der minyanischen sehr ähnlich ist, wurde in Troja in einer Schicht zutage gefördert, die chronologisch dem MH-Mutterland entspricht. Hieraus wurde geschlossen, daß die Bewohner Griechenlands und die Trojaner von gemeinsamen Vorfahren abstammen.

Troja

Aufgrund von Hinweisen aus Homers Epen hielt Schliemann die auf dem Hügel Hissarlik gefundenen Überreste für die des homerischen Troja. Die Metropole befindet sich an einem strategisch wichtigen Punkt, am Ende der Landroute von Asien nach Europa. Die Lage der Stadt bot eine gute Ausgangsposition, um die Schiffsroute von der Ägäis ins Schwarze Meer zu kontrollieren. Schliemann entdeckte die Reste mehrerer übereinanderliegender Zitadellen und numerierte sie von unten nach oben durch. Seine Annahme, Troja II stelle den Kriegsschauplatz aus Homers Epen dar, konnte inzwischen widerlegt werden, was seine Leistung jedoch nicht schmälert. Von Anfang an war Troja durch eine Befestigungsanlage geschützt. Troja I schloß ein breiter, zumindest im unteren Bereich aus Stein errichteter Mauerring ein, der noch heute sichtbar ist. Von einer Bastion mit schrägen Mauern aus konnte man das Südtor verteidigen. Innerhalb des Mauerrings siedelten die Einwohner in rechteckigen Häusern mit Vorhalle. Die Wände hatte man aus Lehmziegeln und Holz auf einem Steinsockel errichtet.

Troja II war noch besser gesichert und erinnert an die zeitgleichen Wehranlagen in Griechenland und auf den Kykladen. Die Stadt bedeckte nun ein Areal von 8000 m^2 (Abb. 2.17). Zahlreiche Türme und Bastionen gliederten die aus Stein und Lehmziegeln errichtete Stadtmauer. Gepflasterte Rampen (Abb. 2.18) führten zu den Toren der Zitadelle. Innerhalb der Anlage wurden die kleinen Wohnhäuser von einem zentralen Bau überschattet, dem Megaron. Auch dieses Gebäude besaß eine Vorhalle, einen Saal, sowie eine rückwärtige Kammer. Die Wände erreichten eine Dicke von über 1,50 m. Die Fundamente fertigte man aus Stein, das aufgehende Mauerwerk aus Lehmziegeln und Holz auf einem Steinsockel. Vor dem Eingang hatte man einen Hof angelegt, der dem Komplex Weitläufigkeit verlieh. In einer der Bauphasen wurden Verblendungen aus bearbeiteten Steinquadern als breit vorstehende Enden der Seitenwände gebaut, die sogenannten Anten. Bearbeitete Steinblöcke dienten auch als Säulenbasen im Hof. Ein vergleichbares urbanistisches Konzept kann im nahegelegenen Thermi auf Lesbos sowie in Poliachni auf Lemnos beobachtet werden. Die Burg von Troja bot jedoch ein wesentlich beeindruckenderes Bild von der Macht eines lokalen Herrschers, als es irgendeine andere Stätte in griechischen Mutterland oder auf den Kykladen in dieser Periode vermocht hätte.

Die Einwohner von Troja II waren eifrige Töpfer. Sie produzierten zahlreiche monochrome Gefäßtypen und applizierten tönerne menschliche Gesichter unter dem Gefäßrand. Ebenso betätigten sie sich als Weber. Am bekanntesten dürften sie jedoch für ihre Metallobjekte sein, für die goldenen, silbernen und bronzenen Tassen und Schüsseln sowie den Schmuck aus den weithin bekannten »Schätzen«. Goldschmiedetechniken wie die Filigrankunst, das Ausschneiden von Goldblättchen und getriebene Arbeiten sind auch andernorts im Ägäisraum belegt, jedoch nirgendwo so gut wie in Troja. Allein der Schatz des Priamos umfaßt neben zahllosen Silber-, Bronze- und Goldobjekten über 8000 goldene Perlen.

Die relative Kurzlebigkeit von Troja III und IV steht in deutlichem Gegensatz zur Blüte von Troja II und zeigt einen wirtschaftlichen Niedergang. Mit Troja V ist das letzte Stadium der FB-Zitadelle erreicht. In der MB wuchs die Stadt auf die doppelte

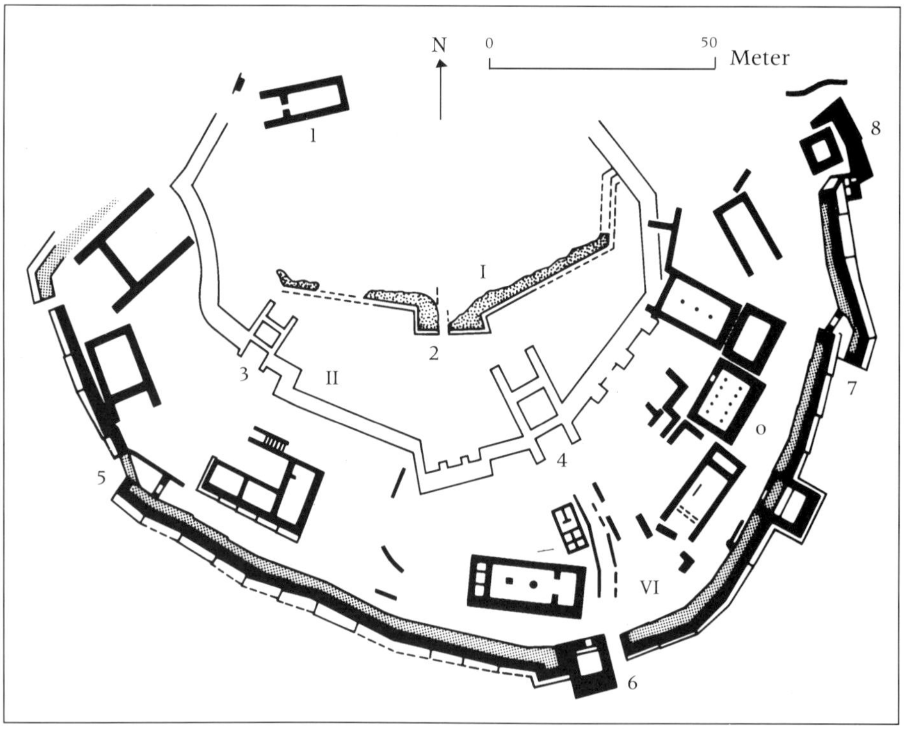

2.17 Plan von Troja VI, mit Troja I und II zum Größenvergleich

Troja I, FB I
1 Megaron
2 Südtor

Troja II, FB II
3 Südwesttor
4 Südosttor

Troja VI, um 1800–1300 v. Chr.
5 Westtor
6 Südtor
7 Osttor
8 Nordostbastion mit Wasserstelle

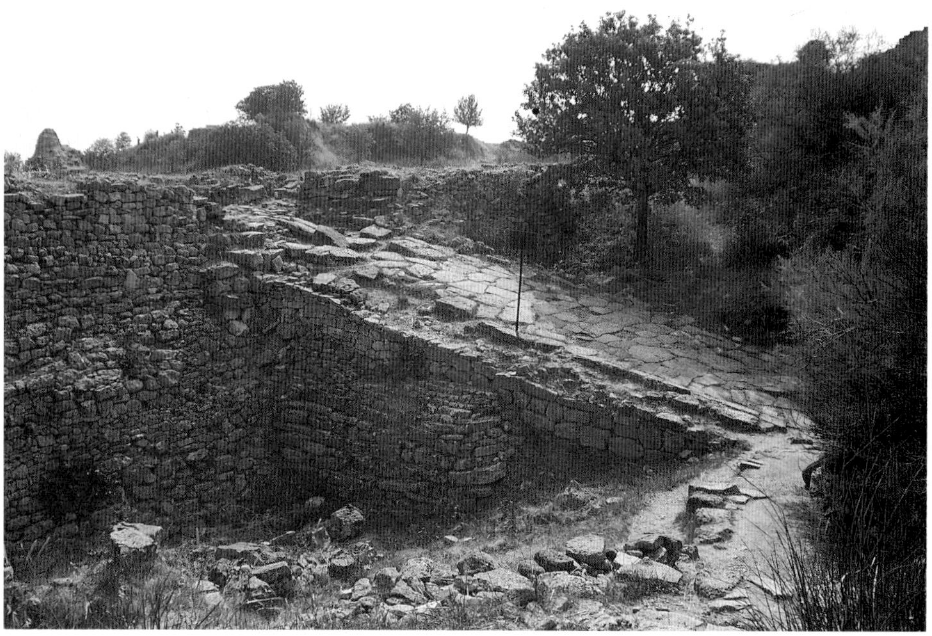

2.18 Troja II. Gepflasterte Rampe, zum Südwesttor führend

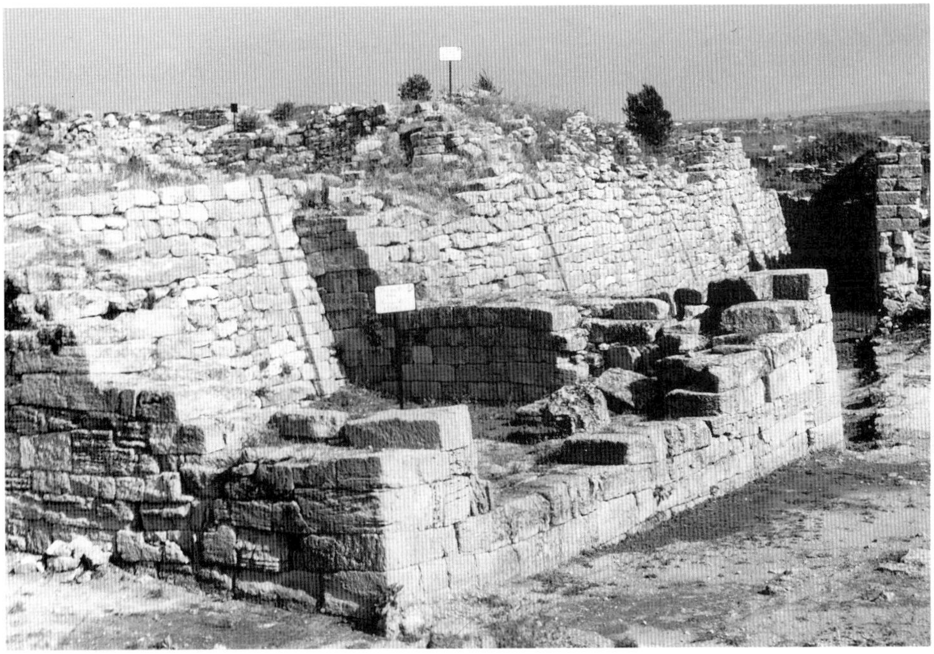

2.19 Troja VI, Abschnitt der östlichen Burgmauer, von Süden gesehen

Größe der Burg des 3. Jahrtausends v. Chr. Bekannt ist die neue Anlage heute als Troja VI, die sechste Siedlung also, die auf dem Burgberg errichtet wurde, obwohl sie ihre Monumentalität erst gegen Ende dieser Phase erreicht haben dürfte. Den höchstgelegenen Bereich des Stadthügels trugen spätere (hellenistische oder römische) Siedler ab, so daß das Herauslösen einzelner Gebäude und archäologischer Schichten eine fruchtlose Aufgabe darstellt. Trotz Schliemanns erfindungsreicher Bemühungen ist die systematische Einteilung der Phasen und der Chronologie der Universität von Cincinnati zu verdanken, die in den 30er Jahren unseres Jahrhunderts in Troja grub.

Troja VI reichte vom Beginn der MB in Kleinasien bis in die späte Bronzezeit. Die Ausgräber nennen für diese Besiedlungsschicht Daten um 1800–1300 v. Chr. Acht Straten und drei chronologische Phasen konnten im Verlauf dieser Periode unterschieden werden. Die Spitze des Burghügels bekrönten seit dem Beginn der MB zweifellos große Gebäude. Von Anfang an umgab eine Befestigungsmauer die Stadt, die fortwährend repariert wurde. Ihre massive Gestalt erhielt die Mauer in der Spätzeit von Troja VI. Nun schloß sie auch die ehemals freistehenden Häuser auf den Terrassen am früheren Mauerfuß mit ein. Die Wehranlage selbst errichtete man in ihrer Fußzone aus Quaderwerk. Auf der Landseite fiel sie schräg ab, unterbrochen von vertikalen Mauervorsprüngen. Der Plan (Abb. 2.17) zeigt das von Schutztürmen flankierte Haupttor (6) an der Südseite, weitere Tore folgen im Osten (7) und Westen (5). Das Osttor konstruierte man aus sich überlappenden Mauerenden. Unmittelbar südlich des Tores befand sich ein Wachturm. An der Nordseite sicherte eine aufgemauerte Bastion die Wasserstelle (8). Der erhaltene Abschnitt einer gepflasterten Straße, die vom Haupttor in die Zitadelle und weiter in Richtung Hügelspitze führt, läßt an ein speichenartiges Straßenraster innerhalb der Burg denken. Sämtliche Straßen dürften von dem zentral gelegenen Palast ausgegangen und zu den Toren geführt haben.

Die hochentwickelte Militärarchitektur in Troja kann mit der Palastarchitektur Kretas auf eine Stufe gestellt werden. Es ist sicherlich die Nähe dieser schnell wachsenden Kulturen, die auch zu grundlegenden sozialen Veränderungen im griechischen Mutterland führte und es aus seinem Dornröschenschlaf erweckte.

3

Die späte Bronzezeit um 1550–1100 v. Chr.

Auf Kreta erreichte das Palastwesen nun seine höchste Blüte. Keine der Anlagen wurde jemals befestigt, was auf eine Gesellschaft schließen läßt, die nicht ernstlich bedroht war. Um 1450 v. Chr., gleichzeitig mit dem Untergang aller großen Städte auf der Insel, erfolgte die Zerstörung der kretischen Paläste. Nur in Knossos sind Wiederaufbauarbeiten nachweisbar, Besiedlungsspuren reichen noch bis um 1375 v. Chr. Knossos ist der größte bekannte Palast, der nach dem gleichen Entwurf erbaut wurde wie die anderen Residenzen (ausgenommen Zakro). Als zentrales Element kann der ca. 47 x 23 m große Haupthof gelten. Der Grundriß wirkt kompliziert; möglicherweise liegt hierin die Legende vom Labyrinth begründet. Die Anlage, die eine Fläche von ungefähr 1,2 ha einnimmt, befindet sich im Zentrum der Stadt, von der einige Häuser und Villen ausgegraben wurden. Zusammensetzung und Dichte der Bevölkerung lassen sich aus den kargen Indizien nicht rekonstruieren. Informationen liefert diesbezüglich lediglich Homer (Ilias 2.649).

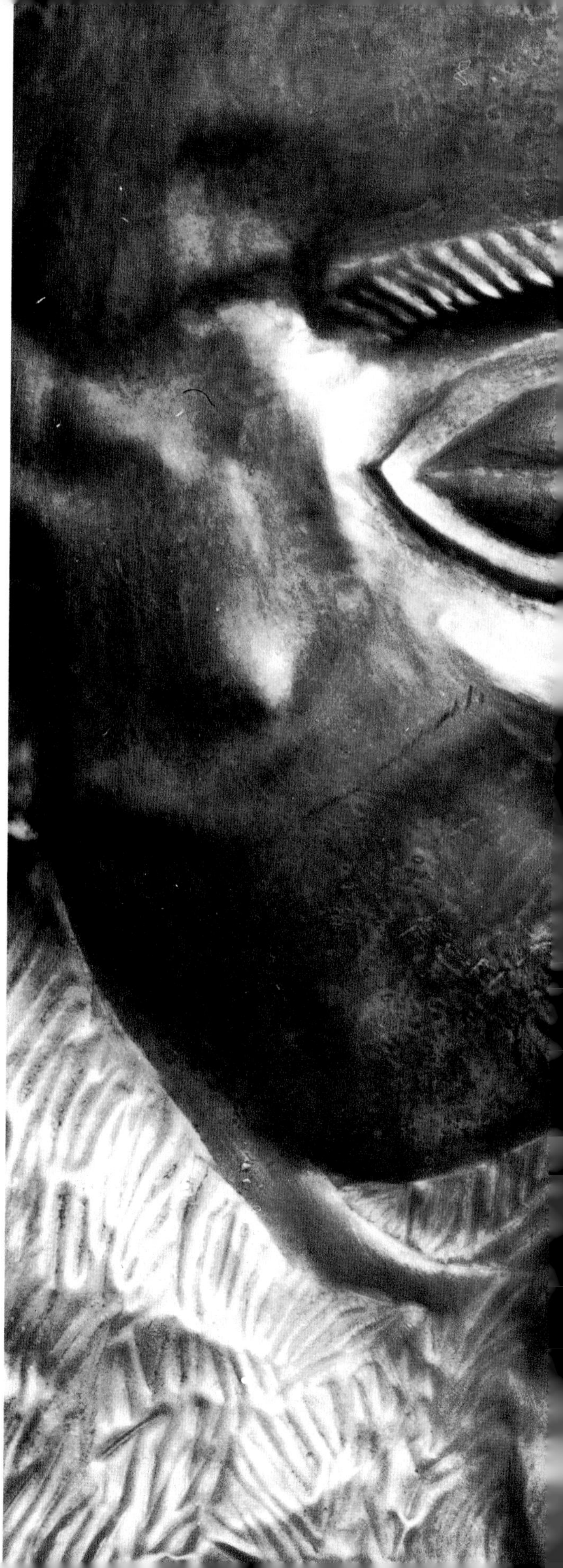

Maske, aus Mykene. Detail von Abb. 3.31.
Athen, Nationalmuseum

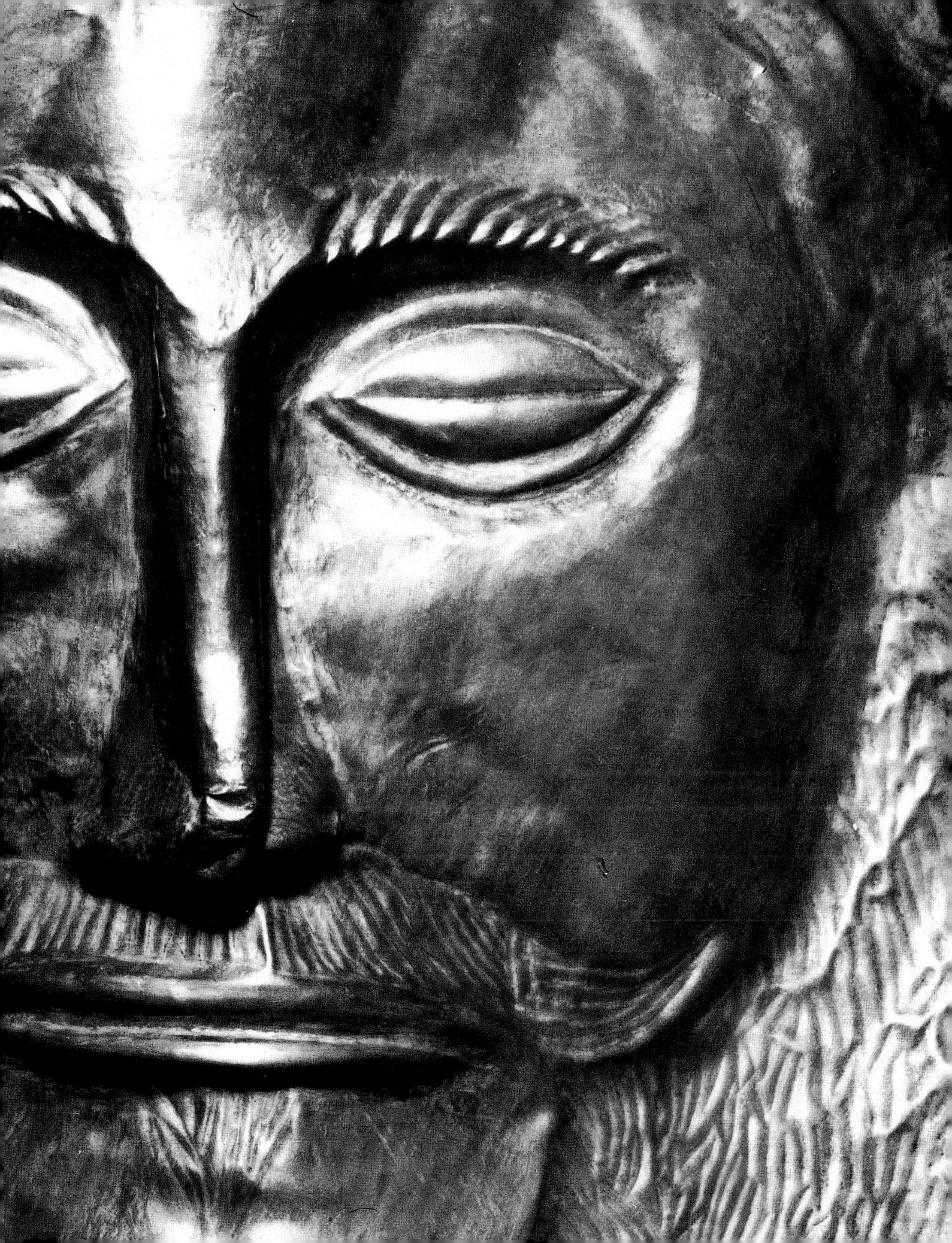

Etwa ein Jahrhundert lang breitete sich der kretische Einfluß weiter aus. Die Bewohner der Kykladen hielten einige ihrer Traditionen aufrecht, wie etwa die typisch kykladischen Gefäßformen und -dekorationssysteme. Doch der Importanteil stieg, und auch Architektur und Wandmalerei scheinen stark durch Kreta beeinflußt. Akrotiri auf Thera liefert eindeutige Hinweise auf eine Vermischung der kretischen und kykladischen Elemente in den Jahren um 1500 v. Chr. Nach 1450 v. Chr. verloren die Kykladen ihre kulturelle Eigenständigkeit an das griechische Mutterland.

Die dortigen Veränderungen zwischen der MH- und der SH-Periode spiegeln die Grabanlagen in Mykene wieder. Während der SH-I-II-Zeit kam eine Gruppe führender Männer an die Macht und etablierte ein feudales Gesellschaftssystem. Ihren Grabbeigaben zufolge waren sie Krieger und äußerst begabte Seefahrer. Sie traten mit fremden Völkern in Kontakt und erreichten um 1450 v. Chr. Knossos, um sich für ungefähr 75 Jahre dort niederzulassen. Auch andernorts im ägäischen Raum dokumentieren Handelsgüter und bemalte Keramik ihre Anwesenheit. Im 14. Jahrhundert v. Chr. exportierte man Waren in den Osten, nach Zypern, an die syro-palästinische Küste sowie nach Ägypten. Die Schiffsladung eines Wracks aus dem 14. Jahrhundert v. Chr., das bei Uluburum in der Südtürkei 1982 entdeckt wurde, war vielleicht als Gegengabe für Griechenland gedacht. Die vorgenommenen Ausgrabungen in einer Wassertiefe von 35–55 m erwiesen sich als schwierig und gefährlich. Sie dauerten über ein Jahrzehnt.

Die Fracht enthielt ägyptisches Gold, Zinn aus Afghanistan, 200 Barren hethitisches Kupfer, keramische Erzeugnisse aus der Levante, Waffen aus Griechenland und Italien, Bernstein aus Nordeuropa sowie Nilpferd- und Elefantenzähne aus dem tropischen Afrika, ferner Straußeneier und Ebenholz. Ein ägyptischer Goldskarabäus, der den Namen der Nefretitis, der Frau König Akchentatens und Mutter Tutanchamuns trägt, ist von besonderem Interesse. Verpackt in kanaanäische Amphoren und deshalb wohl in einem phönizischen Hafen wie etwa Ugarit (Ras Schamra) an Bord genommen, fanden sich Oliven und Terebinthe (ein Harz zur Parfumherstellung) sowie zahlreiche Glasbarren. In einer Amphora lagen zusammengeklappte hölzerne Schreibtafeln. Diese überzog man üblicherweise auf einer Seite mit Wachs, in das man – nachdem es erstarrt war – den Text mit einem griffelähnlichen Gegenstand einritzen konnte. Feigen, Trauben, Granatäpfel, Mandeln, Kümmel, Koriander und Saflor lassen an eine Bordküche für Passagiere und Besatzung denken. Das mitgeführte Feuerholz konnte über die Dendrochronologie (Siehe S. 25) ins Jahr 1327 v. Chr. datiert werden. Das Ergebnis der C-14-Analyse (Siehe S. 30) deutet darauf hin, daß das Schiff um 1316 v. Chr. gesunken ist. Die weit verstreuten Herkunftsorte der Güter an Bord machen es wahrscheinlich, daß das Schiff einem Kaufmann gehörte, der die Mittelmeerküsten entlangfuhr. Der Wert der Waren steht dieser These jedoch entgegen. Die große Menge an Luxusartikeln berechtigt zu der Vermutung, daß die Ladung einem bestimmten Empfänger irgendwo in der Ägäis zugedacht war. Das Schiff mag in nördliche Richtung unterwegs gewesen sein, denn das Verzeichnis der Waren stimmt mit dem Geschmack des mykenischen Adels überein und verdeutlicht den hohen Status der Oberschicht der SH-Gesellschaft.

Der Terminus »mykenisch« wird sowohl als Adjektiv für die Angelegenheiten der Stadt Mykene benutzt, als auch – und dies wesentlich häufiger – als Synonym für »späthelladisch«. Im letztgenannten Fall kann er auf alle Produkte bezogen werden, die die späthelladischen Griechen herstellten. Mykenische Griechen stammten in diesem Sinne nicht notwendigerweise aus Mykene, sondern ebenso aus Tiryns, Pylos und von anderen Orten. In ihren Heimatstädten errichteten sie weitläufige befestigte Zitadellen, wie beispielsweise in Mykene, wo die Burg die Kontinuität der dortigen zentralistischen Macht bezeugt. Ein Bild der Gesellschaften und Verwaltungssysteme vermitteln auf lebendige Weise die Linear-B-Tafeln. Weitere hochorganisierte soziale Strukturen haben die Archäologen in Tiryns, Pylos, Athen und Theben ans Licht gebracht.

In Athen kann heute noch ein Abschnitt der mykenischen Befestigungsmauer auf der Akropolis besichtigt werden. Der weitere Verlauf der Mauer ist in Spuren nachzuweisen. Aufgrund der späteren Nutzungsphasen findet man heute nur noch wenige Details dieser Stätte.

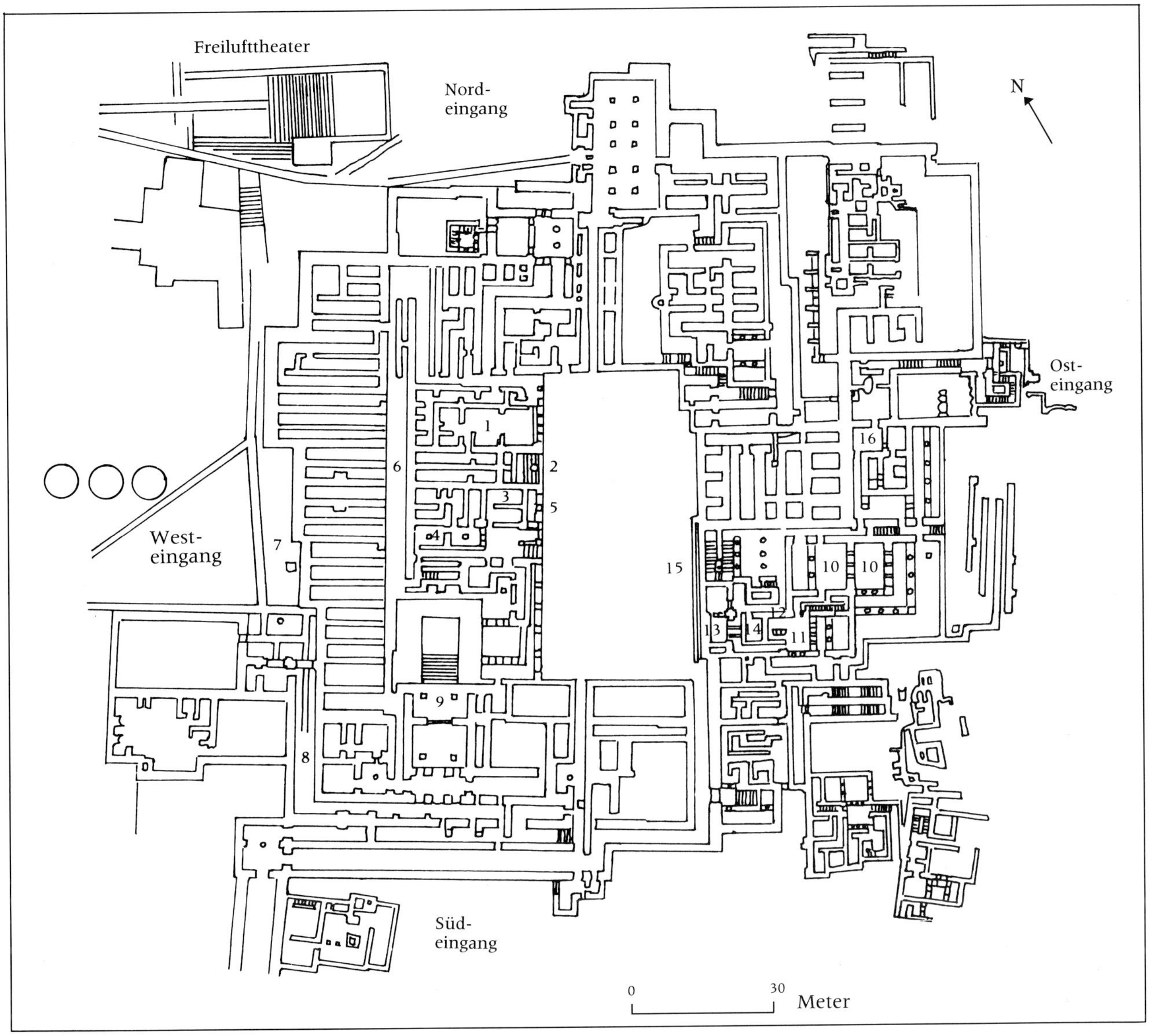

3.1 Grundriß des Palastes von Knossos. SM

1	Thronsaal	11	Königinmegaron
2	Treppenhaus	12	Badezimmer
3	Tempeldepots	13	Toilette
4	Pfeilerkrypta	14	Vorratsraum
5	Hauptheiligtum	15	großes Treppenhaus
6	Korridor zu den Magazinen	16	Steinmetzwerkstatt
7	Altäre		
8	Prozessionskorridor		
9	Treppenhaus		
10	Halle der Doppeläxte		

Kreta

ARCHITEKTUR UND WANDMALEREI

Knossos Der Grundriß (Abb. 3.1) zeigt die Ausrichtung der Haupteingänge nach den vier Himmelsrichtungen. Das spektakulärste Bild bietet der dem Gebäude vorgelagerte Westhof, der mit Opferaltären (7) ausgestattet war. Nach seiner Ankunft könnte ein Besucher den sogenannten Prozessionskorridor (8) entlanggeführt worden sein, der seinen Namen den Szenen der Wandmalerei verdankt. Dieser Umweg führte über ein Treppenhaus zu den Empfangsräumen im zweiten Stock: Je weiter und verwinkelter der Weg, desto größer wird der Eindruck bei einem Neuankömmling gewesen sein.

Es gab aber auch einen direkten Weg in den Haupthof. Die westliche Hoffassade, die sich hier über drei Etagen mit einer Gesamthöhe von 14 m erstreckte, hatte man als Hauptfassade gestaltet. Seitlich des großen Treppenhauses (2) zu den Obergeschossen befanden sich der sogenannte »Thronsaal« (1) und das Hauptheiligtum (5).

Der Thronsaal wirkt klein und intim; er war nicht zur Einschüchterung gedacht, sondern eher für religiöse Zwecke. Unmittelbar links vom Eingang führen Stufen in einen kleinen rechteckigen Schacht hinab, ein sogenanntes Lustralbecken. Die Funktion dieses Beckens könnte mit Initiationsriten in Zusammenhang stehen. Vor der rechten Wand steht ein reich verzierter Stuhl mit hoher Lehne, der Thron. Flankiert wird er von Fresken, die riesige Greifen in heraldischer Anordnung zeigen. Das Hauptheiligtum, als solches ausgewiesen durch die heiligen Hörner (stilisierte Stierhörner, die sakrale Orte markieren), ist eher unscheinbar. Von hier stammen die Fayencefiguren einer Schlangengöttin, die in den steingefaßten Gruben unter den Tempeldepots (3) entdeckt wurden. Des weiteren sind die Pfeilerkrypten (4) zu nennen, Räume mit ein oder zwei Pfeilern, in die das Motiv der Doppelaxt eingemeißelt ist. Man vermutet, daß auch diese Räume eine sakrale Funktion erfüllten. Hinter den öffentlichen Räumen und den darübergelegenen Privatquartieren führt ein langer Korridor (6) zu unzähligen Magazinen und Vorratsräumen. In großen Pithoi (Abb. 3.2) lagerte man Olivenöl und Getreide, die auch als Steuermittel dienten.

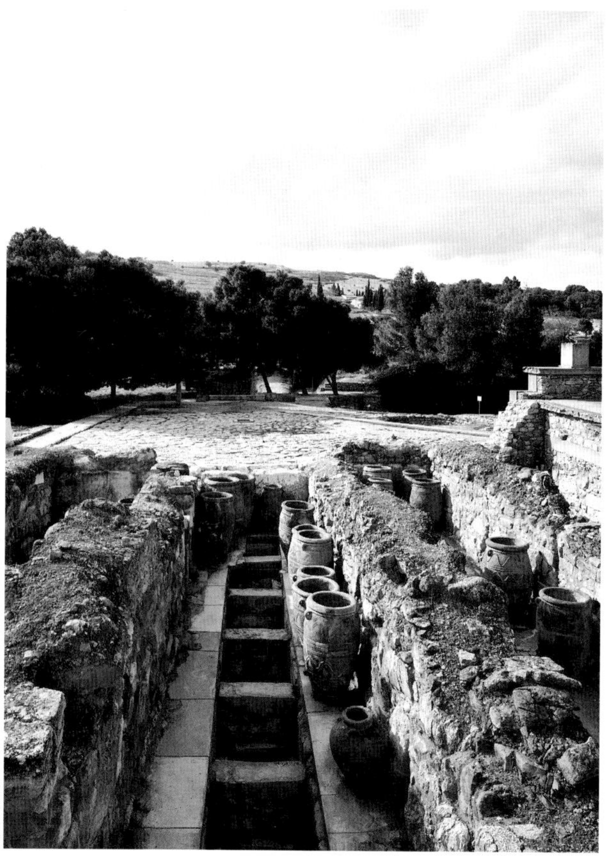

3.2 Knossos, Lagerräume (Magazine) mit Vorratsgefäßen im Kellergeschoß, von Osten gesehen. SM I

Außerhalb des Palastbezirks, mit diesem jedoch über gepflasterte Fußwege verbunden, findet sich ein rechteckiges Areal, das an zwei Seiten mit Sitzstufen eingefaßt ist: ein Freilufttheater. Der Nordeingang des Palastes wird durch eine Säulenhalle betont, von der ein Gang zum zentralen Hof führt. Der Eingang selbst weist im Untergeschoß Festungscharakter auf. Darüber befinden sich Wandmalereien.

An der Ostseite des zentralen Hofes hatte man Werkstätten, wie einen Steinmetzbetrieb (16), untergebracht. An der Südseite schlossen die königlichen Gemächer an (10–14), die aufgrund der Hanglage mehrere Stockwerke besaßen. Das Erdgeschoß lag auf Hofniveau. Zugänglich waren die Obergeschoßräume vom Haupthof aus über ein großes Treppenhaus (15). Die Treppe führte in einem tiefen, nicht überdachten Schacht hinab und endete in einem kleinen Hof (Abb. 3.3). Solche Höfe, die nicht immer durch Treppen zugänglich waren, dienten auch der Beleuchtung. Daneben befindet sich ein zweiter Lichtschacht, der den Vorraum zur Halle der Doppeläxte bildet. Die Halle selbst (10) schließt mit einem pfeilergegliederten Durchgang an den Vorhof an. Die Abfolge von Pfeilern und dazwischenliegenden Portalen wiederholt sich in der Halle dreimal. An der Südseite befinden sich weitere Lichtschächte, die einem kleineren

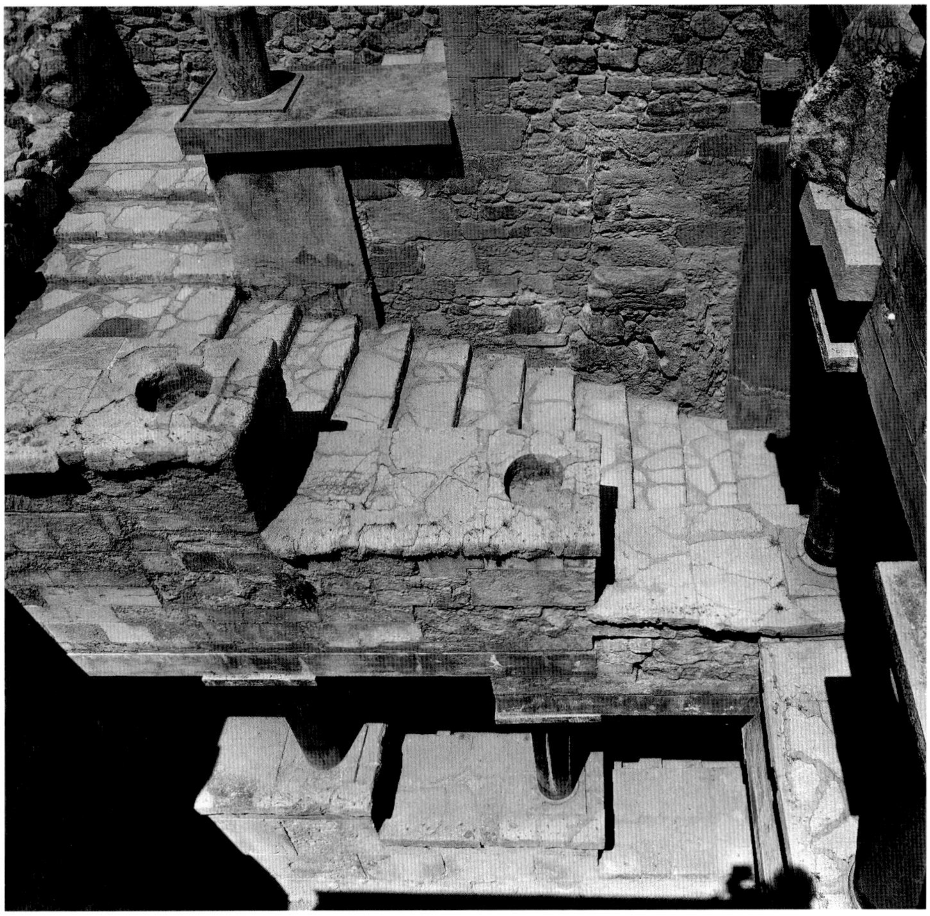

3.3 Knossos, großes Treppenhaus, das zu den königlichen Gemächern führte. SM I

Saal (11), dem sogenannten Königinmegaron, zuzuordnen sind. Neben diesem waren ein Badezimmer (12) und eine Toilette (13) untergebracht. Die Abwasserbeseitigung bewerkstelligte man über ein verzweigtes Drainagesystem.

Die Wände des Palastes zierten Wandmalereien. Im Gegensatz zu wirklichen Fresken, die auf den noch feuchten Putz aufgetragen werden, malte man diese Bilder mit Hilfe eines Bindemittels auf die bereits getrocknete Oberfläche. Die Farbpalette reicht von Rot über Gelb, Schwarz, Weiß und Grün bis hin zu Blau. Die Bildszenen entstammen der Natur und dem Palastleben und werden von geometrischen Friesen gerahmt.

Bruchstücke eines großen Wandgemäldes zeigen paarweise angeordnete, sitzende Figuren, die einander begrüßen (Klappstuhl-Fresko). Dazu gehört ein Fragment, auf dem eine Frau in strenger Profilansicht abgebildet ist (»Die Pariserin«, Abb. 3.4). Das Gemälde wirkt archaisch, die Farbgebung und die Ausführung der Haarlocken zeigen jedoch eine individuelle Gestaltung. Ein weiteres Fresko zeigt Stierspringer (Abb. 3.5). Eine weibliche Figur, in der Regel zu erkennen an der weißen Hautfarbe, packt den Stier an den Hörnern, während sich eine zweite auf ihren Sprung vorbereitet. Eine dritte, männliche Figur führt eine entsprechende Übung gerade aus. Die Haltung des Stieres mit vier vom Boden erhobenen Hufen nennt man »fliegenden Galopp«. Die sogenannten Miniaturfresken, für die das Haupttribünen-Fresko (Abb. 3.6) als wichtiger Vertreter genannt werden kann, bedecken eine größere Fläche und sind deshalb weniger detailliert ausgeführt. Schnelle, spontane Pinselstriche lassen

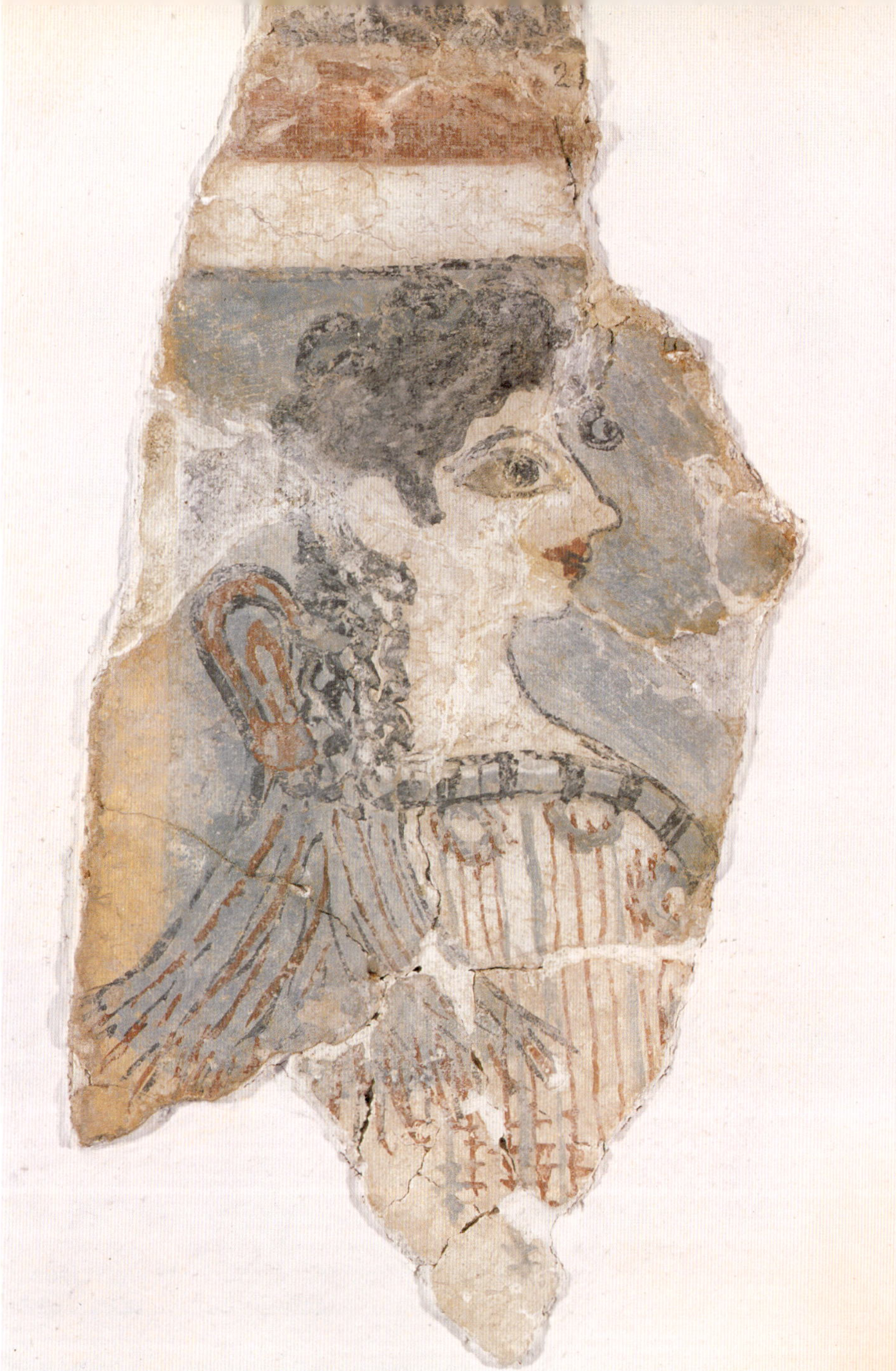

3.4 »Die Pariserin«, aus Knossos. SM I. Fresko. Höhe 25 cm. Heraklion/ Kreta, Archäologisches Museum

Tänzergruppen, Menschenmengen, Landschaftselemente und Architekturdarstellungen auf den Wänden entstehen. Manchmal gaben die Maler ihren Szenen plastische Tiefe, indem sie die Figuren als Flachrelief modellierten und erst dann die Farbe auftrugen.

Das Mauerwerk der Paläste bestand aus Stein, entweder aus sauber zugeschnittenen Quadern oder aus großen Bruchsteinen. Auf die Bruchsteinmauern trug man eine dicke Putzschicht auf. Als Stützwerk aller Wände dienten mächtige, horizontal und vertikal verlegte Holzbalken. Die Sockelzonen wichtiger Ansichtsseiten wie der Westfassade verkleidete man mit Orthostaten aus Gips. Aus Holz fertigte man auch die allgegenwärtigen, sich verjüngenden Säulen. Es gab zahlreiche Kollonaden, Fenster und Flachdächer. Charakteristische Architekturelemente sind die Höfe, die Treppenhäuser, die Lichtschächte, die

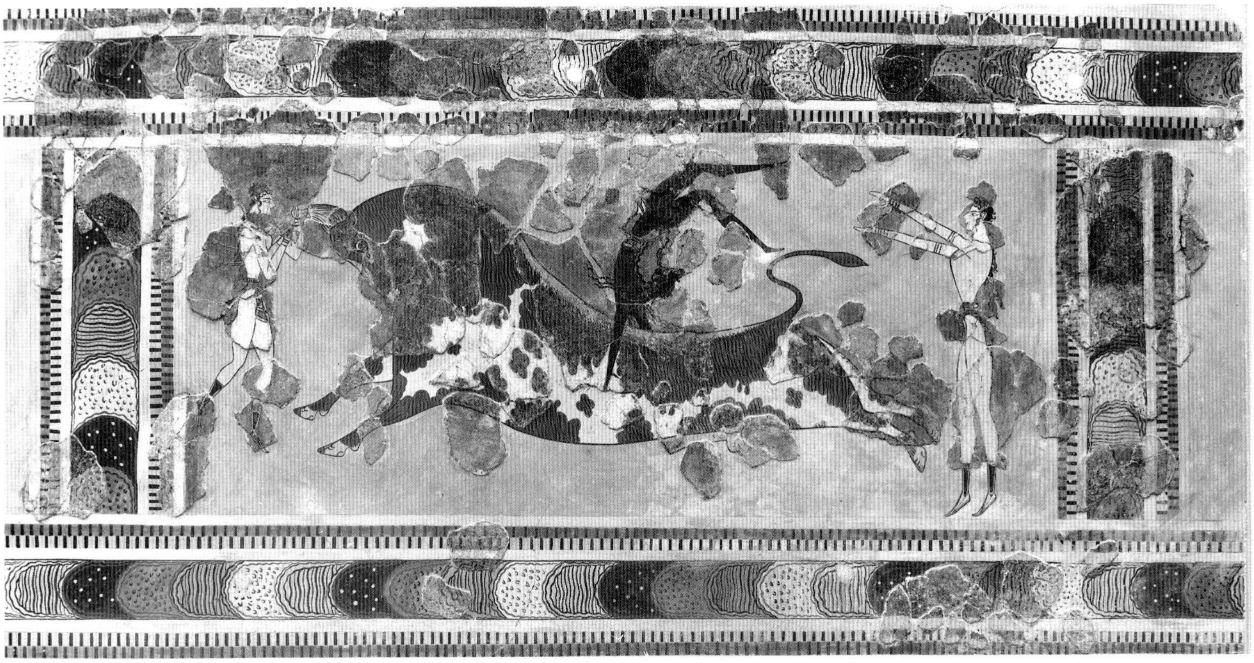

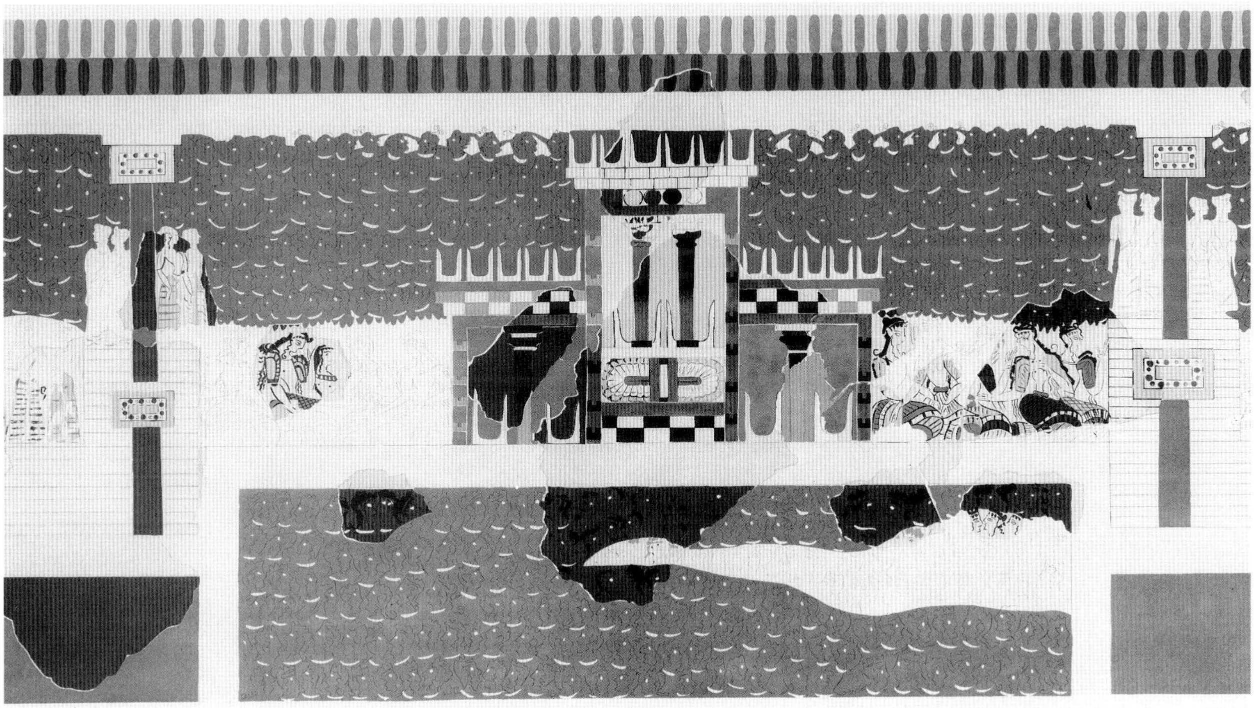

3.5 *oben* Szene einer Akrobatik mit Stier, aus Knossos. SM I. Fresko (rekonstruiert). Heraklion/Kreta, Archäologisches Museum

3.6 *unten* Haupttribünenfresko. Aus *Knossos Fresco Atlas*, nach Sir Arthur Evans. SM I. Fresko (rekonstruiert). Original in Heraklion/Kreta, Archäologisches Museum

Portiken, die Durchgangsräume, die Korridore, das Freilufttheater und die Lustralbecken. Sie alle gruppierten sich um einen zentralen Hof und dienten dem Zeremoniell, der Vorratslagerung, als königliche Gemächer sowie als Werkstätten.

In Knossos wurden weitreichende Restaurierungsarbeiten durchgeführt, für die Arthur Evans selbst größtenteils verantwortlich war. Als Anhaltspunkte dienten ihm die Architekturdarstellungen auf den Wandmalereien und die eigenen Grabungen. Die damaligen Konservationstechniken waren jedoch recht begrenzt.

Phaistos Im neuen Palast von Phaistos (Abb. 3.7) verschmolz das Theater mit dem Westhof zu einer Baueinheit. Das verzweigte Gängelabyrinth von Knossos ersetzte hier ein riesiges Treppenhaus. Der zentrale Hof (Abb. 3.8) war in Nord-Süd-Richtung auf den Berg Ida ausgerichtet. Im Westen befanden sich wie in Knossos die Lagerräume, die alle von einem Korridor aus betreten werden konnten. Die Wanddicke läßt auf ein Obergeschoß schließen. Im Norden des Komplexes lokalisiert man die königlichen Gemächer. Den Haupthof säumten an der Ost- und Westseite gesäulte Portiken. Die angrenzenden Räume öffneten sich über verschließbare Türen auf den Hof, der im Nordwesten eine aufgemauerte Plattform besaß. Einschnitte an den Pfeilerschäften und im *Stylobat* (jener Quaderschicht, auf der die Säulen stehen) der Osthalle des Hofes im Palast von Mallia bezeugen temporär errichtete Schranken zwischen den Stützen und Säulen. Vielleicht hielt man in den Haupthöfen Stierspringerwettbewerbe ab. Die Schranken hätten die Tiere daran gehindert, in die Kolonnaden zu rennen. Die steinerne Plattform mag den Wettkämpfern als eine Art Sprungbrett auf den Stier gedient haben. Ein reich verziertes Portal an der Nordseite führte zum Wohnbereich. Das Portal flankierten der Wand vorgeblendete Halbsäulen, an die sich beidseitig je eine rechteckige Nische und ein Pfeiler anschlossen. Über diesen Zugang gelangte man zunächst in einen Peristylhof. Ein pfeilergegliederter Durchgang führte weiter in nördliche Richtung. Hier befand sich ein zweiter rechteckiger Raum mit Alabasterfußboden und Lichtschächten. Mehrere Reihen von Pfeilern, zwischen denen Türen eingelassen waren, teilten den Raum. Das Baukonzept gleicht jenem von

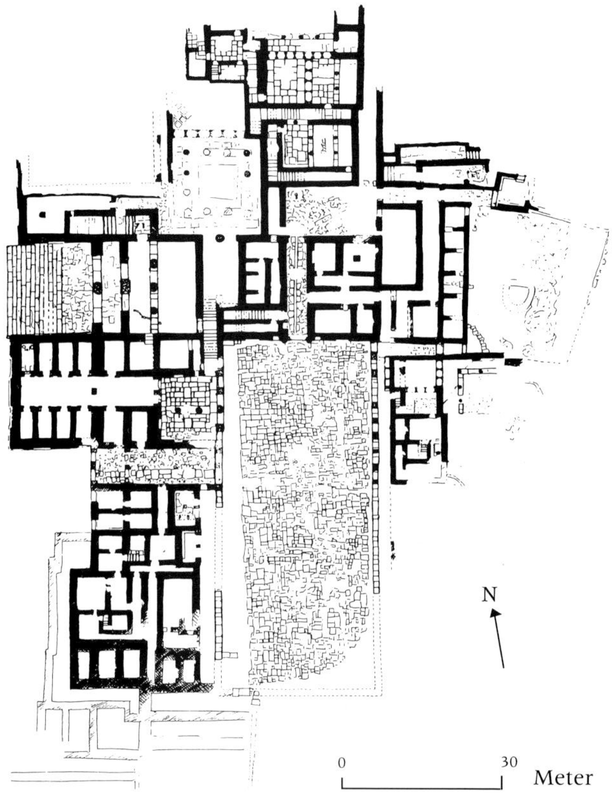

3.7 Grundriß des Palastes von Phaistos. SM

Knossos, doch sind auch neue Elemente zu beobachten: das beeindruckende Treppenhaus am Eingang, der zweiseitige Portikus im Haupthof, der monumentale Zugang zum Wohntrakt sowie der Peristylhof. Wie in Knossos, so liegen auch hier keine Indizien für eine Befestigung vor.

Agia Triada Die nach der nahegelegenen Kirche der Heiligen Dreifaltigkeit benannte Villa, liegt ungefähr 3 km von Phaistos entfernt. Dort fand man einige der kostbarsten Ausstattungsgüter: Fragmente von Wandmalerei, reliefierte Steingefäße, Kupferbarren sowie Linear-A-Tafeln.

Diese frühen Schriftzeugnisse aus den Palästen waren Hieroglyphen, die sich auf Tontafeln, Gefäßen und Steinsiegeln finden (siehe S. 51). Offensichtlich handelte es sich hierbei um eine Abwandlung des ägyptischen Vorbilds. Zur Zeit der

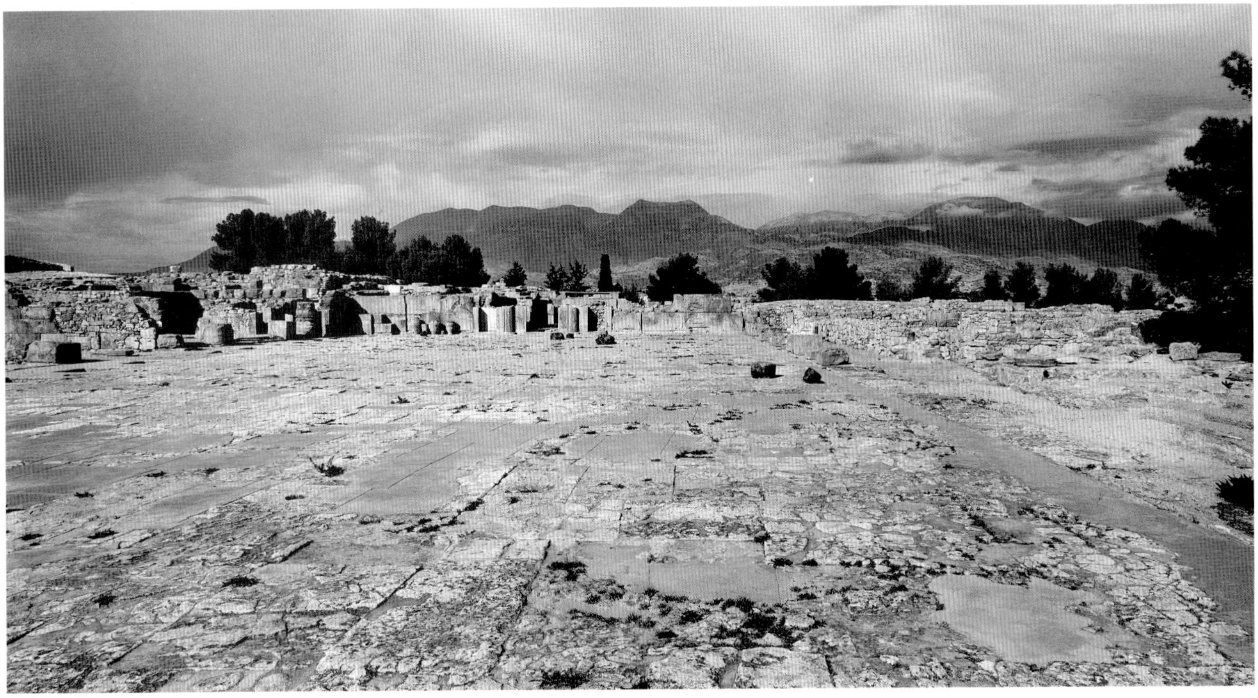

3.8 Haupthof des Palastes von Phaistos, von Süden gesehen, im Hintergrund der Berg Ida

späteren Paläste beschränkte man sich auf den Gebrauch einer – bisher nicht entschlüsselten – Silbenschrift, von den Ausgräbern Linear A genannt. Hinweise darauf fanden sich in über 20 minoischen Stätten, neben Agia Triada auch in Zakros und in Landhäusern bei Chania.

Der Grundriß der Villa ist schwer zu erkennen, da er während der SM-III-Periode überbaut wurde. An der Westseite führen Durchgänge und Kolonnaden zum Wohnbereich, der mit Treppenhäusern, Lichtschächten, Pfeiler-Tür-Konstruktionen, Lustralbecken und einem Peristylhof ausgestattet war. Wände und Bänke waren mit Gips und Alabaster verkleidet oder reichhaltig bemalt.

Aus dem angrenzenden Friedhof stammt ein bemalter Kalksteinsarkophag. Auf der einen Seite (Abb. 3.22, S. 80) sind Opferhandlungen am Grab abgebildet, die andere (Abb. 3.23, S. 80) zeigt die Vorbereitung für das Opfer.

Die Linearperspektive mag die Ursache dafür sein, daß die Figur vor dem Grab in einem kleineren Maßstab als die Opfertierträger wiedergegeben ist. Das Interesse des Malers an räumlicher Tiefe ist bemerkenswert. Einzelmotive (Vögel und Frisuren) sprengen den Bildrahmen. Es kommt zu Überschneidungen: Auf der einen Seite gießt eine Frau ihre Libationsspende hinter dem Altar aus; die Lyra des Musikanten ist teilweise von dem Eimer eines Adoranten verdeckt. Ist damit beabsichtigt, ein dreidimensionales Bild auf eine Ebene zu projizieren? Die andere Sarkophagseite zeigt Opfertisch und Opfertier, wobei der Anschein erweckt wird, als läge der Kopf des Ochsen in einer größeren Entfernung zum Betrachter als der Rumpf. Auch der Baum hinter der Schreinfassade scheint räumliche Dimensionen anzudeuten. Soll hier ein rechteckiger Handlungsraum mit einem Altar suggeriert werden, auf dessen einer Seite ein Schrein plaziert ist, auf der anderen ein Opfertisch, der parallel zum Schrein angeordnet ist? Derartige Betrachtungen vergegenwärtigen die Probleme der Maler im spätbronzezeitlichen Kreta, die sich auch nach der Zerstörung der Paläste mit der Frage der Dreidimensionalität auseinandersetzten.

Gournia Harriet Boyd Hawes legte in den ersten Jahren unseres Jahrhunderts bei Gournia im Osten der Insel eine vollständige minoische Stadt frei. Der Plan (Abb. 3.9) zeigt die Stadt zur Zeit der neuen Paläste, das heißt während der SM-I-Periode. Auch hier gibt es keine Hinweise auf eine Wehrbefestigung. Charakteristisch für Kreta ist die Anlage der Siedlung in felsigem Gebiet, um kein Ackerland zu verbauen. Die Stätte bedeckt eine Fläche von ungefähr 2,6 ha. Sich windende Straßen, die über getreppte Gassen (Abb. 3.10) untereinander verbunden waren, führten ins Zentrum zur Residenz des Statthalters. Diese war um einen öffentlich zugänglichen Hof gruppiert, an dessen Nordseite sich Sitzstufen befanden. Hier gab es vermutlich auch ein kleines Heiligtum. Den kleinen Palast grenzt eine Quadermauer ab. Aus der Wohnbebauung sticht die Anlage nicht hervor, woraus auf eine enge Beziehung zwischen Herrscher und Beherrschten zu schließen ist. Die Häuser errichtete man auf zwei Hangterrassen. Möglicherweise befanden sich die Läden auf der unteren, die Wohnhäuser auf der oberen. Zahlreiche Werkzeuge von Schmieden, Tischlern und Töpfern konnten hier zutage gefördert werden, was auf eine Handwerker-Stadt hinweist. Gournia vermittelt ein Gefühl von Geborgenheit und Intimität. In auffallendem Kontrast dazu stehen die mesopotamischen Siedlungen, in denen Heiligtümer separiert in massiver Bauweise errichtet wurden. Unterschiede zeigen sich auch zu ägyptischen Handwerkersiedlungen, die als düstere, einheitliche, vergitterte Blocks angelegt waren.

Herrenhäuser Neben den Palast- und Handwerkerstädten sind in Kreta mehrere unabhängige Herrenhäuser oder Villen bezeugt. Zu den bekannten Beispielen zählen das Landhaus bei Vathypetro, in dem Oliven und Wein verarbeitet wurden, das Seehaus bei Nirou Chani, in dem bronzene Doppeläxte und andere kultische Objekte vielleicht für einen Abtransport per Schiff gelagert waren, sowie das Herrenhaus bei Neokourou im Westen der Insel. Das Terrakottamodell (Abb. 2.2, S. 46) einer minoischen Villa gibt einen guten Eindruck vom Aufriß derartiger Anwesen, die ebenfalls mit Treppenhäusern, Lichtschächten, säulengetragenen Dächern und Balkonen ausgestattet waren.

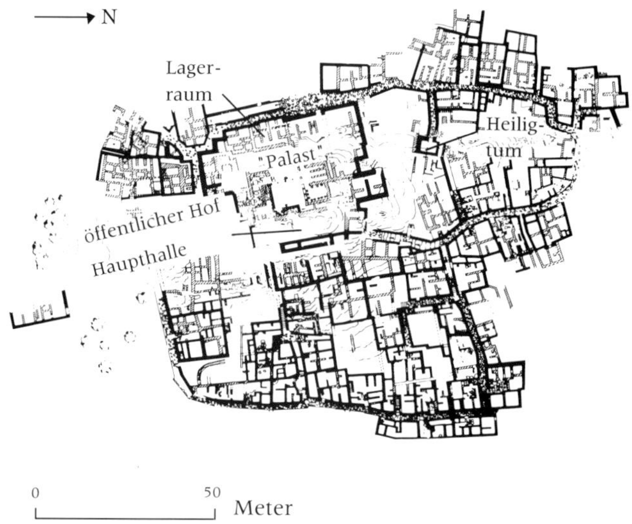

3.9 Grundriß von Gournia. SM I

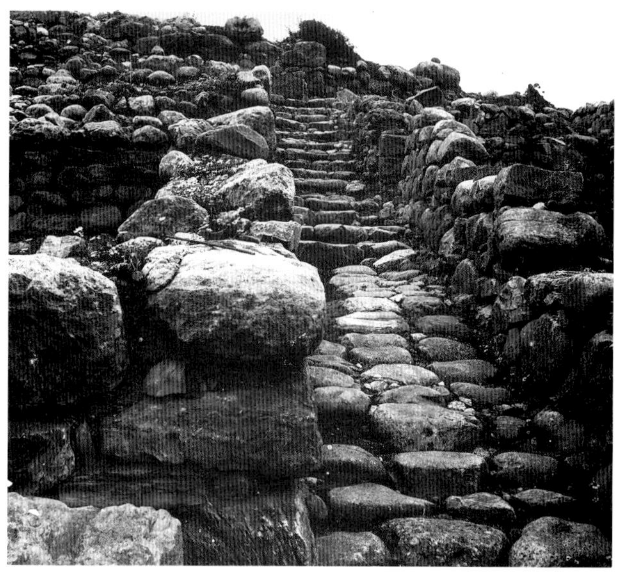

3.10 Getreppte Straße in Gournia. SM I

PLASTIK UND KERAMIK

Plastik Die Tradition der Elfenbeinverarbeitung aus der MM (Akrobat, Abb. 2.7), lebte auch in der folgenden Epoche fort, wie eine in Palaikastro gefundene Statuette belegt (Abb. 3.11). An den elfenbeineren Armen, Beinen, Füßen und am Körper klebten noch Reste von Goldfolie, was beweist, daß es sich um eine *chryselephantine* (vergoldete Elfenbein-) Plastik handelt. Der Kopf ist aus grauem Serpentin geformt, die eingelegten Augen bestanden aus Bergkristall, Brauen und Ohren aus Elfenbein. Das teure Material und die ungewöhnliche Größe von 50 cm lassen auf ein Kultbild schließen. Arm- und Handhaltung erinnern an die um 100 Jahre früher geschaffenen Terrakottastatuetten aus Petsofa. Der linke Fuß ist nach vorne geschoben. Das Motiv der Bewegung wird dadurch »inszeniert«.

Die erstmals mit den Terrakotten aus Petsofa belegten Figurentypen wurden auch in die Bronzekunst übernommen (Abb. 3.12). Proportionen, Größe, Körperhaltung, Tracht und die Wiedergabe der Gesichtszüge folgen den Vorbildern. Nur der Gestus hat sich verändert. Die Figuren erheben die rechte Hand zum oder vor den Kopf im Habitus eines grüßenden Adoranten, der linke Arm hängt (bei männlichen Figuren) gerade am Körper herab. Dieser Typus unterscheidet sich von den östlich beeinflußten weiblichen Fayencefiguren der MM-Periode aus Knossos (Abb. 2.3 und 2.6) und führt eine eher einheimische Tradition vor Augen.

Die Oberfläche der Bronzefiguren ist rauh. Dies liegt entweder an dem geringen Zinnanteil der Legierung oder an einer fehlenden Überarbeitung. Schon die Wachsfiguren, die den Kern der *verlorenen Formen* bildeten, waren nur schematisch modelliert gewesen: zuerst formte man das gewünschte Objekt aus Wachs, umgab das Modell mit einer Schicht Ton und erhitzte es. Das Wachs schmolz und lief durch die integrierten Gußkanäle ab. In die gebrannte hohle Tonform füllte man flüssige Bronze, ließ sie erstarren und zerschlug dann die Tonform.

Mehrere steinerne Kultgefäße weisen reliefierte Szenen mit Resten von Blattgold auf. Eine in Zakros gefundene Vase zeigt ein Bergheiligtum (S. 81). Drei weitere Beispiele stammen aus Agia Triada: der sogenannte Rapportbecher, die Boxervase und die Schnittervase (Abb. 3.13 und 3.14).

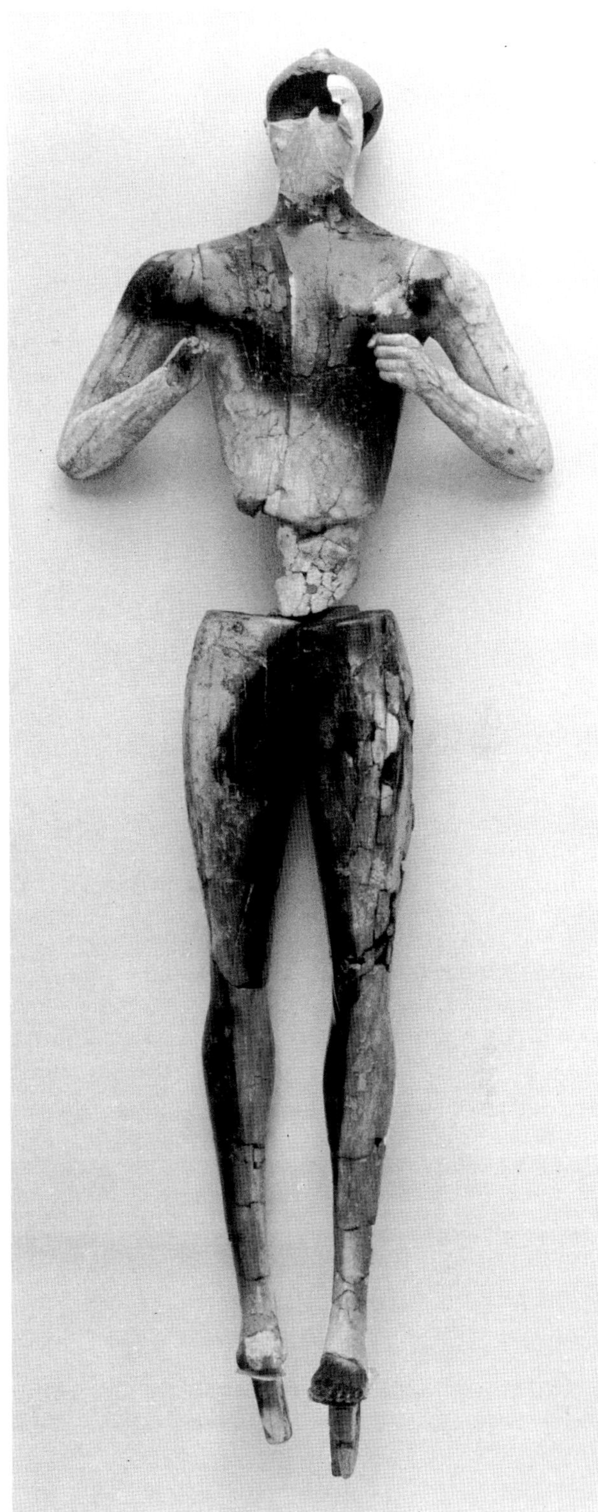

3.11 Statuette, aus Palaikastro. SM I. Gold und Elfenbein (Körper und Gewand), Serpentin und Bergkristall (Kopf und Augen). Höhe 50 cm. Sitia/Kreta, Museum

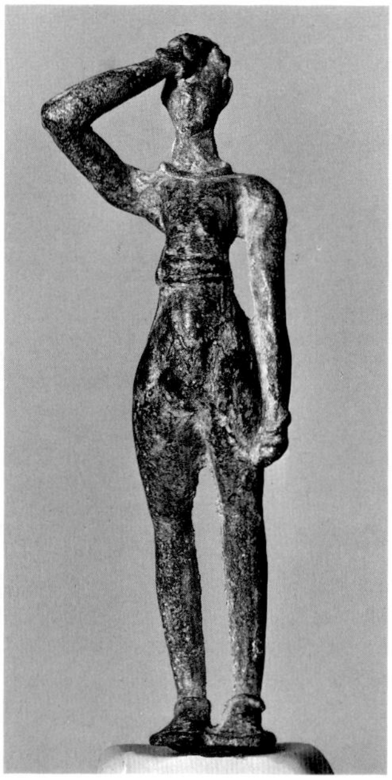

3.12 Statuette eines Adoranten, aus Tylissos. SM I. Bronze. Höhe 15 cm. Heraklion/Kreta, Archäologisches Museum

Die Darstellung auf dem Rapportbecher wurde lange als minoischer Prinz gedeutet, der einem Soldaten Instruktionen erteilt. Nun sieht man in der Szene einen jungen Minoer, der zeremoniell in die Männerwelt eingeführt wird. Die Darstellungen auf der Boxervase stammen aus der Welt des Sports. Bei der Schnittervase handelt es sich um ein Rhyton aus Speckstein in Form eines Straußeneis. Abgebildet ist ein älterer Mann mit langem Haar, Zeremoniengewand und Dienern, der eine Prozession von Handwerkern anführt. Die Arbeiter tragen fächerartige Schwingen, wie sie bei der Getreideernte Verwendung fanden. Auf der Rückseite der Vase (Abb. 3.14) schwingt ein Mann in der rechten Hand ein »Sistrum« (ein Musikinstrument), mit der linken gibt er den Takt an. Das Trio hinter ihm unterstützt seinen Gesang, wie an den weitgeöffneten Mündern abzulesen ist. Insgesamt umfaßt die Szene 27 Figuren.

Rhyta konnten auch in Form von Tierprotomen modelliert werden, wie im Beispiel des Stierkopf-Rhytons aus Knossos (Abb. 3.15). Ein Loch im Maul fungierte als Ausfluß, ein zweites am Hals als Einfluß. Hergestellt wurde das Objekt aus Serpentin. Die Augen aus Bergkristall sind in einen rosafarbenen Stein eingesetzt, um sie blutunterlaufen wirken zu lassen. Ein weißes Band aus Muschelschalen umgibt die Nüstern. Zwischen den vergoldeten Holzhörnern sind mittels einer Steingravur Locken wiedergegeben, die man auch im Schädel- und Halsbereich findet.

Stiere und ihre Gefangennahme wurden ebenfalls auf den berühmten Goldtassen aus Vapheio (um 1500–1450 v. Chr.) im griechischen Mutterland thematisiert. Die beiden Tassen mit angenieteten Henkeln bestehen jeweils aus zwei Schichten Goldblech, einer dekorierten an der Gefäßaußenseite und einer glatten innen. Eine Tasse (Abb. 3.16) zeigt einen gefangenen Stier aus der Vogelperspektive, die auch in der minoischen Wandmalerei geläufig ist. Die Wiedergabe der dritten Dimension fehlt jedoch, denn Gegenstände und Landschaftselemente scheinen auf einer vertikalen Ebene im Raum zu schwimmen. Auf der einen Bildseite gelingt zwei Stieren die Flucht. Der eine schlägt mit den hinteren Hufen aus und macht sich im »fliegenden Galopp« davon. Der andere schüttelt einen schlanken Minoer ab, ein weiterer Mann fällt mit ausgestreckten Armen zu Boden. Die zweite Tasse zeigt eine ruhigere Landsschaftsszene. Nach jüngster Ansicht entstammt eine der beiden Tassen einer mykenischen Werkstatt. Doch gibt es immer noch Stimmen in der Forschung, die beide Gefäße für den Höhepunkt der minoischen Toreutik und Reliefkunst halten. Bewußt setzte man Licht und Schatten ein, um Form und Volumen zu modellieren, eine Technik, die heute als *Hell-Dunkel-Effekt* bekannt ist.

Die Periode nach der Zerstörung der Paläste wird durch eine Serie von Terrakotta-Statuetten dargestellt, die das Motiv der Göttin oder Adorantin zeigen. Zu den charakteristischen Merkmalen dieser Figuren, den sogenannten »Haushalts-Gottheiten«, zählen der auf der Töpferscheibe geformte Unterkörper, die erhobenen Hände und die kunstvolle Frisur, in der manchmal Mohnkapseln stecken (Abb. 3.17). Einige Statuetten erreichen eine Größe von bis zu 77 cm. Ihre Beliebtheit überdauerte die nächsten drei Jahrhunderte. Erst im Dunklen Zeitalter ersetzte man sie durch ein verwandtes Modell (Abb. 4.3).

Keramik Vor der Zerstörung der Paläste um 1450 v. Chr. charakterisierte das Dunkel-auf-Hell-Dekor die Keramik Kretas. Zur Zeit der ersten Paläste gab man dem Hell-auf-Dunkel-Stil den Vorzug. Die abstrakte wie auch die florale Ornamentik, die in der SM-IA-Periode weit verbreitet waren, erfreuten sich in der ersten Phase anhaltender Beliebtheit. Das abstrakte

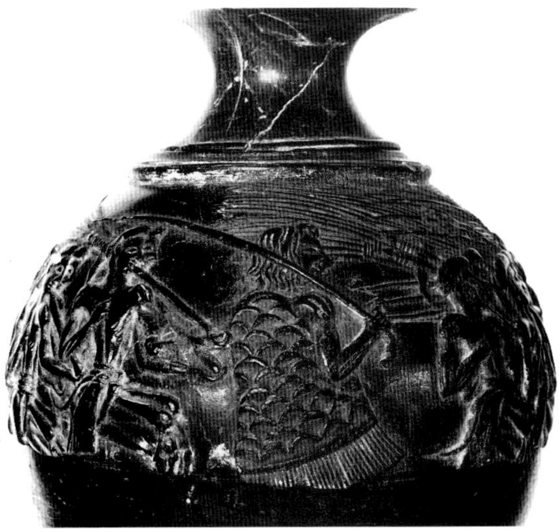

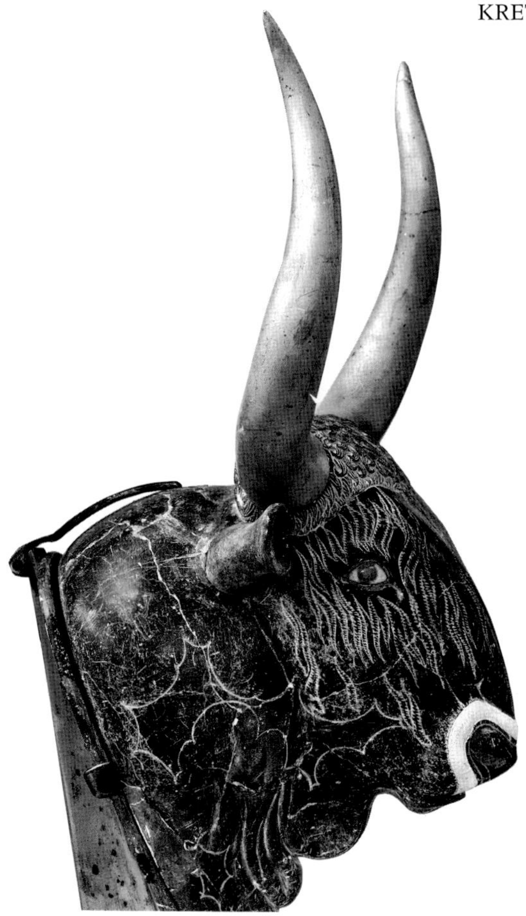

3.15 Rhyton in Form eines Stierschädels, aus Knossos. SM I. Serpentin, Kalkstein und Bergkristall. Höhe 26 cm. Heraklion/Kreta, Archäologisches Museum

3.13 *oben*, **3.14** *unten* Schnittervase, aus Agia Triada. SM I. Speckstein-Rhyton. Durchmesser 11,5 cm. Heraklion/Kreta, Archäologisches Museum

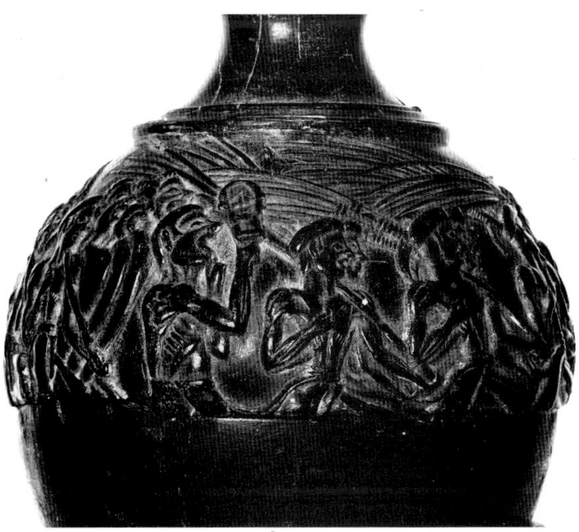

3.16 Getriebene Tasse mit Stierfangszene, aus Vaphaio. SM I. Gold. Durchmesser 10,8 cm. Athen, Nationalmuseum

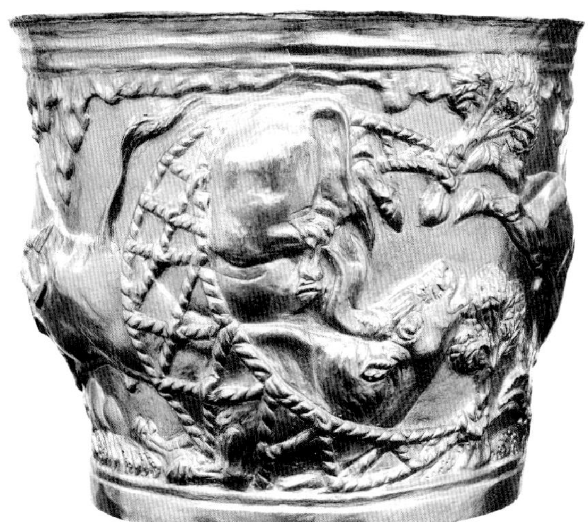

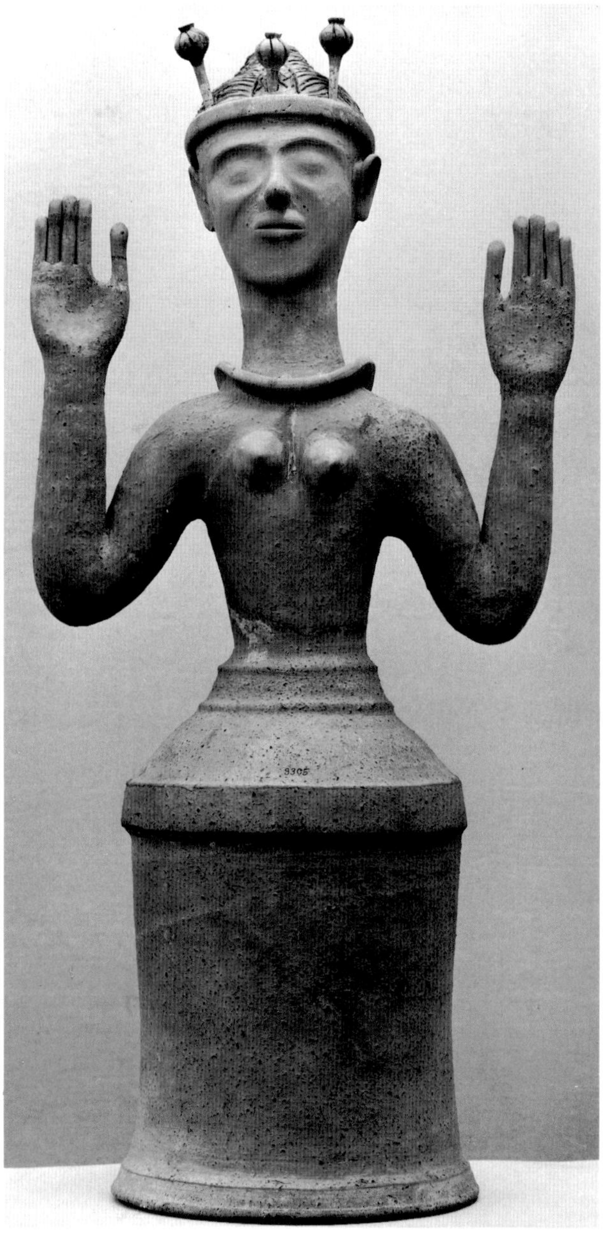

3.17 Statuette einer sog. Haushaltsgöttin aus Gazi. SM III. Terrakotta. Höhe 77 cm. Heraklion/Kreta, Archäologisches Museum

3.18 *gegenüber* Vase im Floralen Stil, aus Palaikastro. SM IA. Höhe 24,5 cm. Heraklion/Kreta, Archäologisches Museum

Dekor umfaßte Motive wie etwa die Spirale, die aus der Wandmalerei übernommen wurde. Der florale Motivschatz konzentrierte sich auf naturalistische Bilder von Gräsern und Blumen. Ein gutes Beispiel für den floralen Stil (Abb. 3.18) liefern die spiralig aufgerollten Papyrospflanzen, die den gesamten Gefäßkörper umschließen. Dies ahmt ein Schema nach, das uns auf Kreta erstmals während der FM-I-Zeit begegnete (Abb. 1.3). Zu den geläufigsten Gefäßformen gehören Kannen mit horizontalen Ausgüssen, große eiförmige Vorratsgefäße und Tassen.

Um 1500 v. Chr., während der SM-IB-Periode, fügte man den SM-IA-zeitlichen abstrakten und floralen Motiven ein drittes Dekorationsmuster hinzu, den Meeresstil. Tintenfische, Delphine, Schiffe, Seesterne und Kraken bevölkern die Oberflächen der Gefäße, in einer lebensnahen, freischwimmenden Anordnung begleitet von Seegräsern, Muscheln und Felsbrocken. Pilgerflaschen, Wasserkrüge (ein einhenkliger Krug mit horizontalem Ausguß) und Rhyta gehörten nun zu den beliebtesten Gefäßformen. Die Pilgerflasche aus Palaikastro im Osten der Insel (Abb. 3.19) ist wohl das bekannteste Beispiel: Kopf und Körper eines Kraken sind diagonal auf dem Gefäßkörper plaziert.

Nach den weitreichenden Zerstörungen während der Mitte des 15. Jahrhunderts v. Chr. folgte der sogenannte Palaststil, der auf Kreta bislang nur in Knossos nachgewiesen ist. Er gilt als Beweis dafür, daß nun Griechen im zerstörten Palastbezirk siedelten. Es handelt sich tatsächlich um einen mutterländisch-griechischen Keramikstil, der in Kreta während der SM-II-Periode auftaucht. Adaptiert wurden dennoch minoische Motive, die man in ein neues Dekorationsschema fügte und so zum eigenständigen Stil erhob. Das Dekor ordnete man nun oft in Bildfeldern an, wodurch die Kraken stilisiert und erstarrt und die Pflanzen steif und bewegungslos wirken (Abb. 3.20). Obwohl die SM-II-Keramik nur für Knossos bezeugt ist, kann man nicht ausschließen, daß es während der SM-IB-Periode auch andere Produktionszentren auf der Insel gab. Bis in die heutige Zeit fällt es jedoch schwer, die kretische Keramik des 15. und 14. Jahrhunderts v. Chr. exakt zu datieren.

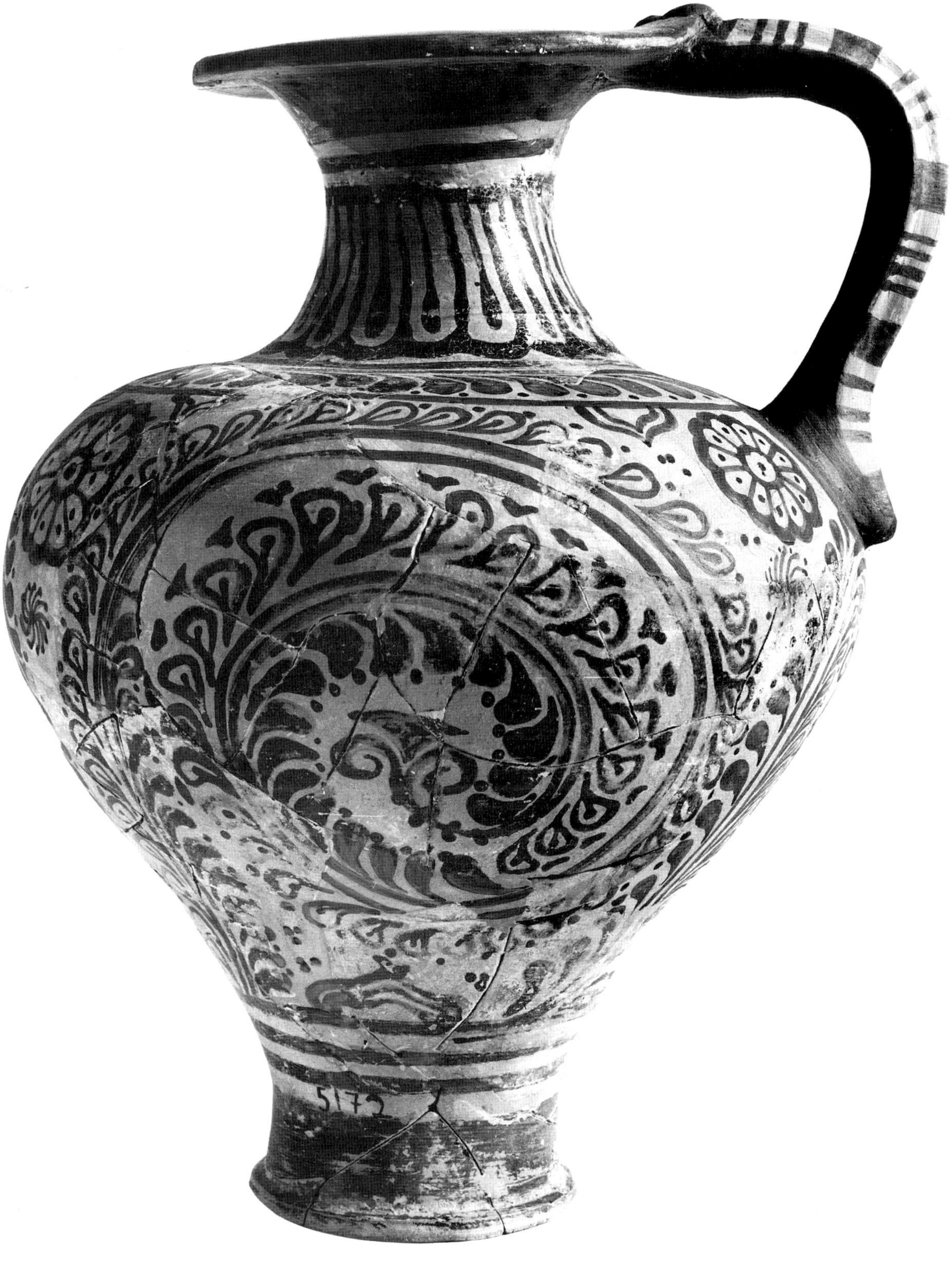
5175

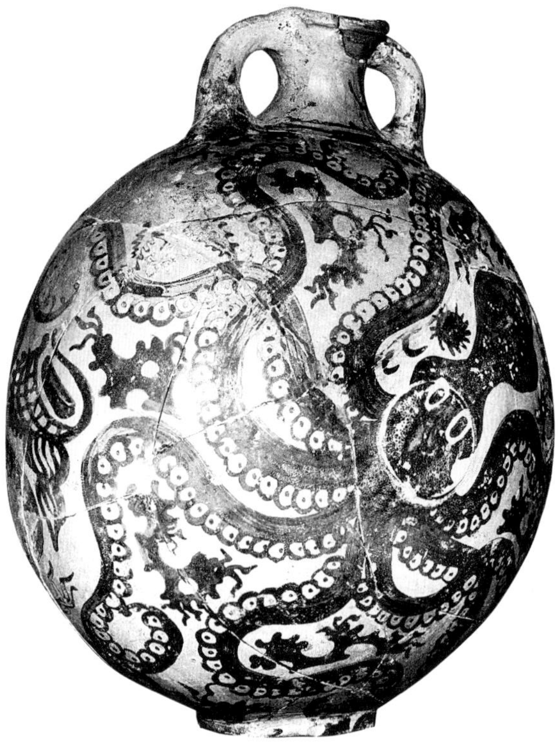

3.19 Pilgerflasche im Meeresstil, aus Palaikastro. SM IB. Höhe 28 cm. Heraklion/Kreta, Archäologisches Museum

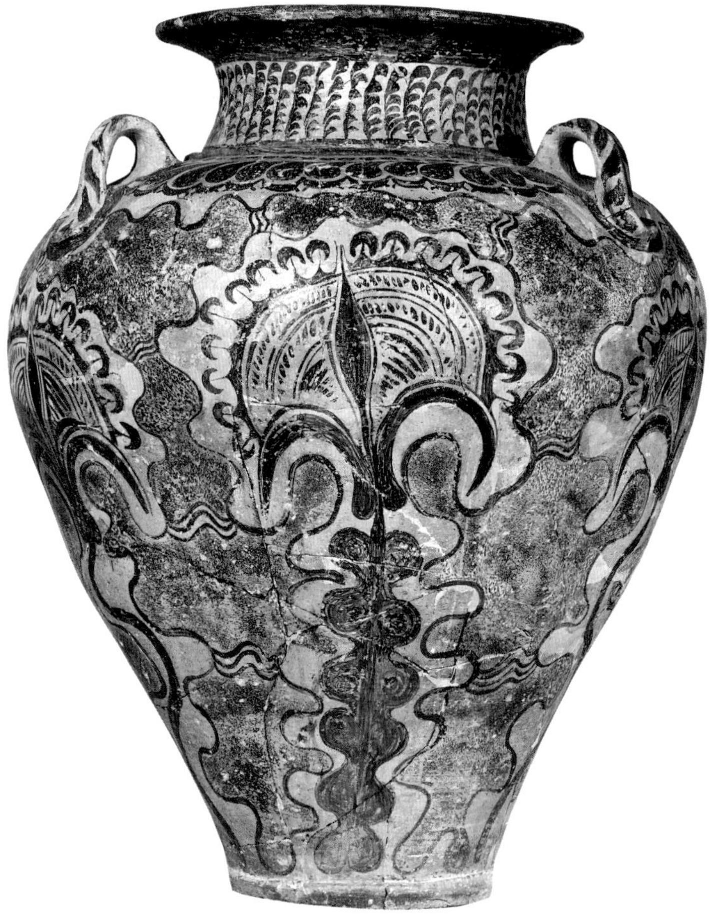

3.20 Dreihenklige Amphora im Palaststil, aus Knossos. SM II. Höhe 78 cm. Heraklion/Kreta, Archäologisches Museum

Griechen in Knossos und die Linear-B-Tafeln

Die Palaststilkeramik kann nur als ein Indiz dafür gelten, daß sich Griechen um 1450–1375 v. Chr. auf Kreta niedergelassen hatten. Als weitere Hinweise darauf können die neu eingeführten Grabtypen, das plötzliche Auftauchen von Waffen in den Gräbern, der neue Wandmalereistil mit bewegungslosen, starren Figuren sowie ein neues Schriftsystem gelten. Letzteres, bekannt als Linear B, wurde von Michael Ventris im Jahre 1952 als eine frühe Form des Griechischen erkannt. Die Entzifferung revolutionierte unsere Vorstellung von der Geschichte des bronzezeitlichen Griechenland. Bis dahin hatte man die Sprache der Linear-B-Tafeln für minoisch gehalten. Da die meisten Schrifttafeln auf Kreta gefunden wurden und nur wenige in Griechenland, war man davon ausgegangen, daß die Minoer Teile des Festlandes beherrscht hätten. Nun wurde diese Vorstellung berichtigt.

Die Linear-B-Tafeln bestehen aus Ton und haben die Form einer Buchseite oder eines schmalen Etiketts. Sie wurden durch das Feuer, das die Paläste zerstörte, gebrannt und damit konserviert. In Knossos fand man über 4000 Exemplare. Die Entzifferung wurde jedoch erst vorgenommen, als größere Mengen davon im griechischen Pylos im Mutterland entdeckt wurden. Die Tafeln erwecken den Anschein, als hätten sich die Griechen das Linear-A-System angeeignet und zu ihren Zwecken abgewandelt. Ungefähr 20 Linear-A-Zeichen wurden durch 10 neue ersetzt. 87 Zeichen lassen sich in der Linear-B-Schrift nachweisen, zu viele für ein Alphabet, doch zu wenige für eine piktographische

Schrift. Deshalb muß es sich um eine »Silbenschrift« handeln. In das Silbensystem flossen Ideogramme ein (Abb. 3.21), die bei der Entschlüsselung wichtige Hilfe boten. Die Tafeln überliefern in der Regel Inventare, Aufstellungen und die Anzahl von Herden, Olivenbäumen, Safran, Wagen und Waffen. Sie stellen das Registriersystem eines Verwaltungsapparates dar, berichten von zu versteuernden Gütern, von Ortswechseln bei Mensch und Waren. Auch geben sie Hinweise auf die Religion der SB-Griechen. Von den späteren olympischen Göttern kannte man bereits Hera, Zeus und Poseidon, doch auch geheimnisvolle Figuren wie beispielsweise Pipituna und Potnia Dapuritojo sind erwähnt. Die Weihegaben, die sie empfingen, umfaßten Gerste, Fenchel, Koriander, Öl, Honig und Wolle. Es handelt sich damit um unblutige Opfergaben, im Gegensatz zu den Darstellungen auf dem Sarkophag aus Agia Triada.

Die Linear-B-Tafeln aus Knossos werden mit der endgültigen Zerstörung des Palastes in Zusammenhang gebracht. Einige Forscher setzen diese um 1200 v. Chr. an, die meisten halten jedoch die ersten Jahre des 14. Jahrhunderts v. Chr. für wahrscheinlicher. Die Gründe bleiben unklar: Haben vielleicht die Griechen selbst in einer Art Bürgerkrieg die Paläste zerstört?

MINOISCHE RELIGION

Der Sarkophag von Agia Triada Unser Bild der minoischen Religion beruht auf vielen Vermutungen. Der auf etwa 1400 v. Chr. datierte Sarkophag aus Agia Triada bietet einen guten Ausgangspunkt für die Diskussion. Eine Langseite (Abb. 3.22) zeigt zwei Szenen. Auf der linken Seite gießt eine Frau ein Libationsopfer in einen großen Kessel, der sich zwischen zwei von Doppeläxten bekrönten Postamenten befindet. Vögel haben sich darauf niedergelassen. Hinter ihr stehen eine Dienerin mit einem weiteren Kessel sowie ein Lyra spielender Mann. Die zweite Szene bewegt sich in die entgegengesetzte Richtung: drei Männer, mit Tieren und einem Bootsmodell beladen, nähern sich einem abgetreppten Altar, einem Baum und einer bemäntelten Figur, die vor einem Grab steht. Handelt es sich bei ihr um den Verstorbenen, der sich als Geist aus dem Grab erhebt? Oder befolgt er die Rituale, die ihn in eine andere Welt begleiten sollen? Handelt es sich um einen Begräbnis- oder um einen Totenkult?

Auf der anderen Langseite (Abb. 2.23) ist eine Frauenprozession abgebildet. Angeführt wird der Zug von einem Mann, der die Doppelflöte bläst. Neben ihm liegt ein gefesselter Ochse auf einem Opfertisch, zwei ängstliche Tiere kauern darunter. An der Spitze steht eine Frau vor einem Altar. Hinter dem Altar ist ein Postament zu sehen, das eine Doppelaxt mit einem darauf sitzenden Vogel trägt. Es folgt ein Schrein vor einem Baum. Im Hintergrund vervollständigen ein Obstkorb und ein Kamares-Krug die Szene.

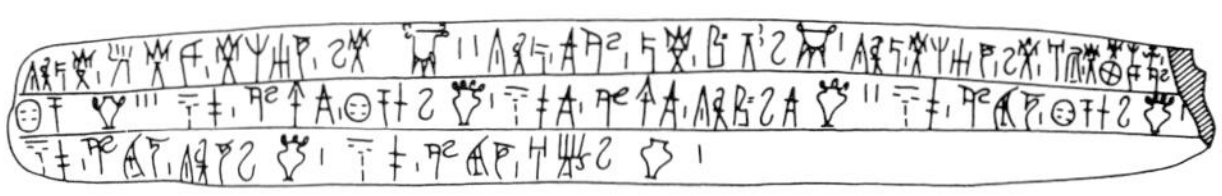

3.21 Linear-B-Tafel, sog. Dreifuß-Tafel, aus Pylos. SH IIIB. Terracotta

Kult Die Darstellungen auf dem Sarkophag aus Agia Triada und die Gegenstände des täglichen Lebens, die man in Gräbern fand, lassen auf einen Glauben an ein Leben nach dem Tod schließen. Einige Forscher vermuteten, daß es einen Totenkult gegeben haben müßte.

Votivgaben, insbesondere Statuetten in Menschen- und Tiergestalt sowie Keramik, beweisen, daß die Götter in Bergheiligtümern und in Höhlen verehrt wurden, ebenso in kleinen Heiligtümern in den Villen, Palästen und Städten. In einem Hausheiligtum im FM-Myrthos fand sich ein weibliches Kultbild aus Terrakotta auf einem steinernen Sockel. In die Kamares-Höhle und die Diktaion-Höhle pilgerten die Gläubigen seit Beginn der MM-Periode. Bergheiligtümer wie jene von Petsofa und auf dem Berg Juktas bedeckten die gesamte Insel. Ein Bergheiligtum ist im Flachrelief eines Serpentin-Rhytons aus dem 15. Jahrhundert v. Chr. wiedergegeben, das im Palast von Zakros gefunden wurde (Abb. 3.24).

Einige Heiligtümer in Palästen und Villen weisen Pfeiler auf, in die das Symbol der Doppelaxt eingraviert ist. Bei diesen Pfeilern handelt es sich zweifellos um künstliche Nachahmungen der natürlich gewachsenen Felsformationen, die die Gläubigen in den Höhlen sahen. Religiöse Szenen zeigen

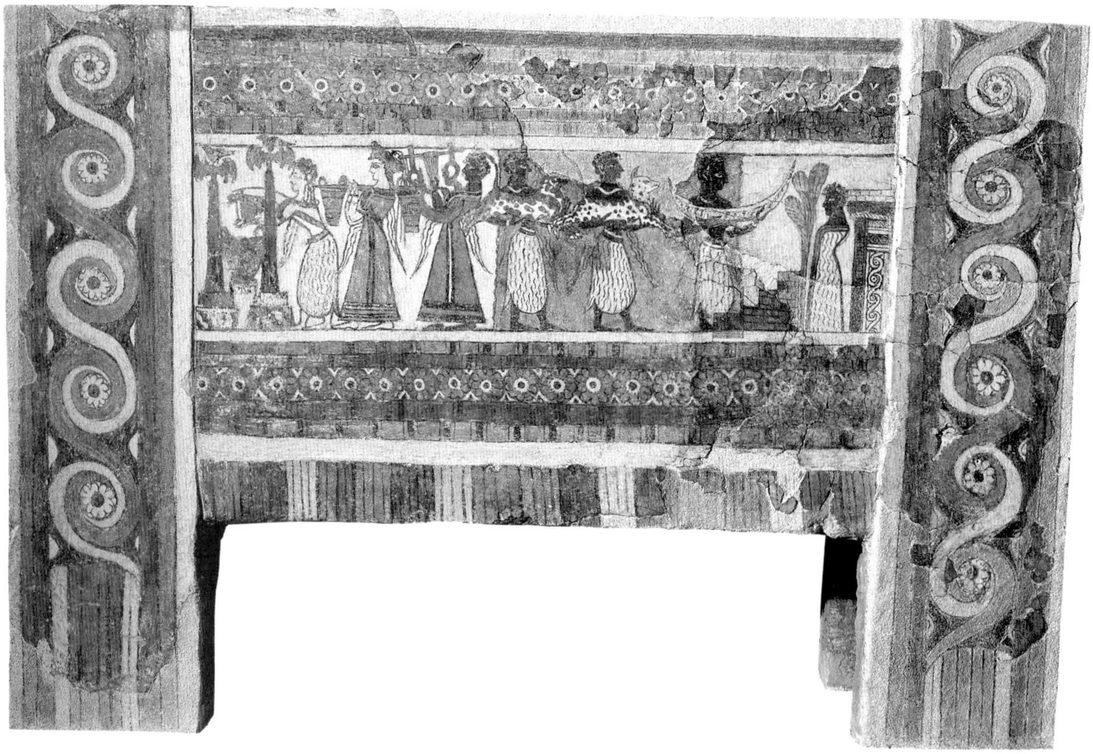

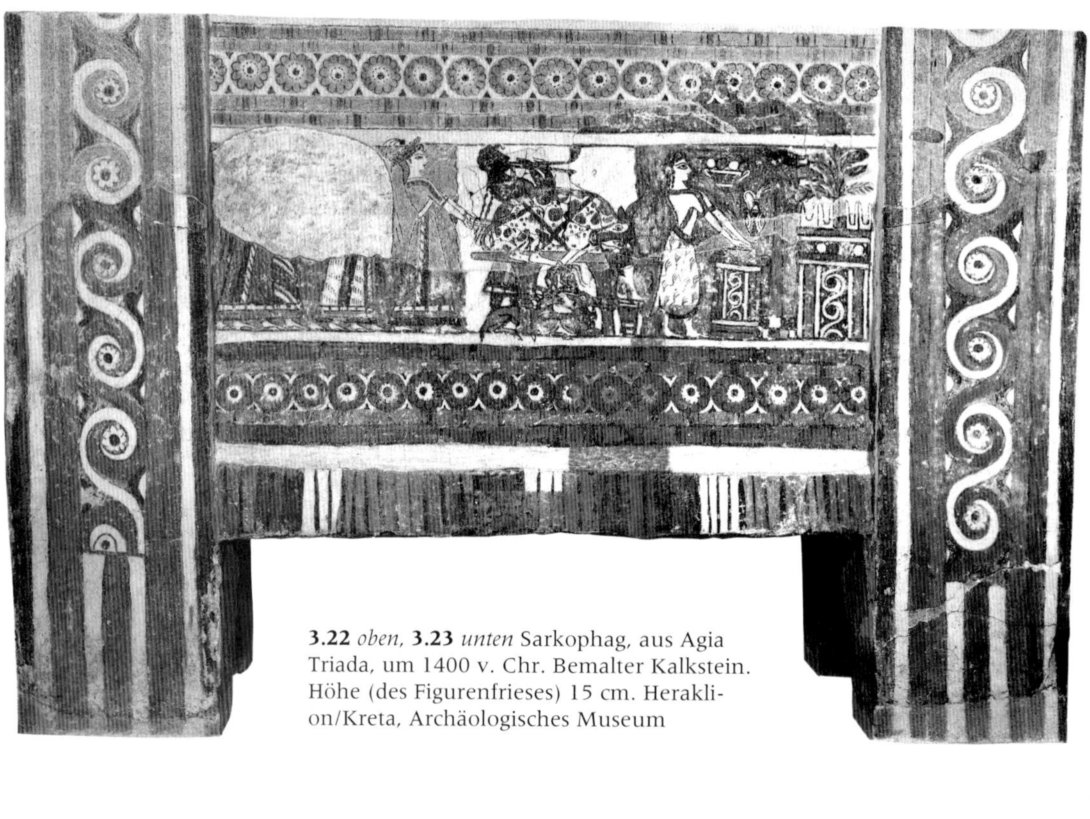

3.22 *oben*, **3.23** *unten* Sarkophag, aus Agia Triada, um 1400 v. Chr. Bemalter Kalkstein. Höhe (des Figurenfrieses) 15 cm. Heraklion/Kreta, Archäologisches Museum

oft die Kombination von Altar, Schrein und Baum, und oft ist es der Baum, der das Bild beherrscht. Dies mag bedeuten, daß Bäume, Felsformationen, Berge und auch Pfeiler Gegenstände der Verehrung waren. Die Darstellungen auf Ringen und Gemmen deuten in eine andere, jedoch ähnliche Richtung. Eine weibliche Figur nimmt einen Ehrenplatz ein. Sie scheint die wilden Tiere und die Pflanzen in ihrer Umgebung zu beherrschen. Handelt es sich um die alte Muttergottheit, die Göttin der Fruchtbarkeit, die uns bereits aus dem Neolithikum bekannt ist? Auf Ringen und Siegelsteinen erscheint sie in Bewegung und ohne Kopfbedeckung, mit wehenden Haaren. Die Fayencestatuetten aus Knossos (Abb. 2.3, S. 47 und 2.6, S. 49) überliefern eine verfeinerte Variante. Man glaubte, daß die Götter wie die Geister der Natur, der Erde, der Bäume und der wilden Tiere in Felsen, Höhlen und Bergspitzen lebten. Indem man Pfeilerkrypten baute, hoffte man, ihnen auch in den Häusern ein Heim zu geben. Ob die Minoer nur eine einzige Gottheit verehrten, die mehrere Aspekte abdeckte (als Herrin der Tiere, des Haushalts, der Fruchtbarkeit), oder ob sie verschiedene Göttinnen anbeteten, steht noch immer zur Debatte. In jedem Fall pflegten sie einen Vegetations- und Fruchtbarkeitskult.

Riten Die Heiligtümer in Palästen und Villen stattete man in der Regel mit Bänken und Opfertischen aus. Einige der Tische wiesen Löcher zum Einfüllen von Trankopfern auf, die so auf direktem Wege der Gottheit in der Erde zukamen. Zur Einrichtung zählten des weiteren Vorratsgefäße aus Stein und Ton, Lampen, Muscheln und bemalte Keramik. Zu den wichtigsten kultischen Riten gehörte sicher das Opfer, egal ob es sich bei den Gaben um Terrakotten, Keramiken, Früchte, Getreide, Flüssigkeiten oder Tiere handelte.

Es gibt reichliche Hinweise auf Tieropfer. Der Sarkophag aus Agia Triada zeigt eine Opferszene, im Bergheiligtum von Kato Syme fand man Reste von Tierknochen, daneben auch Terrakottakessel für Libationsopfer. In den Ruinen der Sakralstätte am Berg Juktas entdeckten die Archäologen Menschenknochen. Eines der Skelette lag auf einem niedrigen Podium, was als Hinweis auf ein Menschenopfer gelten mag, das gerade durchgeführt wurde, als das Gebäude um 1600 v. Chr. zusam-

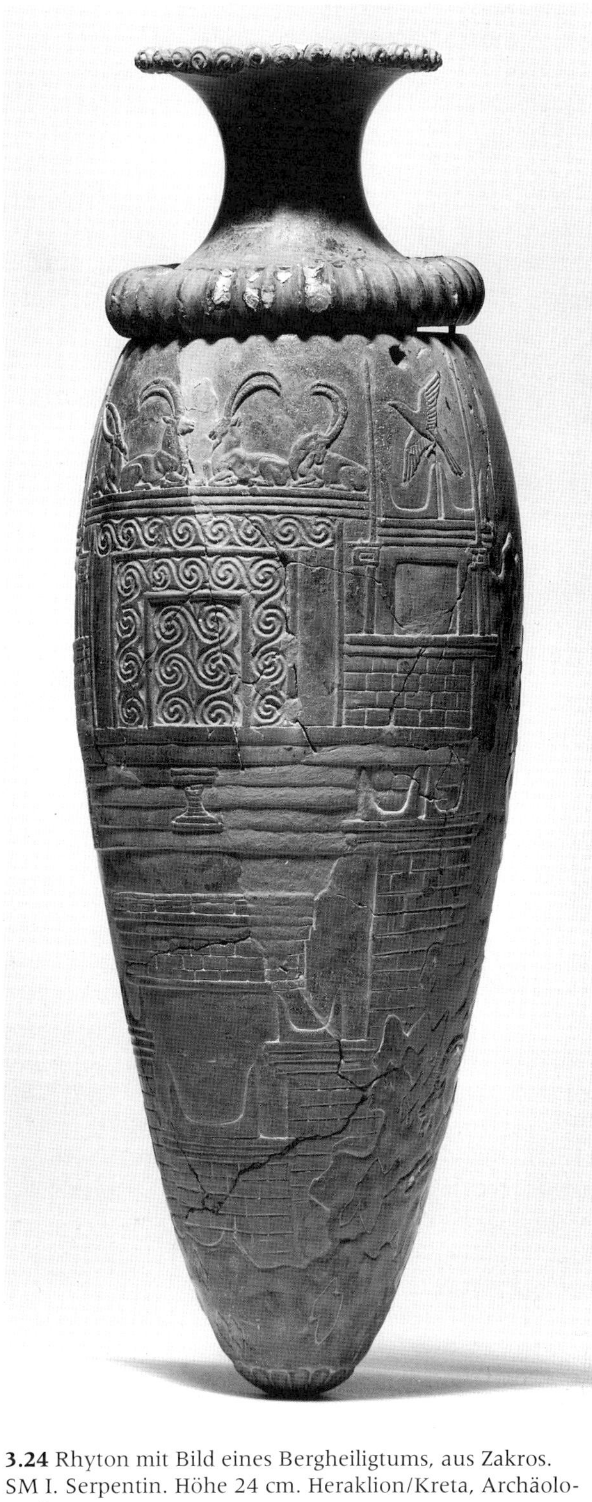

3.24 Rhyton mit Bild eines Bergheiligtums, aus Zakros. SM I. Serpentin. Höhe 24 cm. Heraklion/Kreta, Archäologisches Museum

menstürzte. Weitere Indizien liegen aus Knossos vor: Menschenknochen lassen darauf schließen, daß man hier um 1450 v. Chr. auch Kinder opferte.

Die Wandmalereien über einem Lustralbecken in Akrotiri auf Thera überliefern die Nutzung derartiger Einrichtungen für Initiationsriten. Sie zeigen Frauen bei einer kultischen Aktion. Eine sitzende Frau hält ihren blutenden Fuß, während eine zweite einen Altar betrachtet, von dem Blut tropft. Auf der Wand im darüberliegenden Raum sammeln Frauen Krokussamen und reichen sie einer sitzenden Gottheit.

Der Zweck von Altären, Opfertischen und Rhyta in den Libationsszenen scheint geklärt, doch wozu dienten die »heiligen Hörner«? Welche Bedeutung haben die Doppeläxte, die man oft in Pfeiler eingraviert oder als Votivgaben in Höhlen findet?

DIE SM-III-PERIODE

Von der Periode um 1375–1100 v. Chr. (SM III) haben wir nur ein verschwommenes Bild. Wurde Kreta nun von den großen mykenischen (mutterländischen) Kriegsherren annektiert? Es war jedenfalls eine ruhige, in gewissem Sinne vielleicht auch glückliche Zeit. Die Insel scheint den Zerstörungswellen weitgehend entgangen zu sein, die um 1200 v. Chr. das griechische Mutterland heimsuchten.

In Kommos im Süden Kretas fand man ein großes öffentliches Gebäude der SM-I-II-Zeit, von den Ausgräbern als Stoa identifiziert, vor dem sich ein kiesgepflasterter Hof erstreckte. Diesen säumten gepflasterte Straßen, die zum Libyschen Meer führten. Das Gebäude existierte noch bis zur SM-III-Zeit, wenn es auch verlassen war. Gleichzeitig errichteten die Bewohner das größte SM-III-Gebäude, das bislang auf Kreta entdeckt worden ist. Aufgemauert wurde es aus Quadermauerwerk und Bruchsteinen in einer Holzfachwerkkonstruktion. Im Inneren befanden sich lange Galerien mit Fenstern, die von Flachdächern gedeckt waren. Die zypriotischen und kanaanitischen Baumaterialien, die im SM-III-zeitlichen Kommos gefunden wurden, lassen auf Handelsverbindungen schließen. Das Bauwerk deutete man folglich als Warenhaus. Es könnte sich jedoch auch um eine Schiffshalle gehandelt haben.

Die Kykladen

KEOS

Gleichzeitig mit der Errichtung der großen Gräberrunde in Mykene (siehe S. 87) erweiterte man in Agia Eirene auf Keos die Befestigungsanlage. Während der folgenden Blütezeit, die chronologisch mit der SM-IB-Epoche auf Kreta zusammenfällt, herrschte eine rege Bautätigkeit. Konstruiert wurden unter anderem Teile eines Heiligtums, in dem man unzählige Terrakottastatuetten fand (Abb. 3.45). Gegründet wurde die Sakralstätte bereits in der mittleren Bronzezeit. Während der nächsten acht Jahrhunderte war sie fast ununterbrochen in Benutzung.

MELOS: PHYLAKOPI III

Massive Wehranlagen aus Polygonalmauerwerk, die ihre Parallelen in jenen bei Agia Eirene auf Keos haben, beschützten die dritte Stadt in Phylakopi. Die teilweise getreppten Straßen erreichten – wie auch in Gournia auf Kreta – nur eine Breite von ungefähr 1,50 m. Die Konstruktionstechniken variieren, in der Regel verwendete man zur Errichtung der ca. 70 cm dicken Mauern jedoch Bruchsteine, manchmal auch Kalkstein- und Basaltblöcke. Es liegen auch Hinweise auf Holzstützen für die Wände vor. Die Häuser sind in zwei oder drei Räume untergliedert, einige zeigen minoischen Einfluß.

Eine eindrucksvolle Baustruktur, die die Häuser bei weitem an Größe übertrifft, hatte zweifellos eine besondere Funktion. Der Fund einer beschriebenen Tontafel in der Nähe läßt an eine in dem Gebäude untergebrachte Verwaltung denken. Sämtliche Freskofragmente können dieser Phase zugeordnet werden. Zu ihnen gehört ein Bild im minoischen Stil mit blauen und gelben fliegenden Fischen, die um stilisierte Felsen kreisen (Abb. 3.25).

DIE MINOISCHE SEEHERRSCHAFT

Die minoischen Einflüsse sind so deutlich, daß mit Recht die These aufgestellt werden kann, Phylakopi sei auch von Kretern besiedelt gewesen. Sie verdingten sich als Händler, vielleicht als Verwalter, einige sicher auch als Baumeister und Künstler. Die Situation wiederholt sich in Milet an der kleinasiatischen Küste, auf Rhodos und auf der Insel Kythera. Es scheint ein Körnchen Wahrheit in der Behauptung der Historiker Herodot und Thukydides zu stecken, daß Minos, der legendäre Herrscher von Knossos, die Seeherrschaft (Thalassokratie) besaß. Es sei nur daran erinnert, wie weit bereits die Kamares-Keramik verbreitet war. Auch die SM-I-Keramik erfreute sich weitreichender Beliebtheit; man exportierte sie nach Zypern und Ägypten, ferner ins griechische Mutterland, nach Ägina, Thera, Naxos, Keos und Melos.

KERAMIK

Die kykladischen Töpfer hielten bis um 1450 v. Chr. an ihrer Tradition fest, zunehmend ist jedoch auch kretischer Einfluß zu erkennen. Die Produktion der nach hinten gebogenen, mit applizierten »Brüsten« – dem Markenzeichen der MK-Periode – versehenen Schnabelkannen setzte man fort, die Formen wurden jedoch runder. Neu in das Repertoire aufgenommen wurden der »Askos«, ein sackartiger, niedriger Topf mit Ausguß, Krüge und einhenklige Kannen. Gleichzeitig tauchte das Rhyton auf, des weiteren mehrere Varianten einer Tassenform, die aus Kreta stammt. Vögel zählten immer noch zu den beliebtesten Dekormotiven, doch begegnet man vereinzelt auch minoisch-inspirierten Meerestieren und Pflanzendarstellungen (Abb. 3.26). Die plumpe Kanne (Abb. 3.27) aus Thera zeigt wiederum ein kretisches Meeresmotiv, den Delphin. Uncharakteristisch sind hier jedoch das hervortretende Auge und der böse Blick sowie das scharfe Maul.

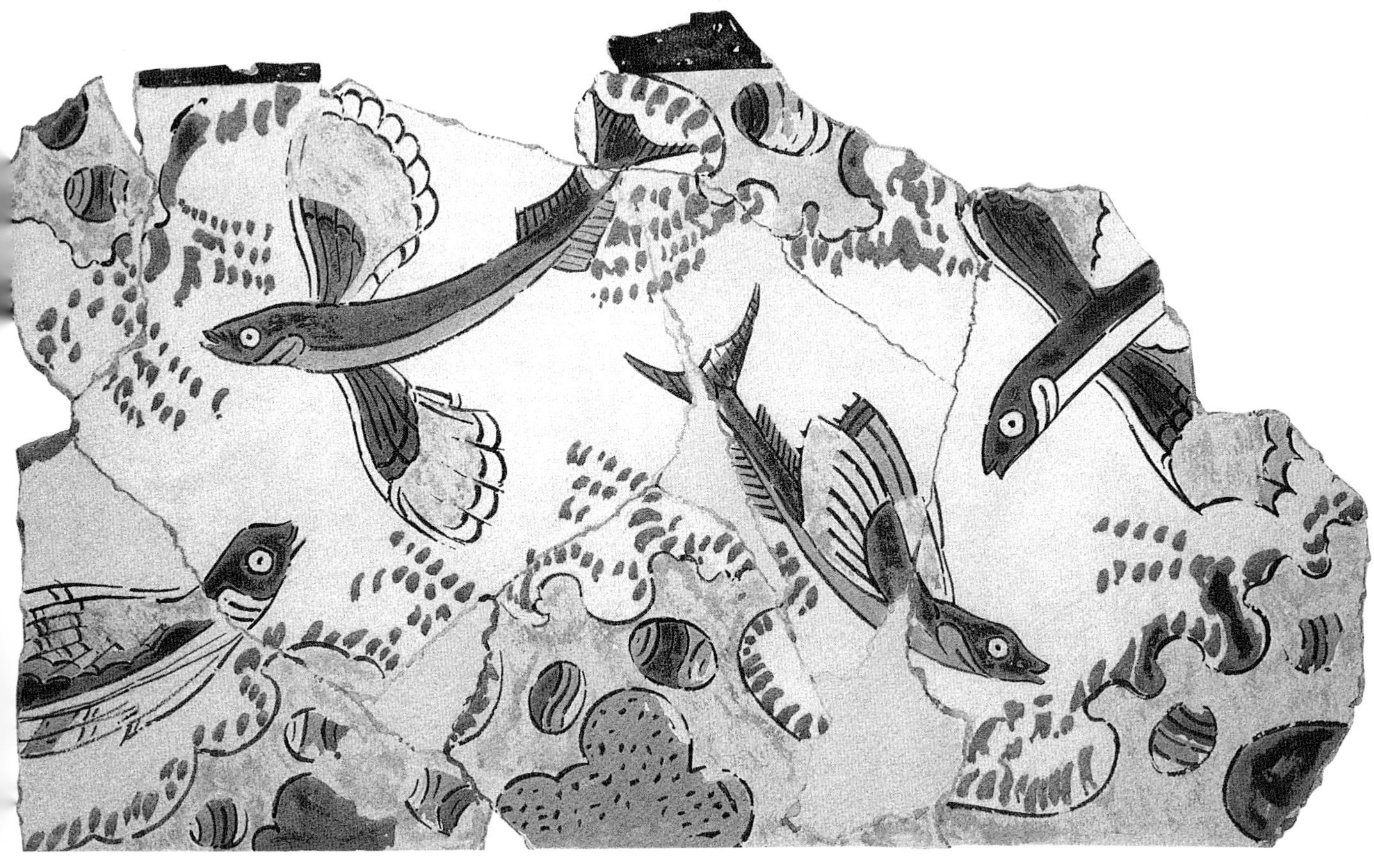

3.25 Rekonstruiertes Wandbild mit fliegenden Fischen, aus Melos. SB I. Fresko. Athen, Nationalmuseum

THERA

Neue Hinweise auf die kykladische Kultur konnten bei den Grabungen in Akrotiri auf Thera gewonnen werden. Ein Vulkanausbruch veränderte die Gestalt der gesamten Insel. Unter Schutt und Asche legte man weite Teile einer SK-Stadt frei. Die Häuser bestehen aus zwei bis vier Räumen und weisen viele Fenster auf. Die Baustrukturen grenzten über Außenwände aneinander. Einige Gebäude sind mehrstöckig. Das Straßenraster läßt kein System erkennen. Ein »Palast« oder große Gebäude sind bislang nicht bezeugt. Trotzdem liegen deutliche Beweise für eine minoische Einflußnahme vor, so etwa in der häufigen Errichtung von Pfeiler-Tür-Konstruktionen und Lichtschächten, oder in dem Lustralbecken in dem als »Xeste 3« bekannten Haus.

Die tieferliegenden Schichten zeigen überraschenderweise keine Verbindungen mit Kreta und Griechenland im 3. Jahrtausend v. Chr. Im MK-Akrotiri fand man jedoch kretische Kamares-Ware und matt bemalte Keramik aus dem Mutterland. Während der MK-III-Zeit zerstörte ein Erdbeben die Stätte.

Die gewissenhafte Ausgrabung der SK-Stadt ermöglichte es, die Wandmalereien einiger Räume vollständig zu rekonstruieren. Technik, Farbgebung und Zusammensetzung der Malereien gleichen jenen auf Kreta. Einige neue Bildthemen – boxende Kinder und Antilopen – kamen hinzu, während andere den kretischen nacheifern, wie etwa blaue Affen. Ein erstaunliches Wandbild in einer Breite von fast 7 m ist im Stil der kretischen Miniaturfresken ausgeführt. Es zeigt eine Land-

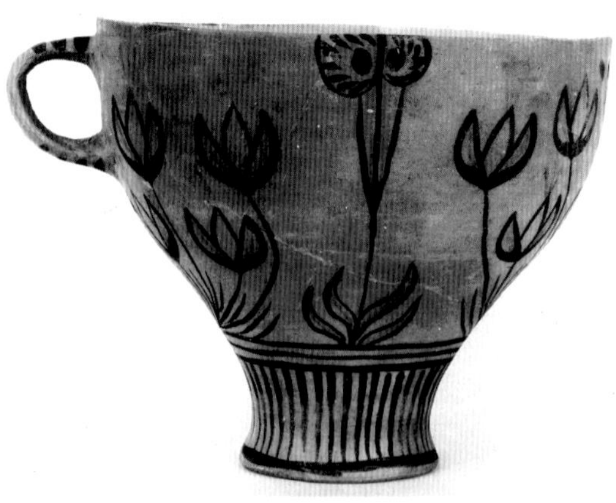

3.26 Tasse aus Thera. SB I. Höhe 11 cm. Athen, Nationalmuseum

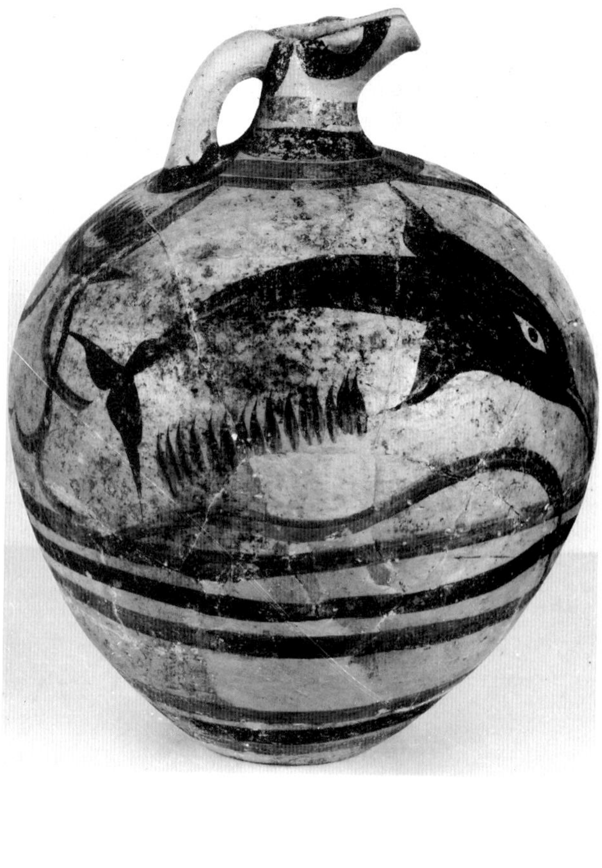

3.27 Kanne aus Thera. SB I. Höhe 43,5 cm. Athen, Nationalmuseum

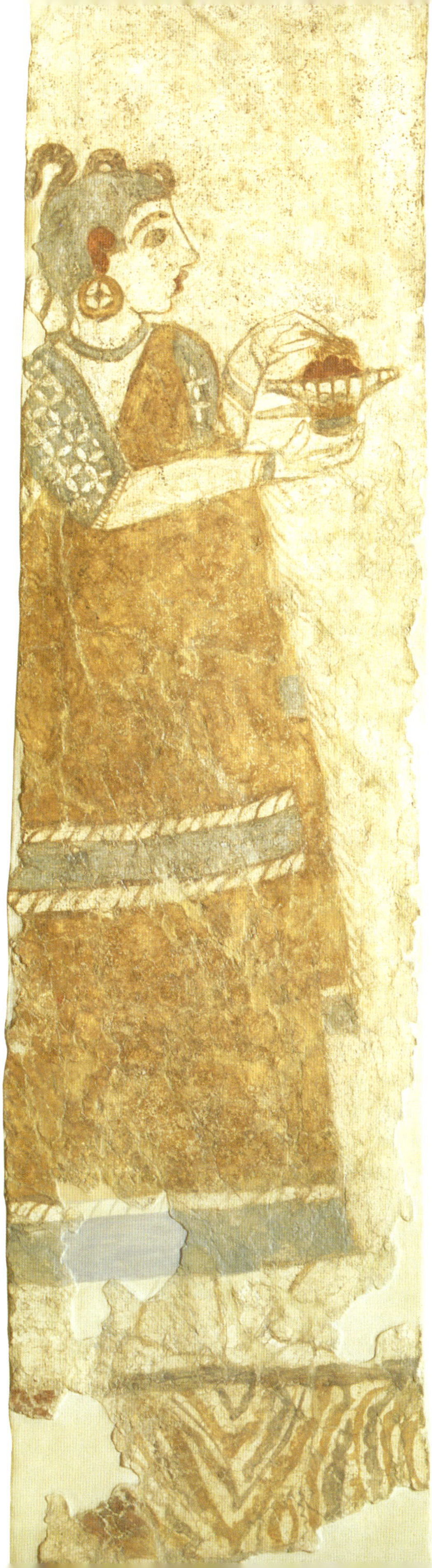

schaft mit Häusern, Kriegsszenen und kultischen Riten sowie eine Schiffsflotte. Die Spanne der Interpretationen reicht von mythologischen bis zu nautischen Festen oder Regatten, es wurde sogar vorgeschlagen, das Bild als Piratenszene zu deuten. Auf einer anderen Wand ist eine junge Priesterin abgebildet (Abb. 3.28). Sie trägt ein langes schweres Gewand, Ohrringe, Armbänder, eine Halskette und eine kunstvolle Frisur. In den Händen hält sie eine Weihrauchbüchse. In einem weiteren, minoisch anmutenden Raumdekor wurde auf die Darstellung von Menschen verzichtet. Alle drei Wände zeigen polychrome Felslandschaften, kraftvolle zweifarbige Lilien und sich paarende Schwalben (Abb. 3.29). Die Keramik von Akrotiri, sowohl die einheimische als auch die importierte, wirkt dagegen äußerst unscheinbar. Wie in der Vasenmalerei, so liegen auch die Ursprünge der Wandmalerei im Dunkeln. Doch dürfte kaum noch ein Zweifel daran bestehen, daß die Stätte die Blütezeit der minoischen Traditionen miterlebte.

War es der Ausbruch des Vulkans auf Thera, der die Paläste und Städte auf Kreta zerstörte? Nach Ansicht des Ausgräbers von Akrotiri geschah dies um 1500 v. Chr., einer alternativen Datierung zufolge um 1600 v. Chr. Die Verwüstung Kretas scheint jedoch erst um 1450 v. Chr. eingesetzt zu haben. Der Vulkanausbruch, mit dem Druckwellen und Springfluten einhergegangen sein dürften, rief sicherlich auch Zerstörungen auf Kreta hervor. Für die Ereignisse um 1450 v. Chr. scheint jedoch etwas noch Schrecklicheres (die Griechen?) verantwortlich gewesen zu sein. Untersuchungen in Mochlos an der kretischen Küste förderten zahlreiche Häuser zutage, die zeitlich mit den Palästen der SM-Phase zusammenfallen. Eines dieser Häuser datiert in die SM-IB-Periode. Unter dem Fußbodenbelag fand man eine Schicht vulkanischer Asche aus Thera, unter der Asche wiederum Keramik der SM-IA-Epoche. Daraus ist zu schließen, daß die SM-IA- und die SM-IB-Phase strikt voneinander zu trennen sind, zumindest in einigen Regionen der Insel. Die Situation in Mochlos kann als Indiz dafür gelten, daß der Vulkan während der

3.28 Bild einer Priesterin, aus Thera. SB I. Fresko. Athen, Nationalmuseum

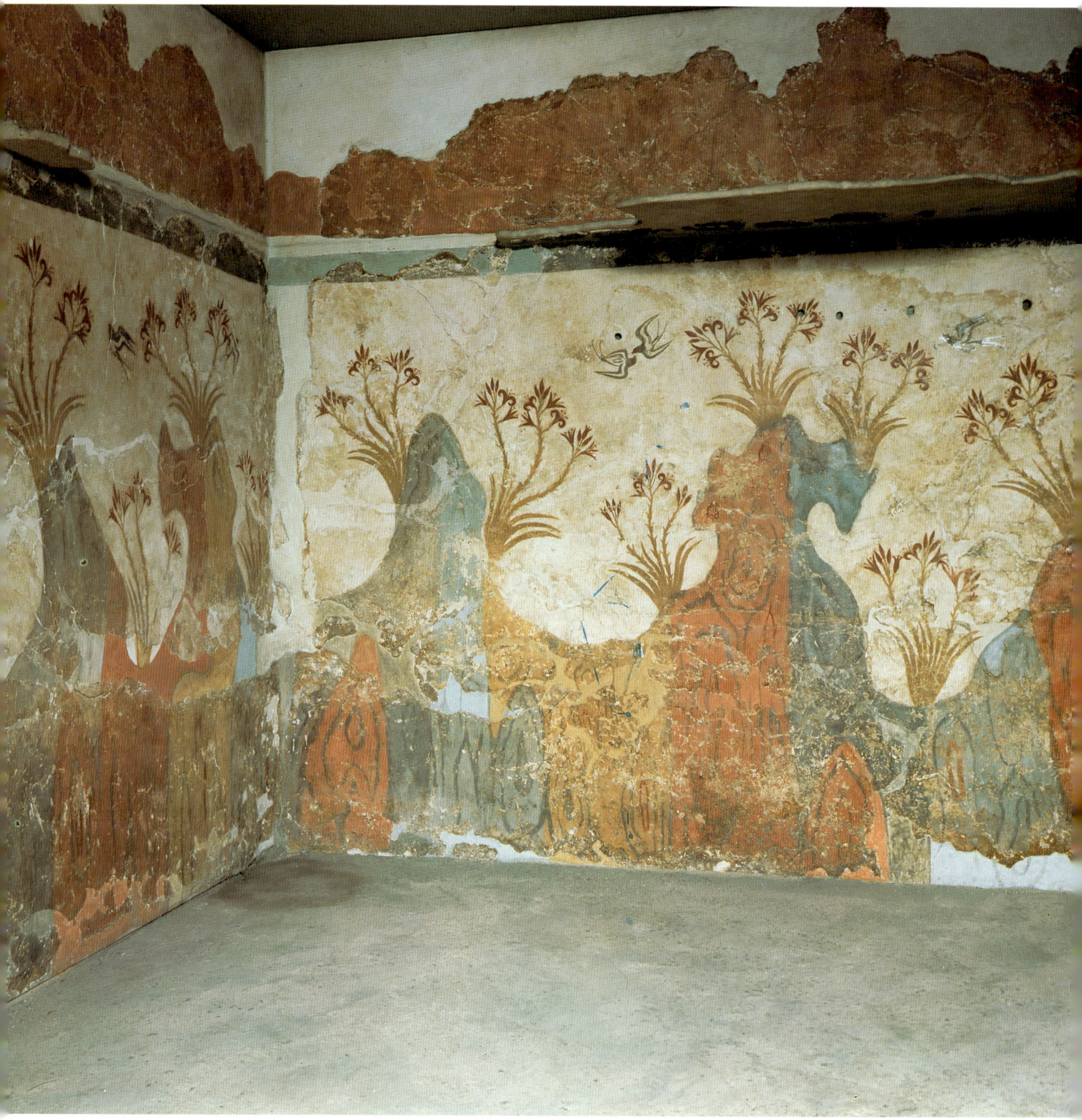

3.29 *gegenüber* Landschaft mit Schwalben, aus Thera. SB I. Fresko. Athen, Nationalmuseum

SM-IA-Periode ausbrach, die Blütezeit auf Kreta jedoch bis in die SM-IB-Ära andauerte.

MELOS: PHYLAKOPI IV

In der Mitte des 15. Jahrhunderts v. Chr. gerieten die Kykladen unter griechischen Einfluß. Die kykladischen Keramikstile gingen in einem einheitlichen mykenischen (SH) Stil unter, der sich im gesamten Mittelmeergebiet durchsetzte. In vielen Städten liegen Hinweise auf die Ankunft der Mykener vor. Die vierte Stadt in Phylakopi auf Melos, die auf den Ruinen der dritten errichtet worden war, besaß einige freistehende Villen und ein dominierendes zentrales Gebäude, das mykenische Charakteristika aufweist: es handelt sich um ein Megaron mit flankierenden Korridoren und einem Vorhof. Dieses Megaron erreichte noch größere Ausmaße als das riesige Gebäude in Phylakopi III. In einigem Abstand befand sich ein kleines Heiligtum. Die Funde daraus sind weitgehend mykenischen Charakters und beinhalten auch die typischen Terrakottafiguren. Die Wehranlage verstärkte man mit einem neuen Mauerring. Wir befinden uns in einem Zeitalter (um 1400–1200 v. Chr.), in dem die mykenische Kultur im gesamten Ägäisraum und noch darüber hinaus spürbar wurde. Zu den ersten, die unter mutterländischen Einfluß gerieten, gehörten die Gemeinden auf den Kykladen.

Das Mutterland

DIE GRÄBERRUNDE IN MYKENE

Den Übergang vom MH- zum SH-Griechenland und damit von der kulturellen Erstarrung zur Kontaktaufnahme mit anderen Gemeinden außerhalb Griechenlands markieren die zwei Gräberrunde in Mykene. Das Rund A entdeckte Schliemann im 19. Jahrhundert, Rund B grub man im Jahre 1952 aus. Beide lagen ursprünglich außerhalb der Burgmauer. Rund A (Abb. 3.30) wurde im 13. Jahrhundert v. Chr. in die Befestigung miteinbezogen, als man den Mauerring erweiterte. Einige wenige Gräber in Rund B datieren früher als die königlichen Schachtgräber in Rund A, doch die meisten wurden gleichzeitig angelegt. Insgesamt decken sie die Periode von ungefähr 1650 bis 1450 v. Chr. ab.

Fast alle Bestattungen in diesen Runden sind nach dem Prinzip des Kisten- oder Schachtgrabes angelegt. Als Kistengrab bezeichnet man ein flaches rechteckiges Grab, das von vier Steinplatten eingefaßt ist. Eine fünfte Platte diente als Deckel. Auch das Schachtgrab ist von rechteckiger Gestalt, jedoch wesentlich tiefer. Die Sohle ist mit Kieseln bedeckt. Die Wandungen stützen Bruchsteinmauern ab. Oberirdisch angelegte Schaldächer verschlossen die Schächte.

Die Gräber im Rund A sind von einer doppelten Mauerschale aus Kalksteinblöcken mit eingeschobenen Bruchsteinen umgeben, die nach oben hin flache Platten abdecken. Die Umfassung des Runds B besteht ausschließlich aus Bruchsteinen. Aufrechtstehende, rechteckige, teilweise reliefierte Kalksteinblöcke, die sog. *Stelai* (Singular: Stele), zeigten in beiden Anlagen die einzelnen Gräber an. Das Grabrund B, das ungefähr 130 m westlich des Löwentores, dem Haupteingang in die Zitadelle des 13. Jahrhunderts v. Chr., plaziert ist, beinhaltet 24 Gräber, darunter 14 Schachtgräber und ein steinernes Kuppelgrab.

3.30 Rekonstruktion des Gräberrunds A von Mykene, um 1250 v. Chr.

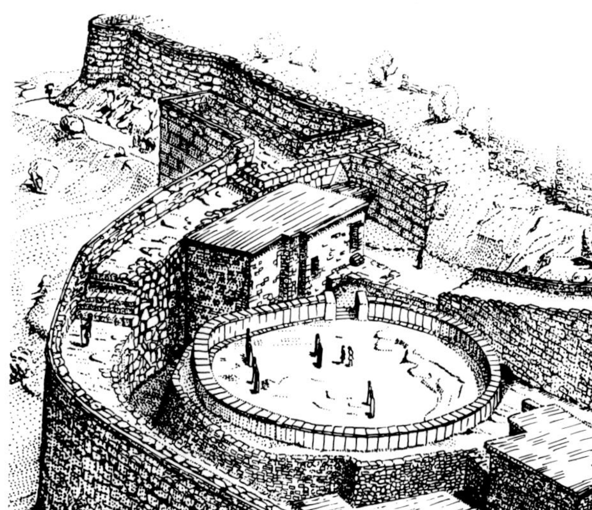

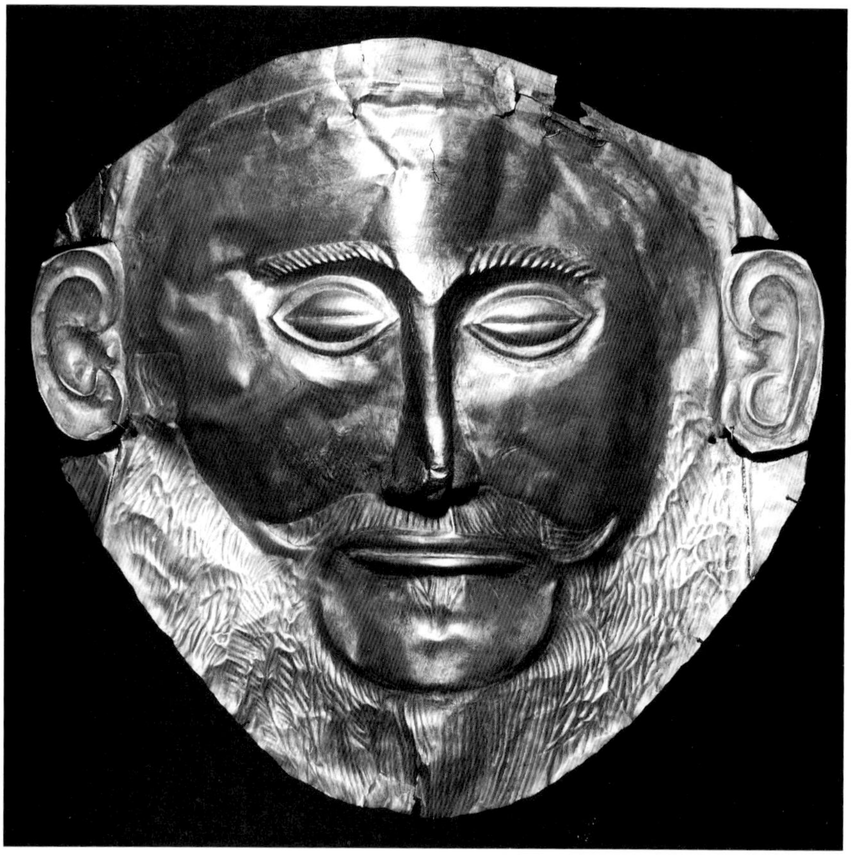

3.31 *links* Maske, aus dem Schachtgrab V in Mykene.
SH I. Gold. Höhe 26 cm. Athen, Nationalmuseum

3.32 *unten* Siegelringe, aus dem Schachtgrab IV in Mykene.
SH I. Gold. Durchmesser 3,5 cm. Athen, Nationalmuseum

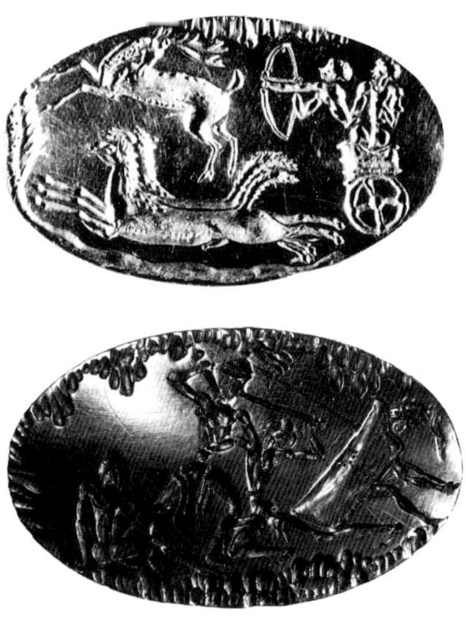

Das Grabrund A umfaßt sechs Schachtgräber. Das größte, Grab IV, erreicht eine Länge von 6,5 m und eine Breite von 4,1 m. Insgesamt hatte man in diesen Gräbern 19 Verstorbene bestattet, zwei bis fünf in jedem Schacht, gleichermaßen Männer, Frauen und Kinder. Goldmasken (Abb. 3.31), die fast schon einem Porträt nahe kommen, bedeckten die Gesichter der Toten. Zu nennen sind ferner goldene Siegelringe mit Gefechts- und Jagdszenen (Abb. 3.32), ein goldenes löwenkopfförmiges Rhyton, goldene Beschläge einer Holztruhe, goldene Tassen und Goldschmuck jeglicher Art: Ohrringe, Diademe, Anhänger, Armbänder, Fußbänder, Perlen, ausgeschnittene Ornamentplättchen, die an den Totengewändern festgenäht waren. Verzierte Zeremoniendolche (Abb. 3.33) zeigen Jagdszenen, Löwen oder *Nilszenen* (Leben am Fluß). Die Technik scheint aus Syrien übernommen worden zu sein. Nicht unerwähnt bleiben dürfen ein Stierkopf-Rhyton aus Silber mit goldenen Nüstern,

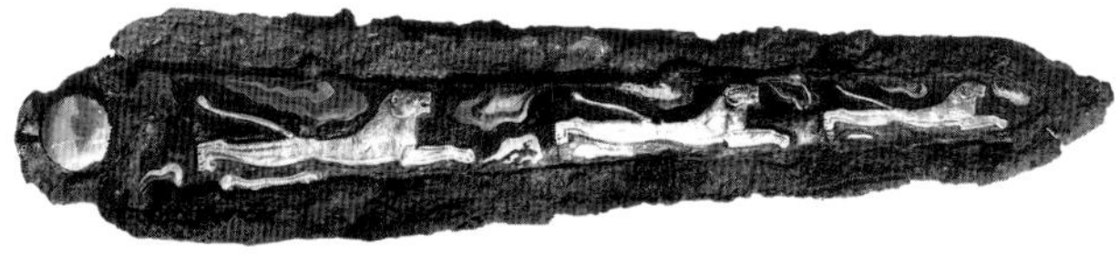

3.33 Dolchklingen, aus den Schachtgräbern IV und V von Mykene. SH I. Bronze mit Gold-, Silber und Schwarzschmelzeinlagen. Länge 16,3, 23,8, 21,4 cm. Athen, Nationalmuseum

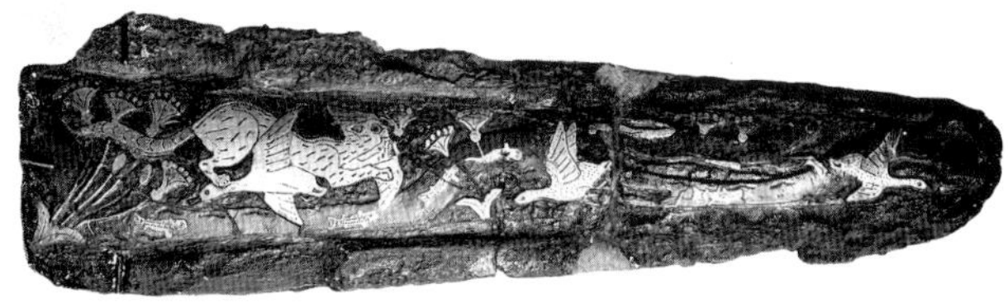

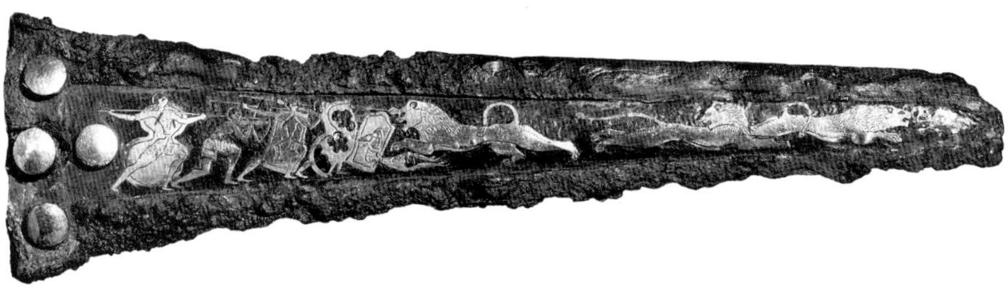

Hörnern und Schmuckrosetten sowie die über 1 m langen Bronzeschwerter.

Der plötzlich wachsende Wohlstand in Mykene scheint unerklärlich. Die Waffen unterstreichen die kriegerische Natur der Mykener, der Reichtum stammte wohl aus Raubzügen oder Handelsgeschäften. Aus der Situation ist nicht unbedingt zu schließen, daß neue Völkerschaften in Griechenland eindrangen, zumal es keine Hinweise dafür in den archäologischen Schichten gibt. Fest steht, daß die Minoer eine gewisse Rolle bei der Herstellung der Artefakte spielten und somit das Leben der Mykener bereicherten. Das Stierkopf-Rhyton zeigt deutlich minoische Einflüsse. Das minoische Motiv des »fliegenden Galopps« taucht sowohl auf einem Zeremoniendolch als auch auf den Möbelbeschlägen auf. Die Löwenjäger auf einem anderen Dolch sind in minoischer Manier glatt rasiert und in der Taille scharf abgesetzt. Doch gibt es auch Elemente, die nicht dem minoischen Kulturkreis entstammen: die Totenmasken, die Gefechts- und Jagdszenen und die mutterländischen Vasenformen. Vielleicht exportierten die minoischen Handwerker ihre Erzeugnisse auf den neuen Markt in Mykene, oder sie fertigten für die Mykener Auftragsarbeiten nach deren Objektbeschreibungen und Dekorwünschen an und bildeten mykenische Lehrlinge aus.

Die Keramik aus den Grabrunden reicht bis zur minyschen Ware und der matt bemalten Ware aus der MH-Periode zurück. Während der SH-I-II-Zeit überfluteten kretische Gefäßformen und Ornamente den griechischen Raum. Die üppigen naturalistischen Motive der SM-IA- und IB-Periode scheinen durch den Export jedoch an Vitalität verloren zu haben (Abb. 3.34). Derartig bemalte Gefäße wurden auch aus den Schachtgräbern geborgen was darauf hinweist, daß minoische Vasenmaler auch in Griechenland arbeiteten.

Als Merkmale dieser Phase der SH-Kultur sind zwei Punkte festzuhalten: die Kontinuität seit der MH-Zeit und die Verschmelzung fremden und mutterländischen Gedankenguts in Kunst und Handwerk. Als drittes sei auf das klar definierte Erscheinungsbild der Gesellschaftsschichten hingewiesen. Die Elite bewies einen Hang zu persönlichem Reichtum, Körperkult und Kriegswesen.

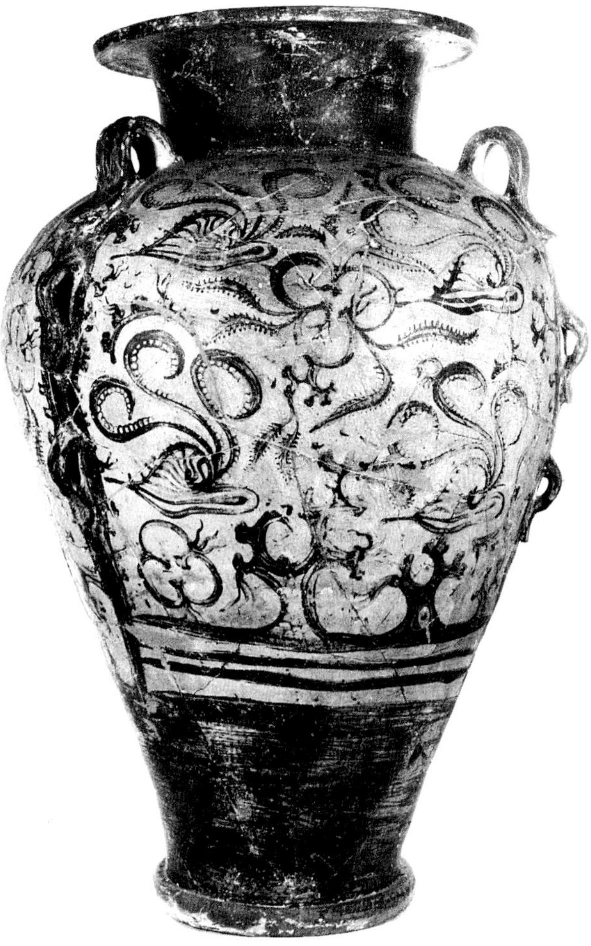

3.34 Dreihenklige Amphora mit Meeresornamentik in den Bildfeldern, aus Kakovatos. SH II. Höhe 78 cm. Athen, Nationalmuseum

ARCHITEKTUR UND WANDMALEREI

Obwohl sich nur wenige Reste der Wohnbebauung aus der Periode um 1550–1400 v. Chr. erhalten haben, beweisen Keramikfunde, daß die Wohnstadt weit verstreut und dicht besiedelt gewesen sein muß. Die Eroberung von Knossos durch die Mykener um 1450 v. Chr. ist ebenfalls als Indiz für die Populationsdichte und ihre Macht zu werten.

Mykene Mykene (Abb. 3.35) beherrschte die Ebene von Argos. Die massive Burganlage schützte nicht nur den Palast, sondern auch Wohnhäuser. Der größte Teil der Stadt lag jedoch außerhalb der Wehranlage (Abb. 3.36), die ursprünglich auch das Löwentor und die Nordostsektion aussparte. Das Tor integrierte man um 1250 v. Chr., als die Mauer bis über das Gräberrund A hinaus erweitert wurde. 50 Jahre später wurde auch der Nordostbereich einbezogen, um die Wasserversorgung zu sichern. Die fast 6 m dicke Mauer, die man teilweise aus nur grob geglätteten, doch fugendicht verlegten kyklopischen Steinbrocken (die Blöcke sind so gewaltig, daß man annahm, nur der Gigant Kyklops sei in der Lage, sie zu bewegen!), teilweise aus Quadern errichtet hatte, ist dem Gelände angepaßt. Das Löwentor sicherte den Haupteingang der Zitadelle. 14 m davor befand sich eine Bastion, von der aus der ankommende Feind angegriffen werden konnte. Das Tor selbst ist aus vier massiven Blöcken zusammengefügt, einer Schwelle, dem *Sturz* und den Torpfosten. Vom Sturz allein wird behauptet, er wiege um die 20 t. Auf ihm sitzt ein dünner (70 cm tiefer) dreieckiger Block mit einem Löwenrelief. Den Hohlraum hinter der dreieckigen Platte (Abb. 0.12, S. 20) nennt man *Entlastungsdreieck*, da er den Sturz von unnötigem Gewicht befreit. An beiden Seiten schließt Mauerwerk aus großen Quadern an. Die nördlich gelegene schmale *Ausfallpforte* wiederholt das Konstruktionsprinzip des Löwentores. Die Mauerverlängerung nach Nordosten schützt einen unterirdischen Gang, der erst in der Mauer, dann im gewachsenen Kalkstein im Zick-Zack-Kurs zu einer unterirdischen Zisterne führt.

Den Palast hatte man auf der Hügelspitze plaziert. Er ist mit seinem rechteckigen Grundriß und dem Eingang in der Achse einer der Schmalseiten ein gutes Beispiel für ein mutterländisches Megaron. Zu betreten war die Anlage über eine zweisäulige Vorhalle *in antis* (das heißt zwischen den Anten, den breiten Enden der Mauern). Durch diese gelangte man in ein Vestibül und schließlich in einen großen Raum, der mit einem Thron, einem Herd und Säulen ausgestattet war. An der Nordseite führte ein Korridor an das Gebäude heran. Zu erreichen war es jedoch auch direkt über den Vorhof oder über eine Treppe im Südwesten. Die Parallelen zu Homers Beschreibung der Heroenpaläste sind nicht zu übersehen. Die von ihm erwähnten Raumelemente »Aithousa«, »Prodomos« und »Do-

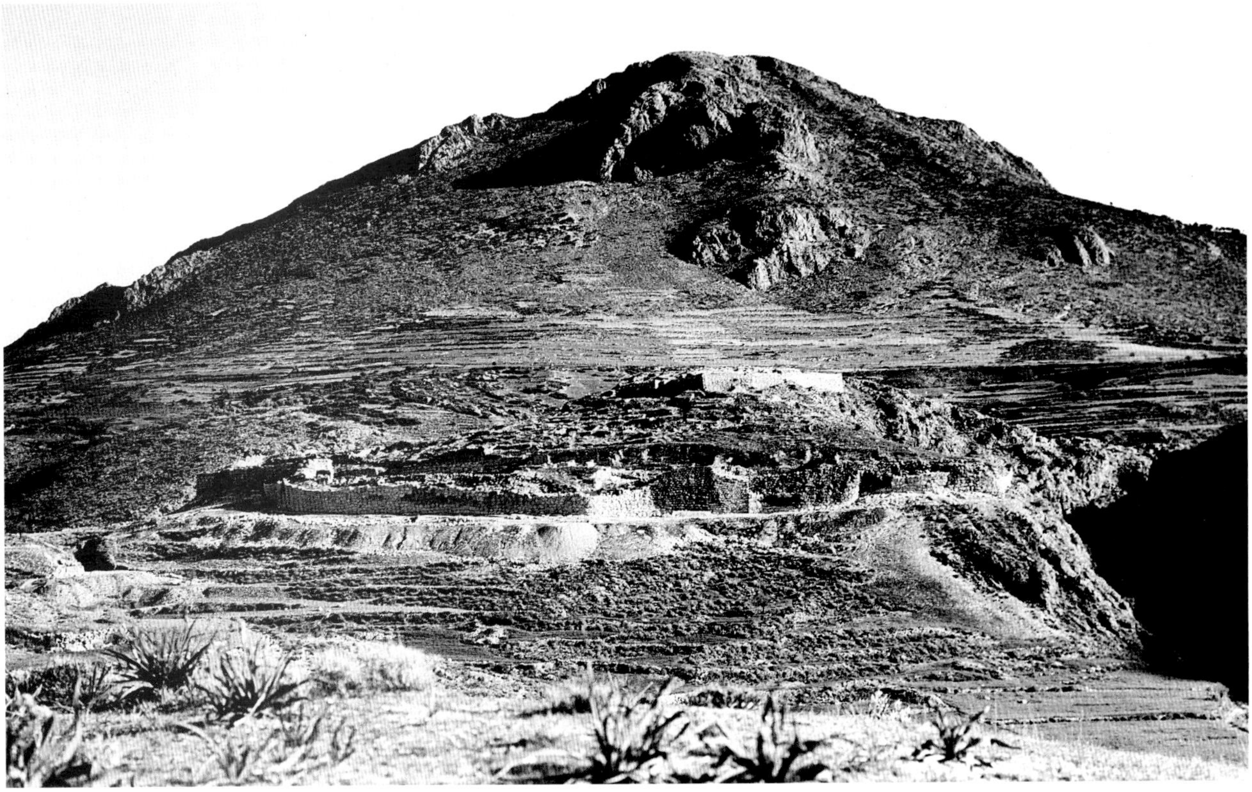

mos« können mit der Vorhalle, dem Vestibül und dem Thronsaal gleichgesetzt werden. Die Unterschiede zwischen den minoischen und den mykenischen Anlagen könnten jedoch nicht deutlicher sein: Der minoische Typ ließ sich durch die Pfeiler-Tür-Konstruktionen problemlos in der Größe dem Zweck anpassen, stets wurde auf eine ausreichende Beleuchtung und Belüftung geachtet. Der mykenische Typ hingegen war nicht wandelbar, in ihm stand Wärme vor guter Belüftung.

Am Berghang außerhalb des Palastes, jedoch noch innerhalb der Wehranlage, konnte das sakrale Zentrum lokalisiert werden. Es handelte sich hierbei um einen Kultraum mit einem Treppenhaus, Säulen und mehreren Podien. Auf einem der Podien entdeckte man eine weibliche, über 60 cm hohe Terrakottastatuette. Sechs weitere weibliche Idole sowie eine zusammengerollte Schlange aus Ton konnten in der anschließenden Kammer geborgen werden. Diesen Nebenraum zierten Wandfresken. Auf einem Bild ist eine elegante, halblebensgroße Frau zu sehen, die einen

3.35 Die Burg von Mykene von Süden

3.36 Plan der Burg von Mykene, 13. Jh. v. Chr.

1	Löwentor	7	Häuser
2	Ausfallpforte	8	Palast
3	Zugang zur Zisterne	9	Griechischer Tempel der spätgeometrischen Periode
4	Nordostsektion		
5	Gräberrund A		
6	Rampe zum Palast		

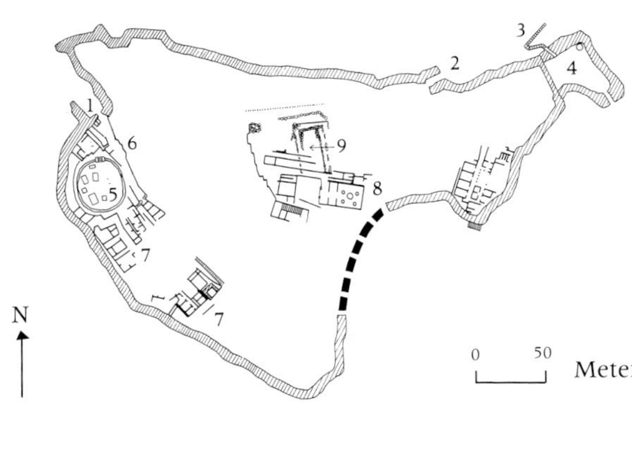

Gegenstand in der Hand hält, der als Weizengarbe gedeutet wird. Auch die anderen Wände zeigen menschliche Figuren sowie einen Fries aus massiven Scheiben unter »heiligen Hörnern«. Der dritte Raum besaß einen L-förmigen Grundriß. In einem Flügel hatte man Vorratsgefäße untergebracht, die in die SH-III-B-Periode datieren, ferner Elfenbeinarbeiten. In der anderen Raumhälfte befand sich ein Heiligtum mit einem figürlich bemalten Podium. Wie in den kretischen Palästen, so war es auch in Mykene nicht üblich, religiöse Stätten an exponierten, gut sichtbaren Orten anzulegen.

Den Herren von Mykene war es offensichtlich ein Anliegen, den Glanz und Ruhm ihres Lebens auch in die Gräber mitzunehmen. Dies führte zur Entwicklung eines neuen Grabtyps, einer konischen Kammer, die unter der Bezeichnung Bienenkorb-Grab oder Tholos bekannt ist. Erstmals errichtete man derartige Strukturen in der Mitte des 16. Jahrhunderts v. Chr. in der westlichen Peloponnes. Ab 1500 v. Chr. sind sie auch in Mykene belegt. Die Herkunft der Form bleibt im Dunkeln. Einige Forscher behaupten, sie stelle eine Weiterentwicklung der kretischen Rundgräber aus dem 3. Jahrtausend v. Chr. dar. Andere sind der Ansicht, die Tholoi seien eine Umsetzung der heimischen Kammergräber in eine dauerhaftere Form. Kürzlich wurde vorgeschlagen, die Kuppel als verkleinerte Darstellung des Himmelsgewölbes über den Bestattungen zu sehen.

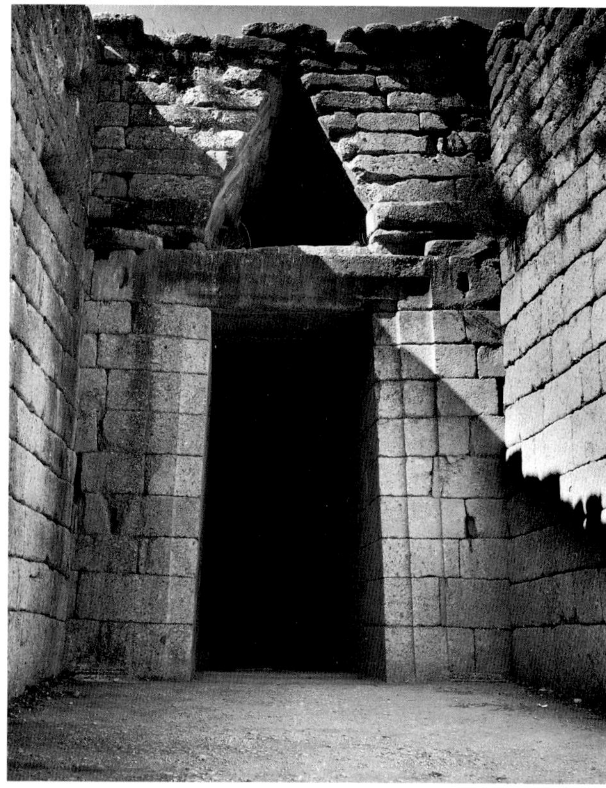

3.38 Schatzhaus des Atreus, Mykene. Eingangsweg, Tür und Entlastungsdreieck von Osten. SH III B

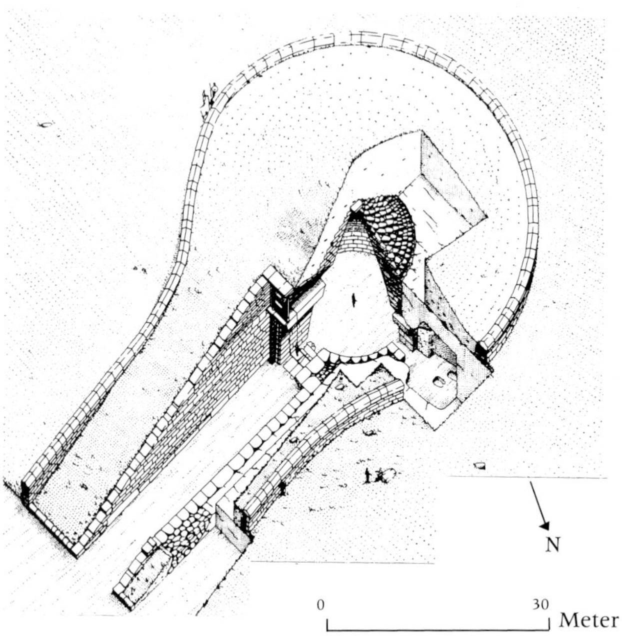

3.37 Isometrischer Plan des Schatzhauses des Atreus, Mykene. Um 1250 v. Chr.

In Mykene sind neun Tholoi bekannt, von denen das mißverständlich als »Schatzhaus des Atreus« titulierte am besten erhalten ist (Abb. 3.37). Errichtet wurde es um 1250 v. Chr. an einem Hügelabhang. Zugänglich ist die Anlage über einen 35 m langen und 6 m breiten Gang, den man in den Felsen geschnitten und mit Quadern verkleidet hatte (Abb. 3.38). Die fast 5 m hohe, sich nach oben verjüngende Tür mündet in einen Korridor, den die beiden Sturzblöcke überdachen. Anschließend gelangt man in den überkuppelten Innenraum. Das Entlastungsdreieck befreit den Sturz von dem gi-

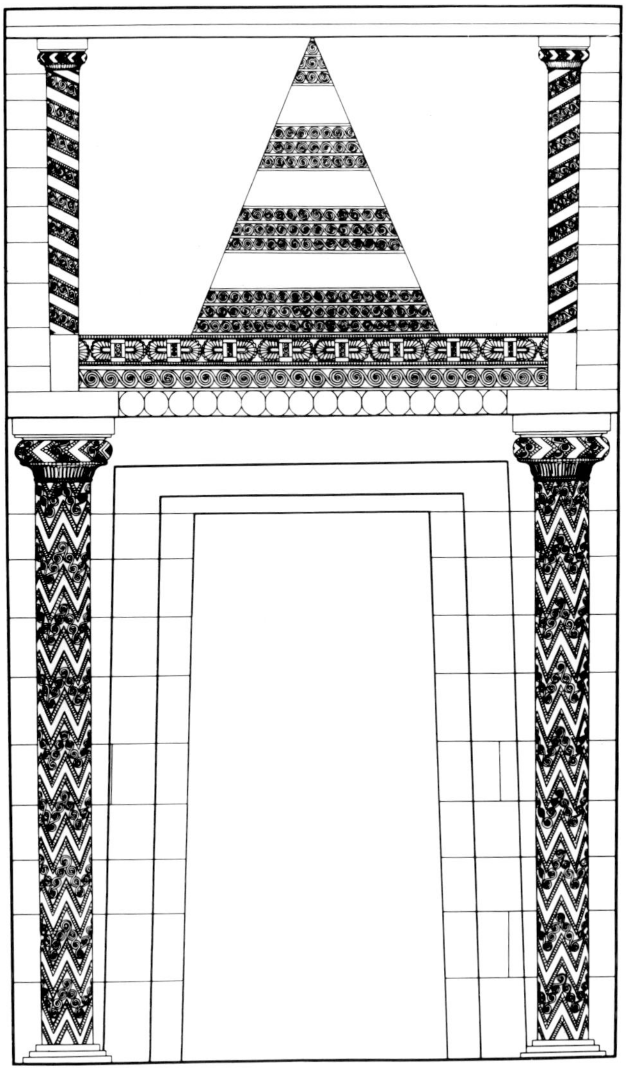

3.39 Fassade des Schatzhauses des Atreus, Mykene. Um 1250 v. Chr.

gantischen Gewicht des aufgehenden Mauerwerks. Der Innenraum hat einen Durchmesser von 14,5 m und eine Höhe von 13,2 m. Das Kuppeldach hatte man aus geschnittenen Quadern gefertigt. Die unteren Scharen schlossen an den bearbeiteten Fels an, die oberen ragten aus dem antiken Laufhorizont heraus und waren mit Erde abgedeckt.

Vor der Fassade erhoben sich Halbsäulen, die gegenüber der Mauer nach vorne sprangen, oben ein Paar in rotem, darunter größere in grünem Marmor (Abb. 3.39). In die unteren hatte man minoische Zickzackleisten und Spiralmuster eingraviert. Sie trugen Kapitelle. Die Fassade erinnert an die Nordfassade des Haupthofes in Phaistos (Abb. 3.8, S. 71). Die funktionale, schwere mykenische Steinarchitektur kontrastiert jedoch deutlich mit dem Ornamentalismus der minoischen Dekorsäulen, deren Aufgabe ursprünglich darin bestand, Höfe und Säle abzugrenzen. Hier wurden sie jedoch zwanglos als dekoratives Stützwerk der Fassade des mykenischen Grabes angegliedert. Dies führt einen weiteren großen Unterschied zwischen der mykenischen und der minoischen Architektur vor Augen. Die Mykener bevorzugten eine Form, die als *megalithische* Inbesitznahme des Raumes durch massive, unregelmäßig geformte Blöcke verstanden und als beinahe megalomane Ummauerung ihrer Gräber bezeichnet werden kann. Die Minoer hingegen nutzten den Raum flexibel in ihren nicht befestigten, nach außen beliebig erweiterbaren, im Inneren oft labyrinthartig gegliederten Palästen.

Tiryns Am anderen Ende der Ebene von Argos, gegenüber von Mykene, befindet sich die Burg von Tiryns (Abb. 3.40). Errichtet wurde sie in der Nähe des Meeres an einem geographisch wenig bedeutsamen Platz. Die von einem runden, 700 m langen Mauerring umgebene Burg dehnt sich auf einer Fläche von ungefähr 2 ha Größe aus.

Die erhaltenen Reste der kyklopischen Burgmauer datieren ins 13. Jahrhundert v. Chr. Innerhalb der Burg, in der niedriger gelegenen Nordzitadelle, förderte man bei Ausgrabungen einige beachtliche Baustrukturen aus der SH-III B-Periode zutage, unter anderem mehrere Heiligtümer und die Eingänge zu zwei unterirdischen Zisternen. Wie in Mykene, so war auch hier die Wasserversorgung der wunde Punkt der Vertei-

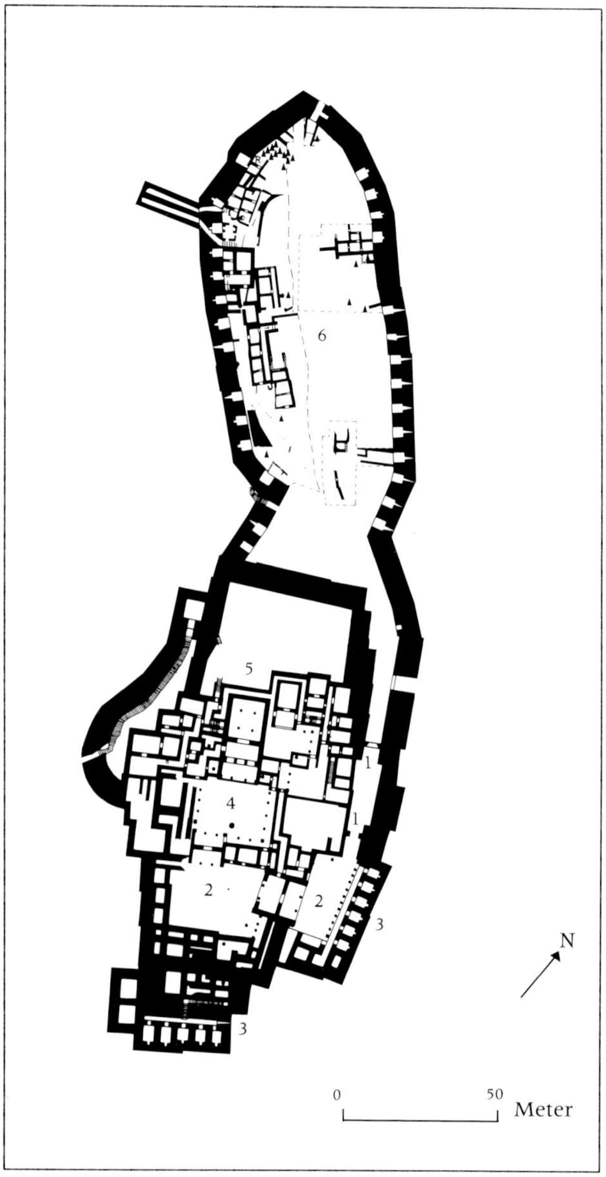

3.40 Plan der Burg von Tiryns. 13.–14. Jh. v. Chr.
1 Tore
2 Propyla
3 Bogengalerien
4 Hof
5 Megaron
6 Unterstadt

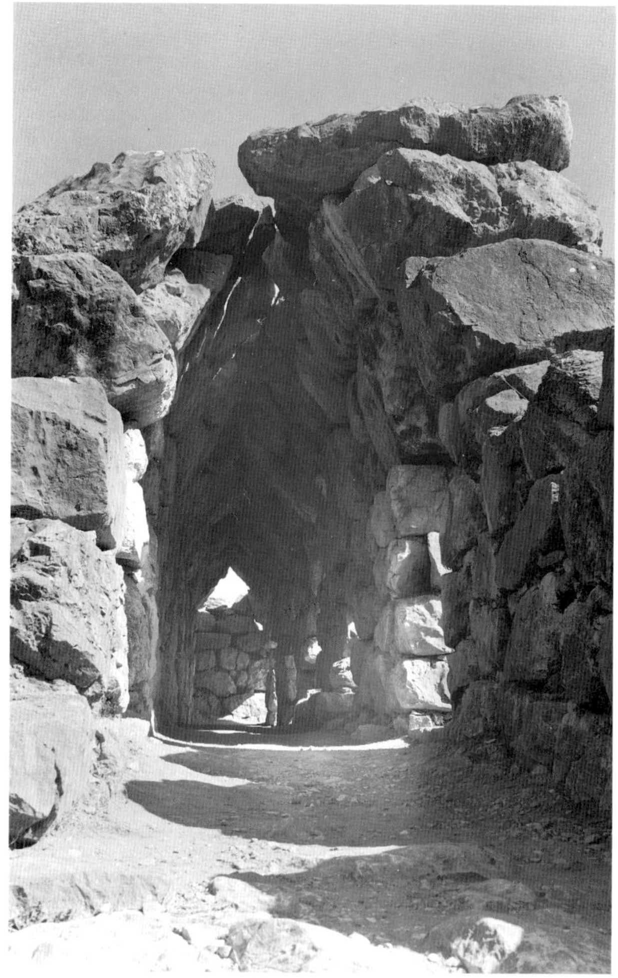

3.41 Tiryns, Bogengalerie in der Südostbastion der Burgmauer. SH IIIB

digung. Über einen geschlängelten Weg konnte man das gut erhaltene Megaron aus dem 13. Jahrhundert v. Chr. an der Südseite der Anlage erreichen. Neben dem dreiteiligen Megaron befand sich ein zweites, kleineres. Die Baumeister liebten offensichtlich die Verdoppelung: Festzustellen sind auch zwei Tore mit schmalen Durchgängen sowie zwei weitere *Propyla* (Singular Propylon), monumentale, gesäulte Torbauten, die die drei Höfe miteinander verbanden. Bogengalerien (Abb. 3.41) stützten Bastionen und Mauern. Vor dem Megaron öffnete sich ein großer, von Portiken umgebener Hof. Die Hallenwände zierten Wandmalereien. Tiryns tritt uns als gutes Beispiel mykenischer Militärarchitektur entgegen. Zu der Anlage gehörten ein großes, angemessen geschmücktes Megaron mit Nebenräumen, weitläufigen, säulenbegrenzten Höfen und monumentalen Torbauten. Alles ist systematisch angeordnet vor dem Rückenschild der kyklopischen Galerien, Bastionen und Mauern.

Pylos Der Palast von Pylos in der südlichen Peloponnes erscheint im Vergleich dazu ländlich. Innerhalb eines Jahrhunderts, um 1300-1200 v. Chr., wurde er ohne Wehrmauer errichtet und wieder zerstört. Nachgewiesen ist ein Megaron mit einem vorgesetzten Hof und einer einsäuligen Eingangshalle (Abb. 3.42). Neben dem Eingang befand sich ein Archiv, in dem man Linear-B-Tafeln entdeckte. Den Baubeginn markiert das Wohnquartier im Westen. In einer unabhängigen Baustruktur im Osten befand sich ein Heiligtum, ferner ein Unterstand für Wagen, Rüstungen und Waffen. Die Wände zog man aus Bruchsteinen im hölzernen Rahmenwerk hoch. Holz diente auch als Decken- und Säulenmaterial, während die Außenwände und die tragenden Ecken aus Kalksteinblöcken gefertigt wurden. Die Böden weisen einen Stucküberzug auf, der stellenweise mit abstrakten Mustern bemalt war. Auch die Innenwände waren stuckiert und bemalt. Aus Pylos stammen die meisten Informationen zur mykenischen Wandmalerei.

Die Freskenmaler lehnten sich in ihrem Motivschatz an minoische Vorbilder an, wie etwa an die Prozessionszüge, Architekturfassaden, Szenen bei Hof, mythologischen Fabelwesen (Abb. 3.34), Musikanten und sogar Stierspringer. Doch erscheinen die Figuren starrer und bewegungsloser. Dies steht in Einklang mit den minoischen Vasenbildern, die gleichzeitig eine entsprechende Abwandlung erfuhren. Einige Szenen dürfen jedoch ausschließlich auf den mykenischen Geschmack zurückgeführt werden, so etwa die Jagd- und Kampfszenen (Abb. 3.44). Parallelen hierzu lassen sich auf Kreta nicht feststellen, für die mykenische Kunst jedoch sind sie charakteristisch.

Zerstörung um 1200 v. Chr. Der Herrscher von Pylos sollte es bedauern, seine Residenz nicht befestigt zu haben. Bald nach 1200 v. Chr. wurde der Palast durch Feuer und Krieg völlig zerstört. Die Einwohner von Mykene und Tiryns hatten mehr Glück; wie Ausgrabungen zeigten, beschädigte ein Erdbeben ihre Burgen schwer, sie konnten jedoch weiter genutzt werden. In beiden Stätten konnten weitläufige Wiederaufbau- und Wiederbesiedelungsmaßnahmen nachgewiesen werden. Es scheint aber, als sei an die Stelle der Palast-

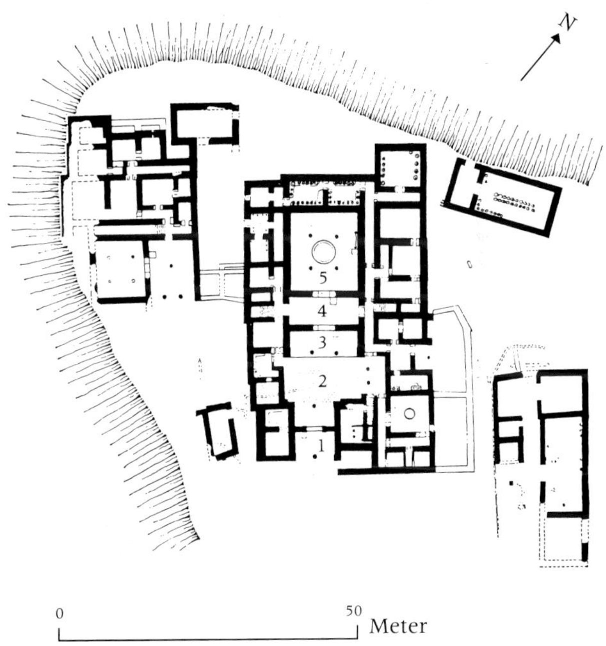

3.42 Grundriß des Palastes von Pylos. 13. Jh. v. Chr.
1 Propylon
2 Hof
3 Vorhalle
4 Vestibül
5 Saal

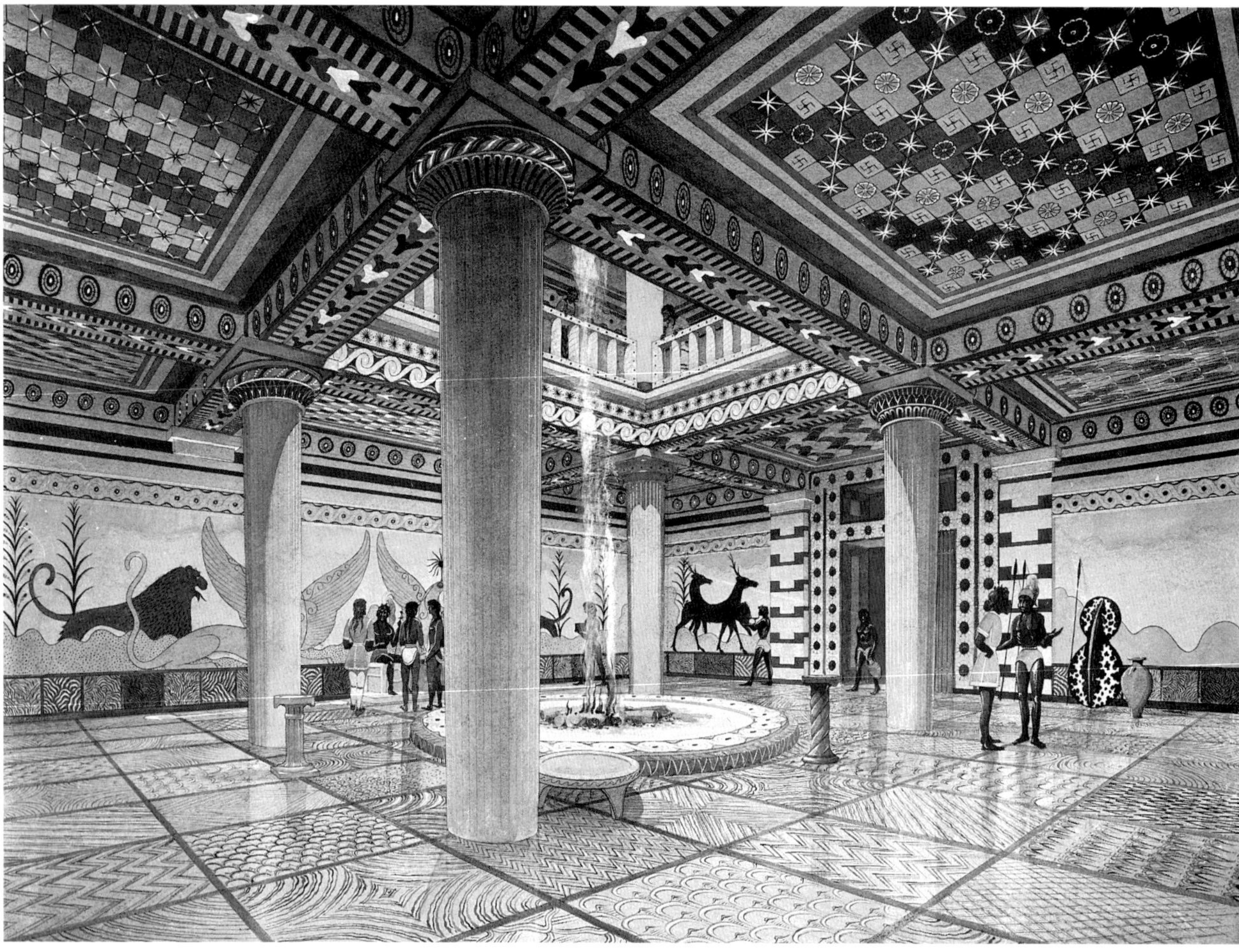

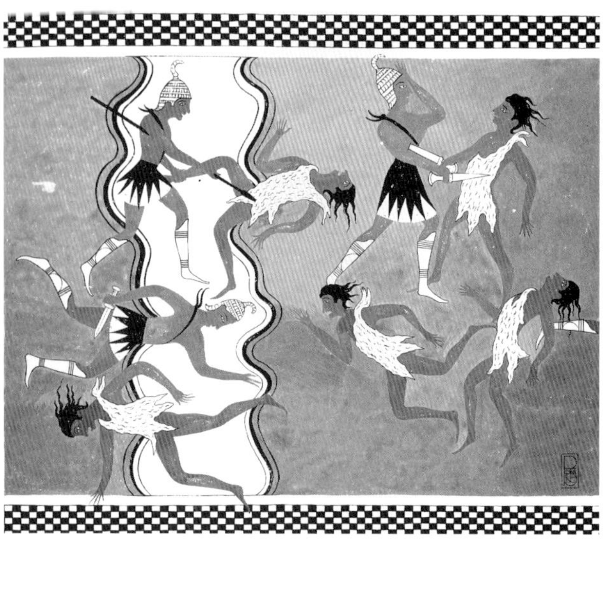

3.43 *oben* Palast von Pylos. Rekonstruktion der Halle im Megaron mit Säulen, Herdstelle und Thron. 13. Jh. v. Chr.

3.44 *links* Rekonstruiertes Wandbild mit Kriegern, aus Pylos. SH IIIB

verwaltungen eine neue politische Ordnung getreten, die die Verhältnisse im 12. Jahrhundert prägte. Viele andere Siedlungen, wie Dendra und Theben, machte man dem Erdboden gleich, andere, wie Eutresis, wurden verlassen.

PLASTIK UND KERAMIK

Plastik In den Grabrunden A und B zeigten Stelai (Abb. 3.30, S. 87) die genaue Lage der Schachtgräber an. Manche von ihnen waren mit Reliefs ausgestattet. Die dargestellten Bildthemen entstammen dem typisch mykenischen Repertoire (Jagd, Kriegsgeschehen) und spiegeln wohl den bevorzugten Zeitvertreib der Verstorbenen wider.

Das eindrucksvollste Beispiel mykenischer Bildhauertätigkeit stellt das berühmte, 3 m hohe und um 1250 v. Chr. geschaffene Relief am Löwentor dar (Abb. 0.12, S. 20). Es zeigt zwei Löwen oder Löwinnen in Profilansicht, die heraldisch auf den beiden Seiten einer Säule mit verkürztem *Gebälk* (die horizontalen Stützen des Gebäudegerüsts) angeordnet sind. Säule und Vorderpfoten der Tiere stehen auf minoischen Altären. Die Löwenköpfe, die man separat aus einem kostbareren Gestein gefertigt und mit Dübeln befestigt hatte, sind inzwischen verloren. Vergleichbare Szenen findet man auf minoischen Gemmen und Siegeln. Bei den Löwen handelt es sich jedoch um ein mutterländisches Bildmotiv; die Vergrößerung in die Dimensionen des Löwentors spricht für einen mykenischen Künstler. Kretische Funde, die die erfolgreiche Verbindung von Architektur und Skulptur erstmals in der griechisch-mutterländischen Kunst – wie etwa am Löwentor – widerlegen könnten, gibt es nicht.

In einem Heiligtum auf der Insel Keos nahe der attischen Küste fand man Fragmente zahlreicher (ca. 50) weiblicher Terrakottastatuen, die in ihrer Höhe zwischen 70 cm und annähernd Lebensgröße (Abb. 3.45) variieren. Farbspuren auf der Oberfläche beweisen, daß sie bunt – weiß, rot und gelb – bemalt waren. Einige mögen bis in die frühe MB zurückdatieren, andere erst ins 15. Jahrhundert v. Chr. Die meisten tragen einen glatten Rock und einen schweren Gürtel, die Brüste sind bedeckt. Proportionen, Formen und Tracht erinnern aber an ihre minoischen Gegenstücke. Ähnlich gekleidete und proportionierte Figuren begegneten uns auch auf den

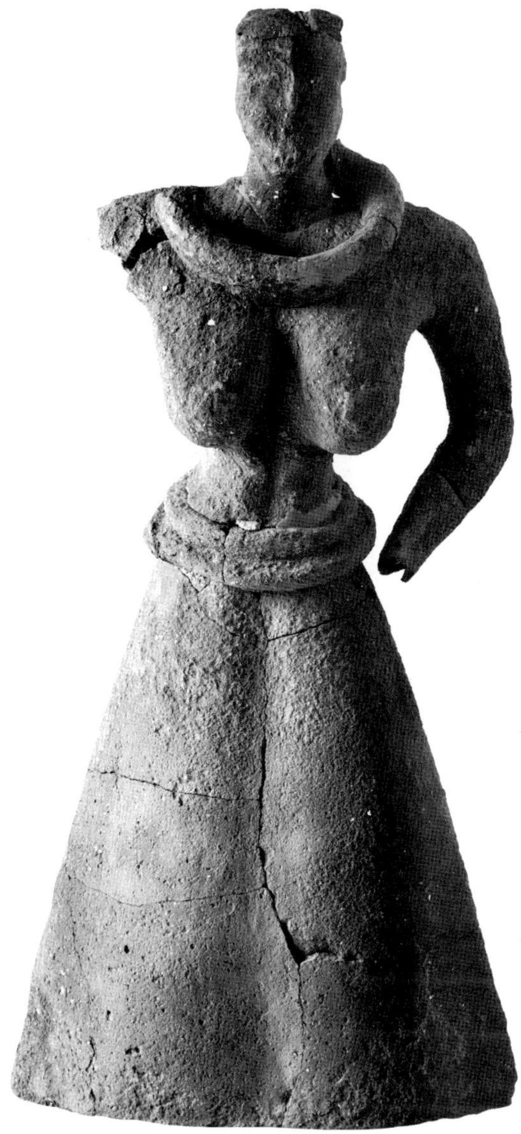

3.45 Weibliche Statuette, aus Keos. SH II. Terrakotta. Höhe 99 cm. Keos, Museum. Mit freundlicher Genehmigung der Universität von Cincinnati

mutterländischen Wandmalereien, wie beispielsweise auf jenen aus dem 13. Jahrhundert v. Chr. in Pylos. Das Heiligtum von Keos wurde im 1400 v. Chr. zerstört. Der Kopf einer der Figuren tauchte in einem Dionysosheiligtum auf, das man an derselben Stelle im 8. Jahrhundert v. Chr. errichtet hatte. Die religiöse Funktion des Ortes wurde demnach bis ins

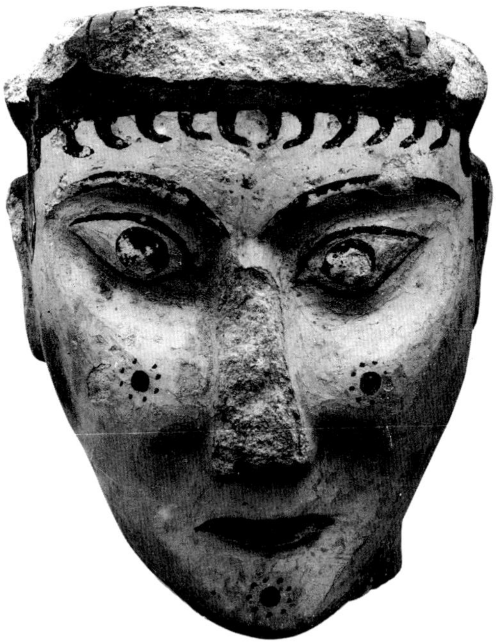

3.46 Weiblicher Kopf, vielleicht einem Sphinx zugehörig, aus Mykene. SH IIIB. Bemalter Gips. Höhe 16,8 cm. Athen, Nationalmuseum

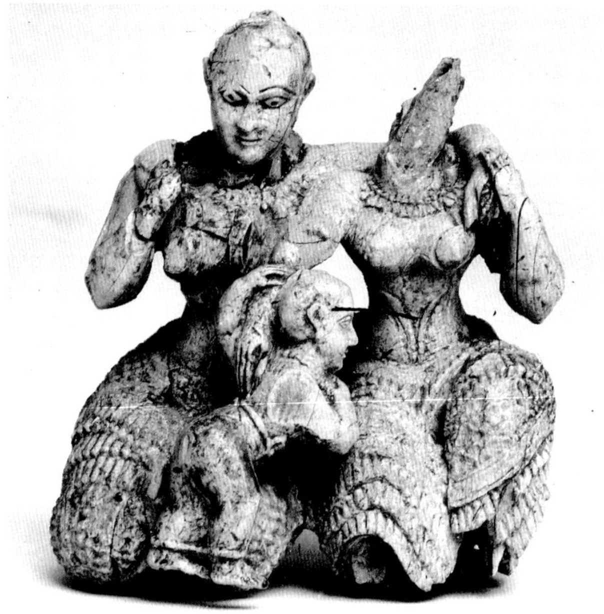

3.47 Zwei Frauen mit Kind, aus Mykene. SH III A/B. Elfenbein. Höhe 7 cm. Athen, Nationalmuseum

Dunkle Zeitalter aufrecht erhalten, und auch das bronzezeitliche Bild wurde weiter verehrt.

Aus Mykene stammt ein bemalter weiblicher Gipskopf, vielleicht einem Sphinx zugehörig (Abb. 3.46), der ins 13. Jahrhundert v. Chr. datiert. Der fast lebensgroße Kopf wurde mit weißer Farbe grundiert und mit Rot und Blau akzentuiert: ein rotes Haarband und rote Lippen, blaue Augen, eine blaue Kopfbedeckung. Schöneitspflästerchen in Form von Rosetten zieren Wangen und Kinn. Die hypnotischen Augen und der verbissene Mund wirken angsteinflößend. Die Terrakotten aus Keos und der Kopf aus Mykene stellen die einzigen großformatigen Rundplastiken dar, die uns überliefert sind.

In der kleinformatigen Kunst zählte Elfenbein zu den beliebtesten Werkstoffen. In Mykene stieß man auf eine Elfenbeingruppe aus dem 14. oder 13. Jahrhundert v. Chr. (Abb. 3.47), die zwei identisch gekleidete, sich umarmende Frauen in einen Mantel gehüllt zeigen. Die beiden kauern auf dem Boden und betrachten ein vor ihnen spielendes Kind. Die vollen, runden Formen erinnern an die Elfenbeinarbeiten aus der Levante. Das Elfenbein stammt möglicherweise von syrischen Elefanten (obwohl man hauptsächlich mit Nilpferdzähnen arbeitete), und auch die Technik mag aus Syrien übernommen worden sein. Die meisten Elfenbeinschnitzereien sind als Relief angelegt und zierten neben Kosmetikbehältern, Spiegelgriffen, Möbelbeschlägen auch andere *Luxusobjekte*. Die gewählten Bildthemen reichen von Sphingen über Greifen und Kampfszenen bis hin zu Kriegern mit Helmen aus Eberzähnen, wie sie auch von Homer beschrieben wurden (*Ilias* 10.261-5).

Ebenfalls in Kleinformat gehalten ist die Bleifigur eines jungen Mannes aus Lakonien (Abb. 3.48), die ins 14. Jahrhundert v. Chr. datiert wird. Tracht und Proportionen sind minoisch, die Gestik mit den horizontal gehaltenen Händen, die detaillierte Behandlung der Gesichtszüge und das spöttische Lächeln wirken jedoch fremdartig.

In der minoischen Kunst gestaltete man die Kontur als ruhelose Arabeske, die für sich selbst und für die qualitativ hochwertige Wiedergabe der Bewegung stand. In der mykenischen Kunst hingegen zählte das Figurenvolumen. Die minoischen

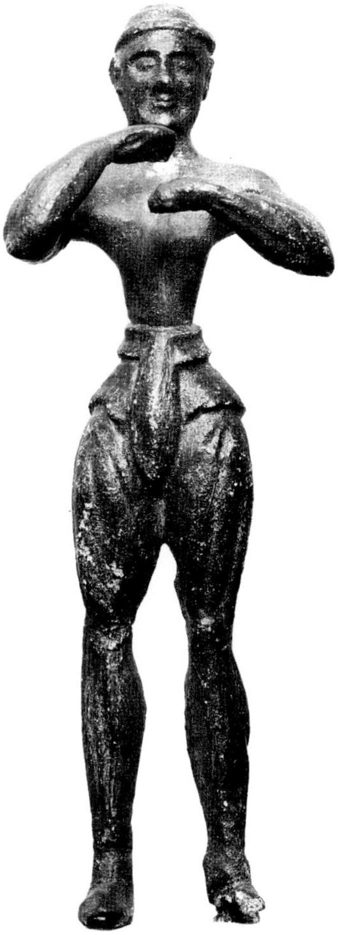

3.48 Statuette eines jungen Mannes, aus Lakonien. SH IIA. Blei. Höhe 12 cm. Athen, Nationalmuseum

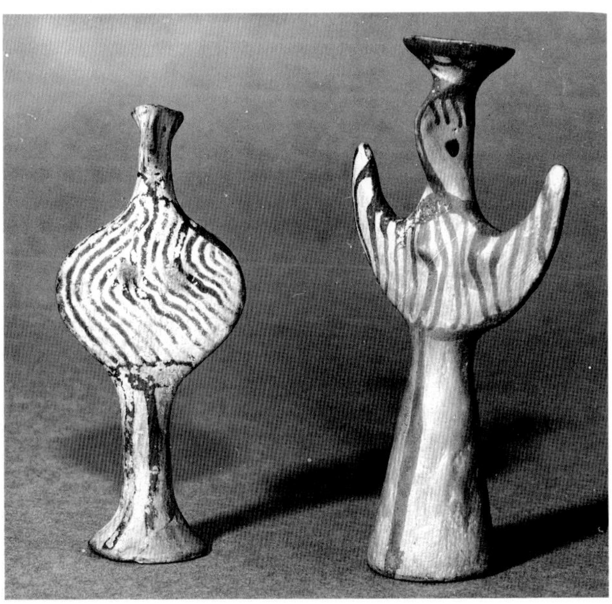

3.49 »Phi« (links)- und »Psi« (rechts)-Figuren, vielleicht aus Melos. SH IIIA. Terrakotta. Höhe 8 cm. London, Britisches Museum

Figuren sind räumlich gedacht, während die mykenischen ihn verkörpern.

Als die bei weitem bekanntesten Beispiele mykenischer Plastik sind die weiblichen Terrakotta-Figuren (Abb. 3.49) aus dem 14. und 13. Jahrhundert v. Chr. anzuführen. Zwischen Süditalien und Syrien wurden sie in allen mykenischen Stätten, in Häusern wie in Gräbern, gefunden. In der Höhe variieren sie zwischen 5 und 13 cm. Festzustellen sind zwei Haupttypen, nach den Buchstaben des griechischen Alphabets, an die sie erinnern, »Psi« und »Phi« genannt. Die Psi-Figuren halten ihre Arme erhoben, die Arme der Phi-Figuren sind hingegen vor dem Körper gesenkt. Auf dem runden oder »mondsichelförmigen« Körper sitzt ein dreieckiger, von einer zylinderförmigen Röhre bekrönter Kopf. Details wie die Gewandung, Haare, Nase und Augen fügte man mit Farbe hinzu; Tonkügelchen symbolisieren die Brüste. Gelegentlich haben die Figuren ein Kind im Arm. Diese hochstilisierten, winzigen, puppenartigen Skulpturen, die sich von zeitgleichen Statuetten aus Elfenbein oder Bronze weit entfernen, können kaum noch als Kunstwerke bezeichnet werden. Minoisches steckt nicht in ihnen, und ihre Beliebtheit macht sie sicher zu einem mykenischen Erzeugnis.

Keramik Die Keramik der SH-IIIA- und -B-Periode (um 1400–1200 v. Chr.) ist bekannt für ihr sparsam aufgetragenes Dekor und die feine Qualität. Technisch zwar ausgereift, fehlt ihr jedoch der ästhetische Anspruch. Die Gefäße exportierte man in den gesamten Mittelmeerraum. Man vereinheitlichte die Gefäßformen und reproduzierte sie endlos; Trinkschalen auf einem massiven Fuß *(Kylikes)* (Abb. 3.50), Deckelkrüge, *Bügelkannen* (Abb. 3.52), benannt nach ihrem bügelartigen Henkel neben der Tülle, *Kratere* (Mischgefäße) und *Alabastra* (Salbgefäße) erfreuten sich großer Beliebtheit. Die Dekoration wiederholt sich: die naturalistischen Motive der SH-II-Produktionen (Abb. 3.34, S. 90), die bereits beschränkt waren, wurden noch steifer und starrer, bis man sie schließlich zu strengen abstrakten Mustern reduzierte. Horizontal aufgetragene Farbstreifen dominieren nun das Dekor. Manchmal nimmt man mit dem Begriff »Musterstil« auf diesen Dekorstil Bezug, er darf jedoch nicht verwechselt werden mit dem Musterstil der kretischen

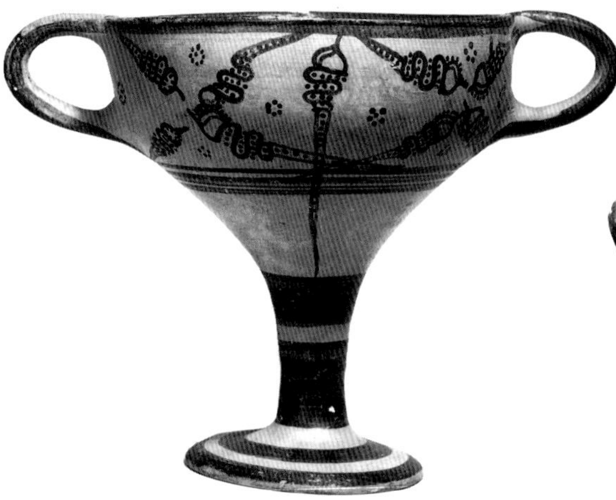

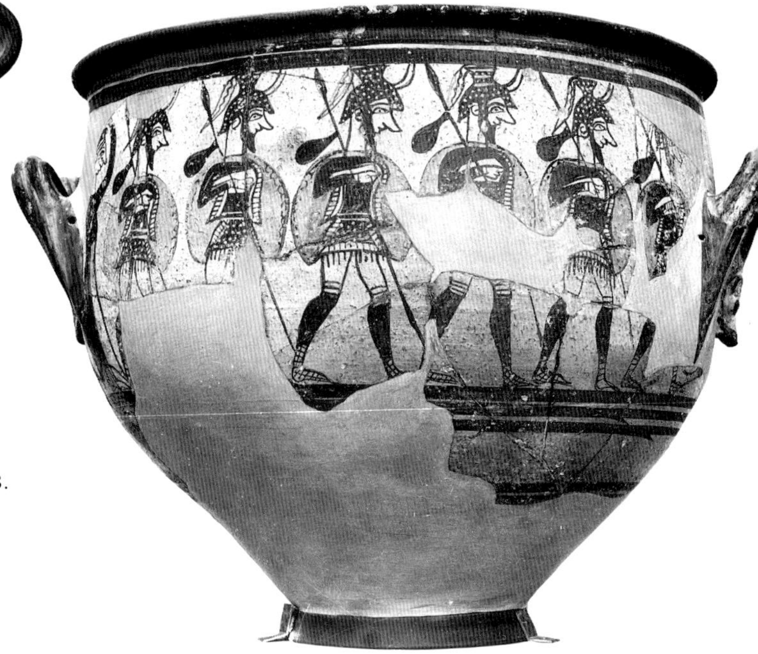

3.50 *oben* Tasse auf hohem Fuß, aus Ialysos. SH III A-B. Höhe 15,5 cm. London, Britisches Museum

3.51 *oben rechts* Kriegervase, aus Mykene. SH III B-C. Höhe 41 cm. Athen, Nationalmuseum

3.52 *unten* Bügelkanne, aus Ägina. SH III A-B. Höhe 20 cm. Oxford, Ashmolean Museum

3.53 *unten rechts* Dreibeiniger Deckelkrug, aus Milet. SH IIIC. Höhe 21 cm. Izmir, Archäologisches Museum

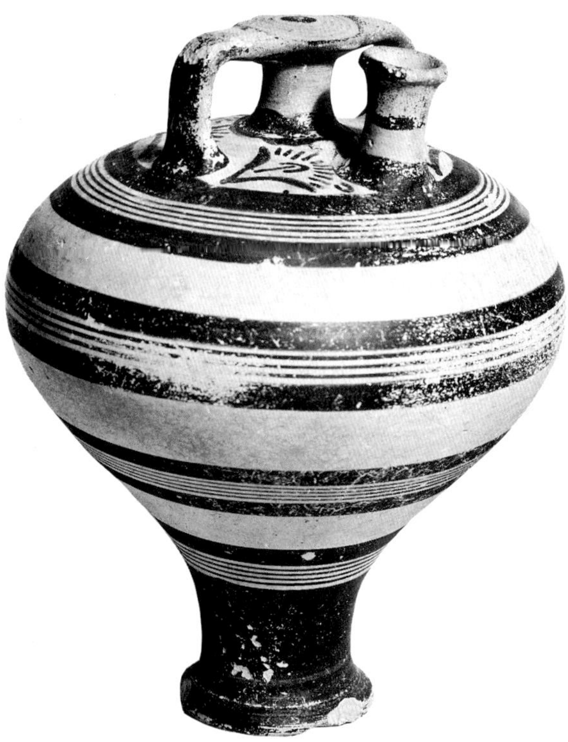

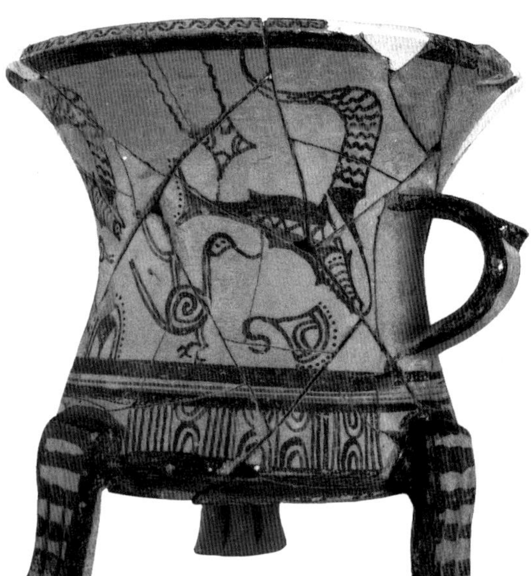

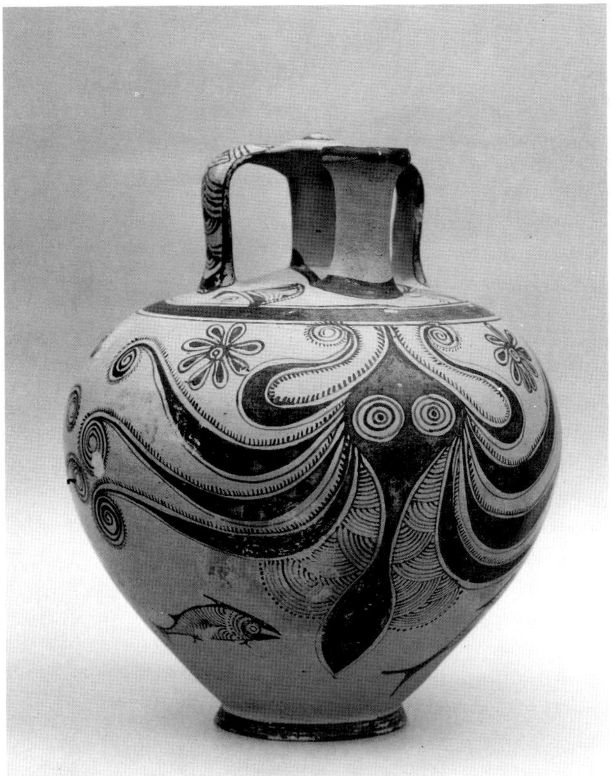

3.54 Bügelkanne. SH IIIC. Höhe 26 cm. New York, Metropolitan Museum of Art, Louisa Eldridge McBurney-Stiftung

Keramik des vorhergehenden Jahrhunderts. Einige Töpfer hatten dennoch den Mut, Kratere mit schematischen Wagenszenen, Pferden und Wagenfahrten zu verzieren, die allerdings häufig von linearen Ornamenten eingezwängt wurden. Andere zeichneten gescheckte Stiere, Wildgänse und mythologische Fabelwesen auf tiefe offene Schüsseln; daher auch die Bezeichnung »Bildstil«. Der Übergang von der SH-IIIB- zur SH-IIIC-Periode (1200–1100 v. Chr.) ist mit der sogenannten Kriegervase erreicht (Abb. 3.51), einem Krater im Bildstil aus Mykene. Dargestellt ist eine Reihe bewaffneter Krieger, die im Gänsemarsch mit düsteren Gesichtern nach rechts marschieren. Auf der linken Seite grüßt eine Frau zum Abschied. Hier wird der Standardisierung von Gefäßformen und Dekorationsmustern während der letzten beiden Jahrhunderte ein Ende gesetzt. Während sich die Formen zur SH-IIIC-Zeit noch nicht ändern, charakterisiert eine Vielfalt an Dekorationssystemen diese Periode, aus denen sich zwei Stile entwickelten, der »Getreidespeicher-Stil« und der »Geschlossene Stil«.

Der Getreidespeicher-Stil, benannt nach einem Gebäude in Mykene, in dem diese Keramik erstmals nachweisbar war, ist unscheinbar. Die Gefäße zieren fast ausschließlich horizontal verlaufende dunkle Bänder, manchmal auch eine geschwungene Linie. Im Geschlossenen Stil hingegen bedecken eng gesetzte, schraffierte Netzmuster oder Abfolgen von Schwänen und anderen Wasservögeln die Gefäßoberfläche. In einigen Regionen, vor allem auf den Inseln und an der Küste, ging man mit den Schemata derart kühn um, daß sich der sogenannte »Wilde Stil« daraus ergab (Abb. 3.53). Vögel tanzen unter Wasser mit Fischen, Krabben und anderen Seewesen. Der Tintenfisch taucht wieder auf, manchmal als blasses Abbild seiner lebhaften Ahnen aus der SM-IB-Phase, manchmal aber auch sie übertreffend und in Gesellschaft anderer Meeresbewohner (Abb. 3.54). Eine eigenartige Üppigkeit charakterisiert diesen Stil, ein letztes Aufbäumen der mykenischen Welt vor dem Ende der Bronzezeit.

Troja und das Ende der Bronzezeit in Griechenland

Der Palast von Pylos wurde um 1200 v. Chr. gewaltsam zerstört. Etwa gleichzeitig scheint auch ein Angriff auf Athen erfolgt zu sein – die Häuser am Fuß der Akropolis machte man dem Erdboden gleich. Mykene und Tiryns fielen einem Erdbeben zum Opfer. Viele andere Städte gingen unter oder wurden verlassen. Nur wenige, unter ihnen Athen, Lefkandi und Nichoria in Messenien, überlebten. Griechenland erlebte eine Periode der Unsicherheit. Große Bevölkerungsgruppen verließen die ungeschützten Gebiete und zogen ins Landesinnere (zum Beispiel nach Achaia auf der Peloponnes), an die Küste, auf die Inseln oder nach Zypern. Begleitet wurden all diese Zerstörungen und Umwälzungen von weitreichenden Unruhen in anderen

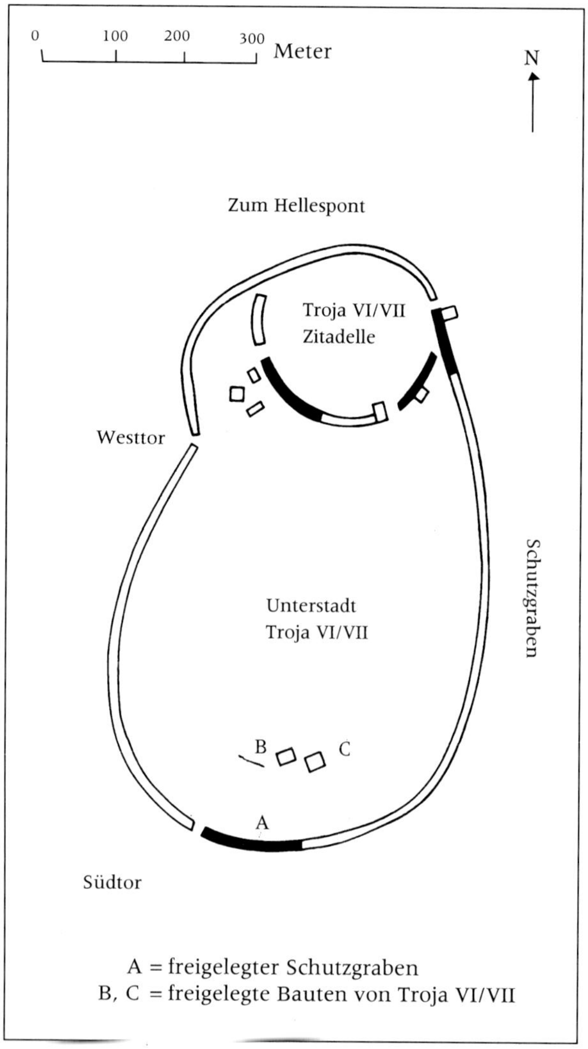

3.55 Plan von Troja VI/VIIa, Festungsanlage

Mittelmeerländern. Gegen Ende des 13. Jahrhunderts v. Chr. griffen die sogenannten Seevölker Ägypten an. In einer Inschrift aus dem Jahre 1208 v. Chr. werden die Eindringlinge als Schardana, Lukka, Meschwesch, Teresch, Ekwesch und Schekelesch bezeichnet. Doch wissen wir weder, woher diese Völker stammten, noch ist bekannt, ob es sich um Eroberer, Flüchtlinge oder Seeräuber handelte. Im 12. Jahrhundert v. Chr. wiederholten sich die Angriffe. Inzwischen lagen auch die Ägypter und die Hethiter im Streit, und die kriegerischen Auseinandersetzungen dauerten bis zum Zusammenbruch des Hethiterreiches im 12. Jahrhundert v. Chr. Die hethitischen Schriftquellen berichten vom Volk der Ahhijawa – vielleicht gleichzusetzen mit den Griechen –, das für die Unruhen in Kleinasien verantwortlich war.

Jüngere Untersuchungen in Troja veränderten vollständig das Bild dieses Fundortes. Über magnetometrische Surveys im Süden der Burg wurden weitere Baustrukturen und ein tiefer Schutzgraben unter der Oberfläche entdeckt (Abb. 3.55). Das Ergebnis bestätigten die 1993 durchgeführten Ausgrabungen. Bei diesem Areal scheint es sich um die Unterstadt zu handeln. Die Stätte, die bislang als Troja bekannt war, stellt nur die befestigte Zitadelle dar. Die Fläche der Siedlung umfaßt damit ungefähr 20 ha. Daraus ergibt sich, daß die Stadt Troja zu den größten befestigten Siedlungen der ägäischen Bronzezeit gehörte; ihr Gegengewicht fand sie in Mykene, Tiryns übertraf sie bei weitem.

Chronologisch betrachtet erfolgte die Zerstörung der Zitadelle von Troja VI, nachdem einige wenige SH-IIIB-Gefäße in die Stadt importiert worden waren. Die Befestigungsmauer wurde beschädigt, Häuser stürzten ein. Die Stätte wurde jedoch nicht geplündert oder niedergebrannt. Die Ansicht, es handele sich bei Troja VI um den in der *Ilias* beschriebenen Schauplatz des Trojanischen Krieges, ist demnach zu korrigieren.

Abgelöst wurde die Stadt von Troja VIIa, einer Zitadelle von exakt derselben Größe wie ihre Vorgangerin. Die Burgmauern von Troja VI reparierte man; die Häuser teilten sich die gemeinsamen Trennmauern und lehnten sich an die Innenseite der Burgmauer an. Der Entwurf läßt darauf schließen, daß die Bewohner zusammengezwängt wurden. Des weiteren – einzigartig in dieser Phase – versenkte man Pithoi, die zur Vorratshaltung von Öl und Getreide genutzt wurden, im Boden der Häuser, um Platz zu sparen. Die Verhältnisse in Troja VIIa sind vergleichbar mit denen einer belagerten Stadt. Obwohl wir über die eigentlichen Hintergründe des Trojanischen Krieges nicht unterrichtet sind und man heute die Ansicht vertritt, mit archäologischen Methoden seien spezifische historische Ereignisse kaum nachzuweisen, legt die Situation doch nahe, in Troja VIIa jene Stadt zu sehen, die von den Griechen zerstört wurde. Nur einige importierte Gefäße fanden sich in der Burg von Troja VIIa, so daß das Datum der Zerstörung immer noch kontrovers diskutiert wird. Die vorgeschlagenen Daten reichen von ungefähr 1260 v. Chr. bis zum Ende der SH-III B-Phase. Stattgefunden haben muß das Ereignis in jedem Fall vor der Zerstörung von Pylos im griechischen Mutterland.

Die Keramikformen der SH-IIIC-Periode entstammen einer Phase weitreichender politischer und sozialer Unsicherheit. Die verheerenden Ereignisse in Griechenland am Ende der SH-IIIB-Ära setzten den mykenischen Zivilisationen kein Ende, sie waren nur Vorboten. Erst zwischen 1200 und 1100 v. Chr., während der Produktionszeit der SH-IIIC-Keramik, begann der Niedergang der mykenischen Welt. Lefkandi und Argos wurden aufgegeben. Bei Koukounaries auf der Kykladeninsel Paros errichtete man im 12. Jahrhundert v. Chr. eine Siedlung, die schon bald wieder durch einen Brand und menschliche Gewalt ausgelöscht wurde. Doch Mykene und Tiryns wurden bis ins 11. Jahrhundert v. Chr. hinein kontinuierlich bewohnt. Das 12. Jahrhundert v. Chr. kannte demnach allerorts Umwälzungen der Völkerschaften wie auch das Fortleben einiger alter Zentren. Noch war die mykenische Welt nicht untergegangen.

Auf die Frage nach der Identität der periodisch wiederkehrenden Zerstörer Griechenlands gibt es verschiedene Antworten. Die geheimnisvollen Seevölker könnten dabei eine Rolle gespielt haben, besonders in jenen Orten, die vom Meer aus leicht zu erreichen waren, wie etwa Pylos. Die Legende der Sieben gegen Theben überliefert frühzeitliche Kriegsvorkommnisse zwischen griechischen Gemeinden, so daß auch ein Bürgerkrieg in Betracht käme. Am beharrlichsten vertreten wird jedoch die Ansicht, neue griechische Völker seien zugewandert, die einen dorischen Dialekt sprachen. Die Sprache der Linear-B-Tafeln enthält keine vergleichbaren Elemente, doch im späteren Griechenland ist der dorische Dialekt weit verbreitet. Es liegt nahe, die Einführung des Dialektes mit den großen Umbrüchen in Zusammenhang zu bringen und anzunehmen, daß die dorischen Griechen ihren Vorteil aus der Schwächung der mykenischen Welt zogen. Der Rückzug der Überlebenden in Dörfer in ländlichen Gegenden, der während der gesamten SH-III C-Periode festzustellen ist, beschleunigte sich. Gerade in diesen Dörfern, die über den gesamten Ägäisraum verstreut sind, fand man einzelne Hinweise auf ein kulturelles Fortleben bis ins Dunkle Zeitalter, ebenso in Athen, dem einzigen großen mykenischen Zentrum, das letztlich überlebte.

4

Das Dunkle Zeitalter und die Geometrische Periode um 1100–700 v. Chr.

Drei Kulturkreise prägten in der griechischen Welt die Bronzezeit: Kreta, die Kykladen und das griechische Mutterland. Im 3. Jahrtausend v. Chr. traten die Unterschiede am deutlichsten hervor. Während der Folgezeit überflügelte erst die kretische Kultur die beiden anderen, später gelang es den mutterländischen Griechen, die Vormachtstellung einzunehmen. Hier bietet sich eine Gliederung der archäologischen Zeignisse nach geographischer Herkunft an.

Für die Eisenzeit erscheint dieses System nicht mehr zweckmäßig, da nun Hinweise kultureller Einflüsse aus anderen Landschaften – Kleinasien, später auch Sizilien und Unteritalien – vorliegen (Abb. 4.1).

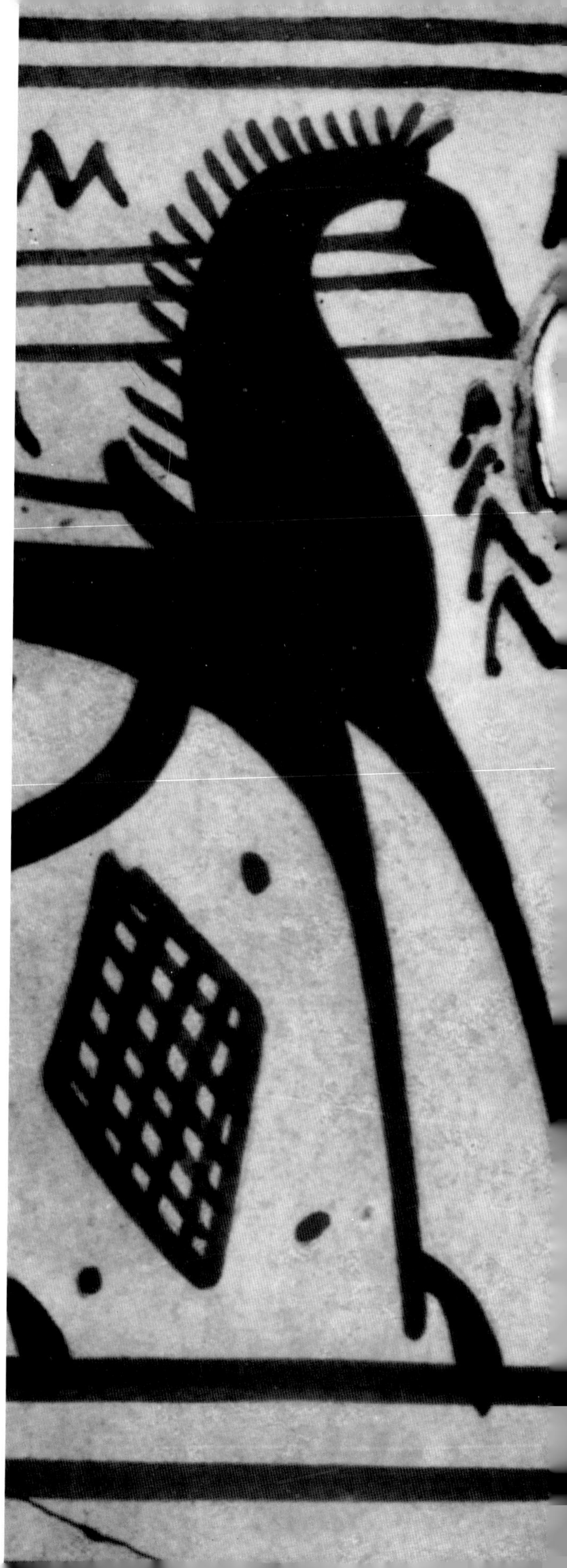

Geometrische Oinochoe, aus einem Grab auf der Athener Agora. Detail von Abb. 4.22, S. 118. Athen, Agora-Museum

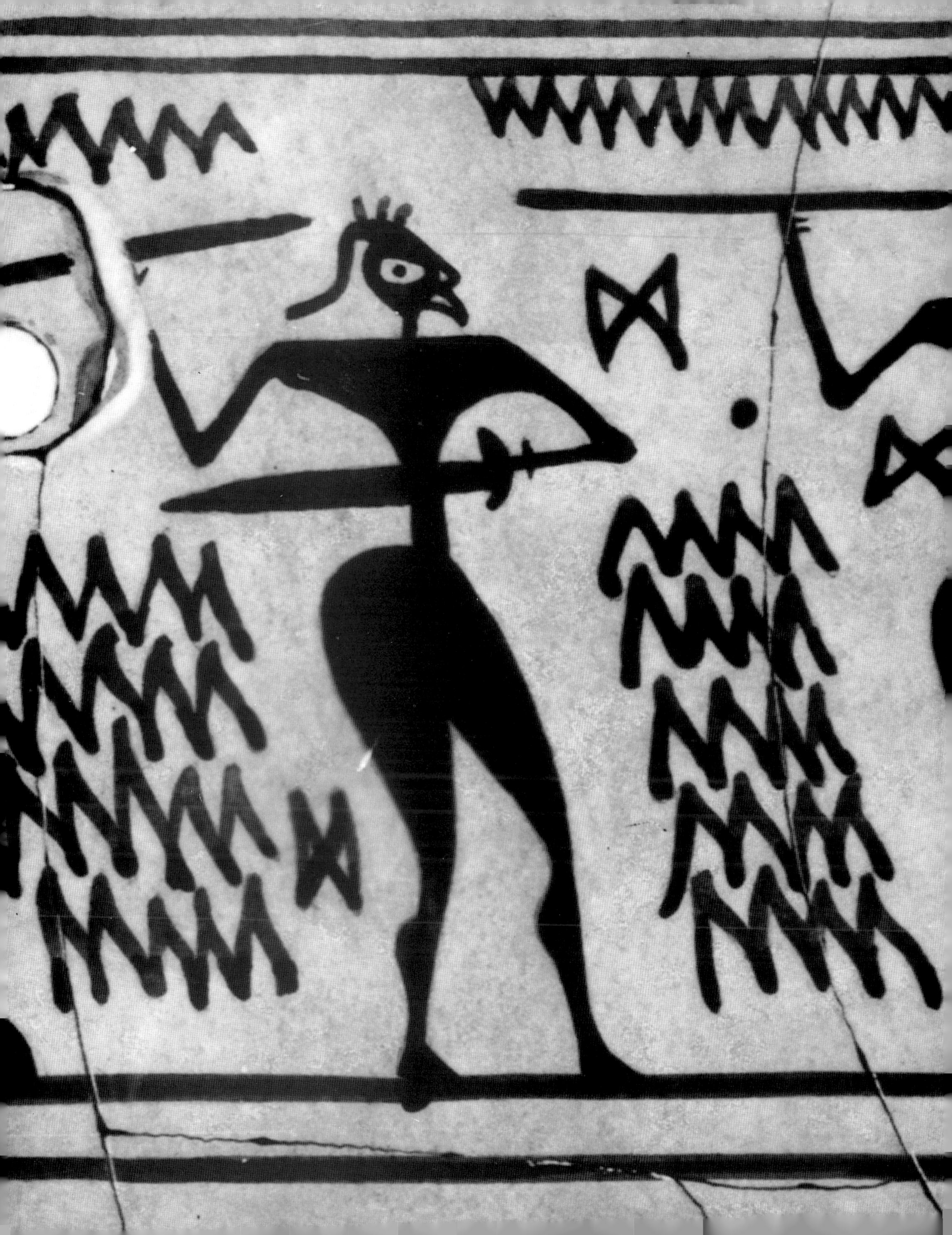

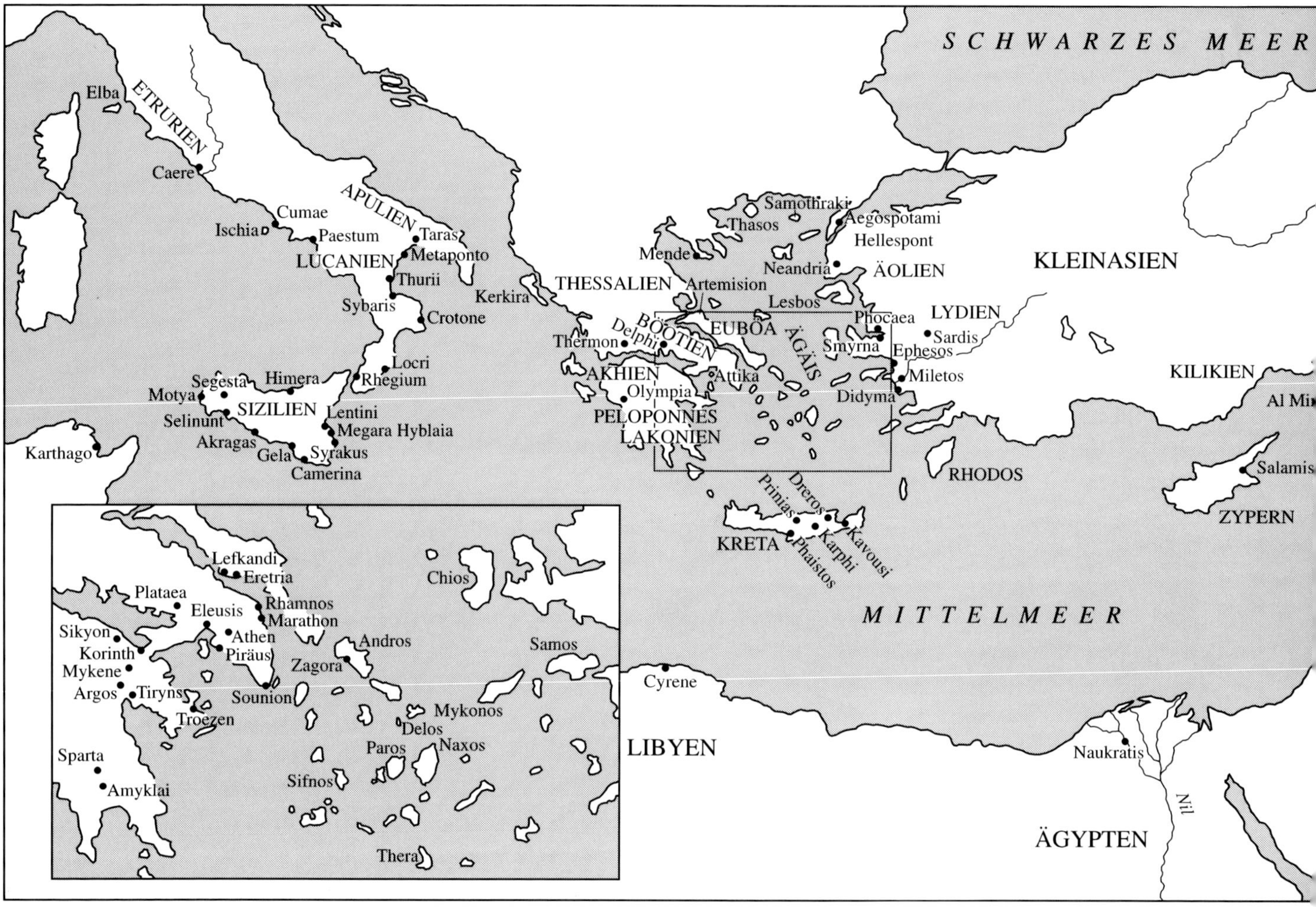

4.1 Die griechische Welt bis 400 v. Chr.

So liegt eine chronologische Vorgehensweise, gegliedert in Sachgruppen wie Architektur, Keramik und Plastik, nahe; regionale Charakteristika werden nur dort erwähnt, wo sie wichtig erscheinen.

Anfangs im Alleingang, später auch durch Einflüsse aus dem Osten und von Ägypten angeregt, entwickelten die griechischen Gemeinden individuelle Lösungen für allgemeine Probleme. Als Beispiel sei auf die Zusammensetzung des ersten griechischen *epichorischen* (regionalen) Alphabets verwiesen, das im 8. Jahrhundert v. Chr. eingeführt wurde, oder auch auf die individuellen Wege, die die Vasenmaler beschritten, um ihre Arbeiten zu gestalten.

Neuerungen Während des 11. Jahrhunderts v. Chr. ging man in Athen zur Leichenverbrennung über und erlernte die Eisenverarbeitung. Wir wissen nicht, ob diese wichtigen Neuerungen mit dem Beginn des Dunklen Zeitalters in Verbindung stehen. Einige Forscher sehen die neuen Begräbnisriten im Zusammenhang mit der Katastrophe am Ende der SH-IIIC-Epoche und der Ankunft neuer Völkerschaften, wie der dorisch-sprechenden Griechen. Bisher gibt es jedoch keine sicheren Antworten. Wir wissen lediglich, daß Griechenland in das Zeitalter der Eisenzeit eintrat und trotz dieser entscheidenden Wende einen generellen Niedergang erlebte.

Übergangsperiode Mit der Zerstörung der mykenischen Paläste lösten sich auch die dort wurzelnden sozialen Systeme auf. Könige, Untergebene und das Schrifttum verschwanden. Mit ihnen vergaß man das Wissen um die Herstellung von Mauern aus akkurat zugeschnittenen Blöcken, die Techniken der Wandbemalung, das Vorgehen bei der Bearbeitung von Elfenbein, Edelmetallen und Stein. Die Errungenschaften der griechischen Bronzezeit wurden aufgegeben, und die Bevölkerung zerstreute sich. Die überlebenden Mykener zogen sich ins Landesinnere zurück, auf die Inseln, nach Kreta, nach Kleinasien und nach Zypern. Das Dunkle Zeitalter, charakterisiert durch Entvölkerung, Verarmung und Isolation, sollte über zwei Jahrhunderte andauern. Der Wiederaufstieg begann zögernd erst im 9. Jahrhundert v. Chr. und beschleunigte sich im 8. Jahrhundert. Diese Übergangsphase (um 900–700 v. Chr.) nennt man – in Anlehnung an die geometrischen Dekorelemente in der Vasenmalerei – die Geometrische Periode.

Fortleben Wir besitzen nur wenige oder gar keine archäologischen Indizien, um den Übergang von der mykenischen Welt ins Dunkle Zeitalter zu rekonstruieren. Das Löwentor in Mykene stand weiterhin aufrecht, die zertrümmerten Reste der Burgen und Paläste mögen einigen Architekten Anregungen gegeben haben. In der darauffolgenden Epoche gibt es kaum Hinweise auf ein Fortleben, obwohl Anklänge an die mykenische Architektur an den späteren klassischen Tempeln abzulesen sind. In der Keramik finden sich magere Hinweise auf eine Kontinuität. Die nun als »submykenisch« bezeichnete Ware erinnert an den Getreidespeicher-Stil der SH-IIIC-Periode und ahmt die SH-III-Gefäßformen nach; die Gefäße sind jedoch schlecht gedreht und ungeschickt bemalt. Um 1050 v. Chr. löst sie ein neuer Stil ab, der protogeometrische. Spätere Autoren behaupteten, Athen habe die Zerstörungswellen am Ende der Bronzezeit überlebt, und die geschlossene Serie an Gräbern, die von der submykenischen bis in die protogeometrische Epoche reicht, scheint dies zu bestätigen. Die Produktion der Terrakottaskulpturen riß nicht ab, erreichte jedoch nicht mehr die Verbreitung wie ehemals die Phi- und Psi-Figuren. Öfter taucht noch ein den SM-III-zeitlichen kretischen »Göttinnen« verwandter weiblicher Figurentyp auf. Völker, Sprachen und einige religiöse Praktiken überdauerten, wie etwa die Olympischen Götter, die teilweise schon aus den Linear-B-Tafeln bekannt sind (S. 79). Das sind jedoch nur vage Verbindungen. In den homerischen Epen finden sich Beschreibungen einiger Erzeugnisse der Bronzezeit (beispielsweise die Helme aus Eberzähnen, *Ilias* 10.261-5), aus dem Dunklen Zeitalter und aus der Geometrischen Periode. Von daher könnten sie als Verbindungsglieder dieser Epochen gelten.

Lebensbedingungen Die Lebensumstände während des Dunklen Zeitalters waren ärmlich. Die Menschen hausten in baufälligen, aus Lehmziegeln mit einem Strohdach oder aus Feldsteinen errichteten Schuppen, die zu ländlichen Gemeinden gruppiert waren und mit Kunst oder Architektur nur wenig zu tun hatten. Die Gesellschaft bewegte sich an der Grenze des Existenzminimums und wurde von einer landbesitzenden Adelsschicht regiert. Lesen und Schreiben konnte niemand. Kriegerische Auseinandersetzungen beschränkten sich auf die Nachbarschaft, und die Feindschaften zwischen Nachbarn häuften sich. Kontakte zur Außenwelt erfolgten nur sporadisch, doch gibt es Ausnahmen: In Lefkandi liegen Hinweise auf ein ehrgeiziges Bauprogramm und Importstücke vor (S. 109). Schließlich, nach drei dunklen Jahrhunderten, trat Griechenland im 8. Jahrhundert v. Chr. mit neuen politischen Strukturen wieder in Erscheinung, den »Poleis«, unabhängigen Stadtstaaten, die von adligen Landbesitzern und Pferdezüchtern regiert wurden. Diese beherrschten Städte und Umland bis zu den natürlichen Grenzen: Gebirgszügen, Flüssen und der Küste. Zur Polis von Athen etwa gehörte das Territorium auf der Halbinsel von Attika bis nach Sounion im Süden und Marathon im Osten. Die Bevölkerung wuchs rapide, die wirtschaftliche Lage verbesserte sich. Im Osten (speziell in Syrien) und Westen entwickelten sich Handelszentren, in denen vor allem die wertvollen Bodenschätze umgeschlagen wurden. Diese Veränderungen reichten jedoch nicht aus für die Bedürfnisse der wachsenden Bevölkerung, und immer mehr Griechen sahen sich gezwungen, ihr Glück in fremden Ländern zu suchen.

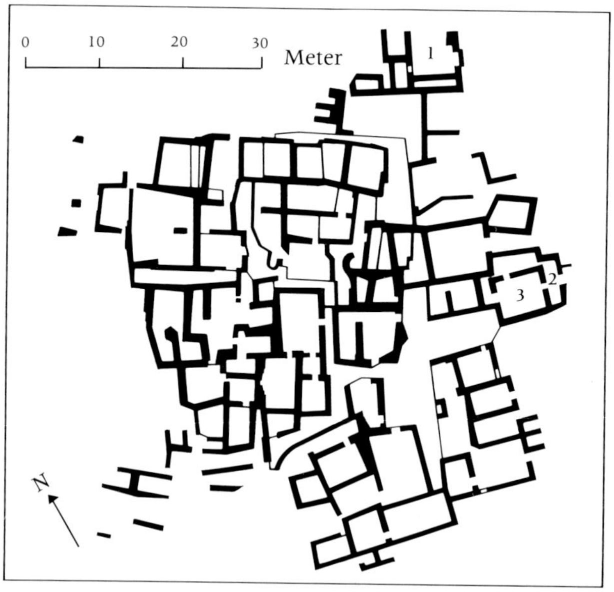

4.2 Plan der Hügelstadt Karphi. 11. Jh. v. Chr.
1 Heiligtum, 2–3 Großes Haus

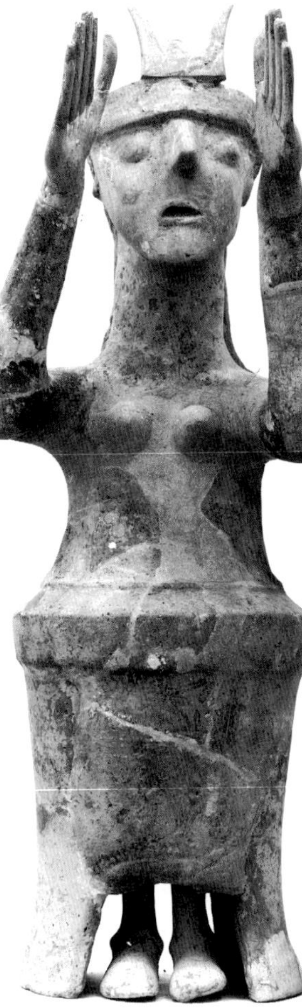

4.3 Weibliche Figurine, aus Karphi. Um 1000 v. Chr. Terrakotta. Höhe 67 cm. Heraklion/Kreta, Archäologisches Museum

Architektur

Um 1100 v. Chr. gründeten Auswanderer auf einem Hügel in Ostkreta, im Gebiet von Karphi, eine neue Stadt. Der Plan (Abb. 4.2) läßt die zufällige Form der kleinen, einfachen Unterkünfte erkennen. Die Häuser drängten sich unkoordiniert Seite an Seite. Straßen und Wege zwängten sich hindurch, doch gab es bereits ein Großes Haus (so in der Terminologie des Ausgräbers) mit anschließendem Hof und Vorratslagern, sowie ein Heiligtum, in dem man einen Altar und Terrakottastatuetten fand (Abb. 4.3). Die unachtsam aufgemauerten Tholosgräber erinnern an mykenische Gräber. Die Siedlung zeigt aber Merkmale des SM-Gournia.

Kürzlich durchgeführte Ausgrabungen in der Nähe von Kavousi auf Kreta brachten weitere Informationen. In der SM-III-Siedlung (1200–1100 v. Chr.) haben sich Gebäude erhalten, die noch im 8. Jahrhundert v. Chr. als Begräbnisstätten genutzt wurden. In einem anderen Viertel ließ sich eine Stratigraphie erstellen, die von der SM-III C-Periode bis in die geometrische Ära reicht und bezeugt, daß die Stätte von der Bronzezeit bis ins Dunkle Zeitalter besiedelt war.

Auf Kreta wohnten die Menschen auf Hügeln. In Kleinasien bevorzugte man Siedlungen in Küstennähe, die über Funde von protogeometrischer, aus Athen importierter sowie vor Ort produzierter Keramik lokalisiert werden können. Eine dieser Stätten ist Smyrna nahe dem modernen Izmir. Die Ausgräber förderten dort Reste eines kleinen Hauses aus dem späten 10. Jahrhundert v. Chr. zutage (Abb. 4.4). Die Einraumstruktur erhebt sich auf einem ovalen – oder doppelapsidialen – Grundriß. Errichtet wurde sie aus Lehmziegeln auf einem Steinsockel und besaß vermutlich ein Strohdach. Es handelt sich um eines der frühesten bekannten postmykenischen Häuser und mag auf bronzezeit-

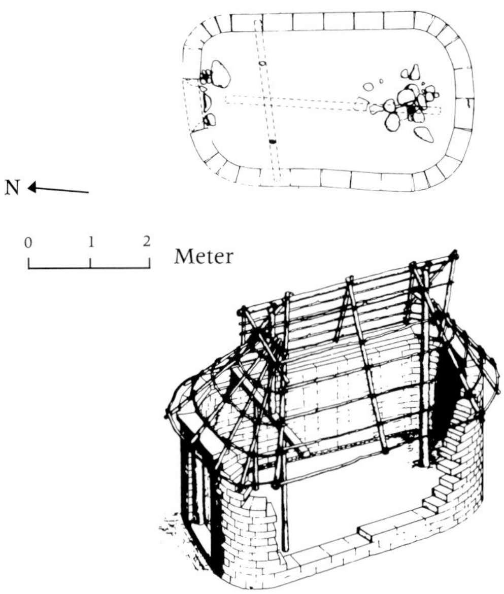

4.4 Grundriß und Rekonstruktion eines Ovalhauses in Smyrna. 10. Jh. v. Chr.

liche Vorgänger zurückzuführen sein. Überbaut wurde die Anlage im 9. und 8. Jahrhundert v. Chr. von rechteckigen Strukturen, die eine Festungsmauer umgab. Im Griechenland der gleichen Periode finden sich dazu keine Parallelen.

Die neu entdeckten Steinfundamente eines großen Gebäudes in Lefkandi auf Euböa und der angrenzende Friedhof geben einen Eindruck von reicheren Städten. Mit ihrem apsidialen Grundriß (Abb. 4.5) erreicht die Anlage eine Länge von 50 m und eine Breite von 10 m. In diesem Bau hatte man einen Krieger (Feuerbestattung), eine Frau und zahlreiche Pferde bestattet. Das Gebäude aus dem 10. Jahrhundert v. Chr. läßt sich als *Heroon* identifizieren, als eine Verehrungsstätte für einen Heros, dem nach seinem Tod göttliche Ehren zuteil wurden. In einem Bogen um das Ostende des Heroons gruppiert sich der Friedhof aus dem 9. Jahrhundert v. Chr. mit seinen 69 Gräbern und 23 Verbrennungsplätzen. Feuer- und Erdbestattungen sind zu verzeichnen. Die Gräber folgen meist dem Typ des Schachtgrabes. Eine Pferdebestattungsstätte wurde ebenfalls gefunden. Kindergräber hatte man in einer Ecke zusammengelegt. Man entdeckte dort importierte Bronze- und Fayenceschüsseln aus dem Nahen Osten und aus Ägypten. Goldobjekte und Schmuck belegen Macht und Reichtum der Bestatteten. Es könnte sich hierbei um die Begräbnisstätte einer lokalen dynastischen Familie handeln, die teils vom Krieg, teils vom Handel lebte.

Die Verehrung der Götter fand unter freiem Himmel statt, in Heiligtümern, die nur durch eine Umfassungsmauer um einen heiligen Ort oder einen Altar definiert waren. Die Beschwichtigung der Götter durch Opfergaben – winzige Terrakottafiguren, aber auch wertvollere Gegenstände – gehörte zum täglichen Leben. Während der Geometrischen

4.5 Grundriß des Heroons und Friedhofs in Lefkandi. Heroon: 10. Jh. v. Chr. Nekropole: 9. Jh. v. Chr.

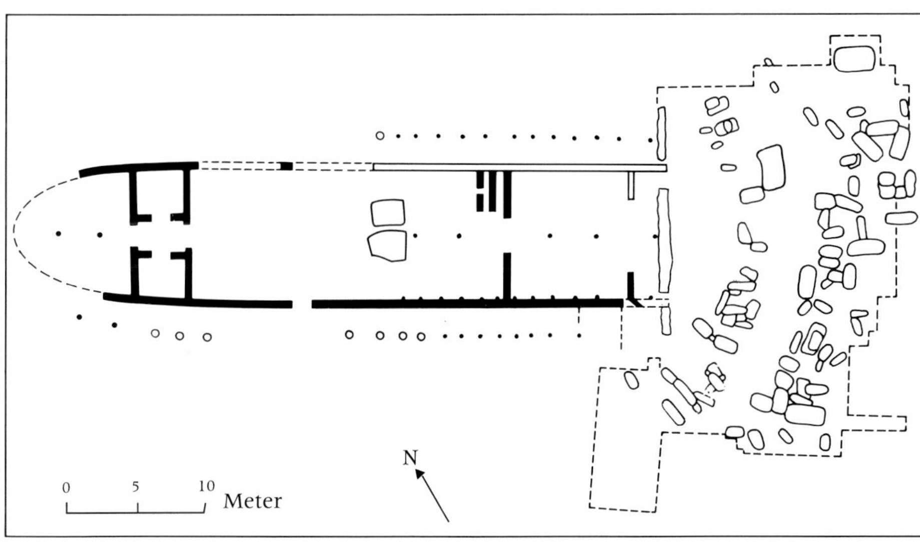

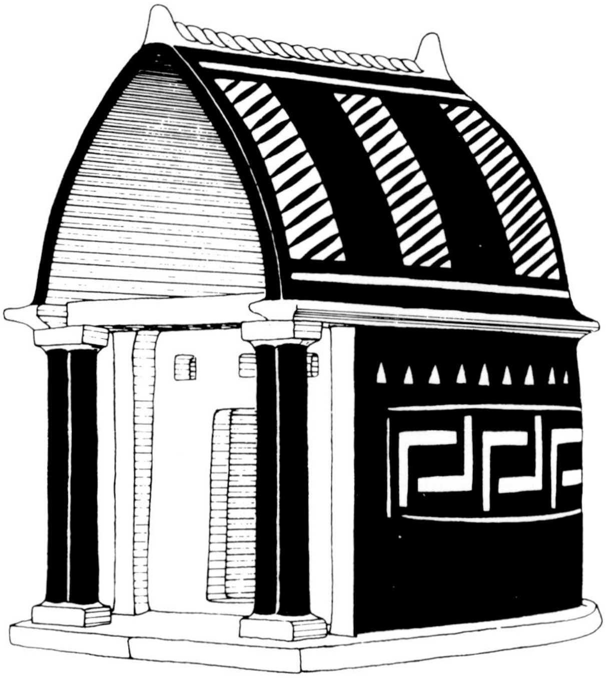

4.6 Rekonstruiertes Modell eines Heiligtums (oder Hauses?) aus Perachora. Spätes 8. Jh. v. Chr. Terrakotta. Höhe (rekonstruiert) 33 cm. Athen, Nationalmuseum

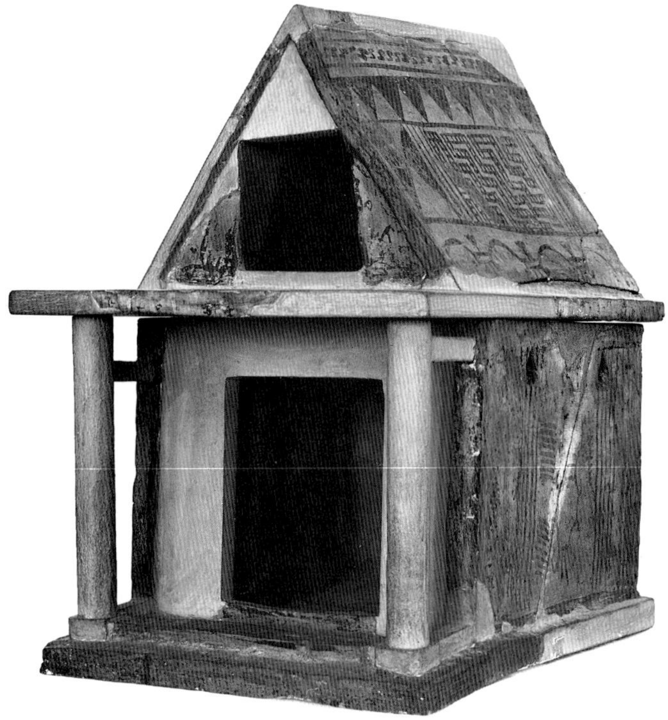

4.7 Modell eines Heiligtums aus Argos. Spätes 8. Jh. v. Chr. Terrakotta. Länge 36 cm. Athen, Nationalmuseum

Periode gingen die Griechen dazu über, ihre Götterbilder in Sakralbauten aufzubewahren, wie etwa in dem aus dem 10. Jahrhundert v. Chr. stammenden rechteckigen Tempel von Kommos auf Kreta. Eine teilweise erhaltene Mauer im Heraion von Perachora bei Korinth, in deren Nähe man Votivgaben fand, könnte ebenfalls zu einem frühen Tempel mit apsidialem Grundriß gehören. Ein kleines, ins 8. Jahrhundert v. Chr. datiertes Terrakottamodell eines Hauses, das dort als Votivgabe abgelegt worden war, ahmt diesen Grundriß und damit vielleicht auch das Heiligtum nach (Abb. 4.6). Die Miniatur weist nur einen Raum auf, der über eine zentrale Tür zugänglich war. Vier Holzsäulen formen die Vorhalle. Konstruiert ist der Bau aus Lehmziegeln, gedeckt ist er mit einem spitzen Strohdach mit breiten Traufrinnen.

Ein vergleichbares Modell aus dem 8. Jahrhundert v. Chr. (Abb. 4.7) aus dem Heraion von Argos könnte den ersten Tempelbau dort darstellen. Dieser war rechteckig mit einer zweisäuligen Vorhalle. Getrennte Dächer überspannten Vorbau und Kammer. In Eretria auf Euböa könnte eine kleine Baustruktur, die um 800–750 v. Chr. errichtet und unter dem späteren Tempel des Apollon aufgefunden wurde, ebenfalls als Tempel anzusprechen sein. Auf hufeisenförmigem Grundriß war der Aufbau fast vollständig aus Holz und anderen vergänglichen Materialien zusammengefügt. Ein beeindruckenderes, genau 100 antike Fuß (um 35,5 m) langes Gebäude (danach *Hekatompedon*, der 100-Fuß-lange, genannt) wurde daneben um die Mitte des Jahrhunderts errichtet. Sowohl der apsidiale, als auch der rechteckige Grundriß wurzeln in bronzezeitlichen Vorläufern.

Reste eines Tempels aus dem 8. Jahrhundert v. Chr. in Dreros auf Kreta zeigen den rechteckigen Grundriß, eine Herdstelle, flankiert von zwei steinernen Basen für Holzpodeste, und eine Bank an der Rückwand. Eine vergleichbare Anlage besitzt der Tempel B im Heiligtum von Kommos, ebenfalls Kreta. Auch der Tempel der Artemis Orthia in Sparta weist eine Bank an der rückwärtigen Mauer auf (um 700 v. Chr.). Stellt diese Bank, auf der in Dreros drei Bronzestatuetten gefunden wurden, den Prototyp der Kultbildbasen dar? Schob man die Bank in den späteren Tempeln von der Wand weg, um das Kultbild freistehend präsentieren zu können? Die drerische Kombination von Herdstelle und Podien erinnert an die mykenischen Megara. In Mykene und Tiryns selbst plazierte man die frühen Tempel auf deren Fundamenten. Die weltliche Macht wurde von der göttlichen abgelöst.

Über die frühe Geschichte des bedeutenden Heiligtums der Hera auf Samos liegen keine genauen Informationen vor. Der erste Tempel könnte im 8. Jahrhundert v. Chr. errichtet worden sein. Es wird sich um einen langgestreckten, schmalen Bau aus Lehmziegeln mit einer mittig angeordneten Reihe hölzerner Dachstützen gehandelt haben (Abb. 4.8). Falls die steinerne Basis des Kultbildes nicht in das nördliche Schiff gerückt war, mußten die Mittelstützen dieses verdecken. Nicht auszuschließen ist, daß die Reste, die zum ersten Tempel rekonstruiert wurden, die Fundamente dessen darstellen, was wir den zweiten Tempel nennen. Auf jeden Fall existierte um 650 v. Chr. ein weiterentwickelter Tempelbau, der ringsum von Säulen umgeben war und an der Front durch eine hölzerne Doppelstützenreihe hervorgehoben wurde.

4.8 Rekonstruierter Grundriß des ersten Hera-Tempels auf Samos. Vermutlich 8. Jh. v. Chr. Altar: 8. Jh.v. Chr.

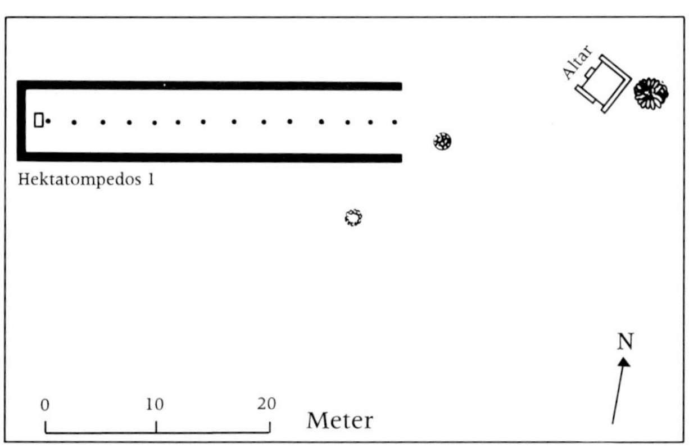

Zagora auf Andros liefert reichhaltiges Material zur Analyse von Wohnbebauung in der Geometrischen Periode. Die Siedlung aus dem 8. Jahrhundert v. Chr., durch ihre eng aneinandergezwängten Häuser charakterisiert, hatte man aus lokalem Inselgestein errichtet. Festzustellen sind zwei Grundrißvarianten: der Megaron-Typ mit gesäulter Vorhalle und einem Hauptraum mit Herdstelle und Podien, ferner eine quadratische Form mit Bänken und aufgemauerten Schlafstellen. Kulthandlungen scheinen auf einem Altar im offenen Vorhof eines Hauses imponierender Größe, möglicherweise des Regenten, zelebriert worden zu sein. Ein Tempel läßt sich erst für das 6. Jahrhundert v. Chr. belegen. Vergleichbare Städte lokalisierte man auch auf anderen Inseln, vor allem auf Chios und Siphnos.

Plastik

Die Produktion von Terrakotten lief in eingeschränktem Maße weiter, so etwa auf Kreta. Die weiblichen Figurinen aus Karphi (Abb. 4.3) folgen den SM-Modellen (Abb. 3.17, S. 76): Der zylindrische Körper und die erhobenen Arme sind identisch, die Kopfbedeckung variiert jedoch, auch sind bei den Erzeugnissen des Dunklen Zeitalters Füße und Beine sichtbar. Man beachte die »heiligen Hörner« auf dem Kopfputz eines Beispiels aus Karphi, die als weiteres Indiz für einen Übergang von der Bronzezeit gelten können. Den handgemachten Kopf sowie Arme und Beine fügte man an den scheibengefertigten zylindrischen Körper an und brannte die Skulptur wie eine Vase.

Das Repertoire dieser Töpfer-Skulpturen schließt auch Tiere und hybride Wesen mit ein, wie den um 900 v. Chr. gefertigten Kentauren aus Lefkandi (Abb. 4.9). Der menschliche Torso, der Kopf und die Beine wurden massiv von Hand gefertigt, den zylindrischen Pferdekörper formte man auf der Töpferscheibe. Die Ohren weisen an zentraler Stelle Löcher auf, deren Funktion unbekannt ist. In die runden Augenhöhlen legte man Knochen oder Muscheln ein.

Mit dem Anwachsen der Bevölkerung und der Verbesserung der Lebensqualität wandelten die Griechen lokale Sakralbauten in panhellenische Heiligtümer um (Olympia, Delphi und Delo) und schmückten diese mit Votivgaben aus Terrakotta

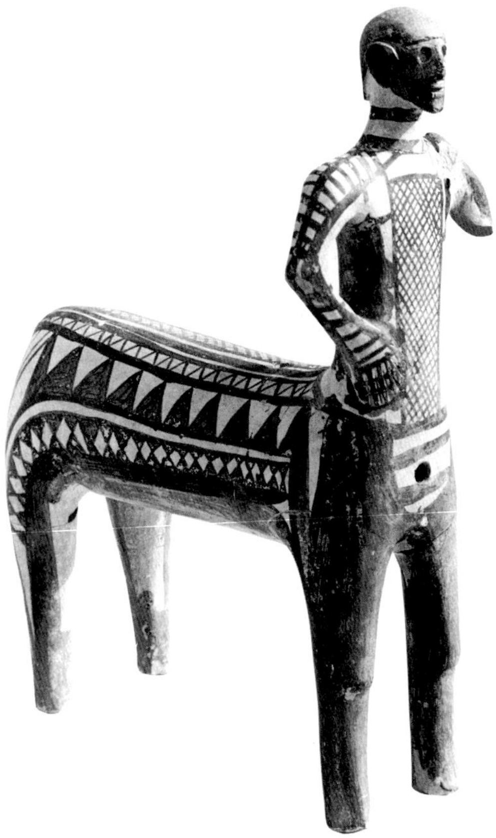

4.9 *links* Kentaur, aus Lefkandi. 10. Jh. v. Chr. Terrakotta. Höhe 36 cm. Eretria, Museum

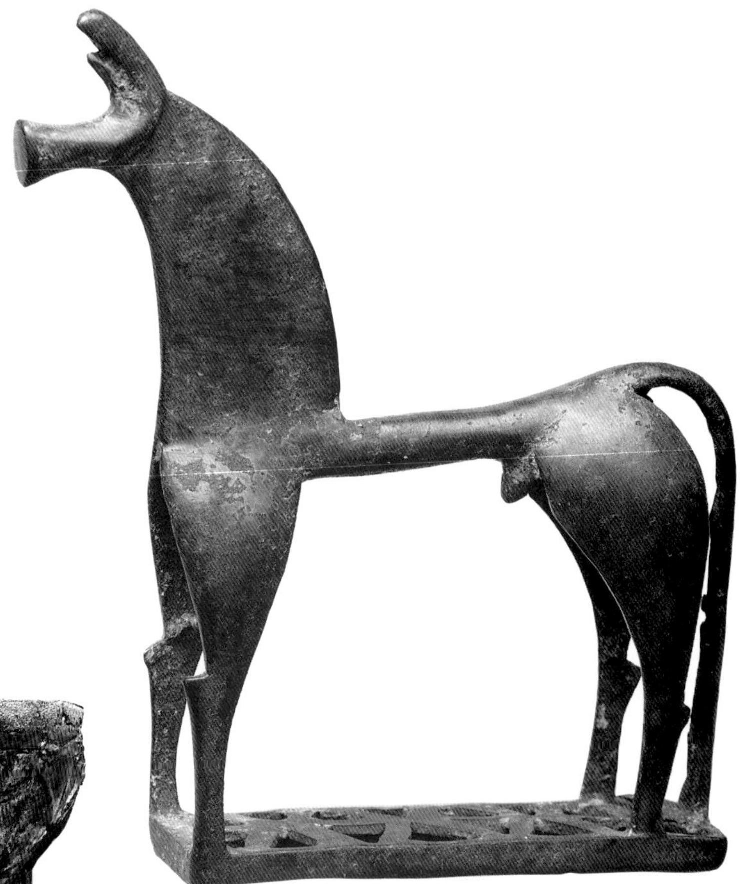

4.10 *oben* Pferd. Um 750–700 v. Chr. Bronze. Höhe 17,6 cm. New York, Metropolitan Museum of Art

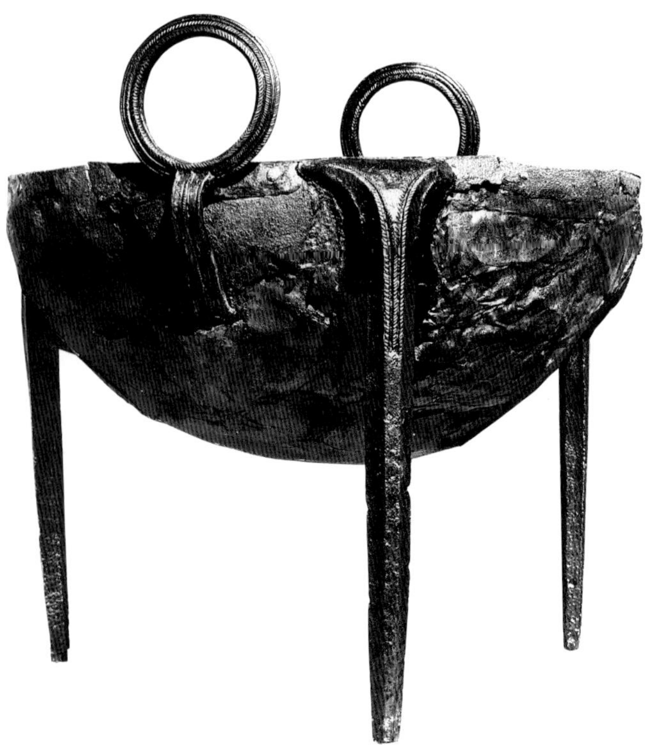

4.11 *links* Dreifußkessel, aus Olympia. 8. Jh. v. Chr. Bronze. Höhe 65 cm. Olympia, Museum

und Bronze. Olympia stellt einen der reichsten Fundplätze für Bronzeobjekte dar, die oft bis ins 8. Jahrhundert v. Chr. zurückdatieren. Zu Beginn schnitt man die Tierfiguren – Stuten und Fohlen, Hirsche und Rehkitze, Vögel und Stiere – noch aus Bronze- oder Kupferblech aus und bearbeitete sie mit dem Hammer. Später beherrschte man die Technik des Vollgusses. Figuren, wie etwa das Pferd in Abb. 4.10, befestigte man oft auf einer Standplatte oder fügte ein Stütze in Form eines Baumstammes ein. Wieder andere dienten als Befestigung der Henkel an großen bronzenen Dreifußkesseln (Abb. 4.11)

Derartige Dreifüße waren Weihegaben und auch Preise in den Wettkämpfen von Olympia und anderen Stätten. Einige der Kessel erreichten Mannshöhe. Die Behälter selbst waren getrieben, die Füße und Henkelringe, die oft geometrische Muster zierten, im Gußverfahren hergestellt. Model zur Fabrikation von Dreifußbeinen, die in Lefkandi entdeckt wurden, reichen bis in die Zeit um 900 v. Chr. zurück.

Unter den menschlichen Darstellungen zählt die des Kriegers zu den gebräuchlichsten Typen. Das hier abgebildete Beispiel (Abb. 4.12) ist massiv gegossen. Die Arme wurden nachträglich zurechtgehämmert, um einen Speer in der rechten und einen Schild in der linken Hand zu halten. Die Beine sind langgezogen, der Körper von dreieckiger Gestalt, die Gesichtszüge stilisiert. Wie die Tierfiguren dienten sie als Votivgaben, einige als Appliken auf Kesseln, andere als Statuen. Gelegentlich erinnerten sie an einen Sieg, wie wohl der begürtete und behelmte Wagenlenker aus Olympia (Abb. 4.13). Dieselbe Thematik rückte rund 250 Jahre später Polyzalos mit seiner »Weihung« in Delphi erneut ins Licht (Abb. 7.24, S. 222). Zwei weibliche und eine männliche Statuette aus Dreros auf Kreta (Abb. 4.14) bezeugen eine andere Technik, bekannt als *Sphyrelaton*. Hierbei bearbeitete man Bronzebleche, die über einen hölzernen Kern gezogen waren, mit dem Hammer. Die Figuren knüpfen damit an die frühesten bekannten Kultstatuen an, die ebenfalls aus Holz gefertigt und den späteren Schriftstellern als *Xoana* geläufig waren.

Den Dreros-Figuren in den Proportionen vergleichbar ist die Elfenbeinstatuette einer jungen

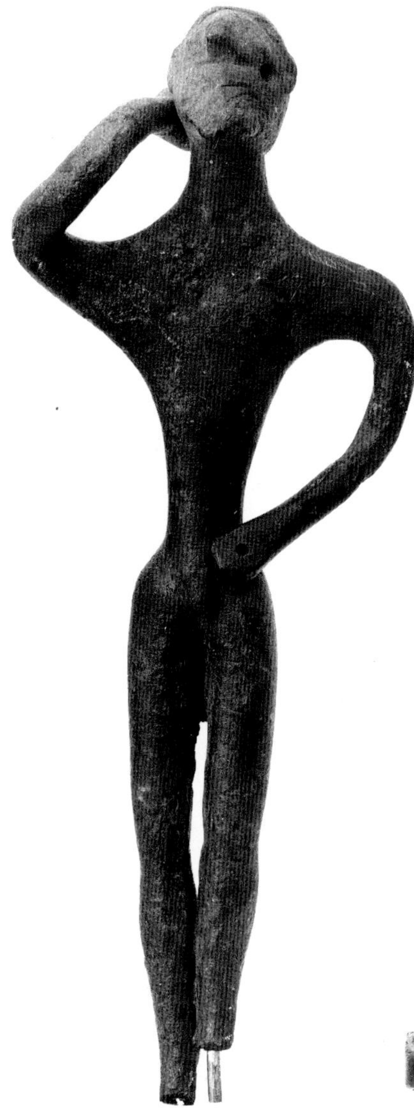

4.12 *oben* Krieger, von der Athener Akropolis. Um 750–700 v. Chr. Bronze. Höhe 21 cm. Athen, Nationalmuseum

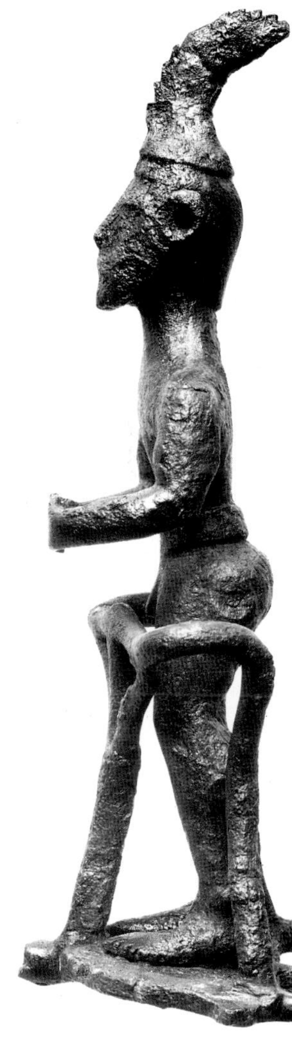

4.13 *rechts* Wagenlenker, aus Olympia. Um 750–700 v. Chr. Bronze. Höhe 14,5 cm. Olympia, Museum

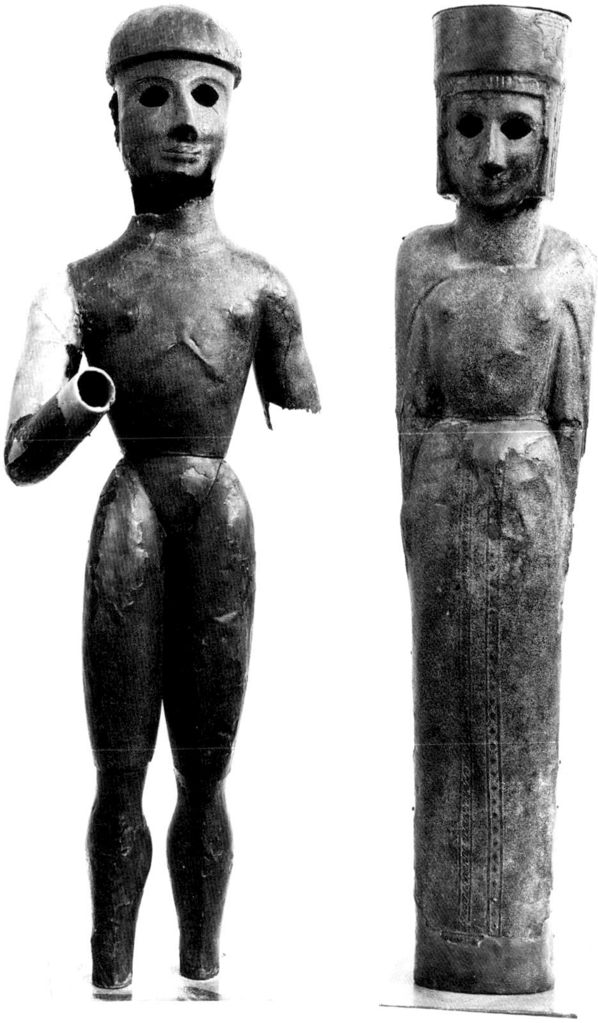

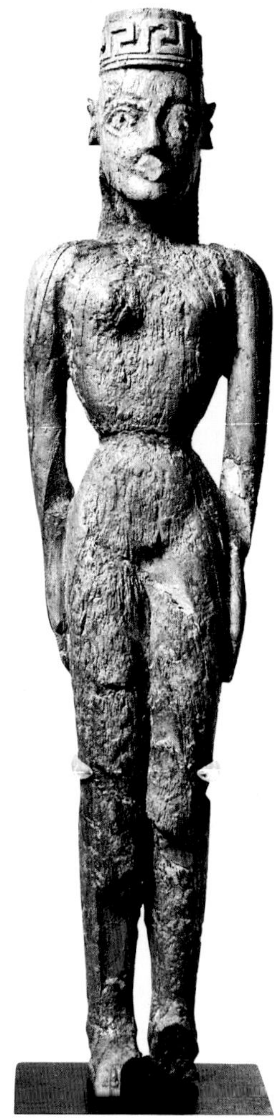

4.14 *oben* Statuetten, aus Dreros. Um 700 v. Chr. Bronze. Höhe (weiblich) 40 cm; (männlich) 80 cm. Heraklion/Kreta, Archäologisches Museum

4.15 *oben* Weibliche Figurine, aus Athen. Um 730 v. Chr. Elfenbein. Höhe 24 cm. Athen, Nationalmuseum

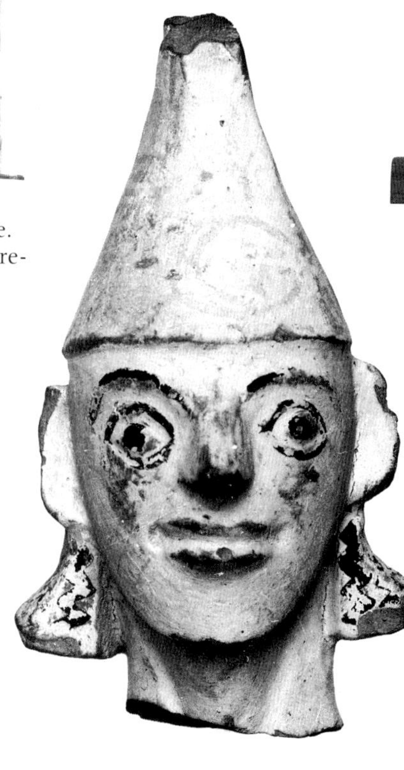

4.16 *rechts* Kopf eines Kriegers, aus Amyklai. Um 700 v. Chr. Terrakotta. Höhe 12 cm. Athen, Nationalmuseum

Frau (Abb. 4.15, um 730 v. Chr.), die gemeinsam mit vier weiteren Plastiken aus einem Grab in Athen geborgen wurde. Die Wiedereinführung von Elfenbein in Griechenland läßt auf Quellen aus dem Orient schließen, wie auch die Nacktheit der Figur, die der nahöstlichen Astarte nacheifert. Ihr langes Haar, der dreieckige Oberkörper, die scharfe Umrißlinie und der mit einem Mäander dekorierte *Polos* (Hut) verraten den Bildhauer jedoch als einen Griechen der geometrischen Zeit. Terrakotta zählte weiterhin zu den beliebtesten Materialien, wie der Kopf eines Kriegers aus Amyklai (Abb. 4.16) bei Sparta dokumentiert. Den konischen Helm schmückt ein Mäander, wie auch den Hut der Elfenbeinfigur aus Athen. Auch an anderer Stelle trug man Details mit Farbe auf.

Diese Darstellungen von Göttern und Gläubigen, ferner von Tieren wie Pferden und Stieren, die entweder an einen Sieg in den Spielen erinnern oder ein Opfertier symbolisch nachbilden, liefern erste Hinweise auf die Weiterentwicklung der Plastik nach dem Ende der Bronzezeit.

4.17 Protogeometrische Keramik aus der Kerameikos-Nekropole in Athen. Spätes 11./10. Jh. v. Chr. Höhe (*Skyphos*) 15,5 cm. Athen, Kerameikos - Museum

Keramik

Die mykenische Burg auf der Athener Akropolis blieb offensichtlich von den schlimmsten Zerstörungen am Ende der Bronzezeit verschont. Viele Flüchtlinge fanden ihren Weg nach Attika und Athen, und weiter über das Meer nach Kleinasien. In Athen zeichnen sich erste Neuerungen in der Keramikherstellung ab. Zahlreiche keramische Zeugnisse dieser Epoche wurden aus der Nekropole am *Kerameikos* (Abb. 8.34, S. 261) zutage gefördert. Der neue Stil, als der protogeometrische bekannt, tritt in Athen erstmals um 1050 v. Chr. auf und läßt sich bis um 900 v. Chr. nachweisen. Andernorts ahmte man ihn nach, wie in Argos und Böotien.

Die Formen der protogeometrischen Gefäße erinnern an die mykenischen; als bekannteste sind zu nennen die Amphora (zur Vorratshaltung), der Krater (ein Wein-Wasser-Mischgefäß), die *Oinochoe* (ein Gießgefäß) und verschiedene Tassen. Die schnell drehende Töpferscheibe fand Anwendung, wie an den klaren, hart abgesetzten Konturen abzulesen ist. Das Dekor war noch beschränkt. Gruppen konzentrischer Kreise und Halbkreise, die mit dem Zirkel gezogen wurden, ersetzten die freihändig aufgetragenen, länglichen Wellenlinien der submykenischen Muster. Zu vermerken sind fer-

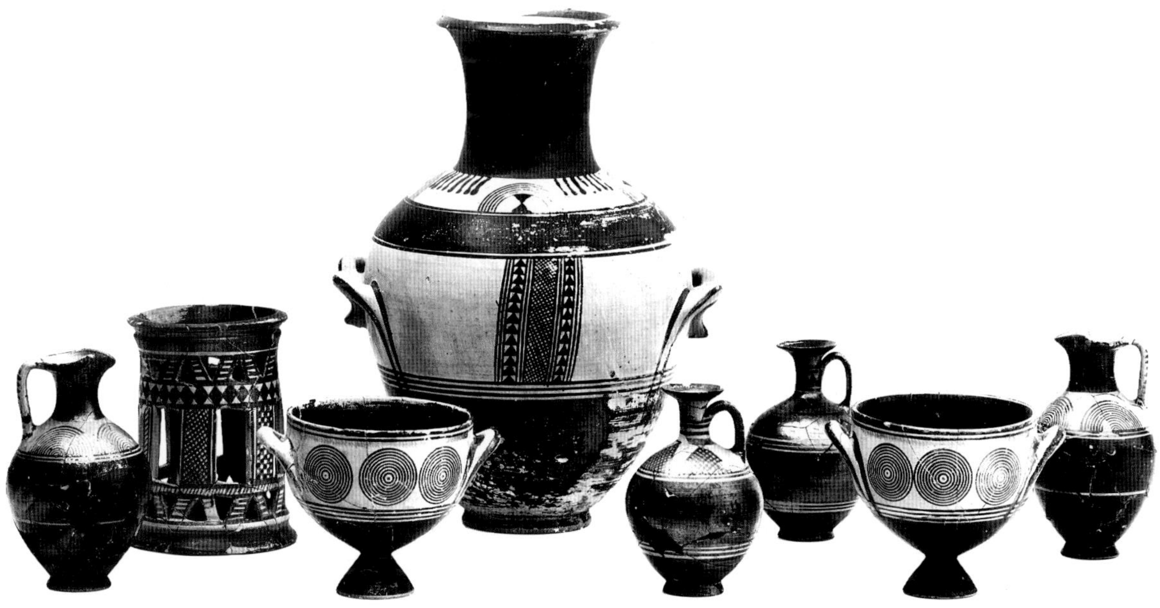

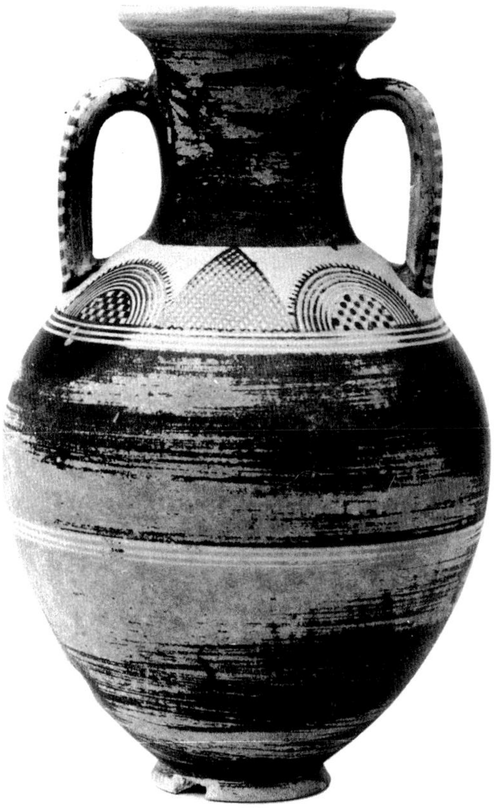

4.18 Protogeometrische Amphora, aus Lefkandi. 9. Jh. v. Chr. Eretria, Museum

ner schraffierte Dreiecke, Felder und symmetrisch zueinander angeordnete Zick-Zack-Linien. Das Dekor betont die Form. Eine plumpe attische Amphora aus Lefkandi (Abb. 4.18) überliefert den glänzenden schwarzen Überzug, den die protogeometrischen Vasenmaler verwendeten.

Der geometrische Stil entwickelte sich in den Jahren nach 900 v. Chr. aus dem protogeometrischen. Athen nahm abermals die Führungsposition ein, gefolgt von lokalen Werkstätten. Die durch ihre straffen, klaren Linien definierten Gefäßformen Amphora, Krater, Oinochoe und Tasse stellten weiterhin die wichtigsten Typen dar. Im Dekor dominiert der Mäander. In seinen verschiedenen Ausmaßen und Ausprägungen (Schlüsselmäander, Zinnenmäander) begleiteten ihn schraffierte und gewellte Rauten, Quadrate und Dreiecke. Man bemalte den gesamten Gefäßkörper entweder mit schwarzen Zonen, die geometrische Friese voneinander trennten, oder reihte diese einfach übereinander. Ein Grab aus dem 9. Jahrhundert v. Chr. auf der Athener Agora enthielt eine bemerkenswerte Gruppe von Gefäßen (Abb. 4.19 und 4.20). Eine große Amphora, die Knochen und Asche der Verstorbenen beherbergte, ist in ihren Bestandteilen – dem Fuß, dem Körper, dem Hals und der Lippe – durch das Dekor klar in Zonen unterteilt. Die Hauptzone, gefüllt mit verschiedenen Motiven in vertikalen Feldern, ordnete man zwischen den Henkeln an. Auf einer ungewöhnlichen Pyxis, die flüchtig mit Mäandern bemalt wurde, sitzen fünf bienenkorbförmige Objekte (Darstellungen von Getreidebehältern?) mit entsprechendem Dekor. Zudem wurden dem Grab über 50 weitere Gefäße entnommen, die das gesamte Typenrepertoire der geometrischen Keramik des 9. Jahrhunderts v . Chr. vor Augen führen.

Im 8. Jahrhundert v. Chr. setzten sich in der Vasenmalerei Menschen- und Tiermotive durch. Die Tiere – grasende Hirsche, fressende Vögel, liegende Ziegen – erscheinen in stilisierter Form und umziehen die Gefäßkörper wie abstrakte Friese. Sie stellen keine lebenden Wesen dar, sondern Muster. Zuletzt setzte man Gruppen menschlicher Figuren ein, die den Blickpunkt markierten. Es handelt sich um strichartige Schattenfiguren mit gelängten Beinen, dreieckigen Körpern und Farbtupfern anstelle der Köpfe (später malte man auch Augen ein). Die Klagenden in den Aufbahrungsszenen raufen sich das Haar zum Zeichen ihrer Trauer. Schilde verdecken die Körper der Wagenlenker auf scheinbar schwebenden Wagen. Die beiden Räder sind in einer merkwürdigen Perspektive wiedergegeben. Damit vergleichen lassen sich die stilisierten Pferde mit ihren zylindrischen Körpern und trompetenförmigen Köpfen, die die bronzenen Gegenstücke in Erinnerung rufen und wie diese mit vier Füßen abgebildet sind (Abb. 4.21).

Mehrere große Kessel dienten als Grabsteine. Sie wurden in einem Bereich der Kerameikos-Nekropole gefunden, der nach dem benachbarten Stadttor als Dipylon bezeichnet wird. Die Dipylon-Amphora (Abb. 4.25, S. 121) erreicht die monu-

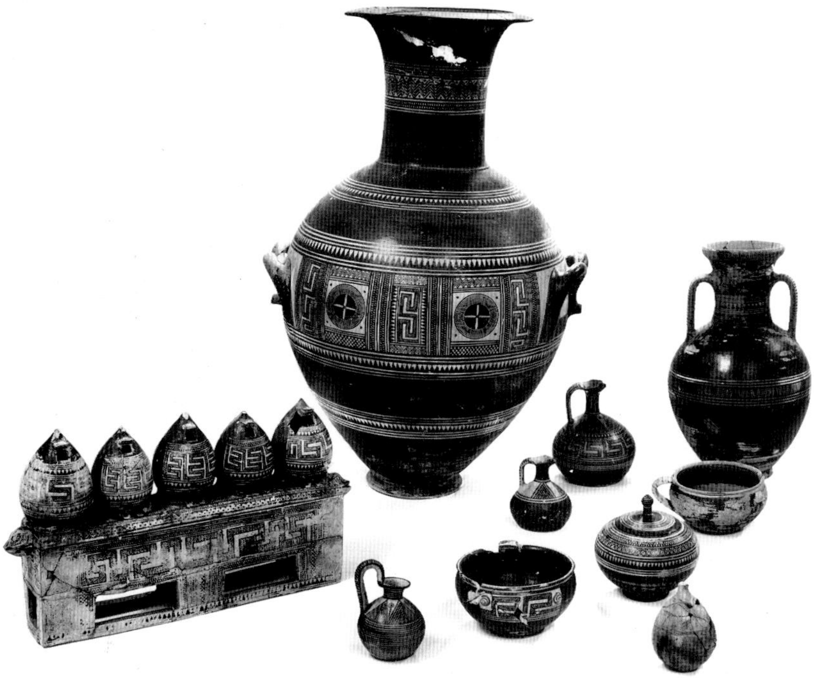

4.19 *links* Geometrische Keramik aus den Gräbern von Abb. 4.20. 9. Jh. v. Chr. Athen, Agora-Museum

4.20 *unten links* Brandbestattung mit geometrischer Keramik, Athen, Agora. 9. Jh. v. Chr.

4.21 *unten* Geometrischer Krater, aus der Dipylon-Nekropole in Athen. Um 750 v. Chr. Höhe 1,22 m. Athen, Nationalmuseum

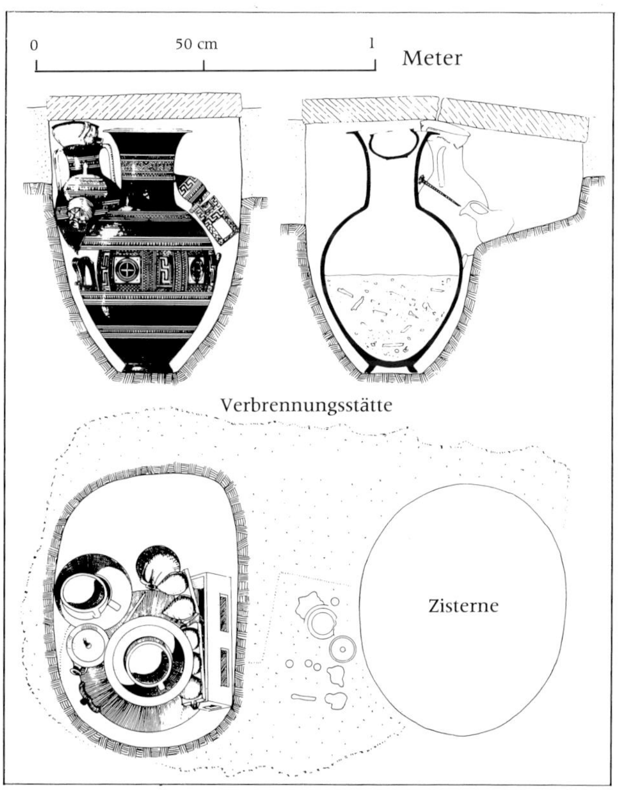

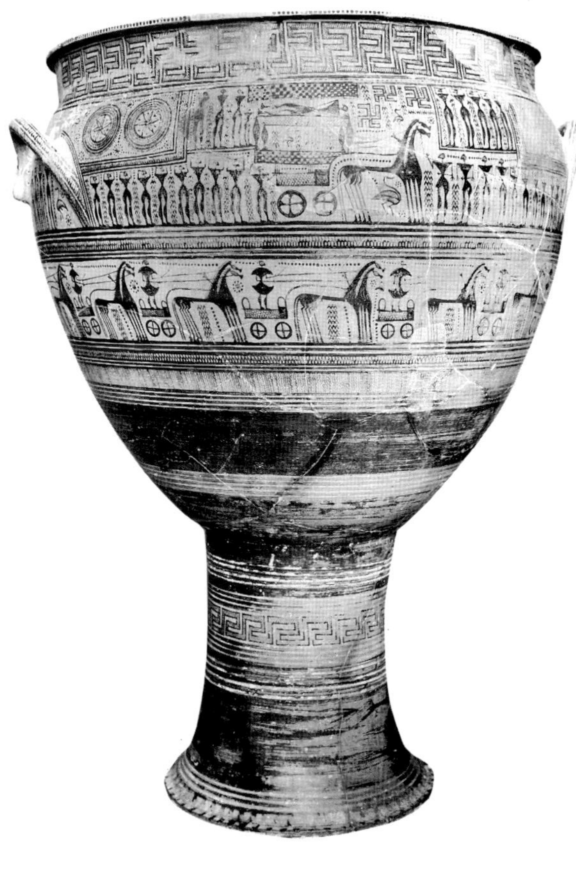

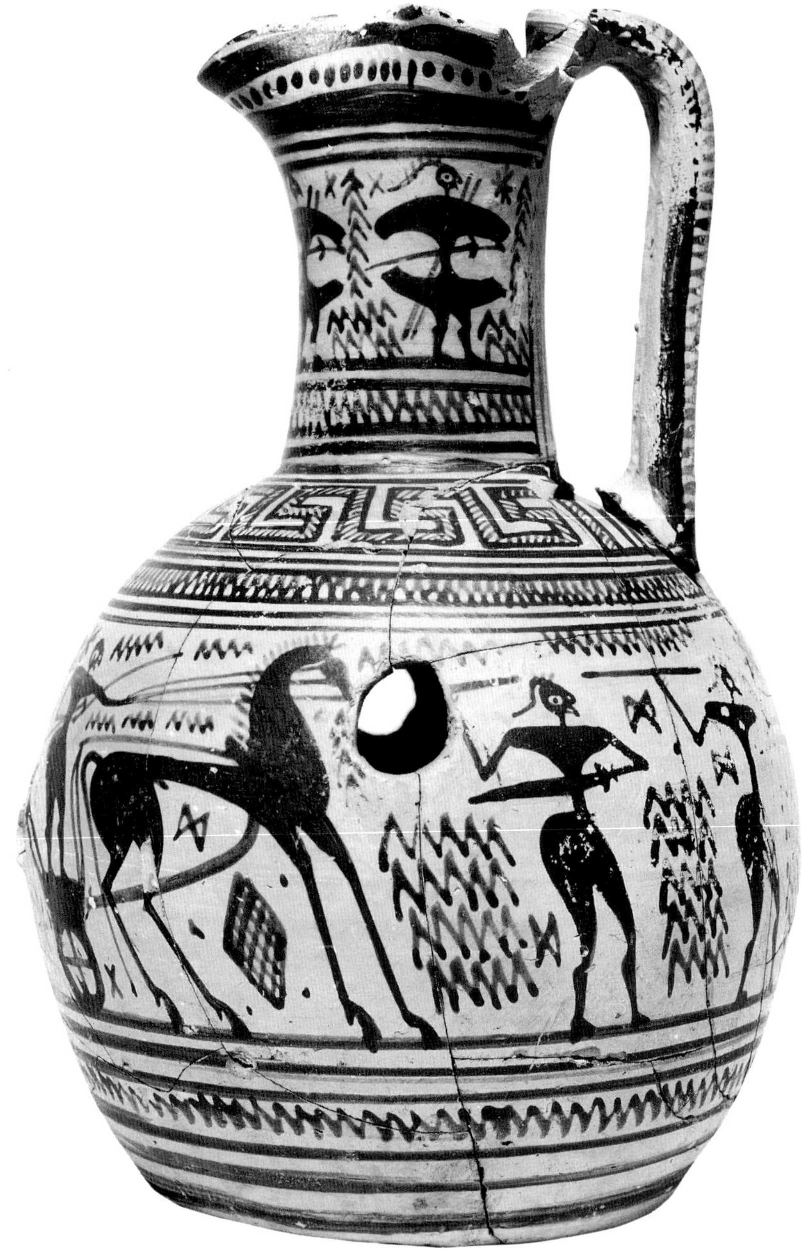

4.22 Geometrische Oinochoe aus einem Grab auf der Athener Agora. Um 730 v. Chr. Höhe 23 cm. Athen, Agora-Museum. Unten: Ausschnitt

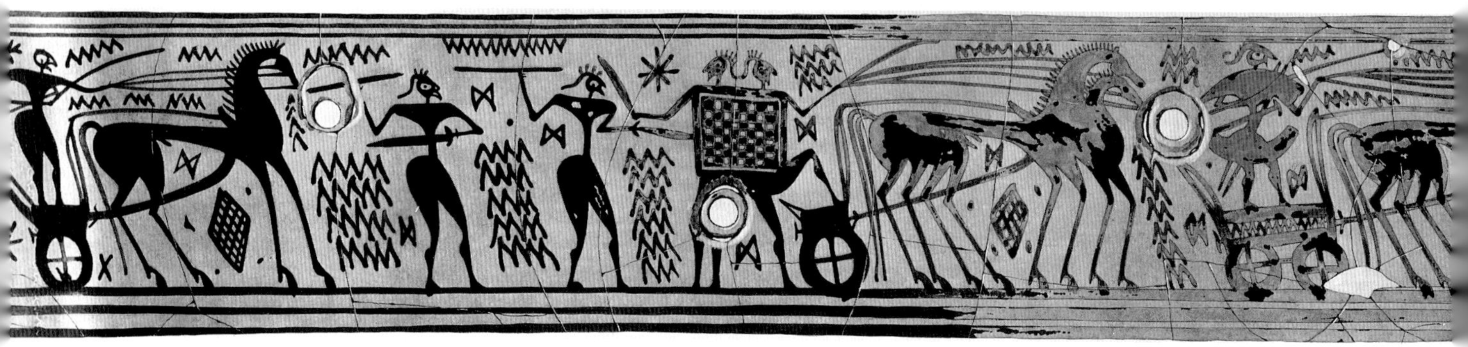

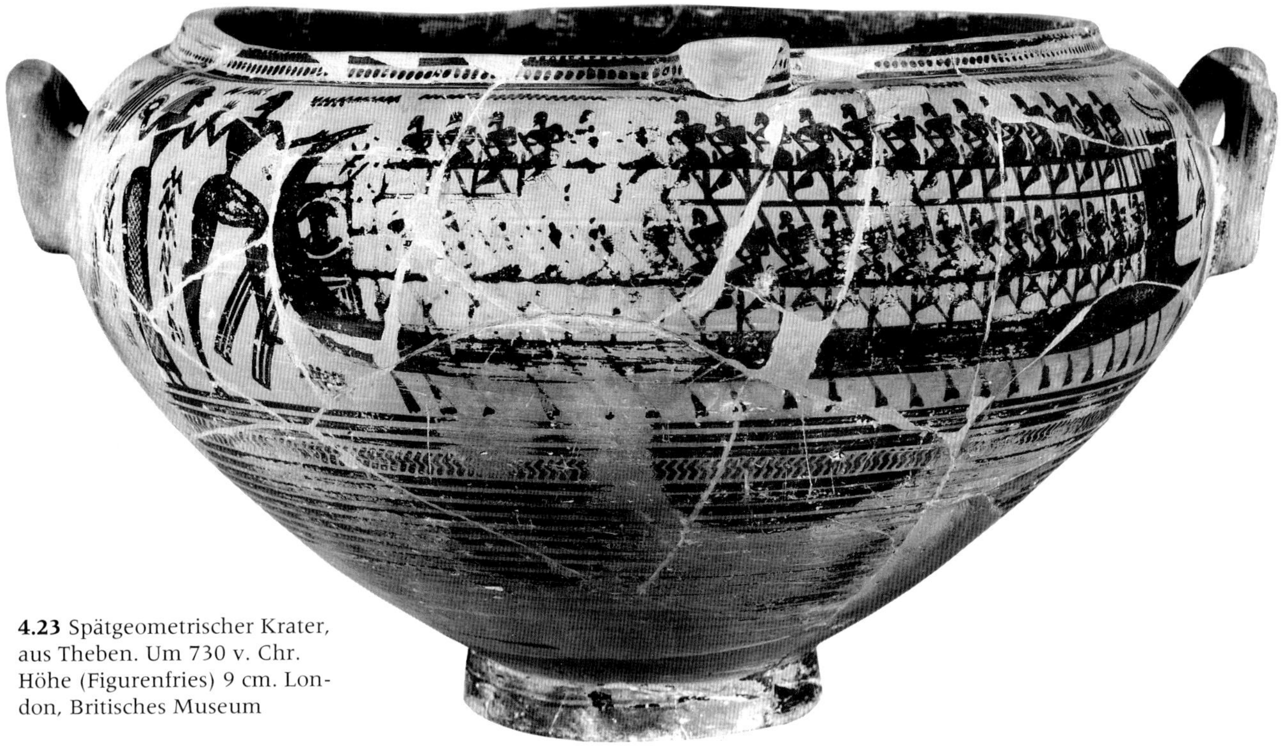

4.23 Spätgeometrischer Krater, aus Theben. Um 730 v. Chr. Höhe (Figurenfries) 9 cm. London, Britisches Museum

mentale Höhe von 1,55 m. Um den Fuß, die Lippe, den unteren Halsansatz und den Körper ziehen sich schwarze Streifen. Die restliche Oberfläche bedecken dekorative Friese mit geometrischen Mustern, Herden grasender Hirsche und liegender Ziegen. In dem Feld zwischen den Henkeln ist die Hauptszene untergebracht, die Prothesis, die Aufbahrung des Toten auf dem Totenbett. Das Leichentuch ist emporgehoben, um den Toten zu zeigen. Die deutlich voneinander abgegrenzten und reichlich von Ornamenten umgebenen Klagenden raufen sich die Haare. Köpfe und Beine gab der Maler im Profil wieder, die Körper in Frontalansicht. Das Thema war geläufig; andere beliebte Darstellungen zeigen Wagenkolonnen und Kriegsszenen.

Einige dieser Szenen leiten in den Erzählstil über. Auf einer Oinochoe aus einem Grab auf der Athener Agora (Abb. 4.22) sind »siamesische Krieger« abgebildet, die einen fahrenden Wagen besteigen. Siamesische Zwillinge treten in der Antike nur selten auf, so daß man versucht ist, die Darstellung als die der Molionischen Zwillinge zu interpretieren, auf die Homer (*Ilias* 11. 709–10) und Hesiod Bezug nehmen. Andere Bilder überliefern bekanntere mythologische Themen. Ein spätgeometrischer attischer Krater (Abb. 4.23) zeigt ein bemanntes Ruderboot. Eine männliche Gestalt ist im Begriff, an Bord zu gehen und hält mit der Rechten seine Begleiterin am Handgelenk fest. Handelt es sich um Theseus und Ariadne oder um Paris und Helena? Ist es eine Entführungs- oder Abschiedsszene? Die Deutung bleibt ungewiß.

Siedlungen im Mittelmeerraum

Falls die Moliones-Oinochoe tatsächlich auf die Welt der *Ilias* anspielt, könnten andere an die *Odyssee* erinnern. Ein Krater (Abb. 4.24) aus Pithekoussai auf der Insel Ischia nahe Neapel überliefert ein Schiffsunglück: ein gekentertes Boot, die zwischen Fischen treibende oder schwimmende Besatzung, und ein bedauerswerter Seemann, der von einem Hai verschlungen wird. Derartigen Katastrophen begegnen wir auch in Homers *Odyssee* (z. B. 7.249–52).

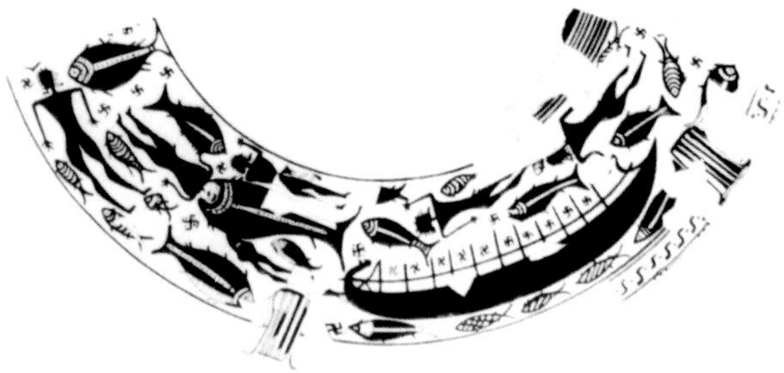

4.24 Ausschnitt eines geometrischen Kraters mit Schiffskatastrophe, aus Ischia/Italien. Um 725–700 v. Chr. Ischia, Museum

In Pithekoussai siedelten Griechen seit dem zweiten Viertel des 8. Jahrhunderts v. Chr. Soweit bekannt, handelt es sich hierbei um die früheste griechische Koloniestadt in Italien. Ägyptische Fayence-Objekte und Skarabäen, syrische Glaserzeugnisse, in aramäischer und phönizischer Sprache signierte Tongefäße bezeugen zudem die Anwesenheit von Auswanderern aus dem Nahen Osten. Bei den Ausgrabungen fand man Hinweise auf eine frühe Eisenverhüttung – Schlacke, Blasebalge und *Luppe* – und damit eine mögliche Erklärung für ihr Kommen. Eisen baute man auf dem etruskischen Elba im Norden ab, und Ischia war wohl der nächstgelegene Siedlungsplatz.

Den Siedlern in Pithekoussai folgten bald weitere. Gegenüber von Ischia, auf dem italienischen Festland, gründete man um 740 v. Chr. die Stadt Cumae. Auf Sizilien entstanden um 735 v. Chr. Naxos sowie Syrakus, das schon bald zur wichtigsten griechischen Metropole im Westen aufsteigen und im 5. Jahrhundert v. Chr. ein Rivale Athens werden sollte. Achaia und Troizen auf der Peloponnes gründeten um 720 v. Chr. die Kolonie Sybaris. Einige Spartaner ließen sich im letzten Jahrzehnt des Jahrhunderts in Taras nieder. Die griechischen Siedlungen auf Sizilien und in Süditalien waren derart zahlreich und so mächtig, daß man der Region den Namen *Magna Graecia* gab.

Die Suche nach Metallen war jedoch nicht der einzige Grund für die neuen Siedlungen. Die Bevölkerung wuchs und das Land wurde knapp, es herrschten Wassermangel und Hunger, und auch die oligarchischen Landesherren waren möglicherweise Anlaß zum Abwandern. Die neuen Siedler kamen nicht aus weitläufigen griechischen Landschaften wie etwa Thessalien, sondern aus Regionen, die zwischen Bergen und Meer eingezwängt waren: aus Korinth, Achaia und der Argolis sowie von den Inseln. Auch Handelsbeziehungen und die Suche nach neuen Ideen werden zu dieser Entscheidung beigetragen haben.

Die Griechen in Pithekoussai stammten von Euböa, und es waren die Euböer, die als erste begannen, ihre Umwelt zu entdecken. Sie zogen nach Osten und nach Westen. Auf ihrer Suche nach Handelspartnern hatten sie bereits im 9. Jahrhundert v. Chr. eine Niederlassung an der Mündung des Flusses Orontes in Syrien gegründet, Al Mina. Hier lebten sie und tauschten Waren mit den Zyprioten und anderen. Über Al Mina und vergleichbare kleine Städte in der Umgebung und in Kilikien flossen östliche Erzeugnisse und Ideen nach Griechenland. Im Laufe des 8. Jahrhunderts v. Chr. führte man neue Dekorstile ein, die sich gänzlich von den griechisch-geometrischen Produkten unterschieden. Auch scheinen sich östliche Künstler auf Kreta und in Griechenland niedergelassen zu haben, die bis daher unbekannte Materialien, Motive und Techniken mitbrachten. Neben den Neuerungen in der Metallverarbeitung, der Elfenbeinschnitzerei, der Keramik- und Schmuckherstellung führte man in Griechenland erstmals auch eine Buchstabenschrift semitischen Ursprungs ein. Diese könnte über ein Gebiet mit einer Mischpopulation nach Griechenland vorgedrungen sein, wie etwa über Pithekoussai im Westen. Bezeugt ist das Alphabet durch verwirrende lokale Inschriften sowie die Epen Homers, die aus mündlich überlieferten Geschichten in eine schriftliche Form gebracht wurden. Dieser starke orientalische Einfluß führte zu einem Wiedererwachen der griechischen Welt.

4.25 Geometrische Amphora, aus der Dipylon-Nekropole in Athen. Um 750 v. Chr. Höhe 1,55 m. Athen, Nationalmuseum

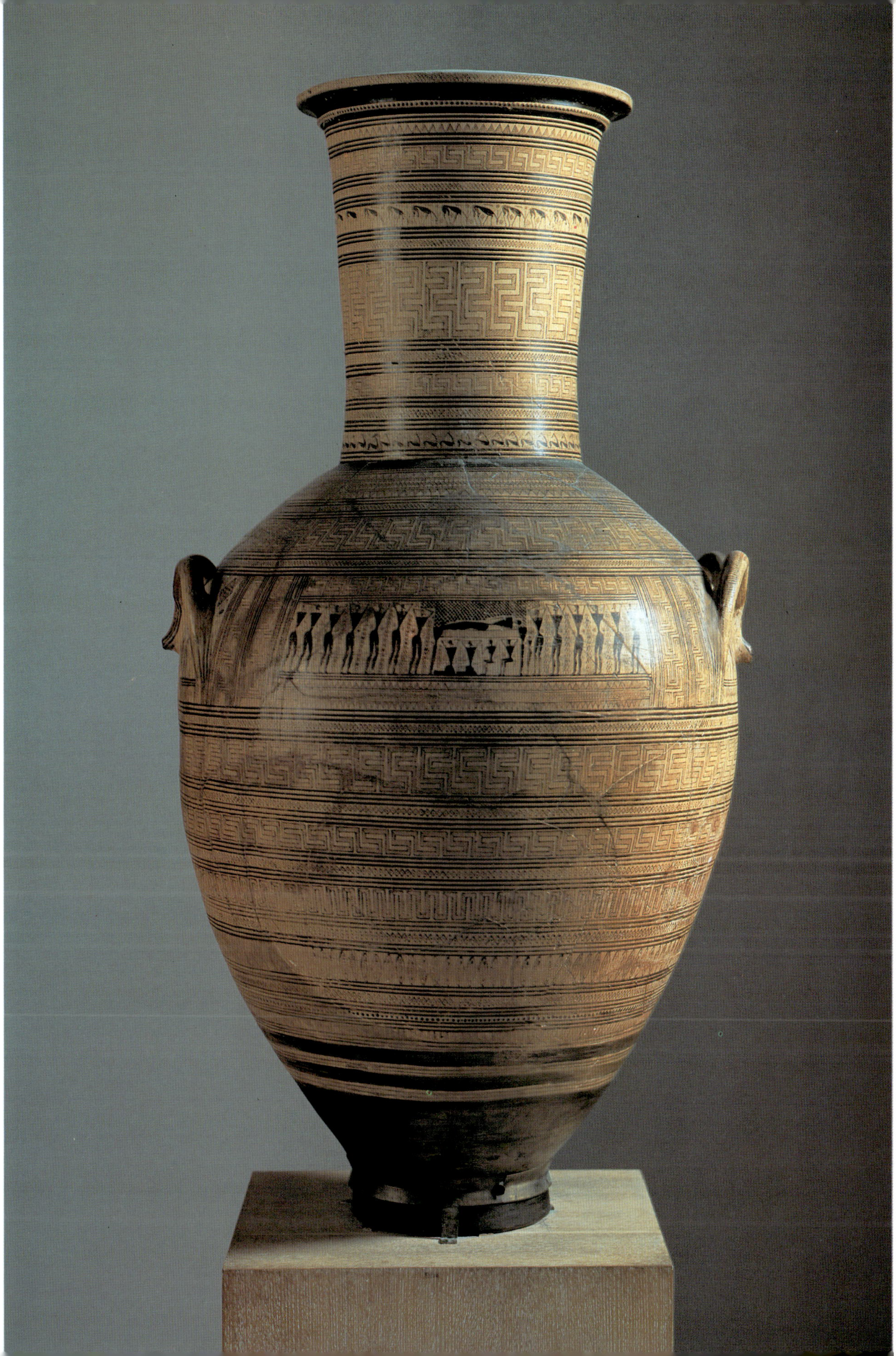

5

Die Orientalisierende Periode um 700–600 v. Chr.

Das Lebenstempo beschleunigte sich im 7. Jahrhundert v. Chr. Griechische Prosa und Poesie erwachten. Neue Techniken zur Bearbeitung von Rohstoffen brachten eine neue Art von Plastik hervor, eine neue Architektur und eine neue Metallurgie. Fremde Muster veränderten die griechische Keramik. Während des gesamten Jahrhunderts waren die Einflüsse aus dem Orient für Griechenland von größter Bedeutung. Der Begriff »Orientalisierende Periode« nimmt darauf Bezug. Auch ägyptisches Gedankengut drang in die Bereiche Architektur und Steinskulptur ein. Doch scheinen die Griechen diese Importe stets in ihre eigenen Proportionen, Formen und Muster umgesetzt zu haben.

Die Neugründung von Kolonien riß in der folgenden Epoche nicht ab, insbesondere nicht auf Sizilien und in Unteritalien. Man gründete das sizilische Gela, das unteritalische Poseidonia (Paestum), Kyrene in Libyen und Naukratis in Ägypten. Einige Griechen wanderten nordwärts an die Schwarzmeerküste, wo sie sich in Istros und Olbia niederließen.

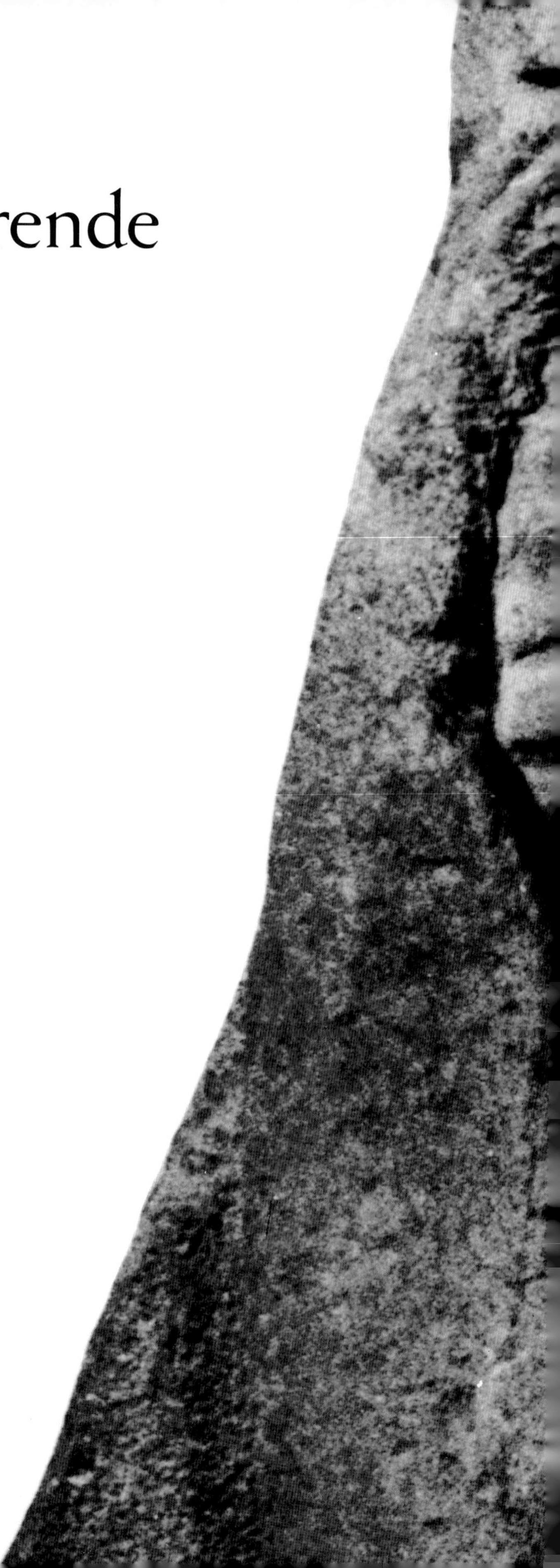

»Frau am Fenster«, Relief aus Mykene.
Detail von Abb. 5.28, S. 142. Athen, Nationalmuseum

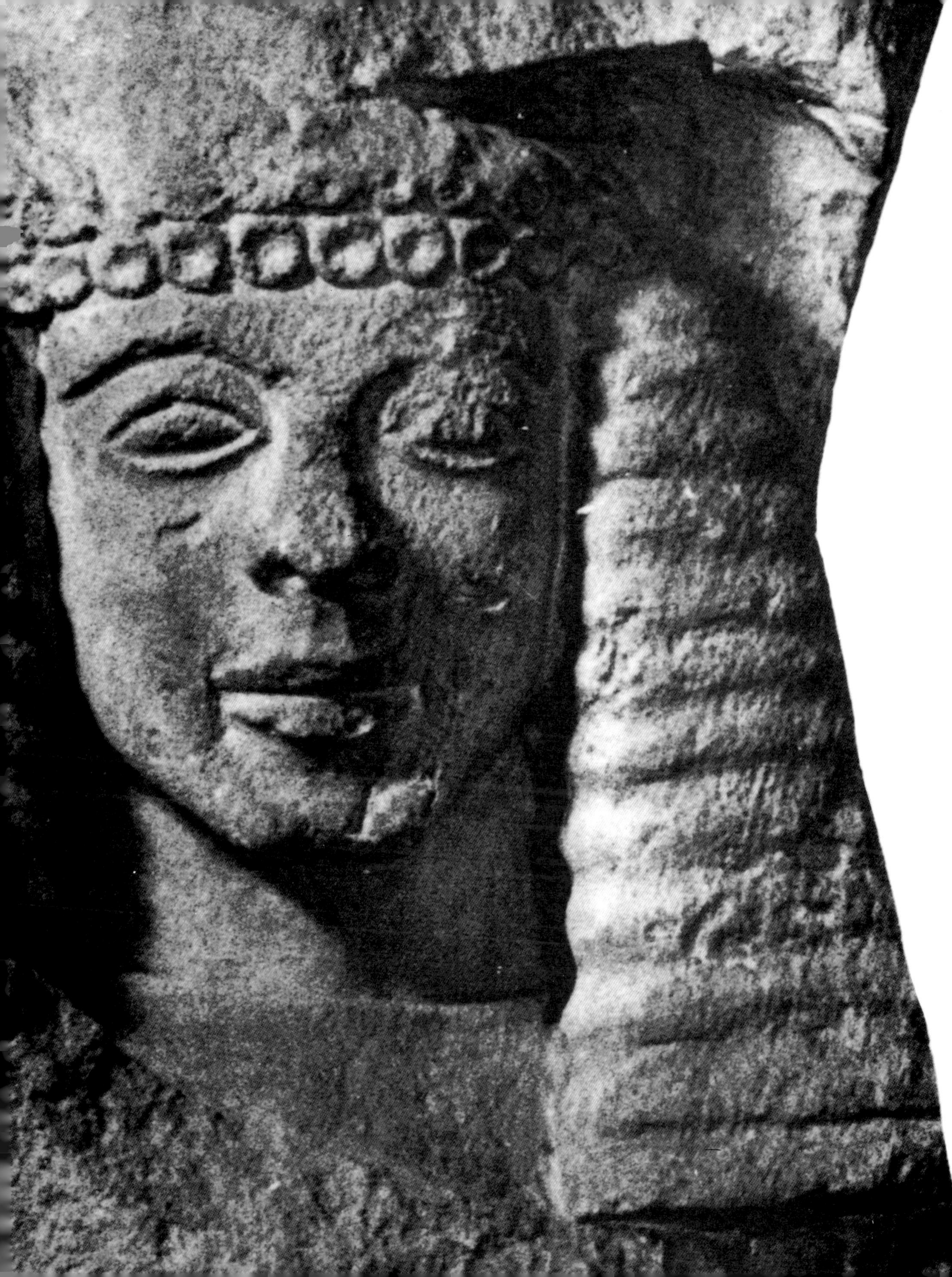

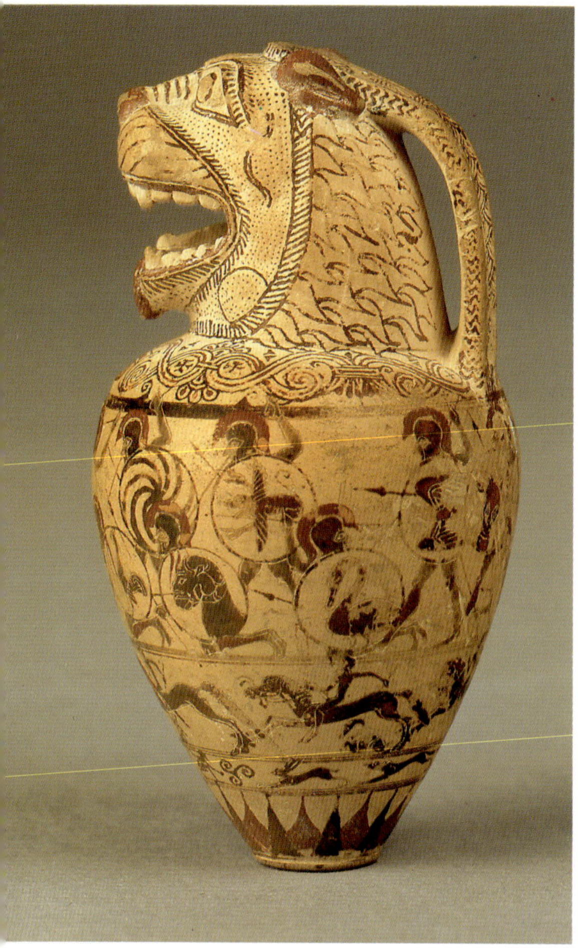

5.1 *oben* Protokorinthischer Aryballos, sog. Macmillan-Aryballos. Um 650 v. Chr. Höhe 7 cm. London, Britisches Museum

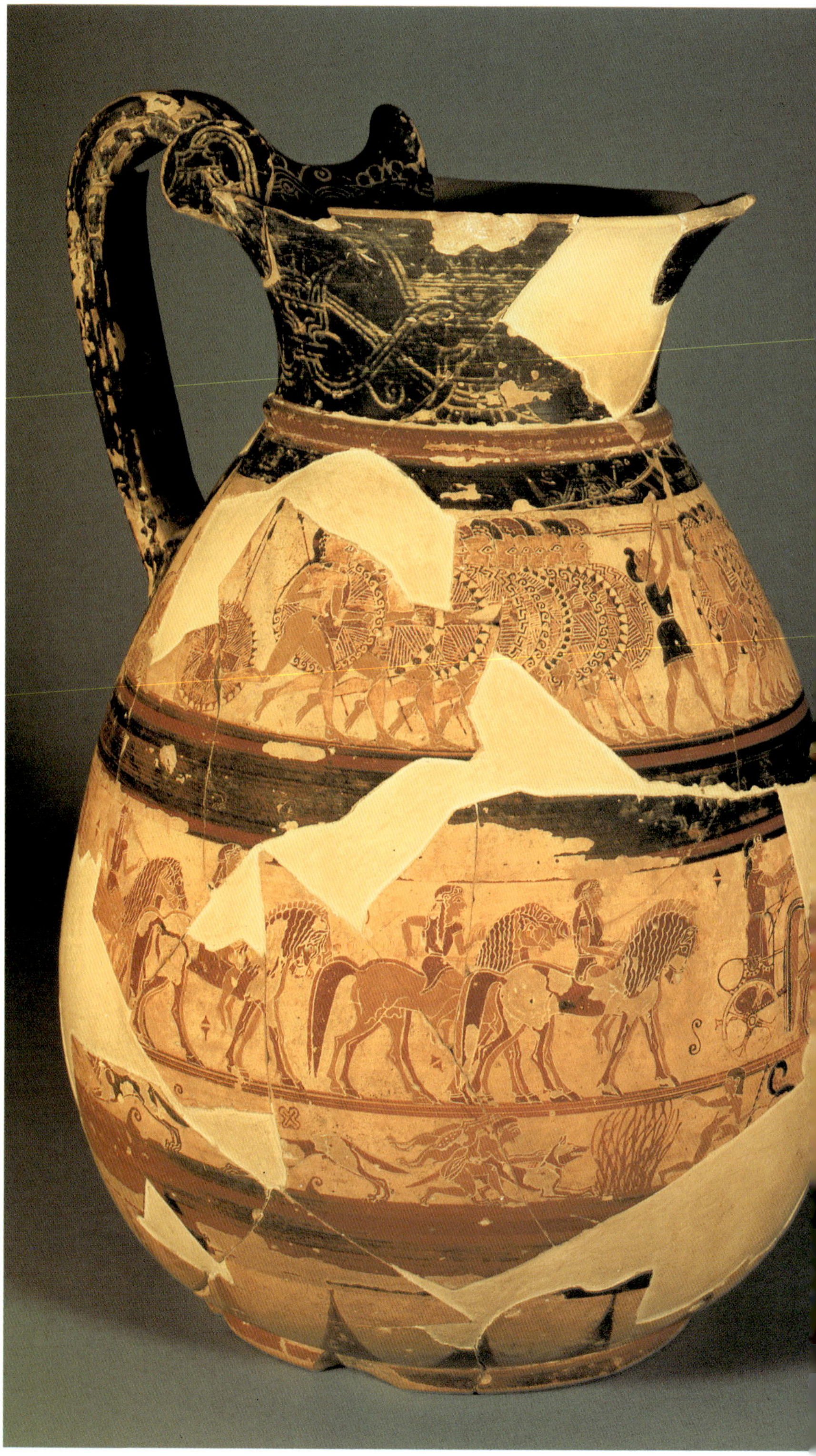

5.2 *rechts* Protokorinthische Olpe, sog. Chigi-Kanne. Um 650 v. Chr. Höhe 26 cm. Rom, Villa-Giulia-Museum

Die Griechen im Mutterland fanden sich in einzelnen geographischen Zonen zusammen, in denen sich Städte und Umland zu einer Institution, der »Polis«, dem Stadtstaat, formierten. Während des 7. Jahrhunderts v. Chr. fielen mehrere Poleis in die Hände einzelner Herrscher, der sogenannten »Tyrannen«, eine Bezeichnung, die für die Griechen zunächst keinen negativen Beigeschmack hatte. Ein Tyrann war ein mächtiger Alleinherrscher, der die konstitutionelle und militärische Macht innehatte. Viele Staaten, etwa Korinth, blüten unter der Regierung der Tyrannen auf. Handel, Produktion und öffentliche Arbeiten wurden vorangetrieben. Gleichzeitig wetteiferten die griechischen Stadtstaaten untereinander, vor allem mit ihren Nachbarn, um Land und Geschäft. Dies führte zu Bündnissen zwischen weiter entfernten Städten. Im wachsenden Konkurrenzkampf, Mißtrauen und Neid lagen die Wurzeln der langen Rivalität zwischen Athen und Sparta.

Orientalisches Gedankengut beeinflußte vor allem die Gestaltung der Gefäße. Die Chronologie der protokorinthischen (um 725–625 v. Chr.) und korinthischen (um 625–550 v. Chr.) Keramik ist das Schlüsselelement in der Datierung der orientalisierenden und früharchaischen Periode.

Keramik

Scherben stellen die größte Fundgruppe dar, die auf Ausgrabungen zutage gefördert wird. Da Keramik leicht zerbricht und dann keinen eigentlichen Wert mehr besitzt, warf man sie weg. Neben ihrer praktischen Funktion hatten die Tongefäße für die Griechen auch ideellen Wert. Hochgeschätzte Stücke wurden den Toten in ihre Gräber mitgegeben, ebenso zu diesem Zweck neu angefertigte, gröbere Ware. Bei Grabungen in antiken Friedhöfen konnten darum auch unbeschädigte Vasen geborgen werden. Durch die Untersuchung der Scherben sowie der intakten Töpfe und mit ihrer Einordnung nach Form und Dekor gelang es, die Entwicklung von Stil und Technik nachzuzeichnen. Durch die Analyse der Fundschichten sind wir in der Lage, ungefähre Herstellungsdaten zu ermitteln und somit auch den Kontext wiederherzustellen. Zwischen 700–500 v. Chr. liegt die Fehlerspanne in der Datierung von Tongefäßen zwischen 10 und 25 Jahren. Für die Archäologen stellen sie folglich das wichtigste Hilfsmittel zur zeitlichen Bestimmung dar. Doch geben die Gefäße auch Auskunft über ihren Verwendungszweck – als Vorrats-, Misch-, Gieß-, Trinkbehälter usw. – und enthüllen damit soziale und wirtschaftliche Verhältnisse. Sie informieren uns über Vasenmaler, ihre Werkstätten, ihr Warensortiment, die Entwicklung eines lokalen Stils und Geschmacks sowie die Beliebtheit verschiedener Bildmotive.

Orientalisierende Einflüsse in der Vasenmalerei können in Korinth bereits im 8. Jahrhundert v. Chr. nachgewiesen werden. Einige Keramiken exportierte man in den griechischen Westen (nach Sizilien und Unteritalien). Die Entdeckung protokorinthischer und korinthischer Scherben in den untersten Schichten der Koloniestädte ermöglichte es, die eingeführten Typen zu datieren. Als Ausgangspunkt der Chronologie wird das VI. Buch des im 5. Jahrhundert v. Chr. lebenden Historikers Thukydides herangezogen, das von den Koloniegründungen (Syrakus, Naxos, Megara Hyblaia, Leontinoi und andere) berichtet. Thukydides (VI. 3-5) überliefert die Gründungsdaten in voneinander abhängigen Zahlen (z. B. Syrakus wurde ein Jahr nach Naxos besiedelt). Im Bericht über den Angriff des syrakusischen Tyrannen Gelon auf Megara Hyblaia etwa – der nach der Aussage anderer Quellen um 483 v. Chr. erfolgte – erwähnt er, daß die Einwohner schon seit 245 Jahren dort leben. Das Gründungsdatum von Megara Hyblaia wird damit auf etwa 728 v. Chr. festgelegt. Die Grundsteinlegung von Syrakus, 733 v. Chr., die auf demselben Weg zu ermitteln ist, wird durch andere Quellen bestätigt. Die Keramik in der untersten Schicht in Syrakus ist in einer der ersten Phasen des protokorinthischen Stils gestaltet. Diese Schaffensperiode kann folglich in Analogie zum Gründungsdatum der Kolonie auf die Jahre um 725–700 v. Chr. datiert werden.

KORINTH

Im 8. Jahrhundert v. Chr. stellte man in Korinth Keramik im geometrischen Stil her. Auf figürliches Dekor wurde verzichtet, und eine Langlebigkeit, wie sie etwa der attisch-geometrischen Ware zu

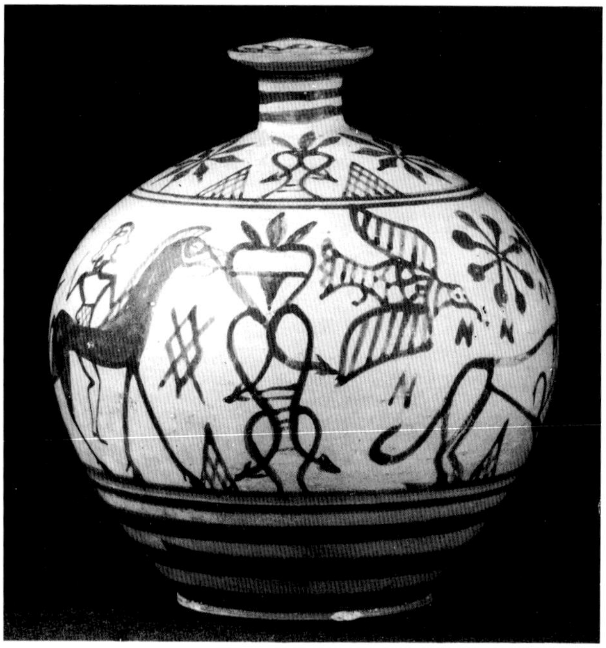

5.3 Protokorinthischer Aryballos. Um 720 v. Chr. Höhe 6,8 cm. London, Britisches Museum

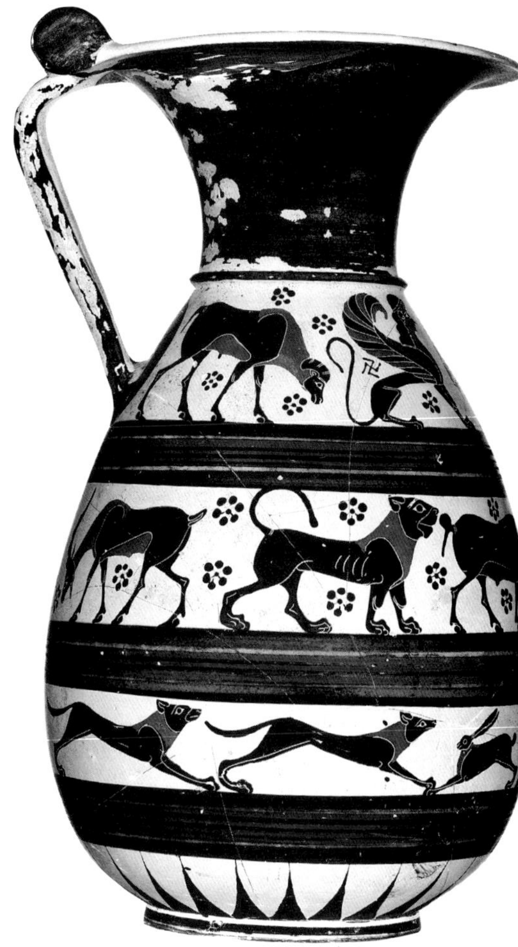

5.4 Protokorinthische Olpe. Um 650–625 v. Chr. Höhe 32 cm. München, Staatliche Antikensammlungen

eigen ist, ist hier nicht zu verzeichnen. Die korinthischen Vasenmaler zeigten sich gegenüber Innovationen offener als die Athener. Ihre Stadt, die Häfen östlich und westlich des Isthmos besaß, befand sich in einer privilegierten Lage für Kommunikation und Handel. Orientalische Motive tauchen in Korinth um 725 v. Chr. auf. Der Keramikstil, in dem dies erstmals deutlich wird, wird der protokorinthische genannt (der Vorläufer des »reifkorinthischen« Stils). An ihm hielt man während der nächsten hundert Jahre fest.

Zu den gängigsten Formen der protokorinthischen Ware zählten der *Aryballos* (ein Parfüm- oder Ölflacon), die *Olpe* (ein breitlippiger Krug), die Oinochoe (ein weiteres Gießgefäß) und die *Kotyle* (eine Tasse). Die orientalisierenden Motive schließen Pflanzen- und Blumenmuster ein, ferner Tiere jeder Art und Größe. Bezeugt sind »Panther« (löwenartige Katzen mit frontal abgebildetem Kopf), Löwen, Eber, Stiere, Vögel, Hunde, Gänse, Hasen und Mischwesen (z. B. die Sirene, ein Vogel mit Frauenkopf). Als Füllornamente setzte man gepunktete Rosetten ein. Anfangs zeichnete man die Figuren entweder auf altmodische Weise im geometrischen Schattenstil oder nur als Umrißlinie. Ein Aryballos (Abb. 5.3) aus dem letzten Viertel des 8. Jahrhunderts v. Chr. zeigt einen mittig positionierten, aus gebogenen Linien zusammengefügten stilisierten Lebensbaum, den ein schattenhaft dargestelltes Pferd, ein nur im Umriß gezeichneter Reiter und ein Vogel flankieren. Auch die umlaufenden Streifen am Fuß des Gefäßes und die schraffierten Dreiecke, die von den Standlinien der Bauch- und Schulterzone emporragen, stehen noch in geometrischer Tradition.

Später trug man alle Figuren als schwarze Silhouette auf den rötlichen Ton auf. Anatomische Details ritzte man mit einem nadelähnlichen

Werkzeug ein. In den dünnen, scharfen Linien blieb die Farbe des Tones sichtbar. Die besondere Betonung einzelner Kompartimente übernahmen in rot und weiß aufgesetzte Felder. Diese Technik nennt man *schwarzfigurig.* Ihre Wirkung erzielte sie über die klaren, scharfen Muster, die präzisen Umrisse und die Farbeffekte. Eine um 650 v. Chr. gefertigte Olpe (Abb. 5.4) führt die Charakteristika der schwarzfigurigen Tiere vor Augen, die getupften Füllrosetten und die stehenden Dreiecke am unteren Gefäßbauch.

Menschliche Figuren erscheinen auf den Vasen wesentlich seltener als Tiere. Zwei Gefäße aus der Mitte des 7. Jahrhunderts v. Chr. zeigen Krieger im Kampf. Mit ihnen mag der Höhepunkt des protokorinthischen Stils erreicht sein. Der sogenannte Macmillan-Aryballos (Abb. 5.1, S. 124) erreicht nur eine Höhe von 7 cm. Der obere Gefäßteil ist als Löwenkopf gestaltet, darunter befinden sich fünf Dekorregister. Die Schulter zieren geschwungene Ranken, die Bauchzone füllen schreitende und fallende Krieger, ein Reiterzug, Hasen und Windhunde. Die Fußzone verzieren aufrecht stehende Dreiecke. Alle Figuren befinden sich auf derselben Ebene, nichts deutet auf eine Perspektive hin. Die Chigi-Kanne (Abb. 5.2), heute im Museum der Villa Giulia in Rom, ist mit ihren 26 cm etwas höher. Das beschädigte polychrome Bildfeld ist in drei Register unterteilt. Das unterste zeigt eine Szene mit Menschen, Windhunden und Hasen. Darüber grenzen Sphingen einen Fries mit Wagen, Reitern und einer Löwenjagd auf der einen und eine leider sehr zerstörte mythologische Szene, dem Parisurteil, auf der anderen Gefäßseite voneinander ab. Festgehalten wird der Blick von der Hauptszene auf der Schulter. Griechen kämpfen gegen Griechen: Schwer bewaffnete Fußsoldaten *(Hopliten)* mit geschmückten, wangenbedeckenden Helmen, bronzenen *Brustharnischen* und *Beinschienen,* Speeren und heraldisch bemalten Schilden werden von einem Flötenspieler (einem Jungen?) angefeuert. Weitere Hopliten folgen. Gelbe, rote und weiße Farbaufträge sind festzustellen. Die Fülle der eingeritzten Details macht die Vase zu einem Prunkstück. Aus dem Bild herauszulesen sind wichtige Anhaltspunkte zur Militärgeschichte, zeigt die Vase doch die Überlegenheit der ausgebildeten Fußsoldaten gegenüber der Kavallerie. Wichtiger jedoch: Die Kanne stellt sowohl von technischer, als auch von stilistischer Seite her gesehen das hochrangigste Zeugnis der protokorinthischen Vasenmalerei dar.

Um 625 v. Chr. löste der »reif-korinthische« Stil den protokorinthischen ab. Orientalisierende Tiere und Mischwesen behielt man im Dekor bei, die Fabelwesen wurden jedoch größer und weniger sorgfältig wiedergegeben. Verstreut aufgetragene Splitterrosetten ersetzen die getupften Füllornamente (Abb. 5.5). Die erste Phase des korinthischen Stils war sehr verbreitet und wurde weithin kopiert.

5.5 Frühe korinthische Tierstil-Amphora. Um 625–600 v. Chr. Höhe 35 cm. London, Britisches Museum

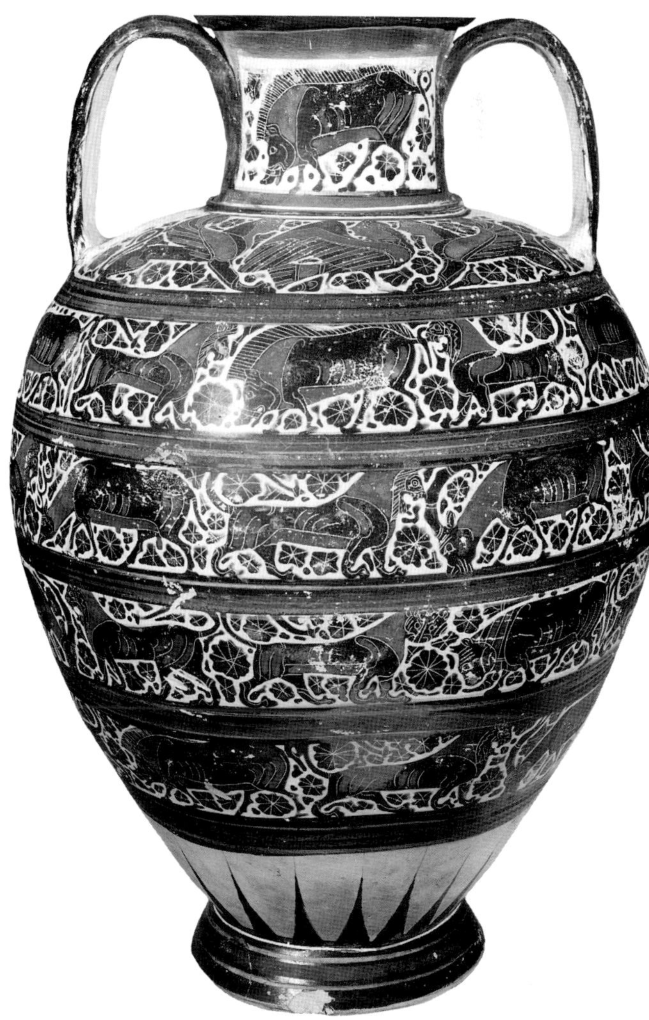

ATHEN

Die orientalisierende Keramik Athens nennt man die »protoattische«. Die schwarzfigurige Technik aus Korinth wurde hier nicht vor dem Ende des Jahrhunderts eingeführt, auch erreichte die Ware nicht die Popularität, die der protokorinthischen vergleichbar gewesen wäre. Exporte sind kaum zu verzeichnen. Amphora und Krater zählen neben Oinochoe und *Skyphos* (eine zweihenkelige Trinkschale) zu den wichtigsten Formen. Kleinere, geschlossene Gefäße importierte man aus Korinth, was die lokale Produktion hemmte. Die gemalten Szenen sind größer als im Protokorinthischen und knüpfen an den monumentalen Maßstab der attisch-geometrischen Tradition an. Das Spektrum östlicher Tiere und Fabelwesen hatte man reduziert. Die Vasenmaler legten mehr Wert auf menschliche Figuren und die Möglichkeit, Geschichten zu erzählen und Genreszenen wiederzugeben.

Eine um 700–675 v. Chr. gefertigte Amphora des Anatalos-Malers (Abb. 5.6), so benannt nach dem Fundort einer von ihm bemalten Vase, dokumentiert den frühen protoattischen Stil. Unter der Lippe ist ein Fries mit unbeholfenen Sphingen (man beachte die Hinterbeine!) angebracht. Aufgetragen sind sie teilweise als Silhouette, teils in Umrißlinien. Umgeben werden sie von Füllornamenten, die in ihrer Dichte an die geometrische Ware erinnern. Eine zweite Figurenszene auf dem gelängten Hals zeigt männliche und weibliche Tänzer sowie einen Flötisten. Im dritten Register ist ein Wagenzug abgebildet, ein Motiv, das schon während der Geometrischen Periode anzutreffen war und hier durch Ritzlinien in den Pferdemähnen modernisiert wurde. Weitere Elemente erinnern an den geometrischen Stil – die langen Beine, kantigen Körper und die Felder der Füllornamente –, während andere, wie das mythologische Fabelwesen, die Umrißzeichnung, Rosetten und Spiralen, eher dem 7. Jahrhundert v. Chr. angepaßt sind.

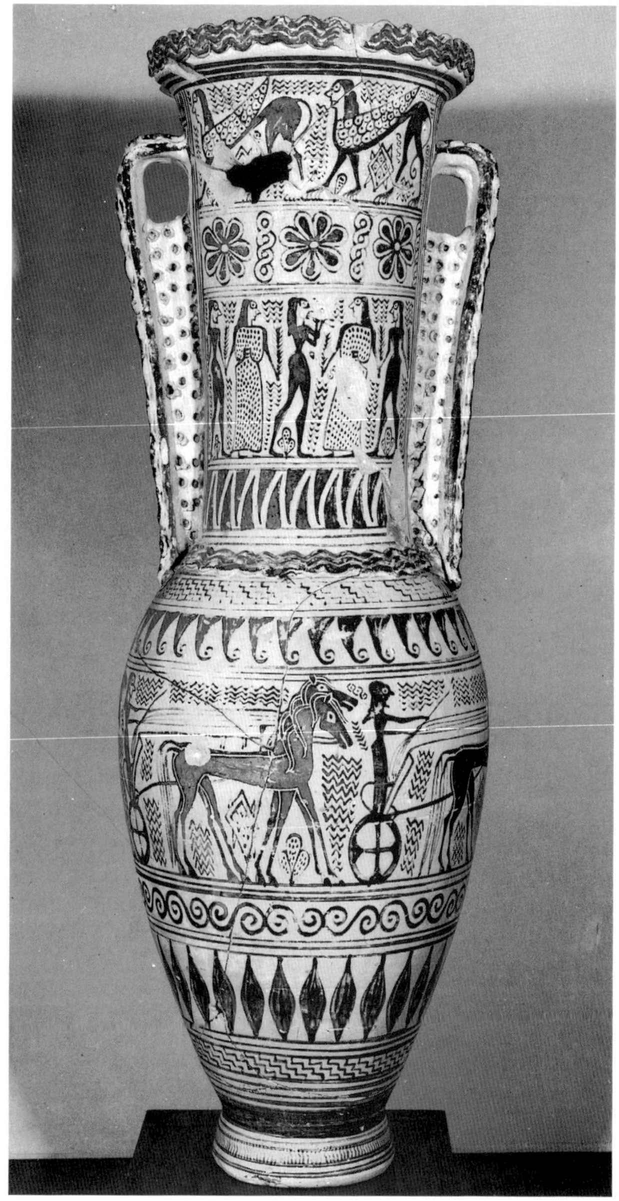

5.6 Protoattische Amphora des Analatos-Malers. Um 700–675 v. Chr. Höhe 80 cm. Paris, Louvre

Mit dem fortschreitenden Jahrhundert stieg das Interesse an der Mythologie. Die große, um 650 v. Chr. bemalte sogenannte Eleusis-Amphora (Abb. 5.7) schildert im Hauptfries auf dem Bauch die Verfolgung der Gorgonen durch Perseus. Der Held hat soeben die Meduse geköpft und macht sich mit ihrem Haupt davon. Perseus und Athena, die die anderen Gorgonen aufhält, sind nur in Fragmenten auf uns gekommen. Die Gorgonen erscheinen majestätisch. Gezeichnet als Umrißlinie mit hinzugefügten weißen Farbfeldern sind ihre Zähne und die schlangenumwundenen Köpfe und Körper sichtbar. Frontal wiedergegeben mit im

Profil gezeigten Beinen rücken sie im Gleichschritt auf der Grundlinie vor. Die Szene illustriert einen wohlbekannten Mythos, der jedem Griechen im 7. Jahrhundert v. Chr. geläufig war, überliefert er doch die Botschaft von einem griechischen Helden, der über die Welt der feindseligen Monstren triumphiert hatte. Eine Kampfszene zwischen Eber und Löwe ziert die Schulter. Auf dem Hals blenden Odysseus und seine Gefährten den Polyphem, einen Kyklopen, der sie in seiner Höhle gefangen gehalten hatte (Homer, *Odyssee* 9.870 ff.). Die literarische Quelle ist offensichtlich. Die geometrischen Wurzeln sind noch in der Silhouettenmalerei der Figuren zu erkennen. Andererseits sind der Körper des Odysseus und die Gesichter seiner Kameraden mit weißer Farbe hervorgehoben. Das Gesicht des Polyphem erscheint tongrundig. Durch Ritzlinien differenzierte der Künstler Finger, Zehen und den Bart des Kyklopen. Füllornamente spielen nur eine untergeordnete Rolle. Das Bild kombiniert zwei Episoden: Polyphem heult auf, als der Pfahl sein Auge durchdringt. Dabei hält er noch den Weinbecher in der Hand, mit dem ihn die Griechen betrunken machten, um ihn während des Schlafes zu blenden. Verschiedene zeitgleiche Ereignisse sind miteinander verknüpft. Die Amphora zeigt damit zwei erzählende Szenen, eine auf dem Bauch und eine auf dem Hals. So unbeholfen die Bilder auch gemalt sind, die Kompositionen der großen Figuren sind wohldurchdacht und verweisen damit auf eine bereits existente Tradition der erzählenden Wand- oder Tafelmalerei. Diese Amphora diente, wie viele ihrer Vorgänger im 8. Jahrhundert v. Chr., zu Begräbniszwecken. Darin war ein Kind bestattet. Hatte man auch die Bildthemen speziell für diese Situation ausgewählt?

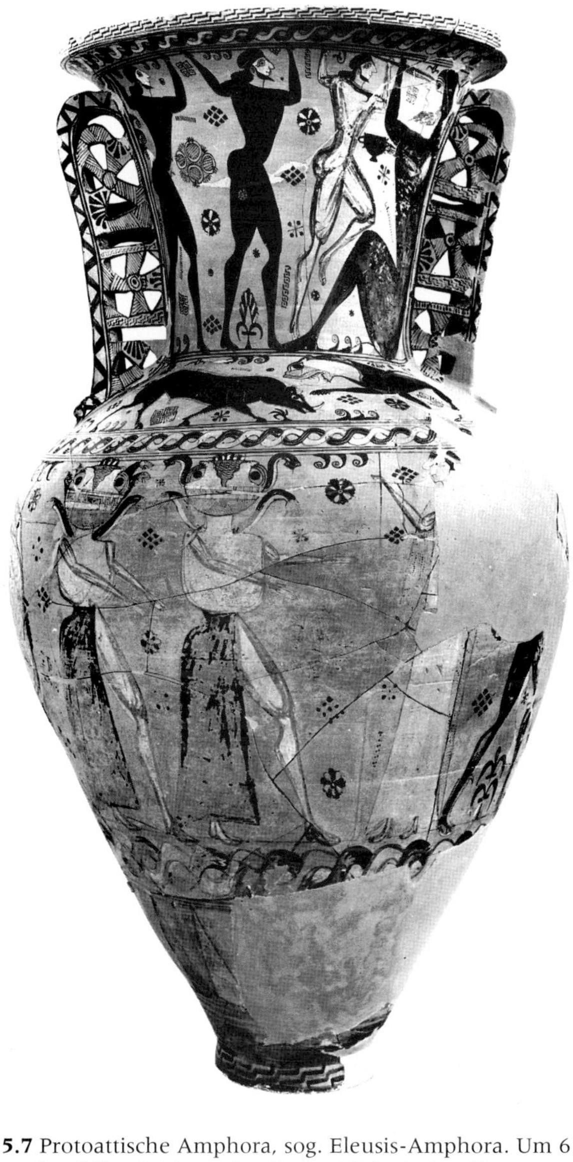

5.7 Protoattische Amphora, sog. Eleusis-Amphora. Um 650 v. Chr. Höhe 1,44 m. Eleusis, Archäologisches Museum

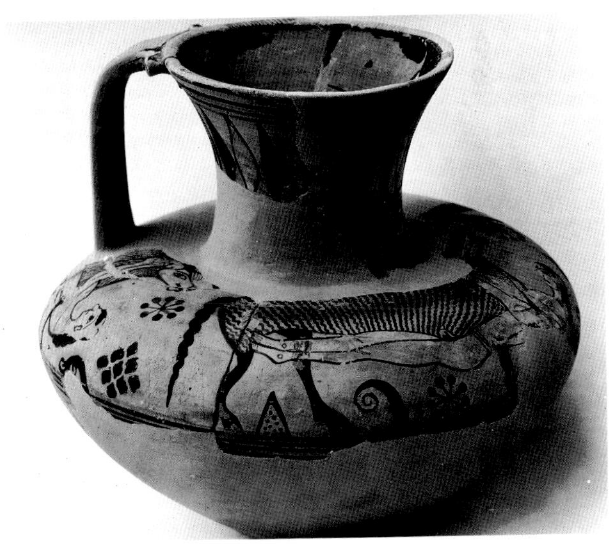

5.8 Protoattische Oinochoe. Um 650 v. Chr. Durchmesser 22,5 cm. Ägina, Archäologisches Museum

Eine Episode aus der Odyssee zeigt auch das bemalte Fragment einer wahrscheinlich äginetischen Oinochoe aus dem mittleren 7. Jahrhundert v. Chr. Der Stil ist protoattisch. An den Bäuchen der Ziegenböcke festgeklammert (Abb. 5.8), fliehen Odysseus und zwei seiner Gefährten aus der Höhle des Polyphem. Der blinde Kyklop streift mit den Händen über die Rücken der Tiere, ohne die listigen Griechen zu entdecken. Gemalt sind die Figuren mit einer schwarzen Umrißlinie um die weiße Körperfarbe. Einige Felder sind komplett schwarz (Odysseus' Haare, die Schwänze und Beine der Böcke). Wenige Füllornamente, getupfte Rosetten und Dreiecke, sind noch im Bildfeld zu sehen, wie auch die typische protoattische Hakenspirale. Der Habitus der Geometrischen Periode, alle Zwischenräume mit Ornamenten zu füllen, gehört schon der Vergangenheit an. Diese Vase verhalf dem sog. Bock-Krug-Maler zu seinem Namen. Sein Stil ist charakteristisch genug, um ihm zahlreiche Gefäße zuzuschreiben.

Im letzten Viertel des Jahrhunderts (um 625–600 v. Chr.) führte man die schwarzfigurige Technik in Athen ein und nutzte sie für großformatige, erzählende Szenen. Die Nessos-Amphora (Abb. 5.9) entspricht der Eleusis-Amphora (Abb. 5.7) in ihrer Funktion. Wie diese besitzt sie nur dekorative Henkel. Der Zwischenraum zwischen Henkeln und Gefäßkörper ist gefüllt, um die zu ornamentierende Fläche zu erweitern. Die jetzt geflügelten, mit heraushängenden Zungen und aufblitzenden Zähnen wiedergegebenen Gorgonen rennen hintereinander nach rechts. Ihre Haltung, d.h. ein Bein nach hinten angewinkelt, bezeichnet man als Knielauf. In diesem Schema drückte man in der frühgriechischen Kunst die schnelle Bewegung einer Figur aus. Die in entgegengesetzte Richtung schwimmenden Delphine unterhalb der Gorgonen betonen noch ihre Geschwindigkeit. Die Schulter des Gefäßes bedeckt ein orientalisierender Rankenfries, der die Tiere auf der Eleusis-Amphora ersetzt. Eine Gruppe von Gänsen watschelt über die Lippe, andere Vögel, etwa die Athener Eule, bedecken die Henkelzonen. Auf dem Hals ist der Kampf zwischen Herakles und dem Kentauren Nessos dargestellt. Beide sind über Beischriften identifiziert. Die Kombination von Schrift und Bild ist hier mit zum ersten Mal festzustellen, sie findet jedoch bald ihren festen Platz in der Vasenmalerei. Der Kentaur hatte versucht, Herakles' Frau Deianira zu schänden. Der griechische Held läßt ihm die gerechte Strafe zukommen. Herakles packt Nessos am Schopf und stößt seinen linken Fuß in dessen Rücken, um ihn mit dem Schwert in seiner rechten Hand zu töten. Nessos fleht Herakles mit ausgestreckten Armen um Gnade: die übliche Geste der Unterwerfung.

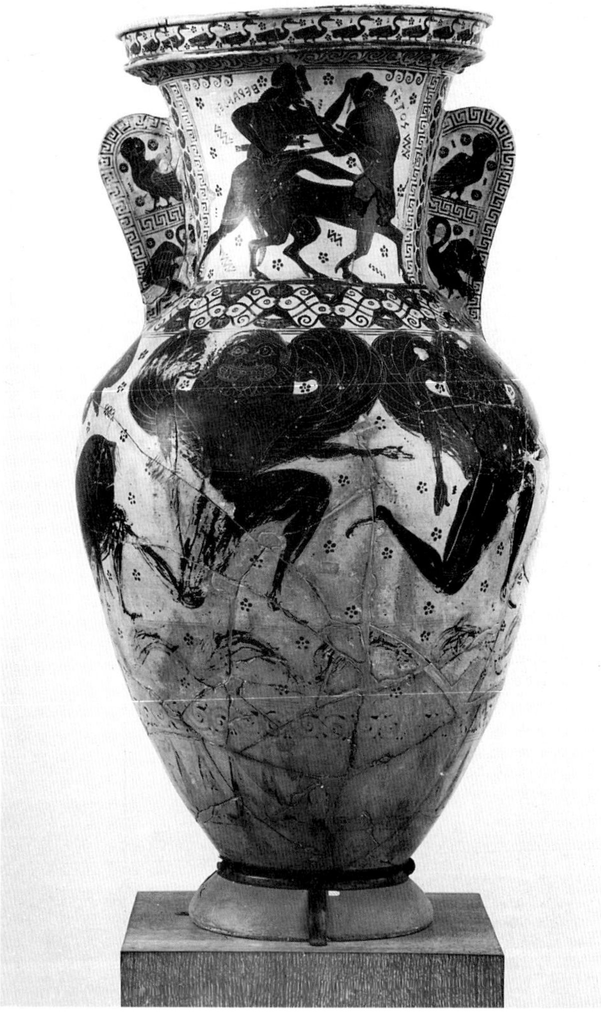

5.9 Spät-protoattische/früh-schwarzfigurige Amphora, sog. Nessos-Amphora. Um 625–600 v. Chr. Höhe 1,22 m. Athen, Nationalmuseum

Die Vase bezeugt die Einführung des schwarzfigurigen Stils in Athen. Die Füllornamente wurden vernachlässigt, die protoattische Hakenspirale taucht jedoch noch auf, genauso die aus Korinth übernommenen getupften Rosetten. Die Nessos-Amphora markiert den Übergang von der protoattischen zur schwarzfigurigen Tradition, sie ist sozusagen das Bindeglied.

ÜBRIGES GRIECHENLAND

In Korinth und Athen wurde die Keramikproduktion im 7. Jahrhundert v. Chr. drastisch vorangetrieben, interessante Entwicklungen vollzogen sich jedoch auch auf den Inseln. Auf Rhodos und an der kleinasiatischen Küste führte man in der Mitte des Jahrhunderts einen Dekorstil ein, den in Umrißlinien wiedergegebene Tiere charakterisieren. Bevorzugt wurden Ziegen (Abb. 5.10), darum auch die Bezeichnung »Wildziegen-Stil«. Unzählige Vasen zeigen Herden von oft heiteren, großäugigen Ziegen und anderen Tieren. Noch eindrucksvoller sind die kalligraphischen Lotus- und Knospenfriese. Ein Krug aus Ägina (Abb. 5.11) zeigt mehrere Einflüsse. In der geometrischen Tradition wurzeln noch die Bildfelder auf der Schulter, die grasenden Pferde, der Mäander und die schraffierten Rauten und Dreiecke. Die beuteschlagenden Löwen sowie die Spiralen an den Dreiecken am Gefäßbauch scheinen östlich inspiriert. Die Vorliebe, Teile eines Gefäßes als Tier- oder Menschenkopf zu modellieren, ist bei kretischen und kykladischen Töpfern gleichermaßen beliebt. Dieser auf ca. 675–650 v. Chr. datierte Krug könnte die Arbeit eines kykladischen Künstlers darstellen.

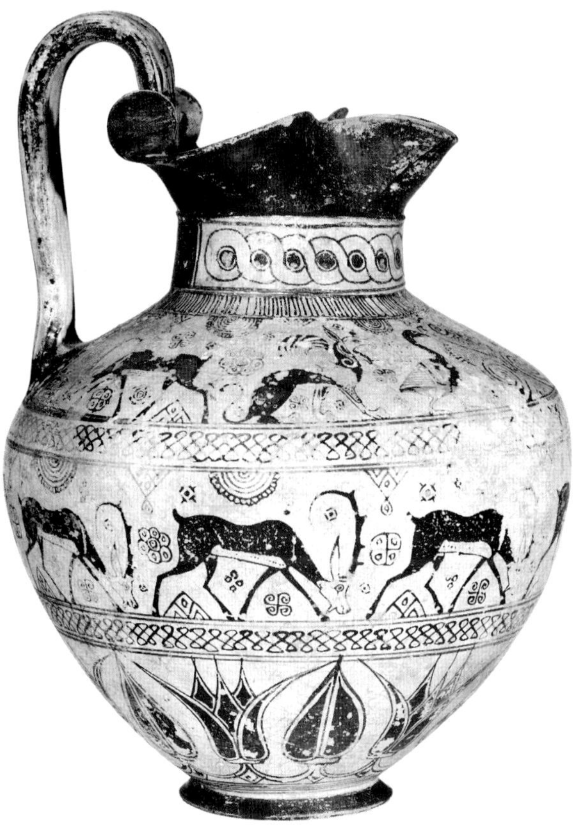

5.10 Oinochoe im Wildziegenstil, aus Rhodos. Um 625 v. Chr. Höhe 32 cm. München, Staatliche Antikensammlungen

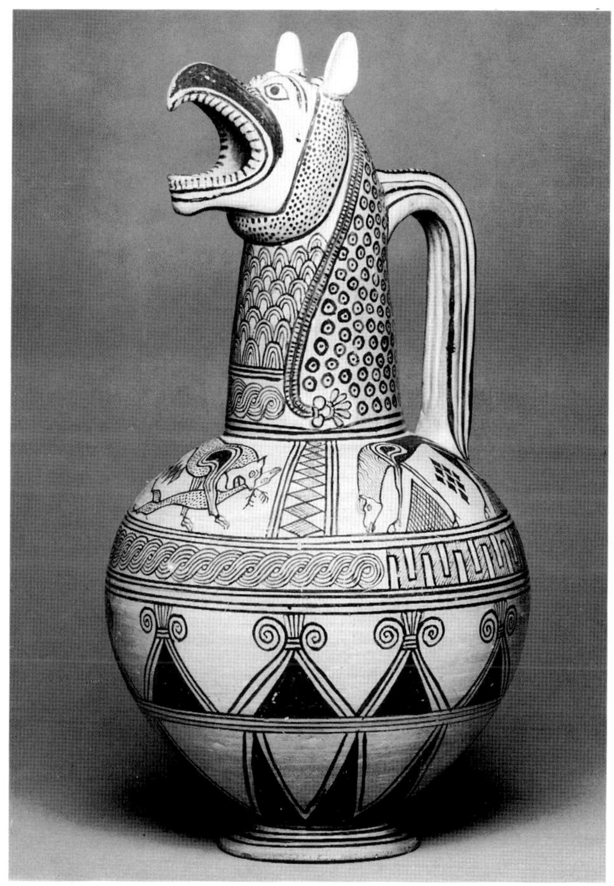

5.11 Greifenkanne, aus Ägina. Um 675–650 v. Chr. Höhe 39 cm. London, Britisches Museum

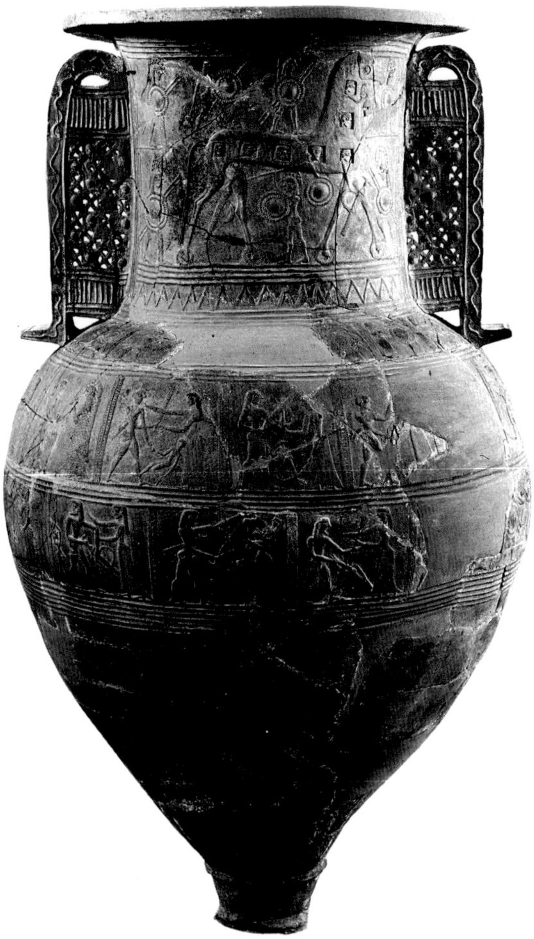

5.12 Reliefierte Amphora, aus Mykonos. Um 650 v. Chr. Ton. Höhe 1,35 m. Mykonos, Archäologisches Museum

Die Töpfer auf den Inseln produzierten außerdem große Gefäße, die nicht bemalt, sondern reliefiert waren. Ein auf etwa 650 v. Chr. datiertes, 1,35 m hohes, als Sarg benutztes Exemplar fand man 1962 auf Mykonos (Abb. 5.12). Der Bauchfries zeigt mehrere Episoden aus der Eroberung Trojas, die wie ein Comicstrip aneinandergereiht sind: Griechische Helden bedrohen trojanische Frauen, und Kinder werden getötet. Auf dem Hals ist das Trojanische Pferd mit seinen griechischen Insassen abgebildet, die durch die Fenster wie Fahrgäste aus einem Zug hinausblicken. Einige reichen riesige Schwerter, ein anderer einen Schild, wieder ein anderer einen Helm hinunter. Die übrigen sind voll bewaffnet und stehen entweder auf dem Pferd oder klettern gerade hinab. Mit diesem Werk verschmelzen Töpfer und Bildhauer zu einer Person. Althergebrachte Geschichten werden in neuen Bildern präsentiert, die mit den erzählten Epen konkurrieren.

Architektur und Bauplastik

Griechen aus Kleinasien gründeten noch vor 630 v. Chr. die Kolonie Naukratis in Ägypten, doch gibt es Hinweise, daß griechische Abenteurer schon zu Beginn des Jahrhunderts dort an Land gegangen waren. Maßstab und Größe der ägyptischen Steinbauten mußten sie beeindruckt haben. Andernorts tätige Architekten fühlten sich durch diese ermutigt, auch stabilere Materialien zum Bauen heranzuziehen als die üblichen Lehmziegel und Holz; die griechische Steinarchitektur war geboren.

Ausschlaggebend war der Wunsch, sakrale Plätze zu schützen und Götterbilder in dauerhaften Gebäuden unterzubringen. Wie in der Vasenmalerei, so setzten sich auch in der Architektur die neuen Ideen zuerst in der Umgebung von Korinth durch, im Heiligtum des Poseidon in Isthmia. Von einem korinthischen Tempel aus der ersten Hälfte des 7. Jahrhunderts v. Chr. haben sich Mauerblöcke und tönerne Dachziegel erhalten, deren Gewicht eindeutig auf Wandstrukturen aus Stein verweist. Die Tempelreste aus Isthmia stammen aus derselben Periode. Die tiefe Vorhalle und die *Cella*, den Hauptraum mit der Kultstatue, umgab ein Kranz Holzsäulen (der später durch steinerne Säulen ersetzt wurde). Weitere Säulen auf steinernen Basen befanden sich in einer mittig angeordneten Reihe im Inneren. Die Wände hatte man aus Stein zusammengefügt, das Dach aus einem hölzernen Dachstuhl und Tonziegeln. Steinbauten lösten demnach in der ersten Hälfte des Jahrhunderts die instabilen Lehmziegel- und Holzkonstruktionen ab.

Das besterhaltene Zeugnis für diesen Umwandlungsprozeß stellt der Apollon-Tempel von Thermos dar (Abb. 5.13). Ein Säulenkranz mit je fünf Stützen an den Schmalseiten und je 15 an den Langseiten umgab die Cella, der keine Vorhalle, dafür aber eine frei zugängliche Rückhalle, ein sogenanntes *Opisthodom*, angegliedert war. Die

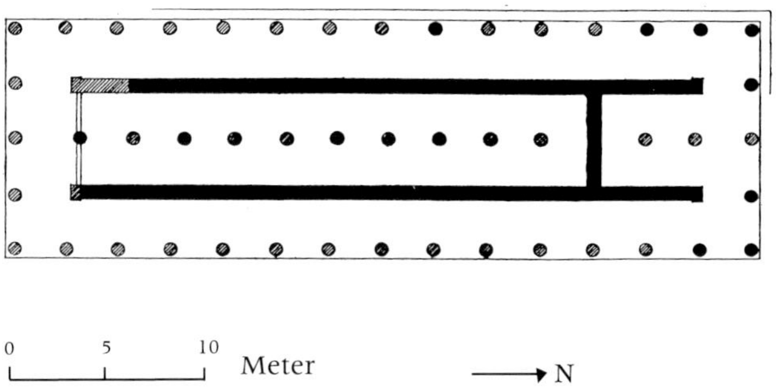

5.13 Grundriß des Apollon-Tempels von Thermos. Um 640 v. Chr.

Säulenreihe im Inneren stützte das Dach. Der langgezogene Grundriß war im 7. Jahrhundert v. Chr. sehr beliebt, ehe andere Dachlösungen ausgewogenere Proportionen ermöglichten. Erst dann verzichtete man in den *Peripteral*tempeln auf die ungünstig positionierten Dachstützen, die den Blick auf das Kultbild verstellten.

Die untere Wandzone hatte man aus Stein errichtet, die obere aus Lehmziegeln. Die hölzernen Säulen des Umgangs wurden später durch steinerne ersetzt. Hinweise auf den Aufriß liegen vor (Abb. 5.14). Den Fries formierten bemalte Terrakottaplatten (Metopen), die Ecken des Daches zierten tönerne Köpfe (Antefixe). Die Gebälkzone zwischen Säulenkapitellen und Fries *(Architrav)* bestand wohl aus Holz, da sich keine Reste davon erhalten haben.

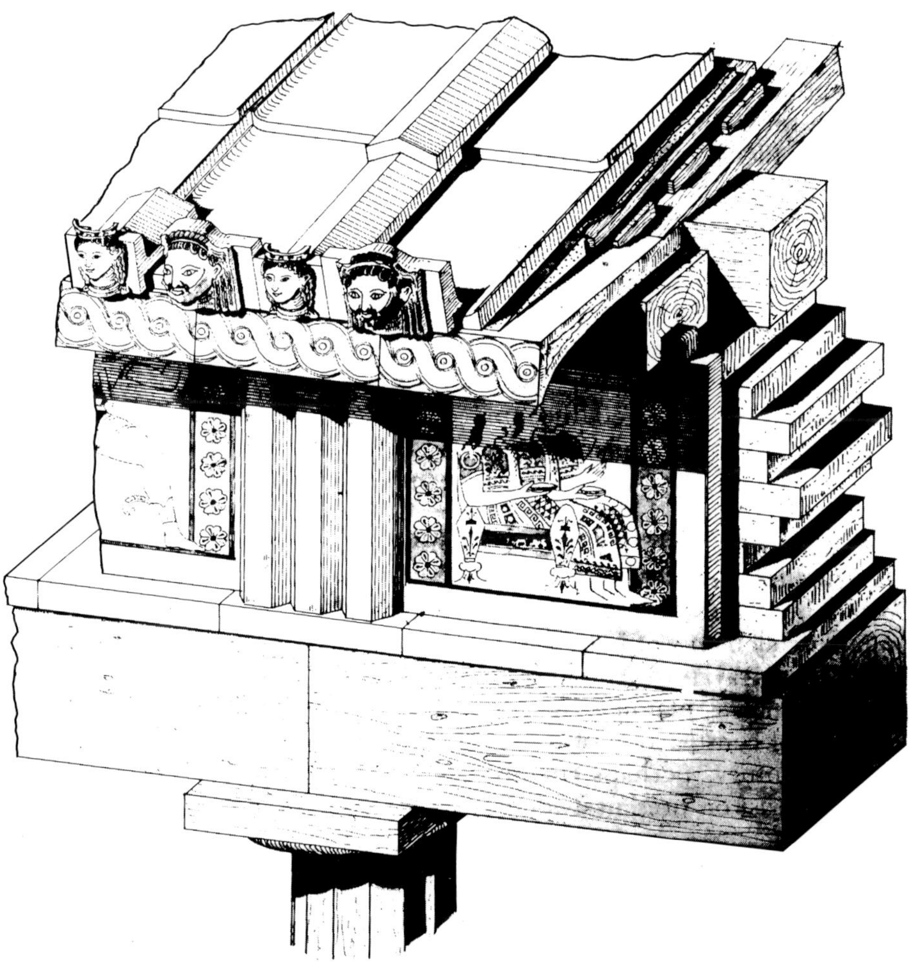

5.14 Rekonstruktion des Gebälks des Apollon-Tempels von Thermos. Um 640 v. Chr.

Die Metopen illustrieren mythologische Szenen, wie etwa jene mit Perseus, der das Haupt der Meduse in einem Sack unter seinem Arm trägt. Die Farben und ihre Verwendung (z. B. Braun für männliche Haut) erinnern an die korinthische Vasenmalerei, beispielsweise an die Chigi-Kanne (Abb. 5.2, S. 124). Entsprechend malte man die Bilder als Umrißlinie auf den hellen Grund und füllte sie mit weißer, schwarzer, gelber und roter Farbe. Die Metope in Abb. 5.14 zeigt drei nebeneinander sitzende Frauen, die sich wie die Hopliten auf der Chigi-Kanne überdecken, um räumliche Tiefe zu schaffen. Diese Gemeinsamkeiten lassen uns den Tempel in die Zeit um 640 v. Chr. datieren. Damit entstammt auch er der Übergangsphase von Lehm- und Holzbauten zu Steinstrukturen.

Nicht alle Tempel besaßen Säulenhallen, die sie als Sakralbauten auswiesen und den Pilgern Schutz vor Regen und Sonne gewährten. Der ungewöhnliche Grundriß der Kultstätte von Prinias auf Kreta (Abb. 5.15) ist auf eine rechteckige Cella und eine Vorhalle mit drei riesigen Pfeilern reduziert, von denen der mittlere die Achse des Gebäudes markiert. Im Inneren befand sich ein Herd oder eine Opfergrube, flankiert von zwei Säulen, einer Reminiszenz an die bronzezeitlichen mykenischen Hallen. Die Steinbasen an der Innenseite der Tür trugen vielleicht Halbsäulen; auch hiermit läge ein Nachklang an die bronzezeitliche Architektur, beispielsweise an die minoischen Paläste, vor.

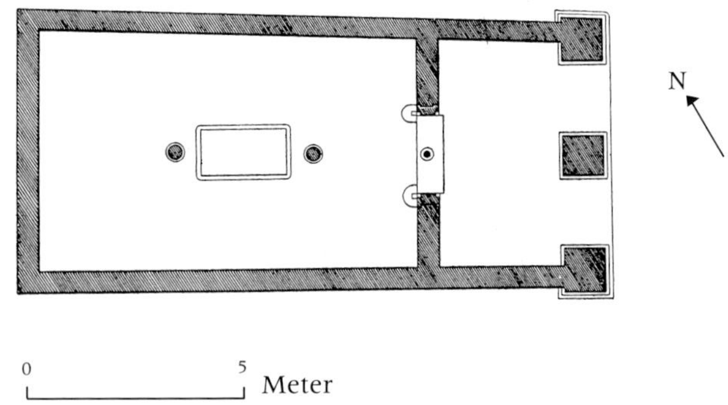

5.15 Grundriß des Tempels von Prinias. 625–600 v. Chr.

Die Mauern hatte man aus Stein konstruiert. Auf 625–600 v. Chr. datierte Kalksteinskulpturen schmückten die Anlage. Auf einem Gebälkblock (Abb. 5.16) sitzen sich zwei Frauen gegenüber. Die Seitenflächen zieren orientalische Tiere. Auf der

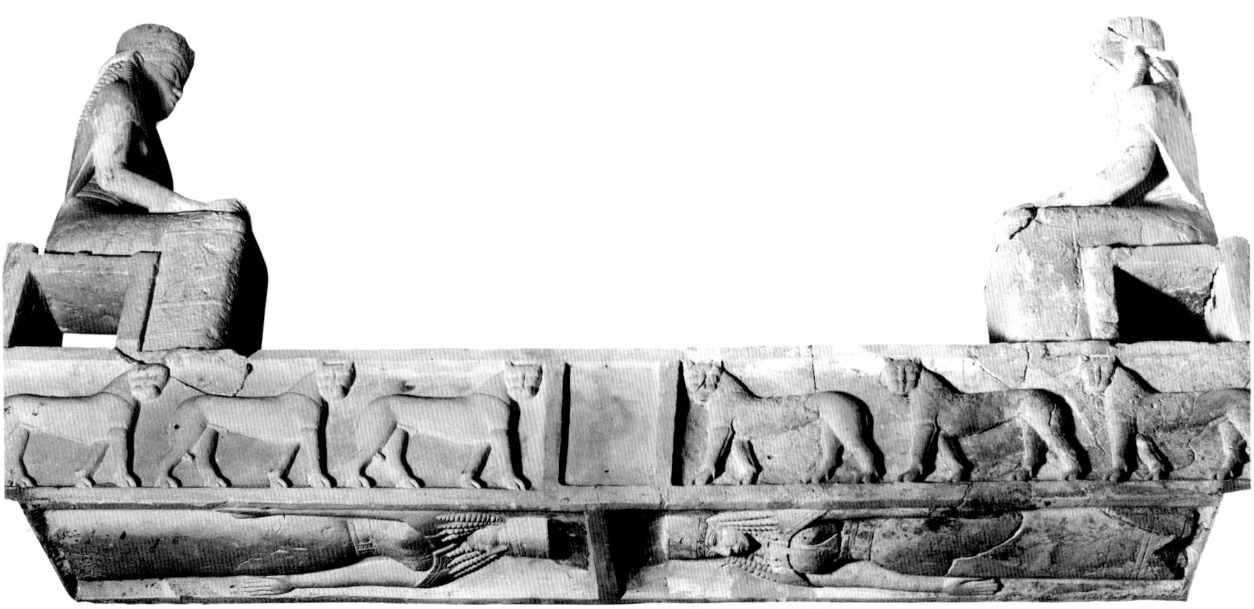
5.16 Bauplastik aus Prinias. Um 625–600 v. Chr. Kalkstein. Höhe (sitzende Frauen) 82 cm; (Fries) 84 cm. Heraklion/Kreta, Archäologisches Museum

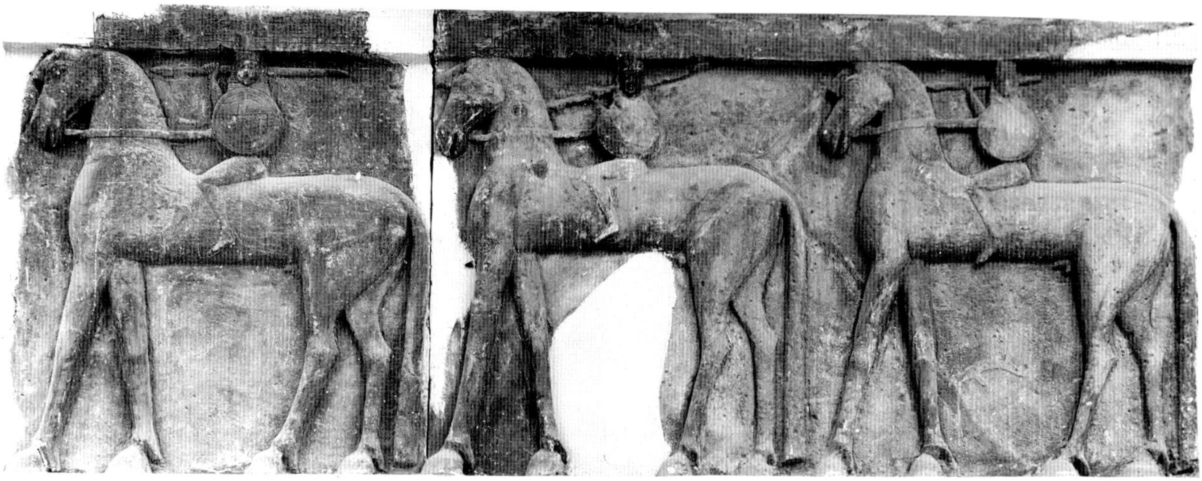

Unterseite des Gebälkblocks erscheinen zwei stehende Frauen, die auf die Besucher hinabblicken. Ein reliefierter Fries mit langbeinigen Pferden und winzigen, speertragenden Reitern (Abb. 5.17) könnte entweder in östlicher Manier an der Sockelzone der Vorhallenwand oder aber am Gebälk angebracht gewesen sein. Es bleibt unklar, ob der Block mit den sitzenden Frauen die Hauptfassade oder die Cellatür bekrönte. Der Fries kann als Vorläufer der reich geschmückten Gebäude des 6. und 5. Jahrhunderts v. Chr. in Delphi und Athen gelten. Das Dachsystem ist ebenfalls unbekannt. Obwohl fortschrittlich in Material und Dekor, hatte man dennoch auf einen peripteralen Grundriß verzichtet.

Auf Samos setzten die Architekten Säulen und Kolonnaden zu ganz verschiedenen Zwecken ein. Der um 650 v. Chr. erbaute neue Hera-Tempel (Abb. 5.18) bestand aus einem einzigen weitläufigen Raum. Auf eine Vorhalle und ein Opisthodom wurde verzichtet. Die Eingangsfassade betonten zwei Reihen mit je sechs Säulen. Die gleiche Anzahl Säulen befand sich auch an der Rückseite, an den Flanken waren es je 18. Im Inneren hatte man die Dachstützen auf die Cellamauern verschoben. Das Kultbild war frei sichtbar. Die Mauern bestanden aus Kalkstein, die Säulen aus Holz. Hinweise auf die Dachkonstruktion liegen nicht vor. Gegenüber des Tempels befand sich ein Opferaltar, in der Nähe hatte man eine Stoa plaziert. Dieses langgestreckte, rechteckige Gebäude war aus Lehmziegeln aufgemau-

5.17 Bauplastik aus Prinias, Reiterfries. 625–600 v. Chr. Kalkstein. Höhe 84 cm. Heraklion/Kreta, Archäologisches Museum

5.18 Plan des Hera-Heiligtums auf Samos. Um 650 v. Chr.

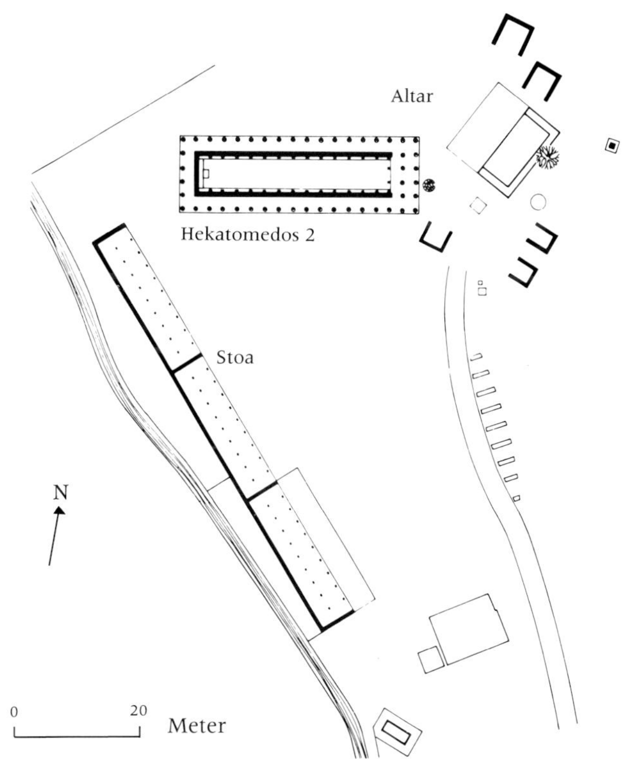

ert. An der Front öffnete es sich mit Holzsäulen, die das Dach abstützten. Den Pilgern diente die Stoa als Unterstand. Dieser Bautyp wurde zu einer der geläufigsten Formen in der griechischen Architektur. Man nutzte sie zu sakralen und profanen Zwecken, so daß die Stoa gleichermaßen in Heiligtümern und auf Marktplätzen anzutreffen war.

Aussagekräftige Zeugnisse zur Wohnarchitektur und Stadtplanung liegen aus Megara Hyblaia auf Sizilien und aus Smyrna an der kleinasiatischen Küste vor. Die Kolonie Megara Hyblaia hatte man im späten 8. Jahrhundert v. Chr. im Gegensatz zu älteren Siedlungen nach systematischen Gesichtspunkten angelegt. Im Zuge der Ausgrabungen brachte man genau an dieser Stelle den um 650–600 v. Chr. gültigen Stadtplan mit regelmäßigen, um eine offene Agora (Marktplatz) gruppierten Wohnblöcken ans Licht. Der Plan basiert auf einem gitterähnlichen Straßenraster, das die Bebauungsfläche in Zonen unterteilte, die zu unterschiedlichen Zwecken genutzt werden konnten. Dieses Schema wurde mit dem Architekten Hippodamos von Milet (Siehe S. 288) in Zusammenhang gebracht. Smyrna wurde im 10. Jahrhundert v. Chr. von Flüchtlingen aus Griechenland besiedelt. Um 640–600 v. Chr. erfuhr es eine Blütezeit. Die Stadt war seit langem befestigt. Die orientalisierende Siedlung wurde duch die alte und sowie eine neue Wehranlage gesichert. Um 600 v. Chr. errichtete man eine neue Stadtmauer, die eine Dicke von 18,3 m erreichte.

Das in Nord-Süd- bzw. West-Ost-Richtung orientierte Straßenraster folgte dem rechtwinkligen Gittermuster. Dem lag jedoch nicht der Kompaß zugrunde, sondern die Beschaffenheit des Landschaftsreliefs. Die in Nord-Süd-Richtung verlaufende Hauptstraße hatte man mit gut gefügten polygonalen Platten gepflastert. Die von den Straßen eingeschlossenen Häuserblocks öffnen sich nach Süden, um auch im Winter die Sonne einzufangen. Die einzelnen Wohneinheiten trennen 60–70 cm breite Gassen.

Die Einwohner von Smyrna taten gut daran, ihre Stadt mit einer Befestigungsanlage zu umgeben, wenn sie auch letztendlich von geringem Nutzen war. Alyattes, der König von Lydien – berühmt durch seine Hauptstadt Sardes, sein Gold und seinen Sohn und Nachfolger Kroisos – belagerte die Stadt und nahm sie schließlich um 600 v. Chr. ein. Die Wohnquartiere und das Athena-Heiligtum wurden in Mitleidenschaft gezogen. Doch zeigten die Ausgrabungen, daß die Kultaktivitäten nicht ernstlich unterbrochen und die Neu- und Ausbauarbeiten am Tempel schon bald wieder aufgenommen wurden. Der in die Phase um 620–590 v. Chr. zu datierende Tempel leitet bereits von der orientalischen Periode in die archaische über.

Der Rekonstruktionsvorschlag der Ausgräber (Abb. 5.19) zeigt ein Terrassenheiligtum mit einer Umfassungsmauer aus Polygonalmauerwerk, gepflasterten Zufahrtsstraßen, dem Tempel und Weihgeschenken. Eine verwirrende Vielfalt steinerner *Kapitelle* ist bezeugt, einige zeigen *Voluten*

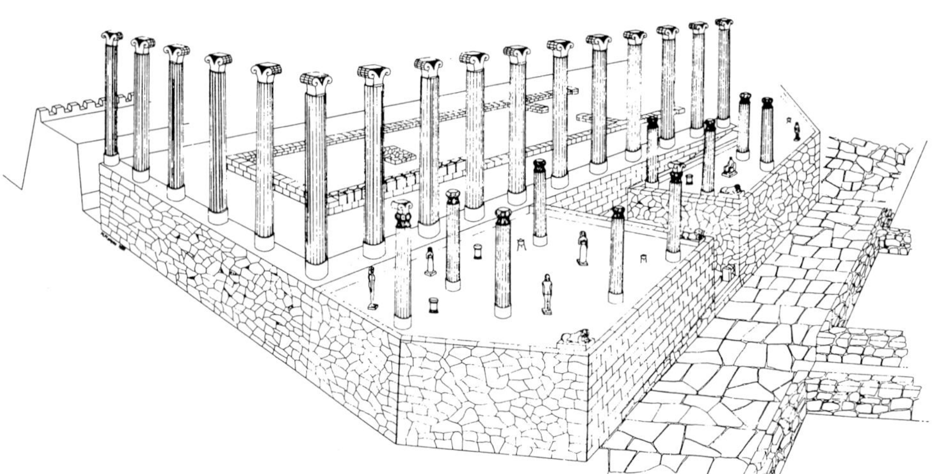

5.19 Rekonstruktionsvorschlag für das Athena-Heiligtum von Smyrna mit Terrassenanlage, Votivsäulen und -statuen, Zufahrtsstraße und rückwärtiger Umfassungsmauer. Um 600 v. Chr.

(Spiralen), florale *Palmetten* (palmblattartigen Gebilden) und Blattmotive. Diesen Kapitelltyp nennt man den äolischen. Aufgrund der Größe und der Profile vermuteten die Ausgräber, daß die in Fragmenten vorliegenden 24 Kapitelle zum Tempel selbst gehörten. Die ornamentalen Formen entstammen der orientalischen Kunst. Die Voluten und vegetabilen Motive liegen in ihrer Größe jedoch weit hinter den nahöstlichen Vorbildern zurück. Kapitelle eines anderen Typs, die sogenannten »Pilzkapitelle« (Abb. 5.20), mögen entweder als Einzelmonumente oder gemeinsam mit anderen äolischen Kapitellen (Abb. 5.21) Votivsäulen bekrönt haben. Es handelt sich hierbei um ein geläufiges, in den späteren griechischen Heiligtümern neben Statuen und Dreifüßen gut bezeugtes Dedikationsobjekt. Das Pilzkapitell ist im flachen Relief gestaltet. In einem Register bildete man Blätter ab, im anderen Blätter und Blüten. Fragmente von 17 derartigen Kapitellen konnten geborgen werden.

Am Ende des 7. Jahrhunderts v. Chr. hatte sich Stein als das bevorzugte Baumaterial etabliert. Die Architekten kannten steinerne Säulen, Kapitelle und Basen aus anderen Kunstlandschaften und übernahmen sie nun auch für die Umgänge ihrer Tempel. Im Osten bildete sich ein reiches Spektrum an orientalischen Motiven aus. Man bemühte sich, die Sakralbauten ihrer Funktion entsprechend zu gestalten. Die beliebtesten Formen sind eher variationsreich als homogen. Der Athena-Tempel in Smyrna verdeutlicht die geistige Beweglichkeit der griechischen Konstrukteure der Jahrhundertwende.

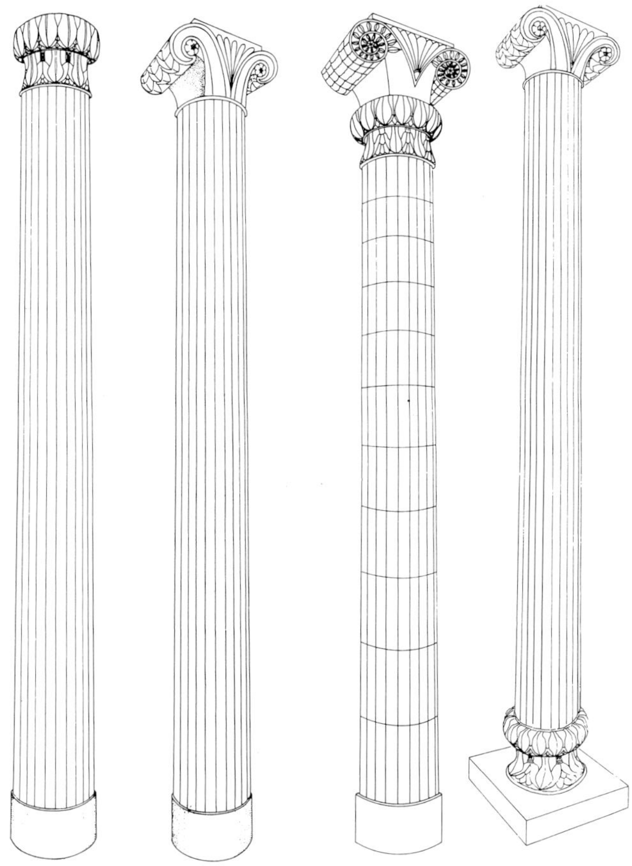

5.21 Rekonstruierte Säulen, Kapitelle und Basen aus dem Athena-Heiligtum in Smyrna. Um 600 v. Chr.

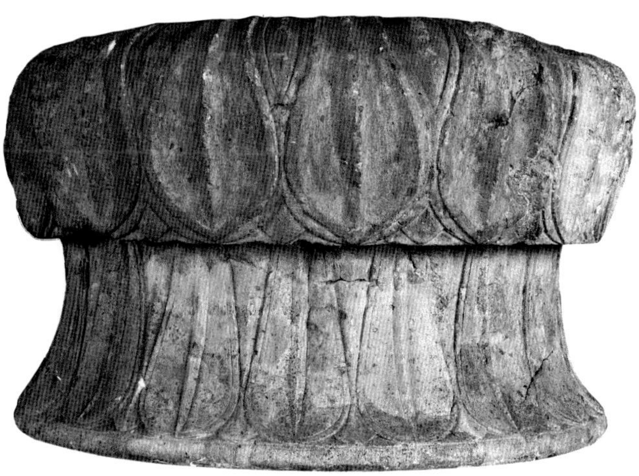

5.20 »Pilzkapitell« vom Athena-Heiligtum in Smyrna. Um 600 v. Chr. Kalkstein. Izmir, Archäologisches Museum

Plastik

Der Bruderzwist zwischen den griechischen Stadtstaaten, wie beispielsweise auf der Chigi-Kanne dargestellt (Abb. 5.2), führte dazu, daß der Typus der Kriegerdarstellungen weiterhin ein favorisiertes Stiftungsobjekt in den Heiligtümern blieb. In ähnlicher Weise förderte auch die regelmäßige Unterbrechung der kriegerischen Aktivitäten während der panhellenischen Spiele das Interesse der Bildhauer an den athletischen männlichen Körpern.

Bronze zählte weiterhin zu den teuersten Materialien. Die bereits aus der geometrischen Ära bekannten Dreifußkessel wertete man durch *Protomen* aus der Tierwelt und dem Reich der Mythologie auf. Die Protomen (Köpfe von Tieren und mythologischen Kreaturen) wurden in der Regel mit dem Gesicht nach außen am Hals oder an der Lippe der Kessel befestigt. Greifenprotomen und *Sirenen* erfreuten sich größter Beliebtheit. Der volle runde Kopf eines Sirenenaufsatzes (Abb. 5.22) läßt auf eine östliche Herkunft schließen. Vielleicht handelt es sich um ein Importstück.

Anfangs setzte man anatomische Formen weiterhin unter den Bedingungen der Geometrie um. Die um 700–675 v. Chr. geschaffene Mantiklos-Bronze (Abb. 5.23) aus Theben in Böotien, die dem Apollon geweiht war, ist aus zylindrischen Schenkeln, einem dreieckigen Oberkörper, einem pyra-

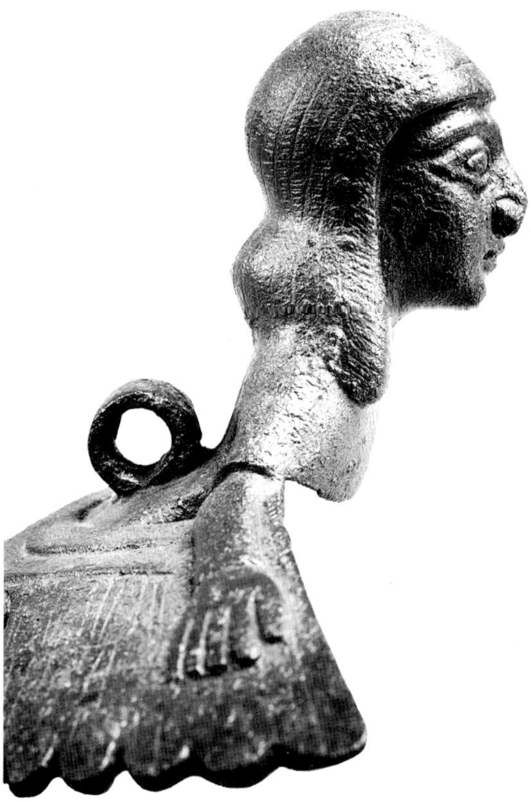

5.22 Kesselaufsatz in Form eines Sirenenkopfes. Um 700–675 v. Chr. Bronze. Höhe (Kopf und Hals) 9 cm. Olympia, Archäologisches Museum

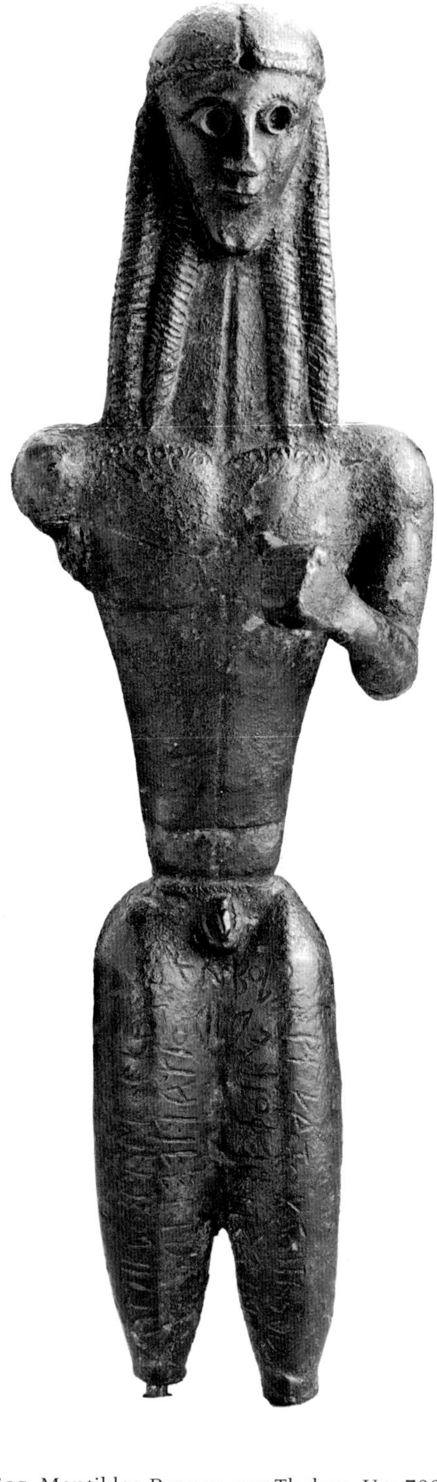

5.23 Sog. Mantiklos-Bronze, aus Theben. Um 700–675 v. Chr. Bronze. Höhe 20 cm. Boston, Museum of Fine Arts

midenförmigen Hals, einem dreieckigen Gesicht sowie einer halbkugelförmigen Kalotte zusammengefügt. Doch sind Statuetten wie diese aus der Zeit nach 700 v. Chr. schon runder und weniger zweidimensional angelegt als ihre Vorgänger. Der Enthusiasmus der Griechen, die neu entwickelte Schrift allerorts einzusetzen, kannte keine Grenzen, und auch die Mantiklos-Bronze weist am Oberschenkel eine Dedikationsinschrift in Hexametern auf: »Mantiklos hat mich Apoll mit dem silbernen Bogen als Zehnten geweiht. Du, Phoibos, schenk mir zum Lohn ein freundlich Geschick.« Ins Auge sticht die Vertrautheit zwischen Sterblichem und Unsterblichem und das Pronomen (mich), das der Bronze ein Eigenleben verleiht.

Unter den Fundamenten des Hera-Tempels in Olympia (siehe S. 150 f.) entdeckte man eine anonyme Bronzestiftung aus dem ersten Viertel des 7. Jahrhunderts v. Chr. (Abb. 5.24). Der frontal stehende junge Krieger trägt einen Kammhelm und einen breiten Gürtel. Die erhobene rechte Hand hielt ursprünglich einen Speer. Das Haar ist in ordentliche Locken und Wellen gelegt, eine Frisur, die zum Kennzeichen des 7. Jahrhunderts v. Chr. werden sollte.

Eine weitere, um 625 v. Chr. gefertigte Bronze (Abb. 5.26) stammt aus Delphi. Die Darstellung wirkt naturalistischer, wenn auch die Proportionen noch gelängt sind. Das linke Bein ist vorgeschoben, die Arme hängen seitlich am Körper herab, erstmalig nach ägyptischem Muster zu Fäusten geballt. Bekleidet ist die Figur mit einem kretischen Gürtel. Das Gesicht ist von dreieckiger Form, die Stirn niedrig, der Schädel flach, Nase und Augen sind groß. Ohren besitzt sie nicht. Das horizontal gewellte, in dicken Kompartimenten herabfallende Haar erinnert von den Seiten und von hinten gesehen an einen Bienenkorb, vorne ist es rechts und links des Gesichts zu Dreiecken zusammengefaßt. Vielleicht war eine ägyptische Perücke Vorbild. Hier symbolisiert die Frisur dicke, wohlgepflegte Haare.

Überschüttet wurde die griechische Welt mit kleinen, modelgeformten, weiblichen Terrakotten, einem echten Massenprodukt. Die frühen erinnern an die Darstellungen der nackten östlichen Göttin Astarte, doch erhielten sie bald ein Gewand und wurden als Aphroditen ausgegeben. Andere waren

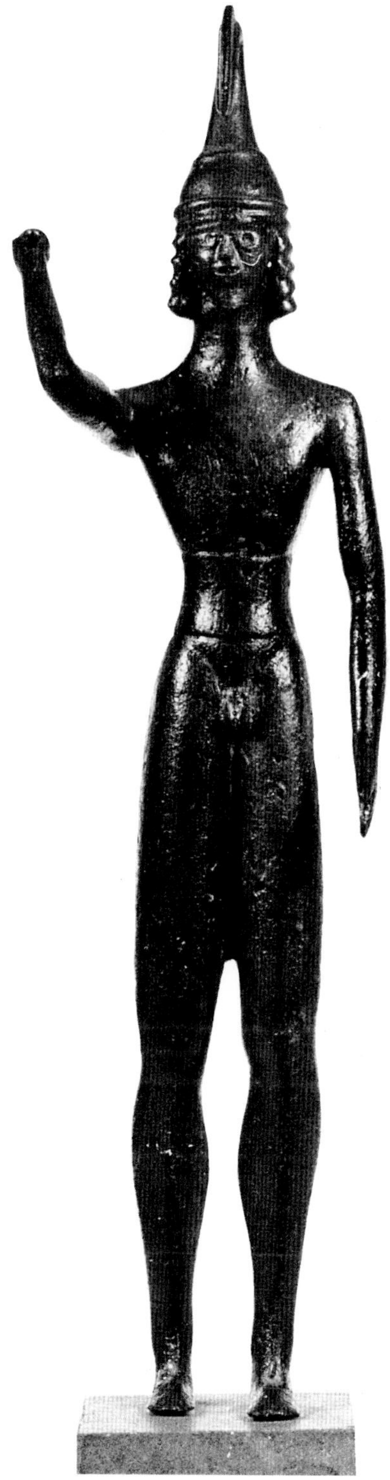

5.24 Krieger, aus Olympia. Um 700–675 v. Chr. Bronze. Höhe 23,7 cm. Athen, Nationalmuseum

sonstige Göttinnen oder Adorantinnen. Sie alle dienten als Votivgaben in den Heiligtümern.

Die Frisur, die uns bereits an der delphischen Bronze begegnete (Abb. 5.26), und ihre Varianten (mit Stirnlocken, horizontal unterteilten Strähnen und eingerollten Spitzen) sind typisch für die Terrakotten um 680–625 v. Chr. Ferner charakterisieren sie: Frontalität, Starrheit und geringe räumliche Tiefe, das dreieckige Gesichtsfeld, die flachen Augenbrauen und Schädeldecken sowie die großen Nasen und Augen. Ihre chronologische Einordnung kann als gesichert gelten, da zahlreiche fest datierte protokorinthische Vasen ein ähnlicher Kopf ziert. Auch innerhalb der Gattung läßt sich eine stilistische Entwicklung nachzeichnen. Um so detaillierter die Frisur (vgl. Abb. 5.25) und klarer die Anatomie, desto später können die Figurinen angesetzt werden. Als wichtigste Herstellungszentren gelten Korinth, Kreta, Sparta und Rhodos; aufgefunden wurden derartige Stücke jedoch in der gesamten griechischen Welt. Den von ihnen vertretenen Stil nennt man in Anlehnung an den legendären frühen Bildhauer Dädalos den »dädalischen«. Quantitativ am besten vertreten wird der Stil durch die weiblichen Figurinen, doch sind auch bartlose junge Männer anzuführen. Den Typus übertrug man in Bronze, wie oben dargelegt (Abb. 5.26), in Elfenbein, Gold und Stein.

Die »Frau von Auxerre« (Abb. 5.27), eine 65 cm hohe Kalksteinstatuette, wurde nach ihrem ersten Austellungsort in Frankreich benannt und steht heute im Louvre Sie stellt eine Übertragung und Vergrößerung der Tonfiguren in Stein dar. Es wird vermutet, daß die im dädalischen Stil gefertigte Plastik ursprünglich aus Kreta stammt. Frontal abgebildet trägt sie ein langes, reich geschmücktes und ehemals bemaltes Gewand. Das Muster des Rockes wiederholt sich am Halsausschnitt. Ein eng geschnürter, breiter Gürtel umgibt die Taille (Tatsächlich fand man Bronzegürtel dieser Form in Heiligtümern.). Die Schultern bedeckt ein Mantel. Das Gesicht ist von dreieckiger Gestalt, die Brauen sind gerade. Das beidseitig des Gesichts zu Dreiecken geformte Haar unterteilen vertikale Strähnen und horizontale Wellen. Große Füße ragen unter dem Saum des formlosen Rockes hervor. Die überdimensionale linke Hand hängt flach

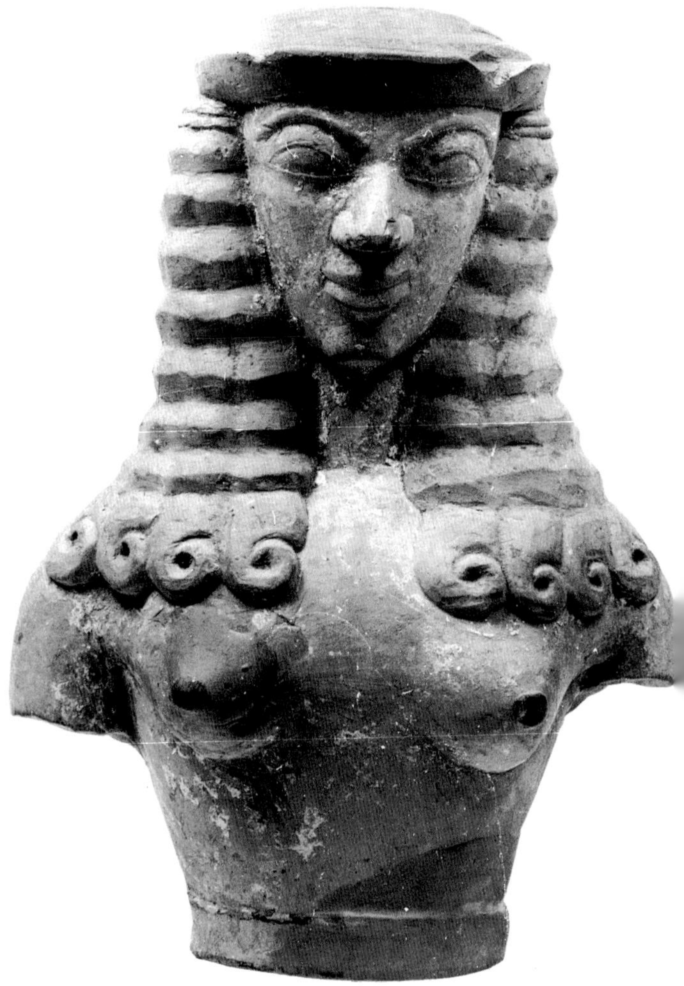

5.25 Torso einer weiblichen »dädalischen« Figurine. Um 650–625 v. Chr. Terrakotta. Höhe 17,5 cm. Heraklion/Kreta, Archäologisches Museum

5.26 *gegenüber* Statuette eines jungen Mannes, aus Delphi. Um 625 v. Chr. Bronze. Höhe 19 cm. Delphi, Museum

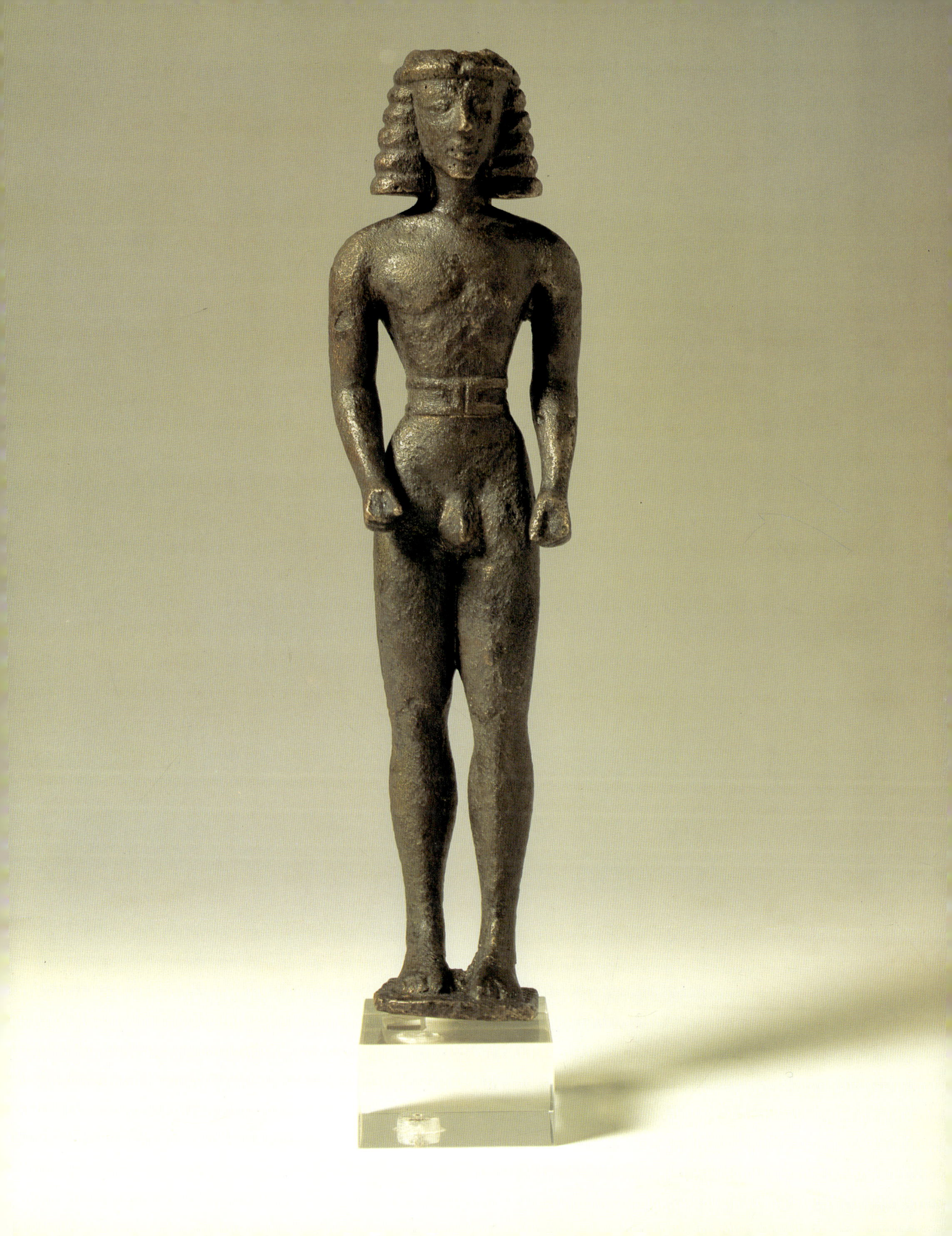

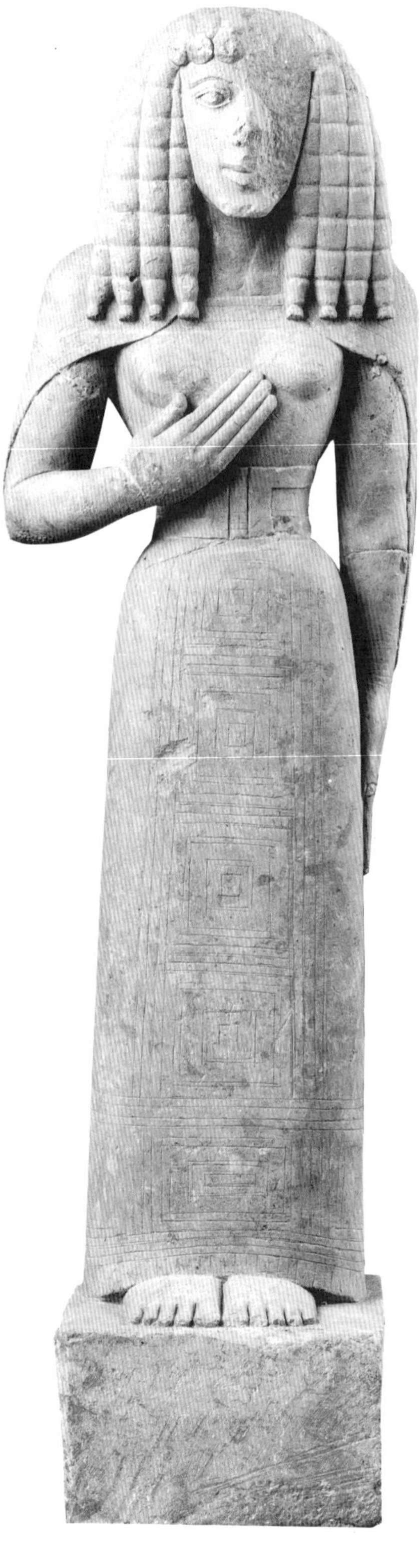

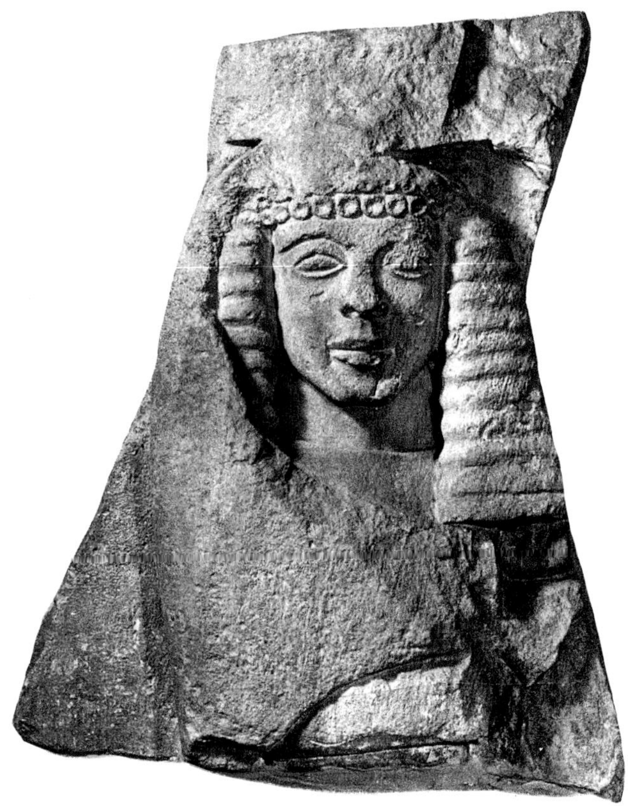

5.27 *links* »Frau von Auxerre«, Statuette. Um 640 v. Chr. Kalkstein. Höhe 65 cm. Paris, Louvre

5.28 *oben* »Frau am Fenster«, Relief, aus Mykene. Um 640 v. Chr. Kalkstein. Höhe 40 cm. Athen, Nationalmuseum

am Körper herab, die rechte ist in einer Adorationsgeste vor den Oberkörper zwischen die Brüste gelegt.

Gegenstücke in der Bauplastik stammen aus Prinias, wie oben gesehen (S. 134 f.), andere aus Mykene. Die Figur auf einem 40 cm hohen Relief aus Mykene (Abb. 5.28) trägt eine noch perückenhaftere, dreieckigere Frisur als die Frau von Auxerre. Auch hier ist die Stirn mit den eingerollten Locken flach gehalten. Die Mykenerin zieht ihren Mantel entweder eng um den Körper oder will ihn gerade ablegen, eine Geste, die oft mit Bräuten in Zusammenhang gebracht wird. Man schlug bereits vor, in dem Relief eine Metope, Teil eines dekorierten Frieses in der dorischen Architektur, zu sehen. In Mykene wurden noch weitere Kalksteinfragmente gefunden, die demselben Fries zugeschrieben werden könnten. Ein derartiger Fries mag jedoch auch eine Sockelzone geschmückt haben, wie es beim östlich beeinflußten Werkstück des Reiterfrieses von Prinias der Fall war (Abb. 5.17, S. 135). Sowohl die Frau von Auxerre als auch die »Frau am Fenster«, wie sie des öfteren genannt wird, mögen um 640 v. Chr. geschaffen worden sein.

Etwa gleichzeitig wandten sich die griechischen Bildhauer dem neuen Material Marmor und einem neuen Maßstab zu. Angeregt wurde diese Neuerung – wie auch in der Architektur – durch Ägypten. Die frühen griechischen Besucher werden dort nicht nur gigantische Steingebäude, sondern gleichermaßen lebensgroße und kolossalere Statuen sitzender und stehender Figuren gesehen haben. Ägyptische Bildhauer verwendeten ausgesprochen harte Gesteinsarten, Granit und *Porphyr*, die sie in mühevoller Weise nach alter Tradition mit Schmirgel bearbeiteten.

Bis zu diesem Zeitpunkt hatten die griechischen Bildhauer hauptsächlich den weicheren Kalkstein verwendet, der nur die üblichen handwerklichen Fähigkeiten erforderte, um Plastiken wie die Frau von Auxerre herzustellen. Nun wandten sie sich dem kristallinen weißen Marmor zu, mit dem die Kykladeninseln, insbesondere Naxos und Paros, so reich bedacht waren. Am Ende des Jahrhunderts baute man auch auf Samos Marmor ab. Obwohl der ägyptische Einfluß auf die Griechen nicht zu übersehen ist, finden die frühen Verarbeitungsmethoden ihre Parallelen in Anatolien und nicht in Ägypten.

Man bearbeitete die Blöcke mit Spitzeisen, flachen Meißeln und Schmirgel, der ebenfalls auf Naxos abgebaut wurde. Für Details und die Herausarbeitung des Zwischenraumes zwischen Armen und Körper kam von Anfang an ein Bohrer zum Einsatz, den man über einen Bogen drehte, der an einem Stab hoch und herunter gezogen wurde. Noch im Steinbruch legte man die großen Figuren schematisch in den Blöcken an, wie aus den unfertigen Stücken zu schließen ist, die auf der Insel Naxos auf dem Weg zum Hafen gefunden wurden. Dieser vorbereitende Schritt reduzierte die Kosten der Verschiffung.

Die ersten Werke folgten dem dädalischen Muster, wobei der ihm eigene winzige Maßstab aufgegeben worden war. Nikandre, eine adelige Naxierin, tätigte eine Stiftung nach Delos, die – wenn auch beschädigt – erhalten blieb (Abb. 5.29). Das Werk stellt die früheste uns bekannte griechische Marmorplastik in Lebensgröße dar. Der anonyme Künstler schälte aus dem rechteckigen, nur 20 cm dicken Block eine kantige Figur heraus, die den üblichen dädalischen Formen folgt: Sie besitzt ein dreieckiges Gesicht, eine perückenhafte Frisur, eine aufrechte, frontale Pose. Auf einer Inschrift ist zu lesen: »Der fernhin treffenden Göttin mit dem Bogen hat mich Nikandre geweiht, die Tochter des Deinodikos von Naxos, hervorragend unter allen, Schwester des Deinomenos, Gattin des Praxos.« Die Statue zeugt gleichermaßen vom Stolz der naxischen Aristokratie auf ihr Geschlecht als auch von der Originalität des Bildhauers. Die Datierung der Statue wird noch kontrovers diskutiert. Manche setzen sie in die Periode vor 650 v. Chr., doch wäre zu diesem frühen Zeitpunkt ein Werk aus Marmor noch ein Ausnahmefall. Ein Datum um 625 v. Chr. scheint passender, zumal aus dieser Phase ein Fragment einer weiteren Marmorplastik, diesmal aus Samos, nachgewiesen werden kann. Nikandre hatte darauf verzichtet, den Namen des Bildhauers nennen zu lassen, doch ließ die öffentliche Bekanntheit des Künstlers nicht lange auf sich warten. Auf der Basis einer männlichen Statue aus der Zeit um 600 v. Chr. ist zu lesen: »Euthykartides hat mich gestiftet, der Naxier, der mich auch hergestellt hat.«

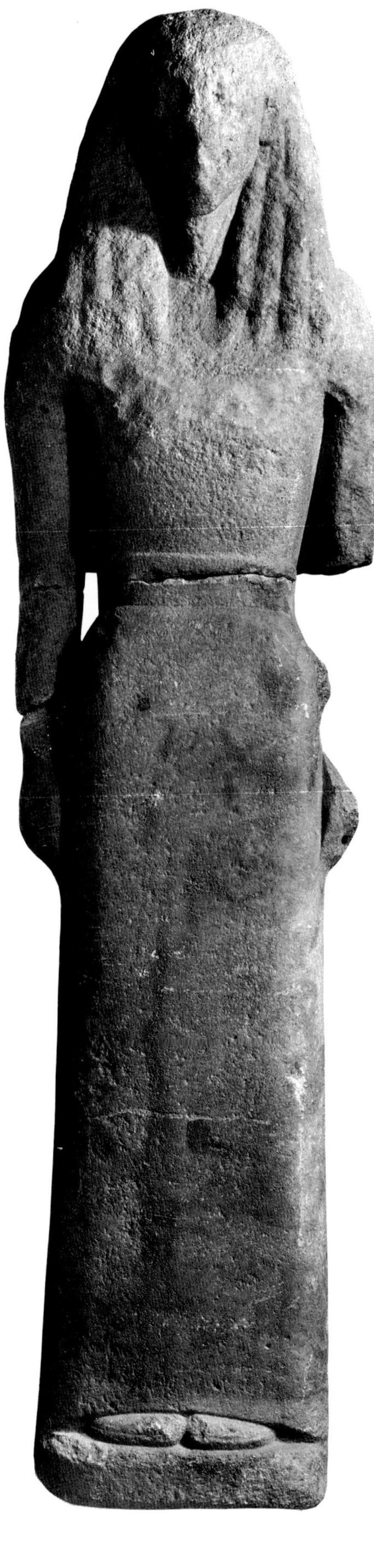

Die ersten männlichen Marmorfiguren hatten mindestens Lebensgröße. Genügend Fragmente haben sich erhalten, um den Typus zu rekonstruieren. In der Anlage von Haar und Gesicht folgen sie den dädalischen Vorgaben. Abgesehen von einem Gürtel sind sie nackt. Wie an den dädalischen Vorläufern, etwa der Bronze aus Delphi (Abb. 5.26), ist ein Fuß leicht nach vorne geschoben. Verwendung fanden die Statuen als Weihegaben in Heiligtümern (z. B. auf Delos) und als Grabsteine (so auf Thera).

Der ägyptische Einfluß ist hervorstechend. Auch die ägyptischen männlichen Figuren sind frontal ausgerichtet und nach einem festen, zuerst in einem Raster auf allen Seiten aufgezeichneten Proportionssystem dem rohen Block abgerungen. Dem entspricht die griechische Methode der Marmorbearbeitung. Rund um den Block trug man Steinschicht für Steinschicht nach der Vorzeichnung ab. Ähnliche »quadrifrontale« Figuren sind das Ergebnis, doch sind auch Unterschiede festzustellen. Ägyptische und griechische Figuren haben einen Fuß nach vorne gesetzt, doch sind die ägyptischen starrer auf den fest aufstehenden hinteren Fuß bezogen, während bei den griechischen das Gewicht besser verteilt ist und die Pose dadurch weniger gezwungen erscheint. Die ägyptischen Statuen sind bekleidet, die griechischen nackt.

Die Bildhauer verfeinerten ihr Können an weniger imposanten Formaten und produzierten winzige Figuren von auffallender Schönheit. Hierzu zählt der um 625 v. Chr. gefertigte kniende junge Mann aus Samos (Abb. 5.30), der ursprünglich Bestandteil einer Lyra war. Der Elfenbeinfigur fehlen die Augen, die Brauen, die Ohrläppchen, die Ohrringe und die Schamhaare, die in einem anderen Material eingesetzt waren. Der dreieckige Oberkörper, die langen Schenkel und der verzierte Gürtel wurzeln in dädalischen Prototypen, doch bereits der Kopf weicht von diesem Schema ab. Vergessen sind die flachen Formen, die perückenartige Frisur, die dreieckige Gesichtskontur und der flachgebogene Schädel. Abgelöst wurden auch die vollen runden Formen, die östlichen Ursprungs

5.29 Statue der Nikandre, aus Delos. Um 625 (?) v. Chr. Marmor. Höhe 1,75 m. Athen, Nationalmuseum

sein könnten und an zeitgleichen Elfenbeinarbeiten aus griechischen Heiligtümern noch zu finden sind. Die glatten Oberflächen der Arme, Beine, des Oberkörpers und der Wangen kontrastieren mit den detailliert ausgearbeiteten Haaren, dem Mund, dem Gürtel und den Händen. Zusammen mit den Marmorgiganten schließt diese kleine Figur die orientalische Periode. Den zukünftigen Objekten – einschließlich den Vasenbildern, der Kunst und Architektur – ist ein unverwechselbarer griechischer Stil zu eigen, wo immer dieser seinen Ursprung haben mag.

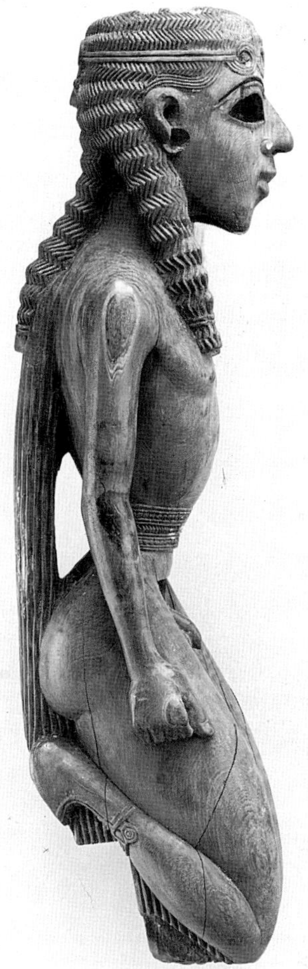

5.30 Kniender junger Mann, aus Samos. Um 625 v. Chr. Elfenbein. Höhe 14,5 cm. Athen, Nationalmuseum

6

Das archaische Griechenland um 600–480 v. Chr.

Die Blütezeit des 7. Jahrhunderts v. Chr. setzte sich bis ins 6. Jahrhundert v. Chr. fort; auch die Rivalitäten zwischen den Staaten, die Intensivierung des Handels und die Kolonialisierung des Mittelmeerraumes dauerten an. Die Griechen lernten andere expandierende Mittelmeermächte kennen: Etrusker und Karthager im Westen, die Perser im Osten. Viele Staaten unterstanden weiterhin einem Tyrannen, in anderen, wie Athen, führte man am Ende des 6. Jahrhunderts v. Chr. eine demokratische Verfassung ein. Die archaische Periode begann um 600 v. Chr., als Architekten und Bildhauer monumentale Bauwerke aus Stein errichteten. Die Periode brach mit den kriegerischen Auseinandersetzungen zwischen Ost und West um 480 v. Chr. ab: Das Mutterland bekämpfte Persien, während die Griechen im Westen Krieg mit Karthago führten. Dies bewirkte einschneidende Veränderungen in der Kunst, vor allem in der Rundplastik, in der Vasenmalerei und in der Bauskulptur.

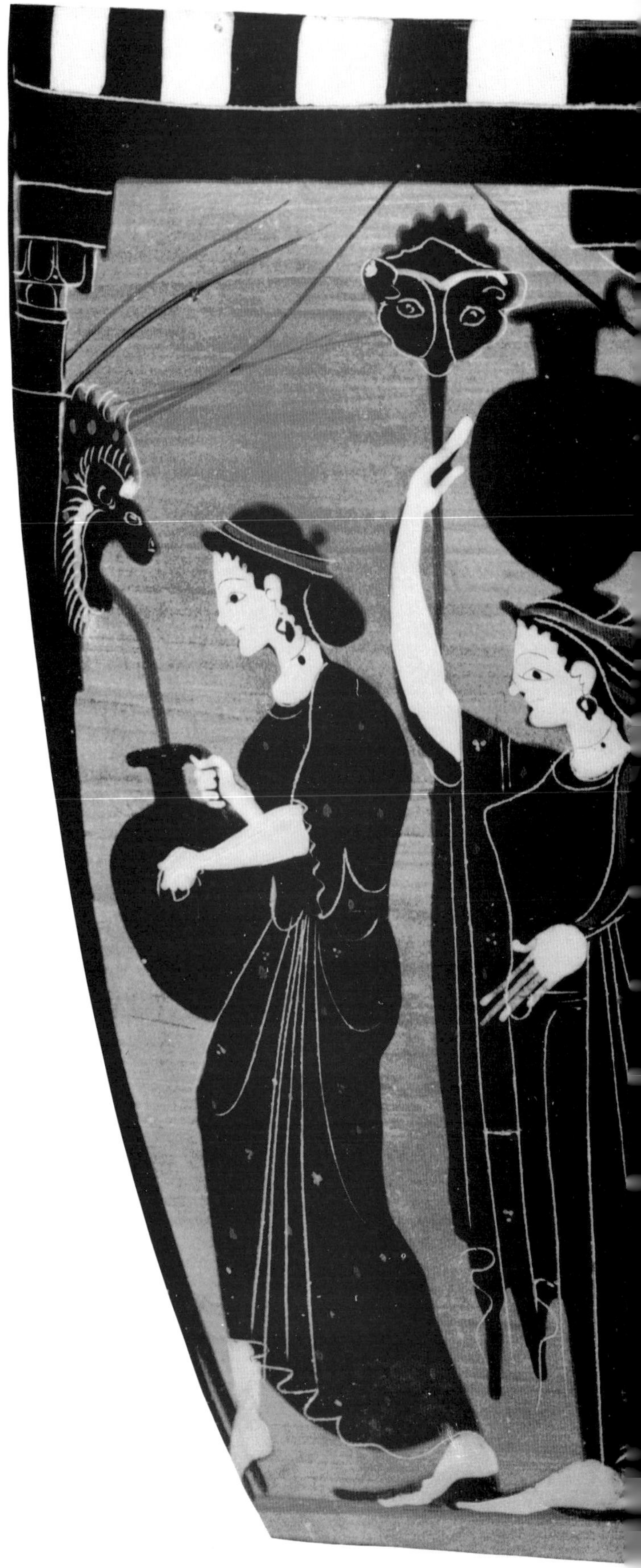

Attisch-schwarzfigurige Hydria: Brunnenhausszene. Ausschnitt aus Abb. 6.32, S. 167. Boston, Museum of Fine Arts

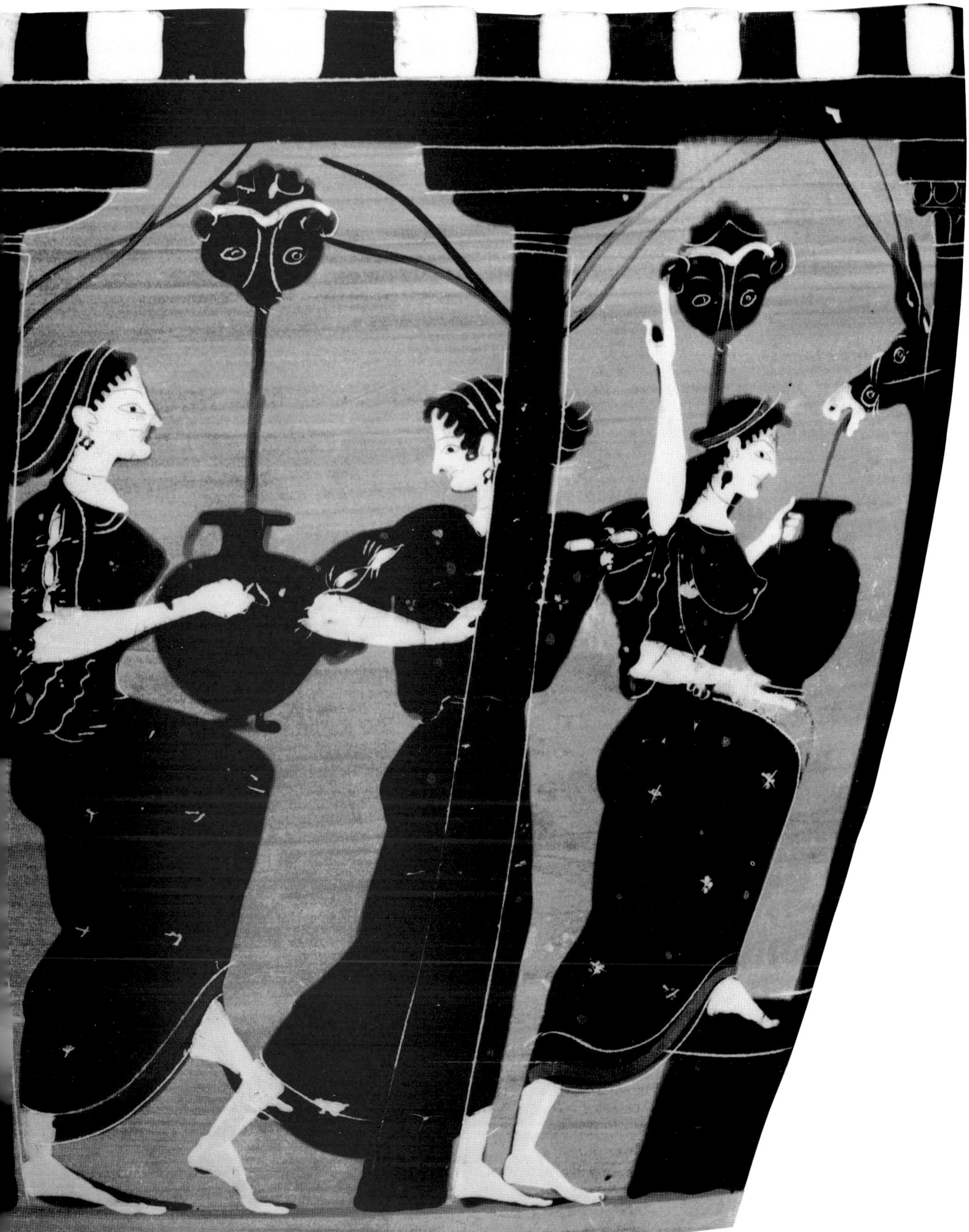

ATHEN

Athen, die treibende Kraft während der Geometrischen Epoche, kam nun erneut zum Zug. Das Dunkle Zeitalter und die darauffolgende Phase machten einer Periode intensiver politischer, wirtschaftlicher und künstlerischer Aktivitäten Platz. Im frühen 6. Jahrhundert v. Chr. beendete die Ernennung des Politikers und Poeten Solon zum höchsten Magistraten die Machtkämpfe zwischen Aristokraten und Volk. Der über 200 Jahre später wirkende Aristoteles überlieferte das von Solon geschaffene, auf der jeweiligen Finanzkraft basierende Vier-Klassen-System: Es gab nun 500-Scheffel-Männer (jene, deren Land mindestens 500 Scheffel Getreide abwarf), Ritter, Zeugiten und Arbeiter. Solon setzte einen gewählten Rat ein, der für den Außenhandel zuständig war, und gewährte jedem männlichen Bürger Zutritt zu den Gerichtshöfen. Seine Reformen zielten darauf ab, das Volk mit dem Adel auszusöhnen.

Im zweiten Viertel des Jahrhunderts erschien ein Tyrann, Peisistratos, auf der Bildfläche. Er und seine Söhne Hipparch und Hippias kontrollierten die Stadt mehr oder weniger ohne Unterbrechung bis 510 v. Chr. Sie unterdrückten die Streitigkeiten zwischen den Klassen; Handel und Kunst wurden gefördert. Bildhauerei und Vasenmalerei erfuhren eine Blütezeit, ein umfassendes Bauprogramm wurde in Angriff genommen. 527 v. Chr. starb Peisistratos, 514 v. Chr. ermordete man Hipparch, 510 v. Chr. wurde Hippias ins Exil verbannt. Politische Auseinandersetzungen und bürgerkriegsähnliche Zustände waren nunmehr an der Tagesordnung, bis die Macht in die Hände des Kleisthenes gelegt wurde, der im Jahre 508 v. Chr. wiederum weitreichende Reformen durchsetzte und schließlich ein demokratisches System einführte. Kleisthenes brach den Klammergriff der alten Stämme, indem er zehn neue Bezirke formierte, die sich jeweils aus Bürgern aller drei geographischen Regionen Attikas (der Stadt, der Küste und des Binnenlands) zusammensetzten. Bemerkenswert ist die Schaffung des Rates der 500 mit 50 Mitgliedern aus jedem neuen Volksstamm; er bildete die konstitutionelle Basis der neuen Demokratie. In diesem Sinne bewirkte Kleisthenes die Einigung Attikas.

499 v. Chr. wurde die junge Demokratie aufgefordert, die griechischen Städte in Ionien in ihrer Revolte gegen die persischen Eroberer zu unterstützen. Athen nahm an dem Überraschungsangriff auf die Hauptstadt der persischen Satrapie, Sardes, teil und brannte sie nieder. Dies nahmen die Perser zum Anlaß, die Invasion Griechenlands vorzubereiten. 490 v. Chr. gingen sie in Marathon, wo der greise Exil-Tyrann Hippias zu ihnen stieß, an Land. Die athenischen Hopliten triumphierten nahezu im Alleingang über die Perser. Nur ein kleines Kontingent aus Plataea war rechtzeitig in Marathon eingetroffen, um sie bei der Verteidigung zu unterstützen. Dieser erstaunliche Sieg, an den man sich noch lange erinnerte, verhalf der jungen Demokratie zu großem Selbstvertrauen. Auch brachte es andere Stadtstaaten dazu, die Macht und den Einfluß Athens anzuerkennen. Als zehn Jahre später die Perser mit einer neuen Armada abermals Griechenland ansteuerten, spielte der Athener Themistokles mit seiner Flotte eine wichtige Rolle im Sieg bei Salamis. Der Landsieg über die Perser 470 v. Chr. bei Plataea ist dagegen Sparta, der traditionellen griechischen Landmacht, zu verdanken. Von diesem Zeitpunkt an kämpften die beiden Stadtstaaten um die Führung Griechenlands. Mit dem Ende der archaischen Periode befanden sich die meisten Städte der griechischen Welt in einer politischen Abhängigkeit von Athen oder Sparta. Ausnahmen findet man nur im Westen, wo Metropolen wie Selinunt ihre Unabhängigkeit wahrten und Syrakus und Akragas nach ihrem Sieg über die Karthager in der Schlacht von Himera ihre eigenen Vorstellungen von Macht verwirklichen wollten.

Allerorts brachte die Epoche Dynamik, Expansion, Entdeckungen und tiefgreifende Veränderungen mit sich. Bildhauer beschäftigten sich mit dem Problem, die ideale Form mittels beobachtbarer Dinge darzustellen. Die rationalen Gedanken der Philosophie und der Naturwissenschaften mußten in einem kulturellen Umfeld bestehen, in dem Götter omnipräsent waren. Der Gedanke, daß sie den menschlichen Akt der Selbsterhöhung bestrafen könnten, war schmerzlich zu spüren; ebenso die Einsicht, daß menschlicher Erfolg, ob nun auf dem Schlachtfeld oder Sportplatz, nur mit Hilfe der Götter zu erreichen war.

Architektur und Bauplastik

Die Errichtung von Göttertempeln war weiterhin von großer Wichtigkeit. Regelmäßig umgab die Tempel nun ein charakteristischer Säulenkranz. Zu diesem Zweck erfand man die architektonischen Ordnungen, die in der Steinarchitektur am häufigsten vertreten sind: die dorische und die ionische. Nachweisbar sind sie in Thermos und Samos ab dem 7. Jahrhundert v. Chr.; während der archaischen Periode wurden sie zum festen Bestandteil der Tempelarchitektur.

DIE ORDNUNGEN

Die dorische Ordnung (Abb. 6.2) setzte sich aus scharfkantig kannelierten, basislosen Säulenschäften und zweiteiligen Kapitellen zusammen, die wiederum aus einer rechteckigen oder quadratischen Deckplatte, dem Abacus, und einem darunterliegenden kissenartigen Echinus bestanden. Anklänge an ägyptische und mykenische Säulen sind offensichtlich (siehe Löwentor). Über den Kapitellen verlief das dreiteilige Gebälk, das aus einem Architrav, dem Fries und dem Gesims zusammengefügt war. Der in der Regel aus Quaderblöcken gefertigte Architrav blieb schmucklos, abgesehen von einem schmalen, vorspringenden Band (der Taenia) am unteren Rand, an dessen Unterseite kleine rechteckige Platten (die Regulae) und zylindrische Stifte (die Guttae) befestigt waren. Der Fries zeigte eine Serie von miteinander alternierenden Triglyphen (senkrechten Kompartimenten mit jeweils drei nebeneinander stehenden Stegen und Metopen (in der Regel dekoriert). Das krönende Gesims verlief an den Gebäudelangseiten horizontal, an den Schmalseiten war es geteilt und rahmte das Giebelfeld. Die Giebel zierten oft Skulpturen, anfangs als Relief angelegt, zum Ende der Periode hin auch rundplastisch.

In der ionischen Ordnung trennten horizontal kannelierte Basen die Säulenschäfte vom Stylobat (der obersten Stufe des Unterbaus). Die Schäfte selbst wiesen mehr Kanneluren auf als in der dorischen Ordnung. In späterer Zeit trennten flache Stege die Kanneluren. Die Kapitelle erinnern entfernt an die reich geschmückten Kapitelle des Athena-Tempels in Smyrna (die Pilzkapitelle und die äolischen, Abb. 5. 20 und 5.21, S. 137). Auch andernorts hatte man die Kapitelle regelmäßig mit zwei vor- und zur Seite springenden, aus einem Stamm herauswachsenden Voluten und dazwischenliegenden Palmetten (palmblattartigen Ornamenten) sowie einem darunter liegenden Blattkranz gestaltet, etwa in Phocaea, Larisa und Neandria (Abb. 6.1). Die dekorativen Elemente (florale Elemente und Volute) verweisen auf den Nahen Osten. Dort verwendete man diese Motive jedoch kaum für etwas großartigeres als kleinformatige Holz- und Bronzeobjekte, wie beispielsweise Möbelbeschläge. Fertigte man sie dennoch in einem größeren Maßstab – hingewiesen sei auf die phönizischen Volutenkapitelle – fanden sie keinen Eingang in eine kohärente Ordnung.

An den ionischen Kapitellen waren die beiden Voluten über eine Hohlkehle miteinander verbunden, die das Gewicht nach unten zu drücken schien. Die Zwickel füllte man regelmäßig mit Palmetten. In der Gebälkzone teilte man den Architrav in drei horizontale Register (die Faszien). Am aufwendigsten war der durchgehende Fries gestaltet, den oft Figuren schmückten. Ein Gesims bekrönte das Gebälk.

Die ionische Ordnung erscheint optisch ruheloser und ist variantenreicher ornamentiert, die dorische Ordnung wirkt geschlossener und massiver. Letztere findet man vor allem im griechischen Mutterland und im Westen, ersterer begegnet man im Osten (Kleinasien) und auf den Inseln. Diese Ordnungen nahm man in das äußere Erscheinungsbild der Tempel auf, deren Grundrisse (Abb. 6.3)

6.1 Äolisches Kapitell, Neandria. Um 600 v. Chr.

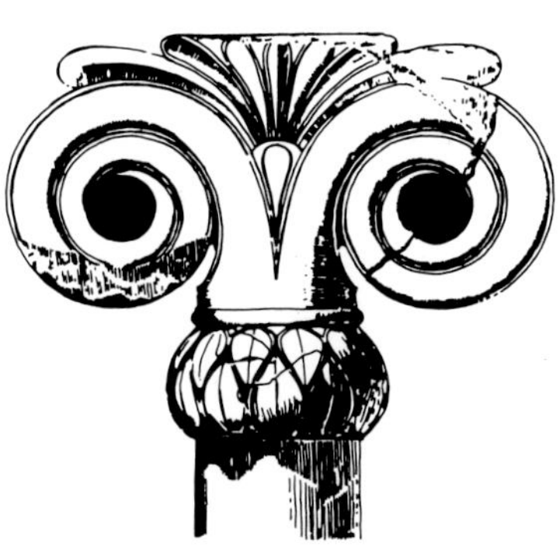

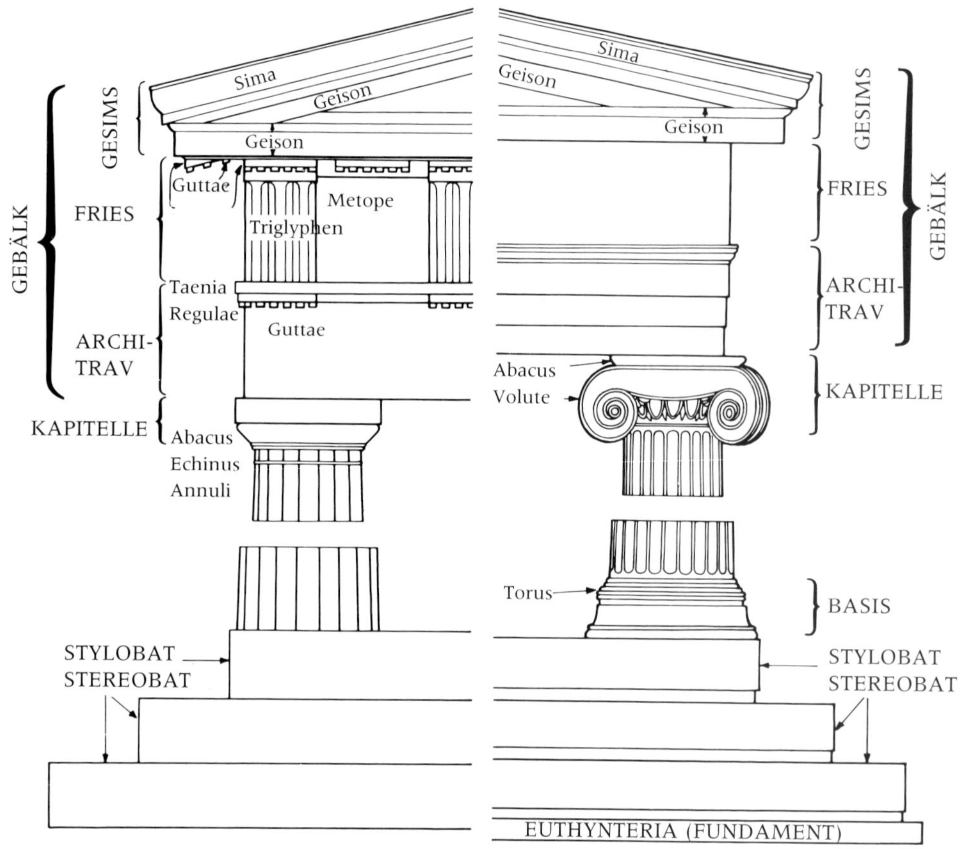

6.2 Die dorische *(links)* und ionische *(rechts)* Ordnung

unkompliziert wirken. Dem Raum für das Kultbild, der Cella, war eine Halle vorgesetzt (der Pronaos). Die dorischen Tempel weisen zudem eine rückwärtige Kammer auf (Opisthodom oder Adyton).

Die griechischen Architekten liebten Farbigkeit. Die meisten Bemalungen jedoch sind heute verschwunden, mit Ausnahme der Farbe an einigen unterirdischen Grabanlagen (Abb. 9.46, S. 310). An Bauteilen aus Terrakotta, seltener an jenen aus Stein, hat sie sich manchmal in Spuren erhalten. Bezeugt sind Blau-, Rot-, Grün-, Schwarz- und Gelbtöne. In der Steinarchitektur sind am häufigsten Rot und Blau belegt, auf Terrakotta Rot und Schwarz. In der dorischen Ordnung beispielsweise faßte man die Annuli (Abb. 6.2) normalerweise in Blau oder Rot, die Taenia in Rot, die Regulae in Blau, die Guttae blieben unbemalt, die Triglyphen waren blau, der Hintergrund der Figuren auf den Metopen rot oder unbemalt, das Giebelfeld wiederum blau usw. Dieser variationsreiche Effekt steht in krassem Gegensatz zum heutigen Eindruck.

DORISCHE TEMPEL

Auf der Peloponnes kann man die Reste zweier Tempel aus dem 6. Jahrhundert v. Chr. besichtigen. Der um 690 v. Chr. errichtete Hera-Tempel von Olympia markiert das Ende der Übergangsphase von Holz in Stein. Der Grundriß (Abb. 6.4) zeigt sechs Säulen an den Fassaden, je 16 an den Langseiten sowie einen in antis ausgestatteten Pronaos mit je zwei Säulen und ein Opisthodom. Die Säulen der Vor- und Rückhalle korrespondierten mit den Fassadensäulen und verbanden so den Umgang mit dem Kern. Die Cella weist Innensäulen und Scherwände auf, die nicht mehr den Blick auf das Kultbild verstellten. Die heute verlorene obere Zone des Gebäudes hatte man aus Lehmziegeln und Holz gefertigt. Den Stylobat, den Unterbau und die unteren Wandzonen konstruierte man aus geschnittenen Quadern. Die ursprünglich hölzernen Säulen wurden nach und nach durch steinerne ersetzt. Der viele Jahre später wirkende Pausa-

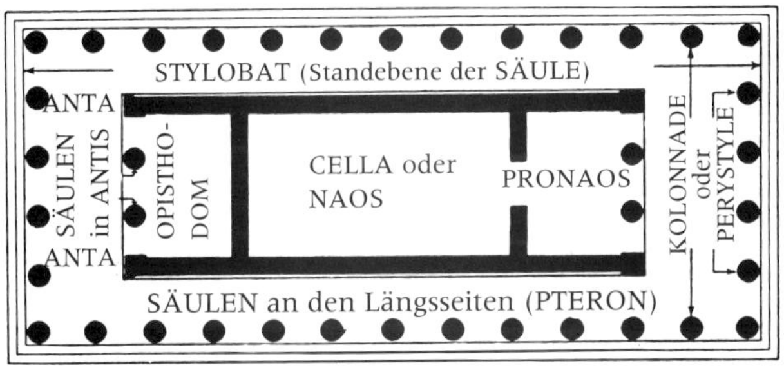

6.3 Typischer Grundriß eines dorischen Tempels

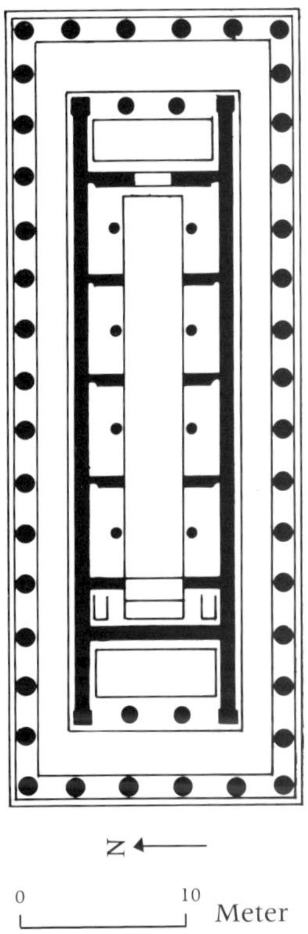

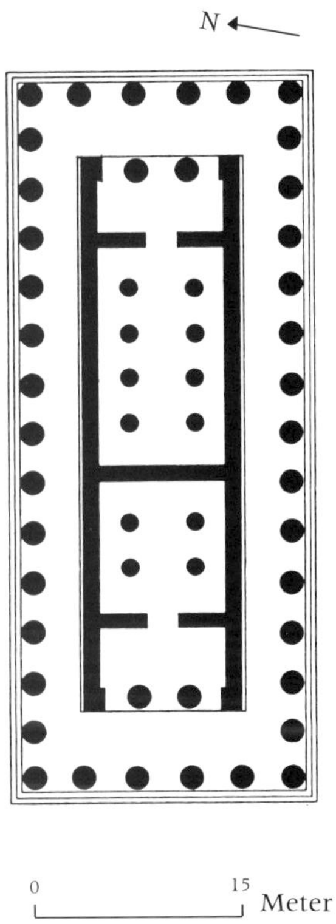

6.4 *oben links* Grundriß des Hera-Tempels von Olympia. Um 590 v. Chr.

6.5 *oben rechts* Grundriß des Apollon-Tempels von Korinth. Um 560 v. Chr.

nias berichtet von einer Eichensäule, die immer noch im Opisthodom stand. Dies läßt annehmen, daß der Tempel ein Bindeglied aus der Periode des Materialwechsels darstellt.

In seinem Aufbau besser erhalten ist der Apollon-Tempel in Korinth. Der Grundriß (Abb. 6.5) zeigt sechs Säulen an der Fassade und je 15 an den Langseiten, es gibt eine gesäulte Vorhalle und ein Opisthodom. Die Hallensäulen korrespondieren wiederum mit jenen des Umgangs. Ungewöhnlich sind die zwei innenliegenden gesäulten Kammern. In der östlichen wird man das Kultbild untergebracht haben, in der anderen vielleicht den Tempelschatz. Oder gab es hier ein Orakel? Sieben der Säulen stehen, teilweise mit ihren Architravblöcken, heute noch aufrecht (Abb. 6.6). Die Gedrungenheit oder Schlankheit griechischer Säulen wird oft mit der Begrifflichkeit der Proportion beschrieben, die Höhe als ein Vielfaches des unteren Durchmessers ausgedrückt. In Korinth beträgt die Höhe der robusten Frontsäulen das 4,15-fache ihres unteren Durchmessers; an den Seiten das 4,4-fache. Die monolithischen Kalksteinsäulen besitzen einen anschwellenden, zigarrenförmigen Körper. Diese Entasis genannte Raffinesse zielte darauf ab, die optische Illusion der geraden Linie, die auf einen Mittelpunkt zuläuft, zu korrigieren. Eine weitere Eigenheit der dori-

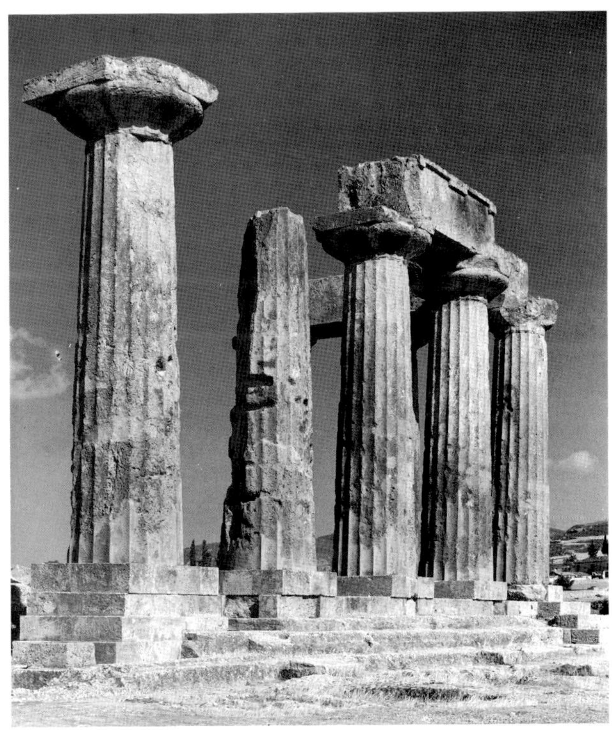

6.6 Apollon-Tempel von Korinth, erhaltene Säulen von Nordwesten. Um 560 v. Chr. Kalkstein mit Stuck

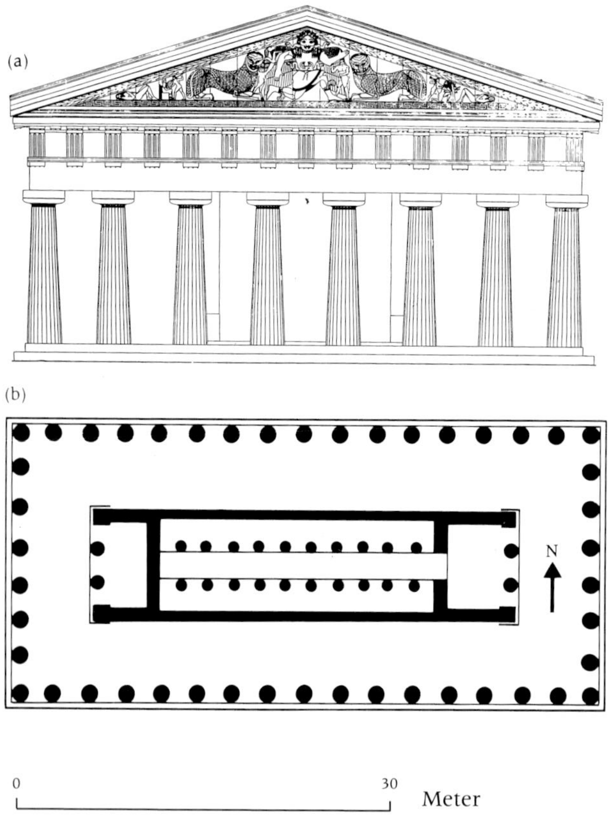

6.7 (a) Rekonstruierter Aufriß und (b) Grundriß des Artemis-Tempels von Korkyra. Um 580 v. Chr.

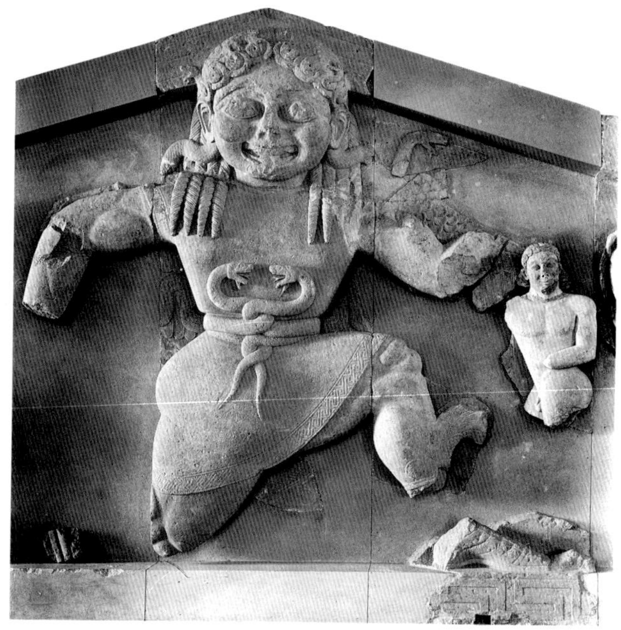

6.8 Artemis-Tempel von Corcyra, Giebel: die Mittelfigur Gorgo mit ihrem Sohn Chrysaor zu ihrer Linken. Um 580 v. Chr. Kalkstein. Höhe (Gorgo) 2,85 m. Korfu, Museum

schen Architektur ist hier erstmals festzustellen: die Kurvatur des Stylobats. Der Echinus der Kapitelle quillt sichtbar hervor und vermittelt ein sackartiges Bild. Hierbei gilt: je sackartiger das Profil, desto älter das Kapitell.

Ein dem verlorenen Aufbau in Olympia und dem nur teilweise erhaltenen in Korinth vergleichbarer Aufriß ist aus den fragmentarischen Resten des Artemis-Tempels auf der lange von Korinth abhängigen Insel Korkyra (heute Korfu) zu erschließen (Abb. 6.7 a und b). Die Quader des Unterbaus und der Wände sowie die Säulen des um 580 v. Chr. errichteten Sakralbaus sind fast vollständig verschwunden. Der Grundriß zeigt acht Frontsäulen und je 17 an den Langseiten. Bezeugt sind eine gesäulte Vorhalle, die Cella und eine Rückhalle. Neu ist der weite Abstand zwischen Säulen und Wänden, der genug Raum für einen zweiten Säulenkranz ließe. Dieses Arrangement wird als Pseudodipteros bezeichnet. Einige Fragmente der reliefierten Kalksteinmetopen sind erhalten, so auch die Relieffiguren des Westgiebels. Den größten Teil des Giebelfeldes nimmt die fast 3 m hohe, zentral positionierte Gorgo ein, die von Pegasos und Chrysaor (Abb. 6.8), ihren im Moment ihres Todes geborenen Kindern, flankiert wird. Zwei riesige Raubkatzen rahmen das Trio. In wesentlich kleinerem Maßstab abgebildet, greift auf der einen Seite ein Gigant den mit dem Blitzbündel bewaffneten Zeus an. Auf der anderen Seite streckt eine Sitzfigur vor einem stadtmauerähnlichen Gebilde die Hand in Richtung einer weiteren, verlorenen Person aus, deren Speer sie am Hals verletzt. Handelt es sich um Priamos, den König von Troja? Figuren von Sterbenden oder Toten liegen in den Giebelecken. Die Komposition ist symmetrisch angelegt. Die heraldisch angeordneten Löwen symbolisieren die Macht der Götter, unter deren Kontrolle sie leben. Die erzählenden Gruppen sind als Metaphern für den Sieg der zivilisierten Welt der

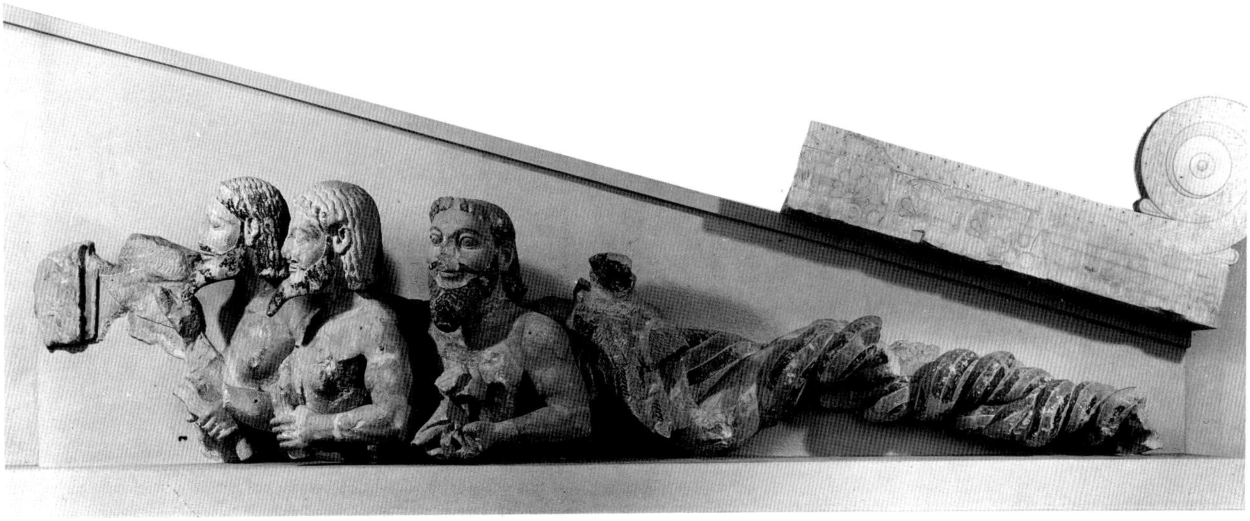

6.9 *oben* Athener Akropolis, Giebelgruppe: dreileibiges, schlangenschwänziges Mischwesen. Um 550 v. Chr. Kalkstein. Höhe 90 cm. Athen, Akropolis-Museum

griechischen Götter und Heroen über die Barbaren zu werten.

Die aus Kalkstein gefertigte Giebelgruppe eines Athena-Tempels auf der Athener Akropolis, der in den ersten Jahren der Tyrannis erbaut wurde, führt eine neue Lösung des Problems der Giebeleckengestaltung vor Augen. Man besetzte sie mit schlangenschwänzigen Mischwesen (Abb. 6.9) oder mit Kampfszenen zwischen Helden wie Herakles und Seeungeheuern wie Triton, deren Fischschwänze exakt in die Ecke eingepaßt werden konnten. Die Kalksteinfiguren besaßen einen reichen Farbüberzug, der ihnen ein leuchtendes Erscheinungsbild verlieh. Dieser Athena-Tempel könnte ein archaisches Gebäude unterhalb des Parthenon gewesen sein. Die erhaltenen Fundamente (in Abb. 8.2, S. 239, gepunktet) zwischen Erechtheion und Parthenon sind einem weiteren archaischen Tempel zuzuordnen; nachweisbar sind auf der Akropolis folglich zwei frühe Heiligtümer.

Die im folgenden Jahrhundert erfolgten Entwicklungen in der dorischen Baukunst gipfelten im dorischen Aphaia-Tempel auf der Insel Ägina. Der Grundriß (Abb. 6.10) zeigt sechs Säulen an der Fassade und je 12 an den Langseiten, eine gesäulte Vor- und Rückhalle sowie eine Cella mit Säulen. Der Tempel ist weniger gelängt und besitzt weitere Feinheiten der dorischen Architektur: Die Säulen neigen sich geringfügig nach innen, die Ecksäulen sind dicker als die übrigen. Strikt eingehaltene numerische Proportionsverhältnisse bestimmen die Höhe der Glieder des Aufbaus. Die Säulenhöhe

6.10 *unten* Grundriß des Aphaia-Tempels von Ägina. Um 500 v. Chr.

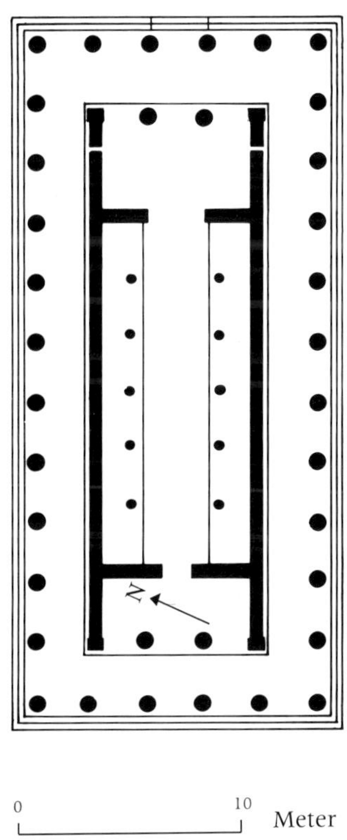

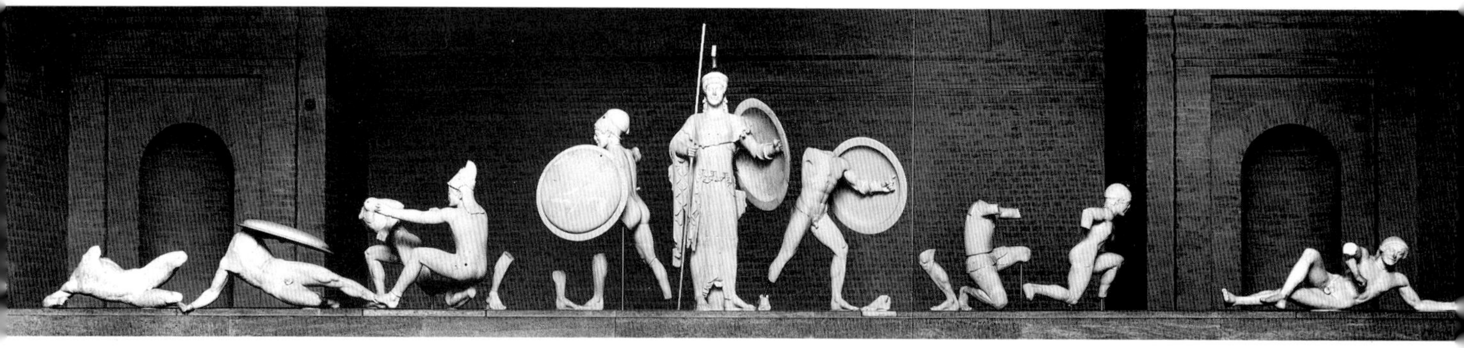

beträgt nun das 5,33-fache des unteren Duchmessers. Die Stützen sind damit wesentlich schlanker als jene des Apollon-Tempels in Korinth. Der Eckkontraktion – die bereits am Hera-Tempel von Olympia nachzuweisen ist – begegnet man auch hier: ein verringerter Abstand zwischen den Säulen in Ecknähe. Dies wurde notwendig, als die Tempelbauer dazu übergingen, die Triglyphen mit der Mittelachse der Säulen zu verbinden, den Fries an den Ecken mit Triglyphen abzuschließen und auf verlängerte Eckmetopen zu verzichten.

Von dem Tempel haben sich Fragmente von drei Giebelgruppen erhalten, zwei von der Ost- und eine von der Westseite. Der etwas plumpe, steife, eckige Stil der Figuren des Westgiebels (Abb. 6.11) läßt ihn uns um 500 v. Chr. datieren. Die Skulpturen des zweiten Ostgiebels könnten aufgrund ihres realistischeren Ausdrucks um 480 v. Chr. entstanden sein. Die Gesamtkomposition wird von den sich gegenüber stehenden zentripedalen und zentrifugalen Bewegungen in den beiden Giebeldarstellungen bestimmt. Die Handlung auf der Westseite mit der nach außen weiterlaufenden Schlachtszene kann als zentrifugal bezeichnet werden. Auf der Ostseite verläuft die Bewegung von den gestürzten Figuren in den Zwickeln nach innen, den stehenden in der Mitte entgegen. Beide Bildfelder zeigen äginetische Heroen im Krieg, möglicherweise gegen Troja. Beherrscht werden die Szenen von Athena, die in einem größeren, ihre Göttlichkeit verkörpernden Maßstab wiedergegeben ist. Das Thema ermöglichte es, einen einheitlichen Figurenmaßstab zu wählen und das Bildfeld mit ausschreitenden, knienden, fallenden und zusammengebrochenen Kriegern bis in die Ecken zu füllen. Dieser Giebel leitet bereits von der archaischen in die klassische Periode über.

IONISCHE TEMPEL

Die frühesten ionischen Tempel stammen aus Kleinasien, aus Ephesos und Didyma sowie dem Hera-Heiligtum von Samos. Auf Samos errichteten

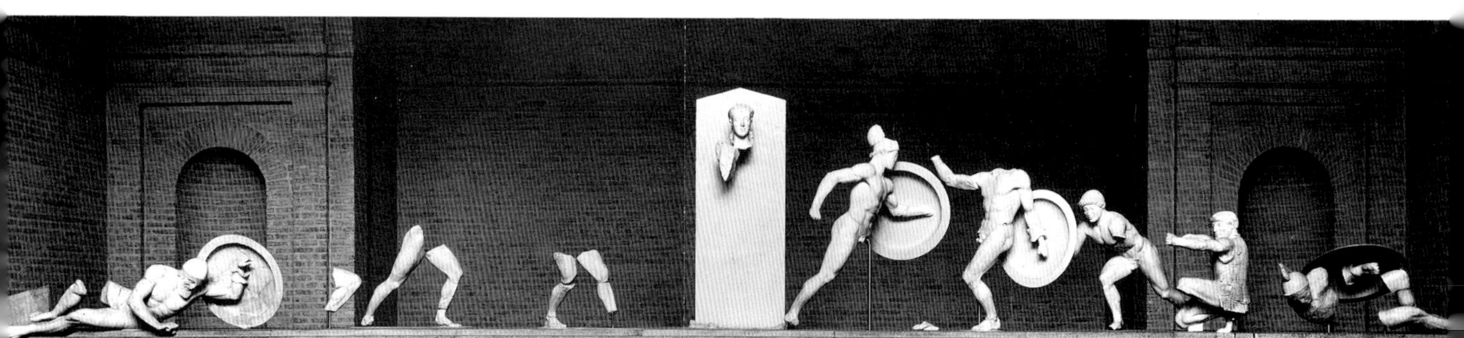

6.11 Aphaia-Tempel in Ägina, Giebelgruppen: *oben* Westgiebel, *unten* Ostgiebel. Marmor. Um 500–480 v. Chr. Höhe (Athena im Westgiebel) 1,68 m; Breite (komplett) 15 m. München, Glyptothek

die Architekten Rhoikos und Theodoros einen neuen Sakralbau gigantischen Ausmaßes. Die um 575 v. Chr. begonnene und um 560 v. Chr. vollendete Anlage erreichte eine Breite von 50 m und eine Länge von fast 100 m. Ihre Front gliederten acht Säulen, die Langseiten je 21 und die Rückseite neun (Abb. 6.12). Ein zweireihiger Säulenkranz umgab die tiefe Vorhalle und die durch Säulenreihen unterteilte Cella. Die Kapitelle des Baus haben sich nicht erhalten. Dieser Tempel mit einem monumentalen neuen Torbau, einem Altar und anderen großartigen Gebäuden war Blickpunkt des Heiligtums. Als er um 530 v. Chr. zusammenstürzte, begann man einen noch gewaltigeren und beeindruckenderen Neubau (Abb. 6.13 a) mit einer dreifachen Säulenreihe an Front und Rückseite sowie einer zweireihigen Kolonnade an den Seiten. Um dem nicht nachzustehen, entschieden sich die Nachbarn im Norden, die Epheser, zur Errichtung eines vergleichbaren Schreins für ihre Stadtgöttin Artemis. Bei gleicher Breite erreicht ihre Anlage eine Länge von fast 115 m. Auch sie weist eine dreifache Säulenreihe an der Front auf. Vom üblichen Schema, die Sakralbauten nach Osten auszurichten, weicht der nach Westen orientierte Bau ab. Die riesigen, teilweise mit skulptierten Fußtrommeln ausgestatteten Säulen (Abb. 6.14) ste-

6.12 Plan des Hera-Heiligtums auf Samos. Um 560 v. Chr.

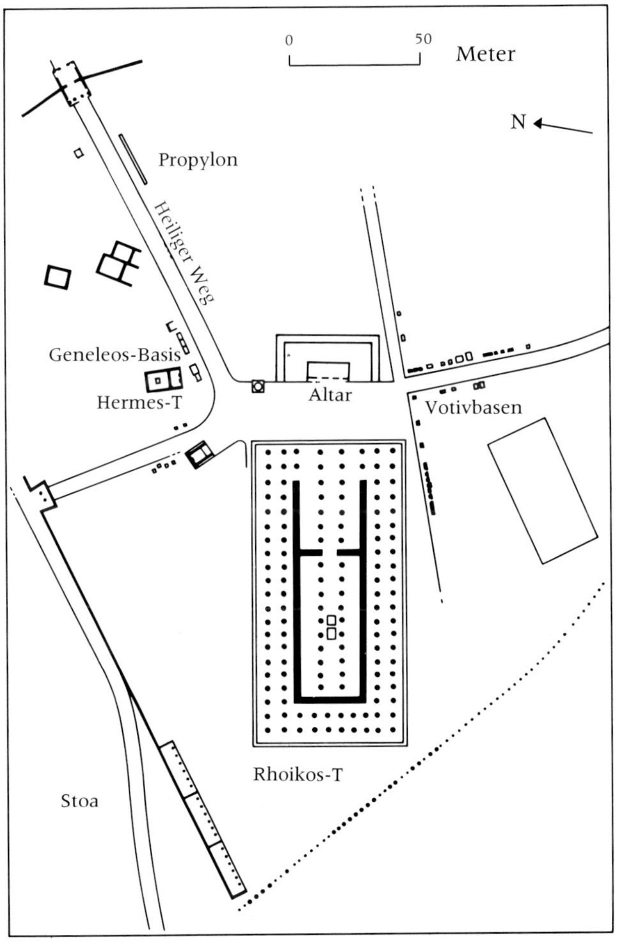

6.13 Grundrisse ionischer Tempel im Größenvergleich
(a) Hera-Tempel von Samos. Um 530 v. Chr. und später
(b) Apollon-Tempel von Didyma. Um 550 v. Chr.
(c) Apollon-Tempel von Didyma. Um 330 v. Chr. und später

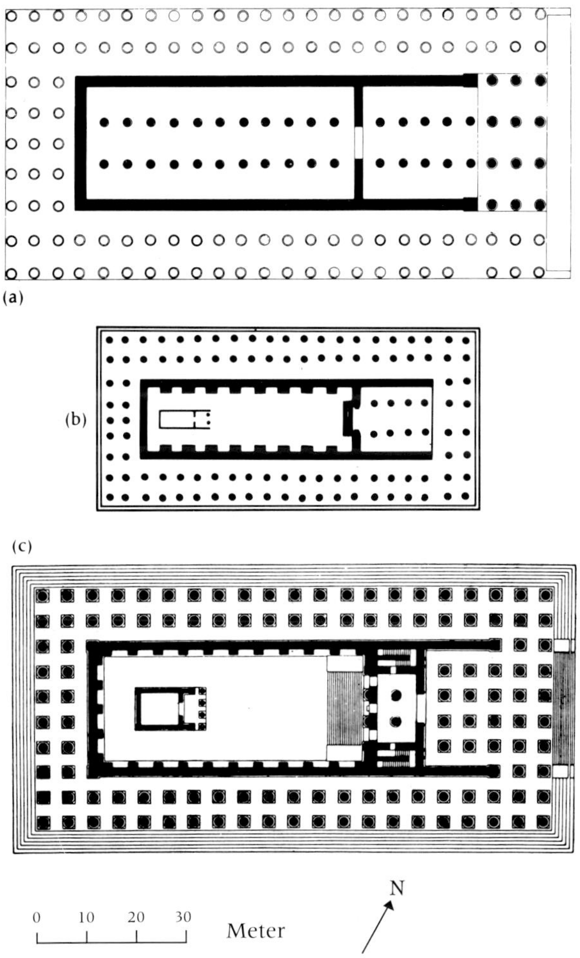

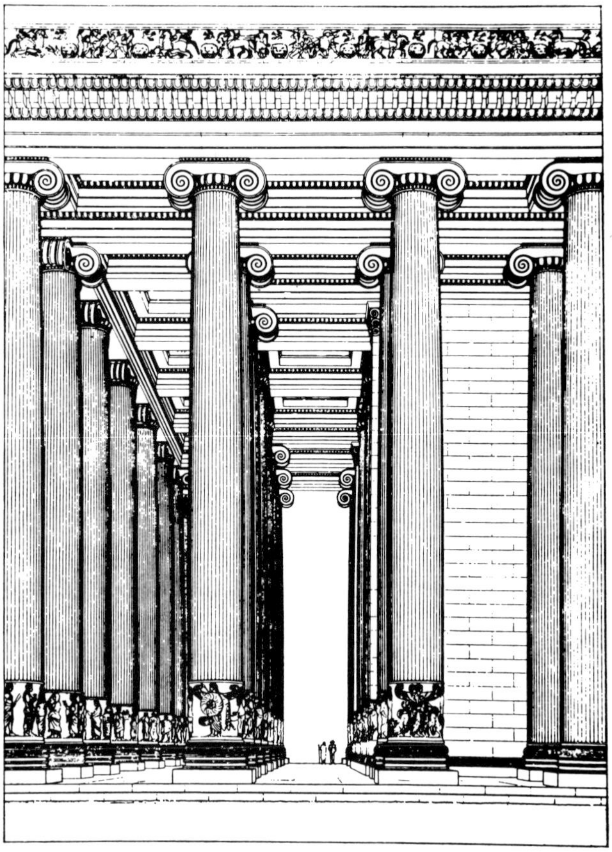

6.14 Rekonstruierter Aufriß des Artemis-Tempels von Ephesos. Um 560 v. Chr.

hen auf horizontal kannelierten Basen. Bekrönt wurden sie von Volutenkapitellen, die sich teilweise erhalten haben und heute im Britischen Museum aufbewahrt werden. Die wertvollen Fragmente einer Inschrift, die der im 5. Jahrhundert v. Chr. lebende Historiker Herodot ebenfalls überliefert, berichten, daß sich der lydische König Kroisos an den Kosten beteiligt hatte. Hiermit ist ein Hinweis auf das Errichtungsdatum gegeben, denn Kroisos verlor sein Königreich im Jahre 547 v. Chr. Kurz vor diesem Zeitpunkt müssen die in der Inschrift erwähnten Säulen installiert worden sein.

Ein drittes Beispiel für die ionischen Riesentempel liefert die ebenfalls um die Mitte des 6. Jahrhunderts v. Chr. errichtete Anlage im Apollon- Heiligtum zu Didyma bei Milet an der kleinasiatischen Küste. Der Sakralbau (Abb. 6.13 b) ist als offener Hof angelegt. In seinem Inneren befand sich ein kleiner Schrein, sozusagen ein Tempel im Tempel. Relieffiguren schmückten die Fußtrommeln der Außensäulen und die Architravecken darüber (diese zeigten Gorgonen und Löwen). Die im 4. Jahrhundert v. Chr. und später vorgenommenen Umbauten behielten zwar das Schema des Grundrisses bei (Abb. 6.13 c), steigerten jedoch die Ausmaße ins Gewaltige.

Die Funktion derartiger Tempel war vielgestaltig und sollte nicht mit jener von Kirchen, Synagogen oder Moscheen verglichen werden. Einige wurden sicherlich errichtet, um heilige Orte, sakrale Bilder mit magischen Kräften, Altäre oder heilige Bäume zu beschützen. Besondere religiöse Zeremonien wurden abgehalten: Verehrung und Opfer, Initiationsriten, Orakelbefragungen. Die Bindung an einen bestimmten heiligen Ort könnte der Grund sein, daß die Tempel immer wieder an derselben Stelle erbaut wurden; erinnert sei an die beiden Heiligtümer aus dem 6. Jahrhundert v. Chr. auf Samos. Andere Tempel scheinen zu dem Zweck konstruiert worden zu sein, (Kult-)Bilder antropomorpher Götter zu beheimaten. Die meisten Kulthandlungen zelebrierte man außerhalb der Tempel an Altären unter freiem Himmel, doch fanden Akte der Verehrung und des Opfers auch innerhalb statt.

Aber nicht alle Tempel dienten nur der Anbetung einer Gottheit. In manchen bewahrte man auch die Opfergaben anderer Stadtstaaten oder Privatpersonen auf sowie die Besitztümer der Gottheit. Einige der Anlagen besaßen tatsachlich den Charakter einer Bank, weniger den eines religiösen Ortes. Man inventarisierte die Weihgeschenke und Gaben und machte die Tempel dadurch zu Verwaltungszentren. Das System war ausbaufähig: Auch städtische Verwaltungsakten, Wirtschaftsverträge und Einwohnerlisten bewahrte man in den Heiligtümern auf.

DORISCHE UND IONISCHE SCHATZHÄUSER

Altar und Tempel bildeten den Mittelpunkt des Lebens in den Heiligtümern. In berühmteren Sakralstätten errichteten die Architekten außerdem kleine Gebäude, Schatzhäuser genannt, in denen die Weihegaben einzelner Städte gelagert wurden. In Delphi beispielsweise besaß eine ganze Reihe von Staaten, unter ihnen Athen, Sikyon und Siphnos, während der archaischen Periode ein Schatzhaus. Auf den anspruchslosen Grundrissen erhoben sich rechteckige Bauten mit vorgeblendeten, zweisäuligen, den Ordnungen folgenden Eingangshallen.

Der Tyrann von Sikyon etwa, jener peloponnesischen Stadt, die am Golf von Korinth Delphi genau gegenüber liegt, ließ dort zwischen 575 und 550 v. Chr. ein dorisches Schatzhaus errichten. Zum Schmuck des Frieses gab er steinerne, skulptierte Metopen in Auftrag. Vier der ursprünglich 14 Metopen haben sich beinahe unversehrt erhalten. Eine davon (Abb. 6.15) zeigt die griechischen Heroen Castor und Pollux (auch bekannt als die Dioskuren) und zwei ihrer Freunde beim Viehdiebstahl, eine andere die Abfahrt des Schiffes Argo auf dem Weg zum Goldenen Vlies, eine dritte den kalydonischen Eber. Gelegentlich sprang die Handlung von einer Metope auf die nächste über, wie im Fall der Episode um die Argo, andere schienen ohne Zusammenhang nebeneinander zu stehen. Da Herakles zu dieser Zeit der berühmteste griechi-

6.15 Metope vom Schatzhaus der Sikyonier in Delphi: Viehdiebstahl der Dioskuren. Um 560 v. Chr. Kalkstein. Höhe 63 cm. Delphi, Museum

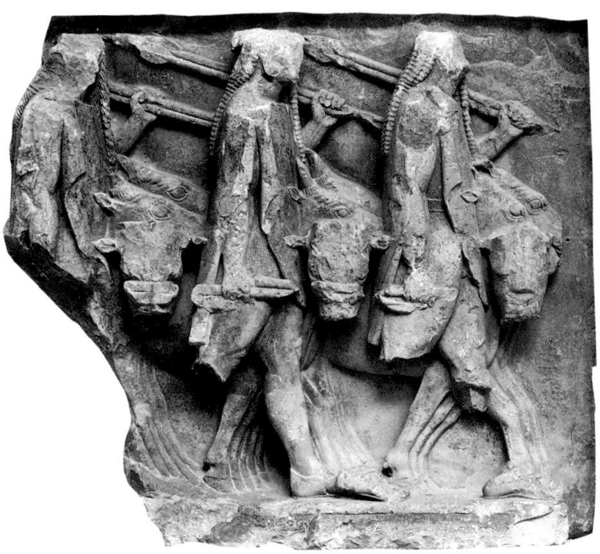

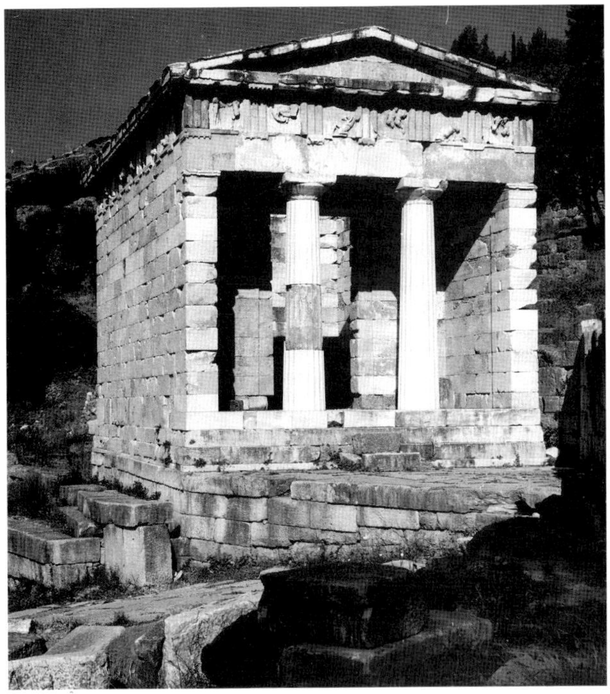

6.16 Schatzhaus der Athener in Delphi, von Osten. Um 490–480 v. Chr. Marmor. Höhe (Säulen) 4,20 m, Gebälk 1,67 m

sche Held war (siehe Abb. 6.24 und 6.29) und sich vor allem auf der Peloponnes äußerster Beliebtheit erfreute, erscheint seine Abwesenheit auf dieser Metopenserie bemerkenswert. Viele Figuren zeigen noch großflächige Farbspuren, wobei auch erklärende Inschriften farbig waren. Die in tiefem Relief aufgesetzten langen Haare und Gewänder sind detailliert wiedergegeben. Die Köpfe der Ochsen erscheinen teilweise frontal, teils auch im Profil. In den Entwürfen ist jedoch eine rückläufige Entwicklung festzustellen: Die in den rechten Händen gehaltenen Speere verdecken die Köpfe des gestohlenen Viehs, die Speere in den linken Händen scheinen sich jedoch hinter den Tieren zu befinden. Es handelt sich buchstäblich um eine Versteinerung der bemalten Terrakotta-Metopen des vorangegangenen Jahrhunderts (z. B. in Thermos, S. 133).

Bald nach der Schlacht von Marathon, in den Jahren um 490–80 v. Chr., stifteten die Athener ein Schatzhaus nach Delphi, das man inzwischen an seinem Originalstandort wiederaufgebaut hat

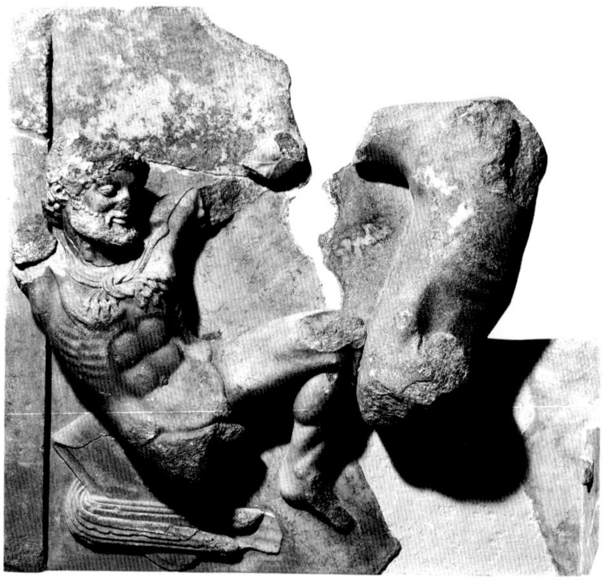

6.17 Metope vom Schatzhaus der Athener in Delphi: Herakles mit der Hirschkuh. Um 490–480 v. Chr. Marmor. Höhe 67 cm. Delphi, Museum

(Abb. 6.16). Errichtet wurde es in der dorischen Ordnung mit skulptierten Metopen. Diese zeigen an der Rück- und Nordseite die Abenteuer des Herakles, auf der besser einsehbaren Südseite jene des Theseus, des Helden der neuen Demokratie. An der Fassade, die die Heilige Straße flankiert, ist eine Amazonomachie (die Schlacht zwischen Griechen und Amazonen) abgebildet, doch sind die Metopen so stark zerstört, daß nicht zu entscheiden ist, ob der Anführer der Griechen nun Theseus oder Herakles ist. In Abweichung zum früheren sikyonischen Schatzhaus führen die Metopen nun Geschehensabläufe vor Augen. Hier (Abb. 6.17) kämpft Herakles mit der Hirschkuh. Sein Mantel und Köcher erscheinen starr. Die scharf eingeschnittenen Details des gelockten Bartes, des Brustkorbs und Bauches kontrastieren mit der natürlichen Spannkraft der Körperhaltung.

Das beeindruckenste Schatzhaus im Heiligtum war jenes der Siphnier (Abb. 6.18). Wie aus literarischen Quellen zu entnehmen ist, diente das ionische Gebäude zur Verwahrung des mit den Gold- und Silberminen erwirtschafteten Reichtums. Konstruiert wurde es, bevor die Samier im Jahre

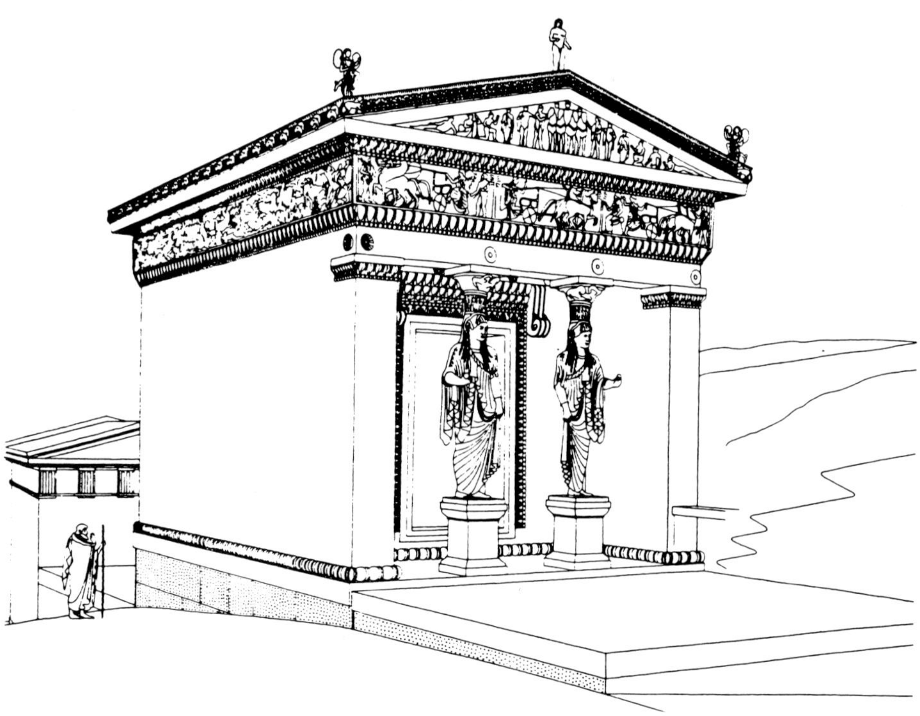

6.18 Perspektivische Rekonstruktion des Schatzhauses der Siphnier in Delphi. Um 530 v. Chr.

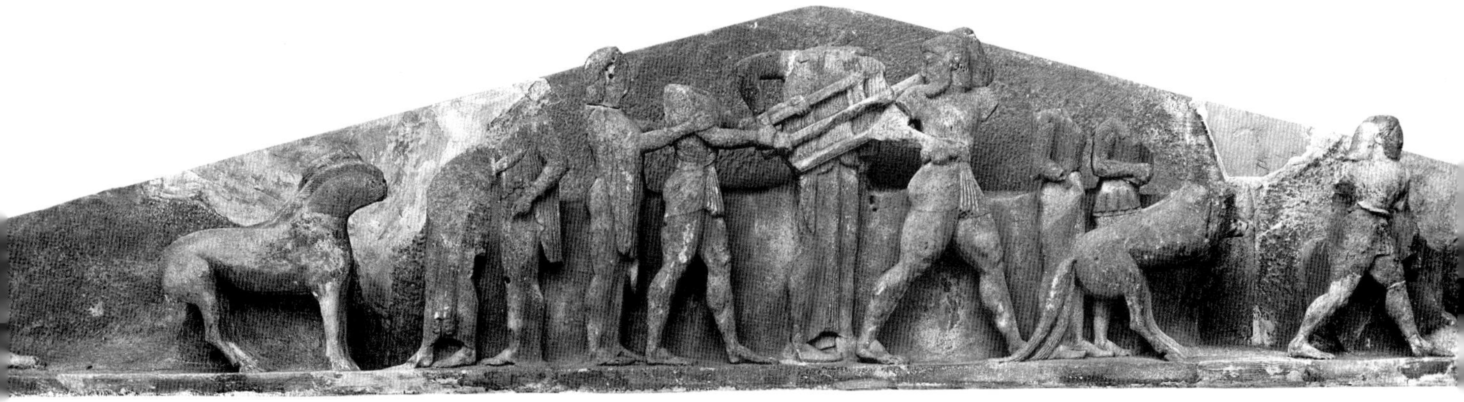

6.19 Schatzhaus der Siphnier in Delphi, Ostgiebel. Um 530 v. Chr. Marmor. Höhe (Mitte) 74 cm. Delphi, Museum

525 v. Chr. auf der Insel einfielen und die Minen vom Meer überflutet wurden. Dieses Schatzhaus ist von großer Bedeutung vor allem wegen seines gesicherten Errichtungsdatums, das es zu einem wichtigen Fixpunkt in der Chronologie der griechischen Plastik erhebt. Weibliche rundplastische Figuren, von Vitruv später als Karyatiden tituliert, den Zeitgenossen jedoch vermutlich als Korai bekannt, ersetzten die beiden Säulen der Vorhalle. Die Griechen benutzten für ihre Sakralbauten die Bezeichnungen des menschlichen Körpers; ihn selbst jedoch in die Architektur einzufügen war ungewöhnlich. Ein weiterer Stadtstaat, Knidos, hatte schon früher ein Schatzhaus mit einer Karyatiden-Vorhalle in Delphi gestiftet. Das bekannteste Beispiel für dieses Phänomen, das Erechtheion auf der Athener Akropolis (Abb. 0.3, S. 14), ließ noch auf sich warten. Beide Schmalseiten des Schatzhauses der Siphnier zierten Giebelskulpturen, die Dachecken bekrönten plastische Figuren (Akrotere), die in den Himmel aufragten. Ein durchgehender Fries umgab alle vier Seiten des Baues (Abb. 6.18). Paradoxerweise hatte man das Gebäude nach Westen ausgerichtet, so daß die Langseiten für einen Pilger, der den Zick-Zack-Weg zum Tempel hinaufstieg, wesentlich besser einsehbar waren als die Front.

Erhalten haben sich die Giebelskulpturen der Rückseite. Eine zentrale Zeusfigur fungiert hier als Schiedsrichter im Streit zwischen Apollon und Herakles um den Delphischen Dreifuß (Abb. 6.19). In kleinerem Maßstab wiedergegebene Wagen und Pferde flankieren die eher asymmetrische Szene.

Der Friesabschnitt unter dem Giebel zeigt zwei Konflikte, denen jeweils gleichviel Platz eingeräumt wurde. Es handelt sich zum einen um eine verbale Auseinandersetzung zwischen den Göttern des Olymp über das Schicksal der trojanischen Helden. Daran schließen Kampfszenen aus Troja an (Abb. 6.20). Diesmal scheint die Komposition durchdacht und symmetrisch. Neu sind die Dreiviertelansicht der Pferde und Wagen (die hinteren Teile waren in Farbe auf dem Hintergrund ausgeführt), das Pathos des toten Kriegers in der unbeholfen verkürzten Pose und die dramatische Gestik der Randfigur an der Nordecke.

Den kurzen Friesabschnitt an der Westfassade hatte man in drei Passagen unterteilt. In den beiden erhaltenen Abschnitten ist eine geflügelte Athena zu sehen, die einen Wagen besteigt, ferner Aphrodite, die von einem Wagen herabsteigt. Der dritte Friesteil zeigte vermutlich Paris und Hera mit ihrem Wagen. Das gesamte Bildfeld stellte das berühmte Parisurteil dar.

Die lange Frieszone der Nordseite war der Gigantomachie vorbehalten, der Schlacht zwischen Göttern und Giganten (Abb. 6.21). Die Darstellung charakterisieren sich überlappende Figuren, diagonale Bewegungen und Verkürzungen. Eine Szene zeigt Themis in ihrem Wagen und Dionysos, der einen Giganten angreift. Ein anderer Abschnitt zeigt Apollon und Artemis, die gemeinsam ihre Waffen auf die Giganten abfeuern, die sich wie eine Hoplitenaufstellung mit ihren Schilden schützen. Die vier Götter können mit Hilfe der aufgemalten Namensbeischriften identifiziert werden. Einer von Themis' Löwen beißt einem unglücklichen Giganten in die Seite. Meisterlich gelang dem Bildhauer die Kombination der detailliert beschriebenen Löwenmähne und der Run-

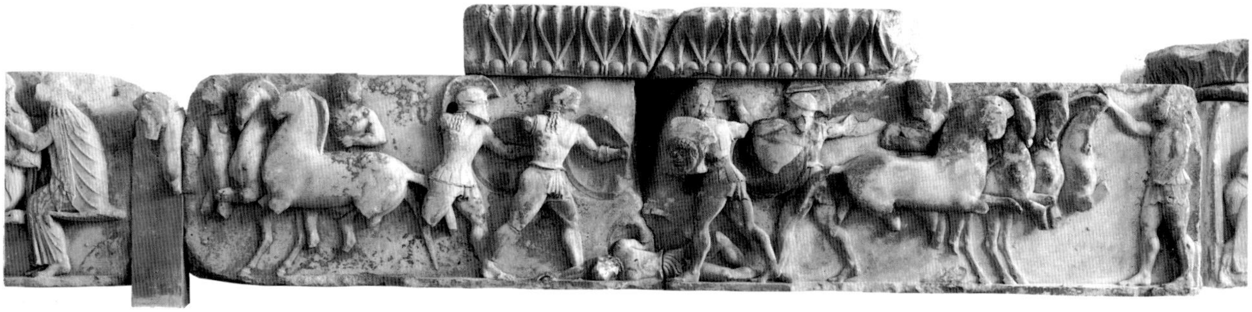

6.20 *oben* Schatzhaus der Siphnier in Delphi, Ostfries: kämpfende trojanische Helden. Um 530 v. Chr. Marmor. Höhe 63 cm. Delphi, Museum

6.21 *unten* Schatzhaus der Siphnier in Delphi, Nordfries: Gigantomachie. Um 530 v. Chr. Marmor. Höhe 63 cm. Delphi, Museum

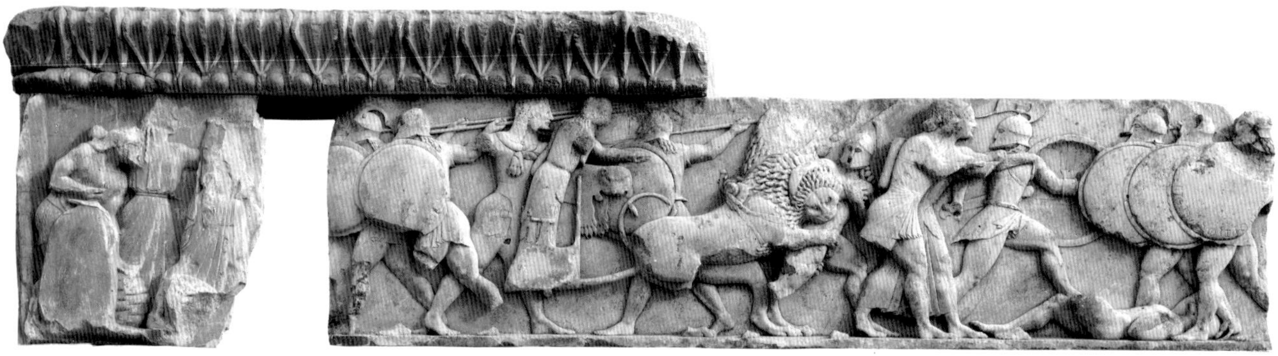

dung des dreidimensionalen Körpers. Der Künstler signierte sein Werk auf dem Rundschild eines Giganten. Obwohl der Name selbst verloren ist, überliefert die Inschrift, daß er den Fries der Nord- und Ostseite ausführte. Bestätigung erfährt diese Kombination von stilistischer Seite. Am West- und Südfries arbeitete der Steinmetz jedoch umständlich und mit einer einzigen Ebene. Die Umrisse seiner Figuren schnitt er senkrecht bis zum Hintergrund des Reliefs ein.

Jede zu verzierende Fläche hatte man ornamentiert, mit Farbe belebt und mit Metallapplikationen verfeinert. Die komplexen Reliefzyklen verhalfen den Erzählungen zu Ausdruck und Form und schufen auf diese Weise den Eindruck stetiger Kraft. Das Thema der triumphierenden griechischen Götter über die barbarischen Giganten war äußerst beliebt. Gewählt wurde es bereits für den Giebelschmuck in Korkyra. Derartige Szenen, die an zentraler Stelle wie dem ionischen Schatzhaus präsentiert wurden, das aufgrund seines kleinen Formates (6,13 x 8,55 m) selbst schon als Juwel zu bezeichnen ist, machen es zum Zeugen der Bauplastik im archaischen Griechenland.

SIZILIEN UND UNTERITALIEN

Von Anfang an bevorzugten die griechischen Architekten im Westen die dorische Ordnung, wie ein Blick auf ihre Tempel und Schatzhäuser etwa im sizilischen Syrakus und Selinunt oder im unteritalischen Metapont und Poseidonia lehrt. Das deutliche Wetteifern mit den dorischen Tempeln auf dem griechischen Festland, manchmal geringschätzig als provinziell bewertet, wirkte sich allerdings nicht auf die Gestaltung der Tempel aus. Dies gilt auch für die Aufrisse, die von den flexibleren und begabteren Architekten im Westen mit ionischen Elementen durchsetzt wurden. Die Gebäude demonstrieren einen neuen Gedanken, eine Vitalität, die auf Üppigkeit basierte und sich zu einem echten regionalen Stil entwickelte. In Syrakus, Locri und Metapont liegen auch Hinweise auf ionische Tempel vor, die ebenfalls Neuerungen im Grundriß und in Details zeigen. Die Errichtung des ionischen Tempels in Syrakus nahm man noch während der archaischen Periode in Angriff, die anderen beiden entstanden während der Übergangsperiode zwischen 480 und 450 v. Chr.

Im 5. Jahrhundert v. Chr. entwickelte sich Syrakus zur wirtschaftlichen und kulturellen Rivalin Athens, und damit zu einer erbitterten Feindin. Der um 570–60 v. Chr. errichtete dorische Apollon-Tempel führt Genialität und Grenzen der westlichen Architekten vor Augen. Die Proportionen des Grundrisses zeigen ein Hexastyl mit 17 Säulen in der Länge (Abb. 6.22), der Aufriss erscheint schwerfällig. Die fehlende Erfahrung der Baumeister mit dem steinernen Material zeigt sich in den geringen Säulenabständen. Doch sind auch Neuerungen festzustellen: die doppelte Säulenreihe an der Front, oder die beiden Stufen, die zu dem Bau hinaufführen und die Front in besonderer Weise betonen. Auf das Opisthodom an der Rückseite hatte man zugunsten einer geschlossenen Kammer, dem Adyton, verzichtet. Der breite Säulenumgang ist annähernd als pseudodipteral zu bezeichnen. Er erinnert sowohl an den Tempel von Korkyra, als auch an die ionischen Riesenbauten (z. B. in Samos, Ephesos, Milet). Einzigartig an dieser Anlage ist seine Bauinschrift, die den Namen des Architekten, Kleomenes, überliefert.

In Selinunt, der westlichsten griechischen Kolonie auf Sizilien, sind für das 6. Jahrhundert v. Chr. zwei Tempel auf der Akropolis und einige weitere im Osten der Stadt bezeugt. Einer davon, der um 530 v. Chr. begonnene Tempel G, blieb über die archaische Periode und den Sieg über die Karthager 409 v. Chr. hinaus unvollendet.

Der um 560 v. Chr. errichtete Tempel C auf der Akropolis (möglicherweise ein Apollon-Tempel) stellt den frühesten und größten Sakralbau der Stadt dar. Grund- und Aufriß entsprechen der dorischen Ordnung (Abb. 6.23) und ähneln dem Apollon-Tempel von Syrakus. Die Säulen sind jedoch schlanker und halten mehr Abstand. Der Gebäudefront sind acht Stufen vorgesetzt, eine weitere Betonung erfuhr sie durch eine doppelte Säulenflucht (vgl. Syrakus). Im Inneren, sowohl in der Vorhalle als auch in der Cella, hatte man auf Säulen verzichtet: den Kern des Tempels präsentierte man isoliert. An Vorder- und Rückseite zierten reliefierte Metopen den Fries. Die drei erhaltenen Reliefplatten zeigen zum einen Athena,

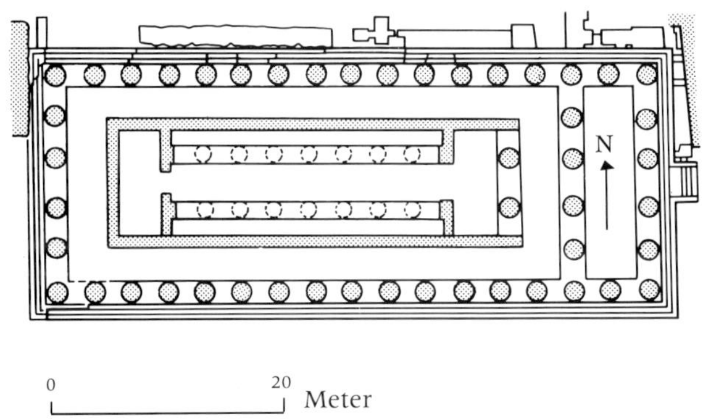

6.22 Grundriß des Apollon-Tempels von Syrakus. Um 560 v. Chr.

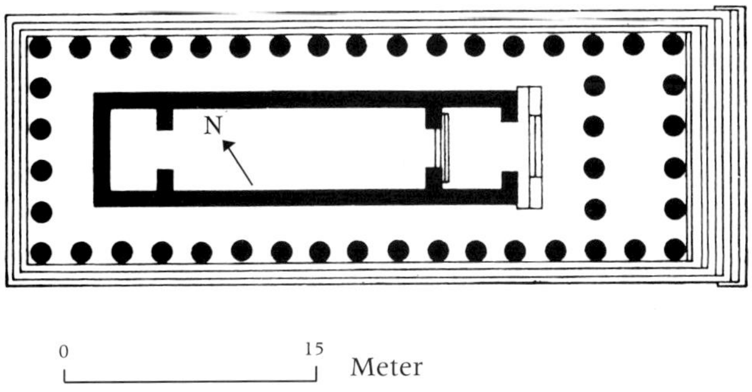

6.23 Grundriß des Tempels C in Selinunt. Um 560 v. Chr

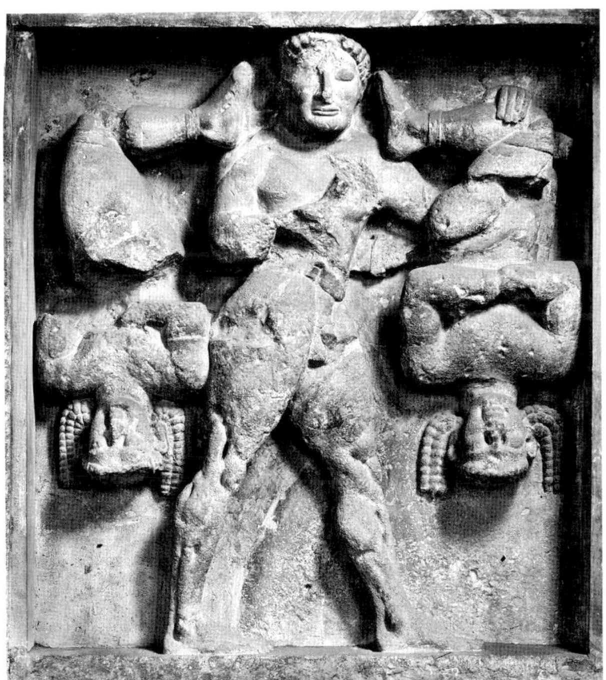

6.24 Metope vom Tempel C in Selinunt: Herakles mit den Kerkopen. Um 560 v. Chr. Kalkstein. Höhe 1,47 m. Palermo, Nationalmuseum

Perseus und Medusa, zum anderen Herakles und die Kerkopen (Abb. 6.24), schließlich eine Wagenszene mit Apollon und Artemis. Die frontal wiedergegebenen Köpfe ziehen den Blick des Betrachters magisch an und lenken das Augenmerk auf die Taten der griechischen Heroen und Götter. Diese Metopen gehören nicht zu den frühesten aus Selinunt, sie bezeugen jedoch – gemeinsam mit der Serie des um 570–60 v. Chr. gefertigten Tempels Y – die Existenz einer ausgebildeten Bildhauergruppe, die zu dieser Zeit in Selinunt tätig war. Über dem Fries zierten tönerne, in leuchtenden Farben mit geometrischen und floralen Mustern bemalte Verkleidungsplatten das Gesims. Im Zentrum des Giebels präsentierte man einen 2,7 m höhen Terrakotta-Kopf der Gorgo.

Viele Teile des Gebäudes wirken roh und unpräzise. Die Abstände zwischen den Säulen und die Anzahl der Kanneluren variieren. Einige sind monolithisch, andere aus Trommeln zusammengesetzt. Auf eine Entasis hatte man verzichtet. Die Metopen sind in unterschiedlicher Größe gefertigt. Doch lassen sich die Neuerungen im Grundriß, die von den Metopen ausgehende Wirkung und die Qualität der Architekturterrakotten nicht leugnen. Im Inneren fand man zahlreiche Siegel (bzw. Tonabdrücke derselben), mit denen man offizielle Dokumente beglaubigt hatte. Das Gebäude diente demnach auch als (Stadt-)Archiv.

Der im Osten der Stadt errichtete Tempel C erreichte kolossale Dimensionen (Abb. 6.25 a): er hatte eine Breite von 55 m, eine Länge von 115 m und über 16 m hohe Säulen. Offensichtlich hatte man eine Anlehnung an die kleinasiatischen ionischen Riesentempel geplant. Auch sein Grundriß illustriert die Gewandtheit der westgriechischen Architekten. Der pseudodipterale Tempel weist eine Vorhalle mit vier prostylen (vor den Anten) und im ganzen sechs Säulen auf, ein ungewöhnliches Schema. Der Zugang zur Cella war dreigeteilt. Die bei-

6.25 Grundrisse des Tempels G in Selinunt und des Zeus-Olympios-Tempels in Akragas im Größenvergleich
(a) Selinunt, Tempel G. Um 530–409 v. Chr.
(b) Akragas, Zeus-Tempel. Um 480–406 v. Chr.

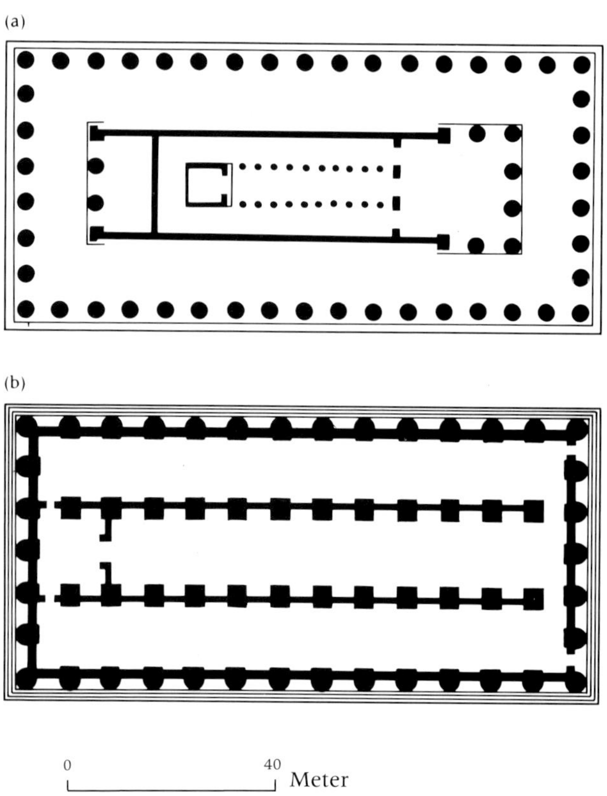

6.26 Grundrisse der aus dem 6. Jh. v. Chr. stammenden dorischen Tempel von Poseidonia im Größenvergleich
(a) Hera-I-Tempel. Um 550 v. Chr.
(b) Athena-Tempel. Um 500 v. Chr.

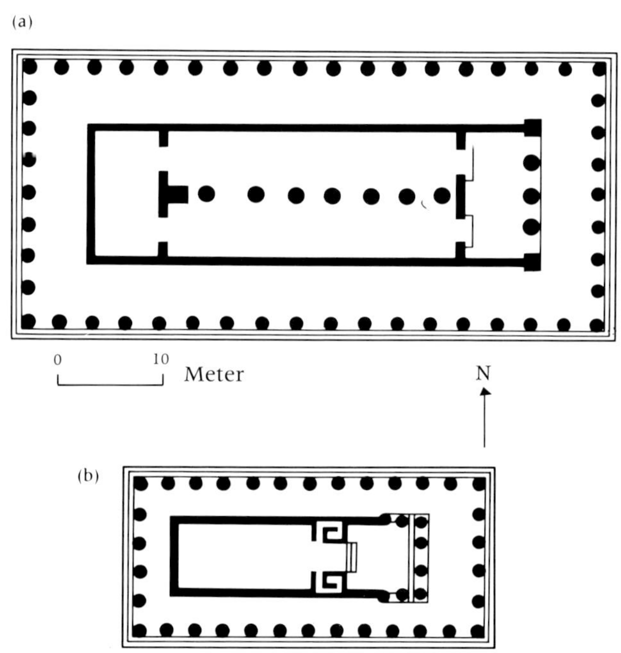

den Säulenreihen in der Cella führten zu einem integrierten Schrein, der das Baumuster von Didyma ins Gedächtnis ruft (Abb. 6.13 b). Ein Opisthodom war dem angegliedert. Die nicht komplett kannelierten Säulen lassen vermuten, daß der Bau niemals fertig gestellt worden ist. Einige der dorischen Kapitelle verweisen in die archaische Periode, andere in die klassische. In einer hier gefundenen Inschrift dankte man besonders Zeus, dann Phobos, Herakles, Apollon, Poseidon, Castor und Pollux, Athena, Demeter, Pasikrateia und anderen Göttern für einen (nicht weiter zu bestimmenden) Sieg. Aus der Liste ist die zeitgenössische lokale Hierarchie der Götter und Heroen herauszulesen. Im nachfolgenden Text werden dem Tempel eine goldene Tafel mit den Namen der Götter sowie 60 Talente Gold zugesagt. Den Tempel bezeichnete man abwechselnd als Apollon- und Zeustempel.

Das unteritalische Poseidonia zierten im 6. Jahrhundert v. Chr. zwei wichtige Tempel. Dem früheren, aus der Mitte des Jahrhunderts stammenden Tempel, der zunächst als Basilika angesehen wurde, nun jedoch allgemein als Hera-I-Tempel gilt, liegt eine neue Grundrißvariante zugrunde (Abb. 6.26 a). Er weist je 9 bzw. 18 Säulen auf, einen breiten Umgang und eine Vorhalle mit drei Säulen in antis. Die axiale Kolonnade in der Cella schließt mit einer Scherwand ab. Dahinter befindet sich das Adyton. Eine neue Art der dorischen Architektur war geboren. Im Unterschied zu Sizilien waren Cella und Umgang hier eng verbunden. Die Säulen von Vorhalle und Cella hatte man in demselben Maßstab gefertigt wie jene des Säulenkranzes; auch nahmen die Stützen Bezug aufeinander. Die mittig in der Cella angeordnete Säulenflucht teilte das Gebäude. Dies geschah möglicherweise aus religiösen Gründen: Hier konnten zwei Kultbilder deutlich sichtbar aufgestellt werden. Durch Inschriften- und Terrakottenfunde kann die dort verehrte Gottheit als Hera identifiziert werden. Ihr Begleiter Zeus fand hier nach Aussage der Inschriften ebenfalls Verehrung. Jüngere Forschungsergebnisse bekräftigen allerdings die These, daß es sich um einen Hera-Tempel handelte.

Die Säulen (Abb. 6.27) zeigen die gebräuchliche dorische Entasis; neu jedoch ist eine Anthemion-Dekoration (ein Blattmotiv) auf dem Säulenhals. An der Gebäuderückseite schmückten sogar eingedrehte Ranken, Rosetten, Palmetten und Blüten die Echini der Kapitelle. Hervorgehoben wurde

6.27 Hera-I-Tempel in Poseidonia, von Südwesten. Um 550 v. Chr. Kalkstein (Travertin) und Sandstein. Höhe (Säulen) 6,45 m

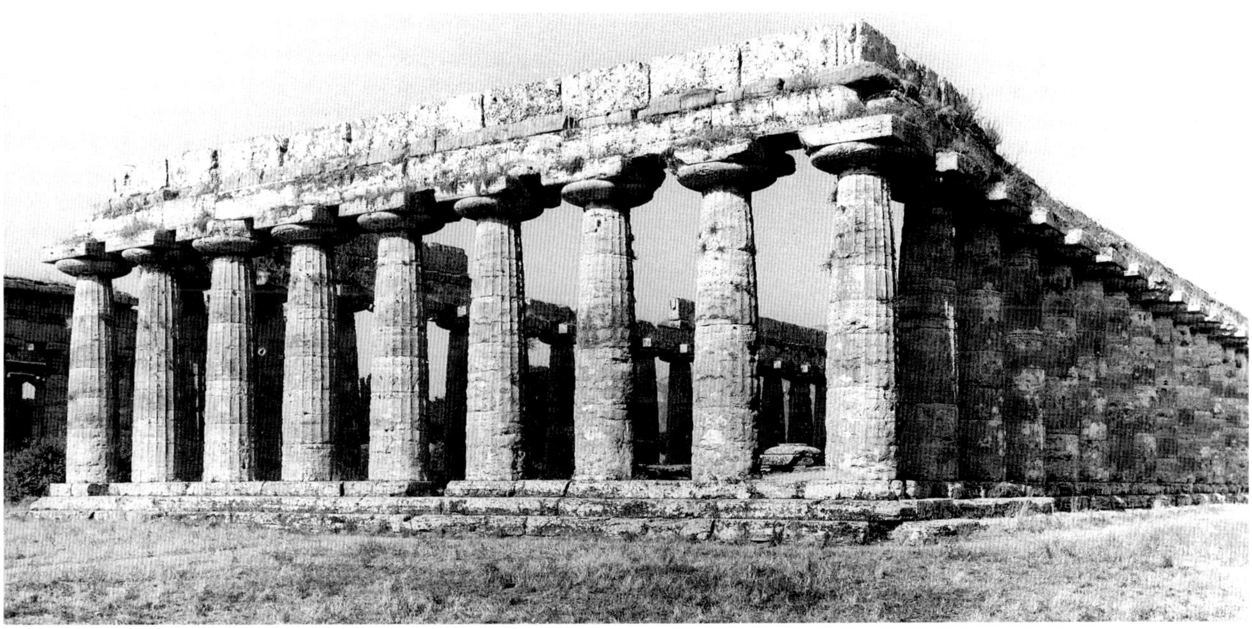

die florale Ornamentik, die eigentlich in der ionischen Architektur beheimatet ist, durch Farbe. Vom Fries haben sich keine Reste erhalten. Kürzlich entdeckte Befestigungs- und Dübellöcher verweisen auf ursprünglich vorhandene Metopen. Die Traufrinnen zierten in Fragmenten erhaltene, bemalte Architekturterrakotten. In Registern angeordnete Palmetten, Zungenstäbe, Hakenkreuze und Kleeblätter rahmten die tönernen Löwenkopf-Wasserspeier.

Dieser Tempel drückt ein neues Verhältnis zwischen Cella und Peristyl aus. Man erkennt reichhaltige Dekorationen und die ungebräuchliche Zweiteilung des gesamten Gebäudes, die vielleicht gewählt wurde, um zwei Göttern zu dienen. Dies läßt auf eine erfinderische architektonische Neigung schließen, offen für verschiedenartige Anregungen. In diesem Punkt bildet der Tempel einen Gegensatz sowohl zur zunehmenden Gleichförmigkeit der dorischen Ordnung in Griechenland als auch zu den oft unausgewogenen und unregelmäßigen Plänen und einfacheren Aufrissen der sizilianischen Architektur.

Der zweite poseidonische Sakralbau aus dem 6. Jahrhundert v. Chr. war der Athena geweiht. Bezüglich seiner Größe steht er hinter dem Hera-I-Tempel zurück, doch führt auch er erstaunliche Innovationen vor Augen (Abb. 6.26 b). Der Umgang nimmt mit seinen je 6 und 13 Säulen die kanonischen Proportionen der klassischen Periode vorweg. Er kontrastiert mit den unausgewogenen Formen im Inneren: Hier hatte man zugunsten einer ausgesprochen tiefen Vorhalle auf ein Opisthodom verzichtet.

Die Säulen (Abb. 6.28) weisen eine dezente Entasis auf. Ein florales Band umgibt die Kapitellhälse. Der sackartige Echinus fußt in der archaischen Tradition. Aus dem Fries kragen einzelne, gekehlte Sandsteinblöcke hervor (die restlichen Teile sind aus lokalem Travertin gefertigt). Auf

6.28 Athena-Tempel in Poseidonia, von Nordwesten. Um 500 v. Chr. Kalkstein (Travertin) und Sandstein. Höhe (Säulen) 6,12 m, Gebälk 2,65 m

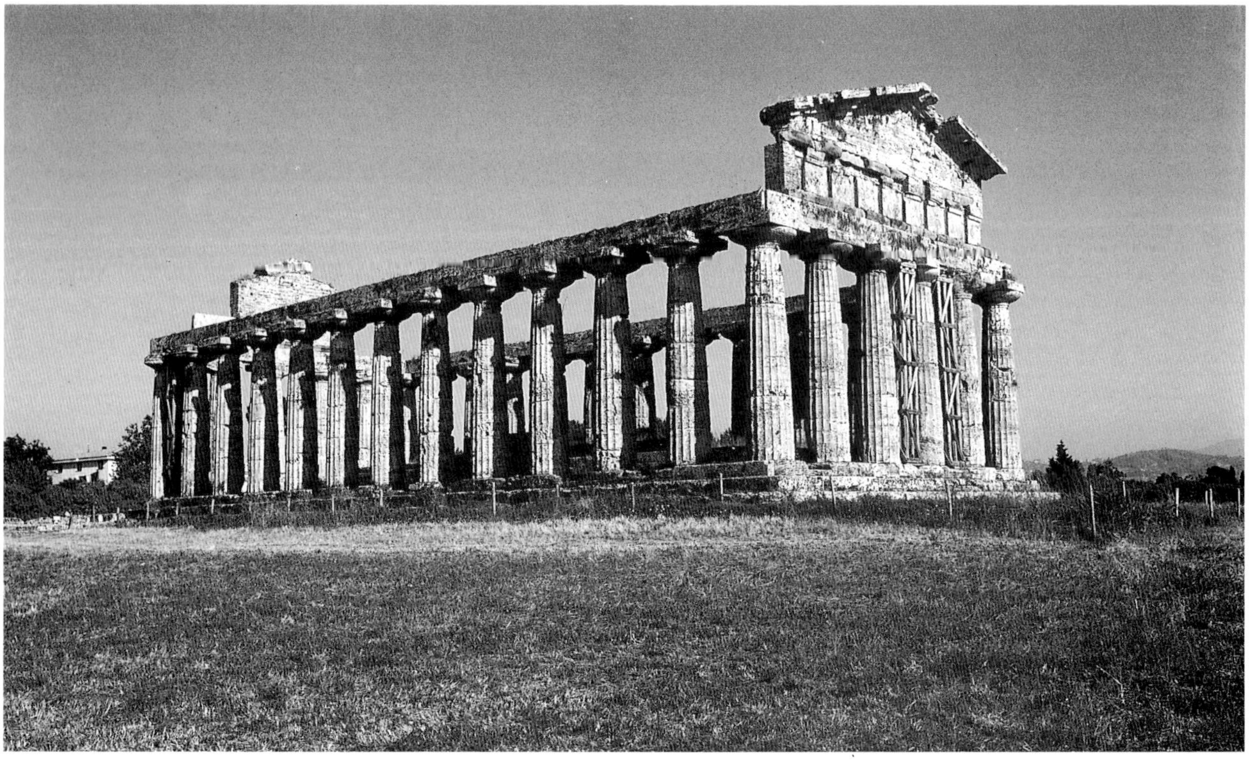

skulptierte Metopen hatte man verzichtet. Der Architekt scheint mehr Wert auf das Dach gelegt zu haben. Er schob das rankenverzierte Gesims nach vorne und schmückte es an der Unterseite mit Soffitten.

Der Einfallsreichtum der Fassade wird im Inneren des Tempels noch übertroffen. Für die Vorhalle hatte man ionische Säulen mit ionischen Volutenkapitellen gewählt. Die Kombination von ionischen und dorischen Stützen an einem Tempel ist in dieser Periode nur hier nachzuweisen. Der Bau kann als Vorgänger der 50 Jahre später errichteten attischen Anlagen gelten. Es gibt zahlreiche Neuerungen: die Mischung von Strukturen und Farben in dem steinernen Fries, das Verhältnis zwischen Triglyphen und Metopen, das die Triglyphen zum dekorativen Element erhebt, der Verzicht auf ein horizontales Gesims an den Schmalseiten, das Rankengesims mit seinen ornamentalen Soffitten, die ionische Ordnung im Inneren. Die Profile der Kapitelle und andere architektonische Eigenheiten lassen uns das Gebäude um 500 v. Chr. datieren.

Die Nordgrenze des Gebiets von Poseidonia markierte der Fluß Sele, an dessen 8,5 km von der Stadt entfernten Mündung, in Foce del Sele, ein weiteres Hera-Heiligtum aufgefunden wurde. Im heiligen Bezirk lassen sich ein Tempel, ein Altar, eine Stoa sowie ein entweder als Tempel oder Schatzhaus identifizierbares Gebäude nachweisen. Die Ergebnisse der kürzlich durchgeführten Ausgrabungen stellen seine Datierung ins 6. Jahrhundert v. Chr. und sogar den griechischen Ursprung in Frage. Erwähnenswert erscheint die Stätte jedoch wegen ihrer quantitativ und qualitativ hochwertigen, reliefierten Sandsteinmetopen, von denen über 30 Stück geborgen wurden. Aus stilistischen Gründen dürften sie größtenteils der Periode um 570–60 v. Chr. zuzuschreiben sein, wenn auch noch unklar ist, zu welchem Gebäude sie gehörten. Am beeindruckendsten sind die dargestellten Taten des Herakles und die Szenen aus dem Trojanischen Krieg, die darauf hindeuten, daß die Bilder in Zyklen angeordnet waren. Auf dorischen Friesen wurden Bildzyklen bis in die klassische Epoche beibehalten. Erstmals bezeugt sind sie hier. Die meisten Metopen illustrieren bekannte Themen aus der griechischen Mythologie des 6.

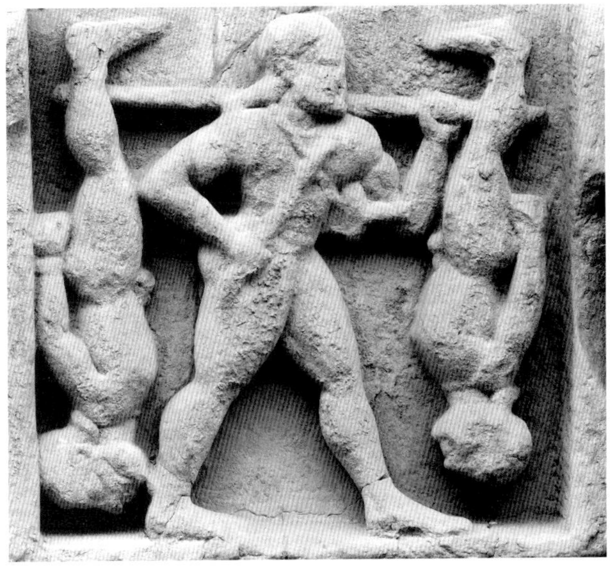

6.29 Metope aus dem Heraion in Foce del Sele, Poseidonia: Herakles und die Kerkopen. Um 570–560 v. Chr. Sandstein. Höhe 81 cm. Paestum, Museum

6.30 Metope aus dem Heraion in Foce del Sele, Poseidonia: Ajax bereitet seinen Selbstmord vor. Um 570–560 v. Chr. Sandstein. Höhe 81 cm. Paestum, Museum

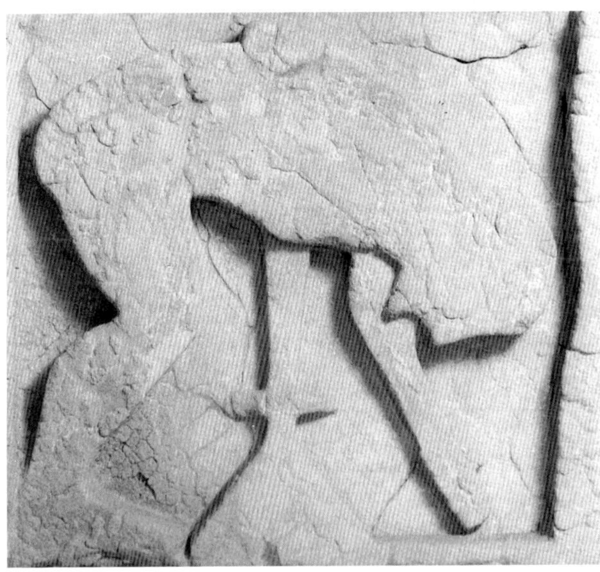

Jahrhunderts, einige sind jedoch weniger geläufig. Eine der Platten (Abb. 6.29) etwa zeigt Herakles mit den gefesselten Kerkopen, eine nur im Westen etablierte Szene.

Die Metopen sind in unterschiedlich hohem Relief, die Figuren gelegentlich nur zweidimensional als Kontur gefertigt (Abb. 6.30). Die »ausgeschnittenen« Figuren lassen vermuten, daß die Reliefs unvollendet blieben. Vorstellbar ist jedoch auch, daß man die Details in Farbe ausgeführt und an die piktographischen Bilder früherer Metopen angeknüpft hatte. Im ganzen führt die Serie verschiedene handwerkliche Stufen vor Augen. Letztendlich setzte sich das Hochrelief durch, wie vor allem die Metopen des Parthenon demonstrieren, auf denen einige Figuren fast rundplastisch wiedergegeben sind. Wenn auch im 5. Jahrhundert das Volumen das Flachrelief weitgehend verdrängte, so benutzte man doch weiterhin Farbe, selbst bei der Gestaltung von Hochreliefs.

Selinunt und Foce del Sele brachten im frühen 6. Jahrhundert v. Chr. mehr reliefierte Metopen hervor als der gesamte Rest der griechischen Welt. Die Produktion erfolgte zeitgleich mit dem Schatzhaus von Sikyon in Delphi. Quantität und Qualität ragen jedoch weit über dieses hinaus, so daß der Ursprung der skulptierten Steinmetopen im griechischen Westen vermutet werden darf. Selinunt und Foce del Sele waren Grenzstädte zum Reich der Karthager und Etrusker. Vielleicht sind die Metopen deshalb nicht nur als Schmuck und als Ermutigung für griechische Pilger zu verstehen, sondern auch als Warnung an Fremde: »Schau nur, was denen geschieht, die sich mit den Griechen anlegen!« Wie auch in der restlichen Bauplastik sind die Erzählungen zeitlos. Aus Chaos entsteht Ordnung, die griechischen Götter gewannen, die griechischen Heroen litten und überlebten.

Die Probleme der Architektur und Bauplastik im Westen wurden eingehenden Untersuchungen

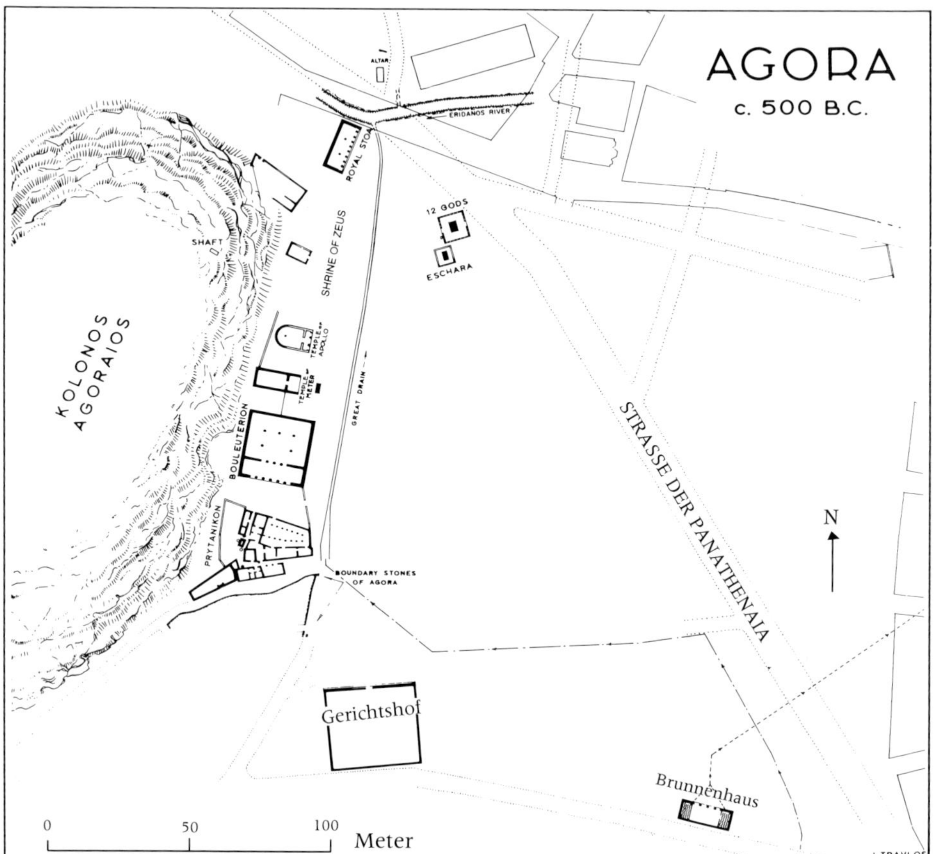

6.31 Plan der Agora von Athen. Um 500 v. Chr.

unterzogen. Teilweise konnten sich experimentelle Lösungen etablieren (so das Nebeneinander von dorischen und ionischen Elementen sowie die skulptierten Metopen), teilweise nicht (etwa die ungerade Anzahl an Frontsäulen oder der Verzicht auf ein horizontales Gesims). Obwohl an der geographischen Peripherie gelegen und regionales Gedankengut repräsentierend, drangen einige dieser Entwicklungen bis ins griechische Mutterland vor.

ATHEN

Die Akropolis mit ihren zwei frühen Tempeln war über eine breite Rampe zugänglich. Einen Sakralbau zierte das oben erwähnte schlangenartige Mischwesen (Abb. 6.9, S. 153), der zweite, südlich des Erechtheion gelegene, beherbergte im letzten Viertel des Jahrhunderts marmorne Skulpturengruppen. Sichtbare Reste der Bauten haben sich fast nicht erhalten. Zur Ausstattung der Burg zählten ferner mehrere Schatzhäuser, unzählige Weihestatuen und der kleine Athena-Nike-Tempel vor dem Eingang. Ein Großteil des Glorienscheines des Athena-Pollias-Kultes, des Stadtkultes, führt wohl auf den Tyrannen Peisistratos zurück, der zeitweise sogar auf der Akropolis – gemeinsam mit den Göttern! – gelebt haben soll. Am Standort des späteren Parthenon veranlaßte er nach der Schlacht von Marathon einen Tempelneubau. Das noch unvollendete Gebäude wurde 480 v. Chr. von den Persern zerstört, wie auch die restlichen Anlagen.

Das Gebiet nordwestlich der Akropolis, daß der Fluß Eridanos im Norden, der Abhang des Hügels Kolonos Agoraios und der Areopag im Süden einbanden, wurde in archaischer Zeit von einem Wohn- und Begräbnisplatz in das zivile Stadtzentrum, die Agora (Abb. 6.31), umgewandelt. Die Veränderung vollzog sich stufenweise, möglicherweise angeregt durch die Aktivitäten der führenden politischen Persönlichkeiten der Epoche: Solon, die Peisistratiden und Kleisthenes. In der Westecke, am Fuße des Kolonos Agoraios, gruppierte man Verwaltungsgebäude und religiöse Zentren. Das früheste von ihnen, am Ort des späteren Bouleuterion, beherbergte vielleicht den neuen Rat des Solon.

Die Tyrannen förderten verschiedene Bauprogramme an der Süd- und Ostseite, für die Häuser niedergerissen und Brunnen verfüllt wurden. Die große Anlage am Südende der Gebäudereihe am Kolonos Agoraios wird als Palast des Peisistratos angesprochen. Der um die Mitte des Jahrhunderts gebaute Gerichtshof befand sich gleich in der Nähe. Im Norden schloß der um 520 v. Chr. errichtete Altar der 12 Götter an, den eine niedrige Schutzmauer umgab. Berühmt als Zufluchtsort, galt er gleichzeitig als Ausgangspunkt des attischen Entfernungsmeßsystems, wie ein erhaltener Meilenstein lehrt. Die griechischen Tyrannen scheinen öffentliche Bauprogramme zu ihren wichtigsten Aufgaben gezählt zu haben. Verantwortlich zeichneten sie für mindestens einen Sakralbau auf der Akropolis. Auch der Baubeginn des großen Olympieions im Südosten fällt in ihre Regierungszeit. Auf der Agora errichteten sie das Südostbrunnen-

6.32 Attisch-schwarzfigurige Hydria: Brunnenhausszene. Um 510 v. Chr. Höhe 53 cm. Boston, Museum of Fine Arts

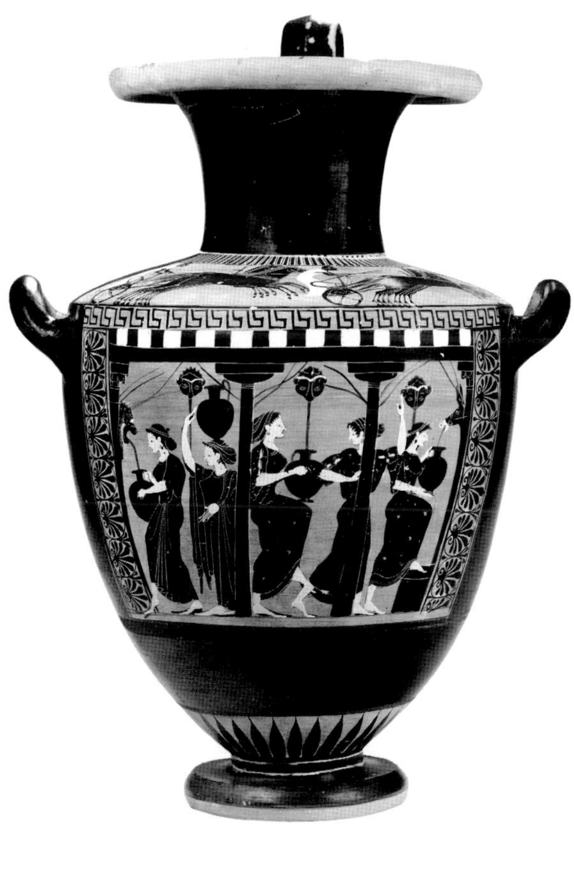

haus und die zugehörige Wasserleitung. Es wurde ein beliebter Treffpunkt der Bevölkerung, wie die häufigen Brunnenszenen auf Vasen des 6. Jahrhunderts zeigen (Abb. 6.32). Frauen und Sklaven bot der Brunnen Gelegenheit zur sozialen Kontaktaufnahme. Auch war das Wasserholen mit einer Hydria (Wasserkrug) direkt aus dem Zapfhahn sicherlich weniger anstrengend als das Schöpfen aus einem Grundwasserbrunnen.

Im letzten Jahrzehnt des Jahrhunderts erforderte die neue Demokratie des Kleisthenes die Errichtung weiterer Verwaltungsbauten. Das Bouleuterion des Solon ersetzte man durch einen rechteckigen Neubau mit Sitzen für die 500 Mitglieder der Boule. Man errichtete die sog. Königshalle (Stoa Basileus), benannt nach dem Amt des Archon Basileus (des obersten Archonten), des zweitwichtigsten Mannes im Staat. Andere topographische Fakten könnten aufgezählt werden. Der Hauptweg über die Agora, die in nordwest-südöstliche Richtung verlaufende sog. Panathenäenstraße, existierte bereits vor dem 6. Jahrhundert v. Chr., als sich hier noch ein Wohnviertel befand. Diese Straße benutzten die von der Unterstadt zur Akropolis wandernden Prozessionen am Athena-Fest, den Panathenäen. Beschriebene Grenzsteine, Horoi, markierten am Ende des Jahrhunderts das Gebiet der Agora. Für Unbefugte waren sie ein Zeichen, umzukehren.

Skulptur

Griechische Marmorbildhauer arbeiteten schon vor dem Ende des 7. Jahrhunderts auf den Inseln Naxos, Paros und Samos, lange bevor Hinweise auf ihre Arbeiten aus dem Mutterland vorliegen. Zu den beiden rundplastischen Haupttypen des 6. Jahrhunderts v. Chr. zählen die stehende, nackte, männliche Gestalt, der Kouros (Plural Kouroi, Abb. 6.33), sowie die bekleidete stehende Frau, die Kore (Plural Korai, Abb. 6.35). Im Laufe dieser Periode entwickelte sich der Kouros von einer überlebensgroßen abstrakten Figur zu einem Werk mit naturalistischeren, menschlichen Proportionen und Ausmaßen. Gleichzeitig bemühten sich die Bildhauer, göttliche Schönheit in menschlichen Formen auszudrücken und das Ideale im Realen zu präsentieren. Mit der Kore erforschte man das Ver-

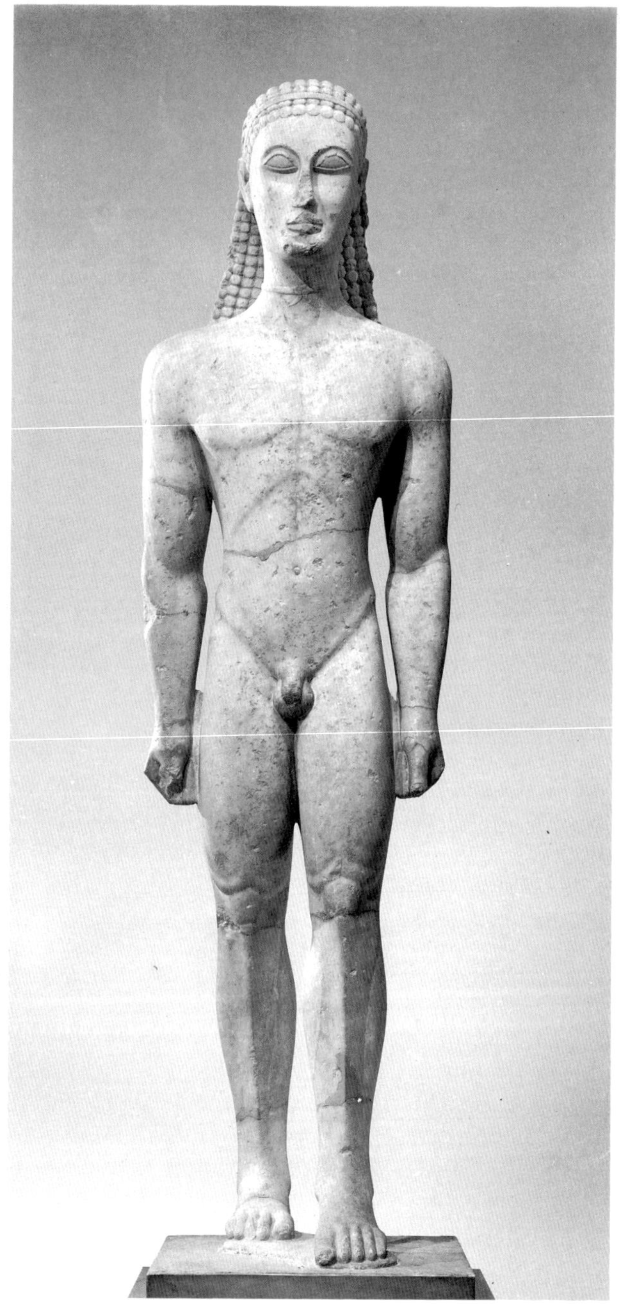

6.33 New Yorker Kouros, angeblich aus Attika. Um 600 v. Chr. Marmor. Höhe 1,84 m. New York, Metropolitan Museum of Art

hältnis zwischen Gewand und Körper. Beginnend mit einer völlig verschleierten Anatomie, arbeitete man sich zu dem unter dem Gewand angedeuteten Körper der spätarchaischen Beispiele vor. Mit den zunehmend eingearbeiteten Faltenwürfen, ornamentierten Stoffen, Mustern und Farben wurde gleichzeitig auch der Körper immer sichtbarer.

Die großen Kouroi blieben nackt. Den im 7. Jahrhundert v. Chr. üblichen Gürtel haben sie – mit ein oder zwei Ausnahmen – abgelegt. Andere Eigentümlichkeiten wurden jedoch eingeführt. Den um 600 v. Chr. gefertigten Kouros im New Yorker Metropolitan Museum (Abb. 6.33) ziert ein Halsband, die Brüder aus Delphi (Abb. 6.36) tragen Stiefel. Die männliche Nacktheit überrascht nicht: sie begegnete uns bereits in den Bronzen der Geometrischen Periode (wenn diese Figuren auch einen Gürtel trugen); auch erschienen die Männer in den Gymnasien täglich nackt. Ein weiterer Umstand könnte ebenfalls eine Rolle spielen. Keine andere Nation, mit der die Griechen in Kontakt traten, ließ die Nacktheit zu. Sie könnte als das Charakteristikum der Griechen benutzt worden sein.

Die Kouroi fanden in Heiligtümern und Nekropolen Aufstellung. Sie repräsentierten Götter – es wurde vorgeschlagen, in allen Abbilder des Apollon zu sehen – oder fungierten als Weihgeschenke und Grabsteine. Die turmhohen, lebensvollen Statuen standen mit einem vorgesetzten Bein, den gerade am Körper herabhängenden Armen und zu Fäusten geballten Händen fest auf dem Boden. Fragmente eines derartigen Kouros fanden sich in einer Grube im Poseidon-Heiligtum am Kap Sounion (Abb. 6.34). Der massige Kopf führt über die natürlichen Größenverhältnisse weit hinaus. Die riesigen Augen starren geradeaus, auch sind sie überproportional im Vergleich zum übrigen Gesicht. Die anatomische Landschaft ist auf ein einfaches Muster reduziert: Ohren, Rippen und Knie hatte man auf der Oberfläche des ursprünglichen Marmorblockes markiert. Der Bildhauer zog es vor, die menschlichen Formen durch Linien und

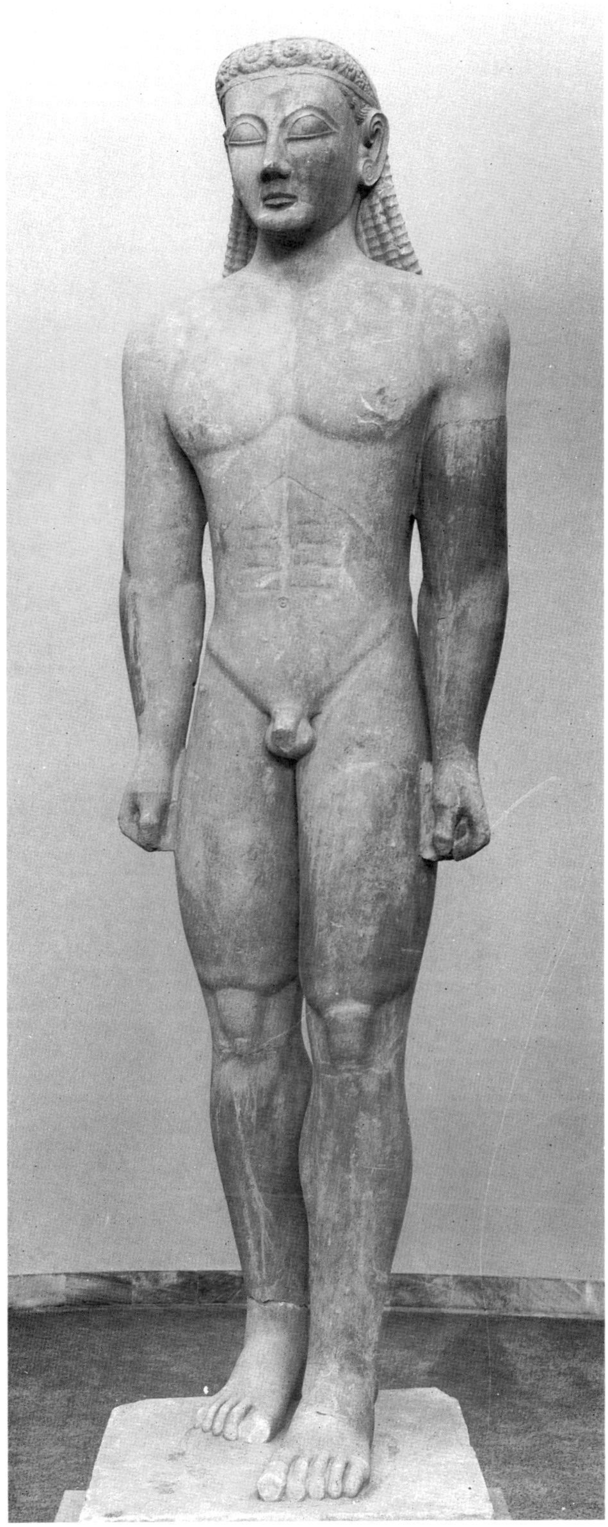

6.34 Kouros vom Kap Sounion (linker Arm, linkes Bein und Teile des Gesichts ergänzt). Um 580 v. Chr. Marmor. Höhe 3 m. Athen, Nationalmuseum

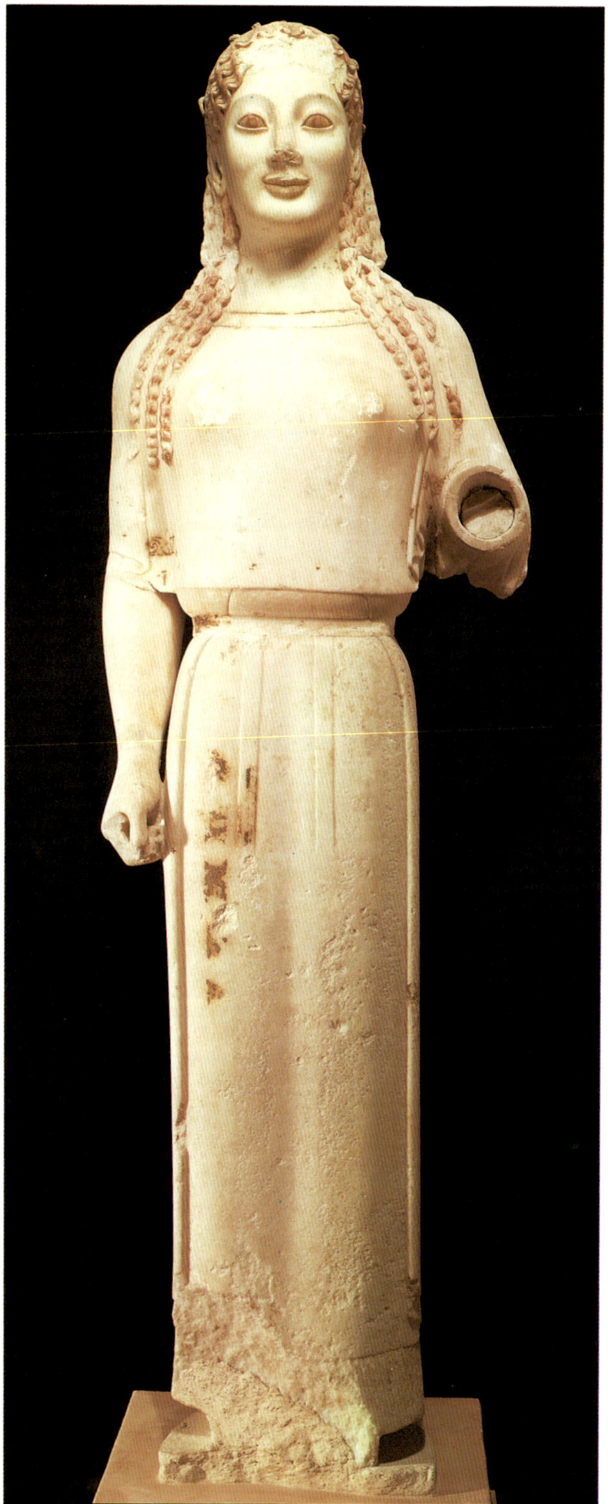

nicht durch Masse zu definieren. Gefertigt wurde der Kouros von Sounion um 580 v. Chr.

Die Brüder von Delphi (Abb. 6.36), die vielleicht als die Dioskuren (Castor und Pollux) zu identifizieren sind, schreiten nach vorne. Die Frisuren erinnern an den dädalischen Stil des vergangenen Jahrhunderts. Anatomische Details sind in Musterlinien angegeben. Vom New Yorker und vom Sounion-Kouros unterscheiden sie sich durch ihre kurzen, rechteckigen Oberkörper und stämmigen Proportionen, die auf eine argivische Bildhauerschule schließen lassen. Die zerstörte Inschrift überliefert nur noch den halben Namen des Bildhauers, »...medes«. Auch dieser deutet auf eine argivische Herkunft. Die beiden Statuen, sicherlich eine staatliche Stiftung, wurden um 580 v. Chr. gefertigt.

Der Wandel im Erscheinungsbild der Kouroi während des 6. Jahrhunderts v. Chr. wird oft als Entwicklung vom Abstrakten hin zum Naturalistischen definiert. Demonstriert werden kann dies etwa mit dem auf ca. 530 v. Chr. datierten Kouros von Anavysos, so benannt nach seinem Fundort in Attika (Abb. 6.37). Er zeigt natürlichere Proportionen und eine geschmeidigere Kontur. Der Bildhauer arbeitete den Block bis zu einer größeren Tiefe ab und schuf damit eine ausgeprägtere Dreidimensionalität. Das sogenannte »Archaische Lächeln«, kein Ausdruck von Emotion, sondern ein Zeichen von Vitalität, ist deutlich sichtbar. Haltung und Gestik, die Achssymmetrie, die schematische Anatomie und die Frisur haben sich nicht verändert. Rund 30 Jahre später, um 500 v. Chr., führt der Aristodikos (Abb. 6.38), benannt nach dem Inhaber des Grabes, das er anzeigte, erneut naturalistischere Formen vor Augen. Die kürzeren Haare, die vom Körper abgespreizten Arme, Sehnen, Knochen, Knie und Schienbeine sind der Natur nachempfunden. Das Streben nach sinnlichen, wertvollen Bildern, die gleichermaßen Götter und Männer repräsentieren sollten, führte die Bildhauer weg vom überlebensgroßen Format und der abstrakten linearen Form, doch waren die Figuren auch keine Wiedergabe realer Männerkörper. Der beschwerliche Weg vom Abstrakten zum Figürlichen wurde bis zur Schaffung des Kritios-Knaben

6.35 Peplos-Kore, aus Athen. Um 530 v. Chr. Marmor. Höhe 1,21 m. Athen, Akropolis-Museum

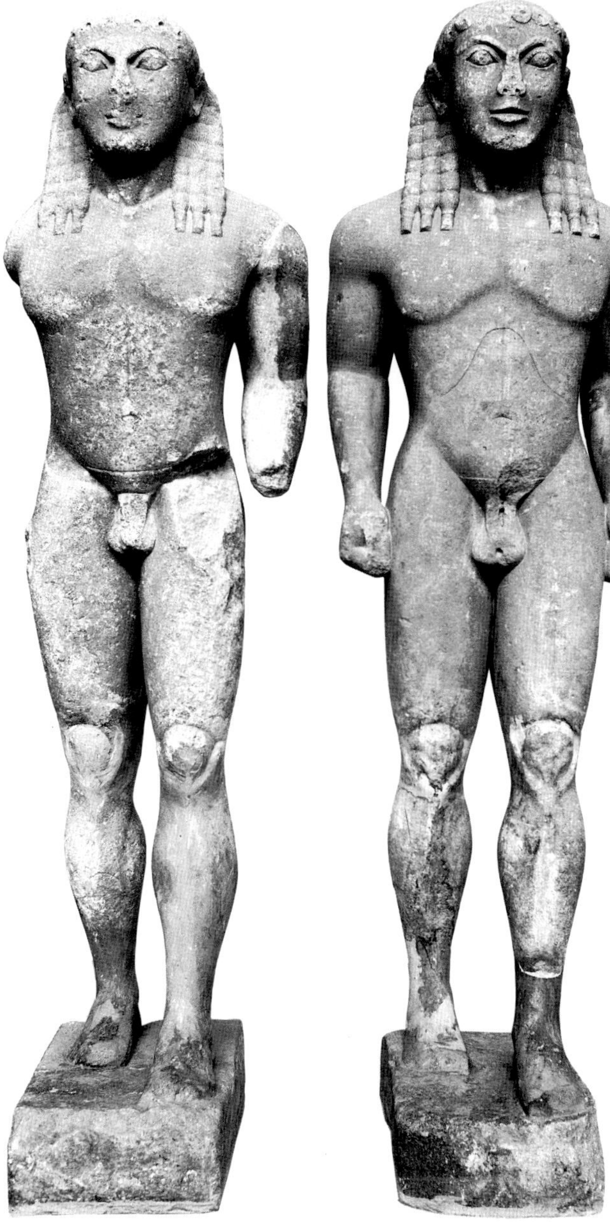

6.36 *oben* Brüder aus Delphi (evtl. die Dioskuren). Um 580 v. Chr. Marmor. Höhe 1,97 m. Delphi, Museum

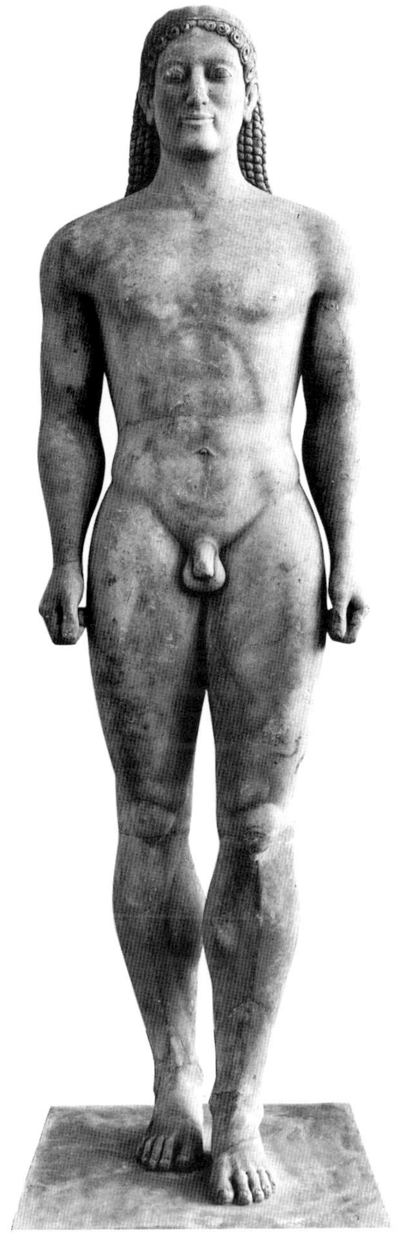

6.37 *rechts* Kouros aus Anavysos/Attika. Um 530 v. Chr. Marmor. Höhe 1,94 m. Athen, Nationalmuseum

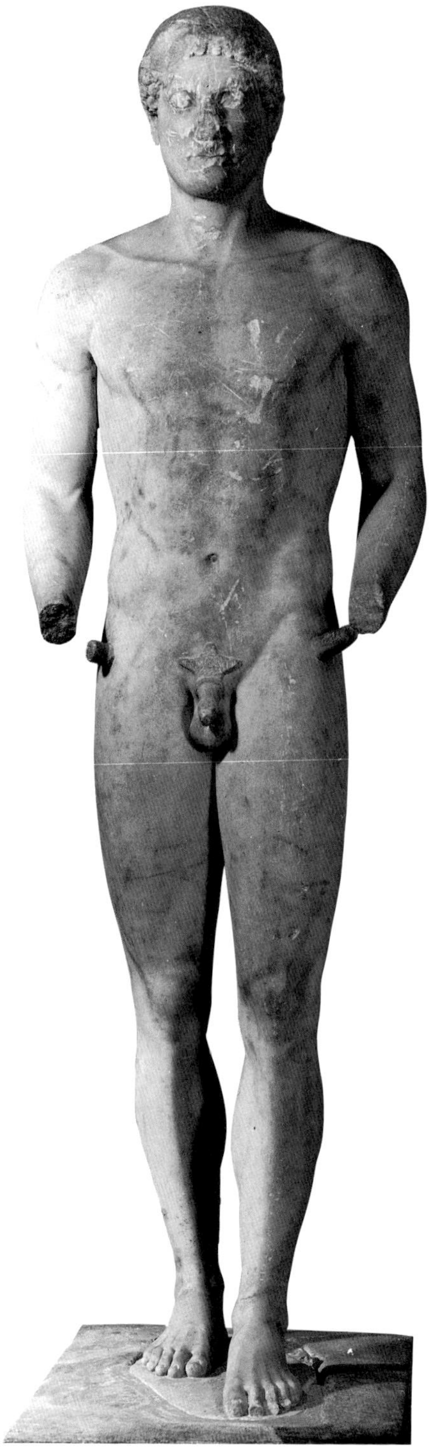

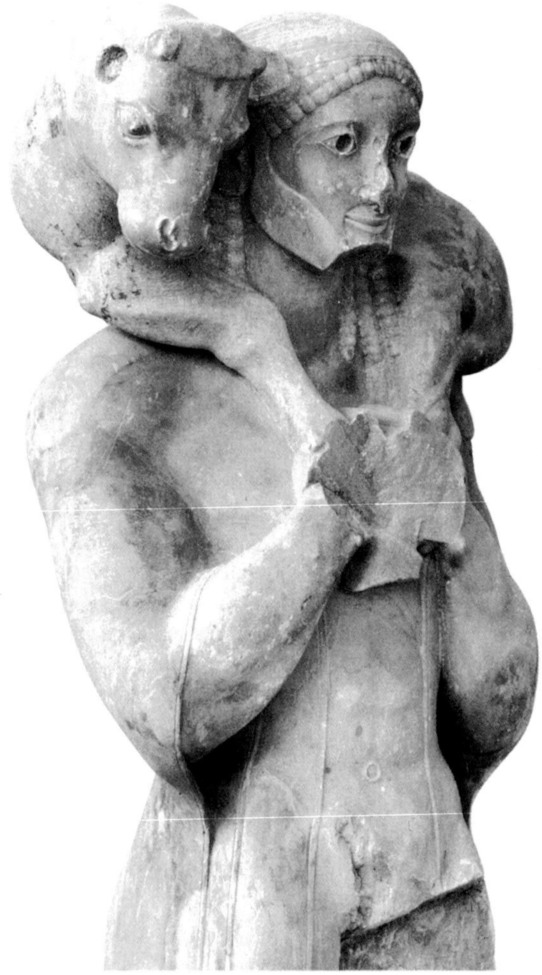

6.39 Moschophoros (Kalbträger), aus Athen. Um 560 v. Chr. Marmor. Höhe (rekonstruiert) 1,65 m. Athen, Akropolis-Museum

6.38 *links* Aristodikos, aus Attika. Um 500 v. Chr. Marmor. Höhe 1,95 m. Athen, Nationalmuseum

(Abb. 7.19, S. 218) zügig beschritten. Erst mit dieser Statue wurden die in den Kouroi latent vorhandene Bewegung und die stimmige Anatomie freigesetzt. Doch auch hier wurde noch keine Altersdifferenzierung vorgenommen, kein Gemütszustand ausgedrückt.

Seit der Mitte des 6. Jahrhunderts v. Chr. stellte man auch andere rundplastische männliche Figuren her. Der Moschophoros (Kalbträger, Abb. 6.39) wurde um 560 v. Chr. der Athener Akropolis geweiht. Die bärtige Figur, deren Frisur ihre Parallelen in den frühen Kouroi findet, ist mit einem

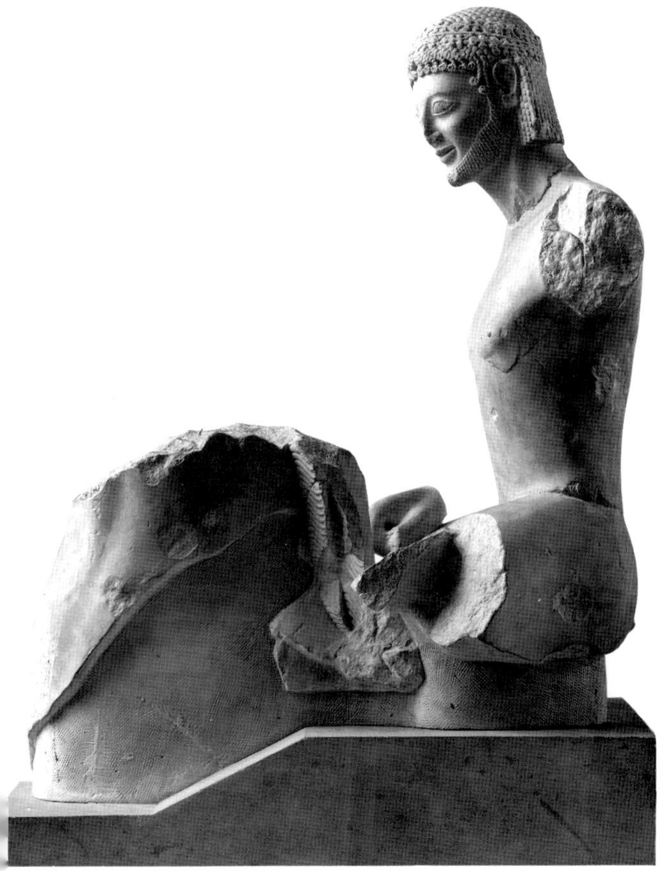

6.40 Reiter Rampin, aus Athen. Um 560 v. Chr. Marmor. Höhe (Torso) 81 cm; (Kopf) 29 cm. Athen, Akropolis-Museum (Torso); Paris, Louvre (Kopf)

dünnen Mantel bekleidet und trägt ein Opferkalb auf den Schultern. Mensch- und Tierkopf sind nach unterschiedlichen Mustern gefertigt. Ebenfalls auf der Akropolis fand man den um 560 v. Chr. gearbeiteten Reiter Rampin (Abb. 6.40). Der Bildhauer brachte hier eine komplexe Gruppe von Mann und Pferd hervor. Der flache Körper und das ebenmäßige Gesicht kontrastieren mit den detailliert wiedergegebenen lockigen Haaren. Die Athener Akropolis zählt zu den wichtigsten Fundstätten archaischer Plastik. Die Athener hatten in der 480 v. Chr. von den Persern verwüsteten Stätte sämtliche erhaltenen Reste eingesammelt und sorgfältig begraben. Freigelegt wurden sie erst wieder von Archäologen am Ende des letzten Jahrhunderts.

Das weibliche Gegenstück zum Kouros, eine bekleidete stehende weibliche Figur, nennt man Kore. Wie die Kouroi fungierte auch sie gleichermaßen als Votiv und Grabstein. Belegt sind die Korai erstaunlicherweise erst eine Generation später als die Kouroi. Bezeugt durch eine beeindruckende späte Serie von der Athener Akropolis, sind sie bis zum Ende der archaischen Periode nachzuweisen. Wertvolle Stiftungen für Athena scheinen am Hof der Peisistratiden beliebt gewesen zu sein.

An den Korai lassen sich die zeitbedingten Veränderung weniger an der Anatomie als an der Gewandgestaltung ablesen. Die weibliche Tracht setzt sich aus drei Teilen zusammen, dem Peplos, dem Chiton und dem Himation oder Mantel. Sie

6.41 Trachten

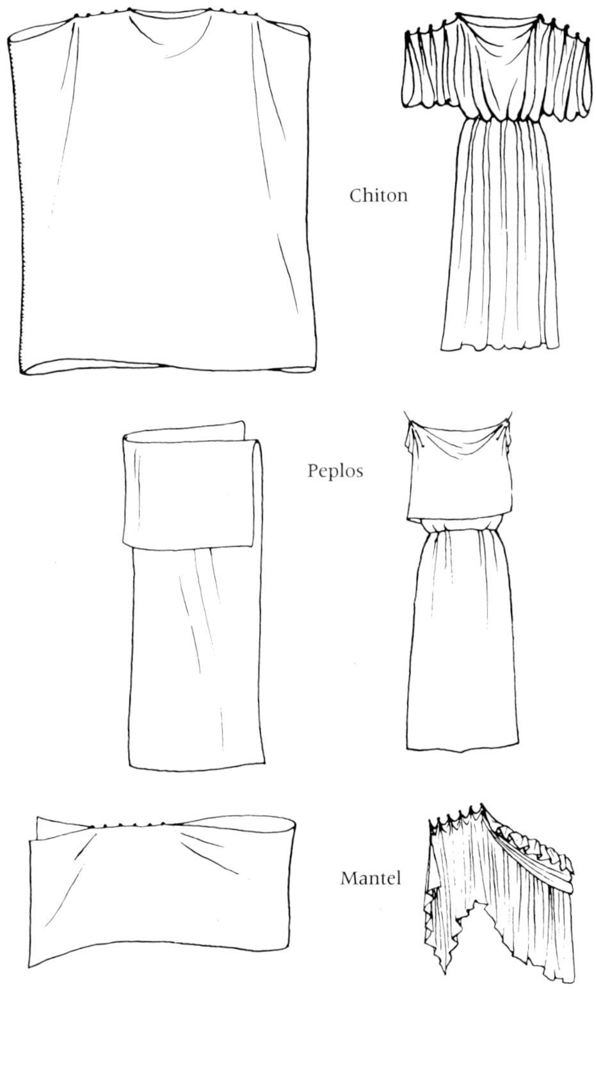

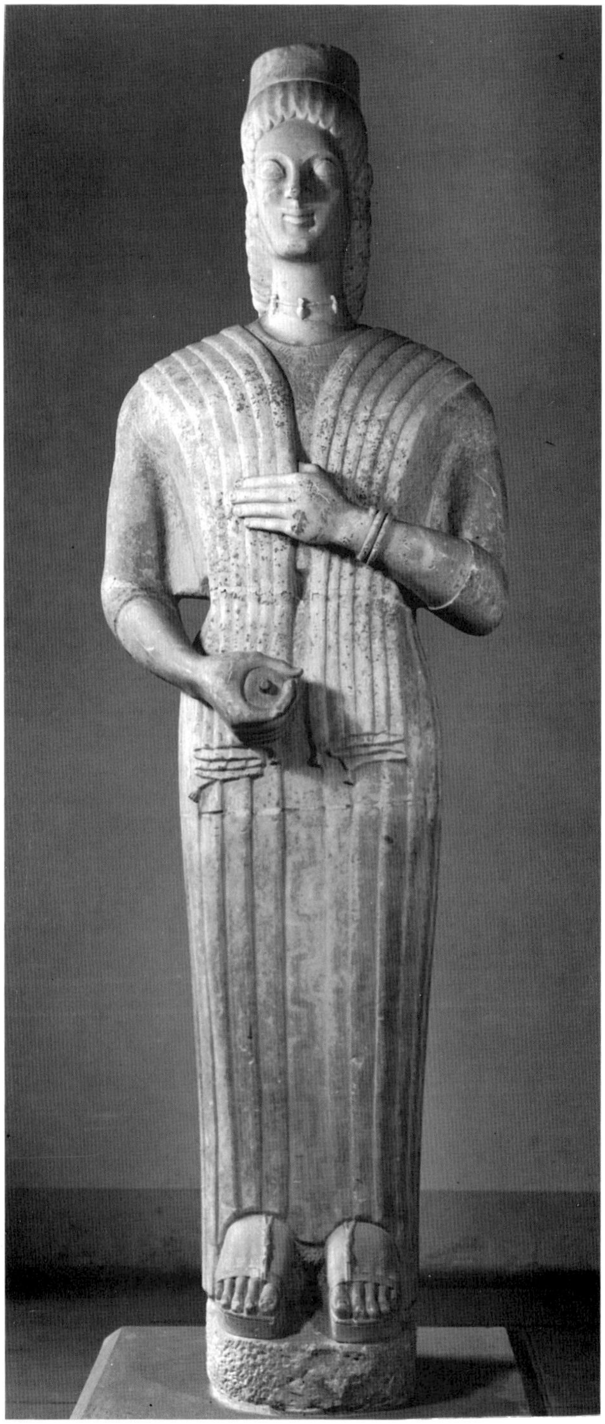

6.42 Berliner Kore, aus Keratea/Attika. Um 570–560 v. Chr. Marmor. Höhe 1,90 m. Berlin, Staatliche Museen

alle bestehen aus kaum mehr als einem rechteckigen Tuch, Knöpfen und Nadeln, die auf verschiedene Art drapiert wurden (Abb. 6.41). Den Peplos fertigte man aus Wolle. Am Hals wurde er umgeschlagen und um die Taille gegürtet. An den Schultern hielten ihn Nadeln zusammen. Er war ärmellos und wurde manchmal über dem Chiton getragen. Der Chiton bestand aus Leinen und war, wie der Peplos, von rechteckiger Form. An der Oberkante knöpfte man ihn in zwei Abschnitten, so daß Löcher für Kopf und Arme frei blieben. Er besaß Ärmel und wurde gegürtet. Das Himation hatte die Form eines langen Tuches. Den Stoff führte man unter einem Arm hindurch und knöpfte ihn auf der Schulter des anderen. Auch ihn trug man in der Regel über dem Chiton. Die Bildhauer spielten mit den vielen Möglichkeiten der Gewanddrapierung und -ornamentierung, mit Falten und Stoffstrukturen. Manchmal verloren sie sich derart im Reichtum der Muster, daß es nicht mehr möglich ist, den Schnitt des Gewandes nachzuvollziehen.

Als eine der frühesten attischen Korai ist die um 570–60 v. Chr. hergestellte sog. Berliner Kore zu nennen (Abb. 6.42). Erwähnenswert ist sie wegen ihrer frontalen Ausrichtung, der langgestreckten Gesichtspartien, der großen Füße und Hände, des Granatapfels in der Hand, der einfachen Gewandlinien, des reichverzierten Schmucks: einem Armband, einer Kette und Ohrringen. Ein Mantel mit Quasten ist symmetrisch um ihre Schultern gelegt. Des weiteren trägt sie einen Chiton und eine bemalte Kopfbedeckung (einen Polos).

Die Peplos-Kore, ein Weihgeschenk auf der Athener Akropolis (Abb. 6.35, S. 170) stellt – wie ihr Name schon sagt – eine weibliche Figur im Peplos dar. Den Peplos trägt sie über dem Chiton, wie die sichtbaren Falten über ihren Füßen zeigen. Die um 530 v. Chr. gefertigte Kore gehört zu den letzten mit Peplos. Knapp lebensgroß und bunt bemalt (Farbreste haben sich an Haaren, Augen und dem Gewand erhalten), wird die unkomplizierte Form durch subtile Asymmetrien, den kaum merklich geneigten Kopf, den leicht nach vorne gestellten Fuß und die vorgezogene Schulter modifiziert. Der linke, ein Attribut haltende Arm wurde angefügt. Man sollte nicht vergessen, daß diese Marmorstatuen bemalt waren, genau wie diejenigen aus Kalkstein, Terrakotta und Holz. Haare, Augen und

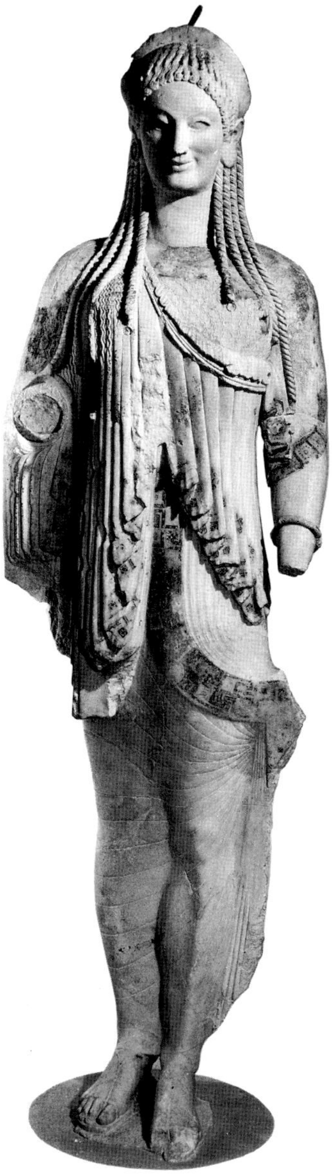

6.43 Kore Nr. 682, aus Athen. Um 520 v. Chr. Marmor. Höhe 1,82 m. Athen, Akropolis-Museum

Lippen hatten eine farbliche Fassung, die Haut der Frauen blieb marmorgrundig, jene der Männer wurde braun bemalt. Auch die Gewänder gestaltete man bunt. Details, wie etwa Ohrringe, setzte man aus Metall auf. In ihrer ursprünglichen Fassung waren sie wesentlich lebendiger als heute.

Im letzten Viertel des Jahrhunderts änderte sich die Mode; man bevorzugte nun den Schrägmantel über dem gefälteten Chiton. In Kombination mit den extravaganten Frisuren bot diese Tracht alle Möglichkeiten der Oberflächengestal-

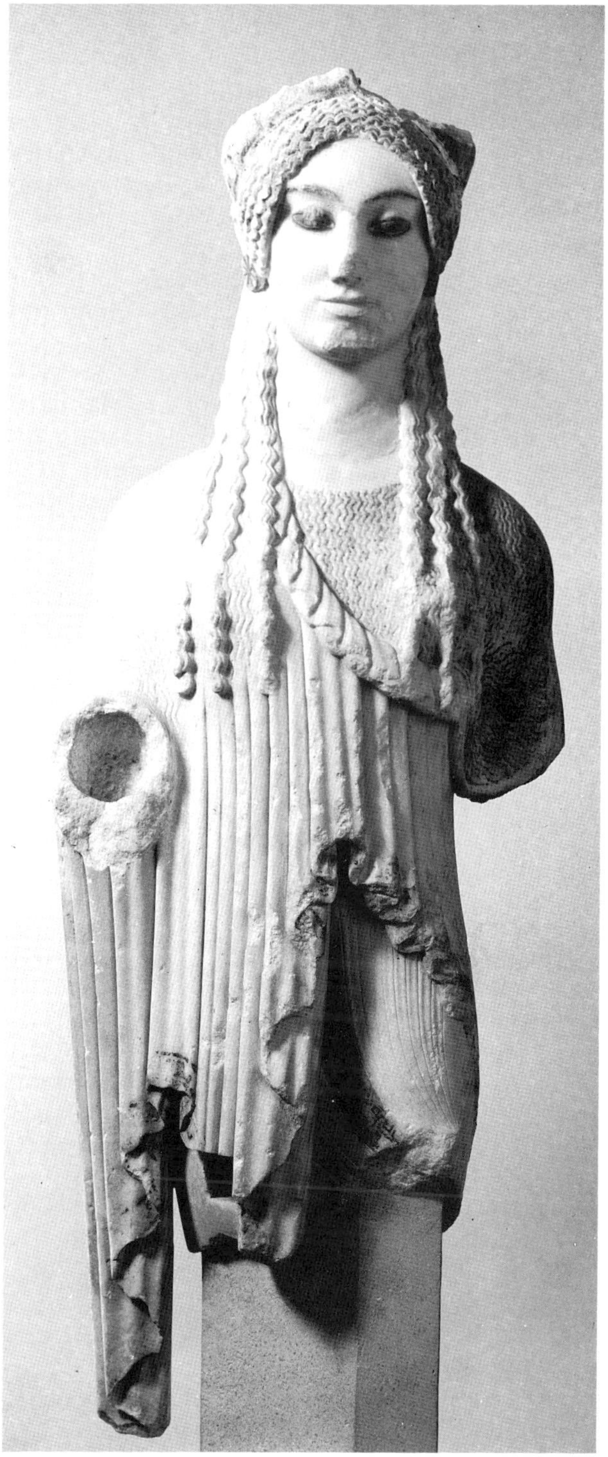

6.44 Kore Nr. 674, aus Athen. Um 500 v. Chr. Marmor. Höhe 92 cm. Athen, Akropolis-Museum

tung. Gleichzeitig legte man mehr Wert auf die anatomischen Formen, die unter den Gewändern durchschienen. Die Korai griffen nun mit einer Hand ins Gewand und zogen es zur Seite, so daß die Formen des Unterkörpers sichtbar wurden, wie etwa bei der Kore Nr. 682 (Abb. 6.43) von der Athener Akropolis. Die um 500 v. Chr. gefertigte Kore Nr. 647 (Abb. 6.44) hat eine veränderte innere Haltung. Die komplizierte Frisur, der in Faltengruppen gelegte Chiton und der schwerere Stoff des Himations kontrastieren mit dem düster wirkenden Gesichtsausdruck. Die am Ende der Serie stehende Euthydikos-Kore (Abb. 6.45) läßt erahnen, daß die frische Vitalität des archaischen Griechenland von Nüchternheit abgelöst wurde. Trotz der ausgeprägteren Dreidimensionalität mit unterschnittenen Haarlocken, den betont plastisch ausgearbeiteten Augen, Nase und Mund, fertigte man die Gewandfalten annähernd mechanisch. Ihr Gesichtsausdruck steht im Mittelpunkt, weniger die gemusterte Plastizität von Frisur und Haar.

Seit dem Beginn des Jahrhunderts bis etwa 540–530 v. Chr. beschritten die Bildhauer der verschiedenen Regionen der griechischen Welt unterschiedliche Wege zur Lösung gleicher Probleme. Man ist in der Lage, über stilistische Beobachtungen lokale Bildhauerschulen zu identifizieren, etwa jene von Naxos und Paros auf den Inseln oder Argos auf der Peloponnes, wenn auch nur wenig Material zur Untersuchung vorliegt. Trotz der reichen architekturplastischen Zeugnisse aus Foce del Sele oder Selinunt brachten die westlichen Werkstätten kaum Kouroi und Korai hervor. Es gab keine lokalen Marmorvorkommen, die eine derartige Produktion hätten anregen können. Die ortsansässigen Künstler scheinen sich auf Terrakotta spezialisiert zu haben. Der aus Megara Hyblaia stammende Arzt Sombrotidas gab um 550 v. Chr. den ersten der wenigen bekannten, sizilischen Marmorgrabkouroi in Auftrag. Eine unvollendete spätarchaische Marmorkore fand man in Taras. In beiden Fällen scheint es sich um Importstücke zu handeln.

Zahlreiche Statuen förderte man im Heraion von Samos ans Licht. Als Fundquelle ist die Stätte der Athener Akropolis durchaus vergleichbar. Samos scheint Standort einer aktiven Bildhauerschule gewesen zu sein, die ganz andere Formen her-

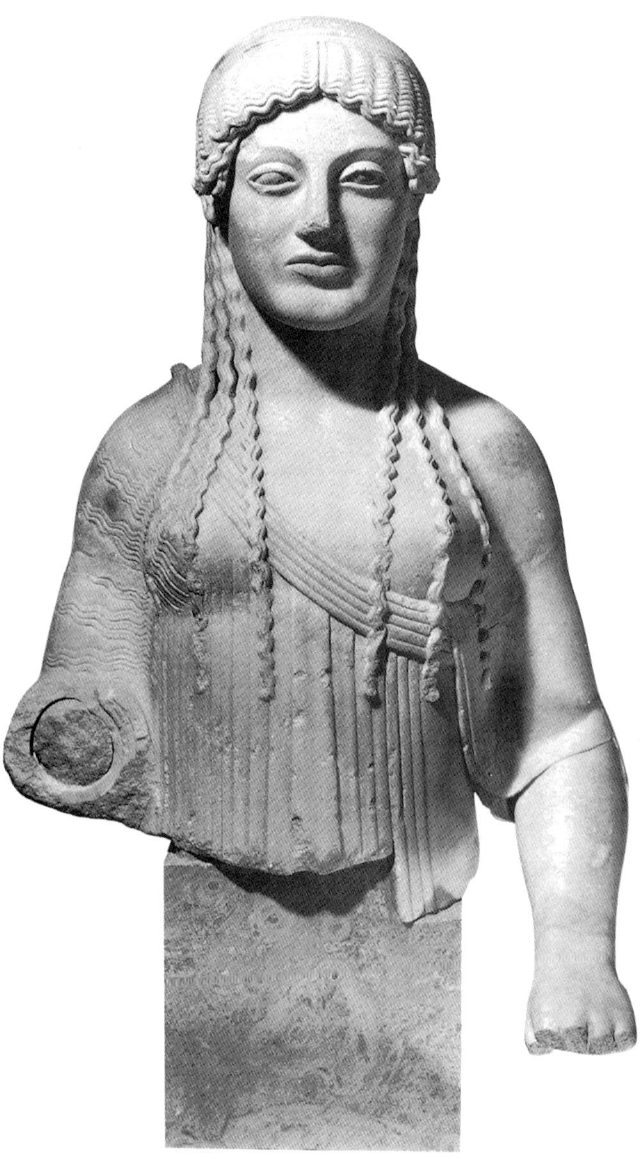

6.45 Euthydikos-Kore, aus Athen. Um 490 v. Chr. Marmor. Höhe 58 cm. Athen, Akropolis-Museum

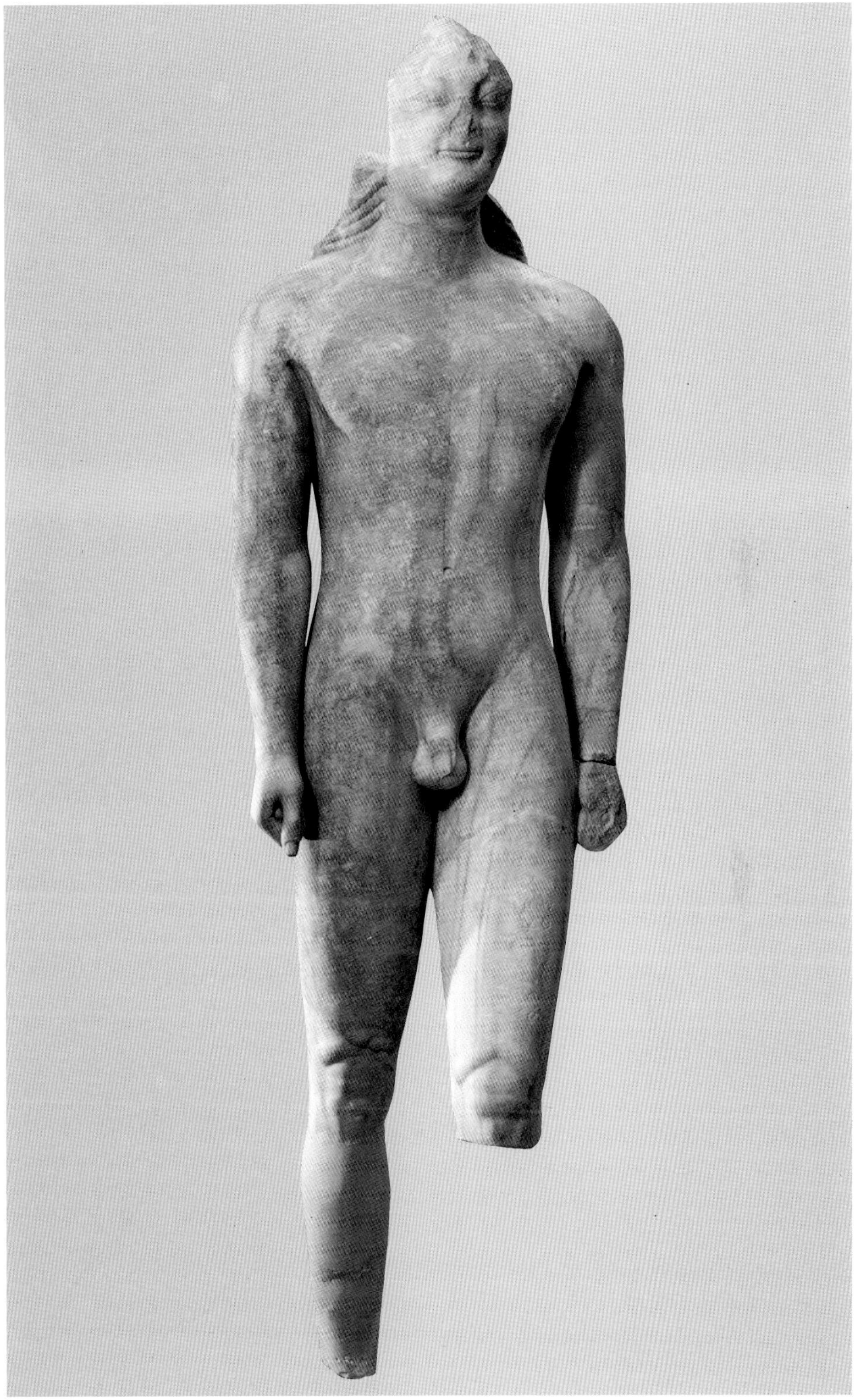

6.46 Kouros des Isches, aus Samos. Um 580–570 v. Chr. Marmor. Vermutete Höhe 4,75 m. Samos, Vathy-Museum

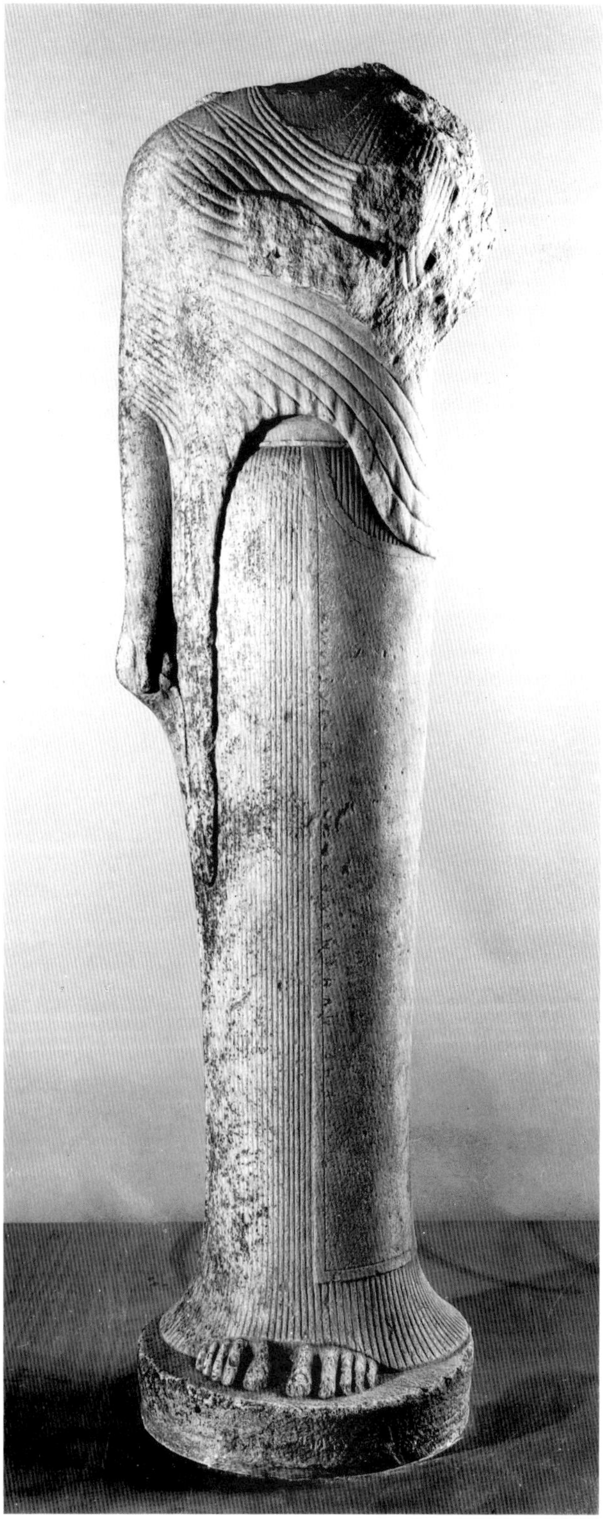

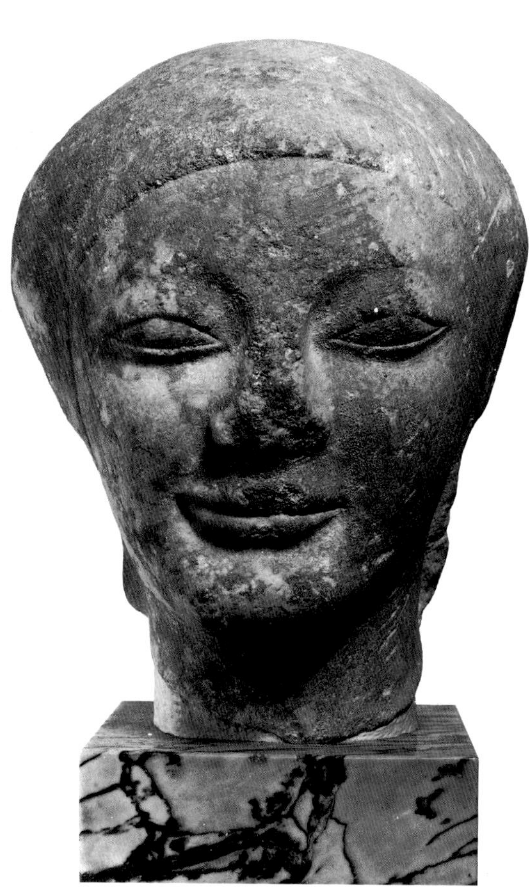

6.48 Kopf einer Kore mit Epiblema über dem Haar, aus Milet. Um 550 v. Chr. Marmor. Höhe 21 cm. Berlin, Staatliche Museen

6.47 *links* Sog. Hera von Samos, Weihgeschenk des Cheramys aus Samos. Um 570–560 v. Chr. Marmor. Höhe 1,92 m. Paris, Louvre

vorbrachte als die attische. Die Haupttypen, Kouros und Kore, sind jedoch dieselben.

Bereits um 580–70 v. Chr. stiftete Isches einen riesigen Kouros (Abb. 4.46), der zu einem Paar gehörte und selbst den Sounion-Kouros an Größe übertraf, für das Heiligtum. Die Haare sind in einem wirbelartigen Muster angelegt: Der samische Künstler benutzte ein anderes Musterrepertoire. Körperhaltung, Gestik und Thema gleichen jenen in Attika, die Anatomie wirkt aber viel fließender und weicher. Dargestellt ist Fleisch, weniger Knochen, Sehnen und Muskeln. Auch das Gesicht unter-

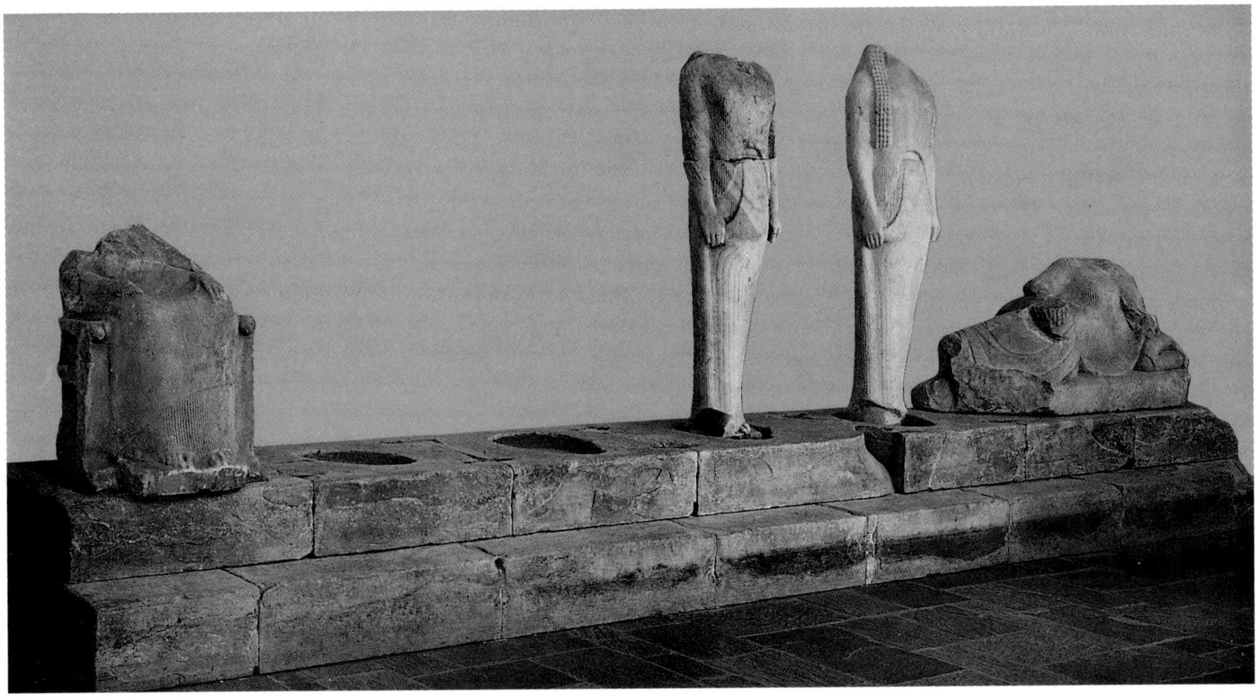

6.49 Marmorne Familiendarstellung (Basis aus Kalkstein) des Geneleos, aus Samos, mit eingeschriebenen Namen: Phileia (sitzend), Knabe (verloren), Mädchen (verloren), Philippe, Ornithe, ...arches, der Stifter (liegend). Höhe (Ornithe) 1,68 m. Um 560–550 v. Chr. Samos, Vathy-Museum

scheidet sich in seiner Form von den attischen, ebenso Augen, Mund und Nase. Die späteren samischen Kouroi weisen eine kugelförmige Kopfform auf. Das Haar ist zurückgekämmt und in kompakten Locken über den Ohren zusammengenommen, eine Mode, die in Attika unbekannt war.

Die sogenannte Hera von Samos (Abb. 6.47), eine frühe, kopflose Kore aus Samos und Zeitgenossin der attischen Berliner Kore, kann ihr gegenübergestellt werden. Mit ihren geschlossenen Füßen, dem herabhängenden linken und quer über die Brust gelegten rechten Arm wirkt sie bewegungsloser und frontaler. Hervorzuheben ist ihr dreiteiliges Gewand. Sie trägt einen Chiton mit parallel laufenden, vertikalen Falten, der den zylindrischen Unterkörper umgibt. Ihr Mantel ist über die rechte Schulter geschlungen und unter dem linken Arm hindurchgeführt. In die Gesamtgestaltung bringt er eine diagonale Linie ein. Hingewiesen sei schließlich auf das Epiblema (Manteltuch), das den Rücken und die rechte Seite des Unterkörpers bedeckt und am Bauch in den Gürtel geschoben ist. In dieser und vergleichbaren östlichen Figuren wurzelt das Motiv der diagonalen Kompositionselemente bei den späteren attischen Korai. Der Bildhauer spielte mit den unterschiedlichen Stoffstrukturen, dem weichen, glatten Epiblema, dem gefältelten Chiton und den schweren Mantelfalten. Der Unterkörper verliert sich in einem baumstammartigen Zylinder; im Oberkörper berücksichtigt die Kontur die Brüste, die Schultern und das Gesäß. Das Interesse an der Beziehung zwischen Körper und Gewand ist nicht zu übersehen. Der Stifter, Cheramys, läßt seinen Namen auf den senkrechten Saum des Epiblema meißeln. Er muß gut situiert gewesen sein, da er dem Heiligtum noch zwei andere Korai und zwei Kouroi stiftete. Einen Eindruck von dem verlorenen Kopf der Kore übermittelt ein Kopf aus Milet, einem der rivalisierenden Nachbarstaaten von Samos, deren Bildhauer derselben Tradition folgten. Der Kopf (Abb. 6.48), obwohl im hinteren Bereich vom Epiblema bedeckt, überliefert die runde Form, große Augen, hervorgehobene Wangenknochen, volle Lippen

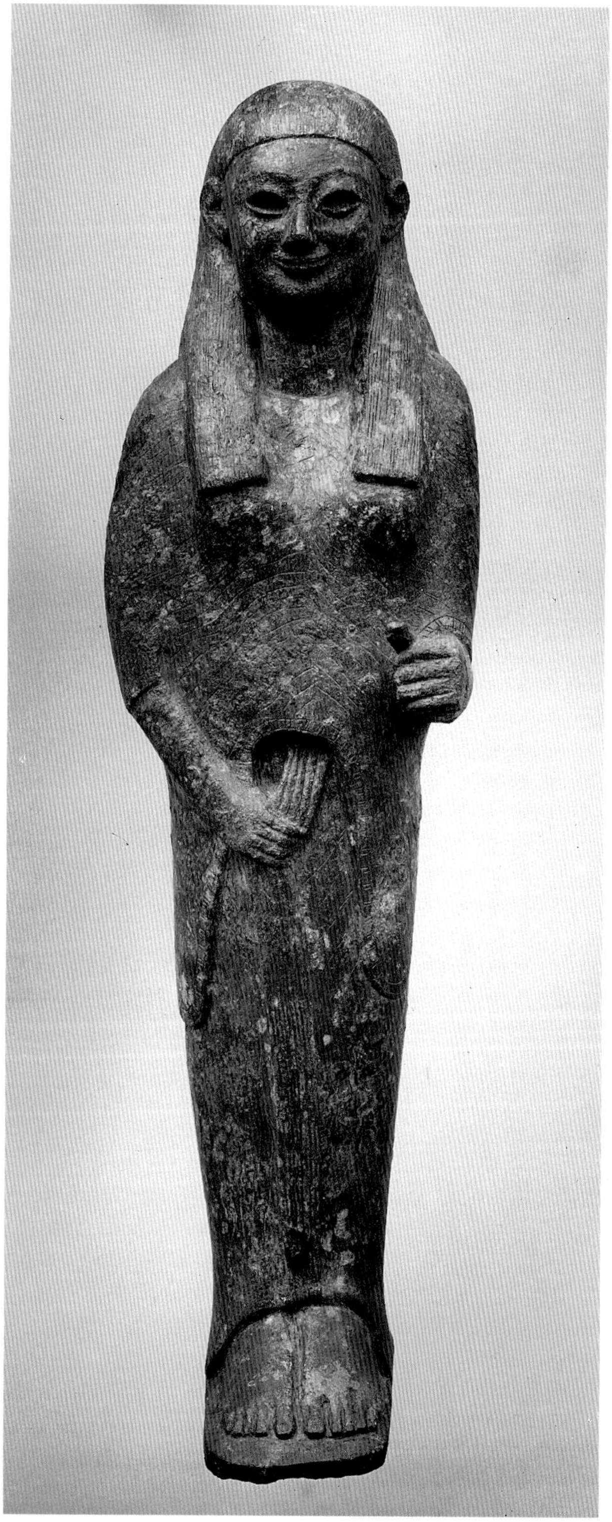

und eine breite Nase. Die gewölbten Formen finden ihre Parallelen in der neobabylonischen Kunst, was auf einen östlichen Einfluß hinweisen könnte. Die Herkunft des Kouros kann in Ägypten vermutet werden, die Kore stammt wohl aus Mesopotamien.

Um die Mitte des Jahrhunderts signierte ein Bildhauer namens Geneleos eine Statuengruppe, die auf einer gemeinsamen Basis im Heiligtum von Samos ausgestellt war (Abb. 6.49). Sie führt eine Galerie von Statuentypen vor Augen: eine Sitzfigur, einen bekleideten Jüngling, Korai und einen Liegenden. Die Sitzfigur mit Namen Phileia, und der Liegende, dessen Name teilweise verloren ist («...arches«), könnten die Eltern des zwischen ihnen abgebildeten Quartetts darstellen. Der bekleidete Jüngling ist ein ungewöhnlicher Typus, der vor allem im griechischen Osten bekannt ist. Die Korai, zwei von ihnen sind als Ornithe und Philippe benannt, tragen lange, geflochtene Haare und Chitons. Die Gewandfalten sind hochgenommen und fallen in einem Bausch über den Gürtel. Eine Hand greift ins Gewand und enthüllt die Kontur des Beines auf der anderen Seite. Dieses Motiv begegnet uns später oft in Athen. Ein wichtiges Charakteristikum der samischen Korai des 6. Jahrhunderts v. Chr. stellt die zögerliche Andeutung des Körpers unter der abstrakten linearen Tracht dar. Korai formte man auch aus anderen Materialien: Eine kleine Bronze (Abb. 6.50) aus Samos ahmt die lebensgroßen Marmorfiguren nach, ein Parfümflakon aus Ton (Abb. 6.51) ist aufgrund der Tracht, der Gestik, der Frisur sowie der Augen- und Nasenform auf einen ostgriechischen Ursprung zurückzuführen.

Ab der Mitte des Jahrhunderts entstehen neben den Korai auch andere weibliche Figuren. Zu nennen ist die um 560 v. Chr. gefertigte Sphinx (Abb. 6.52), die ein Naxier nach Delphi weihte. Die Stiftung setzt sich aus einer hohen Säule, einem ionischen Kapitell mit ausladenden Voluten und der in 10 m Höhe darauf plazierten Sphinx zusammen. Des weiteren anzuführen ist eine dem Apollon-Heiligtum von Delos gestiftete Nike (Abb. 6.53), die das archaische Knielaufschema wiederholt. Viele sehen in ihr das früheste Beispiel einer

6.50 Kore, aus Samos. Um 560–550 v. Chr. Bronze. Höhe 27 cm. Samos, Vathy-Museum

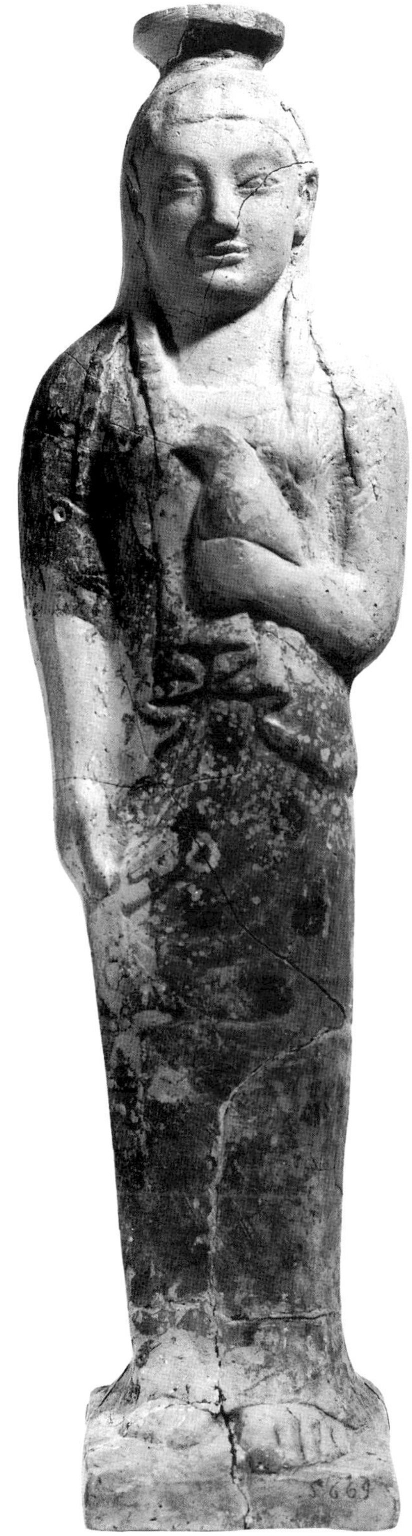

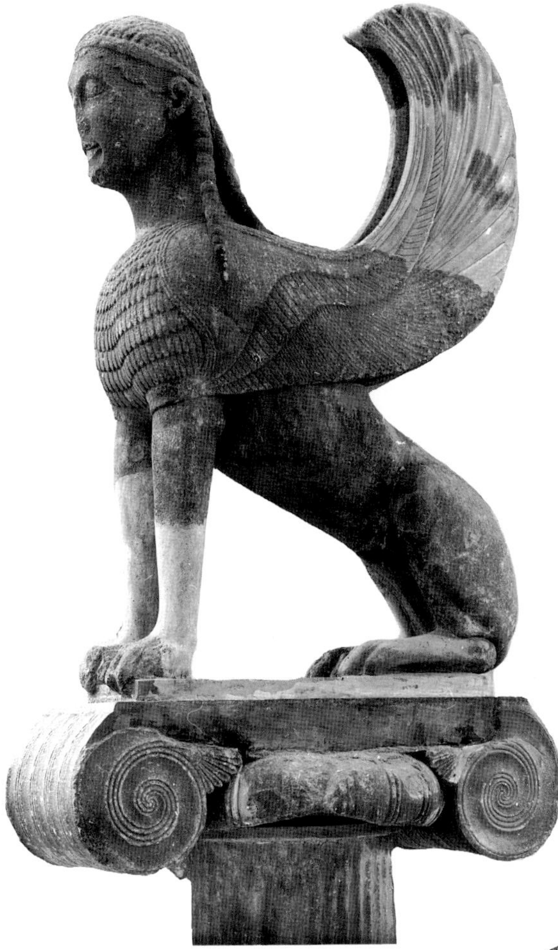

6.51 *ganz links* Alabastron in Form einer Frau mit Vogel, aus Theben. Um 560–550 v. Chr. Terrakotta. Höhe 26 cm. Athen, Nationalmuseum

6.52 *links* Sphinx, Weihung eines Naxiers, aus Delphi. Um 560 v. Chr. Marmor. Höhe (Sphinx) 2,25 m. Delphi, Museum

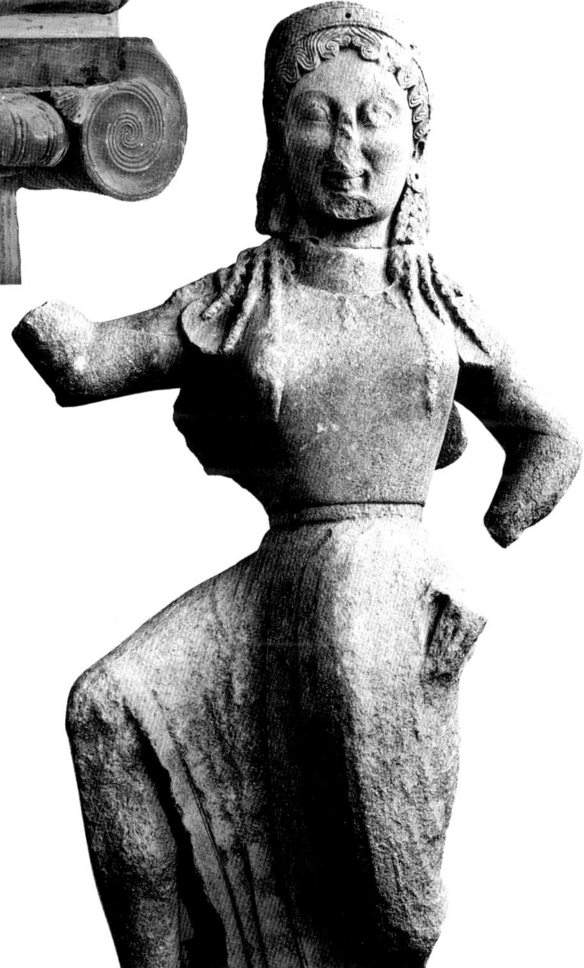

6.53 *rechts* Nike, vielleicht auch Artemis, aus Delos. Um 550 v. Chr. Marmor. Höhe (ohne Basis) 90 cm. Athen, Nationalmuseum

geflügelten Nike. Die Figur trägt einen ehemals bemalten Peplos über dem Chiton. Löcher in Ohrläppchen und Haaren lassen auf Metallapplikationen schließen.

Die Bildhauer stellten auch Reliefs her, nicht nur zum Schmuck von Gebäuden, sondern mit Kouroi und Korai bestückte Votiv- und Grabstelen. Die attischen Grabstelen sind als rechteckige Platten angelegt und anfangs von einem Kapitell bekrönt, später zieren sie antithetisch angeordnete, eingerollte Voluten mit aufsitzenden Sphingen. Die Sphingen wurden schließlich von Palmetten abgelöst. Die Vorderseite der Platten zeigte gewöhnlich eine im Relief wiedergegebene männliche Gestalt, seltener eine Figurengruppe. Manchmal brachte man über oder unter dem Hauptbild geritzte und bemalte Schrifttafeln an. Das Fragment einer um 560 v. Chr. in Athen gefertigten Stele (Abb. 6.54) zeigt den Kopf eines verstorbenen Jungen, den der auf der Schulter getragene Diskus rahmt – es handelt sich also um einen Athleten. Das frontale Auge in dem im Profil abgebildeten Gesicht ist üblich. Die mit einem dünnen

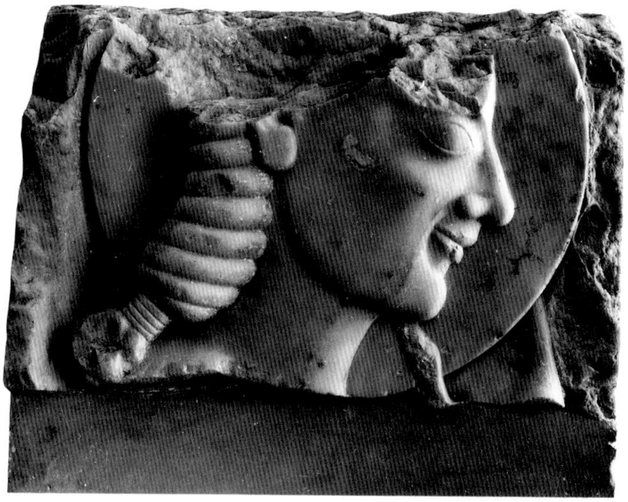

6.54 Fragment einer Grabstele, aus Athen. Um 560 v. Chr. Marmor. Höhe 35 cm. Athen, Nationalmuseum

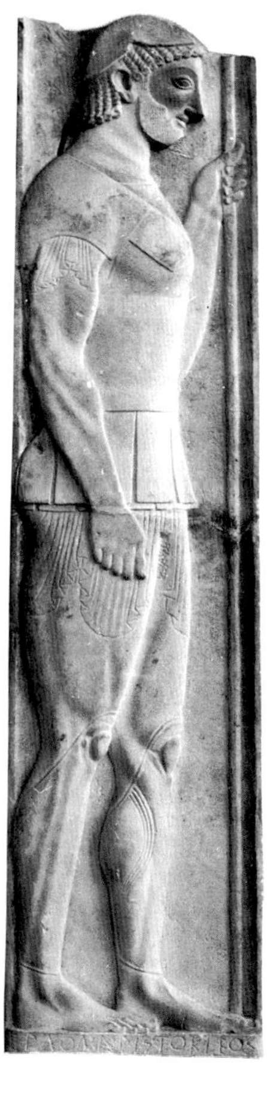

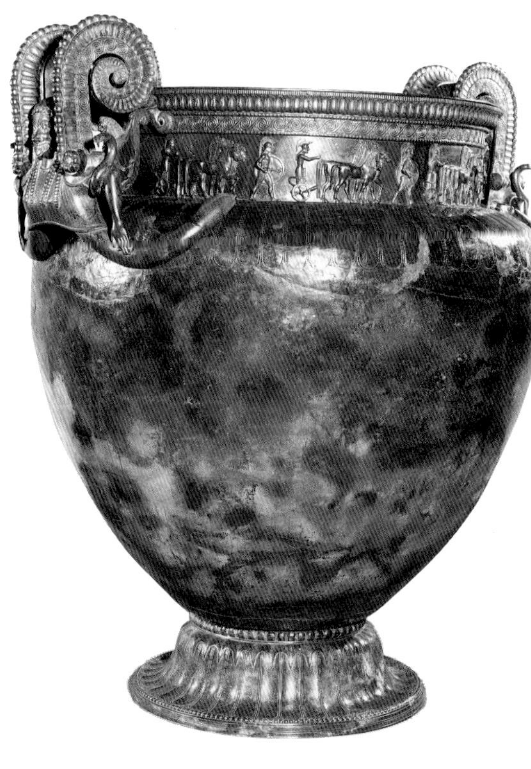

6.55 *links* Grabstele des Aristion, von Aristokles gefertigt. Um 510 v. Chr. Marmor. Höhe 2,40 m. Athen, Nationalmuseum

6.56 *rechts* Krater, aus Vix. Um 510 v. Chr. Bronze. Höhe 1,64 m. Châtillon-sur-Seine, Museum

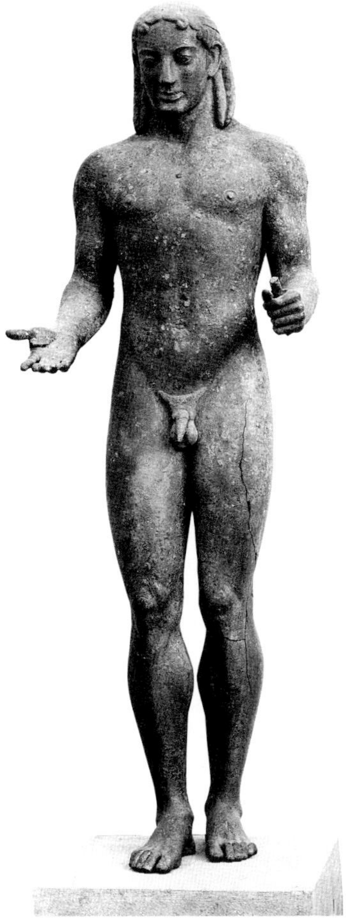

6.57 Kouros, vielleicht Apollon, aus Piräus. Um 520 v. Chr. Bronze. Höhe 1,92 m. Piräus, Museum

Band zusammengehaltenen Haare erinnern an die Berliner Kore. Häufig belegt sind auch Kriegerdarstellungen. Das Relief des Aristion, das Aristodikos fertigte, wie der Inschrift zu entnehmen ist (Abb. 6.55), liefert hierfür ein gutes Beispiel. Der bärtige Aristion trägt einen Helm, einen Brustpanzer, Beinschienen und einen Speer in seiner linken Hand. Hintergrund und Haare waren rot bemalt, Panzer und Helm in Blau abgesetzt. Er gleicht den freistehenden Kouroi, ist jedoch bewaffnet. Die Frisur erlaubt eine Datierung um 510 v. Chr.

Reliefs fertigte man auch in Bronze. Dem zuzurechnen sind der figürliche Fries und die Henkel eines riesigen, um 510 v. Chr. hergestellten Bronzekraters (Abb. 6.56), den man im Grab einer keltischen Prinzessin in Vix bei Châtillon-sur-Seine in Frankreich fand. Er bezeugt entsprechende Handelsbeziehungen ebenso wie das Interesse anderer Völker an griechischen Erzeugnissen. Die Henkel des Kraters zieren Gorgonenköpfe und Löwen. Die durchgehende Szene unter der Lippe erinnert an ionische Friese. Viergespanne (Quadrigen) mit Wagenlenkern alternieren mit bereits abgestiegenen Kriegern. Die Art, in der der Kopf des vorderen Pferdes nach unten und dem Betrachter zugewandt ist, entspricht jener der vielen Pferdeköpfe am Ostfries des Siphnier-Schatzhauses in Delphi. Vorweggenommen sind damit auch die Quadrigen auf dem Fries des Parthenon.

Bronze war wertvoller als Marmor und zudem leicht wiederzuverwenden, da es eingeschmolzen und neu gegossen werden konnte. Die Ausgräber in Piräus, der athenischen Hafenstadt, förderten einen lebensgroßen bronzenen Kouros zutage (Abb 6.57). Offensichtlich wurde er um die Mitte des 2. Jahrhunderts oder später dort für den Export verpackt, als die Römer mit griechischen Kunstwerken zu handeln begannen. Da er ursprünglich einen Bogen in seiner linken Hand hielt, wird es sich wohl um eine Apollonstatue handeln, die als Kultbild diente. Seinen rechten Fuß schiebt er nach vorne, beide Arme sind vor dem Körper erhoben, der Kopf nach unten geneigt. Obwohl diese Körperhaltung unter den Marmorwerken des 6. Jahrhunderts v. Chr. nicht belegt ist, wird die Skulptur von vielen Forschern auf 520 v. Chr. oder später datiert.

Die Bronzeschmiede gossen ihre Artefakte nun als Hohlform, größere Objekte fertigte man in Stücken, die miteinander verlötet oder vernietet wurden. Den massiven Wachskern ersetzte eine Wachsschicht von der Dicke der gewünschten Metallschicht, die über einen Kern aus Ton gezogen wurde. Wie im Fall des Piräus-Kouros, mußte der Kern annähernd die Größe des Objekts erreichen. Die Modellierung erfolgte erst in der Wachsschicht. Diese wiederum überzog eine Tonschicht, die über Stäbe am Kern befestigt war. Das gesamte Objekt wurde erhitzt, so daß die Tonhülle gebrannt wurde und das geschmolzene Wachs ablief. Durch die Gußkanäle füllte man flüssige Bronze ein. Nach dem Abkühlen zerschlug man den Tonmantel und die Figur kam zum Vorschein.

Keramik

Zu Beginn des 6. Jahrhunderts v. Chr. arbeiteten die attischen Töpfer und Vasenmaler mit großfigurigen, erzählenden Bildern, orientalisierenden Motiven und der schwarzfigurigen Technik (siehe etwa die Nessos-Amphora, Abb. 5.9, S. 130). Vieles hatten sie aus Korinth übernommen und waren nun in der Lage, in den von Korinth dominierten Markt einzudringen. Zugute kam ihnen dabei die hohe Qualität ihres Tones, der gebrannt einen warmen, tiefen Orangeton annahm.

Nachdem der Ton gestochen war, wurde er von natürlichen Verunreinigungen befreit. Zu diesem Zweck wässerte man ihn. Die ausgeschwemmten Partikel setzten sich am Boden des Wasserbeckens ab. Diesen Vorgang nennt man »Schlämmen«. Man wiederholte ihn, bis der Ton für die Anforderungen des Töpfers fein genug war. Anschließend wurde der Ton geschlagen, um die Konsistenz zu testen, und auf der Töpferscheibe verarbeitet. Während sich die Scheibe drehte, zog man ihn mit den Händen in die gewünschte Form. Die verschiedenen Bestandteile – Körper, Ausguß, Fuß und Henkel – erforderten verschiedene Herstellungsprozesse. Die Einzelteile wurden getrocknet, bis sie einen lederharten Zustand erreichten, dann klebte man sie mit Schlicker zusammen, einem sehr feinen Ton von noch flüssigerer Konsistenz.

Anschließend dekorierte man die Gefäße. Die Ausdrücke »Farbe« und »Glasur« sind immer noch gebräuchlich, wenn auch die griechischen Vasenmaler weder das eine noch das andere benutzten; sie verwendeten spezielle Firnisarten, die manchmal Metallpigmente enthielten. Schwarz war der beliebteste Farbton, da er gut mit dem Orange rot des gebrannten Tones kontrastierte. Die »schwarze Glasur« (oder treffender der Firnis) entstand aus stark gereinigtem Tonschlicker, der sich im Brennofen durch einen bestimmten Feuerungsprozeß schwarz verfärbte. Für das 6. Jahrhundert v. Chr. sind des weiteren Purpurrot und Weiß belegt. Weiß stellte man aus feinem Ton her, dem das Eisenoxid entzogen war, das sich beim Brand verfärbt hätte. Purpurrot bestand aus einer Mischung aus Schlicker und roten Eisenoxidpigmenten. Die farbigen Überzüge trug man mit unterschiedlichen Pinseln auf. Anschließend wurden die Gefäße gebrannt.

Da Brennöfen in verschiedenen Teilen der griechischen Welt ausgegraben wurden, haben wir eine genaue Vorstellung von ihrem Aussehen und ihrer Funktionsweise. Zu den wichtigsten Vorgängen gehörte die Rotfärbung des Gefäßkörpers und die Schwarzfärbung der aufgetragenen »Farbe« während des Brandes. Dieser Prozeß erfolgte über drei Stufen. Man plazierte die Vasen im oberen Bereich des Ofens (Abb. 6.58); das Feuer wurde entzündet, die Temperatur auf 800 °C festgelegt und Luft zugegeben. Die Töpfe oxidierten und färbten sich komplett rot. Für die zweite Brennstufe, den sogenannten reduzierenden Brand, verwendete man noch grünes Holz und schloß die Luftkanäle. Die Temperatur stieg nun auf 950 °C und fiel schließlich auf 900 °C zurück. In diesem Stadium färbten sich die Gefäße komplett schwarz. Bei ungefähr 950 °C erhielten die schwarz überzogenen Partien ihre glasartige Oberfläche. Diese Oberflächenbeschaffenheit verhinderte, daß der Ton an den bemalten Stellen wieder mit Sauerstoff in Berührung kam und sich damit im letzten Brennvorgang, in dem wieder Luft zugegeben wurde,

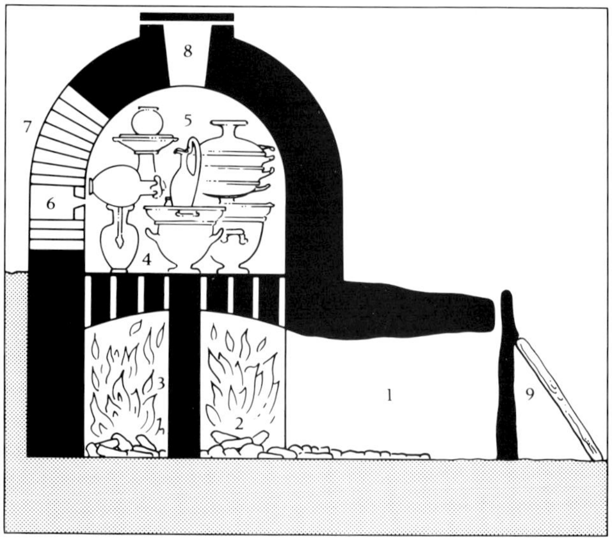

6.58 Rekonstruktion eines griechischen Töpferofens
1 Schürhals
2 Hölle
3 Kolonna
4 Standfläche
5 Brennraum
6 Kontrolloch
7 Zugemauerte Einsetzöffnung
8 Abzug
9 Vorsetzer

6.59 *gegenüber* Formen griechischer Vasen

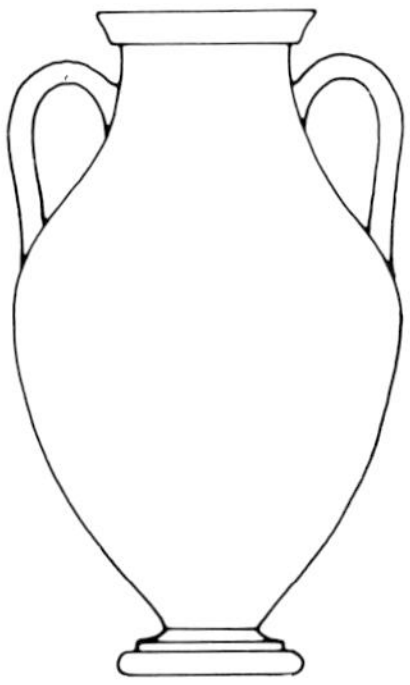
Amphora

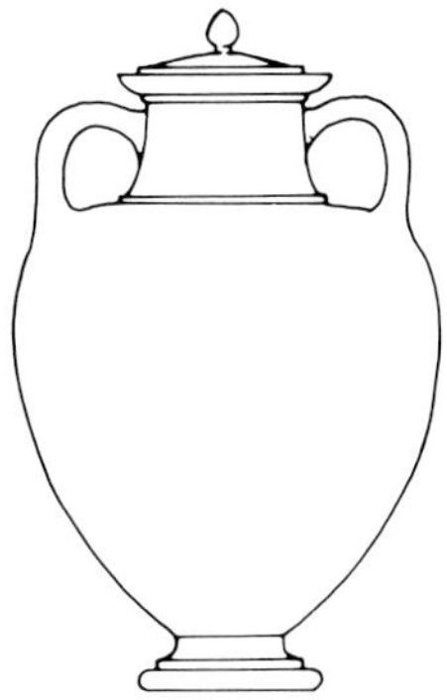
Halsamphora

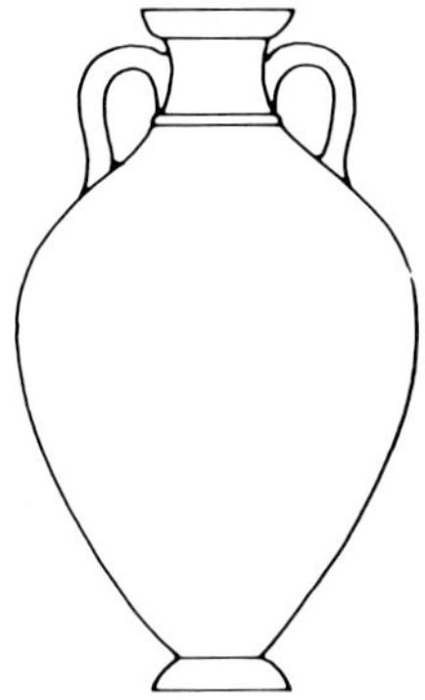
Panathenäische Preisamphora

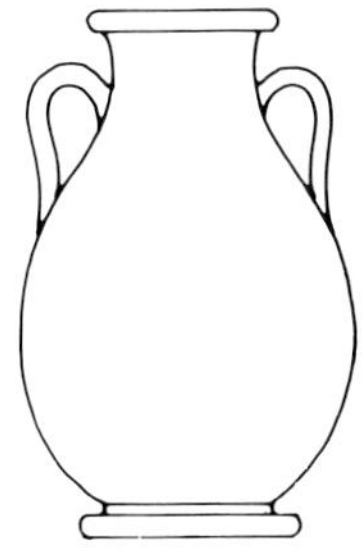
Pelike

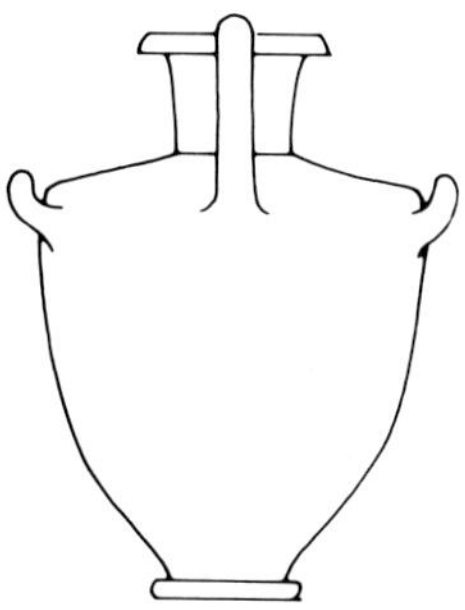
Hydria

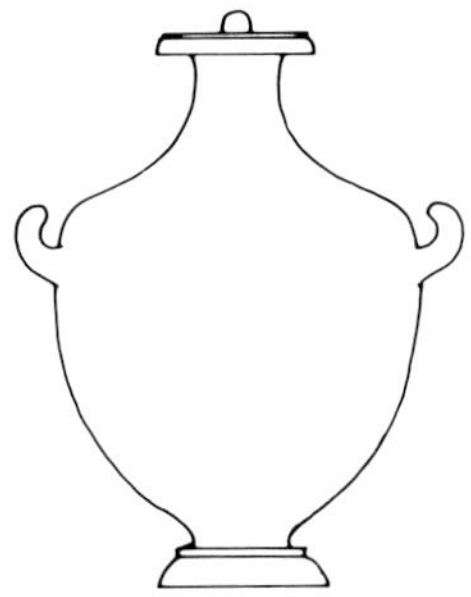
Hydria (Kalpis)

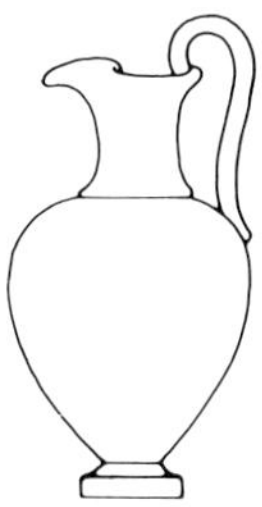
Oinochoe

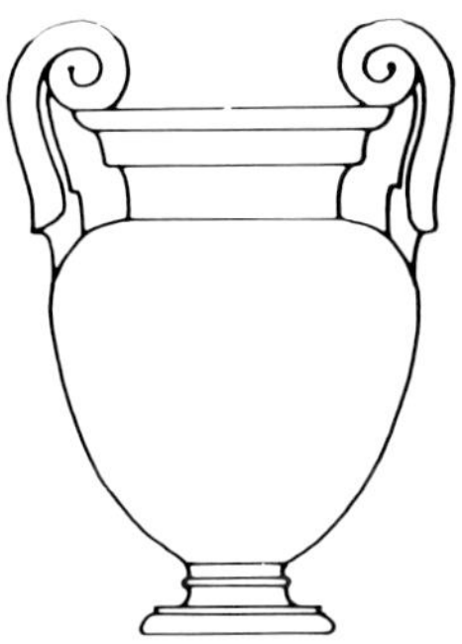
Volutenkrater

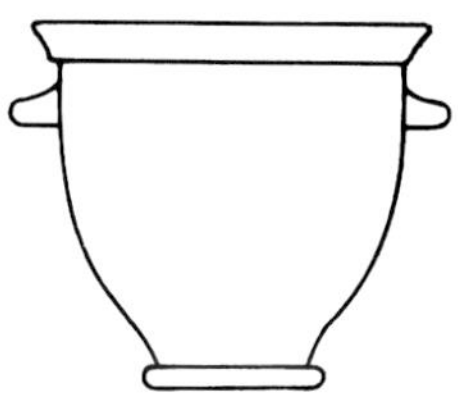
Glockenkrater

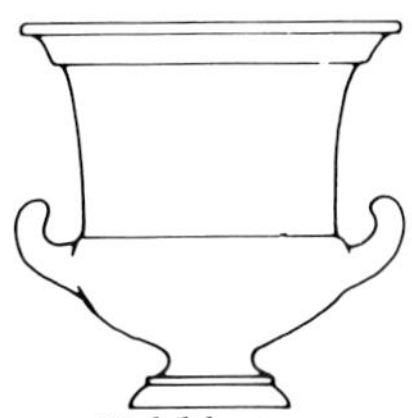
Kelchkrater

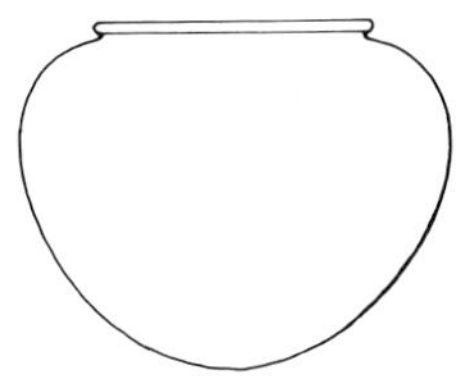
Dinos

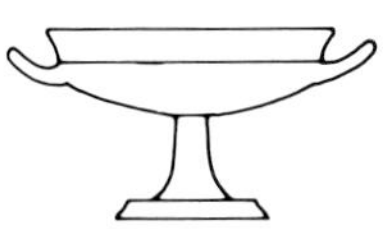
Kylix

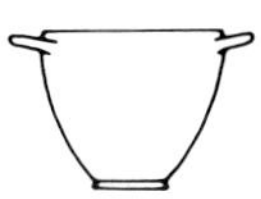
Skyphos

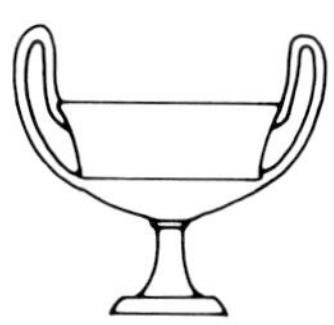
Kantharos

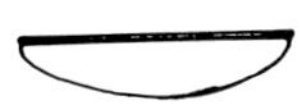
Phiale

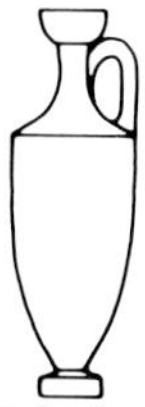
Lekythe

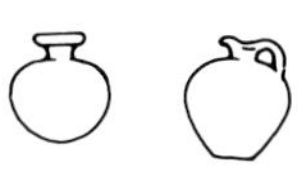
Aryballos

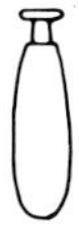
Alabastron

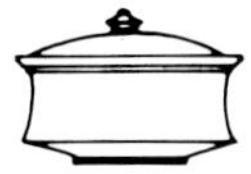
Pyxis

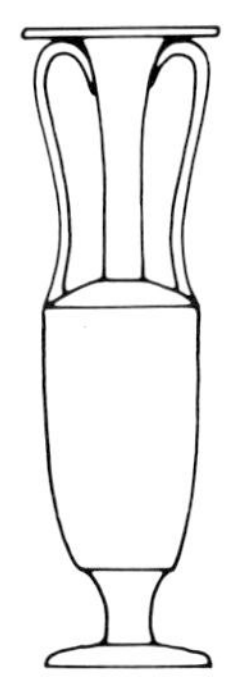
Loutrophore

erneut rot färbte, so wie der Rest des Gefäßes. Schließlich ließ man die Ware im Ofen abkühlen. Am Ende des Jahrhunderts hatte man bereits alle Keramikformen entwickelt, die in dieser Technik bearbeitet wurden (Abb. 6.59).

ATHEN

Im ersten Viertel des Jahrhunderts dekorierten die Vasenmaler ihre Gefäße mit Tierfriesen, die an den korinthischen Formenschatz anknüpften, mit wuchernden Pflanzen und Palmetten orientalischen Ursprungs sowie mit mythologischen Szenen. Sie arbeiteten zunehmend in einem kleineren Maßstab und in der schwarzfigurigen Technik. Sophilos, der erste namentlich bekannte attische Vasenmaler, der seine Werke signierte, gestaltete einen Kessel (einen Dinos oder Lebes) und den dazugehörigen Ständer in dieser Weise (Abb. 6.62). Tier- und Pflanzenfriese erscheinen unter den Hauptszenen. Großzügig setzte er Rot und Weiß ein; in Weiß wurden grundsätzlich weibliche Gesichter und nackte Extremitäten wiedergegeben. Aufgemalte Beischriften identifizieren die einzelnen Figuren. Die Szene zeigt die Ankunft eines Hochzeitsgastes im Haus des Peleus. Geladen sind unter anderem der Kentaur Chiron und Hebe, die durch ihren bunten, mit Tierfriesen geschmückten Peplos hervorgehoben ist. Peleus begrüßt die Gäste, während die Braut, Thetis, im Haus verweilt.

Das nächste Jahrhundertviertel verhalf der attischen Miniaturmalerei zu einer Blüte. Im frühen 19. Jahrhundert fand man in Etrurien einen Volutenkrater, der – benannt nach seinem Ausgräber – auch als François-Vase geläufig ist (Abb. 6.60 und 6.65). Die Etrusker waren große Liebhaber griechischer Keramik. Als Hersteller ihres Tafelgeschirrs lösten die Athener nun die Korinther ab. Den Krater zieren auf jeder Seite sechs figürliche Friese. Nur einer verwendet das altmodische Motiv der Tiere und Pflanzen. Er wurde in den untergeordneten unteren Bereich des Körpers verschoben . Die übrigen Friese füllen über zweihundert Figuren in dichter Reihenfolge. Viele von ihnen können über Bei-

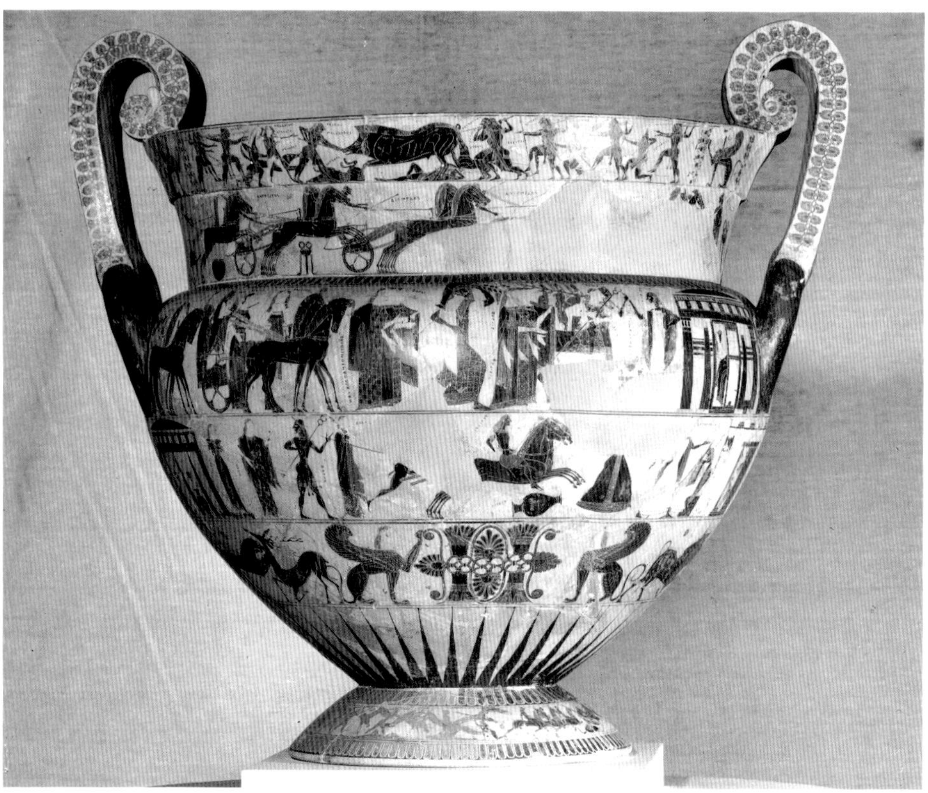

6.60 François-Vase, attisch-schwarzfiguriger Volutenkrater des Kleitias und Ergotimos. Von oben nach unten: kalydonische Eberjagd, Leichenspiele für Patroklos, Hochzeit von Peleus und Thetis, Auflauerung des Troilos. Um 570 v. Chr. Höhe 66 cm. Florenz, Archäologisches Museum

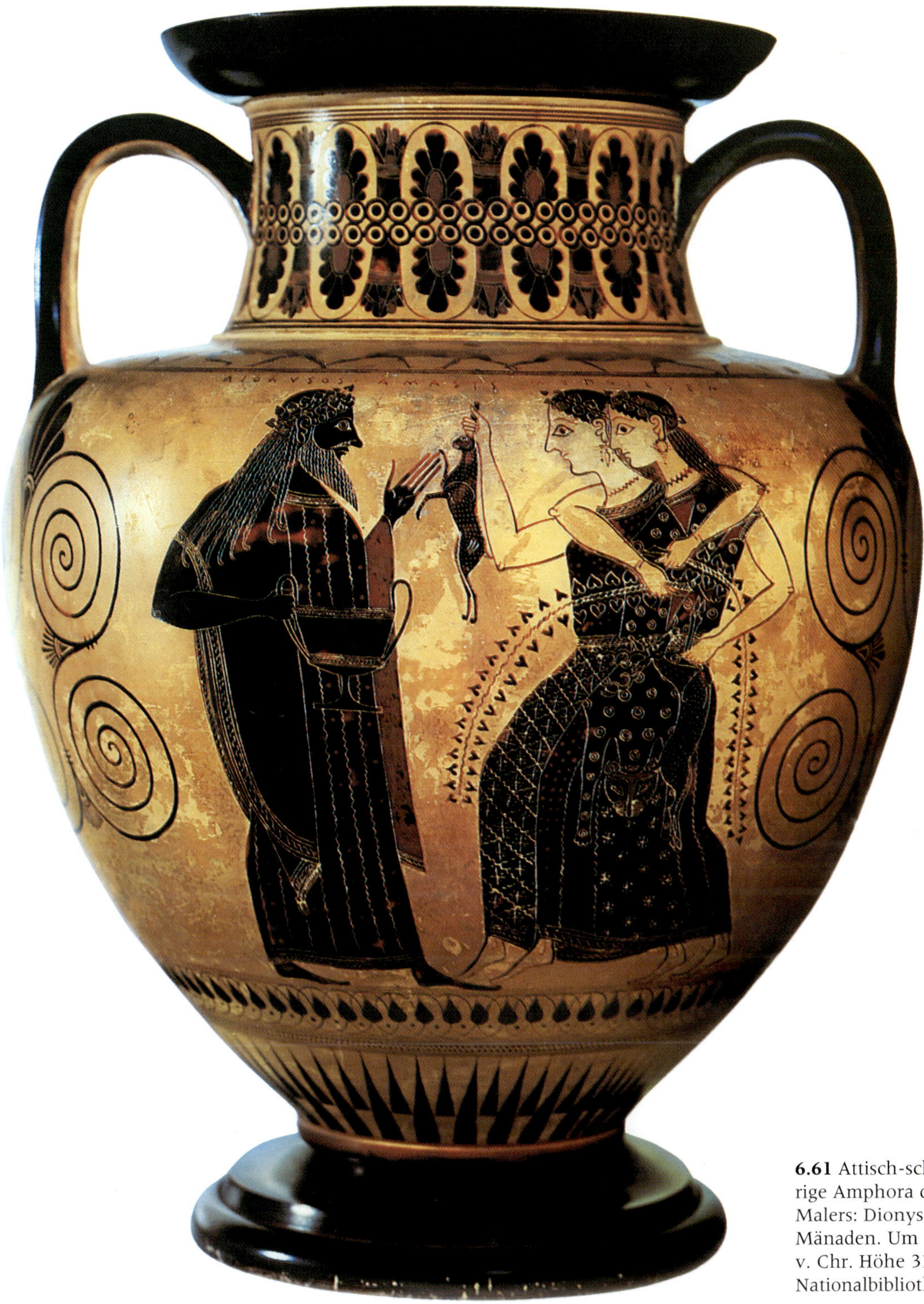

6.61 Attisch-schwarzfigurige Amphora des Amasis-Malers: Dionysos und Mänaden. Um 540–530 v. Chr. Höhe 33 cm. Paris, Nationalbibliothek

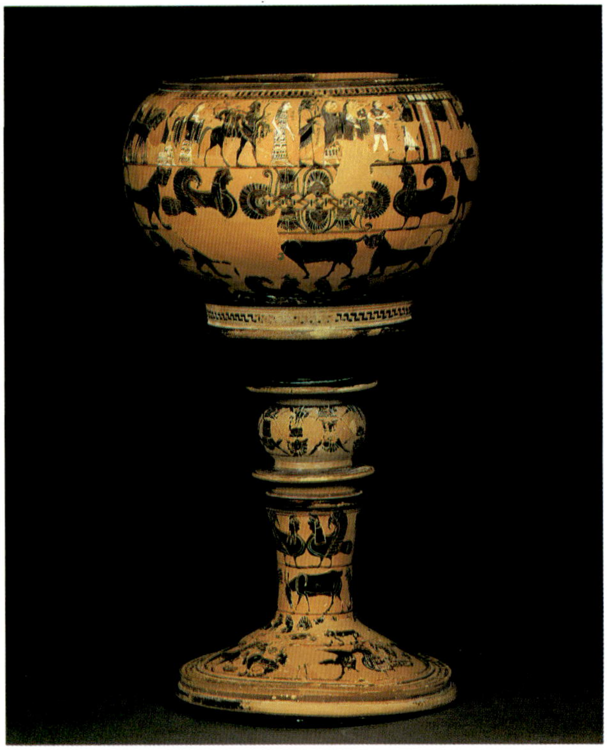

6.62 *links* Attisch-schwarzfiguriger Dinos mit Ständer des Sophilos: (Dinos) Peleus begrüßt die Götter auf seinem Hochzeitsfest; (Ständer) Tierfriese. Um 580 v. Chr. Höhe (Figuren) 8 cm. London, Britisches Museum

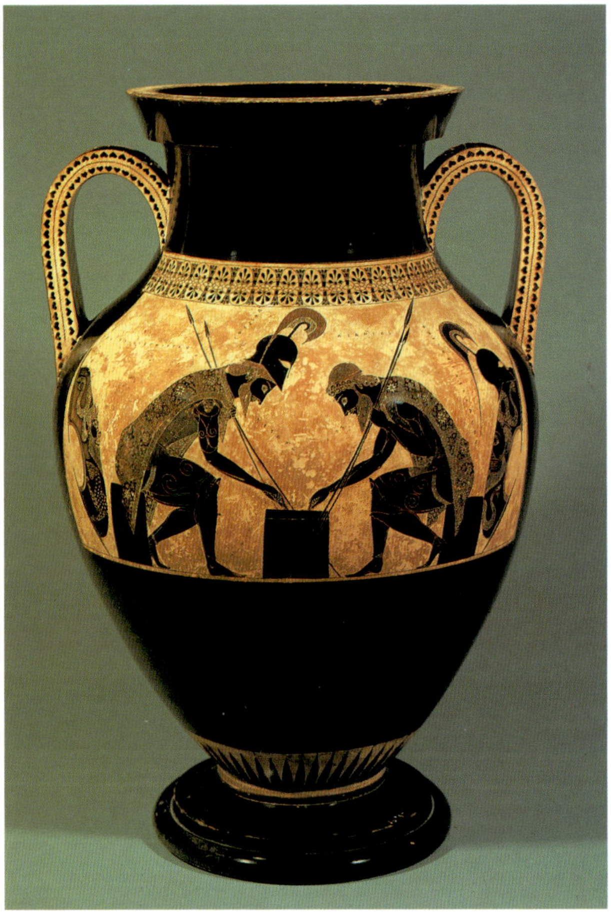

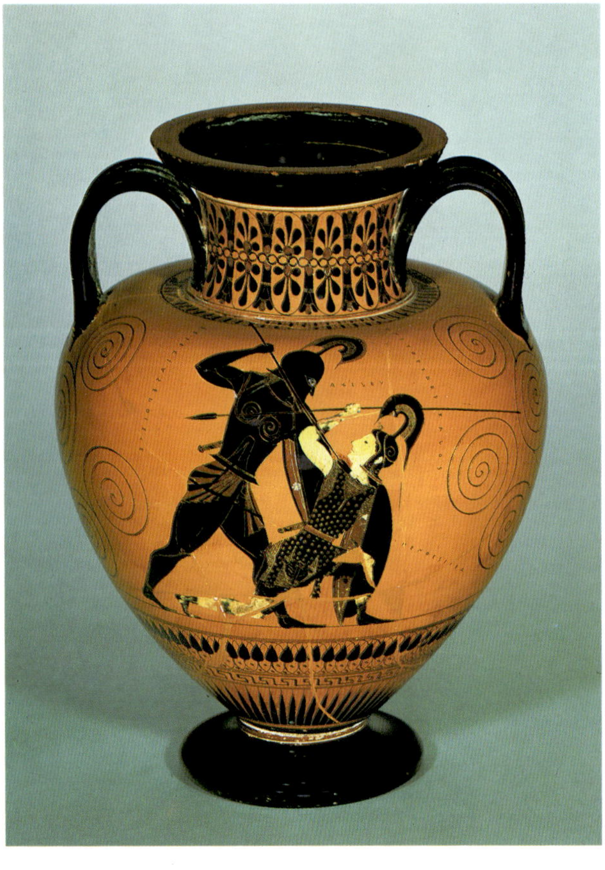

6.63 *links* Attisch-schwarzfigurige Amphora des Exekias: Achill ermordet Penthesileia. Um 540–530 v. Chr. Höhe 42 cm. London, Britisches Museum

6.64 *oben* Attisch-schwarzfigurige Amphora des Exekias: Ajax und Achill beim Würfelspiel. Um 540–530 v. Chr. Höhe 61 cm. Rom, Vatikanische Museen

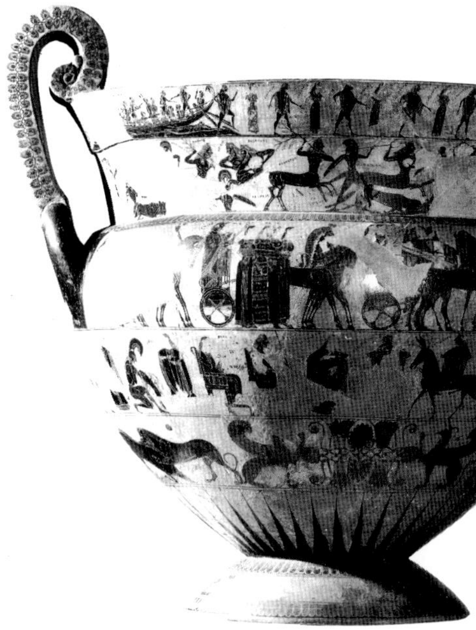

6.65 François-Vase. Attisch-schwarzfiguriger Volutenkrater des Kleitias und Ergotimos. Von oben nach unten: Ankunft der Athener, Kentauromachie, Fortsetzung des Hochzeitszuges von Peleus und Thetis, Rückkehr des Hephaistos in den Olymp. Siehe Abb. 6.61

6.66 Attisch-schwarzfigurige Schale, dem Taras-Maler zugeschrieben. Um 560 v. Chr. Höhe 14 cm. Athen, Nationalmuseum

schriften identifiziert werden. Eine Inschrift überliefert auch die Namen des Töpfers (Ergotimos) und des Malers (Kleitias).

Kleitias zeichnete die schwarzen Figuren auf den orangen Untergrund. Er begann mit den Konturen, füllte sie mit Firnis aus und ritzte anschließend die Details ein. Seine Figuren werfen die Arme in die Luft, drücken ihre Freude bei der Einfahrt ihres Bootes aus (Abb. 6.65, oberstes Register), sie springen heraus und tanzen. Darunter kämpfen Kentauren gegen Lapithen. Die Hauptszene zwischen den Henkeln zeigt die Fortsetzung des Hochzeitszuges von Peleus und Thetis. Im nächsten Fries sind Zeus und Hera auf dem Olymp dargestellt. Sitzend erwarten sie die Ankunft des betrunkenen Hephaistos auf seinem ithyphallischen Esel. Die Hochzeitsprozession ist die einzige Szene, die den gesamten Gefäßkörper umläuft. Auf der anderen Seite begrüßt Peleus seine Gäste (Abb. 6.60).

Kleitias setzte Architekturdarstellungen ein – das Haus des Peleus, ein Brunnenhaus, die Mauern von Troja – um die wichtigen Orte des Geschehens anzudeuten und ihre Beziehung zueinander zu betonen. Die Figuren präsentierte er im Profil, der Dreiviertelansicht und in der Frontalen, um sie in verschiedene Bewegungsstadien und Raumebenen einzubinden. Die Reihen der Hochzeitsprozession belaufen sich auf bis zu vier nebeneinander mar-

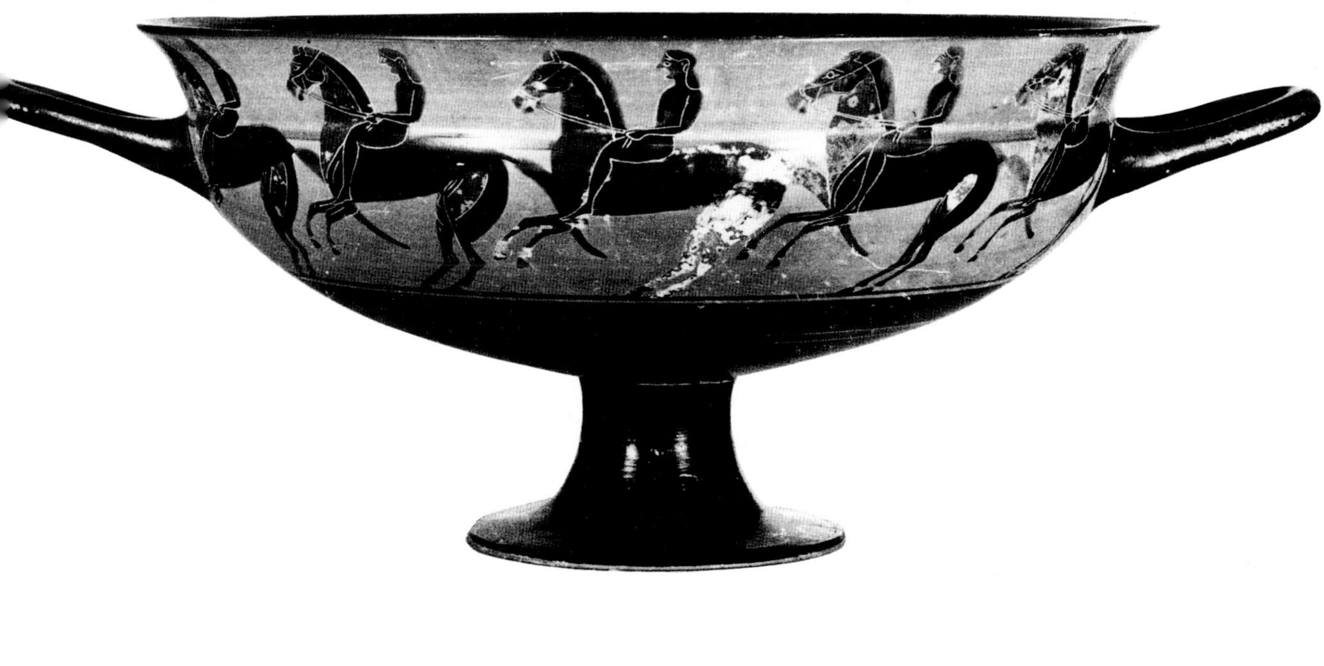

schierenden Personen. Nur durch die Überlappung wird Tiefe erzeugt. Kleitias führte neue Muster und Kompositionsschemata ein, scharf und detailliert, sowie eine wahrhafte Enzyklopädie mythologischer Bilder.

Kratere dienten als Mischgefäße für Wein. Zum Trinken benutzte man Schalen verschiedenster Form. Die in Abb. 6.66 gezeigte Trinkschale (Kylix) wurde um 560 v. Chr. in Athen gefertigt. Zugeschrieben wird sie dem Taras-Maler, der seinen Namen dem Umstand verdankt, daß mehrere seiner Gefäße im unteritalischen Taras (heute Tarrent) gefunden wurden. Sophilos bemalte und signierte den bereits erwähnten Dinos (S. 186), Kleitias die François-Vase. Die meisten Gefäße, wie diese Schale, stammen jedoch von anonymen Meistern. Die Zuschreibung wird erleichtert, wenn an ihrem Ausgangspunkt ein signiertes Objekt steht, das bestimmte Charakteristika aufweist. Über stilistische oder technische Gemeinsamkeiten kann man dann andere Objekte dem Künstler zuweisen. Der anonyme Maler erhält über verschiedene Wege einen Namen: über einen Fundort, an dem seine Ware besonders häufig belegt ist, oder, wie im Fall des »Amasis-Malers«, über den Töpfer, der hier alleine das Stück signiert hat.

Das Außenbild der schwarzfigurigen Trinkschale (Abb. 6.66) zeigt einen Reiterzug mit jungen, adligen Athenern. Eingeritzte Details sind selten, sie beschränken sich auf auffallende Konturen. Die das zentrale weiße Pferd flankierenden Tiere sind rot hervorgehoben. Die Szene gibt einen Teil adligen Lebens wieder und erscheint auf einer Schale, die ebenfalls von Aristokraten verwendet wurde, nämlich beim Symposium.

Zwei attische Maler leiten in das dritte Jahrhundertviertel über: der Amasis-Maler und Exekias. Der Amasis-Maler verzierte kleine und großformatige Gefäße. Seine Bilder zeugen von derselben Präzision und demselben Geschmack wie jene des Exekias, sind jedoch in einem größeren Maßstab gefertigt. Eine Amphora in Paris (Abb. 6.61, S. 187) eignet sich als Anschauungsbeispiel. Die Hauptszene umschließt eine gesamte Gefäßseite, auf Register wurde verzichtet. Gerahmt wird das Bild von kalligraphischen Voluten und Palmetten. Ein imposanter Dionysos grüßt zwei tanzende Mänaden. Präzision und Schärfe charakterisieren Bart und Haar des Dionysos, sowie die Gewänder und Tiere der Mänaden. Den großen, ausgewogenen Figuren ist eine gewisse Kraft eigen, die sich in den geschickt vergrößerten und ausbalancierten Figuren ebenso wie in der Eleganz der Farben ausdrückt. Maler und Töpfer könnten ein und dieselbe Person gewesen sein. Warum aber signierte er dann sein Werk nicht? Der Name des Töpfers, Amasis, ist eine griechischen Form des ägyptischen Namens Ahmosis. Vielleicht haben wir damit einen Ägypter oder Halbägypter vor uns. Der Name eines weiteren führenden Malers, Lydos, läßt ebenfalls auf einen Ausländer schließen, auf einen Lyder. Einige der bekanntesten attischen Vasenmaler wären folglich Fremde gewesen. Doch ist nicht auszuschließen, daß es in Athen in bestimmten Kreisen zur Jahrhundertmitte einfach modern war, fremde Namen oder Künstlernamen anzunehmen.

Gemütsverfassungen, die weniger deutlich auf der Amphora des Amasis-Malers und bei den eintreffenden Seefahrern festzustellen sind, wurden von Exekias wesentlich ernster genommen. Die Traurigkeit und Mutlosigkeit des Ajax während der Vorbereitung seines Selbstmordes (Abb. 6.67), die

6.67 Attisch-schwarzfigurige Amphora des Exekias: Ajax' Selbstmord. Um 540 v. Chr. Höhe (Bildfeld) 24 cm. Boulogne, Musée des Beauxs Arts

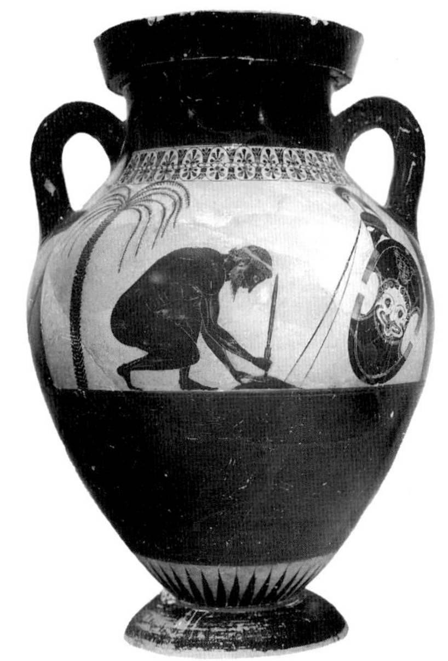

Gefühlstiefe zwischen Achill und Penthesileia, die im Moment ihres Todes über Blicke miteinander verbunden sind (Abb. 6.63), stellen nur zwei der vorzüglich ausgeführten Themen dar. Exekias bekanntestes Werk ist wohl die Amphora mit der Rückkehr der Dioskuren von der Jagd auf der einen und Achill und Ajax beim Würfelspiel (Abb. 6.64) auf der anderen Seite. Eine exzellente Vorzeichnung und Pinselführung, die Schärfe und Beherrschung der Details, die Ausgewogenheit und Kraft der Komposition zeugen vom Können des Vasenmalers. Die Krieger spielen ein von zu Hause vertrautes Spiel; Speere und Schilde liegen griffbereit neben ihnen. Sie befinden sich in Troja. Achills Zorn hat ihn aus dem Gefecht ausgeschlossen. Der Betrachter weiß jedoch, daß er zurückkehren wird. Ebenso weiß er um die verhängnisvollen Folgen. Scheinbar friedlich, steckt die Szene voller Vorahnungen und latenter Wut.

Die meisten attischen Vasenthemen beziehen zu Beginn des Jahrhunderts Götter und Heroen mit ein. In der zweiten Hälfte des Jahrhunderts gewannen die Taten des Herakles derart an Popularität, daß bereits vermutet wurde, man hätte sie als Propagandabilder für die peisistratidische Tyrannis eingesetzt. Nur langsam führte man Szenen des täglichen Lebens ein. Häufiger waren noch Symposien und sportliche Ereignisse. Im letzten Viertel des Jahrhunderts erschienen auf den Hydrien plaudernde Frauen am Brunnenhaus (Abb. 6.32, S. 167), treffend die Beliebtheit neuer öffentlicher Einrichtungen wiedergebend. Als weiteres Genre-Thema sind etwa Schuster zu nennen, die bei der Arbeit in ihren Läden abgebildet wurden.

KORINTH

Der Tierstil dominierte weiterhin die Produktion, er wurde jedoch gröber und verlor an Präzision. Der Niedergang setzte um 575 v. Chr. ein. Um 550 v. Chr. gab man den Stil völlig auf. Beim Figurenstil stand Korinth unter großem Druck. Die Exekias-Amphora mit Ajax und Achill beim Würfelspiel fand man in Etrurien, wie viele andere qualitätsvolle attische Vasen aus der Jahrhundertmitte. Die Athener führten einen intensiven Handel mit den Etruskern und den Westgriechen und übernahmen in kürzester Zeit den Markt von Korinth. Die korinthischen

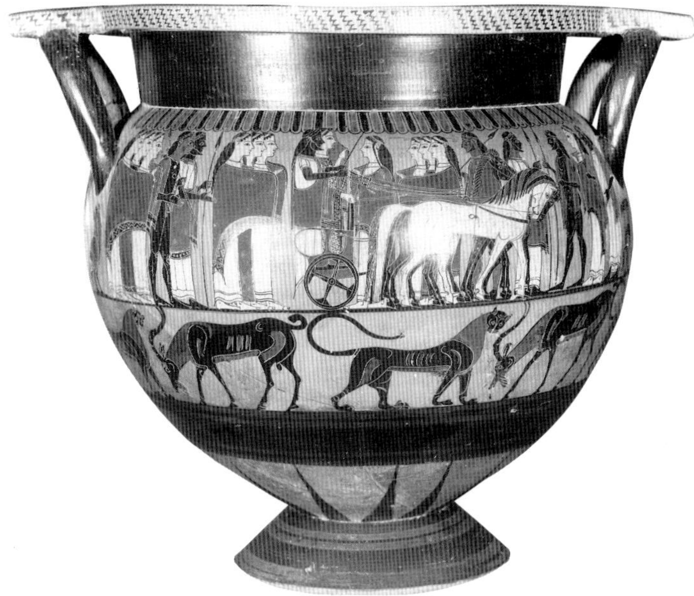

6.68 Korinthischer Krater des Drei-Mädchen-Malers: Hochzeitszug. Um 560 v. Chr. Höhe 42,5 cm. Rom, Vatikanische Museen

Töpfer überzogen deshalb ihre Ware mit einer orangen Grundierung, die die gefälligere Farbe des attischen Tons nachahmte. Die korinthischen Vasenmaler mieden jedoch die freieren Kompositionen der Athener und bevorzugten ein Übermaß an Ritzlinien und Farben. Ein um 560 v. Chr. gefertigter Krater (Abb. 6.68) zeigt eine Wagenszene, dicht übersät mit Einzelfiguren, Paaren und Gruppen. Das Brautpaar im Wagen ist von Freunden umgeben. Großzügig hatte man rote und weiße Farbe hinzugefügt. In die schwarzen Flächen sind Details eingeritzt und auf die weißen sind sie aufgemalt. Derartige Kessel exportierte man auch in den Westen, doch zogen die Etrusker die attische Ware vor. Mit dem dritten Jahrhundertviertel war korinthische Exportware beinahe ganz vom Markt verschwunden.

ÜBRIGES GRIECHENLAND

In Lakonien, der südlichen Peloponnes mit der Hauptstadt Sparta, hatten die Vasenmaler im 7. Jahrhundert v. Chr. die Umrißtechnik übernommen. Um 600 v. Chr. gingen auch sie zum schwarzfigurigen Stil über. Das meiste wurde für den heimischen Markt produziert, einige Gefäße wurden exportiert. Großer Beliebtheit erfreute sich die Ware im unteritalischen Taras, einer spartanischen Kolonie, ebenso in Kyrene und Tokra in Nordafrika. Die hochbeinige, tiefe Schale zählt zu den bekanntesten lakonischen Formen. Die Innenseiten schmückten Kriegsszenen, mythologische Bilder und Darstellungen aus dem täglichen Leben. Eine Gefäßzeichnung (Abb. 6.69) gestattet einen seltenen historischen Einblick in die griechische Kunst: abgebildet ist der sitzende kyrenische König Arkesilas – nach dem auch der Maler seinen Namen erhielt – bei der Überwachung des Frachtwiegens und -verladens. Der Jagd-Maler führte eine Neuerung ein: Er zeigte nur Ausschnitte von Bildern, vergleichbar einem Blick durch ein Schlüsselloch, und umging damit das Kompositionsproblem, das die runde Schalenform mit sich brachte. Hier (Abb. 6.70) unterteilte er die runde Fläche (das Schlüsselloch) in einen unteren Abschnitt, der mit der Standlinie für das obere Bildfeld abschloß, und einen oberen Teil. Im unteren Bildfeld sind drei feiste Thunfische zu sehen. Fische, Delphine und andere Meeresbilder finden sich häufig in der lakonischen Vasenmalerei. Darüber bezwingen Jäger einen Eber, von dem nur das verwundete Hinterteil und der eingeringelte Schwanz sichtbar sind. Vögel, ein weiteres be-

6.69 Lakonisch-schwarzfigurige Schale (Innenbild) des Arkesilas-Malers: König Arkesilas von Kyrene überwacht die Verladung der Fracht. Um 560 v. Chr. Durchmesser 29 cm. Paris, Münzkabinett

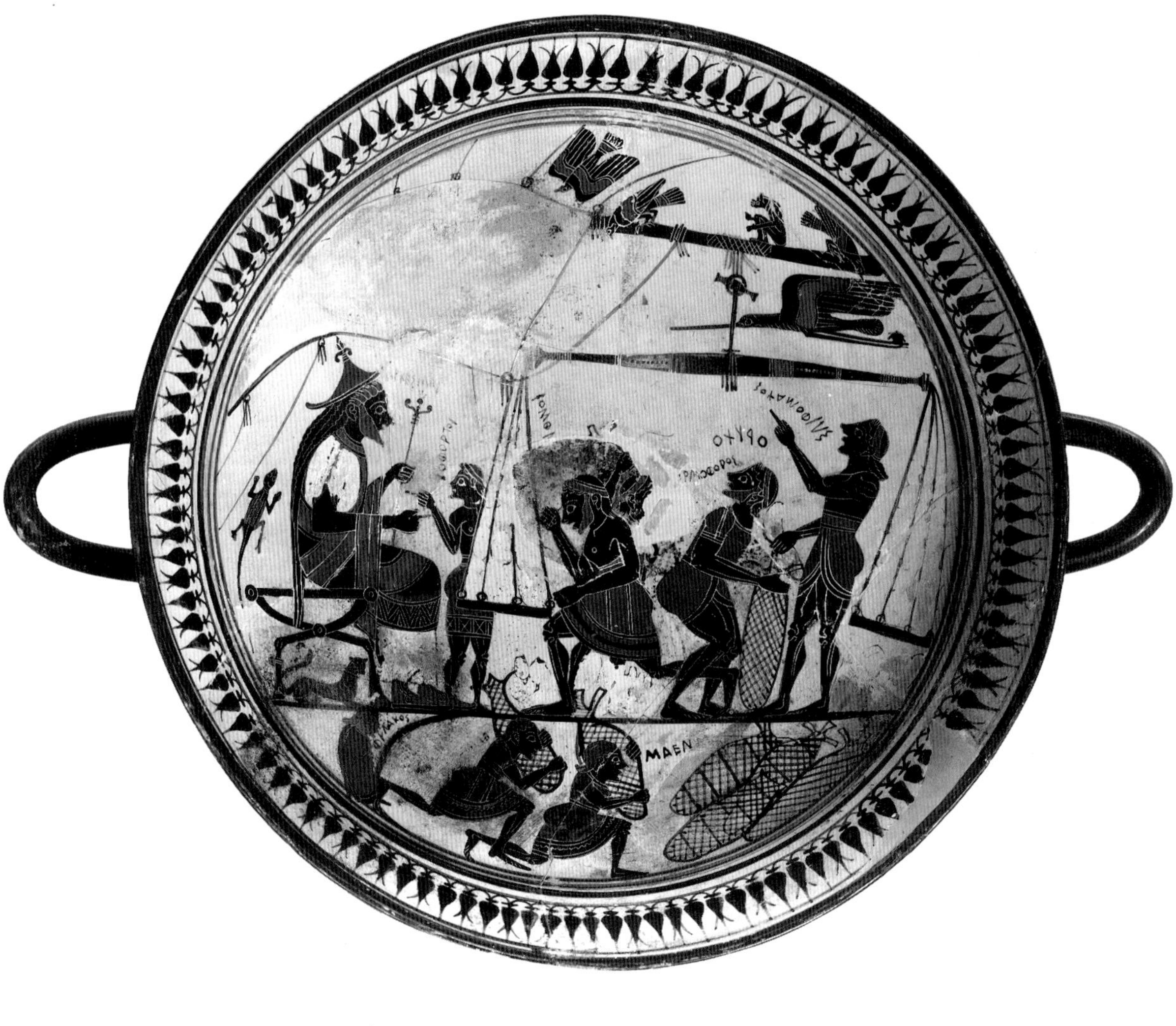

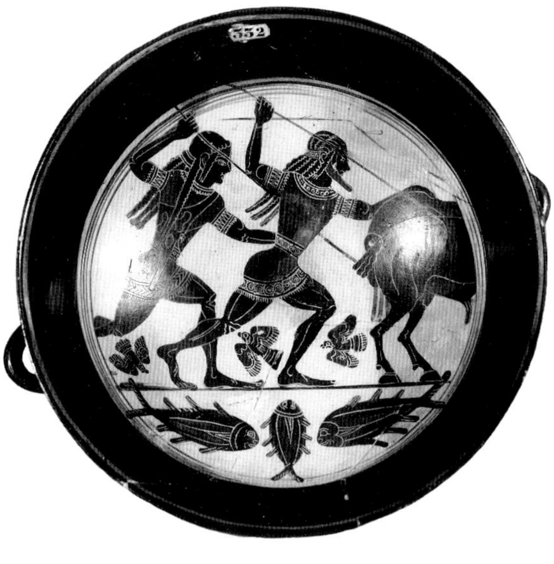

6.70 Lakonisch-schwarzfigurige Schale (Innenbild) des Jagdmalers: Eberjagd. Um 550 v. Chr. Durchmesser 19,5 cm. Paris, Louvre

6.71 Chalkidischer schwarzfiguriger Kolonettenkrater: Hähne und Schlangen. Um 530 v. Chr. Höhe 37 cm. Würzburg, Martin-von-Wagner-Museum

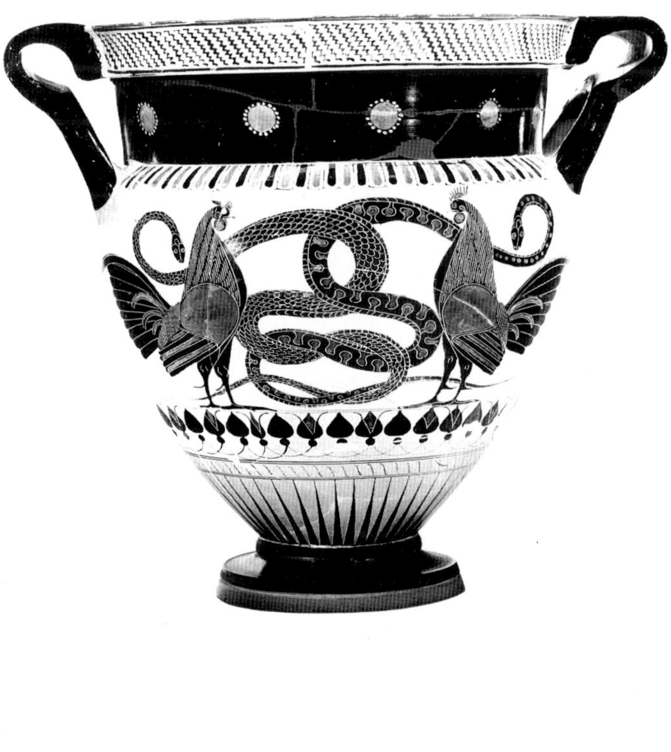

liebtes Motiv in Sparta, flattern kraftvoll umher. Der Stil wirkt mit seinen flachen Figuren gekünstelt, im dritten Viertel des Jahrhunderts konnte er sich jedoch durchsetzen.

Im Osten war der Wildziegenstil des 7. Jahrhunderts v. Chr. im Niedergang begriffen. Obwohl man neben der Umrißtechnik auch die schwarzfigurige Technik beherrschte, wurden die Tiere immer plumper, bis sie um 560 v. Chr. schließlich ganz verschwanden. Die Westgriechen zogen es vor, bemalte Keramik zu importieren. Anfangs dominierte die korinthische, später die attische Ware den Markt. Zwei Keramiktypen verdienen jedoch Aufmerksamkeit. An unbekanntem Ort, vermutlich im unteritalischen Rhegium (Reggio), hatte sich eine Gruppe von Vasenmalern niedergelassen, die ihre Gefäße in griechischer Sprache signierten und als die Chalkidische Schule geführt werden. Sie zeichneten elegante Muster und kraftvolle Figuren (Abb. 6.71). Die Ausdrucksstärke des Dekors und die Präzision der Bilder reichen an den attisch-schwarzfigurigen Stil heran. Ihre Schaffensperiode fällt in die Zeit zwischen 550 und 500 v. Chr. Annähernd die gesamte Produktion blieb im Westen. Eine weitere Gefäßgruppe, Hydrien, wurde von einem oder mehreren Malern im etruskischen Caere geschaffen. Auch sie sind griechisch signiert und zeigen griechische mythologische Szenen (Abb. 6.75). Diese Hydrien sind bekannt wegen der weitreichenden Palette der verwendeten Farben (von Purpurrot über Weiß bis Braun), mit der der schwarzfigurige Stil abgerundet wurde, sowie wegen der humorvollen Darstellungen.

DER ATTISCH-ROTFIGURIGE STIL

Um 530 v. Chr. empfand man den schwarzfigurigen Stil als schal. Die schwarzen Silhouetten, die eingeritzten Details, die rote Farbe in Frisuren, Bärten und Gewändern, die weißen Gesichter, Extremitäten und Kleider der Frauen, der frontale Oberkörper in Profilkonturen, das frontale Auge in Profilgesichtern – all dies reichte nicht mehr aus, um Körper in echten Bewegungen und differenzierte Gefühlszustände zu präsentieren. Man versuchte sich in einer Anzahl neuer Techniken und experimentierte u. a. mit einer weißen Grundierung, bis sich schließlich der rotfigurige Stil durchsetzen konnte. Die Metho-

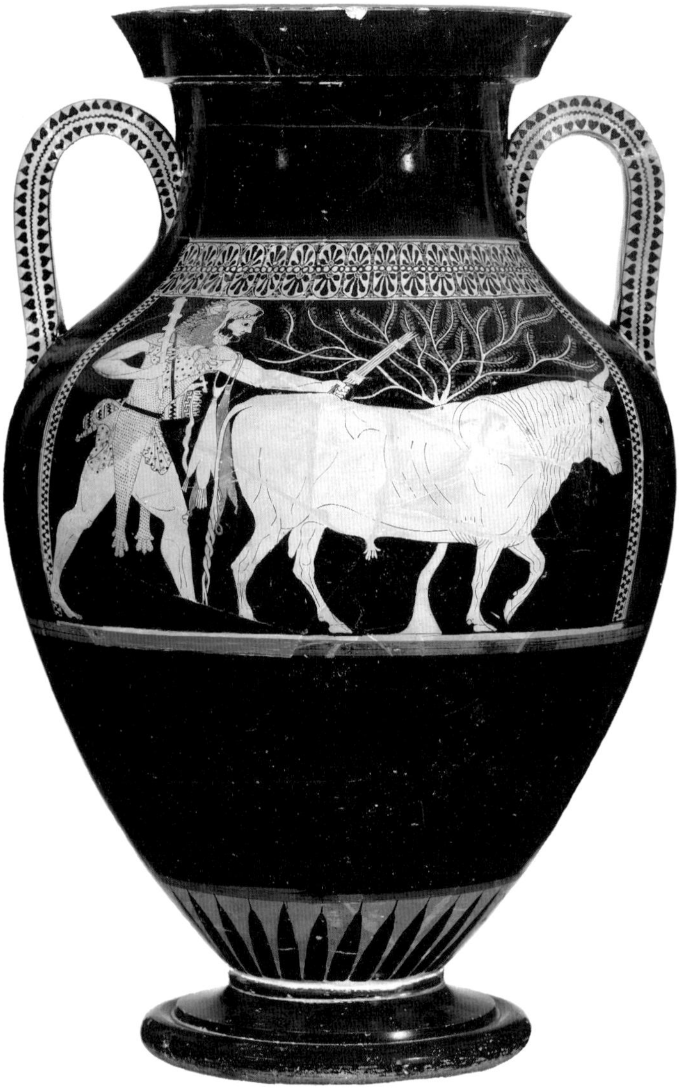

6.72 Attische Bilingue (schwarzfigurig und rotfigurig) aus der Werkstatt des Andokides: Herakles mit dem Stier. Um 520 v. Chr. Höhe 53 cm. Boston, Museum of Fine Arts

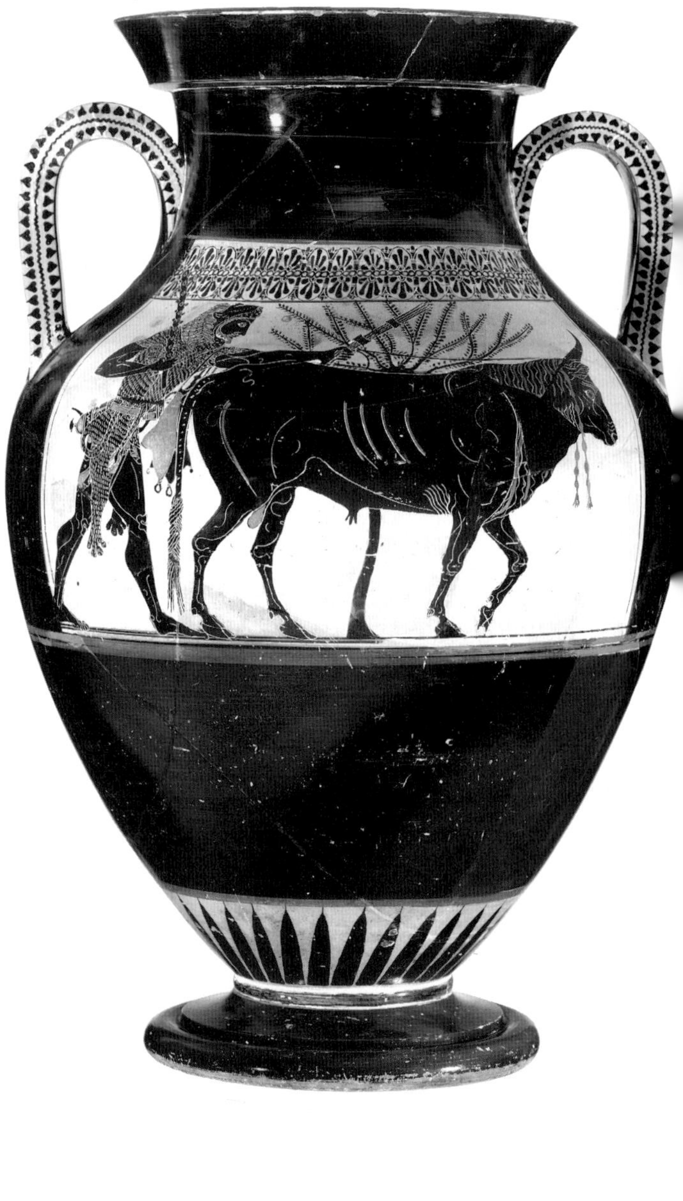

de bedeutete eine Umkehrung des schwarzfigurigen Stils. Die Figuren erschienen nun in der roten Farbe des Tons, den Hintergrund faßte man schwarz. Man zeichnete die Umrisse der Figuren sowie die Binnenlinien mit einem Pinsel auf die Gefäßoberfläche und überzog den Hintergrund schwarz. Konturen (Umrisse) wurden in dicken, manchmal erhabenen Strichen ausgeführt, was ihnen die Bezeichnung Relieflinie (hervorgerufen durch einen dickeren Schlicker) einbrachte. Für anatomische Details und Gewandfalten bevorzugte man einen dünneren Strich, die »verdünnte Glanztonlinie«, die sich im Brand eher braun als schwarz verfärbte. Der Pinsel gestattete einen besseren Linienfluß als der Stichel, der zum Ritzen verwendet wurde, und erlaubte es, Körperbewegungen, Dreiviertelansichten, Verkürzungen, bewegte Gewänder und Gemütsverfassungen realistischer wiederzugeben. Die Deckfarben verschwanden. Männliche und weibliche Figuren unterschied man nun durch die Gewandung und die Anatomie.

Die Einführung des rotfigurigen Stils wird einem anonymen Maler zugeschrieben, der die Ware des Töpfers Andokides verzierte und deshalb den Namen Andokides-Maler erhielt. Anfangs demonstrierten er und andere ihr Können, indem sie eine Gefäßseite in der altmodischen schwarzfigurigen Technik, die andere in der neuen Methode gestalteten. Derartige Gefäße nennt man Bilinguen. Herakles und der Opferstier (Abb. 6.72) erscheinen auf der einen Seite rotfigurig, auf der anderen schwarzfigurig. Zunehmend bildete man auf Vorder- und Rückseite jedoch verschiedene Szenen ab. Manchmal ornamentierten sogar verschiedene Vasenmaler die beiden Gefäßseiten.

Im späten 6. Jahrhundert v. Chr. löste eine Gruppe experimentierfreudiger Künstler den Andokides-Maler ab. Wegen ihrer kühnen neuen Posen und Blickwinkel erhielten sie den Namen »Pioniere«. Einer von ihnen war Euphronios. Das Bildfeld einer seiner Kratere (Abb. 6.76, S. 198) zeigt einen offensichtlich entspannten Herakles, der mit dem verrenkt wirkenden Giganten Antaios ringt. Einer von Antaios' Armen hängt schlaff herab, und er knirscht vor Schmerz mit den Zähnen. Euphronios führte die linkischen Posen und die Gemütsbewegungen präzise bis ins Detail aus. Bekannt ist er für seine Vorliebe für anatomische Details, wie

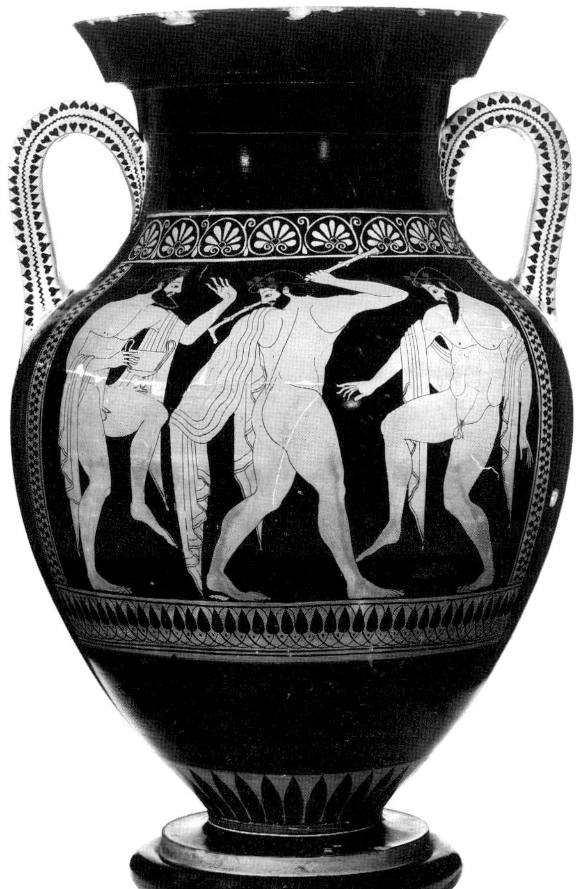

6.73 Attisch-rotfigurige Amphora des Euthymides: Symposiasten. Um 510 v. Chr. Höhe 60 cm. München, Staatliche Antikensammlungen

Knochen, Muskeln, Hautfalten und Sehnen. Ein weiterer Pionier war Euthymides. Eine seiner Amphoren (Abb. 6.73) zeigt ältere, bärtige Männer beim Gelage. Gesten und Posen variieren. Die Pioniere waren mit den Arbeiten ihrer Kollegen vertraut. Sie benannten Figuren ihrer Szenen mit den Namen ihrer Konkurrenten. Auf einer Amphora des Euthymides ist sogar zu lesen: »Euphronios brachte etwas derartiges nie zustande«.

Die Art, in der Euphronios und Euthymides verschiedene Bewegungsstadien abbildeten, läßt auf das Interesse der Maler am Bewegungsablauf des menschlichen Körpers schließen. Zeitgleiche rundplastische Bildhauerarbeiten, wie etwa der

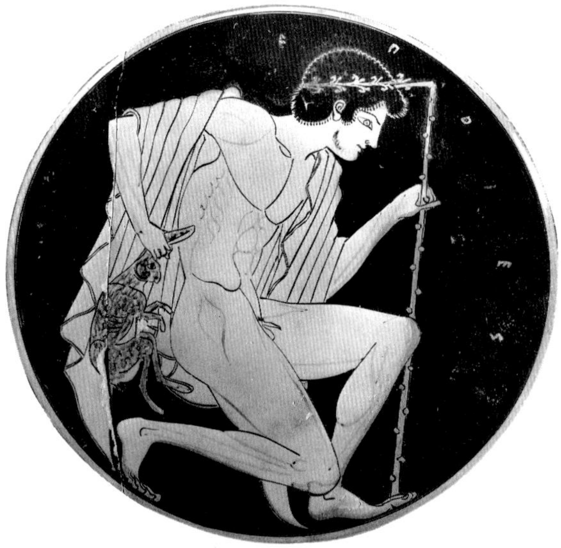

6.74 *rechts und unten*
Attisch-rotfigurige Kylix des Gorgos: (außen) Achill im Kampf gegen Memnon; (innen) kniender junger Mann mit Stab und Hase. Um 500 v. Chr. Höhe 7,4 cm. Athen, Agora-Museum

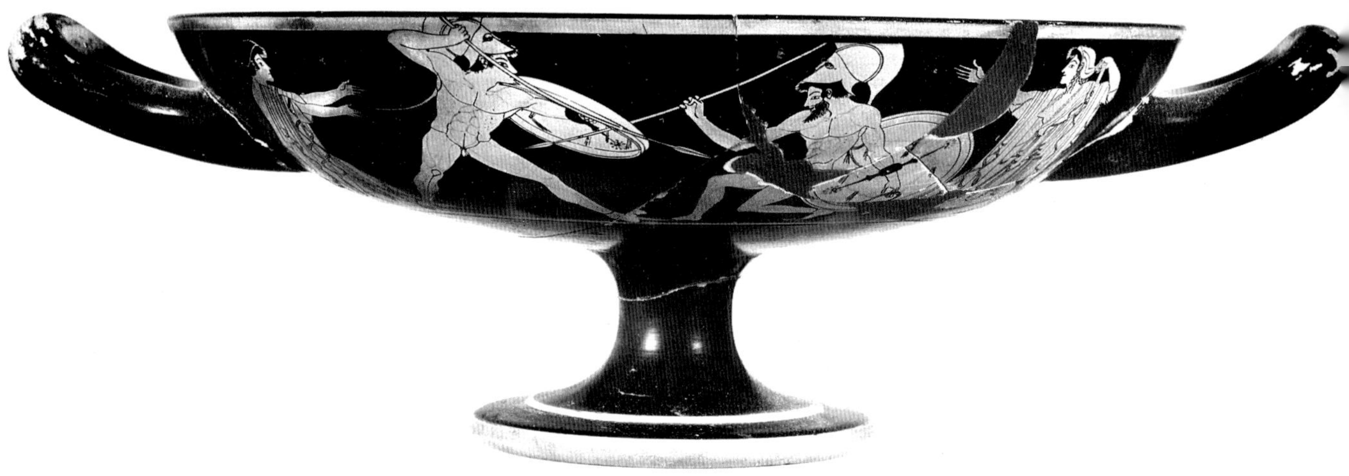

Aristodikos (Abb. 6.38, S. 172), gehorchen noch den Gesetzen der Statik. Auch die Figuren auf Grabreliefs, beispielsweise auf jenem des Ariston (Abb. 6.55, S. 182), blieben starr. Nur in der Bauplastik, wie am Westgiebel von Ägina (Abb. 6.11, S. 154) und auf reliefierten Statuenbasen folgen die Figuren den neuen Bewegungsmotiven. Die Entwicklungen in der Vasenmalerei, in einigen Gattungen der Reliefskulptur und Bauplastik scheinen gleichzeitig vonstatten gegangen zu sein. Die Meister der rundplastischen Werke jedoch bevorzugten die abstrakte Form.

Eine Kylix (Abb. 6.74), die auf der Athener Agora gefunden wurde, illustriert den Stand der Entwicklung um 500 v. Chr. Im Außenfries ist auf der einen Seite Achill im Kampf mit Memnon dargestellt, flankiert von zwei gestikulierenden Frauen, auf der anderen Seite Dionysos und sein Gefolge, eine Mänade und Satyrn, beim Fest. Das Innenbild zeigt einen jungen, halb knienden Mann, der mit dem Stock in seiner Linken die Balance hält, mit der Rechten die Ohren eines Hasen umfaßt hält. Bekleidet ist er mit einem Mantel und einem Kranz. Die Füße sind in Verkürzung wiedergegeben, das Auge blickt nicht mehr frontal aus dem Bild. Signiert ist das Werk von dem Töpfer Gorgos, der auch der Maler gewesen sein mag. Die von ihm illustrierten Themen waren modern: eine

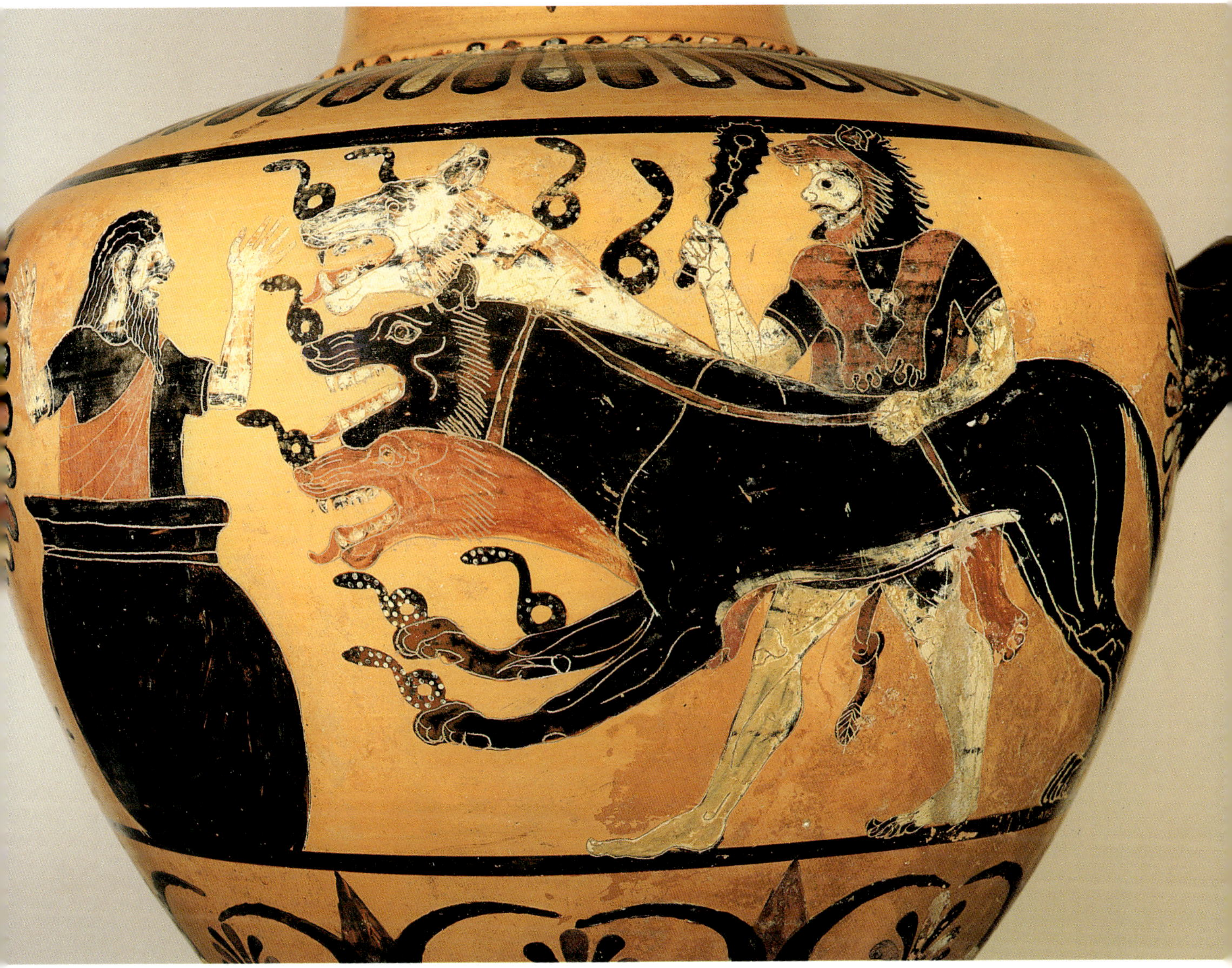

6.75 Caerenische schwarzfigurige Hydria: Herakles bringt den gefangenen Kerberos zu Eurystheus, der in einem Faß sitzt. Um 530–520 v. Chr. Gesamthöhe 43 cm. Paris, Louvre

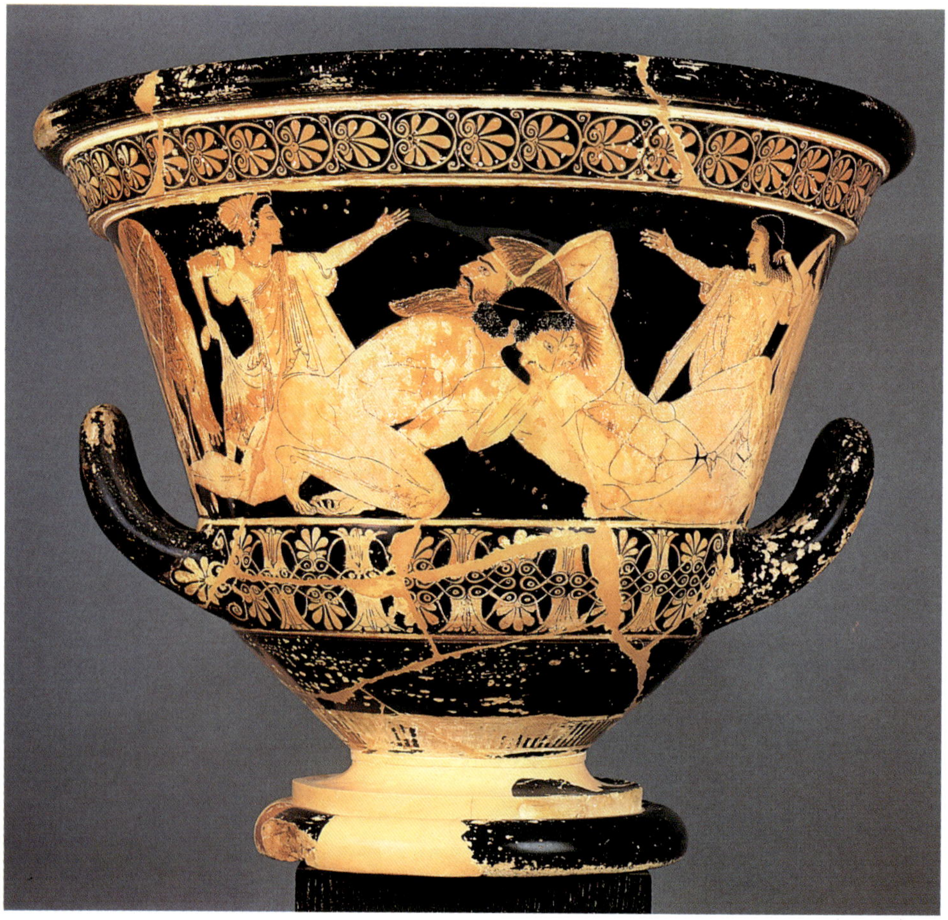

6.76 Attisch-rotfiguriger Kelchkrater des Euphronios: Herakles kämpft mit Antaios. Um 510 v. Chr. Höhe 48 cm. Paris, Louvre

Episode aus der Welt der Heroen auf der einen Außenseite, eine dionysische Szene auf der anderen. Das Bild aus dem täglichen Leben auf der Innenseite hat einen erotischen Unterton (der Hase war das Geschenk des Liebhabers). Der Name »Krates« erscheint auf einer Seite, das Wort »kalos« auf der anderen, was »hübscher Kratos« bedeutet. Diese kalos-Inschriften wurden verwendet, um einer Person zu schmeicheln. Im Laufe des Jahrhunderts wechseln die Namen häufig, weisen jedoch auf den jeweils beliebtesten Jüngling hin.

In den letzten 20 Jahren der archaischen Periode, um 500–480 v. Chr., kamen die Schüler der Pioniere zum Zug. Zwei von ihnen, der Berliner Maler und der Kleophrades-Maler, hatten sich auf größere Gefäße spezialisiert. Der Berliner Maler setzte elegante Einzelfiguren oder Gruppen (Abb. 6.77) auf Standlinien vor einen Hintergrund, der so schwarz war, daß sich die Dargestellten wie Schlaglichter davon abhoben. Der Kleophrades-Maler entwarf geschäftige, temperamentvolle Szenen. Beide setzten die Erforschung des Raumes fort, die Wiedergabe von Gemütsverfassungen und bewegten Körpern. Die Dreiviertelansichten erzeugten räumliche Tiefe und setzten sich über die Zweidimensionalität des Bildfeldes hinweg. Mit der Spezialisierung auf große Gefäße geht eine parallele Spezialisierung auf kleine Töpfe, in der Regel Schalen, einher. Ausgesprochen produktiv war ein Schalenmaler namens Duris, der zwischen 500 und 470 v. Chr. arbeitete und vermutlich um die zehntausend Objekte verzierte. Ein weiterer, der Brygos-Maler (Abb.

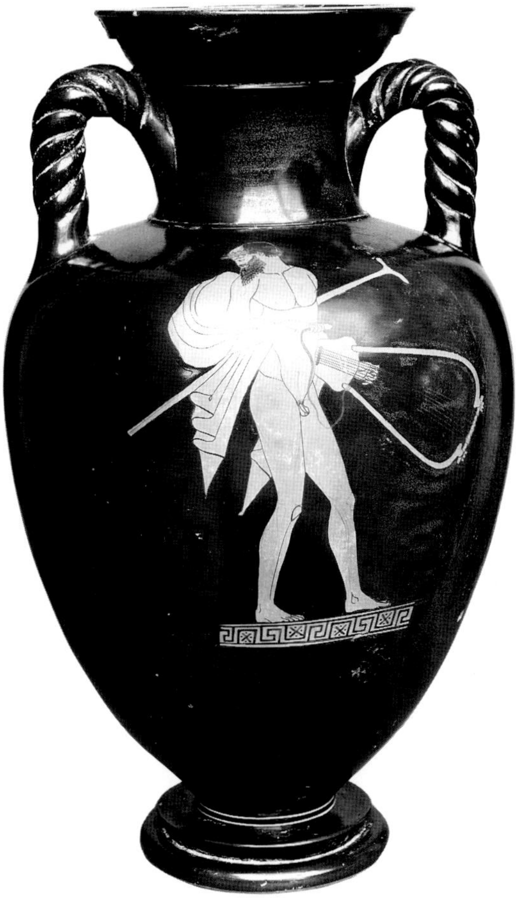

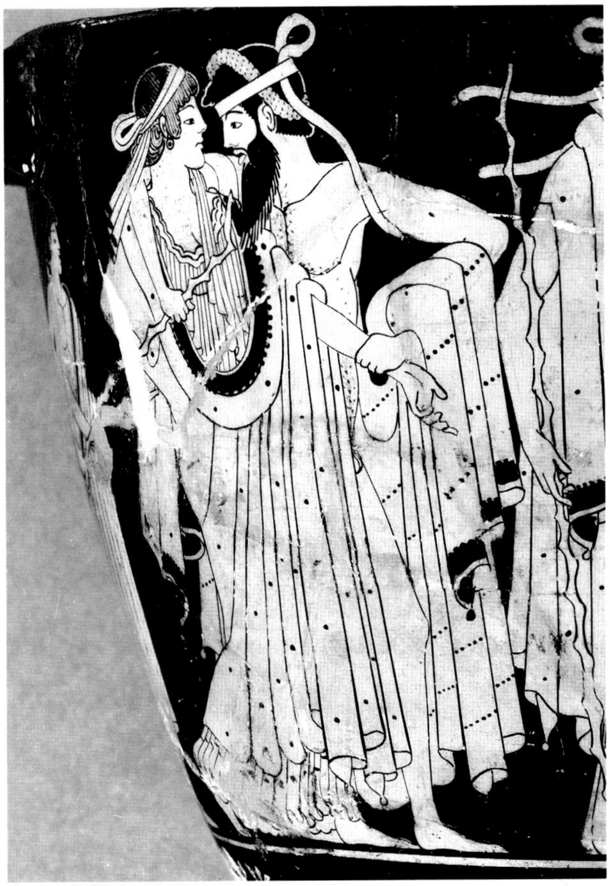

6.77 *oben* Attisch-rotfigurige Amphora, dem Berliner Maler zugeschrieben: Symposiast. Um 490 v. Chr. Höhe 49 cm. London, Britisches Museum

6.78 *oben* rechts Detail eines attisch-rotfigurigen Bechers des Brygos-Malers: Symposiast mit Begleiterin. Um 490 v. Chr. Paris, Louvre

6.78) gestaltete einige seiner Schalen mit mythologischen Szenen, andere mit dionysischen. Ein dionysisches Bild zeigt Satyrn, die so betrunken sind, daß sie die Götter anfallen. Eine andere, schwermütigere Darstellung berichtet von den verhängnisvollen Auswirkungen einer Nacht in der Stadt. Die Arbeiten des Brygos-Malers sind leicht an den getupften Mänteln seiner Figuren zu erkennen. Er zeichnete in rauhen, geschwungenen Linien und galt als Meister der Gefühlsdarstellung.

Mit dem Ende der Periode hatte man alle nötigen handwerklichen Fähigkeiten erlangt, um öffentliche Gebäude aus Stein zu errichten, sie mit Skulpturen zu dekorieren, realistische menschliche Figuren in der Rundplastik sowie im Relief zu formen und Gefäße mit überzeugend bewegten Figuren zu bemalen. Die Periode des Experimentierens war vorbei; die der Reife begann.

7

Die Periode des Übergangs um 480–450 v. Chr.

Die archaische Periode endete um das Jahr 480 v. Chr. mit der persischen Invasion, die einen Einschnitt in der griechischen Geschichte bedeutete. Bei Grabungen auf der Athener Akropolis förderte man Objekte zutage, die von den Persern zerstört und von den Athenern anschließend vergraben worden waren. Die Gegenstände, die den Umbruch zwischen dem archaischen und dem klassischen Stil markieren, können über diesen historischen Hintergrund datiert werden. Einige wichtige stilistische Entwicklungen setzten jedoch bereits vor 480 v. Chr. ein – in der Vasenmalerei sogar schon vor 500 v. Chr., in der Plastik um 500–480 v. Chr.

Die Ära zwischen dem Ende der archaischen Periode bis ungefähr 450 v. Chr. ist als sog. »Übergangsperiode« oder »frühklassische Zeit« bekannt. Den Ausdruck »Übergang« bezieht man in der Regel auf die Plastik, in der man vom starren archaischen Stil zu naturgetreueren, bewegten Bildern überging. Wegen des Ausdrucks und der besonderen Gewandung der Figuren wird dieser Zwischenstil auch als der »Strenge Stil« bezeichnet.

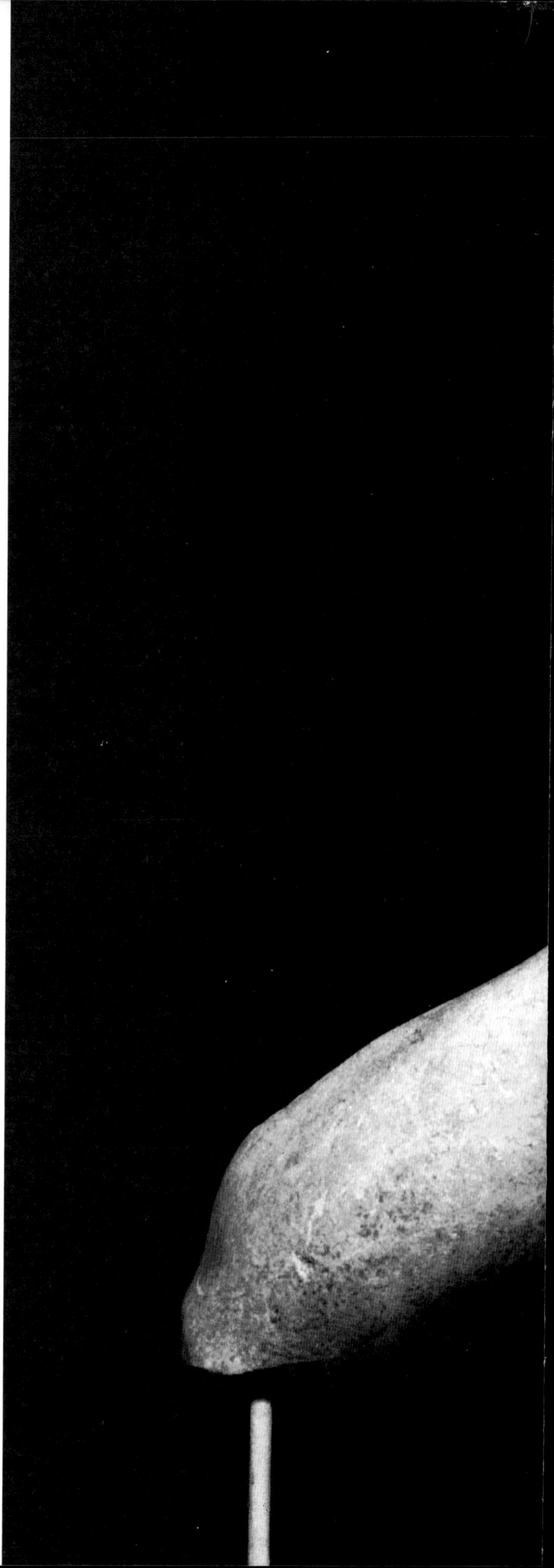

Ostgiebel des Zeus-Tempels von Olympia: der Seher Iamos. Ausschnitt aus Abb. 7.4, S. 205. Olympia, Museum

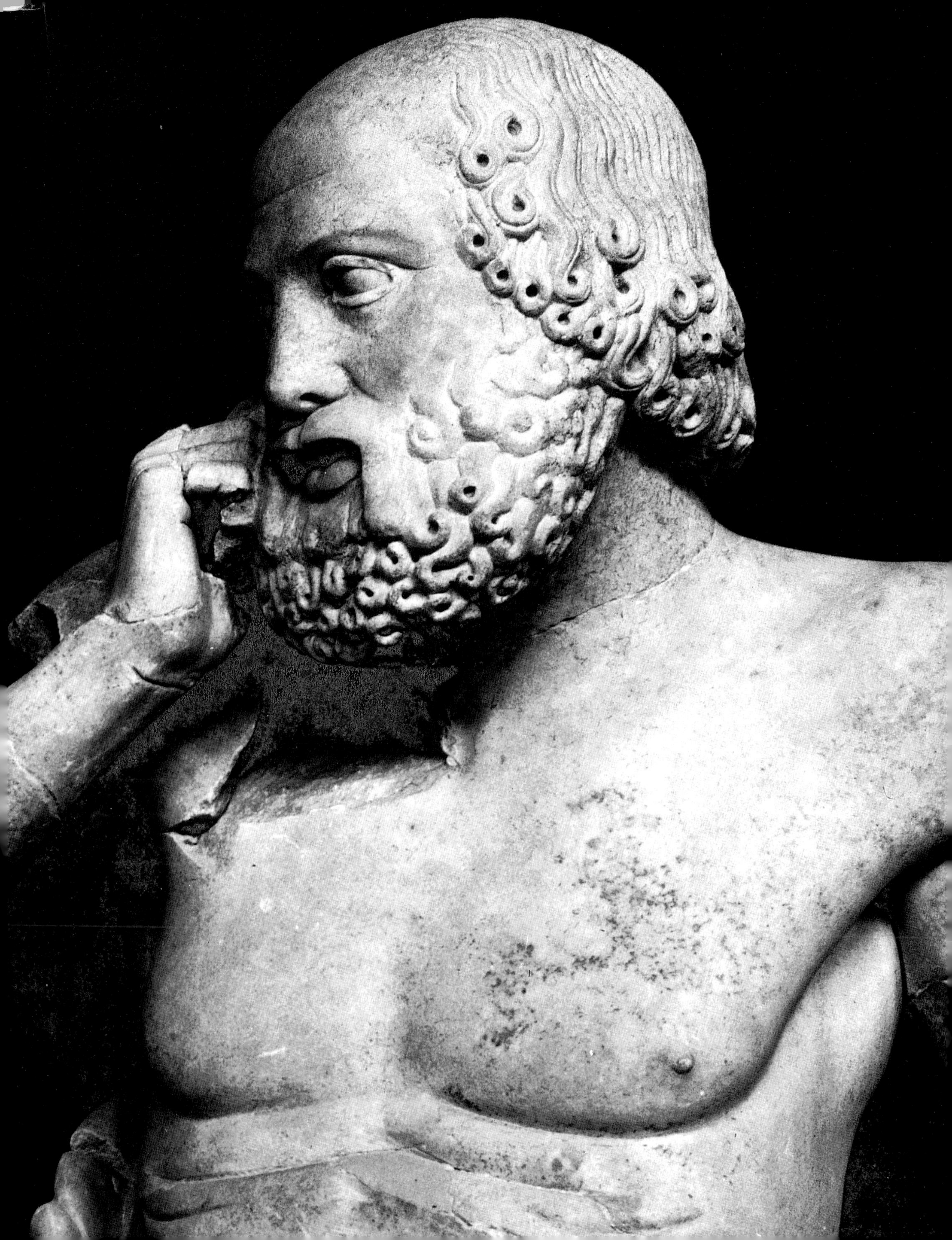

Dennoch bremste ein fortdauerndes Interesse an archaischen Mustern und Maßen die neue Begeisterung für die Darstellungen des wirklichen Lebens. Die Ausgewogenheit zwischen anatomisch akkurat gefertigten Werken und der Übermittlung des Idealen in der menschlichen Figur, dem Markenzeichen der hochklassischen Kunst, wurde nicht vor der zweiten Hälfte des Jahrhunderts erreicht. Auch in der Architektur experimentierte man weiter mit Proportionen und Maßsystemen. Die Notwendigkeit einer Verbindung zwischen dorischen und ionischen Elementen erkannte man erst in der zweiten Hälfte des Jahrhunderts. In der Vasenmalerei blieben Innovationen auf dem Gebiet der Perspektive dem letzten Viertel des Jahrhunderts vorbehalten.

ATHEN UND DIE WESTGRIECHEN

Als sich die Perser 480 v. Chr. aus Griechenland zurückzogen, war kein Friedensvertrag unterschrieben worden, und der Krieg ging weiter. Die Spartaner zeigten wenig Neigung, nach dem Sieg von Plataea noch einmal nachzustoßen, da die Eindringlinge aus Griechenland verdrängt waren und sich die griechischen Städte Athen angeschlossen hatten. 477 v. Chr. gründete Athen den Delischen Bund, eine Vereinigung griechischer Poleis gegen Persien. Rat und Kasse waren auf der heiligen Insel Delos inmitten der Ägäis untergebracht. Die Mitgliedsstaaten mußten entweder Schiffe oder Geld für die Aktivitäten des Bundes zur Verfügung stellen.

Die politische Richtung des Bundes wurde bald offensichtlich. Die Athener ermutigten die Städte, eher Geld als Schiffe zu liefern, da sie selbst eine Flotte erbauen und bemannen wollten. Einige Städte wurden gezwungen, sich dem Bündnis anzuschließen. Austritte waren nicht erlaubt. Die Feldzüge gegen Persien waren erfolgreich. Sie krönte der Seesieg in den 460ern v. Chr. an der Mündung des Flusses Eurymedon. Auf dieses Ereignis folgten jedoch einige ernste Rückschläge in Ägypten im Jahre 454 v. Chr. Die Athener nutzten die Situation, Delos als unsicher zu erklären und die Kasse des Bundes nach Athen zu holen. Künftig teilten sie der Athena ein Sechstel der Bündnisgelder zu; den Rest behielten sie für sich selbst. Die Umwandlung vom Bündnis mit gleichberechtigten Partnern zur attischen Vorherrschaft war abgeschlossen. Den Spartanern mißfiel diese Entwicklung sehr, doch obwohl sie in den 50er Jahren gemeinsam mit ihren Verbündeten einige Landangriffe gegen Athen wagten, konnten sie dessen Machtposition nicht schmälern. Um die Mitte des Jahrhunderts (um 449 v. Chr., das genaue Datum ist unbekannt) schlossen Griechenland und Persien Frieden, was Athen zu noch größerem Ansehen verhalf.

Im Westen tat sich Syrakus als die führende Macht hervor. Als Gelon 486 v. Chr. das Amt des Tyrannen angetragen wurde, hatte er die Hälfte der Einwohner von Gela, Megara Hybleia und Kamaria sowie die zehntausend Händler hinter sich, denen er das Bürgerrecht verliehen hatte. Bestätigt wurde das »neue Syrakus« durch den Sieg, den Gelon und sein Amtskollege Theron von Akragas 480 v. Chr. in der Schlacht von Himera über die Karthager errangen. Sie wurden gezwungen, eine hohe Kriegsentschädigung zu zahlen. Von diesem Geld errichtete Gelon einen neuen Athena-Tempel in Syrakus, der größtenteils heute noch sichtbar ist, da er sich innerhalb der Kathedrale befindet. Ferner renovierte er den Apollon-Tempel (Siehe S. 160 f.) und erbaute eine neue Agora.

Viele westgriechische Städte hatten Schatzhäuser nach Olympia gestiftet, nun weihte auch Syrakus ein eigenes. Ein goldener Dreifuß wurde nach Delphi gestiftet. Als Gelon 478 v. Chr. starb, trat sein Bruder Hieron die Amtsnachfolge an. Er förderte die literarischen Künste in derselben Weise wie Gelon seine Bauprogramme. Gestärkt wurde seine Position durch militärische Erfolge wie den Sieg über die Etrusker in der Schlacht von Cumae 474 v. Chr. Hieron nahm die großen Dichter – Pindar, Simonides und Bacchiylides – in seine Obhut, beherbergte sie an seinem Hof und förderte sie. Auch Aischylos wurde nach Syrakus gerufen, um seine »Perser« aufzuführen. Syrakus entwickelte sich, wie Athen, zum führenden Zentrum in Politik und Kunst. Ein dritter Bruder, Thrasybul, folgte Hieron 467 v. Chr. auf den Thron (ein vierter, Polyzalos, herrschte in Gela als Tyrann), bevor man ein Jahr später ein demokratisches System einrichtete. Reichlich mit Land und Rohstoffen gesegnet, führend im Handel und mit zwei Häfen ausgestattet, ging Syrakus, genau wie Sparta, um 450 v. Chr. auf Konfrontationskurs mit Athen.

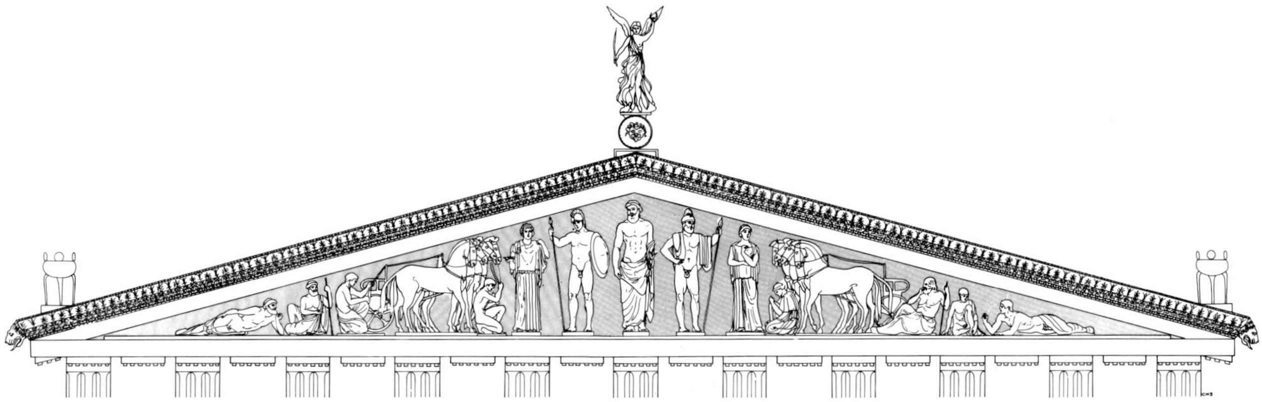

7.1 Zeus-Tempel von Olympia, Ostgiebel. Um 460 v. Chr. Höhe 3,35 m. © Candance H. Smith

Architektur und Bauplastik

OLYMPIA

Im frühen 6. Jahrhundert v. Chr. beschlossen die Griechen, in Olympia, dem großen Zeus-Heiligtum, neben dem Hera-Tempel einen Sakralbau für den Göttervater zu errichten. Zur Planung des zwischen 470 und 450 v. Chr. errichteten Tempels (Abb. 7.1 und 7.2) verpflichtete man einen lokalen Architekten, Libon von Elis. Die Spartaner stifteten zum Dank für den Sieg von 457 v. Chr. einen goldenen Schild, der in einem der Giebel aufgehängt werden sollte. Die Fassade muß damals schon weitgehend fertig gestellt gewesen sein. Der Tempel überdauerte die Jahrhunderte und wurde noch im 2. Jahrhundert n. Chr. von Pausanias bis ins Detail beschrieben, bevor er möglicherweise einstürzte. Später lagerte sich bei einer Überschwemmung der benachbarten Flüsse eine dicke Schlamm- und Sandschicht auf den Ruinen ab. Dank der zielstrebigen und vorsichtigen Arbeit der deutschen Archäologen sind heute fast die gesamte Bauplastik und genügend Architekturteile bekannt, um das Gebäude überzeugend zu rekonstruieren.

Der Tempel war in dorischer Ordnung gestaltet. Er folgte dem klassischen Gesetz des 5. Jahrhunderts v. Chr., nach dem die Anzahl der Säulen an den Langseiten eine mehr als die doppelte Anzahl der Frontsäulen betragen sollte. Der Grundriß (Abb. 7.2) zeigt demgemäß je sechs Fassadensäulen und je 13 an den Langseiten. Der Tempel besaß eine Vorhalle, eine Cella und ein Opisthodom. Die Vorhallensäulen und Anten korrespondierten mit den Fassadensäulen. Die Proportionen des Aufrisses haben sich von der archaischen Massivität hin zur klassischen Schlankheit mit längeren und dünneren Säulenschäften entwickelt. Die Höhe der Frontsäulen betrug das 4,64-fache des unteren Durchmessers, jene der Stützen an den Langseiten das 4,72-fache; sie waren damit kräftiger als jene auf Ägina, doch schlanker als die von Korinth. Wie für einen Zeus-Tempel angemessen, handelte es sich um den größten vollendeten, mutterländischen Tempelbau vor dem Parthenon. Seine Länge von fast 64 m übertraf jedoch andere

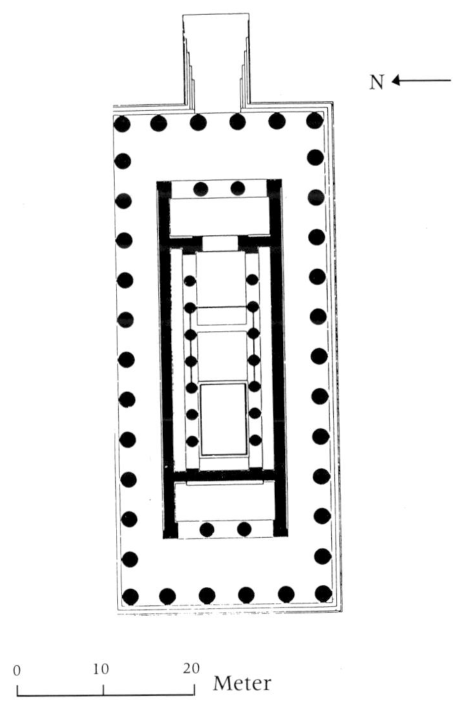

7.2 Grundriß des Zeus-Tempels von Olympia. Um 460 v. Chr.

Zeus-Tempel im Westen (in Akragas und vielleicht auch Selinunt). Gefertigt wurde er aus lokalem Kalkstein, den man mit Stuck überzogen hatte, um Defekte zu verstecken. Dachziegel und Bauskulpturen bestanden aus Marmor. Nach der Aussage des Pausanias zierten Figurengruppen die beiden Giebel, die Außenmetopen ließ man ungeschmückt. Reliefierte Metopen hatte man jedoch in Friesen über den Eingängen zu Vorhalle und Opisthodom angebracht, sechs auf jeder Seite. Pausanias Beschreibung der Giebelfiguren ist hilfreich, sie wirft jedoch auch Probleme auf. Er berichtet beispielsweise, daß Pelops links von Zeus stand, vergißt jedoch zu erklären, ob damit die linke Körperseite des Zeus oder die Blickrichtung des Betrachters gemeint ist.

Ostgiebel Der Ostgiebel zeigt die Vorbereitung des Wagenrennens zwischen Pelops und König Oinomaos, die den zentral positionierten Zeus flankierten (Abb. 7.3). Ihnen zur Seite standen Frauen, Stallknechte und die Wagen (Abb. 7.1). Die Szene kann mit Olympia in Verbindung gebracht werden: Pelops wurde hier seit langem verehrt, und das Wagenrennen, in dem Zeus als Schiedsrichter fungierte, hing möglicherweise mit den Olympischen Spielen zusammen. Für jene jedoch, die den Ausgang der Geschichte kannten – mit einem Trick besiegte Pelops den König, brachte ihn um und erhielt Hippodamia und das Königreich – steckte das Bild voller Anspielungen und tieferer Bedeutungen. Die Anordnung der abgeschirmt präsentierten und mit Ironie behafteten zentralen Gruppe vermittelte eine gewisse Ruhe. Die eigentliche Handlung liegt in der Zukunft. Die fünf Figuren lassen die archaische Starre weit hinter sich. Sie stecken voller Bewegung, die teilweise durch die Gewichtsverlagerung auf einen Fuß hervorgebracht wurde. Die Gesten variieren. Bei den männlichen Darstellungen wurde das Gewand eingesetzt, um den Kontrast zwischen Fleisch und Stoff hervorzuheben. Die Frauen tragen nun wieder den Peplos. Die Präsentation des Körpers resultierte aus seiner Haltung, etwa aus der Bewegung des unbelasteten

7.3 Zeus-Tempel von Olympia, Ostgiebel: Mittelgruppe. Um 460 v. Chr. Marmor. Höhe (Zeus) wie dargestellt 3,10 m. Olympia, Museum

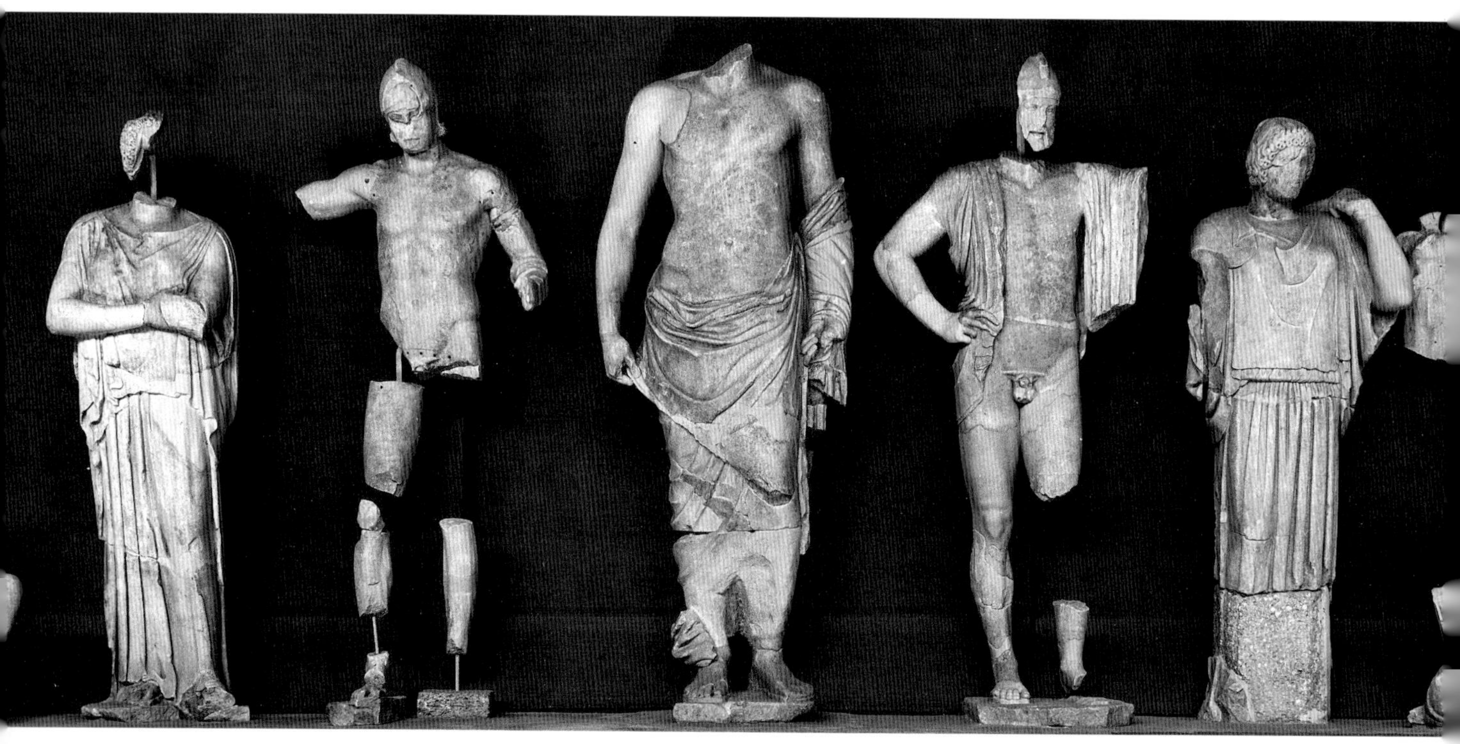

Beines, die die Gewandfalten über dem Knie spannte. Die archaischen Bildhauer hatten noch die Kontur eingesetzt, um anatomische Formen zum Ausdruck zu bringen.

Zeus ist in größerem Maßstab als die übrigen Personen wiedergegeben. Obwohl Pausanias berichtet, daß es sich um die Kopie einer Statue handelte, ist eher anzunehmen, daß er ein Geist ist, der ungesehen alles sieht. Die Falten seines Gewandes fließen auf natürliche Weise hin und her, archaische Muster sind noch in der Knöchelpartie zu finden An den Außenseiten der Szene schlossen sitzende und liegende Figuren an. Eine davon (Abb. 7.4) konnte als Iamos identifiziert werden, Seher im Hause des Oinomaos. Die Skulptur ist durch das Fehlen des rechten Knies, auf dem der Ellbogen aufgestützt war, und des Stabes in der linken Hand beeinträchtigt. Am massiven Oberkörper und dem lichten Haar ist sein Alter abzulesen, die gefurchten Brauen und das in die Hand gepreßte Kinn drücken Angst aus. Dies ist ein neuer Zug der griechischen Plastik. Einige Flächen wurden unbearbeitet belassen (der Oberlippenbart), da man sie später farbig faßte. Die betonten Lippen und Nasenlöcher wurden so ausgeglichen. In der Ecke (Abb. 7.5) hatte man eine liegende Figur untergebracht, die Personifikation des lokalen Flusses Kladeos, der die Ereignisse mitverfolgte.

Westgiebel Im Westgiebel war der Kampf zwischen Lapithen und Kentauren während der Hochzeit des Perinthoos dargestellt (Abb. 7.6). Damit ist ein Hinweis auf Athen gegeben, der möglicherweise aus politischen Beziehungen resultierte. Theseus war abgebildet. Die Pose des Perinthoos hatte man jener der Tyrannenmörder (Abb. 7.20) nachempfunden. Überwacht wurde die Szene von dem zentral positionierten Apollon. Der Ausgang der

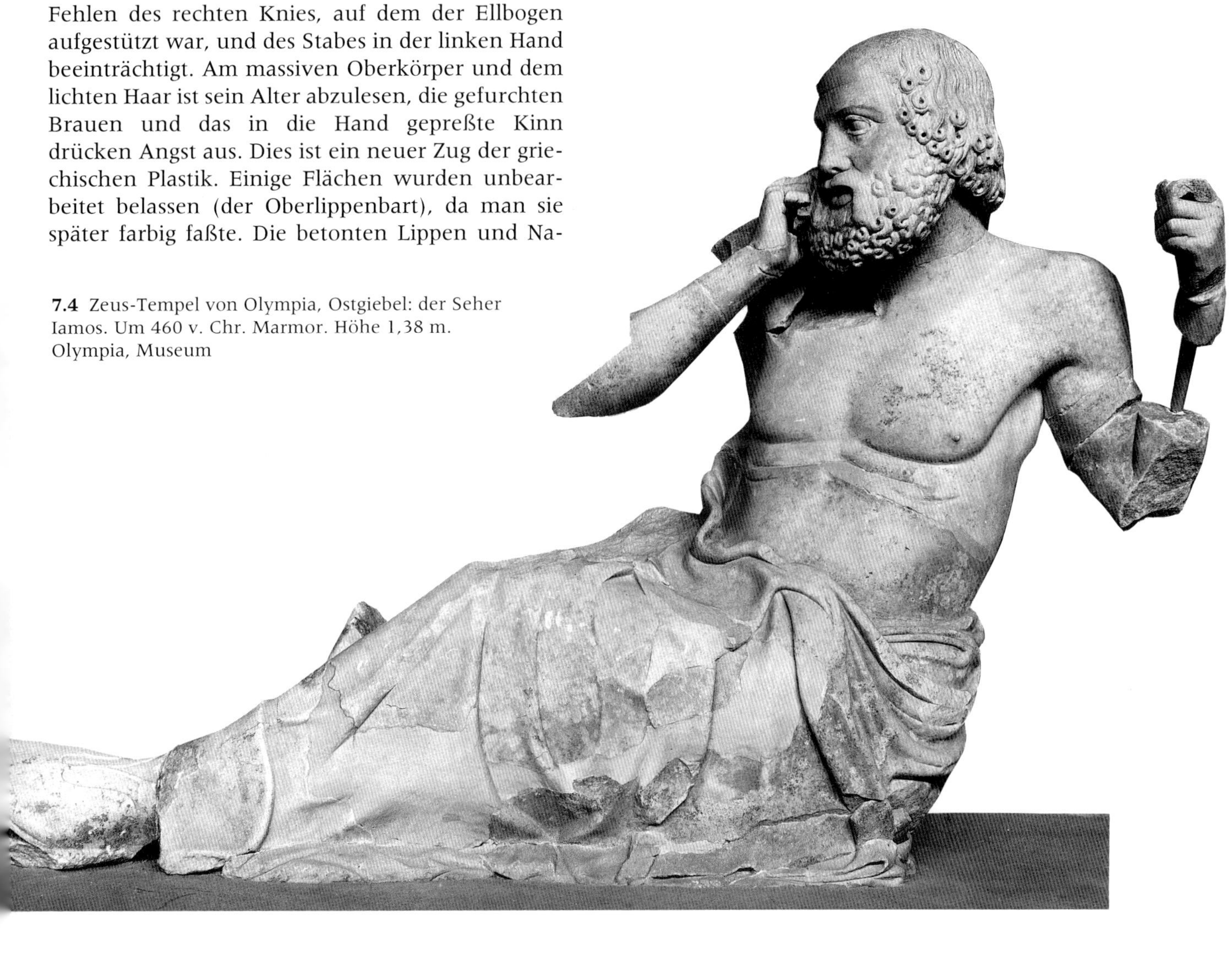

7.4 Zeus-Tempel von Olympia, Ostgiebel: der Seher Iamos. Um 460 v. Chr. Marmor. Höhe 1,38 m. Olympia, Museum

Schlacht ist noch nicht abzusehen. Der Legende nach werden die menschlichen Lapithen die Kentauren jedoch bezwingen: ein weiteres Bild des Sieges der Zivilisation über das Barbarentum. Apollon (Abb. 7.7) ist in einer ausdrucksstarken Körperhaltung wiedergegeben. Er streckt den Arm aus, möglicherweise ein Symbol der Kontrolle über den Kampf. Der Mantel umrahmt seinen Oberkörper. Sein großes Kinn, die flachen Wangen und die Augen, welche zwischen zwischen den betonten Lidern hervortreten, unterstützen den strengen Ausdruck seines wuchtigen Gesichts. Die Kämpfenden sind in Gruppen von zwei oder drei Figuren zusammengefügt und greifen an, stoßen, beißen und brechen zusammen. Ein Kentaur hat mit den Händen und einem Huf eine Lapithenfrau gepackt (Abb. 7.8). Sie leistet Widerstand, rammt ihm den rechten Ellbogen gegen die Schläfe. Die Ecken besetzten liegende Figuren, wie auch an der Front.

Die Götter erreichen beinahe eine Höhe von 3,35 m, die übrigen Figuren sind in eineinhalbfacher Lebensgröße dargestellt. Sie alle waren an der Giebelfläche befestigt. Die meisten hatte man an der Rückseite nicht ausgearbeitet. Einige erreichen nur eine geringe Tiefe, andere hatte man ausgehöhlt, um das Gewicht zu reduzieren. Sie spiegeln viele Aspekte des aktuellen Interesses an Bewegung, Erzählung und Realismus wider. Die Gesichter zeigen Charakterzüge und Stimmungen. Unterschiedliche Darstellungsweisen für verschiedene Altersklassen und Geschlechter wurden eingeführt. Extremitäten, Körper und Muskeln sind in Bewegung, die Kleidung folgt dem Körper, sie schwingt und beult sich aus. Der Stoff des Gewandes kontrastiert mit menschlichen Körpern, diese wiederum mit den Tierkörpern.

Hinsichtlich der Komposition ergänzen sich die beiden Giebel. An der Fassade erfolgte eine symmetrische Anordnung, die Bewegung läuft in der zentralen Mittelgruppe zusammen. An der Gebäuderückseite bestimmen Bewegung und Gegenbewegung den Entwurf. Ein kurzer Moment der Aktion ist eingefangen. An der Vorderseite überwacht Zeus das Wagenrennen und seine Nachwirkungen. An der Rückseite schlichtet Apollon die Schlacht.

Metopen Die skulptierten Marmormetopen waren nicht an den Gebäudeaußenseiten angebracht, wo die Giebelszenen den Blick auf sich zogen, sondern über den Eingängen zur Vor- und Rückhalle. Sie illustrieren die Arbeiten des Herakles, begin-

7.5 Zeus-Tempel von Olympia, Ostgiebel: liegende Eckfigur (Personifikation des Flusses Kladeos). Um 460 v. Chr. Marmor. Olympia, Museum

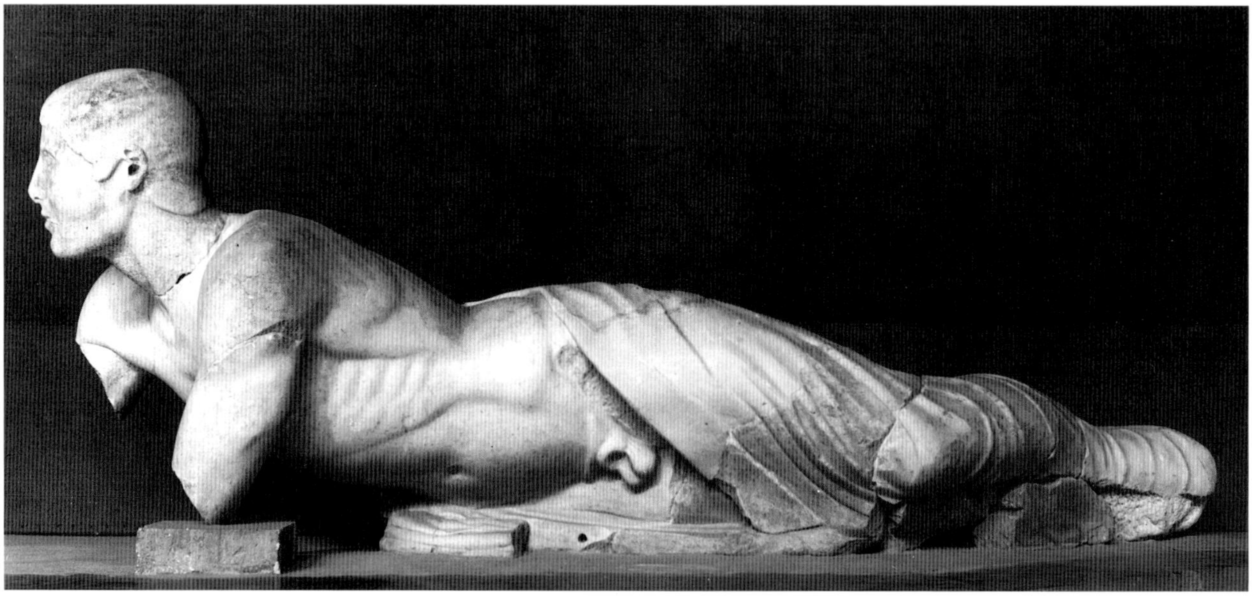

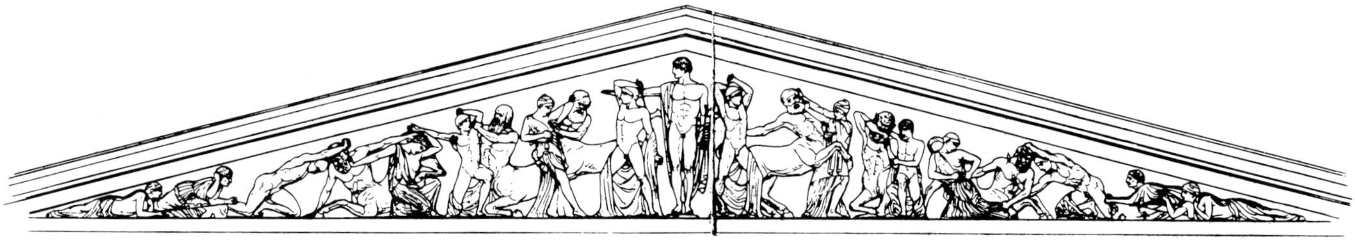

7.6 *oben* Zeus-Tempel von Olympia, Westgiebel. Um 460 v. Chr. Höhe 3,35 m. Olympia, Museum

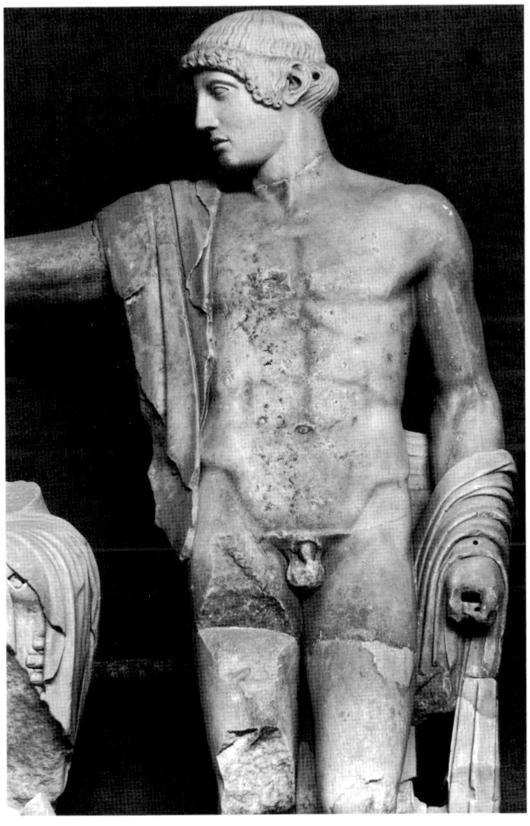

7.7 *unten* Zeus-Tempel von Olympia, Westgiebel: Apollon. Um 460 v. Chr. Marmor. Höhe (Mittelfigur) 3,25 m. Olympia, Museum

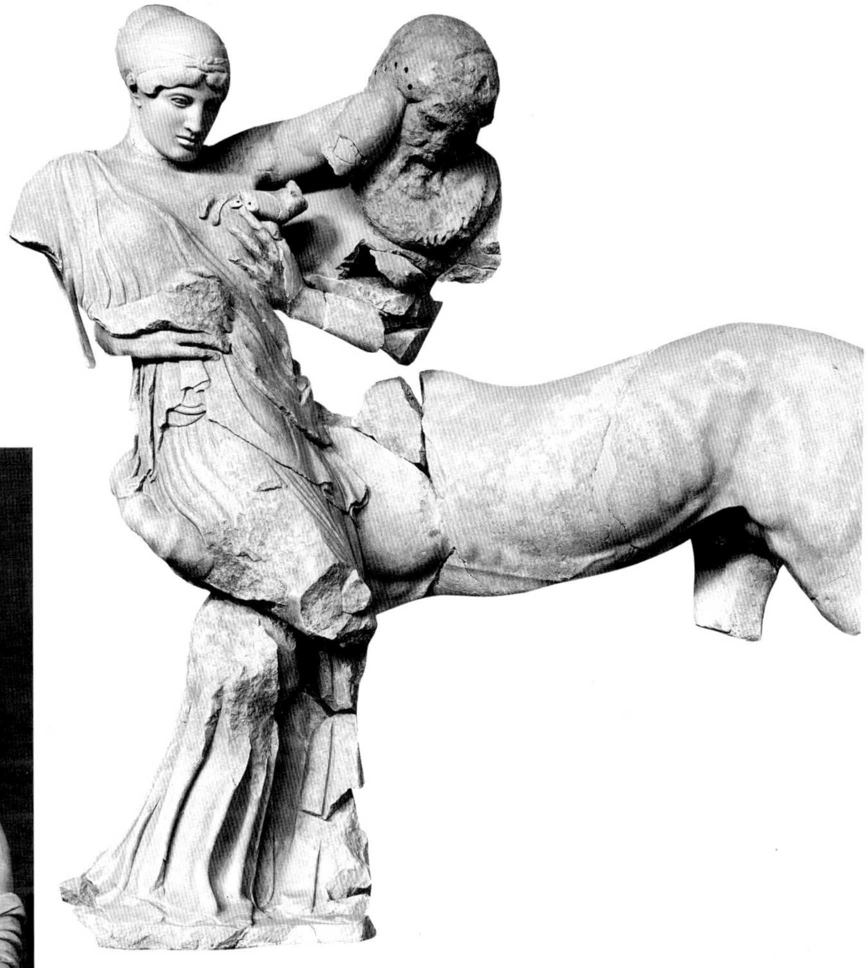

7.8 *oben* Zeus-Tempel von Olympia, Westgiebel: Ein Kentaur packt eine Lapithenfrau. Um 460 v. Chr. Marmor. Höhe 2,35 m. Olympia, Museum

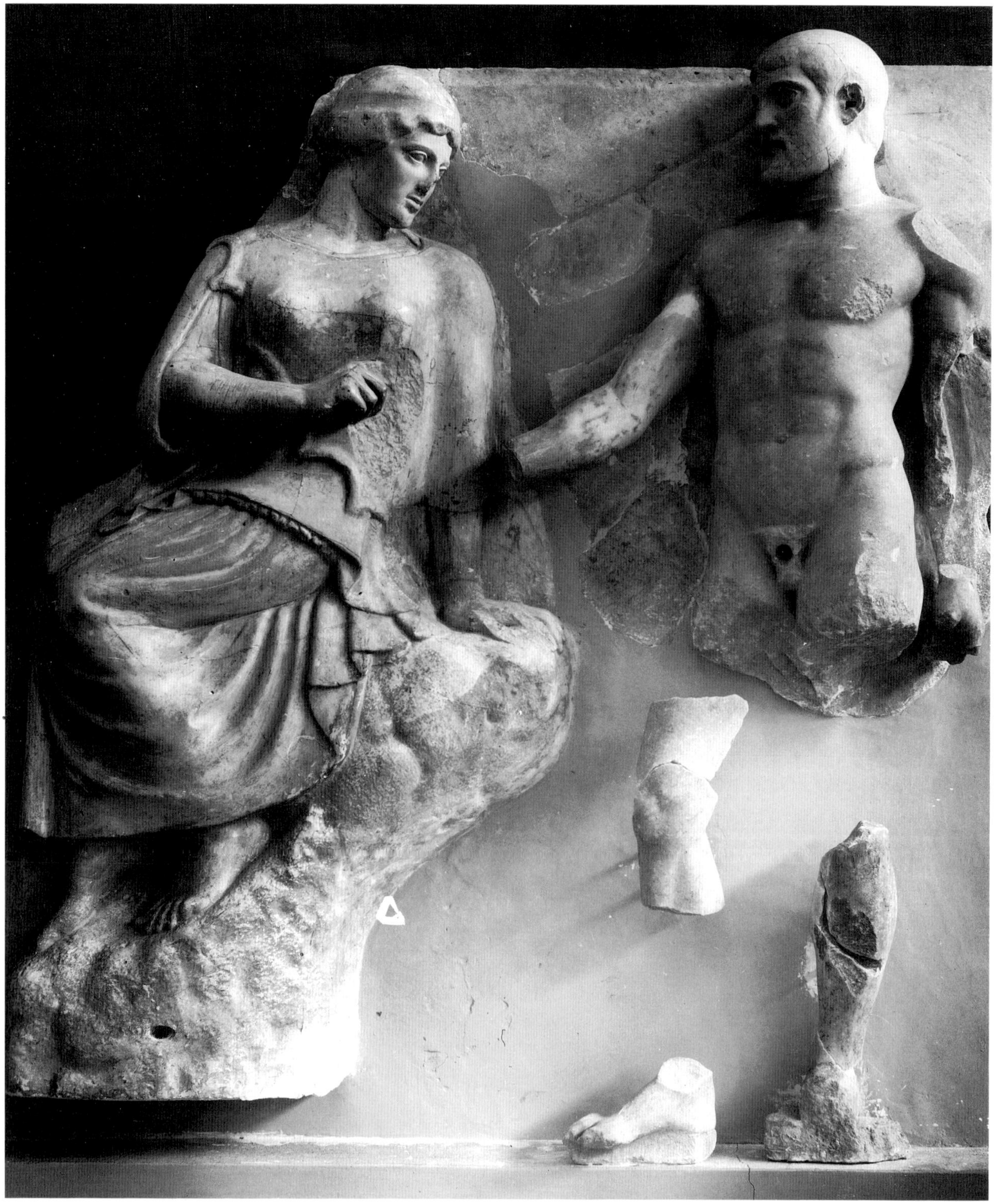

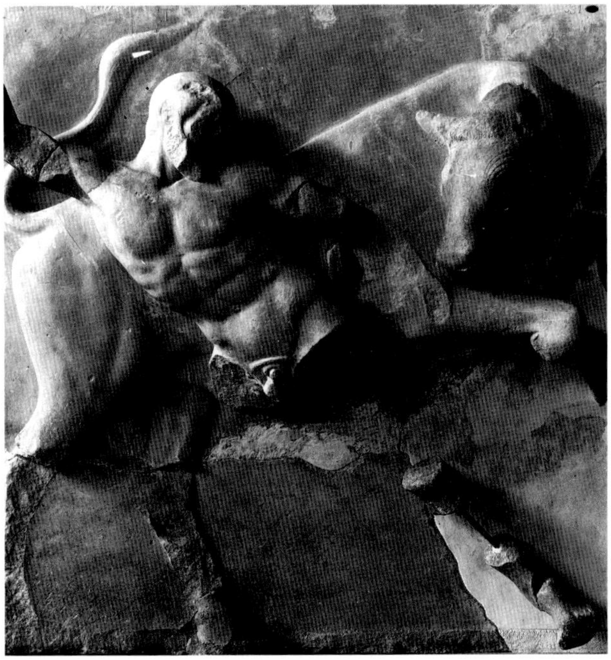

7.9 *gegenüber* Zeus-Tempel von Olympia, Metope: Herakles, Athena und die Stymphalischen Vögel. Um 460 v. Chr. Marmor. Höhe 1,60 m. Olympia, Museum

7.10 *oben* Zeus-Tempel von Olympia, Metope: Herakles mit dem Kretischen Stier. Um 460 v. Chr. Marmor: Höhe 1,60 m. Olympia, Museum

nend an der Gebäuderückseite mit dem jungen bartlosen Helden, der den Nemeischen Löwen bezwingt, und endend an der Front mit einem älteren, bärtigen Herakles, der den Augias-Stall reinigt. Athena, die in der Serie viermal erscheint, hilft ihm dabei, ebenso Hermes. In einem Bild übergibt Herakles der barfuß auf einem Felsen sitzenden Athena die Stymphalischen Vögel (Abb. 7.9). Die Körperdrehung der Athena ist eine bildhauerische Neuerung. Herakles' Kopf und rechter Arm sind in Profilansicht wiedergegeben, der Oberkörper befindet sich zwischen der Frontalen und der Dreiviertelansicht. Die Stimmung ist ruhig und freundlich. Die Tat ist vollbracht. In einer anderen Darstellung (Abb. 7.10) ist die Aktion noch in vollem Gange: Herakles kämpft mit dem Kretischen Stier. Der Bildhauer wollte die gigantische Größe des Tieres wiedergeben, konnte jedoch nicht die Figur des Herakles verkleinern, da die benachbarten Metopen ihn hätten unglaubwürdig erscheinen lassen. Deshalb entschloß er sich dazu, den Stier größer darzustellen als die Metope Platz bot: Das Tier wendet seinen Kopf, der eigentlich die Bildfläche verlassen würde, Herakles zu. Die Rückwärtsbewegung des Stieres wird durch die Bewegungsrichtung des Herakles ausgeglichen. Die Köpfe der Kontrahenten sind einander zugewandt, ihre Körper halten sich gegenseitig im Gleichgewicht, der Rumpf des Helden kontrastiert mit der Flanke des Tiers. Der Kopf des Stiers ist rundplastisch ausgearbeitet, sein Hals verkürzt und der Rücken in hohem Relief wiedergegeben. Die Metope erreicht eine maximale Tiefe von 38 cm.

Das Skulpturenprogramm vervollständigte die von Phidias gefertigte Gold-Elfenbein-Statue des Zeus, die jedoch erst 20 Jahre später aufgestellt wurde. Er begann das Werk, das auf einer eigens hergestellten Basis am Ende des Mittelschiffs in der Cella plaziert war (Abb. 7.11), erst nach der Fertigstellung des Tempels. Von der Statue selbst ist, abgesehen von Beschreibungen in Schriftquellen und vereinfachten Nachbildungen auf Münzen, nur wenig bekannt. Der sitzende Zeus reichte bis zum Dach. Auf seiner ausgestreckten rechten Hand hielt er eine Nikestatue. Obwohl er in das Tempelinnere gezwängt war, behauptete Quintilian, ein römischer Kritiker des 1. Jahrhunderts n. Chr., daß er der Religion etwas hinzugefügt hätte. Noch vor dem Erdbeben, das den Tempel zum Einsturz brachte, schaffte man die Statue nach Konstantinopel, wo sie im späteren 5. Jahrhundert n. Chr. durch einen Brand zerstört wurde. Die Werkstatt, in der Phidias seine große Kultstatue gefertigt hatte, konnte außerhalb des Heiligtums, direkt an der Grenzmauer und damit in der Nähe des Tempels, lokalisiert werden. Dort fanden sich Bildhauerwerkzeuge, Elfenbeinfragmente, die zur Darstellung des Körpers benutzt wurden, sowie eine Anzahl von Gußformen für das goldene Gewand.

SIZILIEN UND UNTERITALIEN

In den Tempelbauten des Westens wurde die dorische Ordnung weitergeführt. Obwohl in Locri und Metapont auch ionische Sakralbauten festzustellen sind, die möglicherweise von ausgewanderten Architekten aus Kleinasien entworfen worden wa-

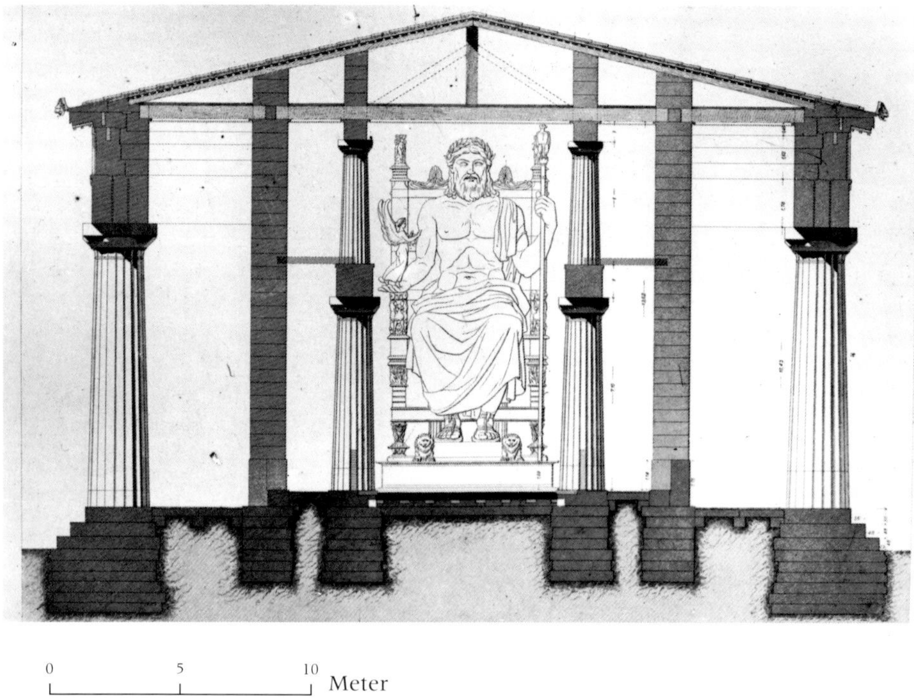

7.11 Zeus-Tempel von Olympia: Schnitt mit Kultstatue. Spätes 5. Jh. v. Chr.

ren, nahm man von der Aufnahme ionischer Elemente in die dorische Architektur immer mehr Abstand. Die sizilischen Architekten verzichteten auf die Verdoppelung der Frontsäulen, sie verkürzten den pseudodipteralen Grundriß, tauschten das Adyton gegen ein Opisthodom aus und verbanden die Vorhallen mit den Fassadensäulen. Diese Neuerungen zeigen der Athena-Tempel in Syrakus, der Hera-Tempel in Akragas und Tempel E (für Hera) in Selinunt. Die Innovationen des 6. Jahrhunderts v. Chr. hatte man beiseite gelegt, um sich mehr und mehr dem mutterländischen Stil anzuschließen. Dieselbe Entwicklung ist in Unteritalien bezeugt. Doch zeigen sich hier einige kühne und überraschende Baulösungen.

Der Tempel des Zeus Olympios in Akragas (Abb. 6.25, S. 162) war den ionischen Riesentempeln in Kleinasien sowie dem wuchtigen Tempel G in Selinunt nachempfunden. Seine Stylobatmaße betrugen 113 x 56,5 m. Finanziert wurde er über die Reparationsgelder, die der Tyrann von Akragas, Theron, nach dem Sieg über die Karthager bei Himera im Jahre 480 v. Chr. erhielt. Auf einen offenen Säulenumgang hatte man verzichtet. Ihn ersetzte eine geschlossene, außen durch Halbsäulen und innen durch Pilaster gegliederte Mauer. An der Außenseite hatte man auf einem Gesims in halber Höhe männliche Figuren plaziert, die mit erhobenen Armen den Architrav stützten (Abb. 7.12). Sie erreichten eine Höhe von fast 7,5 m und sind als Atlanten oder Telamone bekannt. Die Ordnung ist dorisch, die Säulen weisen jedoch ionische Basen auf. Der Eingang lag, wie auch der Altar, an der Ostseite. Auf eine axial gelegene Tür hatte man zugunsten zweier kleinerer Portale an den Fassadenenden verzichtet. Ein Lokalhistoriker, Diodor, vermerkte, daß der Kampf zwischen Göttern und Giganten in einem Giebelfeld und die Eroberung Trojas im anderen dargestellt gewesen und als Metaphern für den Sieg der sizilischen Griechen über die orientalischen Karthager zu verstehen seien. Archäologische Reste liegen nicht vor. Das zusammengewürfelte Erscheinungsbild des Tempels setzt sich im Inneren fort. Die Cella gliedern zwei Reihen von je 12 massiven quadratischen Pfeilern. Beide Pfeilerfluchten schlossen Scherwände. Eine Mauer trennte die Cella vom Opisthodom. Unklar bleibt, wo das Kultbild aufgestellt war und ob die Anlage ein Dach besaß. Auch die architektonischen Ursprünge des Gebäudes liegen im Dun-

In der abgebildeten Metope (Abb. 7.13) mit Zeus und Hera setzte man Heras Gesicht, Arme und Füße aus Marmor in die Kalksteinplatte ein. Sie hat die neue post-archaische Pose mit Spiel- und Standbein eingenommen. Gekleidet ist sie in eine altmodische Tracht: Sie trägt einen Chiton, einen Mantel und ein Epiblema, das sie über den Kopf geworfen hat und nun zur Seite zieht, um sich Zeus zu erkennen zu geben. In der Darstellung kontrastiert die archaisch gemusterte Kleidung (Zick-Zack-Falten) mit dem Gesicht, das mit dem großen Kinn, den flachen Wangen, den vortretenden Augen und dicken Lidern sowie dem ernsten Ausdruck ganz dem Strengen Stil verhaftet ist. Mit dem Felsen, auf dem Zeus sitzt, wird ein Landschaftselement in die Szene eingeführt. Zeus' Frisur, die in feinen Strähnen radial von der Krone nach oben gelegt ist, kann als typisch für den Strengen Stil gelten. Sein Gewand verdeckt den Unterkörper und spart den Oberkörper aus, vergleichbar dem Zeus aus dem Ostgiebel in Olympia, wenn auch die Falten hier eher dekora-

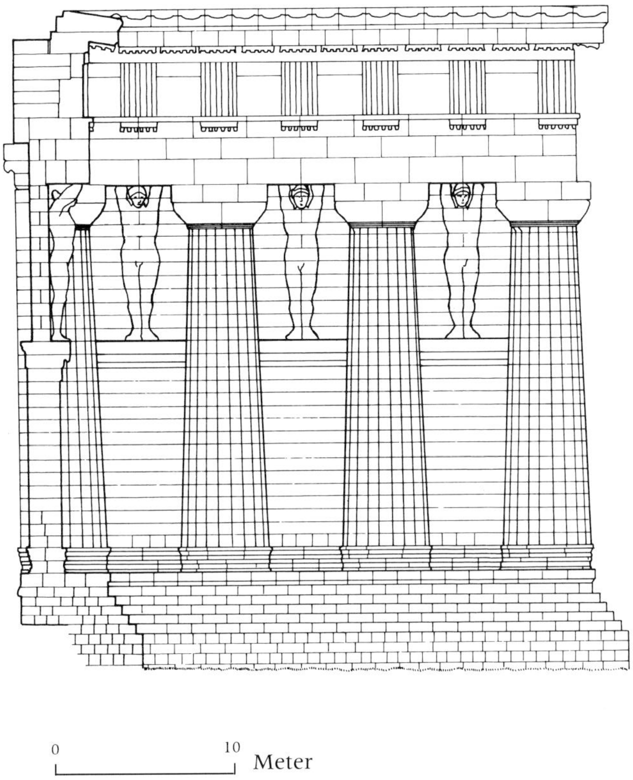

7.12 Rekonstruierte Fassade des Zeus-Tempels von Akragas. Um 410 v. Chr.

keln. Vielleicht ist es gleichermaßen den riesigen Säulenhallen wie den säulenumgebenen Tempeln verpflichtet. Es wird allgemein davon ausgegangen, daß der Tempel fast fertiggestellt war, als die Karthager 406 v. Chr. zurückkamen und ihn zerstörten.

Der Tempel E (für Hera) von Selinunt wurde um 460–450 v. Chr. in einem großen extramuralen Heiligtum östlich der Stadt errichtet, das bereits zwei ältere Sakralstätten beherbergte. Das Gebäude mißt 68 x 25 m und weist damit gelängtere Proportionen auf als der Zeus-Tempel in Olympia.

Skulptierte Steinmetopen zierten den Fries über den Hallen. Die Figuren erreichten annähernd Lebensgröße. Gefertigt waren sie aus dem lokalen weichen Kalkstein. Die unbedeckten weiblichen Gesichter und Extremitäten hatte man in weißem Marmor aufgesetzt. Die Technik erinnert an akrolithe Statuen (diese weisen steinerne Köpfe, Füße und Hände auf, den Körper formte man aus Holz).

7.13 Tempel E von Selinunt, Metope: Zeus und Hera. Um 460–450 v. Chr. Kalkstein mit Marmoreinsätzen (Kopf, Füße und Arme der Hera). Höhe 1,62 m. Palermo, Nationalmuseum

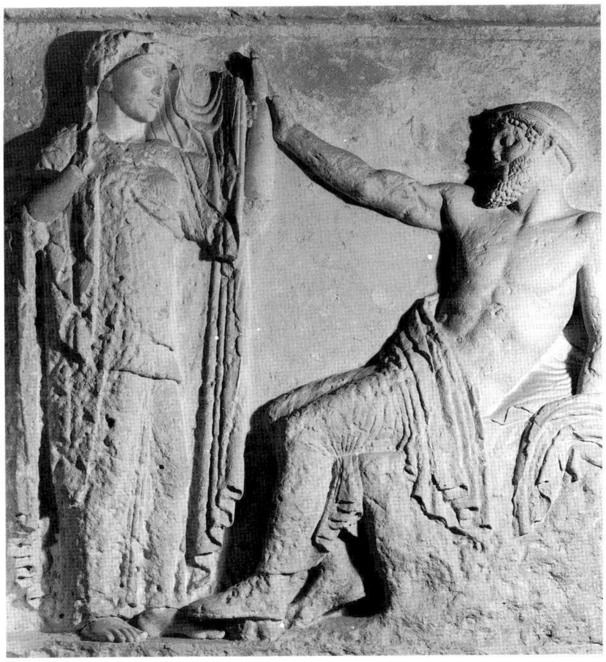

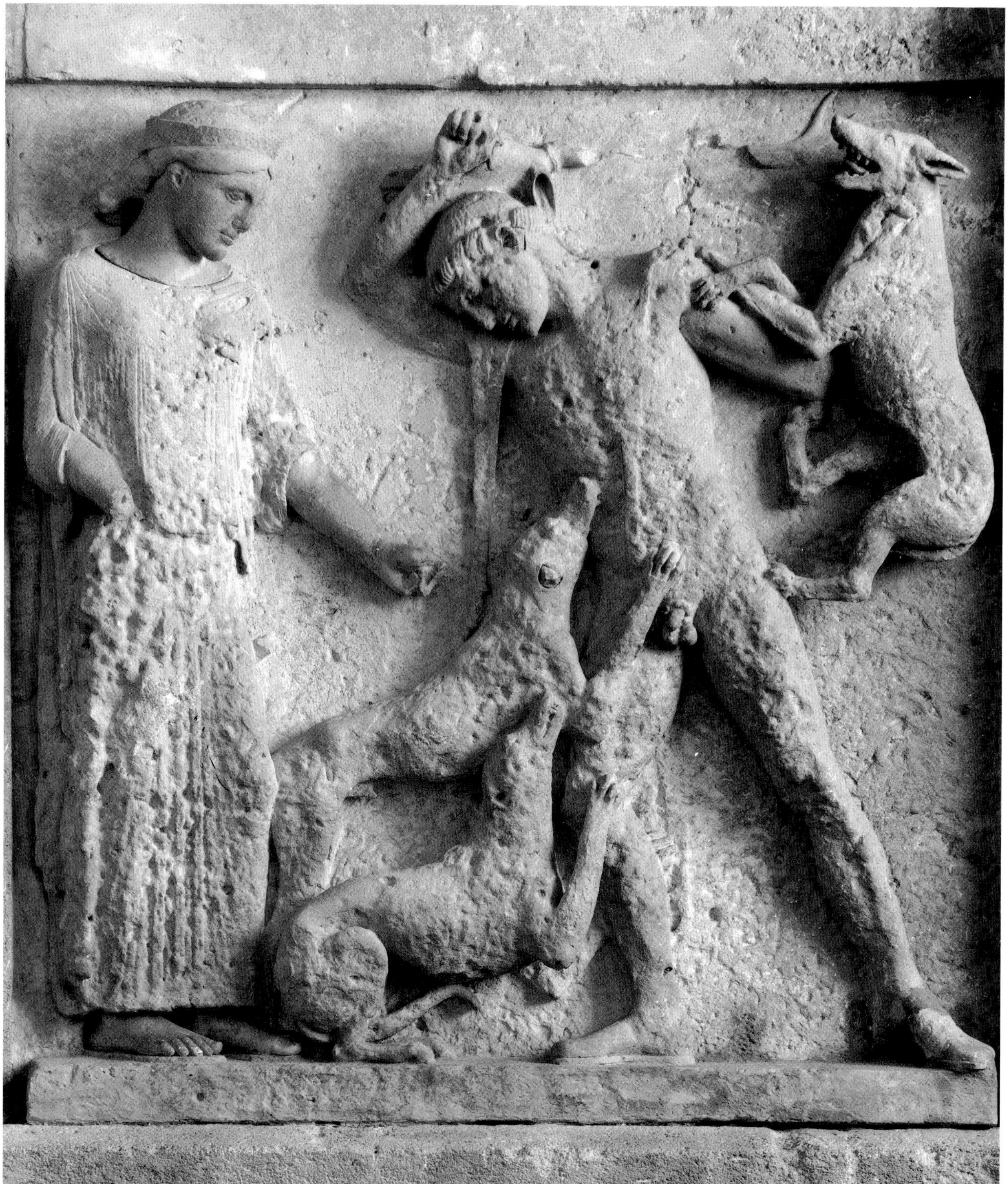

tiv angeordnet sind. Der Bildhauer zog die Profildarstellung und die Frontale selbst für die Darstellung gedrehter Körper vor. Die Drehung hat wenig gemein mit den fließenden Bewegungen des Meisters von Olympia (Vgl. etwa die Metope mit Herakles und den Stymphalischen Vögeln, Abb. 7.9). Zeus packt Hera am Handgelenk, eine Geste, die mit der rituellen Hochzeit in Zusammenhang gebracht wird.

Eine andere Metope (Abb. 7.14) zeigt eine bewegtere Szene. Artemis, auch sie mit marmornem Gesicht, Armen und Füßen, hetzt dessen eigene Hunde auf Aktaions, der behauptet hatte, ein besserer Jäger als die Göttin zu sein. Artemis' Pose und Gesichtsausdruck wurzeln im strengen Stil. Gekleidet ist sie nach der neuen Peplos-Mode. Aktaions Extremitäten sind in Frontal- und Profilansicht wiedergegeben, seine Positur und sein Gesicht stecken voller Pathos und Emotion. Über seinem Kopf ist ein Hirschgeweih zu sehen, dessen Fell er sich übergestülpt hat, um den Angriff der Hunde abzuwehren.

Diese und andere Metopen zeigen, daß die Bildhauerschulen in Selinunt ihre Arbeit über die Mitte des 5. Jahrhunderts v. Chr. fortsetzten und stilistische Formen aufnahmen, die im Mutterland beliebt waren. Auffallend ist das Interesse der Selinunter an der exzessiven Ausarbeitung von Gewandfalten. Die Technik, Marmorpartien in Kalksteinplatten einzusetzen, scheint speziell in Selinunt beheimatet gewesen zu sein.

Für Locri und Metapont in Unteritalien sind riesige Tempel in ionischer Ordnung bezeugt. Jener von Locri stammt aus der Zeit um 480–470 v. Chr. Das Gebäude zeigt gelängte Proportionen (je 6 bzw. 17 Säulen), eine Vor- und Rückhalle mit je zwei Säulen in antis, jedoch keine Säulen in der Cella. Die Säulen hatte man mit Volutenkapitellen und darunter liegenden Lotus- und Palmettenbändern bestückt. Das qualitativ hochwertige Baumaterial stammt aus Syrakus. Dies hat den Gedanken aufkommen lassen, der syrakusische Tyrann Hieron sei an dem Bau beteiligt gewesen. Sicherlich stand er den Lokrern bei, als diese 477 v. Chr. von Rhegion angegriffen wurden. Pindar überliefert sogar, daß lokrische Mädchen dem syrakusischen Tyrannen Dankeslieder vor dem Aphrodite-Tempel sangen. Handelte es sich dabei um den hier beschriebenen Tempel?

Den anderen ionischen Sakralbau, das Heiligtum des Apollon in Metapont, hatte man um 470 v. Chr. errichtet. Vom Umgang mit seinen je 8 bzw. 12 Säulen haben sich Basen und Kapitelle erhalten. Der Innenraum war in der alten Manier gestaltet. Er ahmte mit seiner tiefen Vorhalle, der Cella und dem fehlenden Opisthodom die kleinasiatischen Vorgänger nach.

Zu den besterhaltenen Tempeln der Antike zählt der um 470–460 v. Chr. errichtete zweite Hera-Tempel in Poseidonia (Paestum). Mit seinen 60 x 25 m Grundfläche überragt er die beiden anderen poseidonischen Anlagen, vergleichbar ist er etwa dem Zeus-Tempel von Olympia. Der Grundriß (Abb. 7.15) zeigt einen Umgang mit je 6 und 14 Säulen, eine gesäulte Vor- und Rückhalle und eine Cella mit zwei Säulenfluchten. An den Stufen, die von der Vorhalle in die Cella führen, sind die verschiedenen Bodenniveaus abzulesen. Man folgte dem Schema der Dorischen Ordnung, verzichtete jedoch auf Skulpturen in den Giebeln und auf den Metopen. Die gedrungenen Säulen (Abb. 7.16) weisen eine Entasis und 24 Kanneluren auf, obwohl die kanonische Ordnung nur 20 vorsah. Die Proportionen der Säulen sind auffallend altmodisch. Ihre Höhe beträgt an der Front nur das 4,20-fache

7.14 *gegenüber* Tempel E von Selinunt, Metope: Tod des Aktaion. Um 460–450 v. Chr. Kalkstein mit Marmoreinsätzen (weibliche Hautpartien). Höhe 1,62 m. Palermo, Nationalmuseum

7.15 Grundriß des Hera-II-Tempels von Poseidonia. Um 470–460 v. Chr.

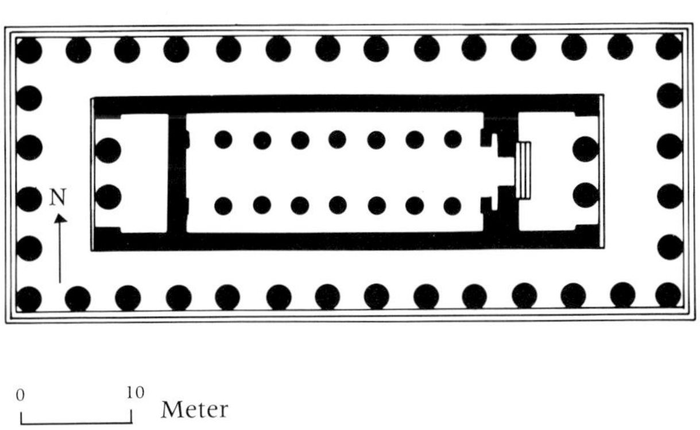

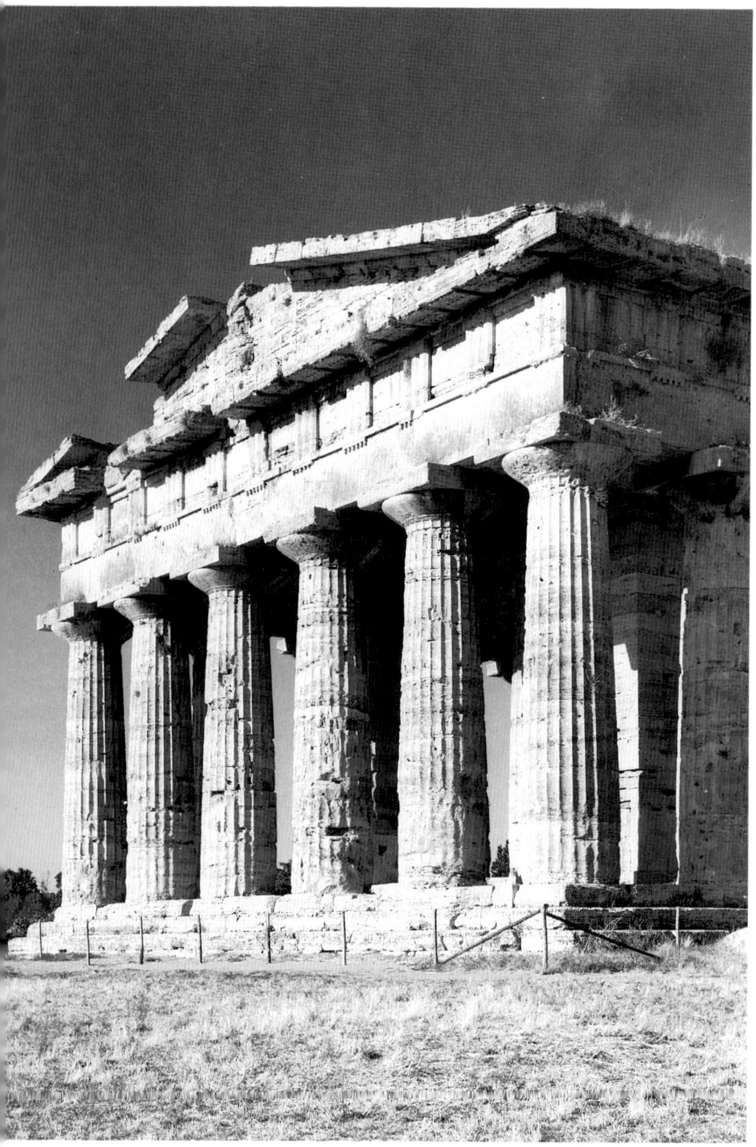

7.16 Hera-II-Tempel von Poseidonia, Westfassade von Südwesten. um 470–460 v. Chr. Höhe (Säulen) 8,88 m; (Gebälk) 3,78 m

des unteren Durchmessers, an den Langseiten das 4,36-fache. Sie waren mit Stuck überzogen, der die Unregelmäßigkeiten des Travertins verschwinden ließ, eine oft belegte Praxis in der griechischen Architektur. Der Echinus der Kapitelle erscheint weniger sackartig, doch ist ihm noch nicht die steile Kontur der hohen Klassik zu eigen.

Nachweisbar ist die Kontraktion der Ecken. Auch andere Raffinessen des dorisch-mutterländischen Tempelbaus sind zu erkennen, so etwa die horizontale Kurvatur des Stylobats und die leichte Biegung des horizontalen Gesimses unter den Giebeln. Die Säulenschäfte neigen sich geringfügig nach innen. Die Seltenheit dieser Elemente im griechischen Westen läßt vermuten, daß der Architekt über die Entwicklungen im Mutterland unterrichtet, vielleicht sogar dort ausgebildet worden war.

In einigen Punkten erscheint die Baustruktur auffallend konservativ. Der Grundriß stellt mit seinen je 6 bzw. 14 Säulen einen Rückschritt dar; zu erwarten wären 6 und 13 Säulen gewesen. Zu nennen sind ferner die 24 Kanneluren anstelle der zu erwartenden 20, sowie das leicht konvexe Profil der Echini. All diese Eigenschaften wurzeln im archaischen Stil. Die Raffinessen und Ähnlichkeiten mit dem Zeus-Tempel in Olympia lassen die Anlage trotz der fehlenden Bauplastik in das Jahrzehnt um 470–460 v. Chr. datieren.

ATHEN

Die Griechen waren nach der Verwüstung ihrer Heiligtümer durch die Perser derart erzürnt, daß sie einen Eid schworen (den Eid von Plataea), diese nicht wieder aufzubauen: Die Ruinen sollten als dauerhafte Erinnerung an die persische Barbarei erhalten bleiben. Diesen Schwur nahm man vor allem in Athen ernst, da die Perser sämtliche Gebäude auf der Akropolis und auch die kleineren Tempel auf der Agora niedergebrannt hatten. Indizien für Bauaktivitäten in attischen Heiligtümern während der Periode zwischen 480 und 450 v. Chr. liegen folglich kaum vor.

Stattdessen beseitigte man den von den Persern verursachten Schutt und wandte sich der Agora zu, um das alte Bouleuterion und die Königshalle zu reparieren und zwei neue Gebäude zu errichten. An der Nordseite, nahe der Nordwestecke, erbaute man im zweiten Viertel des Jahrhunderts die Bilderhalle (Stoa Poikile, Abb. 7.17). Der hervorgehobene Standort bot eine großartige Aussicht entlang der Panathenäenstraße zur Akropolis. Die Fassade gestaltete man in der Dorischen Ordnung, die innere Stützenreihe in der ionischen. Der Bau über-

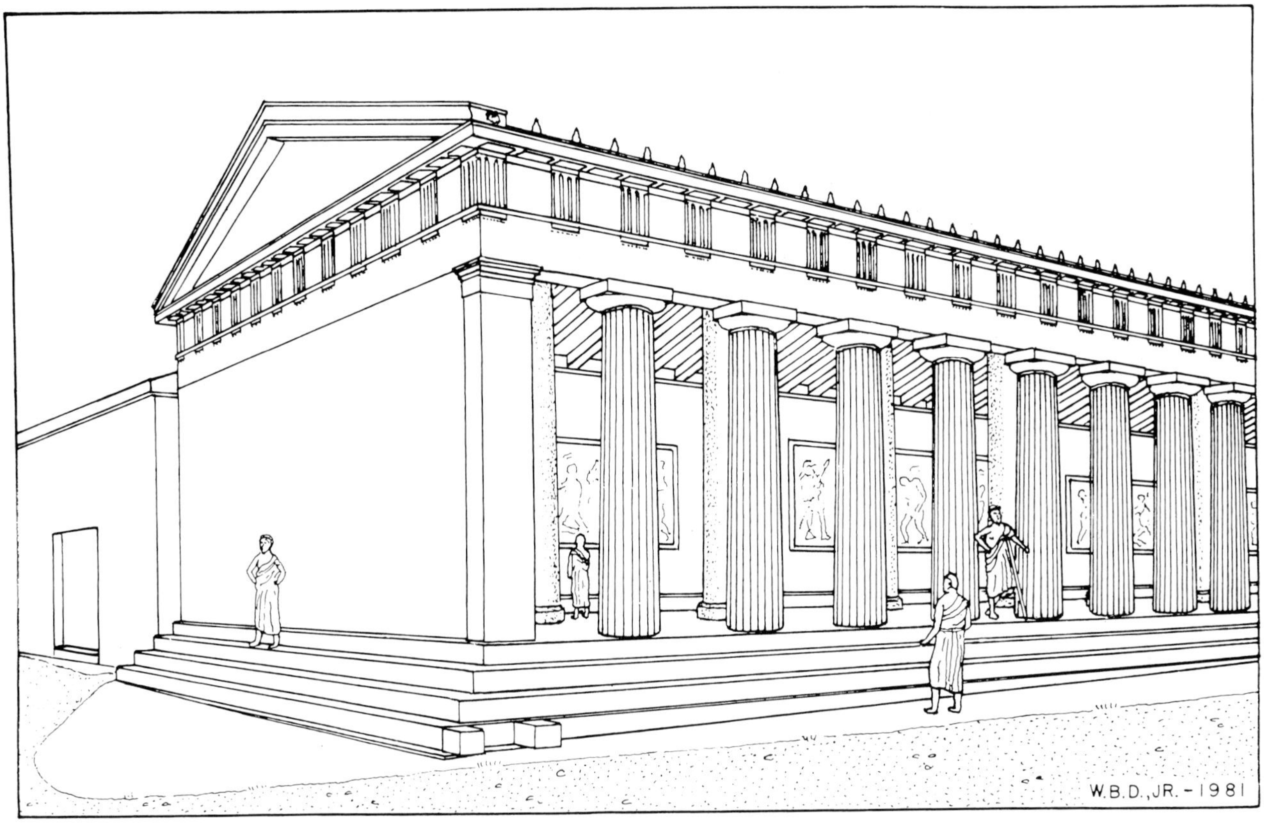

7.17 Perspektivische Rekonstruktion der Bilderhalle (Stoa Poikile) auf der Athener Agora. Um 475–450 v. Chr.

liefert damit eine der frühesten bekannten Mischordnungen in Athen. Den größten Teil der Anlage konstruierte man aus Kalkstein, die ionischen Kapitelle waren jedoch aus Marmor gefertigt. Ihren Namen erhielt die Stoa von den hölzernen Tafelbildern, die dort ausgestellt waren. Keines der Bilder hat überdauert, sie wurden jedoch von Pausanias im 2. Jahrhundert n. Chr. beschrieben. Dargestellt waren Kriegsszenen mit athenischer Beteiligung; als berühmtestes Bild galt jenes von der Schlacht von Marathon, auf dem Miltiades zu sehen war. Als bekanntester Maler ist Polygnot von Thasos zu nennen. Etwas früher, um 470 v. Chr., hatte man in der Nähe der Südostecke der Agora, direkt an der Panathenäenstraße, ein Theseus-Heiligtum errichtet. Nach der Aussage des Pausanias zierten auch dieses Gebäude Gemälde, die als die Anfänge des Genres gelten mögen. Als Meister wird Mikron genannt, ein Kollege des Polygnot. Die Darstellung des Theseus nahm verständlicherweise den meisten Platz ein. Im späteren 5. Jahrhundert v. Chr. schmückte man noch weitere Gebäude mit Gemälden: die Propyläen und das Erechtheion auf der Akropolis, das neue Bouleuterion und die Stoa des Zeus auf der Agora. Es ist unbekannt, ob die Bilder auf Holzpaneele oder direkt auf die Wände gemalt waren; die Tafelmalerei ist jedoch als die wahrscheinlichere Variante anzusehen. Viele Stoen in Athen waren speziellen Nutzzwecken vorbehalten, die Stoa Poikile diente jedoch verschiedenen Aktivitäten. Sie fungierte als Galerie und Museum für erbeutete Kriegstrophäen, und gleichermaßen als Treffpunkt und Gerichtshof. Unterrichtet sind wir über große Menschenmengen verschiedenen Charakters, die hier zusammentrafen: Alleinunterhalter und Bettler, Fischhändler und Philosophen. Diese Stoa verhalf auch den Stoikern, den Anhängern des um 300 v. Chr. wirkenden Philosophen Zenon, zu ihrem Namen.

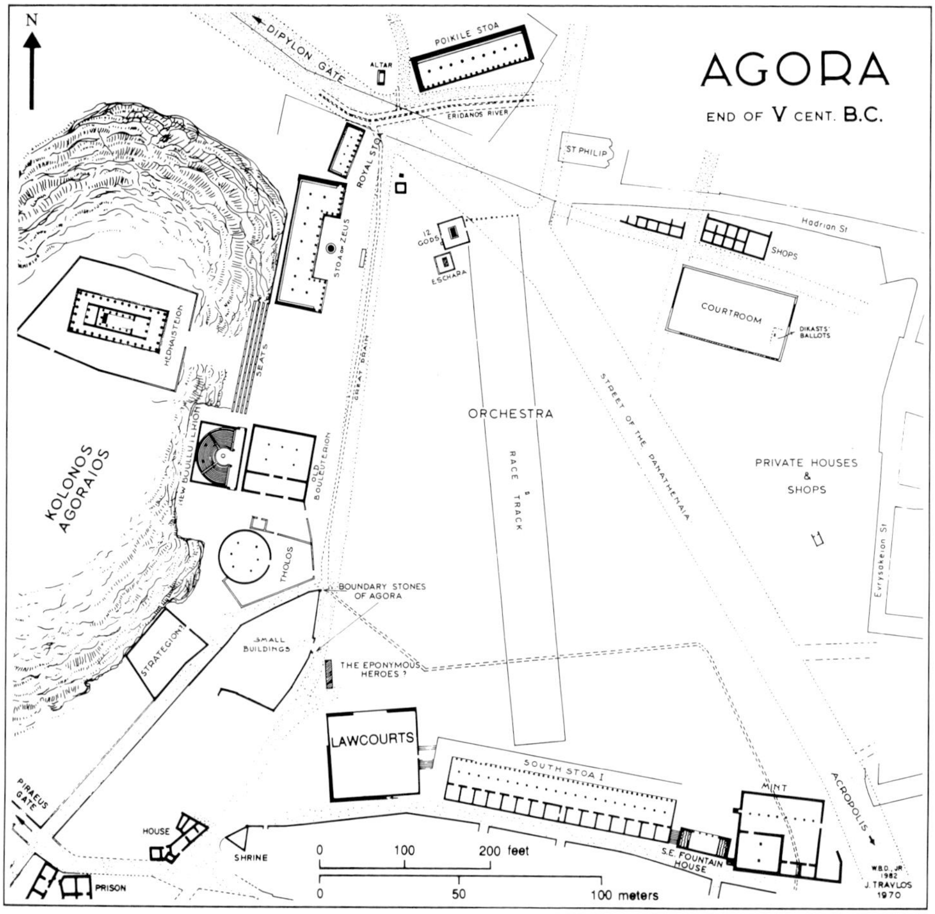

7.18 Plan der Athener Agora. Um 400 v. Chr.

Gleichzeitig mit der Stoa Poikile errichtete man in der Südwestecke der Agora ein rundes Gebäude, die Tholos (Abb. 7.18). Diese ungewöhnlich geformte Baustruktur stellt den Angelpunkt für unser Verständnis der Topographie der Agorawestseite dar. Sie erhebt sich auf einem runden Grundriß. Das Dach stützten sechs Säulen ab. In ihr trafen sich die 50 Mitglieder der Boule, die die Exekutivgewalt innehatten, um den Regierungsgeschäften nachzugehen. Hier hielt man auch staatlich finanzierte Festessen ab: Es gab Oliven, Lauch, Kuchen, Käse, Wein, seltener auch Fisch und Fleisch. Die Speisenden nahmen ihr Mahl vermutlich im Sitzen ein, da der Raum eine Aufstellung von 50 Klinen, Speisesofas, nicht gestattete. Ein Drittel der Belegschaft mußte dort übernachten, um die Stadt jederzeit zu überwachen. Zumindest für sie mußten Schlafmöbel vorhanden sein.

Plastik

Die Entwicklung der archaischen Plastik konnte an originalen Kouroi- und Koraistatuen, an originalen Gruppen, originalen Reliefs, Bronzen, Terrakotten und entsprechender Bauplastik nachgezeichnet werden.

Mit dem 5. Jahrhundert v. Chr. wird die Situation durch eine Fülle von Schriftquellen sowie die Vorliebe der Römer, griechische Kunst zu exportieren und nachzuahmen, kompliziert. Antike Autoren, in erster Linie Pausanias und Plinius, berichten über im 5. und 4. Jahrhundert v. Chr. wirkende Bildhauer und ihre Arbeiten. Pausanias bereiste im 2. Jahrhundert n. Chr. die Heiligtümer und Städte Griechenlands und beschrieb die dortigen Monumente und Statuen. Er stützte sich teilweise auf zweifelhafte Schriftquellen und Informationen, die er von seinen Führern erhielt. Oft unterliefen ihm Fehler, die sein Werk recht unzuverlässig machten. Plinius' Naturgeschichte enthält ein langes Kapitel über Bronzestatuen und ein kürzeres über Bildnisse aus Marmor. Er erwähnt die wichtigsten Bildhauer und ihre Schüler und beschreibt einzelne Werke. Seine Aufzeichnungen sind hilfreich bei dem Versuch, die griechischen Originale in den Kopien wiederzuerkennen. Auch ermöglichen sie es uns, zu verstehen, welche Haltung die Römer im 1. Jahrhundert gegenüber den griechischen Originalen einnahmen.

Seit dem 3. Jahrhundert v. Chr. raubten die Römer Kunstwerke aus den Griechenstädten in Unteritalien und Sizilien. Seit dem 2. Jahrhundert v. Chr. litt ganz Griechenland unter ihren Plünderzügen. Sie transportierten die griechischen Statuen ab und kopierten sie en masse. Einige der von den Autoren beschriebenen Statuen sind in der Gruppe der römischen Kopien und Nachahmungen sofort zu erkennen, vor allem in jenen Fällen, in denen das Vorbild so berühmt war, daß man es gleich in mehreren Stücken nachbildete. Derartige Studien werfen jedoch Fragen auf. Wie originalgetreu ist die Kopie gefertigt, vor allem in jenen Fällen, in denen das griechische Original aus Bronze, die Nachahmung jedoch aus Marmor hergestellt wurde? Wie nahe kommt die literarische Beschreibung dem Original? Es ist nicht immer vertretbar, ein Artefakt nur aufgrund stilistischer Ähnlichkeiten einem Bildhauer zuzuweisen. Am besten arbeitet man mit Originalen und vollzieht die Entwicklung der griechischen Skulptur an Typ und Stil nach, nicht anhand der zweifelhaften Künstlerporträts, wie plakativ die Indizien auch sein mögen. Die überlieferten Originale können das Bild jedoch nicht zur Gänze füllen, Kopien und Nachahmungen müssen herangezogen werden, um die Lücken zu schließen. Aussagen darüber, wie man aus römischen Kopien Rückschlüsse auf das Original herleiten kann, sind daher äußerst kritisch zu beurteilen.

Unter den überlieferten Originalen weist die Bauplastik von Olympia ein ganzes Spektrum an Personen und Handlungen auf. In der Rundplastik bevorzugte man Bronze, wie die einzig erhaltenen Basen von Weihungen auf der Athener Akropolis, in Delphi und Olympia bezeugen. Die Statuen wurden eingeschmolzen, wiederverwendet oder gestohlen. Nur wenige überdauerten. Diese wiederholen die Entwicklungen in der Bauplastik und zeigen, wie sich die Rundplastik veränderte. Ihre Qualität ist derart hervorstechend und ihr Erscheinungsbild so ausdrucksstark, daß wir uns kaum vorstellen können, wie sehr sie den Charakter von Heiligtümern und öffentlichen Plätzen geprägt haben mußten.

Der Kritios-Knabe (Abb. 7.19) von der Athener Akropolis gilt gleichzeitig als letzter der archaischen Kouroi und als erste der neuen Figuren, in denen Körperbewegung zum Ausdruck gebracht wurde. Gefertigt in Marmor und knapp Lebensgröße erreichend, entfaltet er mit dem vorgestellten, unbelasteten rechten und dem belasteten linken Bein eine neue Pose. Die horizontalen Achsen folgen dem Standmotiv. Die rechte Hüfte ist gesenkt, die Schultern sind schräg gestellt, der Kopf ist gedreht und der Körper leicht gebogen. Das Gesicht charakterisieren das schwere Kinn, die flachen Wangen und die dicken Lider sowie der gelassene Ausdruck. Das Haar ist in dünne, radial angeordnete Strähnen unterteilt und rollt sich an den Spitzen über einem Band ein. Die Haarrollen gelten als typisches Merkmal des strengen Stils. Längeres Haar legte man in dünnen Zöpfen um den Kopf. Die Figur ist noch frontal ausgerichtet, doch sind Muskeln und Knochen schon naturgetreu wiedergegeben und nicht mehr in ein starres Schema gepreßt. Die Statue mag kurz vor 480 v. Chr. auf der Akropolis geweiht worden sein. Seinen Namen erhielt der Kritios-Knabe aufgrund der Ähnlichkeit seines Kopfes mit einem zweiten, der einer Gruppe der Bildhauer Kritios und Nesiotes zugewiesen werden kann, welche 477 v. Chr. auf der Athener Agora aufgestellt wurde. Die Aufgabenverteilung zwischen den beiden Künstlern bei der Herstellung des Gemeinschaftswerks kann nicht mehr rekonstruiert werden. Ihre Zusammenarbeit war auf jeden Fall fruchtbar, wie die signierten Basen weiterer Bildwerke auf der Akropolis zeigen. Bei dem herangezogenen Vergleichsobjekt handelt es sich um eine Bronzegruppe, »die Tyrannenmörder« genannt, die Harmodios und Aristogeiton, die Mörder des Tyrannen Hipparch, darstellte. Die Verwendung von Statuen zu Zwecken der politischen Propaganda ist ein neues Moment.

Kritios' und Nesiotes' Bronzeoriginale können zweifellos in römischen Marmorkopien wiederent-

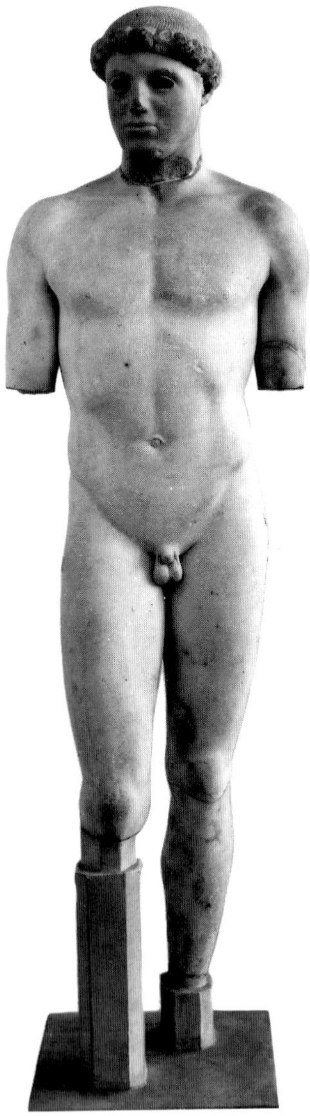

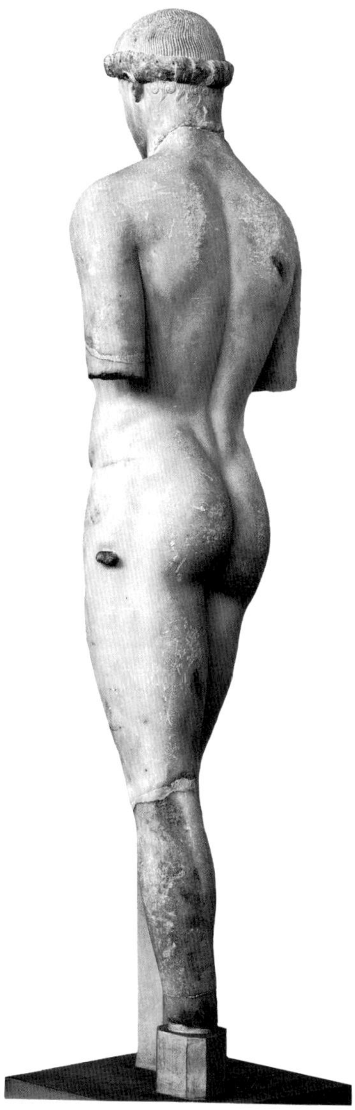

7.19 Kritios-Knabe, Kouros, dem Bildhauer Kritios zugeschrieben. Um 480 v. Chr. Marmor. Höhe 1,17 m. Athen, Akropolis-Museum

deckt werden (Abb. 7.20). Die Anordnung der beiden Figuren wird jedoch noch kontrovers diskutiert. Der ältere, Aristogeiton, beugt sich nach vorne. An dem ausgestreckten Arm hängt sein Mantel. Mit dem anderen, zurückgenommenen Arm hält er die Waffe. Harmodios, der jüngere, bewegt sich mit erhobener Waffe vorwärts. Die ausschreitende Bewegung, die ein Herunterschreiten von der Basis suggeriert, ist als übliche Formel anzusehen. Vorläufer finden sich in den Figuren auf Ägina (Abb. 6.11). Die Anatomie ist überzeugend wiedergegeben, zumindest in den Kopien. Den Kopf des Harmodios, der dem Kritios-Knaben gleicht, ziert eine typisch archaische Frisur (eng gesetzte, gemusterte Locken). Sie ist kombiniert mit einem Gesicht im Strengen Stil.

Das Interesse an Körperlichkeit und Stimmung, das während des Strengen Stils zum Ausdruck kam, ließ sich durch das Aufkommen der Porträtplastik noch vertiefen. Ob damit ein genereller Anfang in der »echten« Porträtplastik gesetzt wird, bleibt zu diskutieren. Erhalten hat sich immerhin ein überzeugendes Beispiel, das die Physiognomie des Themistokles überliefert (Abb. 7.21). Die individuellen Züge sind nicht zu übersehen, die Charakteristika des Strengen Stils allerdings auch nicht. Der idealisierenden Tradition war man noch eng verhaftet, und die nächste Generation von Bildhauern lehnte jede weitere Annäherung an den Realismus ab.

Die antiken Schriftsteller betrachteten Myron als den Bildhauer, dessen Werk von der frühen zur hohen Klassik überleitete, der auf den anatomischen Realismus hinarbeitete und dabei emotionale Ausdrucksformen vermied. Über eine Beschreibung des Lukian gelang es, seinen Diskobol (Diskuswerfer) unter den römischen Marmorkopien zu identifizieren (Abb. 7.22). Die Frisur wirkt mit ihren gekünstelten, eng gesetzten Locken altmodisch, die Pose ist jedoch völlig neu und unerwartet. Das Bronzeoriginal datiert vielleicht auf 450 v. Chr. Die freistehende, voller Bewegung steckende Figur ist in zwei oder drei Ebenen festgehalten und bietet nur eine befriedigende Ansichtsseite.

7.20 *gegenüber* Die Tyrannenmörder. Römische Kopien des um 477–476 v. Chr. geschaffenen Bronzeoriginals des Kritios und Nesiotes. Marmor. Höhe 1,95 m. Neapel, Nationalmuseum

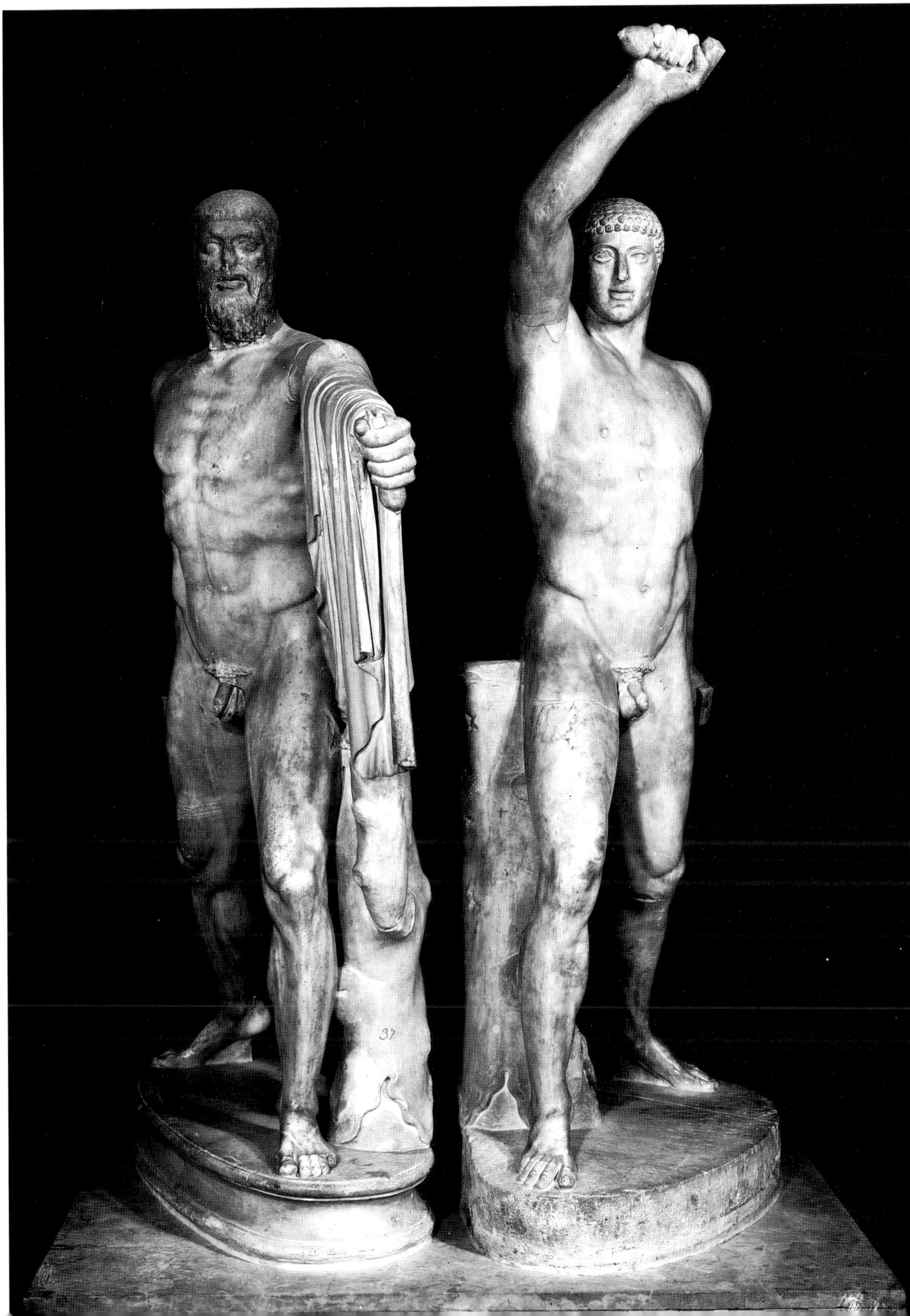

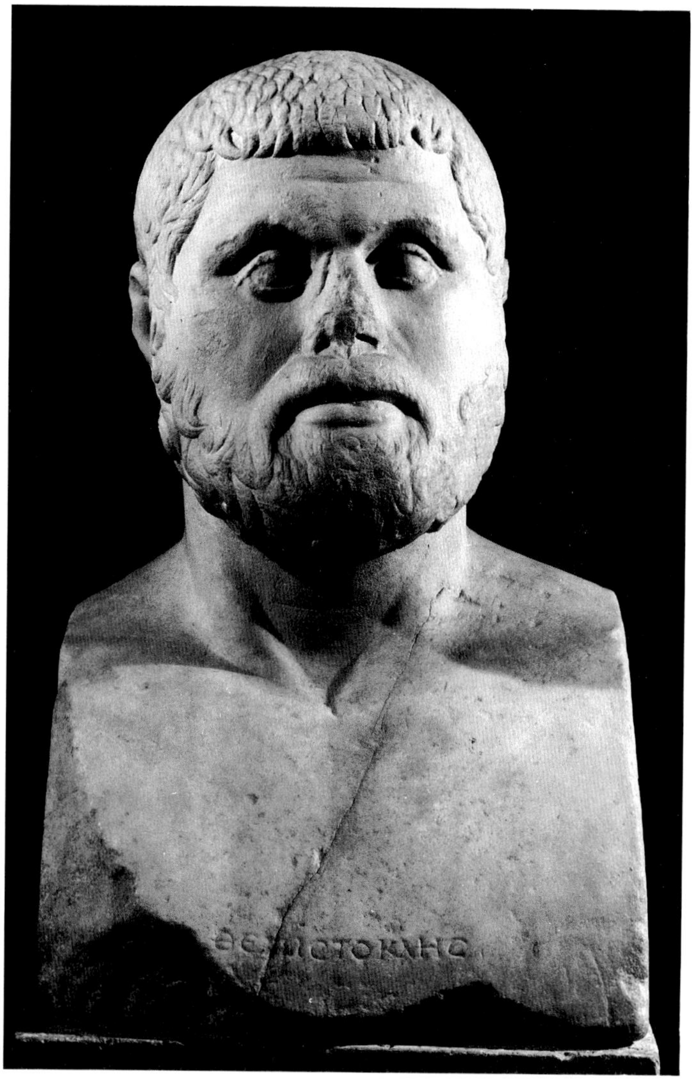

7.21 Themistokles. Römische Kopie eines um 450 v. Chr. gefertigten griechischen Originals aus Ostia. Marmor. Höhe (Kopf) 26 cm. Ostia, Archäologisches Museum

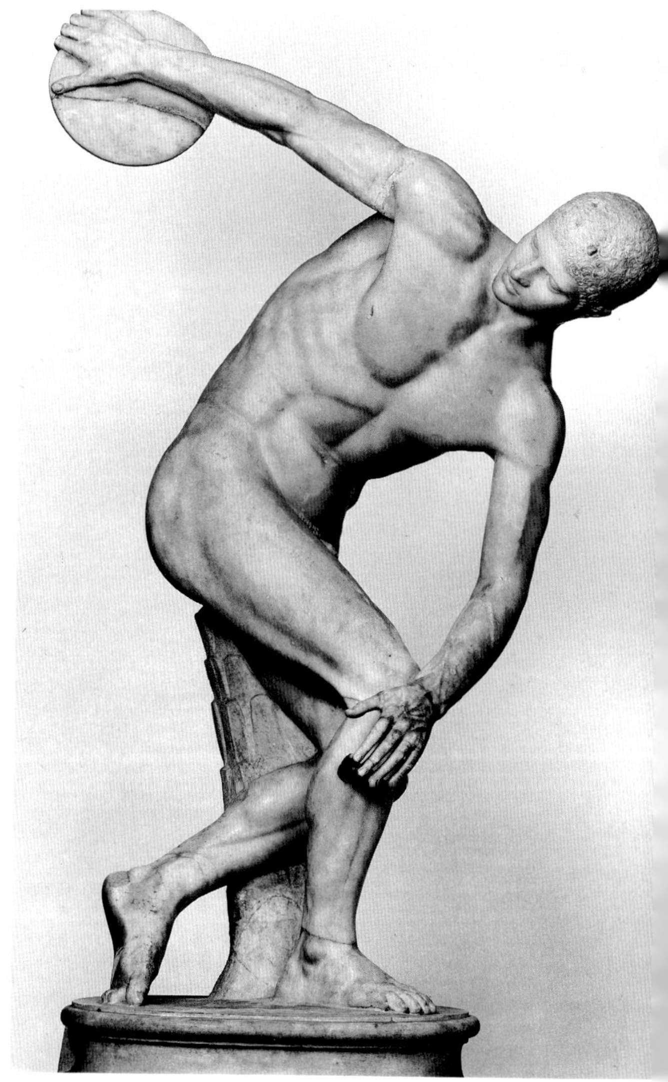

7.22 Diskobol des Myron. Römische Kopie eines um 450 v. Chr. gefertigten griechischen Bronzeoriginals. Marmor. Höhe 1,55 m. Rom, Thermenmuseum

Die Weiterentwicklung der archaischen Marmorkouroi und -korai kann an ihren Gegenstücken in den Olympia-Giebeln nachgezeichnet werden. Die männlichen Figuren nehmen eine neue, entspanntere Haltung ein. Die Wiedergabe des Körpers ist individualisiert. Die weiblichen Figuren tragen eine neue Tracht, den Peplos, der ihnen zu dem Namen Peplophoroi verhalf (Abb. 7.3, S. 204). Obwohl fragmentiert, liefern sie – da es sich um Originale handelt – glaubwürdigere Hinweise als die zahlreichen römischen Marmorkopien. Der Kritios-Knabe mag den Beginn des Übergangsstils bei den männlichen nackten Figuren markieren. Im Typus der stehenden bekleideten Frau führt die Athena des Angelitos, ein weiteres Original, den Umbruch vor Augen (Abb. 7.23). Mit ihrem unbelasteten rechten Bein hat auch sie eine neue Haltung eingenommen. Durch das Gewand ist die Kontur des Beines deutlich zu erkennen. Auch sie trägt unter ihrer Ägis die neue Peplos-Mode. Die Ägis identifiziert sie als Athena. In der rechten Hand wird sie einen Speer gehalten haben; die linke liegt flach auf der Hüfte auf. Angelitos widmete die Statue um 480 v. Chr. der Akropolis. Galten die Figuren während der archaischen Periode generell als Grabstatuen oder Weihegaben, so wird ihr Zweck nun klarer formuliert: Als Weihgeschenke erinnern sie in einem Heiligtum an den Erfolg eines bestimmten Athleten, oder sie stellen eine spezifische Gottheit dar (meist Apollon oder Athena).

Erhalten haben sich einige Bronzeoriginale. Den Wagenlenker von Delphi (Abb. 7.24) stiftete Polyzalos, Tyrann von Gela, anläßlich eines Sieges im Wagenrennen im Jahre 478 oder 474 v. Chr. Die Statue hat eine Höhe von 1,80 m und gehörte ursprünglich zu einer größeren Gruppe mit Pferden, einem Wagen und einem Stallknecht. Den Wagenlenker hatte man in acht Teilen gegossen: zwei für den Kopf, zwei für den Körper und vier für die Extremitäten. Die Augen legte man aus Glas und Stein ein, Kupfer überzog die Lippen, Silber das Haarband. Der Unterkörper verliert sich, mit Ausnahme der Füße und Knöchel, unter den Falten des langen Wagenlenkerchitons. Der Entwurf wirkt statisch und säulenhaft. Die leichte Drehung des Oberkörpers und Kopfes, die Spannung in dem zügelhaltenden, ausgestreckten Arm und der geöffnete Mund hauchen der Figur Leben

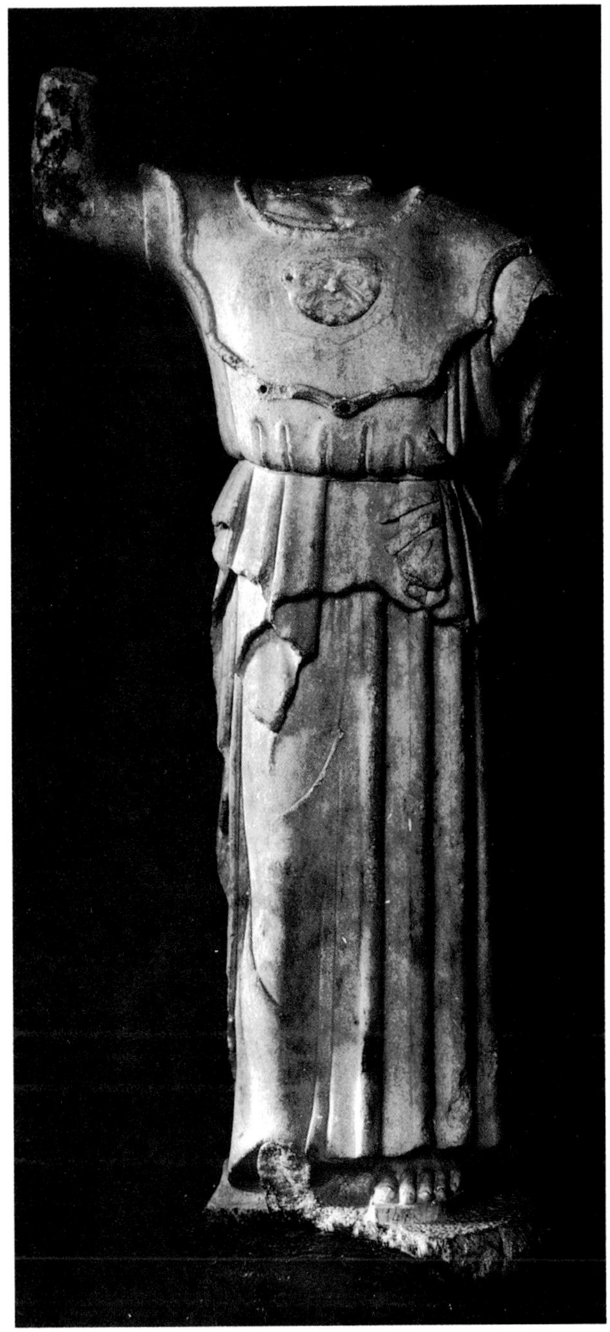

7.23 Athena des Angelitos. Um 480 v. Chr. Marmor. Höhe 77 cm. Athen. Akropolis-Museum

ein. Auch das Gewand wird durch die verschiedenen Bäusche und Falten um den Gürtel und die Schulterriemen belebt. Der Gesichtsausdruck ist ruhig und gesammelt. Dargestellt ist der Moment nach dem Rennen. Dieser wurde, genau wie der vorbereitende Augenblick, wie etwa im Ostgiebel von Olympia, von den Bildhauern nun regelmäßig für Porträtdarstellungen gewählt.

Ferner zu nennen ist eine Zeusstatue (Abb. 7.25), die am Kap Artemision in Griechenland im Meer gefunden wurde. Die ausschreitende, überlebensgroße Figur hat einen Arm ausgestreckt, um mit der Waffe das Ziel anzuvisieren. Das Gewicht liegt auf dem vorderen Fuß. Die Ferse des hinteren ist in der Bewegung erhoben. Der frontal abgebildete Oberkörper jedoch ist aus der Aktion ausgeschlossen und korrespondiert nicht mit der Beinstellung, die Extremitäten sind zu lang, vor allem der vorgestreckte Arm. Die Frisur gleicht im Bereich der Kalotte jener des Kritios-Knaben, auf die Lockenrolle hatte man jedoch verzichtet und das lange Haar stattdessen in zwei Zöpfen um den Schädel gelegt. Die lockeren Strähnen an der Stirn demonstrieren die Möglichkeiten des Gußverfahrens, plastischere, fließendere Bewegungen hervorzubringen. Die Brauen und Augen hatte man in einem anderen Material eingelegt. Der Ausdruck ist ruhig und bestimmt. Oft wurde der Vergleich mit dem Kopf des sitzenden Zeus auf der Metope aus Selinunt (Abb. 7.13, S. 211) angestellt.

1972 fand man zwei weitere Bronzeoriginale in der Nähe des unteritalischen Riace im Meer (Abb. 0.14 und 0.15, S. 23). Sie könnten von einem untergegangenen Schiff stammen, in dem vielleicht ein Händler im Auftrag römischer Herren Spolien nach Italien brachte. Die Riace-Bronzen (der jüngere Krieger A und der ältere B) überliefern das Standmotiv des strengen Stils mit Stand- und Spielbein. Die Körper zeigen bewegtere Partien als die Olympia-Figuren oder irgendeine römische Kopie. Die um 460–450 v. Chr. gefertigten Skulpturen stehen bereits am Wendepunkt zur hohen Klassik. Das herausragende Zusammenspiel der Muskeln und der bewegte Ausdruck von Gesicht und Körper

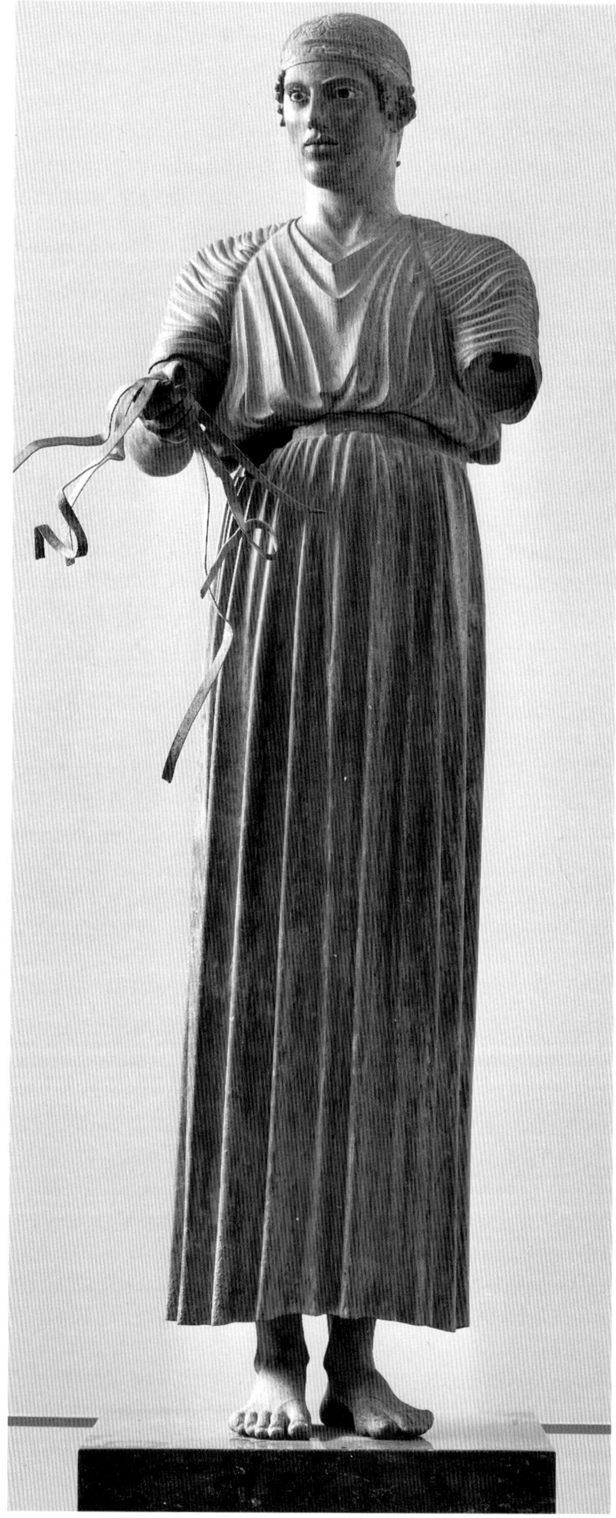

7.24 Wagenlenker von Delphi. Um 478 oder 474 v. Chr. Bronze mit Kupfer- (Lippen, Wimpern), Silber- (Haarband) und Onyxeinlage (Augen). Höhe 1,80 m. Delphi, Museum

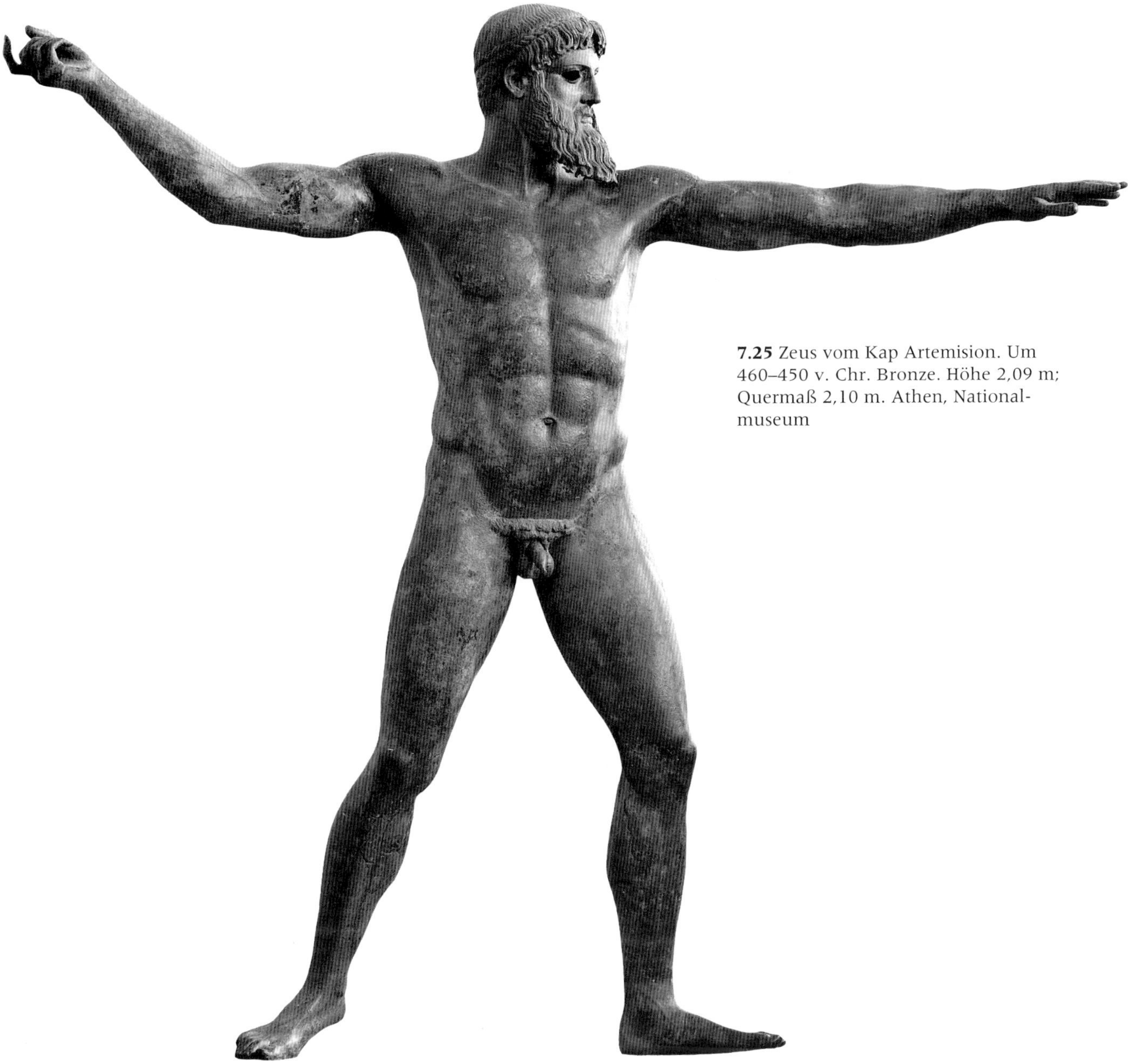

7.25 Zeus vom Kap Artemision. Um 460–450 v. Chr. Bronze. Höhe 2,09 m; Quermaß 2,10 m. Athen, Nationalmuseum

führen uns schmerzlich unser lückenhaftes Wissen über die antike Plastik und Architektur vor Augen, und lassen vermuten, daß die Olympia-Skulpturen vielleicht nur einen schwachen Abglanz der damaligen Rundplastik bieten.

Der Krieger A (Abb. 0.14, S. 23) war ursprünglich mit Schild und Speer bewaffnet und bekränzt. Seine Augen hatte man aus Elfenbein und farbigen Steinen modelliert, die Lippen und Brustwarzen aus Kupfer, die Zähne aus Silber. Die Hüfte ist zur einen Seite geneigt, die Schulterpartie zur anderen, den Kopf wendet er leicht nach rechts. Auch der Krieger B (Abb. 0.15) trug Speer und Schild sowie einen zurückgeschobenen Helm (der verloren ist). Augen, Zähne, Lippen und Brustwarzen waren in anderen Materialien eingelegt. Die Figur schwingt nach rechts, das linke Knie ist nach vorne geschoben. Aus stilistischer Sicht ist er weiter entwickelt und mutiger in den Raum gesetzt als sein Gegenstück, was zu der These Anlaß gab, die beiden

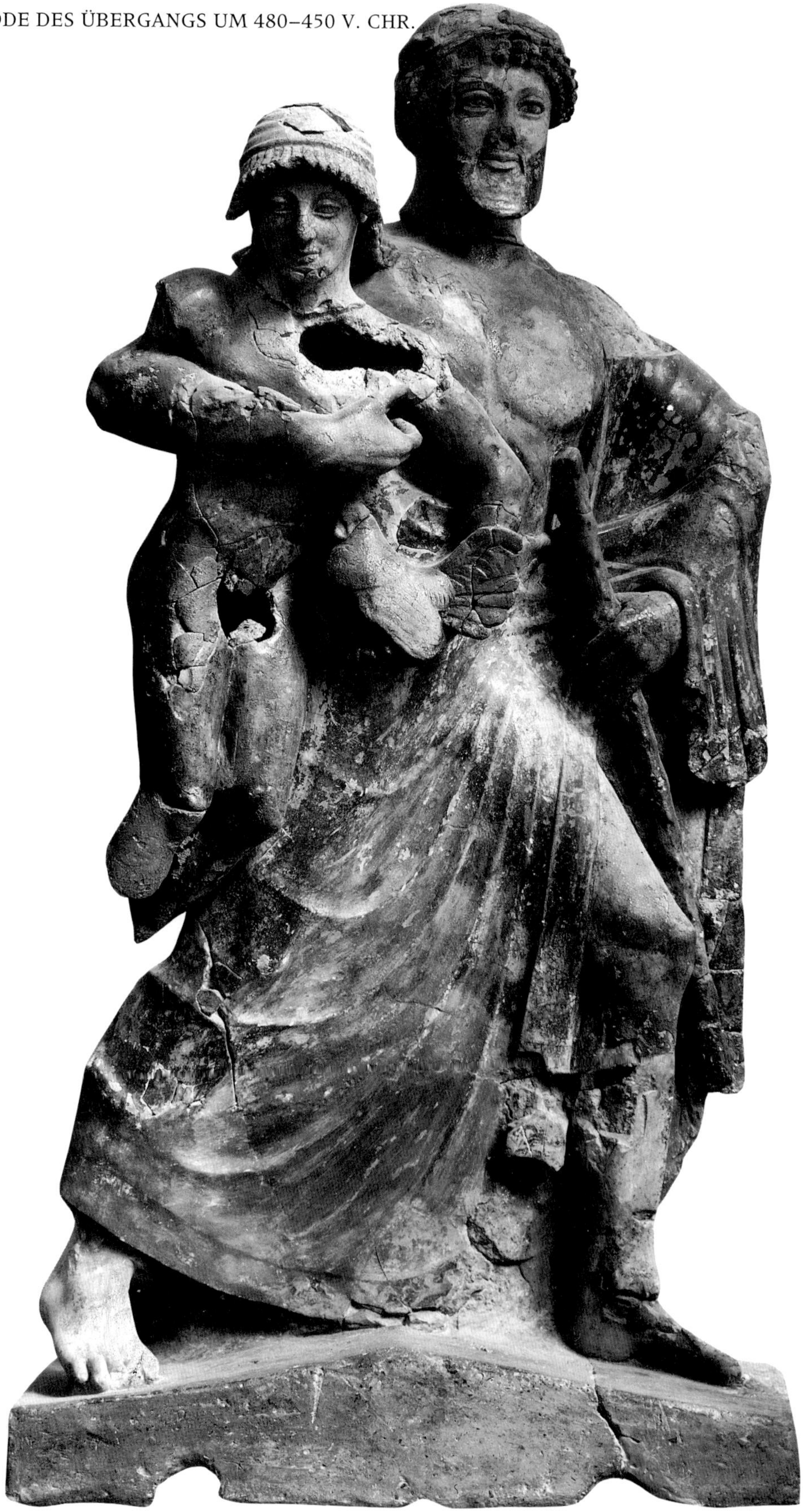

wären in unterschiedlichen Schaffensperioden gefertigt worden.

Die Statuen bezeugen eine sehr genaue Kenntnis von Muskeln, Sehnen, Haut, Knochen, Knorpeln und von Körpern in Bewegung. Der Bildhauer interessierte sich jedoch nicht dafür, wie die einzelnen Körperteile aufeinander reagierten und die Bewegung einer Partie die Bewegung einer anderen nach sich zog. Die Körper wirken konstruiert und von innen bewegt, weniger von außen, was auf eine symbolische Bewegung schließen läßt. Der Anlaß für den Wechsel des Blickpunktes war ein zweifacher. Griechische Ärzte erforschten den Zusammenhang zwischen Knochen und Muskeln. Athleten und Krieger dienten ihnen als Anschauungsobjekte. Chirurgische Eingriffe ließen sie zum Kern der Bewegung vordringen. Auch die griechischen Philosophen beschäftigten sich mit der Bewegung. Parmenides versuchte, eine Bewegung in eine Abfolge ruhiger Momente zu gliedern. Pythagoras deutete die Welt als bewegtes Muster.

Nicht zuletzt sei darauf hingewiesen, wie der Künstler der Riace-Bronzen ein Stimmungbild vermittelte. Der jüngere Mann wirkt energisch, fast arrogant, während der ältere entspannt, ruhig und fast resignierend erscheint. Diese Effekte werden nicht nur durch die unterschiedlichen Gesichter und Frisuren hervorgerufen, sondern auch durch die Körper- und Kopfhaltung. Wieder und wieder ging man die Werke des Plinius und Pausanias durch, um die Gruppe zu identifizieren und einem Künstler zuzuweisen. Vielleicht stellen sie griechische Helden dar, die ursprünglich in Olympia oder Delphi aufgestellt waren. Naturwissenschaftliche Untersuchungen des Tonkerns in den Statuen führten zu dem Ergebnis, daß der Ton möglicherweise aus Argos stammt. Ins Gespräch kam damit der Künstler Hagelades, der Lehrer des Polyklet.

Neben Marmor und Bronze arbeiteten die Bildhauer auch mit Ton. Zeus und Ganymed aus Olympia (Abb. 7.36) stehen auf einer ungewöhnlich geformten Basis und erreichen ungefähr halbe Lebensgröße. Zeus schreitet nach vorne. Mit dem einen Arm hat er Ganymed gepackt, im anderen hält er seinen Reisestab. Ganymed umklammert einen Hahn, ein Liebesgeschenk für einen Knaben. Die Frisuren sind archaisch, die Gesichter jedoch im Strengen Stil gefertigt, so daß eine Datierung um 470 v. Chr. naheliegt. Die Gruppe war mit schwarzer, brauner, roter und gelber Farbe bemalt. Sie übermittelt einen Eindruck, wie die Tonmodelle der Bronzen ausgesehen haben dürften.

7.26 *gegenüber* Zeus und Ganymed, aus Olympia, um 470 v. Chr. Terrakotta. Höhe 1,10 m. Olympia, Museum

Die Bildhauer fertigten weiterhin Grab- und Votivreliefs. Durch gesetzliche Restriktionen scheint die Produktion von Grabmonumenten in Athen jedoch eingeschränkt worden zu sein. Gute Beispiele liegen allerdings von den Inseln und aus Kleinasien vor. Die Herausforderung an die Künstler bestand nun darin, naturgetreue Figuren in Verkürzung in einem vorgegebenen Bildfeld unterzubringen. Die alten Muster ließ man hinter sich. Eingeritzte Bildnisse waren nicht länger zeitgemäß. Doch die Bildhauer behielten ihren Geschmack. Sie trennten die Figuren immer mehr vom Hintergrund, eine Geschicklichkeit, die bereits in der Bauplastik zu einigem Erfolg geführt hatte.

Ein Weihrelief aus dem Athena-Heiligtum von Sounion (Abb. 7.27) zeigt einen sich bekränzenden Jungen. Der Kopf ist im Profil wiedergegeben, der Oberkörper gedreht, der linke Arm und die Schulter sind in die Frontale gerückt. Das beeindruckende Relief erreicht eine Tiefe von maximal 3 cm. Ein weiteres Relief, die sinnende Athena, zeigt verschiedene Charakteristika des Strengen Stils. Die Göttin ist mit einem Stand- und einem Spielbein dargestellt, sie trägt den Peplos, ihr Gesichtsausdruck wirkt ernst (Abb. 7.28). Sie lehnt sich an ihren Speer und starrt auf einen Gegenstand, vielleicht auf eine Liste athenischer Gefallener. Die unterschnittenen Gewandfalten erzeugen räumliche Tiefe. Ihre Haltung, der geneigte Kopf und die Hand an der Stirn verleihen ihr ein sorgenvolles Erscheinungsbild.

Die Bildhauer und Auftraggeber im Westen mußten den Marmor aus dem Mutterland importieren, was zu dem sparsamen Gebrauch in den Metopen des Tempels E von Selinunt geführt haben mag. Plinius berichtet jedoch von renommierten Bildhauern, die während dieser Periode im Westen arbeiteten, und einige wenige Marmorskulpturen aus Sizilien und Unteritalien beweisen, daß die Frachtkosten entschlossene Auftraggeber nicht abschreckten.

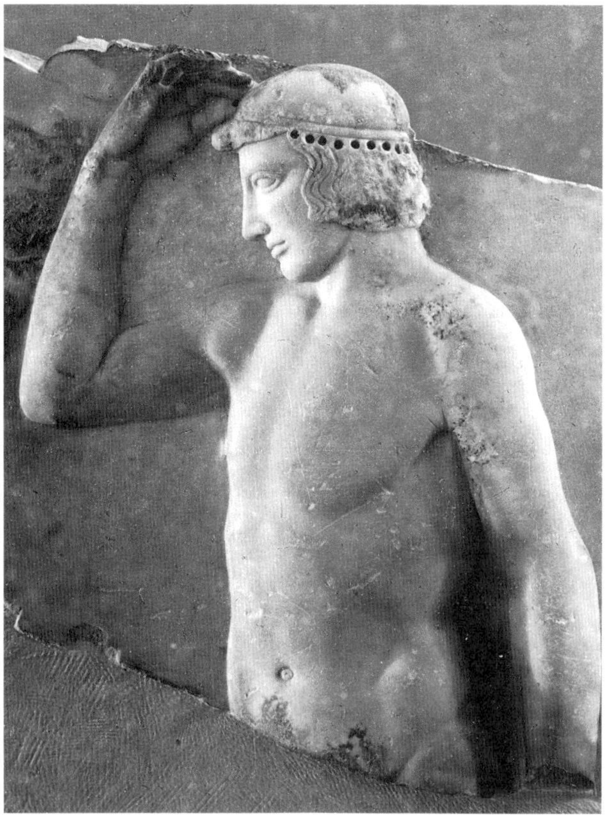

7.27. Relief mit jungem, sich bekränzenden Athleten, aus Sounion. Um 470 v. Chr. Marmor. Höhe 59 cm. Athen, Nationalmuseum

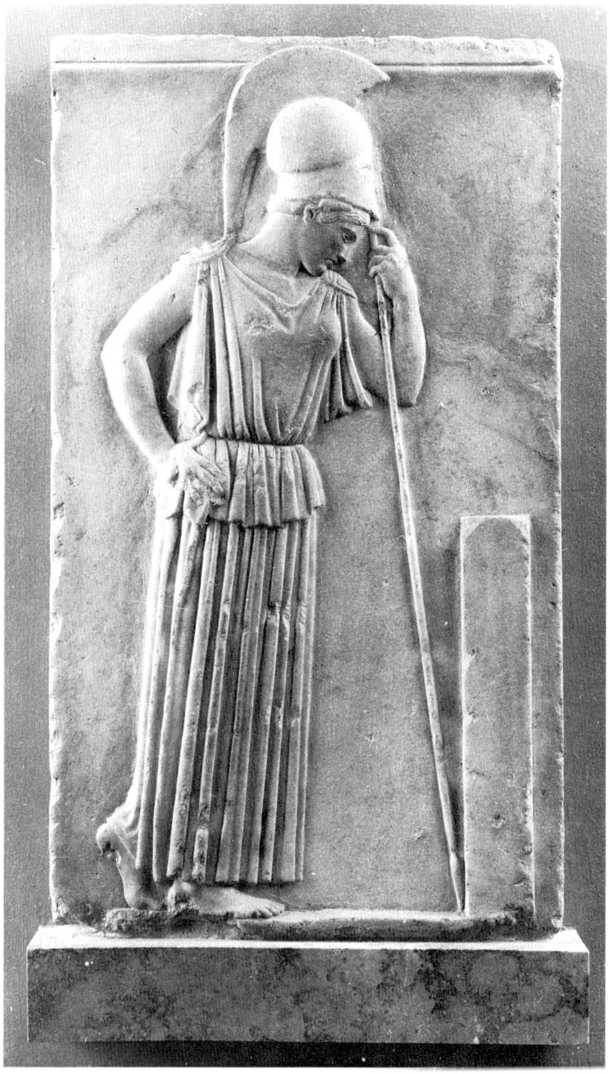

7.28 Sinnende Athena, Relief aus Athen. Um 470 v. Chr. Marmor. Höhe 48 cm. Athen, Akropolis-Museum

Aus dem unteritalischen Taras stammt eine marmorne, thronende Göttin (Abb. 7.29), die sich heute in Berlin befindet. Derartige Sitzfiguren begegneten uns schon im Giebel des Athena-Tempels von Korkyra (Abb. 6.7, S. 152) und in der Geneleos-Gruppe auf Samos (Abb. 6.49, S. 179). Besonders beliebt waren sie im Osten. Die Göttin führt die Frontalität der archaischen Periode weiter. Wie die Hera auf der Metope aus Selinunt (Abb. 7.13) trägt sie eine archaische Tracht, bestehend aus Chiton und Mantel. Die Formen sind symmetrisch angeordnet, die ausgestreckten, heute verlorenen Unterarme mögen jedoch Abwechslung in das Bild gebracht haben. Die Betonung liegt auf der dekorativen Qualität der Frisur, den eng gesetzten Chitonfalten und den Zick-Zack-Säumen des Mantels. Ihr Gesicht weist die für den Strengen Stil charakteristischen hervorquellenden Augen, dicken Lider und flachen Wangen auf. Ein unbekannter Bildhauer stellte die Skulptur um 480–470 v. Chr. her.

Die Kombination von archaischen und strengen Elementen (vgl. S. 211-213) wurde gelegentlich als Indiz für eine provinzielle Arbeit gewertet. Derartige Kommentare reflektieren die Meinung, daß die Bildhauer Großgriechenlands hinter ihren mutterländischen Kollegen zurückstanden und die Stile entweder aus Ignoranz oder Nachlässigkeit mischten. Die Einführung eines neuen, transparenten Gewandstils, wie er in den nächsten beiden Beispielen aufgezeigt werden kann, greift der Entwicklung im Mutterland jedoch voraus. Daraus ist zu schließen, daß die Verwendung archaischer Motive aus einem historischen Interesse resultierte. Den Konservativismus der westgriechischen Bildhauer gleicht ihre fortschrittliche Behandlung des Gewandes aus, die im Mutterland während dieser Periode noch nicht belegt ist.

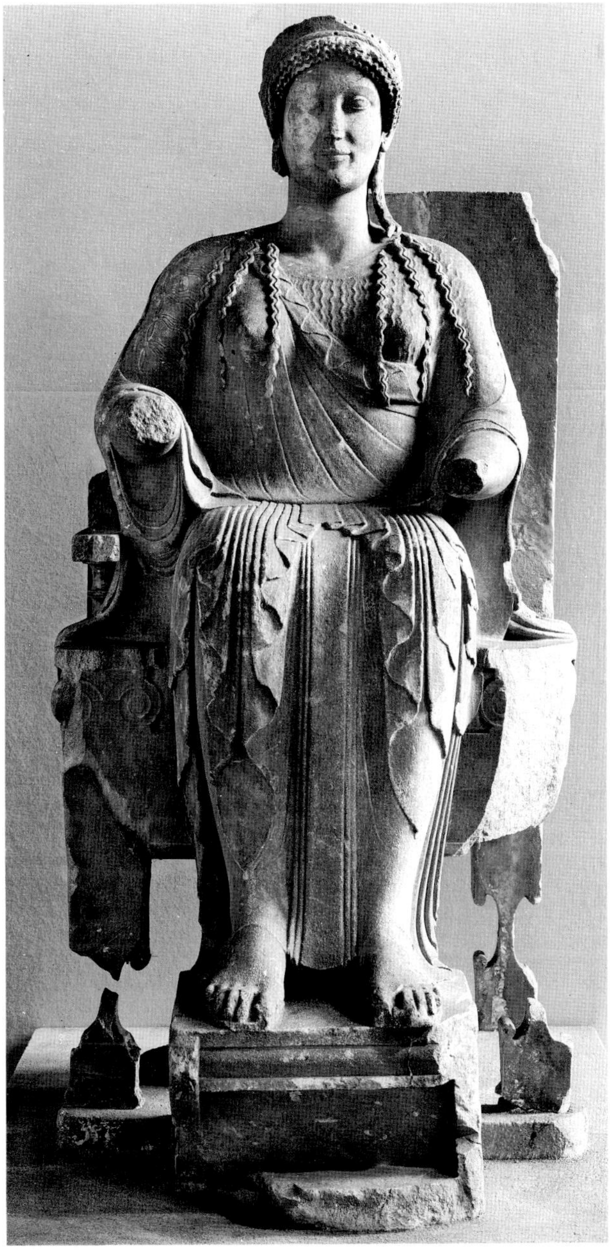

7.29 Thronende Göttin, aus Taras. Um 480–470 v. Chr. Marmor. Höhe 1,53 m. Berlin, Staatliche Museen

Das Beispiel einer bekleideten männlichen Marmorfigur (Abb. 0.13, S. 22) führt uns auf die Insel Mozia an der Westküste Siziliens, wo sie in einem karthagischen Heiligtum gefunden wurde. Die unbeschwerte, sich auf einem Standbein und einem Spielbein erhebende Gestalt reckt den rechten Arm nach oben, der linke ist gesenkt und mit der Hand in die Hüfte gestützt. Selbstzufrieden blickt sie nach rechts. Die Frisur verweist in die späte Archaik, das Gesicht in den Strengen Stil. Interesse verdient vor allem das Gewand. Das Gewebe klebt am Körper, enthüllt Kontur und Muskeln, Hüften und Gesäß. Die Falten sind in regelmäßigen Erhebungen und Rillen zusammengeschoben, an anderen Stellen auseinandergezogen. Im Bereich der Knöchel folgen die Falten dem archaischen Schema. Der transparente Stoff, der im Mutterland nicht vor dem Ende des Jahrhunderts auftaucht, überrascht nicht, da er im Westen bereits zu einem früheren Zeitpunkt, nämlich auf den Metopen von Selinunt, belegt ist. Auch diese, um 470 v. Chr. gefertigte Statue mag das Werk einer Selinunter Bildhauerschule sein. Oft wird diese Tracht als Wagenlenkerchiton bezeichnet und die Figur damit als Wagenlenker identifiziert, als ein beachtliches Gegenstück zu der Bronze in Delphi (Abb. 7.24, S. 222), einer weiteren westgriechischen Stiftung.

Das transparente Gewand, eine westgriechische Eigenart, begegnet uns auf dem sogenannten Ludovisischen Thron wieder (Abb. 7.30). Das Monument besteht aus drei reliefierten Marmorplatten, die ursprünglich um eine offene Opfergrube oder einen Altar angeordnet waren. Es handelte sich sicherlich nicht um einen Thron. Die Frontplatte (gegenüber, oben) zeigt wohl die Geburt der Aphrodite aus dem Meer. Aphrodite ist von zwei Frauen begleitet, die mit ausgestreckten Armen ein Stofftuch bereithalten. Auf einem der Seitenreliefs (*gegenüber,* rechts) ist eine gänzlich bekleidete Frau dargestellt, die Weihrauch aus einem Kästchen nimmt, um ihn auf den Ständer vor sich zu legen. Die andere Seitenplatte (*gegenüber,* links) ziert ein

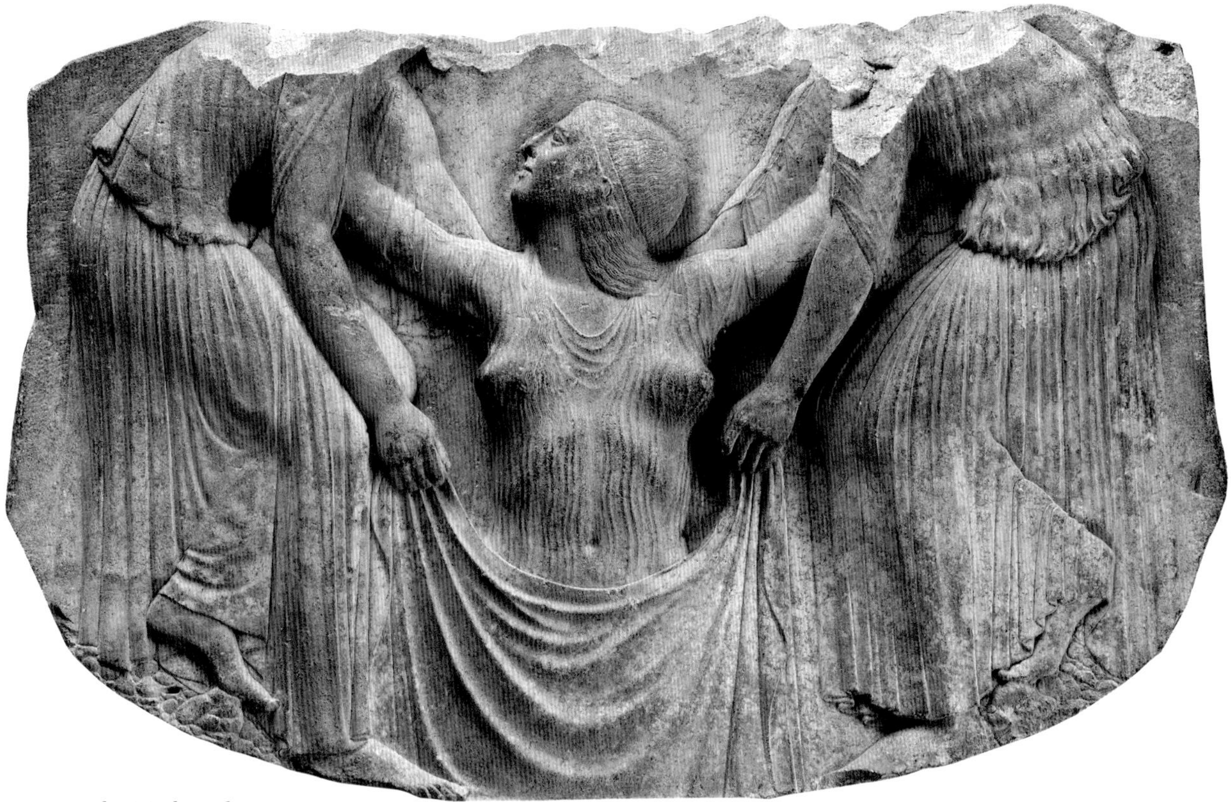

7.30 Ludovisischer Thron, Reliefplatten. Um 480–470 v. Chr. Marmor. Maximale Höhe (Mittelplatte) 1,07 m; Seitenplatten 84 cm. Rom, Thermenmuseum

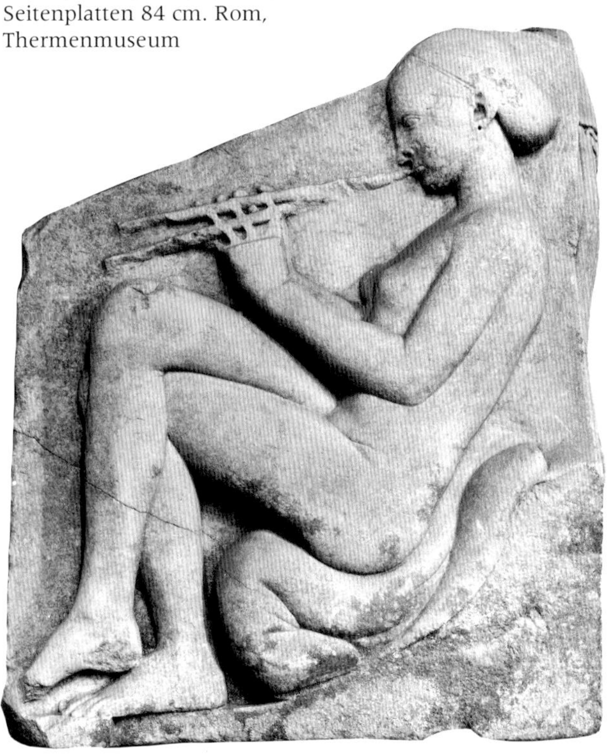

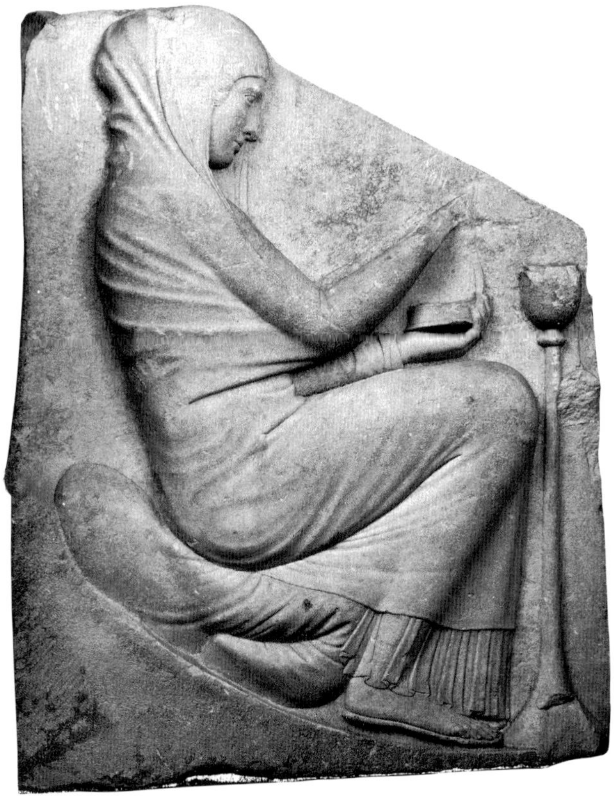

sitzendes Mädchen, das ausschließlich mit einem Kopftuch bekleidet ist und die Doppelflöte spielt. Das Interesse des Bildhauers an der durchsichtigen Kleidung und dem darunterliegenden Körper ist nicht zu übersehen. Aphrodites Gewand klebt eng an ihrem Körper, benetzt mit dem Wasser des Meeres. Brüste, Brustwarzen und Rippenbogen sind deutlich zu erkennen. Die Dienerin zu ihrer Linken trägt einen Ärmelchiton, durch den sich Knie und Waden abzeichnen. Die zweite Frau ist mit dem schwereren Peplos bekleidet, durch den sich Oberschenkel und Waden abzeichnen. Die Musikantin gilt als früheste griechische Darstellung einer nackten Frau nach den geometrischen Elfenbeinplastiken aus Athen (Abb. 4.15, S. 114).

Wenn die Figuren auch Fehler in ihrer Anatomie aufweisen, ist doch die Gesamtkomposition wohldurchdacht. Die nackte Frau auf der linken Platte kontrastiert mit der bekleideten (einer Priesterin?) auf dem gegenüberliegenden Relief. Aphrodite reckt sich nach oben, als Gegenbewegung beugen sich die Dienerinnen zu ihr herab.

Gefunden wurden die Reliefs im Garten des Sallust in Rom, in dem auch andere griechische Kunstwerke zutage gefördert wurden. Vergleichbare Darstellungen finden sich auf Terrakottareliefs aus dem unteritalischen Locri. Die Platten des Ludovisischen Throns könnten den Altar vor dem dortigen, zwischen 480 und 470 v. Chr. errichteten Aphrodite-Tempel geziert haben.

Aus Mangel an Marmor wandten sich die westlichen Künstler dem Ton zu, einem billigen und im Überfluß vorhandenen Material. Man nutzte ihn zur Herstellung großer Figuren, die den Aufbau sakraler Gebäude schmückten, wie es schon während der archaischen Periode geschehen war, und auch für Kultstatuen, die sich in Fragmenten erhalten haben. Aus Ton fertigte man auch tausende Modelfiguren; mit Berechtigung ist von einer Massenproduktion zu sprechen. Die Figuren, die entweder Adoranten oder Götter darstellten, stiftete man als Weihegaben in Heiligtümer. Oft waren sie den größeren Statuen (aus Ton, Bronze oder Marmor) nachempfunden und geben damit einen Eindruck vom Aussehen der verlorenen Skulpturen.

Eine ansehnliche Serie derartiger Figurinen stammt aus Locri (Abb. 7.31), ebenso eine bemerkenswerte Gruppe von Terrakottareliefs, die dort ebenfalls als Votivgaben abgelegt worden waren (Abb. 7.32). Viele von ihnen zeigen Götterdarstellungen, zu nennen sind etwa Hades und Persephone oder auch Aphrodite. Hier fährt Aphrodite in einem Wagen, der von Eros und Psyche gezogen wird. In ihrer Begleitung befindet sich Hermes. Andere überliefern rituelle Szenen wie etwa Hochzeiten. Die göttlichen Paare scheinen periodisch wiederkehrende Lebens- und Todesriten widerzuspiegeln und unterstreichen die Bedeutsamkeit dieser einschneidenden Veränderungen. Das Loch an der Oberkante der Platte diente dazu, das Votiv an einem Baum im Heiligtum aufzuhängen.

7.31 Tanzende Mänade, aus Locri. Um 400 v. Chr. Terrakotta. Höhe 19 cm. Reggio di Calabria, Nationalmuseum

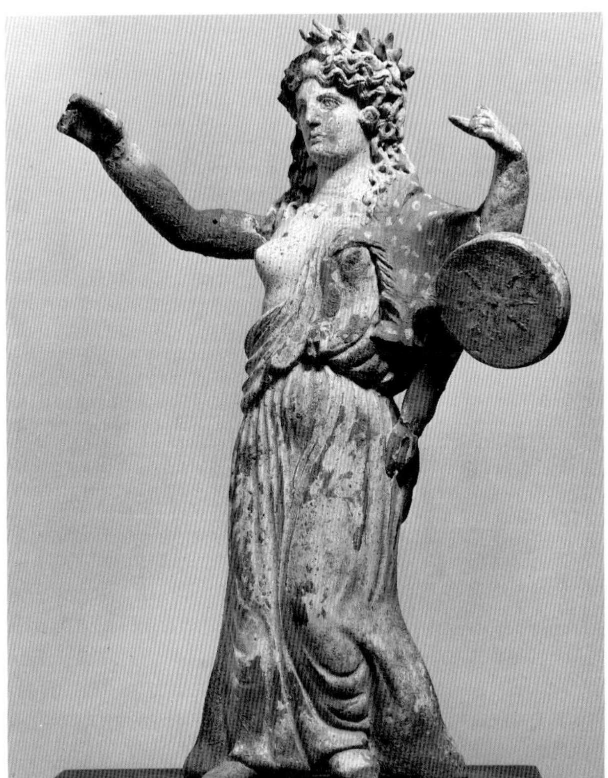

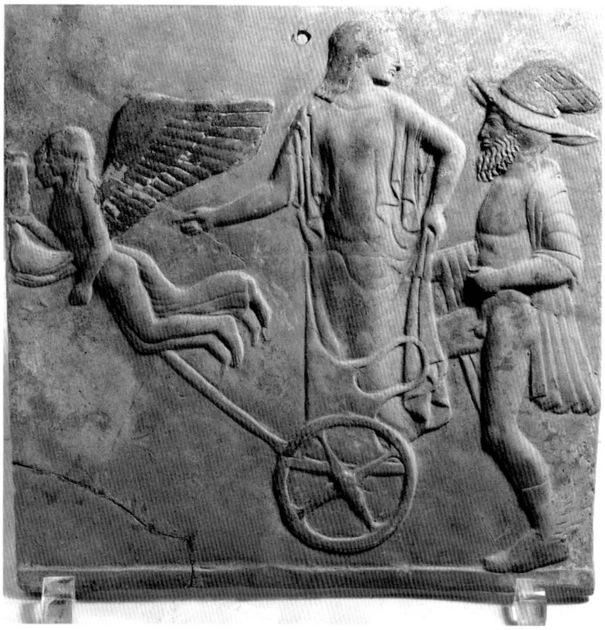

7.32 Relief aus Locri. Um 460 v. Chr. Terrakotta. Aphrodite und Hermes in einem von Eros und Psyche gezogenen Wagen. Höhe 23 cm. Tarent, Archäologisches Museum

Keramik und Wandmalerei

Der große Erfolg der attisch-schwarzfigurigen und -rotfigurigen Vasenproduktion im griechischen Raum während der archaischen Periode verdrängte andere Werkstätten vom Markt. Die rotfigurige korinthische Keramik konnte sich nur lokal durchsetzen und war auch hier nur von kurzer Lebensdauer. Die Geschichte der Vasenmalerei setzt sich in Athen fort. Eine Malergruppe, unter denen der Pan-Maler zu den bekannteren zählt, hielt die alten Traditionen des 6. Jahrhunderts v. Chr. aufrecht. Ein Glokkenkrater (Abb. 7.33) des Pan-Malers zeigt Artemis, die ihren Bogen auf Aktaion richtet, um ihm den Gnadenstoß zu geben, während er von seinen Hunden angefallen wird (Vgl. Abb. 7.14, S. 212). Die Darstellung bleibt auf einer Ebene, ohne den dreidimensionalen Raum zu öffnen; Bewegung und Gestik sind in einem theatralischen Moment eingefangen. Die gespitzten Lippen und das kleine Ohr gab der Maler als Schnörkel an, das Auge als Punkt. Gefertigt wurde die Vase um 470–460 v. Chr.

Ein weiteres, in diese Periode datiertes Werk führt die Arbeit eines innovativeren Töpfers vor Augen, des Sotades. Er bevorzugte Modelle mit plastisch ausgearbeiteten Partien, wie etwa die Sphinx-Vase im Londoner Britischen Museum (Abb. 7.37, S. 234) beweist, die von dem sogenannten Sotades-Maler farbig gefaßt wurde. Das Stück zeigt in der Fußzone einen rennenden Satyrn. Den rotfigurigen Fries unter der Lippe bevölkern der legendäre König von Athen, der schlangenschwänzige Kekrops und seine Töchter. Es handelt sich um ein Gießgefäß, wie die Ausflußöffnung zwischen den Füßen der Sphinx belegt. Sotades formte zahlreiche plastische Vasen wie diese und führte damit eine Tradition aus der orientalischen Periode weiter. Wie damals, so wurde das Geschäft auch jetzt durch Kontakte mit dem Osten angeregt. Der Sotades-Maler entwickelte komplizierte Techniken wie etwa die des Vergoldens. Als Hintergrundfarbe setzte er oft Korallrot und Weiß ein. Die Erzeugnisse dieser beiden Künstler wurden weithin exportiert. Die heute im Britischen Museum befindliche Vase fand man in Italien, andere wurden in Ägypten, Zypern und den griechischen Kolonien an der Schwarzmeerküste zutage gefördert.

In derselben Dekade gelang es dem Niobides-Maler, Raum und Tiefe auf eine neue Art zu erzeugen. Auf einem Krater (Abb. 7.34) im Louvre töten Apollon und Artemis die Kinder der Niobe. Letztere hatte sich ihrer zahlreichen Kinder gegenüber der Göttin Leto gerühmt, die selbst nur zwei besaß (doch welche: Artemis und Apollon!). Niobes Hybris verlangte nach göttlicher Strafe, die auf diesem Krater zu sehen ist. Der Maler verteilte seine Figuren auf der Gefäßoberfläche und stützte sie durch mehrere gewellte Standlinien ab. Die alte Konvention, nur eine einzige Grundlinie zu definieren, wurde aufgegeben. Wie der Baum am oberen Bildrand suggeriert, spielte sich die Szene in einer Landschaft im freien Raum ab. Doch reduzierte man die weiter hinten stehenden Figuren noch nicht in ihrer Größe. Auf der Rückseite der Vase sind Athena, Herakles und andere Heroen wiedergegeben (Abb. 7.35) und in vergleichbarer Weise im Bildfeld angeordnet. Die Kombination der Kompositionen erinnert an die Olympia-Giebel

7.33 Attisch-rotfiguriger Glockenkrater des Pan-Malers: Tod des Aktaion. Um 470–460 v. Chr. Höhe 37 cm. Boston, Museum of Fine Arts

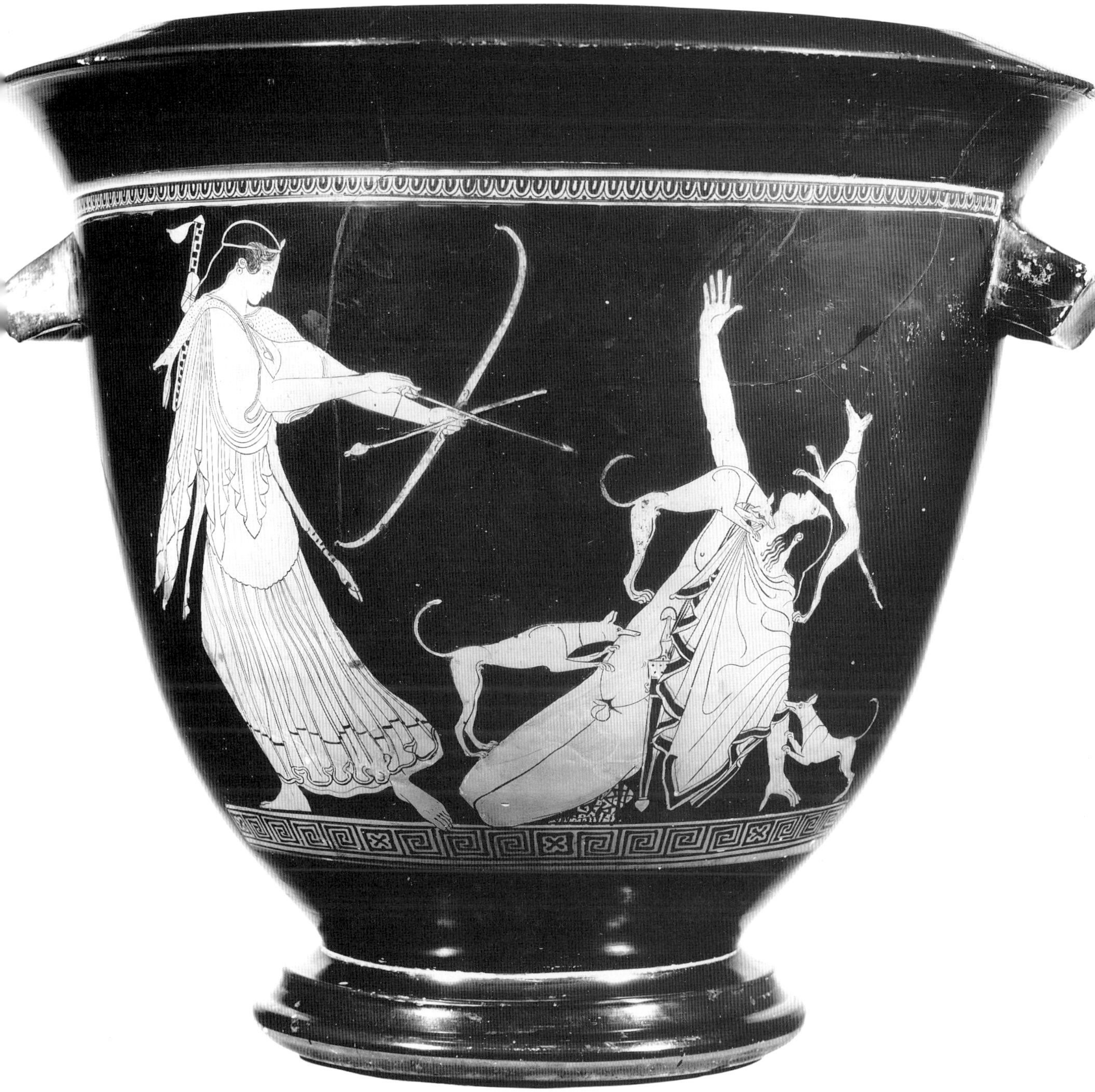

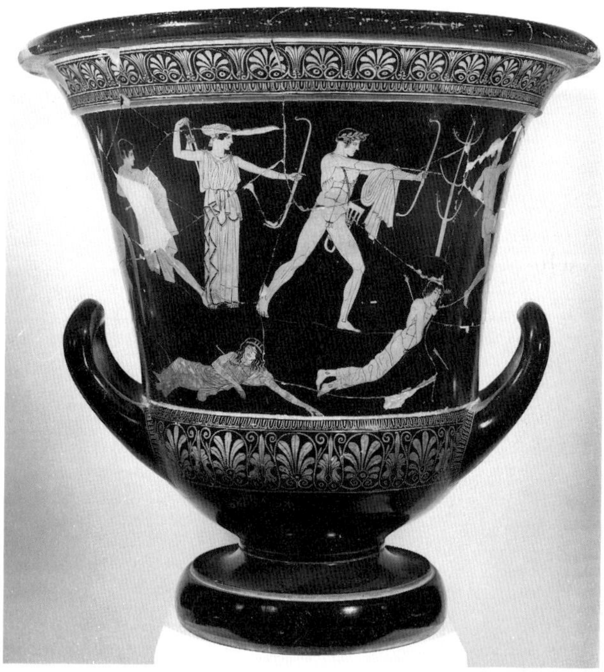

7.34 Attisch-rotfiguriger Krater des Niobiden-Malers: Apollon und Artemis ermorden die Kinder der Niobe. Um 460 v. Chr. Höhe 54 cm. Paris, Louvre

7.35 Rückseite von 7.34. Athena, Herakles und Heroen

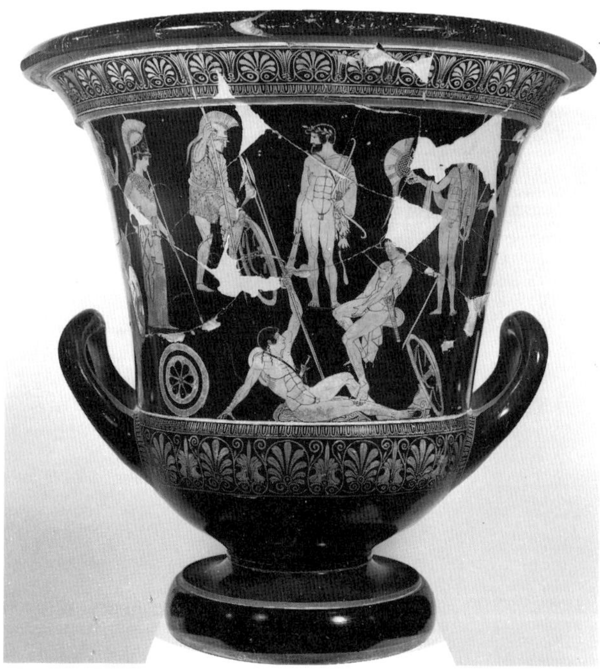

mit der ruhigen, voller Vorahnungen steckenden Szene an der Tempelfront und dem heißen Kampf an der Rückseite. Herakles und seine Gefährten bilden einen ruhigen Kontrast zu der gewalttätigen Szene mit Artemis und Apollon (Abb. 7. 34). Artemis zieht einen Pfeil aus ihrem Köcher, Apollon spannt seinen Bogen; eine Niobide wurde am Rücken getroffen, weitere Sterbende und Tote füllen das Bildfeld. Die Dreiviertelansichten wurden erfolgreich ausgeführt. Im Profil gezeigte Gesichter weisen auch Profilaugen auf. Aus den frei schwingenden Gewändern sind die starren archaischen Muster verschwunden. Von Verkürzung wurde regelmäßig Gebrauch gemacht.

Die Anordnung der Figuren auf verschiedenen Standlinien oben und unten im Bildfeld der Vase fügt sich in die detaillierten Beschreibungen des Pausanias über die Erzeugung von Tiefe in der Wand- und Tafelmalerei. Zu den bekanntesten Malern, die diese Technik beherrschten, gehört Polygnot von Thasos, dessen Werke unter anderem in der Stoa Poikile in Athen und in der Lesche (Vereinshaus) der Knidier in Delphi ausgestellt waren. Obwohl Plinius behauptet, daß mit Wandmalereien kein Ruhm zu erlangen sei, ist nicht auszuschließen, daß Polygnot neben Tafeln auch Wände bemalte. Seine Schaffensperiode lag im wesentlichen zwischen 480 und 460 v. Chr. Hellenistische und römische Autoren, die sein Œuvre kannten, bezeichneten ihn als den Meister unter den Malern. Berühmt war er für das »Ethos«, das heißt den Charaktergehalt seiner Figuren, den er durch Posen und Gesten erzeugte. Die Figuren der Olympia-Giebel und die Riace-Bronzen treten als mögliche Parallelen in Erinnerung. Polygnot und sein Kreis beschränkten sich auf eine Vier-Farben-Palette, auf Rot, Gelb, Schwarz und Weiß. Die gewählten Themen führten meist in das Reich der Mythologie, doch ist auch von Historienmalereien die Rede, wie beispielsweise von dem Bild der Schlacht von Marathon in der Stoa Poikile. Einige Innovationen – verbindende Körperansichten, ungewöhnliche bewegte und ruhige Posen – waren den Bild- und Vasenmalern gemein. Es ist die Entdeckung des Raumes, gestaltet durch die Anordnung der Figuren auf verschiedenen Ebenen, ohne sie jedoch in ihrer Größe voneinander abzusetzen, die Polygnot als große Innovation hervorhebt. Für Vasenbilder wie die in Abb. 7.34 und 7.35 gezeigten könnten die Vasenmaler die von Polygnot und seinem Kreis entwickelten Techniken übernommen haben.

Ist bei den späteren Autoren von monumentalen Gemälden die Rede, so kann nicht immer erschlossen werden, ob es sich um direkt auf den Mauern angebrachte Zeichnungen handelt, oder ob diese auf Holzpaneelen ausgeführt und dann aufgehängt wurden. Den großformatigen griechischen Gemälden zollte man auf jeden Fall höchsten Respekt. Erhalten hat sich davon leider so gut wie nichts. Die frühesten Zeugnisse liegen mit den ins 7. Jahrhundert v. Chr. datierenden Terrakotta-Metopen aus Thermos vor (Abb. 5.14). Die quadratischen Platten eigneten sich zur Darstellung einzelner Figuren oder kleiner Gruppen, die in der Umrißtechnik und den Farben der Vasenmalerei – Rot/Lila, Schwarz, Weiß und Gelb – aufgetragen wurden. Trotz des Verzichts auf Ritzlinien, die an den hohen Gebäuden ohnehin nicht auszumachen gewesen wären, kann der Stil der Metopen dem der zeitgleichen korinthischen Vasenmalerei gegenübergestellt werden. In der Umgebung von Korinth fand man vier kleine bemalte Holzpaneele, die auf etwa 530 v. Chr. datieren. Eines der Gemälde (Abb. 7.38) überliefert eine Prozession von Peplophoroi, Musikanten und einem Jungen vor einem Altar. Blaue, rote, schwarze und braune Farbe ist auf einen weißen Untergrund gesetzt. Ob diese nur 15 cm hohe Tafel einem größeren Wandbild nachempfunden ist, bleibt unbekannt. Man ist versucht, sich an Gemälden zu orientieren, welche sich in etruskischen Gräbern befinden. Hier sind zwar Übereinstimmungen mit Darstellungen auf griechischen Vasen in Bezug auf Dekoration, Gestik und Körperdarstellungen erkennbar, aber selbst dies läßt eine gesonderte Betrachtung griechischer Wandmalerei nicht zu. Aus dem süditalienischen Poseidonia stammt das einzige bedeutende und komplette Beispiel griechischer Wandmalerei des 5. Jahrhunderts v. Chr. Im Grab des Tauchers (Abb. 7.36) umfährt ein Fries mit einer Symposiumsszene alle vier Wände. Die Decke schmückte ein Taucher. Als Untergrund setzte man weißen Stuck auf die Travertinplatten. Die Farbpalette ist

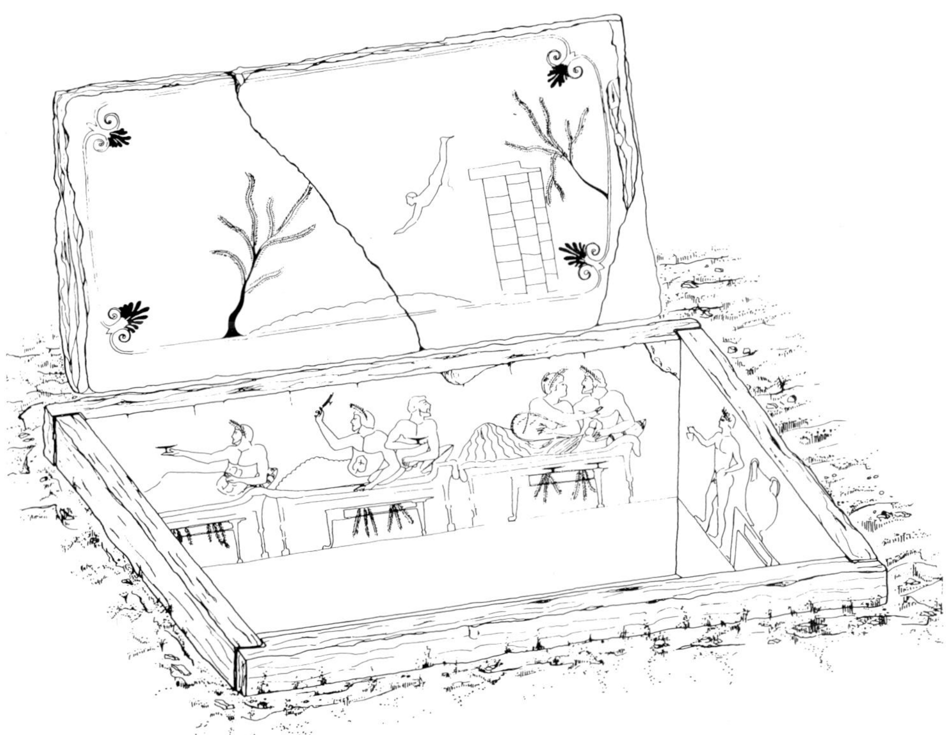

7.36 Grab des Tauchers in Poseidonia. Um 480 v. Chr. Bemalter Stuck auf Travertinplatten

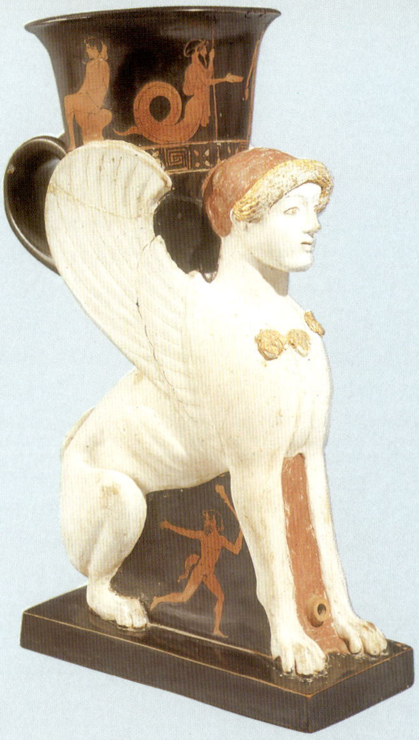

7.37 *links* Attisch-rotfigurige Sphinx-Vase des Sotades-Malers: Kekrops und seine Töchter (unter der Lippe). Um 470–460 v. Chr. Höhe 32 cm. London, Britisches Museum

7.38 *Mitte* Paneel aus der Gegend von Korinth: Prozession vor einem Altar. Um 530 v. Chr. Bemaltes Holz. Höhe 15 cm. Athen, Nationalmuseum

7.39 *unten* Wandmalerei aus dem Grab des Tauchers in Poseidonia: Symposiumszene. Um 480 v. Chr. Höhe 78 cm. Bemalter Stuck auf Travertin. Paestum, Museum

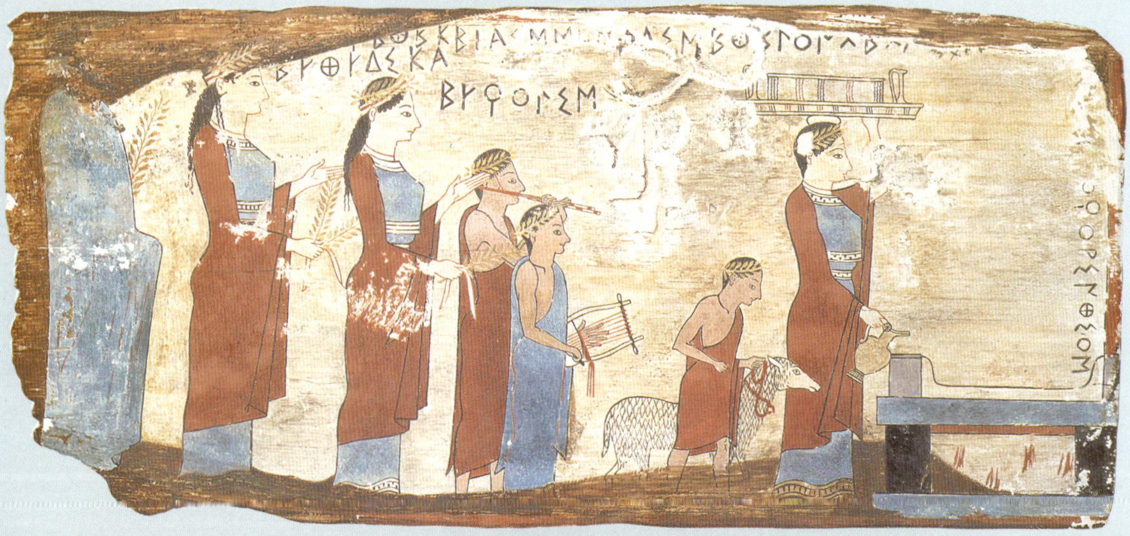

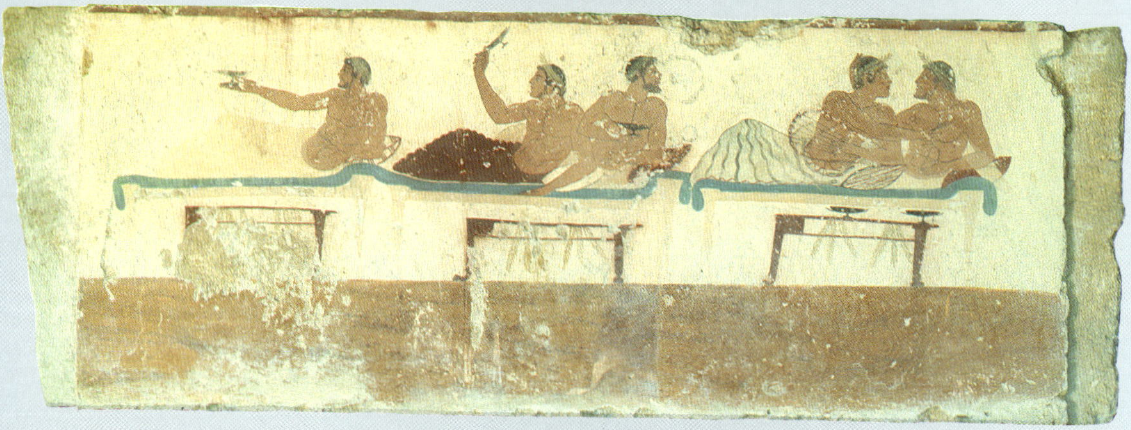

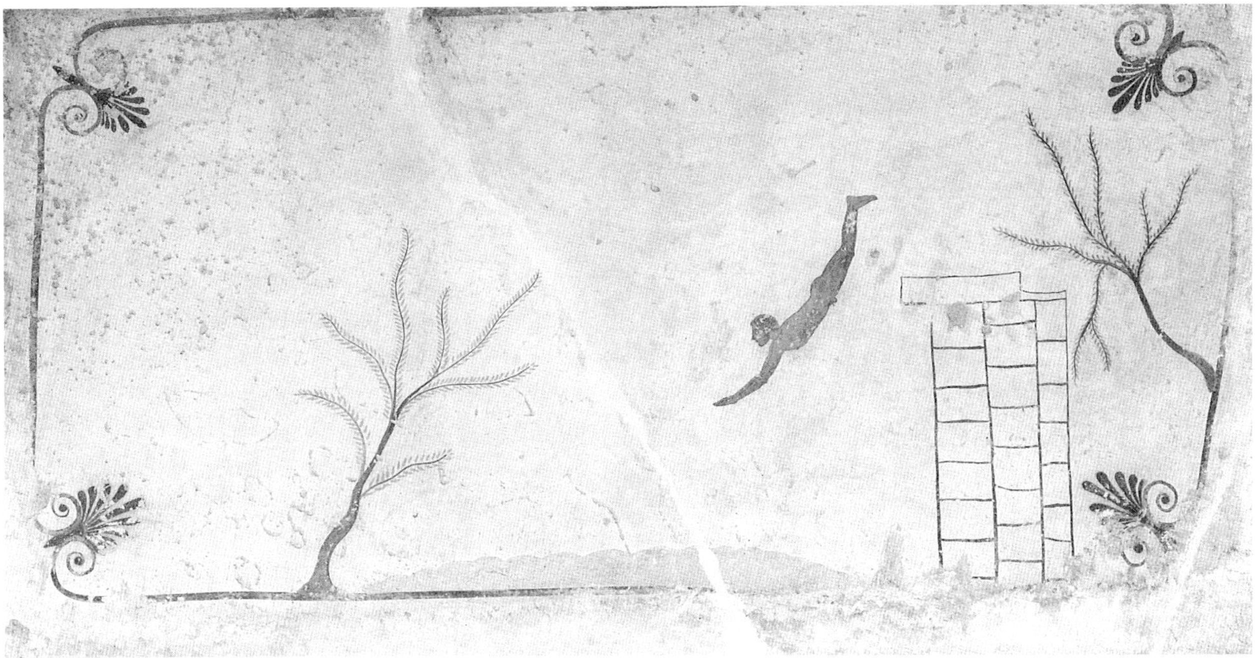

7.40 Bemalte Deckenplatte aus dem Grab des Tauchers in Poseidonia: der Taucher. Um 480 v. Chr. Bemalter Stuck auf Travertin. Höhe 1,02 m. Paestum, Museum

in erster Linie auf die Erdtöne Braun, Schwarz und Gelb beschränkt. Sparsam setzte man blau für Liegedecken und Gewänder ein. Musik, Trinkgelage und Liebe sind Hauptthemen des Symposiums (Abb. 7.39). Den Sprung von einem Leben in ein anderes symbolisiert der Taucher (Abb. 7.40). Posen und Profile der Figuren erinnern an die attischen Vasenbilder der späten Archaik. Dies mag darauf hindeuten, daß Wandmaler und Vasenmaler mit einem gemeinsamen stilistischen Formenrepertoire operierten. Vielleicht lehnte sich auch die Symposiummalerei in dem Grab an ein Vasenbild an. Der Taucher hat seine Analogien in Etrurien, nicht in Griechenland: Der Maler zeigte sich demnach offen für lokale Traditionen. Wie die westlichen Architekten und Bildhauer, so vereinte auch er verschiedene Strömungen in seinem Werk.

Das weitgehende Fehlen der monumentalen Malerei ist äußerst bedauerlich. Beschreibungen der wichtigsten Gemälde bis ins 3. Jahrhundert v. Chr. sind überliefert. Die antiken Kritiker lobten sie ebenso wie die Skulpturen. Sie hielten die Namen der führenden Maler fest, nicht jedoch die Namen der Vasenmaler, die wir nur aus ihren Signaturen kennen. Aus den Beschreibungen erfahren wir von Körperdarstellungen, Verkürzungen und räumlichen Kompositionen, die uns nur aus der Vasenmalerei bekannt sind. Themenausschnitte, Posen und Gesichtszüge in den Malereien im Grab des Tauchers finden ihre Parallelen in der attisch-rotfigurigen Vasenmalerei. Vasenmaler und Wand- oder Tafelmaler werden mit den Arbeiten der anderen vertraut gewesen sein, unterscheiden sie sich doch nur im Maßstab, der Intention und der Technik. Den Eindruck jedoch, den die monumentale griechische Malerei bei ihren erstaunten Kritikern hervorgerufen hat, werden wir nie erfahren.

8

Die Hohe Klassik um 450–400 v. Chr.

Die Übergangsperiode, gekennzeichnet durch die herangereifte dorische Architektur und den Strengen Stil in der Plastik, wird manchmal auch als frühklassische Phase bezeichnet, da sie der hochklassischen Zeit in der zweiten Hälfte des Jahrhunderts vorangeht. Die Hohe Klassik ist vor allem durch die neuen Gebäude auf der Athener Akropolis bekannt, die für ein wohldurchdachtes architektonisches Konzept und reichen Skulpturenschmuck stehen. Athen vertritt selbstverständlich nicht ganz Griechenland, doch ist es das kreativste Zentrum kultureller Aktivität. Unter den Persern hatte es mehr gelitten als die meisten anderen Städte. Um die Mitte des 5. Jahrhunderts v. Chr. hatte sich die wirtschaftliche Lage soweit gebessert, daß Restaurierungs- und Erneuerungsarbeiten in Angriff genommen werden konnten.

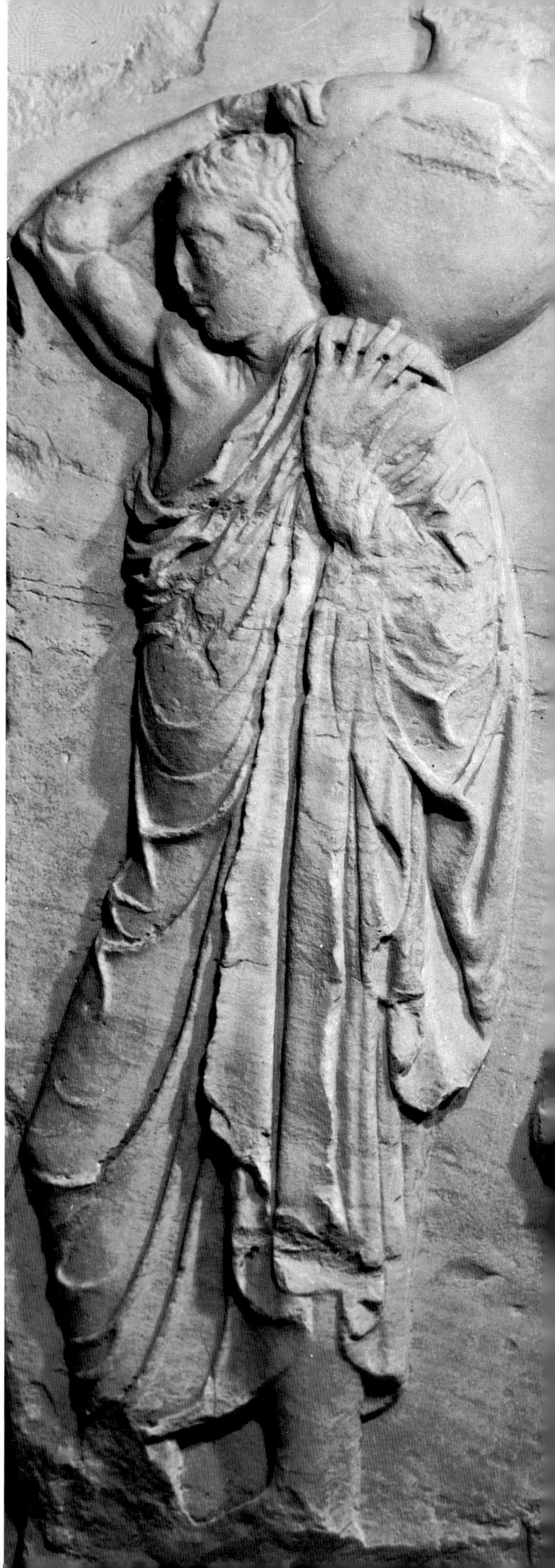

8.1 Athen, Parthenon, Nordfries: Wasserträger. 447–438 v. Chr. Marmor. Höhe 1,06 m. Athen, Akropolis-Museum

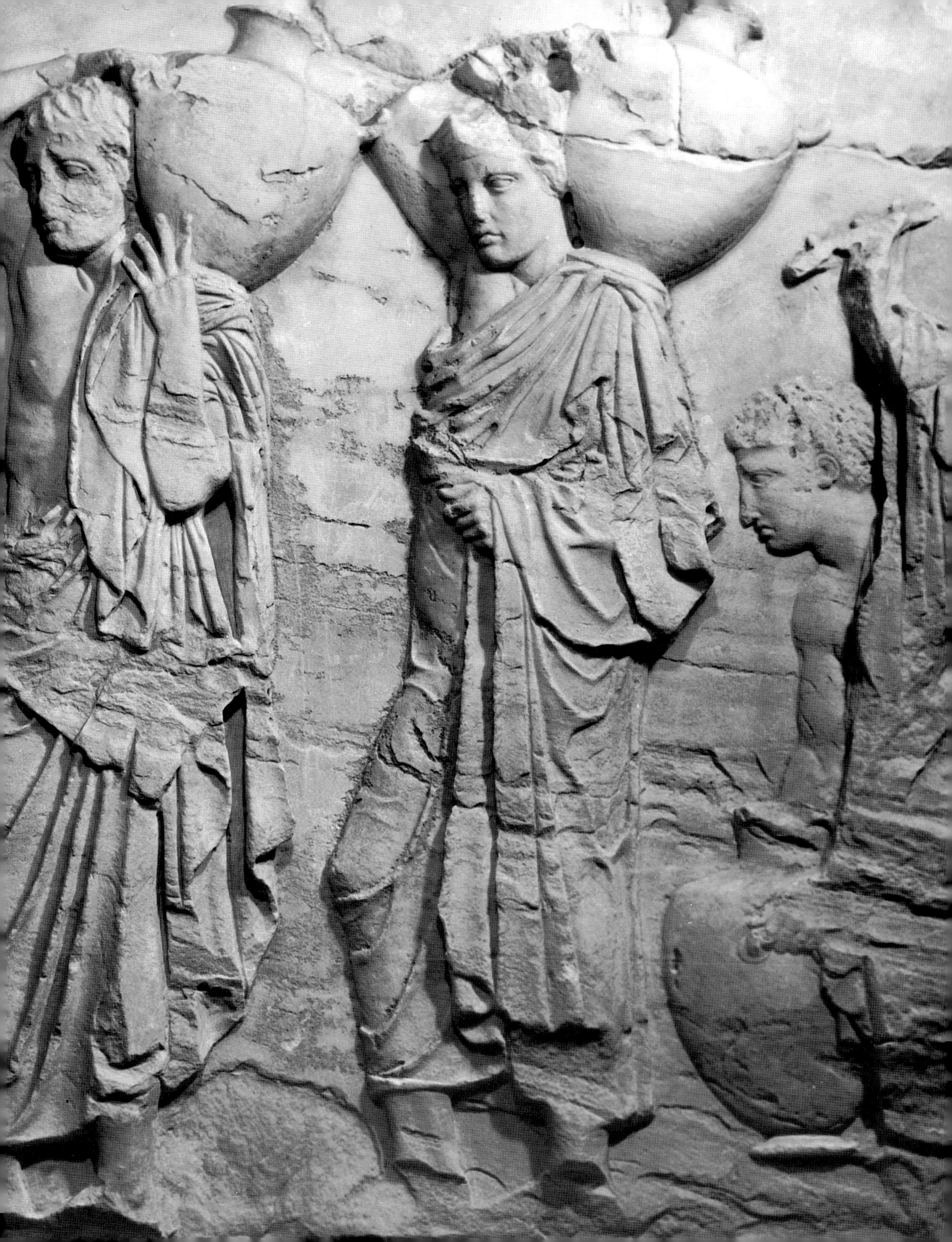

Die Ziele der Bildhauer, Gefühlsregungen auszudrücken, komplizierte Bewegungsabläufe darzustellen und Altersdifferenzierungen vorzunehmen, wurden neu überdacht. Alterszüge und anatomische Studien sind noch in einigen Figuren des Parthenon nachzuvollziehen, doch ging das Interesse an diesen Punkten offensichtlich zurück. Die Ideale des Strengen Stils ersetzte man nun oft durch uniformierende Darstellungen junger Männer und Frauen, denen einige Körpermerkmale gemeinsam waren. Die jüngeren weisen denselben Kopftyp auf, den ein kleiner Mund, große Augen, eine durchgehenden Profillinie von Nase und Brauen, der gleichgültige Ausdruck und ungekämmte Haare charakterisieren. Die Gewandung wurde einer radikalen Änderung unterzogen. Man schnitt die Falten tiefer ein und erweiterte damit den Licht-Schatten-Effekt. Die Kleidung lag eng am Körper an und ließ die darunterliegenden Glieder erkennen. Mit diesen Figuren wollten die Bildhauer ein Ideal von Jugend und Schönheit präsentieren, das den Göttern gefallen sollte und auch ihnen selbst eigen war: Durch ihre neuerlichen Erfolge und vor allem die Bezwingung der Perser schienen die Athener und ihre Heldenfiguren selbst göttlich geworden zu sein. Es ist der Drang nach einer Verschmelzung von Realem und Idealem, der die hochklassische Periode charakterisiert.

Mit der Planung der Parthenonskulpturen hatte man den Bildhauer Phidias betraut. Ihm ist der größte Einfluß auf die Prägung des neuen Stils zuzuschreiben. Doch auch in Argos tat sich eine Bildhauerwerkstatt hervor. Plinius überliefert, daß Phidias von einem Argiver, dem Hagelades, ausgebildet worden sei (siehe S. 225). Dieser unterrichtete vermutlich auch Polyklet, den zweiten großen griechischen Bildhauer der Epoche.

DER PELOPONNESISCHE KRIEG

Der große Krieg zwischen Athen und Sparta, der 431 v. Chr. ausbrach und bis 404 v. Chr. andauerte, prägte die Periode. Sparta und seine peloponnesischen und böotischen Verbündeten hatten das Anwachsen der athenischen Macht mit wachsender Unruhe beobachtet und in den Jahren zwischen 460 und 440 v. Chr. einige militärische Angriffe gegen Athen gewagt. Athen stand unter der Führung des Perikles, der 429 v. Chr. starb. Dieser bemerkenswerte Mann regierte die Stadt und sein Reich auf legale und verfassungsgebundene Weise mit persönlicher Stärke und Überzeugungskraft. In den jährlich abgehaltenen Wahlen ging er immer wieder als Sieger hervor. Offiziell waren die Partner des Bundes weiterhin verpflichtet, ihre Beiträge zu bezahlen, notfalls trieb man diese mit Gewalt ein. Sparta versuchte man hinzuhalten. Die Gerichtshöfe nahmen immer demokratischere Züge an. Es gab gewählte und bezahlte Juroren; diese Ämter kamen folglich nun auch für ärmere Bürger in Frage, die somit am Rechtssystem teilhaben konnten. Auch die Machtbefugnis der Volksversammlung wurde erweitert. Sklaven jedoch blieben weiterhin rechtlos, Frauen hatten kein Wahlrecht, Fremde wurden nur teilweise integriert. Die Demokratie in der Stadt war daher noch nicht perfekt. Eine wachsende außenpolitische Machtpolitik sollte dies kompensieren.

Die Feldzüge in den Jahren 450–440 v. Chr. offenbarten die Situation zwischen den beiden Lagern: Sparta und seine Verbündeten standen auf der einen Seite, Athen und sein Einflußbereich auf der anderen. Man erzwang einen Waffenstillstand. 431 v. Chr. brach der sogenannte Peloponnesische Krieg aus. Zwei Jahre später starb Perikles an der Pest, die Athen heimsuchte. Jahr für Jahr setzte man den Krieg fort. Athen vertraute auf seine Flotte, Sparta auf sein Heer, doch keiner Seite gelang es, die Oberhand zu gewinnen. 421 v. Chr. unterschrieb man einen weiteren Waffenstillstand. Athen träumte inzwischen von den Reichtümern Siziliens, so daß die Kriegshandlungen 415 v. Chr. erneut aufflammten. Das jämmerliche Versagen ihrer Anführer vor Syrakus und ihre Niederwerfung durch die Syrakuser im Jahre 413 v. Chr. markierte den Anfang vom Ende. Die Ereignisse zogen sich jedoch noch hin, bis die athenische Flotte 405 v. Chr. in einem Überraschungsangriff bei Aigospotamoi am Hellespont bezwungen wurde. Athen ergab sich im darauffolgenden Jahr. Die Langen Mauern, die die Stadt mit dem Hafen in Piräus verbanden, wurden niedergerissen. Spartanische Truppen marschierten in die Stadt ein.

Das westgriechische Syrakus hatte den Krieg mit Athen nicht gewollt. Die Tyrannen hatten der Metropole in der ersten Hälfte des Jahrhunderts zu

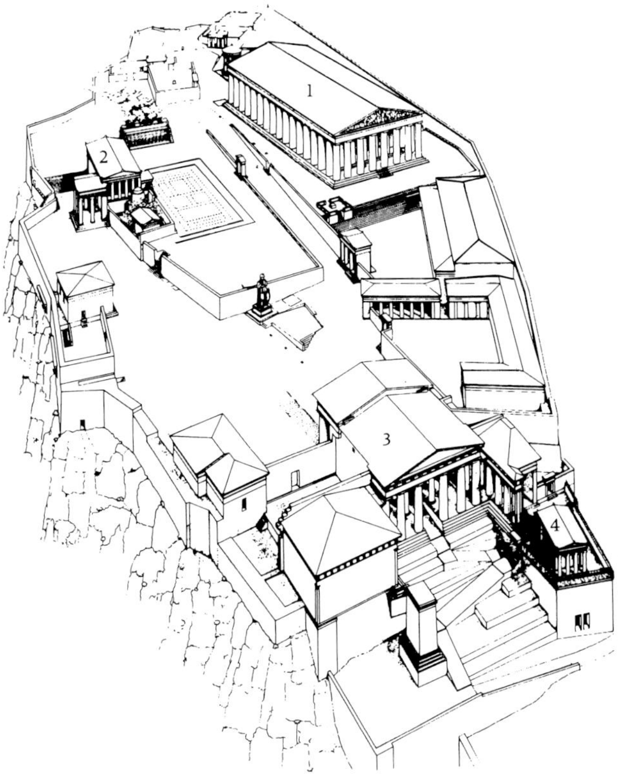

8.2 Rekonstruktionszeichnung der Athener Akropolis. Spätes 5. Jh. v. Chr.
1 Parthenon
2 Erechtheion (der gepunktete Grundriß rechts davon stammt von dem archaischen Tempel)
3 Propyläen
4 Athena-Nike-Tempel

Reichtum und Macht verholfen. Nach dem Tod des Thrasybul führte man ein demokratisches System ein, das bis 405 v. Chr. gewahrt wurde. Die Demokratie führte zu kommerziellen Erfolgen, doch der Krieg war eine ständige Bedrohung: durch die Etrusker, die die Handelsrouten unsicher machten, und die griechischen Nachbarn, vor allem Akragas. In all diesen Auseinandersetzungen behielt Syrakus die Oberhand. Man war vorbereitet, als 415 v. Chr. die athenische Expedition eintraf, die offiziell Segesta zur Hilfe kam, jedoch auch schon ein Auge auf den Reichtum der Syrakusaner und die gesamte Insel geworfen hatte. Fortwährend gab es Spannungen zwischen den peloponnesischen und anderen Kolonien, Dorer und Ionier waren von jeher Feinde. Athen wollte die Situation ausnutzen für Verträge mit verschiedenen Staaten – Segesta, Leontinoi, Rhegium und Gela – und hoffte, dadurch die Hegemonie von Syrakus über Sizilien zu brechen. Die Expedition endete jedoch in einer Katastrophe: Die Flotte wurde zerstört und die Armee in die Flucht geschlagen. 7000 Athener gerieten in Gefangenschaft, viele von ihnen starben in den Steinbrüchen.

Im Jahrzehnt vor seinem Tod setzte Perikles mit Bündnisgeldern das große Programm eines Wiederaufbaus auf der Akropolis in Gang (Abb. 8.2). Das Glanzstück war der zwischen 477 und 432 v. Chr. errichtete Parthenon. Ihm folgten die Propyläen, das zwischen 437 und 432 v. Chr. konstruierte monumentale Eingangstor, das beim Ausbruch des Krieges noch unvollendet war. Diese beiden Anlagen waren sicherlich als Blickpunkte in Perikles' Entwurf gedacht. Zwei weitere Gebäude, das Erechtheion (440 bzw. 430 bis 406 v. Chr.) und der Athena-Nike-Tempel (430–420 v. Chr.) könnten ebenfalls Teile des ursprünglichen Plans gewesen sein. Die vier Anlagen dienten der Glorifizierung Athens während einer Periode, in der die Stadt kreative Meister aller Kunstgattungen beherbergte.

Als Architekten arbeiteten Iktinos, Kallikrates und Mnesikles auf der Akropolis. Die Bildhauer sind weniger leicht zu identifizieren. Die Arbeit am Parthenon und anderen Bauten, die kein Ende zu nehmen schienen, unterstanden jedenfalls der Kontrolle des Phidias. Plutarch behauptet sogar, Phidias sei das ausführende Organ sämtlicher Baupläne des Perikles gewesen.

Architektur und Bauplastik

ATHEN

Der Parthenon Als die Perser 480 v. Chr. die Akropolis erstürmten, fanden sie dort den Vorgängerbau des Parthenon vor. Diesen brannten sie nieder und ließen wenig übrig, was für den neuen Tempel der Athena Parthenos, den Parthenon, 30 Jahre später wiederverwendet werden konnte (Abb. 8.3). Das meiste wurde in den Flickstellen der Burgmauer an der Nordseite der Akropolis verbaut. Nur die Fundamente und einige Säulentrommeln behielten die Architekten des Parthenon, Iktinos und Kallikrates, bei. Die Fundamente bedurften einer Erweiterung, da der Parthenon eine riesige Athenastatue beherbergen sollte, die eine weitläufigere Cella erforderte. Die Arbeit nahm man 447 v. Chr. in Angriff, 438 v. Chr. erfolgte die Weihung von Tempel und Statue an die Göttin Athena Parthenos (die Jungfräuliche), die Giebelstatuen vollendete man erst 432 v. Chr.

Obwohl der Parthenon als der Inbegriff dorischer Tempelarchitektur gilt, beinhaltet er doch ungewöhnliche Elemente. Die 8 Fassadensäulen

8.3 Athen, Parthenon, Blick von Nordwesten. 447–342 v. Chr. *Pentelischer* Marmor

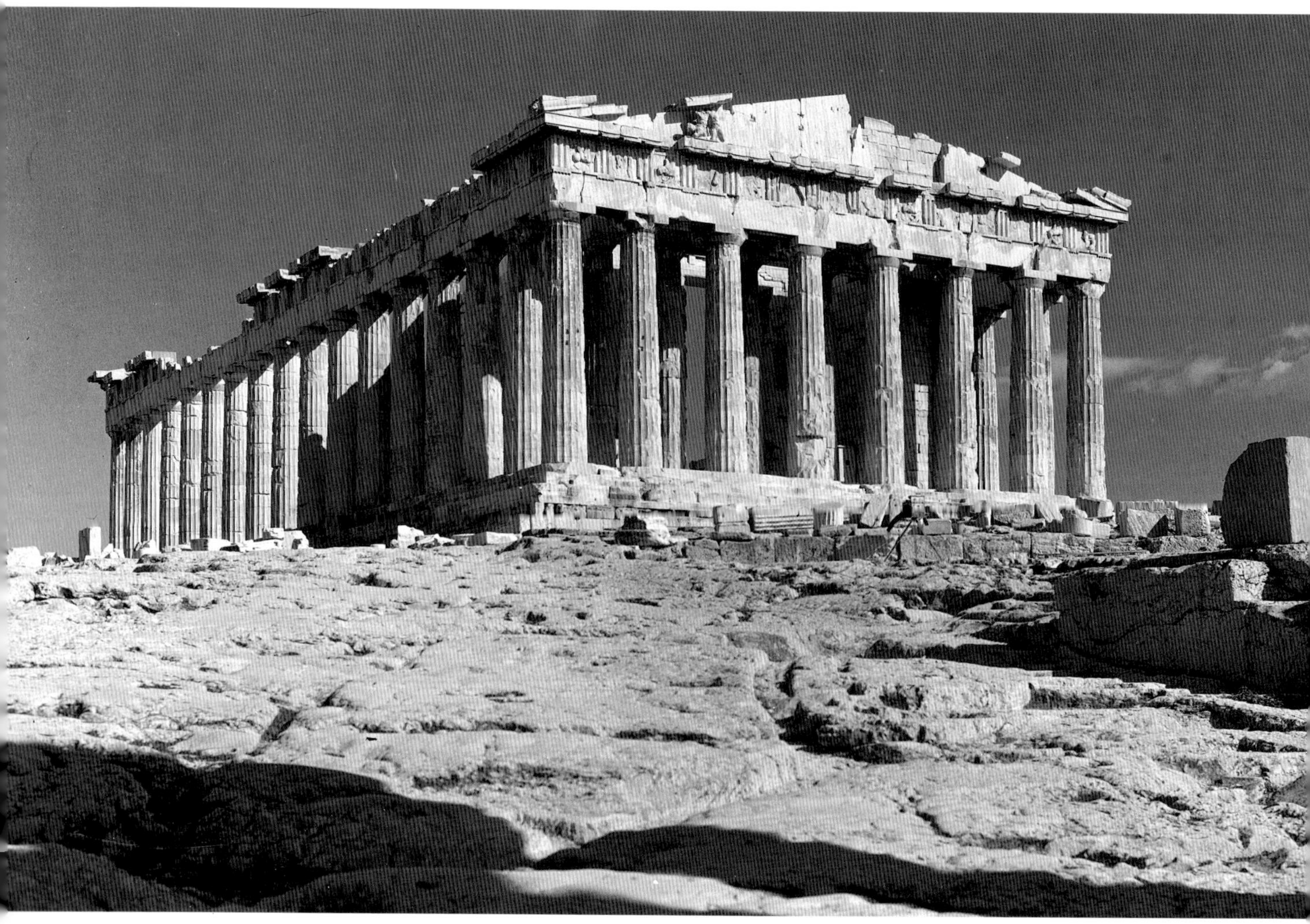

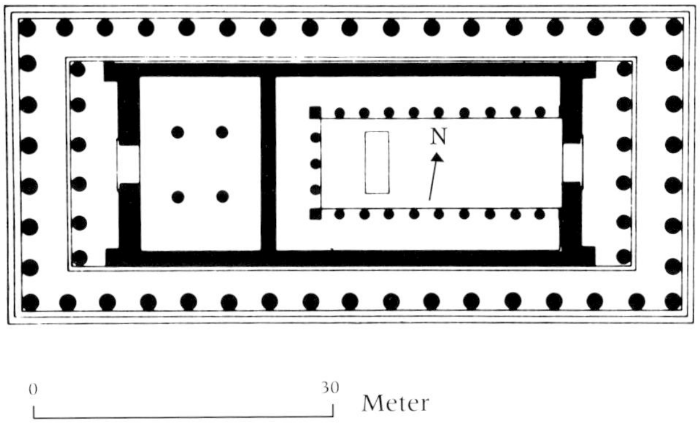

8.4 Grundriß des Athener Parthenon. Um 447–432 v. Chr.

(Abb. 0.8, S. 17) entsprechen nicht dem Standard, wenn es auch hierfür Vorläufer gibt: am 150 Jahre früher errichteten Artemis-Tempel auf Korkyra, sowie am Tempel A von Metapont und am Tempel G von Selinunt. Die je 17 Säulen der Langseiten folgen dem Kanon zum Zahlenverhältnis der Säulen (Abb. 8.4). Sowohl dem Grundriß als auch dem Aufriß liegt ein Maßverhältnis von 9 : 4 zugrunde. Um Platz für eine große Cella und eine Rückhalle zu gewinnen, ersetzte man das übliche dorische Vorhallenarrangement durch eine kürzere Vor- und Rückhalle, die sich mit je 6 prostylen Säulen öffneten. An beiden Seiten des Portals in der Rückwand der Vorhalle fügte man Fenster ein. Eine zweistöckige dorische Kolonnade umgab die Statue in der Cella. Im rückwärtigen Raum, in dem man den Schatz der Athena aufbewahrte, hatte man ionische Säulen errichtet. Ein weiteres ionisches Element, ein durchgehender Skulpturenfries, umgab in einer Höhe, die gerade noch einsehbar war, die Außenwand der Cella, der rückwärtigen Kammer und der Hallen. Die Außenfassade blieb mit ihren Säulenschäften, den Kapitellen mit ihren steilen Echini, dem Architrav, einem Metopen-Triglyphen-Fries und dem Gesims der dorischen Ordnung verhaftet (Abb. 8.5). Alles war aus Marmor gefertigt, präzise gearbeitet und zusammengefügt.

Als grundsätzliche Tendenzen der Entwicklung der dorischen Ordnung von der archaischen Periode bis in die hohe Klassik ist festzuhalten, daß die Säulen generell höher und dünner wurden, das anfangs sackartige Profil des Echinus straffte man, die rechteckigen Metopen ersetzte man durch quadratische. Die Höhe des Gebäudes wurde durch die Verschmälerung der Gebälkzone reduziert.

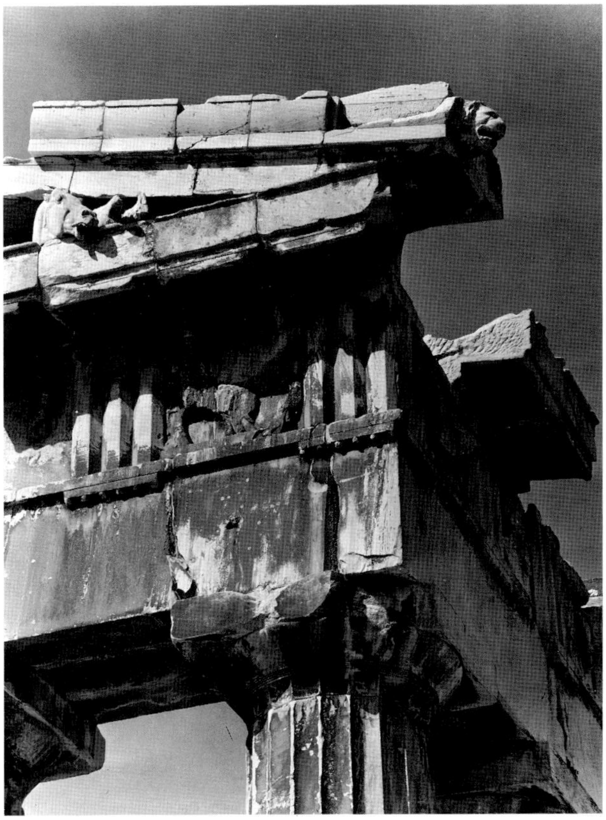

8.5 Athen, Parthenon, Nordostecke mit dorischem Kapitell, Architrav und Friesblöcken (Triglyphen und Metope) sowie Gebälk. 447–438 v. Chr. Marmor. Höhe (Architrav und Fries) 2,75 m

Von besonderem Interesse sind die ionischen Säulen im Entwurf des Parthenon. Die Mischung der Ordnungen, die erstmals mit dem Athena-Tempel von Poseidonia (S. 164) belegt ist, hatte sich nun in ganz Griechenland durchgesetzt. Begegnet ist sie uns bereits in der Stoa Poikile auf der Agora (S. 215).

Ungewöhnlich ist auch die Menge ausgeklügelter Details, die in die Architektur des Parthenon Eingang gefunden hat. Die Säulenschäfte schwellen an (Entasis), um den optischen Eindruck zu korrigieren. Die Ecken sind kontrahiert. Die Säulen lehnen sich geringfügig nach innen. Die Anten krümmen sich nach außen. Der Stylobat fällt in einer sanften Kurve nach außen ab (andernfalls wäre der optische Eindruck erweckt worden, als senke sich der Unterbau in der Mitte). Ein ähnliches Phänomen ist im Gebälk festzustellen. Es gibt tatsächlich keine waagrechten und senkrechten Achsen und damit auch keine rechten Winkel. Die Abweichungen geben dem Gebäude etwas Bewegliches und verhindern ein kastenartiges Erscheinungsbild. Die Erhabenheit der Form wurde durch Dynamik ersetzt. Die Ansprüche in der Fertigung des Mauerwerks waren enorm. Jeder Block mußte einzeln eingepaßt werden. Sie alle sind fugendicht aneinandergefügt und nur die Nute in ein oder zwei Metopen weisen Spuren von Ungenauigkeit und Hast auf.

Berühmt ist die Anlage vor allem wegen ihrer Skulpturen. Giebelgruppen zierten die vordere und rückwärtige Fassade, die reliefierten Metopen umfuhren alle vier Ansichtsseiten. Im Inneren hatte man einen durchgehenden Fries angebracht und das große Gold-Elfenbein-Standbild der Athena errichtet. Der Gedanke an den Zeus-Tempel von Olympia ist unvermeidlich. Gemeinsamkeiten bestehen in der Anordnung der Giebelskulpturen. Die reliefierten Metopen am Parthenon ersetzen die ungeschmückten Platten des Zeus-Tempels. Der ionische Fries nimmt den Platz des dorischen in Olympia ein.

Der dekorative Schmuck des Parthenon ist in der Tempelarchitektur einzigartig und würde eher zu einem Schatzhaus passen. Das Schatzhaus der Athener in Delphi (S. 157 f.) tritt als Parallele und Vorläufer in Erscheinung. Der Parthenon ersetzte dennoch nicht den alten Athena-Tempel auf der Akropolis, der von den Persern zerstört worden war. Er diente weder als Behausung für das alte hölzerne Kultbild der Göttin, zu deren Schutz das Erechtheion konstruiert wurde, noch zählte ein Opferaltar zu seiner Ausstattung. Man hat den Eindruck, als sei dieses kunstvolle Geschenk an die Göttin gleichermaßen Schatzhaus wie Tempel. Tatsächlich verwahrte man darin die Schätze der Athena. Die Goldkompartimente ihres Gewandes konnten abgenommen werden, so daß auch die Statue als Verwalterin des Reichtums fungierte.

Die Metopen Von den 92 Metopen sind jene der Ost-, Nord- und Westseite stark beschädigt. Die der Südseite haben sich besser erhalten, da sie den Händen der christlichen Bilderstürmer, die die Anlage in eine Kirche verwandelten, entgangen waren. Acht oder neun von ihnen gingen 1687 verloren, als das Pulverdepot der Türken, die den Parthenon als Moschee nutzten, explodierte. Die Bildthemen sind wohlbekannt: An der Ostseite kämpfen Götter gegen Giganten, im Westen Griechen gegen Amazonen, im Norden Griechen gegen Trojaner und an der Südseite Lapithen gegen Kentauren. Sie alle stehen als lebendige Metaphern für den Sieg der zivilisierten Welt über die Barbaren und rufen die mythische Vergangenheit der Griechen und ihre aktuellen Erfolge ins Gedächtnis zurück.

Die Metope in der Südwestecke zeigt ein schräg ineinander verkeiltes Kentauren-Lapithen-Paar (Abb. 8.6), das fast rundplastisch ausgearbeitet ist. Beeinträchtigt ist die Darstellung durch die heute fehlende Metallapplikation, einen Spieß, der sich in die Leiste des Kentauren bohrte.

Auf einer weiteren Metope (Abb. 8.7) stürzt der Lapithe nach vorne und damit fast aus dem Rahmen heraus. Dominiert wird die Szene von der Intensität des Kampfes und den Gewandfalten, die, ursprünglich bemalt, den Hintergrund des menschlichen Körpers bilden. Es handelt sich um eine

8.6 Athen, Parthenon, südwestliche Eckmetope: Lapithe und Kentaur im Kampf. 447–438 v. Chr. Marmor. Höhe 1,34 m

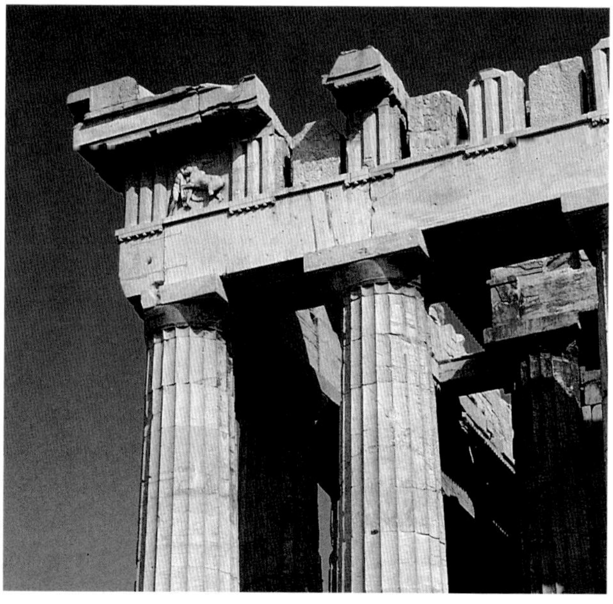

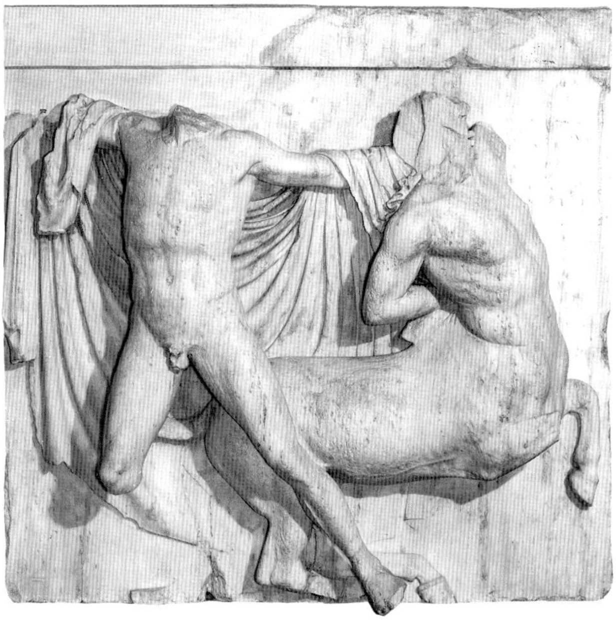

8.7 Athen, Parthenon, Südmetope 27: Kampf zwischen Lapithen und Kentaur. 447–438 v. Chr. Höhe 1,34 m

kühne Komposition. Die virtuose Ausführung des stark von Venen durchzogenen Körpers des Kentauren und der scheinbar fliegende, leicht gedrehte Lapithe ziehen das Auge an.

Die Giebel Der Ostgiebel litt sehr unter dem Einbau einer Apsis, als das Gebäude als christliche Kirche genutzt wurde. Die Mittelfiguren wurden vollständig, der Westgiebel größtenteils zerstört, als der venezianische General Francesco Morosini 1687 versuchte, die Pferdegruppen aus dem Zentrum zu entfernen, jedoch nur erreichte, daß sie schließlich von dem Gebäude hinabstürzten. Gesehen wurden sie noch von Pausanias, der ihnen eine ausgesprochen kurze Beschreibung widmete. 1674 hatte ein flämischer Künstler, der gelegentlich mit Jacques Carrey identifiziert wird, noch eine Zeichnung davon angefertigt, die folglich von unschätzbarem Wert ist. Er hielt die Giebel, die Metopen der Südseite und Teile des Frieses im Bild fest. Von den Giebelfiguren überdauerten nur wenige. Diese sind als Rundplastiken ausgearbeitet, obwohl sie in einer Höhe von 16 m über dem Laufniveau angebracht und von dort aus nur teilweise sichtbar waren. In Olympia hatten die Bildhauer ökonomischer gearbeitet. Mit einem Hebekran hochgezogen, positionierte man die Skulpturen nach den Entwürfen des Phidias im Giebelfeld. Die Komposition war mit Figuren überfüllt, die sich teilweise überschnitten und deren Arme und Beine auf eine Art aus dem Bildfeld hinausragten, wie wir sie bereits am Aphaia-Tempel auf Ägina beobachten konnten.

Der Westgiebel zeigte den Wettstreit zwischen Athena und Poseidon um die Führung der Stadt Athen. Im Zentrum der Komposition befanden sich die beiden Götter in einer X-förmigen Anordnung. Ihre Bewegungen nach außen wurden durch die Wagengruppen hinter ihnen aufgefangen (Abb. 8.9). Sitzende und liegende Figuren füllten die Ecken. Eine Gruppe (Abb. 8.9) könnte den frühen König Athens, den durch eine sich neben ihm geringelte Schlange erkennbaren Kerkops, und eine seiner Töchter darstellen, die sich auf ihn stützt, als würde sie vor der Mittelszene zurückschrecken. Eine weitere Figur (Abb. 8.10) in der Ecke gilt als Personifikation des attischen Flusses Ilissos, und erinnert an die Flußgötter im Olympiagiebel.

8.8 Athen, Parthenon, Rekonstruktionszeichnung des Westgiebels (Ernst Berger)

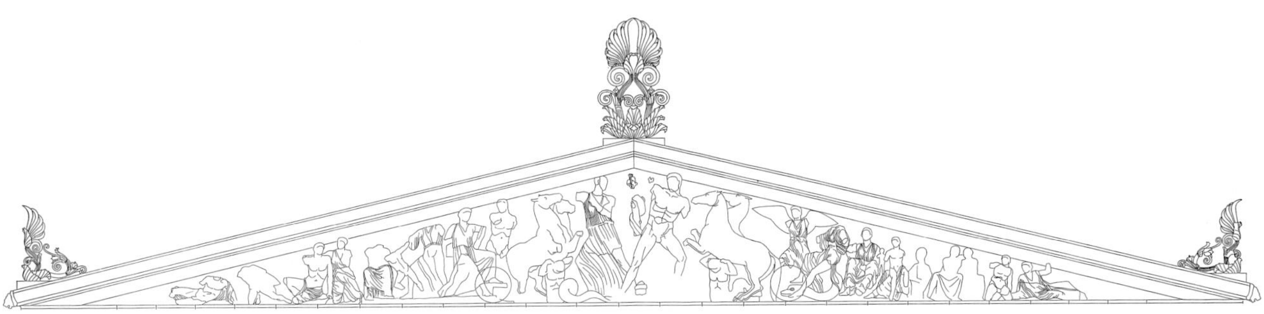

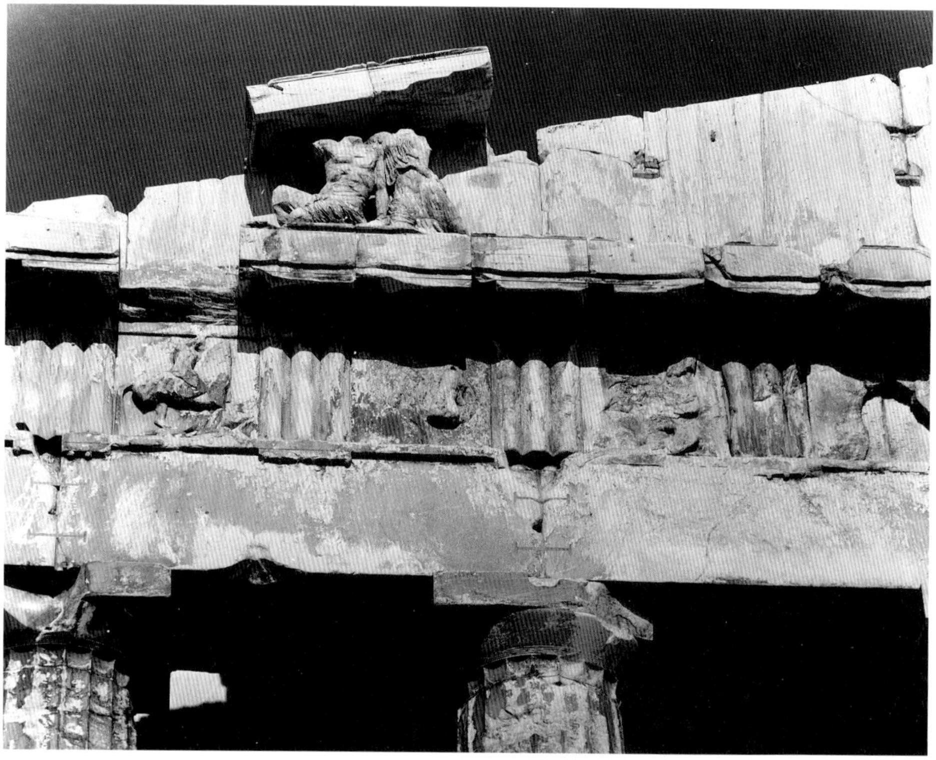

8.9 *oben* Athen, Parthenon, Westgiebel: Kekrops mit seiner Tochter *in situ*. 437–432 v. Chr. Marmor. Höhe 1,37 m

8.10 *unten* Athen, Parthenon, Westgiebel: gelagerte männliche Figur (Personifikation des Flusses Ilissos). 437–432 v. Chr. Marmor. Länge 1,56 m. London, Britisches Museum

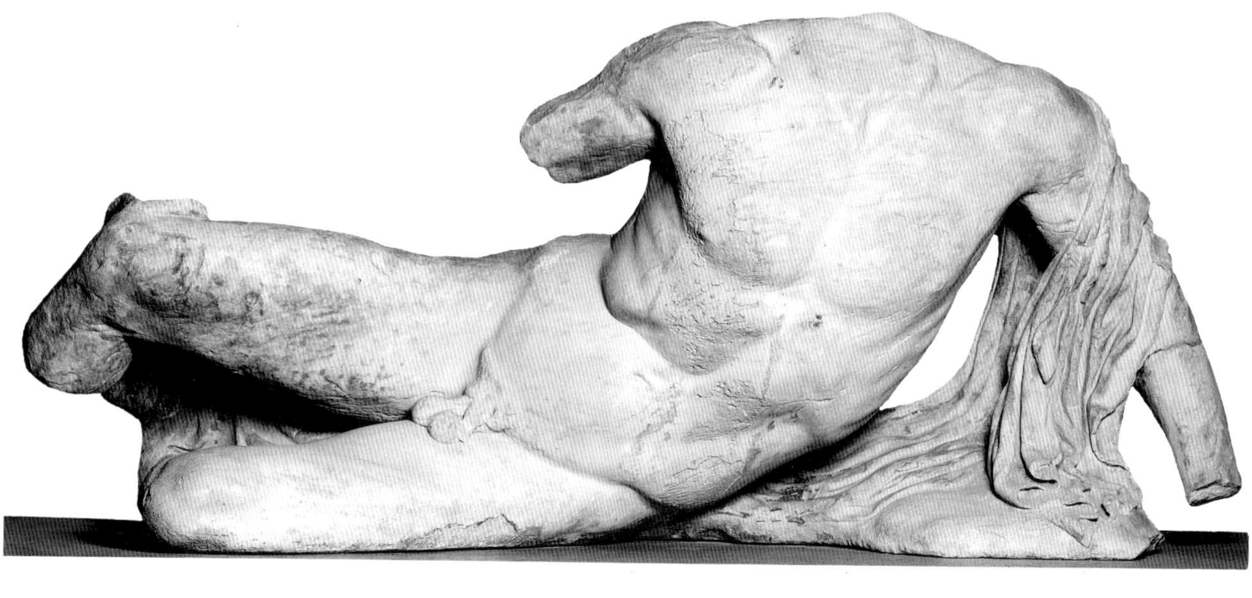

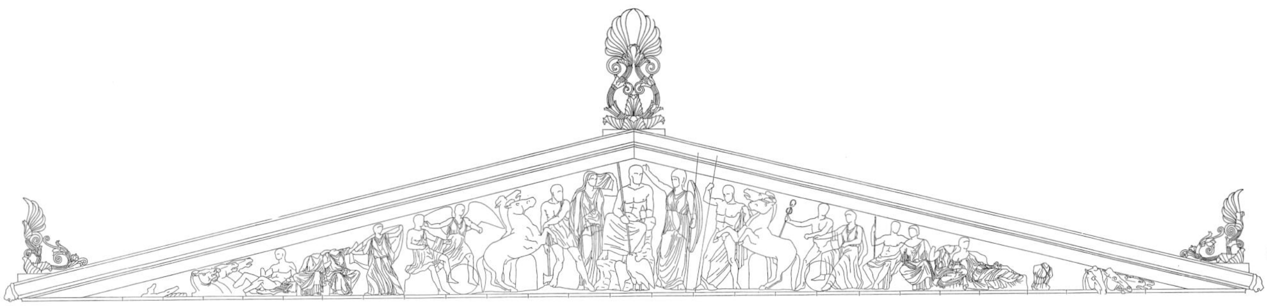

8.11 Athen, Parthenon. Rekonstruktionszeichnung des Ostgiebels (Ernst Berger)

Eine weitere Episode der mythischen Stadtgeschichte, die Geburt der Athena, illustrierte der Giebel an der Front (Abb. 8.11). Auch hier ging die Mittelgruppe verloren, doch scheint sie Athena dargestellt zu haben, die in voller Rüstung neben ihrem Vater Zeus stand, aus dessen Kopf sie entsprungen war. Hephaistos und Hera waren wohl in unmittelbarer Nähe aufgestellt gewesen, umgeben von weiteren Olympischen Göttern. Der Künstler stellte den Zeitpunkt des Ereignisses, die Morgendämmerung dar, indem er die Pferde des Helios (der Sonne) im Südende des Giebels aufsteigen und jene der Selene (des Mondes) am gegenüberliegenden Ende herabsinken ließ. Die erhaltenen Figuren zeigen sich von dem Ereignis in der Mittelszene verschieden ergriffen. Eine liegende nackte Gestalt (Abb. 8.12) blickt der aufgehenden Sonne entgegen, Athenas Geburt nicht gewärtig. Identifiziert wird sie gelegentlich als Ares, Dionysos, Herakles oder gar als die Personifikation des

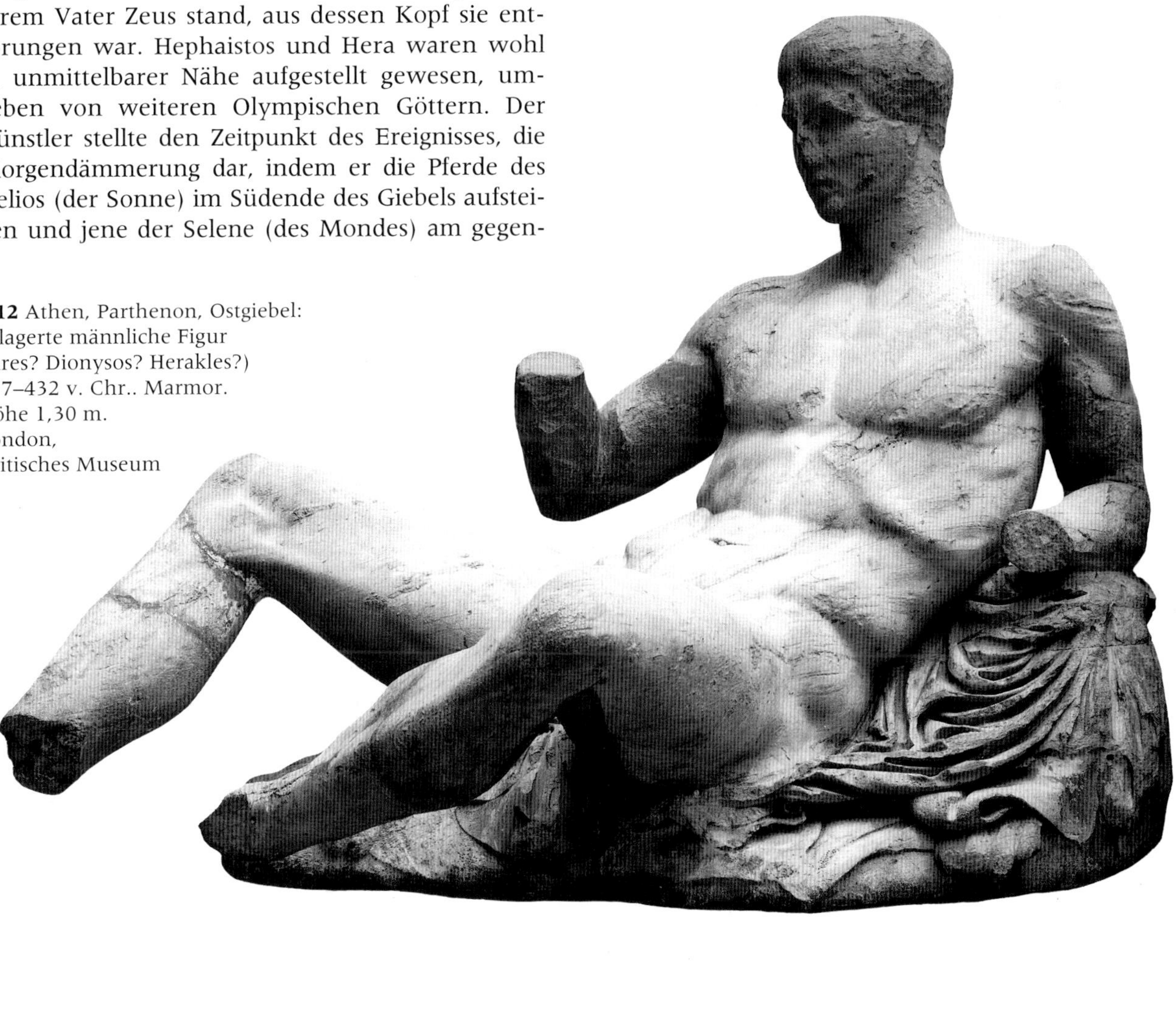

8.12 Athen, Parthenon, Ostgiebel: gelagerte männliche Figur (Ares? Dionysos? Herakles?) 437–432 v. Chr.. Marmor. Höhe 1,30 m. London, Britisches Museum

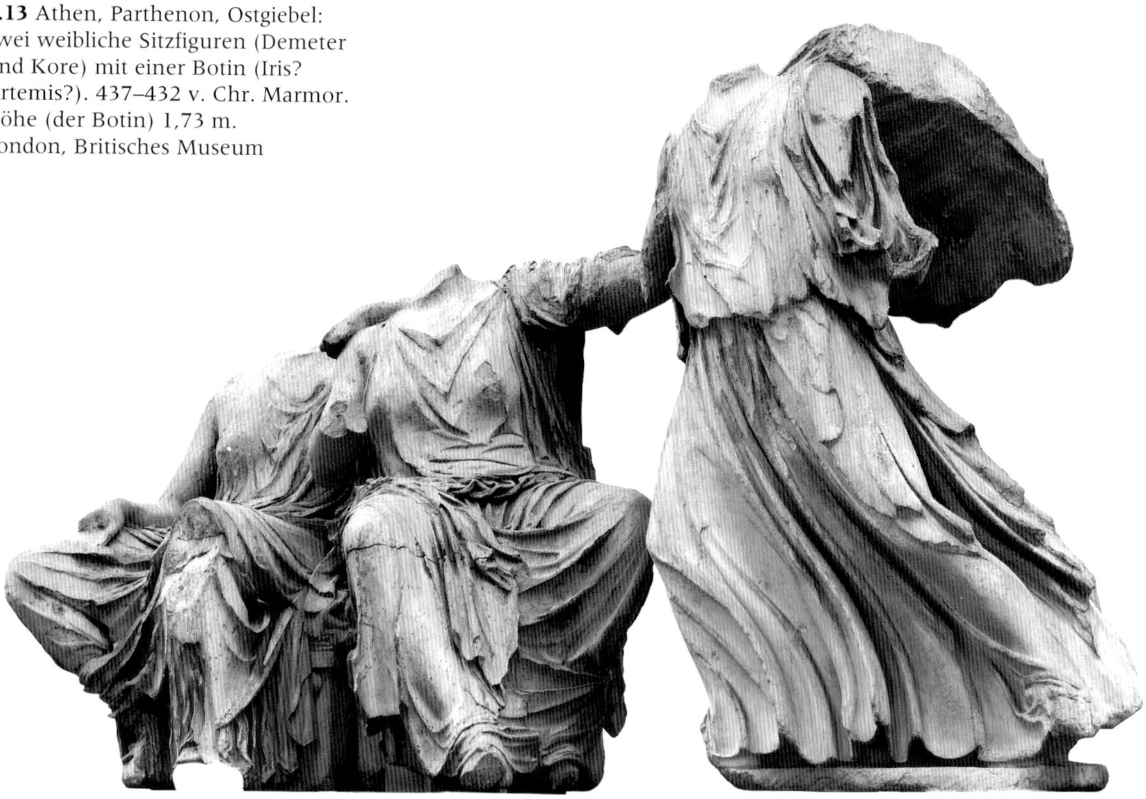

8.13 Athen, Parthenon, Ostgiebel: zwei weibliche Sitzfiguren (Demeter und Kore) mit einer Botin (Iris? Artemis?). 437–432 v. Chr. Marmor. Höhe (der Botin) 1,73 m. London, Britisches Museum

Berges Olymp, womit sie als Ortsangabe in Ergänzung zur Zeitangabe fungiert hätte. Daneben saßen Demeter und Kore (Abb. 8.13), massive Körper mit tief eingeschnittener Gewandung, die sich auf ihren Sitzen der Mitte zudrehten, um auch an dem Ereignis teilzuhaben. Interesse und Spannung steigerten sich zum Zentrum hin. In der Nordhälfte lag eine Göttin entspannt im Schoß einer anderen (Abb. 8.14), die dritte sitzende Figur ist bereits der Mittelszene zugewandt. Die Göttinnen tragen dünne, gefächerte Chitone, die sich eng an die Oberkörper schmiegen und die Kontur der Brust nachvollziehen. Die Mantelfalten über den Beinen sind tief eingeschnitten und rufen dramatische Licht-Schatten-Effekte hervor, die sogar aus der Distanz erkannt werden konnten. Auch hier schmiegt sich der Stoff an die Körper und enthüllt die Umrisse von Knien, Oberschenkeln und Waden.

Wiedergegeben war der Augenblick nach der Geburt, kein Moment großer Aktivität, sondern ein Ineinander von unbeteiligten und am Ereignis teilnehmenden Figuren, die durch ihe Körperhaltung dem großen Ereignis Achtung zollen. Die Übergänge zwischen den beiden Göttergruppen sind geschickt kalkuliert, gemeinsam ist ihnen die hervorstechende bildhauerische Ausführung der Gewandgestaltung.

Der Fries Der reliefierte Fries umfuhr in ca. 12 m Höhe den Kern des Gebäudes (Abb. 8.15). Er erreichte eine Höhe von über 1 m und eine Länge von ca. 160 m. Der Anbringungsort erlaubte es kaum, ihn zu betrachten. Um den Effekt zu erhöhen, vertiefte man das Relief im oberen Bereich. Die Figuren waren bunt bemalt. Waffen und Pferdegeschirr hatte man in Metall appliziert. Die verschiedenen Szenen waren wie in einem Filmstreifen aneinandergereiht. Ein Großteil des Frieses befindet sich heute im Britischen Museum in London, andere Teile werden im Akropolis-Museum aufbewahrt, einige Fragmente sind auch in den Louvre gelangt.

An der Westseite (Abb. 8.16) bereiten sich 13 Reiter auf den Reiterzug vor, der den größten Raum der Nord- und Südseite einnimmt. Die Rei-

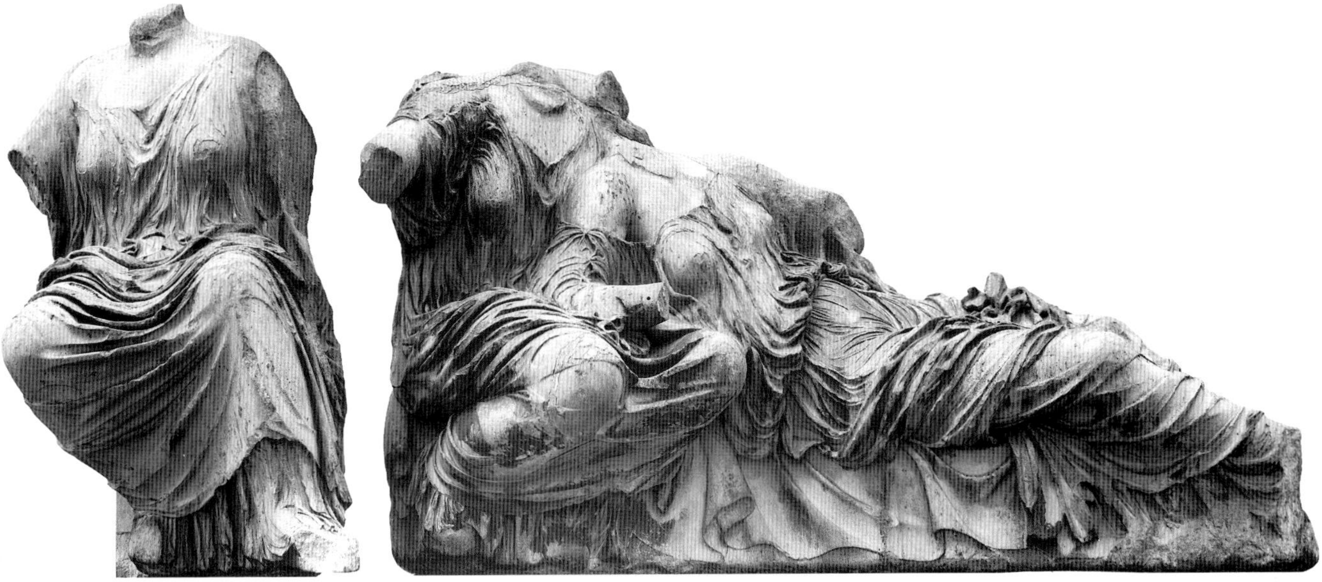

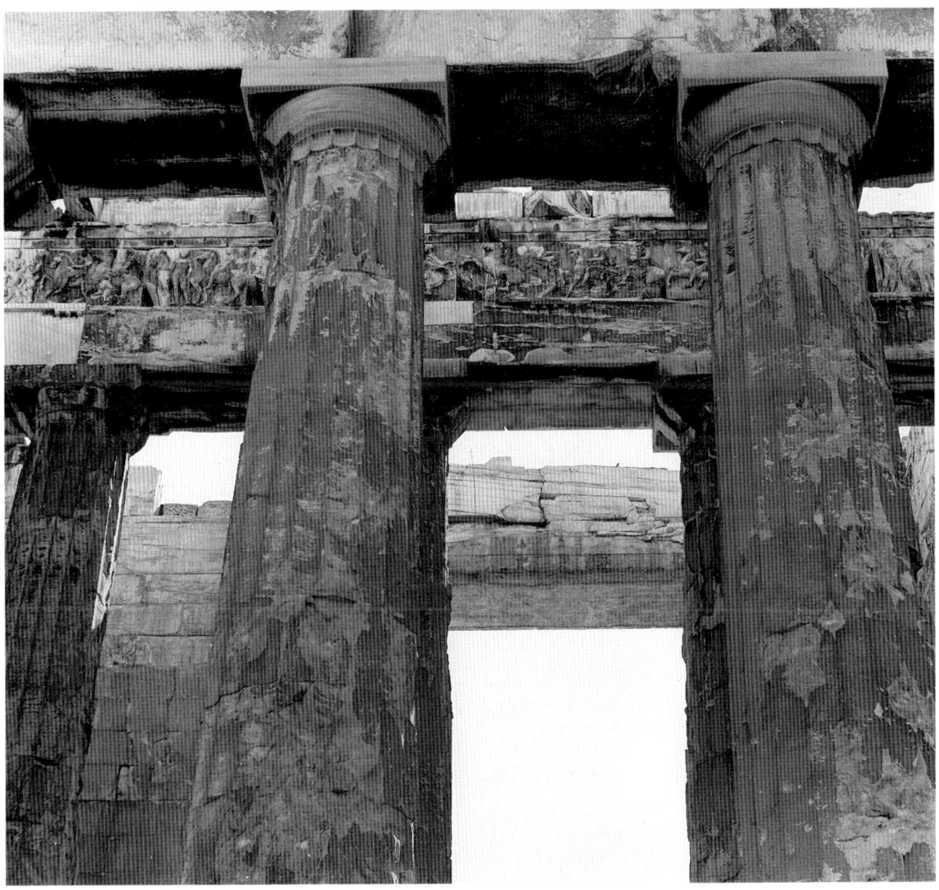

8.14 *oben* Athen, Parthenon, Ostgiebel: drei weibliche Figuren (Hestia? Dione? und Aphrodite) 437–432 v. Chr. Marmor. Höhe (Hestia) 1,34 m. London, Britisches Museum

8.15 *links* Athen, Parthenon, Westfries *in situ* von unten gesehen: Reiterzug in Vorbereitung. 447–438 v. Chr. Marmor. Höhe (des Frieses) 1,06 m

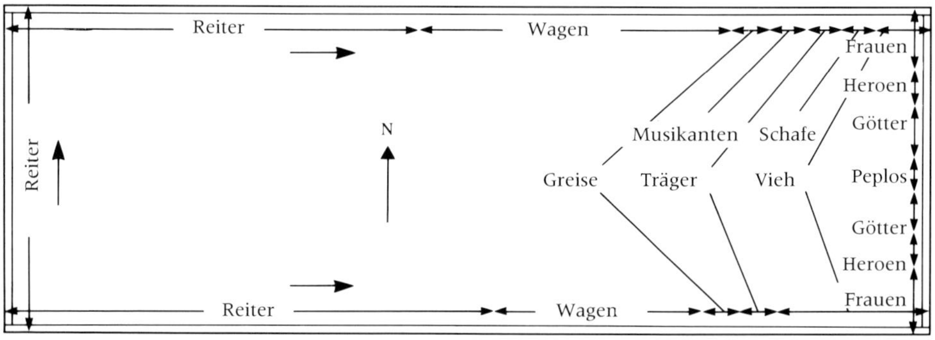

8.16 Anordnung der Szenen am Parthenonfries

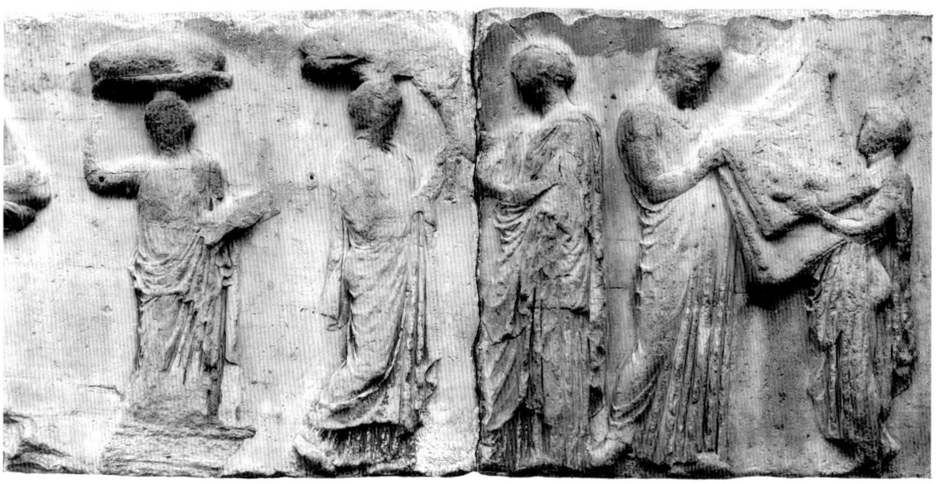

8.17 Athen, Parthenon, Ostfries: Peplosübergabe. 447–438 v. Chr. Marmor. Höhe 1,06 m. London, Britisches Museum

ter der Nord- und Südseite werden von Wagen angeführt, die jeweils von einem Wagenlenker und einem Krieger besetzt sind. Davor befinden sich ältere, stehende Männer und Musikanten mit ihren vorwärts schreitenden Begleitern, die Schafe und junge Kühe als Opfertiere mit sich führen. Der Ostfries zeigt Frauen, die von den Friesenden zur Mitte schreiten und dort auf eine Gruppe junger Amtsinhaber treffen. Daran schließen die 12 Olympischen Götter an, die in zwei Gruppen zu je sechs Platz genommen haben. Die Mitte des Friesabschnittes füllen fünf Figuren: Eine junge Frau, gelegentlich als Priesterin der Athena angesprochen, wird flankiert von zwei weiteren Frauen auf der einen und einem jungen Mann – vielleicht dem Archon Basileus – sowie einem Mädchen auf der anderen Seite, das ihm ein Gewand übergibt (Abb. 8.17). Es dürfte sich hierbei um den Peplos handeln, der jedes Jahr für Athena gewoben und ihr am Panathenäenfest auf der Akropolis überreicht wurde. Die von der Südwestecke des Gebäudes ausgehende Prozession erreicht ihren Höhepunkt mit der Ankunft bei den sitzenden Göttern, die ihrerseits wiederum die Szene mit dem Peplos rahmen. Der Entwurf des komplexen Frieses scheint das Werk eines einzigen Künstlers, vielleicht des Phidias.

An der Westseite schicken sich die Reiter an, auf ihre Pferde zu steigen, sich ihre Ausrüstung zurecht zu legen und loszureiten (Abb. 8.18). Posen, Gesten, Gewänder, Frisuren und sogar die Kopfbedeckungen zeigen ein weites Formenspektrum. Die Pferde tänzeln und bäumen sich auf, manchmal sind alle vier Hufe vom Boden erhoben. Die Mäntel der Reiter flattern und unterstreichen dadurch die Vorwärtsbewegung. Bohrlöcher zeigen an, wo Metallapplikationen aufgesetzt waren. Die Reiter überschneiden sich (Abb. 8.19), manchmal sind es bis zu 7 Pferde, die in dem flachen Relief hintereinander dargestellt sind.

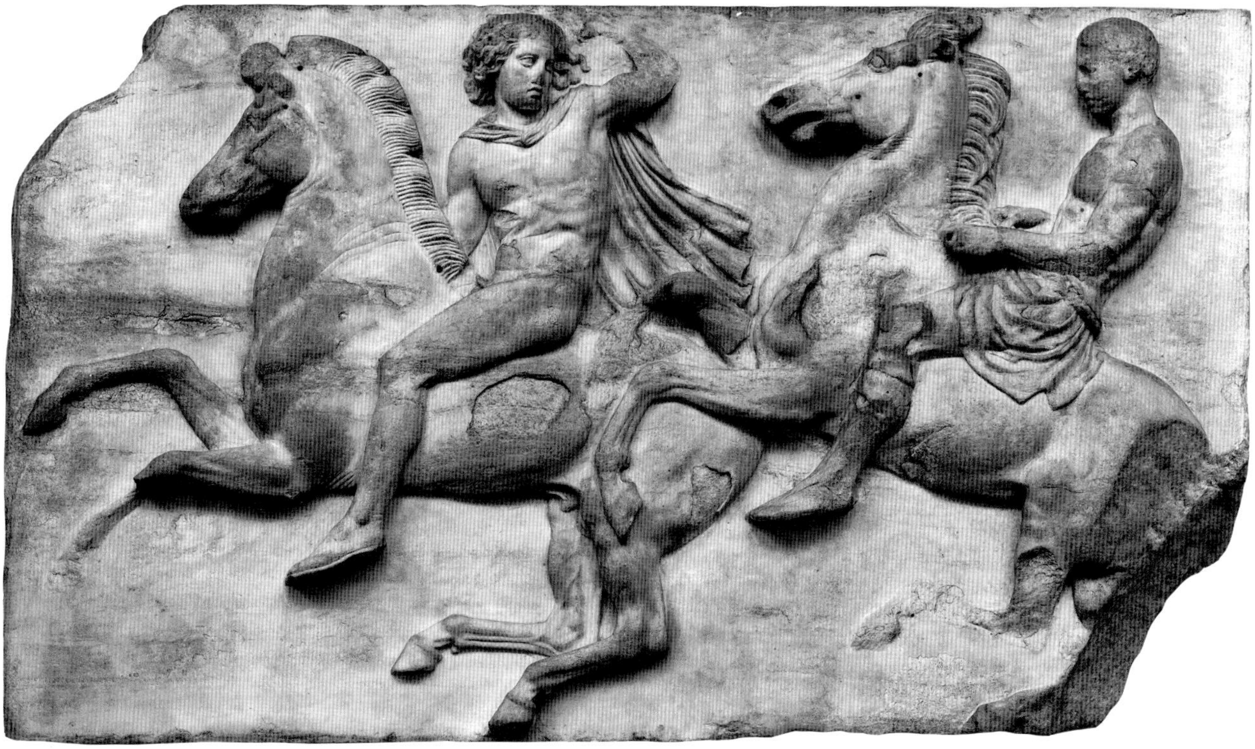

8.18 *oben* Athen, Parthenon, Westfries: Reiter. 447–438 v. Chr. Marmor. Höhe 1,06 m. London, Britisches Museum

8.19 *unten* Athen, Parthenon, Nordfries. Reiterzug. 447–438 v. Chr. Marmor. Höhe 1,06 m. London, Britisches Museum

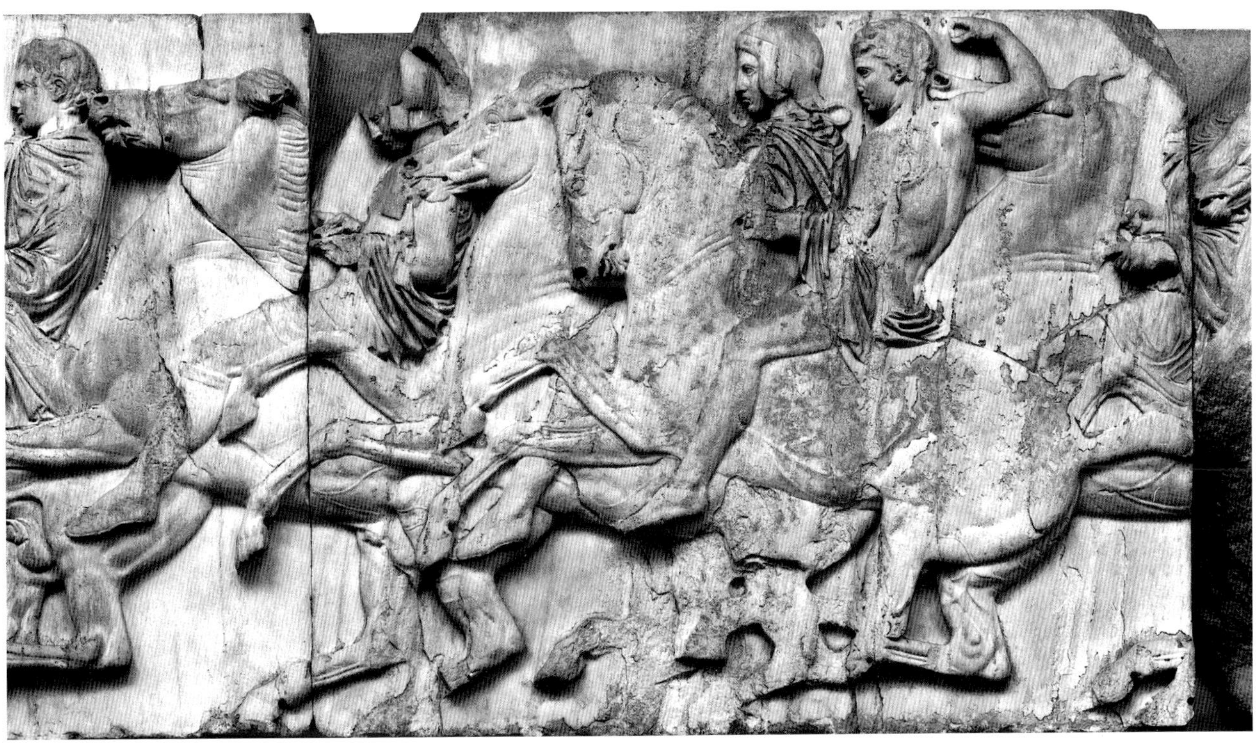

Eine neue Forschungsmeinung stellt den Fries einem kürzlich entdeckten Fragment des Werkes *Erechtheus* von Euripides gegenüber und plädiert für eine mythologische Lesung. Nach der Legende mußte Erechtheus, ein früher König, das Heer seines Rivalen Eumolpos abwehren, um die Stadt zu retten. Das Orakel von Delphi wies ihn an, eine jungfräuliche Tochter zum Wohle der Stadt zu opfern. Nach der neuen Interpretation ist das zusammengefaltete Gewand im Zentrum des Ostfrieses (Abb. 8.17) nicht als Peplos der Athena zu deuten, sondern als Totengewand, das die jüngste Tochter des Erechtheus tragen sollte, die als Opfergabe auserwählt worden war. Die Figuren rechts des Mädchens mögen Erechtheus und seine Frau Praxithea darstellen, die oberste Priesterin der Athena und zentrale Person der fünfköpfigen Gruppe. Zu ihrer Linken könnten zwei weitere Töchter anschließen. Diese These hätte den Vorteil, die Friesdarstellung mythologisch auslegen zu können, doch wurde sie bislang nicht uneingeschränkt akzeptiert.

Die moderne Debatte zur Interpretation des Frieses findet ihre Parallele in dem in der Antike ausgefochtenen Streit um die enormen Kosten des Bauprogramms. Der im 1. Jahrhundert n. Chr. wirkende Plutarch zitiert eine zeitgenössische Quelle, in der es heißt: »Griechenland ist eindeutig das Opfer einer schrecklichen Tyrannis: Es zeigt uns, wie wir das verschwenden, was als Reserve für den Kriegsfall gedacht war, um unsere Stadt zu vergolden und herauszuputzen mit Statuen und tausend Talenten teuren Tempeln wie eine leichtfertige Frau, die sich mit kostbaren Steinen behängt«. Dem widersprach Perikles mit dem Hinweis auf die Vollbeschäftigung.

Zu den verwendeten Materialien zählten Marmor, Bronze, Elfenbein, Gold, Ebenholz und Hölzer aus Zypern; zur Bearbeitung dieser Materialien benötigte man Tischler, Gießer, Bronzeschmiede, Maurer und Bildhauer, Färber, Goldschmiede und Elfenbeinschnitzer, Maler, Sticker, Metalleinleger sowie Lieferanten, Transporteure, Kaufleute und Seeleute. Herangezogen wurden auch Schneider, Weber, Lederarbeiter, Straßenbauer und Minenarbeiter sowie ganze Kolonnen ungelernter Arbeiter. Perikles' Glaube an Athen basierte auf dem außergewöhnlichen Charakter der Demokratie, so zumindest

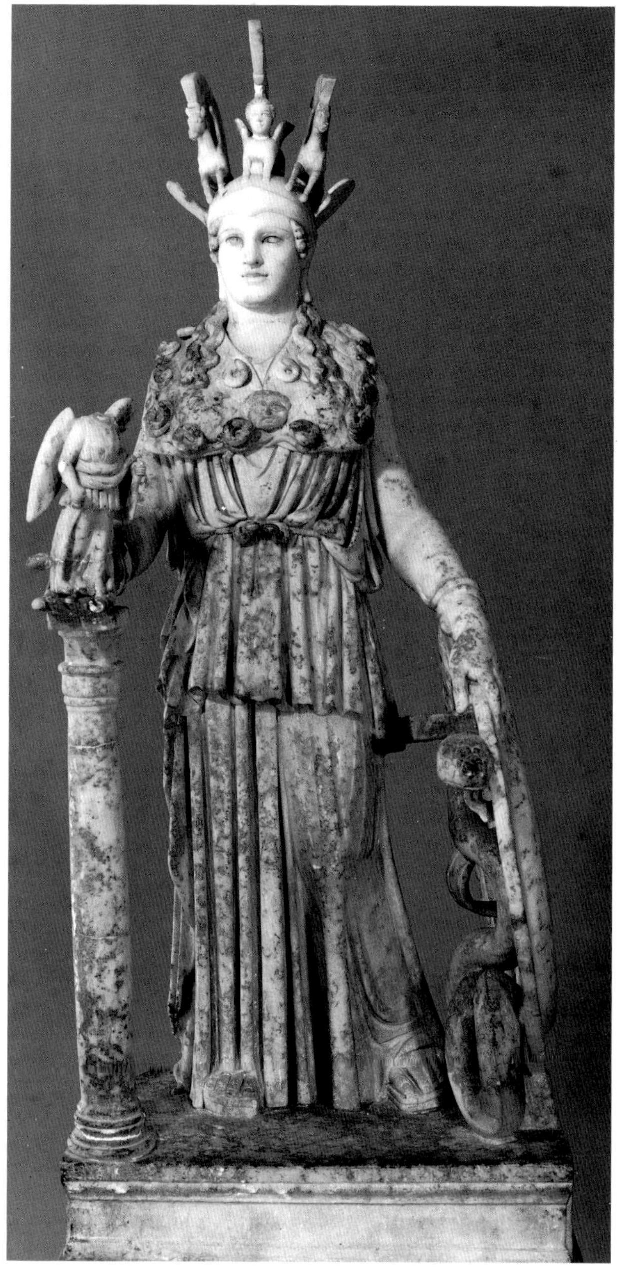

8.23 Varvakeion-Statuette, römische Nachahmung der Statue der Athena Parthenos. 2. Jh. n. Chr. Nach dem Gold-Elfenbein-Standbild des Phidias von 438 v. Chr. Marmor. Höhe 1,05 m (mit Basis). Athen, Nationalmuseum

laut Thukydides, der ihm folgende Worte in den Mund legte: »Wir sind eine Demokratie, in der jeder Bürger für seine Verdienste belohnt wird; ein Geist von Ehrerbietung erfüllt unsere öffentlichen Werke; wir lieben das Schöne; wir bilden unseren Geist; Athen ist die Schule Griechenlands.« Für Perikles stand der Parthenon als ein Symbol der Demokratie und als Instrument zur Erziehung der Griechen.

Die Athena-Statue Phidias' Gold-Elfenbein-Standbild der Athena wurde 438 v. Chr. eingeweiht. Sämtliche Reste des Originals sind verschwunden, doch kennen wir die Skulptur aus literarischen Beschreibungen, vereinfachten Kopien und Nachahmungen sowie späteren Teilkopien (beispielsweise des Schildes). Den Beschreibungen des Plinius und des Pausanias sind grundlegende Informationen zu entnehmen: die Figur erreichte eine Höhe von ca. 11,5 m. Sie trug eine Ägis sowie einen reich verzierten Helm und hielt eine Nike, einen Speer und einen Schlangenschild. Eine Marmorstatuette aus dem 2. Jahrhundert n. Chr. (Abb. 8.23) vermittelt einen Eindruck von ihrem Erscheinungsbild, obwohl der Bildhauer die Darstellung vereinfachte und auf das glitzernde Gold im Kontrast mit der elfenbeinfarbenen Haut verzichtete. Tempel und Statue mußten ein beeindruckendes Bild abgegeben haben. Unmißverständliche Aussagen bezüglich der religiösen Macht der Athena und der politischen Macht Athens hafteten ihr an.

Die Propyläen (Abb. 0.2, S. 12 f.) Der Architekt, der mit der Monumentalisierung des Zugangs zur Akropolis betraut worden war, hieß Mnesikles. Der archaische Eingang war klein und noch der mykenischen Idee eines Burgzugangs verhaftet. Nun, mit dem Ausbau des Heiligtums, mußte ein Torbau geschaffen werden, der sowohl beeindruckte als auch willkommen hieß. Man wählte einen offenen Grundriß mit Flügelbauten, die sich dem Besucher entgegenstreckten. Die Arbeiten wurden 437 v. Chr. begonnen und kurz vor dem Ausbruch des Peloponnesischen Krieges im Jahr 432 v. Chr. eingestellt.

Der Entwurf (Abb. 8.24) sah Zwischengeschosse vor, je sechs Säulen an der Vorder- und Rückseite sowie im Inneren (aufgestellt in zwei Reihen zu je drei Stück), einen fünftürigen Durchgang, davon vier Zugänge mit Treppenstufen und eine Rampe, auf der auch Tiere in die Anlage ge-

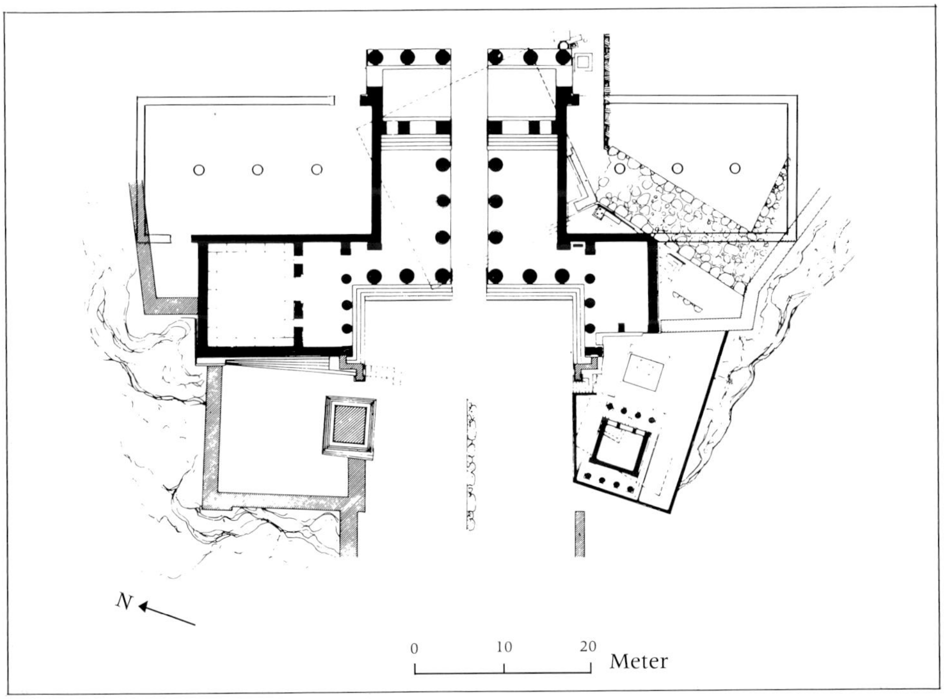

8.24 Grundriß der Propyläen von Athen. Um 437–432 v. Chr. Schraffierte Linien: präpersische Struktur

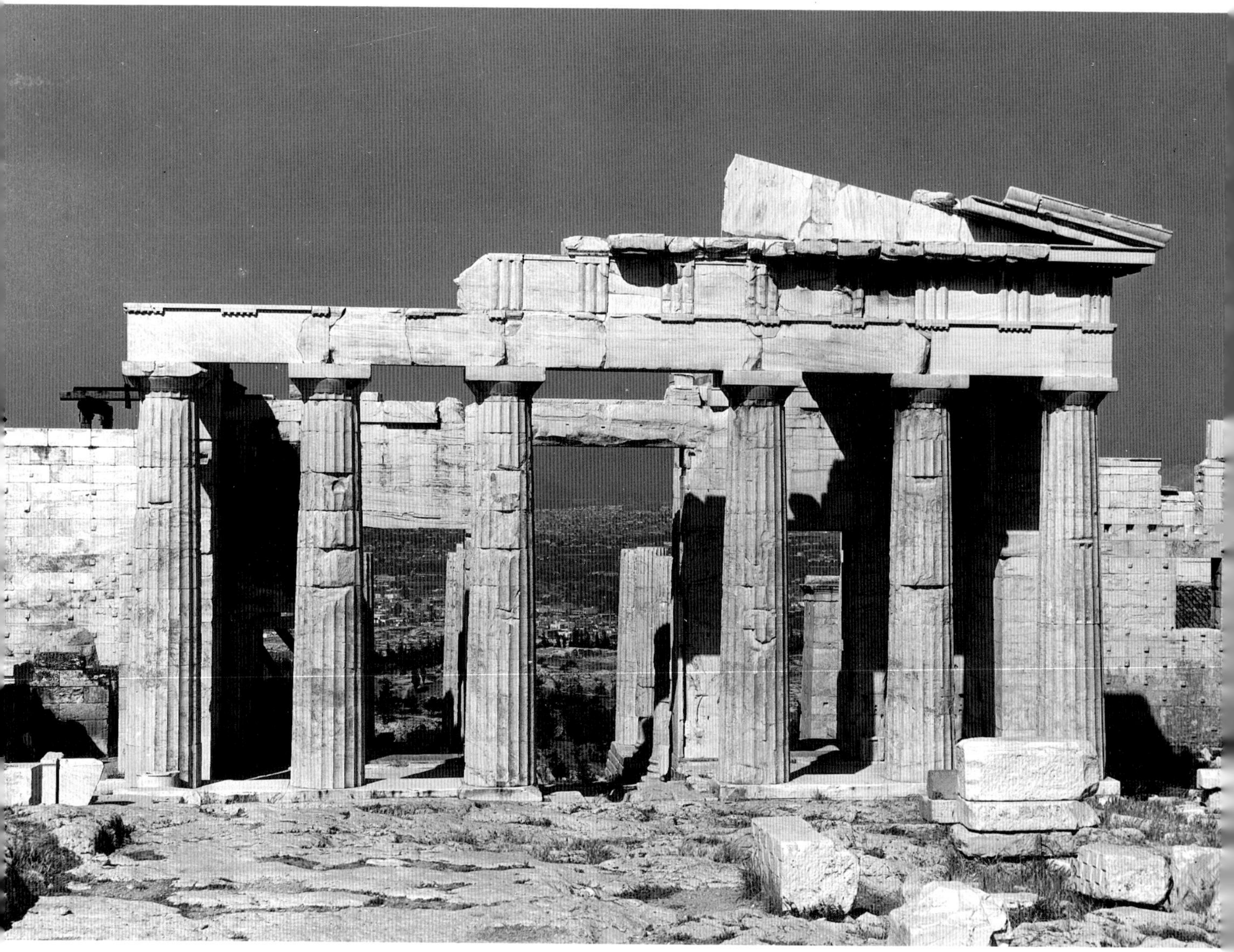

führt werden konnten, ferner flankierende Baueinheiten an der Nord- und Südseite. Die Flügelbauten im Nordosten und Südosten, die möglicherweise als Speiseräume fungieren sollten, blieben unvollendet. Abgeschlossen wurde nur der eigentliche Torbau mit seinen dorischen Säulen an den Fassaden und den ionischen zu beiden Seiten des Hauptdurchganges. Der Anbau im Nordwesten, die sogenannte Pinakothek, in der Tafelbilder ausgestellt wurden, blieb mit ihren drei Fassadensäulen in antis unfertig. Menikles dürfte eine vergleichbare Struktur für die Südseite geplant haben, doch

8.25 Athen, Propyläen auf der Akropolis von Osten, Blick auf die hintere Fassade. 437–432 v. Chr. Marmor

die Reste der mykenischen Festungsmauer und der Athena-Nike-Tempel vereitelten seinen Plan. Er mußte sich mit einer dreisäuligen Blendfassade und einem freistehenden, von den übrigen Wänden abgerückten Pfeiler zufrieden geben. Die Blendfassade stand dem Eingang zur Pinakothek gegenüber. Dem Besucher, der die Erdrampe zum Eingang hinaufschritt, vermittelte sie den Eindruck von Ausgewogenheit. An der rückwärtigen Fassade waren schmucklose Metopen angebracht (Abb. 8.25). Gefertigt ist der Bau aus akkurat geschnittenen und zusammengefügten massiven Marmorblöcken, die sogar als *Deckenpaneele* Verwendung fanden. Bei der Bombardierung der Akropolis durch die Venezianer im Jahr 1687 stürzte das Marmordach zusammen. Teile des Südwestflügels integrierte man in einen fränkischen Turm, der bis ins späte 19. Jahrhundert aufrecht stand.

Der Athena-Nike-Tempel (Abb. 8.26) Hoch oben auf der Bastion, die Propyläen überblickend, gestaltete man den Athena-Nike-Tempel als Kontrast zum dorischen Torbau in der ionischen Ordnung. Das Gebäude gliedern an Vorder- und Rückseite je vier prostyle Säulen. Im Inneren befindet sich eine fast quadratische Cella. Zugänglich war

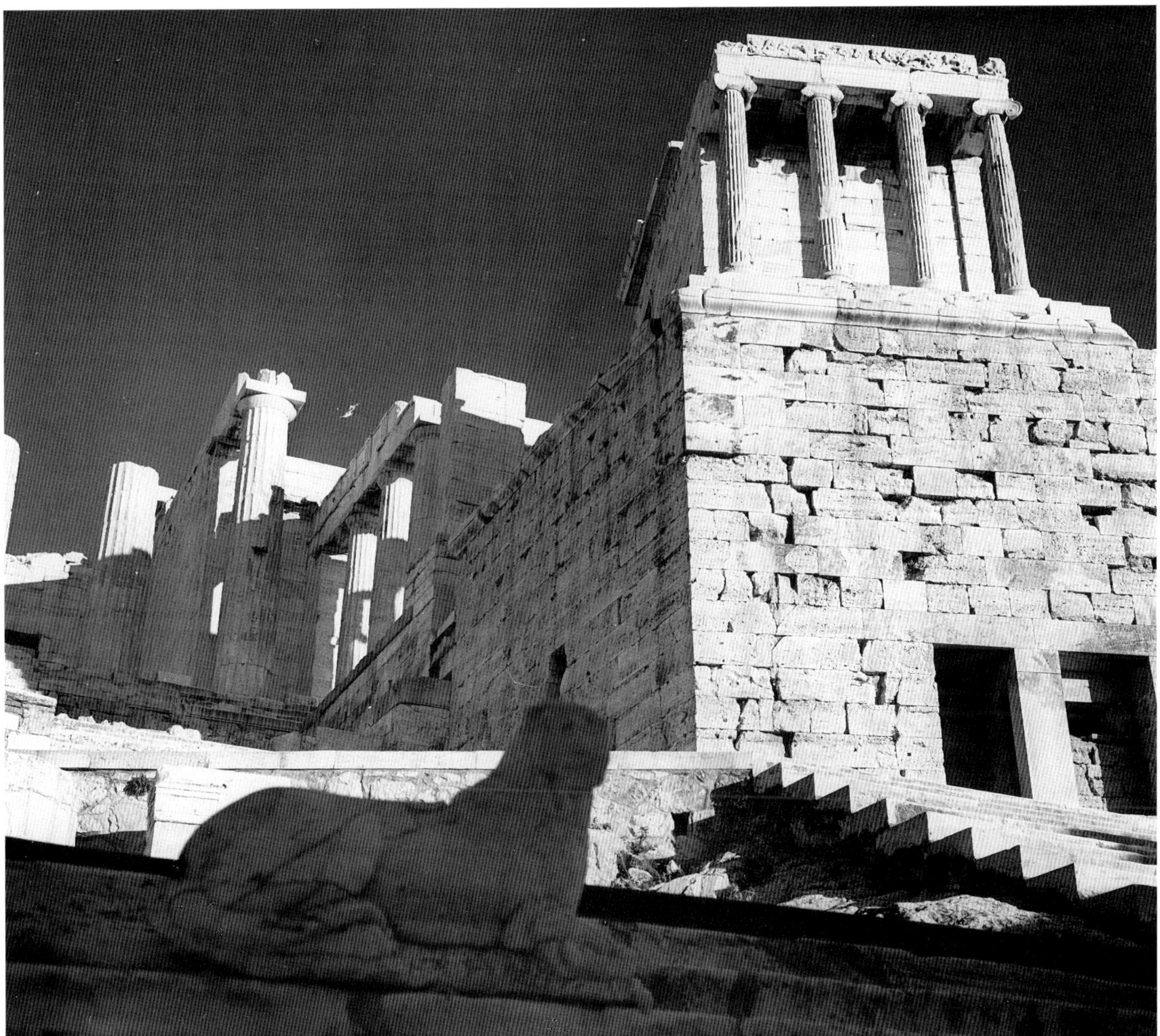

8.26 Athen, Athena-Nike-Tempel von Westen. Um 420 v. Chr. Marmor. Höhe (Säulen) 4,04 m; (Gebälk) 1,06 m

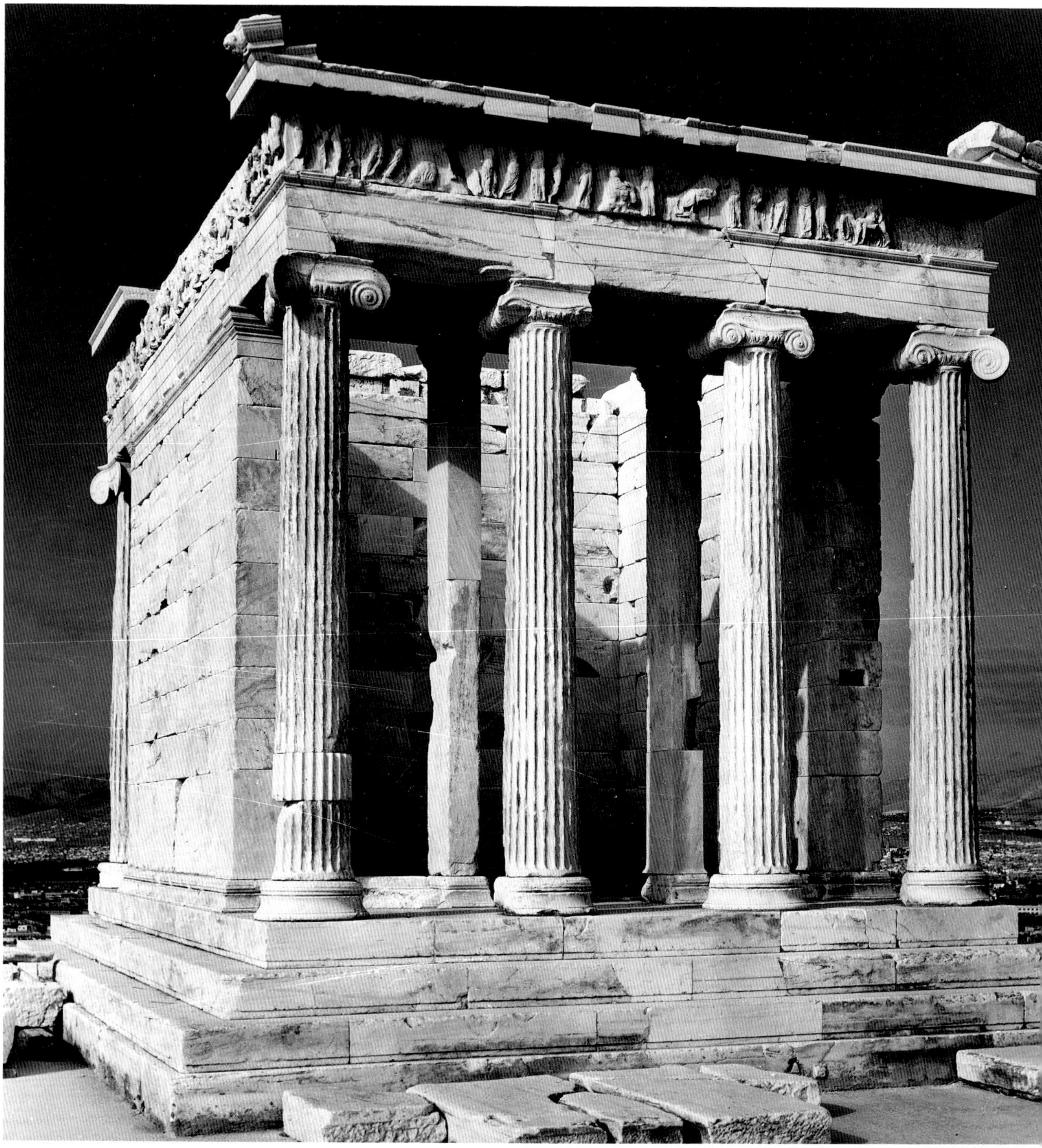

8.27 Athen, Athena-Nike-Tempel von Osten mit *tetrastyler* Fassade aus monolithischen Säulen.

Um 420 v. Chr. Marmor. Höhe (Säulen) 4,04 m; (Gebälk) 1,06 m

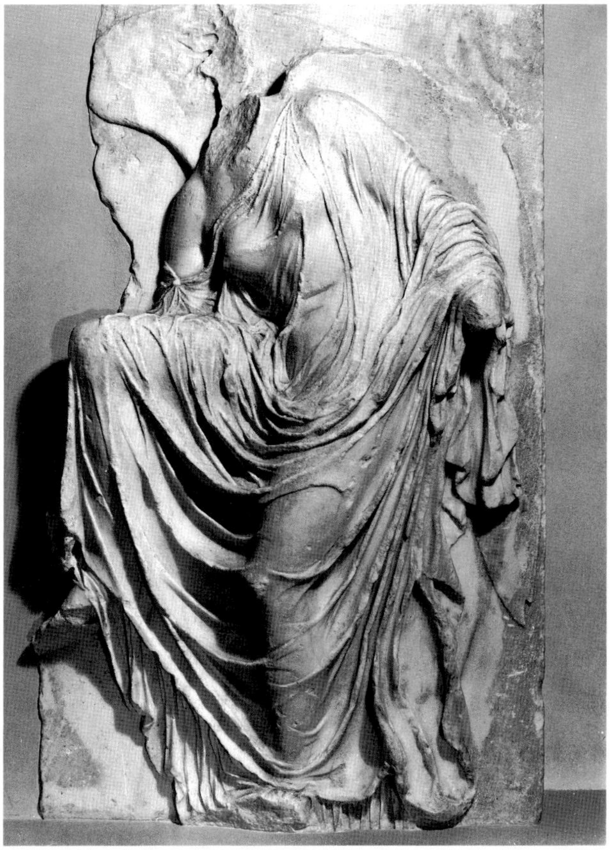

8.28 Sandalenbindende Nike von der Balustrade am Athena-Nike-Tempel. Um 410–405 v. Chr. Marmor. Höhe 1,06 m. Athen, Akropolis-Museum

diese über eine Tür, die monolithische Pilaster rahmten. Die Fassade (Abb. 8.27) weist Säulen mit ionischen Basen und Volutenkapitellen sowie einen durchgehenden ionischen Fries über dem Architraven auf. Den Ostfries füllt eine Versammlung von teils sitzenden, teils stehenden Göttern. Der Südfries zeigt eine Schlacht zwischen Griechen und Persern. Auf dem Westfries kämpfen Griechen gegen Griechen: eine Anspielung darauf, daß die Anlage erst nach Ausbruch des Peloponnesischen Krieges konstruiert worden war. Die wogenden Gewänder, gelängten Figuren und unbeholfenen Posen deuten schon in das nächste Jahrhundert. Bereits 499 v. Chr. wurde per Dekret der Auftrag zum Bau dieses Tempels erteilt. In Angriff genommen wurde er jedoch nicht vor 430–420 v. Chr. Wenig später, etwa um 410 v. Chr., fügte man entlang der Nord-, Süd- und Westseite der Bastion eine skulptierte Balustrade von etwa 1 m Höhe hinzu. Dargestellt war darauf eine Abfolge von Niken, die Siegestrophäen hielten und Opfertiere führten. Jede der drei Seiten zeigte zudem eine sitzende Athena. Die Handschriften von sechs verschiedenen Bildhauern konnten aus dem Werk herausgelesen werden. Die sandalenbindende Nike (Abb. 8.28) trägt ein eng an den Körper geschmiegtes und überaus transparentes Gewand. Der Stoff ist ihr von der rechten Schulter gerutscht, doch ist auch die linke sichtbar. Diese neue, balancierende Pose gestattet es dem Gewand, in freiem Fall den Körper zu umspielen und Beine und Brüste sichtbar zu machen, die dennoch bedeckt bleiben.

Das Erechtheion (Abb. 0.3, S. 14) Auch für das an der Nordseite des Parthenon errichtete und mit dem Tempel kontrastierende Erechtheion hatte man die Ionische Ordnung gewählt. Das auf verschiedenen Ebenen angelegte Gebäude erhebt sich auf einem ungewöhnlichen Grundriß (Abb. 8.29). In der SH-Periode hatte ein mykenischer Palast den Bauplatz teilweise für sich in Anspruch genom-

8.29 Grundriß des Erechtheions in Athen. Um 430–406 v. Chr. 1: Athena Polias; 2, 3 und 4: Erechtheus, Poseidon und vielleicht Boutes. Einteilung hypothetisch

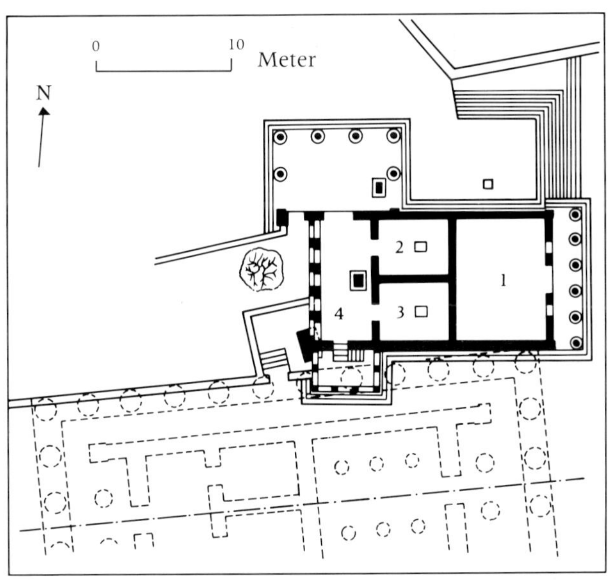

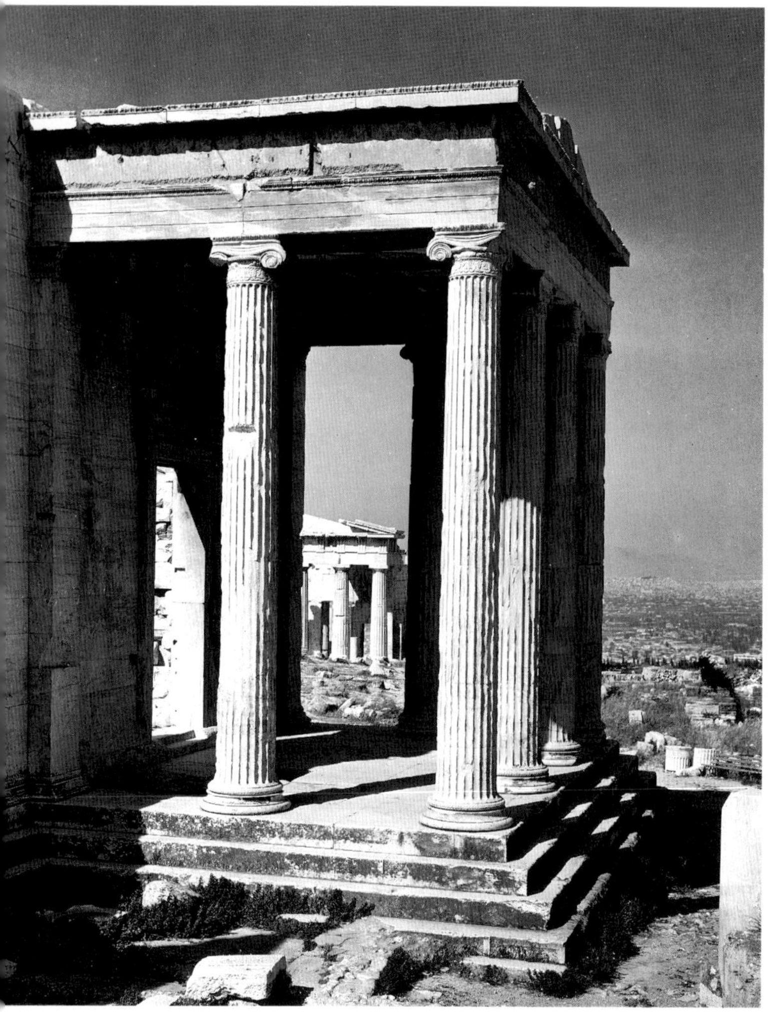

8.30 Athen, Erechtheion, Nordhalle von Osten. Um 430–406 v. Chr. Marmor mit schwarzem eleusinischem Kalkstein als Friesfläche, auf der weiße Marmorfiguren befestigt waren. Höhe (Säulen) 7,60 m

men, worin eine Begründung für die antiquierten Kulte gesehen werden kann, die hier noch in historischer Zeit angesiedelt waren und den ungewöhnlichen Plan des Gebäudes verursachten. Neben Athena, deren alte Kultstatue hier aufbewahrt wurde, beherbergte das Erechtheion Poseidon, Erechtheus und andere. Begonnen wurde der Bau um 440–430 v. Chr. Die arbeitsreichste Bauphase lag zwischen 409 und 406 v. Chr. Trotz der Mißerfolge in der Sizilien-Expedition blieben die Athener zuversichtlich und setzten einige Bauprogramme fort.

Der Ostseite der quadratischen Cella war eine herkömmliche ionische, sechssäulige Fassade vorgeblendet. Auf einem niedrigeren Niveau schloß an der Nordseite eine weitere ionische Halle mit ebenfalls sechs Säulen (vier prostylen und zwei in der zweiten Reihe) an, die den Eingang des weiter unten liegenden Westteils des Gebäudes umschloß. War dies schon ungewöhnlich genug, so erstaunt doch vor allem die Gestaltung der Halle an der Südseite. Sechs weibliche Statuen (Karyatiden) erheben sich hier auf einer Brüstung und stützen das flache Dach des Vorbaus. Der Haupteingang lag im Osten.

Die ionische Ordnung der Nordhalle verdient Beachtung (Abb. 8.30). Die Säulenschäfte mit ihren 24 Kanneluren und flachen Stegen erheben sich auf Basen und sind von Volutenkapitellen bekrönt. Unter den Kapitellen umzieht ein Anthemionband die Säulenhälse. Das florale Band setzt sich in der oberen Zone der Nord- und Südwand des Tempels sowie an den Säulen der Ostfassade fort. Die Volutenkehlen sind konkav ausgehöhlt; früher hatte man sie in der Regel konvex modelliert. Die archaischen Kapitelle zierte kaum mehr als ein *Eierstab* zwischen den Voluten. Nun flankieren dekorative Muster diesen Eierstab. Der Reichtum und die Komplexität dieses Ornaments verblüffen. Die schlanken Proportionen der Säulen verleihen dem Gebäude ein luftiges Erscheinungsbild. Über den Säulen hatte man einen Fries mit weißen Marmorfiguren auf schwarzen eleusinischen Kalksteinblöcken montiert. Erhalten haben sich davon nur einige Fragmente, die für eine Deutung nicht ausreichen.

Die Karyatiden der Südhalle (Abb. 8.31) haben das Gewicht auf das unter den Gewandfalten unsichtbare Standbein verlagert. Das unbelastete Bein ist nach vorne geschoben. Die gewichtigen Figuren tragen Peploi mit tief eingeschnittenen Falten über den belasteten Körperteilen und einem transparenteren Stoff über den unbelasteten, der Knie, Oberschenkel und Brust erkennen läßt. Stilistisch stehen sie den Mädchen am Ostfries des Parthenon nahe. In der Bauinschrift nimmt man mit dem einfachen Ausdruck »Korai«, Mädchen, auf sie Bezug. Das Erechtheion gilt als elegantestes Gebäude des

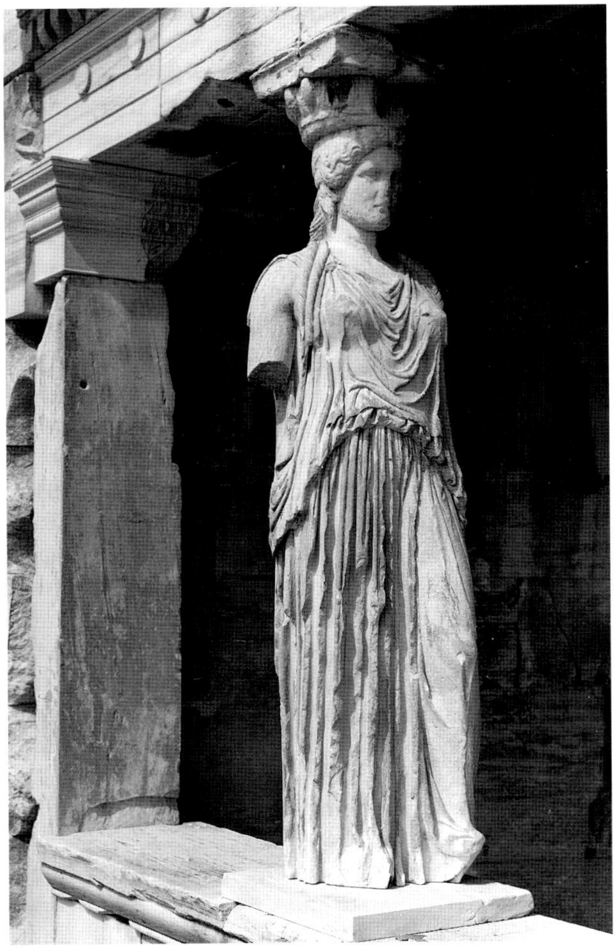

8.31 Karyatide der Südhalle des Erechtheions auf der Athener Akropolis. Um 420–410 v. Chr. Marmor. Höhe 2,30 m. Athen, Akropolis-Museum

5. Jahrhunderts v. Chr. Ihm galt vor allen anderen Bauten die größte Aufmerksamkeit, und an den überlieferten Kostenabrechnungen wird deutlich, welche Summen er gekostet hat.

Auch andernorts sind weitreichende Bauaktivitäten zu verzeichnen, vor allem in der Periode vor Perikles' Tod. In ganz Attika errichtete man neue Tempel, die teilweise ältere ersetzten, wie etwa der Poseidon-Tempel in Sunion. Viele davon gehen wohl auf die Entwürfe desselben Mannes zurück, der in Anlehnung an den Tempel, den er an der Westseite der Athener Agora errichtete, den Namen Hephaisteion-Architekt erhielt.

Das Hephaisteion (Abb. 0.19, S. 18) Der Tempel des Hephaistos, des Gottes der Schmiedekunst, überragte das Geschäftszentrum der Stadt, die Agora, von der Westseite aus. Plaziert ist er auf dem Kolonos Agoraios, auf dem im 5. Jahrhundert v. Chr. Schmiede arbeiteten, wie Reste von Gießkesseln und Schmelzhütten beweisen. Die Handwerker und ihr göttlicher Patron teilten sich folglich das Areal. Das Hephaisteion gilt als besterhaltener Tempel des 5. Jahrhunderts v. Chr. Er ist kleiner als der Parthenon und der Zeus-Tempel von Olympia. Abgesehen von der untersten, aus Kalkstein gefertigten Stufe, den hölzernen Deckenbalken und den tönernen Dachziegeln bestand er vollständig aus Marmor.

Für den Aufriß wählte man die übliche dorische Ordnung. Bemerkenswert sind die ungewöhnlich schlanken Säulen sowie die relativ hohe Gebälkzone. Die Höhe der Säulen beträgt das 5,61-fache des unteren Durchmessers, während man sich etwa beim Tempel von Olympia auf das 4,64-fache bzw. 4,72-fache beschränkte. Von besonderem Interesse ist die Decken- und Dachkonstruktion. Die tönernen Dachziegel lagen auf schräg angebrachten Holzlatten (Abb. 8.32). Horizontal verlegte Holzbalken überspannten die Cella und den Umgang. Für die Decke des Umgangs hatte man Marmorplatten gewählt, in die Kassetten eingeschnitten waren, um das Gewicht zu reduzieren. Die Kassettendeckel wurden getrennt gefertigt und waren abnehmbar. Dies bedeutete einen großen finanziellen Aufwand, dessen Nutzen unerklärlich bleibt. Daß der Tempel als Blickpunkt der Agora gedacht war, ist aus dem reichen Skulpturenschmuck zu schließen. Die reliefierten, leider sehr

8.32 Hephaisteion von Athen. Um 450–415 v. Chr. Schnitt durch die rekonstruierte Dachzone

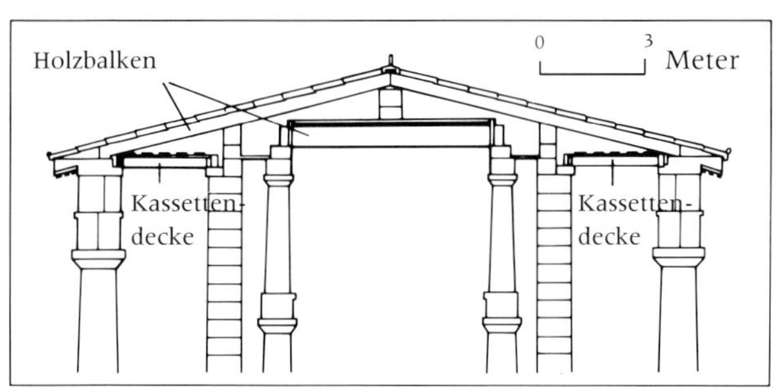

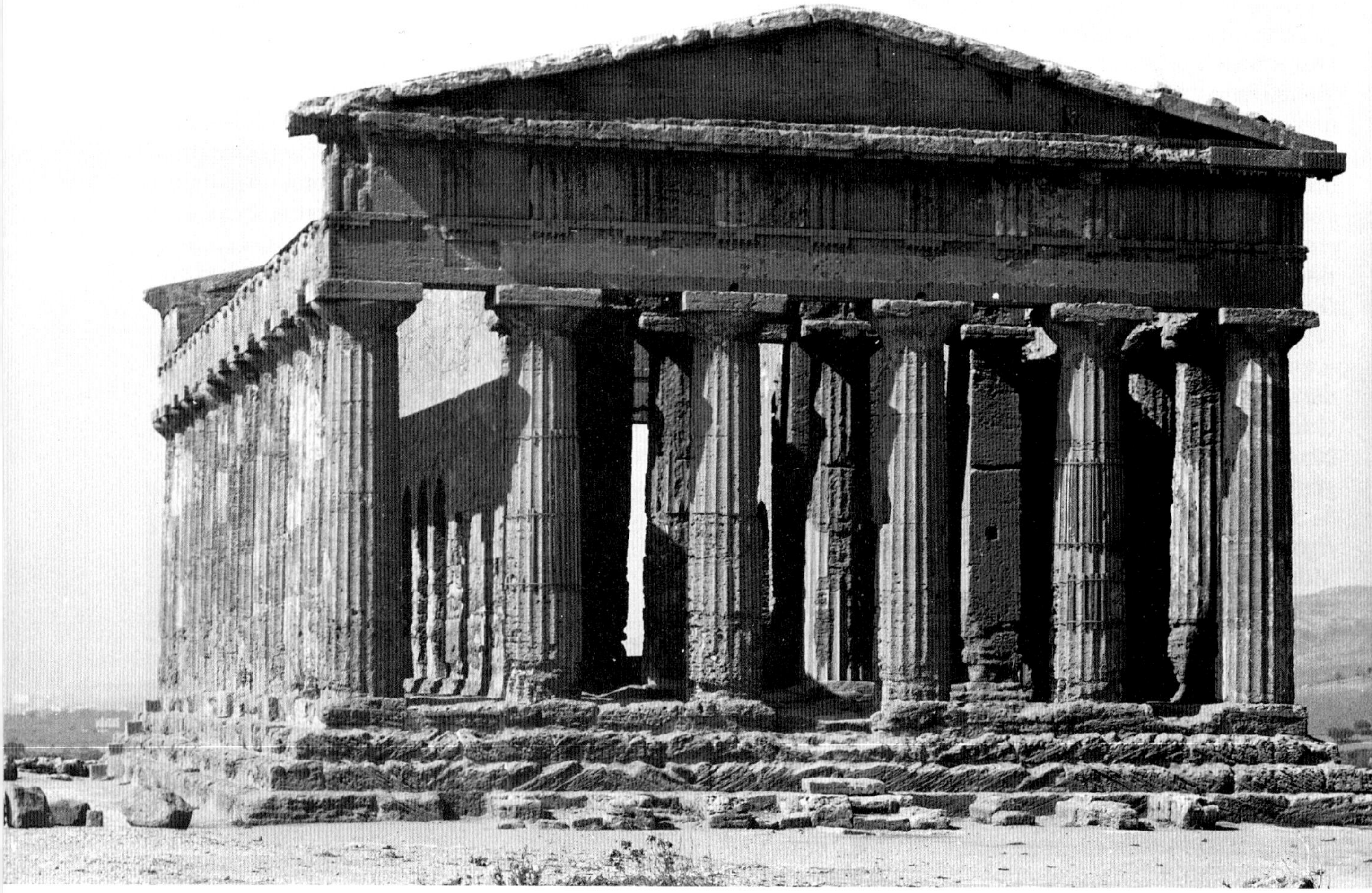

8.35 Concordia-Tempel in Akragas, Ostfassade und südliche Langseite von Osten. Um 430 v. Chr. Kalkstein. Höhe (Säulen) 6,70 m; Gebälk 2,96 m

SIZILIEN UND UNTERITALIEN

Theateraufführungen sind auch für Syrakus belegt. Aischylos soll hier um 470 v. Chr. seine *Perser* inszeniert und um 450 v. Chr. seine *Orestie* produziert haben. Das Theater befand sich möglicherweise an derselben Stelle, an der der Architekt Damokopos im 3. Jahrhundert v. Chr. unter Einbeziehung des Hanges eine größere Anlage errichtete.

Die Tempelarchitektur dominierte weiterhin die dorische Ordnung. Die anschaulichsten Beispiele liegen in Akragas vor: Bei dem um 450 v. Chr. auf einem künstlichen Sporn erbauten Hera-Tempel handelt es sich um einen Peripteros mit kanonischen Proportionen und Säulenverhältnissen (je 6 bzw. 13). Ausgewogene Hallen, Treppenhäuser, die auf das Dach führten, und eine säulenlose Cella vervollständigen die Anlage. Auch der nahegelegene Concordia-Tempel (moderner Name, Abb. 8.35) stellte einen konventionellen Sakralbau aus der Zeit um 430 v. Chr. dar. Er weist je 6 bzw. 13 Säulen mit je zwanzig Kanneluren und Entasis auf, eine Vor- und eine Rückhalle, Treppenhäuser sowie skulptierte Metopen und Giebelgruppen. Als weiterer Tempel mit kanonischem Grund- und Aufriß kann das gleichzeitig konstruierte Hephaisteion genannt werden. Immer mehr Baumeister folgten den architektonischen Entwürfen aus dem griechischen Mutterland, immer weniger hielten die ausgefallenen Traditionen ihrer westlichen Vorgänger aufrecht.

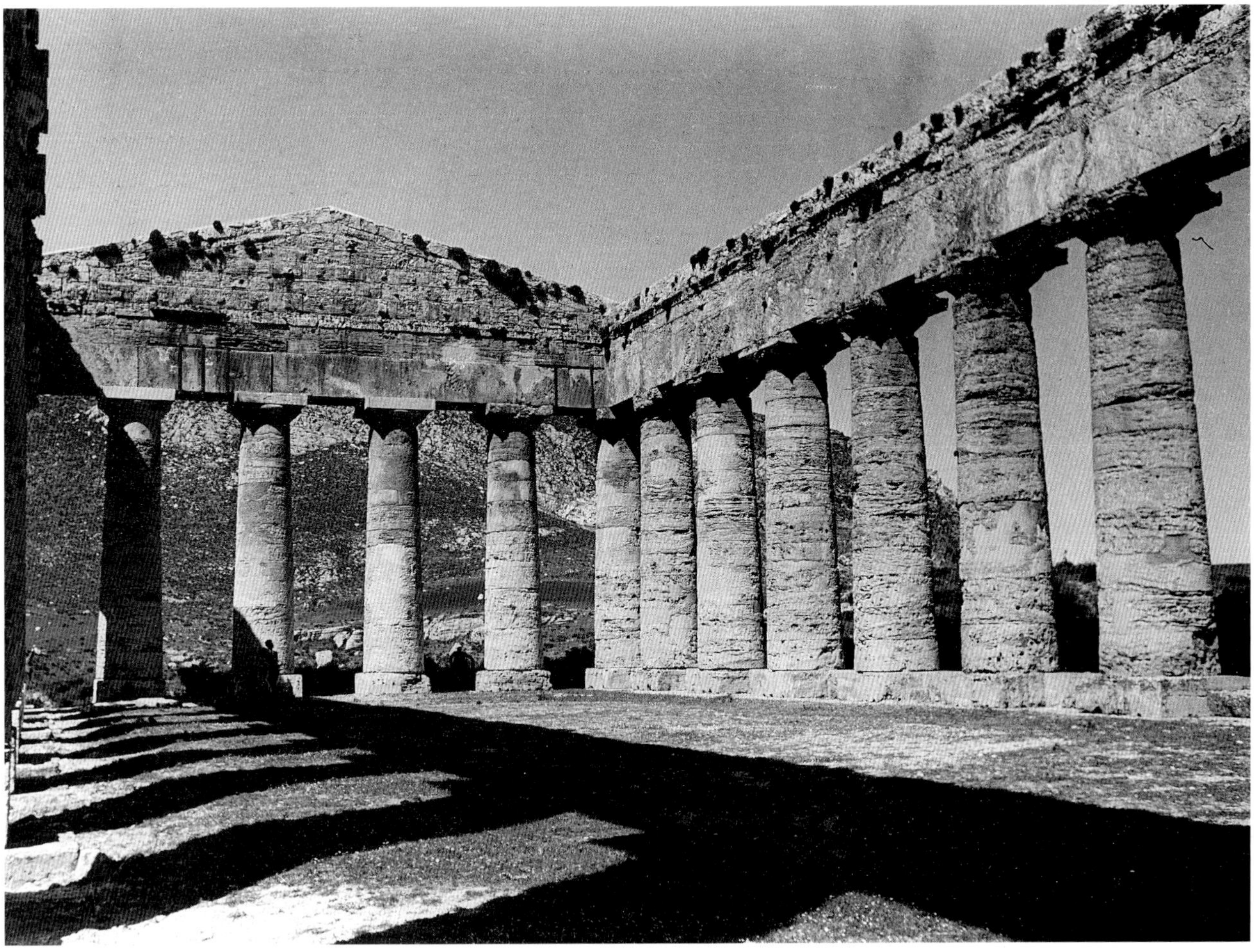

8.36 Unvollendeter dorischer Tempel von Segesta: Innenraum mit unkannelierten Säulen und fehlenden Stylobatblöcken. Um 430–420 v. Chr. Kalkstein. Höhe (Säulen) 9,36 m; Gebälk 3,58 m

Es ist bemerkenswert, daß gerade das architektonische Erbe jener, die es zuerst verstanden hatten, dorische und ionische Elemente in einem Bau zu kombinieren (wie etwa zwei Generationen früher in Poseidonia), den Baulösungen der mutterländischen Architekten weichen mußte, die diese Ideen im Hephaisteion und im Parthenon wieder aufgenommen hatten.

Im westsizilischen Segesta entstand außerhalb der Stadt ein dorischer Tempel (Abb. 8.36), der unvollendet blieb. Der Umgang (je 6 bzw. 14 Säulen) steht einschließlich des Gebälks und der Giebel bis heute aufrecht. Die Säulen sind nicht kanneliert. Die teils fertigen Wände wurden einiger Blöcke beraubt, ebenso der Stylobat. Dorische Eigenheiten sind festzustellen: Stylobat und Architrav wölben sich zur Mitte hin leicht nach oben, die Säulen neigen sich nach innen. Die Proportionen des Baus und die Profile der Kapitelle legen ein Errichtungsdatum um 430–420 v. Chr. nahe. Der unfertige Zustand erteilt wertvolle Hinweise über die Vorgehensweise. An ihm ist abzulesen, daß man die Kolonnade und das Gebälk vor der Cella errichtete, wie auch das Hephaisteion bezeugt. Die Ausführung läßt an einen Architekten aus Athen denken. Andererseits lassen typisch westliche Charakteristika für einen einheimischen Baumeister plädieren, der Athen vielleicht einmal besucht oder sich anderweitig informiert hatte. Vor dem Hinter-

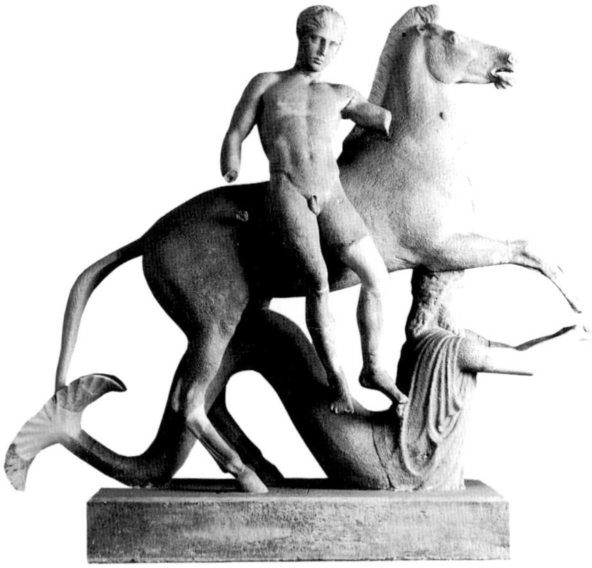

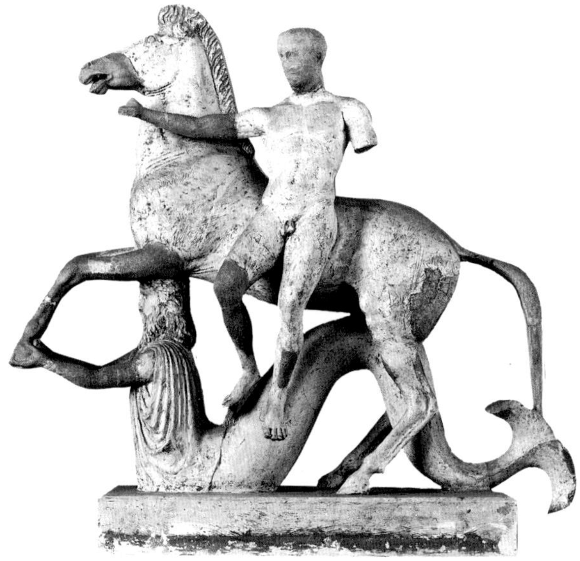

8.37 *oben* Akrotere eines (Aphrodite?-)Tempels in Locri: absitzende Dioskuren. Um 420 v. Chr. Marmor. Höhe 1,30 m. Reggio di Calabria, Nationalmuseum

8.38 *unten* Akroter des Zeus-Tempels in Locri: reitender Dioskur. Um 400 v. Chr. Terracotta. Höhe 1,30 m. Reggio di Calabria, Nationalmuseum

grund des Vertrages zwischen Athen und Segesta, der im Zuge der sizilischen Expedition geschlossen wurde, sind beide Thesen plausibel.

Im unteritalischen Locri fügte man um 420 v. Chr. dem Tempel, der möglicherweise der Aphrodite geweiht war, marmorne Akrotere (Dachfiguren) hinzu. Diese zeigen die Dioskuren, die im Begriff sind, von ihren Pferden herabzusteigen. Jeweils ein Pferdefuß wird von dem ausgestreckten Arm eines Triton gestützt (Abb. 8.37). Pferde und Köpfe erinnern in ihrem Stil an den Parthenòn, wenn auch den Dioskuren die Leichtigkeit der Bewegung der Parthenonskulpturen fehlt. Die komplizierte Verbindung mit den Tritonen resultiert vermutlich aus einer lokalen Vorliebe.

Ton zählte weiterhin zu den beliebtesten Materialien. Hinreichend belegt ist er in der Dekoration öffentlicher Gebäude, so auch in Locri, wo man ihn für einen um 400 v. Chr. gefertigten, die Dioskuren darstellenden Akroter des Zeus-Tempels verwendete. Nun sitzt der Dioskur ruhig auf seinem Pferd (Abb. 8.38), als Trägerfigur fungiert in diesem Fall eine Sphinx.

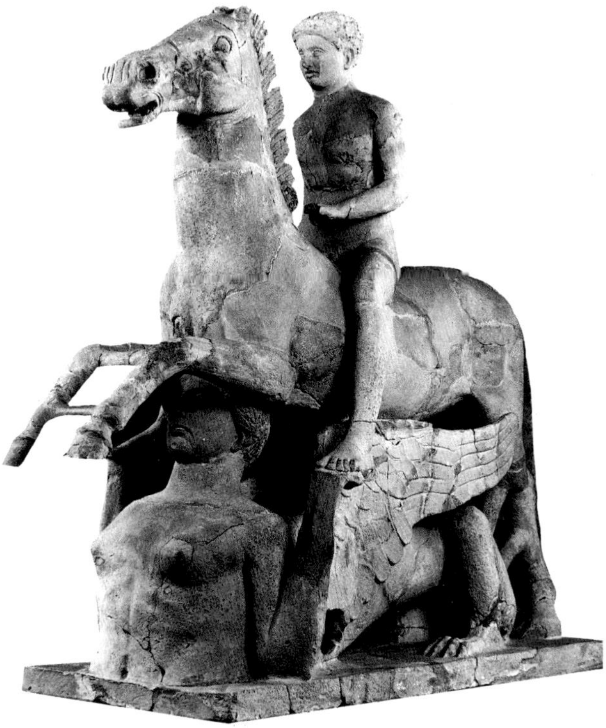

Plastik

Das verläßlichste Zeugnis antiker Plastik der hochklassischen Periode stellen die Skulpturen des Parthenon dar. Anzuführen sind hier zum einen die Giebelfiguren, die eine veränderte, tief eingemeißelte und den Körper enthüllende Gewanddrapierung vor Augen führen. In ihrer gestaffelten Anordnung können sie als kompositionelle und inhaltliche Antwort auf die Szene in der Giebelmitte verstanden werden. Hinzu kommen die Metopen, die teilweise eine überladen wirkende Gestaltung aufweisen, in anderen Fällen jedoch noch dem Strengen Stil verhaftet sind. Nicht zu vergessen ist ferner der Fries mit seinen wechselnden Rhythmen und meisterlich gefertigten Personen, die eine enorme Variationsbreite an Posen, Gesten, Trachten und Frisuren zeigen. Die typische Ausdruckslosigkeit der hochklassischen Gesichter ist allen Dargestellten zu eigen. Als ein berühmtes Beispiel weiblicher Gewandfiguren sei darüber hinaus an die Karyatiden am Erechtheion erinnert (Abb. 8.31). Doch schon die große Anzahl der erhaltenen Basen verschollener Statuen macht deutlich, wie gering unser Wissen von hochklassischer Plastik tatsächlich ist. Beliebtes Material der Skulpteure war Bronze, und obwohl die römischen Kopien Anhaltspunkte für viele Merkmale der Originale liefern, vermitteln einzig die beiden Bronzeskulpturen aus Riace (Abb. 0.14 und 0.15, S. 23) einen Eindruck von der Kraft und Brillanz, die in der Rundplastik der Hohen Klassik steckte.

Als berühmtester Bildhauer der Epoche ist – neben Phidias – Polyklet zu nennen. Polyklet war nicht nur ausführender Künstler; er schrieb zudem ein Buch mit dem Titel *Kanon*, worin er die idealen Proportionen der stehenden männlichen Figur untersuchte. Die richtigen Proportionen waren demnach abhängig von der »symmetria« (dem richtigen Verhältnis) der einzelnen Körperpartien. Die exakte Bedeutung dieses Begriffs bleibt allerdings unklar: Bezieht er sich auf das Volumen, den Umriß, die Länge, Breite oder Höhe einzelner Körperteile, oder handelt es sich gar um eine Gleichung, die all diese Faktoren berücksichtigt? Die Überlieferung berichtet von einer Statue, die Polyklet angefertigt haben soll, um seinen »kanon« zu demonstrieren. Über 50 Kopien dieser leicht er-

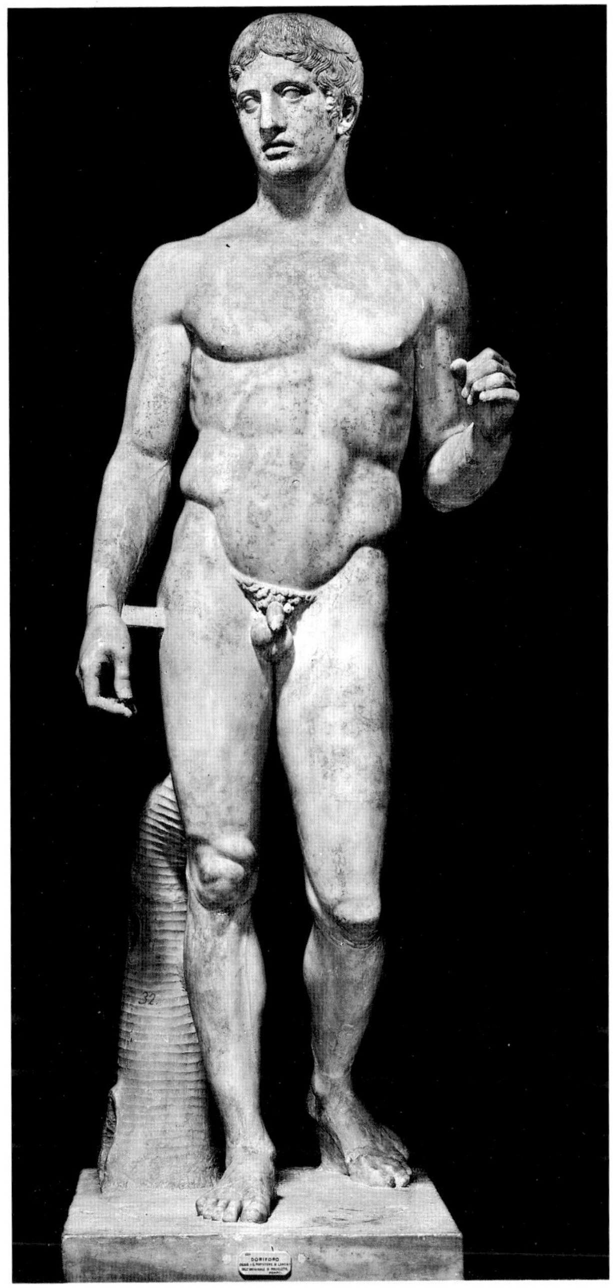

8.39 Doryphoros des Polyklet, aus Pompeji. Römische Kopie eines griechischen Bronzeoriginals aus ca. 440 v. Chr. Marmor. Höhe 2,12 m. Neapel, Nationalmuseum

kennbaren Bronzeplastik, des sog. Doryphoros (Speerträger, Abb. 8.39), haben sich erhalten. Die literarischen Quellen schweigen zur Identität des Dargestellten. Nach der gängigen Forschungsmeinung mag es sich um das Abbild des Achill handeln, denn das »dory« (Speer) war eine mächtige, heroische Kriegswaffe, mit der Achill auch auf zeitgleichen Vasenbildern wiedergegeben ist (Abb. 8.45, S. 270). Das Original der Skulptur fertigte Polyklet um 440 v. Chr. Mit dieser Statue illustrierte er die Reaktion des Körpers auf die neue Pose von Spiel- und Standbein. Das Spielbein wurde zur Seite und nach hinten gesetzt, die Ferse vom Boden erhoben. Mit diesem Standmotiv, das auch unter der Bezeichnung »laufender Stand« bekannt ist, wird eine Vorwärtsbewegung durch die Verschiebung des Schwerpunktes klar angedeutet. Die horizontale Achse durch die Hüfte neigt sich als Folge des zurückgesetzten Spielbeines und bringt den Oberkörper in Bewegung. Der Kopf ist zur Seite des fest auf den Boden aufgestellten Standbeines gewendet und scheint die Skulptur im Gleichgewicht zu halten. Der Ausdruck wirkt distanzierend durch die unbewegte hochklassische Mimik, die auch vielen Figuren des Parthenonfrieses eigen ist. Den Baumstamm und die stabilisierende Statuenstütze fügte der römische Kopist an seinem in Marmor gearbeiteten Werk hinzu.

Der gesamte Körper der Statue ist aus angespannten und entspannten Partien zusammengesetzt, die sich gegenseitig im Gleichgewicht halten. Stellt man sich eine vertikale Achse vor, stehen dem locker herabhängenden rechten Arm und dem belasteten Standbein auf der rechten Körperseite der angespannte linke Arm (der ursprünglich einen Speer hielt) und das unbelastete Spielbein gegenüber. Bei horizontaler Gliederung werden das belastete Standbein und das entlastete Spielbein durch den rechts lose herabhängenden und links angespannten Arm ausgeglichen. Oft kommt der Begriff »Kontrapost« zur Anwendung, geht es darum, diese Haltung zu beschreiben. Der Realismus, der in der Wiedergabe des Körperbaus, der Muskeln, der Sehnen und Adern, der Haare und Hautbeschaffenheit an diesem athletischen Körper festzustellen ist, ist Teil eines idealisierenden Konzepts, das auf dem System der mathematischen Proportionsberechnung basiert. Denn eine Skulptur in Idealform ist gleichzeitig auch das genaueste Abbild der Natur. Die Ungewißheit, ob der abgebildete Speerträger schreitet oder steht, setzt sich fort in der Frage, ob die Skulptur als realistisches oder idealplastisches Werk aufzufassen ist. Polyklet setzte damit das Streben der griechischen Bildhauer nach dem idealen männlichen Körper fort. Inspiriert wurde er möglicherweise durch den Glauben, der menschliche Geist könne die Natur des Göttlichen begreifen und die Götter seien anthropomorphe Wesen.Offensichtlich wollte Polyklet ein perfektes Bild schaffen, das sowohl einen Gott als auch einen Menschen meinen konnte.

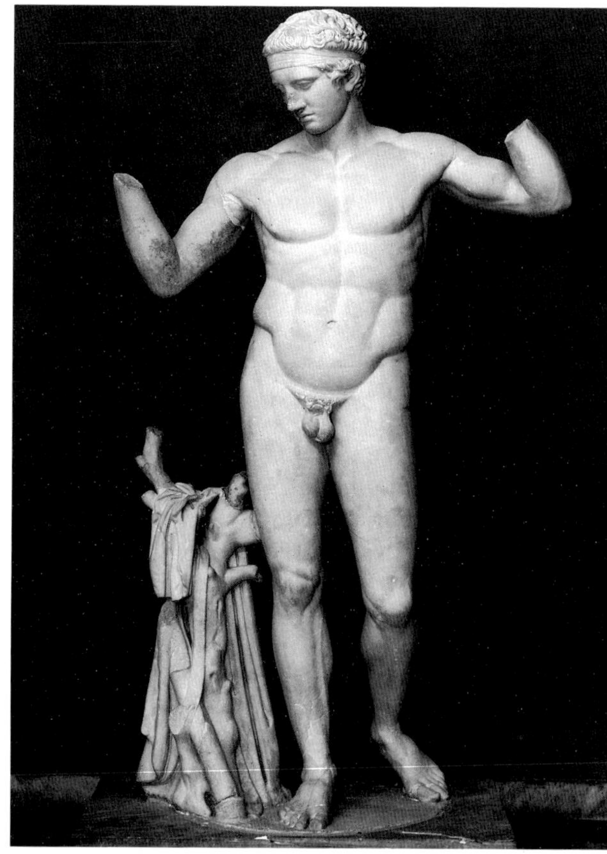

8.40 Diadoumenos des Polyklet, aus Delos. Römische Kopie eines um 430 v. Chr. geschaffenen griechischen Bronzeoriginals. Marmor. Höhe 1,95 m. Athen, Nationalmuseum

Als weiteres Werk des Polyklet ist der Diadoumenos (Bindenträger) anzuführen, der ebenfalls in römischer Marmorkopien des Bronzeoriginals überliefert ist (Abb. 8.40). Die Haltung, anatomische Details und die Kopfform stehen dem Doryphoros nahe. Die akzentuierte Drehung des Kopfes und die Haargestaltung verweisen auf ein späteres Entstehungsdatum um 430 v. Chr.

Zwei Schüler des Phidias verdienen Erwähnung: Agorakritos, der die Kultstatue des Nemesis-Tempels von Rhamnus an der Ostküste Attikas entwarf, und Alkamenes, der nach Aussage von Schriftquellen zahlreiche Standbilder schuf. Sein einflußreichstes Werk mag der Hermes Propyleios («vor den Toren«) gewesen sein. Hierbei handelte es sich um eine Herme: einen langen Schaft, auf dem ein Kopf aufsaß und aus dessen Vorderseite ein Phallus herausragte. Frisur, Bart und Gesicht folgen jedoch den zeitgenössischen Strömungen. Zahlreiche Kopien haben sich erhalten. Pausanias hat an den Propyläen der Akropolis wahrscheinlich das Original gesehen.

Dieser Alkamenes kann nicht identisch sein mit jenem, der nach Aussage des Pausanias um 460 v. Chr. die Figuren am rückwärtigen Giebel des Zeus-Tempels von Olympia kreiert hatte. Aus chronologischer Sicht ist eine derartige Verbindung abzulehnen. Dasselbe trifft auf Paionios von Mende zu, der nach Pausanias den Ostgiebel entworfen haben soll, jedoch erst um 420 v. Chr. aktiv war. Vielleicht gab es zwei Bildhauer des Namens Alkamenes, die ein oder zwei Generationen auseinander lagen. Bezüglich des Paionois überliefert die Inschrift einer Statuenbase in Olympia, daß dieser eine Nike gefertigt hatte und mit der Herstellung der Tempelakrotere betraut worden war. Diese Inschrift mag falsch gelesen oder falsch verstanden worden sein und verleitete Pausanias oder seinen Informanten zu diesem Fehler. Paionios und Alkamenes werden die Tempelakrotere lange nach Einweihung des Gebäudes, wohl um 420 v. Chr. entworfen haben. Diese Nachricht war zu jener Zeit, als Pausanias Olympia besuchte oder seine Notizen niederschrieb, bereits derart verwässert, daß er daraus schloß, die beiden hätten die Giebelgruppen geschaffen.

Die Personifikation des Sieges (Nike) setzte man oft als Akroterfigur auf Gebäudedächern ein. In einer Ausführung als Relief ziert sie die Balustrade um den Athena-Nike-Tempel auf der Athener Akropolis. Sie begegnet uns auch als unabhängige Stiftung, wie das archaische Beispiel einer Nike aus dem Heiligtum auf Delos lehrt (Abb. 6.53, S. 181). Die von Paionios gefertigte und nach Olympia gestiftete Nike hat sich in Fragmenten erhalten. Die geflügelte weibliche Figur wandte sich auf einem ca. 10 m hohen, dreieckigen Pfeiler dem Himmel entgegen. Dargestellt ist der Moment der Landung (Abb. 8.41), sie befindet sich noch in der Luft und hat die (verlorenen) Flügel entfaltet. Der nackte Arm und die Brust kontrastieren mit den bedeckten

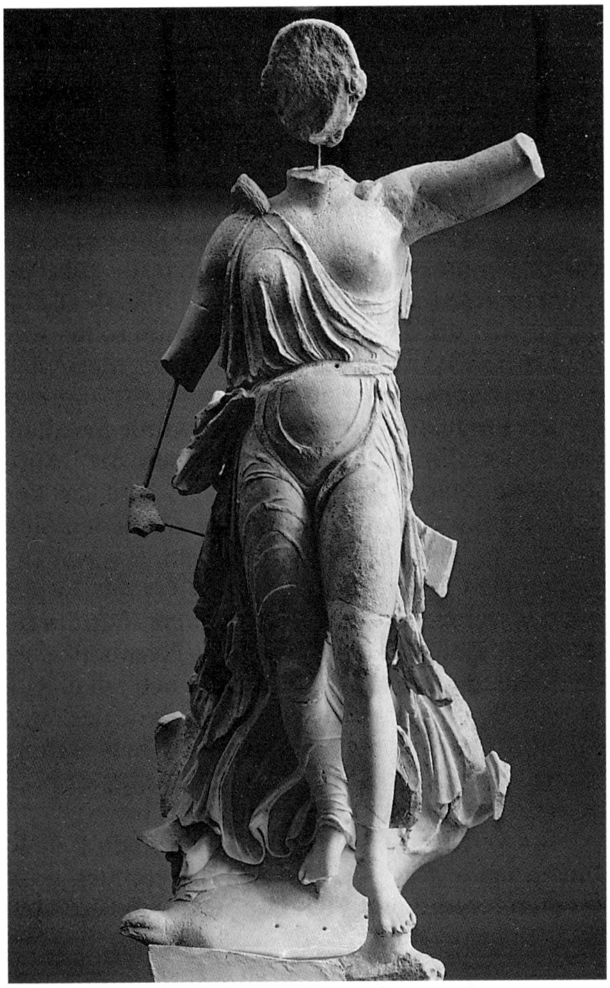

8.41 Nike des Paionios, aus Olympia. Um 420 v. Chr. Marmor. Höhe 1,95 m. Olympia, Museum

Körperstellen. Das Gewand, durch die Geschwindigkeit des Fluges gegen den Körper gedrückt, akzentuiert die Rundungen und weht hinter ihr im Wind. Es unterstützt somit die Wirkung einer schon abgebremsten Bewegung. Das Gesicht, Teile des Halses, Partien des flatternden Gewandes und die Flügel fehlen. Trotzdem haben wir ein Meisterwerk vor uns, das stilistisch zwischen den Skulpturen des Parthenon und den »nassen« Figuren der Nikebalustrade steht (Abb. 8.28,S. 257). Die Nike des Paionios wurde um 420 v. Chr. gestiftet und sollte, wie die Inschrift berichtet, an einen Sieg der Messenier über die Naupaktier erinnern.

Die Produktion von Grabreliefs wurde in Athen um 430 v. Chr. wieder aufgenommen. Der Ausbruch des Peloponnesischen Krieges und die Errichtung von Staatsgräbern für die gefallenen Soldaten könnte der Anlaß gewesen sein. Die großen, einfigurigen Stelai der archaischen Periode lösten mit der frühklassischen Phase kleinere, doch breitere Reliefs ab, die zwei und mehr Personen zeigten, unter denen sich oft Sitzfiguren befanden. Auf den Inseln und in Kleinasien sind derartige, mit Architekturelementen versehene Reliefs schon früher belegt als in Attika. Man übernahm sie nun auch dort zur Ausstattung privater Gräber.

Die verstorbene Person sollten auf den Reliefs genauso gezeigt werden, wie sie zu Lebzeiten ausgesehen hatte. Einige Figuren sind durch besondere Attribute charakterisiert: der Soldat durch seine Waffen, der alte Mann durch seinen Stock, das Mädchen durch seine Puppe. Andere sind in Begleitung von Freunden gezeigt, die Abschied nehmen oder sich die Hände schütteln. Die Verstorbenen sind gelegentlich über Inschriften mit Namen ausgestattet, wenn auch oft unklar bleibt, um welche der abgebildeten Personen es sich handelt. Manche Grabsteine befanden sich im Familienbesitz. Nur durch die Inschrift oder ein hinzugefügtes Epigramm waren sie auf ein einzelnes Mitglied der Familie zu beziehen.

Als frühes Beispiel aus der Zeit um 430 v. Chr. sei auf die sogenannte Katzenstele verwiesen. Der Verstorbene befindet sich in Begleitung seines trauernden, jugendlichen Dieners und eines Tiers auf einem Pfeiler, das eine Katze darstellen mag (Abb. 8.42). Über der Katze hängt ein Vogelkäfig, zu dem der junge Mann seinen rechten Arm erhoben hat. In der Linken hält er den Vogel. Das tief eingeschnittene, an den Körper gepreßte Gewand erinnert stilistisch an die Parthenonfiguren, wie auch der Kopf des Mannes. Das um 400 v. Chr. gefertigte Grabrelief der Hegeso (Abb. 8.43) liefert ein gutes Beispiel für die Aufnahme architektonischer Elemente. Es ist mit Anten und einem Giebel versehen, die den Hintergrund der dargestellten Szene bilden. Die gut gekleidete, ordentlich frisierte und elegant sitzende (sogar mit einem Fußschemel versehene) Hegeso ist mit einem geläufigen Zeitvertreib beschäftigt: Mit Hilfe ihrer Dienerin wählt sie Juwelen aus einem kleinen Kästchen aus. Die fliehenden Formen und Dreiviertelansichten sind gekonnt ausgeführt. Die Gewänder führen den transparenten Stil des späten 5. Jahrhunderts vor Augen. Den Gesichtern fehlt jeder emotionale Ausdruck. Die Stimmung vermittelt dieselbe Gelas-

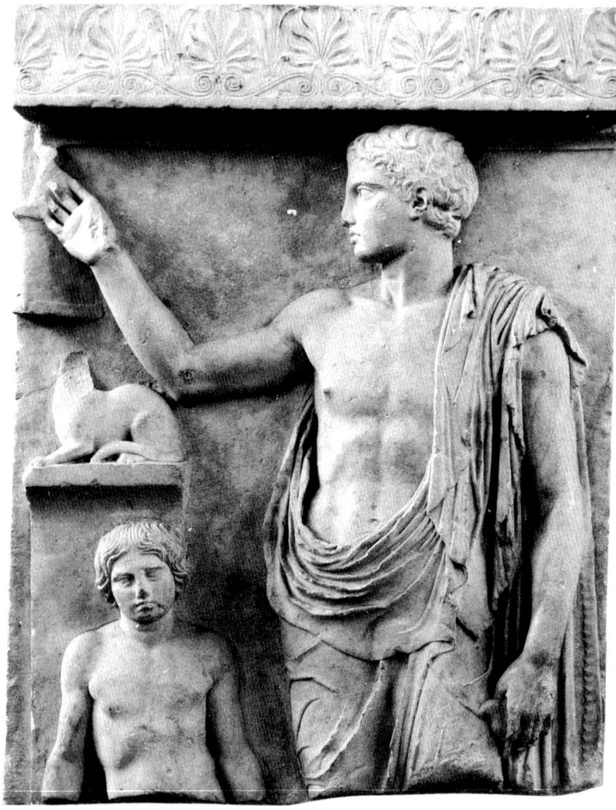

8.42 Katzenstele, aus Ägina. Um 430 v. Chr. Marmor, Höhe 1,04 m. Athen, Nationalmuseum

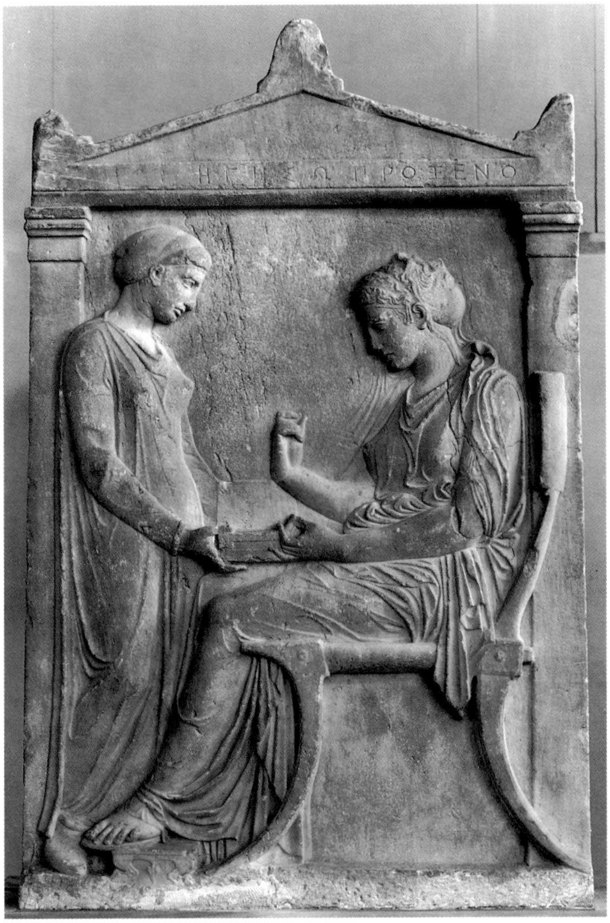

senheit und Abgerücktheit von der Welt, die auch den Darstellungen am hochklassischen Parthenon zu eigen und hier zweifelsohne beheimatet ist.

Die Herstellung von Weihreliefs setzte in Attika gemeinsam mit jener der Grabreliefs wieder ein. Wie ihre bemalten, hölzernen Gegenstücke wurden auch die Votivreliefs auf Pfeilern befestigt und wiesen eine rechteckige, flache Form auf. Die Bildthemen kreisen um die Götter, denen sie geweiht sind. Manchmal sind Adoranten zugegen, unter denen sich vielleicht auch der Stifter und seine Familie befanden. Auch mythologische Szenen sind belegt, die gelegentlich weniger bekannte attische Mythen illustrieren. In einer davon (Abb. 8.44) macht sich der Heros Echelos mit einer Nymphe auf einem Vierspänner davon. Die Pferde wiehern, bäumen sich auf und werfen ihre Köpfe in verschiedene Richtungen. Insgesamt berühren nur zwei Hufe der vier Pferde den Boden. Das Gespann schließt zweifellos an den Parthenonfries an und datiert um 410 v. Chr.

Die Hinweise auf die Herstellung von Plastiken im Westen sind dürftig. Dies mag entweder an den kriegsbedingten Schwierigkeiten mit dem Transport des Marmors liegen, am Fundzufall oder aber an einer extremen Vorliebe für Bronze.

Keramik und Wandmalerei

Wandmalereien wie jene im Grab des Tauchers in Poseidonia (Abb. 7.36, S. 233) wurden auf einer weißen Grundfläche aufgetragen. Mit einem weißen Hintergrund versuchte man sich während der Experimentierphase, die um 530 v. Chr. zur Einführung der rotfigurigen Technik führte, auch in der Vasenmalerei, doch konnte er sich hier nicht durchsetzen. In der ersten Hälfte des 5. Jahrhunderts v. Chr. griff man erneut auf den weißgrundigen Stil zurück,

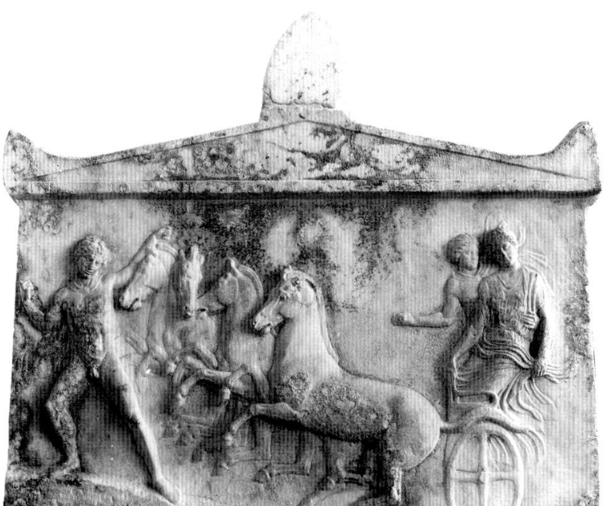

8.43 *oben* Grabstele der Hegeso, aus Athen. Um 400 v. Chr. Marmor. Höhe 1,58 m. Athen, Nationalmuseum

8.44 *links* Eine Seite eines zweiseitigen Weihreliefs; der Heros Echelos flieht mit der Nymphe Basile. Um 410 v. Chr. Höhe 75 cm. Athen, Nationalmuseum

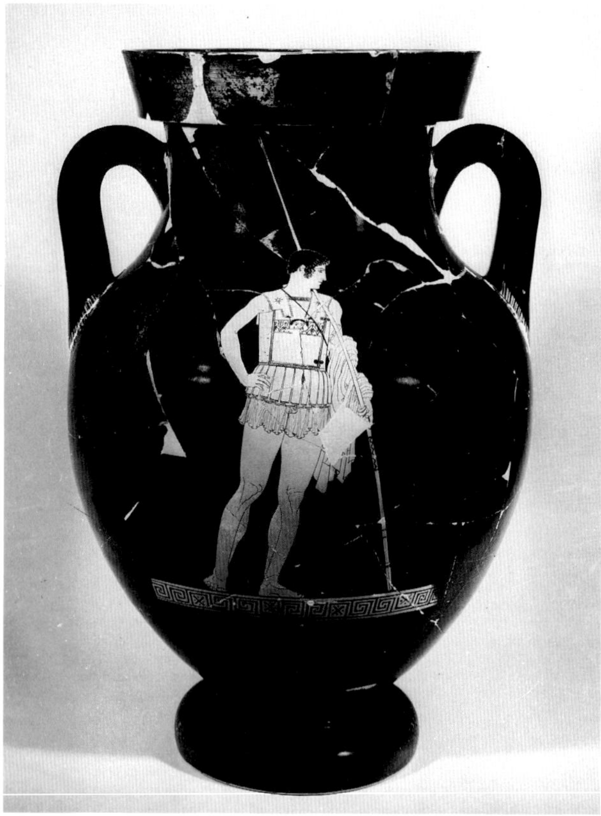

8.45 Attisch-rotfigurige Amphora des Achilleus-Malers: Achill in polykletischem Kontrapost. Um 440 v. Chr. Höhe 60 cm. Rom, Vatikanische Museen

ersetzte jedoch die schwarzfigurige Bemalung durch Umrißlinien. Eine Kanne des Brygos-Malers (Abb. 8.46) liefert hierfür ein gutes Beispiel. Auf die weiße Grundierung wurde eine Frau in Umrißmalerei aufgetragen. Die Kontur bilden schwarze Relieflinien. Dargestellt ist eine häusliche Szene: Mit Spinnrocken und Spindel spinnt sie mit konzentriertem Gesichtsausdruck Wolle. Auch andere Maler versuchten sich in dieser Technik und entwickelten sie weiter. Man ersetzte die schwarzen Relieflinien durch braune Glanztonlinien. Auf die weiblichen Hautpartien trug man eine dickere weiße Deckfarbe auf, die sich vom Hintergrund absetzte. Erst in der hochklassischen Ära jedoch fand der weißgrundige Stil zu sich selbst.

Die Technik wurde für verschiedene Gefäßformen angewandt, unter anderem für den Krater (Abb. 8.47), doch war die weiße Fläche empfindlich und dadurch leicht zu beschädigen, was besonders für regelmäßig benutzt Gefäße als Mangel anzusehen ist. Dies führte dazu, daß man vor allem *Lekythoi* in dieser Machart dekorierte, hohe Salbölflaschen, die man den Verstorbenen in die Gräber mitgab. Maler wurden angehalten, mehr Farben zu benutzen, die meistens leider wieder verblaßten.

Am Ende des Jahrhunderts gestaltete man die Konturen in Rot, Schwarz und Braun, die farbig gefaßten Felder in Grün, Lila und Blau. Dieser polychrome Stil mag die zeitgenössische Wand- und Tafelmalerei reflektieren. Man experimentierte mit Farben und gebrochenen Linien, die Volumen suggerieren sollten. Eine um 410–400 v. Chr. gefertigte Lekythos (Abb. 8.48) zeigt eine trauernde Frau, die vor einem Grab sitzt. Die Zeichnung ist in gebrochenen Linien ausgeführt (siehe etwa die Arme), um Körpermasse darzustellen. Diese Technik könnte aus der Wandmalerei übernommen worden sein, da sie auch in den Beschreibungen der Gemälde des Parrhasios Erwähnung findet. Von ihm wird behauptet, er habe Volumen durch Linien und nicht durch Schattierungen erzeugt. Schattierungen, die plastische Formen suggerieren sollten, wurden nach schriftlichen Überlieferungen von den im 5. Jahrhundert v. Chr. lebenden Wandmalern Zeuxis und Apollodoros eingesetzt. In der Vasenmalerei sind sie kaum festzustellen, und wenn, dann auch nur am Ende des Jahrhunderts, obwohl sie den Vasenmalern bereits zu Beginn des Jahrhunderts bekannt gewesen sein dürften.

Die auf den weißgrundigen Lekythoi abgebildeten Szenen sind in der Regel dem Grabkontext zugeordnet. Bekannt sind Abschiedsszenen, Grabdarstellungen und Trauernde. Manche erreichten eine Höhe von über 50 cm und konkurrieren mit den steinernen Grabreliefs. Mit einigen Grabstelen ahmte man sogar die Form der Lekythoi nach.

Die rotfigurige Technik wurde in der Vasenmalerei beibehalten, doch ging die Nachfrage bereits zurück. Auch die Malersignaturen wurden in der zweiten Hälfte des Jahrhunderts und zu Beginn des 4. Jahrhunderts v. Chr. seltener, ebenso die der Töpfer. Die namensgebende Vase des Achilleus-Malers, eine Amphora (Abb. 8.45), wird heute in den Vatikanischen Museen aufbewahrt. Der abgebildete Held hat eine straffe Haltung eingenom-

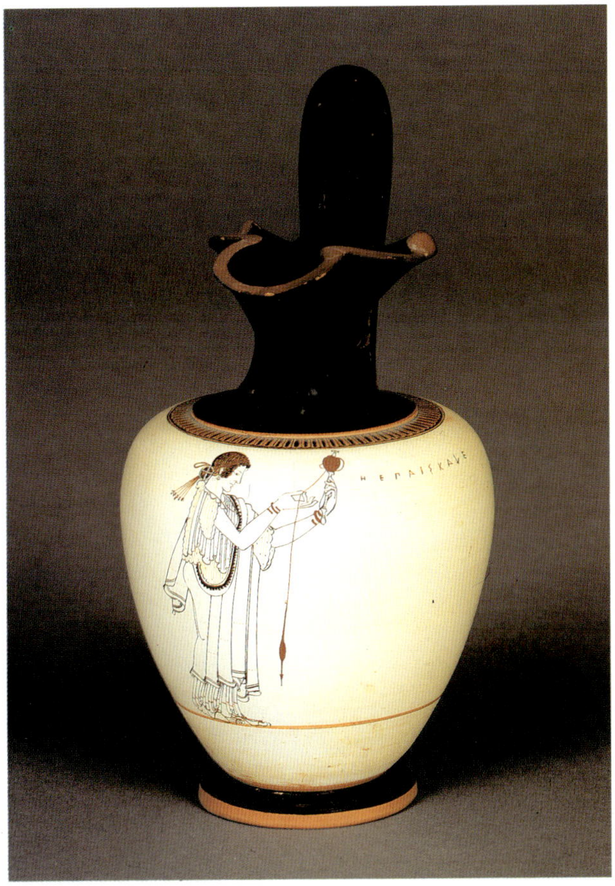

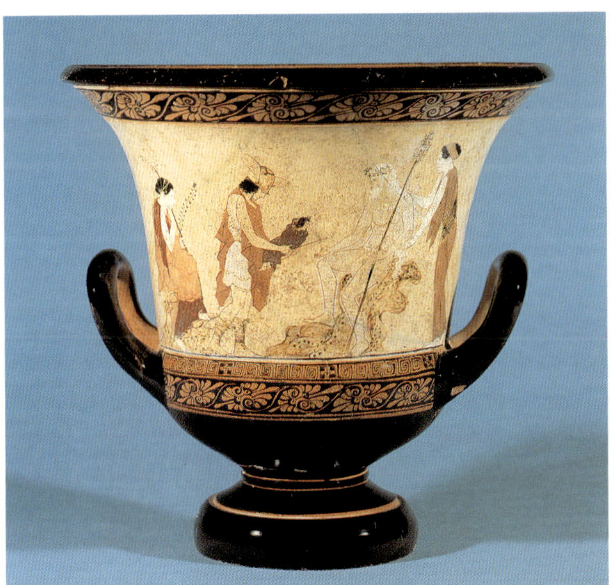

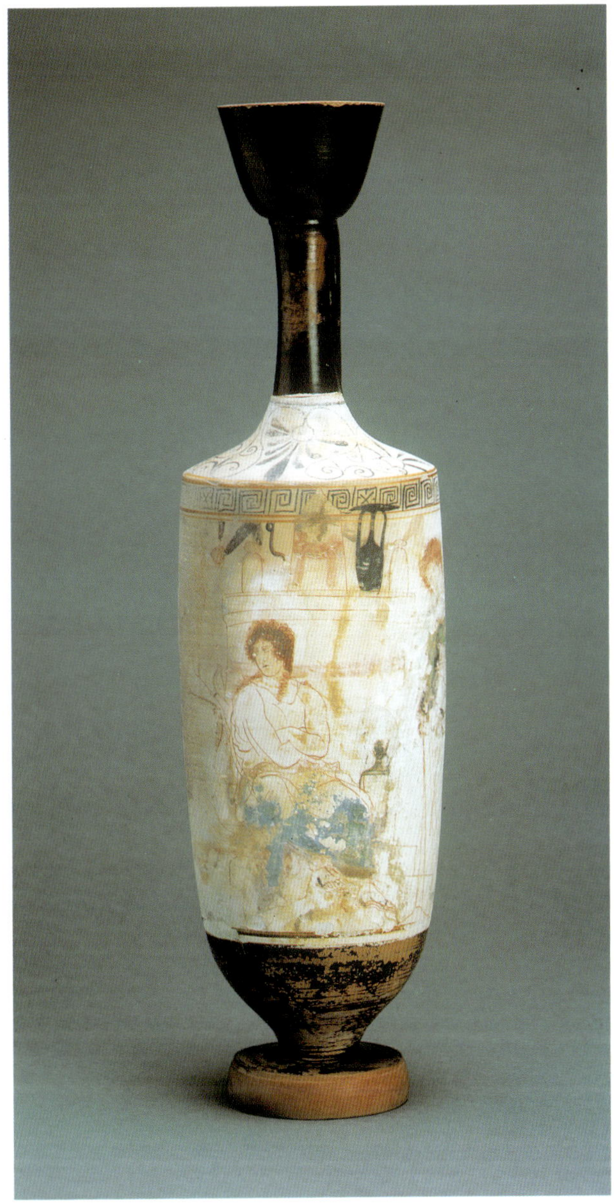

8.46 *oben links* Attisch-weißgrundige Oinochoe, dem Brygos-Maler zugeschrieben: spinnende Frau. Um 490–480 v. Chr. Höhe 22 cm. London, Britisches Museum

8.47 *links* Attisch-weißgrundiger Krater, aus Vulci: Dionysos und Nike. Um 440–430 v. Chr. Höhe 35 cm. Rom, Vatikanische Museen

8.48 *oben* Attisch-weißgrundige Lekythos: sitzende Frau vor einem Grab. Um 410–400 v. Chr. Höhe 51 cm. London, Britisches Museum

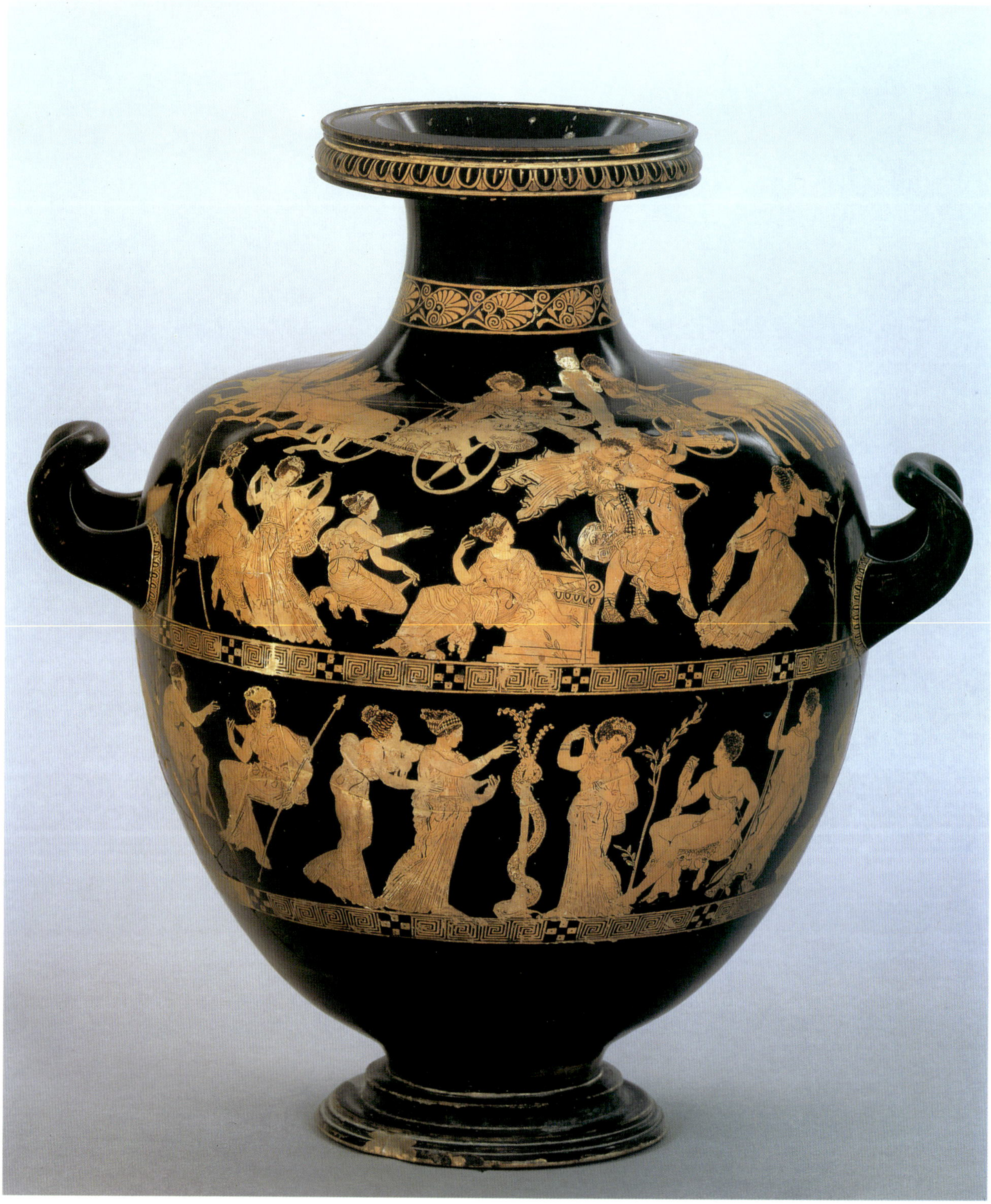

men. Als Standlinie dient ihm ein Mäander. Er hat seinen Speer geschultert und die rechte Hand in der Hüfte gestützt. Die akkurate Ausführung anatomischer Details sticht ins Auge, ebenso die Ansicht des linken Beines und das im Profil wiedergegebene Auge. Die tief eingeschnittenen Gewandfalten der Parthenonfiguren wurden hier durch eng gesetzte, unregelmäßige, geschwungene Linien in Malerei umgesetzt (über dem linken Arm). Sie geben mit ihren Rundungen und Haken ein subtiles Bild von Gewicht und Stofflichkeit. Der Gesichtsausdruck erinnert an die Ruhe der Parthenonfiguren. Das Standmotiv ahmt dasjenige des polykletischen Doryphoros nach. Die Amphora datiert auf etwa 440 v. Chr. Heroische und mythologische Themen kommen danach mehr und mehr aus der Mode. An Beliebtheit gewannen Alltagsszenen, wie etwa die Darstellung junger Frauen bei der Schönheitspflege.

Die Vorliebe in der Plastik für leichte, flatternde und transparente Gewänder griff auch auf die Vasenmalerei über. Zu den Künstlern, die diesen Stil zum Ende des Jahrhunderts hin umsetzten, gehörte der Meidias-Maler. Eine seiner Hydrien (Abb. 8.49), die sich heute im Britischen Museum befindet, zeigt die Lebendigkeit seiner Darstellungen. Das untere Register zeigt Herakles im Garten der Hesperiden. Im Hauptfries treffen die Dioskuren mit ihrem Wagen ein, um die Töchter des Leukippos zu entführen. Pollux, der Erfolgreiche, ist mit seinem Vierspänner schon wieder auf dem Rückweg, während Castors Gefährten noch auf ihren Herrn warten. Die Szene spielt im Heiligtum der Aphrodite, wie an mehreren Elementen abzulesen ist: der Kultstatue zwischen den Wagen, den Landschaftsangaben (Bäumen und Büschen) und der Göttin selbst, die neben ihrem Altar sitzt. Figuren mit ausgestreckten Armen sind über das gesamte Bildfeld verteilt, wie es auch schon beim früheren Niobiden-Maler zu beobachten war. Die Gewänder schmiegen sich an die weiblichen Körper, die Glieder sind rundlich und weich, Gesten und Posen variieren. Die Zeichnung wirkt luxuriös. Halsbänder und Armbänder der Kultstatue wurden mit Blattgold hervorgehoben. Die Darstellung strahlt Wärme und Sinnlichkeit aus, weniger drohende Gefahr. Bemalt wurde die Hydria um 410 v. Chr. Das sinnliche Gefühl steht im Kontrast mit der vollzogenen Handlung und den Auswirkungen des Peloponnesischen Krieges, die Athen zu jener Zeit erschütterten.

8.49 *gegenüber* Attisch-rotfigurige Hydria, dem Meidas-Maler zugeschrieben. Unteres Register: Herakles im Garten der Hesperiden; oberes Register: Raub der Töchter des Leukippos. Um 410–400 v. Chr. Höhe 52 cm. London, Britisches Museum

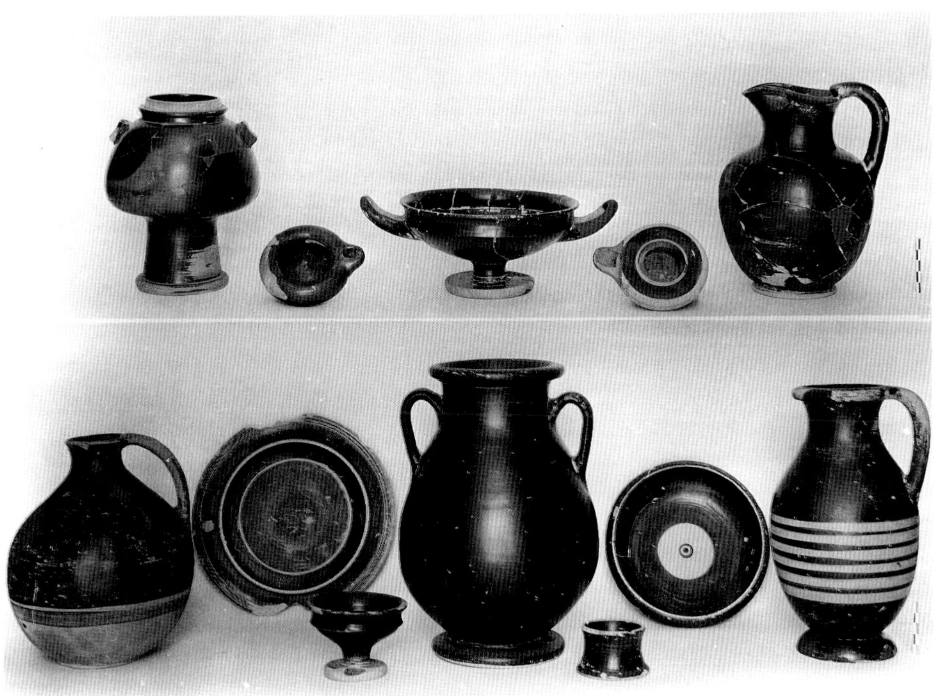

8.50 Formen des monochromen, schwarzgefirnisten Tafelgeschirrs, aus Athen. 5. Jh. v. Chr. Athen, Agora-Museum

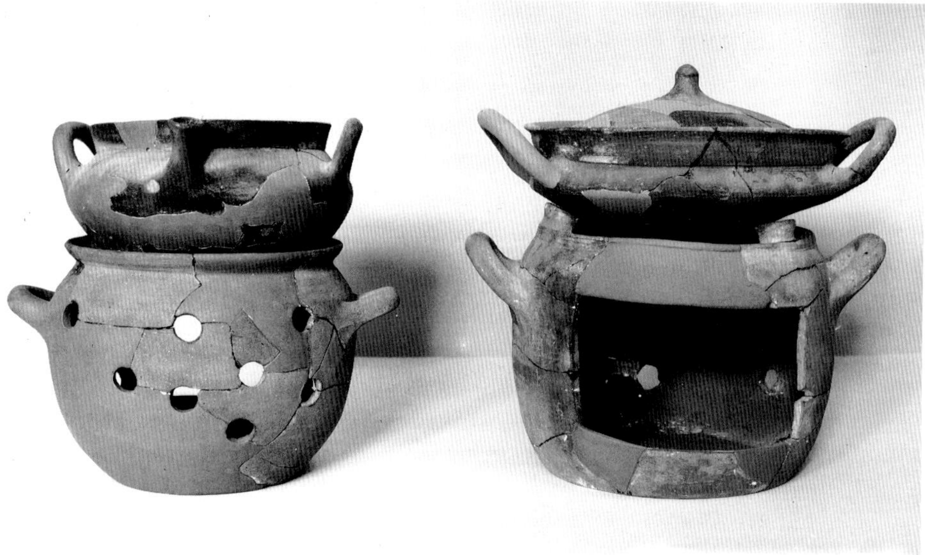

8.51 Grobe Kochtöpfe und transportable Öfen, aus Athen. 5. Jh. v. Chr. Athen, Agora-Museum

8.52 Transportamphoren verschiedener Herkunft: obere Reihe aus Lesbos, mittlere Reihe aus Mende, untere Reihe aus Thasos. Athen, Agora-Museum

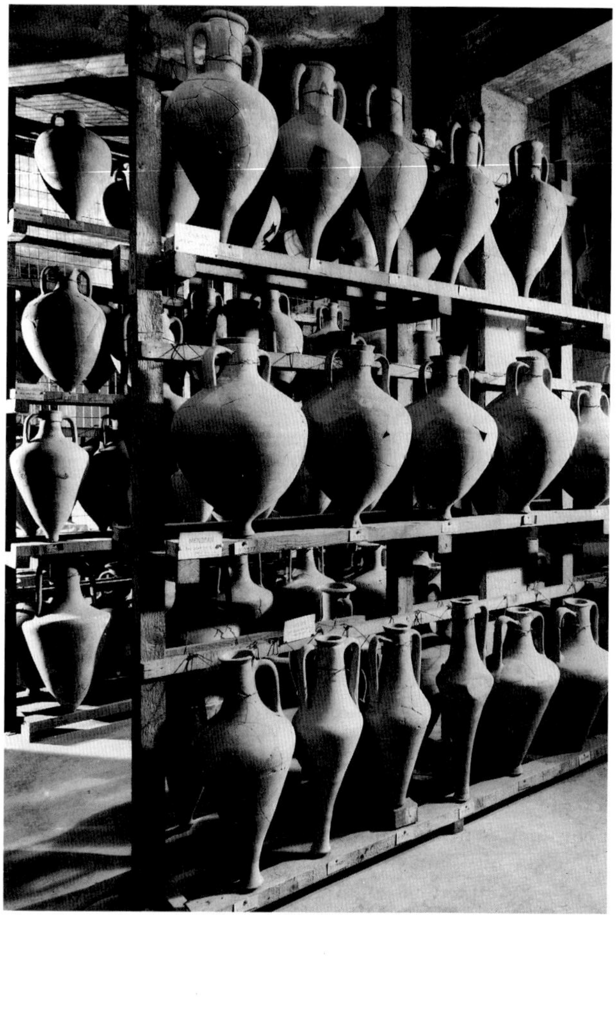

Neben den bemalten Gefäßen stellten die attischen Töpfer größere Mengen schwarzgefirnister Gebrauchsware her. Der Überzug begegnet uns auf allen Formen und Formaten, gleichermaßen auf Vorratsbehältern, Gieß-, Trink-, Wasser- und Ölgefäßen. Verwendung fand er auch für verschiedene Gattungen des Tafelgeschirrs, so für Platten und Lampen. Die in Abb. 8.50 gezeigte Auswahl an Töpferprodukten von der Athener Agora schließt Schalen, Kannen, Vorratsbehälter, einen Kühler, Platten und Lampen ein. Zur Gebrauchsware zählten selbstverständlich auch Kochtöpfe. Diese waren weniger elegant als das Tafelgeschirr und von Hand aus grobem Ton hergestellt (Abb. 8.51). Derartige grobe Ware gab es schon früher. Sie ist in Athen während der gesamten Antike nachzuweisen.

Ebenfalls aus grobem Ton fertigte man schmucklose Amphoren (Vorratsbehälter), in denen Olivenöl und Wein rings um das Mittelmeer verschifft wurden. Sie alle weisen zwei Henkel und einen knopfartigen Fuß auf (Abb. 8.52). Die Profile variieren und können oft auf eine lokale Produktionsstätte zurückverfolgt werden. Die bauchigen Amphoren der mittleren Reihe in der Abbildung stammen beispielsweise aus Mende, einer Stadt, die für ihren Wein bekannt war. Da die Amphoren wertvolle Hinweise auf das Wirtschaftsleben und Handelsbeziehungen liefern, hat man sich eingehend mit den einzelnen Typen beschäftigt. Oft sind

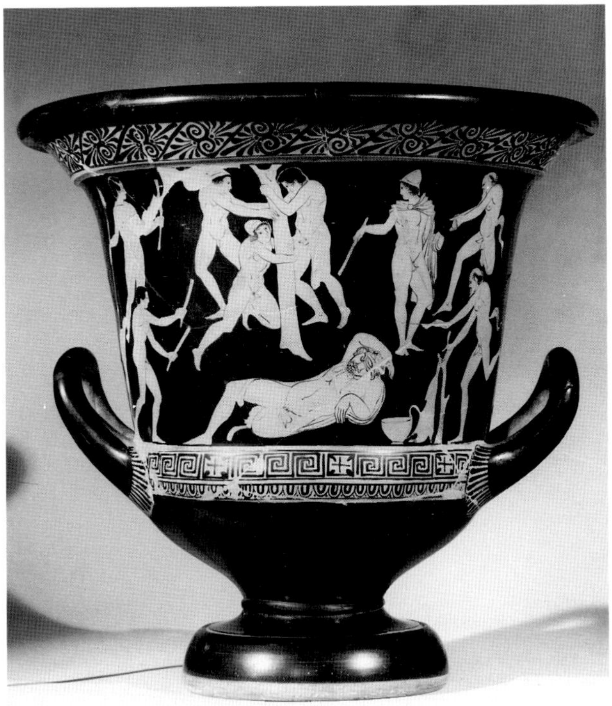

8.53 Unteritalischer rotfiguriger Krater des Kyklopen-Malers: unten betäubter Kyklop (Polyphem); oben Odysseus mit seinem Gefährten. Um 420–410 v. Chr. Höhe 47 cm. London, Britisches Museum

die Henkel sogar gestempelt, vor allem in hellenistischer Zeit. Die Markierungen setzen sich aus dem Zeichen der Stadt, aus der der Wein oder das Öl kam, und dem Namen des Magistraten zusammen, in dessen Amtsjahr die Amphora und vielleicht auch ihr Inhalt hergestellt wurden. Die Amphoren können demnach als chronologische Fixpunkte gelten. Durchschnittlich faßten sie etwa 27 Liter und wogen in gefülltem Zustand um die 35 kg. Zum Transport legte man sie auf die Seite, wie auf gesunkenen Handelsschiffen zu beobachten ist. Der knopfartige Fuß diente als dritter Henkel, wollte man das Gefäß an eine andere Stelle legen. Unvorteilhaft war er jedoch, sollte das Gefäß aufrecht stehen, um den Inhalt zu begutachten. Hierfür mußte man ihnen entweder einen Dreifuß unterschieben oder sie in eine Mulde im Boden stellen.

Die Griechen im Westen hatten es in der ersten Hälfte des Jahrhunderts vorgezogen, bemalte Keramik ihres Geschmackes zu importieren. Nun setzte jedoch auch hier eine lokale Produktion ein. Die Einführung der unteritalischen rotfigurigen Keramik könnte mit der Gründung der attischen Kolonie Thurii 433 v. Chr. in Zusammenhang stehen. Möglicherweise zählten auch Töpfer und Vasenmaler zu den Kolonisten. Die Anwesenheit von Mitgliedern dieser Berufsgruppen ist für Metapont (an der Küste, nordöstlich von Thurii) bezeugt, wo Brennöfen vorgefunden wurden.

Ihre Erzeugnisse, einfache Objekte und klumpige Figuren, sind anfangs anspruchslos. Im letzten Viertel des Jahrhunderts tauchen jedoch auch kühnere und innovativere Produkte auf. Ein Kelchkrater (Abb. 8.53), der dem Kyklopen-Maler zugeschrieben wird, zeigt im unteren Bereich des Bildfeldes den betrunkenen Polyphem. Darüber mühen sich Odysseus und seine Gefährten mit dem großen Pfahl ab, mit dem sie den Riesen blenden wollen. Das Thema geht auf die Eleusis-Amphora zurück (Abb. 5.7, S. 129), die um 650 v. Chr. in Athen bemalt wurde. Die Anordnung der Figuren auf verschiedenen Ebenen erinnert an den Niobiden-Maler (Abb. 7.34 und 7.35, S. 232) und läßt auf ein gleichartiges Tafelbild aus der ersten Hälfte des 5. Jahrhunderts v. Chr. schließen. Die Anlehnung an Athen tritt klar hervor. Neu in dem Motiv sind die Satyrn; dementsprechend wurde vorgeschlagen, die Darstellung auf ein Satyrspiel zurückzuführen. Hergestellt wurde der Kelchkrater um 420–410 v. Chr. in Lukanien.

Es gibt Hinweise auf eine weitere, vermutlich in Taras zu lokalisierende Werkstatt, die um 430–420 v. Chr. die Arbeit aufnahm. Zu ihren führenden Künstlern zählte der Sisyphos-Maler, der sowohl im herkömmlichen, relativ einfachen unteritalischen Stil als auch in einer höherstehenden, ornamentaleren Variante arbeitete. An seinen Werken lassen sich die beiden Hauptstränge der apulischen Vasenmalerei nachzeichnen: der sogenannte »Reiche Stil« und der »Einfache Stil«. Die apulische Keramik erfuhr im nächsten Jahrhundert eine Blütezeit. Den Vasenmalern gelang es sogar, die attische Ware vom westlichen Markt zu verdrängen.

9

Das vierte Jahrhundert v. Chr.

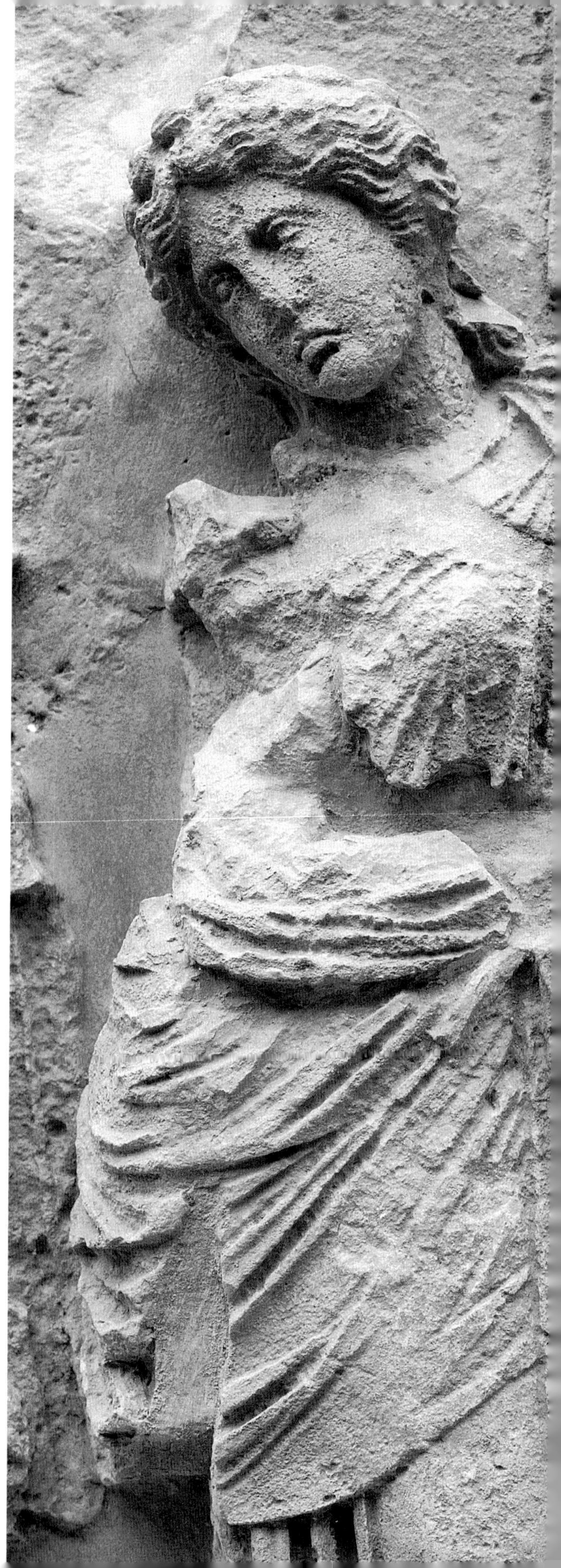

Die Niederlage am Ende des Peloponnesischen Krieges tat Athens politischen Ansprüchen keinen Abbruch. Innerhalb eines Jahrzehnts war die attische Flotte wieder so weit aufgebaut, daß die Schlacht bei Knidos mit einem Sieg über die Spartaner endete. Um 390 v. Chr. fanden Scharmützel in der Nähe von Korinth statt und man erneuerte die Langen Mauern.

Da die Perser sich um 380 v. Chr. mit einem Vertrag einmischten, der auf die Wünsche der Spartaner zugeschnitten war, riefen die Athener und ihre Verbündeten erneut den Krieg aus. Erst im Jahr 371 v. Chr. kam es zu einem Friedensvertrag, der Sparta die Hegemonie auf dem Land und Athen die Seeherrschaft einräumte. Die alte Rivalität bestand jedoch weiterhin. Dieses System der unabhängigen Stadtstaaten, die sich in Allianzen um die beiden führenden Mächte Griechenlands gruppierten, wurde schon bald aus den Angeln gehoben: Die Thebaner machten den Anfang. Mit Hilfe neuer Gefechtstaktiken gelang es ihnen, Sparta in der Schlacht bei Leuktra 371 v. Chr. zu schlagen und für die nächste Dekade selbst die Führungsposition einzunehmen.

Relief aus Taras: Elektra und Orest am Grab des Agamemnon. Ausschnitt aus Abb. 9.38, S. 304. New York, Metropolitan Museum of Art

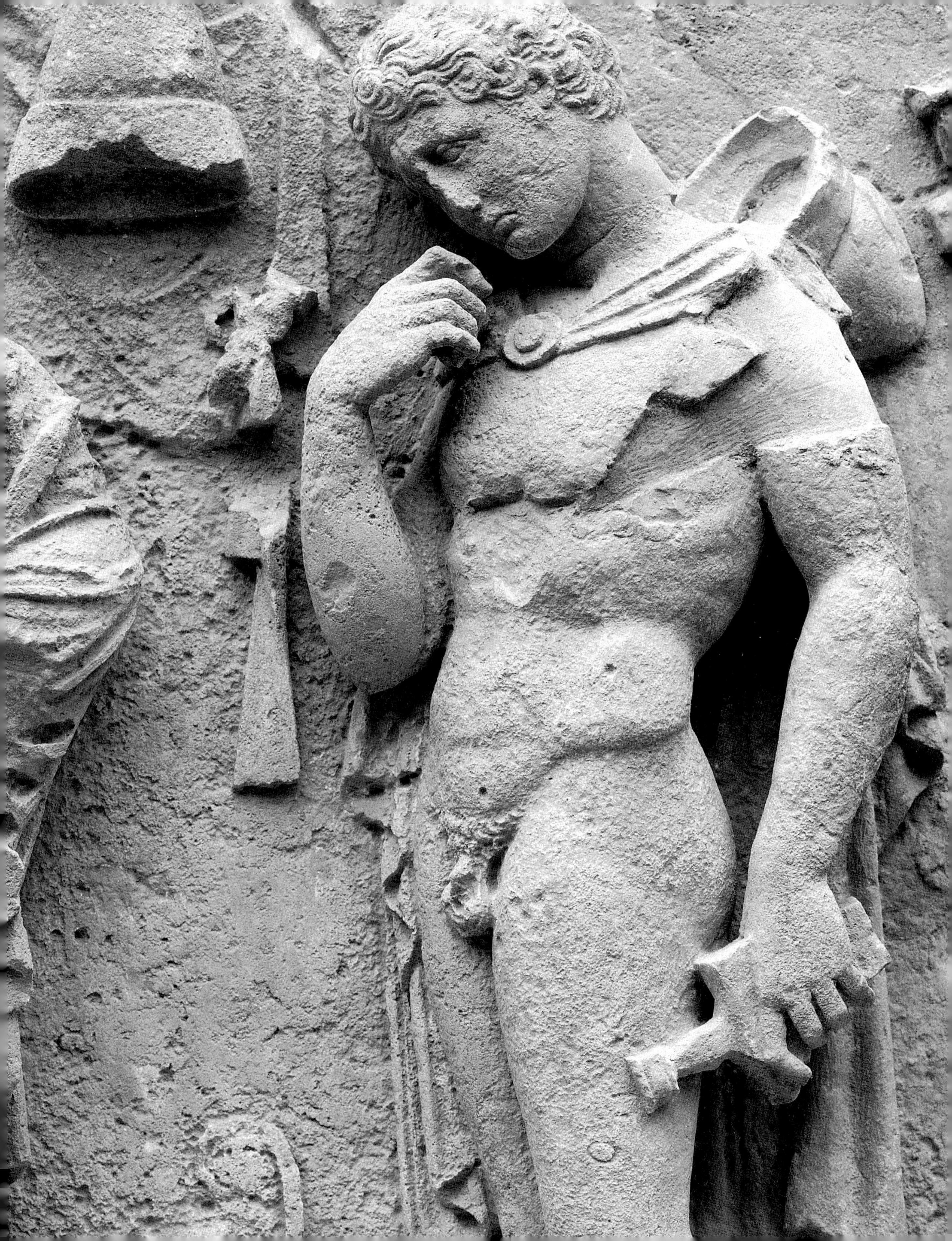

Der Tod des großen thebanischen Generals Epaminondas 362 v. Chr. in der Schlacht von Mantineia setzte der kurzlebigen thebanischen Hegemonie ein jähes Ende. Abgelöst wurde sie von einer zweiten, wesentlich ernsteren Herausforderung, die aus Makedonien kam.

Philipp II. hatte 359 v. Chr. den makedonischen Thron bestiegen. In seinen ersten Regierungsjahren festigte er seine Macht und baute Grenzbefestigungen. Bereits 348 v. Chr. zog er nach Osten gegen die Stadt Olynth, einen Verbündeten Athens, und zerstörte sie. Bald danach, 338 v. Chr., schlug er in der Schlacht von Chaeronea die Griechen, die gemeinsam gegen die Invasoren aus dem Norden angetreten waren. Die Zeit der Unabhängigkeit der griechischen Stadtstaaten war vorbei. Philipp zeigte sich jedoch nachsichtig und ließ den Besiegten viele Freiheiten. Mochten der Redner Demosthenes und seine Freunde noch so sehr über Makedonien hergezogen sein und die attischen Rhetoriker auch gewaltig über die Feinde der Demokratie geschimpft haben, so steht doch fest, daß Griechenland unter Philipp zu einem geschlossenen Ganzen, zu einer einzigen Nation gemacht wurde. Zwei Jahre später, 336 v. Chr., wurde Philipp ermordet. Sein 20 Jahre alter Sohn Alexander übernahm die Regentschaft und begann seine Karriere, die ihm schon früh den Titel »der Große« einbringen sollte. Trotz einer Rebellion in Griechenland, die schnell unterdrückt wurde, war Alexander den Griechen wohlgesonnen; sein Interesse richtete sich auf Persien.

334 v. Chr. drang Alexander in Kleinasien ein, besiegte innerhalb kürzester Zeit den persischen König, eroberte das persische Reich und beherrschte die damals bekannte Welt von Makedonien im Norden bis nach Ägypten im Süden, und von der Ägäis bis nach Afghanistan (Abb. 9.1). Innerhalb eines Jahrzehnts veränderten sich das griechische Leben und die griechische Politik in einer nicht mehr umkehrbaren Weise. Mit Alexanders Tod im Jahre 323 v. Chr. brach die Ordnung auseinander. Seine Generäle bekämpften sich gegenseitig und teilten sein Imperium in einzelne Königreiche auf. Fünf von ihnen sollten hervorgehoben werden: Makedonien, Ägypten, Pergamon, Syrien und Bak-

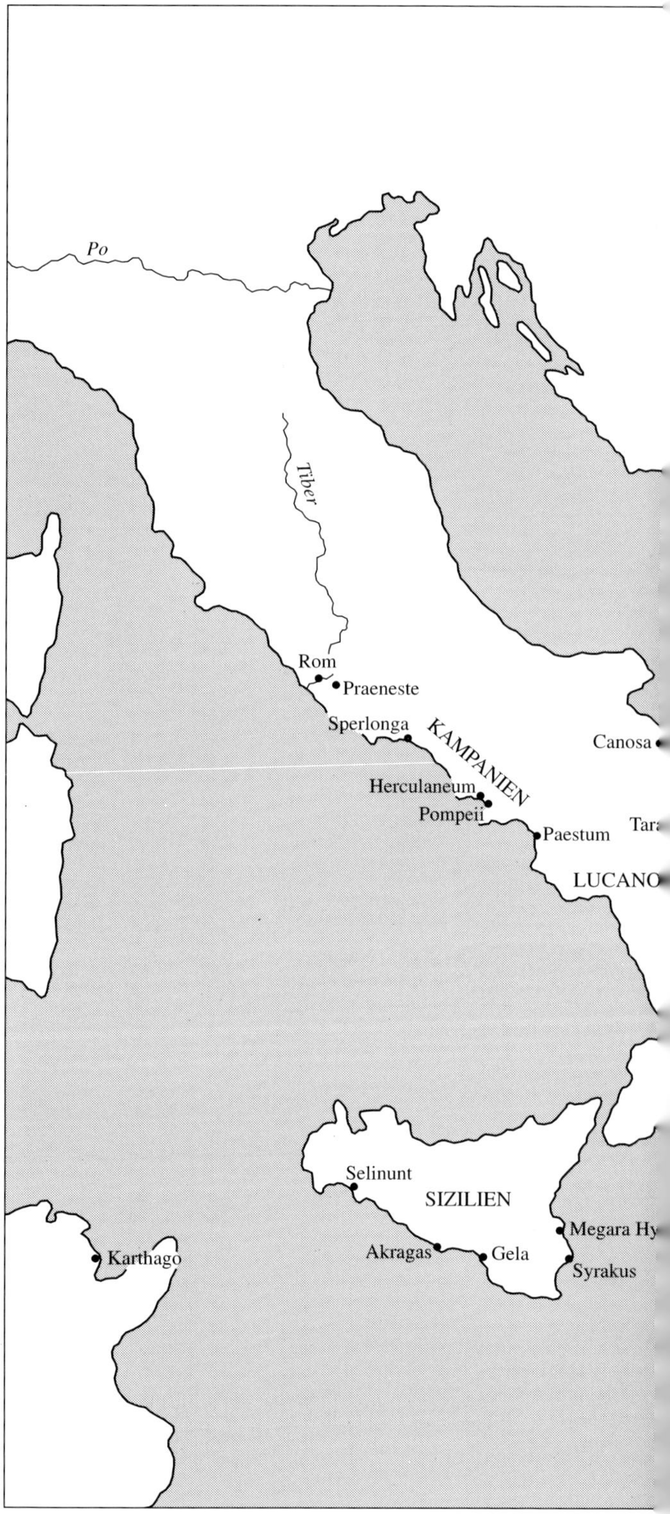

9.1 Die griechische Welt um 400–30 v. Chr.

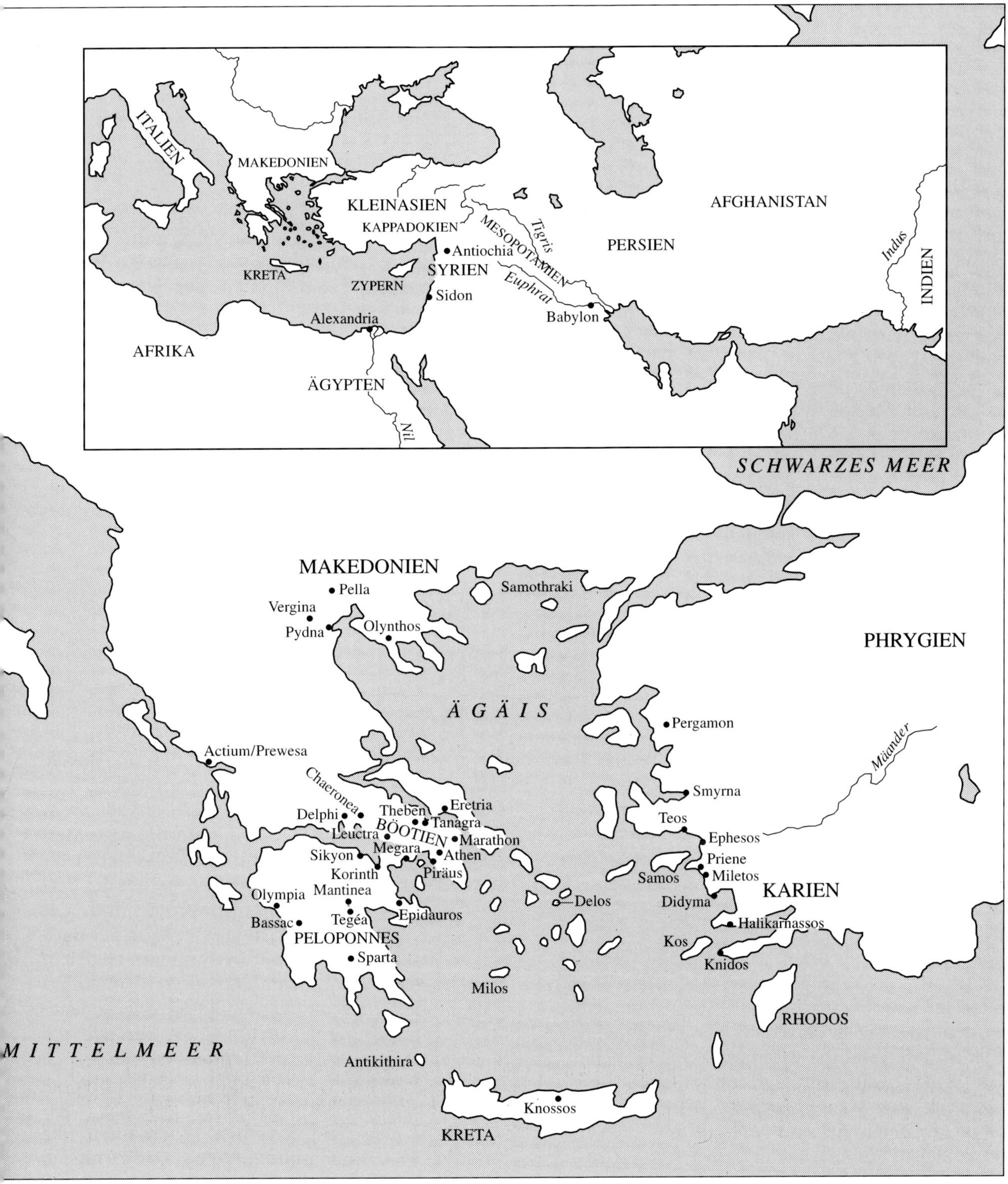
ITALIEN
MAKEDONIEN
KLEINASIEN
KAPPADOKIEN
MESOPOTAMIEN
Tigris
Euphrat
AFGHANISTAN
PERSIEN
Indus
INDIEN
Antiochia
SYRIEN
KRETA
ZYPERN
Sidon
Babylon
Alexandria
AFRIKA
ÄGYPTEN
Nil
SCHWARZES MEER
MAKEDONIEN
Pella
Vergina
Pydna
Olynthos
Samothraki
PHRYGIEN
Ä G Ä I S
Pergamon
Mäander
Actium/Prewesa
Chaeronea
Smyrna
Delphi
Theben
Eretria
Tanagra
BÖOTIEN
Leuctra
Marathon
Teos
Ephesos
Sikyon
Megara
Athen
Priene
Korinth
Piräus
Miletos
Samos
KARIEN
Olympia
Mantinea
Delos
Didyma
Bassae
Tegéa
Epidauros
Halikarnassos
PELOPONNES
Kos
Sparta
Knidos
Milos
RHODOS
MITTELMEER
Antikithira
Knossos
KRETA

trien. Die Geschichte dieser Königreiche bestimmte weitgehend die Geschichte der hellenistischen Periode. Griechenland wurde von den neuen, monarchistisch regierten großen Militärnationen dominiert.

Weit entfernt von den Ereignissen im Osten, standen auch die Westgriechen unter Druck. Poseidonia fiel in die Hände ansässiger Stämme, die aus dem Umland herabkamen und auch andere reiche Städte überfielen. Taras und Metapont konnten jedoch ihre Machtposition halten. Auf Sizilien harrten die Karthager ihrer Zeit. Nach der unglücklich verlaufenen athenischen Expedition nach Syrakus gingen sie erneut in die Offensive und eroberten eine griechischen Stadt nach der anderen, wie etwa Selinunt (409 v. Chr.) und Akragas (406 v. Chr.). Syrakus überlebte dank des neuen Tyrannen Dionysios, der die Metropole befestigte und den Kriegsschauplatz in den Westen der Insel verlegte. Das Wechselspiel von Sieg und Niederlage, das Dionysios gegen die Karthager ausfocht, dauerte das erste Jahrzehnt des Jahrhunderts. Danach stattete der Philosoph Platon Syrakus seinen ersten Besuch ab. 368 v. Chr. nahm man die Kämpfe erneut auf; Dionysios starb im darauffolgenden Jahr. Der Bürgerkrieg in Syrakus ging während der Amtszeit seines Sohnes und Nachfolgers, Dionysios II. weiter. Die Auseinandersetzungen konnten erst mit der Ankunft des Timoleon aus Korinth beigelegt werden, der von Dionysios' Gegnern zu Hilfe gerufen wurde.

Timoleon verließ Korinth 344 v. Chr. und herrschte binnen eines Jahres über Syrakus. Dionysios II. ging ins Exil nach Korinth, und eine moderate Oligarchie, die in etwa nach Platons Vorstellungen formiert worden war, übernahm die Regierung. Karthago wurde erneut bezwungen. Unter der Führung des Timoleon besiedelte man die verwüsteten griechischen Städte auf Sizilien mit neuen Kolonisten und zurückgekehrten Veteranen.

Nach dem Tod des Timoleon brach die Zwietracht unter den Bürgern von Syrakus erneut aus. Beigelegt wurde sie von Agathokles, dem Führer der demokratischen Partei, der den Rat der Oligarchen auflöste und die gesamte Macht an sich riß. Der Krieg gegen Karthago nahm auch ihn in Anspruch, doch war er geschickt genug, den Kriegsschauplatz nach Afrika zu verlegen und nach einer erfolgreichen Kampagne im Jahre 306 v. Chr. zu einem Frieden zu kommen.

307 v. Chr. hatte Agathokles den Königstitel angenommen, wodurch er sich mit den neuen Königen der griechischen Welt, den Nachfolgern Alexanders des Großen im Osten, auf eine Stufe stellte. Seine Pläne sahen die Vereinigung Siziliens und Unteritaliens zu einem Königreich vor. 304 v. Chr. hatte er bereits ganz Sizilien unter seine Kontrolle gebracht.

Die verworrenen Zustände in Griechenland und im Westen dauerten an. Fast ohne Unterbrechungen setzten sich die kriegerischen Auseinandersetzungen fort. Innerhalb der Städte traten Anhänger der Demokratie, der Oligarchie und der Monarchie gegeneinander an. Die Arbeiten der Konstrukteure und Architekten, der Bildhauer und Maler beschränkten sich auf ein Minimum. Die großen Bildhauer des 4. Jahrhunderts v. Chr., Praxiteles, Skopas und Lysipp, erforschten weiterhin die Grenzen des Idealismus und Realismus. Die tatkräftigen Vereinigungen der unteritalischen Vasenmaler traten mit Athen in der Weiterentwicklung des rotfigurigen Stils in Konkurrenz.

Architektur und Bauplastik

BASSAE

Die Bürger von Phigaleia errichteten in Bassae (Abb. 9.2), weit oben in den peloponnesischen Bergen, einen Tempel für Apollon. Das Gebäude weist viele Eigenheiten auf, die keine einstimmige Meinung zur Datierung erlauben. Pausanias nennt Iktinos als Architekten, einen der Baumeister des Parthenon. Aufgrund dieses Hinweises und des gelängten, altmodischen Grundrisses kann der Baubeginn sicherlich noch im 5. Jahrhundert, vielleicht um 430–420 v. Chr. angenommen werden. Architektonische Details und der Skulpturenfries indizieren ein Einweihungsdatum um 400 v. Chr. oder gar noch später. Das Innere des Tempels enthält jedoch so viele Neuerungen und nimmt so viele Entwicklungen des 4. Jahrhunderts v. Chr. vorweg – beispielsweise die nicht-dorischen Innensäulen, die nur noch als Ornament fungierten –, daß es ratsam scheint, den Tempel in diesem Kapitel vorzustel-

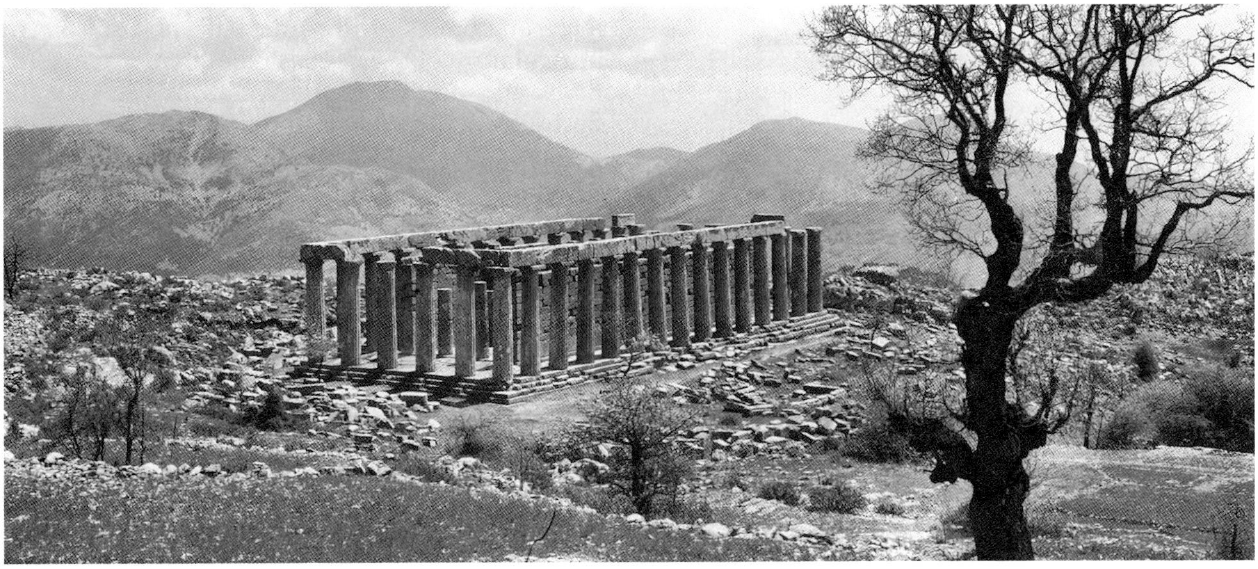

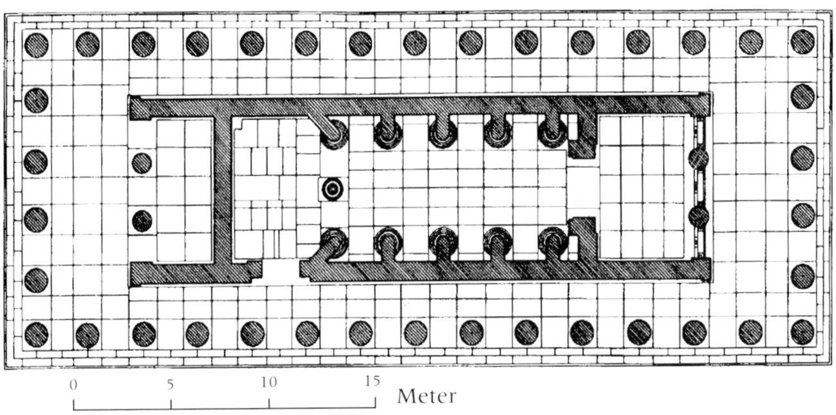

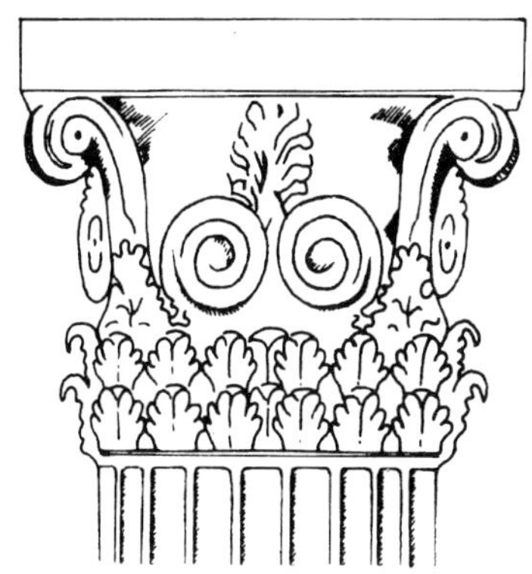

9.2 *ganz oben* Apollon-Tempel von Bassae, dem Iktinos zugeschrieben, einem der Architekten des Parthenon. Um 430–390 v. Chr. Kalkstein und Marmor. Höhe (Säulen) 5,95 m; Gebälk 1,94 m

9.3 *oben links* Grundriß des Apollon-Tempels von Bassae. Um 430–390 v. Chr.

9.4 *oben rechts* Korinthisches Kapitell vom Apollon-Tempel von Bassae. Um 430–390 v. Chr.

len. Zweifelsohne leitet er vom 5. ins 4. Jahrhundert v. Chr. über.

Die Nord-Süd-Orientierung ist ungewöhnlich. Sie, der Archaismus und die gelängten Proportionen waren aber durch den Vorgängerbau vorgegeben. Den neuen Tempel errichtete man fast komplett aus Kalkstein, der vor Ort gebrochen wurde. Der Grundriß (Abb. 9.3) zeigt je 6 bzw. 15 Säulen; die Vor- und die weniger tiefe Rückhalle öffnen sich über je zwei Säulen in antis. Das Arrangement hinter den Hallen entspricht weitgehend dem Vorbild: Es gliedert sich in eine Cella und ein Adyton mit einer seitlichen Tür. Den Übergang von Cella zu Adyton markiert eine einzelne Säule mit einem völlig neuen Kapitell. Für die äußere Ordnung hatte man den dorischen Stil gewählt. Die Säulen der Cella waren über Schermauern mit den Wänden verbunden. Sie erhoben sich auf breiten Basen und wurden von eigenwilligen ionischen Volutenkapitellen bekrönt. Die einzelne Säule am Übergang von der Cella zum Adyton führt erstmals das korinthische Kapitell ein (Abb. 9.4). Dieses setzt sich aus

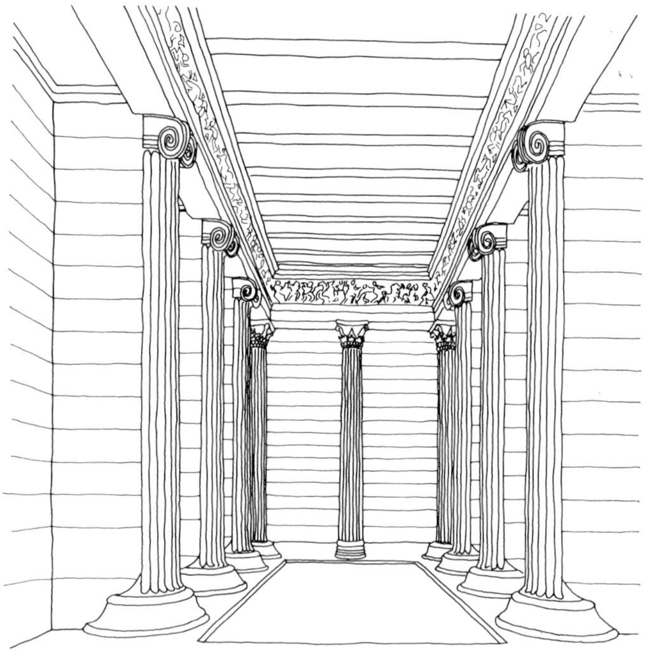

9.5 *oben* Rekonstruktionszeichnung des Innenraumes des Apollon-Tempels von Bassae. Um 430–390 v. Chr.

9.6 *unten* Apollon-Tempel von Bassae, Friesblock: Griechen kämpfen gegen Amazonen. Um 400–390 v. Chr. Marmor. Höhe 63 cm. London, Britisches Museum

einem glockenförmigen Echinus, um diesen gelegten Kränzen aus Akanthusblättern sowie Spiralen, Palmetten und kleinen Voluten an allen vier Ecken zusammen. Die vier Ansichtsseiten sind identisch, wodurch der Kapitelltyp besonders für die Eckposition wesentlich geeigneter scheint als der ionische. Die Einführung des korinthischen Kapitells gehört zu den großen Errungenschaften des 4. Jahrhunderts v. Chr. Es konnte sich nur langsam durchsetzen, wurde in der römischen Periode jedoch zur geläufigen Säulenform.

Obwohl in der dorischen Ordnung gehalten, zierte den Tempel – wie auch den Parthenon – ein skulptierter ionischer Fries. Im Gegensatz zum Parthenon, wo sich der Fries rund um die Cella zog, war er hier im Inneren angebracht (Abb. 9.5). Das dargestellte Thema ist altbekannt: Es widmet sich den Schlachten zwischen Griechen und Amazonen bzw. Griechen und Kentauren. Die Qualität der Ausführung variiert zwischen gelungenen Schlachtszenen (Abb. 9.6) und anatomisch unmöglichen Posituren. Die Muskulatur der Griechen wird unterstrichen, während die Extremitäten und Brüste der Amazonen unter den durchsichtigen Gewändern weich und fleischig wiedergegeben sind. Die »nassen« Gewänder stellen eine typische Arbeit einer attischen Bildhauerwerkstatt aus dem

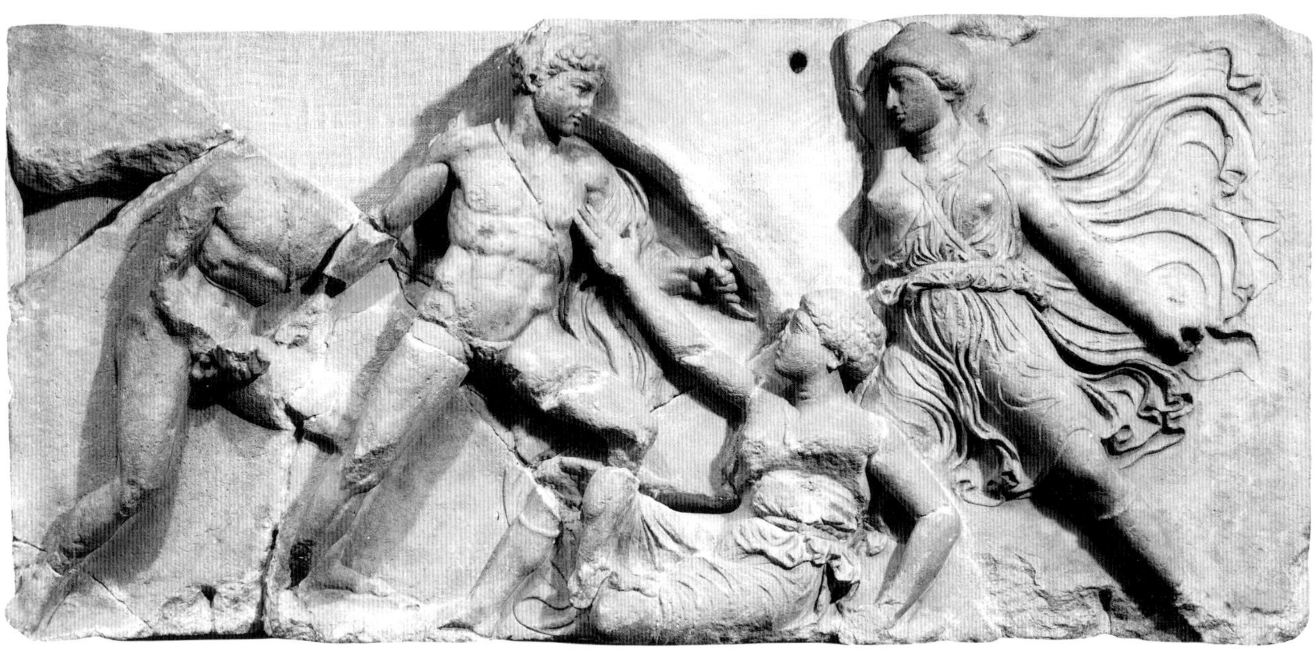

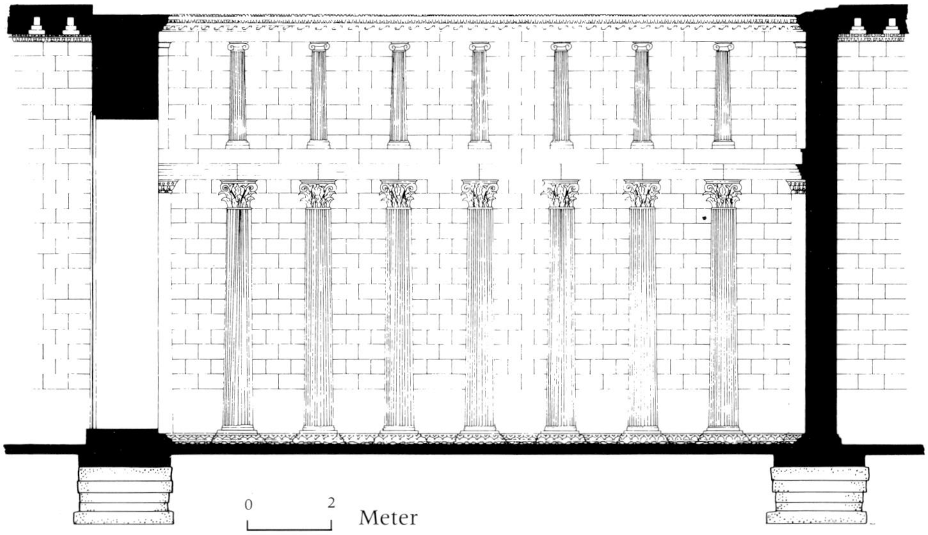

9.7 *links* Rekonstruktion der Cella-Südwand des Athena-Alea-Tempels in Tegea. Um 340 v. Chr.

9.8 *unten* Plan des Asklepios-Heiligtums von Epidauros. 4. Jh. v. Chr. und später
1 Asklepios-Tempel
2 Tholos (Thymele)
3 Abaton (Stoa)
4 Propylon
5 Theater
6 Hotel
7 »Gymnasium«
8 Palaestra
9 Stadium

letzten Jahrzehnt des 5. Jahrhunderts v. Chr. dar. Die übertriebenen Posen und Gesten einiger Figuren und ihr theatralischer Ausdruck mit den tiefliegenden Augen verweisen jedoch ins 4. Jahrhundert v. Chr.

TEGEA

Als weiterer wichtiger dorischer Tempel auf der Peloponnes aus der Mitte des Jahrhunderts ist jener von Tegea zu nennen. Der Architekt dieses Sakralbaus für Athena Alea hieß Skopas und stammte aus Paros. Er führte im Grundriß und auch im Aufriß Neuheiten ein, wie etwa die korinthischen Säulen im Inneren, auf denen eine Reihe ionischer Säulen aufgestellt war (Abb. 9.7), und den Seiteneingang in die Cella. Die Fassade besitzt großzügige Proportionen, die dem Tempel Leichtigkeit und Eleganz verliehen.

EPIDAUROS

Die Tempelneubauten des 4. Jahrhunderts v. Chr. resultierten oft aus Bränden und anderen Katastrophen, denen ältere Sakralbauten zum Opfer gefallen waren. Die Wiederaufbauten und Reparaturen ließen jedoch wenig Raum für Innovationen. In neuen Komplexen experimentierten die Architekten jedoch mit Maßstäben, Formen und Proportionen sowie der neuen Korinthischen Ordnung.

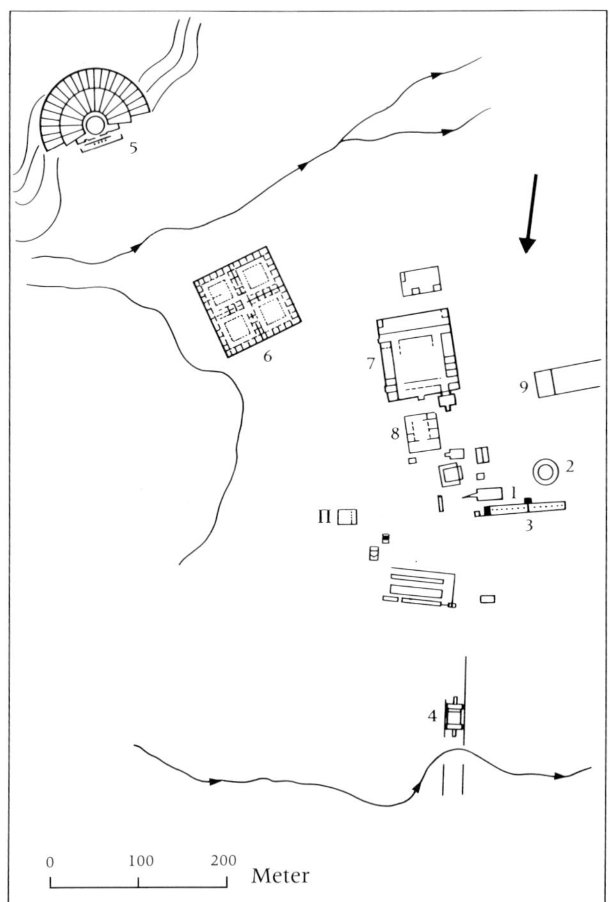

Der neu eingeführte Kult des Asklepios, des Heilgottes, erfreute sich nach seinem erstmaligen Auftreten rasch zunehmender Beliebtheit, begünstigt zweifellos durch die im 5. Jahrhundert v. Chr. in Athen wütende Pest. Im peloponnesischen Epidauros (Abb. 8.9) richtete man im 4. Jahrhundert v. Chr. ein weithin bekanntes Heiligtum ein. Seine Parallelen hatte es in der großen Kultstätte auf Kos in der östlichen Ägäis.

Der Architekt des Tempels, Theodotos, hatte sich für die dorische Ordnung entschieden. Er setzte sich über die üblichen Säulenzahlen hinweg und brachte mit seiner von je 11 bzw. 6 Stützen umgebenen Anlage einen quadratischeren, kompakteren Bau hervor. Auf ein Opisthodom wurde verzichtet. Die Giebel zierten Marmorfiguren, die die Schlachten zwischen Griechen und Amazonen bzw. Griechen und Trojanern nachstellten. Die Sitzstatue des Asklepios im Inneren bestand aus Gold und Elfenbein. Von dem Gebäude haben sich nur wenige Reste erhalten. Überliefert ist jedoch die eingemeißelte Liste der Baukosten, die wichtige Informationen über die Löhne der Arbeiter, die Transport- sowie Materialkosten enthält. Errichtet wurde der Tempel um 380 v. Chr.

9.9 Tholos von Epidauros, verkürzte innere korinthische Ordnung. Um 360–340 v. Chr. Marmor. Epidauros, Museum

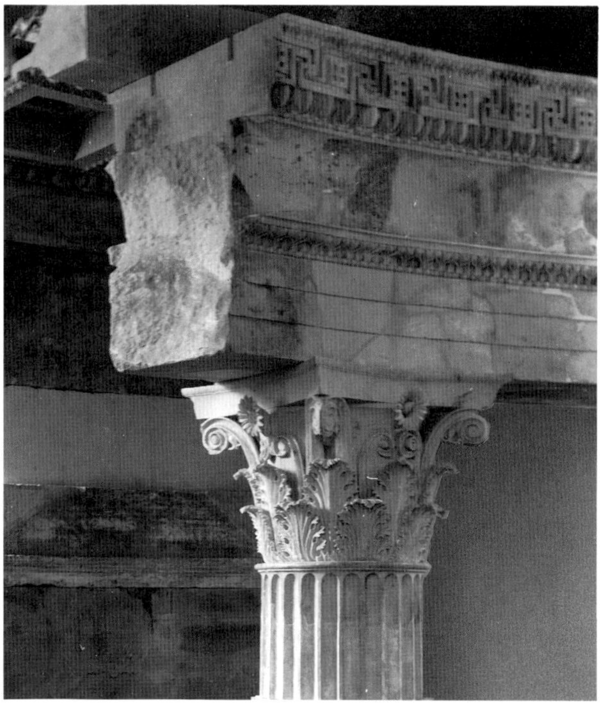

Der zugehörige Altar grenzte an das beeindruckendste Gebäude im Temenos. Hierbei handelt es sich um eine runde Baustruktur, die Pausanias unter dem Begriff Tholos geläufig war, in den Inschriften jedoch als »Thymele«, gedeckter Herd, geführt wird. Zu betreten war die Anlage über eine Rampe, die geradewegs zur Tür führte. Ihr Durchmesser beläuft sich auf über 22 m, nur 1 m weniger als die Langseite des Tempels. Der Grundriß fügt sich aus drei konzentrischen Kreisen zusammen: einem äußeren Kranz mit 26 dorischen Säulen, einer Mauer und einem inneren Kranz mit 14 korinthischen Säulen. Die korinthischen Kapitelle (Abb. 9.9) weisen eine doppelte Akanthusblattreihe auf, die den glockenförmigen Echinus umgibt. Sie sind genauso scharfkantig gearbeitet und reich ornamentiert wie die Bauornamentik und die Deckenkassetten. Ausführender Architekt war Polyklet der Jüngere, dessen Schaffenszeit auf ca. 360–340 v. Chr. datiert. Der Zweck des geheimnisvollen Gebäudes bleibt unbekannt. Es mag sich um einen typologischen Vorläufer des Philippeions in Olympia handeln, jenes runden Gebäudes, das als Weihgeschenk nach der Schlacht von Chaeronea gestiftet wurde und die Standbilder des Philipp und des Alexander beheimatete. Die Tholos ist an auffälliger Stelle im Heiligtum plaziert. Handelt es sich vielleicht um das Grab des Asklepios? Beherbergte sie die heiligen Schlangen, die viele Krankheiten kurierten und deren Serpentinenform der Grundriß reflektiert?

Das Heiligtum war gut ausgestattet mit Stoen. In einer davon, dem sogenannten Abaton, verbrachten die Kranken die Nacht und hofften auf heilende Träume. Die Effizienz dieser Kur attestieren Inschriften, unter denen jene des berühmten attischen Komödienschriftstellers Aristophanes hervorzuheben ist, die sich auf ein Abaton in einem anderen Heiligtum bezieht und über die Einrichtung lustig macht.

Das Heiligtum mit seinem Tempel, der Tholos, den Stoen, einem Propylon und Grenzsteinen komplettieren weitere Gebäude an der Südseite, unter denen das in ca. 1 km Entfernung liegende Theater zu den wichtigsten zählt. Diese Strukturen,

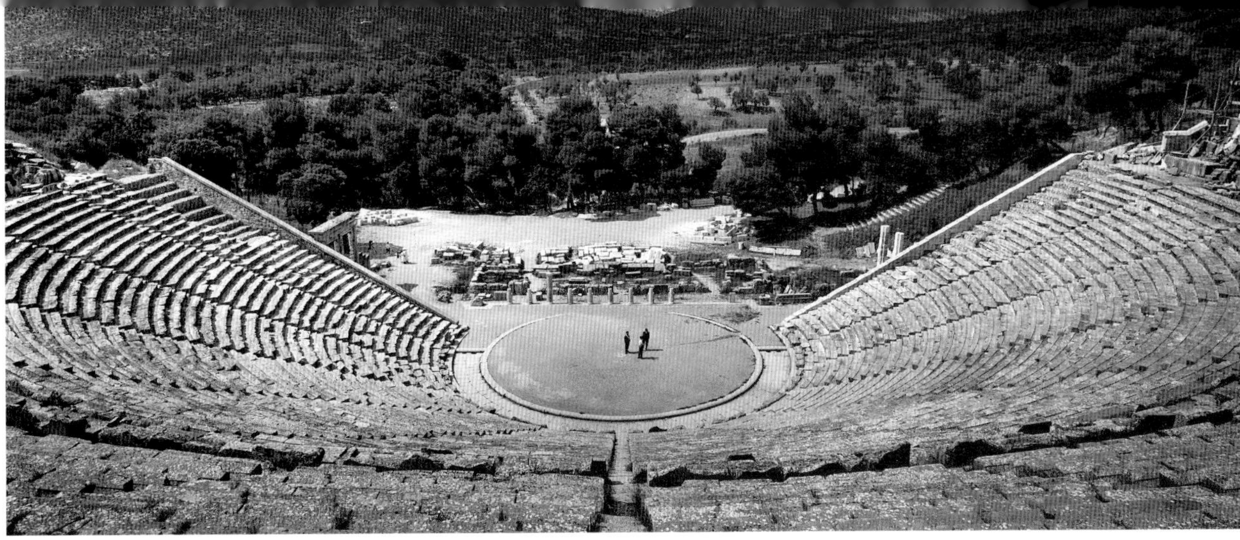

9.10 Theater von Epidauros. Frühes 3. Jh. v. Chr.

die teilweise erst nach dem 4. Jahrhundert errichtet wurden, dienten ebenfalls dem Wohl der Pilger. Das große, zweigeschossige »Hotel« stellte 160 Zimmer zur Verfügung, die um einen Peristylhof angeordnet waren. Ein »Gymnasium« vergleichbarer Größe bestand aus einem offenen, an allen Seiten von Kolonnaden umgebenen Hof. Ringsum lagen Räume, die für Versammlungen, Vorlesungen und zur Vorratslagerung genutzt werden konnten. Palästra und Stadium dienten der körperlichen Ertüchtigung.

Asklepios, seine Tochter Hygieia und seine Gefährten, die heiligen Schlangen, erfreuten sich noch bei den Römern an Einfluß. Auf die religiöse Heilkraft verließ man sich jedoch weniger, wie die Umwandlung der Heilkultstätten zu Gesundheitszentren zeigt. Pausanias überliefert, daß das Theater gleichzeitig mit der Tholos errichtet worden sei. Archäologische Erkenntnisse setzen es jedoch ins 3. Jahrhundert v. Chr. Der obere Bereich der Sitze wurde nicht vor dem 2. Jahrhundert v. Chr. hinzugefügt. Man baute das Theater in einen Hang, um die Kosten zu reduzieren. Das Photo (Abb. 9.10) zeigt die runde Orchestra, in der Theaterstücke aufgeführt wurden, sowie die daran anschließende »Skene« (das Bühnenhaus). Das Auditorium von ca. 130 m Durchmesser zieht sich mit seinen in symmetrischen Keilen angelegten steinernen Sitzreihen den Hang hinauf. Treppen trennen die einzelnen Keile voneinander. Ein horizontal verlaufender, vom Hang aus zugänglicher Umgang trennt die unteren Sitzreihen von den oberen. Die 50 Sitzreihen konnten bis zu 12 000 Zuschauer aufnehmen. Theater waren eng mit dem Dionysoskult verbunden (S. 261). Die Ehrensitze in der untersten Reihe waren seinen Priestern zugedacht. In Epidauros gab es sogar einen Dionysos-Altar in der Orchestra.

9.11 Lysikrates-Monument in Athen, mit korinthischer Fassade. 334 v. Chr. Marmor und Kalkstein

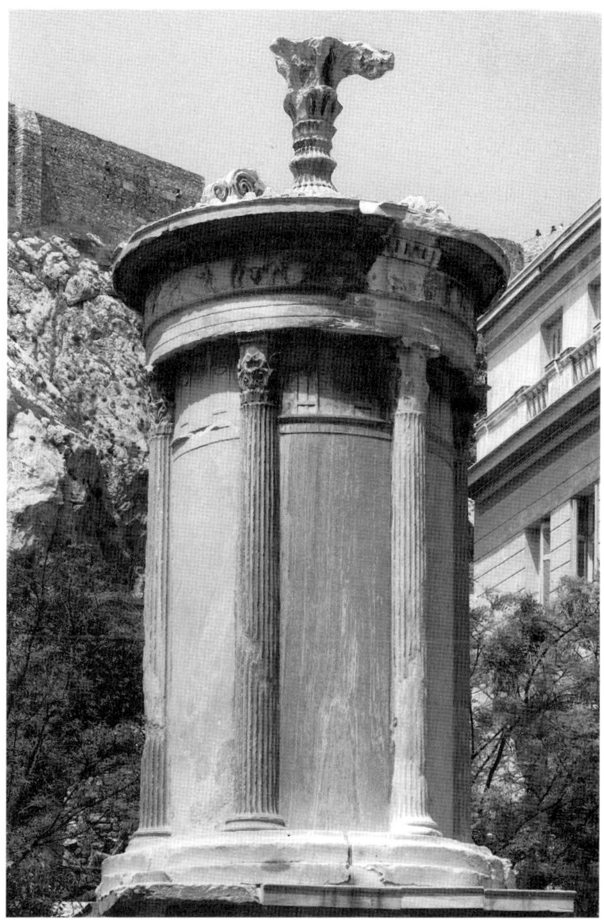

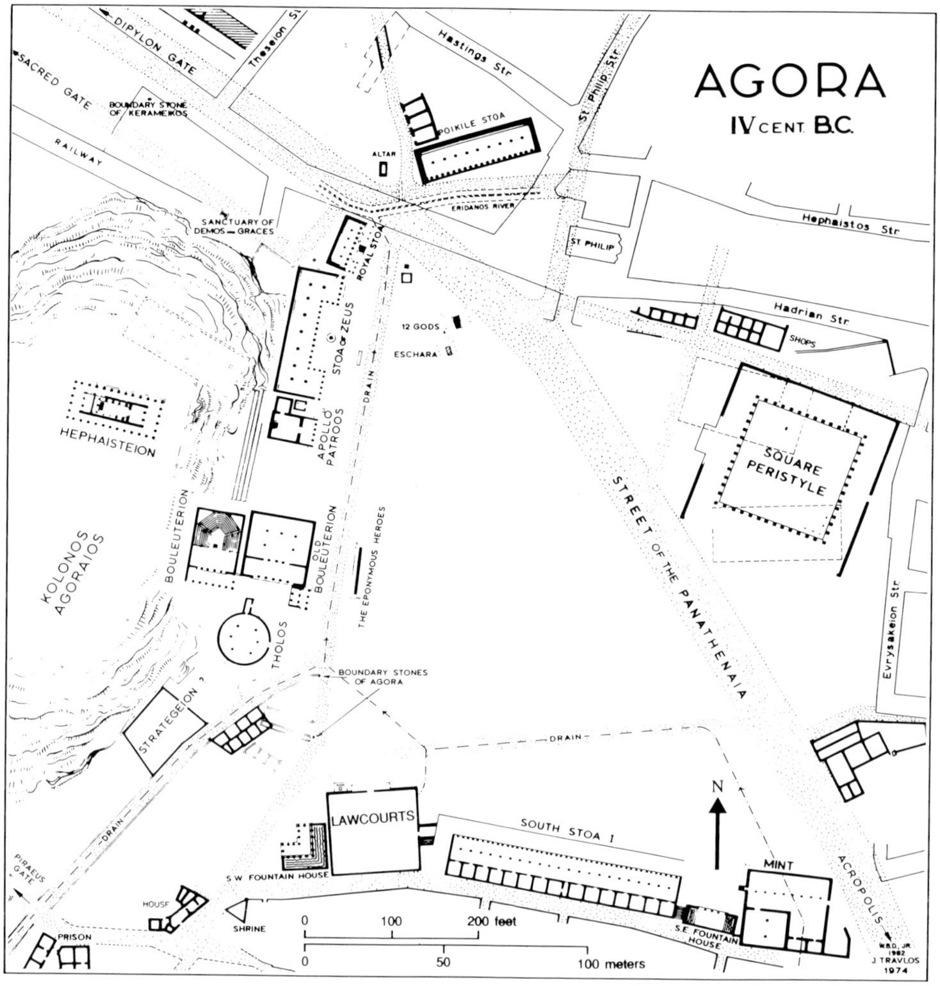

9.12 Plan der Agora von Athen. Um 300 v. Chr.

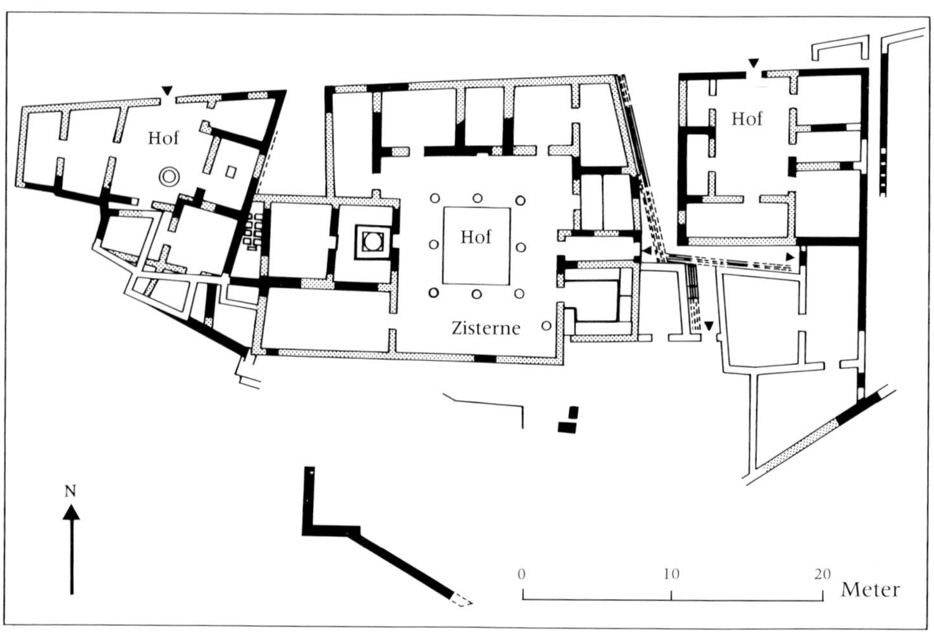

9.13 Plan mit typischer Hausarchitektur in Athen. 5. bis 4. Jh. v. Chr.

ATHEN

Die runde Form und die korinthischen Säulen wiederholen sich in einem Gebäude in Athen (Abb. 9.11), das an den Sieg eines von Lysikrates finanzierten Chores in einem Theaterwettbewerb 334 v. Chr. erinnert. Das Monument erhebt sich auf einer rechteckigen Basis und zeigt zum ersten Mal korinthische Säulen in der äußeren Ordnung. Die 6 Stützen, die ein Architrav und ein reliefierter Fries bekrönen, sind in das Mauerwerk hineingeschoben. Auf der Spitze des Daches hatte man ein skulptiertes Blättergebilde befestigt, das den eigentlichen Siegespreis trug, einen bronzenen Dreifuß. Die Einkünfte aus den Silberminen bei Laurion, die seit 490–480 v. Chr. ausgebeutet wurden, sicherten die Finanzierung weiterer Bauprojekte in Athen, wie etwa die des Stadiums und des Theaters an der Südseite der Akropolis. Auf der Agora (Abb. 9.12) errichtete man zwischen 350 und 325 v. Chr. ein L-förmiges Brunnenhaus sowie eine monumentale Wasseruhr in der Südwestecke. Der kleine Tempel des Apollon Patroos, der einen archaischen Vorgängerbau ersetzte, wurde um 330 v. Chr. an der Westseite erbaut. Um 300 v. Chr. nahm man die Konstruktion eines großen Peristylgebäudes in der Nordostecke in Angriff. Diese Anlage, die an allen vier Seiten von Säulenhallen umgeben war und eine Seitenlänge von 35 m erreichte, nahm den Bauplatz der früheren Gerichtsgebäude ein und könnte ebenfalls Schauplatz von Prozessen gewesen sein.

Dem geschlossenen Peristylhof begegnet man auch in der Privathausarchitektur. Einige kleinere Häuser des 5. und 4. Jahrhunderts v. Chr., deren Größe und Grundriß unregelmäßig sind, wurden im Athener Stadtgebiet ausgegraben. Zugänglich waren sie über einen Eingang von der Straße aus, der in den von mehreren Zimmern umgebenen Hof führte. Manchmal begrenzte eine Kolonnade den Hof. Durch diese kamen Luft und Licht in die Räume, da man auf Fenster an der Straßenseite, wohl aus Sicherheitsgründen, stets verzichtete. Die Wasserversorgung stellten bis zu 12 m tiefe Grundwasserbrunnen sicher. Im 4. Jahrhundert v. Chr. benutzte man Zisternen, in denen Regenwasser gespeichert wurde. Außerdem gab es noch die öffentlichen Brunnenhäuser (wie etwa jene auf der Agora), denen frisches Quellwasser zugeführt wurde.

Der Hauptraum, das Andron, war dem Empfang von Gästen vorbehalten und öffnete sich auf den Hof. Hervorgehoben wurde der Raum gelegentlich durch einen Kieselmosaikfußboden; in den anderen Kammern beschränkte man sich auf einen Bodenbelag aus gestampfter Erde. Die Küche befand sich in unmittelbarer Nähe, ferner gab es ein Badezimmer mit Latrine. Die anderen Räume um den Hof dienten der Vorratslagerung, als Wohn- und Schlafräume. Die verwendeten Baumaterialien sind wenig spektakulär. Auf einem Fundament aus Bruchsteinen erhob sich ein ebensolcher Mauersockel. Das aufgehende Mauerwerk bestand aus ungebrannten Lehmziegeln, die mit Stuck überzogen waren, um sie vor Regen zu schützen. Dachrinnen leiteten das Wasser ab. Fenster-, Türrahmen und Dachstuhl konstruierte man aus Holz. Das Dach bestand aus tönernen Ziegeln. Die Inneneinrichtung war eher bescheiden. Bezeugt sind kaum mehr als Betten, hölzerne Stühle und Hocker, kleine Truhen und Tische. Die Häuser wirken eng, die einzelnen Anwesen teilten sich die gemeinsamen Außenwände. Zufahrtsstraßen haben den Charakter von Fußwegen. In den Vororten und auf dem Land baute man großzügiger und fügte den Anlagen Säulenhallen, Höfe, Lodges und manchmal sogar Türme hinzu.

OLYNTH

Ältere Städte wie Athen wuchsen rund um die schützende Zitadelle, die oft auf einem Hügel – der Akropolis – lag und durch eine Mauer gesichert war. Auch die Häuser am Fuße des Hügels umgab eine Mauer, die den Geländeverhältnissen angepaßt war und die Besiedlungsgrenze vorgab. Die Heiligtümer lagen, zusammen mit der Agora und den Privatquartieren, meist innerhalb der Stadtmauern. Seit dem 6. Jahrhundert v. Chr. gab es staatliche Verwaltungsgebäude, die sich normalerweise um die Agora gruppierten. Die Kultbauten errichtete man vorzugsweise auf Hügelkuppen oder anderen bedeutenden Plätzen, etwa am Hafen oder in der Nähe von Quellen. Im 4. Jahrhundert v. Chr. kamen Gymnasien, Theater und Palästren hinzu, die sich oft außerhalb der Stadtmauer befanden.

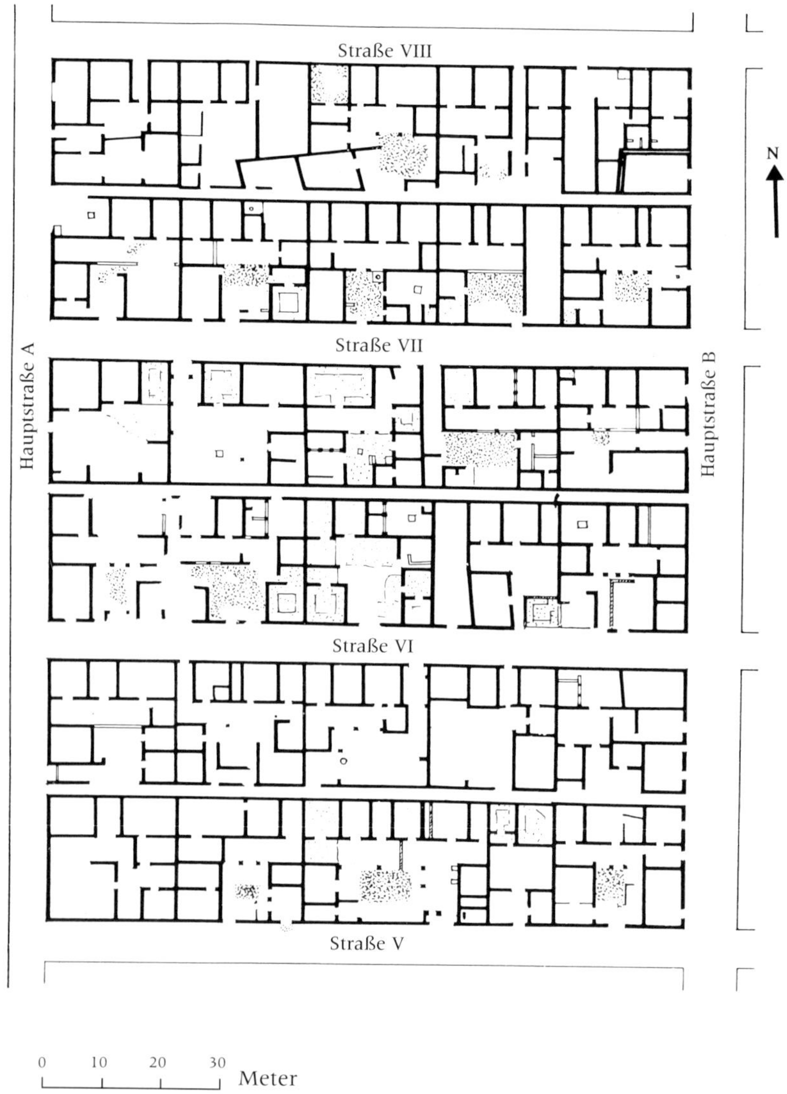

9.14 Plan von Olynth, Wohngebiet mit orthogonalem Straßennetz. 5. bis 4. Jh. v. Chr.

Aristoteles behandelte Fragen der Stadtplanung (Politik 2.5) und überlieferte, daß der im 5. Jahrhundert v. Chr. lebende Hippodamos von Milet der erste systematische Stadtplaner gewesen sei, dessen Entwürfe getrennte Viertel für sakrale, öffentliche und private Zwecke vorsahen. Er konstruierte das neue Piräus, dessen gitterartiges Straßenraster Zonen unterschiedlicher Funktion voneinander trennte. Es heißt, er habe dieses Schema auch beim Ausbau von Milet angewandt, das nach der Zerstörung durch die Perser im 5. Jahrhundert v. Chr. neu aufgebaut wurde. Im Entwurf der 443 v. Chr. von Athen neu gegründeten Kolonie Thurii in Unteritalien fand es ebenso Anwendung. Tatsächlich ist das orthogonale Straßenraster schon lange vorher bekannt, so etwa in Megara Hybleia und Selinunt auf Sizilien oder auch im kleinasiatischen Smyrna. Das System ist also keine Erfindung des Hippodamos, doch wendete er es im Sinne einer rationalen Stadtplanung an. Olynth macht dieses orthogonale Straßenraster sowie die Anlage der Wohnbauten innerhalb der voneinander abgetrennten Häuserblöcke anschaulich (Abb. 9.14). Die urbane Erschließung des Areals nördlich der alten Stadt geht auf das späte 5. Jahrhundert v. Chr. zurück. 348 v. Chr. wurde die Stadt von Philipp zerstört. Ein kleiner Teil des Wohngebietes wurde neu besiedelt, bevor die Metropole 316

v. Chr. dann schließlich ganz aufgegeben wurde. Das Straßensystem stammt aus dem 5. Jahrhundert v. Chr., die letzte Bauphase der Wohnhäuser gehört noch ins 4. Jahrhundert v. Chr. Die in Nord-Süd-Richtung verlaufenden Hauptstraßen (Avenues) sind über kleinere Straßen in Ost-West-Richtung miteinander verbunden. Jeder Häuserblock mißt 100 x 40 m und ist in einzelne Wohneinheiten einheitlicher Größe unterteilt. Die einzelnen Häuser sind innerhalb der Blocks in jeweils zwei Reihen zu je fünf Einheiten angeordnet und nur durch schmale Korridore voneinander getrennt. Jedes Haus besaß eine Haustür zur Straße hin und einen direkt erreichbaren, großen Innenhof. Er konnte an einer oder mehreren Seiten durch Holzsäulen begrenzt sein, die eine Art Veranda bildeten; war dies der Fall, so ist das betreffende Haus dem Typus des »Pastas-Hauses« zuzuweisen. Der große Empfangsraum, das Andron, das auch als Speisezimmer diente, war vom Hof aus zu betreten. Über eine hölzerne Treppe gelangte man in den zweiten Stock, wo die Schlafzimmer untergebracht waren. Die Häuser hinterlassen einen kosmopolitischen Eindruck (Abb. 9.15). Die «Villa des glücklichen Schicksals« etwa, so benannt nach der Beischrift eines Bodenmosaiks, weist ungewöhnlich weitläufige Räume auf. Die Wände waren stuckiert und bemalt, die Böden mit Kieselmosaiken belegt (Abb. 9.16).

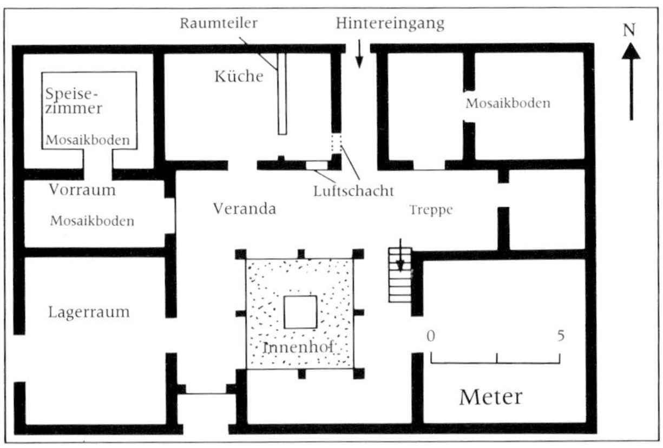

9.15 *oben* Grundriß der Villa des glücklichen Schicksals, Olynth. 4. Jh. v. Chr.

PRIENE

Der orthogonale Stadtplan wurde nicht nur für Metropolen auf flachem Terrain, wie etwa Milet oder Olynth, sondern auch in hügeligem Gelände angewandt, wie im Fall des kleinasiatischen Priene (Westtürkei, Abb. 9.17). Von dort aus bot sich eine spektakuläre Aussicht nach Süden, über den Fluß Mäander hinweg bis in die Ebene von Milet.

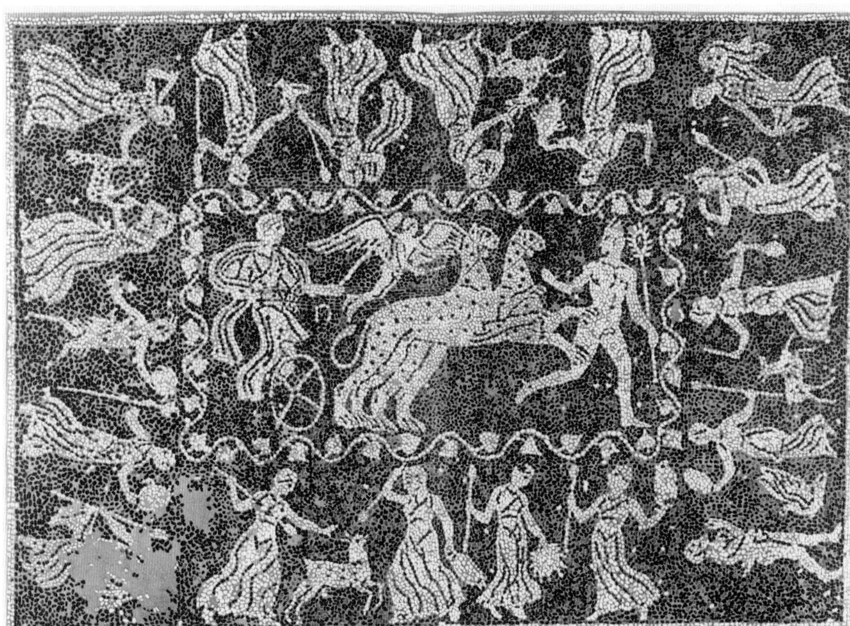

9.16 *rechts* Villa des glücklichen Schicksals in Olynth, Kieselmosaik: (Hauptbild) Dionysos auf dem Wagen; (Fries) Mitglieder seines Gefolges. 4. Jh. v. Chr. Ca. 4 x 2,50 m

Das Straßennetz fügte sich in den von der Stadtmauer vorgegebenen Rahmen. Die gepflasterten Hauptstraßen verliefen in Ost-West-Richtung. In regelmäßigen Abständen kreuzten sie die kleineren, in Nord-Süd-Richtung verlaufenden Gassen, die oft in Treppenform angelegt waren und den Hang hinunterführten. Es gab Wohnviertel, Heiligtümer, eine von Stoen umgebene Agora, ein Rathaus, ein Theater, Gymnasien und ein Stadion. Im Herzen der Stadt reservierte man eine Fläche von sechs Häuserblocks für die Agora und die daran anschließenden öffentlichen Einrichtungen. Das Theater nahm den Baugrund von zwei Häuserblocks ein. Das Straßennetz war auf das Stadtgebiet begrenzt. Unregelmäßige Strukturen und überdimensionale Anlagen wie etwa das im späteren Hellenismus hinzugefügte Gymnasium mit dem Stadion plazierte man im Süden der Stadt, bereits außerhalb der Mauer.

Die Einwohnerzahl von Priene wird auf etwa 4000 geschätzt. Ihre Quartiere weisen unterschiedliche Grundrisse auf. Die frühesten datieren in das 4. Jahrhundert v. Chr. Sie alle charakterisiert ein offener Innenhof, der manchmal von Säulen umgeben war. Das herausgegriffene Beispiel (Abb. 9.18) zeigt den Hauptraum des Hauses, der sich über eine zweisäulige Halle in antis auf den Hof öffnet. Die Anordnung erinnert an bronzezeitliche Vorläufer und Tempelgrundrisse, so daß gelegentlich mit der Bezeichnung »Megaronbau« auf sie Bezug genommen wird. Vergleichbare Häuser lassen sich bereits im 7. Jahrhundert v. Chr. in Smyrna nachweisen; es mag sich um eine typisch ostgriechische Hausvariante handeln. Geläufig ist auch die Bezeichnung »Prostas-Typ«.

9.17 Priene, Modell der Hügelstadt mit orthogonalem Straßennetz und einzelnen Zonen für die Agora, das Theater, Heiligtümer, das Rathaus und andere öffentliche Einrichtungen. 4. Jh. v. Chr. und später. Berlin, Staatliche Museen

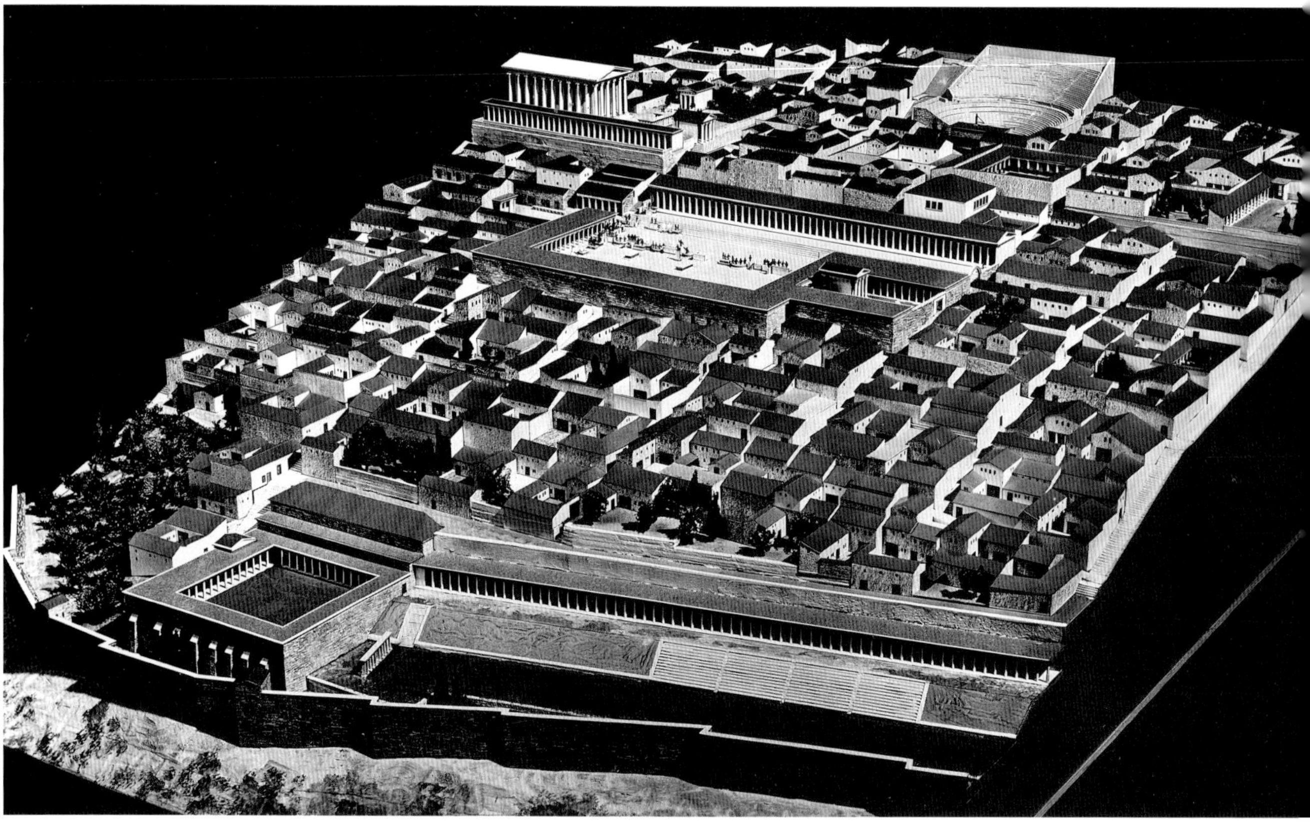

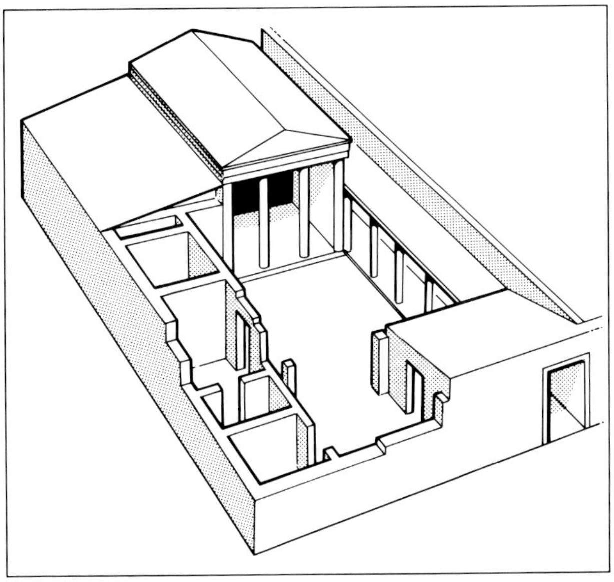

9.18 Rekonstruktionszeichnung eines »Megaron-Hauses« in Priene. 4. Jh. v. Chr.

Viele Baustrukturen in Priene datieren in die hellenistische Periode, wie beispielsweise das Heiligtum des olympischen Zeus, die Kolonnade an der Südseite des Athena-Tempels, die Heilige Halle und das Stadion. Die Agora und der Athena-Tempel wurden jedoch schon im 4. Jahrhundert v. Chr. angelegt. Die Agora ist im Osten, Westen und Süden von Stoen umgeben. Die Nordgrenze markierten Altäre, Statuen, andere Stiftungen und Brunnen. In den Stoen waren Büros und Läden untergebracht. Durch die Halle an der Südseite führte ein getreppter Zugang zur Agora. Die Nordseite flankierte die wichtigste Ost-West-Verbindung der Stadt. Im Westen mündete diese in das Stadttor unterhalb der Terrasse des Athena-Tempels. Der Tempel der Athena Polias (Abb. 9.19) erhob sich im Nordosten der Stadt auf einer Terrasse, weit über der Agora. Den Eingang des Heiligtums zierte ein monumentales Propylon. Der Tempel bezeugt die Wiederaufnahme der ionischen Ordnung in Kleinasien und wurde von Alexander dem Großen nach dem Sieg über die Perser 334 v. Chr. eingeweiht. Die gigantischen Maßstäbe der ionischen Riesenanlagen aus dem 6. Jahrhundert v. Chr., wie sie etwa in Ephesos, Samos und Didyma belegt sind, gab man zugunsten kleinerer Maße, einer präziseren Proportionierung und Ornamentierung auf. Dem kleinen Tempel (ca. 37 x 19 m) liegt ein veränderter Grundriß zugrunde: Der Umgang mißt je 6 bzw. 11 Säulen, die Vor- und Rückhalle öffnen sich über je zwei Säulen in antis. Auf Innensäulen hatte man verzichtet. Hallen und Cella überspannte eine hölzerne Kassettendecke. Die Decke des Umgangs war hingegen mit marmornen Kassetten abgehängt, die mit den hölzernen Balken alternierten. Diese reich ornamentierten, mit Szenen aus der Gigantomachie skulptierten und bemalten Kassetten brachen die einheitliche Dachgestaltung. Der Architekt, Pytheos, legte seinem Entwurf ein Zahlensystem zugrunde, das die Dimensionen bestimmte. Er arbeitete mit dem Vielfachen des Ionischen Fußes und setzte sich zum Ziel, mit seinen mathematischen Formeln eine neue Konstante für die ionische Ordnung zu schaffen. Ungewöhnlich sind die quadratischen Plinthen unter den Säulenbasen. Die schlanken Säulen erreichen die 9-fache Höhe des unteren Durchmessers. Das ornamentierte Gebälk liegt auf den Volutenkapitellen auf, deren einzelne Muster scharf akzentuiert waren. (Abb. 9.20).

9.19 Grundriß des Athena-Polias-Tempels in Priene. Um 340 v. Chr. Der Altar ist aus hellenistischer Zeit.

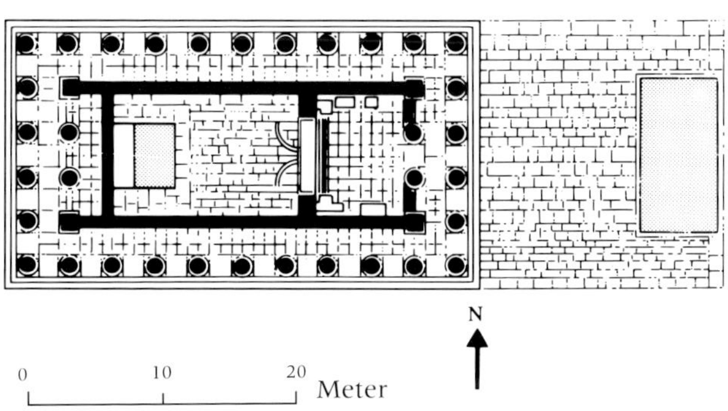

HALIKARNASSOS

Vielleicht hat Pytheos auch das Mausoleum von Halikarnassos mitgestaltet, eine einzigartige Baustruktur, die von Vitruv (2.8.11) als eines der Sieben Weltwunder bezeichnet wurde. Halikarnassos liegt in Karien, südlich von Milet und Priene, und

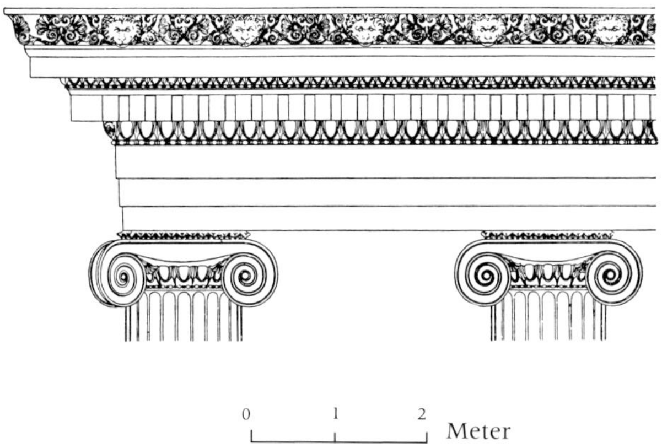

9.20 Rekonstruiertes Gebälk des Athena-Polias-Tempels von Priene. Um 340 v. Chr.

diente dem persischen Satrapen (Statthalter) Mausolos bis zu seinem Tod im Jahre 353 v. Chr. als Residenzstadt. Der nicht-griechische Regent ließ die führenden Bildhauer seiner Zeit, Skopas, Tomotheos, Leochares und Bryaxisfür den Bau seines Grabmals aus Griechenland kommen. Von dem Gebäude selbst haben sich nur spärliche Reste erhalten. Die überlieferten Beschreibungen wurden von verschiedenen Forschern in unterschiedlichsten Rekonstruktionsskizzen umgesetzt (Abb. 9.21). Bezeugt ist ein hohes Podium, auf dem der eigentliche, rechteckige Grabbau mit seiner ionischen Kolonnade errichtet war. Ihn zierte reicher Skulpturenschmuck und ein pyramidenförmiges Dach, auf dessen Spitze eine Quadriga plaziert war.

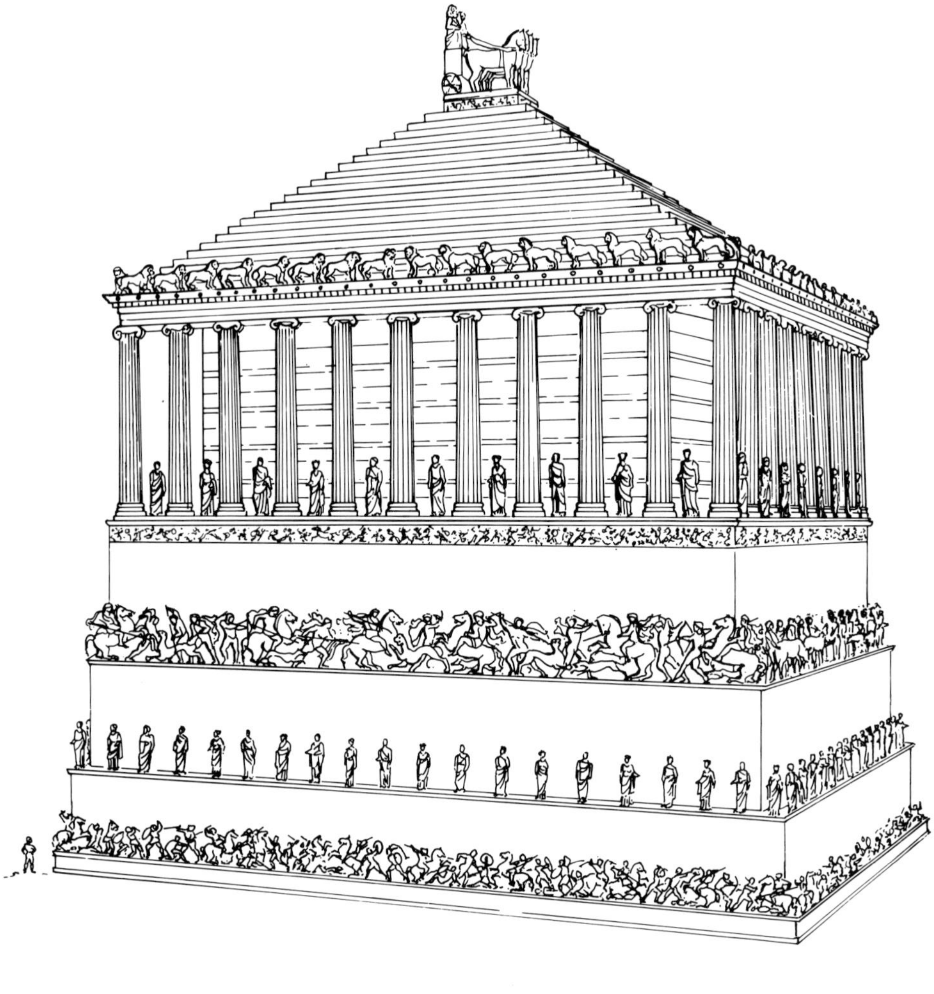

9.21 Zeichnerische Rekonstruktion des Mausoleums von Halikarnassos. Um 350–340 v. Chr.

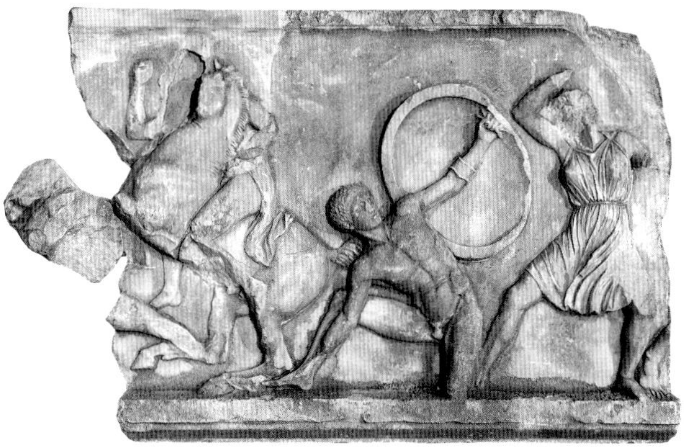

9.22 *oben* Mausoleum von Halikarnassos, Friesblock: Griechen kämpfen gegen Amazonen. Um 350 v. Chr. Marmor. Höhe 89 cm. London, Britisches Museum

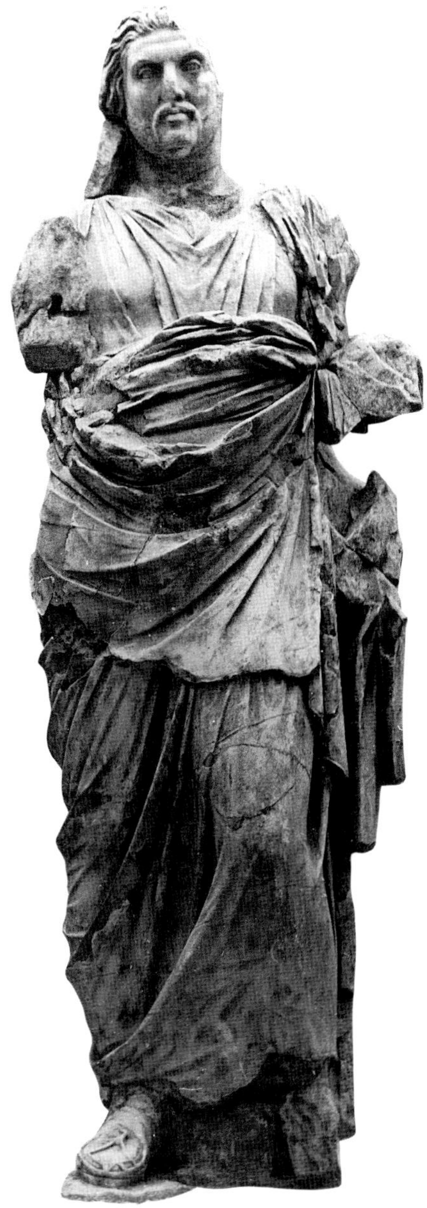

9.23 *rechts* Freistehende männliche Figur vom Mausoleum von Halikarnassos. Um 350 v. Chr. Marmor. Höhe 3 m. London, Britisches Museum

Der Bau erreichte eine Höhe von ungefähr 46 m und wies an der Basis eine Seitenlänge von etwa 38 m auf.

Die Skulpturen schreibt Plinius (Naturgeschichte 36.30-31) den vier oben erwähnten Künstlern zu, die jeweils für eine Seite des Gebäudes verantwortlich gezeichnet haben sollen. Wie aus den erhaltenen Reliefplatten zu erschließen ist, waren an dem Grab eine Kentauromachie, ein Pferderennen und eine Amazonomachie abgebildet. Einige Darstellungen wurden aufgrund der Kopfformen und der Behandlung der Augen dem Skopas zugeschrieben (Abb. 9.22). Die führenden Bildhauer könnten auch die freistehenden Skulpturen auf dem Podium geschaffen haben. Die Anzahl der Statuen belief sich auf etwa 300. Ihnen lagen drei unterschiedliche Maßstäbe zugrunde. Angeordnet waren sie auf sechs verschiedenen Niveaus an den Fassaden der Anlage. Einige der Marmorfiguren erreichen mit einer Höhe von ca. 3 m Überlebensgröße (Abb. 9.23). Das Standmotiv und die Gewanddrapierung der männlichen Statue deuten klar auf eine griechische Bildhauerschule, Gesicht und Frisur hingegen nicht. Das lange, von der Stirn aus über die Ohren nach hinten genommene Haar ist eher charakteristisch für die persische Kunst. Das breite Gesicht, der ablehnende Blick, der kurze Bart und der fleischige Mund könnten bereits als Ansatz zum Porträt gelten.

SIZILIEN UND UNTERITALIEN

Der scheinbar unendliche Krieg in Sizilien zwang die Architekten und Ingenieure dazu, sich auf Verteidigungsanlagen zu spezialisieren. In Syrakus gab der Tyrann Dionysios eine ringförmige Verteidigungsmauer um die Epipolae, die Höhenzüge im Norden der Stadt, als Schutz seiner Metropole in Auftrag. Die 32 km lange, aus Mauern und Türmen bestehende Struktur weist Vorrichtungen für Artilleriegeschütze und Längsfeuer sowie Gräben auf. Die Anlage wurde innerhalb kürzester Zeit mit Hilfe von 60 000 Arbeitern und unter Heranziehung der erfolgreichsten Architekten, Steinmetzen und Handwerker konstruiert. Abgeschlossen wurden die Arbeiten im Jahre 385 v. Chr. Es handelt sich um ein einzigartiges Monument der Militärarchitektur, das in den nächsten Jahren von Hieron II. und Archimedes immer wieder verstärkt und besser ausgebaut wurde. Ähnliche Verteidigungsanlagen für Städte oder Grenzen errichtete man auch in anderen Regionen der griechischen Welt.

Mit Ausnahme von Syrakus ließen derartige Anlagen in Sizilien bis auf die Neugründung der Städte durch Timoleon auf sich warten. Gela beispielsweise hatte noch nach der Schlacht gegen die Karthager 405 v. Chr. keine Befestigungsanlage. Die Neubesiedlung erfolgte erst 339 v. Chr. Die Häuser des orthogonal gegliederten, neuen Wohnviertels am Kap Soprano waren großzügig mit Säulen und Mosaikböden ausgestattet. Geschützt wurde die Siedlung mit einer neuen 3 m dicken Mauer aus Quadern und Lehmziegeln, die bis zu einer Höhe von 13 m erhalten ist. Die Situation in Unteritalien war etwas stabiler, wie das Beispiel Metapont zeigt. Die etwa 30 km westlich von Taras gelegene Stadt kontrollierte das umliegende Ackerland und erstreckte sich zwischen zwei Flüssen bis an die Küste. Der aus dem 6. Jahrhundert v. Chr. stammenden Siedlung liegt ein orthogonales Straßensystem zugrunde. Die beiden dorischen Tempel, von denen der Asklepios-Tempel innerhalb, der andere außerhalb des Stadtgebiets lag, und das Ekklesiasterion (Versammlungsort des Rates) attestieren der Stadt eine Blütezeit im 6. Jahrhundert v. Chr. Sie konnte es sich leisten, ein Schatzhaus nach Olympia zu weihen und goldene Kornähren nach Delphi zu schicken. Eine beeindruckende Serie an Silbermünzen mit dem Emblem der Gerstenähre wurde in diesen Jahren in Metapont geprägt (Abb. 9.24). Über Luftaufnahmen und Oberflächensurveys im Hinterland konnten in einem Umkreis von 40 km zwei der etwa 500 Baustrukturen lokalisiert werden. Heiligtümer, Friedhöfe und landwirtschaftlich genutzte Gebäude, die in chronologischer Abfolge vom 6. bis ins 3. Jahrhundert v. Chr. errichtet worden waren. Die Region war unterschiedlich dicht besiedelt. Die Landbevölkerung hauste in quadratischen, aus einem einzigen Raum bestehenden Bauernhäusern bescheidener Größe. Erst im 4. Jahrhundert v. Chr. führte man einen größeren Typ mit einem zentralen Innenhof ein, wie er uns bereits aus Griechenland bekannt ist. Die Probleme des 5. Jahrhunderts v. Chr. konnten auch in der ersten Hälfte des 4. Jahrhunderts v. Chr. nicht beigelegt werden. Verursacht wurden sie vermutlich durch einen sinkenden Wasserspiegel und Überschwemmungen der Täler. In der zweiten Hälfte des Jahrhunderts jedoch wuchs die Bevölkerungsdichte in der Stadt und auf dem Land wieder an.

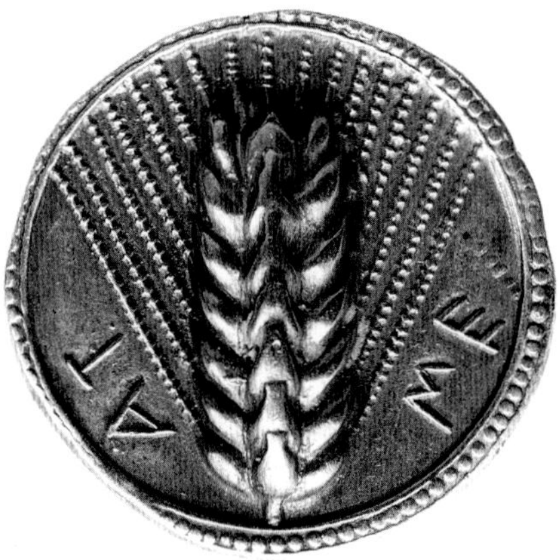

9.24 Silbermünze aus Metapont: Gerstenähre, den Reichtum des Staates symbolisierend. Dargestellt auf den Münzen Metaponts vom 6. bis ins 3. Jh. v. Chr. Syrakus, Nationalmuseum, Sammlung Garliardi

Einzelheiten wie etwa die Größe der Farmen, können aber nicht immer durch Surveys und Ausgrabungen geklärt werden. Epigraphische Zeugnisse müssen zu diesem Zweck gleichfalls hinzugezogen werden. Die Bronzetafeln von Herakleia, dem westlichen Nachbarn von Metapont, berichten mit erstaunlicher Präzision von der Arbeit eines Untersuchungsausschusses, der für Grundstücksgrenzkonflikte und die Einkunftsverwaltung zweier Heiligtümer zuständig war. Diese Inschriften datieren in das Ende des 4. Jahrhunderts v. Chr und geben unter anderem Hinweise auf die Größe der Farmen, auf Maßeinheiten, Gebietsgrenzen und Provisionen für Holz- und Landarbeiter.

Plastik

Gegen Ende der hochklassischen Periode konzentrierten sich die Bildhauer auf die möglichst naturalistische Darstellung des Menschen. Wie schon seit frühklassischer Zeit standen die Wiedergabe individueller Gefühlszustände, von Charaktereigenschaften und Alter im Zentrum des Interesses. Diejenigen Bildhauer (Phidias und Polyklet), die das Ideale in realen Figuren zu verkörpern verstanden, gewannen zunehmend an Einfluß. Tradition und Neuerung gingen Hand in Hand. Die nackte männliche Standfigur zählte weiterhin zu den dominierenden Typen. Ausgewogene Bewegung und die Einbeziehung des Raumes bildeten die wichtigsten Forschungsgebiete. Aus der hier zu behandelnden Periode haben sich zwar einige Bronzeoriginale erhalten, im wesentlichen sind wir jedoch auf die Werke späterer Kopisten angewiesen. Die Ära bis zum Tod Alexanders im Jahre 323 v. Chr. wird oft als die spätklassische Zeit bezeichnet, ein Begriff, der auch für den Skulpturenstil Anwendung findet.

Die Antikythera-Bronze (Abb. 9.25), so benannt nach ihrem Fundort im Meer in der Nähe der Insel Antikythera, ist ein gutes Beispiel eines Originals des 4. Jahrhunderts v. Chr. Die männliche Standfigur ist von polykletischen Athletenfiguren beeinflußt, wie am Standmotiv, der chiastischen Anordnung der Muskulatur und der Betonung der anatomischen Struktur abzulesen ist. Neu ist der im Verhältnis zu den Körperproportionen kleine Kopf und der ausgestreckte Arm, mit dem die Skulptur den Raum für sich öffnet. Den Dargestellten identifizierte man als Perseus, der in seiner ausgestreckten Hand ursprünglich das Haupt der Meduse hielt, in der anderen sein Schwert. Aufgrund der starken hochklassischen Einflüsse liegt ein Entstehungsdatum um 350 v. Chr. nahe.

Ein weiteres Bronzeoriginal, der Junge von Marathon (Abb. 9.26), ist in viel instabilerer Haltung dargestellt. Die knapp lebensgroße Figur scheint das Gewicht auf den linken Fuß verlagert zu haben. Die S-Kurve des Körpers ist jedoch so angelegt, daß das Volumen des Torsos nach rechts gerückt ist. Die weiche Modellierung der Oberfläche und die sanften Rundungen der Glieder stehen für jugendliches Alter. Der Knabe trägt eine Binde im Haar, wie sie auch von den Athleten in der Palästra angelegt wurde. Weder der Gestus, noch der Gegenstand, den er in der linken Hand gehalten haben muß, konnten bisher überzeugend erklärt werden. Das gegenüber der Antikythera-

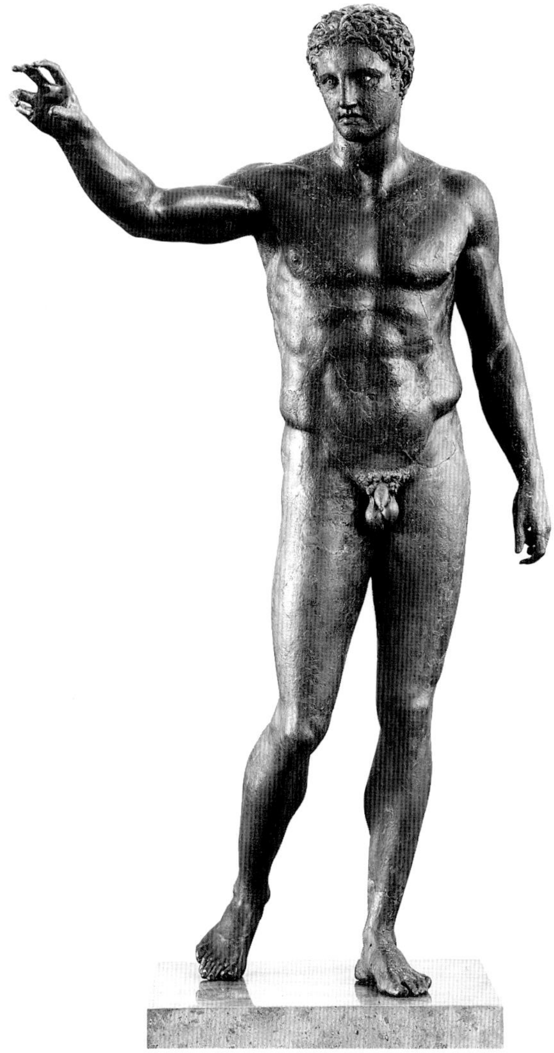

9.25 Antikythera-Bronze. Um 350 v. Chr. Höhe 1,94 m. Athen, Nationalmuseum

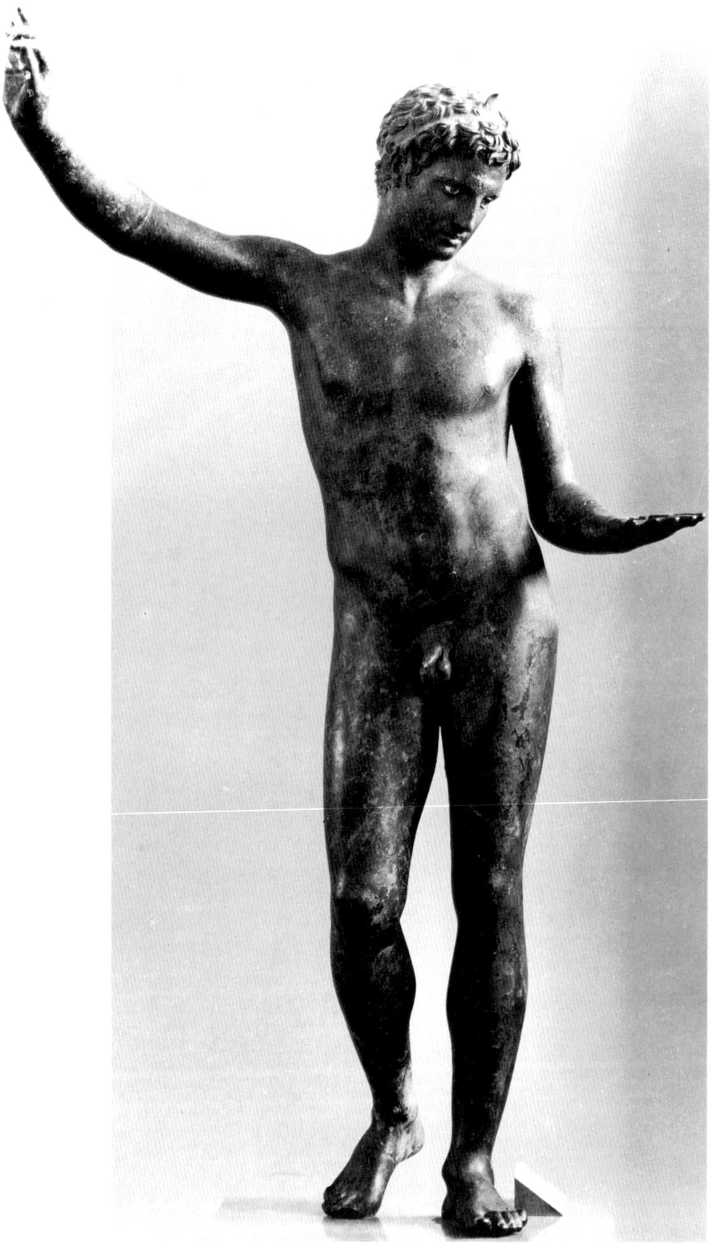

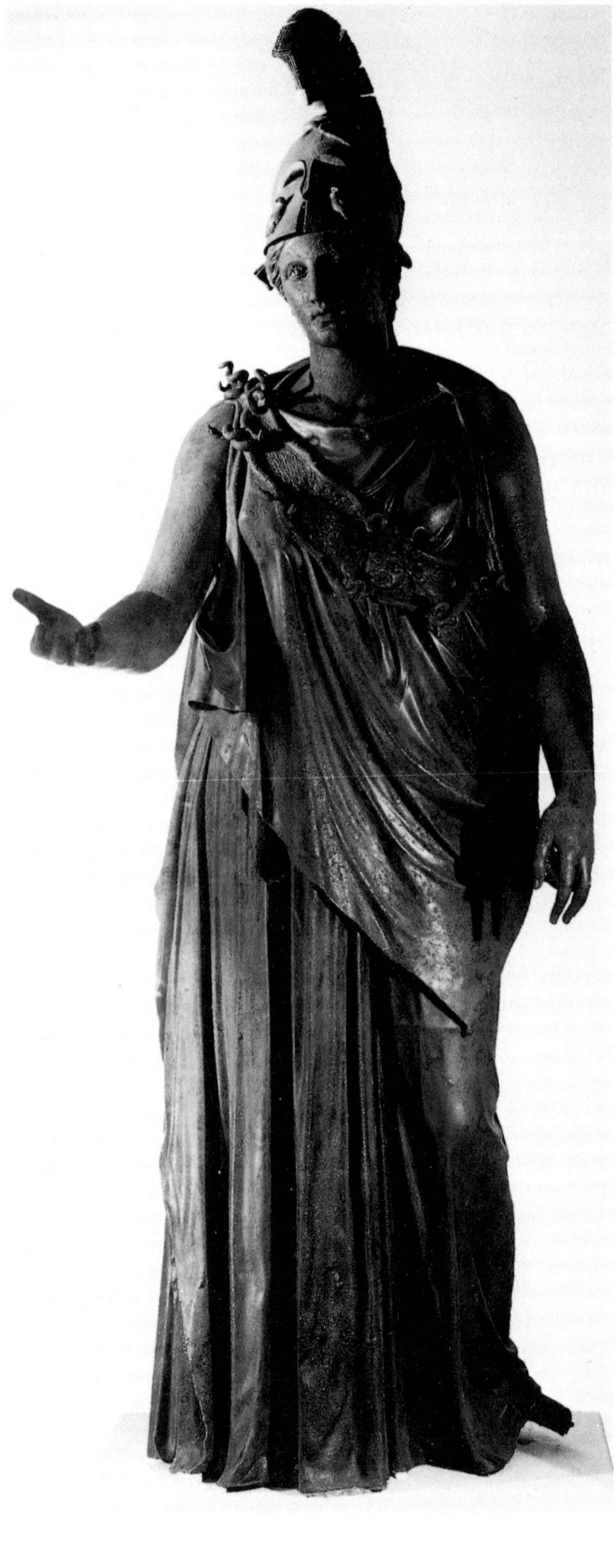

9.26 *oben* Marathon-Knabe, entdeckt 1925 in der Bucht von Marathon. Um 340 v. Chr. Bronze. Höhe 1,30 m. Athen, Nationalmuseum

9.27 *rechts* Athena, aus einem Lagerhaus im Piräus, das im 1. Jh. v. Chr., vielleicht von Sulla, zerstört wurde. Um 350 v. Chr. Bronze. Höhe 2,44 m. Piräus, Museum Height 8 ft (2.44 m). Piraeus Museum

Bronze mutigere Konzept, das oft auf den attischen Bildhauer Praxiteles zurückgeführt wird, läßt eine Datierung um 340 v. Chr. vermuten.

Eine originale Bronzestatue der Athena (Abb. 9.27) wurde gemeinsam mit anderen Skulpturen bei Grabungen im Piräus zutage gefördert. Möglicherweise warteten sie auf den Abtransport von Griechenland nach Rom, als das Lagerhaus niederbrannte, in dem sie sich befanden. Die überlebensgroße Athena trägt die in diesem Jahrhundert moderne Gewanddrapierung, die Ägis, einen Helm und ursprünglich auch einen Speer. Der Körper wirkt massiv. Die Kopfwendung, der ausgestreckte Arm und der freundliche Ausdruck unterscheidet sie jedoch von Vergleichsstücken aus dem 5. Jahrhundert v. Chr. (Abb. 8.23, S. 252). Um 370 v. Chr. beauftragte der attische Staat den Bildhauer Kephisodot, möglicherweise der Vater des Praxiteles, eine bronzene Mutter-Kind-Gruppe – Eirene (Frieden) und Plutos (Reichtum) – zu schaffen, um die Einführung des Eirene-Kultes in Athen zu feiern. Das Original ging verloren. In den späteren Marmorkopien (Abb. 9.28) ist es dank der literarischen Beschreibungen und der Abbildungen auf panathenäischen Preisamphoren und attischen Münzen jedoch leicht wiederzuerkennen. Die Mutter hält das Kind in der Beuge ihres linken Armes, mit der Rechten umfaßte sie ursprünglich ein Szepter. Das Standmotiv und die massive Form erinnern an den hochklassischen Stil. Abwandlungen gibt es jedoch hinsichtlich der Gewanddrapierung. Bekleidet ist die Göttin mit einem schweren Peplos, der bis in die frühklassische Periode zurückführt, sowie mit einem Mantel. Das enganliegende, »nasse« Gewand des 5. Jahrhunderts v. Chr., durch das die Körperglieder fast nackt wirkten, war nicht mehr aktuell. Die Dichte des Kleides illustriert hingegen das Gewicht und die Struktur des Stoffes, der den Körper umhüllt.

Dargestellt ist das tatsächliche, nicht das idealisierte Zusammenspiel zwischen Körperformen und Stoff. Ebenfalls neu, und für das 4. Jahrhundert v. Chr. charakteristisch, ist der Ausdruck freundlicher Aktivität zwischen den beiden Dargestellten. Erzeugt wird er durch den zum Kind hinabgeneigten Kopf der Mutter und den nach oben gerichteten Blick des Kindes. Die Personifikation einer abstrakten Figur in einem Rundbild kann schwerlich als

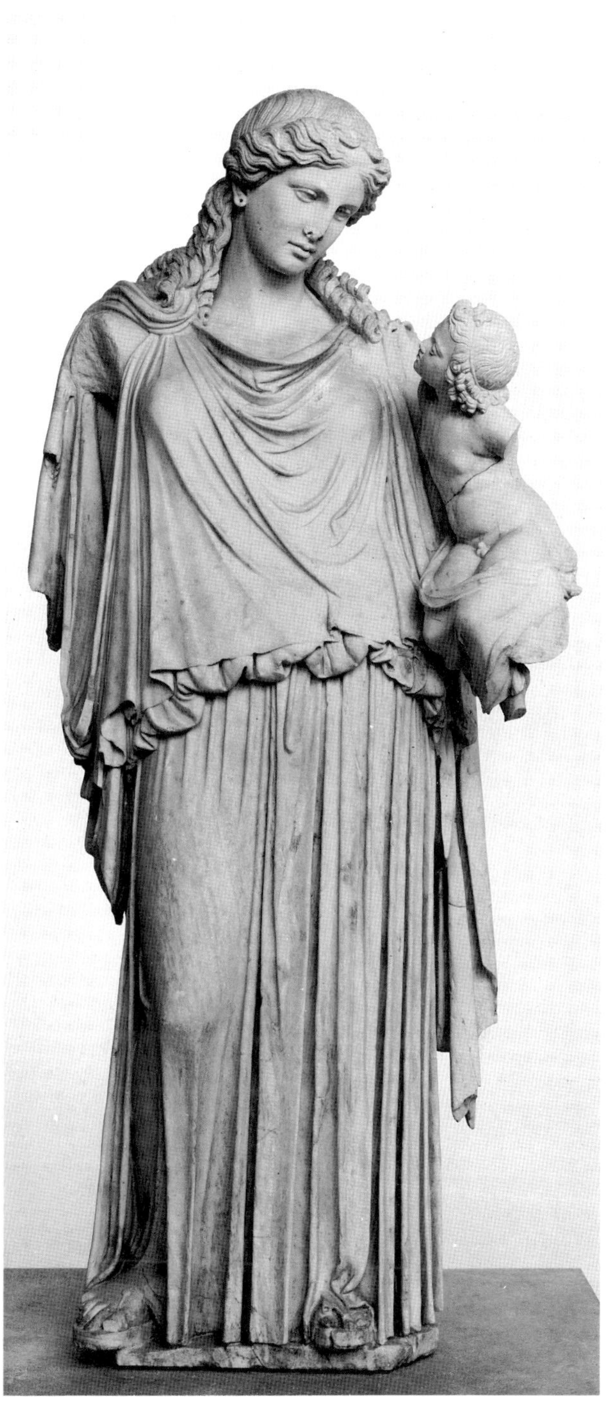

9.28 Eirene (Frieden) mit dem Plutos-Knaben (Wohlstand), von Kephisodot. Römische Kopie eines um 370 v. Chr. entstandenen griechischen Bronzeoriginals. Marmor. Höhe 1,99 m. München, Staatliche Antikensammlungen

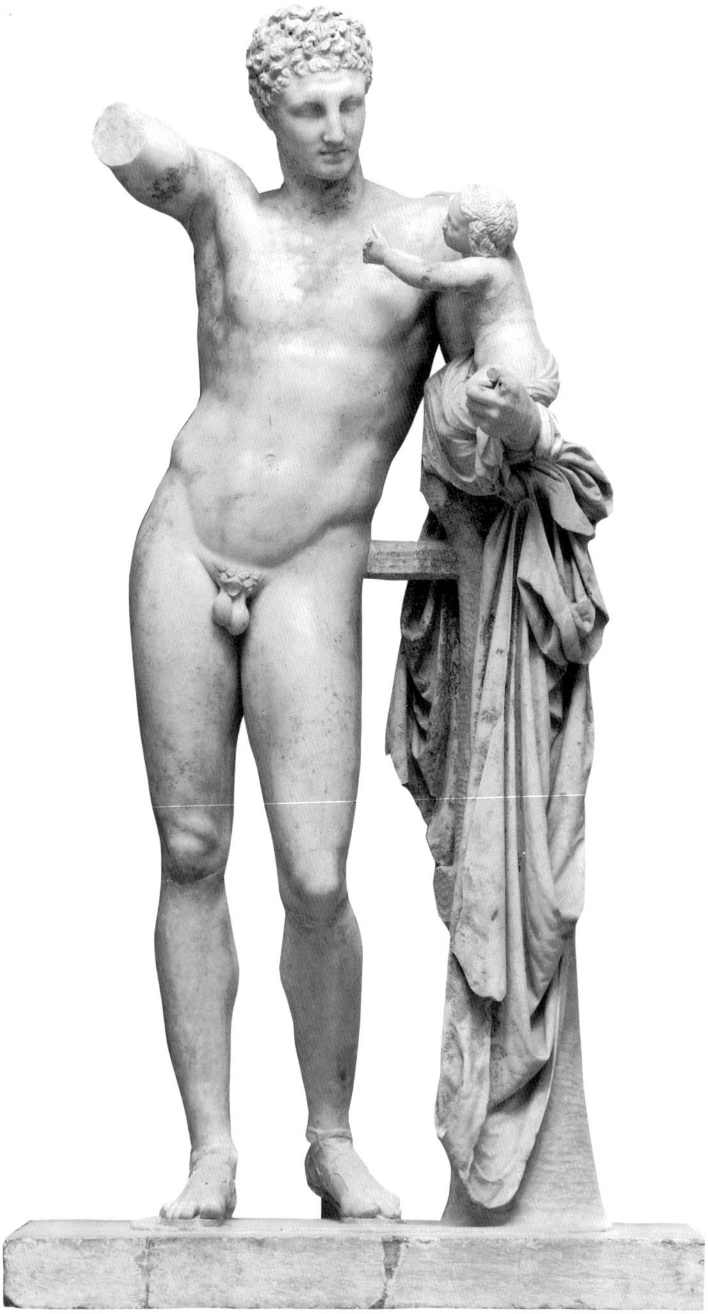

9.29 Praxiteles, Hermes mit dem Dionysos-Kind. Um 340 (?) v. Chr. Marmor. Höhe 2,15 m. Olympia, Museum

Neuerung gelten, doch eröffnet die allegorische Natur der Gruppe ein neues Feld.

Kephisodot zählte wie Praxiteles, Skopas und Lysipp zu den führenden Bidlhauern seines Jahrhunderts. Die Marmorgruppe des Hermes mit dem Dionysoskind (Abb. 9.29), die in Ausgrabungen im Hera-Tempel in Olympia zutage gefördert wurde, scheint in der Komposition von der Eirene-Plutos-Gruppe beeinflußt. Hermes hält den Knaben in seinem linken Arm und neigt sich ihm zu. Dionysos blickt nach oben und angelt nach den Trauben, die Hermes vermutlich in seiner rechten Hand hielt. Die Gruppe wurde schon von Pausanias gesehen, der sie dem Praxiteles zuschreibt. Bis heute diskutieren die Wissenschaftler darüber, ob es sich um ein Original des Meisters aus dem 4. Jahrhundert v. Chr. handelt oder etwa um eine hellenistische oder römische Kopie. Der Steg zwischen dem Baumstamm und der Hüfte des Hermes, die polierte Oberfläche, die Ausführung der Rückseite und die Sandalen deuten auf ein späteres Datum. Das Standmotiv wurzelt in der hohen Klassik, in den Werken des Polyklet. Auch die Gestaltung des Oberkörpers kann als Reminiszenz an das 5. Jahrhundert v. Chr. gelten. Die schlanken Proportionen der langen Beine und der kleine Kopf sind jedoch neu; ebenso die S-Kurve des Torsos und die angehobene rechte Hüfte, die die Figur aus dem Gleichgewicht bringen. Die Kontur folgt auf natürliche Weise dem Schwung des Körpers, ein charakteristisches Merkmal der Arbeiten des Praxiteles. Die weiche Modellierung der Oberfläche verwischt die zarten Übergänge von einer Ebene in die nächste; im Italienischen bezeichnet man dies als »sfumato«. Das um den Baumstamm geschlungene Gewand kontrastiert mit dem angespannten Körper. Die Faltenvariationen sind auch auf dieser einen Ebene naturalistisch wiedergegeben. Kopf und Gesicht dürfen mit ihrer spitzen Form, den schmalen Augen, dem lächelnden Mund, der detaillierten Wiedergabe der Stirn und dem verträumten Blick als typisch praxitelisch angesehen werden. Entspannt und träge, matt und sinnlich, führt Hermes einen weiteren Aspekt göttlichen Lebens vor Augen, der über die Darstellungen aus dem 5. Jahrhundert v. Chr. hinausführt. Sollte es sich tatsächlich um das Original handeln, wäre die Gruppe um 340 v. Chr. entstanden.

Als Praxiteles' berühmteste Plastik gilt die Aphrodite von Knidos (Abb. 9.30). Abgebildet ist zum ersten Mal eine lebensgroße, nackte, weibliche Gestalt. Die literarischen Quellen preisen die Figur für ihre Schönheit. Plinius hält sie gar für die beste Statue der Welt und behauptet sogar, Aphrodite habe an ihrem Ebenbild selbst Hand angelegt. Nach anderen Quellen stellt die Plastik Phryne dar, die Geliebte des Praxiteles. In römischer Zeit wurde die Statue immer wieder kopiert; es entwickelten sich verschiedene Varianten des Typs. Abgebildet wurde sie ferner auf knidischen Münzen. Warum war diesem Werk eine derartige Macht zueigen? War es nur die überraschende, vielleicht sogar schockierende Nacktheit? Der Körper der Göttin ist in fließender Bewegung. Ihre linke Hand ruht auf ihrem Gewand über dem Wasserkrug. Die Rechte ist in einer schamhaften Geste diagonal vor den Körper gelegt. Wie auch beim Hermes sind die Beine gelängt und der Kopf klein. Die rechte Hüfte ist nach außen gedrückt. Eine leichte S-Kurve zieht sich durch den gesamten Körper. Den Kopf mit der dreieckigen Stirn ziert weiches, gewelltes Haar. Die Augen sind verschattet, die Nase ist gerade und der Mund winzig. Das marmorne Original wurde um 350 v. Chr. gefertigt. Ausgestellt war es in einem offenen Schrein. Der Künstler hat hier Göttlichkeit ebenso wie den intimen Augenblick einer Persönlichkeit zum Ausdruck gebracht.

Aus literarischen Quellen wissen wir, daß Skopas den Tempel der Athena Alea in Tegea entwarf. Das innovative Beispiel eines dorischen Tempels aus der Mitte des 4. Jahrhunderts v. Chr. stellt ein wichtiges Monument dar (Abb. 9.7, S. 283). Zahlreiche Fragmente der Giebelfiguren konnten geborgen werden. Der leicht beschädigte Kopf von Tegea (Abb. 9.31) führt die neuen stilistischen Entwicklungen des 4. Jahrhunderts v. Chr. vor Augen. In Mode kamen betont emotionale Gesichtsausdrücke, die durch eine spezielle Behandlung der einzelnen Partien erzeugt wurden: Den inneren Augenwinkel verschob man nach unten, die Brauenlinie springt über dem äußeren Augenwinkel hervor, die Stirn ist auf zwei Ebenen angelegt, von denen die untere markant hervortritt. Die Wangen sind flach, die Haare zerzaust. Der Skulpturenstil ist neu und lebendig und auch an anderen Stätten, an denen Skopas arbeitete, wiederzufinden, wie etwa am

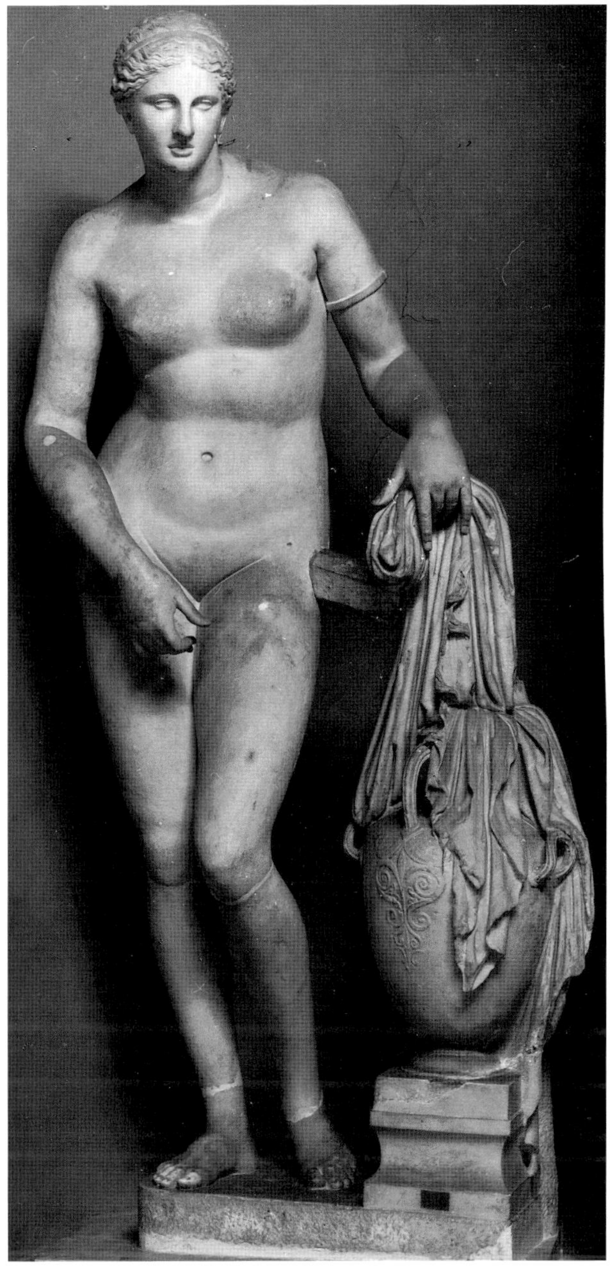

9.30 Praxiteles, Aphrodite von Knidos. Römische Kopie eines um 350 v. Chr. geschaffenen griechischen Marmororiginals. Höhe 2,04 m. Rom, Vatikanische Museen

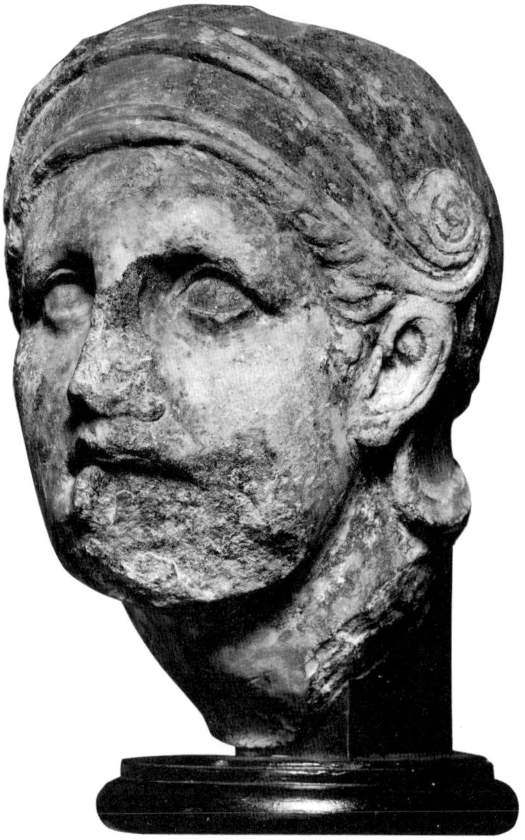

9.31 Kopf aus der Giebelgruppe des Athena-Alea-Tempels von Tegea. Um 340 v. Chr. Marmor. Höhe 30 cm. Athen, Nationalmuseum

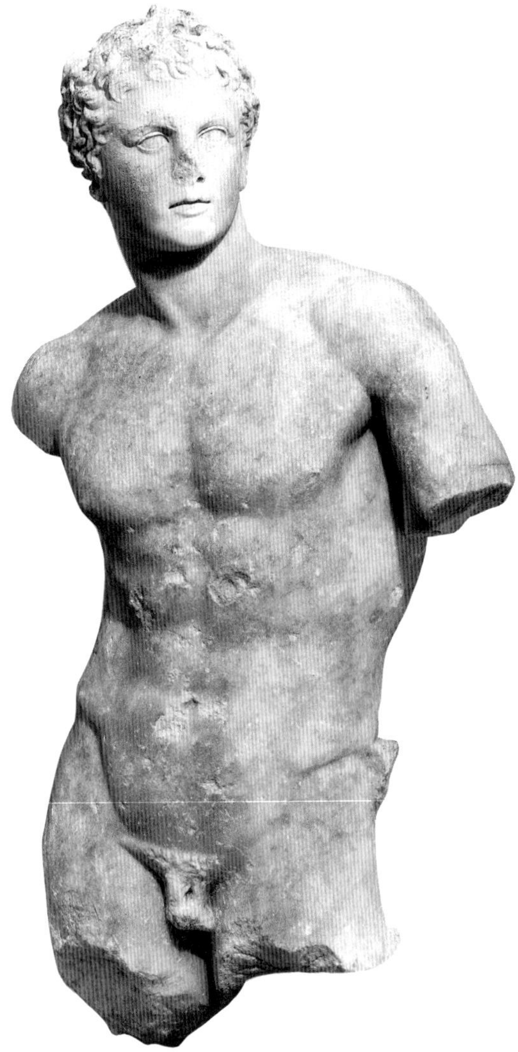

9.32 Meleager, vielleicht von Skopas. Römische Marmorkopie eines um 340 v. Chr. entstandenen Originals. Höhe 1,23 m. Cambridge/Mass., Arthur M. Sackler Museum der Harvard Universität

Mausoleum von Halikarnassos. Einige der dortigen Köpfe (Abb. 9.22, S. 293) ähneln jenen in Tegea. Skopas arbeitete ferner am neuen Artemis-Tempel von Ephesos mit. Dieses gigantische Gebäude war von einem Kranz mit über 100 Säulen umgeben. Mehr als 30 davon wiesen skulptierte Basen auf. Eine der erhaltenen Säulentrommeln zeigt Hermes, Alkestis und Persephone. Die Pose der Persephone erinnert an das Werk des Kephisodot, der quadratische Schädel des Hermes und die tiefliegenden Augen haben ihre Parallelen in den tegeischen Köpfen. Daraus ist zu schließen, daß der neue Stil weithin Anerkennung erfuhr und dem Skopas zugeschrieben werden darf.

Die Charakteristika seines Stils, der quadratische Schädel, die in zwei Ebenen angelegte Stirn, die tiefliegenden Augen, die vorspringenden Brauen, der offene Mund und der Ausdruck von Intensität und Stärke finden sich in der Statue des gefeierten Jägers Meleager wieder (Abb. 9.32), von der mindestens 20 Kopien bekannt sind. Identifiziert wurde der Dargestellte über den Eberkopf, der in mehreren Kopien der Figur beigeordnet ist: Meleager machte sich als einer der führenden Jäger bei der Kalydonischen Eberjagd verdient. Die Anzahl der Kopien läßt auf die Beliebtheit der Skulptur im römischen Adel schließen, für den das Thema einer Plastik zu den wichtigsten Kriterien ihrer Beurteilung zählte. Keine der literarischen Quellen erwähnt jedoch einen Meleager des Skopas. Der Stil des Kopfes schließt sich eng an die Figuren aus Tegea an. Der Oberkörper ist stark durchmodelliert. Weiche Übergänge führen von Ebene zu Ebene. Die klar abgesetzte Muskulatur und die ausgearbeitete Linie zwischen Hüfte und Leiste grenzen einzelne Partien voneinander ab. In leichter Körperdrehung ist die linke Schulter nach vorne geschoben und nimmt den Schwung der rechten Hüfte auf. Die frontale Ansichtsseite der klassischen Skulpturen ist im breit gespannten Oberkörper sichtbar, wird jedoch durch die von der Kopfdrehung hervorgerufene Dreiviertelansicht verdrängt. In ihr sind Bewegung und Ausdruckskraft des Gesichtes vereint.

9.33 Kopf des Meleager. Siehe Abb. 9.32

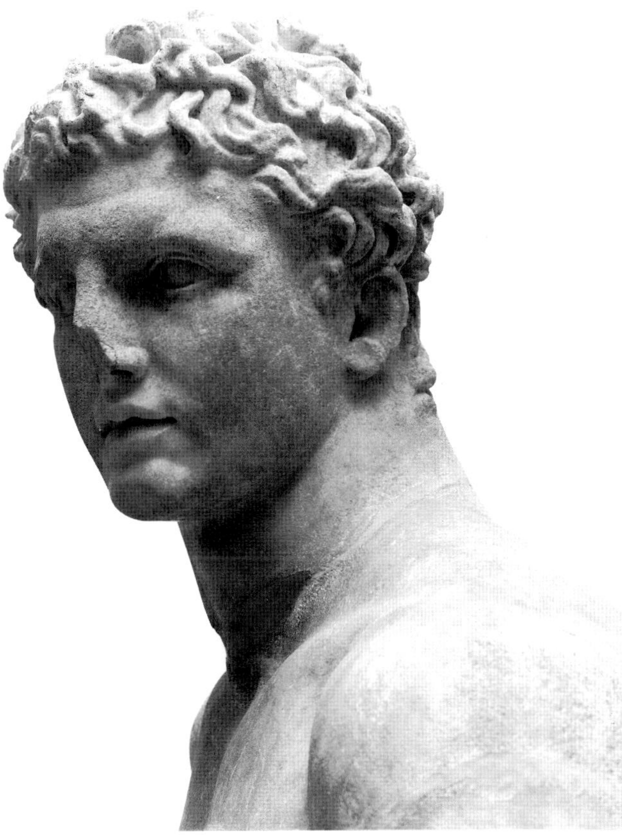

Der Gesichtsausdruck weckt jedoch die unterschiedlichsten Interpretationen. Einigen erscheint er in sich gekehrt und in die Ferne gerichtet, anderen bestimmt und menschlich (Abb. 9.33). Der Meleager wurde am Ende der klassischen Ära geschaffen, als stehende nackte Athleten in verschiedenen Bewegungsstadien wiedergegeben wurden, ihnen sogar individuelle Züge anhaften konnten. Meleager jedoch verkörpert noch den generischen mächtigen Heros, von individuellem Porträt ist nichts zu spüren. Das Original des Skopas datiert vermutlich um 340 v. Chr. Angeregt wurde es vielleicht durch das Thema des Frontgiebels des Tempels von Tegea, eine Kalydonische Eberjagd, in der auch Meleager zugegen war.

Als dritter großer Bildhauer des 4. Jahrhunderts v. Chr. ist Lysipp zu nennen. In vielen Quellen wird er mit Alexander dem Großen in Zusammenhang gebracht; es wird sogar behauptet, er habe ein Porträt des Königs hergestellt. Daraus ist zu schließen, daß seine Schaffensperiode zwischen 350 und 310 v. Chr. lag. Lysipp arbeitete vorzugsweise in Bronze und trat für einen neuen Proportionskanon ein, der einer vereinfachten Version des Praxiteles-Kanons entsprach. Schlanke Körper und kleine Köpfe ließen die Figuren größer erscheinen. Ein Vergleich zwischen einer Kopie des Apoxyomenos (des Schabers, Abb. 9.34) und einer Kopie des polykletischen Doryphoros (Abb. 8.39, S. 265) zeigt, was gemeint ist. Der Apoxyomenos wirkt größer, obwohl sich die Statuen in ihrer Höhe annähernd entsprechen.

Der Apoxyomenos zeigt, daß Lysipp das konventionelle, klassische, vierseitige Bild ebenfalls erweiterte. Der Athlet schabt mit einer Strigilis das Öl von seinem Körper. Ein Arm ist gerade nach vorne gestreckt, der andere (mit der Strigilis) führt in rechtem Winkel darauf zu und erzeugt eine Unterbrechung der breiten Ansichtsseite des Oberkörpers. Der von der Figur beanspruchte Raum wird erheblich vergrößert; der Betrachter wird aufgefordert, auch andere Blickwinkel einzunehmen. Die Drehung des Unterkörpers, die durch den zur Seite gestellten Fuß, das abgewinkelte Knie und die aus der Horizontale gerückten Achsen hervorgerufen wird, setzt sich im Oberkörper mit der Armhaltung fort. Die klassische Frontalität wurde zu-

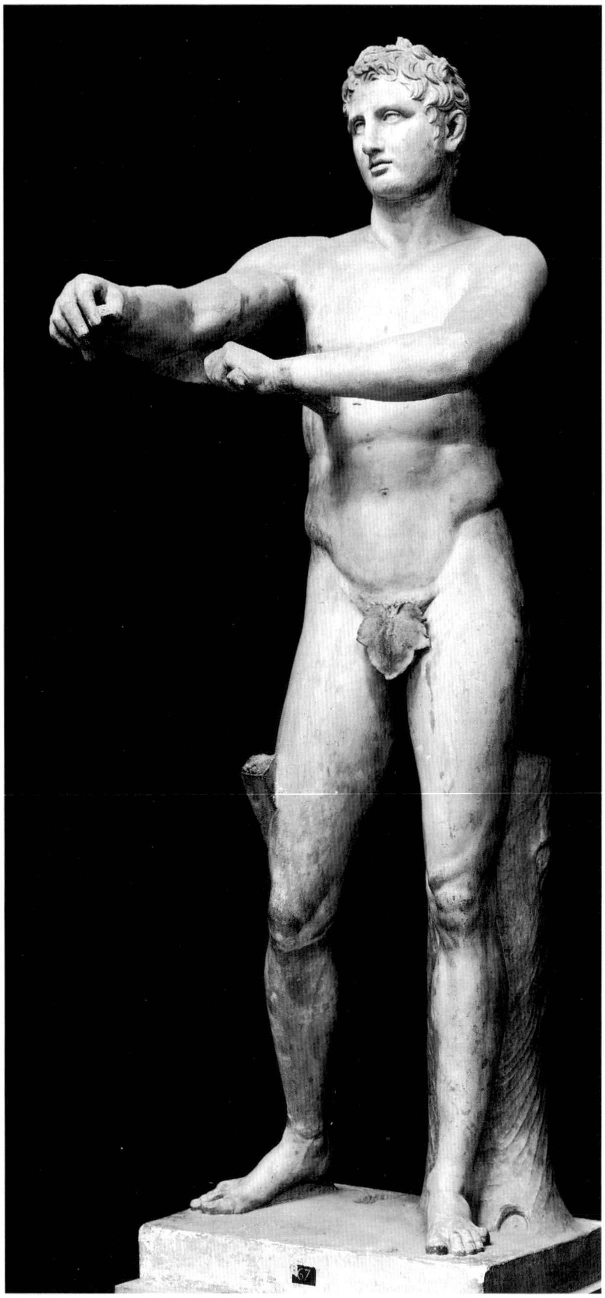

gunsten der dreidimensionalen Bewegung aufgegeben.

Es fehlt nicht an Porträts Alexanders des Großen. Schriftquellen unterrichten uns über die Charakteristika, an denen seine Abbilder zu erkennen waren: an der Frisur und der Kopfhaltung. Bestätigt werden die Quellen durch beschriftete Büsten und Münzen. Zur Identifizierung jenes Porträts, das von Lysipp geschaffen wurde, stehen hingegen keine Hilfsmittel zur Verfügung. Die Haarlänge variiert an den verschiedenen Alexandertypen (Abb.9.35), zu erkennen ist er jedoch jedesmal an der aufspringenden Stirnlocke, der Anastole, sowie den schön gelegten Locken. Auch die Kopfhaltung variiert und beschränkt sich nicht ausschließlich auf die charakteristische Aufwärtsdrehung. Die verschiedenen Typen sind des weiteren unterschiedlichen Altersstufen zuzuordnen. Die Porträts wirken idealisiert und zeigen den Typus eines gottähnlichen Herrschers, nicht das reale Abbild eines Menschen.

Reliefs, abgesehen von der Bauplastik, sind vor allem im Grabzusammenhang bezeugt. Gerade aus Attika liegen zahlreiche Stelen aus der Zeit vor 310 v. Chr. vor. Dann wurde die Produktion durch ein Gesetz verboten. Festzustellen sind verschiedene Qualitätsstufen, die von einfachen Stelen mit eingekerbten Bildern und Namensinschriften bis zu wahren Kunstwerken reichen. Viele Stelen weisen

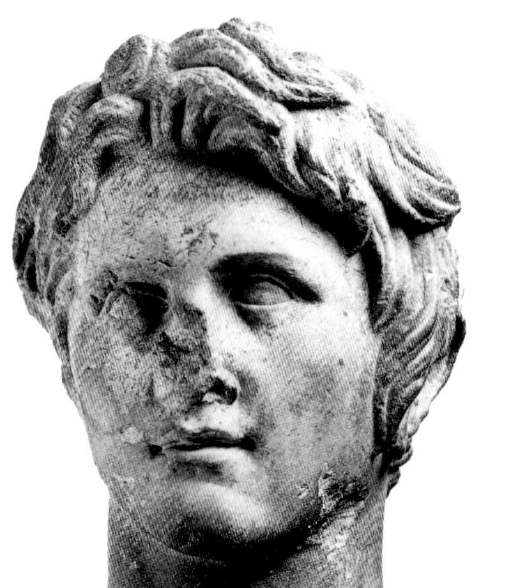

9.34 *oben* Aproxyomenos (Schaber). Römische Kopie nach dem um 350–325 v. Chr. entstandenem griechischen Bronzeoriginal des Lysipp. Marmor. Höhe 2,05 m. Rom, Vatikanische Museen

9.35 *rechts* Kopf Alexanders des Großen. Römische Kopie eines um 330 v. Chr. gefertigten griechischen Originals. Marmor. Höhe 39 cm. Dresden, Antikensammlung

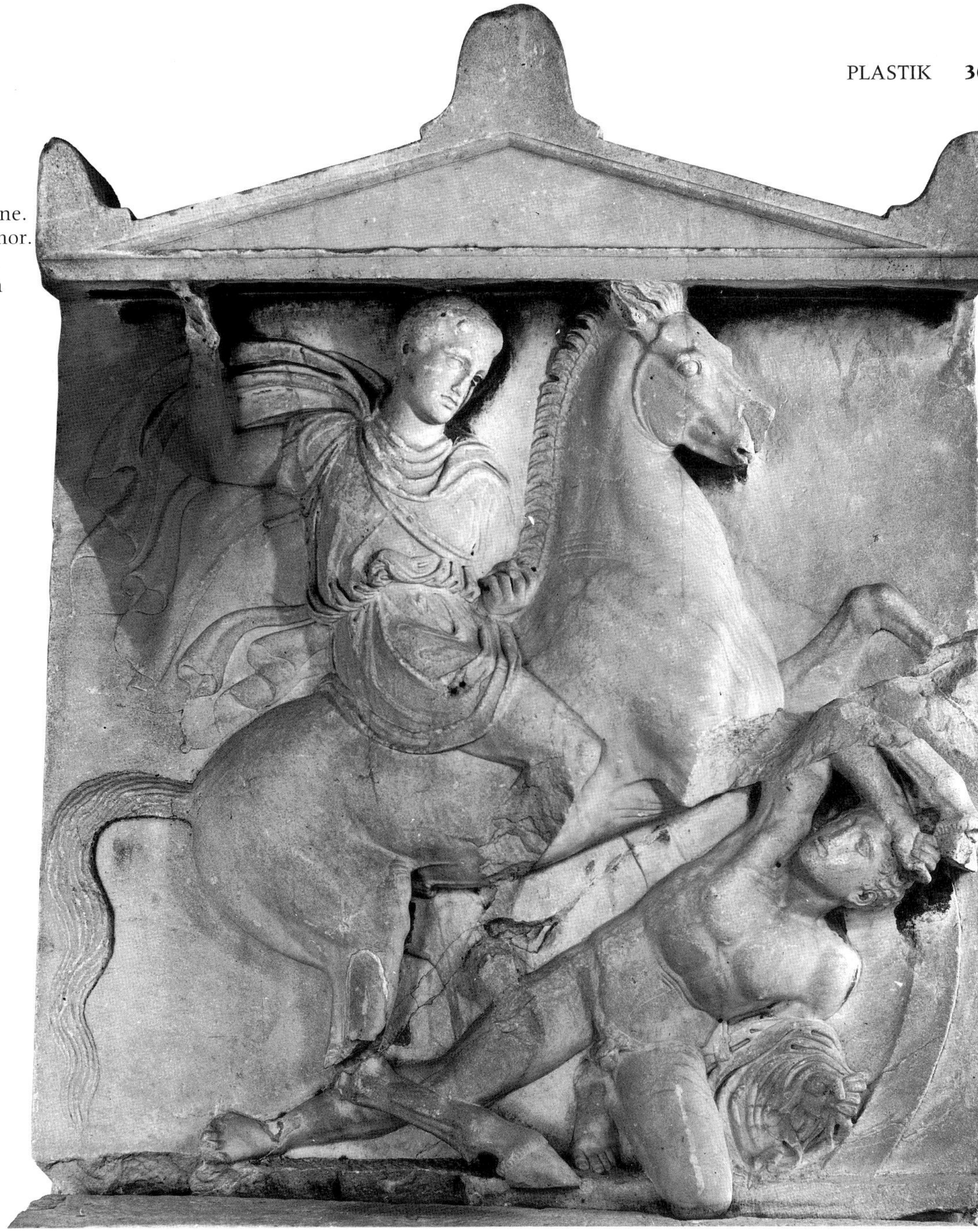

9.36 Grabstele des Dexileos: Schlachtszene. Um 390 v. Chr. Marmor. Höhe 1,40 m. Athen, Kerameikos-Museum

einen architektonischen Rahmen auf, bestehend aus Anten und einem Giebel, worin die Figuren untergebracht sind. Die im Relief wiedergegebenen Figuren werden im Laufe des Jahrhunderts immer tiefer ausgearbeitet. Am Ende der Periode sind viele von ihnen fast rundplastisch gestaltet. Die Stele des Dexileos (Abb. 9.36) ist bereits im Hochrelief gefertigt. Eine Inschrift identifiziert den Grabinhaber als jungen Mann, der im Krieg gegen Korinth 394 v. Chr. getötet worden war. In der Darstellung stürzt er sich von seinem Pferd aus auf seinen gefallenen Feind. Speer und Zügel waren in Bronze appliziert. Pferd und Reiter erinnern an den Parthenonfries; das flatternde Gewand ruft die Nike-Balustrade in Erinnerung (Abb. 8.28). Auf der Ilissos-Stele, die erst später gefertigt wurde, sind die Figuren noch rundplastischer ausgeführt (Abb. 9.37). Bemerkenswert ist die Anzahl und Variationsbreite der dargestellten Typen. Wiedergegeben ist ein trauernder Greis, der verstorbene junge

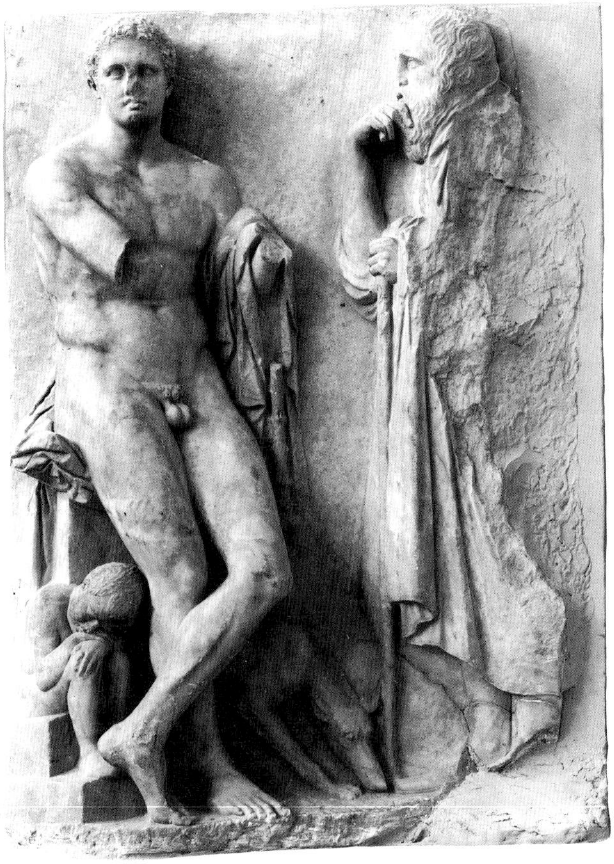

9.37 Ilissos-Stele, gefunden in der Nähe des Flusses Ilissos: Vater, Sohn, Knabe und Hund. Um 330 v. Chr. Marmor. Höhe 1,68 m. Athen, Kerameikos-Museum

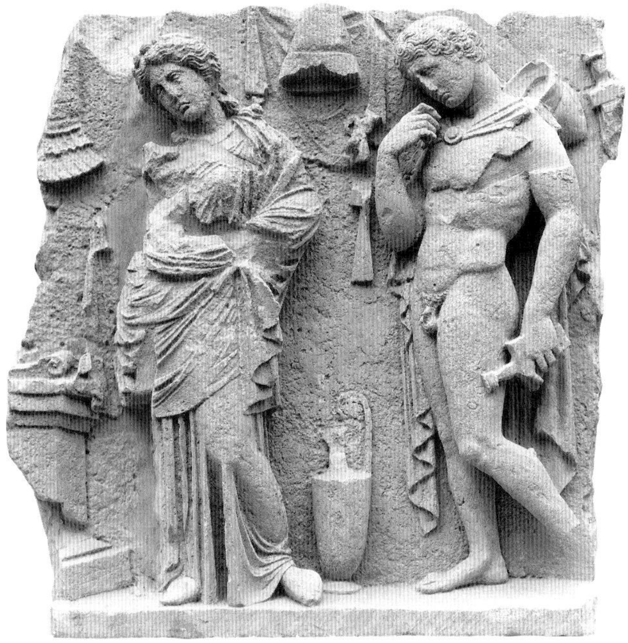

9.38 Relief aus Taras: Elektra und Orest am Grab des Agamemnon. Um 300 v. Chr. Kalkstein. Höhe 59 cm. New York, Metropolitan Museum of Art

Mann, ein schlafender Knabe und ein Hund. Das Relief ist vertikal in zwei Hälften geteilt, um Raumeindruck zu schaffen. Isoliert steht der Verstorbene vor seinem noch lebenden Gefährten. Sein Blick ist auf den Betrachter gerichtet. Stilistisch erinnert er mit seinem quadratischen Schädel, den tiefliegenden Augen und den vorspringenden Brauen an das Werk des Skopas. Die verschiedenen Ansichtsseiten, in denen der Oberkörper, die Beine und die Füße wiedergegeben sind, stehen für die Bewegung des Körpers. Das Pathos der Szene wirkt aufdringlich. Sorgen und Verlust werden von den expressiven Figuren deutlich zur Schau getragen. Geschaffen wurde das Relief um 330 v. Chr.

Einflüsse der attischen Grabreliefs sind noch im Westen spürbar. In Taras wurde eine aus weichem Gestein gefertigte Reliefserie zutage gefördert, deren Stil und Erscheinung den Entwicklungen im Mutterland entsprechen. Dargestellt sind miniaturhafte Tempel, die die Aufbauten aristokratischer Kammergräber des 4. Jahrhunderts v. Chr. wiedergeben dürften. Auf einem Relief sind Orest und Elektra am Grab des Agamemnon dargestellt (Abb. 9.38). Die Pose des Orest führt zu den skulpierten Säulentrommeln des Artemisions von Ephesos und damit zum Stil des Skopas zurück. Die geneigten Köpfe bringen tiefe Traurigkeit und Kummer zum Ausdruck. Ihre Parallelen haben sie in den attischen Grabreliefs. Ein weiteres Relief aus Taras illustriert den Kampf zwischen Herakles und den Amazonen. Das Bild führt einen heroischen Kampf und einen tragischen Tod vor Augen und erinnert an Themen, die schon auf dem Mausoleum von Halikarnassos, dem Tempel von Bassae und dem Parthenon abgebildet waren. Die tarentinischen Bildhauer hatten sich offensichtlich mit den wichtigsten Erzeugnissen der mutterländischen Ateliers vertraut gemacht. Gleichzeitig sind ihre Figuren mit ihren dramatischen Gesten und ihrem intensiven Ausdruck als Vorläufer der hellenistischen Kunst einzustufen. Gefertigt wurden die Reliefs um 300 v. Chr.

Reliefdarstellungen existieren auch auf einer Gruppe von Marmorsarkophagen, die am anderen Ende der griechischen Welt, in den Gräbern der Könige von Sidon, einer berühmten Stadt an der phönikischen Küste, entdeckt wurden. Einer von ihnen, der sogenannte Alexandersarkophag, zeigt das einzige originale zeitgenössische Porträt des Alexander. Der Sarg (Abb. 9.39) ist in Form eines Tempels gearbeitet. Der reiche »Bauschmuck« rahmt die Bildfelder an allen vier Seiten des rechteckigen Kastens. Angebracht wurden sogar Akrotere, Wasserspeier und Löwenfiguren, die an den Ecken des Deckels eine Wächterfunktion übernehmen. Der getrennt gearbeitete Deckel weist in den Giebelfeldern Schlachtszenen zwischen Griechen und Persern auf. Die kurzen Seiten des Sarkophags zeigen Jagd- und Schlachtszenen. Auf der einen Langseite gehen Griechen und Orientalen gemeinsam auf die Jagd, auf der anderen kämpfen Griechen und Perser gegeneinander. Einige der Griechen sind nackt; die Orientalen tragen ihr traditionelles Gewand. Modelliert wurden die farbig gefaßten Figuren mit großer Präzision. Die gut erhaltenen Farben umschließen eine Palette, die im Bereich der Kleidung von lila über blau und gelb bis hin zu verschiedenen Rotschattierungen reicht. Die Hautpartien der Griechen faßte man in einem hellen, verwaschen wirkenden Gelb, jene der Orientalen in einem dunkleren Ton. Auch das Haar wurde durch einen Farbauftrag akzentuiert,

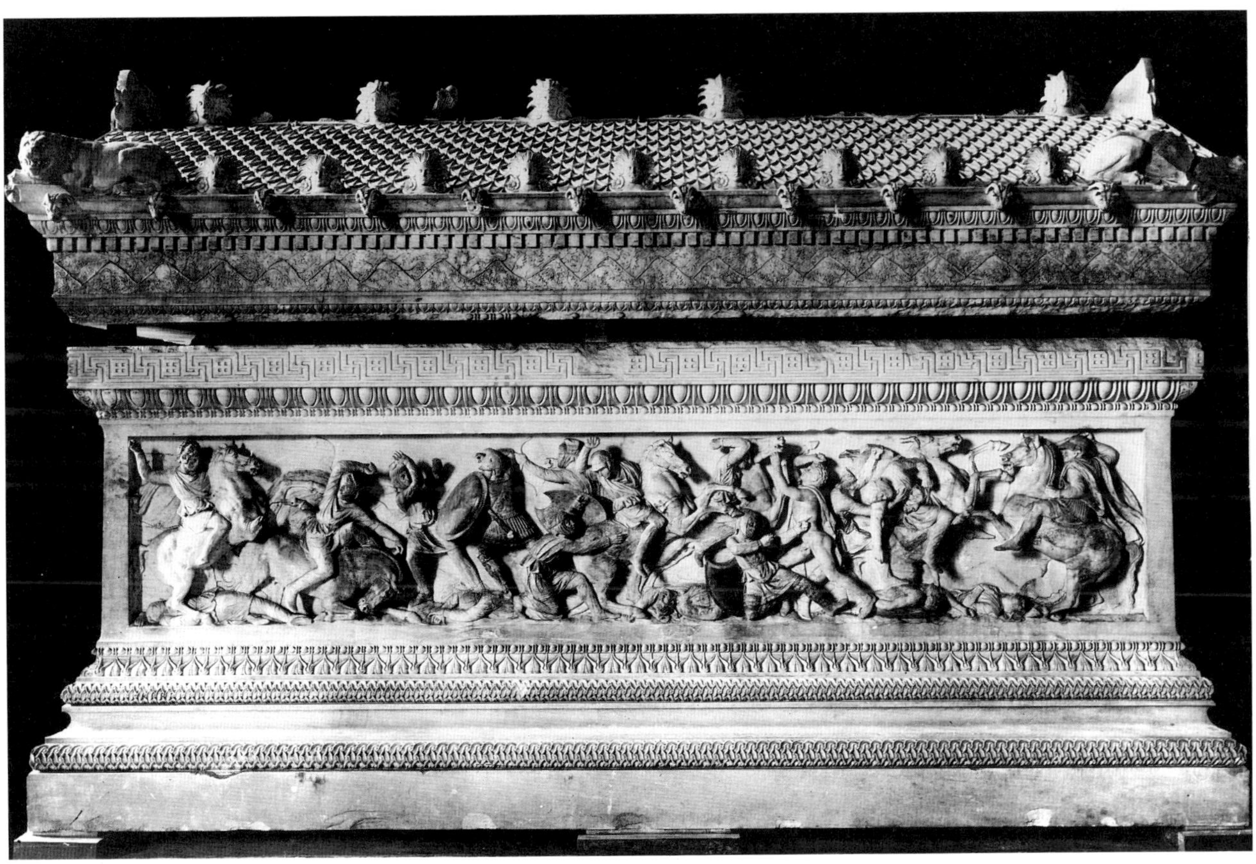

9.39 Alexander-Sarkophag (bzw. vermutlich Sarkophag des Abdalonymos), aus Sidon: Schlachtszene. Um 320 v. Chr. Marmor. Höhe (Fries) 27 cm. Istanbul, Archäologisches Museum

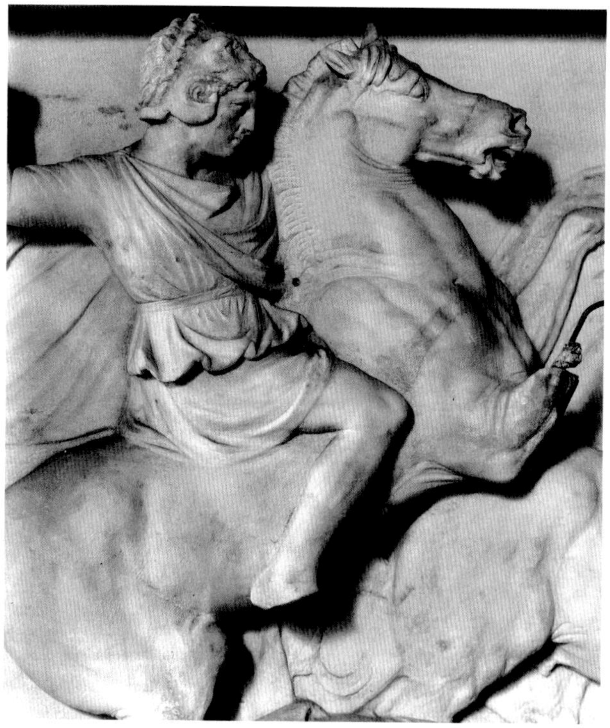

9.40 Ausschnitt aus dem Alexander-Sarkophag: Alexander mit dem Löwenfell

in einigen Fällen ebenso die Iris des Auges. Die Kompositionen sind mit Figuren in eng gesetzten Gruppen überfüllt. In den Jagdszenen betonen die aufgerichteten Pferde, die geschwungenen Waffen und die flatternden Gewänder die Bewegung der sich überlappenden Figuren. In der Schlachtszene sitzt Alexander auf einem Pferd. Er trägt das Löwenfell des Herakles auf dem Kopf (Abb. 9.40), wie auch auf zeitgenössischen Münzen. Mit gezücktem Speer attackiert er einen Perser, dessen Pferd bereits zusammengebrochen ist. Alexanders Gesicht ist jung und weich, in seine Augen waren Glanzlichter eingemalt. Nur Alexander kann in dieser Darstellung mit Sicherheit identifiziert werden. Der an prominenter Stelle in der Mitte der Jagdszene plazierte Mann dürfte der Inhaber des Grabes gewesen sein. Er wurde jedoch auch schon als Abdalonymos identifiziert, der 333 v. Chr. nach der Schlacht von Issos von Alexander als König von Sidon eingesetzt wurde. Gefertigt wurde der Sarkophag vermutlich um 320 v. Chr.

Wandmalerei und Mosaik

Der aus Sikyon in der nördlichen Peloponnes stammende Lysipp war Alexanders Hofbildhauer. Sein Kollege, der Hofmaler Apelles, ein Ionier, war in Sikyon, in der neuen Malereischule des Pamphilos, Mitte des 4. Jahrhunderts v. Chr. ausgebildet worden. Auch für diese Periode gelten die literarischen Zeugnisse als wichtigste Informationsquellen über die Gemälde und Maler. Pamphilos war dafür verantwortlich, daß das Malen in den Stundenplan der griechischen Jugend aufgenommen wurde. In Verbindung stand das Fach mit den Unterrichtsfächern Geometrie und Arithmetik.

Zu den in der Wandmalerei im 4. Jahrhundert v. Chr. geläufigen Themen gehörten mythologische Darstellungen; abgebildet wurden etwa Hades bei der Entführung der Persephone oder Perseus bei der Befreiung der Andromeda (Abb. 9.42). Landschaftselemente waren eher zweitrangig. Wie im 5. Jahrhundert v. Chr. beschränkte man sich auch jetzt noch auf eine Vier-Farben-Palette, auf Schwarz, Weiß, Rot und Gelb.

Außer Skulpturen kopierten die Römer auch berühmte Gemälde. Wenn die Nachahmungen sich auch in mehreren Punkten von den Vorbildern unterscheiden dürften, so helfen uns die Wandmalereien und Mosaiken aus Pompeji und Herculaneum doch, einen Einblick in die griechische Malerei zu erhalten. Das sogenannte Alexandermosaik (Abb. 9.41) aus dem Haus des Fauns in Pompeji, das im Hellenismus entstand, wird von vielen Forschern als Kopie eines monumentalen Wandbildes des Philoxenos aus Eretria aus der Zeit um 310 v. Chr. angesehen, von dem wir durch Plinius Kenntnis haben. Auf diesem Bodenmosaik, und folglich auch auf dem Wandgemälde, auf das es verweist, war der Wendepunkt in der Schlacht von Issos eingefangen. Philoxenos sah das Ereignis als persönliches Duell zwischen Alexander und Dareios, dem persischen König. Alexander setzt zum Vorstoß in Richtung des Dareios an. Einen feindlichen Perser stößt er mit seiner Lanze zur Seite. Mit wilden Haaren und ohne Helm, mit glänzenden Waffen und leuchtenden Augen holt er

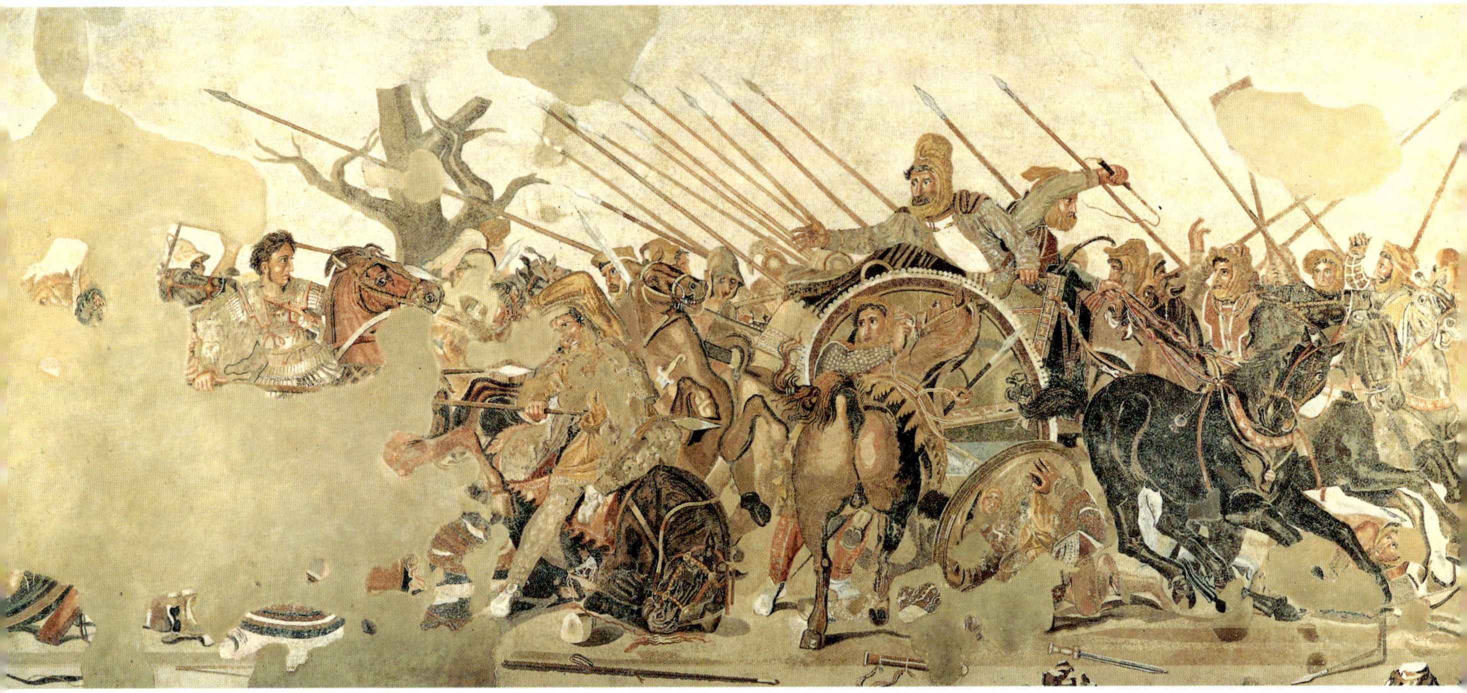

9.41 *oben* Alexander-Mosaik: der Höhepunkt in der Schlacht von Issos zwischen Griechen und Persern, Konfrontation Alexanders mit Dareios. Bodenmosaik aus Pompeji, Nachahmung eines griechischen Wandgemäldes des Philoxenos von Eretria aus der Zeit um 310 v. Chr. 1. Jh. v. Chr. 2,7 x 5,2 m. Neapel, Nationalmuseum

9.42 *unten* Perseus befreit Andromeda. Aus dem Haus der Dioskuren in Pompeji, nach einem griechischen Original, vielleicht des Nikias, aus dem 4. Jh. v. Chr. 1. Jh. v. Chr. Wandgemälde. Neapel, Nationalmuseum

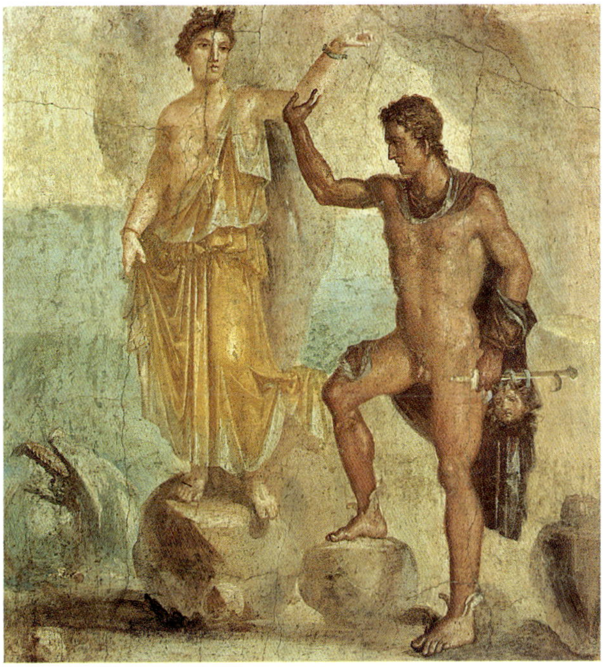

zum endgültigen Stoß aus. Der wagenfahrende Dareios streckt seinem Feind einen Arm entgegen. Seine schwarzen Pferde ergreifen bereits die Flucht. Der Hintergrund ist frei gelassen. Unterbrochen wird er nur durch die aufragenden Lanzen und einen knorrigen Baum, der ein kompositionelles Gegengewicht zu Dareios bildet. Abgesehen von den Trümmern der Schlacht bleibt auch der Vordergrund leer. Die Aufmerksamkeit konzentriert sich auf die Figuren, die in Verkürzungen und unter Ausnutzung des Licht-Schatten-Effekts wiedergegeben sind. Die persische Robe ist dem Geschmack des 4. Jahrhunderts v. Chr. angepaßt, ein starkes Argument für die These, das Mosaik stelle eine Nachbildung des Gemäldes des Philoxenos dar.

Die Steinchen (tesserae), aus denen das Alexandermosaik zusammengesetzt ist, bestehen aus

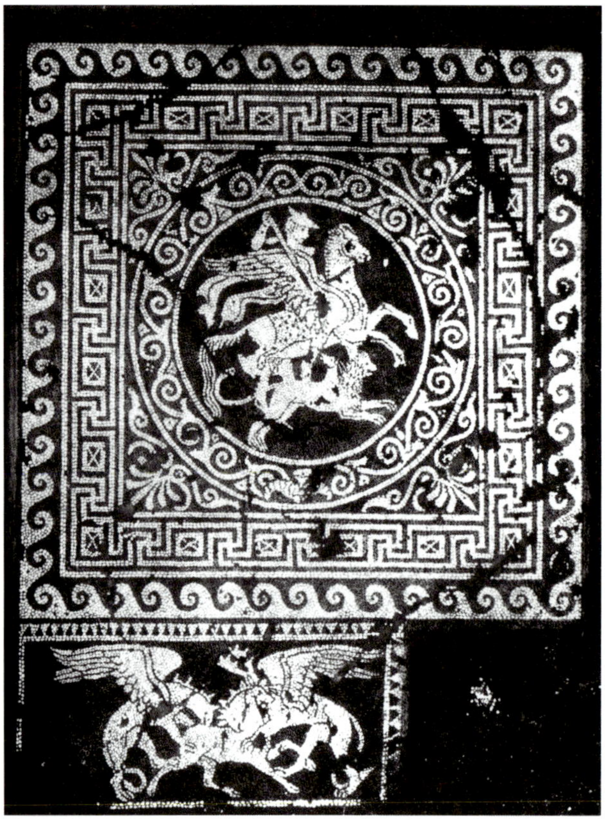

9.43 *oben* Bellerophon und Chimaera (Mittelbild) mit Ranken, Mäander und Wellenlinien im Fries, Olynth. Frühes 4. Jh. v. Chr. Kieselmosaik. 3 x 3 m

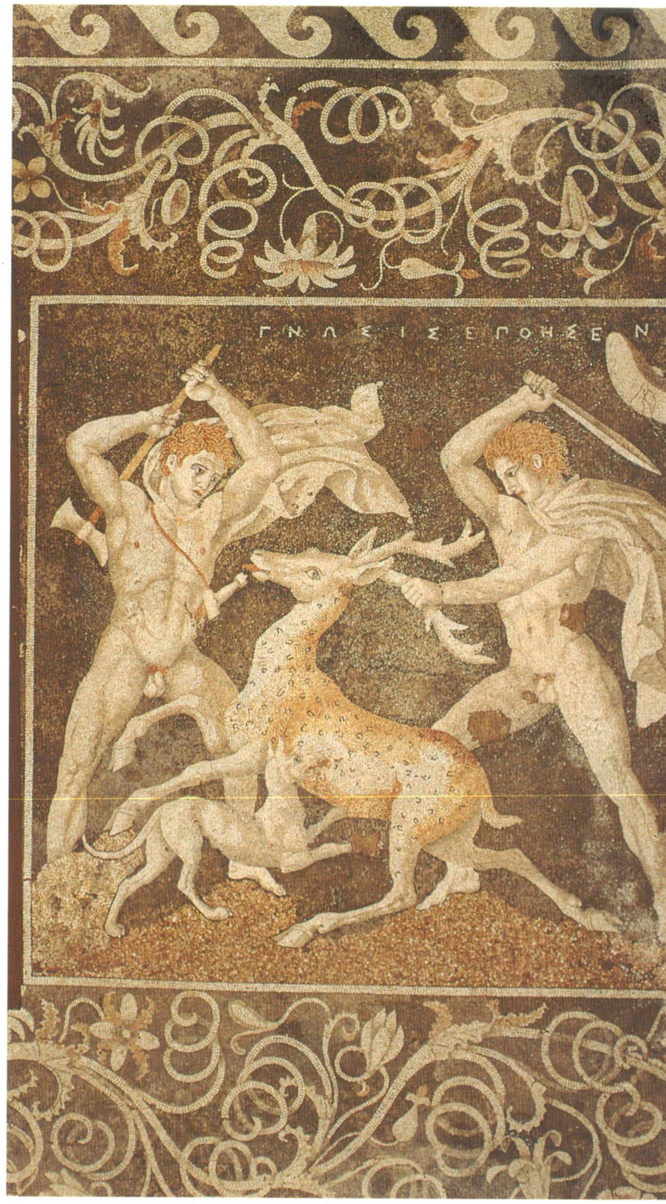

9.44 *rechts* Hirschjagd, signiert von Gnosis, Pella/Makedonien. Um 300 v. Chr. Kieselmosaik. Höhe 3,10 m

buntem Glas und Stein. In früheren Zeiten hatte man Mosaiken aus Kieseln gefertigt, wie beispielsweise in den Häusern in Olynth festzustellen war. Die Kunst, Böden mit Mosaiken zu bedecken, geht jedoch auf eine noch frühere Phase zurück. Bereits für das späte 8. Jahrhundert v. Chr. ist im phrygischen Gordion ein Mosaikboden bezeugt, in dem schwarze, weiße und auch einige rote Kiesel zu einem einfachen Muster zusammengelegt waren. Phrygien war ein Königreich in Zentralanatolien, das der griechischen Welt nicht angegliedert war. Doch wissen wir von Verbindungen zwischen Griechen und Phrygern, die dieses Mosaik als Vorläufer der griechischen Steinbilder gelten lassen dürften. Die frühesten Beispiele griechischer Kieselmosaiken fallen, soweit bekannt, in die Spätphase des 5. Jahrhunderts v. Chr. In der Regel handelt es sich um schwarz-weiße, umsichtig geplante, abstrakte

Bilder, wie etwa Quadrate und Mäander, die sich an floralen Mustern entlangziehen. Nur sehr selten tauchen menschliche Figuren und Tiere auf.

In Olynth überwiegen die einfachen schwarz-weißen Kieselmosaiken. Einige vereinen jedoch auch Tiere und Menschendarstellungen in mythologischen Szenen. Ein Beispiel zeigt einen dekorativen Rahmen, bestehend aus Wellenlinien und Palmetten an allen vier Seiten (Abb. 9.16, S. 289). Im rechteckigen Mittelbild ist Dionysos in seinem von Leoparden gezogenen Wagen dargestellt, umgeben von tanzenden und jagenden Mitgliedern seines Gefolges. Ein weiteres Beispiel (Abb. 9.43) weist ein rundes Mittelmedaillon mit einer mythologischen Szene – Bellerophon und Chimaera – auf, das von Ranken, Mäandern und Wellen umgeben ist. Im späteren 4. Jahrhundert v. Chr. machte man große Fortschritte, wie eine Serie von Kieselmosaiken aus Pella lehrt, der Hauptstadt der Nachfolger Alexanders in Makedonien. Ein ausgesprochen gelungenes Beispiel zeigt eine Hirschjagd (Abb. 9.44). Signiert ist das Werk von dem Künstler Gnosis. Den äußeren Rahmen bildet, wie auch in Olynth, ein Wellenmuster. An der Innenseite schließt ein üppiges Rankenmotiv an, das die Mittelszene umgibt. Das vergleichsweise kleine Figurenfeld in der Mitte nennt man Emblem. Wie in Olynth, so sind auch hier helle Figuren auf einen dunklen Hintergrund gesetzt. Die Muskulatur ist mit Verschattungen modelliert, der Künstler wählte verschiedene Ansichtsseiten, die Konturen sind durch Terrakotta- oder Bleibänder scharf akzentuiert. Die Kiesel wurden nun wesentlich enger gesetzt; auch achtete man darauf, daß sie in etwa dieselbe Größe besaßen. Die Farbpalette war nicht mehr auf Schwarz und Weiß reduziert: Gelb, Braun und Rot fanden großzügig Verwendung,

Alle Mosaiken des 4. Jahrhunderts v. Chr. wurden aus Kieseln gefertigt; die ersten Tesserae-Bilder sind aus der Zeit um 250 v. Chr. belegt.

Die Frage nach der Herkunft der Muster, Techniken und Bildthemen bildet einen fortwährenden Streitpunkt unter den Forschern. Der große Maler Apelles lebte und arbeitete zeitweise in Pella, so daß anzunehmen ist, daß seine Bilder als Vorbilder für die Mosaiken in den dortigen Häusern herangezogen wurden. Schon im 5. Jahrhundert v. Chr. hatten Apollodoros, Zeuxis und ihre Kollegen Schatten

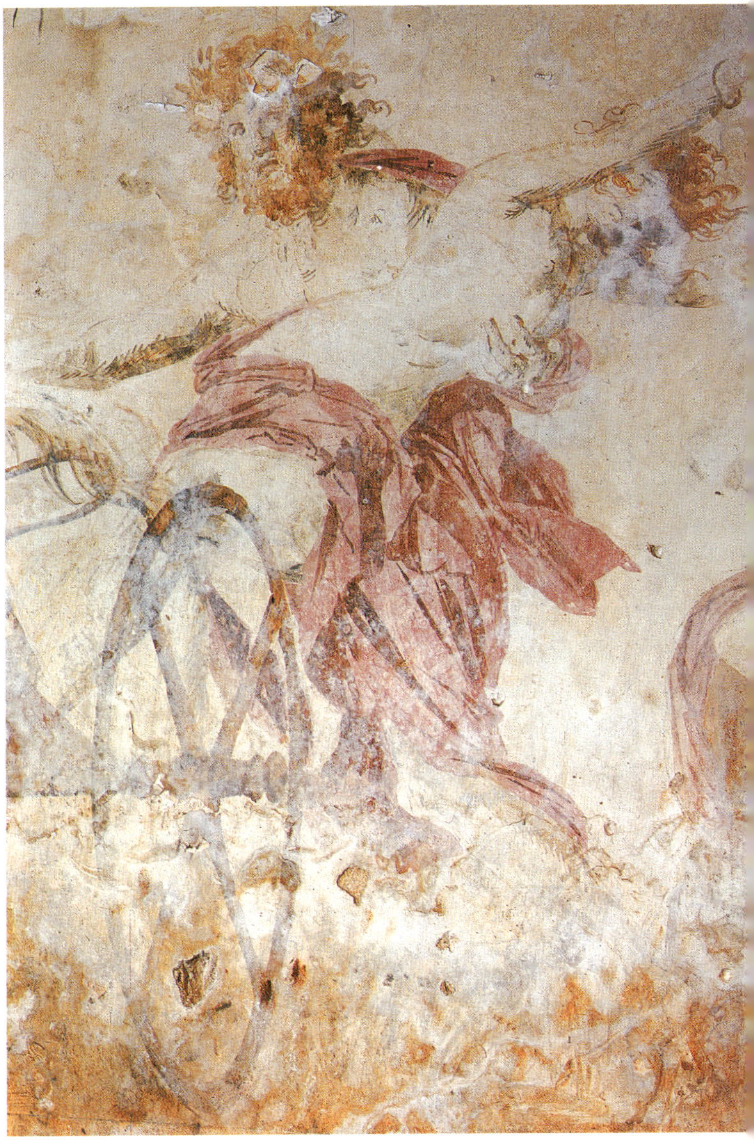

9.45 Hades raubt die Persephone, aus einem königlichen Grab in Vergina. Um 340 v. Chr. Wandbild. Höhe (Fries) 1 m

in die monumentale Malerei aufgenommen, um räumliche Tiefe zu erzeugen. Diese Technik dürfte sämtlichen Künstlern geläufig gewesen sein. Mythologische Themen erfreuten sich in der Wandmalerei weiterhin größter Beliebtheit, wie etwa die Szene der Befreiung der Andromeda durch Perseus bezeugt, die auf den Wänden Pompejis nicht nur

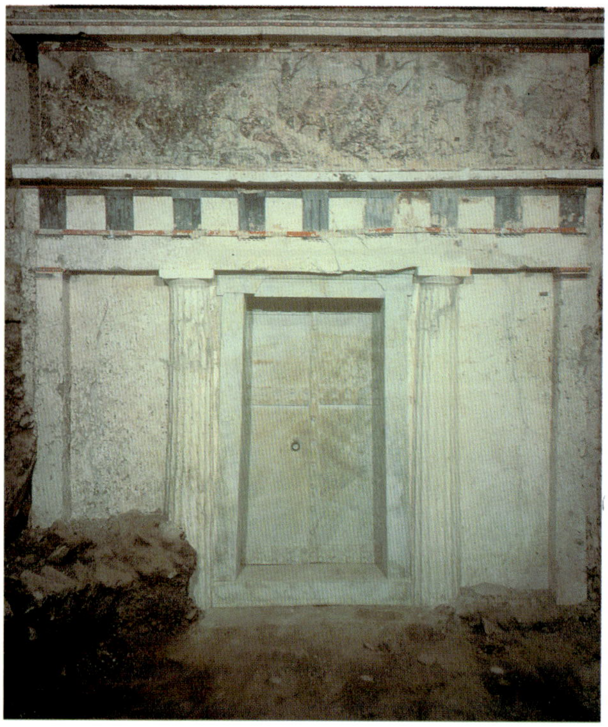

9.46 Grabfassade mit Jagdszene und Landschaftsdarstellung, Vergina. Um 340 v. Chr. Wandmalerei

einmal abgebildet ist und auf ein Werk des im 4. Jahrhundert v. Chr. arbeitenden Nikias zurückgehen dürfte (Abb. 9.42). Da die einzelnen Wandbilder nur geringe Abweichungen voneinander aufweisen, ist davon auszugehen, daß ihnen ein und dasselbe Vorbild zugrunde lag. In diesen Zusammenhang gehören auch die Fragen nach Wand- und Bodenteppichen sowie Decken. Über Heimtextilien und die ihnen eigene künstlerische Ausführung sind wir kaum unterrichtet. Sie scheinen jedoch hoch geschätzt worden zu sein. Vielleicht regten auch sie die Mosaizisten an. Hinsichtlich der Bordürengestaltung dürfte dies sicherlich der Fall gewesen sein.

Direkte archäologische Hinweise auf Wandmalereien liegen aus den Königsgräbern in Makedonien vor, von denen einige noch ins 4. Jahrhundert v. Chr. datieren. Ein etwa 1 m hoher gemalter Fries aus einem Grab in Vergina zeigt eine mythologische Szene, den Raub der Persephone durch Hades (Abb. 9.45). Belegt sind hier sowohl perspektivische Darstellungen (z. B. im Bereich der Wagenräder) als auch Schatten, die räumliche Tiefe erzeugen (so am Gewand und Gesicht des Hades). Ein anderes Grab in Vergina, das Philipp II., dem Vater Alexanders des Großen zugeschrieben wird, weist eine ornamentierte Fassade (Abb. 9.46) mit einem gemalten Fries über dorischem Gebälk auf. Die dargestellte Jagdszene ist wegen der Fülle an Landschaftselementen besonders interessant. Der Hintergrund bleibt flach, obwohl die Topographie für die Situierung des Handlungsortes entscheidend ist; die Betonung liegt auf Jägern und Jagdbeute. Makedonische Mosaiken und Fresken wiederholen bedeutende Jagdszenen, Entführungen und Schlachten.

9.47 Unteritalischer (apulischer) rotfiguriger Krater, dem Ilioupersis-Maler zugeschrieben: Besucher am Grab. Um 380–370 v. Chr. Höhe 69 cm. London, Britisches Museum

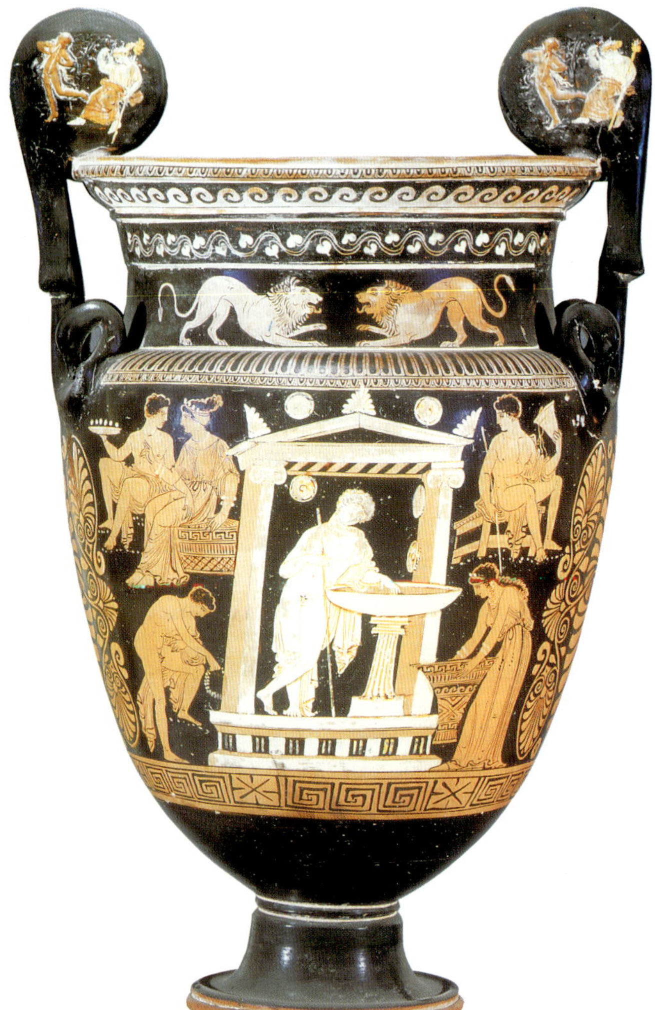

Dieses Phänomen wurde kürzlich mit dem an Heroenverehrung grenzenden Lebensstil der lokalen Elite in Verbindung gebracht, doch bleibt unklar, ob die Bilder als Reflexe der Realität oder Projektionen der Phantasie eingestuft werden müssen.

Keramik

Trotz der Auswirkungen des Peloponnesischen Krieges setzten die Töpfer und Vasenmaler ihre Arbeit im Kerameikos von Athen fort und blieben auch weiterhin dem rotfigurigen Stil treu. Zu den führenden Künstlern am Anfang des Jahrhunderts zählte der Meleager-Malcr. Stellvertretend für sein Gesamtwerk sei hier auf das Innenbild einer Schale verwiesen (Abb. 9.48), auf dem Dionysos, eine Frau mit Tambourin, vielleicht Ariadne, und Eros wiedergegeben sind. Geschaffen wurde das Werk um 390–380 v. Chr. Der bartlose Dionysos wirkt kindisch, seine göttliche Autorität scheint verloren. Abgesehen von dem fliegenden Eros ordnete der Maler seine Figuren auf einer gemeinsamen Standlinie an. Auf luxuriöse Details, wie sie uns beim Meidias-Maler begegneten (S. 270–273), wurde verzichtet. Der üppige Stil des letztgenannten wurde vom sogenannten Kertsch-Stil abgelöst, benannt nach einer Stätte im südlichen Rußland, in der unzählige attische Vasen aus dem 4. Jahrhundert v. Chr. zutage gefördert wurden. Der Stil basiert auf einer großzügigen Verwendung von Deckfarben, in erster Linie Gelb, Weiß und Gold, doch sind auch Blau und Grün bezeugt. Die Figuren sind weniger detailliert und flüchtiger ausgeführt, als es noch beim Meidias-Maler der Fall war.

Die letzte Blütezeit der attisch-rotfigurigen Produktion datiert in die Mitte des Jahrhunderts. Eine Pelike (Vorratskrug) des Marsyas-Malers stellt hierfür ein geeignetes Beispiel dar. Die aufgemalte Szene (Abb. 9.49) zeigt Peleus bei der Kontaktaufnahme mit Thetis. Eros bekränzt den von Nereiden

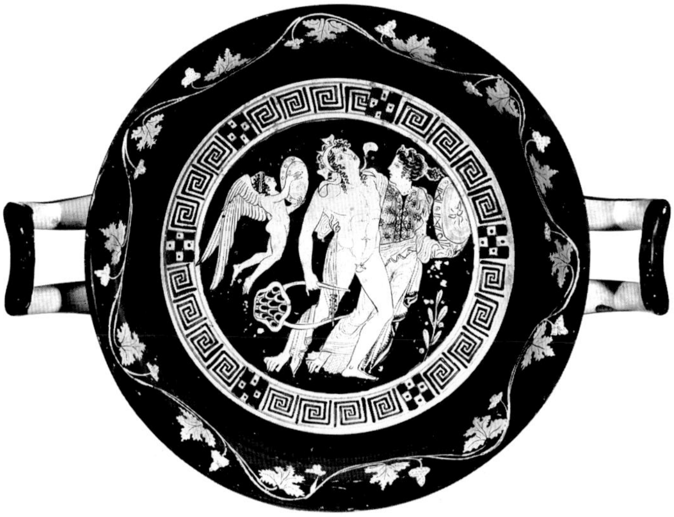

9.48 Attisch-rotfigurige Schale des Meleager-Malers (Innenbild): Dionysos, Eros und Frau. Um 390–380 v. Chr. Breite 24 cm. London, Britisches Museum

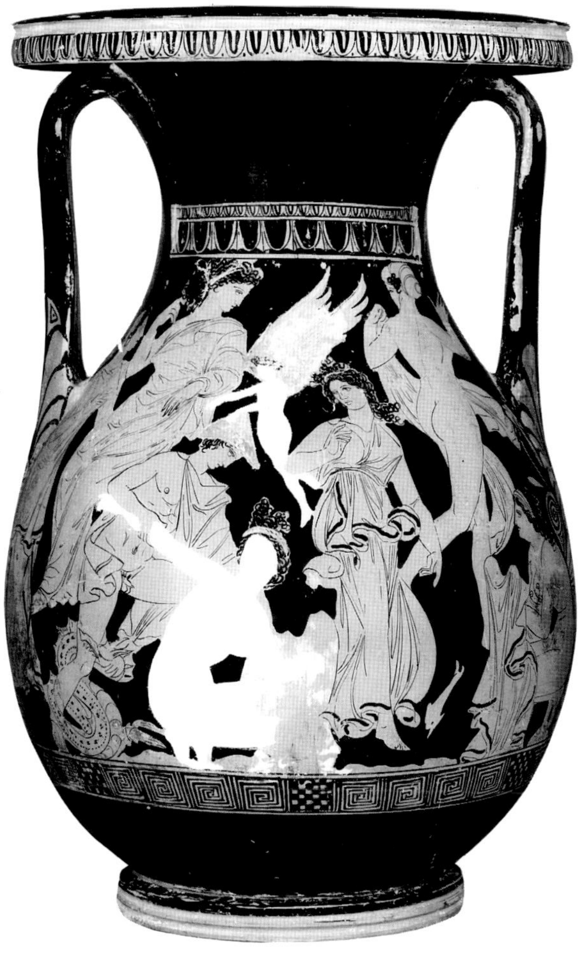

9.49 Attisch-rotfigurige Pelike des Marsyas-Malers: Peleus, Thetis, Eros und Nymphen. Um 360–350 v. Chr. Höhe 42 cm. London, Britisches Museum

umgebenen und von einer Schlange angegriffenen Peleus. Die Posen der Figuren sind in ihrer Originalität kaum zu übertreffen. Die kauernde Thetis wendet sich ihrem Eroberer zu, wobei ihr Körper in verschiedenen Ansichten präsentiert wird. Eine fliehende, nackte Nereide ist in gleicher Bewegung wiedergegeben, um den Rücken annähernd in der Frontalen zu zeigen. Die Beine bleiben im Profil. Überall ist Deckfarbe hinzugefügt. Thetis und Eros sind in Weiß wiedergegeben. Der Hut des Peleus erstrahlt in Gold, ebenso Thetis' Haarbänder und einzelne Flügelpartien des Eros. Andere Federn sind Blau. Thetis' Gewand, das sie sich über die Knie gelegt hat, besteht aus einem grünen Stoff. Die Gewänder sind nicht mehr transparent, sondern weisen dieselbe neue Robustheit und Stofflichkeit auf wie die zeitgenössischen Trachten der Skulpturen. Gefertigt wurde die Pelike um 360–350 v. Chr. Trotz der Meisterlichkeit einiger Künstler wie des Marsyas-Malers ließ die Keramikproduktion in Attika im dritten Viertel des Jahrhunderts v. Chr. stetig nach. Um 320 v. Chr. stellte man sie vollends ein. Der Markt im Westen wurde nun von unteritalischen Werkstätten beliefert, deren Erzeugnisse bald nach 325 v. Chr. auch exportiert wurden, beispielsweise nach Nordafrika.

Seit der Mitte des 6. Jahrhunderts v. Chr. hatten die Athener als Preise in den Panathenäischen Spielen Amphoren mit Olivenöl verliehen. Bekannt sind diese Gefäße unter der Bezeichnung panathenäische Preisamphoren. Der schwarzfigurige Stil zeigt auf einer Seite Athena, auf der anderen eine Wettkampfszene. Auch nach der Einführung der rotfigurigen Technik behielt man den schwarzfigurigen Stil auf diesen speziellen Gefäßen bei. Ab 375 v. Chr. fügten die Vasenmaler den Namen des regierenden Archonten hinzu, womit eine präzise Datierung möglich wird. Das gezeigte Beispiel (Abb. 9.50) ist mit dem Namen »Niketes« versehen, Archon im Jahre 332–331 v. Chr., mit einer elegant schreitenden, bewaffneten Athena einerseits, und andererseits einer Szene aus dem Pankration, einem Ring- und Boxkampf, in dem außer Beißen und Angriffen auf die Augen alles erlaubt war. Für das undekorierte Tafelgeschirr behielt man den schwarzen Überzug weiterhin bei. Auch hinsichtlich des gröberen Kochgeschirrs und der Transportamphoren sind keine Veränderungen bemerkbar.

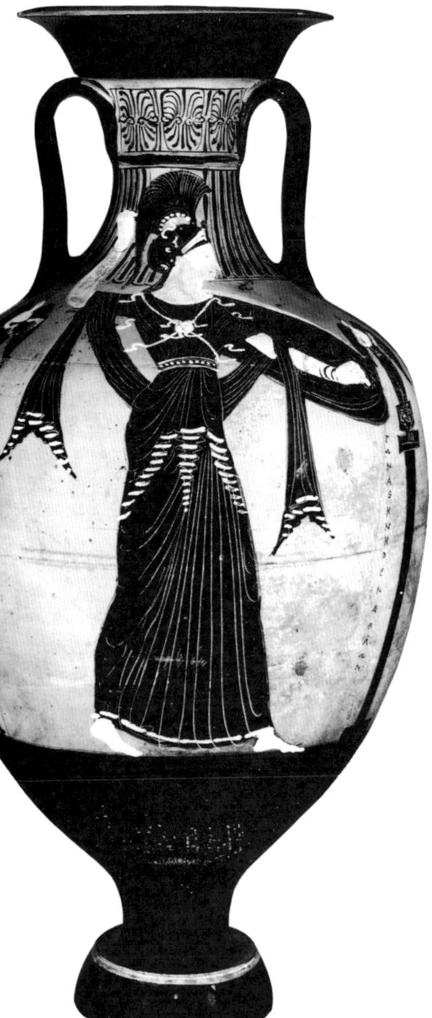

9.50 Attische panathenäische Preisamphora: schreitende Athena. Um 332/1 v. Chr. Höhe 77 cm. London, Britisches Museum

Im Westen kurbelte man die Produktion der rotfigurigen Ware an. Importe aus Athen sind nur noch in reduziertem Maße festzustellen. Lokalisieren lassen sich vier einheimische Werkstätten. Zwei von ihnen, die apulische und die lukanische, arbeiteten bereits im 5. Jahrhundert v. Chr. Um 380 v. Chr. eröffnete ein Töpferatelier in Kampanien, um 350 v. Chr. ein weiteres in der Umgebung von Poseidonia (Paestum). Die signifikantesten Stücke könnten aus

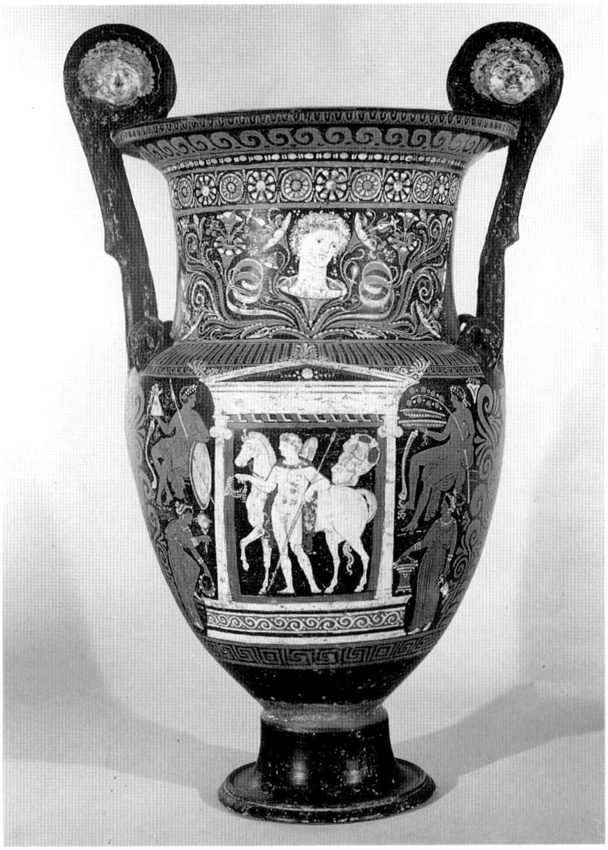

9.51 Unteritalischer (apulischer) rotfiguriger Krater, dem Baltimore-Maler zugeschrieben: Besucher am Grab. Um 325 v. Chr. Höhe 89 cm. London, Britisches Museum

der apulischen und der paestanischen Produktionsstätte stammen. Die in Poseidonia im 4. Jahrhundert v. Chr. hergestellte rotfigurige Keramik wird in der Forschung als »paestanisch« bezeichnet, obwohl die Stadt weiterhin Poseidonia hieß.

Die apulischen Vasenmaler hatten sich auf zwei Stile spezialisiert: den einfachen und den reichen Stil. Im reichen Stil ornamentierte man in erster Linie größe Gefäße, wie etwa Volutenkratere, die regelmäßig als Grabbeigaben fungierten. Um 375 v. Chr. begann ein einfallsreicher Maler, der als Iliou-persis-Maler bezeichnet wird (weil er den Fall Trojas als Thema eines seiner Vasenbilder wählte), diese Grabgefäße mit Grabszenen zu schmücken, wie ein Volutenkrater im Britischen Museum demonstriert (Abb. 9.47). Das Hauptbild zeigt einen winzigen Tempel, der in seiner Form den zeitgenössischen Gräbern in Taras angeglichen ist. Vor dem Gebäude lehnt sich der Verstorbene gegen ein Perirrhanterion, ein Wasserbecken für rituelle Zwecke. Die ringsherum angeordneten sitzenden und stehenden Figuren haben Gaben zum Grab gebracht. Von weißer Deckfarbe wurde großzügig Gebrauch gemacht: in Weiß erscheinen das Gebäude, der Verstorbene, das Perirrhanterion, die Geschenke und die getupften Grundlinien. In flachem Relief wiedergegebene, tanzende Figuren schmücken die Henkel. Am bemerkenswertesten sind die verschiedenen Blickwinkel, in denen die einzelnen Elemente gezeichnet sind: Der Stuhl des sitzenden Jünglings und der Gebäudegiebel sind in der Froschperspektive wiedergegeben (die Deckenkassetten sind sichtbar), das Perirrhanterion und die unterste Stufe des Gebäudes in der Vogelperspektive. Derartige Versuche, räumliche Tiefe und Perspektive zu erzeugen, erinnern an die Entwicklungen im 5. Jahrhundert in Athen, deren Vorreiter – zumindest nach Aussage der Schriftquellen – Agatharchos von Samos war.

Der apulische reiche Stil erreichte seine ausgeprägteste Form am Ende des 3. Jahrhunderts v. Chr. Ein Volutenkrater des Baltimore-Malers (Abb. 9.51) führt die Grabikonographie vor Augen, die in der apulischen Vasenmalerei standardisiert wurde, sowie die mit Ornamenten überladene Oberfläche. Den größten Teil der Fläche nimmt das Grab selbst ein. Räumliche Tiefe wird durch die Unteransicht der Decke erzeugt, den an der Wand aufgehängten Brustpanzer sowie die deutlichen Überschneidungen. Ringsum haben sich Besucher mit Geschenken versammelt. Verwendung fanden sowohl weiße als auch braune und gelbe Deckfarben. Den Gefäßhals ziert an zentraler Stelle ein wohl weiblicher, von Ranken umgebener Kopf. Mit diesem heftigen, barockisierenden Dekor erreicht die apulische Vasenherstellung ihr Ende.

Die Werkstätten in Poseidonia arbeiteten um die Jahrhundertmitte. Um 400 v. Chr. nahmen Stämme aus dem umliegenden Hügelland die Stadt ein, doch lebten die Griechen weiterhin in Wohlstand. Zwei der wichtigsten Vasenmaler sind uns über ihre Signaturen bekannt, Assteas und Python. Sie signierten ihre Gefäße Griechisch und gestalteten sie mit Episoden aus der griechischen Mythologie und dem

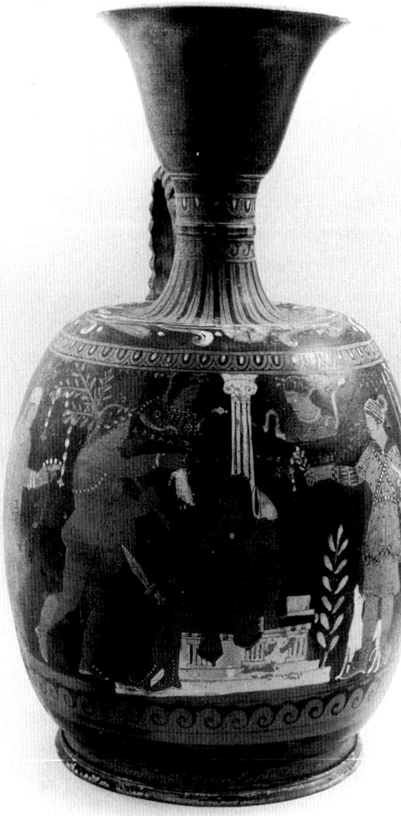

9.52 Unteritalische (paestanische) rotfigurige Lekythos des Assteas: Orest in Delphi. Um 350 v. Chr. Höhe 47 cm. Paestum, Museum

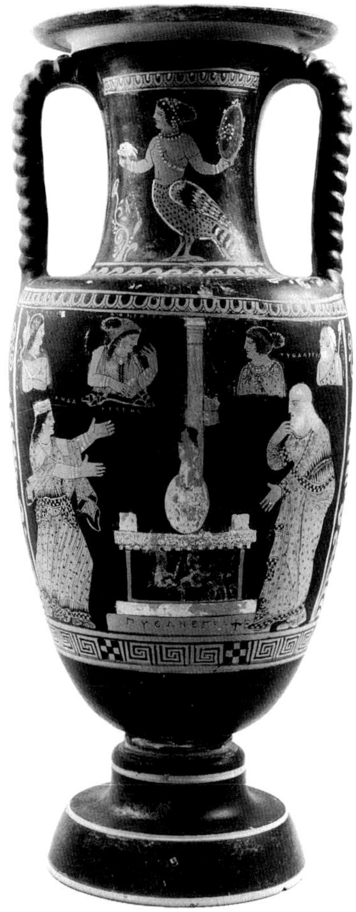

9.53 Unteritalische (paestanische) rotfigurige Amphora des Python: Geburt der Helena aus einem Ei. Um 350 v. Chr. Höhe 63 cm. Paestum, Museum

Theaterwesen. Auch die Gefäßformen hatten sie aus Griechenland übernommen: die Hydria, den Krater, die Lekanis (einen Teller oder eine Platte mit Deckel), die Lekythos und die Amphora.

Eine Lekythos des Assteas (Abb. 9.52) illustriert eine Szene aus der klassischen Tragödie und zeigt den von Apollon und Artemis flankierten Orest in Delphi, der in düsterer Stimmung einen blutigen Dolch betrachtet. Über ihm schweben die Furien. Weiße Punktreihen betonen Gewändersäume, Gürtel und Sandalenriemen. Die Amphora des Python (Abb. 9.53) setzt einen anderen Akzent und zeigt die Geburt der Helena, die aus einem großen, weißen, auf einem Altar liegenden Ei steigt. Die Randfiguren verfolgen das Ereignis mit ausdrucksstarken Gesten des Erstaunens und der Überraschung. Die am oberen Bildrand schwebenden Gottheiten dagegen amüsieren sich prächtig und scheinen Helenas Bestimmung und die fatalen Folgen für Troja vergessen zu haben. Python signierte sein Meisterstück der Ironie an prominenter Stelle, auf der Plinthe des Altars.

Andere Bilder zeigen die typischen dickbäuchigen Charaktere aus dem zeitgenössischen komischen Theater, groteske, ältliche, verkleidete männliche Schauspieler auf der hölzernen Bühne. Die Phylax-Spiele waren als Parodien auf Heroenmythen gedacht und bezogen sich auf die attischen Tragödien. Die abgebildete Phylax-Vase (Abb. 9.54)

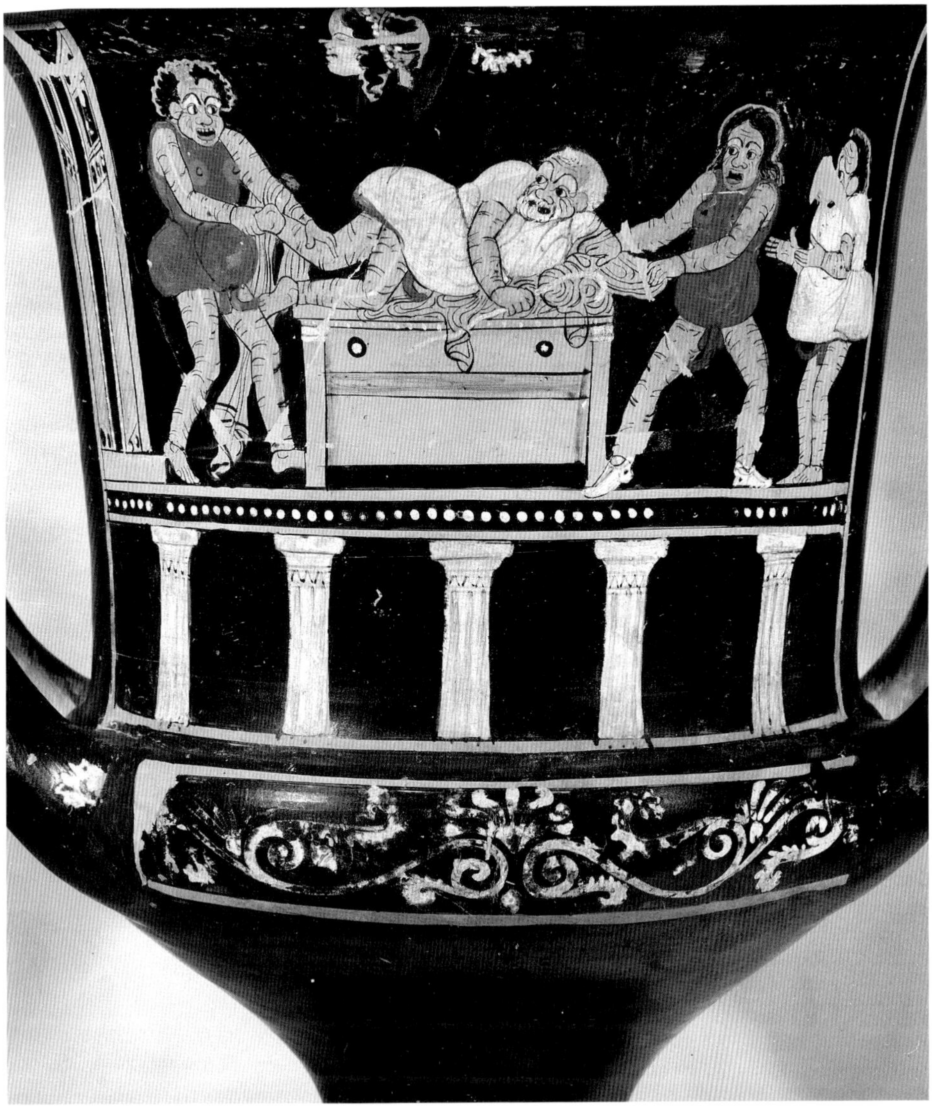

9.54 Phylax-Vase. Unteritalischer (paestanischer) rotfiguriger Krater des Assteas: Szene aus einem Phylax (burlesken) Spiel. Um 350 v. Chr. Höhe 37 cm. Berlin, Staatliche Museen

ist ein Kelchkrater des Assteas. Auf einer von Säulen getragenen Bühne versuchen Räuber, einen Geizhals von seiner Geldtruhe herabzuziehen. Alle Schauspieler tragen Masken, wattierte Tuniken und Strumpfhosen. Die übergroßen Genitalien sind als komischer Effekt gedacht. Noch ein anderer Keramikstil, der möglicherweise in Apulien entwickelt und später von Kampanien übernommen worden war, konnte sich in der zweiten Hälfte des Jahrhunderts durchsetzen. Es handelt sich um die Gnathia-Ware. Gefertigt ist die glänzende schwarze Keramik in den bereits bekannten Vasenformen. Auf die Grundfläche trug man weiße, gelbe und rote Farbe auf. Beliebt waren Tier- und vor allem Pflanzenmotive. Wir haben hier die einzige unteritalische Keramik vor uns, die auch in anderen Regionen höchstes Ansehen genoß. Bezeugt ist sie noch in Ägypten und sogar am Schwarzen Meer. Die Produktion wurde bis in das 3. Jahrhundert v. Chr. hinein fortgesetzt (Abb. 10.60, S. 364).

10

Die hellenistische Periode um 323–31 v. Chr.

Die hellenistische Periode beginnt mit dem Tod Alexanders im Jahr 323 v. Chr. und endet mit der Schlacht von Actium 31 v. Chr. Die Weströmer unter der Führung des Octavian, des späteren ersten römischen Kaisers Augustus, besiegten dort die Oströmer und ihre ägyptischen Verbündeten, die Antonius und Kleopatra unterstanden. Diese Periode nennt man die hellenistische, da sich zu dieser Zeit das griechische und makedonische Gedankengut im gesamten Reich Alexanders verbreitete. Die neue Kultur etablierte sich je nach Gebiet unterschiedlich stark. In Syrien beispielsweise akzeptierte man die griechischen Gewohnheiten, Einrichtungen und die Sprache in den alten und neuen Siedlungen sofort, während sich in Ägypten der Hellenismus auf das neu gegründete Alexandria konzentrierte, die übrigen Regionen jedoch die Traditionen der Pharaonen aufrecht erhielten.

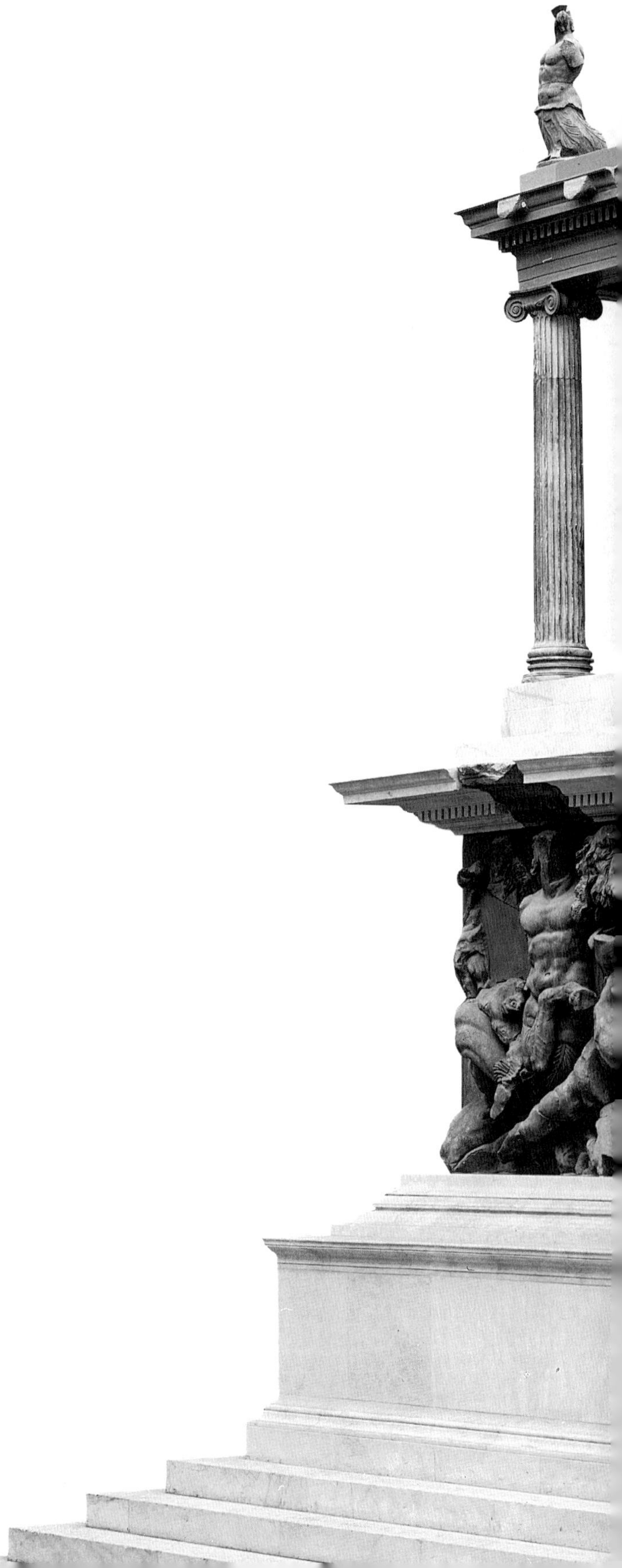

Der große Altar von Pergamon, Nordflügel.
Vgl. Abb. 10.22, S. 333. Berlin, Staatliche Museen

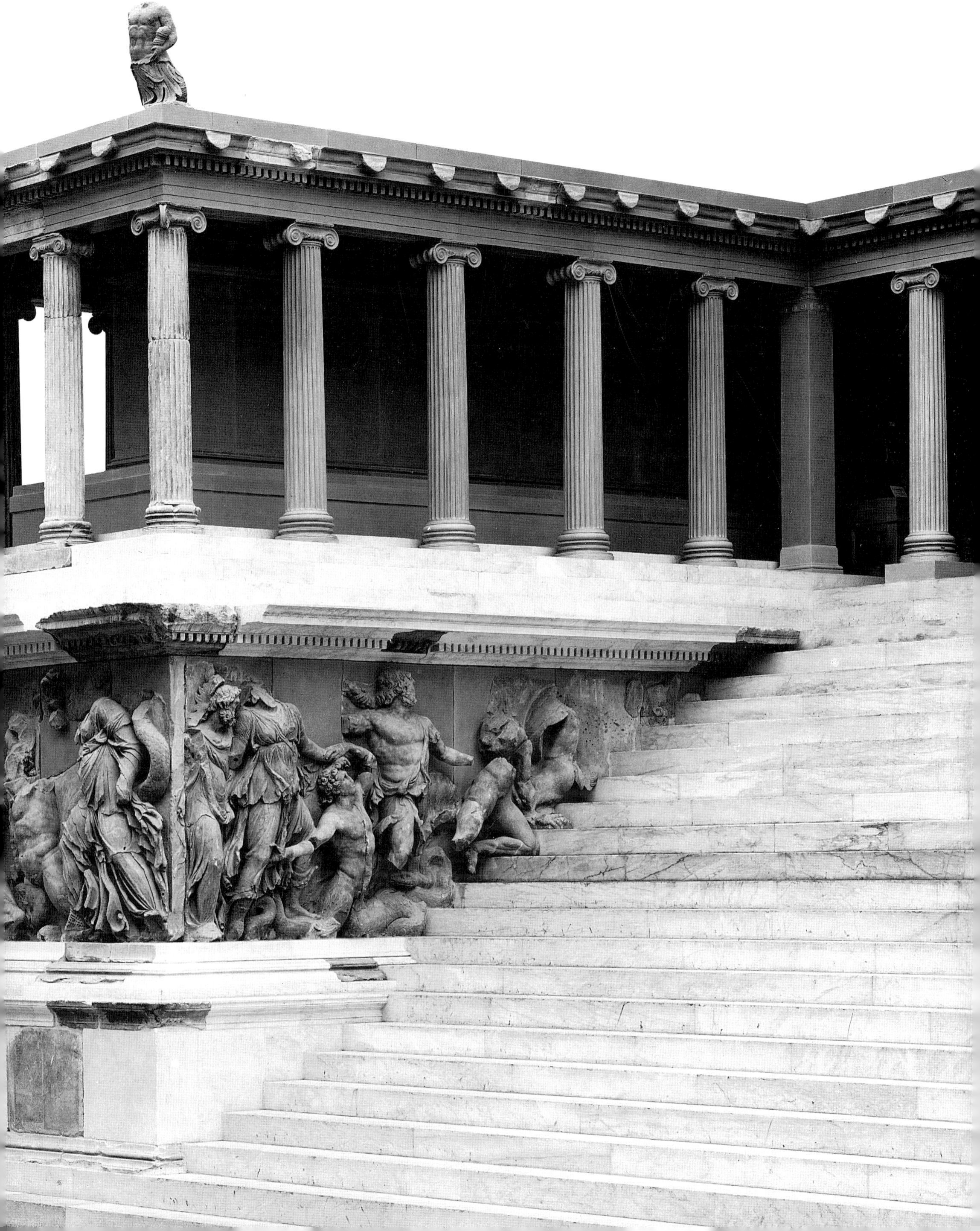

Nach dem Tode Alexanders teilten seine Generäle, Emporkömmlinge und Scharlatane, das Reich unter sich auf. Die neuen Königreiche bekriegten sich untereinander. Syrien mit der Hauptstadt Antiochia, in der die Seleukiden regierten, galt als das größte der neuen Reiche. Es kontrollierte außer der ganz im Osten gelegenen, selbständig gebliebenen Region die meisten arabischen Provinzen. Alexandria wurde unter den Ptolemäern zur Hauptstadt Ägyptens erhoben. Hier siedelten sich viele Griechen an, die nach Norden strebten und Zypern dauerhaft dem Reich einverleibten. Ein weiteres Königreich wurde im 3. Jahrhundert v. Chr. im westkleinasiatischen Pergamon gegründet, das das Gebiet der alten ionischen Städte beherrschte und deshalb dem griechischen Gedankengut sehr zugeneigt war. Die Attalidendynastie von Pergamon galt als philhellenisch, »griechenfreundlich«. Die Architektur und Plastik Pergamons liefern gute Zeugnisse für die hellenistischen Neuerungen, da sie direkt auf griechische Handwerker zurückgehen. Makedonien blieb weiterhin ein eigener Staat.

In Griechenland gingen die Kriege weiter. Nach dem Tod Alexanders lehnten sich die Griechen gegen Makedonien auf, doch ihre letzten Hoffnungen auf Unabhängigkeit wurden zunichte gemacht. In Athen nahm im 3. Jahrhundert v. Chr. der Bürgerkrieg zwischen pro- und kontramakedonischen Anhängern seinen Lauf. Politisch genoß es dennoch weiterhin einen guten Ruf als kulturelles und akademisches Zentrum, was sich im 2. Jahrhundert v. Chr. als Vorteil herausstellen sollte. Die Philosophen und Denker, die die Ideen des Sokrates, Platon und Aristoteles weiterführten, zogen viele Fremde an. Zu ihnen zählten auch die Könige. Antiochos IV. etwa besuchte Athen kurz vor seiner Inthronisation im Jahr 176 v. Chr. Er blieb nicht der einzige. Die Besucher entwickelten sich zu Wohltätern und unterhielten Bauprojekte. Bezeugt sind derartige Geschenke aus den Königshäusern von Pergamon, Ägypten, Syrien und Kappadokien. Innerhalb der wachsenden griechischen Welt hatte es das Mutterland jedoch versäumt, sich als Mittelpunkt zu behaupten.

Im Westen genoß Syrakus im 3. Jahrhundert v. Chr. seinen Wohlstand unter Hieron II., dem Autokraten mit der längsten Regierungszeit. Er beherrschte die Stadt von 275–216 v. Chr. 269 v. Chr. nahm er den Königstitel an. Im Gebiet von Neapolis entstanden neue Wohnviertel und ein größeres Theater. Mit Hilfe des Archimedes konnten militärisch wichtige Erfindungen wie etwa fahrbare Katapulte durchgesetzt werden. Erwähnenswert erscheint auch der riesige Zeus-Altar. Hierons Interesse galt ferner der Seefahrt. Er entwarf einen Frachter, der von Athenaios als schwimmende Stadt beschrieben wurde. Zu den Literaten, die an seinem Hof zugegen waren, zählte der Dichter Theokrit, der aufgrund seiner Hirtengedichte bekannt wurde. Auch im unteritalischen Taras bezeugen Friedhöfe, Schmuck und Gegenstände aus Gold und Silber, Elfenbein- und Beinarbeiten sowie Bernstein- und Bronzeobjekte den Reichtum der Stadt. Die Fäden hielt nun jedoch Rom in der Hand. Seit der Mitte des 3. Jahrhunderts v. Chr. standen Taras und das gesamte Unteritalien unter römischer Kontrolle. Sizilien wurde gegen Ende des Jahrhunderts annektiert, und auch die Karthager wurden endlich bezwungen – von den Römern. 201 v. Chr. setzte man in Syrakus einen römischen Praetor (Statthalter) ein.

ROM UND GRIECHENLAND

Im Laufe des 2. Jahrhunderts v. Chr. überquerten die Römer die Adria und drangen nach Gefechten gegen den Makedonen-König Philipp V. in Griechenland ein. Nachdem dieser 197 v. Chr. endlich bezwungen war, gingen die Kämpfe hin und her. Erst 168 v. Chr. gelang es in der Schlacht von Pydna, Makedonien endgültig zu stürzen. Später mußten sich die Römer mit dem Achäischen Bund auseinandersetzen, dessen Anführer Memmius bereits gefallen war, bevor man die Hauptstadt des Bundes, Korinth, 164 v. Chr. einnehmen konnte. Von diesem Zeitpunkt regierten die Römer Griechenland. In größerem Umfang transportierte man Statuen und Bilder, die man als Kriegsbeute betrachtete, von Griechenland nach Rom ab. Ungefähr ein Jahrzehnt später, 133 v. Chr., vererbte der letzte König von Pergamon, Attalos III., sein Reich den Römern. Bis zum Ende des nächsten Jahrhunderts gelangten auch die übrigen Königreiche auf ehemals makedonischem Gebiet, Syrien und Ägypten, in die Hände der Römer. Die Schlacht von Actium setzte den

Schlußpunkt hinter die Einverleibung hellenistischer Gebiete in das römische Imperium, und damit auch hinter die hellenistische Epoche.

Die hellenistische Periode unterscheidet sich in vielfacher Weise von den vorhergehenden. Große Königreiche ersetzten die griechischen Stadtstaaten. Mächtige Könige verlangten nach neuen architektonischen Gebäudetypen, für die in Städten wie Athen kein Platz mehr war. Die neuen Zentren architektonischer Innovationen lagen außerhalb der griechischen Hauptstädte, wie auch die Zentren der Bildhauerkunst. Die Entwicklungen schritten rapide voran, neue Ziele wurden gesetzt. Der Realismus der Plastik wurde oft bis ins Karikaturhafte gesteigert. Architekten und Stadtplaner spezialisierten sich auf dramatische Effekte. Die Bildhauer versuchten sich an neuen und extravaganten Blickwinkeln und gewalttätigen Themen. Man interessierte sich wieder für die Wissenschaften, und der Aufschwung des Bildungssektors führte zur Gründung der großen Bibliotheken von Pergamon und Alexandria. Neue Religionen entstanden, die von der Bevölkerung größtenteils übernommen wurden, und auch die Handelsverbindungen wurden intensiviert. Dieses große Reich mit seinen unterschiedlichen Völkern, Traditionen und Ansichten einte seine Amtssprache, das Griechische.

Architektur

PERGAMON

Im frühen 3. Jahrhundert v. Chr. übernahm ein gewisser Philetairos die Burg von Pergamon im westlichen Kleinasien und gründete die attalidische Dynastie. Er und seine Nachfolger regierten bis zur Übernahme des Königreiches durch Rom im Jahre 133 v. Chr. und machten Pergamon zur mächtigen Hauptstadt ihres Königreiches. Die Einwohner bezwangen die eindringenden Gallier und entwarfen eine Stadt, die wegen ihrer Gebäude, ihres Skulpturenschmucks und Bildungsniveaus in einem Atemzug mit Athen und Alexandria genannt werden darf. Der obere Teil der Metropole auf dem Burghügel war nicht nach den Gesetzen des Hippodamos von Milet angelegt, sondern nach neueren Gesichtspunkten. Weiter unten am Hang befanden sich ein großes Gymnasion, das Demeter-Heiligtum und riesige Wohnviertel. Die in 300 Höhenmetern liegende Oberstadt jedoch ist für uns von größerem Interesse.

Die attalidischen Bauherren nutzten hier den steilen Hang, um ihre Gebäude effektvoll zu präsentieren. Auf dem abgebildeten Plan (Abb. 10.1) liegt das Theater an prominenter Stelle. Die Sichtbarkeit der einzelnen Baustrukturen war von gro-

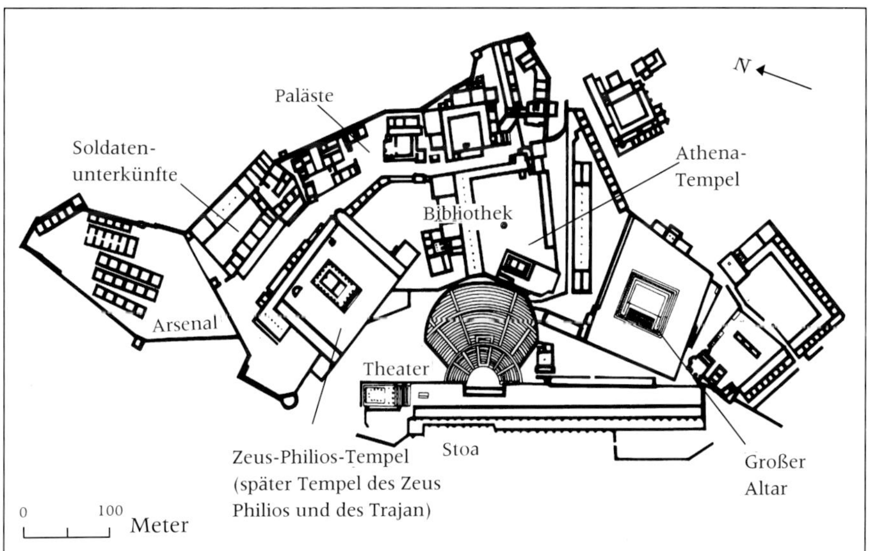

10.1 Plan der Oberstadt von Pergamon. 3. bis 2. Jh. v. Chr. (Trajan-Tempel aus dem 2. Jh. n.Chr.)

ßer Bedeutung; gleiches gilt für die Aussicht, die man von den einzelnen Anlagen aus über die Region hatte (Abb. 10.2). Hinter dem westlich ausgerichteten Theater mit seinen steilen Sitzreihen erhoben sich auf Terrassen, die von Süden nach Norden ansteigen, die Gebäude der Oberstadt.

Auf der untersten Terrasse befand sich eine kolonnadengesäumte Agora. Diese schützte die Fußwege zu den Läden und Büros, die in den zweistöckigen Gebäuden untergebracht waren. Attalos II. hatte die Stoenarchitektur aus Athen übernommen und das Projekt finanziert. Auf der nächsten Terrasse hatte man einen von einem offenen Hof umgebenen, monumentalen Altar angelegt. Es handelt sich um ein vergrößertes Abbild des im Osten bereits geläufigen Typs mit breiter Freitreppe zwischen Flügelbauten, die zu einer Plattform hinaufführte. Obwohl der reiche Skulpturenschmuck von verschiedenen Bildhauern stammte, ist der Altar stilistisch einheitlich. Auf der dritten Terrasse befand sich der Athena-Tempel, eine der frühesten Anlagen auf der Burg, der ebenfalls von Säulenhallen umgeben war und die Westecke des Areals einnahm. Vom Hof aus gelangte man auch in die Bibliothek, in der sich neben zahlreichen Büchern eine Sammlung klassischer Gemälde und Skulpturen befand. Entdeckt wurde in den Räumen noch eine Athena-Statue, bei der es sich weniger um eine Kultstatue, als vielmehr um eine Darstellung der Athena als Patronin der Gelehrten handelt. Die Kuppe des Hügels, die vierte Terrasse der Stadt, nahmen die königlichen Paläste, Soldatenbaracken und Waffenarsenale ein. Später wurde hier auch ein römischer Tempel für Kaiser Trajan errichtet.

Die Burg umgab eine starke Befestigungsmauer. Das urbane Zentrum mit seinen auf verschiedenen

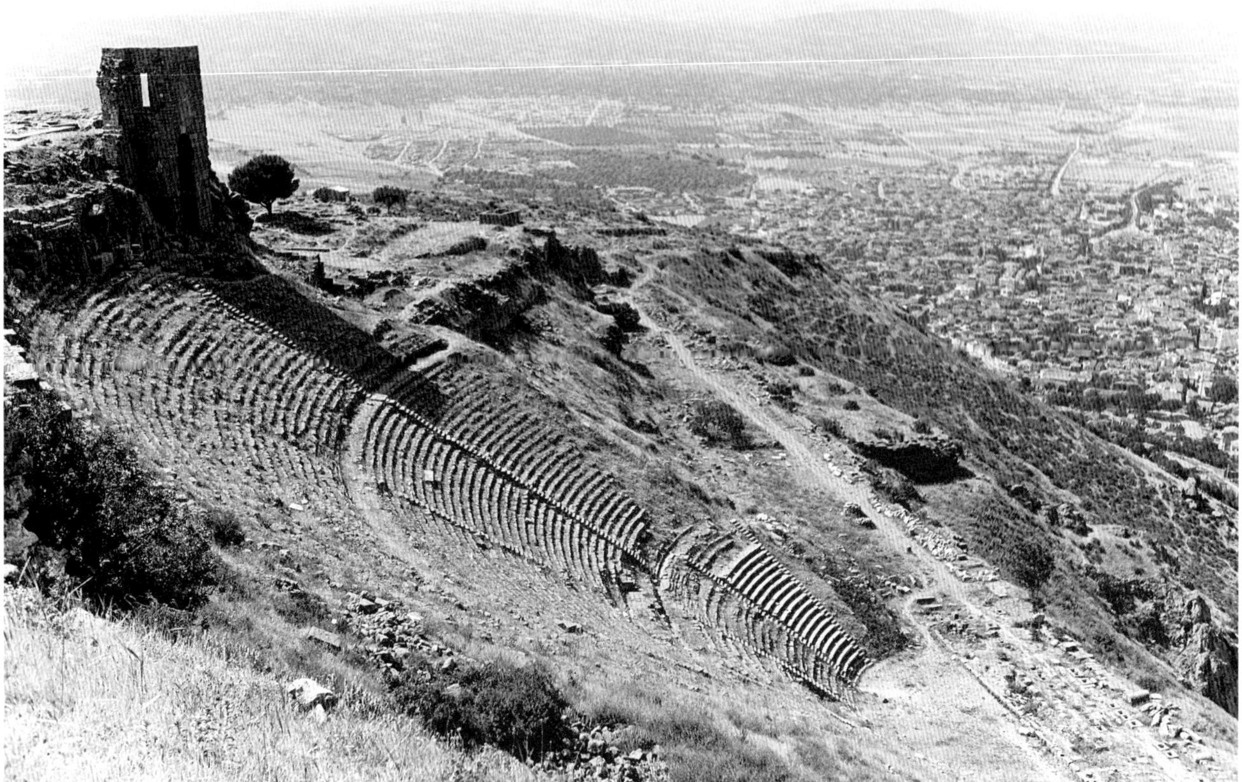

10.2 Pergamon, Blick nach Südwesten vom oberen Rand des Theaters über die Stadt und das umliegende Gelände

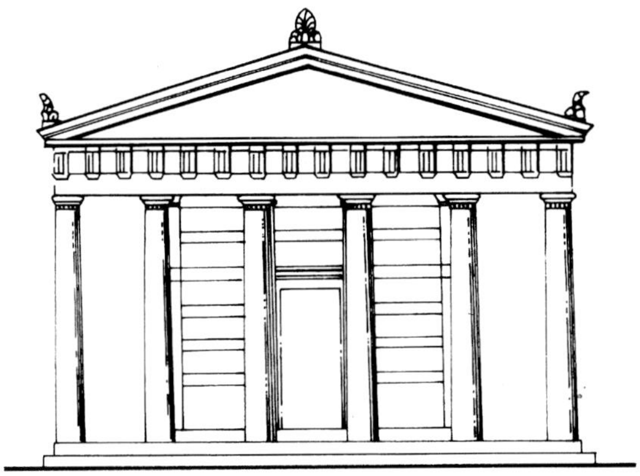

10.3 Aufriß des Tempels der Athena Polias Nikephoros in Pergamon, Nordfassade. Höhe (Säulen) 5,26 m

Terrassen angeordneten Gebäuden wurde völlig neu entworfen. Der Anlage der Terrassen, der Kombination der natürlichen Geländeverhältnisse mit der künstlich geschaffenen Bebauungsfläche und der bedachten Anordnung der Gebäude ist es zu verdanken, daß die Anlage so dynamisch und modern wirkt. Die Terrassen und Kolonnaden scheinen in den Himmel zu führen. Sie lenken den Blick jedoch nicht nur zum Heiligtum des Zeus Philios, sondern auch zu den Königspalästen und Soldatenbaracken.

Den Tempel der Athena Polias hatte man im zweiten Viertel des 3. Jahrhunderts v. Chr. errichtet. Es handelt sich um ein kleines dorisches Gebäude von etwa 12 x 22 m Grundfläche, an dem einige Neuerungen feststellbar sind. Die Säulen des Umgangs sind mit größeren Abständen zueinander angeordnet als jemals zuvor, ferner sind sie dünner: die Säulenhöhe beträgt das 6,98-fache des unteren Durchmessers. Die Verdoppelung der Triglyphen über den Interkolumnien (Abb. 10.3) ist von großer Bedeutung für die Baugeschichte der Ordnung, da sie den endgültigen Bruch der noch aus dem 7. Jahrhundert v. Chr. stammenden tektonischen Verbindungen anzeigt. Die Säulen beließ man ohne Kanneluren, abgesehen von den Zonen direkt unter dem Kapitell. Die dorische Ordnung ist in der hellenistischen Tempelarchitektur kaum belegt, die ionische gewann an Beliebtheit. Die korinthische Ordnung wurde zum Lieblingskind der römischen Architekten.

KOS

Asklepios, der Gott der Heilkunst, wurde im griechischen Mutterland seit dem 4. Jahrhundert v. Chr. in Epidauros verehrt (S. 283–284). Jetzt erhielt er auf Kos, einer Insel vor der Küste Kleinasiens, ein zweites Kulturzentrum (Abb. 10.4). Die Architekten schufen hier ein System von aufeinanderfolgenden, künstlich angelegten Terrassen, die über Rampen und Treppen miteinander verbunden waren und mit ihren Toren und Kolonnaden verschiedene visuelle Effekte hervorriefen. Die unterste Terrasse, chronologisch die früheste aus dem späten 4. oder frühen 3. Jahrhundert v. Chr. war über ein monumentales Eingangstor zu betreten, zu dem eine Abfolge von Stufen hinaufführte. Die Terrasse selbst rahmten Stoen und Brunnen an drei Seiten: Hier entnahmen die Kranken das heilende Wasser. Die nächste Terrasse (aus dem 3. Jahrhundert v. Chr.) begrenzte auf einer Seite eine Stoa, auf der anderen ein ionischer Tempel. In der Mitte befand sich ein Altar. Der dorische Asklepios-Tempel (um 150 v. Chr.) erhob sich auf der obersten Terrasse. Er war an drei Seiten von Stoen gesäumt und von einem Heiligen Hain umgeben.

10.4 Asklepios-Heiligtum von Kos. Rekonstruktion der Gesamtanlage. Um 160 v. Chr.

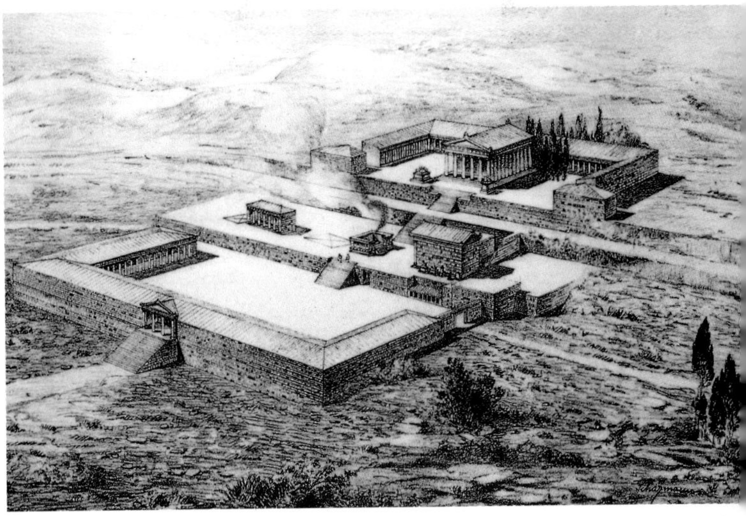

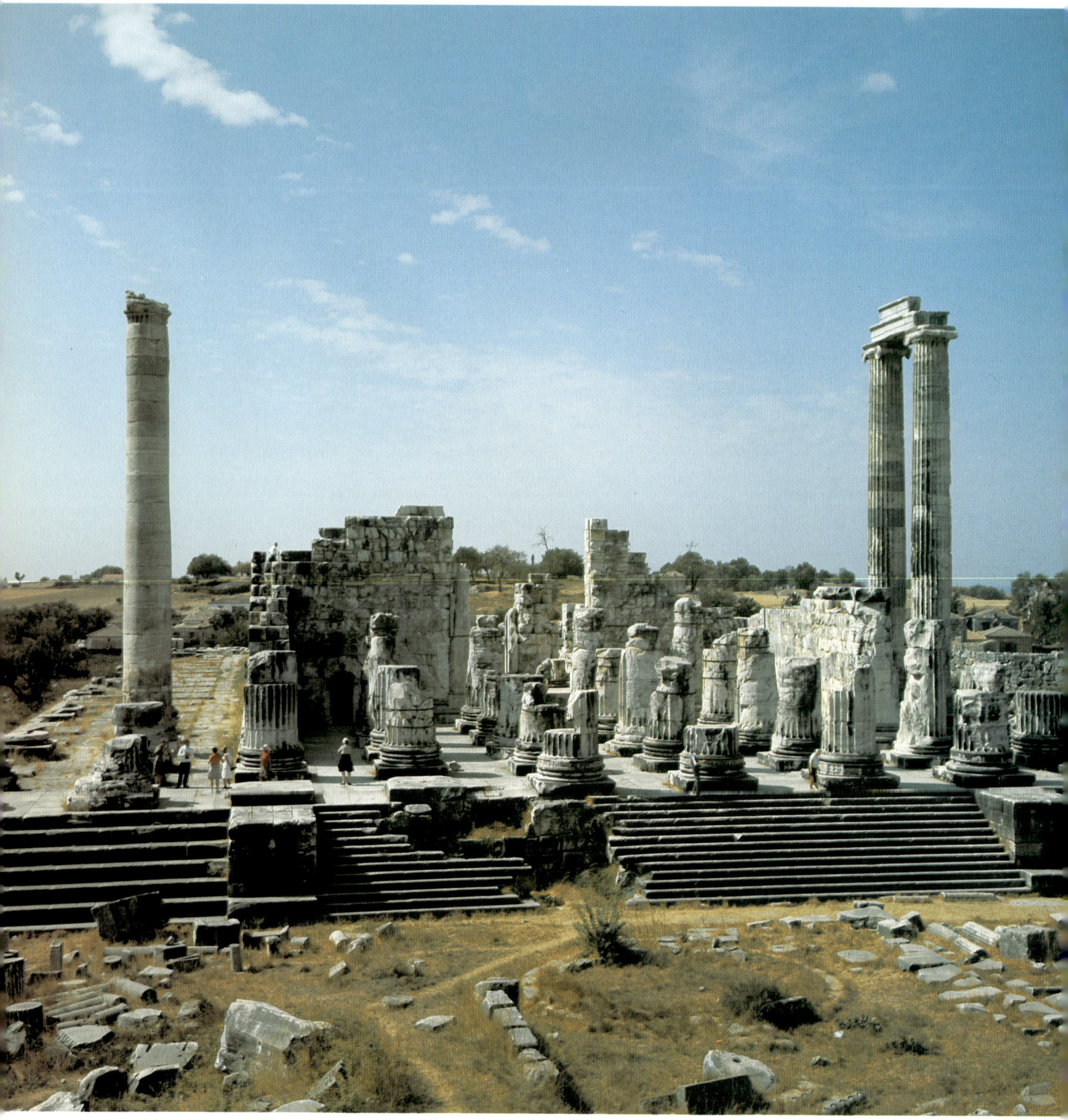

MAGNESIA UND DIDYMA

Die Architekten, die mit der ionischen Ordnung arbeiteten, erstellten Kommentare zu ihren Proportionssystemen und Planungsmethoden, die teilweise in den Schriften des im 1. Jahrhundert v. Chr. wirkenden Kritikers Vitruv erhalten sind. Einer dieser gelehrten Architekten war Pytheos, der im 4. Jahrhundert v. Chr. den Athena-Tempel in Priene entworfen hatte (S. 291). Ferner zu nennen ist Hermogenes, der für seine Sakralbauten im kleinasiatischen Teos und in Magnesia berühmt wurde.

Hermogenes' Artemis-Tempel von Magnesia (Abb. 10.6) erhob sich auf einem siebenstufigen Podium. Die weiten Interkolumnien des Umgangs und die schlanken Säulen des Tempels verstärkten den Eindruck von Schwerelosigkeit und Helle. Zu den Eigenheiten des Hermogenes gehörte es, die Cella in Abhängigkeit von den Säulen des Umgangs zu konstruieren. Diese nahmen auf die Achsen der Cellawände Bezug, nicht jedoch auf die Gesamtfassade. Derartige Präzision konnte nur über eine Vorzeichnung auf dem Reißbrett erreicht werden. Vitruv war vermutlich nicht der erste, der Zeichnen als Voraussetzung des Architektenberufes forderte. Der Grundriß (Abb. 10.7) zeigt je 8 bzw. 15 Säulen. Der Platz war weit genug bemessen, um theoretisch einen zweiten Säulenkranz zwischen Kolonnade und Cellawänden aufnehmen zu können. Die beiden Mittelstützen der Vorder- und Rückseite hatte man weiter auseinandergeschoben als die übrigen Säulen, um den Eingang zu betonen. Die größten Veränderungen sind hinsichtlich des Kernbaus festzustellen, der eine tiefe Vorhalle mit Innensäulen besaß. Beim Opisthodom behielt man die beiden Säulen in antis bei.

Den Aufriß zierte ein durchgehender ionischer Fries mit Zahnschnitt. Auf Giebelfiguren hatte man verzichtet. Aus dem Giebelfeld der Rückseite sind statt dessen drei rechteckige, fensterartige Öffnungen ausgespart, die vielleicht das Gewicht des Aufbaus reduzieren sollten. Wesentlich komplexer war der neue Apollon-Tempel von Didyma (Abb. 6.13.c, S. 155), den man um 330 v. Chr. in Angriff nahm, jedoch nie vollendete. Die Arbeiten am Tempel wurden zeitweilig unterbrochen (den Sturz beispielsweise fügte man erst 182-1 v. Chr. hinzu), der Grundriß geht jedoch auf einen frühhellenistischen Entwurf zurück. Dieser große und geheimnisvolle Tempel sollte den gigantischen archaischen Vorgängerbau ersetzen, der von den Persern 494 v. Chr. niedergebrannt worden war. Er erhob sich auf einem getreppten Podium (Abb. 10.5) und maß ungefähr 110 x 51 m. Die ionischen Säulen des Umgangs erreichten eine Höhe von fast 22 m und waren in zwei Reihen mit je 10 Fassadensäulen und

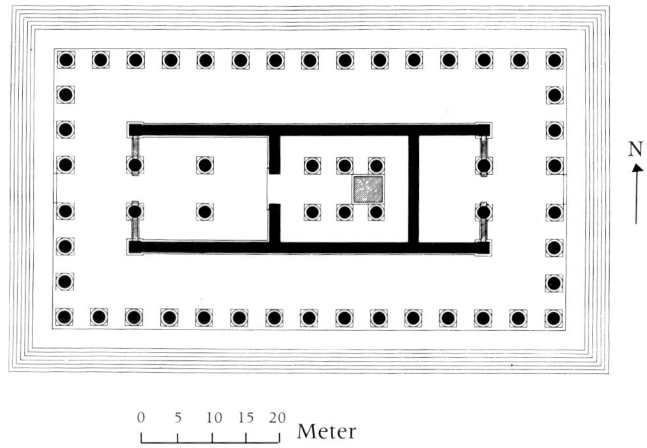

10.7 Grundriß des Artemis-Tempels von Magnesia. Um 175 v. Chr.

10.5 *gegenüber* Apollon-Tempel von Didyma, von Osten gesehen: getrepptes Podium, tiefer Pronaos, skulptierte Säulenbasen. Um 330 v. Chr. und später. Höhe (Säulen) 19,70 m

10.6 *unten* Aufriß des Artemis-Tempels von Magnesia. Um 175 v. Chr.

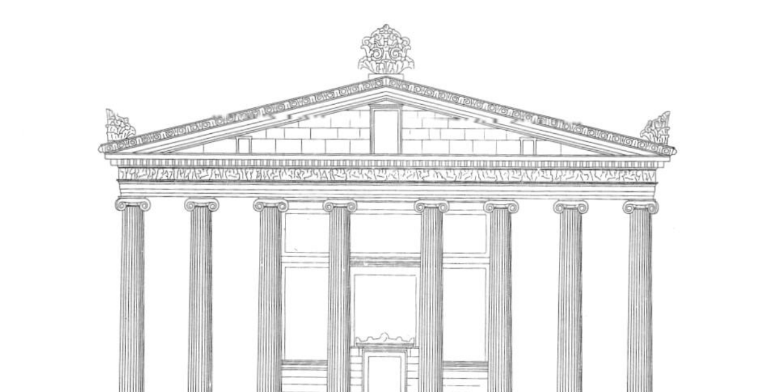

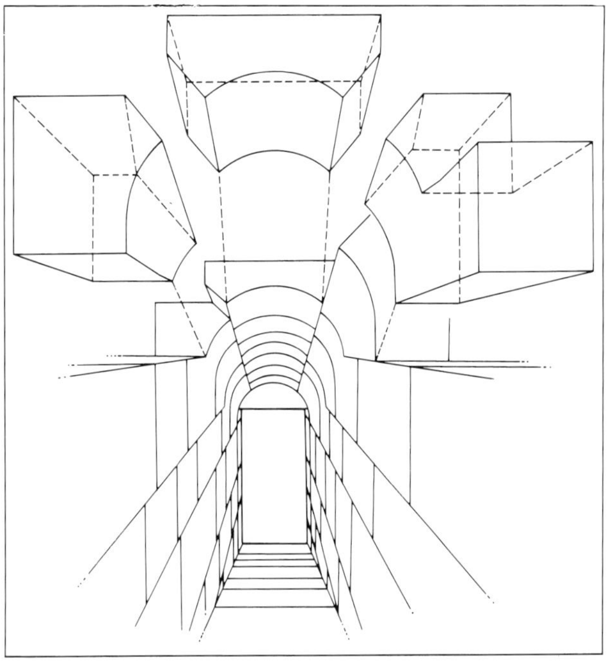

21 Säulen an den Langseiten angeordnet. Ein Dutzend weiterer Säulen mit verschiedenartig skulptierten Basen gliederte die Vorhalle. Sie leiteten zum zentralen Eingang über, der etwa 2 m über dem Niveau der Vorhalle angelegt war und mit dem Bodenniveau der daran anschließenden Kammer korrespondierte. Die Schwelle glich eher einer Vortragsbühne als einem Eingang. Vielleicht wurden hier die Antworten des Orakels auf die eingereichten Fragen bekannt gegeben. Hinter dem Säulenwald und den Tempelmauern versteckte sich ein offener Hof mit einem kleinen Schrein und einem

10.8 Teilweise ergänzte, perspektivische Ansicht des Tonnengewölbes des Durchgangs im Apollon-Tempel von Didyma. Um 330 v. Chr. und später

10.9 Apollon-Tempel von Didyma, hypäthraler (nicht überdachter) Innenhof von Westen: monumentale Treppe zur Orakelhalle, flankiert von den Eingängen der tonnenüberwölbten Durchgänge flankiert. Um 330 v. Chr. und später

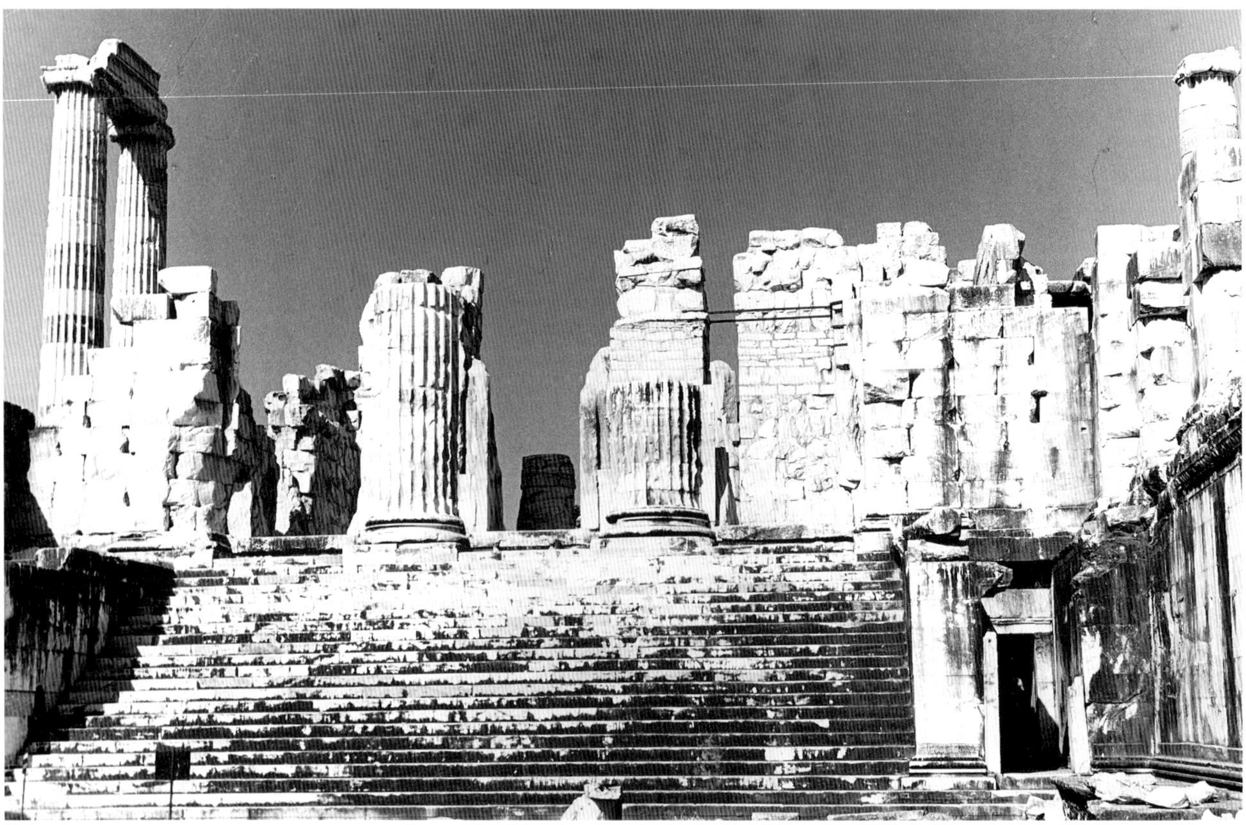

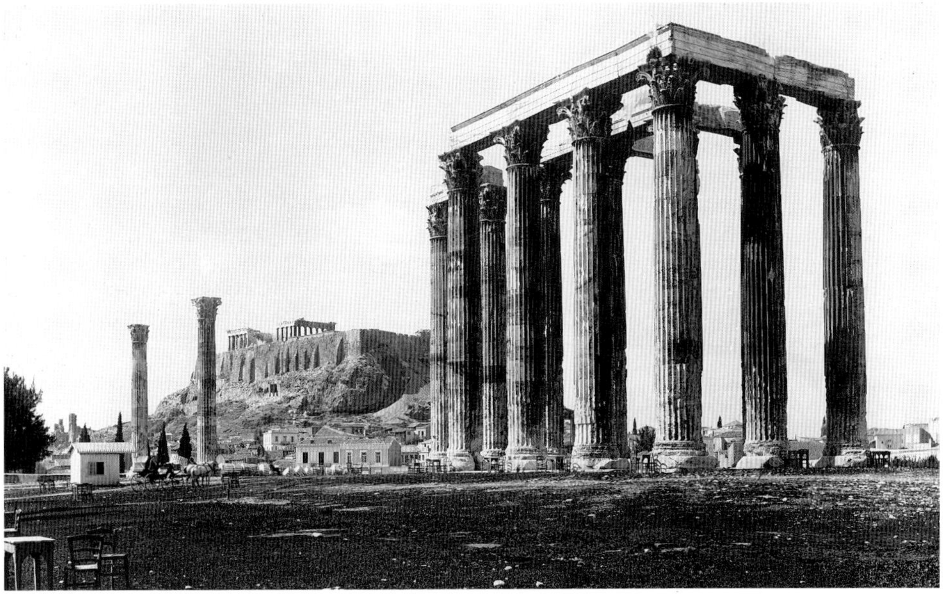

10.10 Tempel des Olympischen Zeus in Athen, erhaltene Säulen von Südwesten, mit Akropolis im Hintergrund. 2. Jh. v. bis 2. Jh. n. Chr. Höhe (Säulen) 16,90 m

Heiligen Hain. In den Hof gelangte man über zwei enge, tonnendachüberspannte Korridore (Abb. 10.8), die von der gesäulten Vorhalle nach unten in den Hof führten, in dem sich der Schrein und die Kultstatue des Apollon befanden. An der Ostseite führte eine breite Freitreppe zu einem dreitorigen Portal, dessen zentraler Durchgang von korinthischen Säulen eingefaßt war (Abb. 10.9). Die appolinischen Mysterien wurden wohl in der Kammer am Kopf der Stufen zelebriert und von dort aus an Festtagen der Öffentlichkeit zugänglich gemacht.

Dramatische Effekte wie sie in der Stadtplanung oder räumlichen Organisation einzelner Gebäude zum Ausdruck kommen, wurden zum Markenzeichen hellenistischer Architektur. Besondere Aufmerksamkeit brachte man den Proportionen der architektonischen Glieder und ihrer gegenseitigen Beziehung entgegen, zumindest was die ionische Ordnung betraf. Die dorische schien für große Tempelneubauten nicht mehr adäquat, sie wurde jedoch, wie etwa in der Stoenarchitektur, weiterhin beibehalten, da die einfachen Formen leicht zu wiederholen waren.

ATHEN

Als Fassadenelement eines großformatigen Gebäudes ist die korinthische Ordnung erstmals am Tempel des Olympischen Zeus in Athen bezeugt (Abb. 8.34, S. 261). Dieser Tempel war eigentlich als dorische Baustruktur von den Peisistratiden im 6. Jahrhundert angelegt worden, doch war er zum Zeitpunkt ihrer Abdankung nicht weiter gediehen als bis zur Errichtung des Stylobats. Im zweiten Viertel des 2. Jahrhunderts v. Chr. verpflichtete König Antiochos IV. den römischen Architekten Cossutius zur Fertigstellung des Baus im korinthischen Stil. Das gigantische Gebäude (Abb. 10.4) mißt 108 x 41 m. Geplant war eine dreifache Säulenflucht an den Schmalseiten sowie eine doppelte Kolonnade an den Flanken. Einige der korinthischen Kapitelle transportierte man nach Sullas Eroberung Athens, der Strafe für die Parteinahme der Athener für König Mithridates von Pontus, im Jahre 86 v. Chr. nach Rom ab, wo sie die Entwicklung der römischen Architektur sicherlich mit beeinflußt haben. Die Arbeiten an dem umfangreichen Bauprojekt konnten erst von Kaiser Hadrian im 2. Jahrhundert n. Chr. abgeschlossen werden.

Antiochos' Großzügigkeit machte Schule, und Athen gelangte während des 2. Jahrhunderts v. Chr. zu Wohlstand. Die neu initiierten Bauprojekte betrafen in erster Linie die Agora (Abb. 10.11). Der quadratische Peristylhof aus dem späten 4. Jahrhundert v. Chr. an der Nordostecke sowie die Südstoa I mußten neuen Strukturen weichen. An der

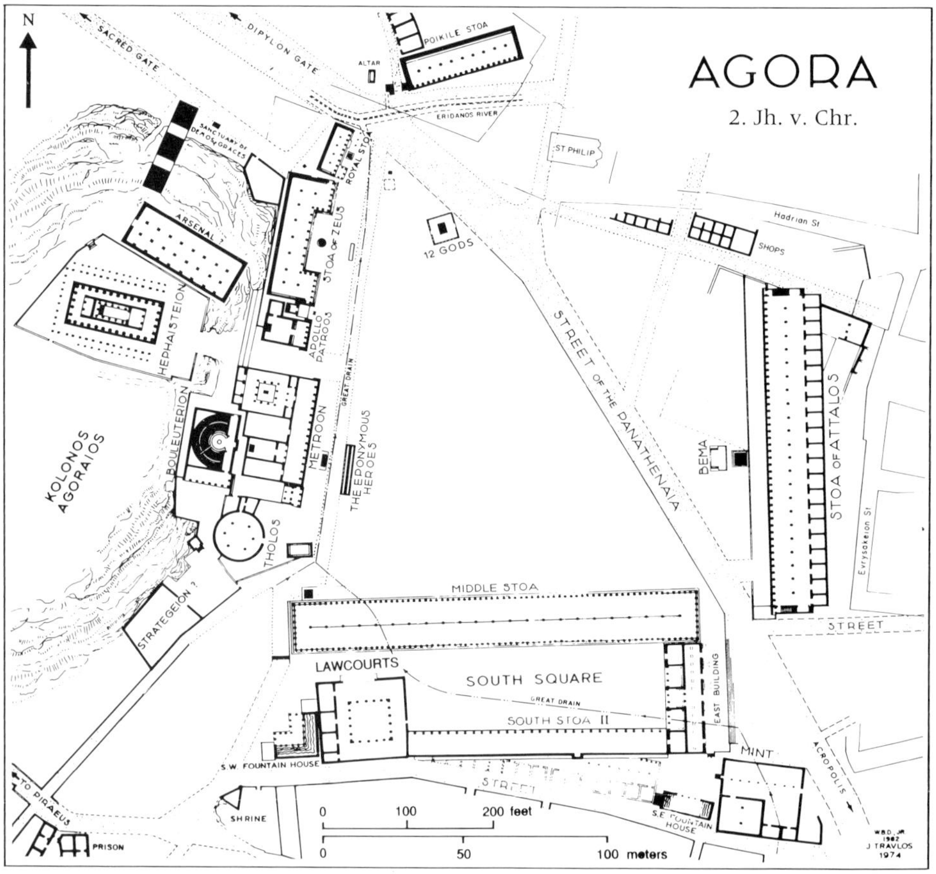

10.11 Plan der Agora von Athen. Um 150 v. Chr.

Südseite konstruierte man aus den Trümmern des Peristylhofes die Südstoa II, die formal vom Vorgängerbau abwich. Es handelte sich um ein unscheinbares dorisches Gebäude mit einer einzigen Säulenreihe vor der Rückwand, die auf die ebenfalls neu konstruierte Mittelstoa Bezug nahm. Die beiden Hallen umschlossen einen Platz, der eine Miniatur-Agora bildete. Die Mittelstoa erreichte Maße von 150 x 18 m und öffnete sich nach Norden und nach Süden. Errichtet wurde sie fast vollständig aus Kalkstein. Das sogenannte Ostgebäude schloß den Platz an der Ostseite. Über die Funktion des abgegrenzten Platzes wurde viel diskutiert. Vorherrschender Meinung zufolge diente er kommerziellen Zwecken, wie auch der Vorgängerbau, die Südstoa I. In den Mosaikboden des Ostgebäudes war eine Reihe von Marmorbasen eingelassen, die Vorrichtungen zur Aufstellung steinerner Stelen aufwiesen. Vielleicht handelte es sich um eine Wechselstube, deren Stelen über die Einführung neuer Münzserien aus Bronze informierten; die benachbarte Münzstätte legt eine derartige Interpretation nahe.

Für die Ostseite der Agora stiftete Attalos, pergamenischer König zwischen 159 und 138 v. Chr., eine Halle (Abb. 0.10, S. 18; Abb. 10.12). In der zweistöckigen, 115 x 20 m messenden Anlage waren pro Etage 21 Läden hinter der doppelreihigen Kolonnade untergebracht. Die Fassade bestand aus Marmor, der restliche Bau aus Kalkstein. Die Säulen wurden weit auseinandergerückt, um großzügige Eingänge zu schaffen. Der Raum für Passanten war in seiner Fläche den Menschenmengen angepaßt und in verschiedenen Bauordnungen gestaltet. Für die auf dem Platzniveau liegende Fassade hatte man die dorische Ordnung gewählt, für die innere Stützenreihe die ionische. Im Obergeschoß zierten ionische Säulen die Fassade. Die

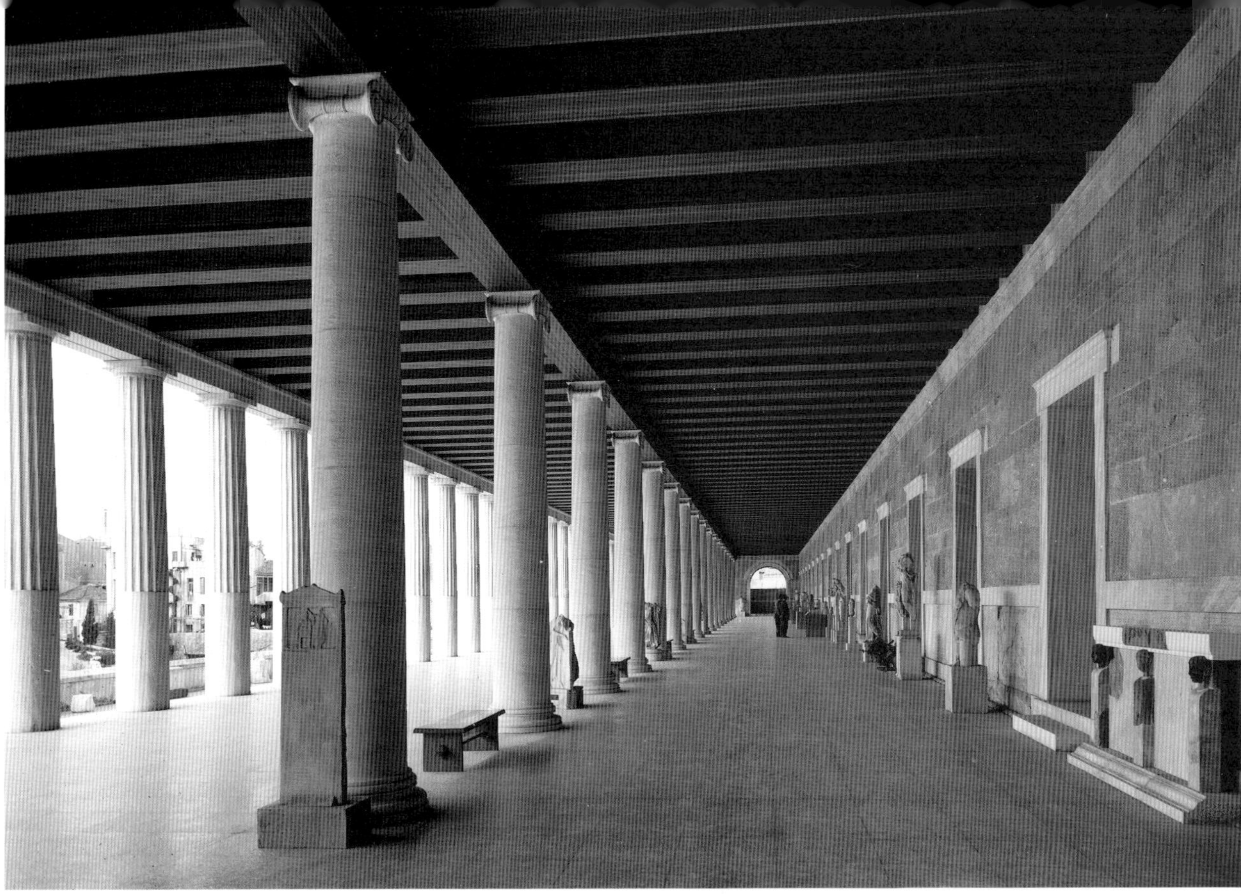

10.12 *oben* Athener Agora, Stoa des Attalos: Innenraum des Erdgeschosses von Süden mit dorischen Fassadensäulen und ionischen Innensäulen. Um 150 v. Chr. Rekonstruktion (1956)

10.13 *unten* Athener Agora, Stoa des Attalos: pergamenisches Kapitell von der inneren Ordnung des Obergeschosses. Um 150 v. Chr.

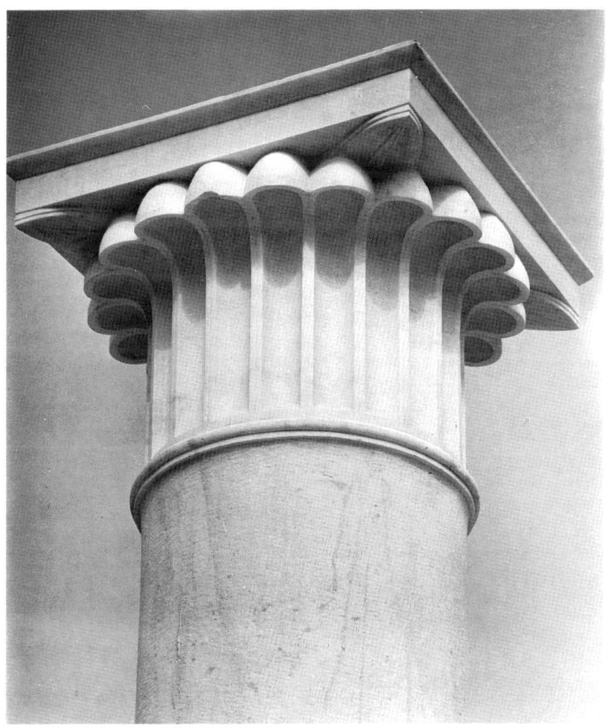

Interkolumnien hatte man mit Brüstungsplatten geschlossen. Die innere Kolonnade weist einen neuen Kapitelltyp auf, den pergamenischen (Abb. 10.13), der sich an die ägyptischen Palmkapitelle anlehnte. Die Säulen der inneren Ordnungen beließ man ohne Kannelierung. Die Stoa blieb so weitgehend erhalten, daß man sie heute als Museum nutzt.

An der Westseite der Agora befand sich das Metroon (Tempel der Göttermutter). Dieses gliedert sich in vier nebeneinander liegende Räume, die über eine durchgehende Kolonnade an der Gebäudefront miteinander verbunden sind. Die gesamte Westseite der Agora war damit durch Säulenfluchten begrenzt, die eine Gesamtlänge erreichten, die jener der Süd- und Ostseite entsprach. Das wirtschaftliche und administrative Kernstück der hellenistischen Stadt war damit klar abgegrenzt.

MILET

Die Bebauungsflächen, die man bei der Wiedererrichtung von Milet dem Handel und der Verwaltung vorbehielt, füllten unter anderem eine große, an allen vier Seiten von Säulenhallen umgebene Agora im Norden der Stadt, sowie ein daran angegliedertes, komplexes Marktgebäude. Die benachbarte L-förmige Baustruktur (Abb. 10.14), die Läden und Büros beherbergte, war auf den Hafen ausgerichtet. An die kurze Stoenseite fügte man ein weiteres, zweiflügeliges Gebäude an. Hinter der Langseite öffneten sich zwei rechteckige Höfe, das Marktgebäude und die Nordagora. Der gesamte Komplex entstammt einem einzigen Bauentwurf und führt die Bedeutung der Stoa für die Raumorganisation vor Augen. An beliebiger Stelle gelang es, verschieden geformte und weite, kommerziell genutzte Flächen durch flexibel einsetzbare Säulenhallen zu regulieren. Die hier besprochenen Gebäude errichtete man in der Mitte des 2. Jahrhunderts v. Chr.

Milet bietet außerdem ein gutes Beispiel hellenistischer Bouleuterionsarchitektur. Die um 170 v. Chr. zwischen dem Nordmarkt und der großen Agora errichtete Anlage war über ein monumentales Tor zugänglich, das sich auf einen Peristylhof öffnete, an den das eigentliche Ratsgebäude anschloß. Das Eingangstor und der Vorhof können in diesem Bauzusammenhang als Neuerungen gelten, da sie an dem Bouleuterion von Athen aus dem 5. Jahrhundert v. Chr. noch nicht feststellbar waren. Paradoxerweise entwickelte man die architektonische Form des Rathauses gerade zu jenem Zeitpunkt weiter, als die Macht des lokalen Rates stark eingeschränkt wurde. Den Kern der Anlage (Abb. 10.15) hatte man in Anlehnung an die Theaterarchitektur entworfen. In konzentrischen Halbkreisen angelegte Sitzreihen zogen sich um eine Plattform, von der aus sich die Sprecher dem Rat zuwandten. Politische Versammlungen hielt man in

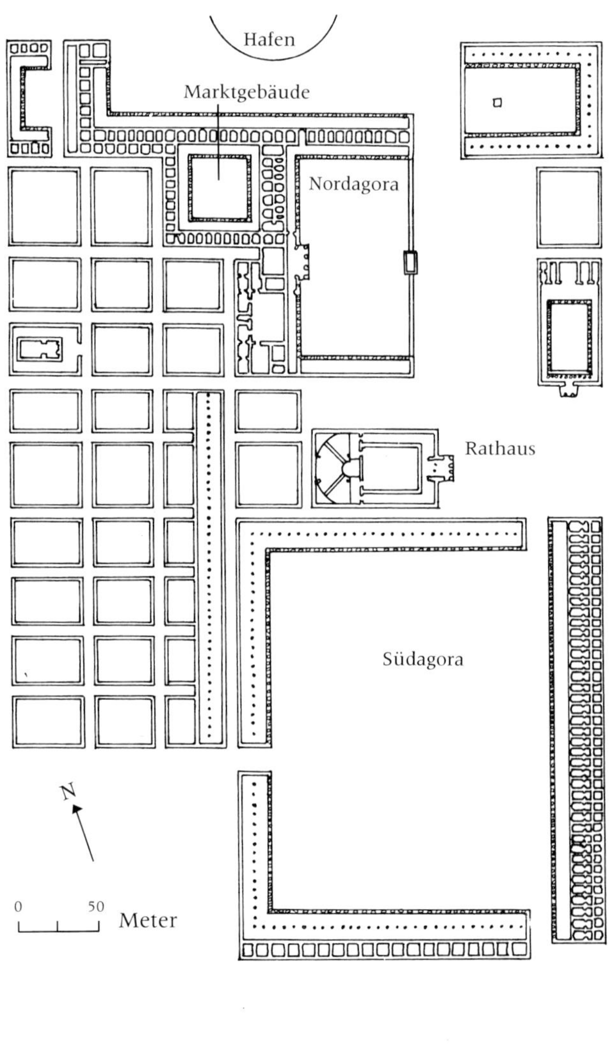

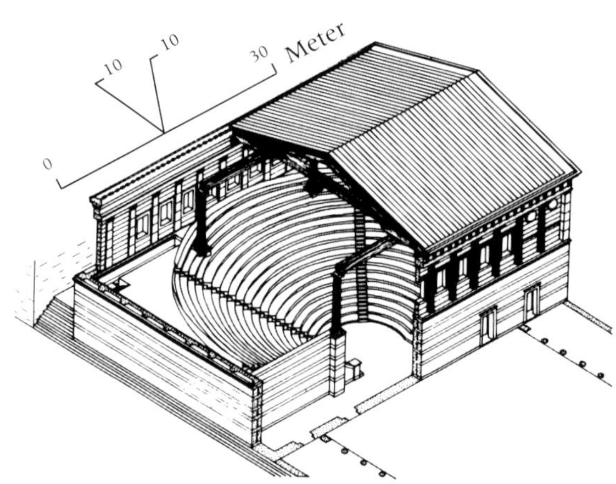

10.14 *links* Plan kommerzieller und öffentlicher Gebäude im Stadtzentrum von Milet. 2. Jh. v. Chr.

10.15 *oben* Isometrische, geschnittene Zeichnung des Bouleuterions von Milet. Um 170 v. Chr.

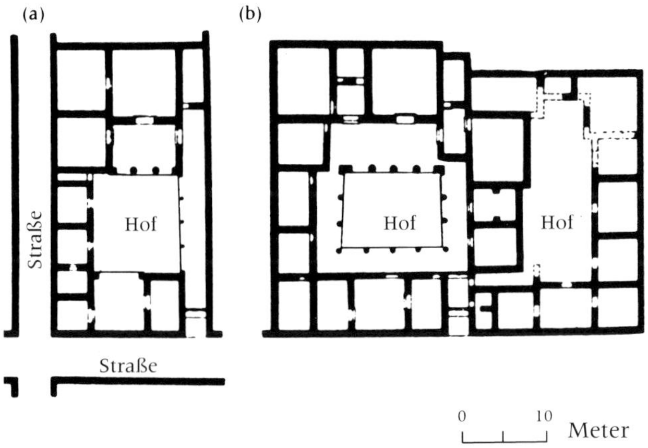

10.16 Priene, Grundriß des Hauses XXXII
(a) 4. Jh. v. Chr.
(b) Zusammenschluß mit anderen Baueinheiten im 2. Jh. v. Chr.

griechischen Städten auch in den Theatern ab, das Bouleuterion hatte jedoch den Vorteil, überdacht zu sein. An die Wände waren an den Innenseiten, oberhalb der Sitzreihen, Pilaster angefügt. An den Außenseiten zierten dorische Halbsäulen die Mauern, die eine bemerkenswerte Eigenart aufweisen: Den Echinus schmückte ein ionisches Element, der Eierstab. Mischordnungen, die zu einem Charakteristikum der hellenistischen Architektur heranreiften, lassen sich somit sogar an einzelnen Baugliedern nachweisen. Als Dachstützen verwendete man ionische Säulen, ansonsten blieb der Innenraum schmucklos. Die Gestaltung der Außenfassade scheint die Architekten eher beschäftigt zu haben.

Im Bereich der Wohnarchitektur führte man die Haustypen der vergangenen Jahre weiter. Der bereits bekannte, oft an allen vier Seiten von Kolonnaden gesäumte Innenhof ist allgegenwärtig. Gelegentlich, wie etwa in Priene (Abb. 10.16), schloß man mehrere aus dem 4. Jahrhundert v. Chr. stammende Häuser im 2. Jahrhundert v. Chr. zu einer Baueinheit zusammen. In Priene bot sich damit die Gelegenheit, die Höfe zu vergrößern und komfortable Räume zu schaffen. In anderen Städten, in denen das uns aus Olynth und Priene bekannte hippodamische System nicht angewandt worden war, klebten die Privatquartiere in abgegrenzten Vierteln Fassade an Fassade aneinander. Auf der Insel Delos etwa, die in der hier behandelten Periode zu einem wichtigen Handelszentrum ausgebaut wurde, hatte man die einzelnen Häuser ohne erkennbares System in unübersichtlichen Blöcken zusammengelegt, die sich windende Straßen voneinander trennten. In den engen Wohnvierteln der größeren Hauptstädte, wie etwa in Alexandria, wird man auf riesige Appartementblocks zurückgegriffen haben, wie sie uns aus den späteren römischen Städten, so etwa aus Ostia, bekannt sind.

SYRAKUS

Im griechischen Westen behielt Syrakus seinen erwirtschafteten Wohlstand während des 3. Jahrhunderts v. Chr. bei. Autoren des 1. Jahrhunderts v. Chr., etwa der berühmte römische Redner Cicero, beschreiben die Metropole als »die größte der griechischen und die schönste aller Städte«. Die Rede ist dabei von einer Siedlung, die sich zu seiner Zeit bereits unter römischer Herrschaft befand, im 3. Jahrhundert v. Chr. jedoch noch den Status einer autonomen griechischen Polis innehatte. Der letzte Tyrann, Hieron II. (275-216 v. Chr.) veranlaßte noch einige Bauprojekte.

Im Norden der Stadt, im als Neapolis bekannten Viertel, ließ er ein neues Wohnviertel entstehen, dessen Straßenraster dem hippodamischen Schema folgte. Das nahegelegene Theater, das auf einen Entwurf aus den 5. Jahrhundert v. Chr. zurückgeht, wurde erweitert. Am oberen Rand fügte man neue Sitzreihen hinzu. Die unterschiedlichen Sektionen erhielten die Namen der Götter und der Mitglieder der Familie des Hieron. Der Bau erreichte nun einen Durchmesser von rund 140 m und konnte ungefähr 15 000 Zuschauer aufnehmen. Dieses Theater, eines der größten der griechischen Welt, weist ein unverwechselbares Erkennungsmerkmal auf. Die halbrunde Cavea (Auditorium) säumt an ihrem oberen Ende eine Stoa. In diese war eine künstliche Grotte integriert, der über ein Leitungssystem Wasser aus den umliegenden Bergen zugeführt wurde. Die Grotte flankierten Statuennischen. In der Nähe befanden sich auch die Sitze der Schauspielergilde.

Auf den Ratschlag des Archimedes hin verbesserte Hieron die Befestigungsanlage der Stadt. Des weiteren errichtete er einen riesigen Zeusaltar. Dieser rechteckige Bau maß 190 x 23 m und wies Statuenschmuck auf. Am Eleutherienfest opferte man hier nicht weniger als 450 Bullen, was die Größe des Altars erklären könnte, dem keinerlei Vergleichsbeispiele aus Griechenland zur Seite zu stellen sind.

Plastik

Vielfalt in Form und Ausdrucksweise zählt zu den Erkennungsmerkmalen der hellenistischen Plastik. Die große Bandbreite der neuen und alten Typen, der Posen, Gesten und Gruppen, die oft karikaturistische Züge tragen, wurde mit den Einflüssen erklärt, die durch Alexanders Erweiterung der griechischen Welt auf die Künstler einströmten. Viele Neuerungen der hellenistischen Plastik waren in Ansätzen bereits in den Werken der Bildhauer des 4. Jahrhunderts v. Chr., Praxiteles, Skopas und Lysipp, zu spüren, die ebenfalls nach größerem Realismus und expressiven Porträtzügen strebten. Üblicherweise unterteilt man die Periode in drei chronologische Phasen: Die erste Phase, die bis etwa 250 v. Chr. dauert, gilt als Übergangsperiode, in der sich revolutionäre Neuerungen bemerkbar machten. Es folgt die hochhellenistische Ära, die von etwa 250 bis 150 v. Chr. reicht. Sie charakterisiert der Stil der Pergamonskulpturen, der oft als »hellenistischer Barock« bezeichnet wird. Einige antike Kritiker, wie etwa Plinius (Naturgeschichte 34.52), betrachteten die Zeitspanne von 300 bis 150 v. Chr. als verhängnisvollen Fehler der Kunstgeschichte. Die Werke dieser beiden hellenistischen Phasen, denen man heute die meiste Bewunderung zollt, wurden von den späten Kritikern als die schlechtesten empfunden. Für die späthellenistische Ära, die um 150 v. Chr. einsetzte, steht die Wiederentdeckung der Klassik. Sie fällt in jene Zeit, in der die Römer Griechenland eroberten und die griechischen Statuen schiffeweise nach Rom abtransportierten. Kopien, Nachahmungen und Varianten der griechischen Originale wurden zur Befriedigung der Bedürfnisse römischer Herren angefertigt. Gleichzeitig hielt man den barocken Stil lebendig. Plinius selbst spricht mit Bewunderung von der Laokoongruppe (Abb. 10.40, S. 346). Zu den weithin nachweisbaren Statuentypen zählen die männliche Standfigur, die sowohl für Götterdarstellungen als auch für Ehrenbilder herangezogen wurde, und die weibliche Gewandfigur; sie dominierten jedoch nicht mehr den Markt. Angeregt durch ihr Interesse am Realismus, brachten die Bildhauer lebensnahe Porträts und Charakterstudien hervor, wie etwa die eigenwillige Statue des Alten Fischers oder der Trunkenen Alten. Sie spezialisierten sich auf natürliche Gemütszustände und schufen Darstellungen kämpfender Athleten oder schlafender Satyrn. Die Vorliebe für Erotisches öffnete den Markt für Skulpturen wie die nackte Aphrodite, sich miteinander sexuell vergnügende Satyrn, Nymphen und Hermaphroditen. Es gab humorvolle Karikatu-

10.17 Tyche von Antiochia des Eutychides. Römische Kopie eines um 300 v. Chr. entstandenen Bronzeoriginals. Marmor. Höhe 96 cm. Rom, Vatikanische Museen

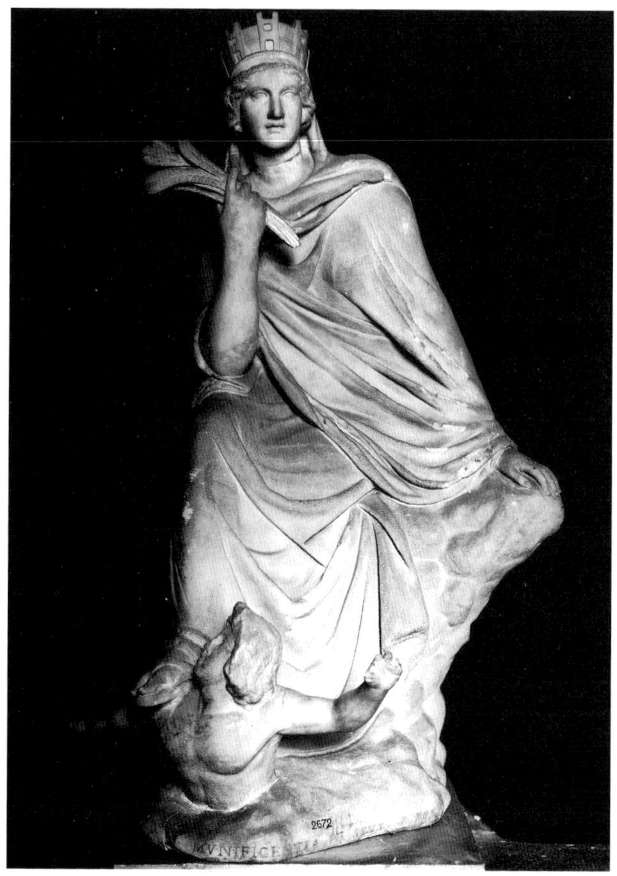

ren von Zwergen, Sklaven und Buckligen, über die man sich in diesem brutalen Zeitalter amüsierte, aber auch Portraitköpfe lachender Kinder. In die Darstellungen mit einbezogen wurde der Ort des Geschehens: Eros schläft auf einem Felsen, Nike landet auf dem Deck eines siegreichen Schiffes. Die Bandbreite der dargestellten Gemütszustände reichte von Leid, Ärger, Heiterkeit bis zur Abbildung von Alter, Gewalt und Trübsal.

Die Übergangsperiode während der ersten Hälfte des 3. Jahrhunderts v. Chr. brachte verschiedene Innovationen hervor, die sich unter anderem in der Tyche von Antiochia des Eutychides manifestieren. Eutychides, ein Schüler des Lysipp, fertigte die Statue bald nach der Gründung der Stadt im Jahre 300 v. Chr. Das Original, das in kleinformatigen Marmorkopien überliefert ist (Abb. 10.17), bestand aus Bronze. Die Tyche ist als bekleidete, weibliche Sitzfigur auf einem Felsen wiedergegeben. Sie trägt eine Krone, das Symbol der städtischen Befestigungsanlage. In ihrer Rechten hält sie Getreideähren, die für den Reichtum des Landes stehen. Zu ihren Füßen schwimmt ein junger Mann, die Verkörperung des Flusses Orontes. Die Stadtpersonifikation in Kombination mit einer allegorischen Landschaftsdarstellung ist ebenso neu wie der Entwurf, der drei Hauptansichtsseiten in seinem pyramidenförmigen Aufbau vereint.

Eine Neuerung war auch das postume Porträt, wie etwa das des Demosthenes, das von Polyeuktos geschaffen und um 280 v. Chr. auf der Athener Agora aufgestellt wurde. Dieses lebensnahe Porträt ist das erste in der griechischen Kunst, in dem individuelle Charakterzüge dargestellt sind. Frühere Porträtbildhauer konzentrierten sich auf eine statusgerechte Gestaltung ihrer Objekte. Zu nennen sind idealisierende Werke, wie etwa die Poeten- und Philosophenbilder, denen einige persönliche Züge hinzugefügt sein dürften (so beispielsweise die breite Nase des Sokrates), um die Dargestellten zu identifizieren. Diese werden als »Rollenporträts« bezeichnet. Polyeuktos setzte sich mit seinem Demosthenes-Bild jedoch über die üblichen Schemata hinweg und gestattete einen Blick in die Gedankenwelt des Dargestellten. Auch hier ist das bronzene Original nur durch Marmorkopien überliefert (Abb. 10.18). Demosthenes blickt vor sich, seine Arme sind gesenkt, die Hände verschränkt.

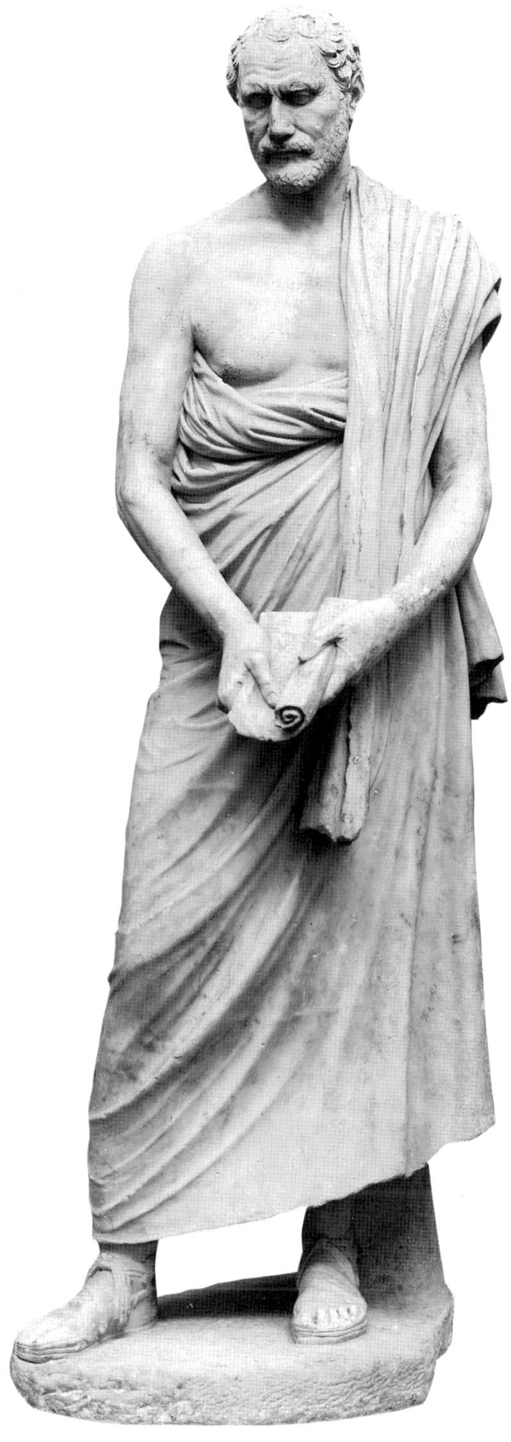

10.18 Demosthenes des Polyeuktos. Römische Kopie einer bronzenen Porträtstatue, die um 280 v. Chr. in Athen aufgestellt wurde. Marmor. Höhe 2,02 m. Kopenhagen, Ny-Carlsberg-Glyptothek

Seine Haltung drückt Zögern aus; er wirkt nervös. Die Schultern fallen herab, der Kopf ist geneigt. Die gefurchten Brauen und tiefliegenden Augen spiegeln Demosthenes' Introvertiertheit wider. Diese Statue bildete das letzte Glied einer Kette derartiger »psychologischer Porträts«, die nebeneinander aufgestellt waren. Die anderen stellen Philosophen dar, deren Geisteshaltung durch die Körperhaltung und die Gesichtszüge zum Ausdruck gebracht wurde. Die gerunzelten Brauen, das gefurchte Gesicht und die eingesunkenen Augen eines Epikur-Porträts (Abb. 10.19) illustrieren seine meditative Versunkenheit und die mit Schmerzen ertragenen Entbehrungen. Gleichzeitig sind für die frühhellenistische Phase jedoch auch heroische Porträts bezeugt, die die Tradition des Alexanderbildnisses fortführten.

Den barocken Stil der hochklassischen Phase charakterisieren dramatische Effekte, die über komplexe Posen, Gesten und Gruppen und die Darstellung intensiver und variantenreicher Gemütszustände nahegebracht wurden. Diese Tendenz läßt sich zuerst an den um 300 v. Chr. gefertigten Grabreliefs aus dem unteritalischen Taras ablesen, denen eine intensive Sorge und Pathos zueigen ist (Abb. 9.38, S. 304).

Die Gruppe des Galliers mit seinem Weib (Abb. 10.20) ist in einer römischen Marmorkopie des griechischen Bronzeoriginals überliefert, das traditionell mit dem Weihgeschenk König Attalos I. (214-197 v. Chr.) nach Pergamon in Verbindung gebracht wird. Der besiegte Gallier begeht Selbstmord, um sich seiner Strafe zu entziehen. Seine Frau hat er bereits getötet, um ihr ein Leben in der

10.19 Epikur, Teil der Doppelherme des Epikur und Metrodor. Römische Kopie eines auf ca. 270 v. Chr. datierten Originals. Marmor. Höhe 60 cm. Rom, Kapitolinische Museen

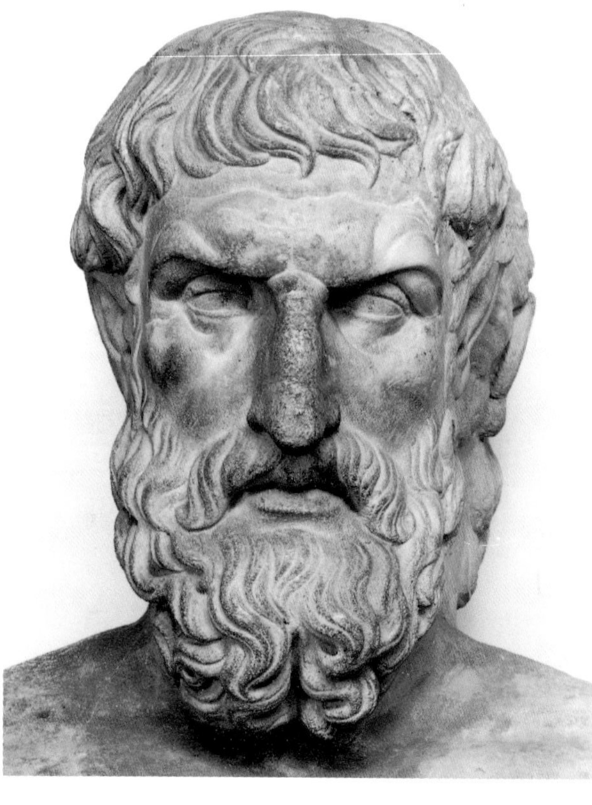

10.20 Gallier mit seinem Weib. Römische Kopie einer um 220 v. Chr. gefertigten hellenistischen Gruppe. Marmor. Höhe 2,11 m. Rom, Thermenmuseum

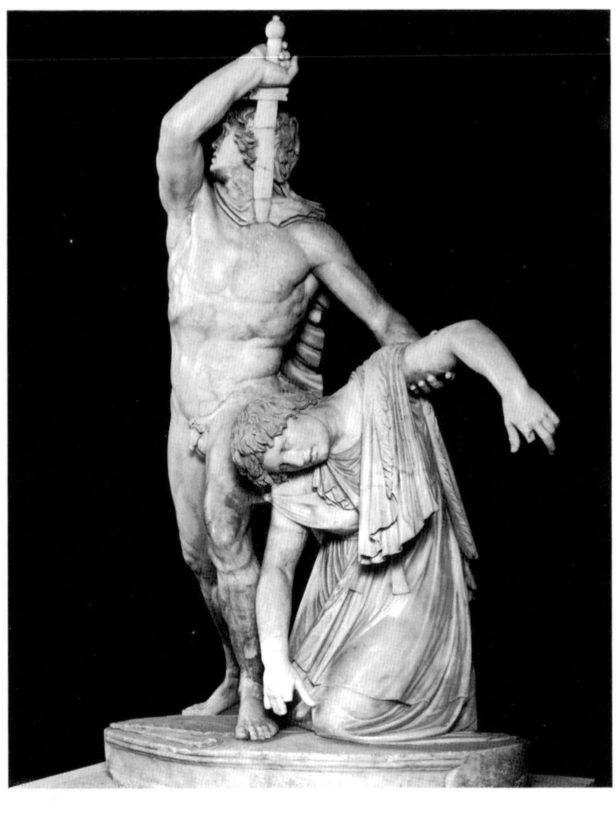

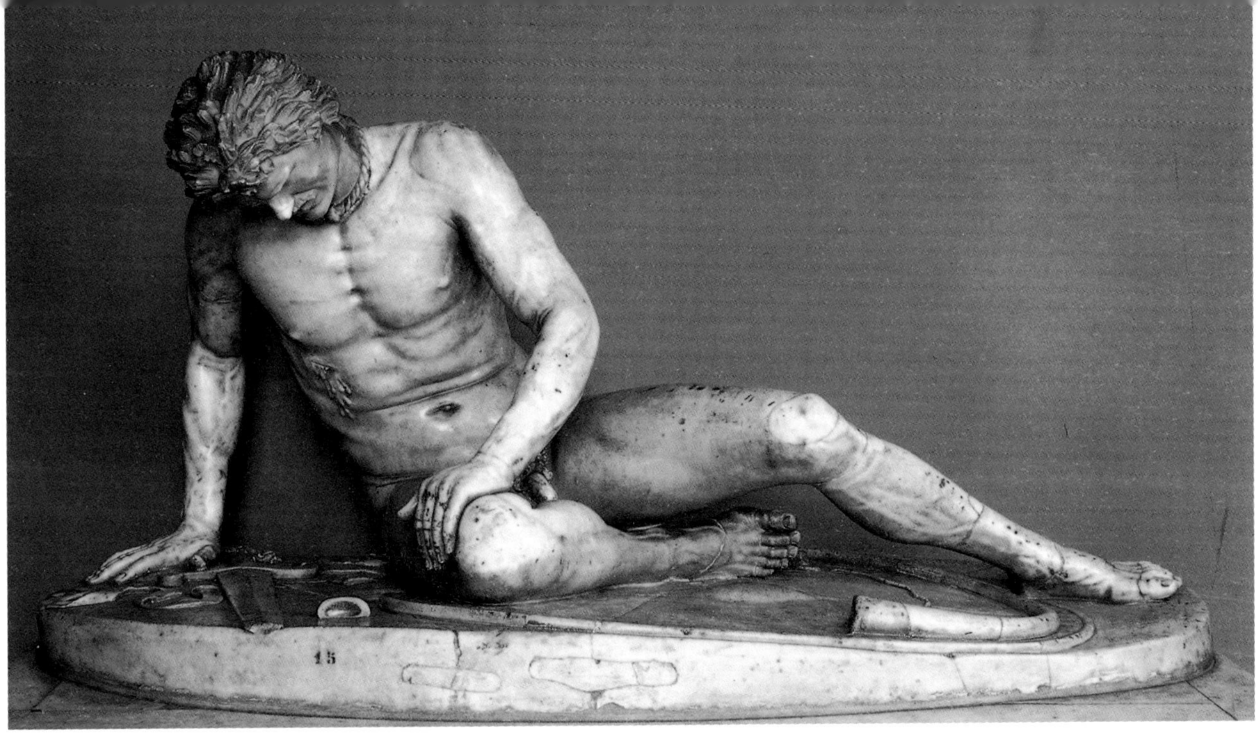

10.21 Sterbender Gallier (Trompeter). Römische Kopie eines auf ca. 220 v. Chr. datierten hellenistischen Originals. Marmor. Höhe 93 cm. Rom, Kapitolinische Museen

Sklaverei zu ersparen. Der Barbar ist in heldenhafter Geste dargestellt und rundplastisch ausgearbeitet. Der starke, lebendige männliche Körper und die zusammengebrochene tote Frau bilden einen effektvollen Kontrast. Das Original wird wohl um 220 v. Chr. entstanden sein.

Vergleichbar in Thema und Stil ist der »Sterbende Gallier«, erhalten in einer römischen Marmorkopie des griechischen Bronzeoriginals, das um 220 v. Chr. nach Pergamon geweiht wurde. Dargestellt ist ein Trompeter (Abb. 10.21), wie aus dem zerbrochenen Instrument auf der Plinthe zu erschließen ist. Die Skulptur gehörte, wie auch der sich tötende Gallier mit seinem Weib, zu einer größeren, »Die Großen Gallier« genannten Gruppe. Die leichte Drehung des Oberkörpers, die verschiedenen Ansichtsseiten der Glieder und die mit Bedacht in den Blickpunkt gelegte Wunde lassen erahnen, daß der Betrachter die Figur von mehreren Seiten sehen sollte. Der nach hinten geworfene Haarschopf, der struppige Schnauzbart, der Halsreif und die hornförmige Trompete haben ihre Parallelen in literarischen Beschreibungen von Galliern (z. B. Diodor 5.28).

Der Höhepunkt dieses Stils ist mit dem großen Altar von Pergamon erreicht, der gewöhnlich in die Regierungszeit Eumenes II. (197–159 v. Chr.) datiert wird. Der Altar erreichte nicht annähernd die Ausmaße des Hieronaltars in Syrakus; auch ist er nach einer anderen Formvorlage geschaffen. In Syrakus ehrte man die Gottheit durch Größe und Zweckmäßigkeit, in Pergamon durch das dargestellte Thema, die Qualität und Ornamentierung.

10.22 Großer Altar von Pergamon, Nordflügel. Um 175–150 v. Chr. Marmor. Höhe (Fries) 2,30 m. Berlin, Staatliche Museen

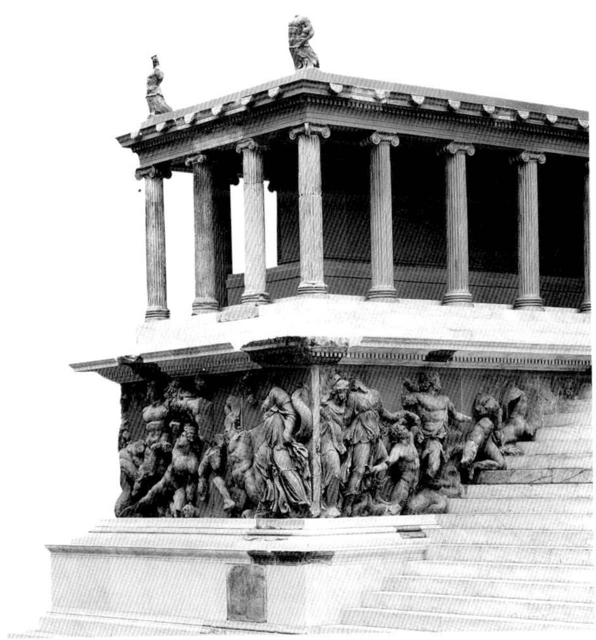

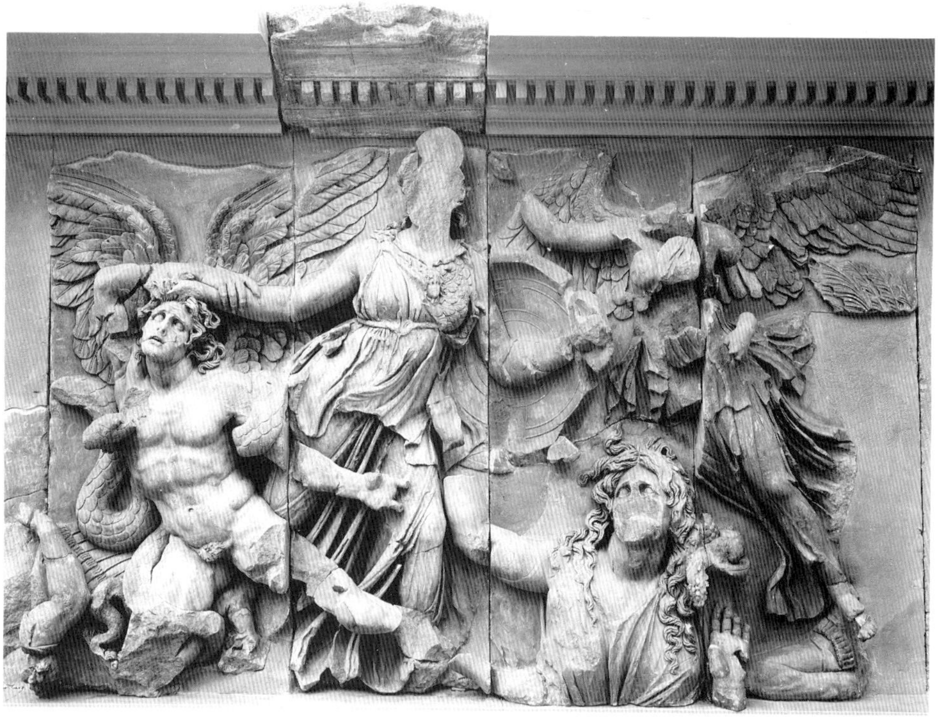

10.23 Großer Altar von Pergamon, Ostfries (Ausschnitt): Athena im Kampf mit einem Giganten. Um 175–150 v. Chr. Marmor. Höhe (Fries) 2,30 m. Berlin, Staatliche Museen

Der Altar erhob sich auf einer Plattform. Flügelartige Strukturen an der Nord- und Südseite faßten beidseitig eine breite Freitreppe ein (Abb. 10.22). Auf dem Podium hatte man eine ionische Kolonnade errichtet. Die darunter liegende Mauer zierte ein Skulpturenfries von 2,30 m Höhe. In kolossalem Maßstab ist hier die aus lokalem Marmor gefertigte Schlacht zwischen Göttern und Giganten dargestellt. Die Friesfläche füllen ungefähr 200 Figuren, die so tief eingeschnitten und derart scharf akzentuiert sind, daß sie an Rundplastiken erinnern. Durch die verschiedenen Körperdrehungen ist physische und psychische Bewegung wiedergegeben. Gewaltvolle Posen, hervortretende Muskeln, geöffnete Münder, tiefliegende Augen, zusammengezogene Brauen und Büschel wogenden Haars bestimmen das Bild. Die schwingenden Gewänder unterstützen den dramatischen Effekt. Zeus und Athena (Abb. 10.23) überwältigen die Giganten, deren Gesichter von Zorn und Angst geprägt sind. Die pergamenischen Könige hatten die Gallier in derselben Weise bezwungen wie die Griechen des Mutterlandes einige Jahrhunderte zuvor die Perser. Mit dem dargestellten Thema, der Schlacht zwischen Göttern und Giganten, hatte man ein allen Griechen geläufiges Genre gewählt. Die Bildhauer knüpften damit an die großen griechischen Siege über die Barbaren an und stellten das befreite philhellenische Pergamon auf eine Stufe mit den griechischen Städten, in erster Linie natürlich mit Athen. Man übernahm einzelne Motive vom Parthenon: Die X-förmige Komposition von Athena und dem überwältigten Giganten auf dem Altar adaptiert die Athena-Poseidon-Gruppe des Westfrieses. Athena selbst stellt eine Nachahmung der Athena im Ostgiebel dar. Zeus gleicht dem Poseidon im Westen. Diese offensichtlichen Bezüge führen in die klassische Periode zurück. Der Altar mit seiner wogenden Masse dramatischer Figuren und schrecklichen Darstellungen von Schmerz und Passion vereinigt so klassizistische und barocke Züge.

Ein weiterer Fries an der Innenseite des Altars illustrierte die Lebensgeschichte des Telephos, des legendären Vorfahren der pergamenischen Könige. Verschiedene Episoden aus seinen Abenteuern, die gelegentlich durch Landschaftselemente voneinander getrennt sind, werden freizügig im Bildfeld ver-

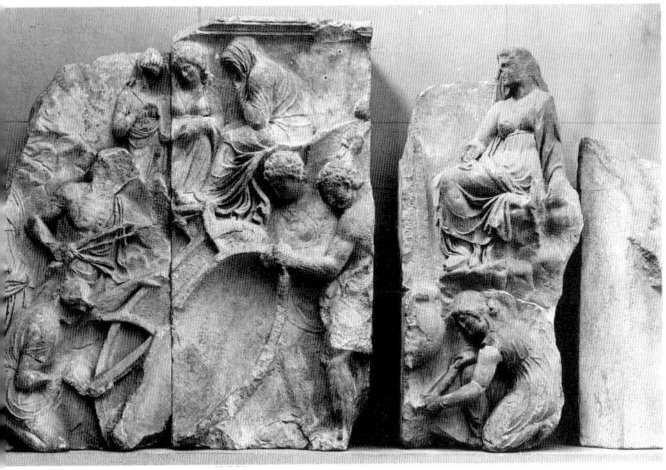

10.24 Großer Altar von Pergamon. Telephos-Fries: Episode aus der Biographie des Begründers der pergamenischen Dynastie. Um 175–150 v. Chr. Marmor. Höhe 1,58 m. Berlin, Staatliche Museen

teilt, wie es in der Tafelmalerei bereits im 5. Jahrhundert v. Chr. in Mode kam. In einer Szene sieht man Auge und ihren Sohn Telephos kurz vor Antritt ihrer Seereise in einem kleinen Boot im Vordergrund (Abb. 10.24). Sie wirken bedrückt und resigniert; ein wahrer Gegensatz zu den emotional geladenen Bildern an der Außenseite.

Die gedrehte Pose, das schwingende Gewand und die dramatische Präsentation der berühmten Nike von Samothrake (Abb. 10.25) findet ihre Parallelen auf dem Pergamon-Altar. Die Personifikation des Sieges, ein Marmororiginal von ca. 2,45 m Höhe, läßt sich ikonographisch auf Vorläufer wie etwa die Nike des Paionios zurückführen (Abb. 8.41, S. 267). Klassische Ruhe und barocke Vitalität prägen sie gleichermaßen. Eingefangen ist der Moment der Landung aus dem Flug. Die Basis hatte man in Form eines Schiffsbuges modelliert. Nach Aussage der Ausgräber stand die Plastik in einem Wasserbecken, dem ein zweites, mit Felsbrocken gefülltes Wasserbecken beigeordnet war. Zu interpretieren ist das Arrangement von Nikes Ankunft auf einem Schiff wohl als Symbol für das »Staatsschiff« und dessen Fahrt über die wogende See. Dieses effektvolle Werk wurde durch seinen Standort im Heiligtum hoch oben auf einer Klippe noch betont. Beim Aufkommen aus dem Flug neigt sich

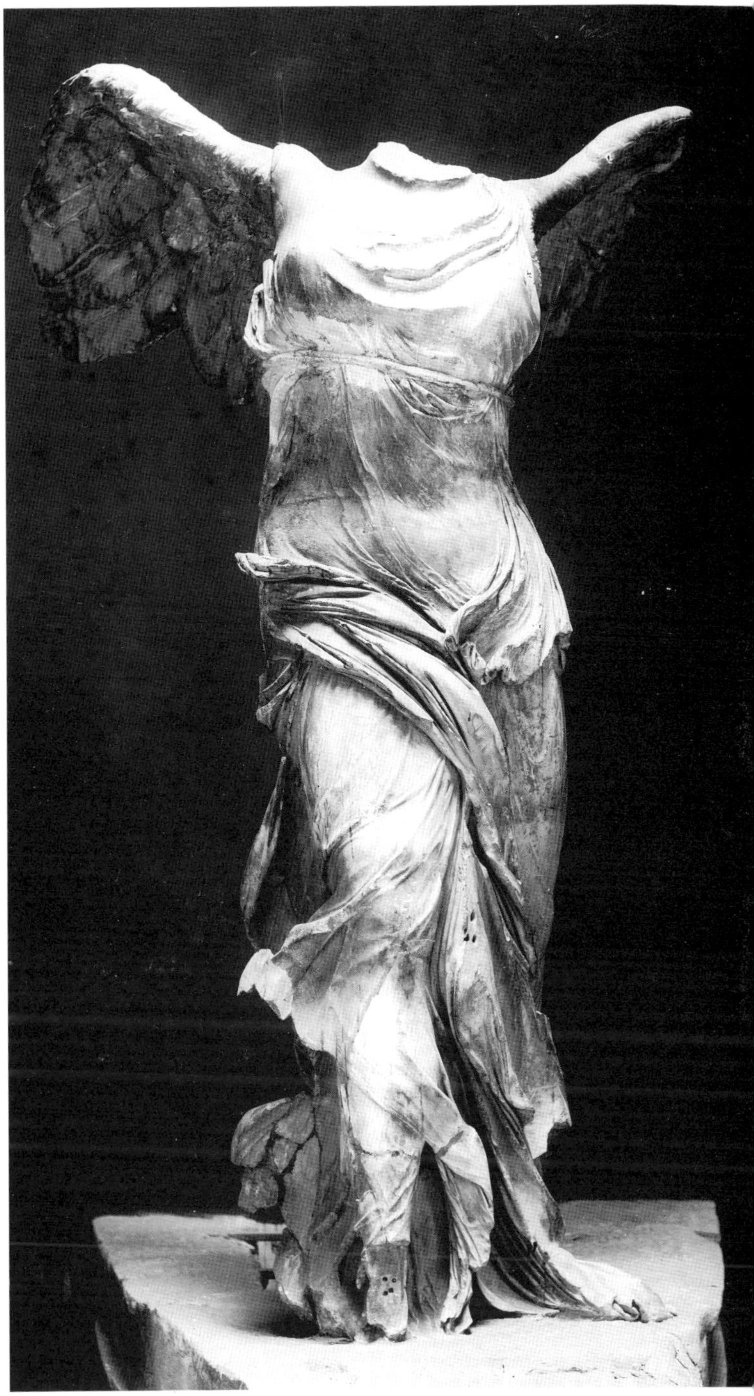

10.25 Nike von Samothrake, vielleicht von Pythokritos von Rhodos. Um 180 v. Chr. Marmor. Höhe 2,45 m. Paris, Louvre

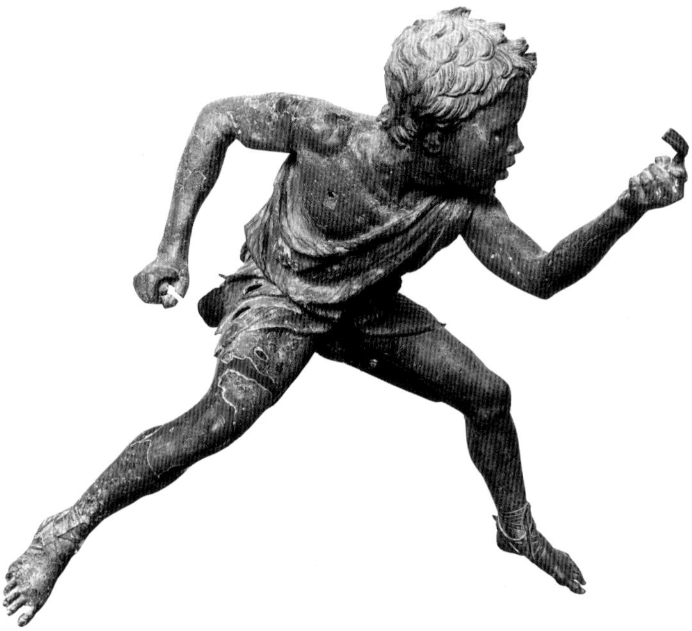

10.26 Jugendlicher Jockey, aus dem Meer in der Nähe des Kap Artemision. Um 220–200 v. Chr. Bronze. Höhe 84 cm. Athen, Nationalmuseum

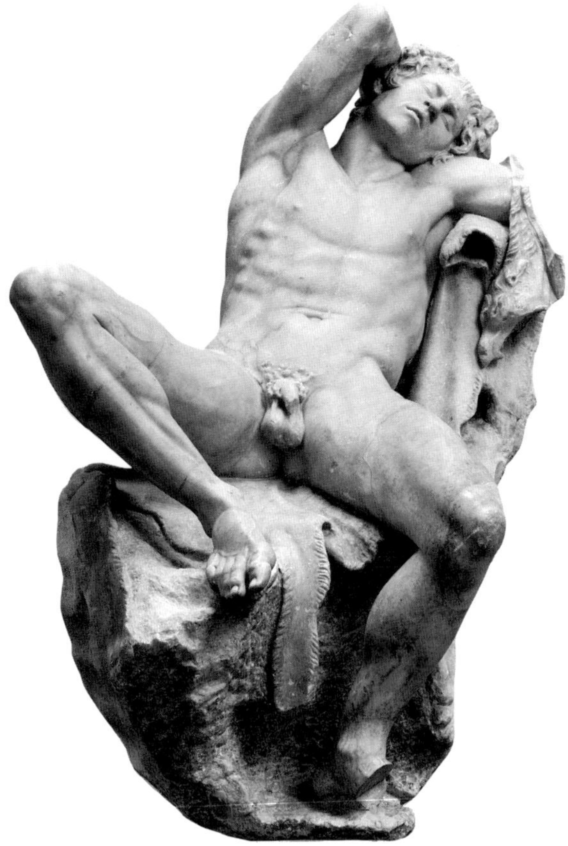

10.27 Schlafender Satyr, sogenannter Barberinischer Faun, gefunden in Rom. Wohl hellenistisches Original, um 200 v. Chr. Marmor. Höhe 2,15 m. München, Glyptothek

der Oberkörper leicht nach rechts vorne. Die Gewandfalten sind in einem neuen Stil angeordnet. Die dicken Falten zwischen den Beinen drehen sich in Spiralen nach außen und über das rechte Bein. Gehalten und ins Gleichgewicht gebracht werden sie durch ein zweites Spiralensystem im Bereich der Hüfte, das sich in der Gegenrichtung über die linke Hüfte zieht. Die Stoffbehandlung erinnert an die Trachten einiger Figuren am Pergamonaltar, etwa die der Athena. Die Körperdrehung, das Gewand und die theatralische Komposition erheben die Nike zu einem hochrangigen Beispiel hellenistischer Barockplastik.

Zur gleichen Zeit entstanden aber auch realistische Werke sowie Karikaturen und Grotesken. Der Athlet wird nun nicht mehr wie im Fall des Wagenlenkers von Delphi (Abb. 7.24, S. 222) im Glücksmoment nach dem Rennen dargestellt, sondern direkt beim Wettkampf, so etwa ein bronzener, jugendlicher Jockey (Abb. 10.26), den man auf einem Schiffswrack am Kap Artemision fand. Er hat sich tief über den Rücken seines Pferdes gelegt, in einer Hand die Zügel, in der anderen wohl eine Peitsche. Hinsichtlich der Anatomie und des Ausdrucks sind keinerlei Übertreibungen festzustellen: der drahtige, jugendliche Körper und die konzentrierte Haltung sind überzeugend ausgeführt. Auf dieselbe konzentrierte Weise, wie der Bildhauer realistische Züge und emotionale Verfassung in dem energischen jungen Jockey vereinte, stellt sich die Welt der Kunstwerke dar, in der sowohl reale mentale Zustände wiedergegeben als auch die Beziehung zwischen geistigen und physischen Bewegungen eingefangen wurden. Ein schlafender Satyr, der sogenannte Barberinische Faun (Abb. 10.27), ist im Augenblick der Ruhe und Entspannung dargestellt. Zugleich ist aber auch die Vitalität dieses mythischen Gefolgsmannes des Dionysos zu spüren, beispielsweise an den detailliert wiedergegebenen Venen, Muskeln und Sehnen. Um 200 v. Chr. entstanden, wurde er in Rom im

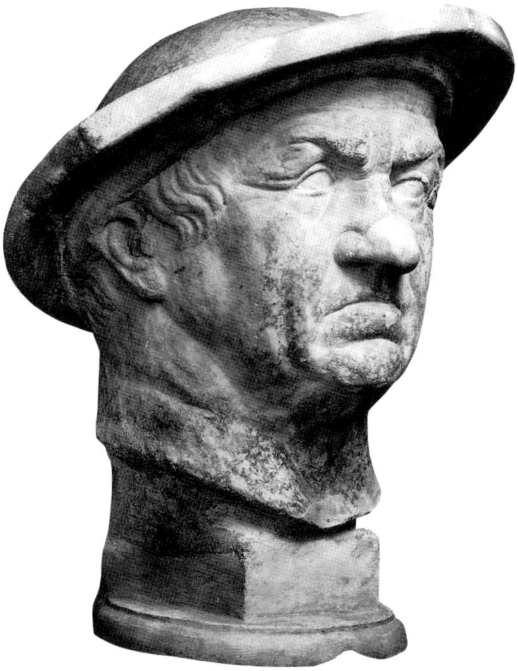

10.28 Porträt des Euthydemos von Baktrien. Römische Kopie eines Originals aus der Zeit um 200 v. Chr. Marmor. Höhe 33 cm. Rom, Villa Albani

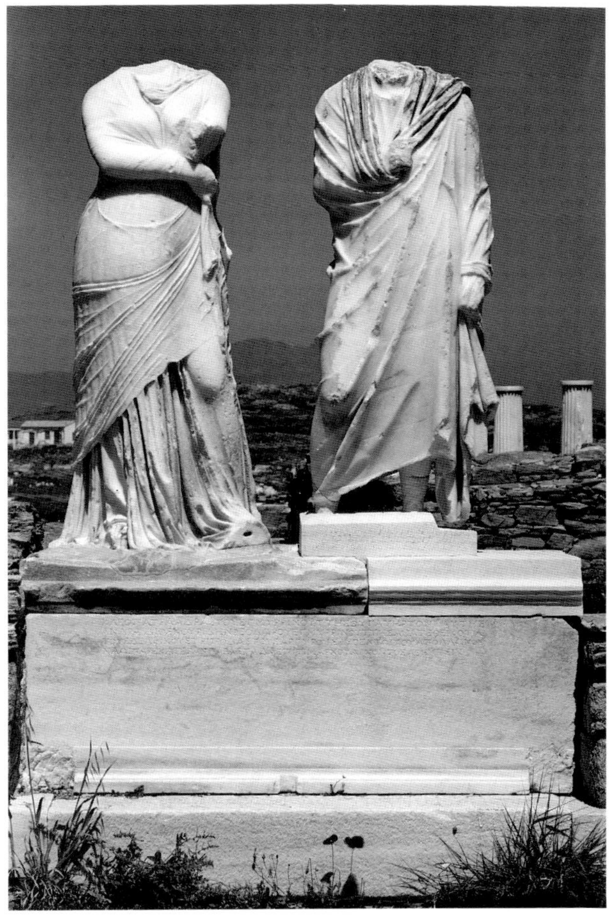

10.29 Kleopatra und Dioskourides, aus dem Peristyl ihres Hauses in Delos. Um 140 v. Chr. Marmor. Höhe 1,67 m. Delos, Museum

Jahre 1625 wiederentdeckt und von Bernini restauriert, der ihn vielleicht noch barocker gestaltete als er ohnehin schon war. Realistische psychologische Porträts findet man in den entlegensten Gebieten der griechischen Welt. Die griechischen Könige von Baktrien in Zentralasien behielten die griechische Sprache und Lebensart bei, wie ein Porträt Euthydemos I. (230–190 v. Chr.) bezeugt. In der römischen Kopie (Abb. 10.28) des um 200 v. Chr. gefertigten Originals erscheint Euthydemos mit einem wuchtigen makedonischen Hut und verkniffenem Gesichtsausdruck. Mit den Falten um Augen und Brauen, der großen, stark ergänzten Nase, dem angespannten Mund, dem kräftigen Kiefer und dicken Hals liegen individuelle und wiedererkennbare Porträtzüge vor, die uns auch von zeitgenössischen Porträtmünzen bekannt sind. Auch seine Geisteshaltung ist unmißverständlich: stark, bestimmend, unnachgiebig.

In der späthellenistischen Phase entwickelte man neues Interesse an der klassischen Skulptur. Mit dem Einfall der Römer in Griechenland wuchs die römische Begeisterung für die griechische Kultur und nicht zuletzt für die Statuen des 5. und 4. Jahrhunderts v. Chr. Schiffeweise brachte man sie nach Italien; die römischen Herren beauftragten Mittelsmänner, um adäquate Stücke für ihre Gärten, Bibliotheken und Gymnasien heranzuschaffen. Reiche Römer reisten zur Vervollkommnung ihrer Ausbildung nach Griechenland. Weniger reiche Italiener reisten in den Osten, um dort ihr Glück zu versuchen. Die Insel Delos entwickelte sich zum Knoten- und Angelpunkt ihrer Aktivitäten.

Auf Delos fand man marmorne Porträtstatuen zweier Bürger, der Kleopatra und des Dioskourides

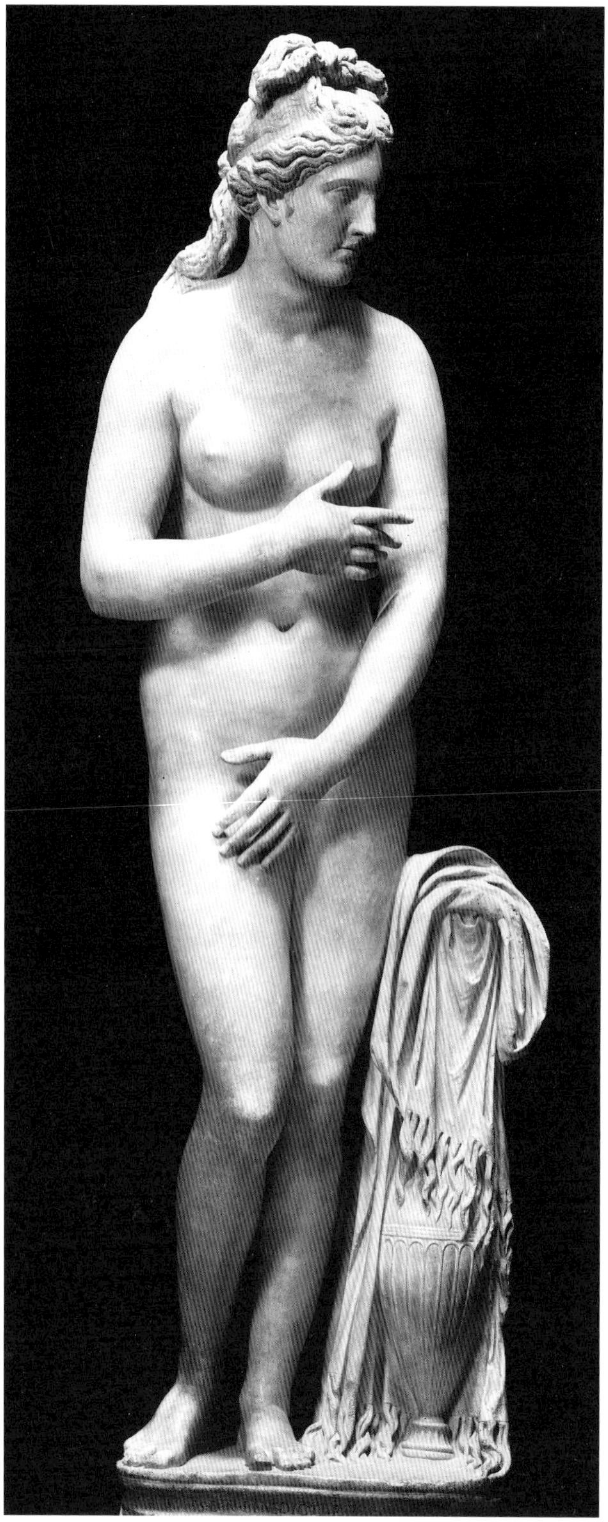

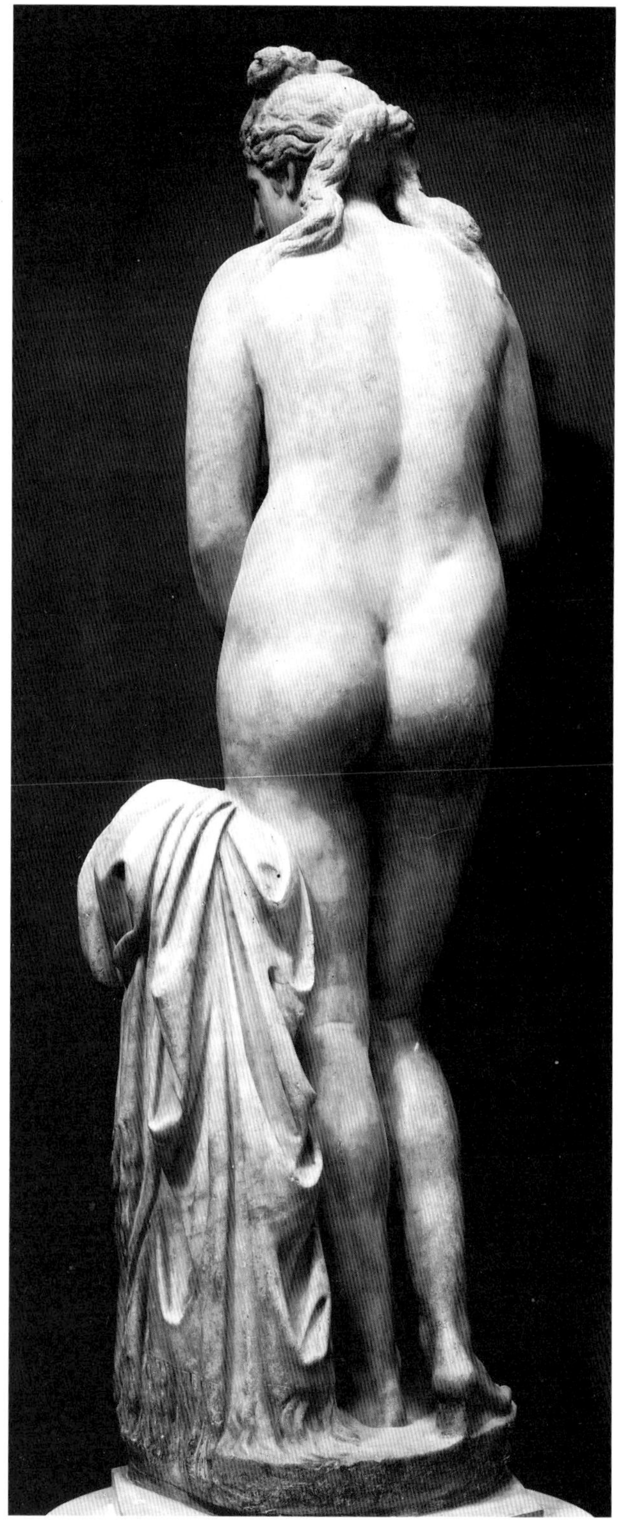

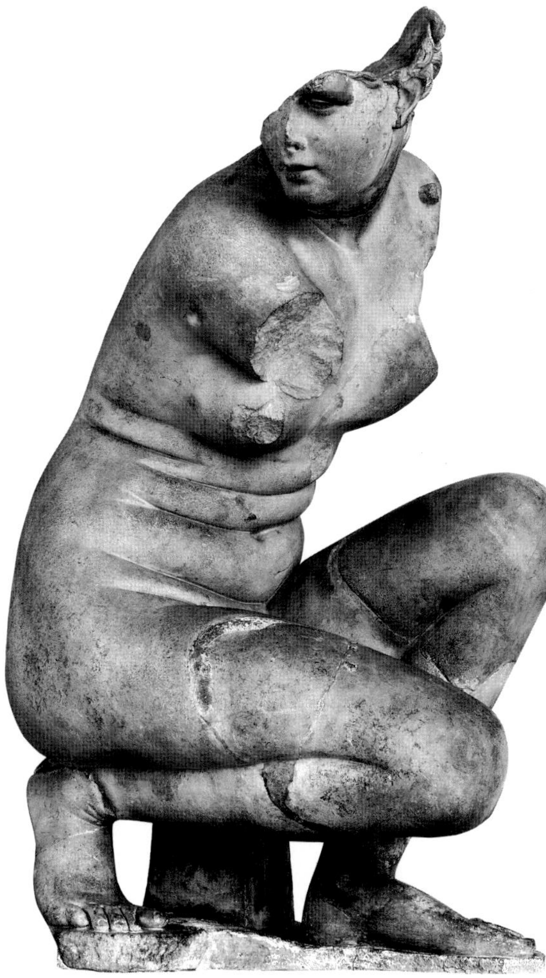

10.30 *gegenüber* Kapitolinische Venus. Römische Kopie einer um 250–150 v. Chr. entstandenen Variante der Aphrodite von Knidos. Marmor. Höhe 1,93 m. Rom, Kapitolinische Museen

10.31 *oben* Kauernde Aphrodite. Römische Kopie eines um 200–150 v. Chr. entstandenen hellenistischen Originals. Marmor. Höhe 82 cm. Rom, Thermenmuseum

(Abb. 10.29), die – leider ohne Kopf – an ihrem originalen Standort im Hof des Hauses des Ehepaares überdauerten. Diese Ehrenstatuen, die Kleopatra um 140 v. Chr. in Auftrag gab, sind nach standardisierten Vorlagen gearbeitet, mit schweren Gewändern bekleidet und von konservativer Erscheinung. Die Gewandfalten am Kleid der Kleopatra führen den Blick um die Figur herum. Die tief eingeschnittenen, schwingenden Gewänder haben mit dem pergamenischen Barock nichts mehr gemein; sie wirken retrospektiv. Die Figuren selbst strahlen klassische Ruhe aus, ein Gegenbild zu den überaktiven Darstellungen des barocken Stils.

Die archäologische Diskussion rankt sich um die Frage nach dem Einfluß der praxitelischen Aphrodite von Knidos (Abb. 9.30, S. 299) auf die hellenistischen Bildhauer und ihre Auftraggeber. Praxiteles hatte in seiner Skulptur den Körper und damit das Charakteristikum der Liebesgöttin entdeckt. Während der hellenistischen Periode erfuhr dieses Motiv zahlreiche Varianten. Ohne weitere Indizien ist eine Datierung der Originale, von denen uns wiederum nur römische Kopien vorliegen, unmöglich. Einige Forscher vertreten die Meinung, der enthüllte weibliche Körper ahme die Skulpturenposen aus dem späteren 4. Jahrhundert v. Chr. nach. Dem hinzugefügt wurden im 3. Jahrhundert v. Chr. nur noch die modifizierten Ansichtsseiten. Andere vermuten, daß Praxiteles mit seiner Aphrodite nur den Weg für die Entwicklung der nackten weiblichen Figur eröffnet hatte, der Typus sich jedoch nicht vor der zweiten Hälfte des 2. Jahrhunderts v. Chr. durchsetzen konnte. Die kapitolinische Venus (Abb. 10.30), die römische Kopie eines Originals aus dem 3. oder 2. Jahrhundert v. Chr., verwandelt die distanziert und in sich gekehrt wirkende Göttin in einen unmittelbareren, selbstbewußteren, verführerischen Typ. Arme und Hände, die Brüste und Scham eigentlich bedecken sollten, ziehen die Blicke gerade durch diese Geste an. Die kauernde Aphrodite (Abb. 10.31), eine römische Kopie eines Originals aus dem 2. Jahrhundert v. Chr., liefert eine völlig neue Pose in der Plastik. Die nackte Göttin offeriert verschiedene Ansichtsseiten der einzelnen Körperglieder. Die Betonung liegt auf der Darstellung ihrer Körperlichkeit. Die kauernde, badende Schönheit ist von einem wohlbekannten klassischen Figurentyp abhängig, der mit der aus dem 4. Jahrhundert v. Chr. stammenden rotfigurigen Pelike des Marsyas-Malers (Abb. 9.49, S. 311) schon besprochen wurde.

Auch die Darstellung des Eros sowie erotische Szenen gewannen zunehmend an Beliebtheit. Eros, der im 4. Jahrhundert v. Chr. zum Symbol der aphroditischen Macht heranreifte und als Vermittler zwischen Menschen und Göttern fungierte,

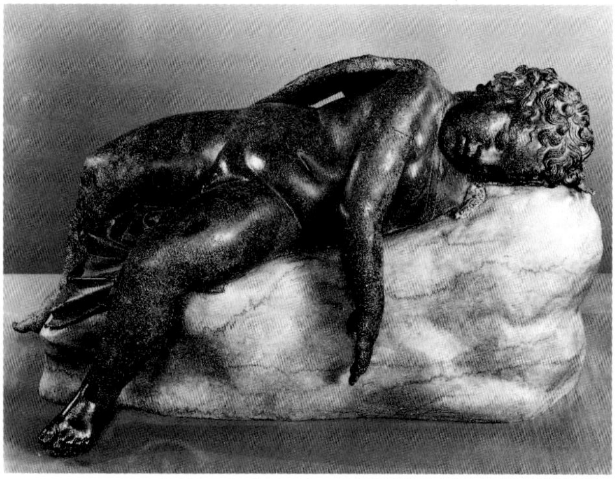

10.32 *oben* Schlafender Eros. Um 150–100 v. Chr. Bronze. Länge 78 cm. New York, Metropolitan Museum of Art

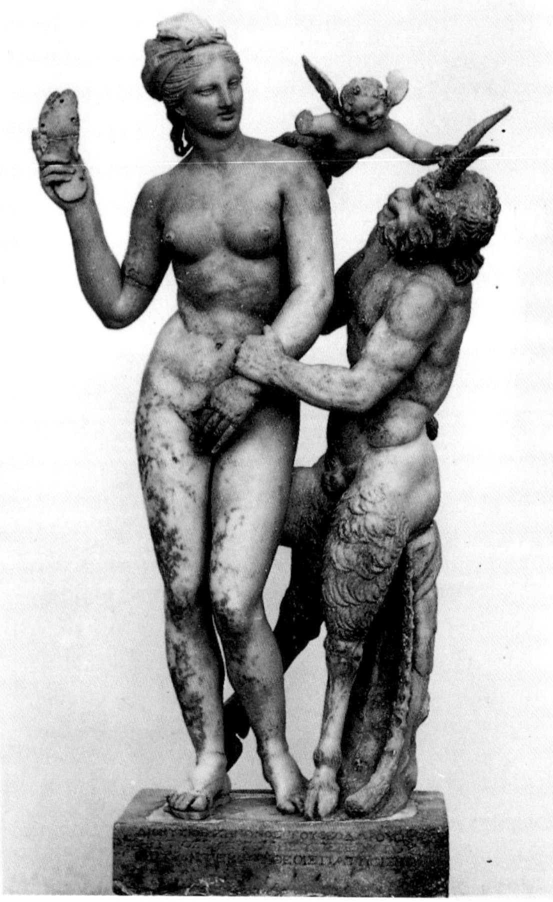

gewinnt nun selbst an Bedeutung. Schlafend (Abb. 10.32) scheint er, wie auch der Barberinische Faun (Abb. 10.27), seine Macht eingebüßt zu haben. An ihm ist der Zusammenhang zwischen mentaler und physischer Kraft zu studieren. Im Zusammenspiel mit anderen Figuren entfaltet Eros seine Wirkung. Im Empfangszimmer des Vereinshauses der Poseidoniasten, einer Vereinigung von Kaufleuten auf Delos, fand man eine inzwischen berühmte Aphrodite-Pan-Gruppe (Abb. 10.33), die sogenannte Pantoffelgruppe. Die nackte, lebhafte Aphrodite weist den zudringlichen Pan zurück. Mit der einen Hand verdeckt sie ihre Genitalien, mit der anderen schwingt sie ihre Sandale, mit der sie ihm droht. Eros flattert zwischen den beiden und macht sich einen Spaß daraus, Pan zu ermutigen. Die Aphroditedarstellung steht in der Tradition der knidischen Aphrodite, doch hat sich die Stimmung durch die Gruppenbildung verändert: der humoristisch erzählten Geschichte haftet ein erotischer Zug an. Damit steht sie in einem scharfen Kontrast zu dem gleichzeitig verbreiteten Neoklassizismus. Vergleichbare Stücke sind mit Miniaturen aus Syro-Phönikien belegt, die den griechisch-römischen Markt mit östlichen Einflüssen anreicherten. Eine Inschrift datiert das Werk um 100 v. Chr. Als Stifter wird ein Bürger aus dem Osten, ein gewisser Dionysios von Beirut genannt, der die Gruppe seinen »einheimischen Göttern« dedizierte. Die griechischen Bildhauer fanden neue Auftraggeber, die Götterbilder neue Zwecke.

Eine weitere Gruppe, die vermutlich in der Periode um 150–100 v. Chr. geschaffen wurde, zeigt Eros und Psyche (Abb. 10.34). Eros ist nun in einer gewichtigeren, sexuell aktiven Rolle dargestellt. Die beiden Figuren umarmen sich. Die linkischen Posen mit den frontal wiedergegebenen Beinen und den um Köpfe und Oberkörper geschlungenen Armen unterbrechen den körperlichen und sexuellen Fluß. Eros belästigt Psyche; sie sinnt auf Rache.

10.33 *links* Aphrodite, Pan und Eros. Aus dem Haus der Poseidoniasten von Berytos (Beirut) auf Delos. Um 100 v. Chr. Marmor. Höhe 1,32 m. Athen, Nationalmuseum

10.34 *gegenüber* Eros und Psyche. Römische Kopie einer Variante des Originals von 150–100 v. Chr. Marmor. Höhe 1,25 m. Rom, Kapitolinische Museen

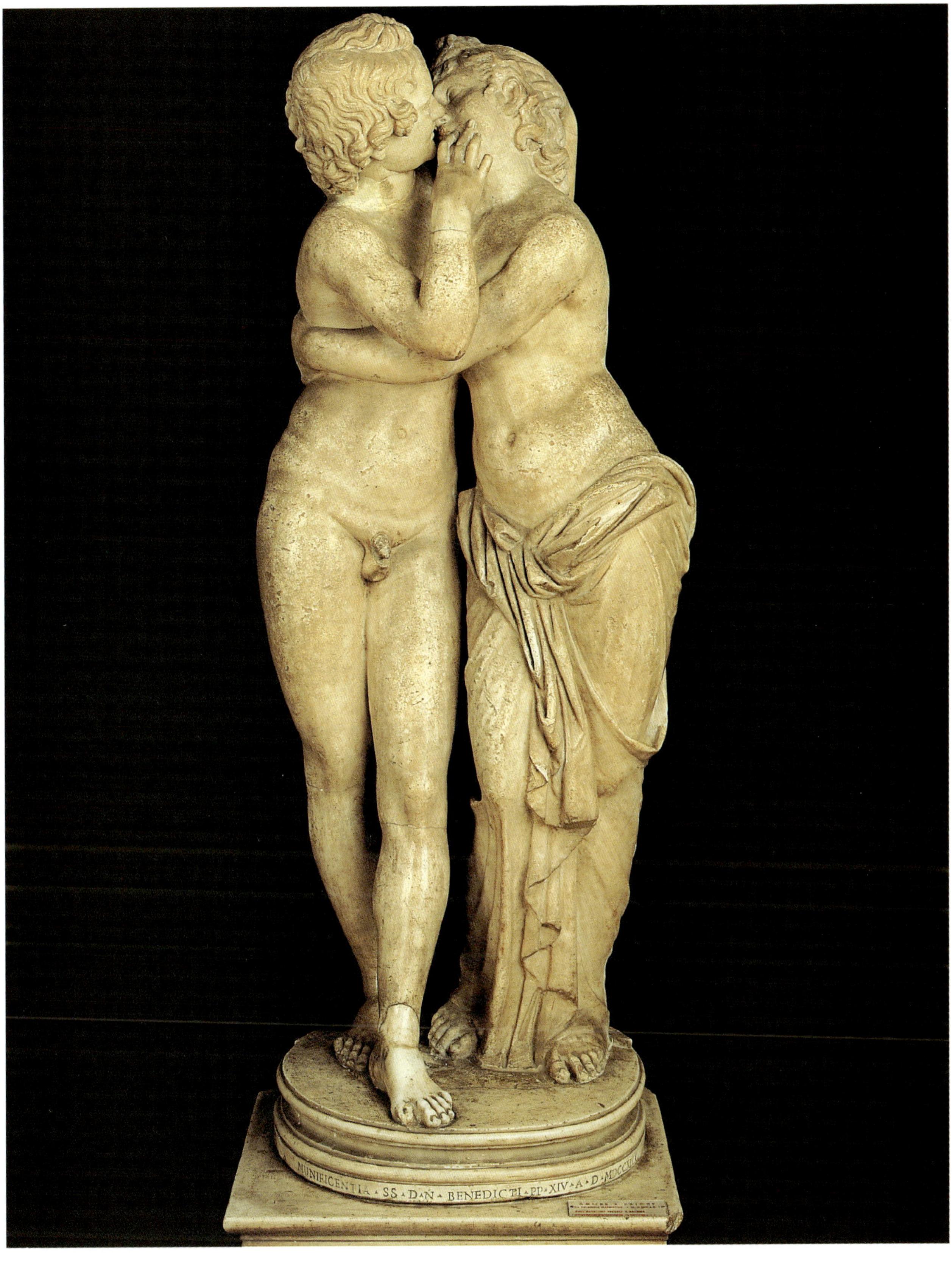
MUNIFICENTIA SS D N BENEDICTI PP XIV A D MDCCXL

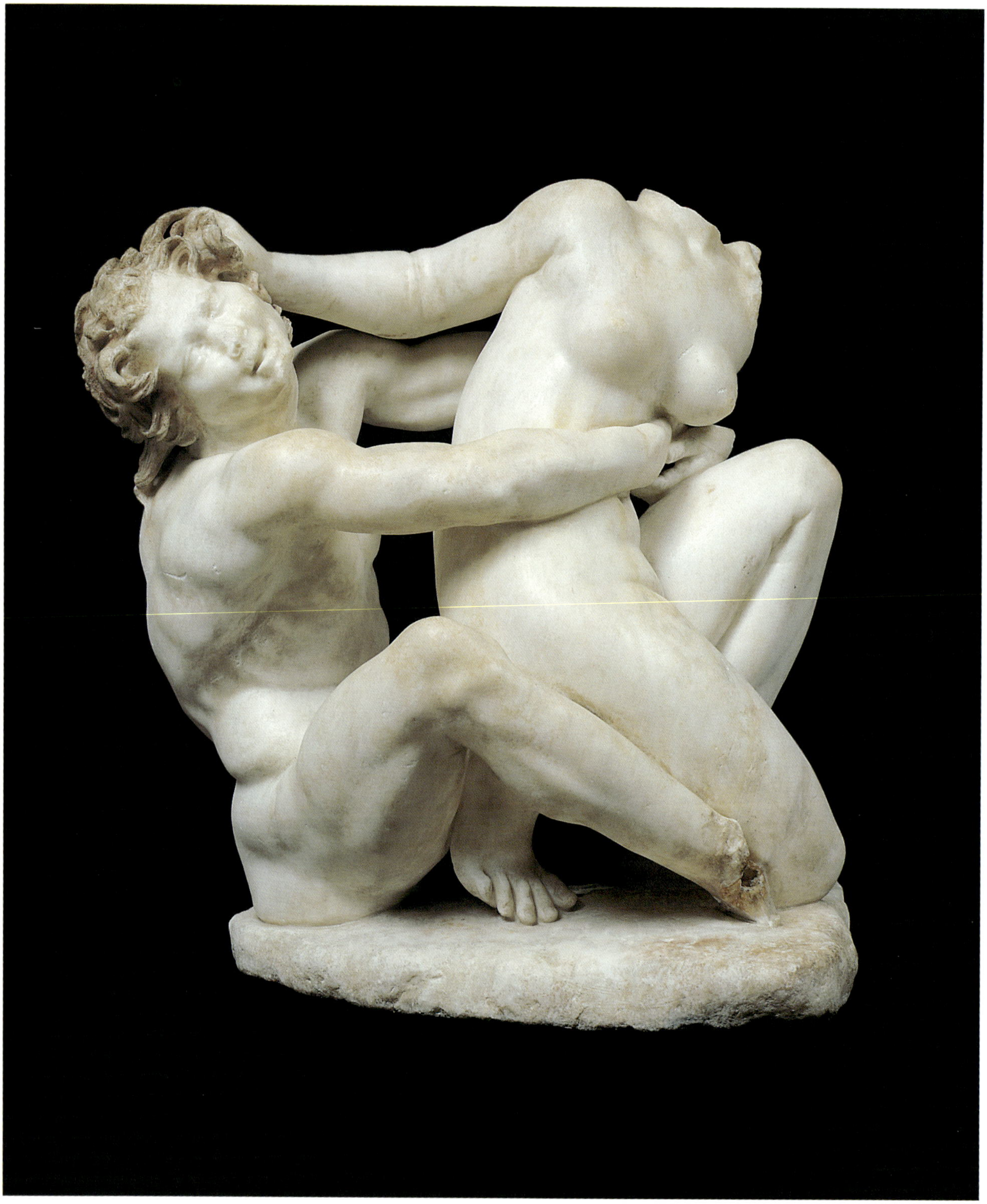

Die erotische Umarmung zeigt sich auch bei anderen Figuren, die sich oft aus dem Gefolge des Dionysos rekrutieren. Satyrn steigen Hermaphroditen nach, Pan hat es auf einen Hirtenjungen abgesehen, ein Satyr versucht, eine Nymphe zu verführen. Eine Satyr-Nymphen-Gruppe (Abb. 10.35) zeigt beide Figuren in bekannter Angriffs- und Abwehrhaltung. Anklänge an frühere Werke sind festzustellen; etwa erinnert die Nymphe an die kauernde Aphrodite (Abb. 10.31) oder die Ausführung des Satyrn an den Pergamonaltar (Abb. 10.23). Ist die Szene ernst zu nehmen? Handelt es sich um eine Vergewaltigung oder um ein Spiel? Ist die Zweideutigkeit beabsichtigt? Welchem Zwecke diente die Skulptur? Sie scheint eher der römischen Gedankenwelt zu entstammen und war vielleicht als Schmuckstück einer römischen Villa gedacht.

Die Aphrodite von Melos (Venus von Milo, Abb. 10.36), auf der gleichnamigen Insel gefunden und in den Louvre gebracht, entstand etwa gleichzeitig, während der zweiten Hälfte des 2. Jahrhunderts v. Chr. Die überlebensgroße (2,04 m hohe) Figur hat ein Bein nach vorne geschoben, angewinkelt und nach außen gedreht. Die praxitelische S-Kurve zieht sich durch den gesamten Körper. Das Gewand hält den Körper im Gleichgewicht. Gesichtszüge und Anatomie wurzeln in spätklassischen Typen. Verändert haben sich lediglich die Proportionen. Die Taille liegt höher als bei der knidischen Aphrodite, wenn auch die Ähnlichkeit unübersehbar ist. Die veränderten Proportionen, die spiralförmige Bewegung zwischen Füßen und Hüften und das unachtsam umgelegte Gewand führen neue, distanzierende hellenistische Eigenheiten vor Augen, die eindeutig in der klassischen Kunst wurzeln.

Im Zuge der Erweiterung des formalen Horizonts entwickelten die hellenistischen Bildhauer ihr Interesse an Grotesken, Karikaturen, Genreszenen und anderen exotischen Themen. Das weitgefaßte

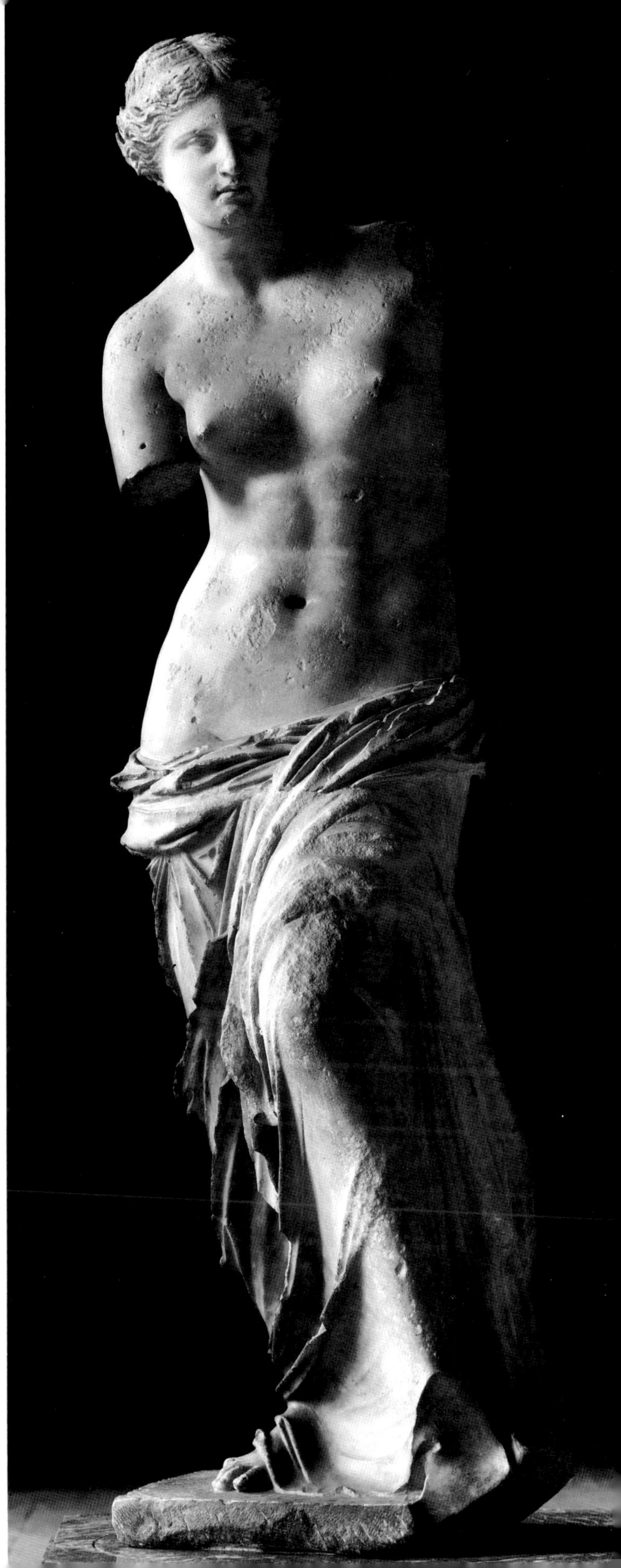

10.35 *gegenüber* Nymphe und Satyr. Römische Kopie nach einem Original aus der Zeit um 100 v. Chr. Marmor. Höhe 60 cm. Rom, Kapitolinische Museen

10.36 *rechts* Aphrodite von Melos (Venus von Milo). Um 150–100 v. Chr. Marmor. Höhe 2,04 m. Paris, Louvre

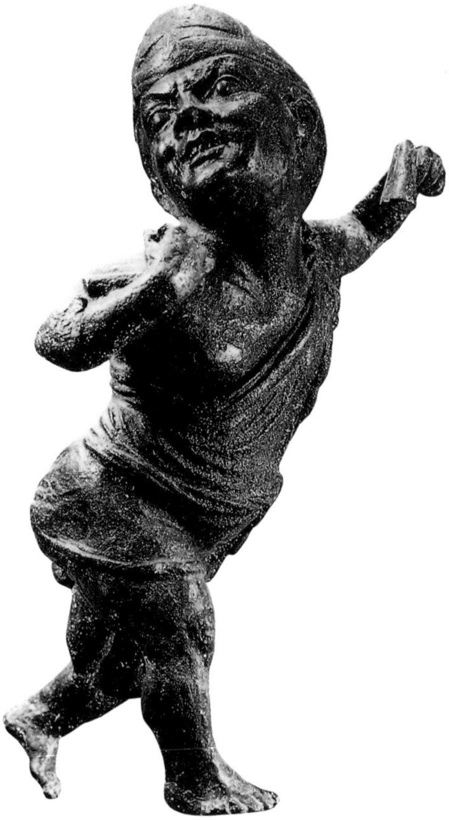

10.37 Zwerg aus dem Mahdia-Schiffswrack. Um 150–100 v. Chr. Bronze. Höhe 32 cm. Tunis, Bardo-Museum

Typenrepertoire enthielt beispielsweise alternde Fischer, phallische Tänzer, Zwerge, Hirten und Bucklige. Derartige Bilder fertigte man in Großformat aus Marmor oder als Terrakotta- und Bronzeminiaturen. Ein Beispiel aus Bronze, das einen grotesken, tanzenden Zwerg darstellt (Abb. 10.27), stammt aus dem Wrack des Mahdia-Schiffs, das um 90 v. Chr. vor der Küste Tunesiens untergegangen war. Die Fracht des Schiffes, das von Griechenland in Richtung Italien unterwegs gewesen sein dürfte, umfaßte eine ganze Anzahl von Architekturgliedern, Inschriften, Votivreliefs, sowie Bronze- und Marmorskulpturen.

Mit dem wachsenden Interesse am Individuum stieg auch das Ansehen der Porträtplastik. Die

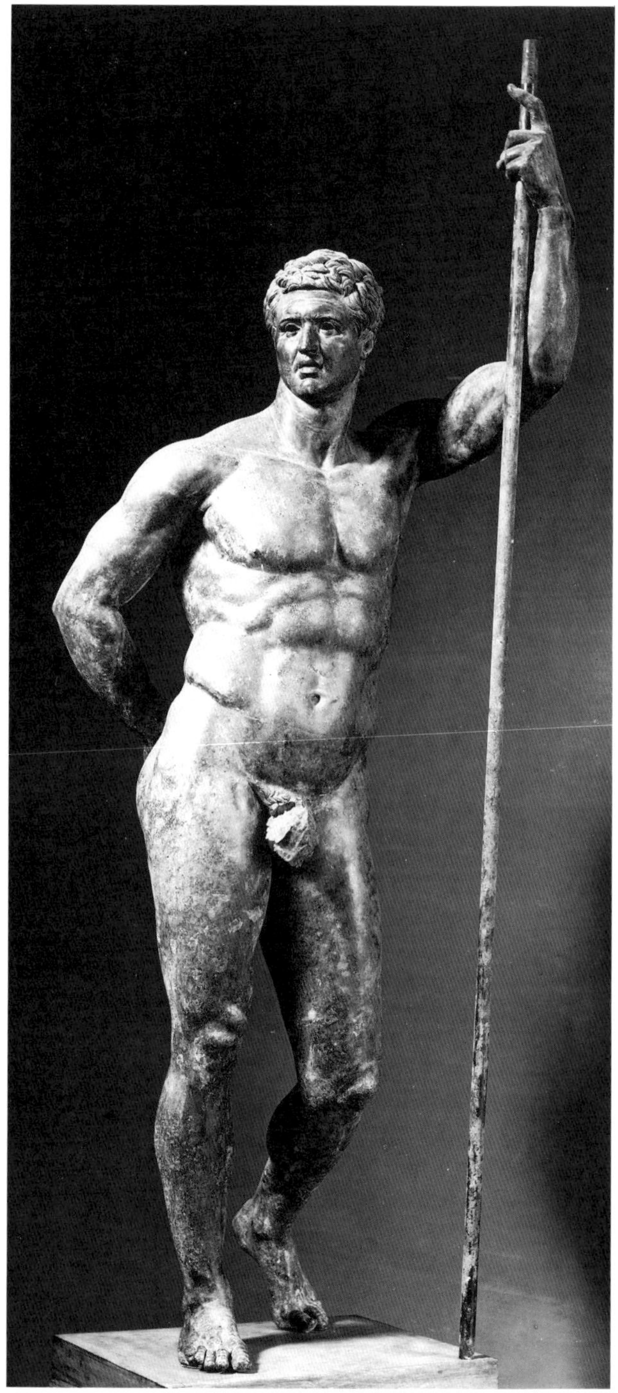

10.38 Hellenistischer Herrscher, gefunden 1884 in einem römischen Haus auf dem Esquilin. Um 150 v. Chr. Höhe (ohne Lanze) 2,37 m. Rom, Thermenmuseum

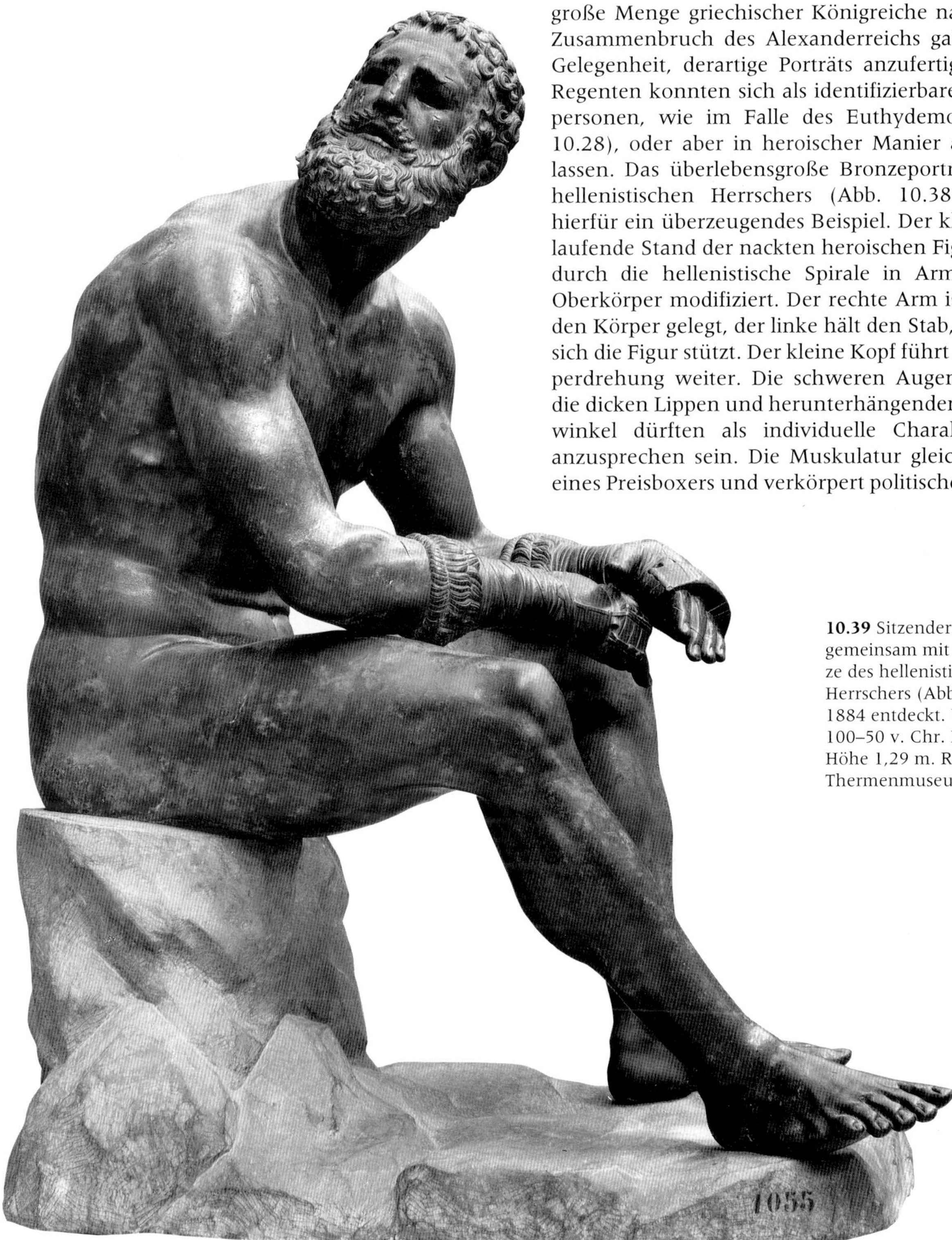

große Menge griechischer Königreiche nach dem Zusammenbruch des Alexanderreichs gab genug Gelegenheit, derartige Porträts anzufertigen. Die Regenten konnten sich als identifizierbare Einzelpersonen, wie im Falle des Euthydemos (Abb. 10.28), oder aber in heroischer Manier abbilden lassen. Das überlebensgroße Bronzeporträt eines hellenistischen Herrschers (Abb. 10.38) liefert hierfür ein überzeugendes Beispiel. Der klassische laufende Stand der nackten heroischen Figur wird durch die hellenistische Spirale in Armen und Oberkörper modifiziert. Der rechte Arm ist hinter den Körper gelegt, der linke hält den Stab, auf den sich die Figur stützt. Der kleine Kopf führt die Körperdrehung weiter. Die schweren Augenbrauen, die dicken Lippen und herunterhängenden Mundwinkel dürften als individuelle Charakterzüge anzusprechen sein. Die Muskulatur gleicht jener eines Preisboxers und verkörpert politische Stärke.

10.39 Sitzender Boxer, gemeinsam mit der Bronze des hellenistischen Herrschers (Abb. 10.38) 1884 entdeckt. Um 100–50 v. Chr. Bronze. Höhe 1,29 m. Rom, Thermenmuseum

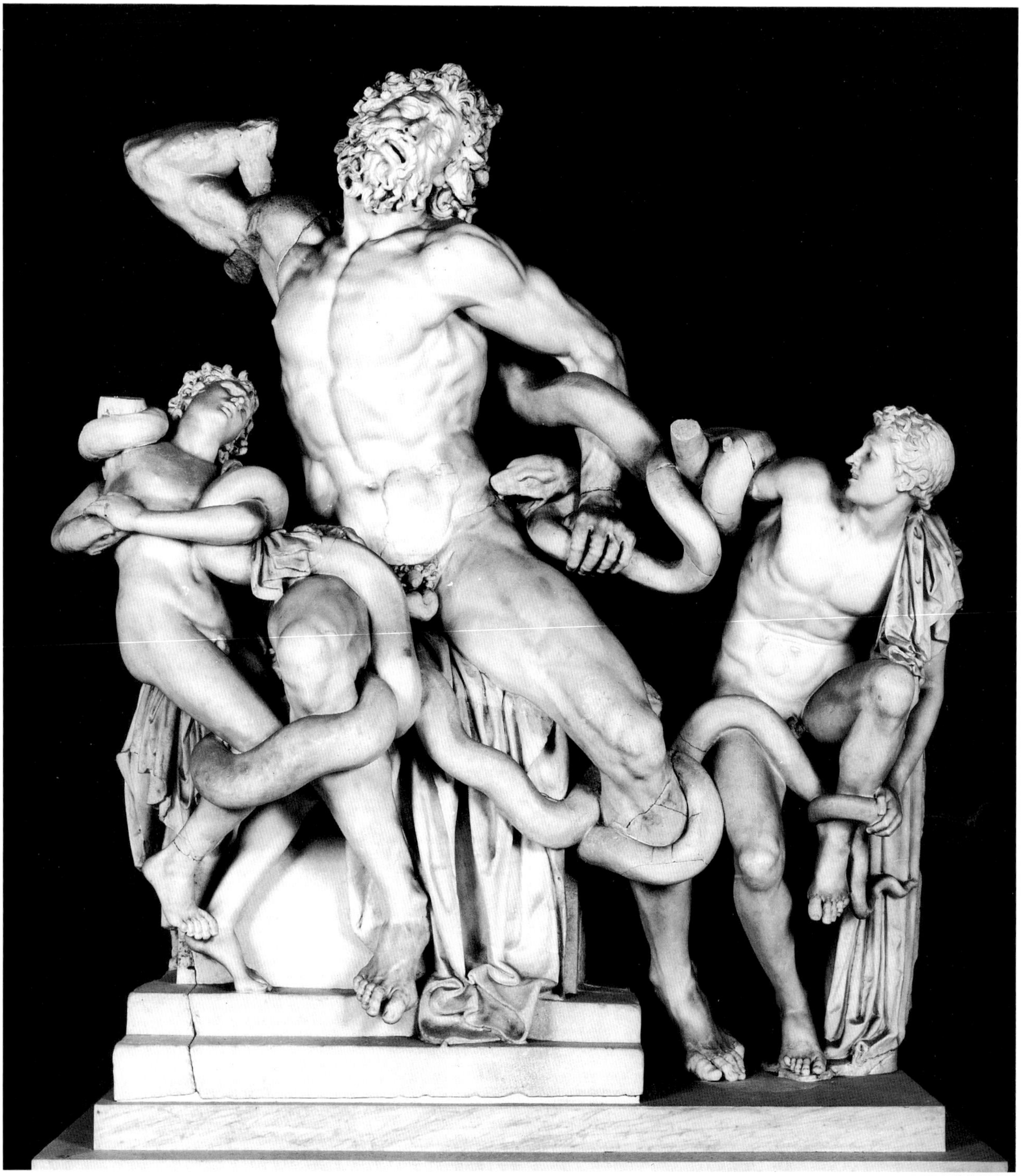

10.40 Laokoongruppe: Laokoon und seine Söhne im Kampf gegen Schlangen. Frühe Ergänzungen. Von Plinius den rhodischen Bildhauern Hagesandros, Athenedoros und Polydoros zugeschrieben. 2. Jh. v. Chr. oder 1. Jh. n. Chr. Marmor. Höhe 2,40 m. Rom, Vatikanische Museen

Eine Identifikation des Dargestellten ist bisher noch nicht gelungen.

Inhaltlich weniger komplex, keineswegs jedoch hinsichtlich des Stils, ist der sitzende Boxer (Abb. 10.39), ein Bronzeoriginal aus der ersten Hälfte des 1. Jahrhunderts v. Chr. Die realistische Präsentation führt einen bekannten Typus der Periode vor Augen, in dem die reale Erscheinung des hellenistischen Kämpfers mit dem heroischen Ideal der klassischen Athleten kontrastiert. Die gebrochene Nase, die geschwollenen Ohren, die blutenden Wunden und schwellenden Muskeln der Oberschenkel und des Oberkörpers machen den grimmigen, beinahe abschreckenden Realismus der Skulptur aus. Dem stehen die anspruchslose Pose, die in linearen Locken angelegten Bart- und Kopfhaare sowie die Reminiszenz an den klassischen Stil gegenüber.

Weitergeführt wird der barocke Stil auch in der Laokoongruppe (Abb. 10.40). Die 1506 in Rom ausgegrabene und bereits von Michelangelo bewunderte Skulptur zeigt Laokoon und seine beiden Söhne, die von zwei Schlangen angegriffen werden. Das Werk gab schon immer Anlaß zur Diskussion. Plinius nennt in diesem Zusammenhang die Bildhauer Hagesandros, Athenedoros und Polydoros von Rhodos. Über das Thema jedoch bestand kein Zweifel: Als der trojanische Priester Laokoon die Trojaner vor dem hölzernen Pferd warnen wollte, wurden er und seine Söhne von Poseidons Seeschlangen attackiert und umgebracht. Zur Datierung der Gruppe wurden verschiedene Vorschläge unterbreitet. Die gedrehten Körper und übertriebenen anatomischen Details in der Figur des Laokoon, die ängstlichen Gesichtsausdrücke und der hochdramatische Darstellungsmoment veranlaßten

10.41 Odysseus mit dem Palladion (Athenastatue), einer in der »Tiberius-Grotte« in Sperlonga (96 km südlich von Rom) gefundenen Gruppe zugehörig. Römische Version aus dem 1. Jh. n. Chr. oder hellenistisches Original aus dem 2. Jh. v. Chr. Marmor. Sperlonga, Archäologisches Museum

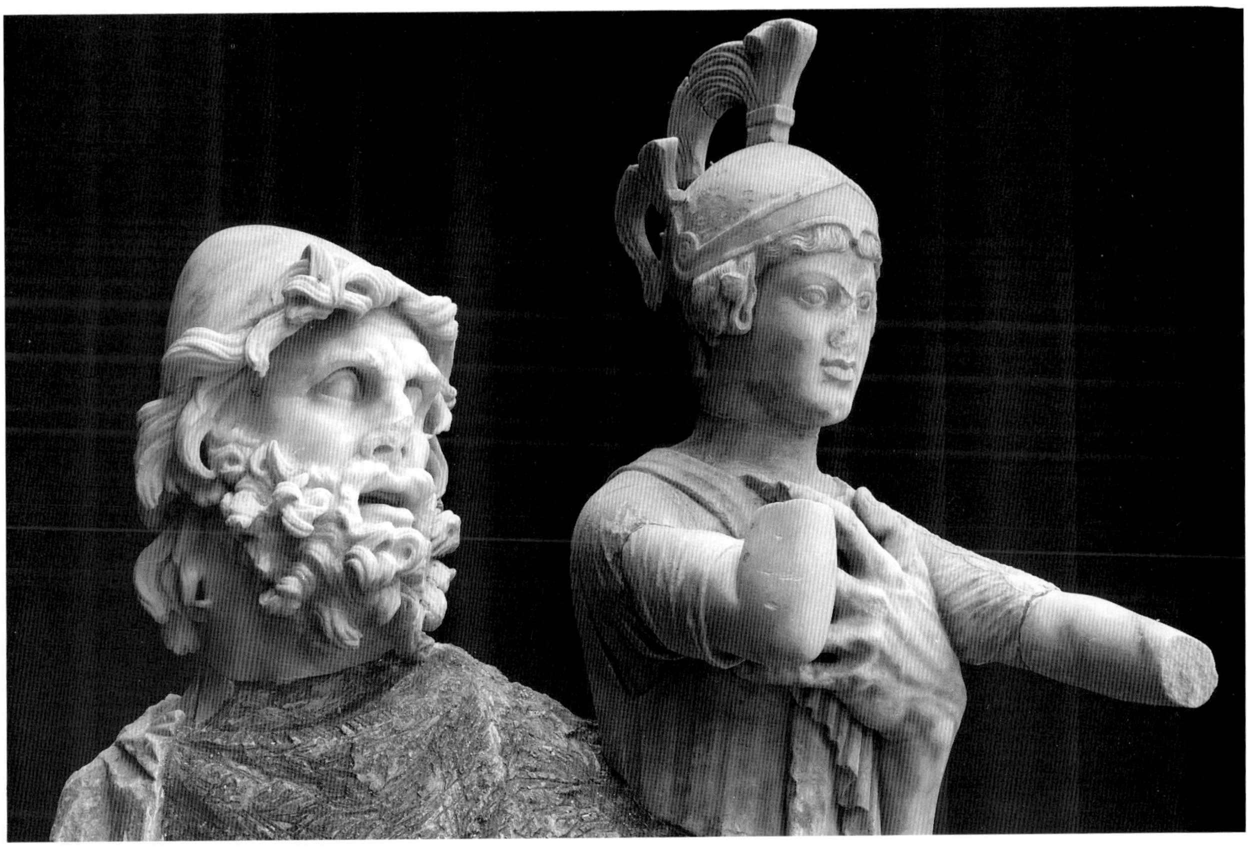

viele Forscher, sie chronologisch in die Nähe des Pergamonaltares zu rücken.

Die Entdeckung weiterer Figuren (Abb. 10.41) im hellenistischen Barockstil 1957 in einer Höhle bei Sperlonga, die in ein Speisezimmer umgewandelt worden war und zu einer königlichen Villa aus dem 1. Jahrhundert n. Chr. gehörte, ließ die Frage nach der Datierung erneut aufkommen. Die Sperlonga-Figuren illustrieren in großformatiger Weise Szenen aus der griechischen Mythologie. Die Blendung des Polyphem, das Skylla-Abenteuer und ein Schiffswrack lieferten eine Übersetzung der Epen in die Plastik, die mit ihren dramatischen Höhepunkten und ihrer stilistischen Ausarbeitung an die Laokoongruppe anschließt. Ein Zusammenhang scheint auch über die eingeschriebenen Künstlersignaturen Hagesandros, Athenedoros und Polydoros nahezuliegen. Handelt es sich um Originale aus dem 2. Jahrhundert v. Chr. die aus dem Osten nach Italien geschafft worden waren, um das Speisezimmer des Imperators zu schmücken? In jüngster Zeit überwiegt jedoch die These, die Laokoongruppe und auch die Sperlongafiguren ins 1. Jahrhundert n. Chr. zu setzen. Die Werke gehen deshalb wohl auf hellenistische Prototypen zurück, von denen der barocke Stil, das Darstellungsthema und die Komposition übernommen wurden. Demzufolge könnte man annehmen, daß sich die späthellenistische Periode, vor allem was die Gattung der Plastik mit ihren hochhellenistischen, barocken Wurzeln betrifft, bis in das 1. Jahrhundert n. Chr. im römischen Reich fortgesetzt hat. Die Laokoongruppe ist in jedem Fall ein vorzügliches Beispiel für eine hochhellenistische einansichtige Komposition (wie bei einem Relief) und die charakteristisch spiralförmig gedrehten Körper. Beispiele aus der Gattung der Architekturreliefs wurden mit den beiden Friesen des Pergamonaltars bereits vorgestellt. Andere Reliefs sind als Stiftungen anzusehen. In dem als Apotheose des Homer bekannten Werk (Abb. 10.42), einer um 125 v. Chr. geschaffenen Arbeit des Archelaos von Priene, sind allegorische Anspielungen, Theaterszenerie, Landschaftselemente und zahlreiche Figurentypen miteinander vereint. Die Personen sind in Registern auf der 1,14 m hohen Reliefplatte angeordnet. Im unteren Register, sozusagen auf der Bühne, wie der sichtbar vor Säulen aufgehängte Vorhang indiziert, sitzt Homer, begleitet von Allegorien der Zeit und der Welt. Ilias und Odyssee knien ihm zur Seite, Mythos und Historie opfern ihm. Weitere Figuren verkörpern die Poesie, die Tragödie, die Komödie, die menschliche Natur sowie die vier Tugenden. Sie alle können über Beischriften identifiziert werden, mit Ausnahme des Kindes, Sinnbild der menschlichen Natur, das sich hinter den Tugenden versteckt. Ganz oben, in den Registern im Bereich der Bergspitze bzw. Höhlendecke, sind die Musen, Apollon (in der Höhle), Zeus (auf der Hügelspitze) sowie die Statue eines Poeten auf der rechten Seite versammelt. Hellenistische Skulpturentypen finden sich in den Musendarstellungen wieder. Das komplexe Relief zeugt von der Liebe für Symbole, Gelehrsamkeit, Bildung, Allegorie und Abstraktion, das Theater und die Poesie.

10.42 Apotheose des Homer, von Archelaos aus Priene. Um 125 v. Chr. Marmor. Höhe 1,14 m. London, Britisches Museum

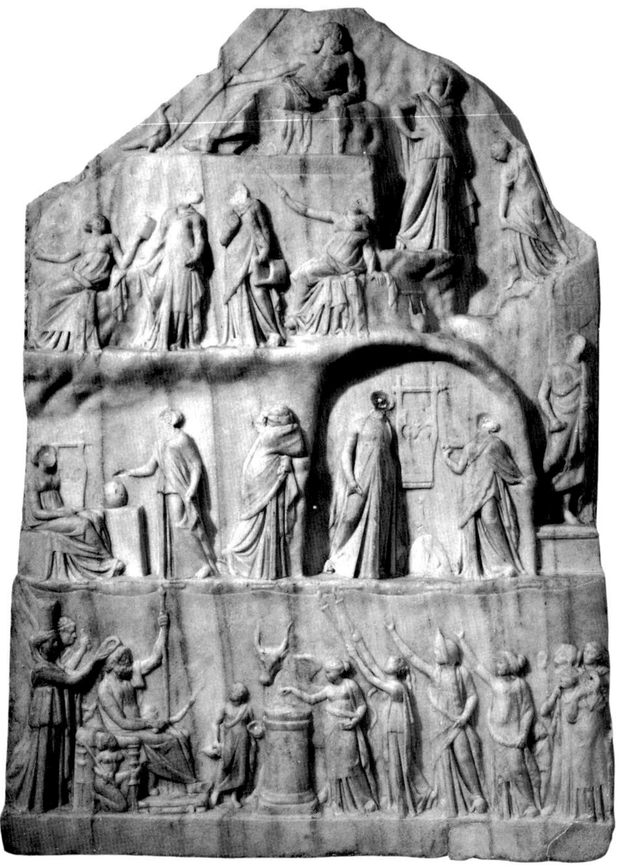

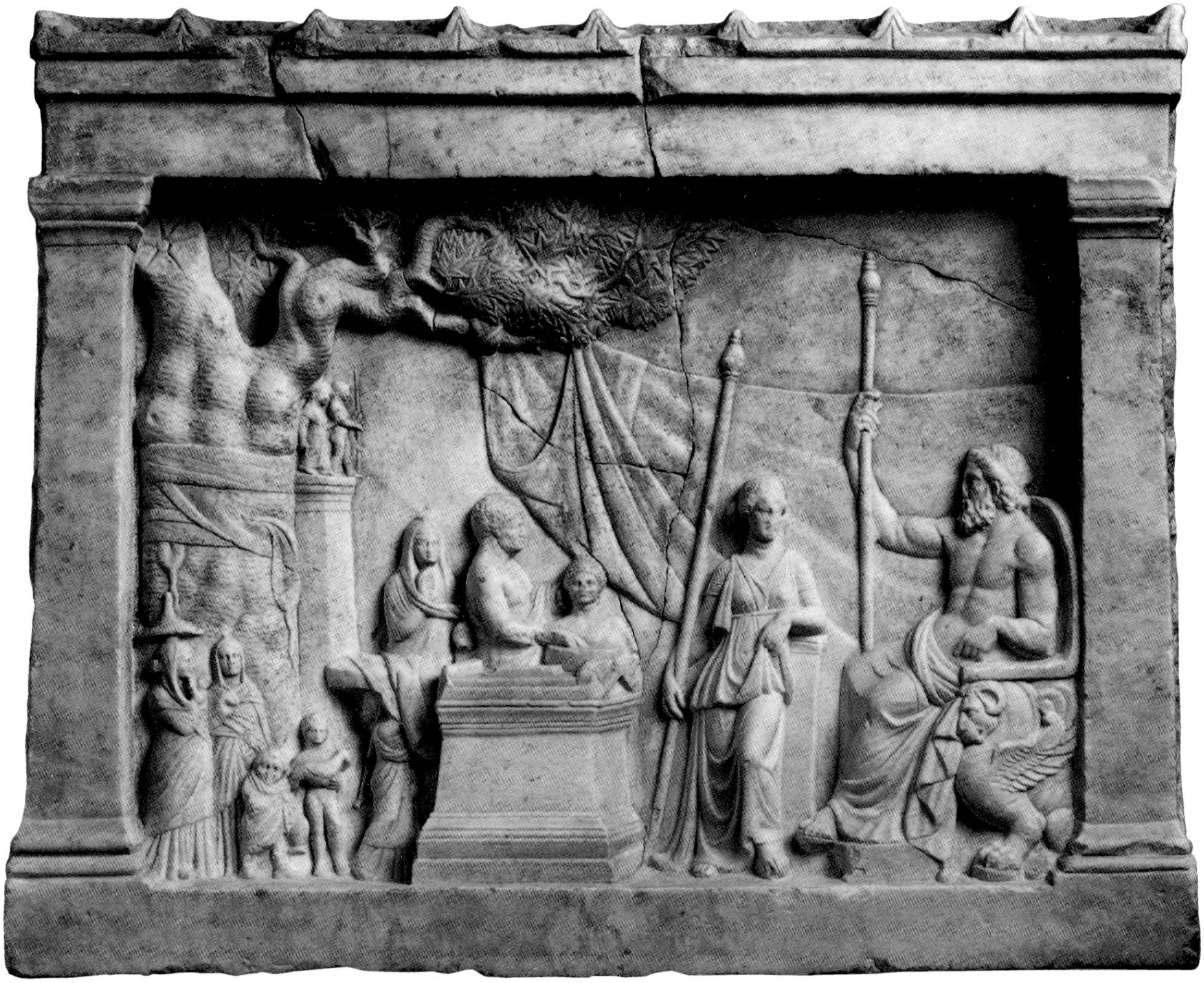

10.43 Weihrelief mit sakraler Szene. 2. Jh. v. Chr. Marmor. Höhe 79 cm. München, Glyptothek

Manchmal formte man die Reliefs als Bilder in einem architektonischen Rahmen. Hier (Abb. 10.43) empfangen zwei Götterfiguren, eine sitzende männliche und eine an einen Pfeiler gelehnte weibliche, eine Pilgerfamilie am Altar eines Heiligtums. Die Menschen sind in einem kleineren Maßstab wiedergegeben. Von einem weit ausladenden Ast hängt ein Vorhang herab, der die Götter in einen eigenen Raum stellt. Zwei Statuen auf einem Pfeiler beobachten die Szene. Das Relief, das sich heute in München befindet, stammt angeblich aus Korinth.

In der Gattung der Bildreliefs schenkte man nun den menschlichen Figuren immer weniger Beachtung. Wichtiger wurden die landschaftlichen und architektonischen Elemente. Ein weiteres, ebenfalls in München befindliches Relief (Abb. 10.44) zeigt einen Bauern mit einer Kuh, auf deren Rücken zwei Schafe festgebunden sind. Die Umfassungsmauer und der Eingang zu einem Heiligtum, rituelle Geräte (z. B. die Tambourine), ein großer Baum sowie der weiter hinten liegende Sakralbau nehmen fast den gesamten Platz ein. Die Tendenz, menschliche Figuren in eine räumliche Komposition zu setzen, kulminiert in einer Landschaft aus der Odyssee (Abb. 10.53). Derartige Reliefs werden gewöhnlich als Votivgaben interpretiert, als Geschenke der Gläubigen an die Götter. Viele von

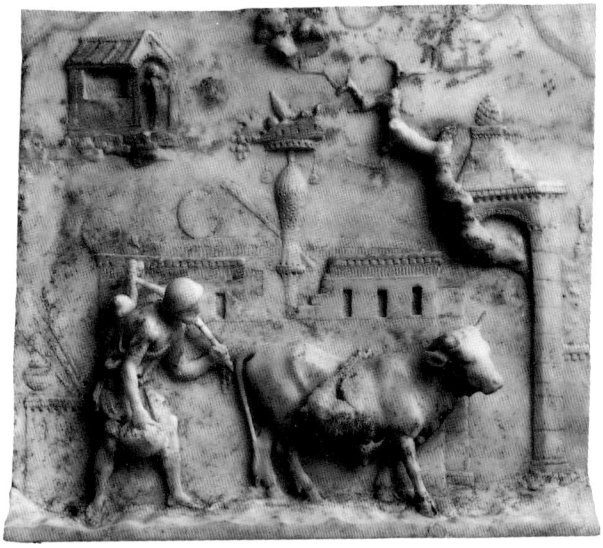

10.44 *links* Relief eines Bauern, der eine Kuh zum Markt treibt. 1. Jh. v. Chr. Marmor. Höhe 30 cm. München, Glyptothek

10.45 *unten* Relief mit zwei Niken und einem Stier. Neuattische Version der Balustrade am Athena-Nike-Tempel in Athen. Um 100 v. Chr. Marmor. Höhe 67 cm. Florenz, Uffizien

10.46 *gegenüber* Gruppe mit Stephanos-Athlet, vielleicht Orest und Elektra. Spätes 1. Jh. v. Chr. Marmor. Höhe 1,50 m. Neapel, Archäologisches Museum

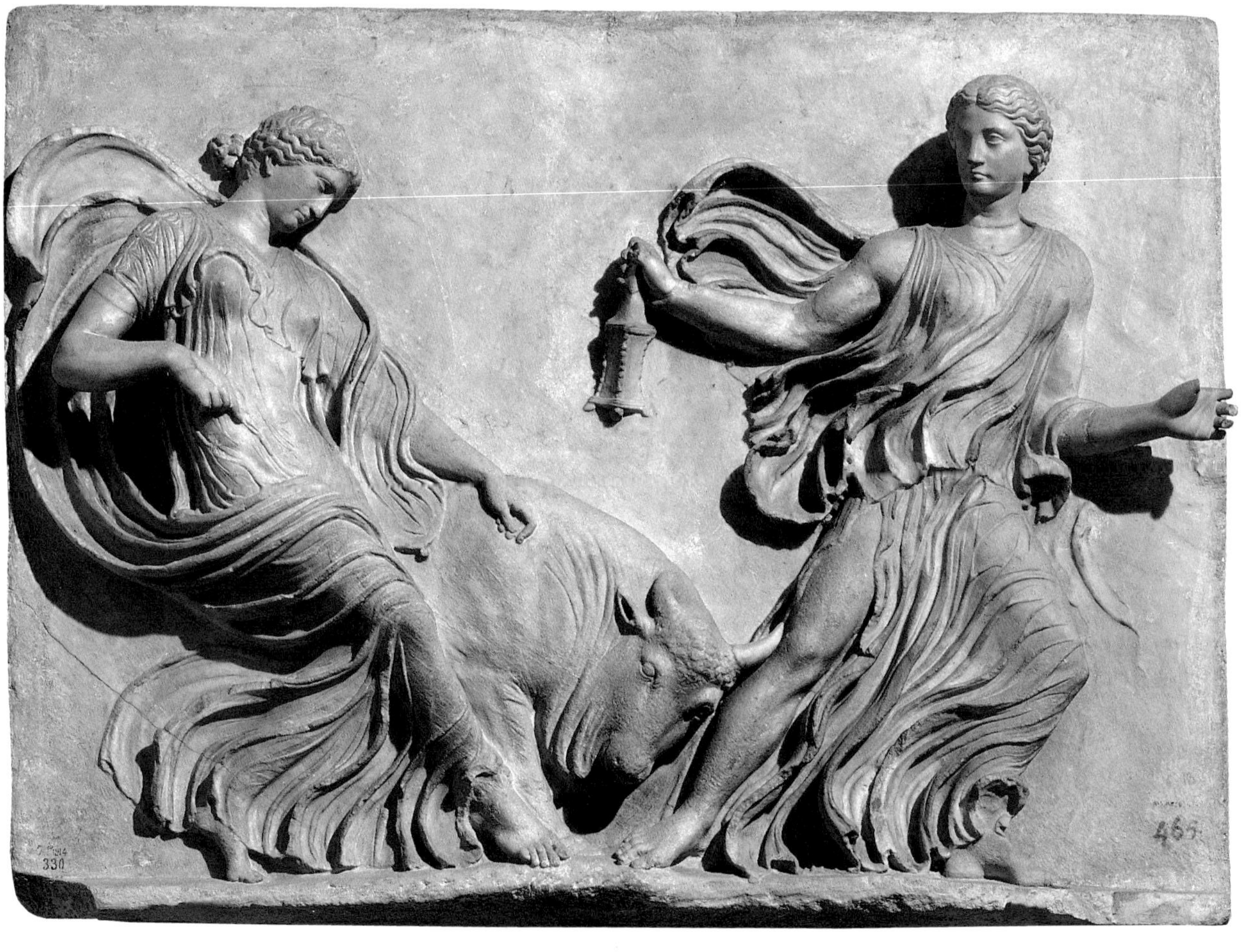

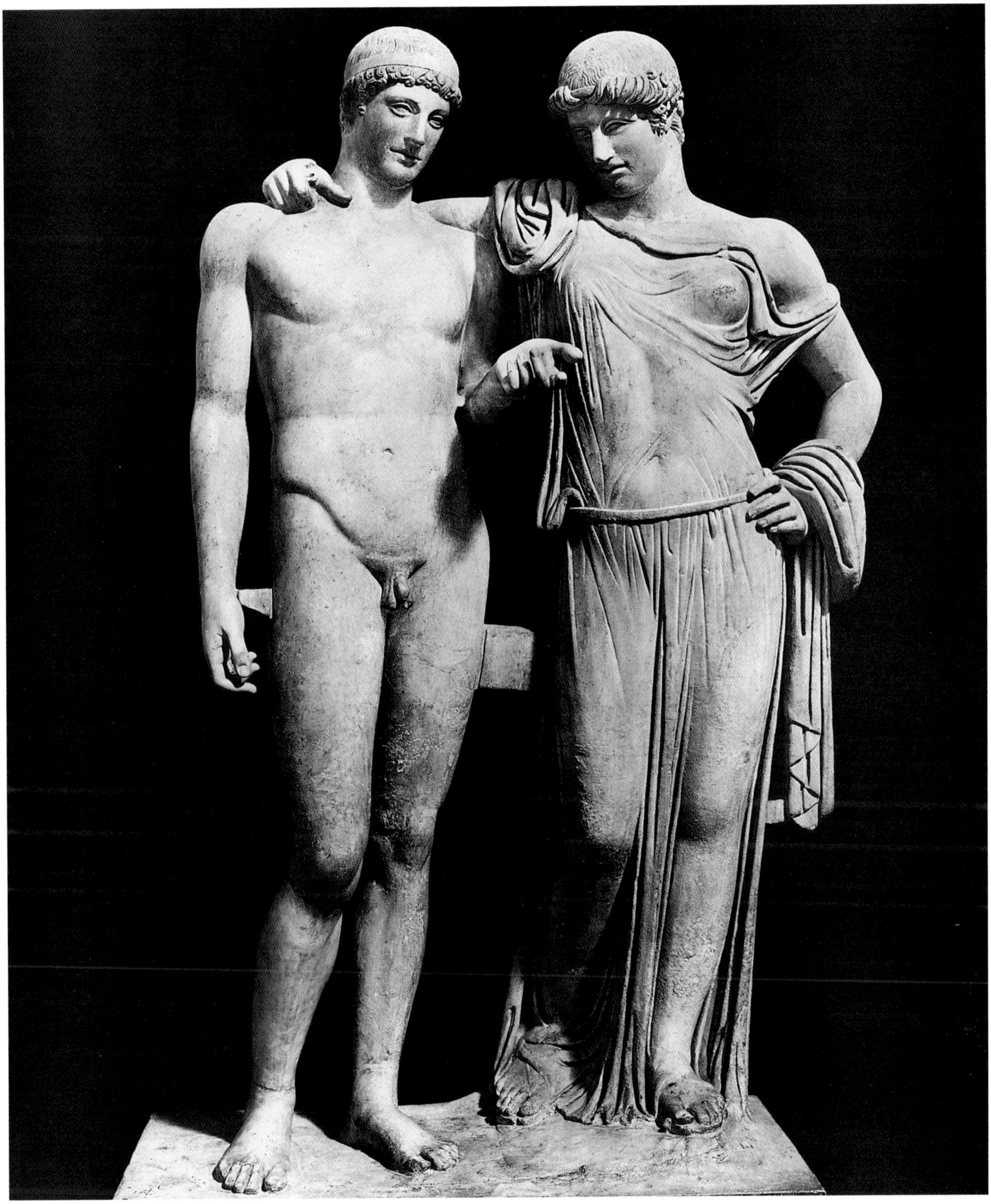

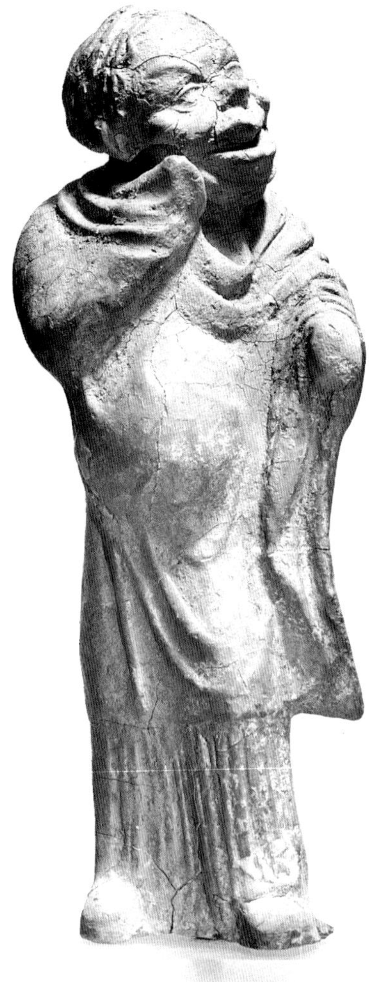

10.47 Statuette eines Schauspielers, als alte Frau verkleidet, ein Charakter aus den Phylax-Spielen. Um 350 v. Chr. Terrakotta. Würzburg, Martin von Wagner-Museum

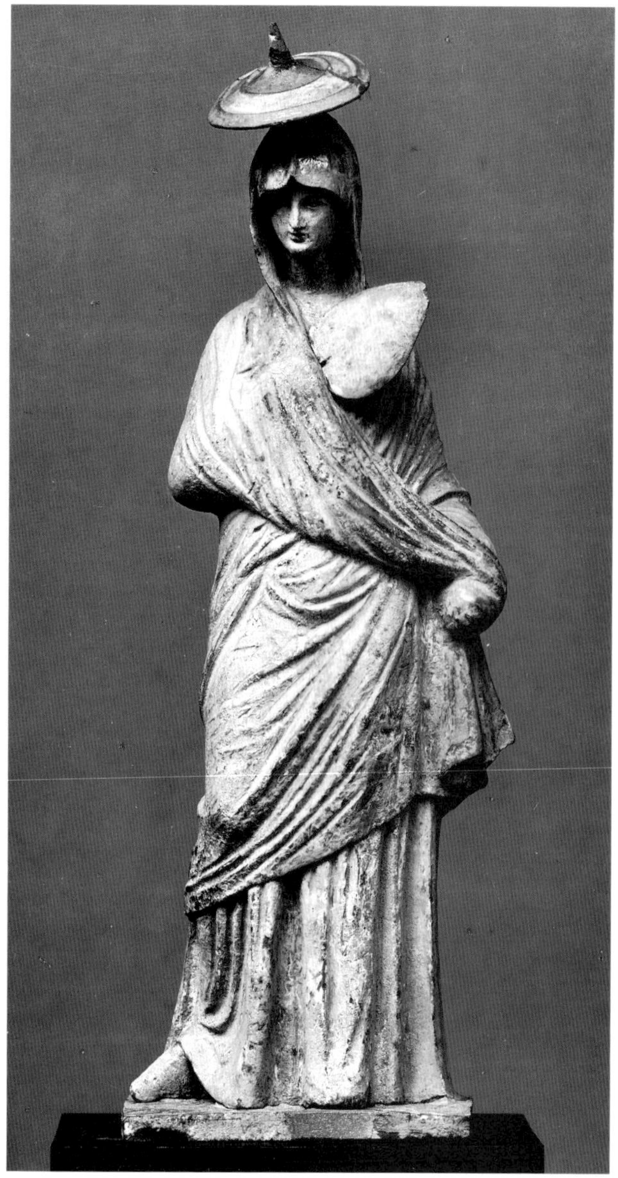

10.48 Weibliche Figurine, aus Tanagra. 3. Jh. v. Chr. Terrakotta. Höhe 33 cm. Berlin, Staatliche Museen

ihnen wurden jedoch in römischen Villen zutage gefördert, wo sie in marmorverkleidete Wände als dekorative Elemente eingelassen waren.

Eine Gruppe von Reliefbildern aus dem 1. Jahrhundert v. Chr. demonstriert das Interesse der Künstler und ihrer Auftraggeber an der Nachahmung älterer Kunststile. Das abgebildete Relief (Abb. 10.45) zeigt Niken und einen Stier. Sowohl der Stil, als auch das Thema lehnen sich eng an die Nikebalustrade am Athena-Nike-Tempel auf der Athener Akropolis an (Abb. 8.28, S. 257). Das Thema, eine Prozession von Niken, ist identisch. Die eingenommenen Posen, das am Körper klebende transparente Gewand, die kalligraphisch wiedergegebenen Falten wurden nahezu überbetont. Offensichtlich griff man auf die Formen der früheren griechischen Kunst zurück, um die Wünsche der römischen Kunden zu erfüllen. Da die meisten ko-

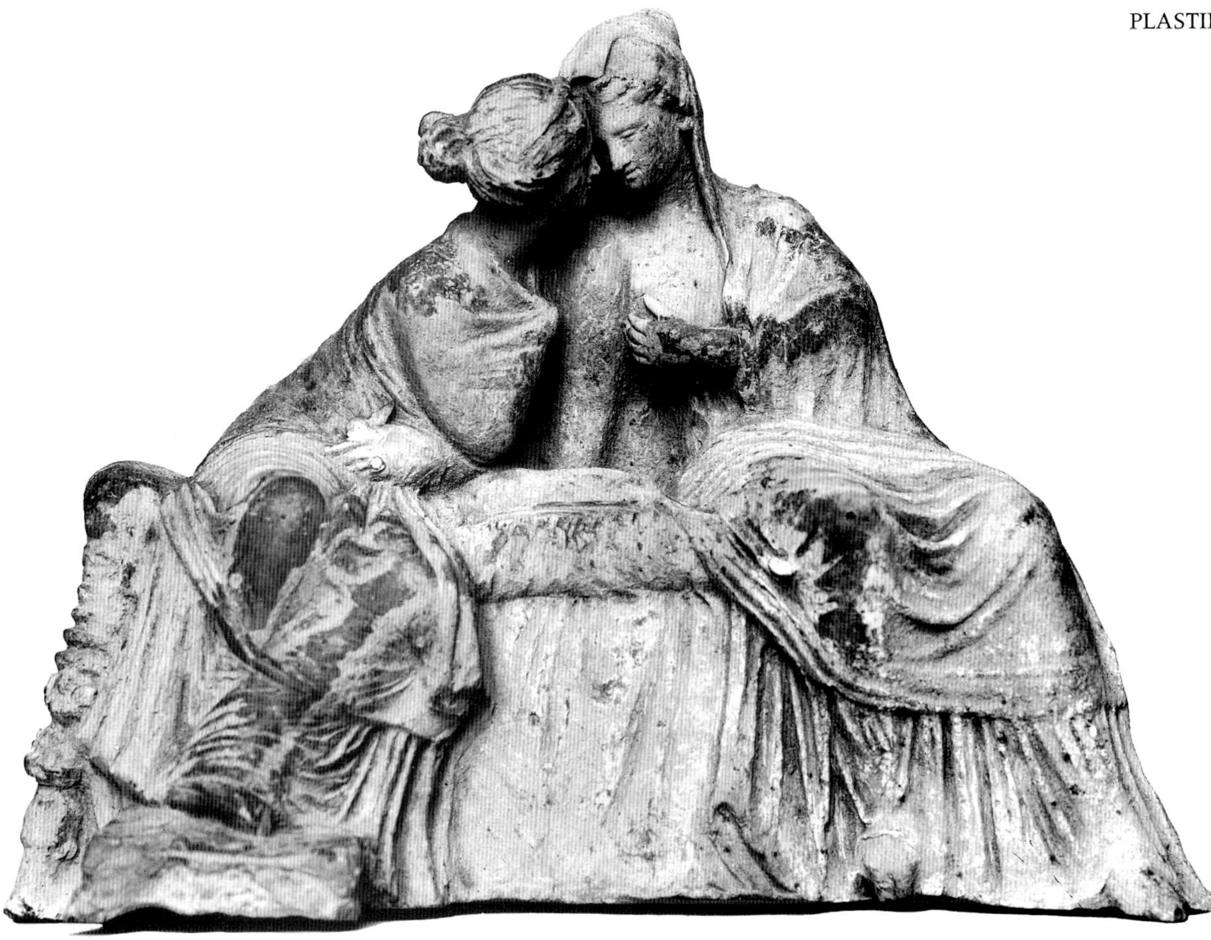

pierten griechischen Werke aus dem klassischen Athen stammten und eines der Kunstzentren im 1. Jahrhundert v. Chr. gerade in Athen angesiedelt war, spricht man in Bezug auf diese Denkmäler häufig von »neoattischen«.

Das retrospektive Paraphrasieren oder Zitieren früherer Stile beschränkte sich nicht nur auf die Gattung der Reliefs und auch nicht auf Griechenland. Ein weiteres Produktionszentrum, das um die Mitte des Jahrhunderts aktiv war, lag in Rom. Zwei der dort arbeitenden, führenden Bildhauer sind uns aus literarischen Quellen bekannt: Pasiteles und Arkesilaos. Zu den Schülern des Pasiteles zählte ein gewisser Stephanos, der eine zu seiner Zeit berühmte, männliche, stehende Athletenfigur kreierte und signierte. Nicht weniger als 17 Repliken des Werkes sind überliefert, die entweder als Einzel- oder Gruppendarstellungen vorliegen. In unserem Beispiel (Abb. 10.46) wird der Stephanos-Athlet von einer Frau begleitet, die ihren rechten Arm um seine Schulter gelegt hat. Es ist nahezu unmöglich, all die Elemente griechischer Stilgeschichte aufzuzählen,

10.49 Sich unterhaltende Frauen, aus Myrina. Um 200 v. Chr. Terrakotta. Höhe 21 cm. London, Britisches Museum

die die Skulptur enthält. Obwohl die Darstellung in der Regel als mythologische Gruppe angesprochen wird, als Elektra und Orest, variierte ihre Identität und Bedeutung zweifellos mit dem Kontext.

Seit frühester Zeit hatten die Künstler kleine Terrakotta-Figuren produziert, die normalerweise als Votivgaben fungierten. In Unteritalien wurde die Herstellung derartiger Stücke fortgesetzt, ebenso in Kleinasien und Athen. Die italischen Schauspielerdarstellungen aus Terrakotta (Abb. 10.47) decken fast das von den Phylax-Vasen (Abb. 9.54, S. 315) bekannte Typenfeld ab und liefern uns wertvolle Hinweise auf den Eindruck, den derartige Aufführungen hervorgerufen haben mußten. Mit dem Ende des 4. Jahrhunderts v. Chr. tauchten neue Terrakottenserien auf, die sogenannten Tanagräerinnen. Ihren Namen haben sie durch die Stadt Tanagra in Böotien erhalten, in der sie zum ersten

Mal gefunden wurden. Die meisten stammen aus Gräbern. Ihnen dürfte eine spezielle Bedeutung zukommen, die jene der Phylax-Figuren übertraf. Zu den bekanntesten Tanagra-Typen zählt die weibliche Gewandfigur (Abb. 10.48), die sich während der hellenistischen Periode größter Beliebtheit erfreute.

Die Verwendung mehrerer Modelle, mit denen die einzelnen Körperpartien in verschiedenen Posen hergestellt werden konnten, erleichterten die Produktion unterschiedlicher Typen. Belegt ist die weibliche Gewandfigur im Sitzen (Abb. 10.49), im Stehen, sowie in Spiel oder Tanz begriffen. Für die stehenden Figuren wählte man ein typisches, stilisiertes Standmotiv. Sie sind mit mehreren Stoffschichten bekleidet und richten den ernsten Blick oft nach unten. Der kleine Kopf, die schmalen Schultern und die breiten Hüften sind charakteristisch. Hunderte dieser Figuren wurden bislang gefunden. Oft hat sich auch die Bemalung oder die farbliche Fassung erhalten. Blau und Gold sind an den eleganten Tanagräerinnen aus dem 3. Jahrhundert v. Chr. nachzuweisen, die zudem mit einem Fächer und einem Hut ausgestattet waren. Auch einige männliche Figuren sind überliefert, unter ihnen die des fliegenden Eros.

Die Kunst der gesamten Periode ist so vielgestaltig, daß oftmals eine eindeutige Identifizierung von Attributen, Entstehungszeiten, regionaler Stile und sogar des Themas nicht möglich ist.

Wandmalerei und Mosaiken

Wie schon für das 5. und 4. Jahrhundert v. Chr. liegen auch für hellenistische Wandmalereien nur

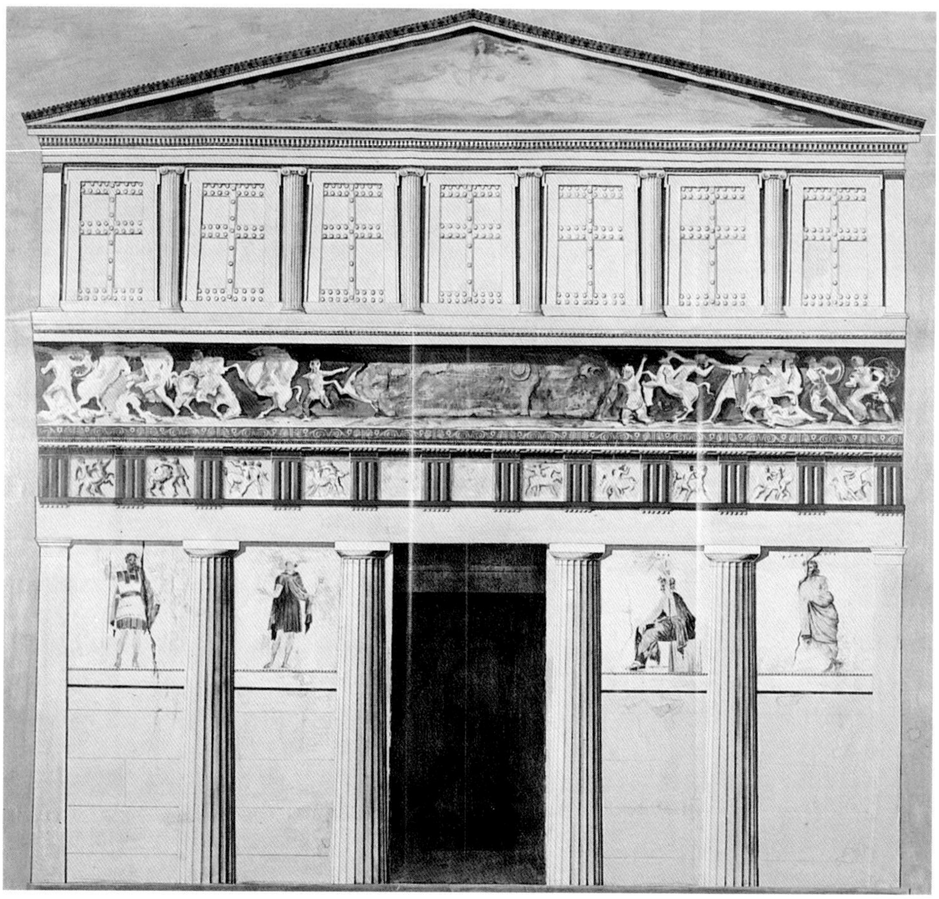

10.50 Fassade eines Grabes in Lefkandia. Um 300 v. Chr. Höhe 8,20 m

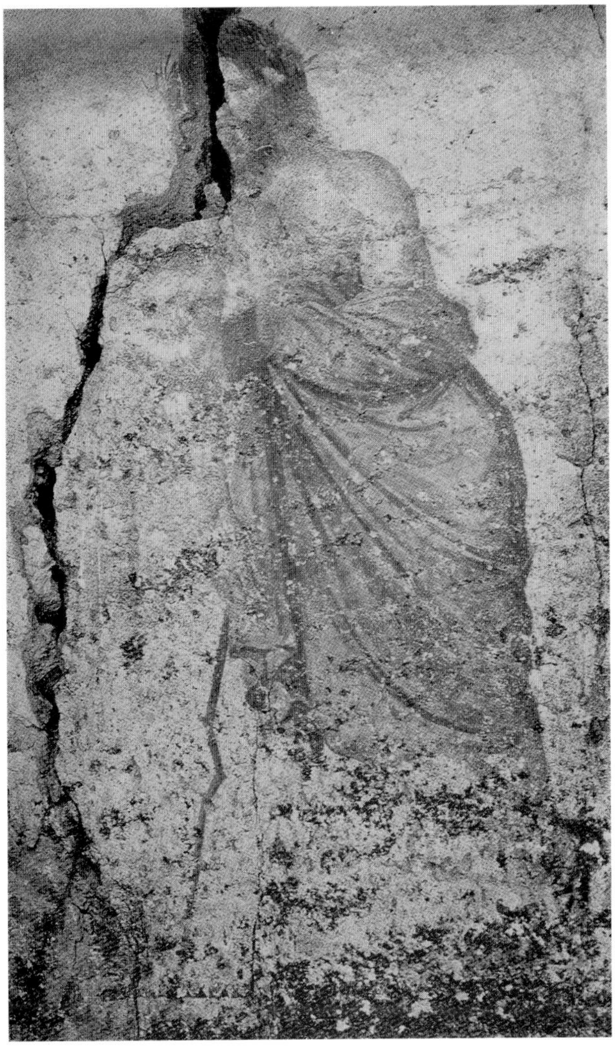

10.51 Fassade eines Grabes in Lefkandia: Rhadamanthys, einer der Totenrichter. Um 300 v. Chr. Wandmalerei. Höhe (Figur) 1,25 m

wenige direkte Zeugnisse vor. Auch können die überlieferten Stücke nicht immer als Originale gelten. In Vergina und Lefkandia in Makedonien entdeckte man beeindruckende Kammergräber, deren Fassaden und Innenräume mit Malereien versehen sind. Die Fassade eines Grabes in Lefkandia (Abb. 10.50) verdient wegen ihrer architektonischen Gliederung und ihrer Bemalung besondere Erwähnung. Die Architektur besteht aus einer Mischung von dorischen und ionischen Elementen, die allesamt in der früheren Tempelarchitektur wurzeln und sich wohl auf zeitgenössische Palastfassaden beziehen. Der reichen, fast schon barock anmutenden Ornamentik folgt hinter der Fassade ein relativ schlichtes Grab, das sich aus zwei tonnenüberwölbten Räumen zusammensetzt.

Die Fassade selbst besteht aus stuckierten Kalksteinblöcken, denen bemalte architektonische und plastische Formen vorgesetzt sind. Gegliedert ist sie in horizontal verlaufende Register: unten dorisch, oben ionisch, darüber der Giebel. Unter dem Giebel befinden sich ionische Halbsäulen, die Scheintüren rahmen, sowie ein Architrav und ein Fries mit Zahnschnitt; des weiteren ein durchlaufender, bemalter ionischer Relieffries, auf dem eine Amazonomachie abgebildet ist. Die darunter liegende dorische Hälfte der Fassade krönen ein Architrav sowie ein Fries, dessen bemalte Metopen Szenen aus der Schlacht zwischen Lapithen und Kentauren illustrieren. Die Figuren des ionischen Frieses sind sowohl skulpiert, als auch bemalt, jene im dorischen dagegen nur aufgemalt. Die obere Fassadenhälfte ist reicher ausgeschmückt worden. Die ausdrucksstarken Bilder der griechischen Sakralarchitektur (man denke an den Parthenon) lebten in den neuen makedonischen Architekturfassaden weiter.

Das untere Fassadenregister gliedern beidseitig des Eingangs dorische Halbsäulen. Zwischen den Stützen sind auf einer gemalten Plattform vier Personen zugegen. Eine der Figuren verkörpert Rhadamanthys (Abb. 10.51), den in einen Mantel gehüllten Totenrichter, der sich auf seinen Stock lehnt. Der Figurentyp ist bereits von den attischen Grabreliefs aus dem 4. Jahrhundert v. Chr. bekannt. Die anderen Bilder zeigen Hermes, der die Seelen in den Hades begleitete, den Tod selbst und einen weiteren jungen Richter, Aiakos. Die Figuren hatte man direkt auf den Stucküberzug gemalt. Auf Landschafts- und damit auch Raumangaben wurde verzichtet. Die beeindruckende Farbpalette reicht von Schwarz über Rot, Weiß, Gelb, Blau und Lila im Bereich der Gewänder und Schuhe bis zu Grau und Rotbraun für Haare und Waffen.

Diese künstlerisch hochwertige Fassade wurde ausschließlich für den Moment der Bestattung geschaffen und dann unter einem großen Erdtumulus begraben. Wie ist die kurze Sichtbarkeit derart

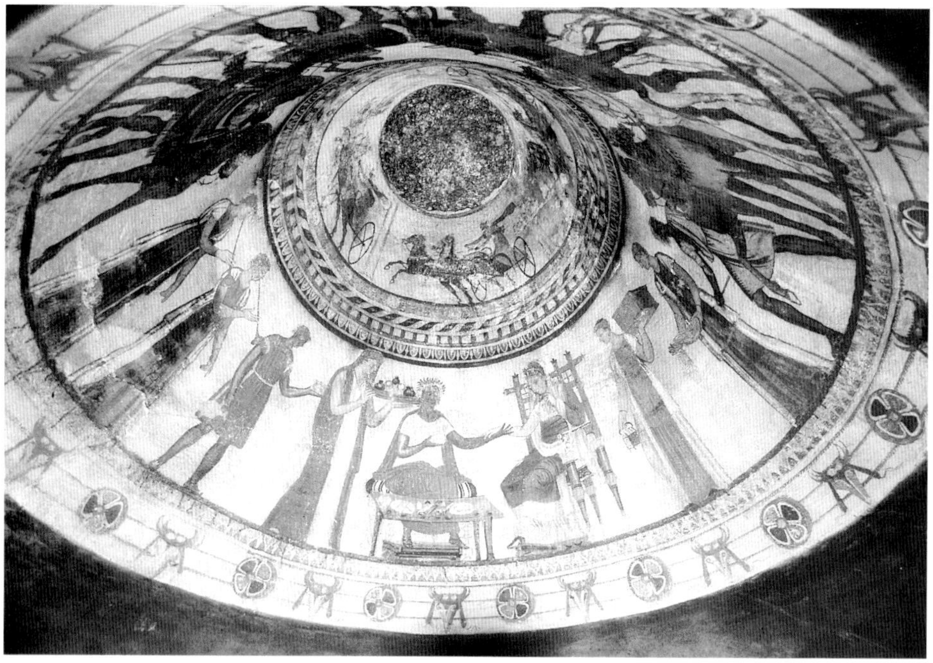

10.52 Bemalte Kuppel aus einem Rundgrab in Kazanlak/Bulgarien. Um 300 v. Chr. Wandmalerei eines griechischen Künstlers. Durchmesser des Grabes 3,35 m

aufwendiger Fassaden zu rechtfertigen? Sollen sie tatsächlich Palastfassaden suggerieren, an die sie zweifellos anknüpfen? Sollen die Verstorbenen die im Leben gekannte königliche Welt auch im Tod wiederfinden? Diese Fassade aber hält ihr Versprechen nicht: sie führt nicht in prächtige Palasträume, sondern zum Grab.

In einer anderen Ecke der griechischen Welt, im bulgarischen Kazanlak, wurde ebenfalls ein überwölbtes Grab aus der Zeit um 300 v. Chr. freigelegt, dessen Decke mit Figuren- und Wagenfriesen bemalt ist (Abb. 10.52). Die stehenden und sitzenden Figuren sind dem griechischen Typenrepertoire entnommen. Die rechts thronende Person ist diagonal in den Vordergrund geschoben. Dieser Typus stellt einen wichtigen Vorläufer der römischen Wandbilder in Boscoreale dar. Die Wagen und Pferde, die sich um die Kuppel gruppieren, lassen auf Experimente mit der Perspektive schließen. Parallelen finden sich rund 300 Jahre später in Pompeji. Doch sind die Figuren noch flach, die Farben wenig beeindruckend und die Zeichnungen oberflächlich ausgeführt. Es handelt sich um die Arbeit eines provinziellen griechischen Künstlers, was der Bedeutung des Fundstückes jedoch keinen Abbruch tut.

Zu den wichtigsten Innovationen der hellenistischen Maler gehört sicherlich die zunehmende Thematisierung der Landschaft. Landschaftselemente begegneten uns bereits im 4. Jahrhundert v. Chr. an dem Grab in Vergina. Schematische Landschaftsangaben datieren noch weiter zurück; erinnert sei an das Grab des Tauchers (Abb. 7.36, S. 233). Literarische Quellen berichten von einem wichtigen hellenistischen Maler, der sich Demetrios Topographos (der Landschaftsmaler) nannte. Aufgrund mangelnder archäologischer Zeugnisse wird diese Kunstgattung erst vorsichtig und nur vor dem Hintergrund einer ausgezeichneten Gemäldeserie aus einem Haus auf dem Esquilin in Rom berücksichtigt, die Szenen und Landschaften aus der Odyssee zeigt. Die Serie datiert in die späthellenistische Periode (1. Jahrhundert v. Chr.). Ist sie jedoch griechischen oder römischen Ursprungs? Gibt es Vorläufer? Die Wandmalereien in den makedonischen Gräbern beweisen, daß man sich mit dem Thema Landschaft auseinandersetzte. Doch nichts ist bislang überliefert, was uns auf das große Format und eine derartige Verbindung von erzählerischen und illusorischen Elementen vorbereitet hätte. Odysseus (Abb. 10.53) reist mit wechselnden Aufgaben und Begleitern durch die Landschaft. Er und seine

Gefährten wirken im Vergleich zu den Bergen, Felsen, Bäumen, dem Himmel und der See winzig. Die Wiedergabe der Natur war das eigentliche Ziel des Künstlers. Die physische Natur tritt in den Hintergrund, wie auch der Mythos, den Odysseus verkörpert. Starke Licht-Schatten-Effekte betonen die Weite, riesige Gebüsche beeindrucken den Betrachter. Wie auch schon in früheren Zeiten, werden die Dargestellten über die sorgfältig angebrachten Beischriften benannt. Es ist kaum anzunehmen, daß die Landschaftsdarstellung im 1. Jahrhundert v. Chr. entwickelt wurde und sogleich ihre volle Ausprägung erhielt. Einige Forscher sehen in den Landschaftsbildern römische Nachahmungen früherer, ins 2. Jahrhundert v. Chr. datierender hellenistischer Gemälde. Auch den Beginn der dreidimensionalen Naturbilder und großartigen Hintergründe für erzählende Szenen setzen sie zu diesem Zeitpunkt an.

Aus literarischen Quellen wissen wir, daß die Römer griechische Gemälde kopierten, doch scheinen sie Werke aus dem 4. Jahrhundert v. Chr. bevorzugt zu haben. Gemälde aus dem 3. und 2. Jahrhundert v. Chr. finden kaum Erwähnung. Zu den hellenistischen Malern, die das Interesse der Römer auf sich zogen, gehörten Epigonos, Artemon und Demetrios Topographos. Die Wandbilder aus Pompeji und Herculaneum mit ihren verschiedenen Versionen und unterschiedlichen Details lassen auf die Existenz von Prototypen schließen und machen gleichzeitig deutlich, wie schwer es ist, das Original zu rekonstruieren.

Wie im Rahmen der Besprechung des 4. Jahrhunderts v. Chr. (S. 309), so ist auch hinsichtlich der hellenistischen Malerei auf Arbeiten römischer Nachahmer in Pompeji und Herculaneum zurück-

10.53 Landschaft aus der Odyssee: Odysseus und seine Gefährten im Land der Laestrygonen. Aus einem Haus auf den Esquilin in Rom. Um 50 v. Chr. Wandmalerei. Höhe (Fries) 1,52 m. Rom, Vatikanische Museen

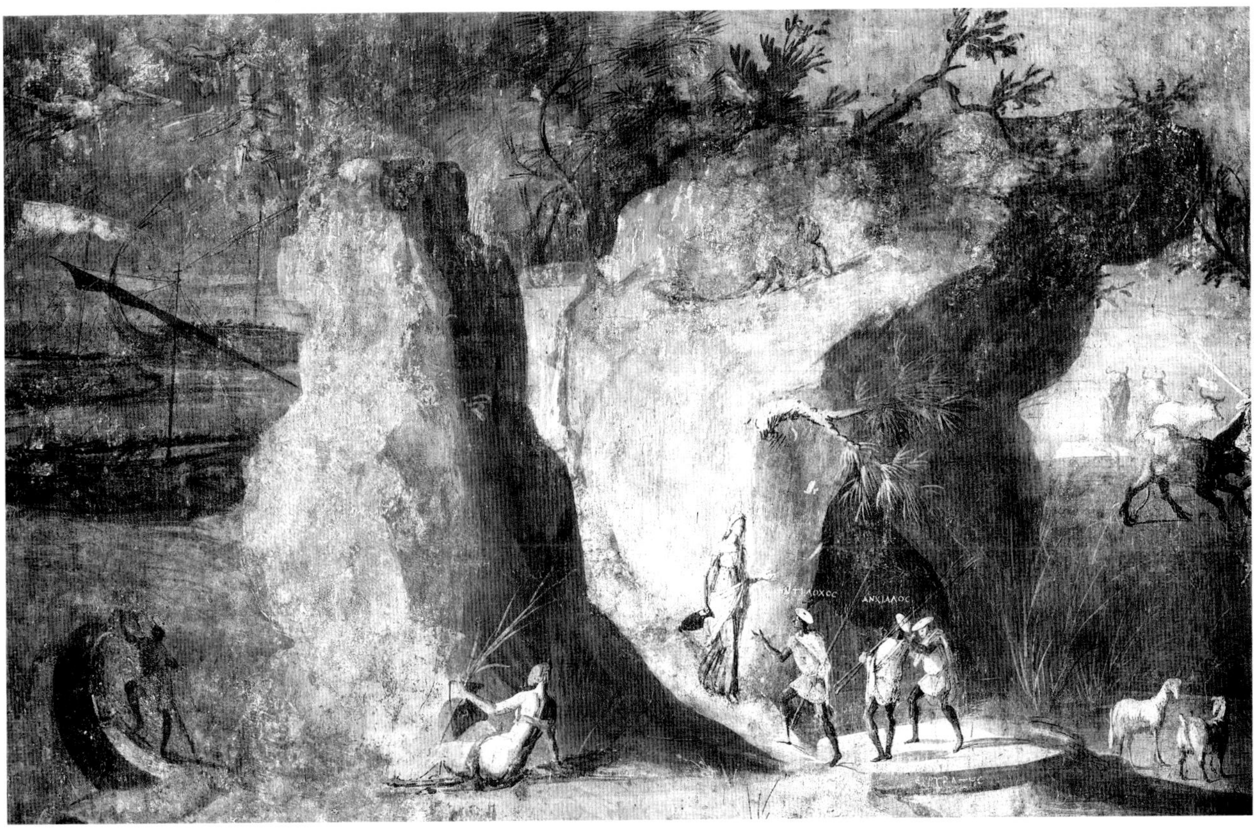

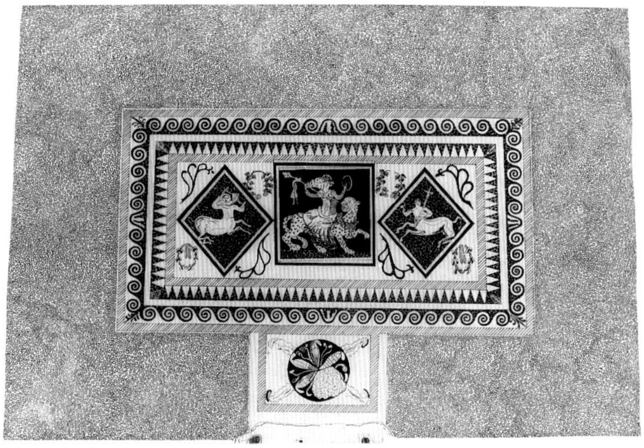

10.54 Tesserae-Mosaik aus Delos: Figurenfelder (Emblemata) mit abstrakter Rahmung. 2. Jh. v. Chr. 1,08 x 1,07 m.

zugreifen. Dabei müssen charakteristische Details herausgefiltert werden. Hinweise auf hellenistische Vorbilder liefern folgende Punkte: großformatige Landschaftselemente, hellenistische Figurentypen, makedonische Waffen und Gewänder, Gemeinsamkeiten von Kopftypen und Gesichtszügen mit hellenistischen Münzen und Genreszenen, die an die unteritalischen Vasenbilder angelehnt sind. Als weitere Aspekte der hellenistischen Kultur kommen Darstellungen aus der Neuen Komödie hinzu, einer Art komischen Theaters, das um 320 v. Chr. aufkam und sich auf extreme Charaktere, Intrigen und persönlichen Geiz versteift hatte. Jedes Werk, in dem römische Züge mit hellenistischen kombiniert sind, läßt auf einen Maler schließen, der sich älterer Vorbilder bediente.

Ein Wandbild in Herculaneum, auf dem Arkadia, Herakles und Telephos zu sehen sind (Abb. 10.57), reflektiert mit großer Sicherheit ein hellenistisches Original. Die majestätisch sitzende Arkadia grüßt den stehenden Herakles, der zu Telephos hinabblickt. Dieser wird von einem Reh gesäugt und von einem Adler bewacht. Die Szene illustriert eine Episode aus dem Leben des Telephos, des legendären Gründers von Pergamon, und erinnert damit an den kleinen Fries am Pergamonaltar (Abb. 10.24, S. 335). Auch die Pose und Muskelgestaltung des Herakles sowie die Gewanddrapierung der Arkadia haben ihre Parallelen in Pergamon. Dem Bild haftet nichts spezifisch Römisches an. Es könnte sich daher um eine relativ getreue Kopie des hellenistischen Originals handeln.

Aus Tesserae zusammengefügte Mosaiken lösten um 250 v. Chr. die Kieselmosaiken ab. Viele gute Beispiele aus dem 2. Jahrhundert v. Chr. liegen aus Häusern auf Delos vor. Figurenfelder (Emblemata, Abb. 10.54) mit figürlichen Darstellungen konnten separat gefertigt und in den mit abstrakten Motiven verzierten Rahmen eingesetzt werden. Das Wellenmuster zählt weiterhin zu den beliebtesten Ornamenten. Weitere Beispiele aus Pergamon zeigen Figuren, die mit starkem Licht-Schatten-Effekt modelliert sind. Der hier arbeitende Meister, Sosos, erlangte wegen seiner illusionistischen Darstellungen Berühmtheit, wie den aus einem Wasserbassin trinkenden Vögeln.

Derartige Themen erfreuten sich auch in Rom großer Beliebtheit und wurden häufig für Bodenmosaiken übernommen. Eine Taubendarstellung aus Tivoli (Abb. 10.58), die die Tiere auf dem Rand einer Schale sitzend, trinkend und sich putzend zeigt, könnte ein Werk des Sosos reflektieren. Ein weiteres Mosaik, das einen nicht gereinigten Boden zeigt und von dem signierenden Herakleitos in Rom verlegt worden war, dürfte ebenfalls eine Variante der Bilder des Sosos darstellen.

Auch Theaterszenen sind überliefert. Zwei kleine Bilder aus Pompeji, die Dioskurides von Samos signierte, wiederholen Szenen der Neuen Komödie. Ein Bild (Abb. 10.59) zeigt drei Straßenmusikanten und einen Jungen, die Theatermasken tragen und sich auf einer Bühne befinden. Die Buchstaben der Künstlersignatur datieren auf ca. 100 v. Chr. Die Technik der Verschattung, des Lichtsetzens und die Polychromie lassen an ein früheres hellenistisches Vorbild denken.

Wesentlich größere Mosaiken zierten die Räume öffentlicher Gebäude, so in dem etwa 40 km östlich von Rom gelegenen Heiligtum in Praeneste (Palestrina) aus dem 2. Jahrhundert v. Chr. Die vielen Terrassen und Kolonnaden erinnern an Pergamon; der (fast) symmetrische Plan mit seinen Hangterrassen und Achsen weist Gemeinsamkeiten mit dem Asklepios-Heiligtum auf Kos auf. Das große Mosaik mißt 6 x 5 m. Verlegt ist es auf dem Boden der Apsidenhalle. Das um 100 v. Chr. datierende, sogenannte Nil-Mosaik (Abb. 10.55) spiegelt die

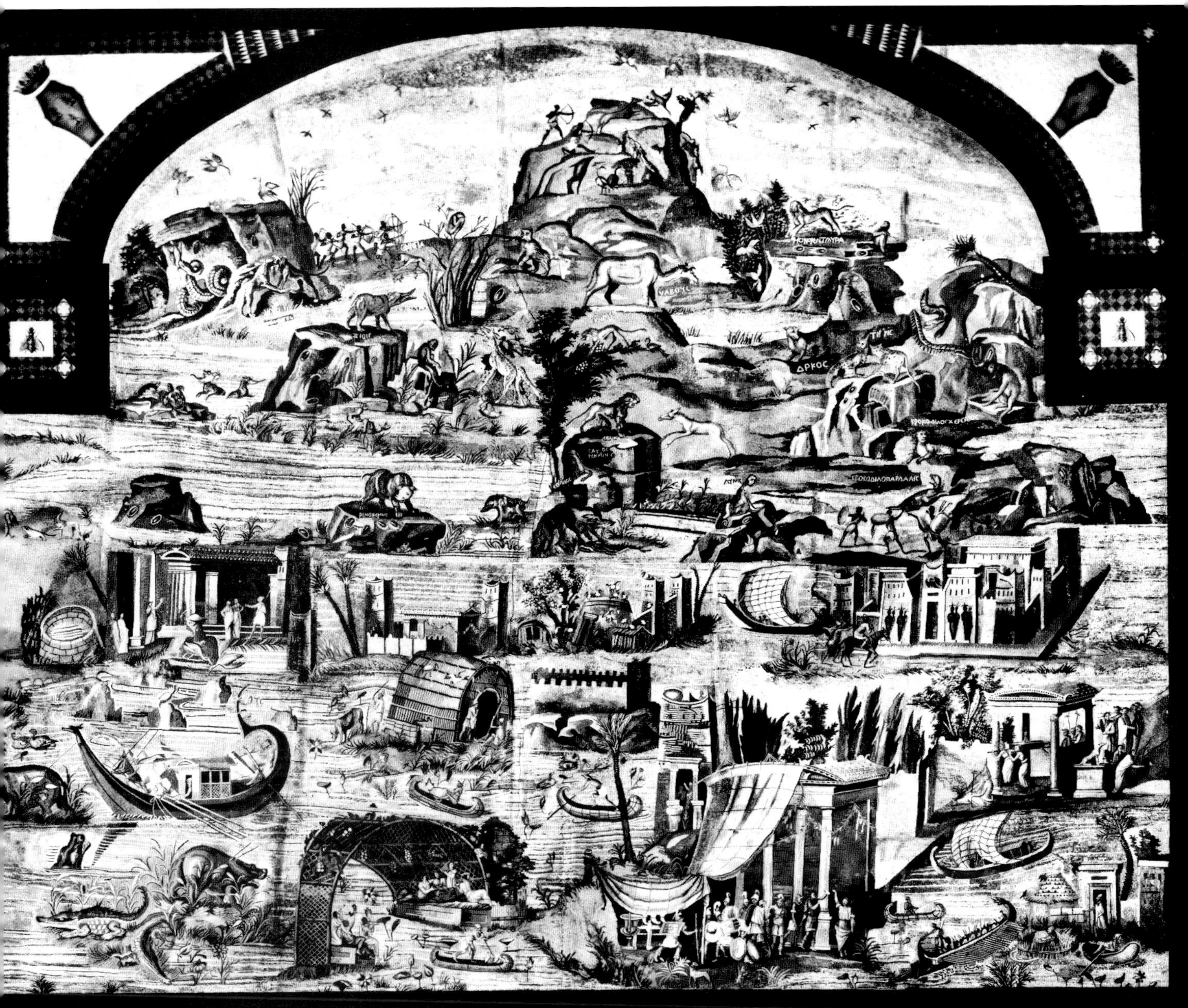

10.55 Nil-Mosaik aus dem Fortuna-Heiligtum von Praeneste. Um 100 v. Chr. 6 x 4,9 m. Palestrina, Nationalmuseum

hellenistische Nachahmung eines alten ägyptischen Motivs wider. Der Nil und seine Tiere und Menschen sind Gegenstand des farbenfrohen Bildes. In der oberen Zone (in der Apsis) ist der südliche Teil Ägyptens dargestellt, darunter der dichter bevölkerte Norden. Der Fluß windet sich durch die Landschaft und vereint die beiden Bildabschnitte zu einer Szene. Thematische Mittelpunkte sind das Leben am Fluß und das Panorama. Der untere Teil zeigt Galeeren, Segelboote, Fischerboote und Kähne. Den Fluß bevölkern Krokodile, Nilpferde, Vögel, Fische sowie Wasserbüffel. Die an den Ufern plazierten Gebäude sind aus verschiedenen Blickwinkeln wiedergegeben. Soldaten sammeln sich vor einem riesigen, gesäulten Gebäude, ein Hornist bläst in sein Instrument, Frauen schwatzen unter einer Pergola, ein Passant reitet auf einem Esel vorbei. Im oberen Teil dominieren die Landschaftselemente. Obwohl auch kleinformatige Personen in Form einer Jagdgesellschaft zugegen sind, herrschen doch die wilden Tiere vor, reale und erfundene, die weitgehend über griechische Beischriften zu identifizieren sind. Felsen, Bäume, Büsche, Vögel und Schlangen leisten ihnen Gesellschaft. Das Wissen über den Fluß und das Leben am Fluß wird wie eine Enzyklopädie abgerollt. Nicht zu übersehen ist das weitgehend im Hellenismus wurzelnde Interesse am Detail, an Landschaftselementen und Gebäuden sowie an variierenden Blickwinkeln.

Keramik

Am Ende des 4. Jahrhunderts v. Chr. wurde die bemalte Keramik von formgefertigten Schüsseln mit Reliefdekor abgelöst. Die Gefäße ahmten wohl anfangs Vorbilder aus Metall nach. Diese sogenannten Megarischen Becher wurden in der gesamten hellenistischen Welt hergestellt, in der sie vom 3. bis zum 1. Jahrhundert v. Chr. den Markt dominierten. Als Dekormotive waren florale Elemente geläufig, gelegentlich auch figürliche und mythologische Sze-

10.56 *unten* Teil eines modelgeformten Megarischen Bechers und zugehöriges Model von der Athener Agora. 3. bis 2. Jh. v. Chr. Athen, Agora-Museum

10.57 *gegenüber* Herakles, geführt von Iris, findet seinen Sohn Telephos. Herculaneum. Römische Version eines griechischen Originals aus dem 2. Jh. v. Chr. Wandbild. Neapel, Nationalmuseum

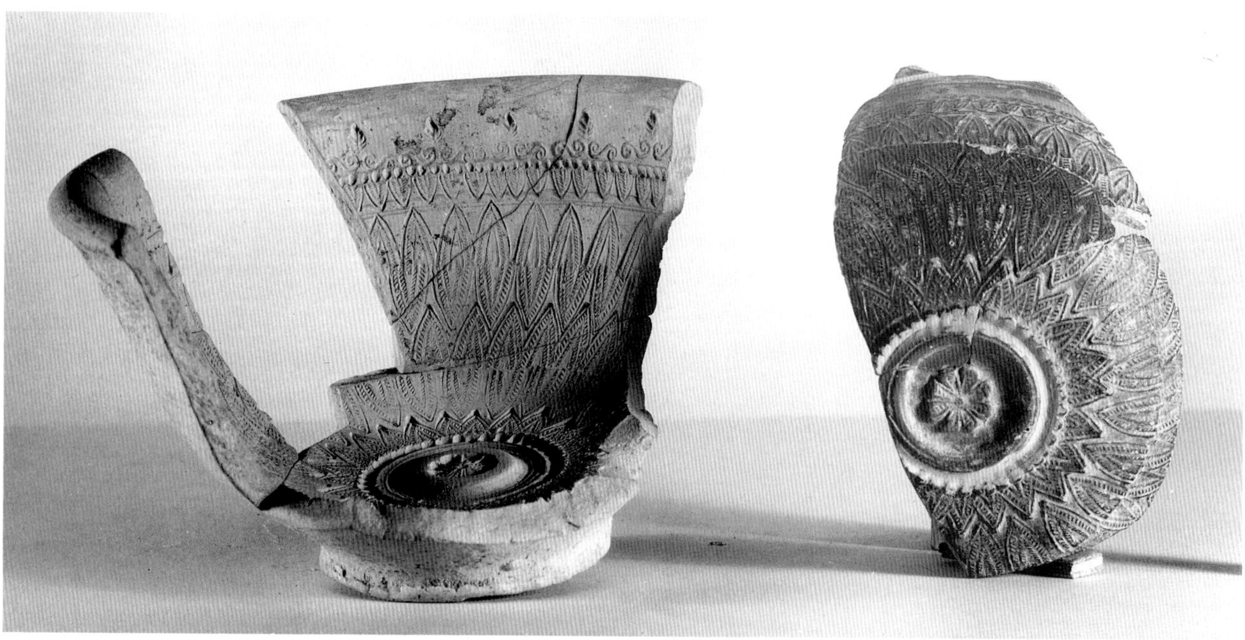

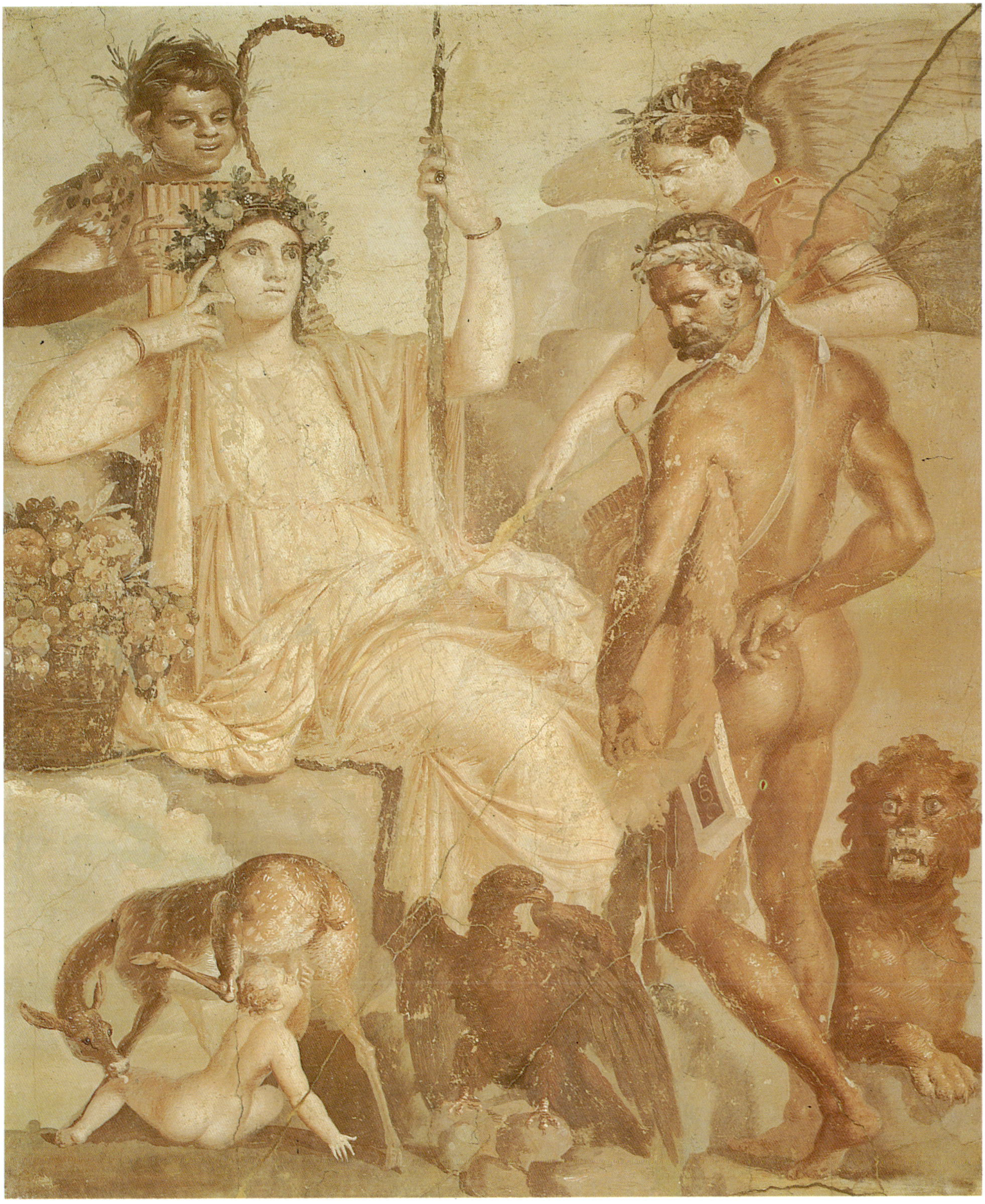

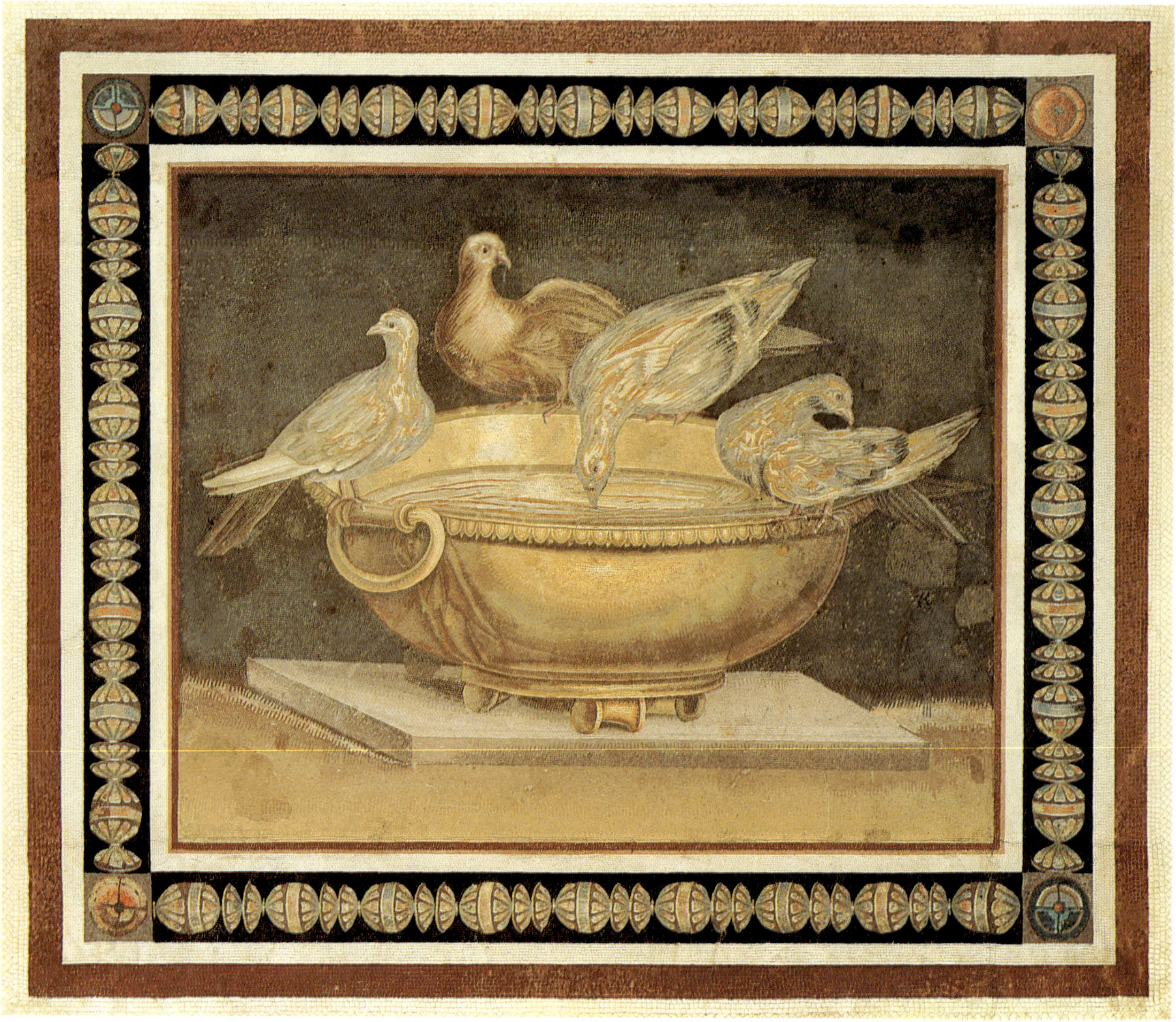

10.58 Sich putzende Tauben. Vielleicht nach einem Original des Sosos aus dem 2. Jh. v. Chr.. 2. Jh. n. Chr. Mosaik. 98 x 85 cm. Rom, Kapitolinische Museen

nen. Abbildung 10.56 zeigt Fragmente eines Bechers sowie einer aus Athen stammenden Modelform, mit der das Gefäß hergestellt wurde. Die Römer übernahmen diese Technik im 1. Jahrhundert v. Chr. und entwickelten daraus das arretinische und damit das populärste römische Tafelgeschirr.

Die Produktion der bemalten Keramik lief langsam aus. Die Gnathia-Ware läßt sich noch bis zum Ende des 3. Jahrhunderts v. Chr. nachweisen, wie auch die dunkelgrundige, im Westen hergestellte Keramik. Das ostgriechische Gegenstück dazu stellt die sogenannte Westabhang-Ware dar, benannt nach dem Material, das am Westabhang der Athener Akropolis gefunden wurde. Die schwarze Oberfläche der Gnathia-Keramik wurde in Weiß und Braun mit floralen Blattmotiven bemalt. Gelegentlich ist ein weiblicher Kopf, ein Eros oder ein Musikinstrument hinzugefügt. Der herausgegriffene

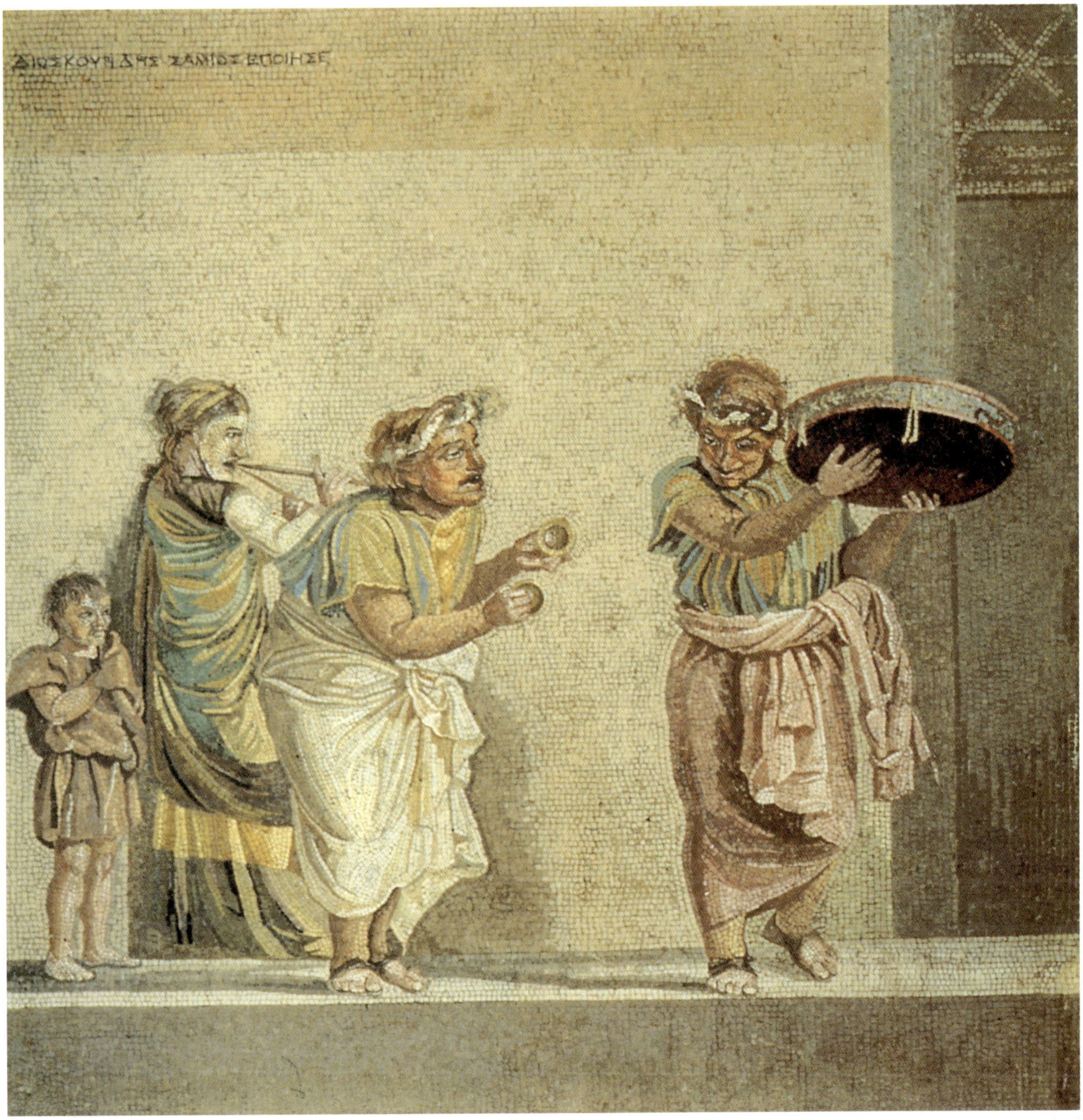

10.59 Komische Szene, von Dioskourides von Samos. Um 100 v. Chr. Mosaik. Höhe 48 cm. Neapel, Nationalmuseum

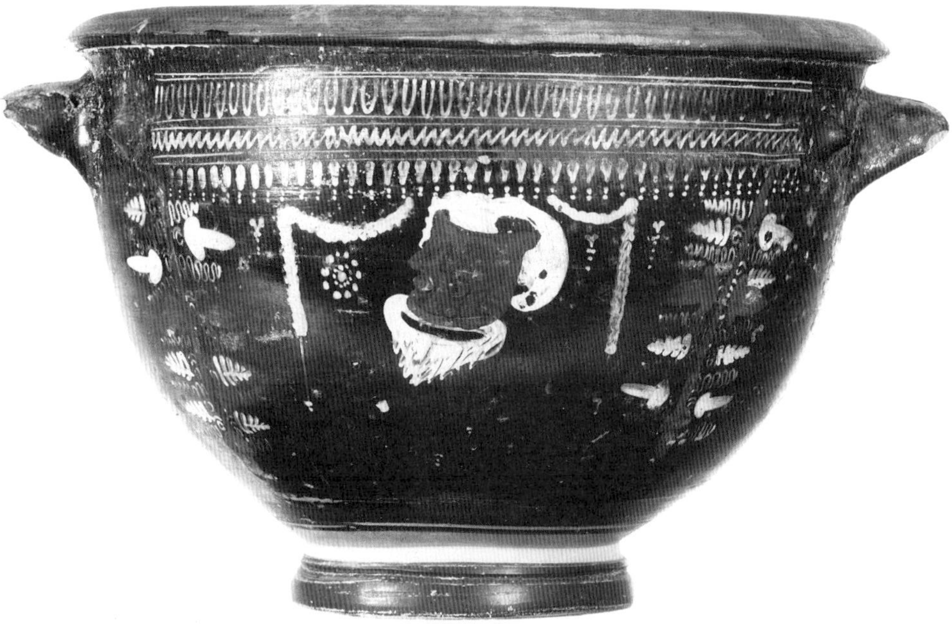

10.60 *links* Gnathia-Becher, in Unteritalien hergestellt: komische Maske und Girlanden. 3. Jh. v. Chr. Höhe 18 cm. Leiden, Rijksmuseum van Oudheden

10.61 *unten* Lagynos aus der Umgebung von Pergamon, geschmückt mit einer Lagynos und Blumengewinden. 2. Jh. v. Chr. Höhe 16 cm. London, Britisches Museum

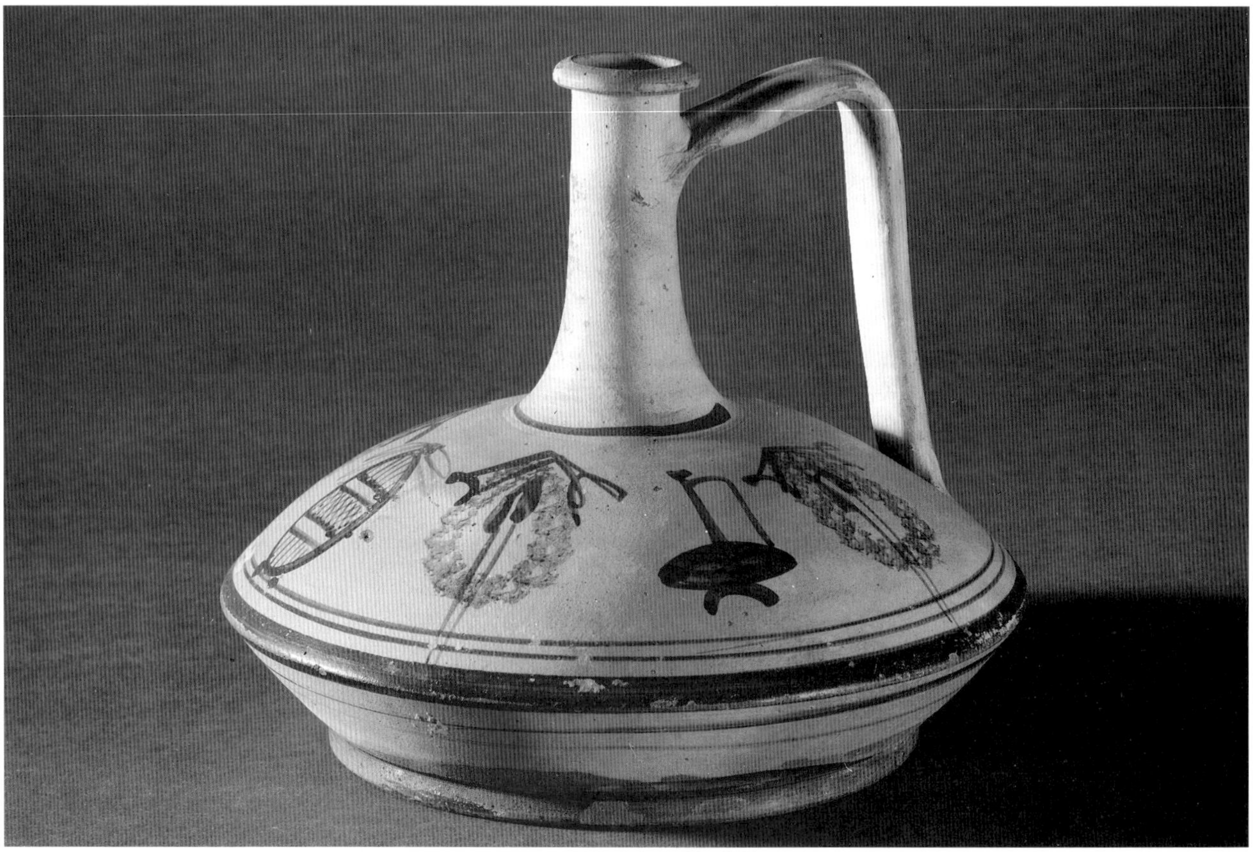

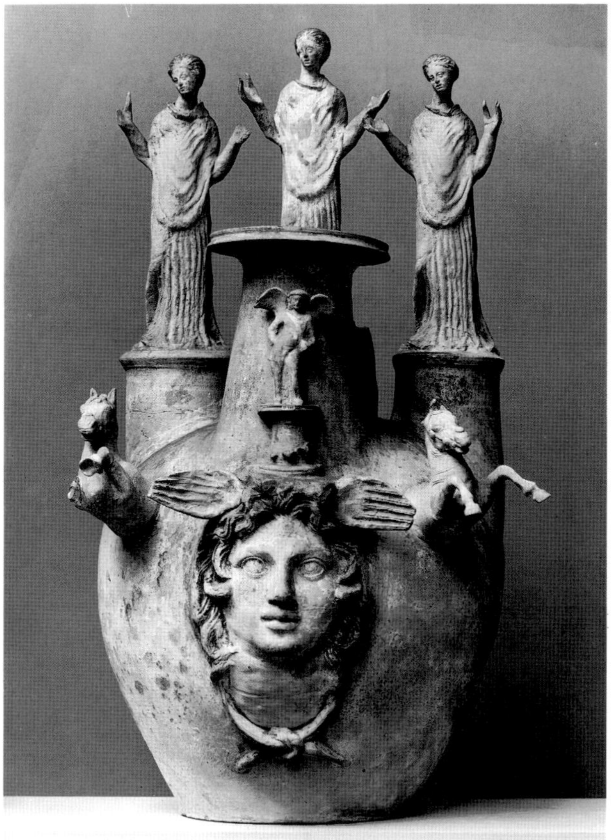

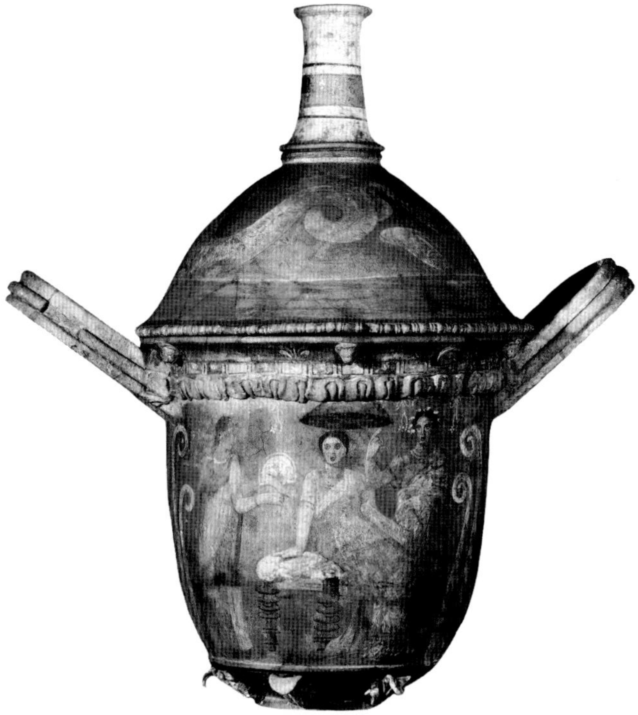

10.62 *links* Canosischer Askos, in Apulien hergestellt: Medusenhaupt im Relief, applizierte Pferdevorderkörper und gemalte, geflügelte Niken. 3. Jh. v. Chr. Höhe 77 cm. London, Britisches Museum

10.63 *oben* Vase aus Centuripe/Sizilien: polychrome Graburne, nach dem Brand bemalt. 3. Jh. v. Chr. Höhe 56 cm. Catania/Sizilien, Universität

Becher (Abb. 10.60) zeigt eine Schauspielermaske, die von dekorativen, abstrakten Friesen und Girlanden gerahmt wird. Die Westabhang-Ware charakterisiert die schwarze Oberfläche, auf die mit weißer Farbe florale Muster aufgetragen sind. Diese Keramik war bis ins 1. Jahrhundert v. Chr gängig.

Die Bemalung auf hellem Grund wurde in der Gattung der panathenäischen Preisamphoren bis zum Ende des 3. Jahrhunderts v. Chr. beibehalten. Eine neu entwickelte Form, den Lagynos (breite Kanne mit langem Hals), verzierte man in der Regel mit brauner Farbe auf einer dicken, weißen Grundierung. Zu den häufigsten Dekormotiven zählen Girlanden, Zweige und verschiedene Objekte, die an Festtagen Verwendung fanden (Abb. 10.61). Die Form mag in Kleinasien entwickelt worden sein, vielleicht in der Umgebung von Pergamon, und überdauerte bis ins 1. Jahrhundert v. Chr. Beeindruckender sind die weißgrundigen, mit Appliken versehenen Vasen. In den ins 3. Jahrhundert v. Chr. zu datierenden Gräbern im unteritalischen Canosa fand man des öfteren ungewöhnlich geformte Töpfe, an denen dreidimensionale Attaschen (beispielsweise Pferdeköpfe) befestigt waren. Auf der Mündung hatte man tönerne, an die Tanagräerinnen erinnernde Nikefiguren plaziert. Bemalt waren die weißgrundigen Gefäße in Blau, Purpur und Gelb (Abb. 10.62). Die Deckfarben wurden erst nach dem Brand des Gefäßes aufgetragen und sind deshalb nicht sehr haltbar. Die Technik unterscheidet sich deutlich vom griechischen rotfigurigen Stil des 5. und 4. Jahrhunderts v. Chr. Der neue Stil setzte der Geschichte der griechischen Vasenmalerei endgültig einen Schlußpunkt.

Schlußbetrachtung

In diesem Buch wurden die wichtigsten Entwicklungen der griechischen Kunst in den Gattungen Architektur, Plastik, Keramik und Wandmalerei von der Bronzezeit bis in die hellenistische Periode behandelt. Das Interesse der Griechen an der Wiedergabe des menschlichen Körpers manifestierte sich bereits in der kykladischen Kunst des 3. Jahrtausends v. Chr. Erneut zeigte es sich in den zweidimensionalen, an Stöcke erinnernde Plastiken der Geometrischen Ära, später in den zunehmend realistischeren aber stereotypen Formen, die bis in die hellenistische Phase nachzuzeichnen sind. Im 5. Jahrhundert v. Chr. regte das gewonnene Wissen über die Beschaffenheit des Menschen gleichermaßen Bildhauer und Maler der klassischen Periode dazu an, akkurate Kopien der Anatomie zu schaffen und menschliche Emotionen, Charaktereigenschaften, Alter und Stimmungen wiederzugeben. Die Künstler setzten die Gratwanderung zwischen naturgetreuen und abstrakten Darstellungen fort. Zu den wichtigsten Errungenschaften der hochklassischen Periode zählte die formale Einbettung naturgegebener Formen. Mit dem 4. Jahrhundert v. Chr. kam der Wille auf, spontane Bewegungen und Szenen einzufangen. Erst der Hellenismus kannte individuelle und extravagante Posen, Gesten und Ausdrücke.

Der Wunsch, ein menschliches Idealbild zu entwerfen, ging Hand in Hand mit anderen kreativen Ausdrucksformen, vor allem der Architektur. Architekten und Konstrukteure widmeten sich Maßverhältnissen und Maßstäben, um harmonische Proportionsgerüste für Tempel und profane Bauten zu schaffen, Plätze und Strukturen in angemessener Weise für Opfer und rituelle Zwecke zu konstruieren, desgleichen für das administrative, politische und wirtschaftliche Leben. Die Landschaft selbst und ihre Beziehung zur Architektur standen immer im Vordergrund, sowohl in den frühen Heiligtümern auf dem offenen Land, als auch in späteren Burgen wie etwa Pergamon, wo man mit Hilfe der Geographie und Geometrie ein theatralisches Stadtbild entwarf.

Octavians Sieg in Actium im Jahre 31 v. Chr. kann als Schlußpunkt der hellenistischen Periode betrachtet werden. Der Einfluß der griechischen Kunst war jedoch ungebrochen. Mit der Eroberung und Einverleibung der griechischen Städte Italiens, Siziliens und Griechenlands durch Rom nahm eine neue Ära ihren Anfang. Griechische Ideen, Objekte und Materialien drangen mit Macht in die römische Welt. Römische Generäle und Unternehmer plünderten griechische Städte und transportierten wichtige Kunstwerke ab, um ihre Villen, Gärten und die öffentlichen Plätze Italiens damit auszustatten. Griechische Statuen und Gemälde wurden tausendfach kopiert. Römische Architekten übernahmen die dorische, die ionische, in erster Linie jedoch die korinthische Bauordnung. Die politische Romanisierung der hellenistischen Welt schritt einher mit der künstlerischen Hellenisierung Roms. Rom wurde zum Statthalter griechischen Gedankenguts, das von dort aus bis in die italienische Renaissance und die Moderne weiterwirkte.

Die Künstler der Renaissance besannen sich der griechischen Tradition und der Herausforderung, die Proportionen des menschlichen Körpers naturgetreu nachzubilden. Die Architekten, die die antiken Formen und Proportionen in ihren neuen Kirchen und Stadtpalästen umsetzten, beschäftigten sich auch mit den Problemen der griechischen Ordnungen. Die Maler wählten häufig sichtbare Reste antiker Monumente als Motive ihrer Bilder, um so die antike Welt zu evozieren. Die Antike war wiedererstanden, und ihr Einfluß sollte bis in die Kunst des 20. Jahrhunderts reichen. Mit Recht gilt sie noch heute als Ursprung der westlichen Zivilisation.

Zeittafel

900 v. Chr. Griechen besiedeln Syrien

800 v. Chr. Griechische Siedlungen in Unteritalien und auf Sizilien

700 v. Chr. Griechen siedeln in Ägypten und Libyen
Griechen am Schwarzen Meer
Weitere Siedlungen in Unteritalien und auf Sizilien
Tyrannen in Griechenland
Bevölkerungsrückgang in Athen, andernorts Zuwachs

600 v. Chr. Reformen Solons in Athen
Tyrannis der Peisistratiden in Athen
Perser erobern Lydien und dringen bis zur kleinasiatischen Küste vor
Tyrannis des Polykrates auf Samos
Kleisthenes und die Demokratie in Athen

500 v. Chr. Persische Invasion in Griechenland und Krieg, 490–479 v. Chr.
Schlacht von Marathon, 490 v. Chr.
Schlacht von Salamis, 480 v. Chr.
Schlacht von Plataea, 479 v. Chr.
Westgriechen bezwingen die Karthager bei Himera, 480 v. Chr.
Westgriechen bezwingen die Etrusker bei Cumae, 474 v. Chr.
Gründung des Delischen Bundes (Ausbau des attischen Machtbereichs) 477 v. Chr.
Tyrannen im Westen: Syrakus, Akragas, Gela
Verlegung der Kasse des Delischen Bundes nach Athen 454 v. Chr.
Aischylos, Sophokles, Euripides
Perikles
Peloponnesischer Krieg zwischen Sparta und Athen, 431–404 v. Chr.
Athens Expedition nach Sizilien, 415–413 v. Chr.
Athens Niederlage in Syrakus, 413 v. Chr.
Sieg Spartas 404 v. Chr.
Aristophanes, Thukydides

400 v. Chr. Sokrates, Platon
Karthago lehnt sich erneut gegen Syrakus auf
Dionysios Tyrann von Syrakus
Timoleon und Oligarchie in Syrakus
Demosthenes, Aristoteles
Makedonien schlägt die Griechen bei Chaeronea, 338 v. Chr.
Alexander der Große, 336–323 v. Chr.
Ende der Stadtstaaten in Griechenland
Machtzuwachs der Nationenstaaten: Ägypten, Syrien, Makedonien

300 v. Chr. Hieron II. regiert Syrakus, 275–261 v. Chr.
Gründung des Königreiches Pergamon
Gallier fallen in Kleinasien ein
Rom kontrolliert Unteritalien und Sizilien (Ende des Jahrhunderts)

200 v. Chr. Rom siegt über Makedonien, 197 v. Chr. und 168 v. Chr.
Eroberung Korinths durch die Römer, 146 v. Chr.
Königreich Pergamon fällt an Rom, 133 v. Chr.

100 v. Chr. Griechenland wird zur römischen Provinz
Athen wird von den Römern eingenommen, 86 v. Chr.
Schlacht von Actium, 31 v. Chr.

Glossar

Abakus rechteckige Deckplatte über einem Kapitell
Adyton innere Kammer im rückwärtigen Teil des Tempels
Ägis wundertätiger Fellumhang mit aufgesetztem Gorgonenhaupt und Schlangen, oft von Athena getragen
Äolisches Kapitell früher Kapitelltyp aus der Äolis (*Siehe* Karte Abb. 4.1), den aufspringende Voluten charakterisieren
Agora Marktplatz. Wirtschaftliches und administratives Stadtzentrum
Akanthus Pflanze, deren Blätter das wichtigste Ornament des korinthischen Kapitells bilden
Akrolith hölzerne Statue, deren Kopf, Hände und Füße aus Stein gefertigt sind
Akropolis gebräuchlicher Ausdruck für einen hochgelegenen Palast oder eine Burg in einer griechischen Stadt
Akroter Ornamentaufsatz an den Ecken oder dem First des Tempeldaches
Alabastron (Plural: Alabastra) Salbölfläschchen mit langgezogenem Hals und rundem Boden, in dem Öl oder Parfüm aufbewahrt wurde
amphiprostyl mit Säulen an der Vorder- und Rückseite, nicht jedoch an den Seiten
Amphora großes, zweihenkeliges Voratsgefäß, bemalt als Siegespreis in den Spielen verliehen
Anastole aufspringende Haarlocke über der Stirn
Andron Hauptraum des griechischen Hauses, oft als Speisezimmer genutzt
Ankerbalken Stützbalken für gemauerte Wände, vergleichbar der Fachwerkarchitektur
Ante pfeilerartige Stirnseite einer Wand, oft eine Säulenflucht begrenzend
Anthemion floraler Fries aus alternierenden Lotosblüten und Palmetten
Apotheose Augenblick der Verwandlung eines menschlichen Wesens in eine halbgöttliche oder göttliche Natur
Apsis überkuppeltes, halbrundes Ende eines Gebäudes
apsidial Grundriß, der in einer Apsis mündet
Architrav rechteckiger Balken über den Säulen, der das Gebälk trägt
Aryballos runder Flakon für Öl oder Parfüm
Aufriß maßgerechte Rekonstruktionszeichnung einer Gebäudefassade
Ausfallpforte kleiner Durchschlupf in einer Außen- oder Gebäudemauer
Barock charakterisiert durch Kurven und ausgeprägt dynamische Formen
Bossierung Technik der Oberflächengestaltung mit erhabenen Flächen
Bügelkanne bauchige Kanne mit zwei Henkeln in Bügelform neben der Öffnung
Bukranion frontal wiedergegebener Stierkopf oder -schädel
Cavea Sitzbereich im griechischen Theater
Cella Hauptraum des Tempels, in dem das Kultbild stand
Chiton leichtes Kleidungsstück mit Gürtel und Knöpfen auf den Schultern
Chlamys kurzer Mantel
chryselephantin aus Gold und Elfenbein gefertigt
chtonisch »aus der Erde«, bezieht sich oft auf die Götter der Unterwelt
Dendrochronologie Verfahren der Altersbestimmung von Holzresten, deren Jahresringe man analysiert
Diazoma horizontaler Gang zwischen den Sitzen im griechischen Theater
Dinos Mischkessel mit rundem Boden, der einen Ständer erfordert
Dromos Korridor, der in eine Grabkammer oder eine Tholos führt
Echinus sackartiges unteres Glied oder Trägerkörper eines Kapitells
Eierstab Architekturornament

Entasis konvexe Schwellung der Säulenschäfte
Entlastungsdreieck dreieckiger, im Mauerwerk ausgesparter Raum über dem Sturz; dient der Gewichtsreduzierung
Epiblema Mantel, Schultertuch
Epigraphik Inschriftenkunde
Epiphanie Erscheinen eines göttlichen Wesens
epistyl *siehe* Architrav
Faszie Schmucklose Zone im ionischen Gebälk
Fayence quarzhaltige, keramikähnliche Substanz, die bei hoher Temperatur gebrannt wird und dadurch eine glänzende, glasartige Oberfläche erhält
Fiebel Brosche
Filigranarbeit Technik der Metallkunst mit dekorativ eingesetzten Drähten
First Dachspitze
Fresko Wandbild, dessen Farben auf den noch feuchten Putz aufgetragen werden
Fries Gebälkzone zwischen Architrav und Gesims
Gesims horizontal verlaufender Teil des Gebälks, direkt über dem Fries; faßt auch das Giebelfeld ein
Giebel dreieckiges Fassadenfeld im Dachbereich an den Schmalseiten des Tempels
Giebelfiguren Relieffiguren oder Rundplastiken, die im Giebel ausgestellt sind
Gorgonen mythologische Schwestern, Furien, ausgestattet mit Flügeln, langen Zähnen und Schlangenhaaren
Gorgoneion Kopf einer Gorgone
Granulierung Technik der Metallverarbeitung unter Verwendung kleiner Gold- und Silberkügelchen
Greif mythologisches Mischwesen mit Löwenkörper, Flügeln und Adlerkopf
Grundlinie in der Kunst: Standlinie der Figuren
Heilige Hörner stilisierte Darstellung von Stierhörnern, die heilige Orte markieren
Heiligtum als heilig definierter Ort, von einer Grenzmauer umgeben, mit Tempeln, Altären, Stoen, Schatzhäusern und anderen Bauformen religiöser Funktion ausgestattet
Hekatompedon 100 Fuß (30,5 m) langer Tempel
Heroon Heiligtum für einen Heros, ein halbgöttliches Wesen
hexastyl mit sechs Säulen an der Front
Himation Mantel, der über dem Chiton oder Peplos getragen wird
hippodamisch von Hippodamos, einem Architekten und Stadtplaner des 5. Jh. v. Chr. abgeleitet bzw. eingeführt
Hohlkehle dekoratives, konkaves Element in der Architektur
Hoplit schwer bewaffneter Fußsoldat
Hydria Wassergefäß mit drei Henkeln
Ikonographie Form- und Inhaltsdeutung der in der Plastik und auf Gemälden dargestellten Objekte
in antis zwischen den Anten plaziert
Kammergrab unregelmäßig geformter Raum oder Raumkomplex für Bestattungen; oft über einen Korridor zugänglich
Kanneluren flache, horizontal verlaufende Rinnen am Säulenschaft
Kantharos (Plural: Kantharoi) tiefe Trinkschale mit hoch aufgerichteten, vertikalen Henkeln
Kapitell oberstes Glied einer Säule
Karyatide weibliche Figur, die als Säulenstütze des Gebälks eingesetzt wird
Kassetten eingetiefte Paneele in der Decke
Kerameikos Töpferviertel mit anschließendem Friedhof in Athen
Kernos mehrteiliges Gefäß zur Aufnahme von Opfergaben (Getreidekörner etc.)
Kistengrab flaches, rechteckiges, in die Erde eingetieftes Grab, gelegentlich mit Steinplatten ausgekleidet
Kolonnade Säulenflucht unter einem Gebälk
Kontrapost Bezeichnung für ein Standmotiv der menschlichen Figur, in dem sich belastete und unbelastete Körperpartien abwechseln
Kore (Plural: Korai) stehende, weibliche Gewandfigur
Kotyle tiefe Trinkschale mit schmalen, horizontalen Henkeln
Kouros (Plural: Kouroi) nackte männliche Standfigur
Kragtechnik Mauerwerk mit hervorspringenden Quaderscharen
Krater Mischgefäß
Kykladen südägäische Inseln, z. B. Delos, Paros, Naxos, Siphnos und Melos
kyklopisch (Kyklopen=mythische Riesen) bezeichnet große, unregelmäßige Mauerblöcke

Kylix (Plural: Kylikes) becherartige Trinkschale mit horizontalen Henkeln
Lagynos plumpe Kanne mit langem Hals
Lebes *siehe* Dinos
Lekanis Teller oder Platte mit Deckel
Lekythos (Plural: Lekythoi) hohe Flasche für Öl mit abgesetztem Hals und einem Henkel
Lichtschacht enger Hof oder dachloser Schacht in einem Gebäude; dient der Beleuchtung und Belüftung
Licht-Schatten-Effekt Einsatz von Licht und Schatten, um in der Malerei und Plastik Volumen zu erzeugen
Luppe bei der Eisenherstellung gewonnenes, teigiges, kohlenstoffarmes Abfallprodukt
Lustralbecken kleines rechteckiges Becken für rituelle Zwecke, zu dem gewöhnlich Stufen hinabführen
Mäander rechtwinkeliges Dekorelement
Mänade weibliches Mitglied des Dionysosgefolges
Magna Grecia »Großgriechenland«. Zusammenschluß der griechischen Siedlungen in Unteritalien und Sizilien
Megalithisch aus riesigen Blöcken bestehend
Megaron (Plural: Megara) langgestreckter Haustyp mit Vorhalle, großem Saal und Vorratsräumen auf rechteckigem oder apsidialem Grundriß
Metope Fläche im dorischen Fries zwischen zwei Triglyphen, oft mit einer Reliefdarstellung versehen
Naos Hauptraum im griechischen Tempel (vgl. Cella)
Neolithikum Jungsteinzeit. Kulturperiode, die eine primitive Art des Ackerbaus und der Gebrauch von polierten Steinen, Feuersteinen und Waffen charakterisiert
Nereide Tochter des Meeresgottes Nereus
Nilszenen Illustrationen des Lebens am Nil
Numismatik Münzkunde
Obsidian Gestein (vulkanisches Glas) großer Härte
Oinochoe Krug mit ausladender Mündung
oktastyl mit acht Säulen an der Front
Olpe Krug mit breiter Lippe
Opisthodom rückwärtige Halle am griechischen Tempel
Orakel Stätte, an der Götter Antworten auf die Fragen der Menschen geben
Orchestra Bühne im griechischen Theater
Orthostat senkrecht stehender Quader am Mauerfuß
Palmette florales Ornament, an Palmblätter erinnernd
panathenäisch abgeleitet vom wichtigsten Festzyklus in Athen, den alle vier Jahre abgehaltenen Panathenäen
panhellenisch ganz Griechenland umfassend. Beschreibt entweder Heiligtümer oder Spiele
Pelike Vorratskrug mit zwei Henkeln
pentelisch vom Berg Penteliko
Peplophoroi Frauen im Peplos
Peplos Ärmelloses, schweres Gewand mit Gürtel, an den Schultern mit Nadeln zusammengehalten
peripteral von einem Säulenkranz umgeben
Perirrhanterion Weihwasserbecken
peristyl Kolonnade um einen Tempel oder Hof
Pfeiler Bezeichnung für eine freistehende, rechteckige, gemauerte Stütze
Phylax komisches Theater, besonders beliebt in Unteritalien
Pilaster rechteckiges, an die Wand gesetztes Architekturglied in Pfeilerform
Pithos (Plural: Pithoi) riesiges Vorratsgefäß aus Ton
Polos Kopfbedeckung
Porphyr hartes, rotweißes Gestein
Pronaos Vorhalle eines griechischen Tempels
Propylon monumentales Eingangstor zu einem Heiligtum oder Gebäudekomplex
prostyl Architekturform, in der die Säulen vor dem Gebäude stehen
Prothesis aufgebahrter Leichnam
Protome Kopf oder anderes Körperteil, meist an ein Gefäß o. ä. appliziert
pseudodipteral Architekturform, in der zwischen Säulenflucht und Mauer genügend Platz für eine zweite (nicht ausgeführte) Säulenflucht vorhanden ist
Pyxis Kosmetik- oder Schmuckkästchen aus Ton mit Deckel
Quader ein quaderförmig geschnittener Steinblock
Quadriga Wagen mit vier Pferden

Register horizontale Friese in der Malerei
Relieflinie dicke, erhabene Linie in der rotfigurigen Vasenmalerei
Rhyton (Plural: Rhyta) sakrales Gefäß in Form eines Hornes
Rosette Ornament in Form einer Blüte
rotfigurig Technik der Vasenmalerei, Umkehrung der schwarzfigurigen Technik: bemalt wurde der Hintergrund, die Figuren erschienen tongrundig. Konturen und Details wurden in Relieflinien aufgetragen
Sarkophag Sarg aus Stein, Ton oder Holz
Satrapie Provinz im Perserreich, die einem Satrapen (Statthalter) unterstand
Schachtgrab rechteckiger, in den Felsen eingeschnittener Schacht, in dem mehrere Personen bestattet wurden
Schlicker fein geschlämmter Ton, mit dem die einzelnen Bestandteile einer Vase zusammengeklebt wurden. Auch als Farbe in der Vasenmalerei einsetzbar
schwarzfigurig Technik der Gefäßbemalung mit Figuren in schwarzen Silhouetten, eingeritzten Details und zusätzlich aufgetragener Deckfarbe
Schwarzschmelz Technik der Metallverarbeitung mit Einlagen aus Amalgam, Borax, Kupfer und Blei
Sirene mythologisches Mischwesen mit Vogelkörper und Frauenkopf
Skarabäus heiliger Käfer der ägyptischen Religion. Siegelform
Skene Bühnenhaus im griechischen Theater
Skyphos zweihenkelige Trinkschale
Soffitte Fries an der Unterseite eines Gebälkblocks, Türsturzes etc.
Sphyrelaton (Plural: Sphyrelata) Technik der Figurenherstellung: Dünne Mittelbleche werden über einen Holzkern gehämmert
Stele (Plural Stelai) vertikal errichtete Steinplatte, normalerweise als Grabstein verwendet und oft reliefiert
Stoa Säulenhalle
Stichel Ritzinstrument
Stuck gipsartiger Wandverputz aus Kalksteinmehl und/oder Sand.
Sturz horizontaler oberer Balken eines Tür- oder Fensterrahmens
Stylobat Quaderschicht, auf der die Säulen stehen
Terrakotta gebrannter Ton
Tessera würfelförmiges Mosaiksteinchen
tetrastyl viersäulig an der Front
Thermoluminiszenz Methode zur Datierung von Tonobjekten durch Untersuchung der radioaktiven Energie, die das Objekt ausstrahlt
Tholos (Plural: Tholoi) rundes Gebäude; Grabbau mit rundem Grundriß
Torsion Drehung einer Figur um ihre eigene Achse
Treibtechnik Technik der Metallverarbeitung, bei der das Blech von der Rückseite mit einem Hammer bearbeitet wird
Triglyphe im dorischen Fries die senkrechten Felder mit drei hervorspringenden Stegen. Eventuell auf die Holzarchitektur zurückzuführen
Umgang Wandelgänge rund um die Tempelcella
Verkürzung optischer Trick zur Erzeugung von räumlicher Tiefe in zweidimensionalen Darstellungen: Einzelne Glieder werden kürzer dargestellt als sie sind
Verlorene Form Herstellungsform für Bronzestatuen (vgl. S. 74; 186)
Verschalung Verkleidung der Wand mit Stein, Holz oder Ziegeln, um den Erdkern zu halten
Volute spiralförmiges Element am äolischen und ionischen Kapitell
Votivgabe Weihegabe an eine Gottheit
Wehrgehänge Gürtel oder Schärpe, die die Krieger über der Schulter tragen
Xoanon (Plural: Xoana) frühes, hölzernes Kultbild
Zahnschnitt Dekorelement: kleine, rechteckige, eng aneinandergesetzte Blöcke am ionischen Gebälk
zoomorphisches Element Tierfigur

Ausgewählte Bibliographie

BRONZEZEIT

Allgemein

Dickinson, O.P.T.K., The Aegean Bronze Age. Cambridge und New York, 1994

Davies, W.V./L. Schofield (Hg.), Egypt, the Aedean and the Levant. London, 1995

Fitton, J.L., The Discovery of the Greek Bronze Age. London, 1995

Higgins, R.A., Minoan and Mycenean Art. 2. Aufl., London und New York, 1981

Hood, S., The Arts in Prehistoric Greece. Harmondsworth und New York, 1978

Immerwahr, S.A., Aegean Painting in the Bronze Age. London, 1990

McDonald, W.A./C. Thomas, Progress into the Past. 2. Aufl., Bloomington, 1990

Marinatos, S., Kreta, Thera und das mykensiche Hellas. 2. Aufl., München 1973

Matz, F., Kreta und frühes Griechenland. Baden-Baden 1962

Nilsson, M.P., Kult und Glaube in der altgriechischen Religion. Lund, 1960

Warren, P., The Aegean Civilisations from Ancient Crete to Mycenae. 2. Aufl., Oxford, 1989

Kreta

Betancourt, P.P., The History of Minoan Pottery. Princeton, 1985

Boyd Hawes, H., Gournia. Philadelphia, 1908

Branigan, K., The Foundations of Palatial Crete. 2. Aufl. Amsterdam 1988

Cadogan, G., Palaces of Minoan Crete. 3. Aufl., London, 1982

Castleden, R., Minoans: Life in the Bronze Age Crete. London, 1990

Evans, A.J., The Palace of Minos in Knossos. 7 Bde., Lonon, 1021-35

Graham, J.W., The Palaces of Crete. 3. Aufl, Princeton, 1987

Hagg, R./N. Marinatos (Hg.), The Function of the Minoan Palaces. Stockholm, 1987

Hood, S., The Minoans. London und New York, 1071

Hutchinson, R.W., Prehistoric Crete. Harmondsworth und Baltimore, 1062

Marinatos, N., Minoan Sacrificial Ritual. Stockholm, 1086

Meyers, J. u. E. - G. Cadogan, The Areal Atlas of Ancient Crete. London, 1992

Nixon, L./O. Krzyzskowska (Hg.), Minoan Society. Bristol, 1983

Pendlebury, J.D.S., The Archaeology of Crete. 2. Aufl., New York, 1965

Warren, P., Minoan Religion as Ritual Function. Göteborg, 1988

Kykladen

Barber, R.L.N., The Cyclades in the Bronze Age. London, 1987

Doumas, C., Santorin, die Insel und ihre archäologischen Schätze. Athen, 1980

Doumas, C., The Wall Paintings of Thera. Piräus, 1992

Getz-Preziosi, P. (Hg.), Early Cycladic Art in American Collections. Richmond, 1987

Getz-Preziosi, P., Sculptors of the Cyclades: Individual and Traditional in the Third Millennium BC. Ann Arbor, 1987

Luce, J.V., Atlantis. Legende und Wirklichkeit. Mainz, 1971

Morgan, L., The Miniature Wall-Painting of Thera: A Study in Aegean Culture and Iconography. Cambridge und New York, 1988

Renfrew, C., The Cycladic Spirit. London und New York, 1991

Thimme, J./P. Getz-Preziosi (Hg.), Art and Culture of the Aegean in the Third Millennium B.C. London und Chicago, 1977

Griechisches Mutterland

Blegen, C.W. u. a., The Palace of Nestor at Pylos in Western Messenia. 3 Bde. Princeton, 1966–73

Chadwick, J., Linear B. Die Entzifferung der mykenischen Schrift. Göttingen, 1959

Chadwick, J., The Mycenean World. Cambridge, 1977

Furumark, A., The Mycenean Pottery: Analysis and Classification. Stockholm, 1941

Mylonas, G., Mycenae and the Mycenaean Age. Princeton, 1966

Mylonas, G., Mycenae Rich in Gold. Athen, 1983

Norquist, G., Asine: A Middle Helladic Village. Uppsala, 1987
Taylour, Lord William, The Myceneans. 2. Aufl., London, 1983
Vermeule, E., Greece in the Bronze Age. Chicago, 1964
Wace, A.J.B., Excavations at Mycenae. London 1983

Troja
Blegen, C.W. u. a., Troy. 4 Bde. Princeton, 1950-8
Blegen, C.W., Troy and the Trojans. London, 1963
Mellinck, M. (Hg.), Troy and the Trojan War. Bryn Mawr, 1986

NACHBRONZEZEIT

Hintergrund
Andrews, A., Greek Society. Harmondsworth, 1971
Beard, M./J. Henderson, Classics: A Very Short Introduction. Oxford, 1995
Boardman, J./J. Griffin/O. Murray, Oxford History of the Classical World. Oxford, 1985
Burn, A.R., Persia and the Greeks. 2. Aufl., London, 1984
Burn, A.R., Pelican History of Greece. London, 1966
Bury, J./R. Meiggs, A History of Greece to the Death of Alexander the Great. 4. Aufl., London, 1975
Cartledge, P., The Greeks. Oxford, 1993
Cook, R.M., The Greeks till Alexander. London und New York, 1962
Desborough, V.R.D.'A., The Last Myceneans and Their Sucessors. Oxford, 1964
Dunbabin, T.J., The Western Greeks. Oxford, 1948
Finley, M.I., The Ancient Greeks. London, 1963
Green, P., From Alexander to Actium: The Hellenistic Age. London, 1990
Jeffrey, L.H., Archaic Greece: The City-States ca. 700–500 BC. London, 1976
Jones, P.V. (Hg.), The World of Athens: An Introduction to Classical Athenian Culture. Cambridge, 1984
Murray, O., Early Greece. 2. Aufl., Glasgow, 1988
Schefold, K., Frühgriechische Sagenbilder. München, 1964
Snodgrass, A.M., Archaic Greece: The Age of Experiment. London, 1980
Stewart, A., Faces of Power: Alexander's Image and Hellenistic Politics. Berkeley, 1994
Webster, T.B.L., Everyday Life in Ancient Athens. London, 1969

Literarische Quellen
Pausanias, Reisen in Griechenland. 3 Bde. Übers. von F. Eckstein. 3. Aufl. Zürich und München, 1986
Herodot, Historien. 2 Bde. Hg. von J. Felix, 3. Aufl., München, 1980
Homer, Ilias. Hg. von K. Bayer u.a., 7. Aufl., München, 1980
Homer, Odyssee. Hg. von K. Bayer u.a., 7. Aufl., München, 1982
Jex-Blake, K./E. Sellers, The Elder Plin's Chapters on the History of Art. London, 1896
Pollitt, J., The Ancient View of Greek Art. New Haven, 1974
Pollitt, J., The Art of Greece: Sources and Documents. 2. Aufl., Cambridge, 1990
Strabo, Erdbeschreibung. 5 Bde. Übers. von U. Forbiger. Berlin, o.J.
Thukydides, Geschichte des Peloponnesischen Krieges. 2 Bde. Übers. von G.P. Landmann, München, 1993
Vitruv, Zehn Bücher über Architektur. Übers. von C. Fensterbusch. Darmstadt, 1964

ALLGEMEINE KUNSTGESCHICHTE UND ARCHÄOLOGIE

Biers, W., The Archaeology of Greece. 2. Aufl., Cornell, 1996
Biers, W., Art, Artefacts and Chronology in Classical Archaeology. London, 1992
Boardman, J. u.a., Die griechische Kunst. München, 1966
Boardman, J., Kolonien und Handel der Griechen. 2. Aufl., München, 1981
Brilliant, R., Arts of the Ancient Greeks. New York 1974
Cook, R.M., Greek Art: Its Development, Character and Influence. 2. Aufl., London und New York, 1976
Langlotz, E./M. Hirmer, Die Kunst der Westgriechen in Sizilien und Unteritalien. München, 1963
Richter, G.M.A., Handbuch der griechischen Kunst. London, 1966
Robertson, M.A., A History of Greek Art. Cambridge, 1981
Robertson, M.A., Shorter History of Greek Art. Cambridge, 1981
Sparkes, B., Greek Art. Oxford, 1991
Sparkes, B., Greek Pottery. An Introduction. Manchester, 1991
Woodford, S., An Introduction to Greek Art. Cornell, 1986

Vorklassisch
Akurgal, E., Orient und Okzident. Die Geburt der griechischen Kunst. Baden-Baden, 1966
Coldstream, N., Geometric Greece. London, 1977
Homann-Wedeking, E., Das archaische Griechenland. Baden-Baden, 1966
Pollitt, J. Art and Experience in Classical Greece. Cambridge, 1972
Webster, T.B.L., Art and Literature in the Fourth Century. London, 1956

Hellenismus
Andronikos, M., Vergina: The Royal Tombs. Athen, 1984
Havelock, C.M., Hellenistic Art. 2. Aufl., New York, 1981
Onians, J., Art and Thought in the Hellenistic Age: The Greek World View 350–50 BC. London, 1979
Pollitt, J., Art in the Hellenistic Age. Cambridge, 1986
Webster, T.B.L., Hellenistic Art. London, 1967

Architektur

Gruben, G., Die Tempel der Griechen. 3. Aufl., München, 1980

Camp, J.M., Die Agora von Athen. Mainz, 1989

Coulton, J.J., Ancient Greek Architects at Work. London, 1977

Dinsmoor, W.B., The Architecture of Ancient Greece. 3. Aufl., New York, 1975

Hill, I.T., The Ancient City of Athens. London, 1953

Lawrence, A.W., Greek Architecture. 4. Aufl., Harmondsworth, 1983

Plommer, W.H., Ancient and Classical Architecture. London, 1956

Shoe, I.T., Profiles of Greek Mouldings. Harvard, 1936

Simon, E., Das antike Theater. 2. Aufl., Freiburg, 1981

Stuart, J./N. Revett, The Antiquities of Athens. 4 Bde, London, 1782–1816

Wycherley, R.E., How the Greeks Built Cities. 2. Aufl., London, 1962

Wycherley, R.E., The Stones of Athens. Princeton, 1978

Plastik

Adam, S., The Technique of Greek Sculpture. London, 1966

Ashmole, B., Architect and Sculptor in Classical Greece. London und New York, 1972

Ashmole, B., The Classical Idea in Greek Sculpture. London, 1982

Ashmole, B./H. Yalouris, Olympia. London, 1967

Barron, J., An Introduction to Greek Sculpture. London, 1982

Bieber, M., Ancient Copies. New York, 1977

Bieber, M., The Sculpture of Hellenistic Age. 3. Aufl., New York, 1981

Blümel, C., Greek Sculptors at Work. London, 1969

Boardman, J., Die griechische Plastik. Die archaische Zeit. Mainz, 1981

Boardman, J., Die griechische Plastik. Die klassische Zeit. Mainz, 1987

Boardman, J., Greek Sculpture, the Late Classical Period. London und New York, 1995

Brommer, F., Die Parthenon-Skulpturen. 2. Aufl., Mainz, 1981

Brown, B.R., Anticlassicism in Greek Sculpture of the Fourth Century. New York, 1973

Carpenter, R., Greek Sculpture. Chicago, 1960

Hevelock, C., The Aphrodite of Knidos and Her Sucessors. Ann Arbor, 1995

Houser, C., Greek Monumental Bronze Sculpture. London, 1983

Johansen, F., The Attic Grave Reliefs. Kopenhagen, 1951

Lawrence, A.W., Later Greek Sculpture. London, 1927

Lullies, R./M. Hirmer, Griechische Plastik. 4. Aufl., München, 1079

Mattusch, C.C., Greek Bronze Statuary from the Beginnings through the Fifth Century BC. Cornell, 1996

Payne, H./G.M. Young, Archaic Marble Sculpture from the Acropolis. London, 1950

Pedley, J.G., Greek Sculpture of the Archaic Period: The Island Workshops. Mainz, 1976

Richter, G.M.A., The Archaic Gravestones of Attica. London, 1961

Richter, G.M.A., Korai, Archaic Greek Maidens. London, 1968

Richter, G.M.A., Kouroi, Archaic Greek Youths. 4. Aufl., London, 1970

Richter, G.M.A., Portraits of the Greeks. Oxford, 1984

Richter, G.M.A., The Sculpture and Sculptors of the Greeks. 4. Aufl., London, 1070

Ridgway, B.S., The Archaic Style in Greek Sculpture. Princeton, 1981

Ridgway, B.S., Fifth Century Styles in Greek Sculpture. Princeton, 1986

Ridgway, B.S., Hellenistic Sculpture I: The Styles of ca. 331–200 BC. Bristol, 1990

Ridgway, B.S., The Severe Style in Greek Sculpture. Princeton, 1970

Smith, R.R.R., Hellenistic Sculpture. London und New York, 1991

Spivey, N., Understanding Greek Sculpture: An Exploration. New Haven, 1990

Vasenmalerei

Amyx, D., Corinthian Vase-Painting of the Archaic Period. 3 Bde. Berkeley, 1988

Arias, P.E., Tausend Jahre griechische Vasenmalerei. Leipzig, 1938

Beazley, J.D., Attic Black-Figure Vase Painters. Oxford, 1956

Beazley, J.D., Attic Red-Figure Vase Painters. Oxford, 1963

Beazley, J.D., Attic White Lekythoi. London, 1938

Beazley, J.D., The Development of Attic Blacke-Figure. Berkeley, 1951

Beazley, J.D., Potter and Painter in Ancient Athens. London, 1944

Boardman, J., Schwarzfigurige Vasen aus Athen. Mainz, 1977

Boardman, J., Rotfigurige Vasen aus Athen. Die archaische Zeit. Mainz, 1981

Boardman, J., Rotfigurige Vasen aus Athen. Die klassische Zeit. Mainz, 1991

Coldstream, N., Greek Geometric Pottery. London und New York, 1968

Cook, R.M., Greek Painted Pottery. London und New York, 1968

Desborough, V.R.D.'A., Protogeometric Pottery. Oxford, 1952

Haspels, E., Attic Black Figured Lekythoi. Paris, 1936

Kurtz, D.C., Der Berliner Maler. Oxford, 1982

Noble, J.V., The Techniques of Painted Athenian Pottery. 2. Aufl., London, 1988

Payne, H., Necrocorinthia. 2. Aufl., College Park/Maryland, 1971

Rasmussen, T./N. Spivey (Hg.), Looking at Greek Vases. Cambridge, 1991

Richter, G.M.A./M.J. Milne, Shapes and Names of Atheninan Vases. 2. Aufl., College Park/Maryland, 1971

Robertson, M., The Art of Vasepainting in Classical Athens. Cambridge, 1992

Sparkes, B.A., The Red and the Black: Studies in Greek Pottery. London, 1996

Trendall, A.D., Frühitaliotische Vasen. Leipzig, 1938

Trendall, A.D., Rotfigurige Vasen aus Unteritalien und Sizilien. Mainz 1990

Trendall, A.D., South Italian Vase Painting. 2. Aufl., London, 1976

Williams, D., Greek Vases. London, 1985

Grab- und Tafelmalerei

Bruno, V.J., Form and Color in Greek Painting. New York, 1977

Pallottino, M., Etruscan Painting. Genf, 1952

Robertson, M., Greek Painting. Genf, 1959

Swindler, M.H., Ancient Painting. New Haven, 1929

Sonstiges

Boardman, J., Greek Gems and Finger Rings. 2. Aufl., New York, 1971

Charbonneaux, J., Greek Bronzes. London, 1961

Franke, P.R./M. Hirmer, Die griechische Münze. 2. Aufl., München, 1972

Higgins, R.A., Greek and Roman Jewelry. 3. Aufl., London, 1967

Kraay, C.M., Archaic and Classical Greek Coins. London, 1976

Richter, G.M.A., The Engraved Gems of the Greeks and Etruscans. London, 1968

Snodgrass, A.M., Arms and Armour of the Greeks. London, 1967

Strong, D.A., Greek and Roman Gold and Silver Plate. London, 1966

Abbildungsnachweis

Calmann & King Ltd, die Autoren und die Verantwortlichen der Bildbeschaffung danken allen Institutionen, die uns freundlicherweise Photomaterial für dieses Buch zur Verfügung gestellt haben. Besonderer Dank gilt Dr. Helmut Jung vom Deutschen Archäologischen Institut sowie Mary Jane Bright von der Fototeca Unione der Amerikanischen Akademie in Rom für ihre persönliche Hilfe. Museen und Galerien sind in den Bildunterschriften genannt. Weitere Photos stellten zur Verfügung:

Alinari-Archiv, Florenz 0.6, 0.14, 6.24, 8.39, 9.34, 10.30, 10.40, 10.53, 10.46, 10.55; American School of Classical Studies in Athen 1.18, 1.19, 2.16 (mit freundlicher Genehmigung von Dr. Martha Wiencke); Agoragrabung 0.9, 0.10, 4.19, 4.22 und Titelblatt des Kapitels, 8.50, 8.51, 8.52, 10.12, 10.13, 10.56; Antike Kunst- und Architektursammlung London 3.19; mit Genehmigung von Andromeda Oxford Limited 1.4, 1.5 (aus Peter Warren, The Aegean Civilisations from Ancient Crete to Mycenae, 1989); Barnaby's Picture Library, London 0.5, 8.35, 9.23, 10.2, 10.9; Bildarchiv Preußischer Kulturbesitz, Berlin 9.54; Vergrößerung, München 10.43, 10.44; Boston, Museum of Fine Arts 5.23 (Francis Barlett Collection), 6.32 (William Francis Warden Fund), 6.72 (Henry Lillie Pierce Fund), 7.33 (James Fund und Special Contribution); Britische Bibliothek, London 3.6 (Rekonstruktion nach Sir Arthur Evans aus dem Knossos Fresco Atlas © Gregg Press 1967), 9.15 (Reproduktion von David Robinson, Mosaics, Vases, and Lamps at Olynthos, Bd. V © John Hopkins University Press); Britische Schule in Athen mit Genehmigung der Leitung 3.11 (mit freundlichem Entgegenkommen des Departement of Classics der Universität Columbia/USA, Photo © L. H. Sackett), 4.9, 4.18 (mit freundlichem Entgegenkommen von Prof. M. Popham, Photos © Dr. D. Eveley); Bulloz, Paris 10.25; Peter Clayton, Hemel Hempstead 2.10, 3.25, 8.6; Dagli Orti, Paris 2.3; Araldo De Luca, Rom 10.34, 10.35, 10.58; Deutsches Archäologisches Institut Athen 3.10 (KR 125), 4.7 (NM 5493), 4.11 (OL 1801), 4.13(OL 2072), 4.17 (KER 14784), 4.21 (75.664), 5.8 (71.1104), 5.12 (MYK 69), 5.22 (OL 4982), 5.30 (SAM 3322), 6.8 (75.885), 6.46 (81.89), 6.50 (5835), 7.11 (OL 175), 8.33 (THES 2514), 9.25 (NM 5357a), 9.31 (BAU 115); Deutsches Archäologisches Institut Rom 10.19, 10.21, 10.28 (33.125), 10.41 (65.101); Staatliche Kunstsammlungen Dresden 9.35; Ekdotike Athenin, Athen 2.4, 3.4, 6.35, 9.40, 9.45, 9.46; Fotografica Foglia, Neapel 9.42, 10.57, 10.59; Alison Frantz, Princeton 0.3, 2.1, 2.6, 3.3, 3.5, 3.13, 3.14, 3.18, 3.41, 4.14, 5.7, 5.16, 5.29, 6.6, 6.9, 6.17, 6.19, 6.34, 6.36, 6.37, 6.38, 6.42, 6.44, 6.45, 6.48, 6.51, 6.53, 7.3, 7.4, 7.5, 7.8 7.9 7.10, 7.13, 8.1, 8.3, 8.5, 8.9, 8.15, 8.23, 8.25, 8.27, 8.28, 8.30, 8.31, 8.36, 9.26, 9.36, 10.26; Französische Archäologische Schule Athen 6.52, 10.54; Goulandris Foundation: Athen, Museum für Kykladische Kunst 1.11, 1.12; Sonia Halliday Photos, Bickinghamshire 0.8; Museum der Harvard Universität 9.32, 9.33 (mit freundlicher Genehmigung von Frau K. G. T. Webster); Colorphoto Hinz SWB, Schweiz 6.61; © John S: Hios/Apeiron, Athen 6.46, 6.49, 8.41, 9.27; Hirmer Verlag Fotoarchiv, München 0.2, 0.12, 2.5, 2.7, 2.8, 3.2, 3.8, 3.12, 3.15, 3.17, 3.20, 3.23, 3.24, 3.31 und Kapitelbild, 4.3, 6.15, 6.20, 6.21, 6.29, 6.39, 6.40. 6.60, 6.65, 7.7, 7,14, 7.19, 7.22, 7.24, 7.25, 7.26, 7.30a, 7.31, 7.32, 8.13, 8.14, 8.18, 8.19, 8.43, 9.2, 9.10, 9.29, 9.40, 10.22, 10.29, 10.36, 10.39, 10.63; A: F. Kersting, London 9.11; Aaron M. Levin, Baltimore © 6.27, 6.28, 6.30, 7.16, 7.39, 7.40, 9.52, 9.53; Mansell Collection, London 6.16; Marburg Bildarchiv 1.6, 7.23, 9.9; New York, Metropolitan Museum of Art 1.10 (Rogers Fund 1921), 6.33 (Fletcher Fund 1932); Prof. John G. Pedley, Ann Arbor 0.4; Antonello Perissinoto, Padua 10.52; Prof. M. Petsas, Athen 10.50 (aus Photios M. Petsas, Ho Taphos ton Lefkandion, Athen, 1966), 10.51 (Photo mit freundlicher Genehmigung von Thames & Hudson Ltd.); Réunion des Musées Nationaux, Paris 2.12, 5.6, 5.27, 6.47, 6.70, 6.75, 6.76, 6.78, 7.34, 7.35, 8.21; Roger-Viollet Photos, Paris 3.35, 8.28; Scala, Florenz 3.22, 3.29, 4.19, 5.2, 5.25; Soprintendenza Archeologica di Calabria 8.37, 8.38; Soprintendenza Archelogica die Napoli e Caserta 7.20; Soprintendenza Archeologica di Ostia 7.21; Soprintendenza Archelogica di Trepani 0.13 (Photo Studio Capellani); Studio Fotografico Quattrone, Florenz 10.45; T.A.P. Services (Archaeological Receipts Fund), Athen 1.13, 1.15, 2.13, 2.14, 3.16, 3.26, 3.27 und Zwischentitel, 3,28, 3.32, 3.32a, 3.33, 3.34, 3.46, 3.47, 4.48, 3.51, 4.6, 4.12, 4.15, 4.16, 5.9, 5.24, 5.26, 5.28, 6.54, 6.55, 6.57, 6.66, 7.27, 7.28, 8.22 und Titelphoto, 8.40, 8.42, 8.44, 9.37, 10.33; Universität von Cincinnati, Departement of Classics 3.43, 3.44 (Aquarell von Piet de Jong, reproduziert von Blegen und Rawson, The Palace of Nestor at Pylos, Bd. I © Princeton University Press 1966), 3.35 Universität von Cincinnati, Departement of Classics (mit freundlicher Genehmigung von Dr. Elizabeth Schofield); Universität von Syrakus/Sizilien 9.24; mit Erlaubnis der Yale University Press, Pelican History of Art 9.3 (aus A.W. Lawrence, Greek Architecture, 1957, 4. Auflage, herausgegeben von R. A. Tomlinson, 1983)

Register